Rainer Ose

Elektrotechnik für Ingenieure

Grundlagen

5., aktualisierte Auflage

mit 543 Bildern, 25 Tabellen, 54 Lehr- und 119 Berechnungsbeispielen, 60 Übungsaufgaben und einer Formelsammlung

Fachbuchverlag Leipzig
im Carl Hanser Verlag

Prof. Dr.-Ing. Rainer Ose
Ostfalia Hochschule für angewandte Wissenschaften, Braunschweig-Wolfenbüttel,
Fakultät Elektrotechnik

MIX
Papier aus verantwortungsvollen Quellen
FSC® C014889

Bibliografische Information der Deutschen Nationalbibliothek
Die Deutsche Nationalbibliothek verzeichnet diese Publikation in der Deutschen Nationalbibliografie; detaillierte bibliografische Daten sind im Internet über http://dnb.d-nb.de abrufbar.

ISBN: 978-3-446-43244-4
E-Book-ISBN: 978-3-446-43955-9

Fachbuchverlag Leipzig im Carl Hanser Verlag

Internet: http://www.hanser-fachbuch.de

Lektorat: Franziska Jacob, M.A., Mirja Werner, M.A.
Herstellung: Dipl.-Ing. (FH) Franziska Kaufmann
Coverconcept: Marc Müller-Bremer, www.rebranding.de, München
Coverrealisierung: Stephan Rönigk
Druck und Bindung: Pustet, Regensburg
Printed in Germany

Vorwort zur 5. Auflage

Das vorliegende Lehrbuch gliedert sich in die drei klassischen Grundlagenbereiche: Gleichstromtechnik – Elektrische und magnetische Felder – Wechselstromtechnik.

Gliederung und Umfang der einzelnen Kapitel entsprechen weitgehend dem inhaltlichen und zeitlichen Rahmen der Vorlesungen „Grundlagen der Elektrotechnik" an vielen Fachhochschulen. Das Buch ist als Kombination von Lehrbuch und Übungsbuch konzipiert und soll als studienbegleitendes Material für Studierende aller technischen Studienrichtungen an Fachhochschulen nutzbar sein. Ein grundlegendes Verständnis für allgemeine physikalische Phänomene der Elektrotechnik muss dabei vorausgesetzt werden.

Im Vordergrund dieses Lehrbuches stehen Betrachtungen zu Vorgängen in elektrischen Stromkreisen aus der Sicht der Schaltungstechnik. Damit wird das Ziel verfolgt, das in der Vorlesung „Grundlagen der Elektrotechnik“ vermittelte Grundlagenwissen in anwendungsbereiter Form für die nachfolgenden Lehrveranstaltungen „Elektrische Messtechnik“, „Elektronische Bauelemente“ und „Analoge und Digitale Schaltungen“ bereitzustellen. Der hohe Übungsanteil soll das erworbene Wissen vertiefen und festigen, um wesentliche Voraussetzungen für das Fachstudium in den Studienrichtungen Nachrichten- bzw. Informationstechnik, Kommunikationstechnik, Messtechnik, Automatisierungstechnik und Energietechnik zu schaffen.

Die theoretischen Grundlagen zu jedem Kapitel werden so dargelegt, dass der Studierende die Vorlesungsmitschrift und den eventuell versäumten Stoff in effektiver Form selbstständig aufarbeiten kann. Dazu dienen u.a. Modelle und Analogien, die komplizierte Sachverhalte in möglichst einfacher und leicht verständlicher Form darlegen sollen. Zur Erhöhung der Anschaulichkeit wurden viele Aussagen zusätzlich aus Diagrammen, Prinzipskizzen und Ersatzschaltungen abgeleitet.
Typische Berechnungsmethoden und -verfahren werden an aussagefähigen Lehrbeispielen demonstriert. Soweit sie nicht die Größenordnung eines dargelegten Sachverhalts verdeutlichen sollen, sind diese Lehrbeispiele in allgemeiner Form ausgeführt. Damit gelingt es dem Anwender, den Lösungsweg schrittweise nachzuvollziehen. Nahezu jedes Kapitel wird mit einer Anzahl praxisbezogener Berechnungsbeispiele abgeschlossen. Sie ermöglichen dem Studierenden die Gestaltung wirksamer Übungsphasen. Der Schwierigkeitsgrad dieser Berechnungsbeispiele entspricht typischen Klausuraufgaben des Lehrgebietes „Grundlagen der Elektrotechnik", die teilweise erweitert und miteinander kombiniert wurden.

Die vorliegende 5. Auflage entstand durch eine selektive Überarbeitung ausgewählter Abschnitte der 4. Auflage des Lehrbuchs. Diese Auflage enthält wieder einen Anhang mit Übungsaufgaben und eine separate Formelsammlung. Die Lösungen der Übungsaufgaben sind über das Internet (http://www.ostfalia.de/cms/de/pws/ose/Buch_ET.html) zugänglich.

Ich möchte mich an dieser Stelle für alle Hinweise zur Verbesserung der 1. bis 4. Auflage des Lehrbuchs bedanken.

Wolfenbüttel, im August 2013

Rainer Ose
e-mail: r.ose@ostfalia.de

Hinweise zur Arbeit mit diesem Buch

Das vorliegende Buch stellt eine Kombination von Lehrbuch und Übungsbuch dar. Aus diesem Grund wurden zahlreiche Beispiele und Übungsanteile eingearbeitet, die zur Erhöhung des Verständnisses für die betrachteten Stoffgebiete beitragen sollen.

- **Lehrbeispiele:**

Lehrbeispiele dienen dazu, das grundlegende Verständnis für den jeweils dargelegten Sachverhalt an einem einfachen und überschaubaren Beispiel zu entwickeln bzw. zu festigen. Sie werden im laufenden Text an den Stellen eingefügt, an denen es eventuell zusätzlichen Erklärungsbedarf gibt. Dazu zählen das Aufstellen allgemeiner Lösungsansätze und die Durchführung einfacher Berechnungen sowie die Vermittlung von Vorstellungen über die Größenordnungen ausgewählter Erscheinungen der Elektrotechnik.

Lehrbeispiele sind mit der Nummer des jeweiligen Kapitels und einer fortlaufenden Nummerierung versehen (z.B. Lehrbeispiel 3.5: Fünftes Lehrbeispiel im Kapitel 3).

- **Berechnungsbeispiele:**

An die meisten Kapitel oder an größere Abschnitte eines Kapitels sind mehrere Berechnungsbeispiele angefügt. Sie werden vollständig vorgerechnet und mit zusätzlichen Lösungshinweisen versehen. Im Bedarfsfall wird mit folgenden Symbolen auf Richtungen (z.B. in Zeigerbildern) oder auf Zählpfeile (in Rechnungen) verwiesen: (↓), (↑), (←), (→).

Ein Bearbeiter kann seine Fähigkeiten und Fertigkeiten innerhalb der Berechnung elektrischer Stromkreise herausbilden und festigen, wenn er die Aufgaben selbstständig bearbeitet. Falls er dabei die Übersicht verlieren sollte, ist sofortige Unterstützung durch Einsichtnahme in das vorgerechnete Beispiel möglich.

In einigen Kapiteln werden die Berechnungsbeispiele mit einem Komplexbeispiel abgeschlossen. Dabei handelt es sich um die Kombination mehrerer Berechnungsbeispiele, die sich zu einem Komplex ergänzen und eine betrachtete Problematik möglichst umfassend darstellen sollen. Berechnungsbeispiele werden wie Lehrbeispiele nummeriert.

- **Übungsaufgaben:**

Im Anhang des Buches befinden sich Übungsaufgaben. Sie sollen von dem Studierenden möglichst selbstständig abgearbeitet werden. Zur Kontrolle sind die Lösungen zu den Übungsaufgaben in Kurzfassung im Internet veröffentlicht.

Übungsaufgaben werden im Sinne einer zielgerichteten Prüfungsvorbereitung mit der folgenden Kennzeichnung dem jeweiligen Grundlagenbereich zugeordnet:
ÜA_1 = Gleichstromlehre, ÜA_2 = Felder und ÜA_3 = Wechselstromlehre.
Es folgt die Nummer des jeweiligen Abschnittes, in dem die Problematik aus theoretischer Sicht behandelt wird. Ein nachfolgender Großbuchstabe ermöglicht die Unterscheidung der Übungsaufgaben eines gleichen Abschnittes (z.B. ÜA_1_3.5_B: Zweite Übungsaufgabe zur Gleichstromlehre – Abschnitt 3.5).

Die meisten Beispiele und Übungsaufgaben können mit Simulationsprogrammen nachvollzogen werden. Entsprechende Hinweise zur Arbeit mit PSPICE findet man in [14] – Kap. 1.

Inhaltsverzeichnis

I Gleichstromlehre

12 - 16

21 - 24

27 - 30 40 44 - 46

50 - 52

1 Elektrische Grundgrößen

1.1 Elektrische Ladung

Die elektrische *Ladung* ist eine grundlegende Eigenschaft der Materie. Alle physikalischen Zustände, Prozesse und Erscheinungen, die in der Elektrotechnik auftreten, werden durch ruhende oder bewegte elektrische Ladungen verursacht.

Elektrische Ladungen sind Bestandteil aller Atome. Um den positiv geladenen Atomkern (Protonen) existiert eine negativ geladene Atomhülle, die mit n Elektronen besetzt ist. Diese beiden Elementarteilchen tragen eine vorzeichenbehaftete *Elementarladung* e_0.

- Proton: positive Ladung $+e_0$
- Elektron: negative Ladung $-e_0$

$$e_0 \approx 1{,}602 \cdot 10^{-19}\ \text{A·s} \qquad (1.1)$$

Ein Atom, dem aus seiner Umgebung keine Energie zugeführt wurde, erscheint für einen externen Beobachter elektrisch neutral. Die negative Ladung der Atomhülle hebt die positive Ladung des Atomkerns nach außen hin auf.

Bewegliche Ladungen entstehen in bestimmten Stoffen z.B. durch das Herauslösen von Elektronen aus der Atomhülle. Infolge der Zufuhr von Energie (z.B. Wärme) werden Elektronen aus der Hülle der Atome entfernt und stehen dann als bewegliche Ladungsträger⊖ zur Verfügung. Das Atom besitzt in diesem Fall einen Überschuss an positiven Ladungen⊞ seines Kernes.

Der Betrag jeder positiven oder negativen Ladung ist dann ein ganzzahliges Vielfaches n der Elementarladung e_0 und wird als *Ladungsmenge Q* bezeichnet. Für die Einheit gilt: $[Q] = 1$ A·s (Amperesekunde).

$$|Q| = n \cdot e_0 \qquad (1.2)$$

Jede Ladung versetzt den sie umgebenden Raum in einen besonderen Zustand. Sie bewirkt ein elektrisches Feld (Kap. 7 bis 9) und übt damit eine Kraft $F \sim Q$ auf benachbarte Ladungen aus. Nach dem COULOMBschen Gesetz (siehe Abschn. 9.4) stoßen sich Ladungen gleicher Polarität voneinander ab, und Ladungen mit verschiedenen Vorzeichen ziehen sich gegenseitig an.

Ladungen können ruhen oder sich infolge der Kraftwirkung eines elektrischen Feldes bewegen. Ob sie sich bewegen können, und wie schnell sie sich bewegen, hängt von der sie umgebenden Materie ab.

Ruhende Ladungen erhält man z.B. durch Ladungstrennung auf den Oberflächen zweier durch einen Nichtleiter getrennter Metallplatten (vgl. Kap. 9).

Bewegliche Ladungen können gerichtet transportiert werden, wenn ein äußeres elektrisches Feld auf sie einwirkt (z.B. durch Anlegen einer Spannung an einen Leiter). Die negativen Ladungen führen dann eine Bewegung relativ zu den positiven Ladungen aus.

Der jeweilige Zustand einer Ladung (Ruhe oder Bewegung) wird demzufolge neben der von außen zugeführten Energie durch das stoffliche Medium bestimmt, in dem sich die Ladung befindet bzw. das von den betrachteten Atomen gebildet wird. Solche stofflichen Medien können fest, flüssig oder gasförmig sein.

Die weiteren Ausführungen in diesem Lehrbuch beziehen sich auf Festkörper, die in der Regel bei Raumtemperatur betrachtet werden. Man unterscheidet zwischen den folgenden Stoffen:

- **Elektrischer Leiter:**

Unter einem *Leiter* versteht man einen leitfähigen Stoff, der eine große Anzahl von beweglichen Elektronen enthält (z.B. Kupfer mit einer Konzentration $n_{Cu} \approx 9 \cdot 10^{22}$ Elektronen / cm^3). In metallischen Leitern sind die Elektronen nur sehr schwach im Atomverband gebunden, können sich leicht lösen und stehen somit in großer Anzahl als bewegliche Ladungsträger für einen Ladungstransport zur Verfügung.

In den weiteren Ausführungen der folgenden Kapitel zur Gleichstromlehre (Ausnahme: Kap. 6) werden ausschließlich metallische Leiter betrachtet.

- **Halbleiter:**

In einem Halbleiter ist die Anzahl der beweglichen Ladungen pro Volumeneinheit im Vergleich zum metallischen Leiter um Größenordnungen von bis zu 10^{10} Elektronen / cm^3 geringer. Durch den zielgerichteten Einbau von geeigneten Fremdatomen (Dotierung) kann diese Anzahl jedoch um Größenordnungen verändert werden.

Auf Leitungsmechanismen in Halbleitern kann in diesem Lehrbuch leider nicht eingegangen werden. Es wird auf die weiterführende Literatur (z.B. [13]) verwiesen.

- **Nichtleiter (Isolator):**

Ein idealer *Nichtleiter* besitzt keine frei beweglichen Ladungsträger. Somit ist ein Ladungstransport nicht möglich.

Bei realen Nichtleitern sind die Elektronen fest im Gitterverband verankert, solange sie nicht entsprechend hohen Temperaturen oder starken elektrischen Feldern ausgesetzt werden. Obwohl es demzufolge keine idealen Nichtleiter geben kann, geht man in ausgewählten Fällen von dieser idealen Eigenschaft aus (z.B. Kap. 9).

1.2 Elektrische Stromstärke

Die elektrische Stromstärke i beschreibt einen Ladungstransport pro Zeiteinheit.

$$i = \frac{dQ}{dt} \qquad (1.3)$$

Wenn sich die Menge der transportierten Ladung über der Zeit ändert, so handelt es sich um einen zeitlich veränderlichen Strom $i = f(t)$. Er wird im Weiteren, wie auch alle anderen von der Zeit abhängigen Größen, mit einem kleinen Buchstaben i gekennzeichnet (Einheit: $[i] = 1$ A).

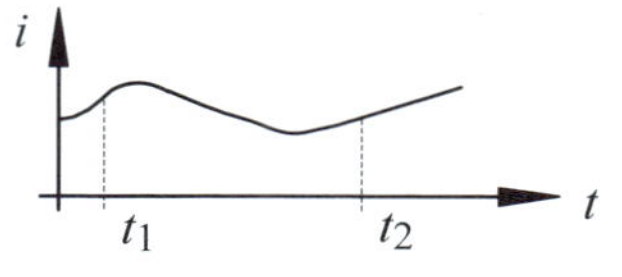

Bild 1.1: Zeitlich veränderlicher Strom

Betrachtet man einen veränderlichen Strom in einem zeitlichen Intervall (z.B. hier von t_1 bis t_2 – siehe Bild 1.1), so ist die Fläche, die vom Funktionsverlauf $i = f(t)$ gegen die Zeitachse eingeschlossen wird, ein Maß für die in diesem Zeitraum Δt transportierte Ladungsmenge $\Delta Q = Q_2 - Q_1$.

$$\Delta Q = \int_{t_1}^{t_2} i \cdot dt \qquad (1.4)$$

Wird über der Zeit eine konstante Ladungsmenge bewegt, so handelt es sich um einen zeitlich unabhängigen Strom $i \neq f(t)$. Dieser *Gleichstrom* wird mit einem großen Buchstaben I gekennzeichnet.

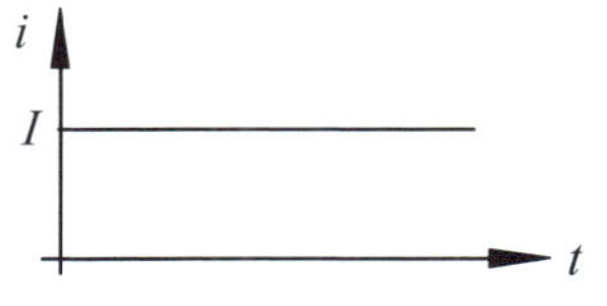

Bild 1.2: Gleichstrom

Der elektrische Strom ist an seinen drei *Hauptwirkungen* erkennbar:

• **Wärmewirkung:**

Beim Transport von Ladungsträgern durch den Querschnitt eines Leiters kommt es zu einer Erwärmung des Leiters. Mit zunehmender Dichte der Strömung (Stromdichte, vgl. Kap. 8) wird diese Erwärmung größer.

• **Magnetische Wirkung:**

Bewegte elektrische Ladungen erzeugen um sich herum ein magnetisches Feld (siehe auch Kap. 11).

• **Chemische Wirkung:**

In flüssigen Leitern (Elektrolyte) fließt ein Ionenstrom. Dieser Ladungstransport ist zugleich ein Massetransport, der zu einer chemischen Beeinflussung des durchströmten Stoffes führt.

Der elektrische Strom ist mit Gleich. (1.3) noch nicht vollständig beschrieben. Die Angabe seines Wertes (Vorzeichen – Zahlenwert – Einheit) ist nur in Verbindung mit einer Richtungsangabe sinnvoll.

In metallischen Leitern können sich lediglich die Elektronen (negative Ladungsträger) bewegen. Im Falle einer Bewegung sind sie die „Träger" des Stromes. Durch das Herauslösen aus dem Atomverband hinterlassen die Elektronen positive Metallionen. Diese positiven Ionisationszustände verlagern sich im Vergleich zur Bewegung der Elektronen in entgegengesetzter Richtung (Relativbewegung der positiven Ladungsträger – siehe Bild 1.3).

Die Grundlage für eine einheitliche Richtungsangabe[1)] bildet der *Richtungssinn* des Stromes. Danach wird die Richtung des elektrischen Stromes mit $I > 0A$ gegen die Bewegungsrichtung der Elektronen ⊖ definiert und mit einem *Richtungspfeil* gekennzeichnet (Bild 1.3).

1) Empfehlung nach DIN EN 60375

Nach dieser Festlegung fließt der Strom mit $I > 0A$ außerhalb der Quelle vom höheren (+) zum niedrigeren (–) Energieniveau, also in Richtung der Relativbewegung - - ➤ der positiven Ladungen ⊞ . Ein Richtungspfeil gibt demzufolge die Richtung des Stromes an, mit der er mit positiven Werten durch einen Stromkreis fließt.

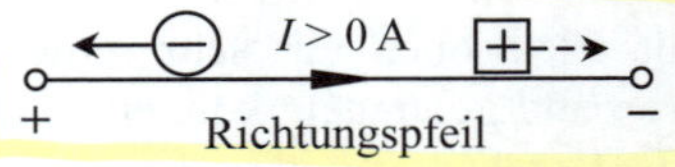

Bild 1.3: Richtungssinn des Stromes

In vielen Fällen kann diese Richtung aber nicht vorhergesagt werden. Das trifft insbesondere auf Brückenschaltungen (siehe Abschn. 4.4) und auf Stromkreise mit mehreren Quellen (vgl. Kap. 5) zu.

Falls die Potentialverhältnisse (vgl. Abschn. 1.3) in einem elektrischen Stromkreis (vgl. Abschn. 1.4) nicht bekannt sind, muss die Richtung eines Stromes vom Betrachter mit einem *Bezugspfeil* willkürlich festgelegt werden. Im Ergebnis einer Berechnung sagt das Vorzeichen des berechneten Stromes dann aus, ob er wirklich in die festgelegte Richtung fließt (positives Vorzeichen), oder ob er nicht in diese Richtung fließt (negatives Vorzeichen). Im Falle eines positiven Vorzeichens ist der Bezugspfeil zugleich der Richtungspfeil (Bild 1.3).

Obwohl Bezugspfeile beliebig festgelegt werden können, sollte man ihre Richtung während oder im Ergebnis einer Berechnung nicht mehr verändern. Da ein berechneter Strom (Vorzeichen, Zahlenwert, Einheit) nur in Verbindung mit dem festgelegten Bezugspfeil exakt interpretierbar ist, würde ein Richtungswechsel zu einer nicht nachvollziehbaren Lösung führen. Eine Aussage zum Richtungspfeil kann ja aus dem Vorzeichen des Rechenergebnisses im Zusammenhang mit dem Bezugspfeil abgeleitet werden.

In den weiteren Ausführungen dieses Lehrbuchs wird mit dem in der schaltungstechnischen Praxis üblichen Begriff „Zählpfeil“ gearbeitet. Darunter ist ein willkürlich festgelegter Bezugspfeil zu verstehen, der für die jeweils betrachtete Größe einen Bezugssinn vorgibt. Ein Strom wird nur dann als positiv angesehen, wenn der gewählte Bezugssinn (Zählpfeil) mit seinem Richtungssinn (siehe Richtungspfeil im Bild 1.3) übereinstimmt.

Lehrbeispiel 1.1:

Wie viele Ladungsträger müssen bewegt werden, damit in einem Leiter eine Sekunde lang ein Strom von $I = 1$ A fließt?

Da es sich um einen Gleichstrom handelt, gilt die Gleich. (1.3) wie folgt:

$$i = \frac{dQ}{dt} \quad \text{mit:} \quad Q = \text{const.} \quad \Rightarrow \quad I = \frac{Q}{t}$$

Durch Einsetzen von Gleich. (1.2) erhält man:

$$I = \frac{|Q|}{t} = \frac{n \cdot e_0}{t} \quad \Rightarrow \quad n = \frac{I \cdot t}{e_0} \approx 6{,}25 \cdot 10^{18}$$

Diese große Anzahl ist nicht mehr überschaubar. Um sich zumindest modellmäßig eine Vorstellung von der Menge der an diesem Ladungstransport beteiligten Ladungsträger zu verschaffen, werden folgende Überlegungen angestellt:

Welche Fläche könnte man überdecken, wenn jeder Ladungsträger die Größe eines Tennisballes (∅ 65 mm) hätte?

Zum Bedecken eines Quadratmeters sind ca. 225 Tennisbälle erforderlich. Unsere Erde hat eine Oberfläche von rund 500 Millionen Quadratkilometern ($A \approx 5 \cdot 10^{14}$ m^2). Zum vollständigen Belegen der Erdoberfläche wären demzufolge ca. $1{,}13 \cdot 10^{17}$ Tennisbälle nötig.

Für das Beispiel mit den n Ladungsträgern bedeutet dies, dass unsere Erde 55-mal mit einer solchen Schicht überzogen werden könnte oder dass diese Schicht bei einem einmaligen Belag ca. 4 m dick wäre!

1.3 Elektrische Spannung

Einer Ladung kann an jedem Ort eines elektrischen Kreises (Abschn. 1.4) ein definiertes *Energieniveau* zugeordnet werden. Bezieht man das Energieniveau dieses Punktes auf die Ladung selbst, erhält man eine Aussage zum elektrischen *Potential* φ.

> Das elektrische Potential φ ist ein Maß für das auf die Ladung bezogene Energieniveau eines Punktes in einem elektrischen Stromkreis.

Für einen Punkt a gilt: $\varphi_a = \dfrac{W_a}{Q}$

Besitzt ein Punkt b ein von a verschiedenes Potential, so existiert zwischen den beiden Punkten eine Potentialdifferenz, die man als elektrische *Spannung U* bezeichnet. Für die Einheit gilt: $[\varphi] = 1$ V; $[U] = 1$ V (Volt).

> Eine elektrische Spannung beschreibt die Differenz der Potentiale zweier Punkte in einem elektrischen Stromkreis.

Für eine Gleichspannung $u \neq f(t)$ zwischen den Punkten a und b (U_{ab}) gilt dann:

$$U_{ab} = \varphi_a - \varphi_b \qquad (1.5)$$

Zur vollständigen Beschreibung der Spannung ist eine Richtungsangabe erforderlich. Die Spannung wird mit einem Spannungszählpfeil gekennzeichnet, der z.B. vom Punkt a zum Punkt b festgelegt wurde. Besitzt nun der Punkt b ein höheres Potential als der Punkt a, so wird die Spannung gemäß Gleich. (1.5) negativ. Dieses negative Vorzeichen signalisiert den Sachverhalt, dass die Spannung U_{ab} nicht vom Punkt a zum Punkt b (sondern von b nach a) mit einem positiven Wert $U_{ba} = -U_{ab}$ abfällt.

1.4 Elektrischer Gleichstromkreis

In einem leitfähigen Medium fließt ein elektrischer Strom, wenn den beweglichen Ladungsträgern durch eine Quelle Energie zugeführt wird und die Anordnung in sich geschlossen ist (Stromkreis). Zur Verdeutlichung dieses Sachverhaltes soll zunächst ein *unverzweigter elektrischer Stromkreis* betrachtet werden. Er besteht im Elementarfall aus einer elektrischen Quelle und einem Verbraucher (*Grundstromkreis*).

Zwischen zwei Punkten a und b soll sich eine (vorerst als ideal angenommene) elektrische Quelle (EQ im Bild 1.4) befinden, die eine *Quellenspannung* $U_q > 0$ V (siehe Zählpfeil im Bild 1.4) bereitstellt. Dann liegen die Punkte a und b auf den Potentialen φ_a und φ_b mit $\varphi_a > \varphi_b$.
Es gilt: $U_q = U_{ab} = \varphi_a - \varphi_b$.

In diesem Zusammenhang muss darauf verwiesen werden, dass der Wert des Potentiales eines Punktes lediglich eine Aussage relativ zum Potential eines frei wählbaren Bezugspunktes liefert. Diesem Bezugspunkt PB ordnet man ein Bezugspotential (z.B. $\varphi_{PB} = 0$ V) zu.

Wenn nun die Lage des Bezugspunktes oder das Bezugspotential selbst verändert wird, ändern sich die Potentiale aller betrachteten Punkte. Die Potentialdifferenzen (Spannungen) zwischen jeweils zwei Punkten bleiben aber unverändert.

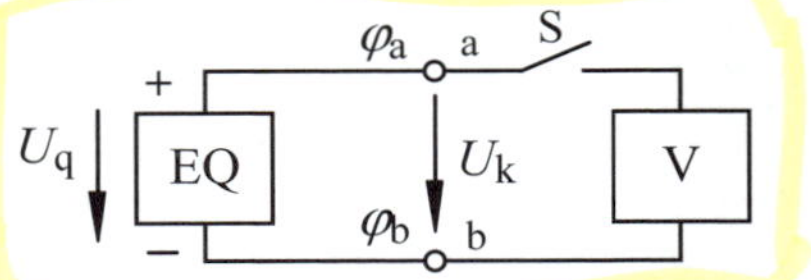

Bild 1.4: Offener elektrischer Kreis

Bei geöffnetem Schalter S (Bild 1.4) fließt kein Strom durch den Kreis. Zwischen den Klemmen a und b liegt eine *Klemmenspannung* U_k, die im Bild 1.4 gleich der Quellenspannung U_q ist. Die Spannung über dem Verbraucher V ist null.

Nun wird der Kreis über den Schalter S geschlossen (Bild 1.5).

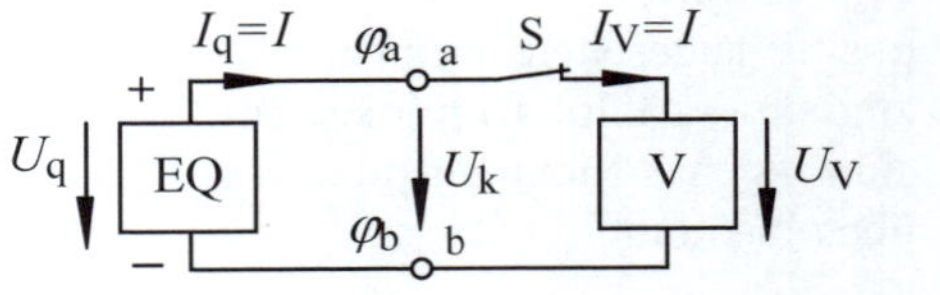

Bild 1.5: Geschlossener elektrischer Stromkreis

Die Quelle treibt jetzt einen Quellenstrom $I_q = I$ vom höheren (φ_a) zum niedrigeren Potential (φ_b) durch den geschlossenen elektrischen Stromkreis. In einem unverzweigten elektrischen Stromkreis fließt nur ein Strom. Dieser Strom $I_V = I$ verursacht einen *Spannungsabfall* U_V über dem Verbraucher, der in Richtung des fließenden Stromes weist.

Im Bild 1.6 ist ein einfaches Modell für den Ladungstransport in einem Gleichstromkreis dargestellt. Es soll zeigen, dass der elektrische Strom eine in sich geschlossene Erscheinung ist. Er wird zwar von einer elektrischen Quelle (EQ) verursacht – er selbst hat aber kein Anfang und kein Ende.

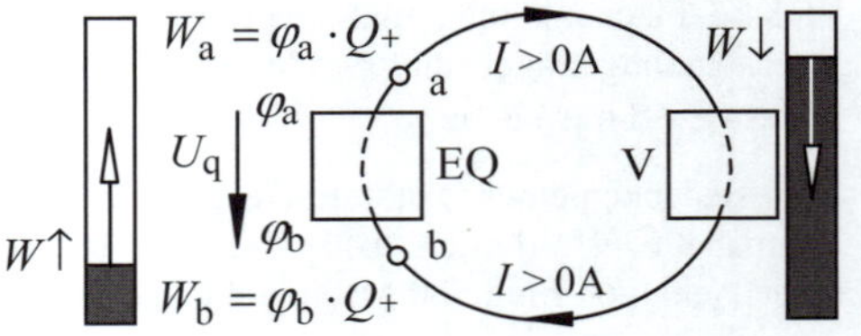

Bild 1.6: Modell zum Gleichstromkreis ($U_q > 0$ V)

Eine bewegte Ladung verliert längs des Ladungstransportes durch einen geschlossenen Stromkreis einen Teil ihrer potentiellen Energie. Diese Energie wird der Ladung von der elektrischen Quelle wieder zugeführt. Der elektrische Strom fließt dabei in seinem geschlossenen Umlauf kontinuierlich weiter (*Kontinuität* des Stromes).

Zur Erläuterung dieses Sachverhaltes wird davon ausgegangen, dass eine positive Ladung im Punkt a des Bildes 1.6 ihr höchstes Energieniveau (W_a) aufweist. Längs des Ladungstransportes (siehe Richtungspfeil des Stromes) sinkt das Energieniveau dieser Ladung in Richtung des Punktes b ab. Dieses Absinken ($W \downarrow$) soll mit dem rechten Füllstandsanzeiger modellmäßig nachgebildet werden. Im Punkt b besitzt die betrachtete Ladung ihr geringstes Energieniveau. Längs dieses Ladungstransportes hat sich demzufolge nicht die Ladungsmenge verringert, sondern ihr Energieniveau ist abgesunken. Der links im Bild 1.6 dargestellte Füllstandsanzeiger soll die Arbeitsweise der Quelle modellmäßig nachbilden. Sie hebt das Energieniveau der Ladung von W_b auf den ursprünglichen Wert W_a an ($W \uparrow$). Dabei muss der Strom als in sich geschlossene Erscheinung auch durch die Quelle fließen.

Im Bild 1.7 ist noch einmal der geschlossene elektrische Stromkreis des Bildes 1.5 in vereinfachter Form dargestellt.
Für den elektrischen Strom gilt: $I_q = I_V = I$.

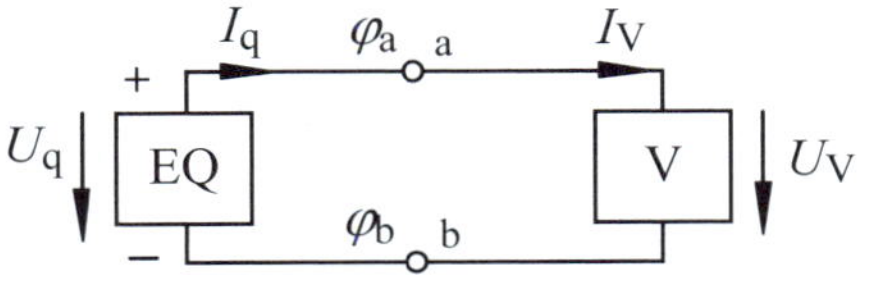

Bild 1.7: Zählpfeile im elektrischen Stromkreis

Bei der Interpretation der Richtungen der Zählpfeile stellt man folgendes fest:
Die Zählpfeile von Spannung und Strom weisen an der Quelle (Bild 1.7 – links) eine entgegengesetzte Richtung zueinander auf. Die Zählpfeile von Spannung und Strom zeigen dagegen am Verbraucher (Bild 1.7 – rechts) in die gleiche Richtung.

Es muss demzufolge zwischen zwei verschiedenen Zählpfeilsystemen unterschieden werden.

- **Quellen-Zählpfeilsystem:**

Wenn die Zuordnung der Zählpfeile von Spannung und Strom eine entgegengesetzte Richtung aufweisen (siehe Bild 1.8), so wird dieser schaltungstechnische Zustand nach Vorbild einer aktiven elektrischen Quelle im *Quellen-Zählpfeilsystem* dargestellt.

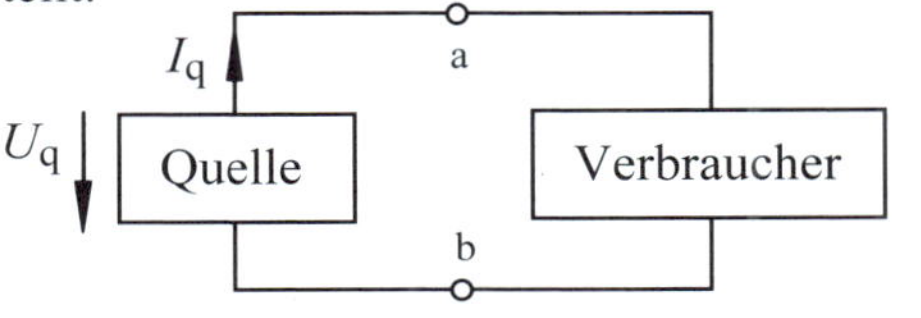

Bild 1.8: Quellen-Zählpfeilsystem

Im Bild 1.8 ist der Quellenstrom I_q gegen den Zählpfeil der Quellenspannung U_q gerichtet. Die Quelle gibt Leistung an den Verbraucher ab (und wirkt damit als Quelle), wenn der Strom mit $I_q > 0$ A vom höheren Potential der Quelle durch einen außen angeschlossenen Verbraucher zum niedrigeren Potential der Quelle fließt. Wenn das nicht der Fall ist ($I_q < 0$ A), dann nimmt die Quelle Leistung auf und wirkt als Verbraucher. Das ist allerdings in der hier angenommenen Situation nicht möglich.

- **Verbraucher-Zählpfeilsystem:**

Wenn die Zuordnung der Zählpfeile von Spannung und Strom die gleiche Richtung aufweisen (siehe Bild 1.9), so wird dieser schaltungstechnische Zustand im *Verbraucher-Zählpfeilsystem* dargestellt.

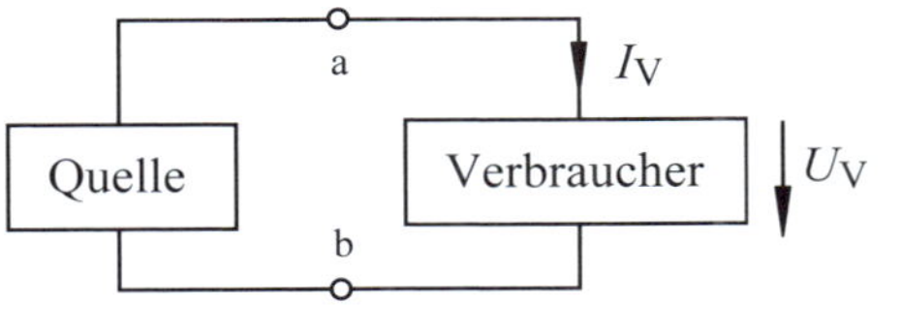

Bild 1.9: Verbraucher-Zählpfeilsystem

Danach hat der Strom durch den Verbraucher I_V die gleiche Richtung wie der Zählpfeil der Verbraucherspannung U_V (siehe Bild 1.7 – rechts und Bild 1.9), da ein Strom durch einen Verbraucher einen Spannungsabfall in Flussrichtung verursacht. In diesem Fall nimmt das betrachtete Element Leistung auf und wirkt als Verbraucher.

Nun sollen die in den Bildern 1.4 bis 1.9 vorgestellten Modelle im Zusammenhang mit den getroffenen Festlegungen in eine einfache schaltungstechnische Situation gemäß Bild 1.5 umgesetzt werden. Die Anordnung besteht jetzt aus einer realen linearen Spannungsquelle und einem Lastwiderstand als Verbraucher. Beide Elemente werden an den Punkten a und b zu einem unverzweigten elektrischen Stromkreis (siehe Bild 1.10) verknüpft.

Die elektrische Quelle (EQ) ist der aktive Teil dieses elektrischen Stromkreises. Ladungstrennende Kräfte im Inneren dieses Schaltelementes erzeugen eine Quellenspannung U_q und versetzen elektrische Ladungen in diesem geschlossenen Stromkreis in eine Bewegung relativ zueinander. Solche inneren Vorgänge sind mit Verlusten behaftet, die bei einer linearen Quelle durch einen ohmschen Widerstand (Innenwiderstand R_i im Bild 1.10) nachgebildet werden.

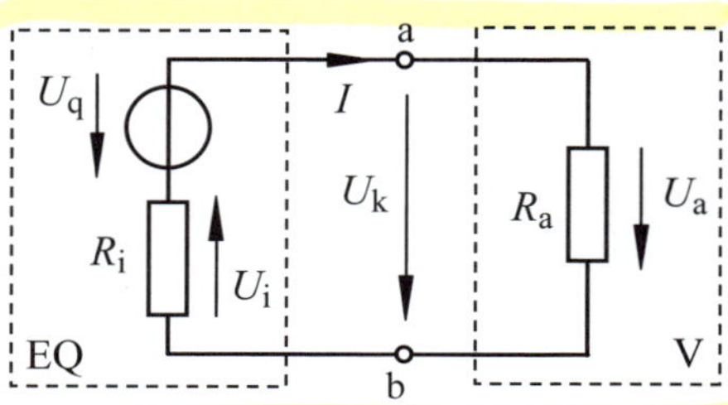

Bild 1.10: Unverzweigter elektrischer Stromkreis

Der Verbraucher (V) als der passive Teil eines elektrischen Stromkreises soll in den folgenden Betrachtungen ein linearer ohmscher Widerstand R_a sein (vgl. Abschn. 1.5 und 2.1). Er setzt die ihm zugeführte Energie in Wärme um. Die Verbindungsleitungen zwischen Quelle und Verbraucher werden als widerstandslos angenommen.

Bei einem offenen Kreis (Trennung der beiden Elemente an den Punkten a und/oder b) fließt kein Strom und der Spannungsabfall U_i über dem Innenwiderstand ist null. Über dem Lastwiderstand kann dann natürlich auch keine Spannung abfallen. Die Klemmenspannung U_k ist in diesem Fall gleich der Quellenspannung U_q.

Wird nun der Stromkreis geschlossen (Verbindung der beiden Elemente über die Punkte a und b), so fließt ein Strom I durch die Widerstände R_a und R_i. In einem unverzweigten elektrischen Stromkreis kann nur ein Strom fließen.

Über beiden Widerständen fällt infolge dieses Stromflusses eine Spannung (U_a bzw. U_i) ab. Die Klemmenspannung U_k ist jetzt gleich dem Spannungsabfall U_a.

Es gilt: $U_k = U_a = U_q - U_i$.

Für die Spannungsquelle gilt das Quellen-Zählpfeilsystem, da die Zählpfeile von U_q und I eine entgegengesetzte Richtung aufweisen. Die Quelle gibt Leistung an die angeschlossenen Elemente ab.

Für den Innenwiderstand der Spannungsquelle R_i und für den Lastwiderstand R_a gilt das Verbraucher-Zählpfeilsystem, da die Zählpfeile von U_i und I sowie von U_a und I jeweils die gleiche Richtung aufweisen. Beide Widerstände nehmen Leistung von der Quelle auf.

Der in der Praxis in der Regel nicht vernachlässigbare Innenwiderstand R_i einer elektrischen Quelle wirkt demzufolge innerhalb dieser Quelle als Verbraucher.

1.5 Widerstände im elektrischen Stromkreis

1.5.1 Bemessungsgleichung

Der ohmsche *Widerstand* R (vgl. auch Abschn. 2.1) beschreibt die Fähigkeit eines stofflichen Gebildes zur Begrenzung des elektrischen Stromes I. Zur Diskussion von Einflussgrößen auf diese Begrenzereigenschaft soll eine Strömung durch ein Stück Manganindraht (Widerstandswerkstoff) betrachtet werden (Bild 1.11).

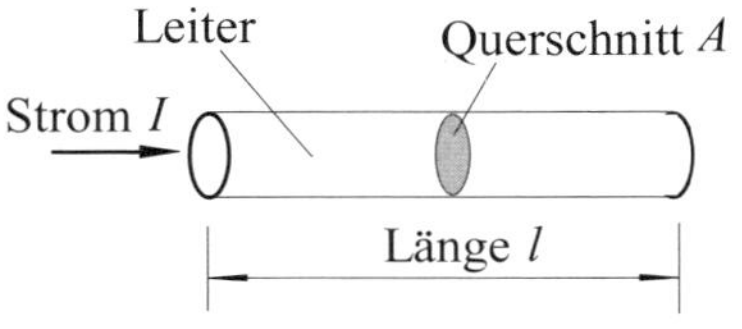

Bild 1.11: Einflussgrößen zur Begrenzung des elektrischen Stromes I

Das stoffliche Gebilde besitzt eine spezifische elektrische Leitfähigkeit κ und ist durch seine konstruktiven Daten (Länge l und Querschnitt A) gekennzeichnet.

Die spezifische elektrische Leitfähigkeit κ ist eine Werkstoffkenngröße und wird durch die Dichte der frei beweglichen Ladungsträger und durch ihre Beweglichkeit im Werkstoff bestimmt. Der Kehrwert der elektrischen Leitfähigkeit ist der spezifische elektrische Widerstand ρ. Es gilt:

$$\kappa = \frac{1}{\rho} \quad \text{mit:} \quad [\kappa] = 1\frac{\text{m}}{\Omega \cdot \text{mm}^2} = 1\frac{\text{S}}{\text{m}}$$

Der Strom durch den Leiter im Bild 1.11 wird durch folgende Maßnahmen begrenzt:

- Verringerung der Dichte der beweglichen Ladungsträger und ihrer Beweglichkeit:

Dazu muss ein Werkstoff mit einer kleineren elektrischen Leitfähigkeit κ (also ein „schlechterer" Leiter) verwendet werden.

- Vergrößerung der Länge des Leiters:

Eine größere Länge l des Drahtes setzt dem Stromfluss einen größeren Widerstand entgegen.

- Verringerung des Leiterquerschnittes:

Eine Reduzierung der Fläche A bewirkt eine Verringerung der Anzahl der für den Ladungstransport verfügbaren Ladungsträger und damit eine Strombegrenzung.

Daraus ergibt sich die Bemessungsgleichung zur Bestimmung des Widerstandes einer leitfähigen Anordnung:

$$R = \frac{l}{\kappa \cdot A} = \rho \cdot \frac{l}{A} \tag{1.6}$$

♦ Der ohmsche Widerstand R ist eine Bauelemente-Kenngröße, die neben den konstruktiven Merkmalen durch die Kenngröße (κ oder ρ) des jeweils verwendeten Werkstoffes bestimmt wird.

Der elektrische *Leitwert* G wird über den Kehrwert des ohmschen Widerstandes R bestimmt.

$$G = \frac{1}{R} = \frac{\kappa \cdot A}{l} \tag{1.7}$$

Der Leitwert wird in der Praxis als reine Rechengröße verwendet. Die primären Informationen über die Einsetzbarkeit des Bauelementes „Widerstand" leitet der Schaltungstechniker vorrangig aus der Angabe des Widerstandswertes ab. Aus diesem Grund wird in den folgenden Ausführungen weitgehend auf Leitwertbetrachtungen verzichtet.

Für die Einheiten gilt:

$[R] = 1\ \Omega$ (Ohm)

$[G] = 1\ \text{S}$ (Siemens).

1.5.2 Temperaturabhängigkeit

Bei *Leiterwerkstoffen* äußert sich eine Temperaturänderung über eine nachweisbare Widerstandsänderung des Stoffes. Der Temperaturkoeffizient α ist ein Maß dafür. Er beschreibt als Werkstoffkenngröße die auf den Widerstandswert des Stoffes bei Raumtemperatur bezogene Widerstandsänderung pro Temperaturänderung. Bei metallischen Werkstoffen ist der Temperaturkoeffizient größer als null (vgl. auch [14] – Lehrbeispiel 2.3).

$$\alpha = \frac{\mathrm{d}R}{\mathrm{d}T} \cdot \frac{1}{R} \qquad (1.8)$$

Der Widerstandswert wird bei einer definierten Temperatur wie folgt berechnet:

$$R = R_{20} \cdot (1 + \alpha \cdot \Delta T) \qquad (1.9)$$

R_{20} ist der Widerstandswert bei einer Bezugstemperatur von 20 °C. α beschreibt den Temperaturkoeffizienten des für das Bauelement verwendeten Werkstoffes. Für ΔT ist die Temperaturänderung (aktuelle Temperatur relativ zur Bezugstemperatur) einzusetzen. Diese Berechnungsvorschrift gilt nur für den in der Schaltungstechnik interessierenden Temperaturbereich und für relativ kleine Temperaturänderungen.

1.5.3 Technische Ausführungsformen

Aus der Sicht des verfügbaren Bauelementesortimentes unterscheidet man zwischen Festwiderständen und Einstellwiderständen (vgl. auch [14] – Abschn. 2.2.1).

Festwiderstände können ein lineares oder ein nichtlineares Verhalten aufweisen. Dieses Verhalten wird mit einer Strom-Spannungs-Kennlinie $I = \mathrm{f}(U)$ beschrieben (vgl. auch Abschn. 2.1).

Lineare Widerstände werden als Drahtwiderstand (z.B. Konstantandraht), Schichtwiderstand (Kohleschicht; Metallschicht) oder als Massewiderstand hergestellt.

Nichtlineare Widerstände (z.B. Heißleiter, Kaltleiter, Varistor, Fotowiderstand usw.; siehe auch [14] – Abschn. 2.3) bestehen aus einem Halbleitermaterial. Ihr Widerstandswert wird durch eine physikalische Größe (z.B. Temperatur, Spannung, Beleuchtungsstärke) beeinflusst.

Einstellwiderstände ändern ihren Widerstandswert bei Veränderung der Position eines Schleifkontaktes längs einer geraden oder kreisförmigen Widerstandsbahn. Diese Widerstandsbahn kann aus Drahtwindungen (Drahtpotentiometer) oder aus einer Widerstandsschicht (Schichtpotentiometer) bestehen. Der gewünschte Widerstandswert wird dann mit einem geeigneten Schleifkontakt von der Widerstandsbahn linear oder logarithmisch abgegriffen.

• Zusammenfassung:

Tabelle 1.1: Formelzeichen und Einheiten

Bezeichnung	Formelzeichen	Einheit
Ladung	Q	A·s
Strom	I	A
Potential	φ	V
Spannung	U	V
Widerstand	R	Ω
Leitwert	G	S
Spezifischer Widerstand	ρ	Ω·m
Spezifischer Leitwert	κ	$\mathrm{S \cdot m^{-1}}$
Temperaturkoeffizient	α	$\mathrm{K^{-1}}$

2 Gesetze zur Berechnung elektrischer Stromkreise

2.1 Das OHMsche Gesetz

Das OHMsche Gesetz beschreibt den Zusammenhang zwischen der elektrischen Spannung und dem elektrischen Strom über die Bauelemente-Kenngröße R bzw. G als Proportionalitätsfaktor.

$$I = G \cdot U = \frac{U}{R} \qquad (2.1)$$

Dieser Zusammenhang kann über die Strom-Spannungs-Kennlinie grafisch dargestellt werden. Bei einem ohmschen Widerstand verläuft diese *Kennlinie* linear.

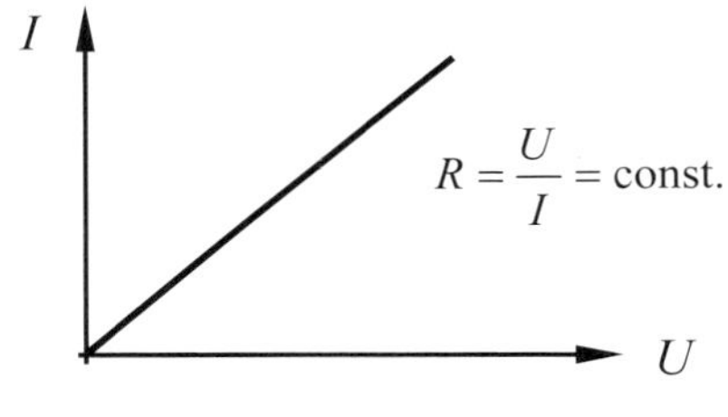

Bild 2.1: Strom-Spannungs-Kennlinie eines ohmschen Widerstandes

Bei einem Bauelement mit einer nichtlinearen Strom-Spannungs-Kennlinie wird zwischen einem Gleichstromwiderstand und einem differentiellen Widerstand (vgl. auch Bild 2.2) unterschieden. Beide Widerstände sind vom jeweils eingestellten Arbeitspunkt (AP) abhängig.

Der *Gleichstromwiderstand* wird in der Strom-Spannungs-Kennlinie $I = \mathrm{f}\,(U)$ aus dem Kehrwert des Anstieges der Verbindungsgeraden vom Koordinatenursprung zum eingestellten Arbeitspunkt ermittelt.

$$R_{\_} = \frac{U}{I}\Big|_{\mathrm{AP}} \qquad (2.2)$$

Der *differentielle Widerstand* beschreibt den Kehrwert des Anstieges der Strom-Spannungs-Kennlinie $I = \mathrm{f}\,(U)$ im jeweiligen Arbeitspunkt (Tangente im Bild 2.2).

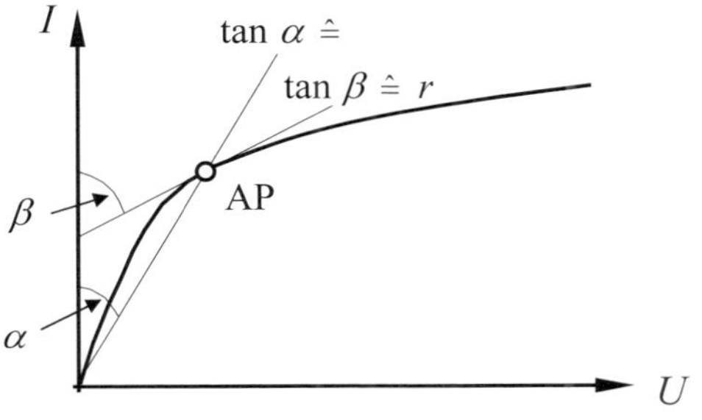

Bild 2.2: Gleichstromwiderstand und differentieller Widerstand

Bei linearen Widerständen sind Gleichstromwiderstand und differentieller Widerstand identisch.

$$r = \frac{\mathrm{d}U}{\mathrm{d}I}\Big|_{\mathrm{AP}} \qquad (2.3)$$

Bauelemente mit einer nichtlinearen Strom-Spannungs-Kennlinie haben einen vom Gleichstromwiderstand verschiedenen differentiellen Widerstand. Je nach Krümmung und Verlauf des Kennlinienbereiches, in dem der Arbeitspunkt liegt, weichen sie vom Gleichstromwiderstand ab und besitzen gelegentlich auch ein negatives Vorzeichen (fallender Kennlinienteil).

Als Bauelement wird im Weiteren ein *linearer Widerstand* (lineare Strom-Spannungs-Kennlinie) betrachtet. Legt man an einen Widerstand eine Spannung U (Ursache), so fließt ein Strom I (Wirkung), der vom Widerstand R (Bedingung) begrenzt wird.

Ursache und Wirkung sind je nach Auffassung umkehrbar. Speist man einen Strom (Ursache) in einen Widerstand ein, so entsteht über diesem Bauelement ein Spannungsabfall (Wirkung), der vom Widerstandswert bestimmt wird (Bild 2.3).

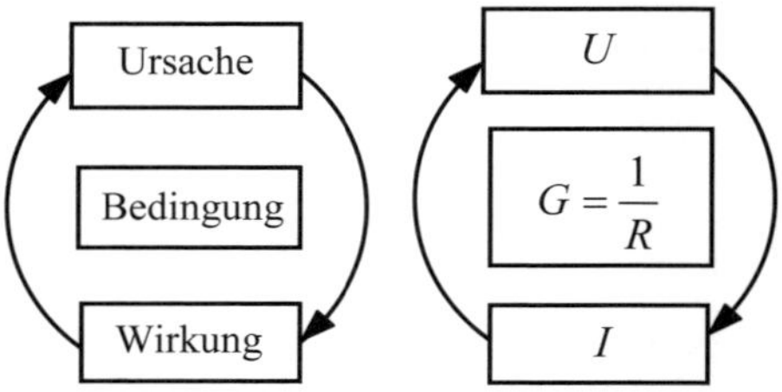

Bild 2.3: Ursache-Wirkungs-Mechanismus

In beiden Fällen gilt, dass der Quotient von Spannung und Strom bei einem linearen Widerstand eine Konstante ergibt. Erhöht man die Spannung über einem Widerstand, so steigt im gleichen Maße der Strom linear an. Vergrößert man den Strom durch einen Widerstand, so steigt im gleichen Maße der Spannungsabfall über ihm linear an.

Zur Diskussion dieses Ursache-Wirkungs-Mechanismus soll ein einfaches gedankliches *Modell* (Bild 2.4) dienen. Es ist, wie jedes Modell, nur eine unvollständige Abbildung des Originals zum Zwecke der Erkenntnisgewinnung.

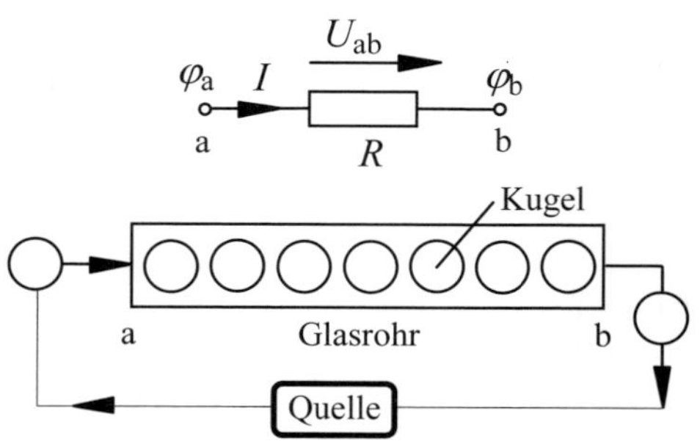

Bild 2.4: Modell zum Ladungstransport

Für den Transport beweglicher elektrischer Ladungen von einem Punkt a zu einem Punkt b (elektrischer Strom I) ist eine Potentialdifferenz (elektrische Spannung U_{ab}) zwischen diesen zwei Punkten erforderlich. Für die angegebene Richtung des Stromes von a nach b muss das Potential im Punkt a größer als das Potential im Punkt b sein. Die Quantität des Ladungstransportes wird dann durch die Kenngröße des (zwischen diesen beiden Punkten) eingeschalteten bzw. wirksamen Bauelementes (Kehrwert des elektrischen Widerstandes $G = 1 / R$) als Bedingung bestimmt.

Zur modellmäßigen Nachbildung des Bauelementes kann z.B. ein durchsichtiges Rohr mit der Länge l und einem definierten Querschnitt A eingesetzt werden. In diesem Rohr befinden sich Kugeln mit einem Durchmesser, der viel kleiner als das Kaliber des Rohres sein soll. Die Kugeln sind nicht nur längs des Leiters (Bild 2.4), sondern auch über seinem Querschnitt gleichmäßig verteilt. Das Rohr befindet sich in einer waagerechten Position.
Die Dichte der Kugeln im Rohr kann nun als Maß für die elektrische Leitfähigkeit des Bauelementes aufgefasst werden. Ein Leiterwerkstoff verfügt über viele frei bewegliche Ladungsträger pro Volumeneinheit. Die Dichte der Kugeln ist im Modell eines Leiters demzufolge sehr groß.

Ein solch einfaches Modell zum Ladungstransport ermöglicht, wenn auch nur bedingt, die anschauliche Erklärung der Bewegung von Ladungen in einem Leiter.
Schiebt man z.B. auf der linken Seite eine Kugel in das Rohr, so werden alle Kugeln im Rohr um eine Position nach rechts verschoben. Die von außen eingebrachte Energie wird von einer Kugel zur anderen übertragen, so dass die letzte Kugel aus dem rechten Rohrende herausfällt. Es fließt ein

Strom. Dieser Strom wird größer, wenn mehrere Kugeln gleichzeitig bzw. in einer kürzeren zeitlichen Folge in das Rohr gegeben werden. Dazu muss die Quelle mehr Kugeln liefern.

Erhöht man dagegen die Begrenzereigenschaft des Rohres (Widerstand R steigt), so wird der Ladungstransport pro Zeiteinheit reduziert.

Das vorgestellte Modell spiegelt das physikalische Phänomen des Ladungstransportes nur bedingt wider. Es erklärt aber den komplizierten Prozess des Stromflusses in einer leitfähigen Anordnung mit möglichst einfachen Mitteln und eignet sich somit als praktikabler Ansatz zur Interpretation des im Bild 2.3 dargestellten Zusammenhanges zwischen Ursache und Wirkung. Zugleich wird erkennbar, dass eine elektrische Quelle sowohl eine Potentialdifferenz bereitstellt als auch einen Strom einspeist (siehe auch Abschn. 3.4).

Lehrbeispiel 2.1:

Eine reale Spannungsquelle (U_q = 10 V) wird mit einem Widerstand R_a = 100 Ω belastet. Über dem Lastwiderstand liegt eine Klemmenspannung mit U_k = 9,5 V (vgl. Bild 1.8).

Berechnen Sie mit dem OHMschen Gesetz den Strom durch die Anordnung und den Innenwiderstand der Quelle.

$$I = \frac{U_k}{R_a} = \frac{U_a}{R_a} = \frac{9{,}5\ \text{V}}{100\ \Omega} = 95\ \text{mA}$$

$$U_i = U_q - U_k = 10\ \text{V} - 9{,}5\ \text{V} = 0{,}5\ \text{V}$$

$$R_i = \frac{U_i}{I} = \frac{U_q - U_k}{I} = \frac{0{,}5\ \text{V}}{95\ \text{mA}} = 5{,}26\ \Omega$$

Probe: $I = \dfrac{U_q}{R_i + R_a} = \dfrac{10\ \text{V}}{105{,}26\ \Omega} = 95\ \text{mA}$

2.2 Die KIRCHHOFFschen Sätze

2.2.1 Maschensatz

Ein elektrischer Stromkreis besteht aus z Zweigen ($z \geq 1$), die durch Knoten miteinander verbunden werden. Die unterschiedlichen Eigenschaften dieser Zweige und Knoten werden im Abschn. 3.1 im Zusammenhang mit den Grundstrukturen elektrischer Stromkreise diskutiert.

Ein Zweig verbindet zwei Knoten miteinander. In einem *Zweig* fließt demzufolge immer nur ein Strom (*Zweigstrom*).

Unter einer *Masche* versteht man einen beliebigen Umlauf, der in sich geschlossen ist. Längs dieses Umlaufs gilt der Maschensatz:

> Die Summe aller vorzeichenbehafteten Spannungen entlang eines geschlossenen Umlaufs ist gleich null.

Dieses Gesetz gilt prinzipiell für Gleichspannungen und für zeitlich veränderliche Spannungen.

Die Umlaufrichtung einer Masche ist frei wählbar. Durch das Einzeichnen von Spannungszählpfeilen (vgl. Abschn. 1.3) kann eine Masche mit dem Maschensatz analysiert werden. Im Gleichstromkreis gilt:

$$\sum_{\nu=1}^{n} U_\nu = 0 \qquad (2.4)$$

♦ Es gilt die *Vorzeichenregel*, dass alle Spannungen, die mit der gewählten Umlaufrichtung der Masche übereinstimmen, ein positives Vorzeichen erhalten. Spannungen, deren Zählpfeile gegen den Maschenumlauf gerichtet sind, werden mit negativen Vorzeichen gekennzeichnet.

Die Richtungen von Quellenspannungen sind in der Regel durch die Angabe ihrer Polarität (Vorzeichen und / oder Zählpfeil) bekannt. Ansonsten müsste der Betrachter (wie bei einer Spannung zwischen zwei Klemmen) eine Festlegung zu ihrer Polarität treffen.
Die Richtungen von Spannungsabfällen ergeben sich nach Vorbild der Richtungen der Ströme durch die entsprechenden Widerstände. Beträge und Richtungen von Zweigströmen sind dem Betrachter aber in der Regel nicht bekannt. Zu ihrer Berechnung ist eine Richtungsfestlegung durch Einzeichnen von Stromzählpfeilen erforderlich. Das Ergebnis der Berechnung trifft dann mit seinem Vorzeichen eine Aussage über die tatsächliche Richtung des jeweiligen Zweigstromes (siehe Abschn. 1.2).

Lehrbeispiel 2.2:

Man wende den Maschensatz auf den im Bild 2.5 eingezeichneten Umlauf m an.

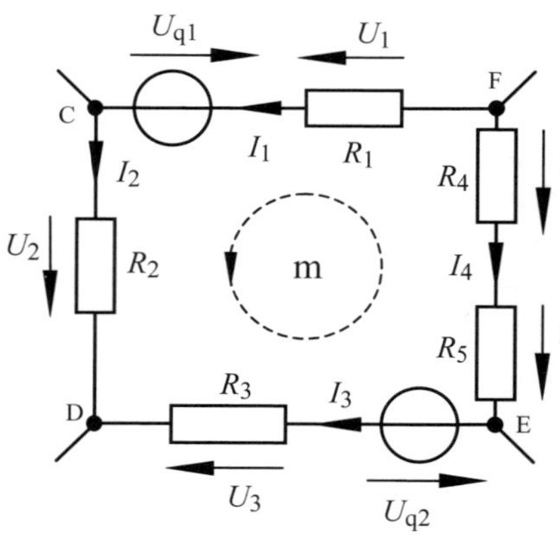

Bild 2.5: Anwendung des Maschensatzes

Der Umlauf beginnt z.B. im Punkt C. Es gilt:

$$+U_2 - U_3 + U_{q2} - U_5 - U_4 + U_1 - U_{q1} = 0$$

Durch Anwendung des OHMschen Gesetzes und Umstellung der Gleichung erhält man:

$$I_1 R_1 + I_2 R_2 - I_3 R_3 - I_4 (R_4 + R_5) = U_{q1} - U_{q2}$$

2.2.2 Knotenpunktsatz

Ein *Knotenpunkt* vereinigt Zweige eines elektrischen Stromkreises in einem Punkt. In diesem Punkt gilt der Knotenpunktsatz.

Die Summe aller vorzeichenbehafteten Ströme in einem Knotenpunkt ist null.

Dieses Gesetz gilt prinzipiell für Gleichströme und für zeitlich veränderliche Ströme. Durch das Einzeichnen von Stromzählpfeilen (vgl. Abschn. 1.2 und 2.2.1) kann jeder Knoten mit dem Knotenpunktsatz analysiert werden. Im Gleichstromkreis gilt:

$$\sum_{\nu=1}^{n} I_\nu = 0 \qquad (2.5)$$

♦ Es gilt die *Vorzeichenregel*, dass zufließende Ströme mit einem positiven und abfließende Ströme mit einem negativen Vorzeichen gekennzeichnet werden.

Lehrbeispiel 2.3:

Welcher gesetzmäßige Zusammenhang gilt für den im Bild 2.6 dargestellten Knotenpunkt k?

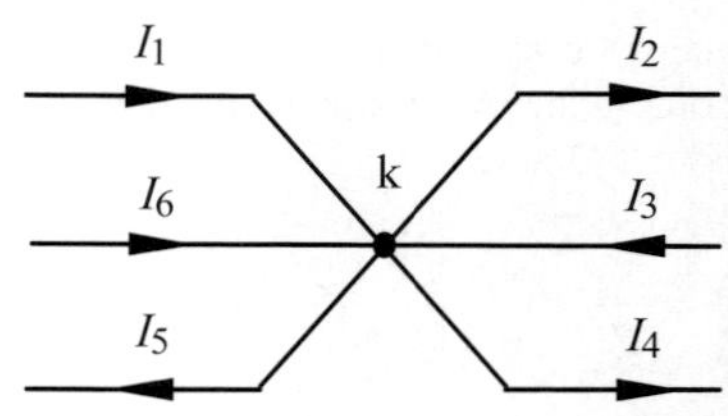

Bild 2.6: Anwendung des Knotenpunktsatzes

$+I_1 - I_2 + I_3 - I_4 - I_5 + I_6 = 0$ bzw.:

$$I_1 + I_3 + I_6 = I_2 + I_4 + I_5$$

In einem Knotenpunkt gilt:

Die Summe aller zufließenden Ströme ist gleich der Summe aller abfließenden Ströme.

2.3 Energiesatz

Unter Energie versteht man das Vermögen, Arbeit zu verrichten. Energie und Arbeit haben demzufolge die gleiche Einheit.

Es gilt: $[W] = 1\,\text{W·s} = 1\,\text{N·m}$.

Die *elektrische Energie W* ergibt sich im Gleichstromfall aus der an einen Stromkreis angelegten Spannung, multipliziert mit der durch den Kreis bewegten Ladungsmenge.

$$W = U \cdot Q = U \cdot I \cdot t \qquad (2.6)$$

Im Rahmen von Leistungsbetrachtungen in einem elektrischen Stromkreis oder z.B. zur Kontrolle der Richtigkeit der Berechnung unbekannter Größen in einem elektrischen Netzwerk stellt man häufig eine vollständige Leistungsbilanz auf. Als Grundlage dient der Energieerhaltungssatz:

> Die Summe aller Energien in einem in sich geschlossenen System ist konstant.

Die gesamte Energiemenge, die einem geschlossenen System zugeführt wird, muss auch in diesem System umgesetzt (oder gespeichert) werden.

Die elektrische *Leistung P* wird im Gleichstromfall allgemein als elektrische Energie pro Zeiteinheit definiert.

Für die Einheit gilt: $[P] = 1$ W (Watt).

Es gilt: $P = \dfrac{W}{t} = \dfrac{U \cdot I \cdot t}{t} = U \cdot I$

Mit dem OHMschen Gesetz erhält man für einen ohmschen Verbraucher:

$$P = U \cdot I = \frac{U^2}{R} = I^2 \cdot R \qquad (2.7)$$

In einem elektrischen Stromkreis werden Leistungen durch elektrische Quellen zugeführt (Quellenleistungen), die in den Verbrauchern als Verbraucherleistungen umgesetzt werden. Nach dem Energieerhaltungssatz muss die Summe aller zugeführten Leistungen gleich der Summe aller umgesetzten Leistungen sein.

Zur Kennzeichnung dieser Leistungen und insbesondere zur Unterscheidung zwischen einer Quellen-Charakteristik und einer Verbraucher-Charakteristik arbeitet man wieder mit unterschiedlichen Zählpfeilsystemen (siehe Abschn. 1.4 und Bild 2.7).

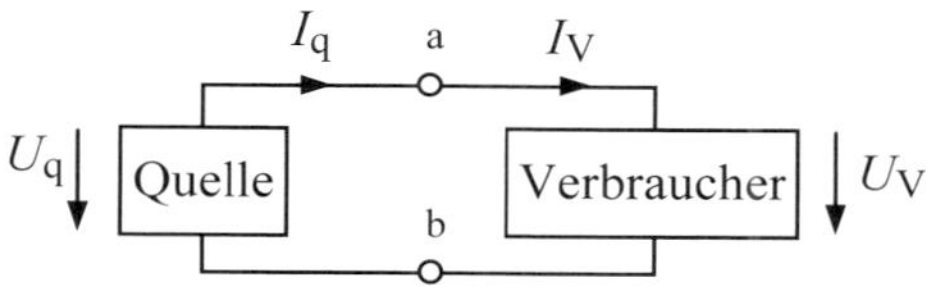

Bild 2.7: Zählpfeilsysteme für Leistungen

- **Quellen-Zählpfeilsystem:**

Elektrische Quellen geben, wenn sie als Quelle wirken, Leistung ab. Diese Leistungen werden im Quellen-Zählpfeilsystem dargestellt. Es gilt: $P_q = U_q \cdot I_q$.

In einem elektrischen Netzwerk können bestimmte Quellen aber auch Leistung aufnehmen, wenn andere Quellen im Netzwerk (vgl. Kap. 5) dominieren. Durch diese Dominanz wird bestimmten Zweigen, in denen sich Quellen befinden, ein resultierender Zweigstrom „aufgeprägt“. Wenn dieser Strom in Richtung des Zählpfeils einer Quellenspannung fließt, nimmt diese Quelle Leistung auf und wirkt dann wie ein Verbraucher (z.B. Laden eines Akkumulators).

- **Verbraucher-Zählpfeilsystem:**

Elektrische Verbraucher nehmen im Betriebsfall immer Leistung auf. Diese Leistungen werden im Verbraucher-Zählpfeilsystem dargestellt. Es gilt: $P_V = U_V \cdot I_V$.

Stellt man für einen in sich abgeschlossenen elektrischen Stromkreis eine Quellen-Charakteristik im Quellen-Zählpfeilsystem und eine Verbraucher-Charakteristik im Verbraucher-Zählpfeilsystem dar, so gilt für die Leistungen:

$$\Sigma P_q = \Sigma P_V \qquad (2.8)$$

Die Aufstellung von Leistungsbilanzen soll im Weiteren auf der Grundlage des Verbraucher-Zählpfeilsystems vorgenommen werden. Danach erhält eine Leistung ein positives Vorzeichen, wenn die Zählpfeile von Spannung und Strom die gleiche Richtung aufweisen (Verbraucher). Sie erhält ein negatives Vorzeichen, wenn die Zählpfeile von Spannung und Strom eine entgegengesetzte Richtung aufweisen (Quelle).

♦ Verbraucherleistungen werden im Verbraucher-Zählpfeilsystem durch ein positives Vorzeichen gekennzeichnet.

Es gilt: $P_V = + U_V \cdot I_V$

♦ Quellenleistungen werden im Verbraucher-Zählpfeilsystem durch ein negatives Vorzeichen gekennzeichnet.

Es gilt: $P_q = U_q \cdot (-I_q) = - U_q \cdot I_q$

Das entspricht zugleich der Aussage, dass die Summe aller vorzeichenbehafteten Leistungen in einem abgeschlossenen System, das im Verbraucher-Zählpfeilsystem dargestellt wird, gleich null ist. Eine analoge Aussage gilt bei einer Darstellung von Leistungen im Quellen-Zählpfeilsystem.

$$\sum_{\nu=1}^{n} P_\nu = 0 \qquad (2.9)$$

Lehrbeispiel 2.4:

Man stelle für die Schaltung im Bild 2.8 die vollständige Leistungsbilanz auf.

Geg.: $U_A = 24\text{ V}$, $U_B = 12\text{ V}$

$R_{iA} = R_{iB} = 1\ \Omega$, $R_3 = R_4 = 5\ \Omega$

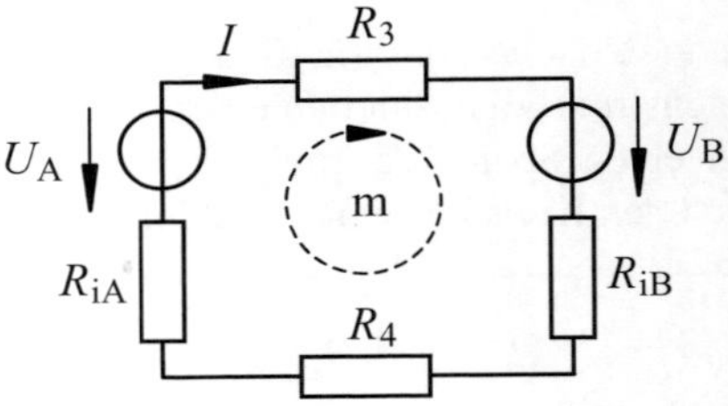

Bild 2.8: Schaltung zum Lehrbeispiel 2.4

Bei diesem Beispiel handelt es sich um eine gegensinnige Reihenschaltung zweier realer Spannungsquellen (vgl. auch Abschn. 3.4). Für den eingezeichneten Umlauf m gilt:

$$I \cdot R_3 + U_B + I \cdot R_{iB} + I \cdot R_4 + I \cdot R_{iA} - U_A = 0$$

Daraus kann der Strom I berechnet werden:

$$I = \frac{U_A - U_B}{R_{iA} + R_{iB} + R_3 + R_4} = \frac{12\text{ V}}{12\ \Omega} = 1\text{ A}$$

Der in dieser Reihenschaltung fließende Strom wird in seiner Richtung durch die Quelle A bestimmt. Er fließt gegen den Spannungszählpfeil von U_A (Quellenwirkung) und in Richtung des Spannungszählpfeils von U_B. Die Quelle B wird demzufolge geladen und wirkt im vorliegenden Fall wie ein Verbraucher. Es ergeben sich folgende Leistungen:

$P_1 = I^2 \cdot R_{iA} = +1\text{ W}$

$P_2 = I^2 \cdot R_{iB} = +1\text{ W}$

$P_3 = I^2 \cdot R_3 = +5\text{ W}$

$P_4 = I^2 \cdot R_4 = +5\text{ W}$

$P_A = U_A \cdot (-I) = -24\text{ W}$ (Quellenleistung)

$P_B = U_B \cdot (+I) = +12\text{ W}$

$\Sigma P = 0\text{ W}$

Die Summe aller Leistungen ist gleich null.

3 Lineare elektrische Gleichstromkreise

3.1 Eigenschaften elektrischer Stromkreise

Lineare elektrische Stromkreise bestehen aus Bauelementen mit einer linearen Strom-Spannungs-Kennlinie.

Jeder lineare elektrische Stromkreis kann in einen aktiven und einen passiven Teil getrennt werden (siehe Trennstelle A und B im Bild 3.1). Im aktiven Teil müssen sich alle Zweige mit Quellen befinden. Der passive Teil ist dann eine reine Verbraucheranordnung. Diese Trennung wird vorerst nur an zwei Punkten (*Zweipol*) eines elektrischen Stromkreises vorgenommen.

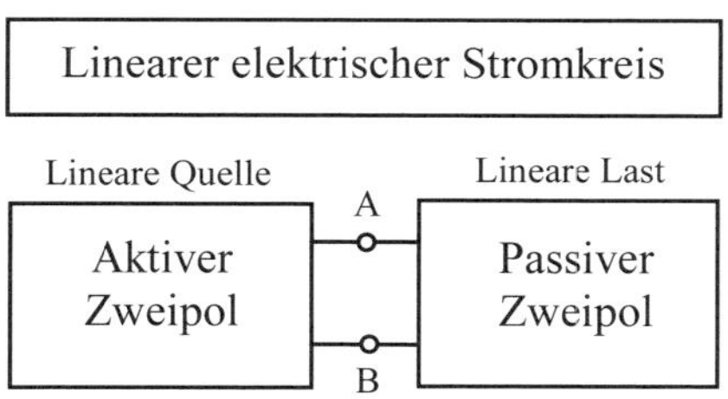

Bild 3.1: Allgemeines Modell eines elektrischen Stromkreises

Ein elektrischer Stromkreis kann eine unverzweigte oder eine verzweigte Struktur aufweisen.

Im *unverzweigten Stromkreis* fließt nur ein Strom (*Reihenschaltung*). In seiner Grundstruktur besteht der unverzweigte Stromkreis lediglich aus einer realen (hier: linearen) Spannungsquelle [mit U_q und R_i – Bild 3.2 a), linke Seite] und einem (hier: linearen) Lastwiderstand R_a [Bild 3.2 a), rechte Seite]. Dieser *Grundstromkreis* wird häufig als Ersatzschaltung für einen linearen elektrischen Stromkreis verwendet.

Ein *verzweigter Stromkreis* ist dadurch gekennzeichnet, dass mindestens drei Ströme fließen [Bild 3.2 b)]. Ein Vergleich der Bilder 3.2 a) und b) zeigt, dass in einem elektrischen Stromkreis mit zwei echten Knoten mehr als zwei Ströme fließen müssen.

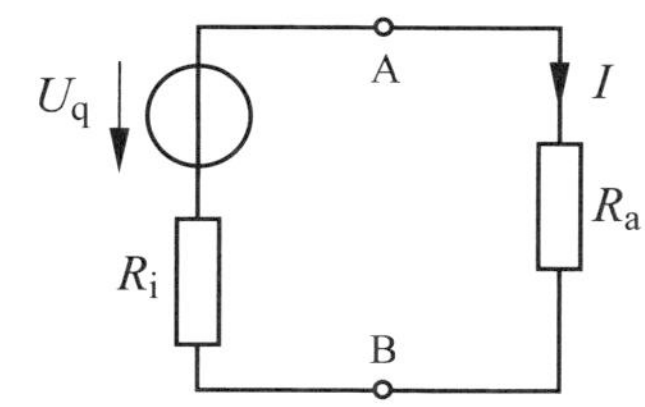

a) Unverzweigter Stromkreis (Grundstromkreis)

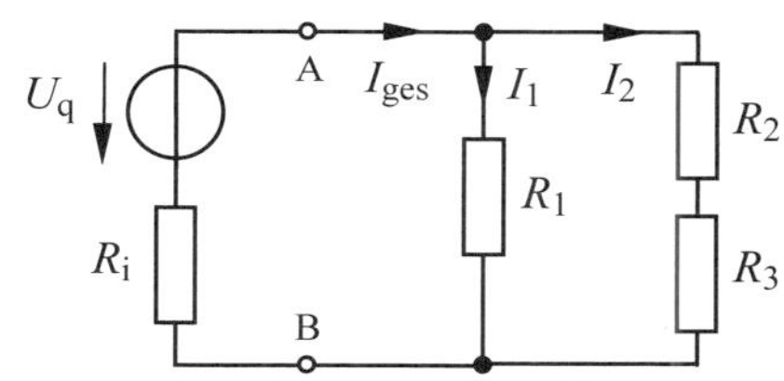

b) Verzweigter Stromkreis

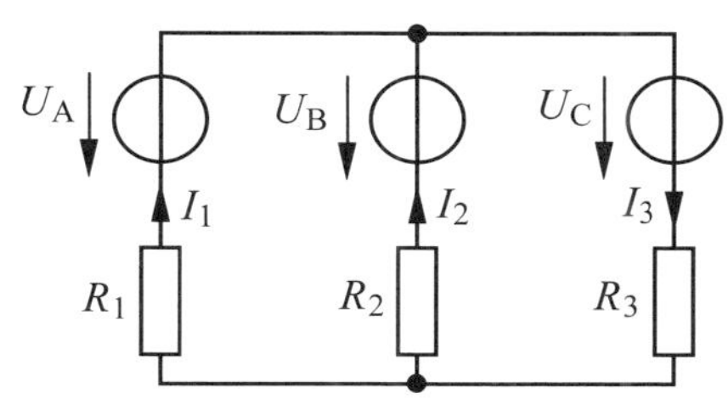

c) Elektrisches Netzwerk

Bild 3.2: Elektrische Gleichstromkreise

Der verzeigte Stromkreis kann die Struktur einer *Parallelschaltung* oder einer *gemischten Schaltung* aufweisen. In den folgenden Ausführungen wird unter einer gemischten Schaltung eine beliebige schaltungstechnische Kombination von *Elementarschaltungen* [Reihen- und Parallelschaltungen von Verbrauchern – siehe Bild 3.2 b), rechte Seite] verstanden.

Der Begriff des *elektrischen Netzwerkes* [Bild 3.2 c)] wird für verzweigte elektrische Stromkreise verwendet, die über mehrere Quellen verfügen, die in verschiedenen Zweigen positioniert sind.

Ein beliebiger elektrischer Stromkreis besteht aus z Zweigen, die durch k Knotenpunkte miteinander verbunden sind. In einem Zweig fließt immer nur ein Strom (Zweigstrom). Für die weiteren Betrachtungen gilt folgende Festlegung:

♦ Ein Zweig wird als „echter" Zweig bezeichnet, wenn mindestens ein Zweig-Bauelement vorhanden ist (Zweig 1, 2 und 3 im Bild 3.3). Ansonsten ist es ein Kurzschlusszweig (Verbindung C – C*).

♦ Ein Knotenpunkt wird als „echter" Knotenpunkt bezeichnet, wenn er von allen seinen Nachbarknoten durch einen echten Zweig getrennt ist (Knotenpunkte A, B und C ≡ C* im Bild 3.3).

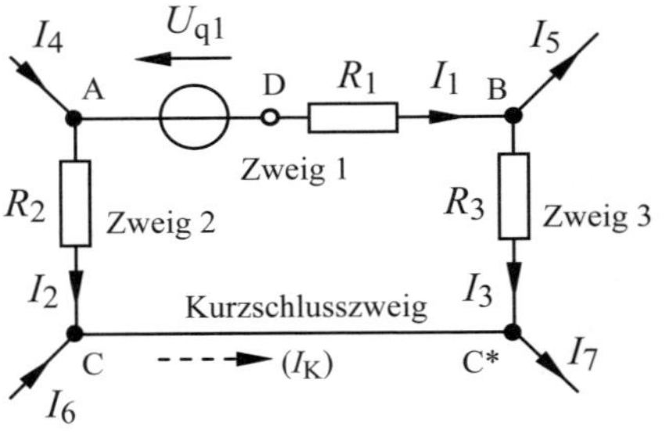

Bild 3.3: Auszug aus einem elektrischen Stromkreis

Trennt man einen echten Knoten (z.B. zum Zwecke einer übersichtlicheren schaltungstechnischen Darstellung) in zwei Teile, die durch einen Kurzschluss verbunden werden (siehe Kurzschlusszweig im Bild 3.3), so entstehen zwei unechte Knotenpunkte.

In echten und in unechten Knotenpunkten kommt es zu einer Aufteilung von Strömen. In einem verzweigten elektrischen Stromkreis mit einer Quelle teilt sich der Gesamtstrom nach dem Knotenpunktsatz in mehrere Teilströme auf.

Für das Beispiel im Bild 3.2 b) gilt:

$I_{ges} = I_1 + I_2$

Für eine eindeutige Zuordnung der Ströme (und natürlich auch der Spannungen) ist neben der Angabe der Zählpfeile auch eine sinnvolle Indizierung erforderlich. Diese Kennzeichnung wird in den weiteren Ausführungen nach Vorbild des Bauelementes vorgenommen, durch das der jeweilige Strom fließt (bzw. über dem die jeweilige Spannung abfällt). Für R_1 im Bild 3.3 gilt dann: $U_1\ (\rightarrow) = I_1 \cdot R_1$. Der in einer Rechnung gesetzte Zählpfeil $(\rightarrow)$ soll bei Platzproblemen den in der Schaltung nicht mehr positionierbaren Zählpfeil ersetzen.

Durch Auszählen der echten Zweige kann die Anzahl der Ströme in einem elektrischen Stromkreis ermittelt werden. Sollte im Ergebnis der Berechnung ein Kurzschlussstrom interessant sein, kann er aus den anderen Zweigströmen berechnet werden. Für Bild 3.3 würde dann gelten:

$I_2 + I_6 = (I_K) = I_7 - I_3$

Für bestimmte Betrachtungen ist die Einführung eines virtuellen Knotens sinnvoll. Er bewirkt keine Stromteilung (siehe Knoten D im Bild 3.3) und dient lediglich als Messpunkt oder als Punkt einer Trennstelle.

Die folgenden Abschnitte sind so gegliedert, dass zunächst die passiven Zweipole betrachtet werden (Abschn. 3.2 und 3.3). Daran schließen sich Ausführungen zu den aktiven Zweipolen (Abschn. 3.4) an. Im Abschn. 3.5 wird schließlich das Zusammenwirken von aktivem und passivem Zweipol diskutiert.

Die Analyse und die Berechnung linearer elektrischer Netzwerke sind in ausführlicher Form Gegenstand des Kapitels 5.

3.2 Regeln zur Berechnung passiver Zweipole

3.2.1 Reihenschaltung und Spannungsteilerregel

Ausgangspunkt für die weiteren Betrachtungen ist eine aus zwei Widerständen bestehende Reihenschaltung. Eine Reihenschaltung ist dadurch gekennzeichnet, dass durch alle betrachteten Elemente derselbe Strom I fließt (Bild 3.4).

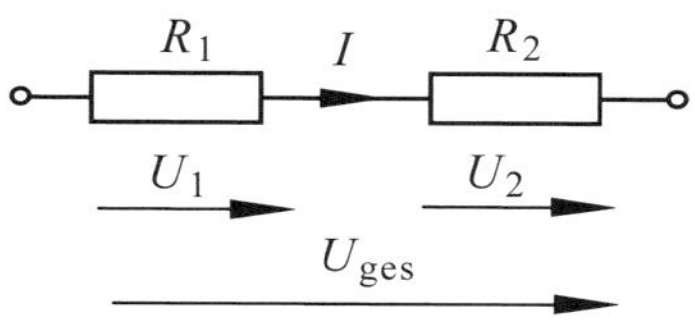

Bild 3.4: Reihenschaltung

Die Gesamtspannung wird mit dem Maschensatz [Gleich. (2.4)] aus der Summe der beiden Teilspannungen berechnet:

$$U_{ges} = U_1 + U_2$$

Mit dem OHMschen Gesetz [Gleich. (2.1)] findet man so eine Berechnungsvorschrift zur Bestimmung des Gesamtwiderstandes R_{ges} einer Reihenschaltung.

$$I \cdot R_{ges} = I \cdot R_1 + I \cdot R_2 = I \cdot (R_1 + R_2)$$

$$R_{ges} = R_1 + R_2$$

Ordnet man n Widerstände in einer Reihenschaltung an, so ergibt sich der Gesamtwiderstand aus der Summe der einzelnen Widerstände. Es gilt allgemein:

$$R_{ges} = \sum_{\nu=1}^{n} R_\nu \qquad (3.1)$$

In einer Reihenschaltung teilt sich die Gesamtspannung in einzelne Teilspannungen auf. Dieser Teilung liegt eine Gesetzmäßigkeit zu Grunde, die aus der Reihenschaltung von zwei Widerständen abgeleitet wird (vgl. Bild 3.4). Der Strom in dieser Schaltung kann über drei verschiedene Ansätze berechnet werden:

$$I = \frac{U_1}{R_1}; \; I = \frac{U_2}{R_2}; \; I = \frac{U_{ges}}{R_{ges}}$$

Da dieser Strom überall gleich ist, darf man die rechten Seiten dieser Gleichungen auch gleichsetzen. Dann gilt:

$$\frac{U_1}{R_1} = \frac{U_2}{R_2} = \frac{U_{ges}}{R_{ges}} = \frac{U_{ges}}{R_1 + R_2} \qquad (3.2)$$

Bringt man nun noch die Spannungen auf die linke und die Widerstände auf die rechte Seite, so erhält man die folgenden drei Gleichungen:

$$\frac{U_1}{U_2} = \frac{R_1}{R_2} \qquad (3.3)$$

$$\frac{U_1}{U_{ges}} = \frac{R_1}{R_1 + R_2} \qquad (3.4)$$

$$\frac{U_2}{U_{ges}} = \frac{R_2}{R_1 + R_2} \qquad (3.5)$$

Die diesen Gleichungen zu Grunde liegende Gesetzmäßigkeit wird als *Spannungsteilerregel* bezeichnet.

In einer Reihenschaltung verhalten sich zwei Spannungen so zueinander wie die Widerstände, über denen diese Spannungen abfallen.

Bei der Anwendung dieser Regel ist Folgendes zu beachten:

- Die Spannungsteilerregel darf nur in einer Reihenschaltung angewendet werden.

Gemischte Schaltungen sind demzufolge erst in eine Reihenschaltung umzurechnen. Dann fließt nur noch ein Strom und man erhält einen Ansatz gemäß Gleich. (3.2).

- Parallelwiderstände zur jeweils betrachteten Reihenschaltung haben keinen Einfluss auf die aktuelle Spannungsteilung.

Lehrbeispiel 3.1:

Berechnen Sie für die angegebene Schaltung den Spannungsabfall $U_2 = f(U_{ges}, R_1, R_2, R_3)$.

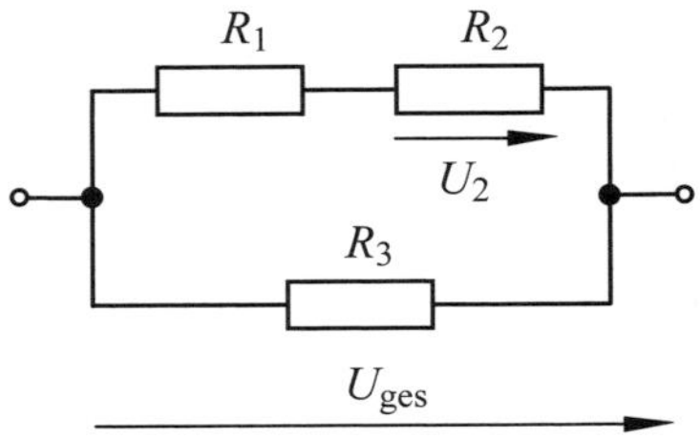

Bild 3.5: Schaltung zum Lehrbeispiel 3.1

Die Spannungsteilerregel darf nur in der Reihenschaltung R_1 und R_2 angewendet werden. Der Widerstand R_3 ist ein Parallelwiderstand, der nicht an der Spannungsteilung beteiligt ist.

Es gilt: $U_2 = U_{ges} \cdot \frac{R_2}{R_1 + R_2}$

3.2.2 Parallelschaltung und Stromteilerregel

Eine Parallelschaltung ist dadurch gekennzeichnet, dass über allen Elementen dieselbe Spannung U liegt (Bild 3.6).

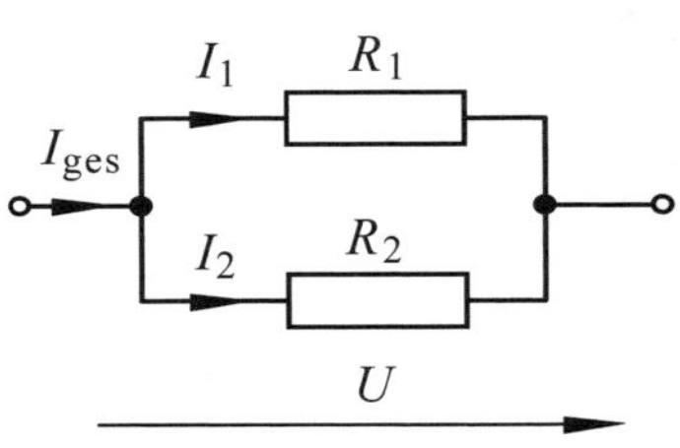

Bild 3.6: Parallelschaltung

Mit dem Knotenpunktsatz [Gleich. (2.5)] kann eine Berechnungsvorschrift für den Gesamtwiderstand einer (vorerst aus zwei Widerständen bestehenden) Parallelschaltung abgeleitet werden.

$$I_{ges} = I_1 + I_2$$

$$\frac{U}{R_{ges}} = \frac{U}{R_1} + \frac{U}{R_2}$$

$$\frac{1}{R_{ges}} = \frac{1}{R_1} + \frac{1}{R_2}$$

In einer Parallelschaltung erhält man den Gesamtleitwert durch Addition der einzelnen Leitwerte. Die Bildung des Kehrwertes führt zum Gesamtwiderstand:

$$R_{ges} = \frac{1}{\frac{1}{R_1} + \frac{1}{R_2}}$$

Für n parallele Widerstände gilt dann:

$$R_{ges} = \frac{1}{\sum_{\nu=1}^{n} \frac{1}{R_\nu}} \qquad (3.6)$$

In gemischten Schaltungen (schaltungstechnische Kombination aus Reihen- und Parallelschaltungen) hat man häufig zwei parallele Widerstände zu berechnen. Um das Rechnen mit Leitwerten zu vermeiden (Widerstandswerte haben für den Schaltungstechniker infolge des Bezuges zum realen Bauelement einen weitaus höheren Informationsgehalt als Leitwerte), gilt im Weiteren folgende Vereinfachung für zwei parallel (//) geschaltete Widerstände:

$$R_{ges} = R_1 \,//\, R_2 = \frac{1}{\frac{1}{R_1} + \frac{1}{R_2}} = \frac{1}{\frac{R_2 + R_1}{R_1 \cdot R_2}}$$

$$R_{ges} = R_1 \,//\, R_2 = \frac{R_1 \cdot R_2}{R_1 + R_2} \qquad (3.7)$$

In der schaltungstechnischen Praxis findet man auch gelegentlich den Fall, dass zwei parallel geschaltete Widerstände gleich groß sind. Für $R_1 = R_2 = R$ gilt:

$$R_{ges} = R \,//\, R = \frac{R \cdot R}{R + R} = \frac{R^2}{2 \cdot R} = \frac{R}{2}$$

Zwei gleich große Widerstände wirken in einer Parallelschaltung wie die Hälfte eines Einzelwiderstandes.

Schaltet man einen relativ großen Widerstand (z.B.: $R_2 = 1\ \text{k}\Omega$) zu einem kleinen Widerstand ($R_1 = 10\ \Omega$) parallel, so wird der Gesamtwiderstand vom kleineren Widerstandswert bestimmt ($R_{ges} \approx 9{,}9\ \Omega$).

> Der Gesamtwiderstand einer Parallelschaltung ist immer kleiner als der kleinste Widerstandswert der Parallelschaltung.

Unterscheiden sich beide Widerstandswerte um den Faktor 100 oder mehr, so kann als Näherung für den Gesamtwiderstand der kleinere Widerstandswert angenommen werden. Diese Überlegungen sind insbesondere auch als Probe für die Richtigkeit der rechnerisch ermittelten Größenordnung eines Gesamtwiderstandes geeignet.

In einer Parallelschaltung teilt sich der Gesamtstrom nach dem Knotenpunktsatz [Gleich. (2.5)] in einzelne Teilströme auf. Dieser Teilung liegt eine Gesetzmäßigkeit zu Grunde, die aus der Parallelschaltung von zwei Widerständen abgeleitet werden soll (vgl. Bild 3.6). Die Spannung ist über allen Elementen gleich und kann über drei verschiedene Ansätze berechnet werden:

$$U = I_1 \cdot R_1 ; \quad U = I_2 \cdot R_2 ; \quad U = I_{ges} \cdot R_{ges}$$

Wenn die linken Seiten dieser Gleichungen gleich sind, müssen die rechten Seiten auch gleich sein. Dann gilt:

$$I_1 \cdot R_1 = I_2 \cdot R_2 = I_{ges} \cdot R_{ges} \qquad (3.8)$$

Bringt man nun noch die Ströme auf die linke und die Widerstände auf die rechte Seite, so erhält man die folgenden drei Gleichungen:

$$\frac{I_1}{I_2} = \frac{R_2}{R_1} \qquad (3.9)$$

$$\frac{I_1}{I_{ges}} = \frac{R_{ges}}{R_1} \qquad (3.10)$$

$$\frac{I_2}{I_{ges}} = \frac{R_{ges}}{R_2} \qquad (3.11)$$

Die diesen Gleichungen zu Grunde liegende Gesetzmäßigkeit wird als *Stromteilerregel* bezeichnet.

> In einer Parallelschaltung verhalten sich zwei Ströme zueinander wie die Kehrwerte der Widerstände, durch die diese Ströme fließen.

- Die Stromteilerregel darf nur in einer Parallelschaltung angewendet werden. Gemischte Schaltungen muss man erst in eine Parallelschaltung umrechnen. Nur dann liegt über allen Elementen die gleiche Spannung, und man erhält einen Ansatz gemäß Gleich. (3.8).
- Reihenwiderstände zum jeweils betrachteten Knotenpunkt haben nichts mit der aktuellen Stromteilung zu tun.

In vielen Aufgabenstellungen ist ein beliebiger Teilstrom zu berechnen. Da der Gesamtstrom über das OHMsche Gesetz einfach bestimmt werden kann, ist der Ansatz $\frac{\text{Teilstrom}}{\text{Gesamtstrom}}$ von besonderem Interesse.

Zur Herleitung der dieser Teilung zu Grunde liegenden Gesetzmäßigkeit wird von Gleich. (3.10) ausgegangen (vgl. Bild 3.6).

$$\frac{I_1}{I_{ges}} = \frac{R_{ges}}{R_1} = \frac{R_1 \cdot R_2}{(R_1 + R_2) \cdot R_1}$$

$$\frac{I_1}{I_{ges}} = \frac{R_2}{R_1 + R_2} \qquad (3.12)$$

Ein Teilstrom verhält sich zum Gesamtstrom wie der nicht von diesem Teilstrom durchflossene Widerstand, dividiert durch die Summe der beiden an der Stromteilung beteiligten Widerstände.

Die Anwendung dieser vereinfachten Form der Stromteilerregel setzt voraus, dass jede gemischte Schaltung zuerst in eine aus zwei Widerständen bestehende Parallelschaltung umgerechnet wird.

Lehrbeispiel 3.2:

Berechnen Sie den Strom I_2 mit der Stromteilerregel. *Geg.*: I_{ges}, R_1, R_2, R_3

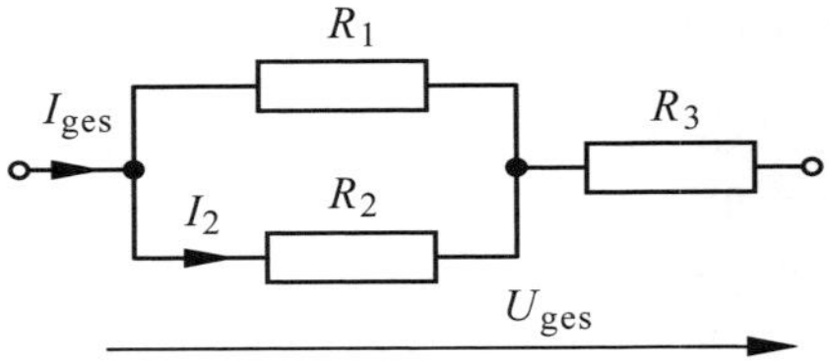

Bild 3.7: Schaltung zum Lehrbeispiel 3.2

R_3 ist nicht an der Stromteilung beteiligt. Er begrenzt vielmehr den Gesamtstrom.

Es gilt: $I_2 = I_{ges} \cdot \frac{R_1}{R_1 + R_2}$

3.3 Berechnung passiver Zweipole

Die im Abschn. 3.2 dargestellten Regeln zur Berechnung passiver Zweipole sollen nun auf schaltungstechnische Konfigurationen angewendet werden, in denen eine Spannung und/oder ein Strom mehrfach geteilt werden. Bild 3.8 zeigt einen passiven Zweipol, in dem die Gesamtspannung $U_{AB} = U_1$ in die Spannungen U_2 (nicht eingezeichnet) und U_3 geteilt wird. U_5 entsteht dann aus einer weiteren Teilung der Spannung U_3 und ist somit das Ergebnis einer doppelten Spannungsteilung. Der Gesamtstrom wird im Knoten D in die Teilströme I_1 und I_2 geteilt. Der Strom I_3 entsteht durch eine weitere Stromteilung im Knoten E aus I_2 und ist somit das Ergebnis einer doppelten Stromteilung.

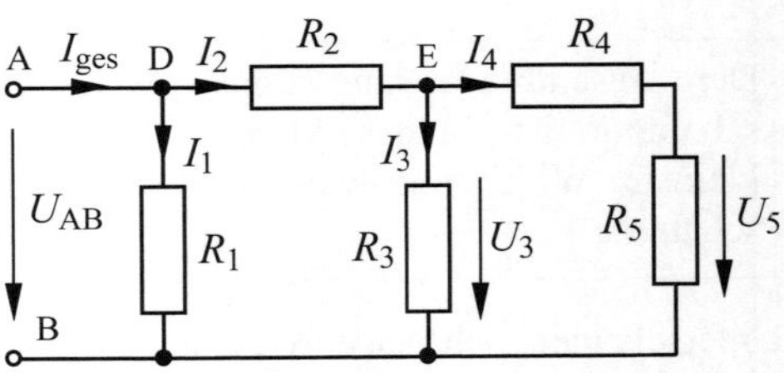

Bild 3.8: Doppelter Spannungs- und Stromteiler

Zur Berechnung der Spannung U_5 oder des Stromes I_3 müssen die Teilerregeln doppelt angewendet werden. Es gilt:

$$\frac{U_5}{U_{AB}} = \frac{U_5}{U_3} \cdot \frac{U_3}{U_{AB}} \quad \text{bzw.:} \quad \frac{I_3}{I_{ges}} = \frac{I_3}{I_2} \cdot \frac{I_2}{I_{ges}}$$

In beiden Fällen ist darauf zu achten, dass die Teilerregeln nur für Elementarschaltungen gelten. Die Schaltung muss demzufolge für jeden einzelnen Spannungsteiler in eine Reihenschaltung und für jeden einzelnen Stromteiler in eine Parallelschaltung umgerechnet werden (siehe nachfolgende BB).

Berechnungsbeispiel 3.1:

Auf welchen Wert muss der Widerstand R_x in Bild 3.9 eingestellt werden, wenn er gleich dem Gesamtwiderstand R_{AB} sein soll? Gesucht ist die Lösung in allgemeiner Form und als Zahlenwert.

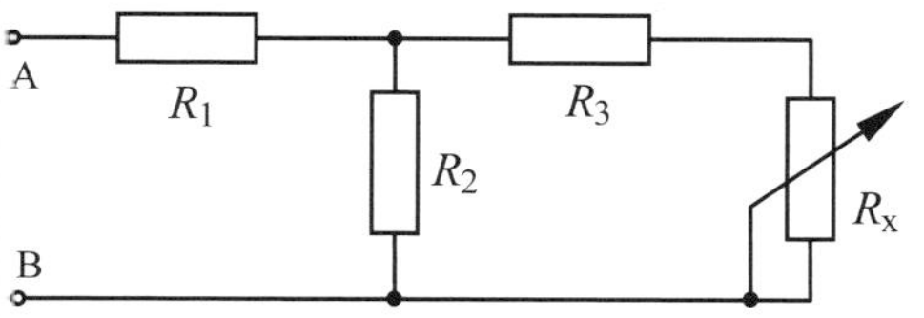

Geg.: $R_1 = 1\ \text{k}\Omega$
$R_2 = 2\ \text{k}\Omega$
$R_3 = 6\ \text{k}\Omega$

Ges.: $R_x = f(R_1, R_2, R_3)$

Bild 3.9: Schaltung zum Berechnungsbeispiel 3.1

Ansatz: $R_{AB} = R_x = R_1 + R_2 // (R_3 + R_x)$

- Parallelzeichen auflösen
- Hauptnenner bilden
- über Kreuz multiplizieren

$$R_x = \frac{R_1 \cdot (R_2 + R_3 + R_x) + R_2 \cdot (R_3 + R_x)}{R_2 + R_3 + R_x}$$

$$R_x \cdot R_2 + R_x \cdot R_3 + R_x^2 = R_1 \cdot R_2 + R_1 \cdot R_3 + R_1 \cdot R_x + R_2 \cdot R_3 + R_2 \cdot R_x$$

Zur Bestimmung von R_x ergibt sich eine quadratische Gleichung. Durch Ordnen und Zusammenfassen erhält man die Normalform:

$$R_x^2 + R_x \cdot (R_3 - R_1) - (R_1 \cdot R_2 + R_1 \cdot R_3 + R_2 \cdot R_3) = 0$$

- Lösungsbeziehung anwenden

$$R_{x1,2} = -\frac{R_3 - R_1}{2} \pm \sqrt{\frac{(R_3 - R_1)^2}{4} + R_1 \cdot R_2 + R_1 \cdot R_3 + R_2 \cdot R_3}$$

Die negative Lösung entfällt, da ein ohmscher Widerstand nicht negativ werden kann. Durch Einsetzen der Zahlenwerte erhält man das Ergebnis:

$$R_x = -2{,}5\ \text{k}\Omega + 5{,}12\ \text{k}\Omega = 2{,}62\ \text{k}\Omega$$

Berechnungsbeispiel 3.2:

Berechnen Sie den Widerstand R_x so, dass die Spannung U_B ein Fünftel von U_A beträgt.

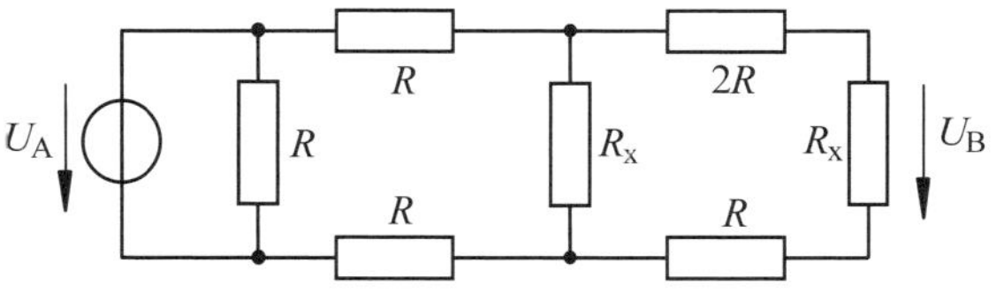

Geg.: $R = 2\ \text{k}\Omega$

Bild 3.10: Schaltung zum Berechnungsbeispiel 3.2

Als Lösungsansatz wird die Spannungsteilerregel (siehe auch Bild 3.8) angewendet.

Es gilt: $\frac{U_B}{U_A} = \frac{1}{5}$

$$\frac{U_B}{U_A} = \frac{R_x}{R_x + 2R + R} \cdot \frac{R_x // (R_x + 2R + R)}{R + R + R_x // (R_x + 2R + R)}$$

- Parallelzeichen auflösen und Hauptnenner bilden

$$\frac{1}{5} = \frac{R_x^2}{2R \cdot (2R_x + 3R) + R_x \cdot (R_x + 3R)}$$

- über Kreuz multiplizieren

$$5R_x^2 = 4R_x \cdot R + 6R^2 + R_x^2 + 3R_x \cdot R$$

- Normalform bilden

$$R_x^2 - R_x \cdot (1{,}75R) - 1{,}5R^2 = 0$$

- Lösungsbeziehung anwenden

$$R_x = 0{,}875R + 1{,}5R = 2{,}375R = 4{,}75\ \text{k}\Omega$$

Berechnungsbeispiel 3.3:

Man bestimme den Gesamtwiderstand, den Spannungsabfall über R_5, den Strom durch R_1 sowie die Teilerverhältnisse I_1 / I_4 und U_1 / U_4.

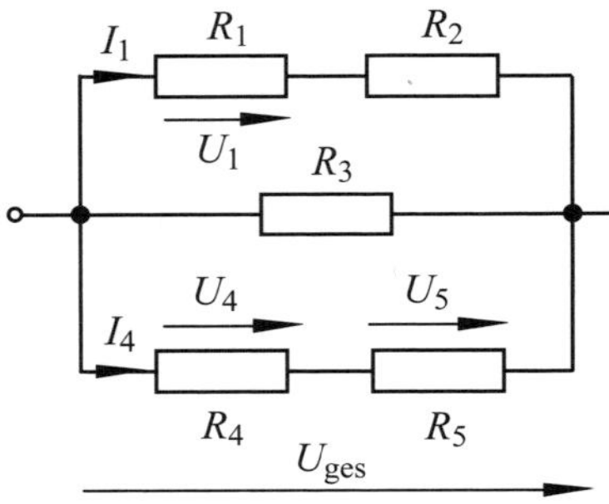

Geg.: $U_{ges} = 12$ V
$R_1 = 1$ kΩ
$R_2 = 2$ kΩ
$R_3 = 3$ kΩ
$R_4 = 4$ kΩ
$R_5 = 5$ kΩ

Bild 3.11: Schaltung zum Berechnungsbeispiel 3.3

$$R_{ges} = (R_1 + R_2) // R_3 // (R_4 + R_5) = 3\ \text{k}\Omega // 3\ \text{k}\Omega // 9\ \text{k}\Omega \approx 1{,}29\ \text{k}\Omega$$

$$U_5 = U_{ges} \cdot \frac{R_5}{R_4 + R_5} = U_{ges} \cdot \frac{5}{9} = 6{,}\overline{6}\ \text{V}$$

$$I_1 = \frac{U_{ges}}{R_1 + R_2} = \frac{12\ \text{V}}{3\ \text{k}\Omega} = 4\ \text{mA}$$

oder zur Übung mit der Stromteilerregel:

$$\frac{I_1}{I_{ges}} = \frac{R_3 // (R_4 + R_5)}{R_1 + R_2 + R_3 // (R_4 + R_5)} = \frac{27}{63} = \frac{3}{7} \quad \Rightarrow \quad I_1 = \frac{3}{7} \cdot \frac{12\ \text{V}}{1{,}29\ \text{k}\Omega} = 4\ \text{mA}$$

$$\frac{I_1}{I_4} = \frac{R_4 + R_5}{R_1 + R_2} = \frac{9}{3} = 3 \quad \Rightarrow \quad \text{d.h.:} \quad I_1 = 3 \cdot I_4$$

$$\frac{U_1}{U_4} = \frac{U_1}{U_{ges}} \cdot \frac{U_{ges}}{U_4} = \frac{R_1}{R_1 + R_2} \cdot \frac{R_4 + R_5}{R_4} = \frac{1}{3} \cdot \frac{9}{4} = \frac{3}{4} \quad \Rightarrow \quad \text{d.h.:} \quad U_1 = 0{,}75 \cdot U_4$$

Berechnungsbeispiel 3.4:

Von der Schaltung im Bild 3.12 ist der Widerstandswert R bekannt. Man berechne den Gesamtwiderstand, das Verhältnis der Spannungen U_a / U_b und das Verhältnis der Ströme I_x / I_y.

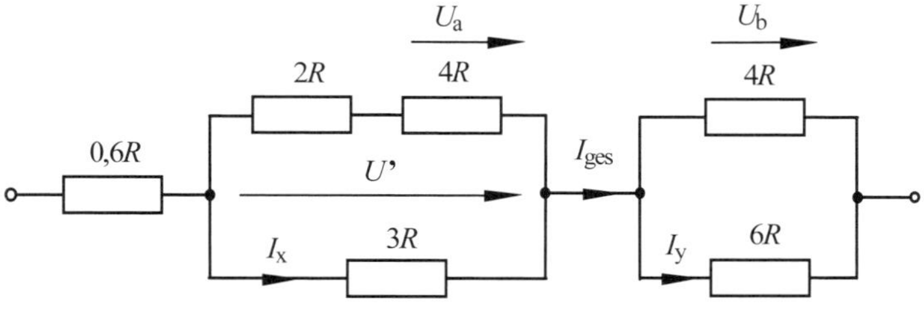

Bild 3.12: Schaltung zum Berechnungsbeispiel 3.4

$$R_{ges} = 0{,}6R + 3R//(2R+4R) + 4R//6R = 0{,}6R + 2R + 2{,}4R = 5R$$

Zur Bestimmung des Spannungsverhältnisses wird schrittweise die Spannungsteilerregel angewendet, indem man die Spannung U_a zu U' und dann die Spannung U' zu U_b ins Verhältnis setzt.

$$\frac{U_a}{U_b} = \frac{U_a}{U'} \cdot \frac{U'}{U_b} = \frac{4R}{4R+2R} \cdot \frac{3R//(2R+4R)}{4R//6R} = \frac{2}{3} \cdot \frac{2}{2{,}4} = \frac{5}{9}$$

Das gesuchte Stromverhältnis wird ermittelt, indem man die beiden Ströme unter schrittweiser Anwendung der Stromteilerregel auf den Gesamtstrom bezieht.

$$\frac{I_x}{I_y} = \frac{I_x}{I_{ges}} \cdot \frac{I_{ges}}{I_y} = \frac{2R+4R}{2R+4R+3R} \cdot \frac{4R+6R}{4R} = \frac{2}{3} \cdot \frac{5}{2} = \frac{5}{3}$$

Berechnungsbeispiel 3.5:

Welchen Widerstandswert muss R_x haben, damit über ihm ein Viertel der Gesamtspannung abfällt?

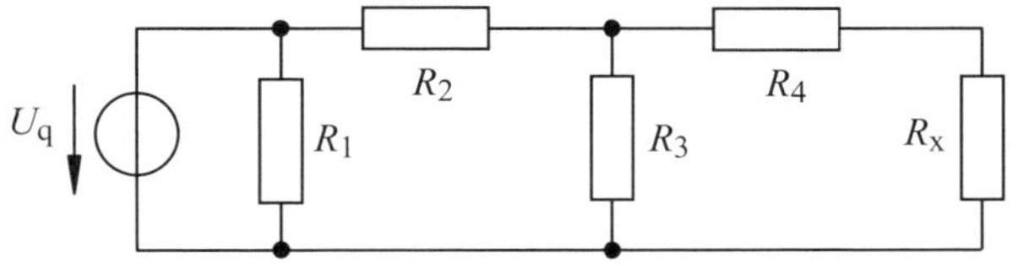

Geg.: $U_q = 12$ V

$R_1 = R_2 = R_A = 2$ kΩ

$R_3 = R_4 = R_B = 3$ kΩ

Bild 3.13: Schaltung zum Berechnungsbeispiel 3.5

a) Berechnen Sie R_x in allgemeiner Form $R_x = f(R_A, R_B)$ und als Zahlenwert.

b) In welchem Verhältnis müssen die Widerstandswerte von R_A und R_B mindestens stehen, damit die Bedingung $U_x = 0{,}25 \cdot U_q$ überhaupt erfüllt werden kann?

c) Bestimmen Sie R_{ges}, U_4, I_3 sowie die Verhältnisse $\frac{I_1}{I_3}$ und $\frac{U_2}{U_4}$.

Zu a) Zur Bestimmung des Verhältnisses von U_x und U_q wird die Spannungsteilerregel (doppelter Spannungsteiler; siehe Bild 3.8) angewendet. Laut Aufgabenstellung muss das Verhältnis 0,25 sein.

$$\frac{U_x}{U_q} = \frac{U_x}{U_3} \cdot \frac{U_3}{U_q} = \frac{R_x}{R_x + R_4} \cdot \frac{R_3 // (R_x + R_4)}{R_2 + R_3 // (R_x + R_4)} = \frac{R_x \cdot R_3 \cdot (R_x + R_4)}{(R_x + R_4) \cdot [R_2 \cdot (R_3 + R_x + R_4) + R_3 \cdot (R_x + R_4)]}$$

$$\frac{U_x}{U_q} = \frac{R_x \cdot R_3}{R_2 \cdot (R_3 + R_x + R_4) + R_3 \cdot (R_x + R_4)} = \frac{R_x \cdot R_3}{R_2 \cdot R_3 + R_2 \cdot R_x + R_2 \cdot R_4 + R_3 \cdot R_x + R_3 \cdot R_4}$$

Durch Einsetzen der Vereinfachungen für $R_1 = R_2 = R_A$ und $R_3 = R_4 = R_B$ erhält man:

$$\frac{U_x}{U_q} = \frac{R_x \cdot R_B}{R_A \cdot R_B + R_A \cdot R_x + R_A \cdot R_B + R_B \cdot R_x + R_B^2} = \frac{1}{4}$$

Diese Gleichung ist nun auszumultiplizieren und nach R_x umzustellen.

$$4R_x \cdot R_B = 2R_A \cdot R_B + R_A \cdot R_x + R_B \cdot R_x + R_B^2$$

$$R_x = \frac{2R_A \cdot R_B + R_B^2}{3R_B - R_A} = 3\ \text{k}\Omega$$

Zu b) Aus der Berechnungsvorschrift für R_x ist erkennbar, dass das Ergebnis durchaus negativ werden kann. Das bedeutet, dass die Schaltung nicht unter allen Bedingungen in der Lage ist, ein Spannungsverhältnis von $U_x / U_q = 0{,}25$ zu erzeugen. Da es keine negativen ohmschen Widerstände gibt, muss bei der Dimensionierung der Schaltung die Randbedingung $R_A < 3\ R_B$ eingehalten werden.

Zu c) Zur Übung der Widerstandsberechnung sowie der Anwendung von Spannungs- und Stromteilerregel sollten Sie die folgenden Schritte selbstständig ausführen. Die angegebenen Lösungsansätze dienen im Zusammenhang mit dem Rechenergebnis lediglich zum Vergleich. Für die Spannungen und die Ströme wurden die Indices der Widerstände verwendet. Zeichnen Sie sich die Zählpfeile der Spannungen und Ströme in die Schaltung des Bildes 3.13 ein!

$$R_{ges} = R_1 // [R_2 + R_3 // (R_x + R_4)] = 1{,}\overline{3}\ \text{k}\Omega$$

$$U_4 = U_q \cdot \frac{R_4}{R_4 + R_x} \cdot \frac{R_3 // (R_4 + R_x)}{R_2 + R_3 // (R_4 + R_x)} = 3\ \text{V}$$

$$I_3 = I_2 \cdot \frac{R_4 + R_x}{R_3 + R_4 + R_x} = \frac{U_q}{R_2 + R_3 // (R_4 + R_x)} \cdot \frac{R_4 + R_x}{R_3 + R_4 + R_x} = 2\ \text{mA}$$

$$\frac{I_1}{I_3} = \frac{R_2 + R_3 // (R_4 + R_x)}{R_1} \cdot \frac{R_3 + R_4 + R_x}{R_4 + R_x} = 3$$

$$\frac{U_2}{U_4} = \frac{R_2}{R_3 // (R_4 + R_x)} \cdot \frac{R_4 + R_x}{R_4} = 2$$

3.4 Elektrische Quellen

Aus energetischer Sicht stellt eine elektrische Quelle ein Element zur Umformung anderer Energieformen in elektrische Energie dar. Dieses Element besitzt die Fähigkeit, durch innere physikalische Effekte Ladungsträger zu beschleunigen (vgl. auch [9] – Abschn. 1.1.3).

Eine elektrische Quelle hat die Aufgabe, einem elektrischen Stromkreis die für den Ladungstransport notwendige Leistung zuzuführen. Sie speist einen angeschlossenen Verbraucher sowohl mit einer Spannung U_k als auch mit einem Strom I_0.

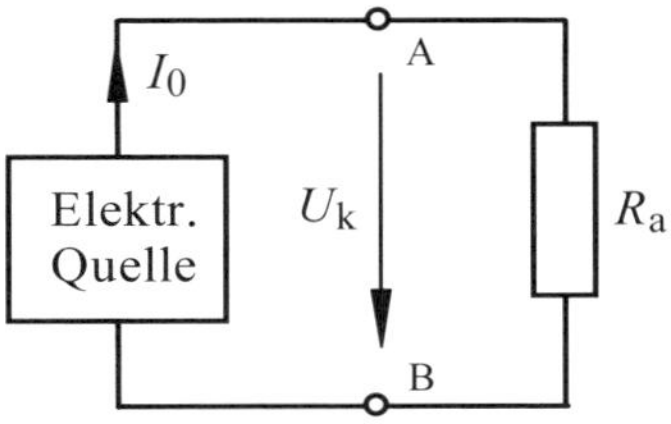

Bild 3.14: Belastete elektrische Quelle

Zur Beschreibung des Klemmenverhaltens (elektrisches Verhalten an den Punkten A und B in den Bildern 3.14 und 3.16) einer elektrischen Quelle verwendet man die Klemmenspannung U_k. Hier wird der Index k verwendet, um Verwechslungen mit dem Kurzschlussfall (Index K) auszuschließen. Die Klemmenspannung ist bei einer belasteten Quelle (Bild 3.14) gleich der Spannung U_a über dem Lastwiderstand. Bei einer leer laufenden Spannungsquelle (Bild 3.16) ist die Klemmenspannung gleich der Quellenspannung $U_k = U_q$ und bei einer leer laufenden Stromquelle gilt: $U_k = I_q \cdot R_i$.

Die Bezeichnungen Spannungsquelle bzw. Stromquelle ergeben sich aus der Eigenschaft der Quelle, dem Verbraucher entweder eine konstante Spannung bereitzustellen (Spannungseinspeisung) oder einen konstanten Strom aufzuprägen (Stromeinspeisung).

Eine aktive elektrische Quelle gibt Leistung (Quellenleistung) an den Verbraucher ab. Die Richtungskennzeichnung einer Quelle wird nach dem Quellen-Zählpfeilsystem vorgenommen. Danach sind Quellenspannung und Quellenstrom einander entgegengerichtet (vgl. auch Abschn. 1.4 und 2.3).

Ideale Quellen sind technisch nicht realisierbar, denn sie müssten in der Lage sein, eine unendlich große elektrische Energie aufzubringen.

Reale elektrische Quellen besitzen einen nicht vernachlässigbaren Innenwiderstand, der die Verluste bei der Wandlung in elektrische Energie einschließlich der entsprechenden Übergangswiderstände beschreibt. Das elektrische Verhalten realer Quellen wird über Ersatzschaltungen beschrieben, die neben der idealen Quellenwirkung (U_q oder I_q) den realen Innenwiderstand R_i berücksichtigen. Im Weiteren werden nur lineare Quellen betrachtet. Die Strom-Spannungs-Kennlinie einer linearen Quelle (siehe Bild 3.15) ist eine Gerade. Sie verbindet in der Funktionsdarstellung $I = f(U)$ den Kurzschlussstrom I_K (Schnittpunkt auf der Ordinate) mit der Leerlaufspannung U_L (Schnittpunkt auf der Abszisse) und wird als *Quellenkennlinie* bezeichnet.

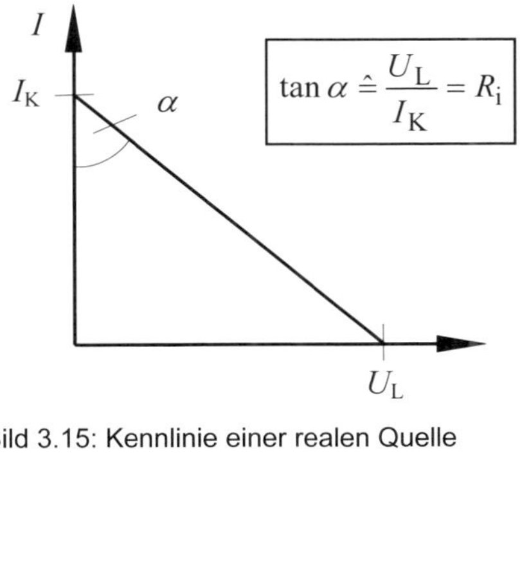

Bild 3.15: Kennlinie einer realen Quelle

Das *Spannungsquellen-Ersatzschaltbild* einer realen Quelle bildet den Innenwiderstand als Reihenelement zur idealen Quelle ab (Bild 3.16, links). Eine reale *Spannungsquelle* stellt dem Verbraucher bei variabler Last eine nahezu konstante Spannung bereit, wenn der Innenwiderstand viel kleiner als der Lastwiderstand ist.

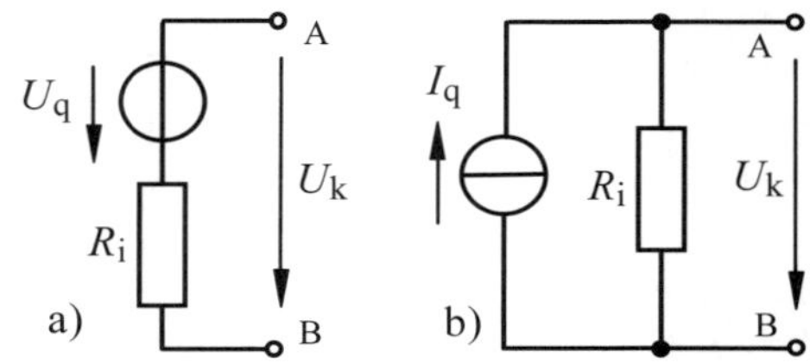

Bild 3.16: Ersatzschaltungen realer Quellen
a) Spannungsquelle b) Stromquelle

Von einer *Stromquelle* spricht man immer dann, wenn dem Verbraucher bei variabler Last ein konstanter Strom aufgeprägt werden kann. Das ist der Fall, wenn der Innenwiderstand viel größer als der Lastwiderstand ist. Im *Stromquellen-Ersatzschaltbild* wirkt der Innenwiderstand parallel zur idealen Stromquelle (Bild 3.16, rechts).

Die bisherigen Ausführungen weisen darauf hin, dass die Bezeichnung einer Quelle letztendlich eine Auffassungssache ist. Jede Spannungsquelle liefert zugleich einen Quellenstrom, und jede Stromquelle stellt zugleich eine Quellenspannung bereit.

Eine dieser beiden elektrischen Quellengrößen ist jedoch bei einem variablen Lastwiderstand durch eine bessere Konstanz gekennzeichnet. Diese Grundgröße (Spannung oder Strom) bestimmt den jeweiligen Namen der Quelle.
Eine Aussage über das Verhältnis zwischen Innen- und Lastwiderstand macht diese Unterscheidung für den Anwender sofort deutlich. So signalisiert ein relativ kleiner Innenwiderstand ($R_i << R_a$) die Charakteristik einer Spannungsquelle. Der Anstieg der Quellenkennlinie nähert sich der Kennlinie einer idealen Spannungsquelle (Bild 3.17, links). Ein relativ großer Innenwiderstand weist dagegen auf ein Verhalten als Stromquelle ($R_i >> R_a$) hin. Der Anstieg der Quellenkennlinie nähert sich dann der Kennlinie einer idealen Stromquelle (siehe Bild 3.17, rechts).

Reale Quellen sind idealisierbar, wenn der jeweilige Innenwiderstand gegenüber dem Lastwiderstand vernachlässigbar ist.

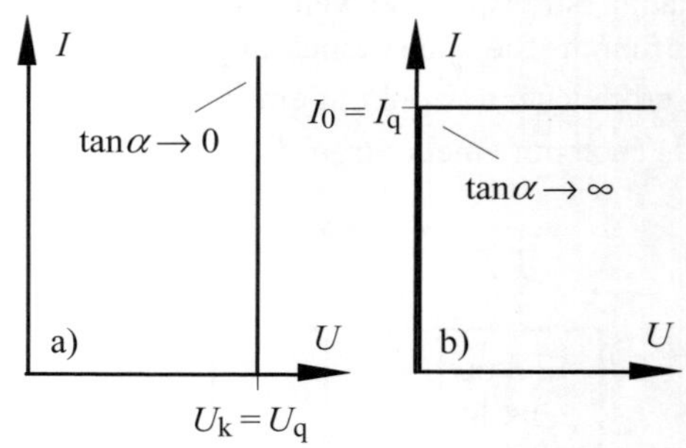

Bild 3.17: Idealisierte Quellen
a) Spannungsquelle b) Stromquelle

Spannungsquellen können gleichsinnig oder gegensinnig in Reihe geschaltet werden (siehe Bild 3.18). Bei einer gleichsinnigen Reihenschaltung addieren sich die beiden Spannungswerte, und bei einer gegensinnigen Reihenschaltung werden sie voneinander subtrahiert [⟵ $(-U_{q2})$].

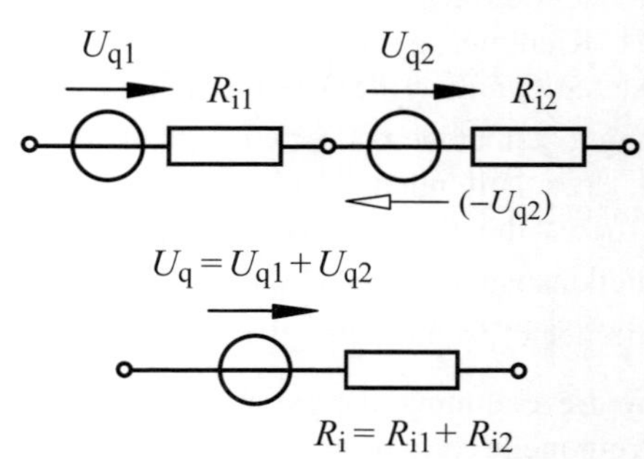

Bild 3.18: Reihenschaltung von Spannungsquellen

Eine Parallelschaltung von Spannungsquellen ist nur gleichsinnig und mit gleichen Quellenspannungswerten sinnvoll (z.B. zur Erhöhung der Kapazität beim Einsatz mehrerer Akkumulatoren). Anderenfalls kommt es zu relativ großen Ausgleichsströmen (vgl. Lehrbeispiel 3.3), die eine Quellenwirkung nach außen mehr oder minder hemmen.

Stromquellen können gleichsinnig oder gegensinnig parallel geschaltet werden.

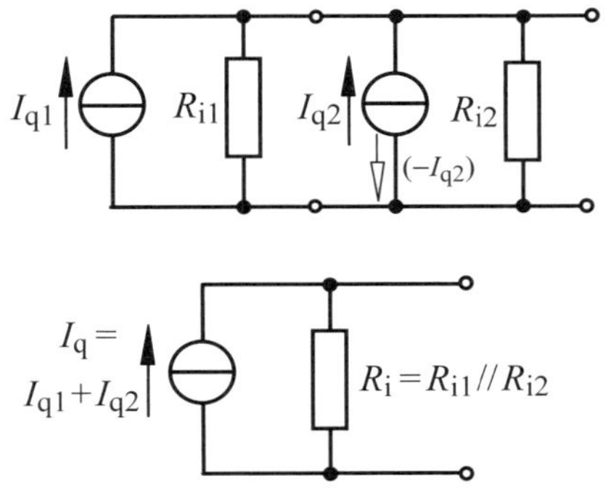

Bild 3.19: Parallelschaltung von Stromquellen

Bei einer gleichsinnigen Parallelschaltung von Stromquellen (Bild 3.19) addieren sich die Quellenströme, und bei einer gegensinnigen Parallelschaltung werden die Quellenströme voneinander subtrahiert (⇩).

Für Reihenschaltungen von Stromquellen gelten die Aussagen analog zu den parallel geschalteten Spannungsquellen. Danach sollen Stromquellen nur gleichsinnig und mit gleichen Werten der Quellenströme in Reihe geschaltet werden.

Lehrbeispiel 3.3:

Über zwei Kabel mit einem Leitungswiderstand $R_l = 5\ \text{m}\Omega$ werden zwei Akkumulatoren mit den Quellenspannungen U_A und U_B miteinander verbunden (z.B. Starthilfe beim Kraftfahrzeug).

Die Quellen haben folgende Daten:

Quelle A:	$U_A = 13{,}6$ V	$R_{iA} = 20\ \text{m}\Omega$
Quelle B:	$U_B = 13{,}0$ V	$R_{iB} = 30\ \text{m}\Omega$

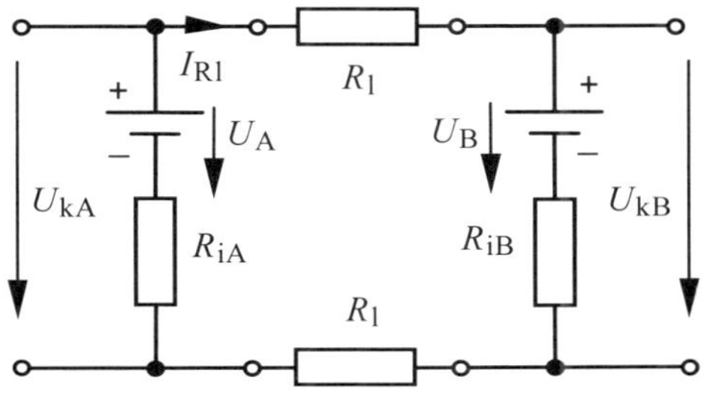

Bild 3.20: Schaltung zum Lehrbeispiel 3.3

a) Welcher Ausgleichsstrom I_{Rl} fließt in den Starthilfekabeln?

b) Berechnen Sie die Klemmenspannungen U_{kA} und U_{kB} an den Akkumulatoranschlüssen.

c) Welcher Ausgleichsstrom I_{Rl} (c) würde fließen, wenn man die Akkumulatoren gegensinnig (z.B. $U_B \uparrow$) zusammenschalten würde?

d) Ermitteln Sie für den Fall c) die Klemmenspannungen U_{kA} (c) und U_{kB} (c).

a) $I_{Rl} \cdot (R_l + R_{iB} + R_l + R_{iA}) + U_B - U_A = 0$

$$I_{Rl} = \frac{U_A - U_B}{R_{iA} + R_{iB} + 2R_l} = \frac{0{,}6\ \text{V}}{60\ \text{m}\Omega} = 10\ \text{A}$$

b) $U_{kA} = U_A - I_{Rl} \cdot R_{iA} = 13{,}4$ V

$$U_{kB} = U_B + I_{Rl} \cdot R_{iB} = 13{,}3\ \text{V}$$

c) $I_{Rl}(\text{c}) = \dfrac{U_A + U_B}{R_{iA} + R_{iB} + 2R_l}$

$$I_{Rl}(\text{c}) = \frac{26{,}6\ \text{V}}{60\ \text{m}\Omega} = 443{,}\bar{3}\ \text{A}$$

d) $U_{kA}(\text{c}) = U_A - I_{Rl}(\text{c}) \cdot R_{iA} = 4{,}73$ V

$$U_{kB}(\text{c}) = -U_B + I_{Rl}(\text{c}) \cdot R_{iB} = 0{,}3\ \text{V}$$

3.5 Lastfälle im Grundstromkreis

In diesem Abschnitt soll das Zusammenwirken eines aktiven und eines passiven Zweipols (hier: einer realen linearen Quelle und eines linearen Lastwiderstandes, siehe Bilder 3.14 und 3.21) betrachtet werden. Die Quelle wird als Spannungsquelle aufgefasst und mit einem variablen Widerstand $0 \leq R_a \leq \infty$ belastet. In diesem Fall (Reihenschaltung) fließt nur ein Strom $I = I_a$.

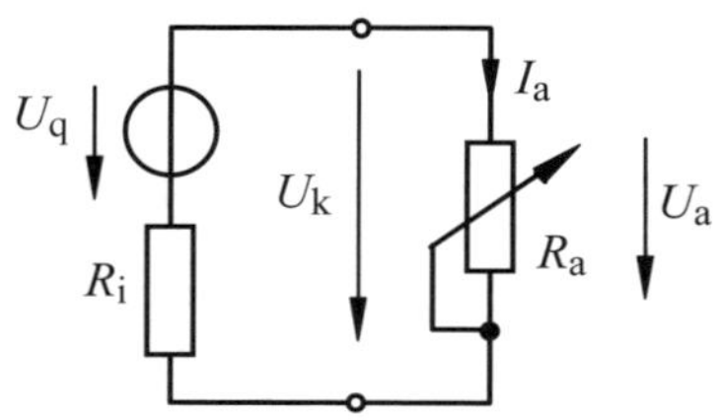

Bild 3.21: Grundstromkreis mit variabler Last

Die beiden Last-Grenzfälle werden mit den Begriffen *Kurzschluss* ($R_a \to 0$) und *Leerlauf* ($R_a \to \infty$) bezeichnet.

Im Kurzschlussfall (K) gilt:

$$U_a = U_k = 0 \quad \text{und}: \ I_a = \frac{U_q}{R_i} = I_K$$

Im Leerlauffall (L) gilt:

$$U_a = U_k = U_q = U_L \quad \text{und}: \ I_a = 0$$

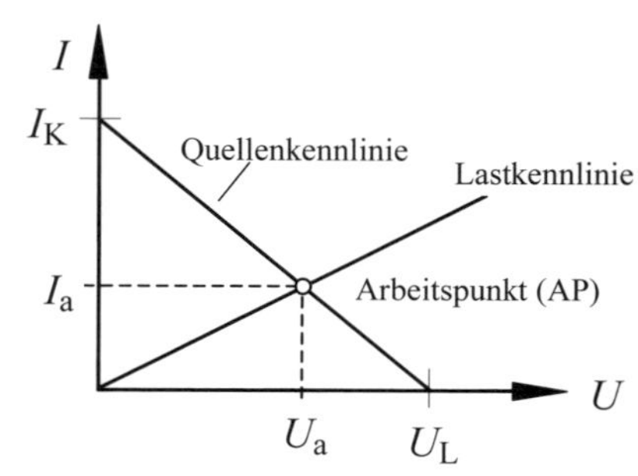

Bild 3.22: Lastfall im Grundstromkreis

3.5.1 Leistung und Wirkungsgrad

Der Leistungsumsatz P_a in einem Lastwiderstand R_a ist vom Spannungsabfall U_a über der Last und vom Strom I_a durch die Last abhängig.

Im *Kurzschlussfall* fließt der maximal mögliche Strom (Kurzschlussstrom I_K). Es fällt jedoch keine Spannung über $R_a = 0$ ab, und es wird demzufolge auch keine Leistung in R_a umgesetzt. Es gilt: $P_a\,(K) = 0 \cdot I_K = 0$ W.

Im *Leerlauffall* liegt die maximal mögliche Spannung (Leerlaufspannung U_L) über dem Lastwiderstand. Jetzt fließt aber kein Strom mehr ($R_a \to \infty$), so dass auch in diesem Fall keine Leistung in R_a umgesetzt wird. Es gilt: $P_a\,(L) = U_L \cdot 0 = 0$ W.

Alle Betriebsfälle $0 < R_a < \infty$ liegen zwischen dem Leerlauffall und dem Kurzschlussfall (siehe Bild 3.22). Sie sind durch einen definierten Leistungsumsatz im Lastwiderstand $P_a = U_a \cdot I_a$ gekennzeichnet. Die jeweilige Leistung P_a wird von der Lage des Arbeitspunktes in der Strom-Spannungs-Kennlinie (Bild 3.22) bestimmt. Bezieht man die im Lastwiderstand umgesetzte Leistung $P_a = P_{ab}$ auf die von der Quelle zugeführte Leistung P_{zu}, so erhält man den Wirkungsgrad für eine der beiden Ersatzschaltungen (Spannungs- oder Stromquelle) eines elektrischen Stromkreises.

$$\eta = \frac{P_{ab}}{P_{zu}} \tag{3.13}$$

Die im Lastwiderstand umgesetzte Leistung P_{ab} wird über das Verbraucher-Zählpfeilsystem und die von der Quelle zugeführte Leistung P_{zu} wird über das Quellen-Zählpfeilsystem beschrieben.

Der Wirkungsgrad einer schaltungstechnischen Anordnung beschreibt das Verhältnis von der im Lastwiderstand umgesetzten Leistung zu der durch die Quelle zugeführten Leistung.

Dieser Wirkungsgrad η gilt immer nur für eine vom Anwender definierte Schnittstelle, die den elektrischen Stromkreis in einen aktiven und einen passiven Zweipol trennt.

Beschreibt man den aktiven Zweipol über eine reale Spannungsquelle (Bild 3.16 a), so ergibt sich folgender Wirkungsgrad:

$$\eta_U = \frac{P_a}{P_q} = \frac{U_a \cdot I_a}{U_q \cdot I_a} = \frac{U_a}{U_q} = \frac{R_a}{R_i + R_a} \qquad (3.14)$$

Fasst man dagegen den aktiven Zweipol als reale Stromquelle auf (Bild 3.16 b), so ergibt sich ein anderer Wirkungsgrad:

$$\eta_I = \frac{P_a}{P_q} = \frac{U_a \cdot I_a}{U_a \cdot I_q} = \frac{I_a}{I_q} = \frac{R_i}{R_i + R_a} \qquad (3.15)$$

Addiert man die beiden Wirkungsgrade, so erhält man den Wert Eins.

$$\eta_U + \eta_I = \frac{R_a}{R_i + R_a} + \frac{R_i}{R_i + R_a} = 1$$

Das bedeutet, dass sich die Wirkungsgrade einer Anordnung mit einer realen Spannungsquelle und einer Anordnung mit einer realen Stromquelle zu 100 % (ideale elektrische Quelle) ergänzen. Fasst man eine belastete reale Spannungsquelle (Wirkungsgrad η_U) als belastete reale Stromquelle auf, so verändert sich der Wirkungsgrad auf den Wert $\eta_I = 1 - \eta_U$ (und umgekehrt).

Eine ideale Spannungsquelle ($R_i = 0$) würde infolge $U_a = U_q$ einen Wirkungsgrad von 100 % aufweisen. Eine ideale Stromquelle ($R_i = \infty$) hätte dann mit $I_a = I_q$ ebenfalls einen Wirkungsgrad von 100 %.

3.5.2 Anpassungsfall

Viele praktische Anwendungsfälle (insbesondere in der Nachrichten- und Datentechnik) verfolgen das Ziel, die geringen Leistungen, die innerhalb eines Übertragungsprozesses verfügbar sind, in maximaler Form im Lastwiderstand umzusetzen. Hier steht die Frage nach der Größe des Lastwiderstandes für $P_a \rightarrow$ max. im Vordergrund.

Eine Funktion $y = f(x)$ durchläuft an der Stelle x ein Maximum (oder ein Minimum), an der der Anstieg der Funktion gleich null ist. Für die weiteren Überlegungen interessiert hier der Zusammenhang $P_a = f(R_a)$ (vgl. Bild 3.25 c).

$$P_a = I_a^2 \cdot R_a = \frac{U_q^2 \cdot R_a}{(R_i + R_a)^2}$$

Zur Bestimmung des Anstieges der Funktion wird mit der Quotientenregel die erste Ableitung gebildet und null gesetzt:

$$\frac{dP_a}{dR_a} = \frac{U_q^2 (R_i + R_a)^2 - U_q^2 \cdot 2R_a (R_i + R_a)}{(R_i + R_a)^4} = 0$$

Ein Bruch ist null, wenn der Zähler gleich null ist.

$$U_q^2 (R_i + R_a)^2 = U_q^2 \cdot 2R_a (R_i + R_a)$$

Durch Kürzen erhält man $R_i + R_a = 2R_a$ und somit Gleich. (3.16).

$$R_a = R_i \qquad (3.16)$$

♦ Ein Lastwiderstand ist zum Zwecke der maximalen Leistungsaufnahme an den Innenwiderstand der Quelle anzupassen (Leistungsanpassung).

Im Anpassungsfall liegt über $R_a = R_i$ die halbe Leerlaufspannung, und es fließt der halbe Kurzschlussstrom (vgl. Bild 3.21). Daraus kann die maximal umsetzbare Leistung berechnet werden:

$$P_{a,max} = U_a \cdot I_a\Big|_{R_a = R_i} = \frac{U_L}{2} \cdot \frac{I_K}{2}$$

Der Kurzschlussstrom ergibt sich über das OHMsche Gesetz. Es gilt: $I_K = U_L / R_i$.

$$P_{a,max} = \frac{U_L^2}{4R_i} = \frac{I_K^2 \cdot R_i}{4} \qquad (3.17)$$

Lehrbeispiel 3.4:

Auf welchen Widerstandswert muss R_4 im Bild 3.23 eingestellt werden, damit die Verbraucherleistung P_{AB} maximal wird?

Geg.: $R_i = 20\ \Omega$; $R_1 = 30\ \Omega$; $R_2 = R_3 = 20\ \Omega$

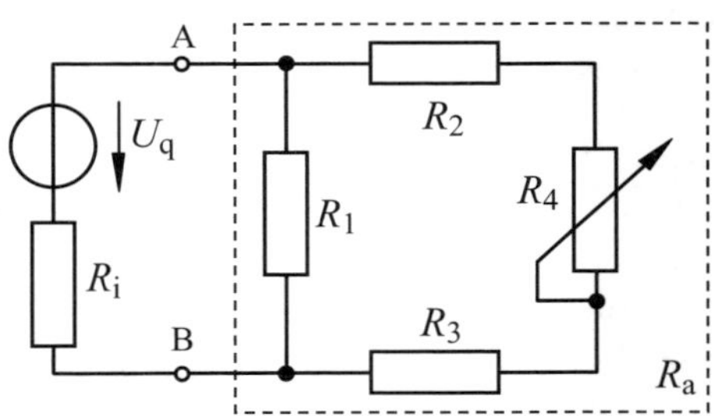

Bild 3.23: Schaltung zum Lehrbeispiel 3.4

Der an den Punkten A und B angeschlossene Widerstand $R_{AB} = R_a$ muss gleich dem Innenwiderstand R_i der Quelle sein (Anpassung).

$$R_i = R_1 // (R_2 + R_3 + R_4) = \frac{R_1 \cdot (R_2 + R_3 + R_4)}{R_1 + R_2 + R_3 + R_4}$$

Durch Umstellen nach R_4 erhält man folgende Lösung:

$$R_4 = \frac{R_i \cdot (R_1 + R_2 + R_3) - R_1 \cdot (R_2 + R_3)}{R_1 - R_i} = 20\ \Omega$$

3.5.3 Diskussion von Lastfällen

Die aktuellen Lastverhältnisse in einem Grundstromkreis können aus seiner Strom-Spannungs-Kennlinie abgelesen werden. Die Verbindungsgerade zwischen der Leerlaufspannung und dem Kurzschlussstrom wird als *Quellenkennlinie* bezeichnet (vgl. Bilder 3.22 und 3.24). Der Kehrwert ihres Anstieges ist ein Maß für den Innenwiderstand der Quelle (tan α im Bild 3.15).

$$R_i = \frac{U_L}{I_K} \qquad (3.18)$$

Zeichnet man nun noch die *Lastwiderstandsgerade* für R_a ein, so ergibt sich ein Schnittpunkt, der als *Arbeitspunkt* AP bezeichnet wird (Bild 3.24).

Bei kleinen Lastwiderständen liegt der Arbeitspunkt in der Nähe des Kurzschlussstromes I_K. Mit Vergrößerung des Lastwiderstandes wandert der Arbeitspunkt auf der Quellenkennlinie in Richtung der Leerlaufspannung U_L.

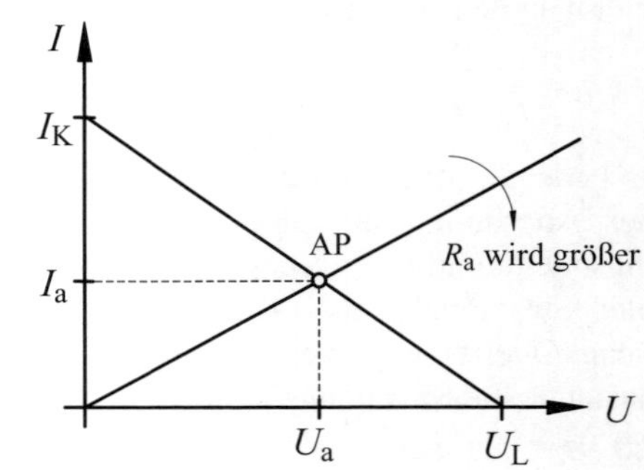

Bild 3.24: Änderung des Arbeitspunktes bei Variation des Lastwiderstandes

- Der *Anpassungsfall* ist dadurch gekennzeichnet, dass der Arbeitspunkt bei $0{,}5 \cdot U_L$ und $0{,}5 \cdot I_K$ und somit genau auf der Mitte der Quellenkennlinie liegt.

Lehrbeispiel 3.5:

Gegeben ist ein Grundstromkreis mit U_L und R_i. Wie verändern sich die Größen U_a, I_a, P_a und η_U bei Variation des Lastwiderstandes?

Erarbeiten Sie dazu eine Tabelle, die eine Übersicht zum Wert der jeweiligen Größe bei Kurzschluss (K), im Anpassungsfall (A) und bei Leerlauf (L) gibt.

Tabelle 3.1: Spezielle Lastfälle im Grundstromkreis

	R_a	U_a	I_a	P_a	η_U
K:	0	0	I_K	0	0
A:	R_i	$\frac{U_L}{2}$	$\frac{I_K}{2}$	$\frac{U_L \cdot I_K}{4}$	0,5
L:	∞	U_L	0	0	1

Daraus kann dann eine allgemein gültige Funktionsdarstellung abgeleitet werden, wenn man die Variablen auf feste Größen bezieht.

Solche *normierten Darstellungen* $\frac{y}{y_0} = f\left\{\frac{x}{x_0}\right\}$

weisen gegenüber einer normalen Funktionsdarstellung $y = f(x)$ folgende Vorteile auf und werden aus diesen Gründen auch häufig in der Elektrotechnik angewendet:

- Durch die Relativdarstellung sind alle aus dem Funktionsverlauf ableitbaren Aussagen allgemein gültig und somit unabhängig von den aktuellen Werten der Quelle und der Last.
- Die Achseneinteilung ist ohne Kenntnis der Werte der Bauelemente und unabhängig von den Einheiten der darzustellenden Größen möglich.
- Eine normierte Darstellung kann problemlos in eine logarithmische Darstellung überführt werden (siehe auch Kap. 16).

Für Funktionsdarstellungen innerhalb des Grundstromkreises bietet sich die Normierung in der Art an, dass man Spannungen auf die Leerlaufspannung, Ströme auf den Kurzschlussstrom und Leistungen auf die maximal umsetzbare Leistung bezieht (Bild 3.25). So erhält jede Ordinatenachse eine Einteilung zwischen null und eins (vgl. auch [14] – Lehrbeispiel 1.3). Die Einteilung der Abszissenachse wird übersichtlich, wenn man den variablen Lastwiderstand auf den Innenwiderstand der Quelle bezieht.

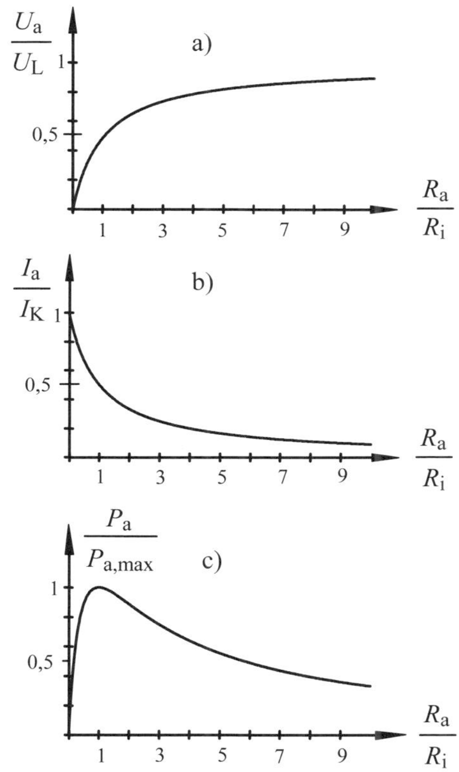

Bild 3.25: Funktionsdarstellung bei variabler Last
a) Spannungsverlauf b) Stromverlauf
c) Leistungsverlauf

Der Spannungsverlauf im Bild 3.25 a) beschreibt zugleich den Verlauf des Wirkungsgrades, wenn die Quelle als Spannungsquelle aufgefasst wird. Der Stromverlauf im Bild 3.25 b) beschreibt zugleich den Verlauf des Wirkungsgrades, wenn die Quelle als Stromquelle aufgefasst wird. Maßstäbliche Funktionsdarstellungen zum Bild 3.25 findet man z.B. in [14] – Lehrbeispiel 1.2.

3.5.4 Belasteter Spannungsteiler

Viele schaltungstechnische Realisierungen (z.B. Verstärkerschaltungen u.v.a.) benötigen mehrere Versorgungsspannungen. Da aus Aufwandsgründen nicht für jede Spannung ein Netzteil eingesetzt werden kann, setzt man häufig Spannungsteilerschaltungen ein. Sie sollen eine geringe Leistungsaufnahme haben und ein möglichst lineares Verhalten aufweisen.

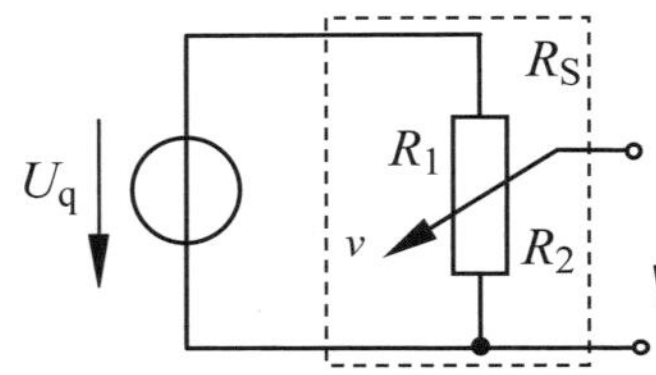

Bild 3.26: Unbelasteter Spannungsteiler

Bei einem *unbelasteten Spannungsteiler* ändert sich die Ausgangsspannung U_a linear mit der Schleiferstellung v des Stellwiderstandes $R_S = R_1 + R_2$ (Bild 3.26).

$$\frac{U_a}{U_q} = \frac{R_2}{R_S} = \frac{R_2}{R_1 + R_2} = v \qquad (3.19)$$

Bei einem *belasteten Spannungsteiler* (Bild 3.27) ändert sich dagegen infolge der Existenz des Lastwiderstandes R_a die Ausgangsspannung U_a nicht mehr linear mit der Schleiferstellung v' des Stellwiderstandes $R_S = R_1 + R_2$.

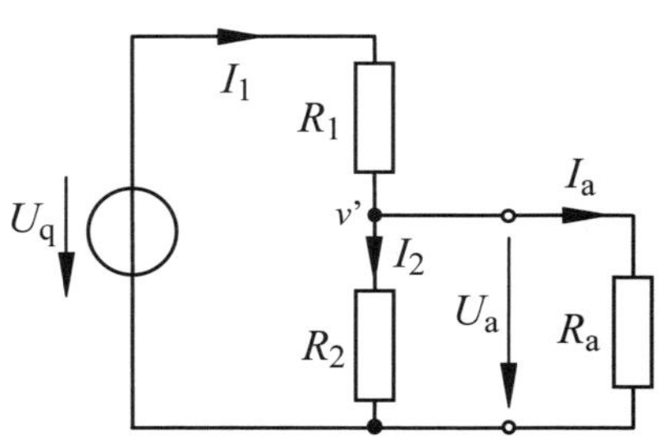

Bild 3.27: Belasteter Spannungsteiler

Die Schleiferstellung v' kann über die Spannungsteilerregel berechnet werden.

$$v' = \frac{U_a}{U_q} = \frac{R_2 \,//\, R_a}{R_1 + R_2 \,//\, R_a}$$

$$v' = \frac{U_a}{U_q} = \frac{R_2 \cdot R_a}{R_1 \cdot R_2 + R_1 \cdot R_a + R_2 \cdot R_a}$$

$$v' = \frac{U_a}{U_q} = \frac{R_2}{R_1 + R_2 + \frac{R_1 \cdot R_2}{R_a}} \qquad (3.20)$$

Der Ausdruck $R_1 \cdot R_2 / R_a$ in Gleich. (3.20) bewirkt das nichtlineare Verhalten eines belasteten Spannungsteilers [vgl. die Gleich. (3.19) und (3.20) miteinander].

Dimensioniert man einen belasteten Spannungsteiler jedoch so, dass der Lastwiderstand viel größer als der Stellwiderstand ist [$R_a >> (R_1 + R_2)$], so erhält man ein nahezu lineares Verhalten des Teilers.

♦ In der schaltungstechnischen Praxis gilt die Regel, dass diese Bedingung schon hinreichend erfüllt ist, wenn der „Querstrom des Teilers" I_2 fünf- bis zehnmal größer ist als der Laststrom I_a. Die Ausgangsspannung U_a ändert sich dann fast linear mit der Schleiferstellung, und der Querstrom I_2 bleibt nahezu konstant (vgl. Bild 3.28).

$$I_2 \approx (5 \;...\; 10) \cdot I_a \qquad (3.21)$$

Lehrbeispiel 3.6:

Eine Quelle mit U_q = 10 V und einem Stellwiderstand $R_S = R_1 + R_2$ = 100 Ω wird mit verschiedenen Widerständen R_a belastet (wie im Bild 3.27). Berechnen Sie die Ausgangsspannung U_a über dem Lastwiderstand als Funktion von R_2 für R_a = ∞, 1 kΩ, 100 Ω und 10 Ω.

Für die verschiedenen Spannungen über R_a soll folgende Zuordnung gelten:

U_{a1} für $R_{a1} = \infty$, U_{a2} für $R_{a2} = 1\ \text{k}\Omega$,

U_{a3} für $R_{a3} = 100\ \Omega$, U_{a4} für $R_{a4} = 10\ \Omega$.

Stellen Sie die Funktionsverläufe $U_{ax} = f\ (R_2)$ und $I_{2x} = f\ (R_2)$ in jeweils einem Diagramm mit R_a als Parameter grafisch dar. Diskutieren Sie diese Verläufe aus der Sicht des Anwenders.

Tabelle 3.2: Wertetabelle zum Lehrbeispiel 3.6

R_2 / Ω	U_{a1} / V	U_{a2} / V	U_{a3} / V	U_{a4} / V
0	0	0	0	0
10	1	0,99	0,92	0,53
20	2	1,97	1,72	0,77
30	3	2,94	2,48	0,97
40	4	3,91	3,23	1,18
50	5	4,88	4,0	1,43
60	6	5,86	4,84	1,76
70	7	6,86	5,78	2,26
80	8	7,87	6,9	3,08
90	9	8,92	8,26	4,74
100	10	10	10	10

Die Wertetabelle zeigt, dass sich die Ausgangsspannung bei $R_{a2} = 1\ \text{k}\Omega$ noch nahezu linear mit der Schleiferstellung ändert. Sie weicht im ungünstigsten Fall ($R_2 = 50\ \Omega$) um 2,4 % vom Verhalten eines unbelasteten Spannungsteilers ($R_{a1} = \infty$) ab. Der in der Tabelle 3.2 nicht berechnete Querstrom bleibt nahezu konstant.

Mit zunehmender Belastung (R_a wird kleiner ↓) nimmt das nichtlineare Verhalten des Teilers zu. Bei $R_{a4} = 0{,}1R_S = 10\ \Omega$ können Spannungswerte von $U_a > 0{,}5U_q$ nur noch mit einer Einstellung $R_2 > 0{,}9R_S$ erreicht werden. Diese Sachverhalte werden noch deutlicher, wenn man die Funktionen $U_{ax} = f\,(R_2)$ und $I_{2x} = f\,(R_2)$ in jeweils einem Diagramm mit R_a als Parameter grafisch darstellt (siehe Bild 3.28).

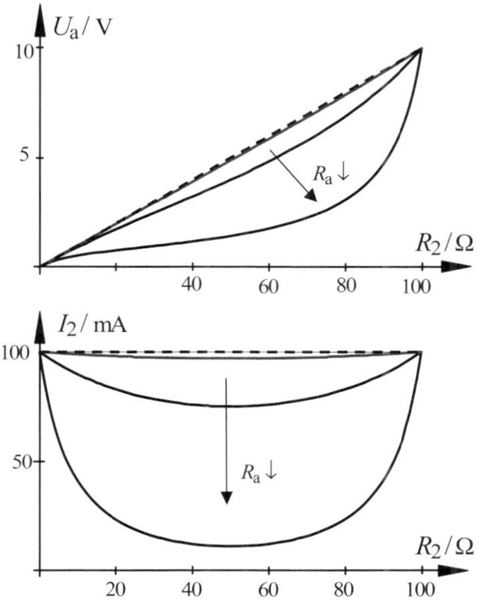

Bild 3.28: Funktionsdarstellungen zum Lehrbeispiel 3.6

Mit einem unendlich großen Lastwiderstand (gestrichelte Geraden im Bild 3.28) arbeitet der Teiler als unbelasteter Teiler linear. Ein Lastwiderstand, der um den Faktor 10 größer ist als der Stellwiderstand, führt aus praktischer Sicht noch zu einer akzeptablen linearen Arbeitsweise des Teilers [vgl. Gleich. (3.21)].

Eine weitere Verringerung des Verhältnisses zwischen Lastwiderstand und Stellwiderstand ist bezüglich der Forderung nach einem linearen Verhalten nicht vertretbar. Die Ausgangsspannung ändert sich dann extrem nichtlinear (Bild 3.28 – oben) und der Querstrom weist große Änderungen auf (Bild 3.28 – unten).

Aus dem Lehrbeispiel 3.6 kann man folgende Schlussfolgerung abgeleiten:
Ein belasteter Spannungsteiler sollte so dimensioniert werden, dass der Wert des Lastwiderstandes hinreichend größer als der Wert des Stellwiderstandes ist. Es gilt:

$$R_a >> R_S \qquad (3.22)$$

3.6 Beispiele und Anwendungen

Berechnungsbeispiel 3.6:

Wie groß muss der Widerstand R_3 sein, damit in ihm die gleiche Leistung umgesetzt wird wie in R_7? Es gilt: $R_1 = R_2 = R_4 = R_5 = R_6 = R_7 = R = 1{,}6\ \text{k}\Omega$ und $U_q = 12$ V.

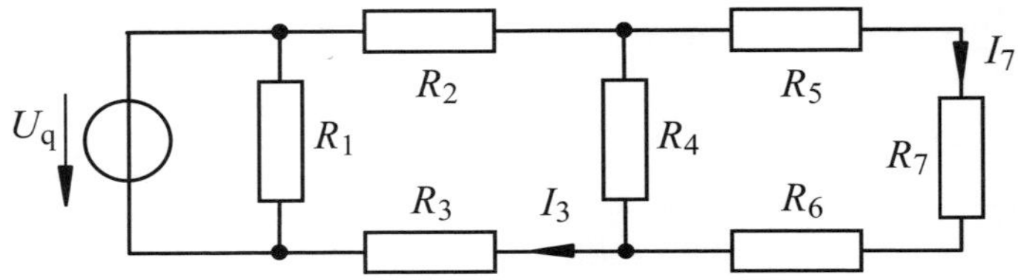

Bild 3.29: Schaltung zum Berechnungsbeispiel 3.6

Laut Aufgabenstellung muss gelten:

$$P_3 = P_7 \qquad \text{bzw.:} \quad I_3^2 \cdot R_3 = I_7^2 \cdot R_7 \qquad \text{oder:} \quad \frac{U_3^2}{R_3} = \frac{U_7^2}{R_7}$$

Die Aufgabe ist demzufolge über zwei Varianten lösbar. Zunächst wird über die Ströme gerechnet.

$$\frac{I_7}{I_3} = \frac{R_4}{R_4 + R_5 + R_6 + R_7} = \frac{1}{4} \qquad \Rightarrow \qquad I_7 = \frac{I_3}{4}$$

Für den Leistungsansatz gilt: $$I_3^2 \cdot R_3 = \left(\frac{I_3}{4}\right)^2 \cdot R_7 \qquad \Rightarrow \qquad R_3 = \frac{R_7}{16} = \frac{R}{16} = 100\ \Omega$$

Zur Übung soll die Aufgabe nun zusätzlich über den Spannungsteiler berechnet werden:

$$\frac{U_3}{U_7} = \frac{R_3}{R_4 /\!/ (R_5 + R_6 + R_7)} \cdot \frac{R_5 + R_6 + R_7}{R_7} = \frac{R_3}{0{,}75R} \cdot \frac{3R}{R} = \frac{4R_3}{R} \qquad \Rightarrow \qquad U_7 = U_3 \cdot \frac{R}{4R_3}$$

Für den Leistungsansatz gilt jetzt: $$\frac{U_3^2}{R_3} = \left(U_3 \cdot \frac{R}{4R_3}\right)^2 \cdot \frac{1}{R_7} \qquad \Rightarrow \qquad R_3 = \frac{R}{16} = 100\ \Omega$$

Berechnungsbeispiel 3.7:

Welche Spannung U_{AB} darf maximal an die Schaltung im Bild 3.30 gelegt werden, damit keiner der Widerstände überlastet wird?

Geg.: $R_1 = R_4 = R_5 = 40\ \Omega$ $\quad R_2 = 110\ \Omega$ $\quad R_3 = 60\ \Omega$ $\quad R_6 = 100\ \Omega$

$P_1 = P_4 = P_5 = 10$ W $\quad P_2 = 18$ W $\quad P_3 = 15$ W $\quad P_6 = 36$ W

Zunächst werden mit den Widerstandsdaten die zulässigen Teilspannungen berechnet. Alle Spannungszählpfeile zeigen nach rechts (→). Es gilt:

$$U_{max} = \sqrt{P_{max} \cdot R} \qquad U_{1,max} = 20\ \text{V} \quad U_{2,max} = 44{,}5\ \text{V} \quad U_{3,max} = 30\ \text{V}$$

$$U_{4,max} = 20\ \text{V} \quad U_{5,max} = 20\ \text{V} \quad U_{6,max} = 60\ \text{V}$$

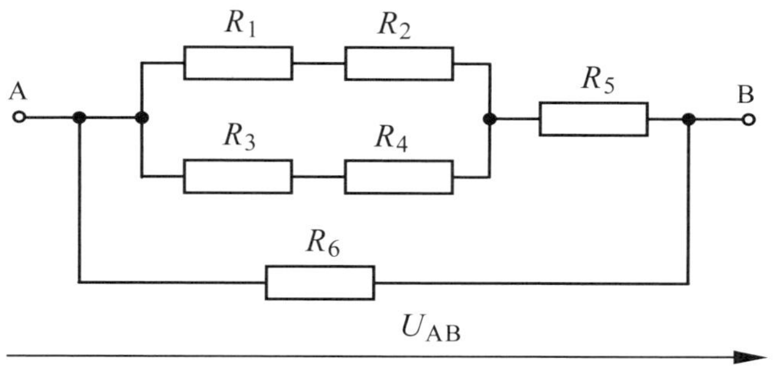

Bild 3.30: Schaltung zum Berechnungsbeispiel 3.7

Nun bestimmt man mit der Spannungsteilerregel aus der zulässigen Teilspannung die jeweils maximal zulässige Gesamtspannung:

$$\frac{U_1}{U_{AB}} = \frac{R_1}{R_1+R_2} \cdot \frac{(R_1+R_2)//(R_3+R_4)}{R_5+(R_1+R_2)//(R_3+R_4)} = \frac{4}{15} \cdot \frac{3}{5} \quad \Rightarrow \quad U_{AB1,max} = U_{1,max} \cdot \frac{25}{4} = 125 \text{ V}$$

$$\frac{U_2}{U_{AB}} = \frac{R_2}{R_1+R_2} \cdot \frac{(R_1+R_2)//(R_3+R_4)}{R_5+(R_1+R_2)//(R_3+R_4)} = \frac{11}{15} \cdot \frac{3}{5} \quad \Rightarrow \quad U_{AB2,max} = U_{2,max} \cdot \frac{25}{11} = 101{,}1 \text{ V}$$

$$\frac{U_3}{U_{AB}} = \frac{R_3}{R_3+R_4} \cdot \frac{(R_1+R_2)//(R_3+R_4)}{R_5+(R_1+R_2)//(R_3+R_4)} = \frac{3}{5} \cdot \frac{3}{5} \quad \Rightarrow \quad U_{AB3,max} = U_{3,max} \cdot \frac{25}{9} = 83{,}3 \text{ V}$$

$$\frac{U_4}{U_{AB}} = \frac{R_4}{R_3+R_4} \cdot \frac{(R_1+R_2)//(R_3+R_4)}{R_5+(R_1+R_2)//(R_3+R_4)} = \frac{2}{5} \cdot \frac{3}{5} \quad \Rightarrow \quad U_{AB4,max} = U_{4,max} \cdot \frac{25}{6} = 83{,}3 \text{ V}$$

$$\frac{U_5}{U_{AB}} = \frac{R_5}{R_5+(R_1+R_2)//(R_3+R_4)} = \frac{2}{5} \quad \Rightarrow \quad U_{AB5,max} = U_{5,max} \cdot \frac{5}{2} = 50 \text{ V}$$

$$U_6 = U_{AB} \quad \Rightarrow \quad U_{AB6,max} = U_{6,max} = 60 \text{ V}$$

Die kleinste errechnete Gesamtspannung $U_{AB5,max}$ ist diejenige Gesamtspannung, die maximal an die Widerstandskonfiguration gelegt werden darf. Das sind in diesem Beispiel 50 V. Beim Überschreiten dieser Spannung würde der Widerstand R_5 zuerst überlastet.

Berechnungsbeispiel 3.8:

An eine Quelle mit der Quellenspannung $U_q = 15$ V und einem Innenwiderstand $R_i = 2{,}5\ \Omega$ wird ein variabler Lastwiderstand R_a angeschlossen (vgl. Bild 3.21).

a) Auf welchen Wert muss der Lastwiderstand eingestellt werden, damit er eine Leistung $P_a = 20$ W aufnimmt?

b) Leiten Sie einen allgemeinen Ausdruck für den erforderlichen Strom her, der diese Leistungsaufnahme bewirkt.

Zu a) Im Anpassungsfall wird in R_a eine maximale Leistung umgesetzt: $P_{a,max} = \dfrac{U_q^2}{4R_i} = 22{,}5\ \text{W}$

Für einen Leistungsumsatz kleiner $P_{a,max}$ (laut Aufgabenstellung: $P_a = 20$ W) müssen sich gemäß dem Funktionsverlauf $P_a = f(R_a)$ zwei Lastwiderstände ergeben, in denen die gleiche Leistung umgesetzt wird [vgl. Bild 3.25 c)]. Es ist also eine quadratische Gleichung zu erwarten.

$$P_a = I^2 \cdot R_a = \frac{U_q^2 \cdot R_a}{(R_i + R_a)^2} \qquad \Rightarrow \qquad R_a^2 + 2R_i \cdot R_a - \frac{U_q^2 \cdot R_a}{P_a} + R_i^2 = 0$$

$R_{a1,2} = 3{,}125\ \Omega \pm 1{,}875\ \Omega$. Damit ergeben sich zwei Lösungen für R_a: $R_{a1} = 1{,}25\ \Omega$ und $R_{a2} = 5\ \Omega$.

Zu b) Zur Herleitung eines Ausdruckes für den Strom, der ja durch $R_{ges} = R_i + R_a$ fließt, ist es zweckmäßig, mit $R_a = R_{ges} - R_i$ zu rechnen.

$$P_a = I^2 \cdot R_a = I^2 \cdot R_{ges} - I^2 \cdot R_i = \frac{I^2 \cdot U_q}{I} - I^2 \cdot R_i = U_q \cdot I - I^2 \cdot R_i$$

Daraus entsteht durch Ausmultiplizieren und Ordnen die Normalform einer quadratischen Gleichung einschließlich ihrer Lösung in allgemeiner Form:

$$I^2 - I\frac{U_q}{R_i} + \frac{P_a}{R_i} = 0 \qquad\qquad I_{1,2} = \frac{U_q}{2R_i} \pm \sqrt{\frac{U_q^2}{4R_i^2} - \frac{P_a}{R_i}}$$

Durch Einsetzen der Zahlenwerte ergeben sich die beiden Ströme mit $I_1 = 4$ A und $I_2 = 2$ A.

Berechnungsbeispiel 3.9:

Die Schaltungen A, B und C im Bild 3.31 unterscheiden sich im Aufbau ihres aktiven Zweipols (links von der Trennstelle d – e). *Geg.:* $U_q = 12$ V $R_1 = 30\ \Omega$ $R_2 = 60\ \Omega$ $R_3 = 20\ \Omega$

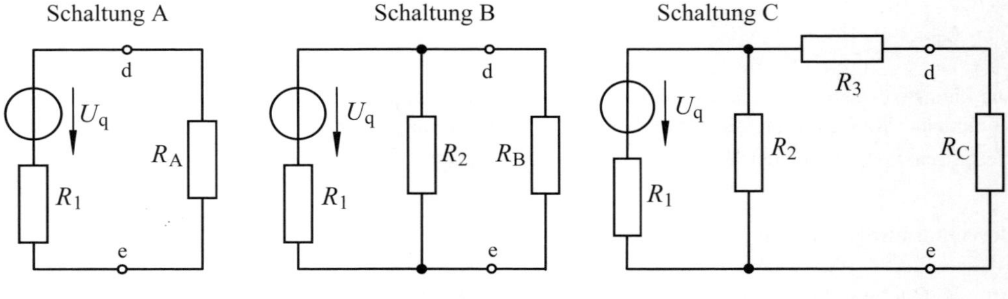

Bild 3.31: Schaltungsvarianten zum Berechnungsbeispiel 3.9

a) Wie müssen die Lastwiderstände R_A, R_B und R_C dimensioniert werden, damit die abgegebene Leistung ein Maximum wird? Berechnen Sie diese Leistungen.

b) Welchen Wirkungsgrad weist die jeweilige Schaltung auf, wenn der Lastwiderstand einheitlich auf 20 Ω eingestellt wird? Wie groß sind jetzt die abgegebenen Leistungen?

Zu a) $R_A = R_1 = 30\ \Omega$ $\quad U_A = U_q \cdot \dfrac{R_A}{R_1 + R_A} = 6\ \text{V}$ $\quad P_A = \dfrac{U_A^2}{R_A} = 1200\ \text{mW}$

$R_B = R_1 // R_2 = 20\ \Omega$ $\quad U_B = U_q \cdot \dfrac{R_2 // R_B}{R_1 + R_2 // R_B} = 4\ \text{V}$ $\quad P_B = \dfrac{U_B^2}{R_B} = 800\ \text{mW}$

$R_C = R_1 // R_2 + R_3 = 40\ \Omega$ $\quad U_C = U_q \cdot \dfrac{R_C}{R_3 + R_C} \cdot \dfrac{R_2 //(R_3 + R_C)}{R_1 + R_2 //(R_3 + R_C)} = 4\ \text{V}$ $\quad P_C = \dfrac{U_C^2}{R_C} = 400\ \text{mW}$

Zu b) Für den zweiten Teil der Aufgabenstellung (gekennzeichnet durch *) gilt ein einheitlicher Lastwiderstand $R_a = 20\ \Omega$. Es ergeben sich folgende Wirkungsgrade sowie Spannungen, Ströme und Leistungen (vgl. auch: Rechnungen unter Punkt a):

$\eta_A^* = \dfrac{R_a}{R_A + R_a} = 0{,}4$ $\quad U_A^* = 4{,}8\ \text{V}$ $\quad I_A^* = 240\ \text{mA}$ $\quad P_A^* = 1152\ \text{mW}$

$\eta_B^* = \dfrac{R_a}{R_B + R_a} = 0{,}5$ $\quad U_B^* = 4{,}0\ \text{V}$ $\quad I_B^* = 200\ \text{mA}$ $\quad P_B^* = 800\ \text{mW}$

$\eta_C^* = \dfrac{R_a}{R_C + R_a} = 0{,}33$ $\quad U_C^* = 2{,}67\ \text{V}$ $\quad I_C^* = 133\ \text{mA}$ $\quad P_C^* = 356\ \text{mW}$

Berechnungsbeispiel 3.10:

Die Lampe H3 soll mit einem Stellwiderstand $R_S = R_1 + R_2 = 50\ \Omega$ an der Quelle A mit der Quellenspannung $U_A = 60\ \text{V}$ in einem festen Arbeitspunkt AP (Index 3N) betrieben werden.

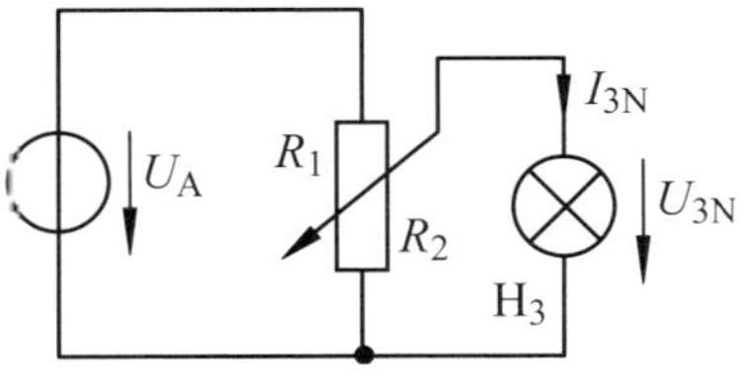

Welche Stellung muss der Abgriff von R_S haben, damit die Lampe im Nennbetrieb arbeitet?

Geg.: $U_{3N} = 24\ \text{V}$ und $P_{3N} = 10\ \text{W}$

Man berechne R_1 und R_2.

Bild 3.32: Schaltung zum Berechnungsbeispiel 3.10

Zunächst wird der Widerstand der Lampe für den Nennbetrieb berechnet: $R_3 = \dfrac{U_{3N}^2}{P_{3N}} = 57{,}6\ \Omega$.

Dieser Widerstand (Gleichstromwiderstand) gilt nur für den Arbeitspunkt (U_{3N}; I_{3N}).

$$\frac{U_3}{U_A} = \frac{R_2 // R_3}{R_1 + R_2 // R_3} = \frac{R_2 \cdot R_3}{R_1 \cdot R_2 + R_1 \cdot R_3 + R_2 \cdot R_3} = \frac{R_2 \cdot R_3}{R_1 \cdot R_2 + R_3(R_1 + R_2)} \qquad \text{mit: } R_S = R_1 + R_2$$

$$\frac{U_3}{U_A} = \frac{R_2 \cdot R_3}{R_2(R_S - R_2) + R_3 \cdot R_S} = \frac{24\ \text{V}}{60\ \text{V}} = 0{,}4 \qquad \Rightarrow \qquad R_2^2 + R_2(2{,}5R_3 - R_S) - R_3 \cdot R_S = 0$$

Durch Berechnung der quadratischen Gleichung erhält man $R_2 = 24{,}3\ \Omega$ und $R_1 = R_S - R_2 = 25{,}7\ \Omega$..

4 Grundschaltungen der elektrischen Messtechnik

4.1 Messbereichserweiterung

Mit einem unbeschalteten *Messwerk* kann man nur relativ kleine Spannungen und Ströme (Vollausschlagspannung U_M und Vollausschlagstrom I_M) messen. Zur Vergrößerung der messbaren Spannung bzw. des messbaren Stromes ist somit eine Erweiterung des Messbereiches erforderlich. Man spricht dann von einem *Messgerät* (Messwerk mit Messzubehör [6]).

Messwerke nehmen Leistung auf. Diese Leistung wird aus dem Produkt von Vollausschlagspannung und Vollausschlagstrom berechnet. Es gilt: $P_M = U_M \cdot I_M$.

Messwerke besitzen demzufolge einen nicht vernachlässigbaren Innenwiderstand, der diese Leistung aufnimmt und zur Verfälschung von Messergebnissen führt.

$$R_{iM} = \frac{U_M}{I_M} \qquad (4.1)$$

• **Spannungsmessbereichserweiterung:**

Zur Vergrößerung der messbaren Spannung um den Erweiterungsfaktor n ist zu einem Messwerk ein *Vorwiderstand* R_V in Reihe zu schalten (Bild 4.1).

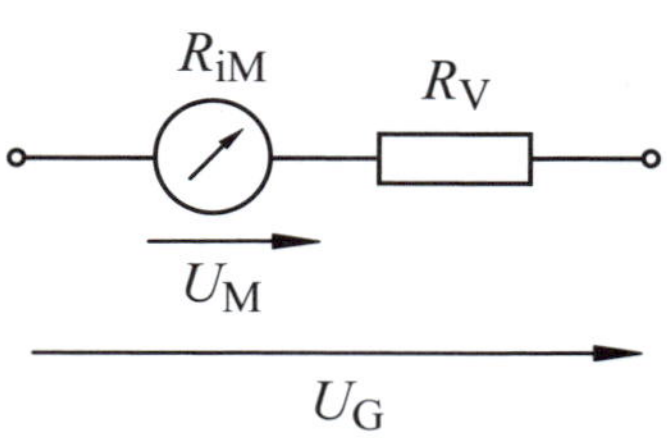

Bild 4.1: Schaltung zur Erweiterung des Spannungsmessbereiches

Er muss einen Spannungsabfall erzeugen, der genau der Differenz zwischen einer maximal zu messenden Spannung U_G (Mess-**G**erät) und der Vollausschlagspannung U_M (**M**esswerk) entspricht.

$$\frac{U_M}{U_G} = \frac{R_{iM}}{R_{iM} + R_V} = \frac{1}{n}$$

$$n \cdot R_{iM} = R_{iM} + R_V$$

$$R_V = R_{iM} \cdot (n - 1) \qquad (4.2)$$

Durch den Vorwiderstand vergrößert sich der resultierende Innenwiderstand der Messanordnung. Der Hersteller von Vielfachmessgeräten gibt dem Anwender einen Umrechnungsfaktor an, der als spannungsbezogener Innenwiderstand bezeichnet wird (z.B.: $R_{iV}^* / U = 20\ \text{k}\Omega / \text{V}$). Der tatsächliche Innenwiderstand eines Spannungsmessgerätes ergibt sich dann aus dem eingestellten Messbereich MB_U, multipliziert mit dem spannungsbezogenen Innenwiderstand.

$$R_{iG} = MB_U \cdot \frac{R_{iV}^*}{U} \qquad (4.3)$$

• **Strommessbereichserweiterung:**

Zur Vergrößerung des messbaren Stromes um den Erweiterungsfaktor n wird zum Messwerk ein *Nebenwiderstand* R_N parallel geschaltet (Bild 4.2).

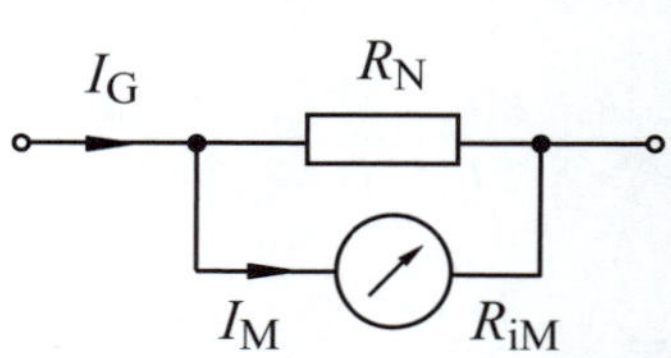

Bild 4.2: Schaltung zur Erweiterung des Strommessbereiches

Durch ihn muss die Differenz zwischen dem maximal zu messenden Strom I_G und dem Vollausschlagstrom I_M fließen.

$$\frac{I_M}{I_G} = \frac{R_N}{R_N + R_{iM}} = \frac{1}{n}$$

$$n \cdot R_N = R_N + R_{iM}$$

$$R_N = \frac{R_{iM}}{n-1} \qquad (4.4)$$

Lehrbeispiel 4.1:

Ein Messwerk soll in einem Vielfachmessgerät eingesetzt werden. Es hat eine Vollausschlagspannung von $U_M = 100$ mV und einen Vollausschlagstrom von $I_M = 30$ µA.

Berechnen Sie die erforderlichen Widerstände zur Messbereichserweiterung für:

a) einen Spannungsmessbereich von $U_G = 1{,}5$ V

b) einen Strommessbereich von $I_G = 3$ A

Zu a) Die geforderte Messbereichserweiterung wird mit der im Bild 4.1 dargestellten Schaltung vorgenommen. Durch beide Elemente fließt der gleiche Strom I_M (→).

Für die Spannungen gilt: $U_G = U_M + U_V$

$$R_V = \frac{U_V}{I_M} = \frac{U_G - U_M}{I_M} = \frac{1{,}4\ \text{V}}{30\ \mu\text{A}} = 46{,}\bar{6}\ \text{k}\Omega$$

Zu b) Die geforderte Messbereichserweiterung wird mit der im Bild 4.2 dargestellten Schaltung vorgenommen. Über beiden Elementen liegt die gleiche Spannung U_M (→).

Für die Ströme gilt: $I_G = I_M + I_N$

$$R_N = \frac{U_M}{I_N} = \frac{U_M}{I_G - I_M} = \frac{100\ \text{mV}}{3\ \text{A}} = 33{,}\bar{3}\ \text{m}\Omega$$

4.2 Aufnahme von Kennlinien

Das elektrische Verhalten eines Bauelementes kann mit einer oder mehreren Kennlinien (siehe auch Kap. 6) in sehr übersichtlicher Form beschrieben werden. Zur Aufnahme solcher Kennlinien wird der Zusammenhang zwischen zwei Größen (z.B. Spannung und Strom) unter definierten Randbedingungen in einem vorgegebenen Wertebereich messtechnisch erfasst.

Eine Strom-Spannungs-Kennlinie wird aus einer Reihe von Kombinationsmessungen $I_\nu = f(U_\nu)$ ermittelt. Die so zu messenden Wertepaare ν $(1 \le \nu \le n)$ werden mit Messgeräten bestimmt, die infolge ihrer Leistungsaufnahme P_M einen nicht vernachlässigbaren Innenwiderstand R_{iM} besitzen. Diese Innenwiderstände verursachen insbesondere bei Kombinationsmessungen eine Verfälschung der gemessenen Spannung bei einer stromrichtige Messung bzw. des gemessenen Stromes bei einer spannungsrichtige Messung.

Dem Anwender obliegt die Aufgabe, eine sinnvolle Entscheidung über die jeweils geeignete Messschaltung zu treffen.

4.2.1 Stromrichtige Messung

Als Messobjekt soll ein ohmscher Widerstand R_x betrachtet werden, an dem eine Kombinationsmessung mit der stromrichtigen Messschaltung (Bild 4.3) durchgeführt wird.

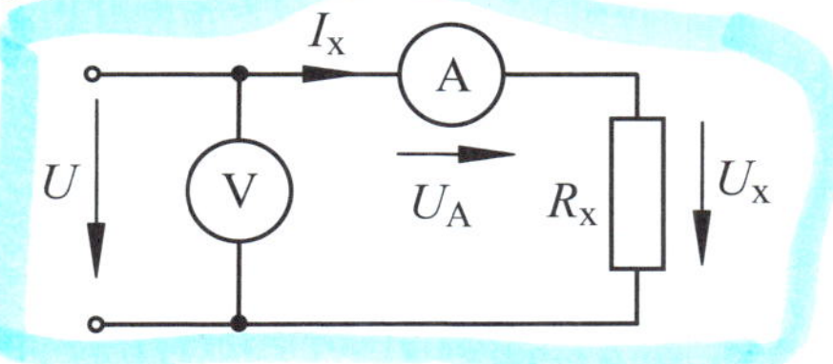

Bild 4.3: Stromrichtige Messung

Für den gemessenen Wert R_X' gilt:

$$R_X' = \frac{U}{I_X} > R_X = \frac{U_X}{I_X}$$

Da die Gesamtspannung U größer als der Spannungsabfall U_X ist, wird ein zu großer Widerstandswert bestimmt. Durch Einsetzen von $U_X = U - U_A$ kann folgende *Messwertkorrektur* vorgenommen werden.

$$R_X = \frac{U_X}{I_X} = \frac{U - U_A}{I_X} = \frac{U}{I_X} - \frac{U_A}{I_X} = \frac{U}{I_X} - R_{iA}$$

$$R_X = R_X' - R_{iA} \qquad (4.5)$$

Diese Messschaltung sollte man anwenden, wenn der Innenwiderstand des Strommessers viel kleiner als der Widerstand des Messobjektes ist. Dann gilt: $R_X \approx R_X'$.

$$R_{iA} << R_X \qquad (4.6)$$

Wenn diese Bedingung nicht oder nur unzureichend erfüllt ist, muss die spannungsrichtige Messschaltung verwendet oder eine Korrekturrechnung mit Gleich. (4.5) durchgeführt werden.

4.2.2 Spannungsrichtige Messung

Nun wird die Messung mit der spannungsrichtigen Messschaltung durchgeführt.

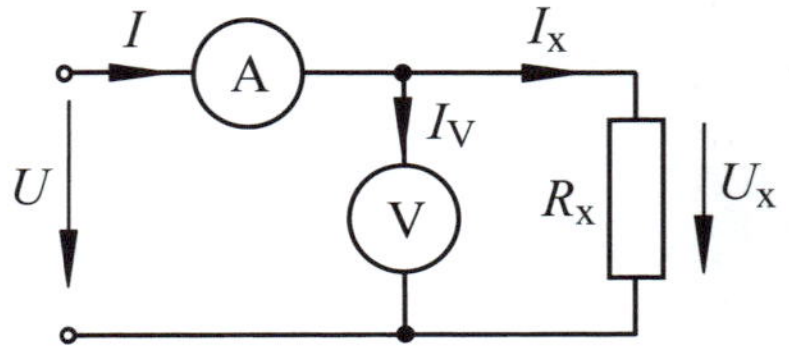

Bild 4.4: Spannungsrichtige Messung

Da der Gesamtstrom I größer als der Strom I_X ist, wird für das Messobjekt ein zu kleiner Widerstandswert ermittelt.

Für den gemessenen Wert R_X'' gilt:

$$R_X'' = \frac{U_X}{I} < R_X = \frac{U_X}{I_X}$$

Durch Einsetzen von $I_X = I - I_V$ ist wieder eine *Messwertkorrektur* möglich.

$$R_X = \frac{U_X}{I_X} = \frac{U_X}{I - I_V} = \frac{1}{\frac{I}{U_X} - \frac{I_V}{U_X}}$$

$$R_X = \frac{1}{\frac{1}{R_X''} - \frac{1}{R_{iV}}} \qquad (4.7)$$

Diese Messschaltung sollte man anwenden, wenn der Innenwiderstand des Spannungsmessers viel größer als der Widerstand des Messobjektes ist. Dann gilt: $R_X \approx R_X$''.

$$R_{iV} >> R_X \qquad (4.8)$$

Wenn diese Bedingung nicht oder nur unzureichend erfüllt ist, muss die stromrichtige Messschaltung verwendet oder eine Korrekturrechnung mit Gleich. (4.7) durchgeführt werden.

Lehrbeispiel 4.2:

Welche Widerstandswerte ermittelt man für R_X (siehe Tabelle 4.1) mit der spannungsrichtigen (R_X'') und der stromrichtigen (R_X') Messung?

Geg.: $R_{iA} = 2\ \Omega$ und $R_{iV} = 50\ \text{k}\Omega$

Tabelle 4.1: Lösungen zum Lehrbeispiel 4.2

R_X	$R_X'' = R_X // R_{iV}$		$R_X' = R_X + R_{iA}$	
1 Ω	1 Ω	✓	3 Ω	
10 Ω	9,99 Ω	✓	12 Ω	
100 Ω	99,8 Ω	✓	102 Ω	
1 kΩ	980,4 Ω		1002 Ω	✓
10 kΩ	8,33 kΩ		10002 Ω	✓
100 kΩ	33,33 kΩ		100 kΩ	✓

4.3 Messgeräte mit Nullindikator

Messtechnische Anordnungen mit Nullabgleich arbeiten nach der Kompensationsmethode. Ihr Funktionsprinzip ist dem einer Balkenwaage, bei der ein Massevergleich mit dem Ziel des Gleichgewichts einer unbekannten Masse mit einem Massenormal durchgeführt wird, sehr ähnlich.
Wenn es sich dabei um eine Schaltung mit zwei Spannungsquellen handelt, spricht man von einer *Kompensatorschaltung*. Sie wird z.B. zur sehr genauen Messung von Spannungen eingesetzt (Bild 4.5).

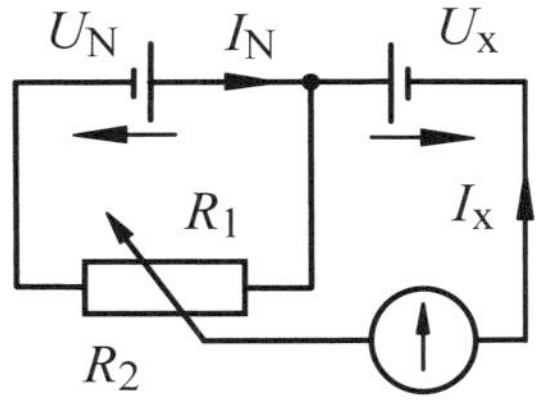

Bild 4.5: Prinzip einer Kompensatorschaltung

Mit dem Widerstandsverhältnis R_1/R_2 wird die Anordnung so abgeglichen, dass der Strom I_x null wird. Dann fließt in der Schaltung nur noch ein Strom I_N, und die Spannungsteilerregel liefert eine Aussage zum unbekannten Spannungswert U_x.

$$U_x = U_N \cdot \frac{R_1}{R_1 + R_2} \tag{4.9}$$

Besteht die Schaltung dagegen aus parallelen Zweigen, die in der Mitte durch einen Querzweig miteinander verbunden sind (Brückenzweig zwischen den Punkten C und D im Bild 4.6), so spricht man von einer *Brückenschaltung*.

Eine typische Messanordnung dieser Art ist die WHEATSTONEsche Brückenschaltung. Sie wird im Gleichstromkreis zur Messung von unbekannten Widerstandswerten R_x eingesetzt. Im unabgeglichenen Zustand (Bild 4.6) fließt ein Strom I_G durch das Galvanometer im Querzweig der Brücke. Ein Galvanometer ist ein Strommesser mit beidseitigem Ausschlag und der Nullpunktanzeige in der Skalenmitte.

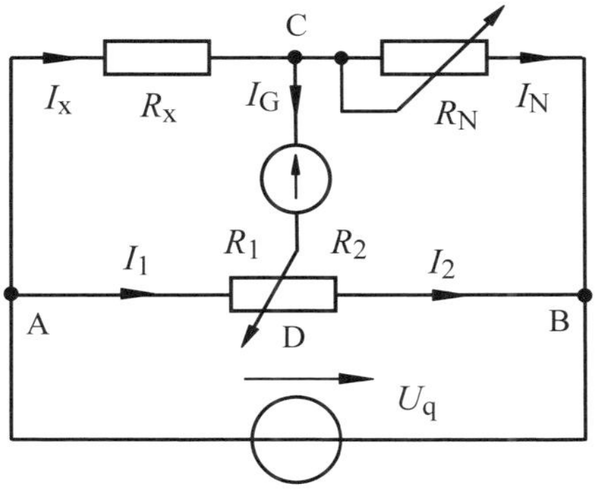

Bild 4.6: WHEATSTONEsche Brückenschaltung

Durch Veränderung des Normalwiderstandes R_N (Grobabgleich) und des Widerstandsverhältnisses R_1/R_2 (Feinabgleich) kann der Strom im Querzweig der Brücke auf den Wert $I_G = 0$ abgeglichen werden.
Dieser abgeglichene Zustand führt nun zu einer vereinfachten Schaltung (Bild 4.7), in der das Potential im Punkt C gleich dem Potential des Punktes D ist ($U_{CD} = 0$).

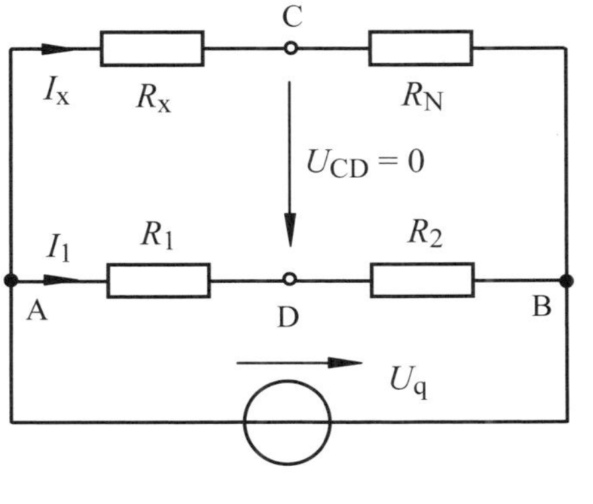

Bild 4.7: Abgeglichene Brückenschaltung

Im oberen Zweig und im mittleren Zweig fließt jetzt jeweils nur noch ein Strom. Wenn die Potentialdifferenz zwischen den Punkten C und D null ist ($U_{CD} = 0$), sind die Spannungen über R_x und R_1 gleich groß. Gleiches gilt für die Spannungen über R_N und R_2. Dann muss auch das Verhältnis der beiden Spannungen in der oberen Reihenschaltung gleich dem Verhältnis der beiden Spannungen in der unteren Reihenschaltung sein. Es gilt:

$$\frac{U_x}{U_N} = \frac{U_1}{U_2} \quad \text{bzw.} \quad \frac{I_x \cdot R_x}{I_x \cdot R_N} = \frac{I_1 \cdot R_1}{I_1 \cdot R_2}$$

Durch Kürzen der Ströme erhält man die so genannte *Brückengleichung*.

$$R_x = R_N \cdot \frac{R_1}{R_2} \qquad (4.10)$$

Danach errechnet sich ein unbekannter Widerstand aus einem Normalwiderstand R_N, der die Größenordnung des Messobjektes (z.B. 10 Ω, 100 Ω, 1 kΩ, 10 kΩ, ...) angibt und bei einer Brücke als Messbereich eingestellt werden kann, multipliziert mit einem Widerstandsverhältnis R_1/R_2 (Ziffernfolge des gesuchten Widerstandswertes).

Ein weiteres typisches Messgerät mit Nullindikator ist die THOMSONsche Brückenschaltung. Diese Brücke wird zur Messung *niederohmiger Widerstände* R_x (z.B. für Leitungswiderstände, siehe dicke Linien im Bild 4.8) eingesetzt. Der Widerstand R_N ist ein niederohmiger Präzisionswiderstand. Die Brücke wird mit den Widerständen R_1 und R_3 abgeglichen. Durch Verwendung eines Tandem-Potentiometers (zwei gleiche variable Widerstände) gilt: $R_1 = R_3$.
Die Brückenschaltung wird so dimensioniert, dass R_2 gleich R_4 ist.

Lehrbeispiel 4.3:

Leiten Sie für eine THOMSONsche Brücke die allgemeine Berechnungsvorschrift für den unbekannten Widerstand R_x her. Für die Widerstände der Leitungen gilt: (R_5 bis R_7) << (R_1 bis R_4).

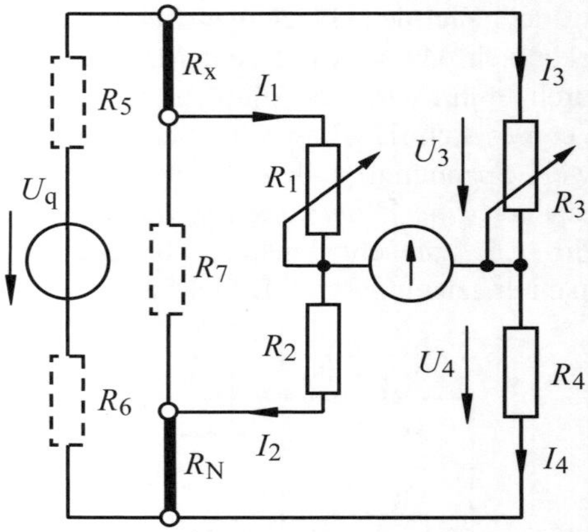

Bild 4.8: THOMSONsche Brücke

Durch Bestimmung der Spannung U_x kann eine Berechnungsvorschrift für R_x gefunden werden.

$$U_3 = U_x(\downarrow) + U_1(\downarrow)$$

$$U_x = U_3 - U_1 \quad \text{bzw.} \quad I_x \cdot R_x = I_3 \cdot R_3 - I_1 \cdot R_1$$

$$R_x = \frac{I_3 \cdot R_3 - I_1 \cdot R_1}{I_x}$$

Zur Berechnung von I_x dient die Spannung U_4.

$$U_4 = U_2 + U_N \Rightarrow I_4 \cdot R_4 = I_2 \cdot R_2 + I_N \cdot R_N$$

Im abgeglichenen Zustand ($I_G = 0$) gilt:
$I_1 = I_2$ sowie: $I_3 = I_4$ und: $I_x = I_N$

Durch Einsetzen und Umstellen erhält man I_x:

$$I_3 \cdot R_4 = I_1 \cdot R_2 + I_x \cdot R_N$$

$$I_x = \frac{I_3 \cdot R_4 - I_1 \cdot R_2}{R_N}$$

$$R_x = \frac{I_3 \cdot R_3 - I_1 \cdot R_1}{I_x} = R_N \cdot \frac{I_3 \cdot R_3 - I_1 \cdot R_1}{I_3 \cdot R_4 - I_1 \cdot R_2}$$

Mit $R_1 = R_3$ und $R_2 = R_4$ erhält man das Ergebnis von Gleich. (4.10).

4.4 Allgemeine Berechnung von Brückenschaltungen

In vielen Bereichen der allgemeinen Elektrotechnik findet man brückenähnliche schaltungstechnische Konfigurationen, die sich auf eine Struktur zurückführen lassen, die der WHEATSTONEschen Brückenschaltung im nicht abgeglichenen Zustand entspricht. Sie bestehen aus zwei Widerstandsdreiecken ($R_3 - R_5 - R_1$ bzw. $R_4 - R_2 - R_5$ im Bild 4.9) und zwei Widerstandssternen ($R_1 - R_5 - R_2$ bzw. $R_3 - R_5 - R_4$).

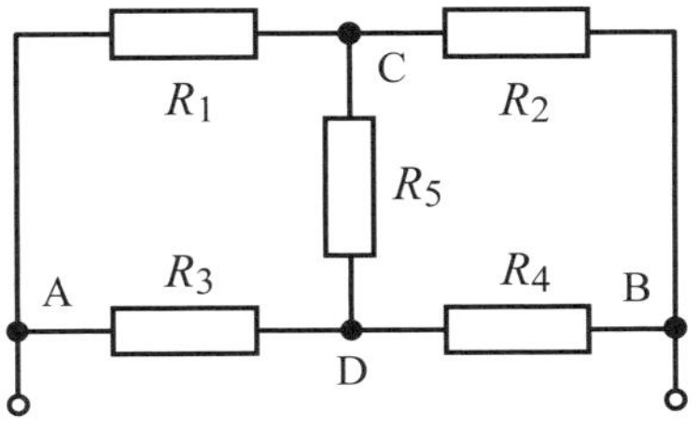

Bild 4.9: Brückenkonfiguration

Für solche Schaltungen kann z.B. der Gesamtwiderstand R_{AB} nicht direkt bestimmt werden. Es ist notwendig, eines der beiden Dreiecke (A – D – C) oder (D – B – C) in eine *Sternschaltung* oder einen der beiden Sterne (C oder D) in eine *Dreieckschaltung* umzurechnen (vgl. auch Berechnungsbeispiel 4.5).

4.4.1 Allgemeine Umrechnung in eine Sternschaltung

Ausgangspunkt für die weiteren Betrachtungen ist eine beliebige Dreipolschaltung.

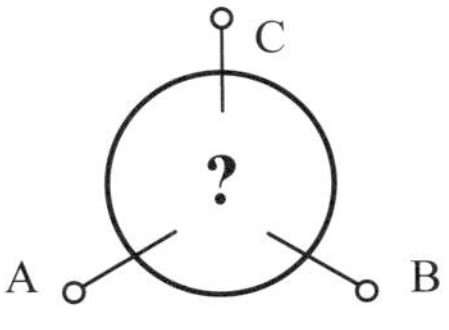

Bild 4.10: Allgemeine Dreipolschaltung

Die innere schaltungstechnische Konfiguration sei nicht bekannt. Eine solche Dreipolschaltung kann z.B. durch eine Sternschaltung nachgebildet werden (Bild 4.11).

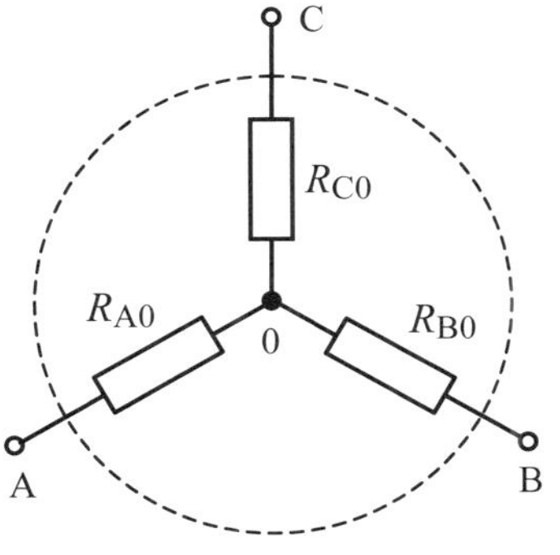

Bild 4.11: Umrechnung in eine Sternschaltung

Diese Nachbildung wird zur Ersatzschaltung, wenn beide Konfigurationen an allen drei Anschlusspunkten gleiches elektrisches Verhalten aufweisen (schaltungstechnische Äquivalenz). Das ist nur möglich, wenn die Widerstände beider Schaltungen zwischen den Punkten A und B sowie zwischen B und C und auch zwischen den Punkten A und C gleich sind.

$R_{AB} = R_{A0} + R_{B0}$ (Punkt C offen)

$R_{BC} = R_{B0} + R_{C0}$ (Punkt A offen)

$R_{AC} = R_{A0} + R_{C0}$ (Punkt B offen)

Geht man davon aus, dass die Widerstände R_{AB}, R_{BC} und R_{AC} gemessene Werte der strukturell unbekannten Dreipolschaltung (Bild 4.10) sind, so können die Aufbauwiderstände der Ersatzschaltung wie folgt aus den Messwerten berechnet werden:

Zunächst wird die erste Gleichung nach R_{A0} und die zweite Gleichung nach R_{C0} umgestellt.

$$R_{A0} = R_{AB} - R_{B0} \tag{4.11}$$

$$R_{C0} = R_{BC} - R_{B0} \tag{4.12}$$

Diese Ergebnisse werden in die dritte Gleichung eingesetzt:

$R_{AC} = R_{AB} - R_{B0} + R_{BC} - R_{B0}$

Durch Umstellen nach R_{B0} erhält man:

$$R_{B0} = \frac{R_{AB} + R_{BC} - R_{AC}}{2} \qquad (4.13)$$

Setzt man nun Gleich. (4.13) in die Gleich. (4.11) bzw. (4.12) ein, kann man die beiden anderen Ersatzwiderstände berechnen.

$$R_{A0} = \frac{R_{AB} + R_{AC} - R_{BC}}{2} \qquad (4.14)$$

$$R_{C0} = \frac{R_{AC} + R_{BC} - R_{AB}}{2} \qquad (4.15)$$

4.4.2 Dreieck-Stern-Transformation

Zur Umrechnung einer Dreieckschaltung in eine äquivalente Sternschaltung (und umgekehrt) benötigt man eine allgemein gültige Berechnungsvorschrift, die auch als Transformation bezeichnet wird.

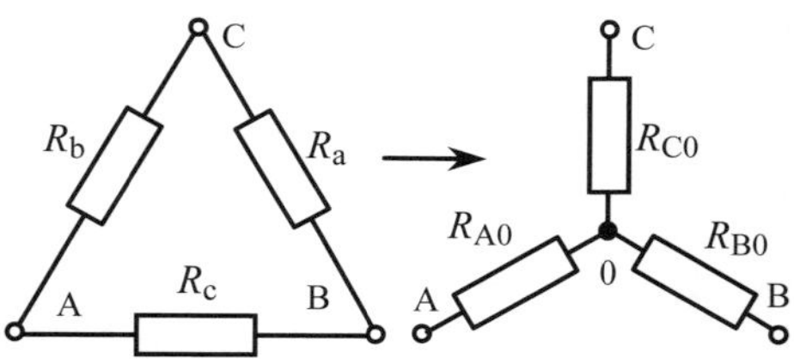

Bild 4.12: Dreieck-Stern-Umwandlung

Beide Anordnungen sind wieder zueinander *schaltungstechnisch äquivalent*, wenn sie an allen drei Anschlusspunkten gleiches elektrisches Verhalten aufweisen. Demzufolge müssen zwischen jeweils zwei Anschlüssen gleiche Widerstandsverhältnisse vorliegen. Es gilt:

A – B: $R_c // (R_b + R_a) = R_{A0} + R_{B0}$

B – C: $R_a // (R_c + R_b) = R_{B0} + R_{C0}$

C – A: $R_b // (R_c + R_a) = R_{A0} + R_{C0}$

Durch Lösung dieses Gleichungssystems findet man Bestimmungsgleichungen zur Berechnung der unbekannten Widerstände R_{A0}, R_{B0} und R_{C0}.

Diese Ergebnisse sind aber auch durch Überlegung ableitbar, wenn man die Parallelzeichen auflöst.

$$\frac{R_b \cdot R_c + R_a \cdot R_c}{R_a + R_b + R_c} = R_{A0} + R_{B0}$$

$$\frac{R_a \cdot R_c + R_a \cdot R_b}{R_a + R_b + R_c} = R_{B0} + R_{C0}$$

$$\frac{R_b \cdot R_c + R_a \cdot R_b}{R_a + R_b + R_c} = R_{A0} + R_{C0}$$

Die linken Seiten der drei Gleichungen unterscheiden sich nur im Zähler. Auf beiden Seiten jeder Gleichung stehen jeweils zwei Summanden. Bei näherer Betrachtung der ersten beiden Gleichungen stellt man fest, dass immer ein Summand der linken Seite gleich einem der beiden Summanden auf der rechten Seite ist. Die dritte Gleichung liefert mit der Probe die Bestätigung der Richtigkeit der angestellten Überlegung.

$$R_{A0} = \frac{R_b \cdot R_c}{R_a + R_b + R_c} \qquad (4.16)$$

$$R_{B0} = \frac{R_a \cdot R_c}{R_a + R_b + R_c} \qquad (4.17)$$

$$R_{C0} = \frac{R_a \cdot R_b}{R_a + R_b + R_c} \qquad (4.18)$$

Der Anwender solcher Umrechnungen ist nun nicht vorrangig an Zusammenstellungen von Formeln interessiert. Er benötigt vielmehr das Wissen über die allgemein gültigen Gesetzmäßigkeiten, die einer solchen Transformation zu Grunde liegen (*Transformationsregeln*). Denkt man sich die beiden Ersatzschaltungen des Bildes 4.12 übereinander geblendet, so erkennt man diese Transformationsregel.

> Ein Sternwiderstand ergibt sich aus dem Produkt der beiden (am betrachteten Punkt angeschlossenen) Dreieckswiderstände, dividiert durch die Summe aller drei Dreieckswiderstände.

4.4.3 Stern-Dreieck-Transformation

Die Umrechnung von Stern nach Dreieck kann analog zum Abschnitt 4.4.2 vorgenommen werden, wenn statt der Widerstände jetzt mit Leitwerten gearbeitet wird.

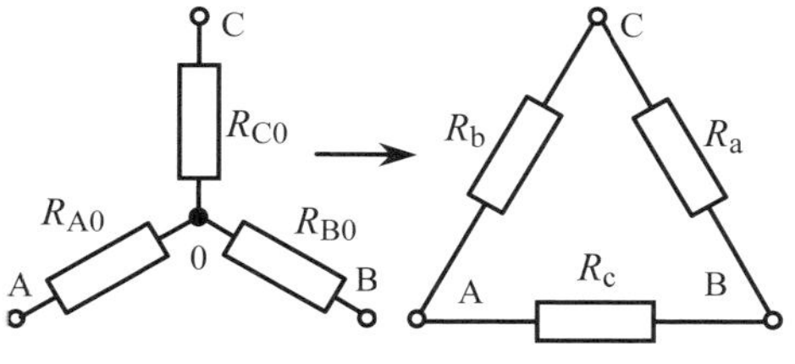

Bild 4.13: Stern-Dreieck-Umwandlung

$$G_a = \frac{G_{B0} \cdot G_{C0}}{G_{A0} + G_{B0} + G_{C0}} \quad (4.19)$$

$$G_b = \frac{G_{A0} \cdot G_{C0}}{G_{A0} + G_{B0} + G_{C0}} \quad (4.20)$$

$$G_c = \frac{G_{A0} \cdot G_{B0}}{G_{A0} + G_{B0} + G_{C0}} \quad (4.21)$$

Um das Rechnen mit Leitwerten zu umgehen, kann auch eine andere Berechnungsvorschrift hergeleitet werden. Als Ausgangspunkt wählt man die Gleichungen (4.16) bis (4.18). Durch Multiplikation von jeweils zwei dieser drei Gleichungen und Addition der drei Ergebnisse erhält man:

$$R_{A0} \cdot R_{B0} + R_{B0} \cdot R_{C0} + R_{A0} \cdot R_{C0} =$$

$$= \frac{R_a R_b R_c^2 + R_a^2 R_b R_c + R_a R_b^2 R_c}{(R_a + R_b + R_c)^2}$$

$$= \frac{R_a R_b R_c (R_a + R_b + R_c)}{(R_a + R_b + R_c)^2}$$

$$= \frac{R_a R_b R_c}{R_a + R_b + R_c} = R_a \cdot \frac{R_b R_c}{R_a + R_b + R_c}$$

Durch wiederholtes Einsetzen der Gleichungen (4.16) bis (4.18) erhält man die Vorschrift zur Berechnung der Dreieckswiderstände aus den Sternwiderständen.

$$R_{A0} R_{B0} + R_{B0} R_{C0} + R_{A0} R_{C0} =$$

$$= R_a R_{A0} = R_b R_{B0} = R_c R_{C0}$$

$$R_a = \frac{R_{A0} R_{B0} + R_{B0} R_{C0} + R_{A0} R_{C0}}{R_{A0}} \quad (4.22)$$

$$R_b = \frac{R_{A0} R_{B0} + R_{B0} R_{C0} + R_{A0} R_{C0}}{R_{B0}} \quad (4.23)$$

$$R_c = \frac{R_{A0} R_{B0} + R_{B0} R_{C0} + R_{A0} R_{C0}}{R_{C0}} \quad (4.24)$$

Auch aus diesen Gleichungen kann eine allgemein gültige Transformationsregel abgeleitet werden.

> Ein Dreieckswiderstand ergibt sich aus der Summe der möglichen Produkte jeweils zweier Sternwiderstände, dividiert durch den gegenüberliegenden Sternwiderstand.

4.5 Beispiele und Anwendungen

Berechnungsbeispiel 4.1:

Das Messgerät im Bild 4.14 zeigt bei einer Spannung U_{G1} = 240 mV einen Vollausschlagstrom von I_{G1} = 600 mA an. Der Widerstand R_{N2} soll bewirken, dass das Messgerät bei I_{G2} = 3 A Vollausschlag zeigt.

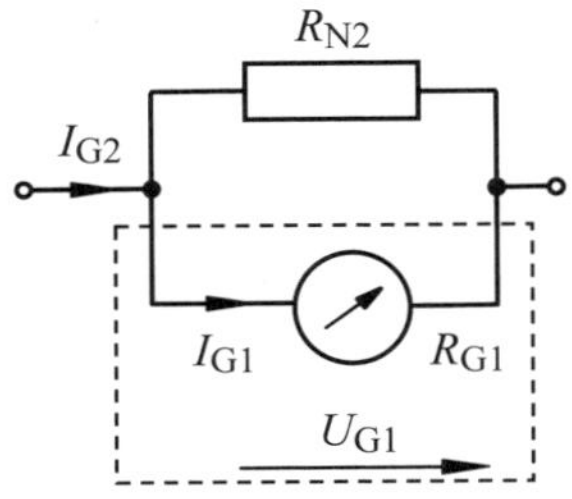

Berechnen Sie die erforderliche Länge des Widerstandsdrahtes für R_{N2}. Er soll aus Manganindraht mit einem Durchmesser d = 2 mm und κ = 2,33 m/(Ω·mm²) hergestellt werden. Bestimmen Sie außerdem die Leistungsaufnahme vom Widerstand R_{N2} und vom Messgerät G 1.

Bild 4.14: Schaltung zum Berechnungsbeispiel 4.1

Zunächst wird der Innenwiderstand des Messgerätes G1 und der Strom durch R_{N2} bestimmt.

$$R_{G1} = \frac{U_{G1}}{I_{G1}} = \frac{240\text{ mV}}{600\text{ mA}} = 400\text{ m}\Omega \qquad I_{N2} = I_{G2} - I_{G1} = 2{,}4\text{ A}$$

Mit Kenntnis des Stromes I_{N2} kann der Wert von R_{N2} berechnet und die Länge des Widerstandsdrahtes bestimmt werden. Über $P = U \cdot I$ erhält man dann die gesuchten Leistungen.

$$R_{N2} = \frac{U_{G1}}{I_{N2}} = 100\text{ m}\Omega \qquad R_{N2} = \frac{l_x}{\kappa \cdot A} \qquad l_x = R_{N2} \cdot \kappa \cdot \pi \cdot \frac{d^2}{4} = 73{,}2\text{ cm}$$

$$P_{N2} = U_{G1} \cdot I_{N2} = 240\text{ mV} \cdot 2{,}4\text{ A} = 576\text{ mW} \qquad P_{G1} = U_{G1} \cdot I_{G1} = 240\text{ mV} \cdot 0{,}6\text{ A} = 144\text{ mW}$$

Berechnungsbeispiel 4.2:

Ein Einbau-Messinstrument A mit einem Innenwiderstand R_{iA} = 800 Ω und einer Vollausschlagspannung U_{MA} = 120 mV ist defekt und muss durch ein Einbau-Messinstrument B mit einem Innenwiderstand R_{iB} = 600 Ω und einem Vollausschlagstrom I_{MB} = 100 µA ersetzt werden. Berechnen Sie die dazu erforderlichen Widerstände.

Die Lösung dieser Aufgabenstellung ist mit zwei verschiedenen Schaltungen möglich:

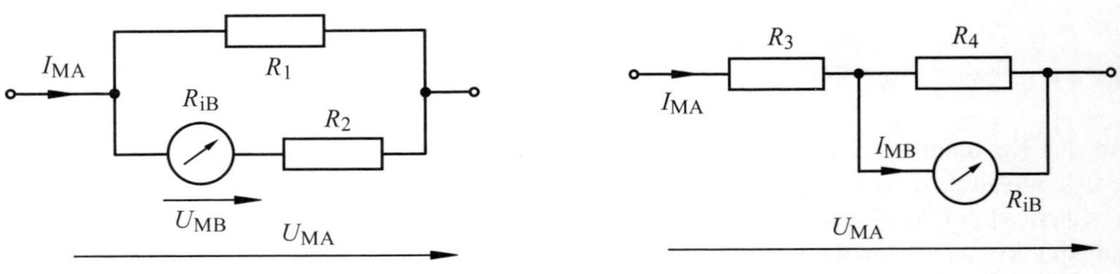

Bild 4.15: Zwei mögliche Schaltungen für das Berechnungsbeispiel 4.2

Zunächst werden die fehlenden Kenngrößen beider Messinstrumente ermittelt.

$$I_{MA} = \frac{U_{MA}}{R_{iA}} = 150\ \mu A \qquad U_{MB} = I_{MB} \cdot R_{iB} = 60\ mV$$

Damit können die Widerstände für die Schaltungen im Bild 4.15 bestimmt werden.

$$R_1 = \frac{U_{MA}}{I_{MA} - I_{MB}} = 2{,}4\ k\Omega \qquad R_3 = \frac{U_{MA} - U_{MB}}{I_{MA}} = 400\ \Omega$$

$$R_2 = \frac{U_{MA} - U_{MB}}{I_{MB}} = 600\ \Omega \qquad R_4 = \frac{U_{MB}}{I_{MA} - I_{MB}} = 1{,}2\ k\Omega$$

Berechnungsbeispiel 4.3:

Mit der im Bild 4.16 dargestellten Messschaltung soll die Belastungskennlinie $U_k = f(R_a)$ eines Akkumulators ermittelt und der Innenwiderstand des Akkumulators bestimmt werden. Aus den Messwerten sind die Funktionen $I_0 = f(R_a)$ sowie $U_k = f(I_0)$ zu berechnen und grafisch darzustellen.
Zur Aufnahme der Messreihe ist der Lastwiderstand, von $R_a = 100\ \Omega$ ausgehend, schrittweise zu reduzieren. Um den Akkumulator während der Messung nicht maßgeblich zu entladen, wird der Messvorgang mit dem Schalter S nur kurzzeitig aktiviert und bei $U_k \approx 5$ V beendet.

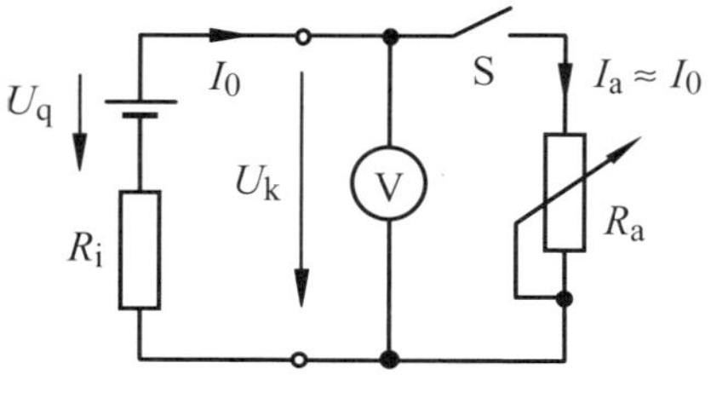

Eine Messung im Leerlauffall liefert eine Aussage über die Quellenspannung mit $U_q = U_L = 12{,}4$ V und dient zugleich zur Kontrolle, dass sich der Ladezustand des Akkumulators nicht verändert.

Bild 4.16: Akkumulator mit variabler Last

Die Messung unter Belastung führt zu den in Tabelle 4.2 dargestellten Ergebnissen.

Tabelle 4.2: Mess- und Berechnungsergebnisse für einen belasteten Akkumulator

R_a / Ω	U_k / V	I_0 / mA	R_a / Ω	U_k / V	I_0 / mA
100	11,5	115	12	8,0	667
80	11,2	140	10	7,6	760
60	11,0	183	9	7,3	811
40	10,6	265	8	6,9	863
20	9,5	475	7	6,6	943
18	9,2	511	6	6,2	1033
16	8,8	550	5	5,7	1140
14	8,3	593	4	5,1	1275

In der Messschaltung wurde ein sehr hochohmiger Spannungsmesser verwendet. Der Innenwiderstand des Akkumulators kann direkt aus der Tabelle 4.2 abgelesen werden. Bei einer Klemmenspannung von $U_k = 0{,}5\ U_q$ muss der Lastwiderstand gleich dem Innenwiderstand der Quelle sein.
Aus Tabelle 4.2 folgt: $R_i = R_a = 6\ \Omega$ bei $U_k = 0{,}5\ U_q = 6{,}2$ V.

Der Strom $I_0 \approx I_a$ wird mit dem OHMschen Gesetz berechnet (siehe Tabelle 4.2): $I_0 = \dfrac{U_k}{R_a}$

Mit den Tabellenwerten können die Funktionen grafisch dargestellt werden.

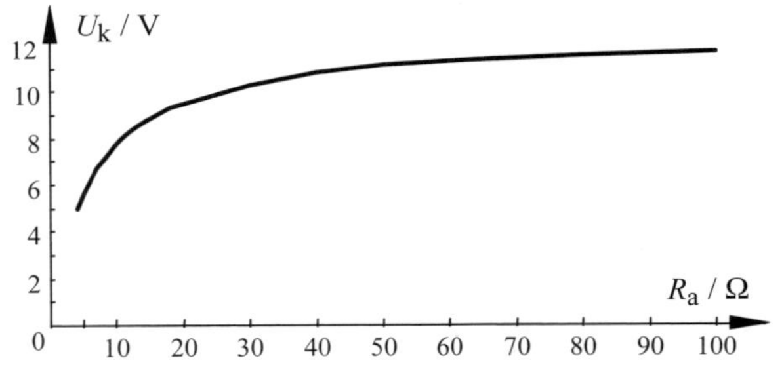

Bild 4.17: Verlauf der Klemmenspannung eines Akkumulators bei variabler Belastung

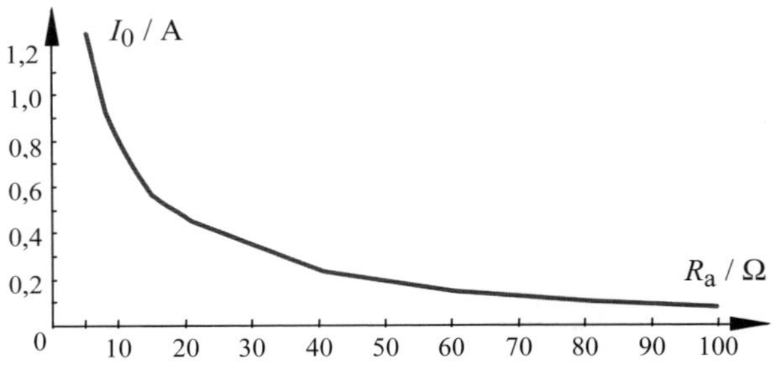

Bild 4.18: Änderung des Quellenstromes eines Akkumulators bei variabler Last

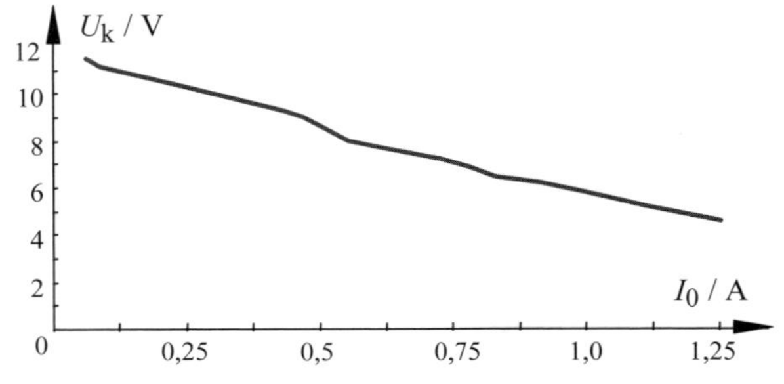

Bild 4.19: Klemmenspannung eines Akkumulators als Funktion des Quellenstromes

Mit zunehmender Belastung des Akkumulators (R_a wird kleiner) sinkt die Klemmenspannung U_k ab. Der von der Quelle gelieferte Strom I_0 steigt dabei an.

Stellt man die Klemmenspannung als Funktion des Quellenstromes dar, erhält man einen Teil der Quellenkennlinie. Sie verläuft (theoretisch) linear und schneidet die Spannungsachse bei U_L und die Stromachse bei I_K. Ihr Anstieg ist ein Maß für den Innenwiderstand R_i der Quelle. Die Abweichungen vom linearen Verlauf resultieren aus Messfehlern und Rundungsfehlern (siehe Tab. 4.2).

Berechnungsbeispiel 4.4:

Auf welchen Wert muss der Widerstand R_2 eingestellt werden, damit die Brückenschaltung abgeglichen ist? Wie groß darf die Spannung U_q maximal sein, damit kein Widerstand überlastet wird?

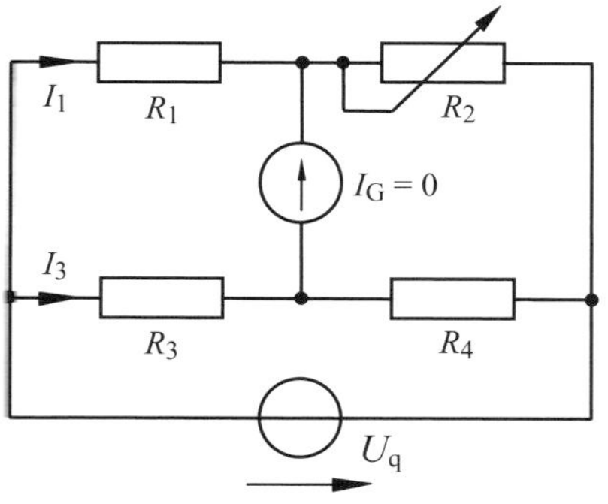

Geg.: $R_1 = 200\ \Omega$
$R_3 = 100\ \Omega$
$R_4 = 130\ \Omega$

Alle Widerstände haben eine maximal zulässige Leistung von $P_{max} = 1$ W.

Bild 4.20: Brückenschaltung zum Berechnungsbeispiel 4.4

Im abgeglichenen Zustand gilt die allgemeine Brückengleichung (4.10): $\frac{R_1}{R_2} = \frac{R_3}{R_4}$

Durch Umstellen nach R_2 erhält man: $R_2 = R_1 \cdot \frac{R_4}{R_3} = 200\ \Omega \cdot \frac{130\ \Omega}{100\ \Omega} = 260\ \Omega$

Die maximal zulässigen Ströme I_{zul} in beiden Zweigen werden aus den vorgegebenen Leistungen ermittelt. Der jeweils geringere Maximalstrom in jedem Zweig bestimmt dann die maximal zulässige Quellenspannung $U_{q,zul}$.

$$I = \sqrt{\frac{P_{max}}{R}} \quad \text{mit: } I_{1,max}(R_1) = 70{,}7\ \text{mA}; \quad I_{1,max}(R_2) = 62\ \text{mA} = I_{1,zul}$$

$$\text{und: } I_{3,max}(R_3) = 100\ \text{mA}; \quad I_{3,max}(R_4) = 87{,}7\ \text{mA} = I_{3,zul}$$

$$U_{q1,zul} = I_{1,zul} \cdot (R_1 + R_2) = 62\ \text{mA} \cdot 460\ \Omega = 28{,}53\ \text{V}$$

$$U_{q3,zul} = I_{3,zul} \cdot (R_3 + R_4) = 87{,}7\ \text{mA} \cdot 230\ \Omega = 20{,}17\ \text{V}$$

Die Quellenspannung darf einen Wert von 20,17 V nicht überschreiten. Ansonsten kommt es zu einer Überlastung der Widerstände der Schaltung. Bei einer Überschreitung dieser Quellenspannung würde der Widerstand R_4 zuerst überlastet.

Berechnungsbeispiel 4.5:

Berechnen Sie für die Brückenschaltung im Bild 4.9 den Gesamtwiderstand.
Geg.: $R_1 = 20\ \Omega$, $R_2 = 80\ \Omega$, $R_3 = 30\ \Omega$, $R_4 = 45\ \Omega$, $R_5 = 50\ \Omega$

Zur Bestimmung des Gesamtwiderstandes muss entweder eine Dreieck-Stern-Umrechnung oder eine Stern-Dreieck-Umrechnung durchgeführt werden. In diesem Berechnungsbeispiel wird das Widerstandsdreieck $R_3 - R_5 - R_1$ zwischen den Punkten A, D und C in eine äquivalente Sternschaltung umgerechnet.

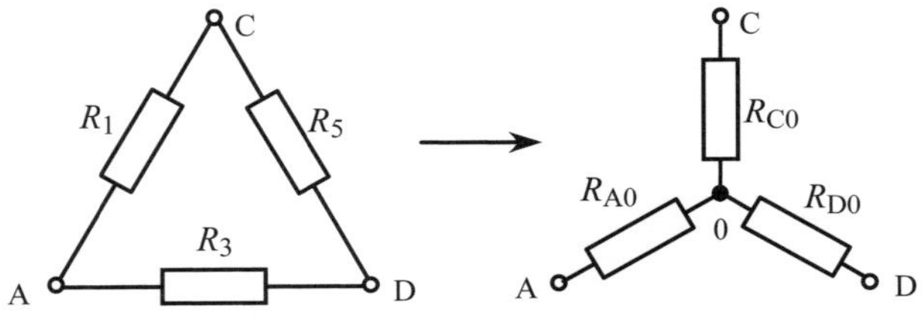

Bild 4.21: Umrechnung in eine Sternschaltung

Die Summe der drei Dreieckswiderstände beträgt $\Sigma R_\Delta = 100\ \Omega$. Damit können die Ersatzwiderstände der Sternschaltung und der Gesamtwiderstand der Brücke berechnet werden.

$$R_{A0} = \frac{R_1 \cdot R_3}{\Sigma R_\Delta} = 6\ \Omega \qquad R_{C0} = \frac{R_1 \cdot R_5}{\Sigma R_\Delta} = 10\ \Omega \qquad R_{D0} = \frac{R_3 \cdot R_5}{\Sigma R_\Delta} = 15\ \Omega$$

$$R_{ges} = R_{A0} + (R_{C0} + R_2)//(R_{D0} + R_4) = 42\ \Omega$$

Berechnungsbeispiel 4.6:

Gegeben ist eine brückenähnliche Schaltung nach Bild 4.22. Berechnen Sie das Verhältnis zwischen den Strömen I_3 und I_{ges} mit der Stromteilerregel und das Verhältnis zwischen U_2 und U_q mit der Spannungsteilerregel. Wie groß ist der Gesamtwiderstand zwischen den Punkten A und B?

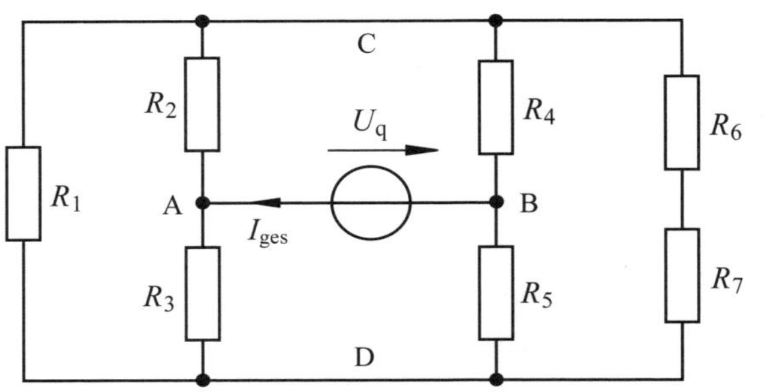

Geg.:

$U_q = 24$ V
$R_1 = R_6 = R_7 = 3$ kΩ
$R_3 = R_4 = R_5 = 2$ kΩ
$R_2 = 1$ kΩ

Bild 4.22: Schaltung zum Berechnungsbeispiel 4.6

Zur Berechnung des Gesamtwiderstandes könnte man das Widerstandsdreieck $R_1 - R_3 - R_2$ sowie das Widerstandsdreieck $R_4 - R_5 - (R_6 + R_7)$ in jeweils eine äquivalente Sternschaltung umrechnen. Dann existieren aber die Widerstände R_2 sowie R_3 nicht mehr und die gesuchten Verhältnisse können nicht bestimmt werden.

Aus diesem Grund wird die Schaltung so umgezeichnet, dass die Quelle zwischen den Punkten A und B auf der linken Seite der Schaltung positioniert ist. Gleichzeitig können die Widerstände R_1, R_6 und R_7 zu einem Ersatzwiderstand $R_{ers} = R_1//(R_6 + R_7) = 2$ kΩ zusammengefasst werden. Damit entsteht eine nicht abgeglichene Brückenschaltung gemäß Bild 4.23 nach Vorbild von Bild 4.9.

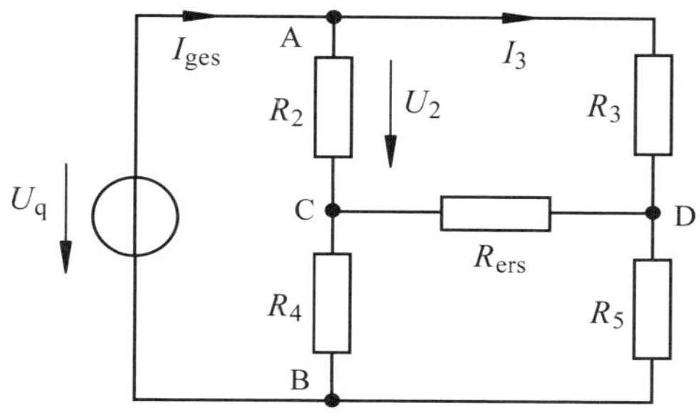

Bild 4.23: Umgezeichnete Schaltung zum Berechnungsbeispiel 4.6

Nun kann das Widerstandsdreieck $R_5 - R_{ers} - R_4$ zwischen den Punkten B – D – C in eine äquivalente Sternschaltung umgerechnet werden. Da alle drei Dreieckswiderstände den gleichen Widerstandswert ($R_\Delta = 2\ \text{k}\Omega$) aufweisen, müssen auch alle drei Sternwiderstände gleich groß sein.

Dann gilt: $R_* = \dfrac{R_\Delta \cdot R_\Delta}{3R_\Delta} = \dfrac{1}{3} \cdot R_\Delta = \dfrac{2}{3}\ \text{k}\Omega$

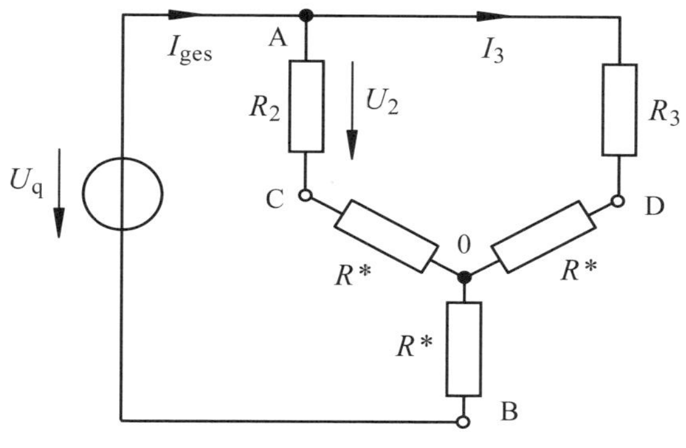

Bild 4.24: Transformierte Schaltung zum Berechnungsbeispiel 4.6

Aus Bild 4.24 kann der Gesamtwiderstand einfach errechnet werden:

$$R_{ges} = R_* + (R_2 + R_*)//(R_3 + R_*) = \left[\frac{2}{3} + \frac{5}{3}//\frac{8}{3}\right] \text{k}\Omega = \left[\frac{26}{39} + \frac{40}{39}\right] \text{k}\Omega = \frac{22}{13}\ \text{k}\Omega$$

Durch Anwendung der Stromteilerregel findet man das gesuchte Verhältnis:

$$\frac{I_3}{I_{ges}} = \frac{R_2 + R_*}{R_2 + R_* + R_3 + R_*} = \frac{1{,}\overline{6}}{1{,}\overline{6} + 2{,}\overline{6}} = \frac{5}{13}$$

Die Spannungsteilerregel muss als doppelter Spannungsteiler angesetzt werden. Die Quellenspannung teilt sich in der linken Masche in die Spannungen U_{A0} (↓) und U_{0B} (↓) auf. U_2 entsteht dann aus einer weiteren Teilung von U_{A0} in $U_{AC} = U_2$ und in U_{C0}.

$$\frac{U_2}{U_q} = \frac{U_2}{U_{A0}} \cdot \frac{U_{A0}}{U_q} = \frac{R_2}{R_2 + R_*} \cdot \frac{(R_2 + R_*)//(R_3 + R_*)}{R_* + (R_2 + R_*)//(R_3 + R_*)} = \frac{1}{1{,}\overline{6}} \cdot \frac{40}{66} = \frac{3}{5} \cdot \frac{40}{66} = \frac{8}{22} = \frac{4}{11}$$

5 Verfahren zur Berechnung linearer Netzwerke

5.1 Netzwerkberechnung nach KIRCHHOFF

Mit den KIRCHHOFFschen Sätzen können lineare oder nichtlineare Netzwerke, in denen zeitinvariante oder zeitlich veränderliche Vorgänge ablaufen, beschrieben werden. Damit steht dem Schaltungstechniker ein allgemein gültiges und zuverlässiges Berechnungsverfahren zur Verfügung.

Die Grundlage für die Berechnung eines Netzwerkes bildet ein Gleichungssystem, das mit dem *Maschensatz* und dem *Knotenpunktsatz* [Gleich. (2.4) und (2.5) – siehe auch Gleich. (5.1)] aufgestellt wird.
Die Variablen in diesem Gleichungssystem sollten die *Zweigströme* sein. Da ihre Anzahl im Vergleich zu den Spannungsabfällen kleiner bzw. gleich ist, wird somit der Umfang des Gleichungssystems minimal.

$$\sum_{\nu=1}^{n} U_\nu = 0 \qquad \sum_{\nu=1}^{n} I_\nu = 0 \qquad (5.1)$$

In elektrischen Netzwerken unterscheidet man zwischen unabhängigen und abhängigen Maschen. *Unabhängige Maschen* liefern relevante Aussagen über das Netzwerk. Abhängige Maschengleichungen tragen dagegen redundante Information, da sie Linearkombinationen zweier oder mehrerer anderer Maschengleichungen darstellen.

Eine beliebige (von k möglichen) Knotenpunktgleichung stellt immer die Linearkombination mehrerer anderer Knotenpunktgleichungen dar. Für das Gleichungssystem dürfen somit nur (k – 1)-Knotenpunktgleichungen verwendet werden.

Zur Aufstellung des Gleichungssystems ist eine Netzwerkanalyse erforderlich (vgl. Begriffe im Abschn. 3.1), die mit folgenden Schritten durchgeführt wird:

• Einzeichnen der Zählpfeile für alle Quellen gemäß ihrer aktuellen Polarität.

• Festlegung der Richtung der Zählpfeile für alle z Zweigströme (wählbar).

Die Anzahl der Zweigströme gibt die Anzahl der Unbekannten und damit die Anzahl der Gleichungen an. Sollten statt der Zweigströme die Spannungsabfälle über ausgewählten Widerständen gesucht sein, muss nach Lösung des Gleichungssystems zusätzlich das OHMsche Gesetz in die Berechnung einbezogen werden.

• Skizzieren des Graphen des Netzwerkes und Angabe des vollständigen Baumes.

Der *Graph* stellt die idealisierte Struktur eines Netzwerkes (Zweige ohne Bauelemente) dar. Ein vollständiger *Baum* entsteht aus dem Graphen eines Netzwerkes, wenn alle echten Knotenpunkte miteinander verbunden werden. Dabei darf kein geschlossener Umlauf entstehen. Die Anwendung der Baummethode dient zur Ermittlung der unabhängigen Maschen und wird erst bei größeren Netzwerken (vgl. Abschn. 5.5.1) notwendig. Netzwerke mit bis zu drei inneren Umläufen (z.B. Berechnungsbeispiel 5.3) sind noch ohne Baum analysierbar.

• Festlegung des Umlaufsinns der unabhängigen Maschen m (wählbar).

Ein Umlauf liefert immer dann eine unabhängige Maschengleichung, wenn er im Graph des Netzwerkes an einer beliebigen Stelle des vollständigen Baumes über einen unabhängigen Zweig (*Verbindungszweig*; gehört nicht zum Baum) eine Masche erstmalig schließt. Für weitere unabhängige Maschen steht dieser Zweig nun nicht mehr als unabhängiger Zweig zur Verfügung.

- Aufstellen von $(k-1)$ unabhängigen Knotenpunktgleichungen.
- Aufstellen von $m=z-(k-1)$ unabhängigen Maschengleichungen.

Das so aufgestellte Gleichungssystem ist nun über ein geeignetes Verfahren zu lösen. Im Ergebnis erhält man eine Aussage über den Betrag (Zahlenwert) und die Richtung (Vorzeichen) aller Zweigströme des Netzwerkes. Ein negativer Zweigstrom fließt gegen die vom Anwender gewählte Richtung (Stromzählpfeil).

♦ Es gilt die Regel, dass nach erfolgter Richtungsfestlegung keine Änderung der Zählpfeile mehr vorgenommen werden darf. Ein negativer Strom signalisiert eben die Tatsache, dass im Falle einer messtechnischen Überprüfung der Strommesser genau entgegengesetzt zur gewählten Stromrichtung einzuschalten ist.

Lehrbeispiel 5.1:

Leiten Sie eine allgemeine Berechnungsvorschrift zur Bestimmung aller Zweigströme des vorgegebenen Netzwerkes im Bild 5.1 her.

Geg.: U_A, U_B, U_C sowie: R_1, R_2, R_3

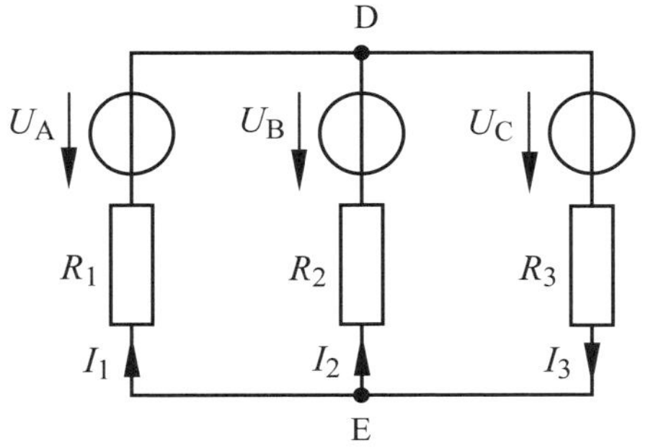

Bild 5.1: Netzwerk zum Lehrbeispiel 5.1

Zur Berechnung der gesuchten Zweigströme sind drei Gleichungen erforderlich. Bei zwei Knotenpunkten darf nur eine Knotenpunktgleichung $(k-1)$ verwendet werden. Für den oberen Knotenpunkt D gilt:

(D) $I_1 + I_2 - I_3 = 0$

In diesem einfachen Beispiel kann leicht nachgewiesen werden, dass die aus dem unteren Knotenpunkt E abgeleitete Gleichung zu einer Linearkombination der Gleichung (D) mit dem Faktor (− 1) führt und nicht im Gleichungssystem verwendet werden darf.

Die restlichen zwei Gleichungen sind nun über den Maschensatz zu bestimmen. Der Baum wäre hier z.B. der Mittelzweig. Die beiden äußeren Zweige sind dann die Verbindungszweige. Bei diesem einfachen und übersichtlichen Netzwerk kann durchaus auf die Ermittlung der unabhängigen Maschen mit der Baummethode verzichtet werden. Die beiden inneren Umläufe sind hier ganz sicher unabhängige Maschen und sollen im Uhrzeigersinn analysiert werden.

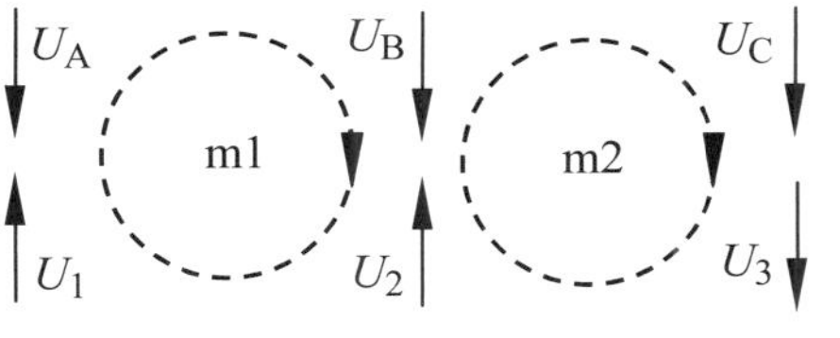

Bild 5.2: Handhabung des Maschensatzes im Lehrbeispiel 5.1

(m1) $-U_A + U_B - U_2 + U_1 = 0$

(m2) $-U_B + U_C + U_3 + U_2 = 0$

Mit $U_R = I \cdot R$ erhält man das folgende Gleichungssystem für die drei Zweigströme:

(D) $I_1 + I_2 - I_3 = 0$

(m1) $I_1 \cdot R_1 - I_2 \cdot R_2 = U_A - U_B$

(m2) $I_2 \cdot R_2 + I_3 \cdot R_3 = U_B - U_C$

Dieses Gleichungssystem soll nun durch Anwendung des Einsetzverfahrens gelöst werden. Dazu wird zunächst die Knotenpunktgleichung (D) nach $I_3 = I_1 + I_2$ umgestellt und in die Maschengleichung (m2) eingesetzt:

(m2) $I_2 \cdot R_2 + I_1 \cdot R_3 + I_2 \cdot R_3 = U_B - U_C$

Stellt man nun noch die Maschengleichung (m1) nach I_1 um:

$$\text{(m1)} \qquad I_1 = \frac{U_A - U_B + I_2 \cdot R_2}{R_1}$$

und setzt das Ergebnis in (m2) ein,

$$I_2(R_2 + R_3) + \frac{U_A - U_B + I_2 \cdot R_2}{R_1} \cdot R_3 = U_B - U_C$$

so ergibt sich durch Umstellen nach I_2:

$$I_2(R_2 + R_3 + \frac{R_2}{R_1} \cdot R_3) = U_B - U_C - \frac{U_A - U_B}{R_1} \cdot R_3$$

$$I_2 = \frac{U_B - U_C - \frac{U_A - U_B}{R_1} \cdot R_3}{R_2 + R_3 + \frac{R_2}{R_1} \cdot R_3}$$

Nach Beseitigung der Doppelbrüche erhält man folgendes Ergebnis:

$$I_2 = \frac{-U_A \cdot R_3 + U_B(R_1 + R_3) - U_C \cdot R_1}{R_1 \cdot R_2 + R_1 \cdot R_3 + R_2 \cdot R_3} \qquad (5.2)$$

Durch Einsetzen dieses Teilergebnisses in die Gleichungen (D) und (m1) können dann die anderen beiden Zweigströme bestimmt werden:

$$I_1 = \frac{U_A(R_2 + R_3) - U_B \cdot R_3 - U_C \cdot R_2}{R_1 \cdot R_2 + R_1 \cdot R_3 + R_2 \cdot R_3} \qquad (5.3)$$

$$I_3 = \frac{U_A \cdot R_2 + U_B \cdot R_1 - U_C(R_1 + R_2)}{R_1 \cdot R_2 + R_1 \cdot R_3 + R_2 \cdot R_3} \qquad (5.4)$$

• **Zahlenbeispiel:**

Für $U_A = 24$ V, $U_B = 12$ V und $U_C = 5$ V sowie $R_1 = R_2 = R_3 = 1$ kΩ würden sich folgende Zweigströme im Netzwerk ergeben:

$$I_1 = \frac{31}{3} \text{ mA} = 10{,}\overline{3} \text{ mA}$$

$$I_2 = -\frac{5}{3} \text{ mA} = -1{,}\overline{6} \text{ mA}$$

$$I_3 = \frac{26}{3} \text{ mA} = 8{,}\overline{6} \text{ mA}$$

Probe: $I_3 = I_1 + I_2 = 8{,}\overline{6}$ mA

5.2 Der HELMHOLTZsche Überlagerungssatz

Diesem Verfahren liegt die Überlegung zu Grunde, dass jede Quelle in einem elektrischen Netzwerk einen spezifischen Beitrag zu jedem Zweigstrom des Netzwerkes leistet. Durch die vorzeichenbehaftete Überlagerung (*Superposition*) dieser einzelnen Beiträge kann ein gesuchter Zweigstrom (allerdings nur in einem linearen Netzwerk) ermittelt werden.

Die Berechnung der einzelnen Beiträge gelingt mit der Stromteilerregel und dem OHMschen Gesetz. Da immer nur eine Quelle im Netzwerk betrachtet wird, sind alle anderen Quellen während der Rechnung wie folgt unwirksam zu machen:

- Spannungsquelle durch Kurzschluss
- Stromquelle durch Leerlauf.

Der Vorteil dieses Verfahrens im Vergleich zur Anwendung der KIRCHHOFFschen Sätze besteht darin, dass nicht immer alle Zweigströme eines Netzwerkes berechnet werden müssen. In der Praxis sind meist nur wenige ausgewählte Zweigströme (z.B. bei Leistungsbetrachtungen) interessant.

Besonders geeignet ist der Überlagerungssatz zur Berechnung von Kurzschlussströmen (vgl. Abschn. 5.3: Zweipoltheorie).

Die Grenzen für dieses Verfahren ergeben sich aus der Größe und der jeweiligen schaltungstechnischen Konfiguration des zu berechnenden Netzwerkes. Hier gilt die Regel, dass mit diesem Verfahren nur Zweigströme berechnet werden sollten, die durch einfache oder doppelte Stromteilungen entstehen. Ansonsten ergeben sich zu große und zu unübersichtliche Lösungsansätze. In solchen Fällen sollte der Anwender ein geeignetes Analyseverfahren zur Berechnung linearer Netzwerke (vgl. auch Abschn. 5.5) benutzen.

Lehrbeispiel 5.2:

Bestimmen Sie durch Anwendung des Überlagerungssatzes den Strom durch den Widerstand R_3 in Form einer allgemeinen Lösung.

Geg.: U_A, U_B, U_C sowie R_1, R_2 und R_3

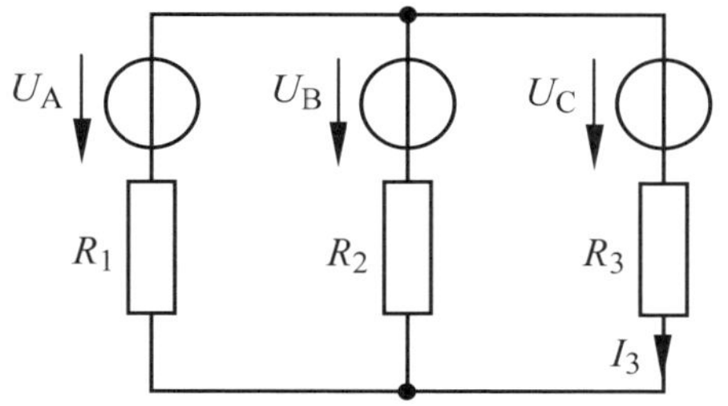

Bild 5.3: Netzwerk zum Lehrbeispiel 5.2

Der Zweigstrom I_3 ergibt sich aus der vorzeichenbehafteten Überlagerung der Beiträge der drei Quellen. Die Quellen A und B treiben einen Strom in Richtung des gesuchten Zweigstromes (positiver Beitrag). Die Quelle C treibt einen Strom gegen die gewählte Richtung von I_3 und erhält somit ein negatives Vorzeichen.

Überlagerung: $I_3 = I_{3A} + I_{3B} - I_{3C}$

Zur weiteren Berechnung lässt man nun immer nur eine Quelle des Netzwerkes wirken.

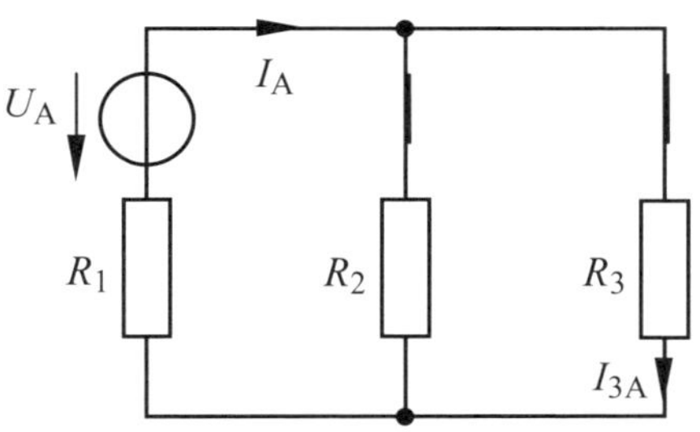

Bild 5.4: Es wirkt nur die Quelle A

Für die Quelle A erhält man:

Stromteilerregel für A: $I_{3A} = I_A \cdot \dfrac{R_2}{R_2 + R_3}$

Gesamtstrom von A: $I_A = \dfrac{U_A}{R_1 + R_2 \,//\, R_3}$

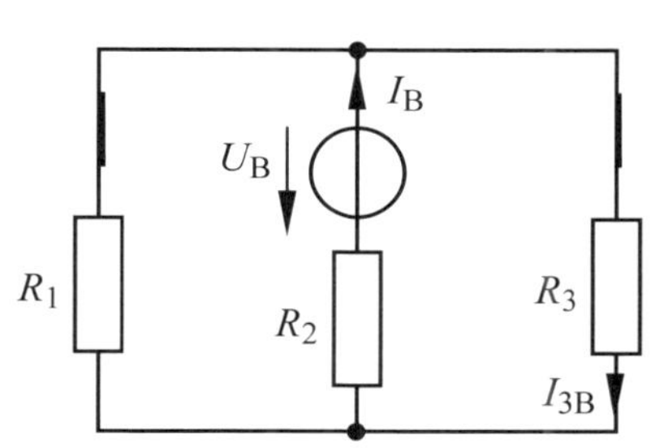

Bild 5.5: Es wirkt nur die Quelle B

Für die Quelle B erhält man:

Stromteilerregel für B: $I_{3B} = I_B \cdot \dfrac{R_1}{R_1 + R_3}$

Gesamtstrom von B: $I_B = \dfrac{U_B}{R_2 + R_1 \,//\, R_3}$

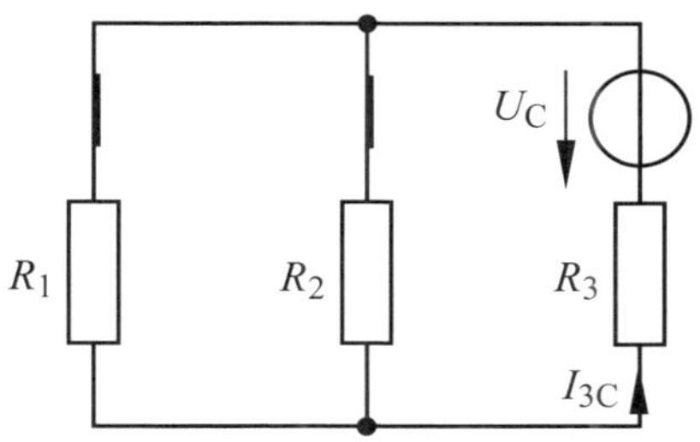

Bild 5.6: Es wirkt nur die Quelle C

Für die Quelle C gilt: $I_{3C} = I_C$.

Gesamtstrom von C: $I_C = \dfrac{U_C}{R_3 + R_1 \,//\, R_2}$

Damit erhält man folgendes Gesamtergebnis:

$$I_3 = \frac{R_2}{R_2 + R_3} \cdot \frac{U_A}{R_1 + R_2 \,//\, R_3} + \frac{R_1}{R_1 + R_3} \cdot \frac{U_B}{R_2 + R_1 \,//\, R_3} - \frac{U_C}{R_3 + R_1 \,//\, R_2}$$

Nach Beseitigen der Parallelzeichen und Auflösung der Doppelbrüche ergibt sich als allgemeine Lösung wieder das Ergebnis des Lehrbeispiels 5.1 [vgl. auch Gleich. (5.4)]:

$$I_3 = \frac{U_A \cdot R_2 + U_B \cdot R_1 - U_C (R_1 + R_2)}{R_1 \cdot R_2 + R_1 \cdot R_3 + R_2 \cdot R_3}$$

5.3 Zweipoltheorie

Jedes beliebige elektrische Netzwerk kann durch Festlegen einer *Trennstelle* in einen aktiven und einen passiven Schaltungsteil getrennt werden. Es entstehen Schaltungen mit zwei Anschlussklemmen, die man als *Zweipole* bezeichnet (vgl. Abschn. 3.1). Die festgelegte Trennstelle muss die Bedingung erfüllen, dass sich alle Zweige mit einer oder mehreren Quellen im aktiven Teil befinden. Der *passive Zweipol* ist dann eine Widerstandskombination ohne Quellen.

Bei der Anwendung der Zweipoltheorie zur Berechnung linearer Netzwerke geht man davon aus, dass beide (linearen) Zweipole durch Ersatzschaltungen nachgebildet werden können. Die Ersatzschaltungen müssen die Bedingung erfüllen, dass sie zur jeweiligen Originalschaltung aus der Sicht ihres elektrischen Verhaltens an der Trennstelle schaltungstechnisch äquivalent sind. Das bedeutet, dass sich beim Austausch von Original-Zweipol und Ersatz-Zweipol ein gleiches elektrisches Verhalten an der Trennstelle einstellt.

Je nach schaltungstechnischer Struktur des Netzwerkes ist aus der Sicht einer Trennstelle entweder die *Spannungsquellen-* oder die *Stromquellen-Ersatzschaltung* für die Berechnung eines *aktiven Zweipols* günstiger. Durch eine geschickte Wahl dieser Trennstelle kann der Anwender somit seinen Rechenaufwand im Rahmen der Netzwerkberechnung erheblich reduzieren.

Das folgende Schema (Bild 5.7) soll die wesentlichen Schritte innerhalb der Anwendung der Zweipoltheorie zur Berechnung linearer Netzwerke verdeutlichen.

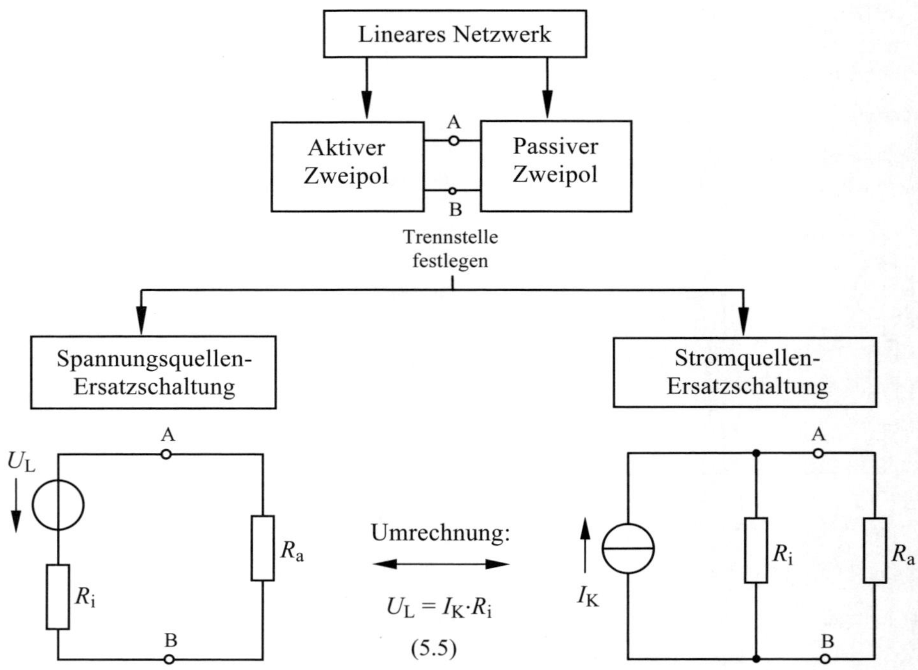

Bild 5.7: Schrittfolge bei der Umrechnung von linearen Netzwerken in einfache Ersatzschaltungen

5.3.1 Spannungsquellen-Ersatzschaltung

Die Umrechnung eines aktiven Zweipols in eine Spannungsquellen-Ersatzschaltung ist immer dann sinnvoll, wenn ein oder mehrere Widerstände im aktiven Zweipol zur Trennstelle in Reihe liegen. Beim Auftrennen laufen diese Widerstände leer, so dass sich die Schaltung erheblich vereinfachen kann. Da der Anwender die Lage der Trennstelle wählen darf, legt er damit zugleich die zu verwendende Ersatzschaltung und den erforderlichen Rechenaufwand fest. Für die Positionierung der Trennstelle gilt die Regel, dass möglichst viele Widerstände in den passiven Zweipol abgetrennt werden. Das vereinfacht die Struktur des aktiven Zweipols und reduziert den Rechenaufwand. Beide Maßnahmen (Festlegung der Trennstelle und Wahl der Ersatzschaltung) sollte man daher stets in einem engen Zusammenhang sehen.
Die Elemente der Ersatzschaltung können wie folgt berechnet werden:

- Lastwiderstand R_a:
Widerstandsbestimmung des passiven Zweipols im abgetrennten Zustand.

- Innenwiderstand R_i:
Widerstandsbestimmung des aktiven Zweipols bei abgetrennter Last unter der Bedingung, dass alle Quellen unwirksam sind (Spannungsquellen sind kurzgeschlossen; Stromquellen laufen leer).

- Leerlaufspannung U_L:
Berechnung des Spannungsabfalls an der leer laufenden Trennstelle (z.B. mit dem Maschensatz).

Die Bestimmung eines gesuchten Zweigstromes I_x wird nun in der Ersatzschaltung (Bild 5.8) durch Berechnung des Stromes durch den Lastwiderstand R_a vorgenommen. Fließt dieser gesuchte Strom im Inneren des passiven Zweipols (also nur durch eine Teilkomponente von R_a), so müssen für seine Berechnung zusätzlich entsprechende Stromteiler angesetzt werden.

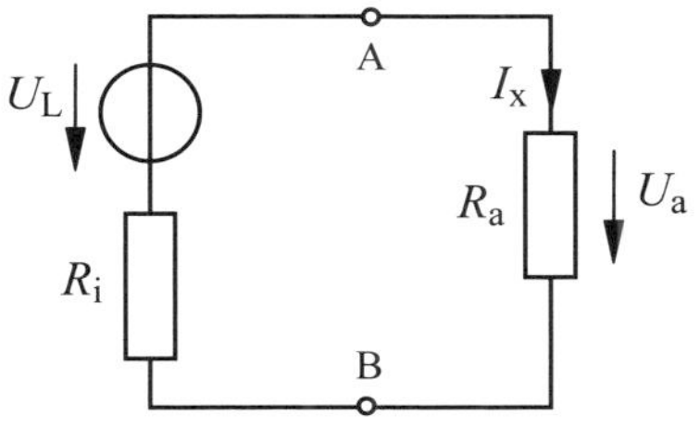

Bild 5.8: Spannungsquellen-Ersatzschaltung

Man erhält: $I_x = \dfrac{U_L}{R_i + R_a}$ sowie:

$$U_a = I_x \cdot R_a = U_L \cdot \frac{R_a}{R_i + R_a}$$

$$P_a = U_a \cdot I_x = U_L^2 \cdot \frac{R_a}{(R_i + R_a)^2}$$

Lehrbeispiel 5.3:

Um einen Vergleich des unterschiedlichen Rechenaufwands zu ermöglichen und zugleich die Besonderheiten der Zweipoltheorie aufzuzeigen, soll das Netzwerk aus den Lehrbeispielen 5.1 und 5.2 betrachtet werden.
Der Strom I_3 ist wieder gesucht.

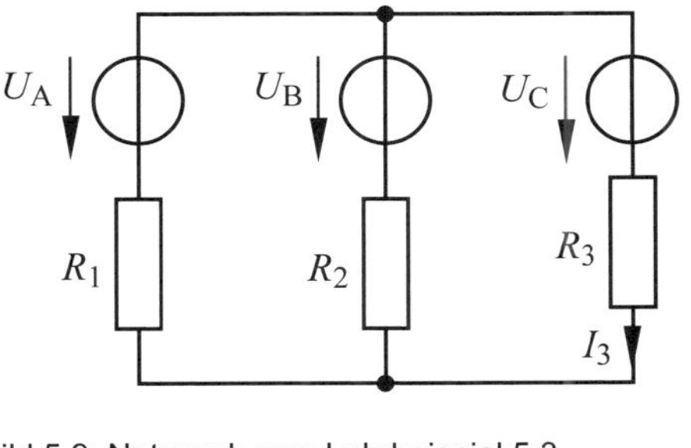

Bild 5.9: Netzwerk zum Lehrbeispiel 5.3

1. Abtrennen von $R_a = R_3$ als Lastwiderstand.

2. Bestimmung des Innenwiderstandes:

$$R_i = R_1 // R_2$$

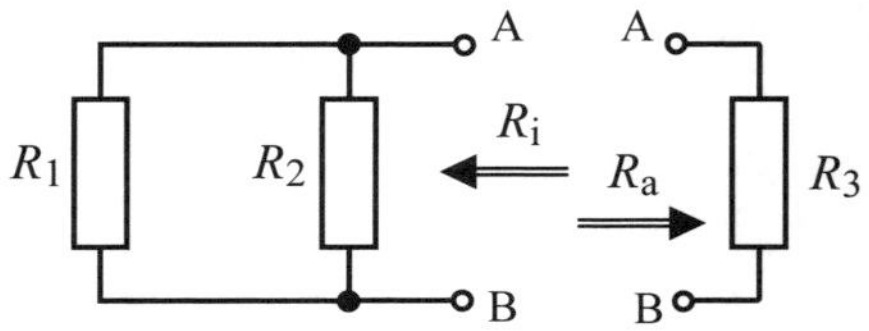

Bild 5.10: Bestimmung von R_i und R_a

3. Berechnung der Leerlaufspannung durch Aufstellen der Maschengleichung m2:

$$U_L - I \cdot R_2 - U_B + U_C = 0$$

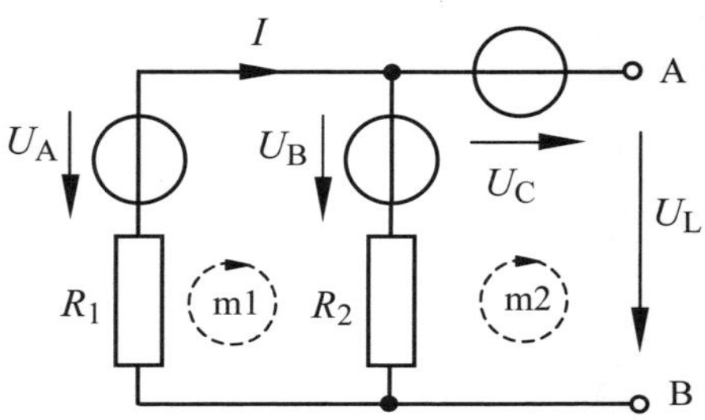

Bild 5.11: Bestimmung der Leerlaufspannung

4. Ermittlung des Stromes in der Masche m1 (durch den Leerlauf fließt jetzt nur noch ein Strom I) und Einsetzen in m2:

$$I \cdot (R_1 + R_2) - U_A + U_B = 0$$

$$U_L = U_B - U_C + \frac{(U_A - U_B) \cdot R_2}{R_1 + R_2}$$

5. Für den Zweigstrom I_3 ergibt sich dann:

$$I_3 = \frac{U_L}{R_i + R_a}$$

$$I_3 = \frac{\frac{(U_B - U_C) \cdot (R_1 + R_2) + (U_A - U_B) \cdot R_2}{R_1 + R_2}}{R_1 // R_2 + R_3}$$

$$I_3 = \frac{U_B(R_1 + R_2) - U_C(R_1 + R_2) + (U_A - U_B)R_2}{R_1 \cdot R_2 + R_1 \cdot R_3 + R_2 \cdot R_3}$$

$$I_3 = \frac{U_A \cdot R_2 + U_B \cdot R_1 - U_C(R_1 + R_2)}{R_1 \cdot R_2 + R_1 \cdot R_3 + R_2 \cdot R_3}$$

Die gefundene Lösung über die Spannungsquellen-Ersatzschaltung ist mit den Lösungen der Lehrbeispiele 5.1 und 5.2 identisch. Der Rechenaufwand hat sich mit der Zweipoltheorie etwas verringert.

5.3.2 Stromquellen-Ersatzschaltung

Die Stromquellen-Ersatzschaltung eignet sich insbesondere zur Beschreibung von linearen Netzwerken, die im aktiven Teil parallele Zweige zur Trennstelle aufweisen. Bei *Kurzschlussbetrachtungen* vereinfacht sich dann der aktive Zweipol infolge der Unwirksamkeit der überbrückten Parallelwiderstände. Die Elemente der Ersatzschaltung werden wie folgt bestimmt:

- Lastwiderstand R_a:
Widerstandsbestimmung des passiven Zweipols im abgetrennten Zustand.

- Innenwiderstand R_i:
Widerstandsbestimmung des aktiven Zweipols bei abgetrennter Last und unwirksamen Quellen.

- Kurzschlussstrom I_K:
Berechnung des Stromes durch die kurzgeschlossene Trennstelle (z.B. mit dem Überlagerungssatz).

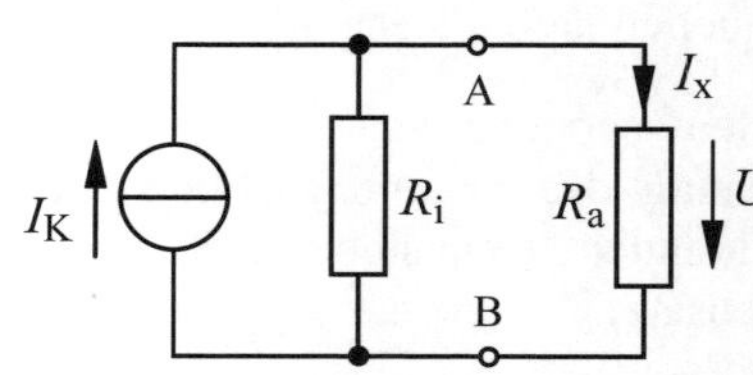

Bild 5.12: Stromquellen-Ersatzschaltung

Die Bestimmung eines gesuchten Zweigstromes I_x ist nun in der Ersatzschaltung (Bild 5.12) in einfacher Form möglich.

Man erhält: $I_x = I_K \cdot \frac{R_i}{R_i + R_a}$ sowie:

$$U_a = I_K \cdot R_i \,//\, R_a$$

$$P_a = U_a \cdot I_x = I_K^2 \cdot \frac{R_i^2 \cdot R_a}{(R_i + R_a)^2}$$

Da beide Ersatzschaltungen zueinander schaltungstechnisch äquivalent sein sollen (gleiches elektrisches Verhalten an der Trennstelle), muss eine Umrechnung von einer Ersatzschaltung in die andere mit Gleich. (5.5) möglich sein.

für I_x: $\frac{U_L}{R_i + R_a} = I_K \cdot \frac{R_i}{R_i + R_a}$

für U_a: $U_L \cdot \frac{R_a}{R_i + R_a} = I_K \cdot \frac{R_i \cdot R_a}{R_i + R_a}$

für P_a: $U_L^2 \cdot \frac{R_a}{(R_i + R_a)^2} = I_K^2 \cdot \frac{R_i^2 \cdot R_a}{(R_i + R_a)^2}$

Der Anwender sollte also immer vor der Schaltungsanalyse und -berechnung überlegen, welche Ersatzschaltung mit einem geringeren Rechenaufwand zum angestrebten Ergebnis führt.
Im folgenden Beispiel sind diese Vorteile noch nicht erkennbar, da es sich bei einem Lehrbeispiel um relativ einfache und überschaubare schaltungstechnische Anordnungen handeln soll. Bei größeren linearen Netzwerken und insbesondere bei deren Berechnung im Wechselstromkreis (ab Kap. 14) sind diese Überlegungen aus Gründen der Beherrschbarkeit der rechnerischen Hilfsmittel unumgänglich.

Lehrbeispiel 5.4:

Berechnen Sie den Strom I_3 des Lehrbeispiels 5.3 mit der Stromquellen-Ersatzschaltung und leiten Sie daraus Schlussfolgerungen für den Einsatz beider Berechnungsverfahren in der schaltungstechnischen Praxis ab.

1. Abtrennen von $R_a = R_3$ als Lastwiderstand.

2. Bestimmung des Innenwiderstandes:

$R_i = R_1 \,//\, R_2$ (vgl. Lehrbeispiel 5.3)

3. Berechnung des Kurzschlussstromes mit dem Überlagerungssatz:

$$I_K = I_{KA} + I_{KB} - I_{KC}$$

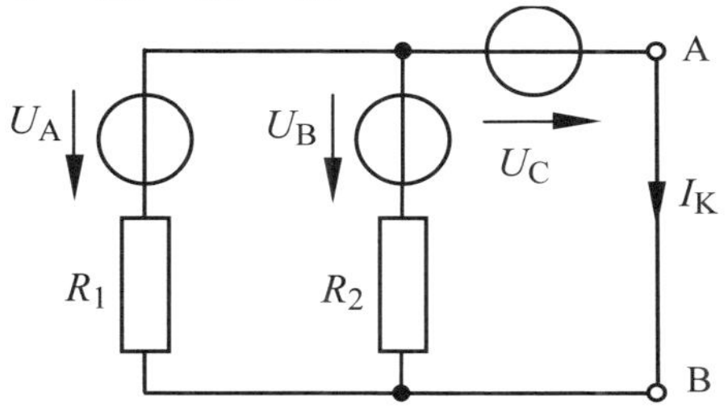

Bild 5.13: Berechnung des Kurzschlussstromes

4. Ermittlung der Teilkomponenten:

$$I_{KA} = \frac{U_A}{R_1} \qquad I_{KB} = \frac{U_B}{R_2}$$

$$I_{KC} = \frac{U_C}{R_i} = \frac{U_C}{R_1 \,//\, R_2}$$

5. Der gesuchte Strom I_3 ergibt sich dann aus:

$$I_3 = I_K \cdot \frac{R_i}{R_i + R_a}$$

$$I_3 = \left(\frac{U_A}{R_1} + \frac{U_B}{R_2} - \frac{U_C}{R_1 \,//\, R_2}\right) \cdot \frac{R_1 \,//\, R_2}{R_1 \,//\, R_2 + R_3}$$

$$I_3 = \frac{U_A \cdot R_2 + U_B \cdot R_1 - U_C(R_1 + R_2)}{R_1 \cdot R_2 + R_1 \cdot R_3 + R_2 \cdot R_3}$$

Man erhält die gleiche Lösung wie im Lehrbeispiel 5.3. Damit ist ein zusätzlicher Nachweis erbracht, dass innerhalb der Anwendung der Zweipoltheorie beide Ersatzschaltungen zueinander schaltungstechnisch äquivalent sind. Es liegt somit im Geschick des Anwenders, je nach aktueller Struktur des zu berechnenden linearen Netzwerkes die geeignete Ersatzschaltung auszuwählen, und so die Vorteile des geringeren Rechenaufwands zu nutzen.

5.4 Beispiele und Anwendungen

Berechnungsbeispiel 5.1:

Bild 5.14 zeigt eine Masche als Ausschnitt eines Netzwerkes. Berechnen Sie die Ströme I_1, I_2, I_3, I_D und die Spannung über den Punkten C und E.

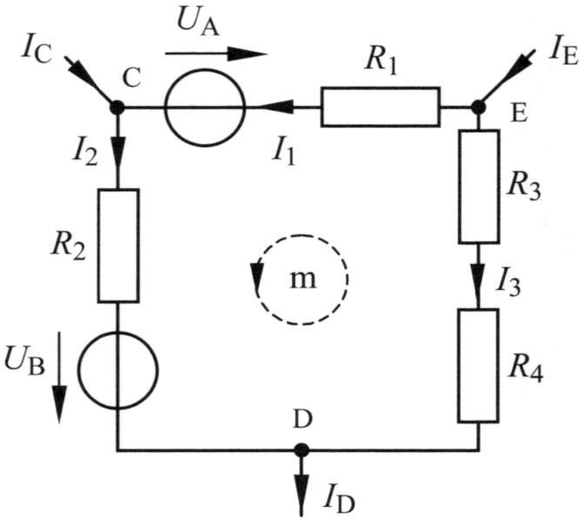

Vom vorgegebenen Ausschnitt des Netzwerkes sind folgende Größen bekannt:

$I_C = 200\ \text{mA}$ $\quad I_E = 300\ \text{mA}$
$U_A = 12\ \text{V}$ $\quad U_B = 6\ \text{V}$
$R_1 = 40\ \Omega$ $\quad R_2 = 60\ \Omega$
$R_3 = 30\ \Omega$ $\quad R_4 = 50\ \Omega$

Bild 5.14: Masche eines Netzwerkes zum Berechnungsbeispiel 5.1

Die beiden Gleichungen für die Knotenpunkte C und E liefern eine Aussage über I_2 und I_3.

Knoten C: $I_2 = I_C + I_1$ Knoten E: $I_3 = I_E - I_1$

Setzt man diese Ausdrücke in die Gleichung für die Masche m ein, so kann I_1 berechnet werden.

Masche m: $I_2 \cdot R_2 + U_B - I_3(R_3 + R_4) + I_1 \cdot R_1 - U_A = 0$

$$(I_C + I_1)R_2 + U_B - (I_E - I_1)\cdot(R_3 + R_4) + I_1 \cdot R_1 - U_A = 0$$

$$I_1 = \frac{U_A - U_B + I_E(R_3 + R_4) - I_C R_2}{R_1 + R_2 + (R_3 + R_4)} = \frac{12\ \text{V} - 6\ \text{V} + 24\ \text{V} - 12\ \text{V}}{180\ \Omega} = 100\ \text{mA}$$

$I_2 = I_C + I_1 = 300\ \text{mA}$ $\qquad I_3 = I_E - I_1 = 200\ \text{mA}$ $\qquad I_D = I_C + I_E = 500\ \text{mA}$

Zur Berechnung des Stromes I_D kann man die Anordnung als Großknoten auffassen und den Knotenpunktsatz anwenden. Die Spannung zwischen den Punkten C und E ergibt sich aus den Spannungen U_A und U_1: $U_{CE} = U_A - I_1 \cdot R_1 = 12\,\text{V} - 4\,\text{V} = 8\,\text{V}$

Berechnungsbeispiel 5.2:

Berechnen Sie für das vorgegebene Netzwerk im Bild 5.15 die Zweigströme allgemein und als Zahlenwert. Auf welchen Wert R_3^* müsste R_3 eingestellt werden, damit der Zweigstrom I_1 null wird?

Geg.: $U_A = 24\,\text{V}$ $\quad U_B = 30\,\text{V}$ $\quad R_1 = 10\ \Omega$ $\quad R_2 = 20\ \Omega$ $\quad R_3 = 40\ \Omega$

Für die allgemeine Lösung gilt die Vereinfachung: $R_1 = R;\ R_2 = 2R;\ R_3 = 4R$.

Aus der Lösung des Lehrbeispiels 5.1 folgt für $U_C = 0$ mit den angegebenen Vereinfachungen:

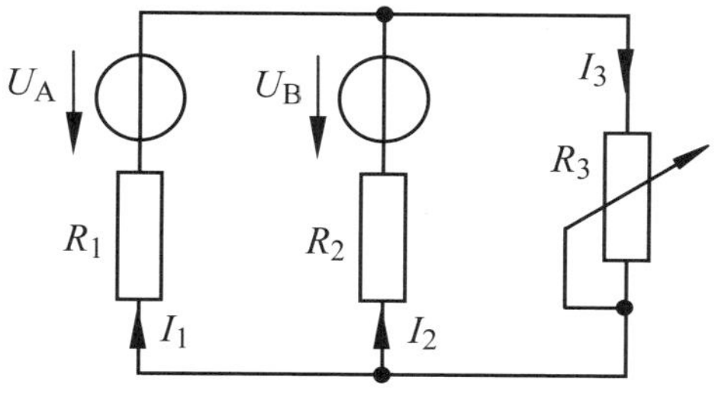

$$I_1 = \frac{U_A \cdot 6R - U_B \cdot 4R}{14R^2} = 171 \text{ mA}$$

$$I_2 = \frac{U_B \cdot 5R - U_A \cdot 4R}{14R^2} = 386 \text{ mA}$$

Bild 5.15: Netzwerk zum Berechnungsbeispiel 5.2

Der Strom I_3 ergibt sich nach dem Knotenpunktsatz aus der Summe von I_1 und I_2. Die gleiche Lösung erhält man zur Probe aus der Gleichung (5.4) des Lehrbeispiels 5.1.

$$I_3 = \frac{U_A \cdot 6R - U_B \cdot 4R}{14R^2} + \frac{U_B \cdot 5R - U_A \cdot 4R}{14R^2} = \frac{U_A \cdot 2R + U_B \cdot R}{14R^2} = 557 \text{ mA}$$

Der Strom I_1 wird gleich null, wenn in der Gleichung (5.3) der Zähler null gesetzt wird. Der Strom I_1 kann auf den Wert null eingestellt werden, wenn mindestens ein Bauelement (hier: R_3) variabel ist.

$$U_A(R_2 + R_3^*) = U_B \cdot R_3^* \quad \Rightarrow \quad R_3^* = \frac{U_A \cdot R_2}{U_B - U_A} = 80\ \Omega$$

Berechnungsbeispiel 5.3:

Stellen Sie für das Netzwerk im Bild 5.16 das vollständige Gleichungssystem zur Berechnung aller Zweigströme über die KIRCHHOFFschen Sätze auf.

Berechnen Sie den Zweigstrom I_5^* für den Fall, dass der Strom durch R_6 gleich null ist.

Welchen Wert muss dann die Quellenspannung U_C^* haben?

Geg.: $U_A = 24\,\text{V}$; $U_B = 8\,\text{V}$
$R_1 = R_2 = R_4 = R_5 = 100\ \Omega$
$R_3 = 150\ \Omega$; $R_6 = 120\ \Omega$

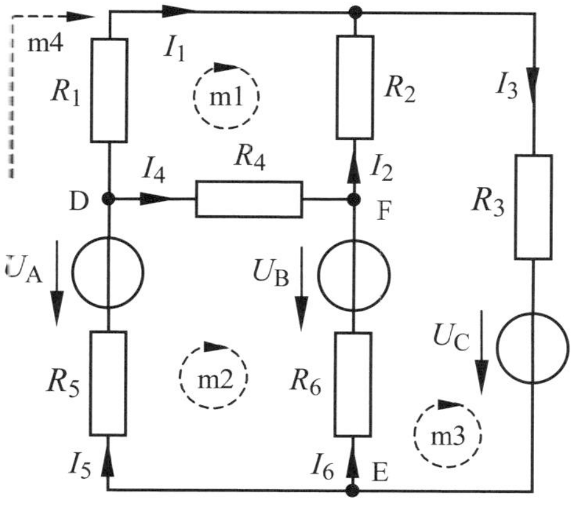

Bild 5.16: Netzwerk zum Berechnungsbeispiel 5.3

Das Netzwerk besteht aus sechs Zweigen und vier Knotenpunkten. Somit werden sechs Gleichungen benötigt (drei Knotenpunktgleichungen und drei Maschengleichungen). Der obere Knotenpunkt wird nicht verwendet. Die inneren Umläufe sind in diesem Netzwerk mit Sicherheit unabhängige Maschen. Sie werden im Uhrzeigersinn (beginnend mit der linken unteren Ecke) analysiert.

Knoten D: $-I_1 - I_4 + I_5 = 0$ Masche m1: $I_1 \cdot R_1 - I_2 \cdot R_2 - I_4 \cdot R_4 = 0$

Knoten E: $I_3 - I_5 - I_6 = 0$ Masche m2: $I_5 \cdot R_5 - U_A + I_4 \cdot R_4 + U_B - I_6 \cdot R_6 = 0$

Knoten F: $-I_2 + I_4 + I_6 = 0$ Masche m3: $I_6 \cdot R_6 - U_B + I_2 \cdot R_2 + I_3 \cdot R_3 + U_C = 0$

Zur Bestimmung aller Zweigströme müsste das Gleichungssystem geordnet und gelöst werden. Laut Aufgabenstellung ist diese Berechnung für $I_6 = 0$ durchzuführen. Das führt zu folgenden Vereinfachungen: $I_2^* = I_4^*$ und: $I_3^* = I_5^*$

Dann kann über die Masche m2 der Strom I_5^* ermittelt werden: $I_5^* \cdot R_5 - U_A + I_4^* \cdot R_4 + U_B = 0$

I_4^* ergibt sich über einen Stromteilungsfaktor aus I_5^*: $I_4^* = I_5^* \cdot \dfrac{R_1}{R_1 + R_2 + R_4} = 0{,}\overline{3} \cdot I_5^*$

Durch Einsetzen von I_4^* in die Maschengleichung m2 erhält man: $I_5^* = \dfrac{U_A - U_B}{R_5 + 0{,}\overline{3} \cdot R_4} = 120\text{ mA}$

Zur Berechnung von U_C^* werden die Widerstände R_1, R_4 und R_2 zu $R^* = R_1 // (R_2 + R_4) = 66{,}\overline{6}\ \Omega$ zusammengefasst. Die Spannung U_C^* ergibt sich dann aus der zusätzlichen äußeren Masche m4.

$$I_5^* \cdot R_5 - U_A + I_5^* \cdot R^* + I_5^* \cdot R_3 + U_C^* = 0 \quad \Rightarrow \quad U_C^* = U_A - I_5^*(R_3 + R_5 + R^*) = -14\text{ V}$$

Um den Strom durch R_6 auf den Wert null einzustellen, müsste man die Quelle C mit einer Quellenspannung von 14 V entgegengesetzt zur angegebenen Polarität einschalten.

Berechnungsbeispiel 5.4:

Gegeben ist eine Schaltung mit einem npn-Transistor in Emitterschaltung (vgl. [14] – Abschn. 3.3.5).

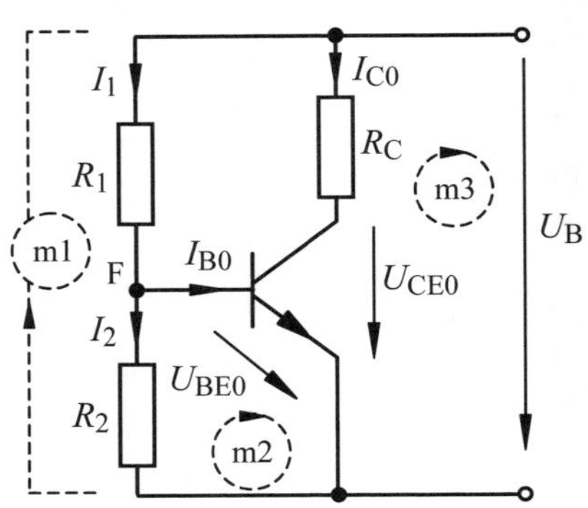

Der Arbeitspunkt (vgl. Abschn. 6.4) des Transistors soll für folgende Werte eingestellt werden:

$U_{BE0} = 0{,}7\text{ V}$ $I_{B0} = 50\ \mu\text{A}$

$U_{CE0} = 6\text{ V}$ $I_{C0} = 11{,}2\text{ mA}$

Die Betriebsspannung beträgt $U_B = 20$ V.

Der Basisspannungsteiler $R_1 - R_2$ ist so zu dimensionieren, dass er linear arbeitet.

Berechnen Sie die Widerstände R_1, R_2 und R_C.

Bild 5.17: Schaltung zum Berechnungsbeispiel 5.4

Zur Bestimmung des Kollektorwiderstandes R_C kann man den Maschensatz auf den Umlauf m3 anwenden. Die Betriebsspannung wird hier nur mit einem Spannungszählpfeil gekennzeichnet.

$$U_B = I_{C0} \cdot R_C + U_{CE0} \quad \Rightarrow \quad R_C = \frac{U_B - U_{CE0}}{I_{C0}} = 1{,}25\text{ k}\Omega$$

Die Widerstände R_1 und R_2 bilden einen Spannungsteiler mit der Basis-Emitter-Strecke des Transistors als Lastwiderstand. Dieser Teiler hat die Spannung U_{BE0} bereitzustellen. Gemäß Gleich. (3.21) wird der Querstrom I_2 des Teilers um den Faktor 10 größer als der Laststrom ($I_2 = 10 \cdot I_{B0}$) gewählt. Der Widerstandswert von R_2 kann über die Masche m2 ermittelt werden.

$$U_{BE0} = I_2 \cdot R_2 = 10 \cdot I_{B0} \cdot R_2 \quad \Rightarrow \quad R_2 = \frac{U_{BE0}}{10 \cdot I_{B0}} = \frac{0{,}7\ \text{V}}{500\ \mu\text{A}} = 1{,}4\ \text{k}\Omega$$

Die äußere Masche m1 liefert im Zusammenhang mit dem Knotenpunktsatz $I_1 = I_2 + I_{B0}$ für den Knoten F eine Berechnungsvorschrift für R_1.

$$U_B = I_1 \cdot R_1 + U_{BE0} = 11 \cdot I_{B0} \cdot R_1 + U_{BE0} \quad \Rightarrow \quad R_1 = \frac{U_B - U_{BE0}}{11 \cdot I_{B0}} = 35{,}1\ \text{k}\Omega$$

Berechnungsbeispiel 5.5:

Ermitteln Sie den Strom I_7 mit dem HELMHOLTZschen Überlagerungssatz.

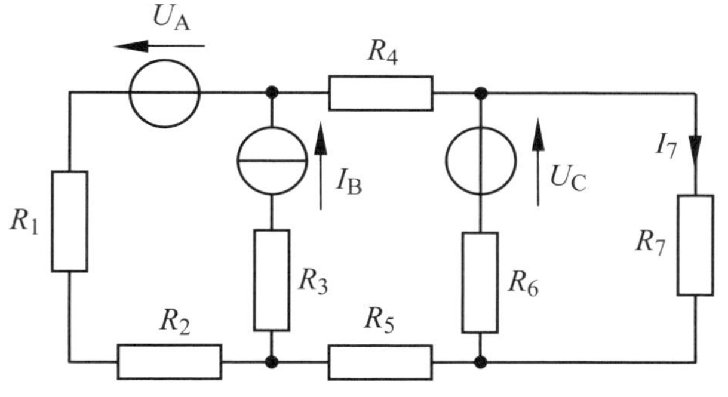

Geg.: $U_A = 15\ \text{V}$; $I_B = 60\ \text{mA}$
$U_C = 30\ \text{V}$
$R_1 = R_2 = R_3 = R = 1\ \text{k}\Omega$
$R_4 = R_5 = 2R$
$R_6 = R_7 = 3R$

Bild 5.18: Netzwerk zum Berechnungsbeispiel 5.5

Der gesuchte Strom I_7 setzt sich aus drei Komponenten zusammen: $I_7 = I_{7A} + I_{7B} - I_{7C}$. Diese drei Komponenten können einzeln mit der Stromteilerregel und dem OHMschen Gesetz berechnet werden.

Wird nur die Quelle A betrachtet, müssen die Quellen B und C unwirksam sein. Infolge des erforderlichen Leerlaufs der Stromquelle B entfällt dann der Zweig mit I_B und R_3.

$$I_{7A} = \frac{R_6}{R_6 + R_7} \cdot \frac{U_A}{R_1 + R_2 + R_4 + R_5 + R_6 // R_7} = \frac{U_A}{15R} = 1\ \text{mA}$$

$$I_{7B} = \frac{R_6}{R_6 + R_7} \cdot \frac{R_1 + R_2}{R_1 + R_2 + R_4 + R_5 + R_6 // R_7} \cdot I_B = \frac{2I_B}{15} = 8\ \text{mA}$$

$$I_{7C} = \frac{R_1 + R_2 + R_4 + R_5}{R_1 + R_2 + R_4 + R_5 + R_7} \cdot \frac{U_C}{R_6 + R_7 //(R_1 + R_2 + R_4 + R_5)} = \frac{2U_C}{15R} = 4\ \text{mA}$$

Die vorzeichenbehaftete Überlagerung dieser drei Komponenten ergibt den gesuchten Strom.

$I_7 = 1\ \text{mA} + 8\ \text{mA} - 4\ \text{mA} = 5\ \text{mA}$

Berechnungsbeispiel 5.6:

Berechnen Sie den Strom durch den Widerstand R_5 als allgemeine Lösung $I_5 = f(U_A; I_B; R)$.

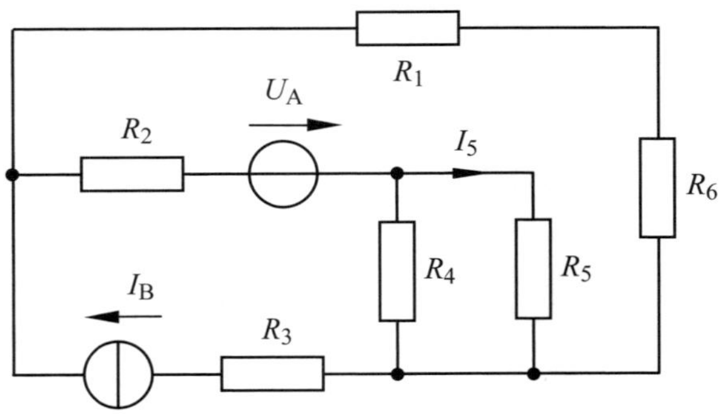

Es gilt die Vereinfachung:
$R_1 = R_2 = R_3 = R_4 = R_5 = R_6 = R$

Bild 5.19: Netzwerk zum Berechnungsbeispiel 5.6

Die Lösung dieser Aufgabenstellung ist mit mehreren Verfahren zur Netzwerkberechnung bei einem vertretbaren Aufwand möglich. Zunächst wird die Lösung über HELMHOLTZ vorgestellt.

$$I_5 = -I_{5A} + I_{5B} = -\frac{R_4}{R_4 + R_5} \cdot \frac{U_A}{R_2 + R_1 + R_6 + R_4 // R_5} + \frac{R_4}{R_4 + R_5} \cdot \frac{R_1 + R_6}{R_1 + R_6 + R_2 + R_4 // R_5} \cdot I_B$$

$$I_5 = -\frac{1}{2} \cdot \frac{U_A}{3{,}5R} + \frac{1}{2} \cdot \frac{2}{3{,}5} \cdot I_B = \frac{2I_B \cdot R - U_A}{7R}$$

Die Bestimmung von I_5 ist auch mit der Zweipoltheorie möglich (vgl. Berechnungsbeispiel 5.8).

Berechnungsbeispiel 5.7:

Berechnen Sie die Werte für I_B und R_5 so, dass der Strom durch R_3 20 mA beträgt und die Beiträge der beiden (idealen) Quellen zu diesem Strom gleich groß sind.

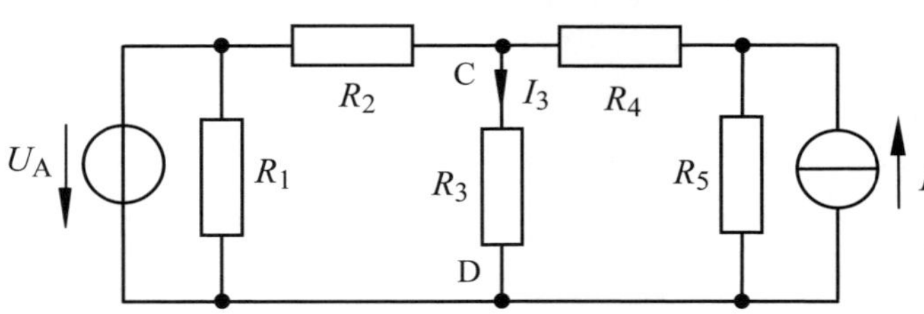

Geg.: $U_A = 24\,\text{V}$
$R_1 = R_2 = R_3 = R_4 = 1\,\text{k}\Omega$

Bild 5.20: Netzwerk zum Berechnungsbeispiel 5.7

Nach dem Überlagerungssatz setzt sich I_3 aus zwei Komponenten mit je 10 mA zusammen.

$$I_3 = I_{3A} + I_{3B} = 10\text{ mA} + 10\text{ mA} = 20\text{ mA}$$

$$I_{3A} = \frac{R_4 + R_5}{R_3 + R_4 + R_5} \cdot \frac{U_A}{R_2 + R_3 // (R_4 + R_5)} = 10\text{ mA} \quad \Rightarrow \quad R_5 = 1{,}5\text{ k}\Omega$$

$$I_{3B} = I_B \cdot \frac{R_2}{R_2 + R_3} \cdot \frac{R_5}{R_5 + R_4 + R_2 // R_3} = 10\text{ mA} \quad \Rightarrow \quad I_B = 40\text{ mA}$$

Berechnungsbeispiel 5.8:

Man löse die Aufgabenstellung des Berechnungsbeispiels 5.6 mit der Zweipoltheorie (Spannungsquellen- und Stromquellen-Ersatzschaltung).

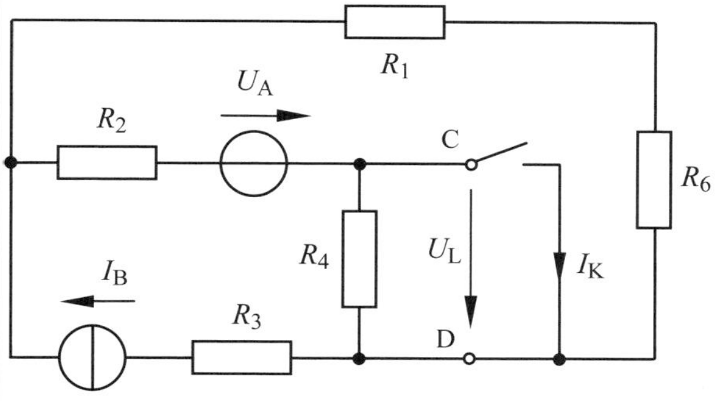

Als Lastwiderstand wird R_5 abgetrennt (Trennstelle C – D).

Der Innenwiderstand ist für beide Rechnungen gleich.

$$R_i = R_4 // (R_1 + R_2 + R_6)$$
$$R_i = 0{,}75R$$

Bild 5.21: Lösung des Berechnungsbeispiels 5.6 mit der Zweipoltheorie

Zur Berechnung des Kurzschlussstromes wird der Überlagerungssatz angewendet.

$$I_K = -I_{KA} + I_{KB} = \frac{-U_A}{R_1 + R_2 + R_6} + I_B \cdot \frac{R_1 + R_6}{R_1 + R_2 + R_6} = \frac{-U_A + 2R \cdot I_B}{3R}$$

$$I_5 = I_K \cdot \frac{R_i}{R_i + R_5} = I_K \cdot \frac{0{,}75R}{0{,}75R + R} = \frac{2R \cdot I_B - U_A}{7R} \qquad \text{(Stromteilerregel)}$$

Zur Berechnung der Leerlaufspannung kann man den Strom I_4 und daraus den Spannungsabfall $U_4 = U_L$ ermitteln.

$$U_L = I_4 \cdot R_4 = (-I_{4A} + I_{4B}) \cdot R_4 = \left(\frac{-U_A}{R_1 + R_2 + R_4 + R_6} + I_B \cdot \frac{R_1 + R_6}{R_1 + R_2 + R_4 + R_6}\right) \cdot R_4$$

Durch Einsetzen der Vereinfachungen und Anwenden des OHMschen Gesetzes erhält man I_5.

$$U_L = \frac{-U_A + 2R \cdot I_B}{4} \quad \text{und:} \quad I_5 = \frac{U_L}{R_i + R_a} = \frac{2R \cdot I_B - U_A}{7R}$$

Die gefundenen Lösungen entsprechen dem Ergebnis des Berechnungsbeispiels 5.6.

Berechnungsbeispiel 5.9:

Ermitteln Sie für den aktiven Zweipol des Berechnungsbeispiels 5.7 die Leerlaufspannung an den Punkten C und D und geben Sie für diese Trennstelle die Elemente der Spannungsquellen-Ersatzschaltung in allgemeiner Form $U_L = f(U_A, R_1, R_2, R_3, R_4, R_5)$ bzw. $R_i = f(R_1, R_2, R_3, R_4, R_5)$ an.

Durch Abtrennen des Widerstandes R_3 als Lastwiderstand vereinfacht sich das Netzwerk erheblich. Der Innenwiderstand ergibt sich aus: $R_i = R_2 // (R_4 + R_5)$.

Der Strom I^* (siehe Bild 5.22) wird mit dem Überlagerungssatz berechnet: $I^* = -I_A^* + I_B^*$

Die Leerlaufspannung kann dann über die linke Masche m ermittelt werden.

$$U_L = I^* \cdot R_2 + U_A = (-I_A^* + I_B^*) \cdot R_2 + U_A = (\frac{-U_A}{R_2 + R_4 + R_5} + I_B \frac{R_5}{R_2 + R_4 + R_5}) \cdot R_2 + U_A$$

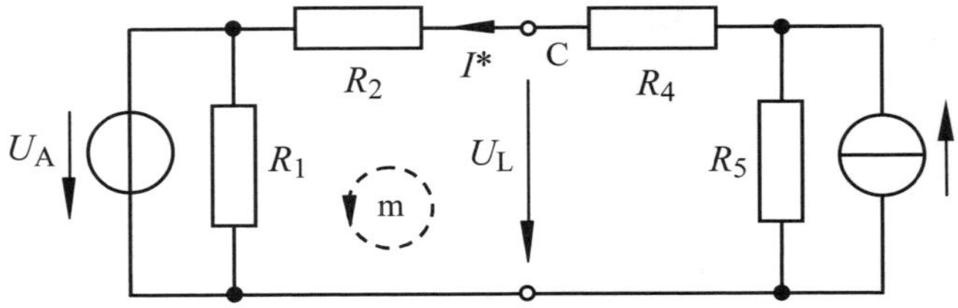

Bild 5.22: Aktiver Zweipol zum Berechnungsbeispiel 5.9

Durch Bilden des Hauptnenners und Zusammenfassen der Ausdrücke erhält man:

$$U_L = \frac{U_A(R_4 + R_5) + I_B \cdot R_2 \cdot R_5}{R_2 + R_4 + R_5} \quad \text{und:} \quad R_i = \frac{R_2 \cdot R_4 + R_2 \cdot R_5}{R_2 + R_4 + R_5}$$

Berechnungsbeispiel 5.10:

Bestimmen Sie den Spannungsabfall über dem Widerstand R_4 mit der Zweipoltheorie.

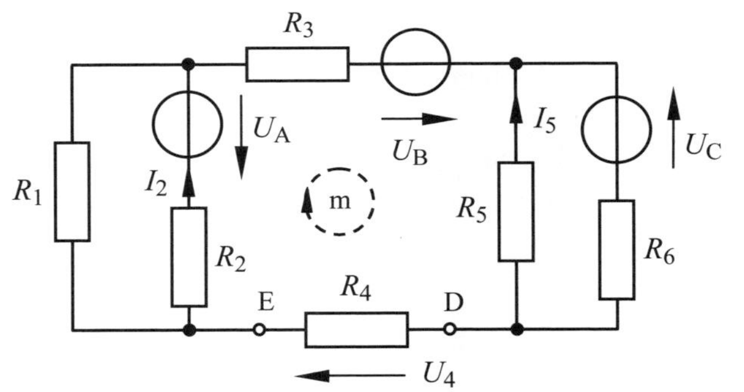

$Geg.: U_A = 12$ V
$U_B = 5$ V
$U_C = 8$ V
alle $R = 1$ kΩ

Bild 5.23: Netzwerk zum Berechnungsbeispiel 5.10

Der Widerstand R_4 wird als Lastwiderstand herausgetrennt. Dann liegt über den Punkten D und E die Leerlaufspannung U_L. Der Innenwiderstand ist von der leer laufenden Trennstelle D – E aus zu bestimmen. Es gilt: $R_i = R_1 // R_2 + R_3 + R_5 // R_6 = 0{,}5\ \text{k}\Omega + 1\ \text{k}\Omega + 0{,}5\ \text{k}\Omega = 2\ \text{k}\Omega$

Die Leerlaufspannung (Richtung gewählt von D nach E) ergibt sich aus der Maschengleichung des mittleren Umlaufs (analysiert in Uhrzeigerrichtung). Dabei ist zu beachten, dass in der Schaltung nur noch zwei Ströme I_2^* und I_5^* fließen. Ihre Richtungen ergeben sich aus der Polarität der Quelle A bzw. der Quelle C. Mit dem linken bzw. rechten Umlauf können diese Ströme bestimmt werden. Der Widerstand R_3 erzeugt keinen Spannungsabfall, da durch ihn kein Strom fließt!

$$U_L + I_2^* \cdot R_2 - U_A + U_B - I_5^* \cdot R_5 = 0 \quad \text{mit:} \quad I_2^* = \frac{U_A}{R_1 + R_2} \quad \text{und:} \quad I_5^* = \frac{U_C}{R_5 + R_6}$$

$$U_L = U_A - U_B - \frac{U_A \cdot R_2}{R_1 + R_2} + \frac{U_C \cdot R_5}{R_5 + R_6} = 12\text{V} - 5\text{V} - 6\text{V} + 4\text{V} = 5\text{V} \quad \Rightarrow \quad U_4 = \frac{U_L \cdot R_4}{R_i + R_4} = 1{,}\bar{6}\ \text{V}$$

Berechnungsbeispiel 5.11:

Die im Bild 5.24 angegebene Kettenschaltung soll aus unendlich vielen Gliedern bestehen. Rechnen Sie diese Anordnung in eine Spannungsquellen-Ersatzschaltung um, die sich nach außen hin genau so verhält wie eine unendlich lange Kettenschaltung.

Von der Kettenschaltung ist bekannt: $U_A = 5\ \text{V}$; $U_B = 12\ \text{V}$; $R_1 = 15\ \Omega$; $R_2 = 30\ \Omega$

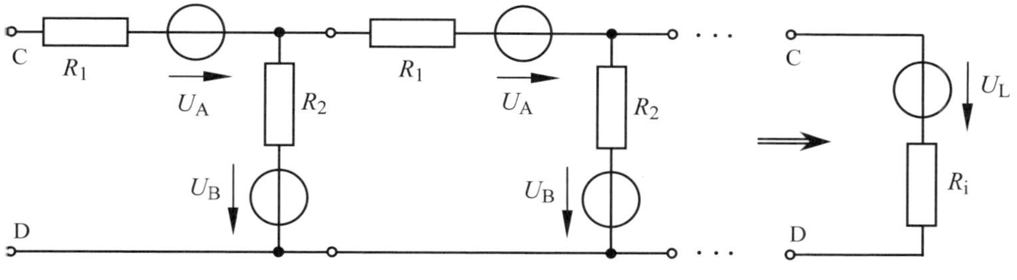

Bild 5.24: Kettenschaltung zum Berechnungsbeispiel 5.11

Für die Berechnung der Kettenschaltung gilt folgende Überlegung:

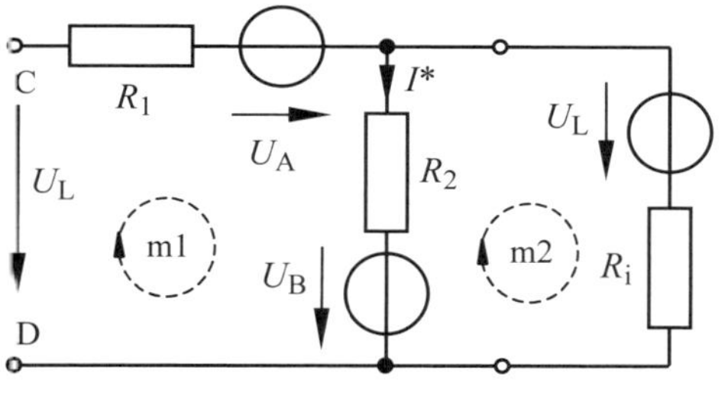

Wenn die Ersatzschaltung für eine Kette aus *n* Gliedern Gültigkeit hat und die Anzahl der Glieder unendlich groß sein soll, so muss diese Aussage auch noch für (*n* + 1) Glieder gelten. Man darf also ein weiteres Kettenglied vor die Ersatzschaltung schalten, ohne dass sich am elektrischen Verhalten der Gesamtanordnung zwischen den Punkten C und D etwas ändert.

Bild 5.25: Berechnung der Ersatzschaltung im Berechnungsbeispiel 5.11

Der Ersatz-Innenwiderstand wird zwischen den Punkten C und D bestimmt. Alle Quellen sind dabei unwirksam zu machen (U_A, U_B und U_L kurzschließen).

$$R_i = R_1 + R_2 // R_i = \frac{R_1 \cdot R_2 + R_1 \cdot R_i + R_2 \cdot R_i}{R_2 + R_i} \qquad \text{(ausmultiplizieren!)}$$

$$R_i^2 + R_2 \cdot R_i - R_1 \cdot R_2 - R_1 \cdot R_i - R_2 \cdot R_i = 0 \quad \Rightarrow \quad \text{Normalform: } R_i^2 - R_1 \cdot R_i - R_1 \cdot R_2 = 0$$

$$R_{i1,2} = \frac{R_1}{2} \pm \sqrt{\frac{R_1^2 + 4R_1 \cdot R_2}{4}} \qquad R_i = 7{,}5\ \Omega + 22{,}5\ \Omega = 30\ \Omega$$

Zur Ermittlung der Leerlaufspannung dient der linke Umlauf im Bild 5.25 (Masche m1). Im Inneren der Schaltung fließt ein Strom I^*, der über den rechten Umlauf (Masche m2) bestimmt und in (m1) eingesetzt werden kann. Zur Vereinfachung der Rechnung dient das Ergebnis: $R_i = R_2 = 30\ \Omega$.

(m1) $U_A + I^* \cdot R_2 + U_B - U_L = 0$ (m2) $U_L - I^*(R_2 + R_i) - U_B = 0$

(m2) $I^{*} = \dfrac{U_L - U_B}{R_2 + R_i}$ $\Rightarrow$ (m1) $U_A + \dfrac{U_L - U_B}{R_2 + R_i} \cdot R_2 + U_B - U_L = 0$

$U_A + \dfrac{1}{2} \cdot U_L - \dfrac{1}{2} \cdot U_B + U_B - U_L = 0$ bzw.: $U_L = 2 \cdot U_A + U_B = 22\,\text{V}$

Berechnungsbeispiel 5.12:

Leiten Sie eine allgemein gültige Berechnungsvorschrift für den Strom im Mittelzweig einer nicht abgeglichenen Brückenschaltung her. *Ges.:* $I_5 = f\,(U_q; R_1; R_2; R_3; R_4; R_5)$

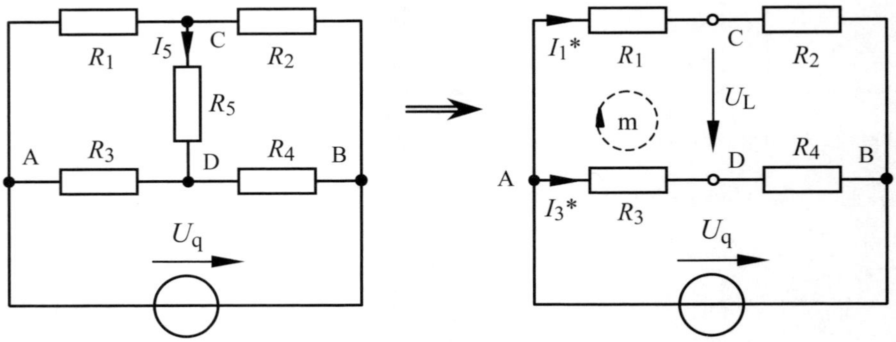

Bild 5.26: Brückenschaltung zum Berechnungsbeispiel 5.12

Als Lastwiderstand muss R_5 herausgetrennt werden. Dann ergibt sich der Innenwiderstand als Ersatzwiderstand zwischen den Punkten C und D unter der Bedingung, dass die Quelle U_q kurzgeschlossen ist. Dieser Kurzschluss verbindet den Punkt A mit dem Punkt B.

$$R_i = R_1 \,//\, R_2 + R_3 \,//\, R_4 = \frac{R_1 \cdot R_2 (R_3 + R_4) + R_3 \cdot R_4 (R_1 + R_2)}{(R_1 + R_2) \cdot (R_3 + R_4)}$$

Als Ersatzschaltung bietet sich die Spannungsquellen-Ersatzschaltung an. Durch den so entstehenden Leerlauf zwischen den Punkten C und D fließt im oberen und im mittleren Zweig jeweils nur noch ein Strom. Diese Ströme I_1^* und I_3^* können mit dem OHMschen Gesetz einfach bestimmt werden.

Beide Maschengleichungen, die entweder aus dem linken oder dem rechten inneren Umlauf resultieren, führen zu einer geeigneten Berechnungsvorschrift. Für das vorliegende Berechnungsbeispiel wird der linke obere Umlauf betrachtet.

$$U_L = I_3^* \cdot R_3 - I_1^* \cdot R_1 = \frac{U_q \cdot R_3}{R_3 + R_4} - \frac{U_q \cdot R_1}{R_1 + R_2} = \frac{U_q \cdot R_3 (R_1 + R_2) - U_q \cdot R_1 (R_3 + R_4)}{(R_3 + R_4) \cdot (R_1 + R_2)}$$

Mit Kenntnis der Leerlaufspannung und des Innenwiderstandes kann der Strom I_5 über das OHMsche Gesetz berechnet werden.

$$I_5 = \frac{U_L}{R_i + R_5} = \frac{U_q \cdot R_3(R_1 + R_2) - U_q \cdot R_1(R_3 + R_4)}{(R_3 + R_4) \cdot (R_1 + R_2) \cdot (R_i + R_5)}$$

$$I_5 = \frac{U_q \cdot R_3(R_1 + R_2) - U_q \cdot R_1(R_3 + R_4)}{R_1 \cdot R_2(R_3 + R_4) + R_3 \cdot R_4(R_1 + R_2) + R_5(R_3 + R_4) \cdot (R_1 + R_2)}$$

Die Berechnungsvorschrift zeigt, dass alle Bauelemente der Brückenschaltung in recht komplexer Form auf den Strom I_5 Einfluss nehmen. Um die Anzahl der Einflussgrößen zu verringern (vgl. auch Abschn. 15.5: Wechselstrom-Messbrücken), führt man möglichst wirksame Vereinfachungen ein. Solche Vereinfachungen ergeben sich, wenn die Werte mehrerer Bauelemente gleich sind. Zur Demonstration dieses Sachverhalts soll für das vorliegende Berechnungsbeispiel folgende Vereinfachung gelten: $R_1 = R_4$ und $R_2 = R_3$.

$$I_5 = \frac{U_q \cdot R_2(R_1 + R_2) - U_q \cdot R_1(R_1 + R_2)}{R_1 \cdot R_2(R_2 + R_1) + R_2 \cdot R_1(R_1 + R_2) + R_5(R_2 + R_1) \cdot (R_1 + R_2)} = \frac{U_q(R_2 - R_1)}{R_5 \cdot R_1 + R_5 \cdot R_2 + 2R_1 \cdot R_2}$$

Berechnungsbeispiel 5.13:

Geben Sie für den aktiven Zweipol im Bild 5.27 alle Daten der Spannungs- und der Stromquellen-Ersatzschaltung an. Dazu sollen (zur Übung) zwei getrennte Rechnungen über die Leerlaufspannung und über den Kurzschlussstrom durchgeführt werden. Vom vorgegebenen Netzwerk sind die Werte aller Bauelemente bekannt.

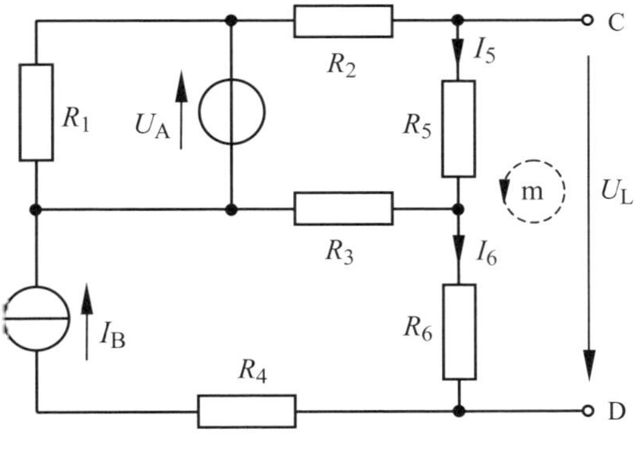

Geg.: $U_A = 12\,V$; $I_B = 16\,mA$
alle $R = 300\,\Omega$

Bild 5.27: Netzwerk zum Berechnungsbeispiel 5.13

Zur Bestimmung des Innenwiderstandes wird die Quelle A kurzgeschlossen. Die Quelle B läuft leer.

$$R_i = R_6 + R_5 // (R_2 + R_3) = \frac{5}{3} R = 500\,\Omega$$

Die Leerlaufspannung kann über die Maschengleichung des rechten Umlaufs m ermittelt werden.

$U_L = U_{CD} = I_5 \cdot R_5 + I_6 \cdot R_6$ mit: $I_6 = I_B$, weil über die Trennstelle nichts abfließt.

I_5 wird mit dem Überlagerungssatz berechnet.

$$U_L = (-I_{5A} + I_{5B}) \cdot R_5 + I_B \cdot R_6 = \frac{-U_A}{R_2 + R_3 + R_5} \cdot R_5 + \frac{I_B \cdot R_3}{R_3 + R_2 + R_5} \cdot R_5 + I_B \cdot R_6$$

$$U_L = \frac{I_B \cdot R - U_A}{3} + I_B \cdot R = \frac{4I_B \cdot R - U_A}{3} = 2{,}4\ \text{V} \qquad \text{und:} \qquad I_K = \frac{U_L}{R_i} = 4{,}8\,\text{mA}$$

Zur Berechnung des Kurzschlussstromes ist es sinnvoll, das Netzwerk umzuzeichnen.

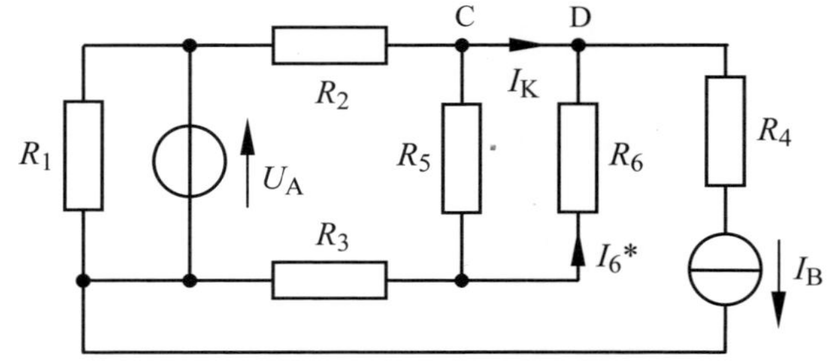

Der Kurzschlussstrom wird mit dem Überlagerungssatz bestimmt: $I_K = -I_{KA} + I_{KB}$

Der Strom I_{KB} fließt durch keinen definierten Widerstand, so dass er über eine Knotenpunktgleichung (D) ersetzt werden muss:

$I_{KB} = I_B - I_6^*$

Bild 5.28: Umgezeichnetes Netzwerk des Berechnungsbeispiels 5.13

Durch Anwenden der Stromteilerregel und des OHMschen Gesetzes erhält man eine Berechnungsvorschrift für den Kurzschlussstrom.

$$I_K = -\frac{R_5}{R_5 + R_6} \cdot \frac{U_A}{R_2 + R_3 + R_5 // R_6} + I_B - \frac{R_5}{R_5 + R_6} \cdot \frac{R_2}{R_2 + R_3 + R_5 // R_6} \cdot I_B$$

$$I_K = -\frac{1}{2} \cdot \frac{U_A}{2{,}5R} + I_B - \frac{1}{2} \cdot \frac{I_B}{2{,}5} = \frac{4I_B \cdot R - U_A}{5R} = 4{,}8\ \text{mA} \qquad \text{(Lösung wie über } U_L \text{ – siehe oben)}$$

Berechnungsbeispiel 5.14:

Der aktive Zweipol im Bild 5.29 ist in allgemeiner Form in eine geeignete Ersatzschaltung umzurechnen. Die Aufbauelemente U_A, I_B und U_C sowie $R_1 = R_2 = R_3 = R_4 = R$ sind bekannt.

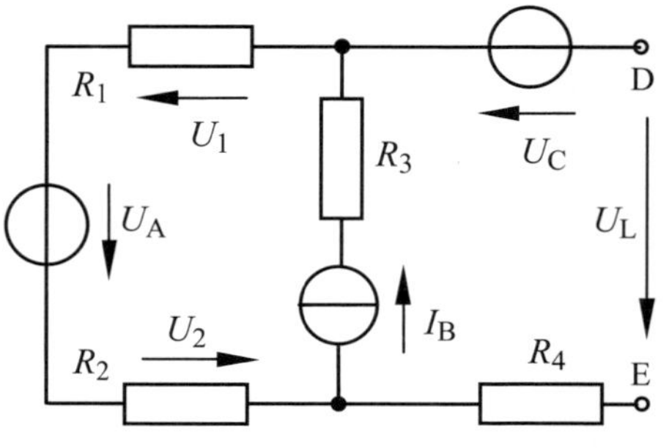

Lösung:

$$R_i = R_1 + R_2 + R_4 = 3R$$

$$U_C + U_1 + U_A + U_2 - U_L = 0$$

$$U_L = U_C + U_A + I_B \cdot 2R$$

Bild 5.29: Netzwerk zum Berechnungsbeispiel 5.14

Für das vorgegebene Netzwerk ist die Berechnung der Leerlaufspannung günstiger. Mit Hilfe des äußeren Umlaufs findet man eine Maschengleichung, die die Leerlaufspannung direkt enthält. Dabei ist zu beachten, dass der Widerstand R_4 von keinem Strom durchflossen wird und demzufolge auch keinen Spannungsabfall erzeugt. Im Inneren des Netzwerkes fließt nur noch ein Strom, der von der Quelle B (ideale Stromquelle) bestimmt wird.

5.5 Analyseverfahren

Verfahren zur Analyse linearer elektrischer Netzwerke basieren auf den KIRCHHOFFschen Sätzen. Diese Verfahren werden vorrangig dann angewendet, wenn viele Spannungen und/oder Ströme im Netzwerk zu berechnen sind (z.B. beim Aufstellen der vollständigen Leistungsbilanz eines Netzwerkes) und damit der Rechenaufwand nach KIRCHHOFF zu groß wird.

Die Anwendung von Analyseverfahren führt zu einem (im Umfang und in der Anzahl der Unbekannten) reduzierten Gleichungssystem. Während bei KIRCHHOFF immer z Gleichungen (mit z = Anzahl der Zweige) benötigt werden, vereinfacht sich das Gleichungssystem bei der Umlaufanalyse auf m Maschengleichungen und bei Anwendung der Knotenanalyse auf $(k - 1)$ Knotenpunktgleichungen.

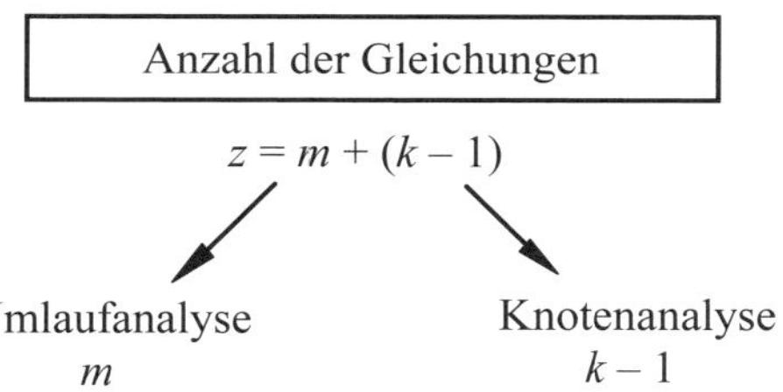

Bild 5.30: Vergleich beider Analyseverfahren

5.5.1. Umlaufanalyse

Bei der Maschenstromanalyse (auch kurz Umlaufanalyse genannt) führt man Ersatzströme ein, die in geschlossenen Umläufen fließen. Diese Maschenströme überlagern sich in den Zweigen eines linearen Netzwerkes nach dem HELMHOLTZschen Prinzip der Superposition. Ein tatsächlich fließender Zweigstrom kann somit aus der Überlagerung aller (den jeweiligen Zweig erfassenden) Maschenströme ermittelt werden.

Für das Beispiel (Graph im Bild 5.31) erhält man z.B. die Zweigströme I_2 und I_5 aus den Maschenströmen I_I bis I_III:

$$I_2 = I_\text{I} - I_\text{II} \quad \text{und:} \quad I_5 = I_\text{II} + I_\text{III}$$

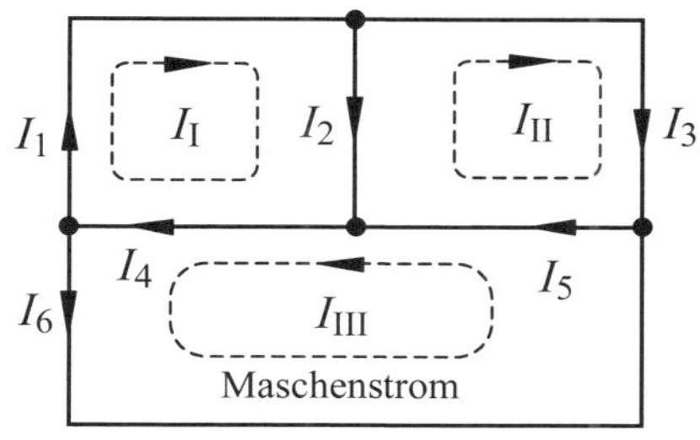

Bild 5.31: Prinzip der Umlaufanalyse

In der Praxis ist man bestrebt, möglichst viele Maschenströme so zu legen, dass sie mit entsprechenden Zweigströmen identisch sind (z.B.: $I_\text{I} = I_1$; $I_\text{II} = I_3$; $I_\text{III} = I_6$ im Bild 5.31). Dann entfällt die Umrechnung von Maschenströmen in Zweigströme.

Die erforderliche Anzahl der Gleichungen ergibt sich aus $m = z - (k - 1)$. Diese Gleichungen müssen die Unabhängigkeitsbedingung (vgl. auch Abschn. 5.1) erfüllen.

- **Unabhängigkeitsbedingung:**

Zur Festlegung von unabhängigen Umläufen wendet man die Methode des vollständigen Baumes an. Dazu wird zunächst der *Graph* des zu analysierenden Netzwerkes gezeichnet. Er stellt die schaltungstechnische Struktur eines Netzwerkes ohne Bauelemente dar.

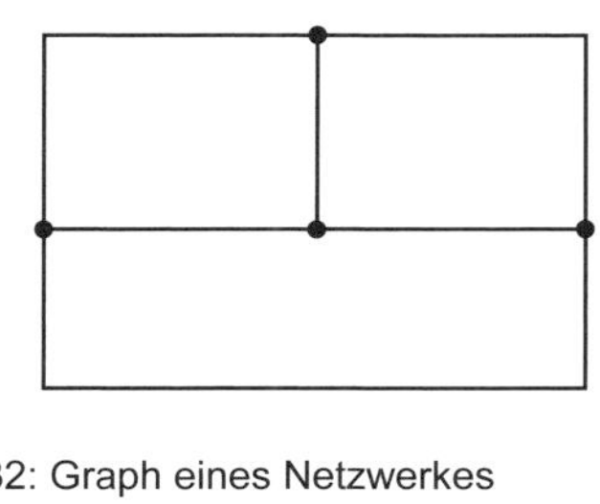

Bild 5.32: Graph eines Netzwerkes

Ein vollständiger *Baum* entsteht, wenn alle echten Knoten eines Netzwerkes miteinander verbunden werden, ohne dass ein geschlossener Umlauf entsteht. Der Graph besteht jetzt aus Baumzweigen (dicke Linien im Bild 5.33) und aus Verbindungszweigen (dünne Linien im Bild 5.33).

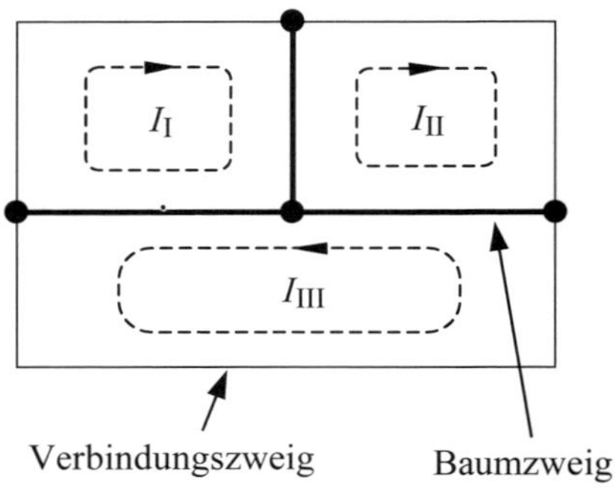

Bild 5.33: Beispiel für einen vollständigen Baum

Die unabhängigen Maschen (Maschenströme im Bild 5.33) erhält man nun durch das Schließen von Baumzweigen mit jeweils einem Verbindungszweig zu einem geschlossenen Umlauf. Dieser Verbindungszweig steht dann für weitere Umläufe nicht mehr als Verbindungszweig zur Verfügung. Falls mehr als ein Verbindungszweig zum Schließen eines Umlaufs erforderlich ist, zählt immer nur einer dieser Verbindungszweige für den aktuell festgelegten Umlauf. Die restlichen Verbindungszweige müssen dann noch für weitere Umläufe verwendet werden.

Um das Verfahren der Umlaufanalyse möglichst einfach zu gestalten und in übersichtlicher Form anzuwenden, stellt man nicht jede Gleichung des Gleichungssystems einzeln auf (wie bei KIRCHHOFF; Abschn. 5.1), sondern man verwendet ein so genanntes Koeffizientenschema. Dieses Schema enthält die Koeffizienten der einzelnen Gleichungen des Gleichungssystems ohne die Variablen (hier: Maschenströme). Sie stehen in der Kopfzeile des Schemas (Tabelle 5.1). Multipliziert man diese Variablen mit den Koeffizienten einer Zeile, so erhält man die entsprechende Umlaufgleichung. Dabei stehen die absoluten Ausdrücke (*Abs.*) rechts vom Gleichheitszeichen.

Tabelle 5.1: Aufbau des Koeffizientenschemas für die Umlaufanalyse

I_I	I_{II}	I_{III}	*Abs.*
ΣR_I	$\pm\Sigma R_{I-II}$	$\pm\Sigma R_{I-III}$	$\Sigma \pm U_I$
$\pm\Sigma R_{I-II}$	ΣR_{II}	$\pm\Sigma R_{II-III}$	$\Sigma \pm U_{II}$
$\pm\Sigma R_{I-III}$	$\pm\Sigma R_{II-III}$	ΣR_{III}	$\Sigma \pm U_{III}$

Man überträgt demzufolge die Elemente einer Matrizengleichung nach Vorbild des GAUSS-Algorithmus in eine Tabelle.

- Schritte zur Erstellung des Koeffizientenschemas für die Umlaufanalyse:

1. Einzeichnen aller Maschenströme unter Beachtung der Unabhängigkeitsbedingung. Ihre Richtung ist frei wählbar. Falls der aktuelle Maschenstrom mit einem Zweigstrom identisch ist, sollte er auch gleich die Bezeichnung und die Richtung (falls bereits festgelegt) dieses Zweigstromes erhalten.

2. Vorbereitung der Tabelle für das Koeffizientenschema (siehe Tabelle 5.1). Die Reihenfolge der Variablen in der Kopfzeile bestimmt die Reihenfolge der Maschengleichungen in den nachfolgenden Zeilen. Ansonsten gelten die im Punkt 4. beschriebenen Vereinfachungen (Symmetrie des Koeffizientenschemas) nicht mehr.

3. Eintragung der Maschenwiderstände als Elemente der Hauptdiagonalen des Koeffizientenschemas. Ein Maschenwiderstand wird aus der Summe (ΣR_m) aller Widerstände einer Masche (m) gebildet, durch die der aktuelle Maschenstrom (I_m) fließt.

Dieser Maschenwiderstand besitzt immer ein positives Vorzeichen.

4. Die Elemente oberhalb und unterhalb der Hauptdiagonalen stellen Koppelwiderstände ($\Sigma\ R_{m\text{-}n}$) zwischen der aktuellen Masche (m) und den möglichen Nachbarmaschen (n) dar. Fließt der benachbarte Maschenstrom in gleicher Richtung durch den Koppelwiderstand wie der aktuell betrachtete Maschenstrom, so ist der Koppelwiderstand (das kann eine Reihenschaltung mehrerer Widerstände sein) positiv. Ansonsten erhält er ein negatives Vorzeichen.
Bedingt durch die Symmetrie des Koeffizientenschemas (siehe Schritt 2.) können alle Elemente oberhalb der Hauptdiagonalen an dieser Diagonalen nach unten gespiegelt werden.

5. Auf der rechten Seite jeder Gleichung sind die vom aktuellen Umlauf (m) erfassten Quellenspannungen ($\Sigma\ U_m$) einzutragen. Das gilt auch für Spannungen, die über Stromquellen liegen. Stimmt die Richtung dieses Spannungszählpfeils nicht mit dem Umlaufsinn überein, so erhält diese Quellenspannung infolge der Umstellung von der linken auf die rechte Seite einer Gleichung ein positives Vorzeichen. Bei Übereinstimmung der Richtungen bekommt sie ein negatives Vorzeichen.

Aus dem so entwickelten vollständigen Koeffizientenschema kann nun das erforderliche Gleichungssystem zur Berechnung der unbekannten Maschenströme abgelesen und mit geeigneten Verfahren gelöst werden. Abschließend berechnet man mit dem HELMHOLTZschen Überlagerungssatz (vgl. auch Abschn. 5.2) die Zweigströme aus der Überlagerung der entsprechenden Maschenströme (siehe Bild 5.31).

Eine Vereinfachung des zur Berechnung der Maschenströme notwendigen Gleichungssystems ist möglich, wenn sich ideale (idealisierte) Stromquellen im Netzwerk befinden. Jede ideale Stromquelle kann zu einer Reduzierung der Anzahl der Unbekannten und damit der Anzahl der Gleichungen genutzt werden. Voraussetzung dafür ist jedoch, dass der entsprechende Maschenstrom mit dem Quellenstrom einer idealen Stromquelle übereinstimmt und dieser Strom von keinem anderen Umlauf mehr erfasst wird. Dieser Quellenstrom ist dann als Maschenstrom bereits bekannt und reduziert die Anzahl der Unbekannten (und damit die Anzahl der erforderlichen Gleichungen im Gleichungssystem) um eine Unbekannte.
Die nun nicht mehr benötigte Gleichung des vollständigen Koeffizientenschemas kann man (z.B. bei der Aufstellung von Leistungsbilanzen) zur Bestimmung des Wertes der Quellenspannung, die über der idealen Stromquelle anliegt, verwenden. Der Spannungszählpfeil einer Stromquelle wird immer gegen den Quellenstrom festgelegt (Quellen-Zählpfeilsystem). Das Vorzeichen der berechneten Quellenspannung sagt dann aus, ob die Quelle eine Quellen-Charakteristik (+) oder eine Verbraucher-Charakteristik (–) aufweist.

Reale Stromquellen oder ideale Stromquellen mit einem Parallelwiderstand können nach der Zweipoltheorie (Abschn. 5.3) in reale Spannungsquellen umgerechnet werden. Durch diese Maßnahme wird die Anzahl der Zweige um jeweils einen Zweig und damit die Anzahl der erforderlichen Umläufe zur Aufstellung des vollständigen Koeffizientenschemas um jeweils einen Umlauf (also um eine Gleichung) reduziert. Eine Verringerung des Rechenaufwands zur Bestimmung der unbekannten Maschenströme ist damit allerdings nicht möglich, da diese Gleichung auch über die Betrachtung einer idealen Stromquelle mit einem Parallelwiderstand eingespart werden kann.

Lehrbeispiel 5.5:

Stellen Sie für das Netzwerk im Bild 5.34 mit der Umlaufanalyse das vollständige Koeffizientenschema zur Berechnung aller Maschenströme auf und berechnen Sie allgemein alle Zweigströme.

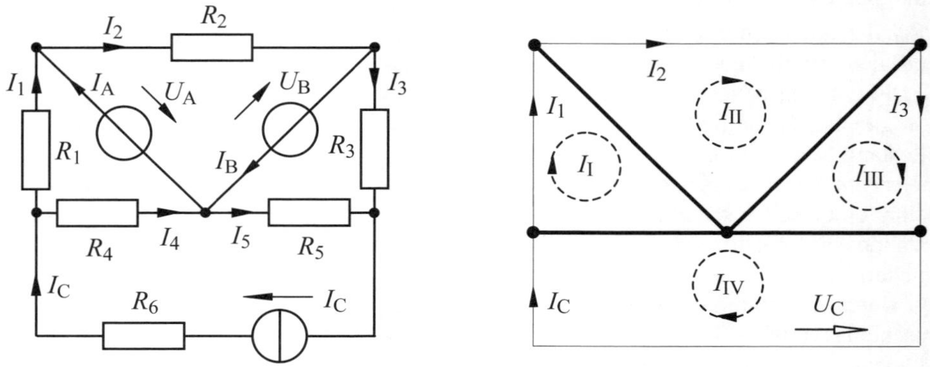

Bild 5.34: Netzwerk und vollständiger Baum zum Lehrbeispiel 5.5

Das Netzwerk besteht aus acht Zweigen und fünf Knotenpunkten. Bei Anwendung der Umlaufanalyse werden demzufolge vier Gleichungen [$m = z - (k - 1) = 4$] benötigt. Die oberen drei Maschenströme wurden so festgelegt, dass sie mit den Strömen der Verbindungszweige übereinstimmen. Der untere Maschenstrom ist für I_C „reserviert". Dadurch kann die Anzahl der Unbekannten (der Quellenstrom der idealen Quelle I_C ist ja bekannt) um eine Unbekannte reduziert werden.

Tabelle 5.2: Koeffizientenschema für die Umlaufanalyse im Lehrbeispiel 5.5

$I_I = I_1$	$I_{II} = I_2$	$I_{III} = I_3$	$I_{IV} = I_C$	*Abs.*
$R_1 + R_4$	0	0	$-R_4$	$-U_A$
0	R_2	0	0	$U_A + U_B$
0	0	$R_3 + R_5$	$-R_5$	$-U_B$
$-R_4$	0	$-R_5$	$R_4 + R_5 + R_6$	U_C

Die vierte Gleichung des Koeffizientenschemas (grau unterlegt) wird zur Bestimmung der Maschenströme nicht benötigt. Die Maschenströme (die hier zugleich ausgewählte Zweigströme sind) errechnen sich dann für dieses einfache Koeffizientenschema wie folgt:

$$I_1 = \frac{I_C \cdot R_4 - U_A}{R_1 + R_4} \qquad I_2 = \frac{U_A + U_B}{R_2} \qquad I_3 = \frac{I_C \cdot R_5 - U_B}{R_3 + R_5}$$

Mit dem Überlagerungssatz bzw. dem Knotenpunktsatz können daraus die restlichen Zweigströme ermittelt werden. Die Ströme I_4 und I_5 sollen nach rechts fließen. Die Ströme I_A und I_B (und auch die Spannung der Stromquelle C) werden in ihrer Richtung nach dem Quellen-Zählpfeilsystem festgelegt.

$$I_4 = I_C - I_1 \qquad I_5 = I_C - I_3 \qquad I_A = I_2 - I_1 \qquad I_B = I_2 - I_3$$

5.5.2 Knotenanalyse

Die Knotenpotentialanalyse (kurz Knotenanalyse genannt) basiert auf der Überlegung, dass mit Kenntnis der Potentiale aller Knoten eines linearen Netzwerkes auch alle Zweigströme unter Verwendung des OHMschen Gesetzes und des Maschensatzes berechnet werden können.

Mit der Angabe des elektrischen Potentials wird jedem Punkt eines elektrischen Stromkreises (hier: Knotenpunkt in einem Netzwerk) sein auf die Ladung bezogenes Energieniveau zugeordnet. Durch Festlegung eines Bezugspunktes PB, dessen Potential als Bezugspotential mit $\varphi_{PB} = 0$ V definiert wird, kann mit Kenntnis des Potentials eines Punktes die Spannung zum Bezugspunkt angegeben werden. Somit benötigt man bei k Knotenpunkten eines Netzwerkes lediglich $(k - 1)$ Gleichungen zur Berechnung der Knotenpotentiale.

Der Bezugsknoten kann ein beliebiger Knoten des Netzwerkes sein. Für die spätere Berechnung der Zweigströme aus den Knotenpotentialen ist es jedoch günstig, einen Knoten mit zentraler Lage als Bezugsknoten zu wählen. Er sollte mit möglichst vielen anderen Knoten über nur einen Zweig verbunden sein. Wie Bild 5.35 zeigt, ist in einem solchen Fall das Potential eines betrachteten Punktes (A) gleich der Zweigspannung vom betrachteten Knoten zum Bezugsknoten (D).

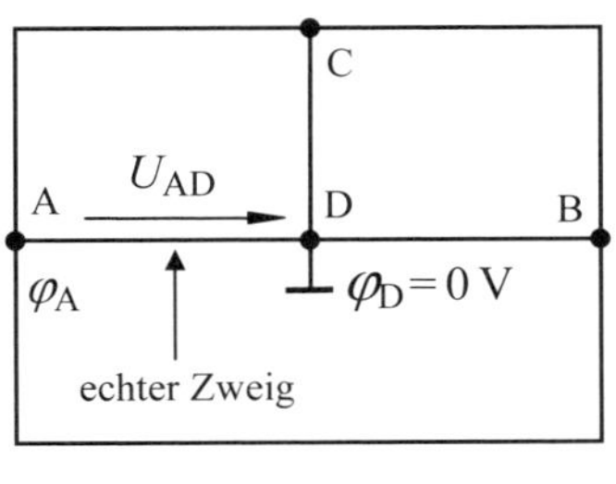

Bild 5.35: Prinzip der Knotenanalyse

Für das Beispiel (Graph im Bild 5.35) gilt:

$$U_{AD} = \varphi_A - \varphi_D = \varphi_A$$

Eine Vereinfachung des zur Berechnung der Knotenpotentiale notwendigen Gleichungssystems ist immer dann möglich, wenn ideale (idealisierte) Spannungsquellen im Netzwerk existieren. Eine solche ideale Spannungsquelle muss ja zwischen zwei Knoten liegen. Positioniert man nun den Bezugsknoten an einem Anschluss dieser Spannungsquelle, so ist das Potential des anderen Knotens x, an dem diese Quelle angeschlossen ist, mit $\varphi_x = \pm\, U_{qx}$ bereits bekannt. Die Anzahl der unbekannten Potentiale (und damit die Anzahl der Gleichungen) wird somit um eine Unbekannte reduziert. Befinden sich mehrere ideale Spannungsquellen mit einem gemeinsamen Anschluss im Netzwerk, so bietet sich dieser Knoten als Bezugsknoten förmlich an. Jede an diesem Punkt angeschlossene ideale Spannungsquelle reduziert jetzt die Anzahl der Unbekannten und damit die Anzahl der notwendigen Gleichungen im Gleichungssystem um eine Gleichung.

Um das Aufstellen des Gleichungssystems einfach und übersichtlich zu gestalten, arbeitet man auch innerhalb der Knotenanalyse mit einem Koeffizientenschema.

Tabelle 5.3: Aufbau des Koeffizientenschemas für die Knotenanalyse

φ_A	φ_B	φ_C	*Abs.*
$\Sigma\, G_A$	$-\Sigma\, G_{A\text{-}B}$	$-\Sigma\, G_{A\text{-}C}$	$\Sigma \pm I_A$
$-\Sigma\, G_{A\text{-}B}$	$\Sigma\, G_B$	$-\Sigma\, G_{B\text{-}C}$	$\Sigma \pm I_B$
$-\Sigma\, G_{A\text{-}C}$	$-\Sigma\, G_{B\text{-}C}$	$\Sigma\, G_C$	$\Sigma \pm I_C$

In der Kopfzeile stehen jetzt die Knotenpotentiale. Die Koeffizienten in der Hauptdiagonalen werden aus den Knotenleitwerten (Summe aller am betrachteten Knoten angeschlossenen Leitwerte $G = 1 / R$) gebildet. Die Elemente oberhalb und unterhalb der Hauptdiagonalen bestehen aus Koppelleitwerten. Auf der rechten Seite aller Gleichungen dieses Gleichungssystems (*Abs.*) steht die Summe derjenigen vorzeichenbehafteten Quellenströme, die von den angeschlossenen Spannungs- und Stromquellen in den aktuellen Knoten eingespeist werden. Die Reihenfolge der für die Gleichungen des vollständigen Koeffizientenschemas betrachteten Knoten sollte aus Symmetriegründen (vgl. Schritt 3.) mit der Reihenfolge der in der Kopfzeile aufgelisteten Knotenpotentiale übereinstimmen.

- Schritte zur Erstellung des Koeffizientenschemas für die Knotenanalyse:

1. Bezeichnung aller Knotenpunkte und Festlegung des Bezugsknotens ($\varphi_{\mathrm{PB}} = 0$ V).

2. Eintragung der Knotenleitwerte (Summe aller Leitwerte $\Sigma\, G_k$ der am aktuellen Knoten k angeschlossenen Zweige) als Elemente der Hauptdiagonalen in das Koeffizientenschema. Die Knotenleitwerte haben immer ein positives Vorzeichen.

3. Die Elemente oberhalb sowie unterhalb der Hauptdiagonalen sind Koppelleitwerte ($\Sigma\, G_{k\text{-}l}$) zwischen dem aktuellen Knoten k und möglichen Nachbarknoten l. Im Symmetriefall ist eine Spiegelung dieser Elemente an der Hauptdiagonalen möglich. Allen Koppelleitwerten wird generell ein negatives Vorzeichen zugeordnet. Befinden sich in einem Zweig mehrere Widerstände, so ist der Knoten- bzw. der Koppelleitwert aus dem Kehrwert des Gesamtwiderstandes dieses Zweiges zu bilden.

4. Auf der rechten Seite jeder Gleichung werden die Quellenströme der Quellen eingetragen, die am aktuellen Knoten angeschlossen sind ($\Sigma\, I_k$). Fließt dieser Strom zum Knoten hin, so erhält er ein positives Vorzeichen. Ansonsten wird ihm ein negatives Vorzeichen zugeordnet.

Aus dem so entwickelten vollständigen Koeffizientenschema kann das für die Berechnung der Knotenpotentiale erforderliche Gleichungssystem abgeleitet und mit geeigneten Verfahren gelöst werden.

Mit Kenntnis der Potentiale aller Knotenpunkte werden nun die Zweigströme berechnet. Dazu sind zunächst alle Zweigspannungen aus den Differenzen der Potentiale der am jeweiligen Zweig anliegenden Knoten zu berechnen. Anschließend wird in jedem Zweig der Maschensatz und das OHMsche Gesetz angewendet. Für das Beispiel im Bild 5.36 gilt:

$$U_{\mathrm{CD}} = \varphi_{\mathrm{C}} - \varphi_{\mathrm{D}} = U_{\mathrm{x}} - U_{\mathrm{q}} = I_{\mathrm{x}} \cdot R_{\mathrm{x}} - U_{\mathrm{q}}$$

$$I_{\mathrm{x}} = \frac{U_{\mathrm{q}} + U_{\mathrm{CD}}}{R_{\mathrm{x}}} = \frac{U_{\mathrm{q}} + \varphi_{\mathrm{C}} - \varphi_{\mathrm{D}}}{R_{\mathrm{x}}}$$

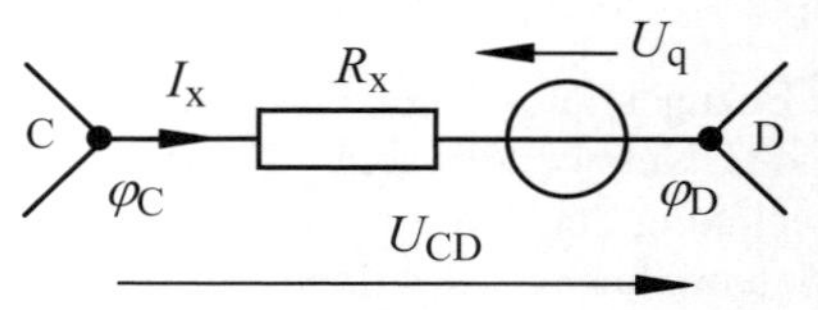

Bild 5.36: Berechnung eines Zweigstromes

Reale Spannungsquellen oder ideale Spannungsquellen mit einem Reihenwiderstand müssen nach der Zweipoltheorie (Abschn. 5.3) in eine reale Ersatzquelle umgerechnet werden. Durch diese Maßnahme bleibt die Anzahl der Knotenpunkte und damit die Anzahl der Gleichungen im vollständigen Koeffizientenschema unverändert.

Durch die Umrechnung entsteht zwischen den beiden betrachteten Knoten eine reale Stromquelle. Ihr Parallelwiderstand wirkt dann als Knoten- bzw. Koppelleitwert und der Quellenstrom geht als vorzeichenbehaftete Stromeinspeisung in den absoluten Ausdruck des Koeffizientenschemas ein.

Lehrbeispiel 5.6:

Stellen Sie für das Netzwerk im Bild 5.37 das vollständige Koeffizientenschema zur Berechnung aller Knotenpotentiale auf und berechnen Sie allgemein die Spannungen über allen Widerständen.

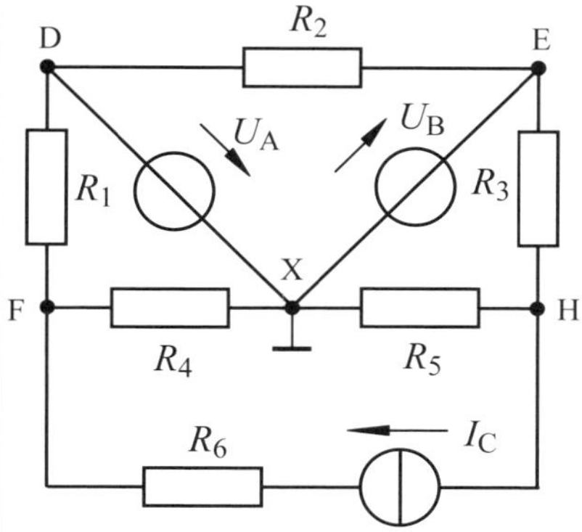

Bild 5.37: Netzwerk zum Lehrbeispiel 5.6

Als Bezugsknoten wird wegen seiner zentralen Lage und insbesondere wegen seiner Position an den beiden idealen Spannungsquellen der Knotenpunkt X gewählt. Dann ergeben sich die Spannungen über den Widerständen (Zählpfeile – siehe Klammern) wie folgt aus den Knotenpotentialen:

$U_1(\uparrow) = \varphi_F - \varphi_D$; $U_2(\rightarrow) = \varphi_D - \varphi_E$

$U_3(\downarrow) = \varphi_E - \varphi_H$; $U_4(\rightarrow) = \varphi_F - \varphi_X = \varphi_F$

$U_5(\rightarrow) = \varphi_X - \varphi_H = -\varphi_H$

Die Richtungen der Spannungszählpfeile (vgl. Reihenfolge der Indices in den Potentialdifferenzen) entsprechen den im Lehrbeispiel 5.5 (Bild 5.34) festgelegten Richtungen der Zweigströme.

Beim Aufstellen des Koeffizientenschemas ist zu beachten, dass der Widerstand R_6 keine strombegrenzende Funktion ausübt. Er ist somit als Knotenleitwert und als Koppelleitwert wirkungslos. Die ideale Stromquelle erzeugt über ihm lediglich einen definierten Spannungsabfall $U_6(\leftarrow) = I_C \cdot R_6$.

Tabelle 5.4: Koeffizientenschema für die Knotenanalyse im Lehrbeispiel 5.6

φ_F	φ_H	$\varphi_E = -U_B$	$\varphi_D = +U_A$	*Abs.*
$G_1 + G_4$	0	0	$-G_1$	I_C
0	$G_3 + G_5$	$-G_3$	0	$-I_C$
0	$-G_3$	$G_2 + G_3$	$-G_2$	$-I_B$
$-G_1$	0	$-G_2$	$G_1 + G_2$	I_A

Die Potentiale der Punkte D und E sind bereits über die Quellenspannungen der Quellen A und B bekannt. Damit werden die letzten beiden Gleichungen des Koeffizientenschemas nicht zur Berechnung der noch unbekannten Knotenpotentiale benötigt (in Tab. 5.4 grau unterlegt). Mit je einer der ersten beiden Gleichungen können die Potentiale der Punkte F und H wie folgt berechnet werden:

$$\varphi_F = \frac{I_C + U_A \cdot G_1}{G_1 + G_4} = \frac{I_C + \frac{U_A}{R_1}}{\frac{1}{R_1} + \frac{1}{R_4}} \quad \text{und:} \quad \varphi_H = \frac{-I_C - U_B \cdot G_3}{G_3 + G_5} = \frac{-I_C - \frac{U_B}{R_3}}{\frac{1}{R_3} + \frac{1}{R_5}}$$

Durch Einsetzen der so berechneten bzw. bereits bekannten Potentiale in die Lösungsansätze rechts des Bildes 5.37 erhält man eine Berechnungsvorschrift für die Spannungen über den Widerständen. Für die Spannung über der Quelle C gilt: $U_C(\rightarrow) = \varphi_F - \varphi_H + I_C \cdot R_6$.

Berechnungsbeispiel 5.15:

Berechnen Sie über ein geeignetes Analyseverfahren alle erforderlichen Spannungen/Ströme im Netzwerk des Bildes 5.38 und stellen Sie mit diesen Werten die vollständige Leistungsbilanz auf.
Geg.: $I_A = 60$ mA; $I_B = 140$ mA; $I_C = 100$ mA; $U_D = 8$ V; alle $R = 100\ \Omega$

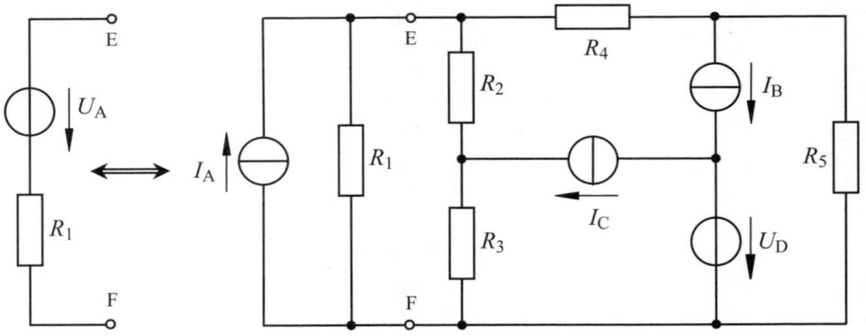

Bild 5.38: Netzwerk zum Berechnungsbeispiel 5.15

Das Netzwerk besteht aus neun Zweigen und fünf echten Knotenpunkten. Durch Umrechnung der Parallelschaltung mit I_A und R_1 (zwischen den Punkten E und F) in eine reale Spannungsquelle mit $U_A = I_A \cdot R_1$ und R_1 kann die Anzahl der Zweige auf acht gesenkt werden. Somit wären rein formal vier Maschengleichungen für die Umlaufanalyse oder vier Knotengleichungen für die Knotenanalyse erforderlich. Durch die Existenz der zwei idealen Stromquellen B und C reduziert sich die Anzahl der erforderlichen Gleichungen bei der Umlaufanalyse auf zwei Gleichungen. Bei der Knotenanalyse vereinfacht die ideale Spannungsquelle D den Umfang des erforderlichen Gleichungssystems auf drei Gleichungen.

Die Lösung der Aufgabenstellung wird demzufolge mit der Umlaufanalyse vorgenommen, da mit einer geringeren Anzahl von Gleichungen gearbeitet werden kann. Zur Nutzung der möglichen Vereinfachungen dürfen die Quellen B und C jeweils nur von einem Umlauf erfasst werden (siehe Graph mit vollständigem Baum; rechts im Bild 5.39). Die restlichen beiden Verbindungszweige werden über den linken Umlauf mit $I_I = I_2$ und den äußeren Umlauf mit $I_{II} = I_4$ geschlossen.

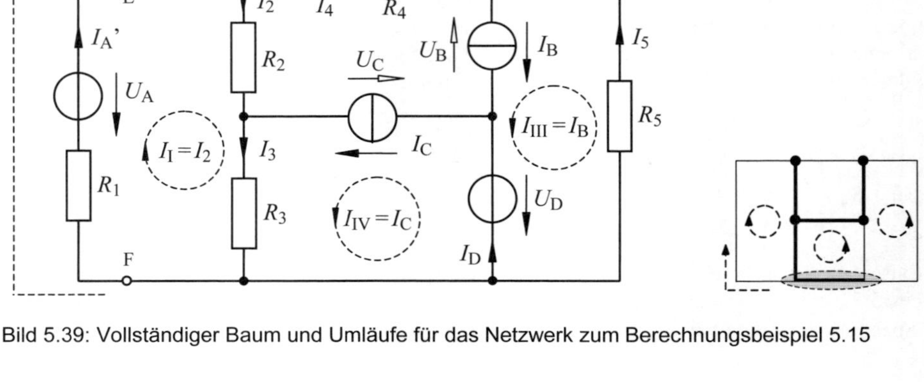

Bild 5.39: Vollständiger Baum und Umläufe für das Netzwerk zum Berechnungsbeispiel 5.15

Tabelle 5.5: Koeffizientenschema für die Umlaufanalyse im Berechnungsbeispiel 5.15

$I_I = I_2$	$I_{II} = I_4$	$I_{III} = I_B$	$I_{IV} = I_C$	*Abs.*
$R_1 + R_2 + R_3$	R_1	0	R_3	U_A
R_1	$R_1 + R_4 + R_5$	$-R_5$	0	U_A
0	$-R_5$	R_5	0	$U_B - U_D$
R_3	0	0	R_3	$U_C + U_D$

Da die Quellenströme I_B und I_C bekannt sind, ist ein Gleichungssystem, bestehend aus den ersten zwei Gleichungen des Koeffizientenschemas (für die Maschenströme $I_I = I_2$ und $I_{II} = I_4$), zu lösen.

$I_2 \cdot (R_1 + R_2 + R_3) + I_4 \cdot R_1 = U_A - I_C \cdot R_3$ bzw. $I_2 \cdot 3R + I_4 \cdot R = U_A - I_C \cdot R$

$I_2 \cdot R_1 + I_4 \cdot (R_1 + R_4 + R_5) = U_A + I_B \cdot R_5$ bzw. $I_2 \cdot R + I_4 \cdot 3R = U_A + I_B \cdot R$

Die Berechnung des Gleichungssystems führt zu folgenden Lösungen: $I_2 = -40$ mA ; $I_4 = 80$ mA

Die beiden anderen Gleichungen (grau unterlegt) ermöglichen die Berechnung der Quellenspannungen (Richtung nach dem Quellen-Zählpfeilsystem), die über den Stromquellen B und C anliegen.

$U_B(\uparrow) = U_D - I_4 \cdot R_5 + I_B \cdot R_5 = +14$ V (B wirkt als Quelle)

$U_C(\rightarrow) = -U_D + I_2 \cdot R_3 + I_C \cdot R_3 = -2$ V (C wirkt als Verbraucher)

Die restlichen Zweigströme erhält man über HELMHOLTZ bzw. den Knotenpunktsatz. Der Zweigstrom 'I_A' fließt im Inneren der Ersatzquelle (U_A; R_1) und entspricht nicht dem gegebenen Quellenstrom I_A.

$I_A' = I_2 + I_4 = 40$ mA; $I_3 = I_2 + I_C = 60$ mA; $I_5 = I_B - I_4 = 60$ mA; $I_D(\uparrow) = I_C - I_B = -40$ mA

Die Quellen C und D treiben einen Strom, der mit der Richtung des Spannungszählpfeils fließt. Diese Schaltelemente weisen keine Quellen-Charakteristik auf und wirken im Netzwerk wie Verbraucher. Mit Kenntnis aller Zweigströme und der Spannungen über den Quellen können jetzt alle Leistungen berechnet werden.

Für die von den Widerständen aufgenommenen Leistungen gilt: $P_x = I_x^2 \cdot R_x$

Für die Leistungen der Quellen gilt: $P_y = U_{qy} \cdot I_{qy}$

In der folgenden Leistungsbilanz werden alle Leistungen im Verbraucher-Zählpfeilsystem dargestellt:

$P_1 = 160$ mW ; $P_2 = 160$ mW ; $P_3 = 360$ mW ; $P_4 = 640$ mW ; $P_5 = 360$ mW

$P_A = -240$ mW ; $P_B = -1960$ mW ; $P_C = +200$ mW ; $P_D = +320$ mW

Summe der Leistungen: $\Sigma P_q = -2200$ mW und: $\Sigma P_V = +2200$ mW

Probe: $P_1 + P_2 + P_3 + P_4 + P_5 + P_A + P_B + P_C + P_D = 0$ W

Berechnungsbeispiel 5.16:

Berechnen Sie für das vorgegebene Netzwerk im Bild 5.40 alle Zweigströme, und stellen Sie die vollständige Leistungsbilanz auf.

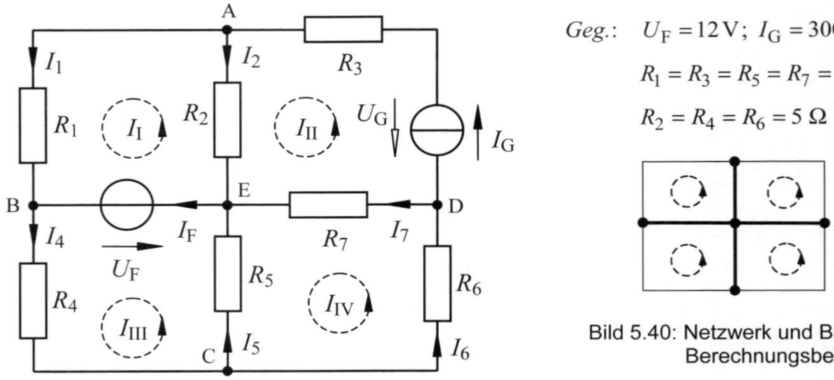

Geg.: $U_F = 12\,V$; $I_G = 300\,mA$

$R_1 = R_3 = R_5 = R_7 = 10\,\Omega$

$R_2 = R_4 = R_6 = 5\,\Omega$

Bild 5.40: Netzwerk und Baum zum Berechnungsbeispiel 5.16

Das Netzwerk besteht aus acht Zweigen und weist fünf Knotenpunkte auf. Beide Analyseverfahren erfordern in diesem Fall den gleichen Rechenaufwand, da jeweils eine ideale Quelle die Anzahl der Gleichungen günstigstenfalls auf drei Gleichungen reduziert. Im vorliegenden Berechnungsbeispiel wird die Umlaufanalyse angewendet.
Bei Verwendung der vier inneren Umläufe wird jeweils ein Verbindungszweig mit dem Baum verbunden. Der Maschenstrom I_{II} ist mit dem Quellenstrom I_G bereits bekannt. Damit entfällt die zweite Gleichung des Koeffizientenschemas (grau unterlegt in Tab. 5.6) bei der Berechnung der unbekannten Maschenströme. Daraus resultiert folgendes Koeffizientenschema:

Tabelle 5.6: Koeffizientenschema für die Umlaufanalyse im Berechnungsbeispiel 5.16

$I_I = I_1$	$I_{II} = I_3 = I_G$	$I_{III} = I_4$	$I_{IV} = I_6$	*Abs.*
$R_1 + R_2$	$-R_2$	0	0	$-U_F$
$-R_2$	$R_2 + R_3 + R_7$	0	$-R_7$	U_G
0	0	$R_4 + R_5$	$-R_5$	U_F
0	$-R_7$	$-R_5$	$R_5 + R_6 + R_7$	0

Im Ergebnis der Berechnung des Gleichungssystems erhält man folgende Zweigströme:

$I_1 = -700$ mA ; $I_4 = 1{,}2$ A ; $I_6 = 600$ mA

Die restlichen Zweigströme können mit dem Überlagerungssatz bzw. mit dem Knotenpunktsatz ermittelt werden. Die Spannung U_G ergibt sich aus der Maschengleichung II.

$I_2 = I_G - I_1 = 1$ A ; $I_5 = I_4 - I_6 = 600$ mA ; $I_7 = I_6 - I_G = 300$ mA ; $I_F(\leftarrow) = I_4 - I_1 = 1{,}9$ A

$U_G(\downarrow) = I_G \cdot R_3 + I_2 \cdot R_2 - I_7 \cdot R_7 = 5$ V (Richtung nach dem Quellen-Zählpfeilsystem)

Die Quellengrößen I_F und U_G haben bei der (nach dem Quellen-Zählpfeilsystem) angenommenen Richtung ein positives Vorzeichen. Sie wirken demzufolge als Quellen. In der folgenden Leistungsbilanz werden alle Leistungen einheitlich nach dem Verbraucher-Zählpfeilsystem angegeben.
Die Leistungen der Quellen F und G erhalten in dieser Darstellung ein negatives Vorzeichen.

$$P_1 = +4{,}9\ \text{W};\ P_2 = +5\ \text{W};\ P_3 = +0{,}9\ \text{W};\ P_4 = +7{,}2\ \text{W};\ P_5 = +3{,}6\ \text{W};\ P_6 = +1{,}8\ \text{W};\ P_7 = +0{,}9\ \text{W}$$

$$P_F = -22{,}8\ \text{W};\ P_G = -1{,}5\ \text{W} \qquad \Rightarrow \quad \Sigma P = 24{,}3\ \text{W} - 24{,}3\ \text{W} = 0\ \text{W}$$

Wiederholen Sie die Netzwerkberechnung dieses Berechnungsbeispiels über die Knotenanalyse und weisen Sie über die Leistungsbilanz die Richtigkeit Ihrer Berechnung nach.

Berechnungsbeispiel 5.17:

Stellen Sie für beide Analyseverfahren das vollständige Koeffizientenschema auf und entscheiden Sie, welche Gleichungen zur Berechnung der unbekannten Maschenströme bzw. der unbekannten Knotenpotentiale benötigt werden.

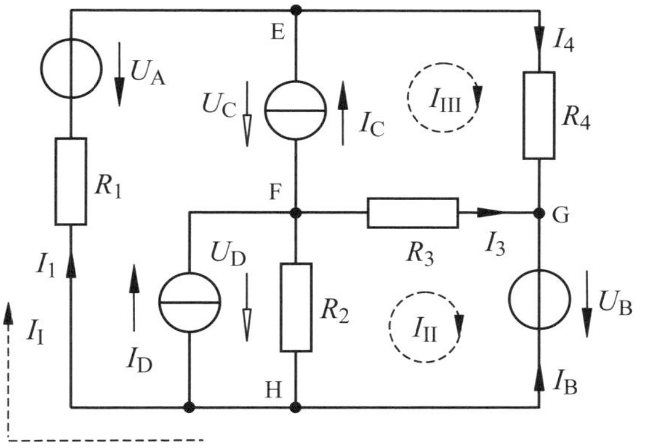

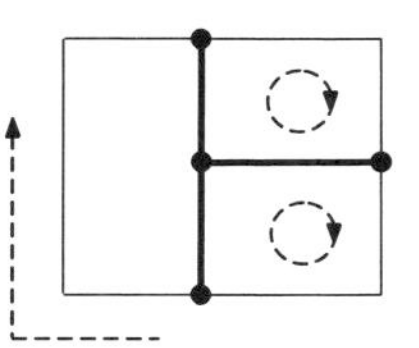

Bild 5.41: Netzwerk und Baum zum Berechnungsbeispiel 5.17

Das Netzwerk besteht aus sieben Zweigen und vier echten Knoten. Somit wären (formal gesehen) vier Umlaufgleichungen [$m = 7 - (4 - 1) = 4$] oder drei Knotengleichungen [$(k - 1) = 3$] für die Netzwerkberechnung nach einem Analyseverfahren erforderlich.

- Umlaufanalyse:

Die Kombination I_D und R_2 kann als reale Stromquelle aufgefasst und in eine reale Spannungsquelle mit $U_D = I_D \cdot R_2$ und R_2 umgerechnet werden. Dann fließt im Inneren der Ersatzschaltung ein Strom I_D' (↑ im Bild 5.41 nicht eingezeichnet), der nicht mit I_D identisch ist. Nun sind noch drei Maschengleichungen erforderlich. Der rechte obere Umlauf wird für den Quellenstrom I_C reserviert, um die Anzahl der Gleichungen auf zwei zu reduzieren (ideale Stromquelle). Die beiden weiteren Umläufe schließen den Baum mit dem rechten unteren Verbindungszweig ($I_{II} = I_D$') und über die äußere Masche mit dem linken Verbindungszweig ($I_I = I_1$).

Zur Berechnung der unbekannten Maschenströme werden lediglich die beiden ersten Gleichungen des Koeffizientenschemas (vgl. Tab. 5.7) benötigt. Mit der dritten Gleichung (grau unterlegt) könnte (z.B. für Leistungsbetrachtungen) die Spannung der Stromquelle C bestimmt werden.

Tabelle 5.7: Koeffizientenschema für die Umlaufanalyse im Berechnungsbeispiel 5.17

$I_I = I_1$	$I_{II} = I_D$'	$I_{III} = I_C$	*Abs.*
$R_1 + R_4$	0	R_4	$U_A - U_B$
0	$R_2 + R_3$	$- R_3$	$U_D - U_B$
R_4	$- R_3$	$R_3 + R_4$	U_C

Gleichungen (Maschenströme):

$$I_I(R_1 + R_4) = U_A - U_B - I_C \cdot R_4$$

$$I_{II}(R_2 + R_3) = I_D \cdot R_2 - U_B + I_C \cdot R_3$$

- Knotenanalyse:

Als Bezugsknoten wird der Knoten H gewählt, weil an ihm der negative Anschluss der idealen Spannungsquelle B liegt. Das Potential φ_G ist dann identisch mit der Spannung U_B. Diese Maßnahme reduziert die Anzahl der Gleichungen (und damit die Anzahl der Knotenpotentiale) auf zwei Gleichungen. Zur Berechnung der Knotenpotentiale werden demzufolge nur die ersten beiden Gleichungen des Koeffizientenschemas (vgl. Tab. 5.8) benötigt. Mit der dritten Gleichung kann im Bedarfsfall (z.B.: Leistungsbilanz) der Strom der Quelle B ermittelt werden. Zur Aufstellung des Koeffizientenschemas wird die Kombination U_A und R_1 als reale Spannungsquelle aufgefasst und in eine reale Stromquelle mit $I_A = U_A / R_1$ und R_1 umgerechnet.

Tabelle 5.8: Koeffizientenschema für die Knotenanalyse im Berechnungsbeispiel 5.17

φ_E	φ_F	$\varphi_G = U_B$	*Abs.*
$G_1 + G_4$	0	$- G_4$	$I_A + I_C$
0	$G_2 + G_3$	$- G_3$	$I_D - I_C$
$- G_4$	$- G_3$	$G_3 + G_4$	I_B

Gleichungen (Knotenpotentiale):

$$\varphi_E(G_1 + G_4) = \frac{U_A}{R_1} + I_C + U_B \cdot G_4$$

$$\varphi_F(G_2 + G_3) = I_D - I_C + U_B \cdot G_3$$

Bei beiden Verfahren (Umlauf- und Knotenanalyse) können die Unbekannten unabhängig voneinander berechnet werden, da jede Unbekannte in jeder Gleichung nur einmal vorkommt.

Berechnungsbeispiel 5.18:

Man berechne für das vorgegebene Netzwerk alle Zweigströme und die Spannung der Quelle C.

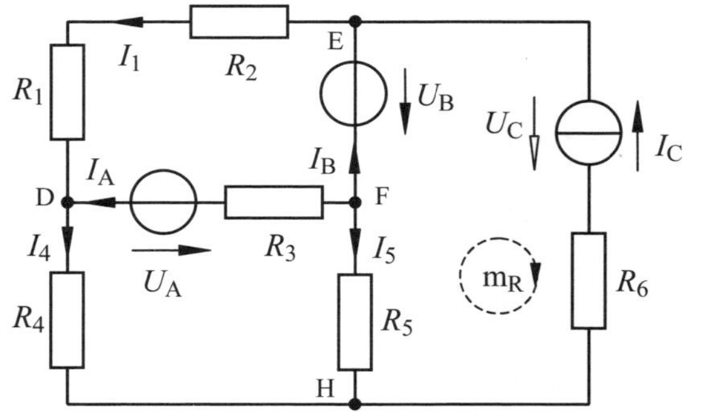

Geg.: $U_A = 15\,\text{V}$

$U_B = 24\,\text{V}$

$I_C = 140\,\text{mA}$

alle $R = 100\ \Omega$

Bild 5.42: Netzwerk zum Berechnungsbeispiel 5.18

Das Netzwerk besteht aus 6 Zweigen und 4 Knoten. Somit sind $(k-1) = 3$ Knotenpunktgleichungen und $m = z - (k-1) = 3$ Maschengleichungen erforderlich. Die Anzahl der erforderlichen Gleichungen ist bei beiden Analyseverfahren durch die Existenz einer idealen Spannungsquelle bzw. einer idealen Stromquelle um eine Gleichung reduzierbar. Beide Verfahren erfordern somit den gleichen Aufwand.

In diesem Berechnungsbeispiel soll die Knotenanalyse zur Lösung der Aufgabenstellung angewendet werden. Der Knoten F wird als Bezugsknoten gewählt, da an ihm der negative Anschluss der Spannungsquelle B liegt. Damit ist das Potential des Knotens E mit $\varphi_E = +U_B$ bereits bekannt. Die Knoten- und Koppelleitwerte werden in der Tabelle 5.9 über die Kehrwerte der Widerstände dargestellt. Es ist zu beachten, dass der Leitwert des linken oberen Zweiges über den Kehrwert der Summe von R_1 und R_2 (Reihenschaltung) gebildet werden muss. Der zur idealen Stromquelle C in Reihe geschaltete Widerstand R_6 übt keine strombegrenzende Funktion aus.

Tabelle 5.9: Koeffizientenschema für die Knotenanalyse im Berechnungsbeispiel 5.18

φ_D	$\varphi_E = +U_B$	φ_H	*Abs.*
$\frac{1}{R_1+R_2}+\frac{1}{R_3}+\frac{1}{R_4}$	$-\frac{1}{R_1+R_2}$	$-\frac{1}{R_4}$	$\frac{U_A}{R_3}$
$-\frac{1}{R_1+R_2}$	$\frac{1}{R_1+R_2}$	0	$I_B + I_C$
$-\frac{1}{R_4}$	0	$\frac{1}{R_4}+\frac{1}{R_5}$	$-I_C$

Die unbekannten Knotenpotentiale werden mit der ersten und der dritten Gleichung bestimmt.

$$\frac{5}{2R}\cdot\varphi_D - \frac{1}{R}\cdot\varphi_H = \frac{U_A}{R} + \frac{1}{2R}\cdot\varphi_E \qquad \text{bzw.:} \qquad 2{,}5\varphi_D - \varphi_H = U_A + 0{,}5U_B$$

$$-\frac{1}{R}\cdot\varphi_D + \frac{2}{R}\cdot\varphi_H = -I_C \qquad \text{bzw.:} \qquad -\varphi_D + 2\varphi_H = -I_C R$$

Im Ergebnis der Lösung dieses Gleichungssystems erhält man: $\varphi_D = 10\ \text{V}$ und $\varphi_H = -2\ \text{V}$. Aus diesen Potentialen können die Zweigströme (Zählpfeile im Bild 5.42) berechnet werden.

$$I_1 = \frac{\varphi_E - \varphi_D}{R_1 + R_2} = 70\ \text{mA} \qquad I_4 = \frac{\varphi_D - \varphi_H}{R_4} = 120\ \text{mA} \qquad I_5 = \frac{\varphi_F - \varphi_H}{R_5} = 20\ \text{mA}$$

Nach dem Knotenpunktsatz gilt: $I_B = I_1 - I_C = -70\ \text{mA}$ und: $I_A = I_4 - I_1 = +50\ \text{mA}$

Die Spannung U_C (↓) ergibt sich dann aus der Maschengleichung für den rechten Umlauf m_R.

$$U_C = U_B + U_5 + U_6 = U_B + (\varphi_F - \varphi_H) + I_C \cdot R_6 = 24\,\text{V} + 2\,\text{V} + 14\,\text{V} = 40\ \text{V}$$

Die Zählpfeile der Quellen wurden nach Vorbild des Quellen-Zählpfeilsystems festgelegt. Da I_B im Ergebnis der Berechnung negativ wird, nimmt die Quelle B Leistung auf. Die Richtungen der Zählpfeile stimmen überein und B wirkt somit als Verbraucher. Die Quellen A und C geben Leistung ab.

Berechnungsbeispiel 5.19 (Komplexbeispiel):

In diesem abschließenden Komplexbeispiel sollen alle im Kapitel 5 behandelten Verfahren zur Berechnung linearer elektrischer Netzwerke in kombinierter Form angewendet werden. Man löse die Aufgabenstellungen der folgenden Teilaufgaben a) bis d).

a) Berechnung aller Zweigströme mit der Umlaufanalyse
b) Bestimmung der Spannung über R_6 mit der Zweipoltheorie
c) Ermittlung aller Zweigströme mit der Knotenanalyse unter Verwendung des Ergebnisses von b)
d) Aufstellung der vollständigen Leistungsbilanz

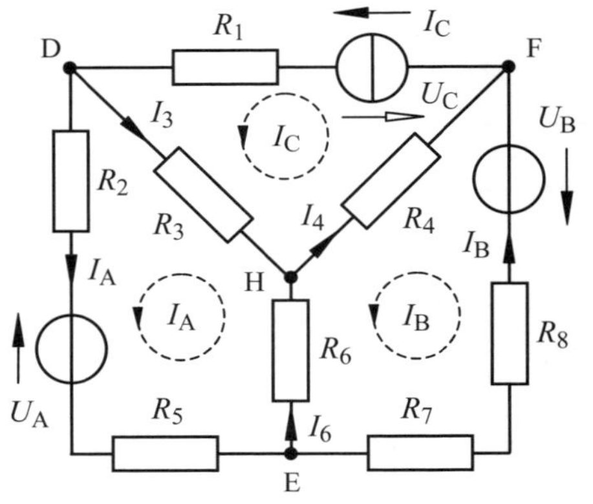

Geg.: $U_A = 15$ V

$U_B = 10$ V

$I_C = 160$ mA

alle $R = 100\ \Omega$

Bild 5.43: Netzwerk zum Berechnungsbeispiel 5.19

Zu a) Umlaufanalyse: $m = z - (k-1) = 3$ Gleichungen mit: $z = 6$ und: $k = 4$

Für das vollständige Koeffizientenschema werden 3 Gleichungen benötigt. Bedingt durch die Existenz der idealen Stromquelle C sind nur zwei Gleichungen zur Berechnung der Maschenströme erforderlich. Der Baum wird durch das „Y" im Inneren des Netzwerkes gebildet. Die Umläufe mit I_A, I_B und I_C schließen die drei äußeren Verbindungszweige mit dem Baum zum vollständigen Netzwerk.

Tabelle 5.10: Koeffizientenschema für die Umlaufanalyse im Berechnungsbeispiel 5.19

I_A	I_B	I_C	*Abs.*
$R_2 + R_3 + R_5 + R_6$	$-R_6$	$-R_3$	U_A
$-R_6$	$R_4 + R_6 + R_7 + R_8$	$-R_4$	U_B
$-R_3$	$-R_4$	$R_1 + R_3 + R_4$	U_C

Mit den ersten beiden Gleichungen werden die Maschenströme I_A und I_B berechnet.

(1) $I_A \cdot 4R - I_B \cdot R = U_A + I_C \cdot R$ und: (2) $-I_A \cdot R + I_B \cdot 4R = U_B + I_C \cdot R$

Durch Umstellen der zweiten Gleichung nach I_B und Einsetzen in die erste Gleichung erhält man:

$$(2)\ I_{\mathrm{B}} = \frac{U_{\mathrm{B}} + I_{\mathrm{C}} \cdot R + I_{\mathrm{A}} \cdot R}{4R} \qquad \Rightarrow \qquad I_{\mathrm{A}} \cdot 4R - \frac{U_{\mathrm{B}} + I_{\mathrm{C}} \cdot R}{4} - \frac{I_{\mathrm{A}} \cdot R}{4} = U_{\mathrm{A}} + I_{\mathrm{C}} \cdot R$$

$$(1)\ I_{\mathrm{A}} = \frac{U_{\mathrm{B}} + I_{\mathrm{C}} \cdot R + 4U_{\mathrm{A}} + 4I_{\mathrm{C}} \cdot R}{15R} = \frac{U_{\mathrm{B}} + 4U_{\mathrm{A}} + 5I_{\mathrm{C}} \cdot R}{15R} = \frac{10 + 60 + 80}{1500}\ \mathrm{A} = 100\ \mathrm{mA}$$

$$(2)\ I_{\mathrm{B}} = \frac{U_{\mathrm{B}} + I_{\mathrm{C}} \cdot R + I_{\mathrm{A}} \cdot R}{4R} = \frac{10 + 16 + 10}{400}\ \mathrm{A} = 90\ \mathrm{mA}$$

Durch Einsetzen dieser Ergebnisse in die dritte Gleichung kann die Spannung U_{C} bestimmt werden:

$$U_{\mathrm{C}}(\rightarrow) = -I_{\mathrm{A}} \cdot R - I_{\mathrm{B}} \cdot R + 3I_{\mathrm{C}} \cdot R = -10\ \mathrm{V} - 9\ \mathrm{V} + 48\ \mathrm{V} = 29\ \mathrm{V}$$

Die Richtungen der Ströme der Quellen A und B sowie der Spannung über der Quelle C wurden nach dem Quellen-Zählpfeilsystem festgelegt. Da alle drei Größen einen positiven Wert ergeben, geben alle drei Quellen Leistung ab (siehe Lösung zur Teilaufgabe d).

- Lösung für die Zweigströme: $I_1 = I_{\mathrm{C}} = 160$ mA $\quad I_2 = I_5 = I_{\mathrm{A}} = 100$ mA $\quad I_3 = I_{\mathrm{C}} - I_{\mathrm{A}} = 60$ mA

  $I_4 = I_{\mathrm{C}} - I_{\mathrm{B}} = 70$ mA $\quad I_6 = I_{\mathrm{A}} - I_{\mathrm{B}} = 10$ mA $\quad I_7 = I_8 = I_{\mathrm{B}} = 90$ mA

Zu b) Zweipoltheorie (unter Verwendung von KIRCHHOFF und HELMHOLTZ):

Als Lastwiderstand wird R_6 herausgetrennt. Dann ergibt sich der Innenwiderstand wie folgt:

$$R_{\mathrm{i}} = (R_3 + R_2 + R_5) // (R_4 + R_8 + R_7) = 3R // 3R = 1{,}5R = 150\ \Omega$$

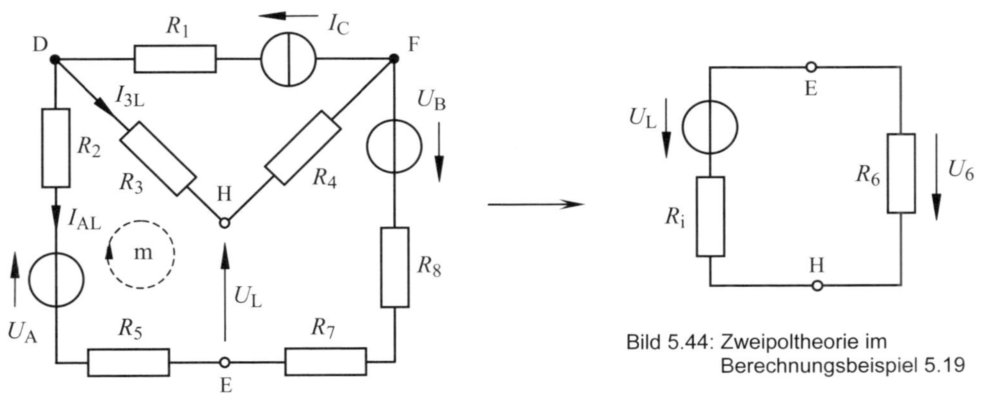

Bild 5.44: Zweipoltheorie im Berechnungsbeispiel 5.19

b1) Das Netzwerk wird zunächst über die Spannungsquellen-Ersatzschaltung (Bild 5.44 rechts) berechnet. Die Leerlaufspannung kann mit der Maschengleichung für die linke Masche m bestimmt werden. Infolge des Leerlaufs fließen jetzt nur noch drei Ströme (I_{C}, $I_{3\mathrm{L}}$ und I_{AL}).

$$-U_{\mathrm{L}} - I_{\mathrm{AL}} \cdot (R_2 + R_5) + U_{\mathrm{A}} + I_{3\mathrm{L}} \cdot R_3 = 0 \qquad \text{bzw.:} \qquad U_{\mathrm{L}} = -I_{\mathrm{AL}} \cdot 2R + U_{\mathrm{A}} + I_{3\mathrm{L}} \cdot R$$

Der Strom I_{AL} wird über den HELMHOLTZschen Überlagerungssatz wie folgt berechnet:

$$I_{\mathrm{AL}} = I_{\mathrm{AL}}(\mathrm{A}) + I_{\mathrm{AL}}(\mathrm{B}) + I_{\mathrm{AL}}(\mathrm{C}) = I_{\mathrm{AL}}(\mathrm{A} \wedge \mathrm{B}) + I_{\mathrm{AL}}(\mathrm{C})$$

Die Komponenten der Quellen A und B (gleichsinnige Reihenschaltung zweier Spannungsquellen) können mit dem OHMschen Gesetz ermittelt werden. $I_{AL}(C)$ wird über den Stromteiler bestimmt.

$$I_{AL} = \frac{U_A + U_B}{R_2 + R_5 + R_7 + R_8 + R_4 + R_3} + I_C \cdot \frac{R_3 + R_4}{R_3 + R_4 + R_2 + R_5 + R_7 + R_8} = \frac{U_A + U_B + I_C \cdot 2R}{6R} = 95 \text{ mA}$$

Mit dem Knotenpunktsatz für den linken oberen Knoten folgt: $I_{3L} = I_C - I_{AL} = 65$ mA

Nun kann die Leerlaufspannung und daraus die Spannung über $R_a = R_6$ berechnet werden:

$$U_L = -I_{AL} \cdot 2R + U_A + I_{3L} \cdot R = -95 \text{ mA} \cdot 200\ \Omega + 15 \text{ V} + 65 \text{ mA} \cdot 100\ \Omega = 2{,}5 \text{ V}$$

$$U_a = U_6 = U_L \cdot \frac{R_6}{R_i + R_6} = 2{,}5 \text{ V} \cdot \frac{100}{250} = 2{,}5 \text{ V} \cdot \frac{2}{5} = 1 \text{ V}$$

b2) Eine sehr einfache Lösung erhält man unter Verwendung der Stromquellen-Ersatzschaltung. Der Innenwiderstand wird wie unter b1) berechnet. Den Kurzschlussstrom kann man mit dem HELMHOLTZschen Überlagerungssatz ermitteln. Er setzt sich (formal gesehen) aus drei Komponenten zusammen, die von den Quellen A, B und C in die Kurzschlussbrücke eingespeist werden.
Die Richtung des Kurzschlussstromes wird nach Vorbild der Richtung der im Bild 5.44 gewählten Leerlaufspannung festgelegt. Nach HELMHOLTZ gilt: $I_K = I_{KA} - I_{KB} \pm I_{KC}$.

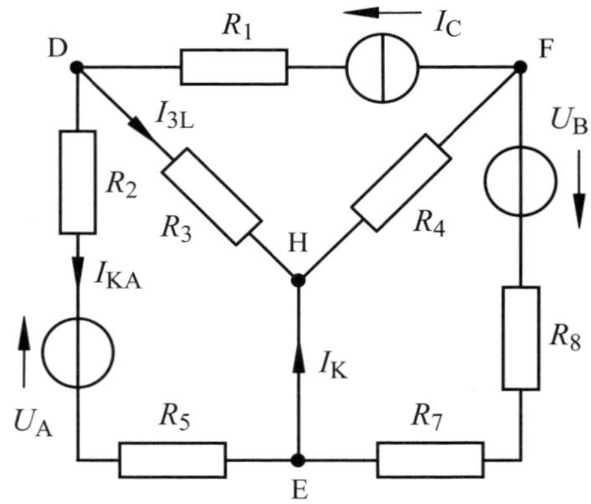

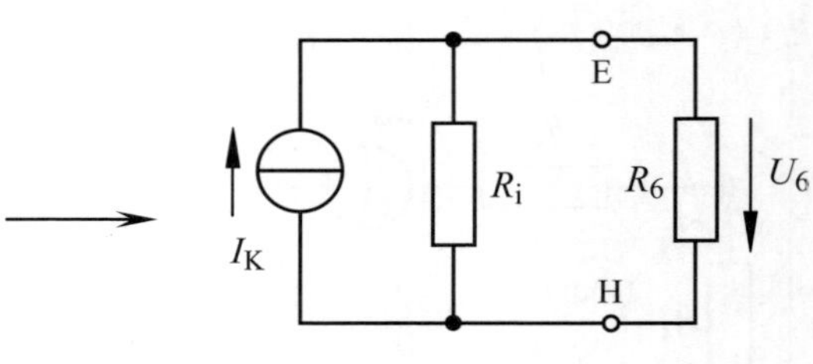

Bild 5.45: Zweipoltheorie im Berechnungsbeispiel 5.19

Der Beitrag der Quelle C zum Kurzschlussstrom ist im vorliegenden Fall gleich null. Da alle Widerstände gleich groß sind, ist bei alleiniger Wirkung der Quelle C das Potential des Punktes H gleich dem Potential des Punktes E. Durch den Kurzschlusszweig E – H fließt in diesem Fall kein Strom.

$$I_K = \frac{U_A}{R_5 + R_3 + R_2} - \frac{U_B}{R_4 + R_7 + R_8} = \frac{U_A - U_B}{3R}$$

$$U_a = U_6 = I_K \cdot R_i // R_a = \frac{U_A - U_B}{3R} \cdot 0{,}6R = \frac{U_A - U_B}{5} = 1 \text{ V}$$

Zu c) Knotenanalyse: $(k - 1) = 3$ Gleichungen

Als Bezugsknoten wird der Knoten H gewählt (vgl. Bild 5.43). Somit ist das Potential des Knotens E aus der Lösung der Teilaufgabe b) mit $\varphi_E = U_6 = 1$ V bereits bekannt. Bei der Aufstellung des Koeffizientenschemas ist zu beachten, dass der zur idealen Stromquelle C in Reihe geschaltete Widerstand R_1 keine strombegrenzende Funktion ausübt und somit nicht als Knoten- bzw. Koppelleitwert wirksam ist. Die Zweige mit U_A und $(R_2 + R_5)$ sowie mit U_B und $(R_7 + R_8)$ werden als reale Spannungsquellen aufgefasst und in reale Stromquellen umgerechnet (siehe Tabelle 5.11).

Tabelle 5.11: Koeffizientenschema für die Knotenanalyse im Berechnungsbeispiel 5.19

φ_D	$\varphi_E = +U_6$	φ_F	*Abs.*
$\frac{1}{R_3} + \frac{1}{R_2 + R_5}$	$-\frac{1}{R_2 + R_5}$	0	$I_C - \frac{U_A}{R_2 + R_5}$
$-\frac{1}{R_2 + R_5}$	$\frac{1}{R_2 + R_5} + \frac{1}{R_6} + \frac{1}{R_7 + R_8}$	$-\frac{1}{R_7 + R_8}$	$\frac{U_A}{R_2 + R_5} - \frac{U_B}{R_7 + R_8}$
0	$-\frac{1}{R_7 + R_8}$	$\frac{1}{R_4} + \frac{1}{R_7 + R_8}$	$\frac{U_B}{R_7 + R_8} - I_C$

Die unbekannten Knotenpotentiale werden mit der ersten und der dritten Gleichung bestimmt. Beide Gleichungen sind voneinander unabhängig und können einzeln berechnet werden.

$$(1)\quad \frac{3}{2R}\cdot\varphi_D = I_C - \frac{U_A}{2R} + \frac{U_6}{2R} \quad\Rightarrow\quad \varphi_D = \frac{I_C\cdot 2R - U_A + U_6}{3} = \frac{32\text{ V} - 15\text{ V} + 1\text{ V}}{3} = 6\text{ V}$$

$$(3)\quad \frac{3}{2R}\cdot\varphi_F = \frac{U_B}{2R} - I_C + \frac{U_6}{2R} \quad\Rightarrow\quad \varphi_F = \frac{U_B - I_C\cdot 2R + U_6}{3} = \frac{10\text{ V} - 32\text{ V} + 1\text{ V}}{3} = -7\text{ V}$$

Mit diesen Potentialen können die Zweigströme I_3 und I_4 bestimmt werden. Mit dem Knotenpunktsatz erhält man daraus die Zweigströme I_A und I_B. Der Strom I_C ist gegeben. I_6 ist ja bereits aus der Teilaufgabe b) bekannt. Die Richtungen der Zweigströme entsprechen den Zählpfeilen im Bild 5.43.

$$I_3 = \frac{\varphi_D}{R_3} = 60\text{ mA}\;;\qquad I_4 = \frac{-\varphi_F}{R_4} = 70\text{ mA}\;;\qquad I_A = I_C - I_3 = 100\text{ mA}\;;\qquad I_B = I_C - I_4 = 90\text{ mA}$$

Zu d) Aufstellung der vollständigen Leistungsbilanz [mit $U_C = +29$ V aus Teilaufgabe a)]:

Alle nachfolgend aufgelisteten Leistungen werden im Verbraucher-Zählpfeilsystem dargestellt.

$P_1 = I_C^2\cdot R = 2{,}56$ W
$P_2 = I_A^2\cdot R = 1{,}0$ W
$P_3 = (I_C - I_A)^2\cdot R = 0{,}36$ W
$P_4 = (I_C - I_B)^2\cdot R = 0{,}49$ W

$P_5 = I_A^2\cdot R = 1{,}0$ W
$P_6 = (I_A - I_B)^2\cdot R = 0{,}01$ W
$P_7 = I_B^2\cdot R = 0{,}81$ W
$P_8 = I_B^2\cdot R = 0{,}81$ W

$\Sigma P_V = +7{,}04$ W

$P_A = U_A\cdot(-I_A) = -1{,}5$ W
$P_B = U_B\cdot(-I_B) = -0{,}9$ W
$P_C = (-U_C)\cdot I_C = -4{,}64$ W

$\Sigma P_Q = -7{,}04$ W

Die Summe aller Leistungen ist gleich null: $\Sigma P = \Sigma P_Q + \Sigma P_V = -7{,}04\text{ W} + 7{,}04\text{ W} = 0\text{ W}$.

6 Stromkreise mit nichtlinearen Bauelementen

In den vorangegangenen Kapiteln wurden elektrische Gleichstromkreise behandelt, bei denen eine lineare Quelle (oder bei Netzwerken mehrere lineare Quellen) mit linearen Widerständen schaltungstechnisch kombiniert wurden. In diesem Kapitel soll nun der Fall betrachtet werden, dass eine lineare Quelle eine nichtlineare Lastkonfiguration speist (Bild 6.1).

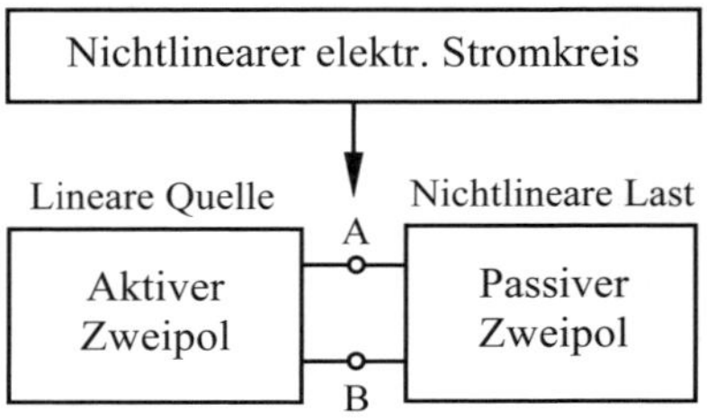

Bild 6.1: Nichtlinearer elektrischer Stromkreis

Die nichtlineare Lastkonfiguration besteht aus einem (hier: passiven) Bauelement mit einer nichtlinearen Strom-Spannungs-Kennlinie oder aus einer schaltungstechnischen Kombination mit mindestens einem nichtlinearen Bauelement.

6.1 Strom-Spannungs-Kennlinie

Das elektrische Verhalten eines Bauelementes kann mit einer Kennlinie in sehr übersichtlicher Form beschrieben werden. Zur Aufnahme solcher Kennlinien (vgl. Abschn. 4.2) wird der Zusammenhang zwischen zwei Größen (z.B. Strom als Funktion der Spannung oder Widerstand als Funktion der Temperatur) unter definierten Randbedingungen in einem vorgegebenen Wertebereich messtechnisch erfasst. Durch die Darstellung aller so ermittelten Wertepaare in einem gemeinsamen Diagramm erhält man den gesetzmäßigen Zusammenhang zwischen den betrachteten Größen in Form einer Kennlinie.

Für die Festlegung von Arbeitspunkten oder zur Konstruktion resultierender Kennlinien (z.B. für Stromkreise mit mehreren linearen / nichtlinearen Bauelementen) ist die Strom-Spannungs-Kennlinie $I = \mathrm{f}(U)$ von besonderer Bedeutung. Sie stellt bei einer Spannungseinspeisung das Verhalten der abhängig veränderlichen Größe (Strom) als Funktion der unabhängig veränderlichen Größe (Spannung) dar.

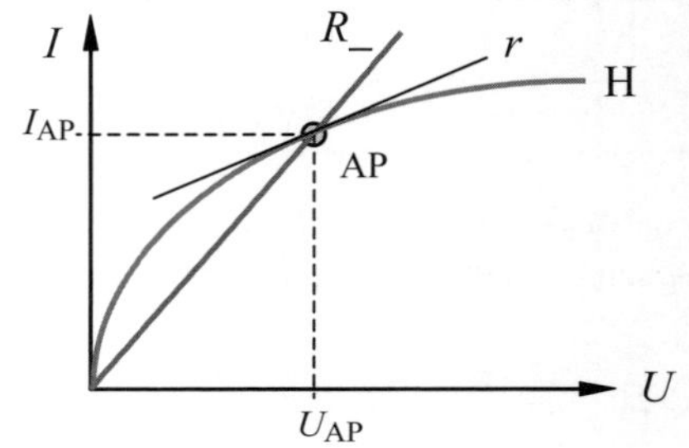

Bild 6.2: Kennlinie $I = \mathrm{f}(U)$ eines linearen und eines nichtlinearen Widerstandes

Bild 6.2 zeigt die Strom-Spannungs-Kennlinie eines ohmschen Widerstandes R im Vergleich zur Strom-Spannungs-Kennlinie einer Metallfaden-Glühlampe H.

Der ohmsche Widerstand weist einen linearen Kennlinienverlauf gemäß Bild 2.1 auf. Sein Gleichstromwiderstand (Kehrwert des Anstieges der Geraden) ist in jedem Arbeitspunkt gleich groß und er ist mit dem differentiellen Widerstand (Kehrwert des Anstieges der Kennlinie im Arbeitspunkt; vgl. Abschn. 2.1) identisch.
Die Strom-Spannungs-Kennlinie der Glühlampe H weist dagegen einen nichtlinearen Verlauf auf. Ihr Gleichstromwiderstand $R_{\_}$ ändert sich in jedem Arbeitspunkt und weicht vom jeweiligen differentiellen Widerstand r mit zunehmender Spannung immer stärker ab.

6.2 Ausgewählte Kennlinien nichtlinearer Bauelemente

Aus dem verfügbaren Bauelemente-Sortiment (vgl. z.B. [7]; [8]; [14] u.v.a.) sollen hier lediglich typische passive Bauelemente mit nichtlinearen Strom-Spannungs-Kennlinien betrachtet werden. Dazu zählen die Diode, der Varistor und der Thermistor.

Bild 6.3 zeigt die Kennlinie einer *Diode* (Universaldiode).

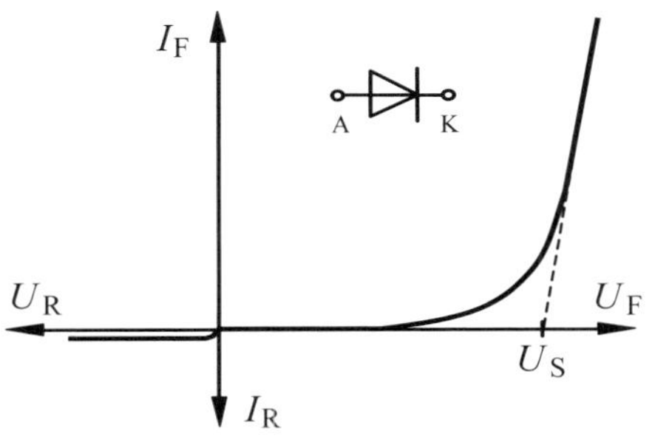

Bild 6.3: Kennlinie einer Diode

Der in der Strom-Spannungs-Kennlinie dargestellte Zusammenhang lässt sich mathematisch wie folgt beschreiben:

$$I = I_S \cdot (e^{\frac{U_{AK}}{U_T}} - 1) \qquad (6.1)$$

U_{AK} beschreibt die von der Anode zur Kathode angelegte Spannung. U_T ist die *Temperaturspannung* ($U_T \approx 26$ mV bei 300 K). Mit I_S bezeichnet man den *Sättigungsstrom* der Diode (vgl. [14] – Abschn. 2.4).

In *Flussrichtung* (Index F) fließt je nach Größe der an die Diode angelegten Spannung $U_F = + U_{AK}$ ein mehr oder minder großer Durchlassstrom I_F (exponentieller Verlauf). Eine typische Kenngröße ist die *Schleusenspannung* U_S, bei der ein merklicher Durchlassstrom zu fließen beginnt.

In *Sperrrichtung* (Index R) fließt bei einer Spannung $U_R = - U_{AK}$ ein sehr kleiner *Sperrstrom* I_R. Die Sperrkennlinie verläuft bis zu einer Durchbruchspannung U_{BR} nahezu parallel zur Spannungsachse.

Ein *Varistor* ist ein spannungsabhängiger Widerstand. Seine Kennlinie ist im Durchlass- und im Sperrbereich der Durchlasskennlinie einer Diode ähnlich (Bild 6.4).

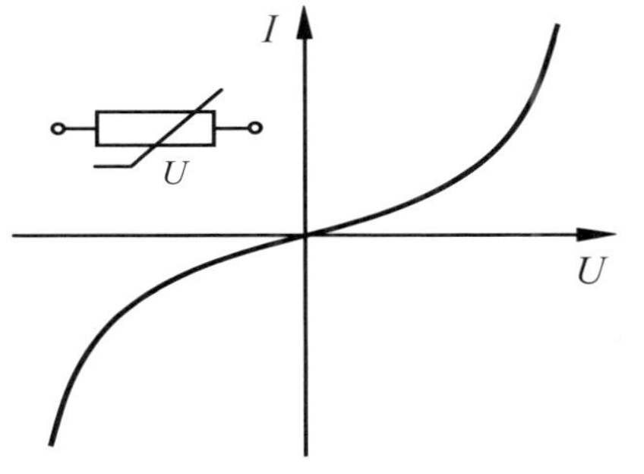

Bild 6.4: Kennlinie eines Varistors

Zwischen Spannung und Strom gilt mit der Normierung des Stromes $\{I\} = I / 1$ A folgender Zusammenhang:

$$U = C \cdot \{I\}^{\beta} \qquad (6.2)$$

Die Konstante C beschreibt dabei diejenige Spannung, bei der ein Strom von $I = 1$ A fließt. Durch Bildung der ersten Ableitung kann aus Gleich. (6.2) der differentielle Widerstand ermittelt werden.

$$r = \frac{dU}{dI} = \frac{d(C \cdot \{I\}^{\beta})}{dI} = \beta \cdot C \cdot \{I\}^{\beta} \cdot I^{-1}$$

$$r = \beta \cdot \frac{C \cdot \{I\}^{\beta}}{I} = \beta \cdot \frac{U}{I} = \beta \cdot R_{-}$$

Der differentielle Widerstand eines Varistors ergibt sich aus seinem Gleichstromwiderstand, multipliziert mit dem *Nichtlinearitätskoeffizienten* β. C und β sind herstellungsbedingte Konstanten.

Thermistoren besitzen einen temperaturabhängigen Widerstand. In der Praxis unterscheidet man zwischen *Heißleitern* [mit einem negativen Temperaturkoeffizienten NTC; vgl. Gleich. (6.5)] und *Kaltleitern* (mit einem positiven Temperaturkoeffizienten PTC).

Die Strom-Spannungs-Kennlinie eines Heißleiters weist die Besonderheit auf, dass ein *fallender Kennlinienteil* existiert. In diesem Bereich besitzt der Heißleiter einen negativen differentiellen Widerstand. Diese Kennlinie (siehe Bild 6.5) sollte messtechnisch bei Stromeinspeisung bestimmt werden, um den fallenden Kennlinienteil nach Überschreitung des Spannungsmaximums (bei $I\uparrow \Rightarrow U\downarrow$) exakt erfassen zu können.

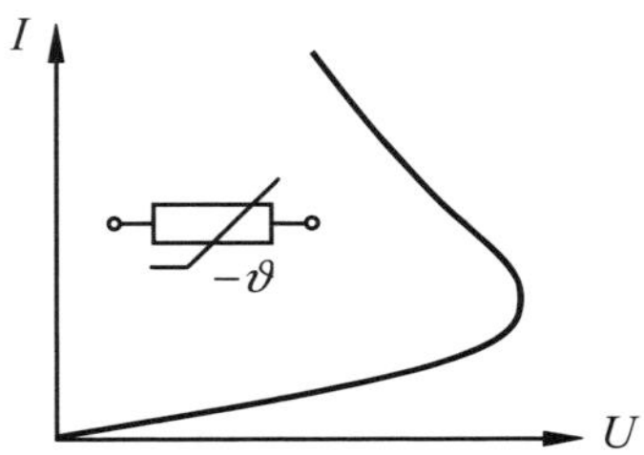

Bild 6.5: Kennlinie I = f (U) eines Heißleiters

Ein Heißleiter verringert seinen Widerstandswert mit steigender Temperatur. Hier gibt man neben der Strom-Spannungs-Kennlinie häufig noch eine Widerstands-Temperatur-Kennlinie (Bild 6.6) an.

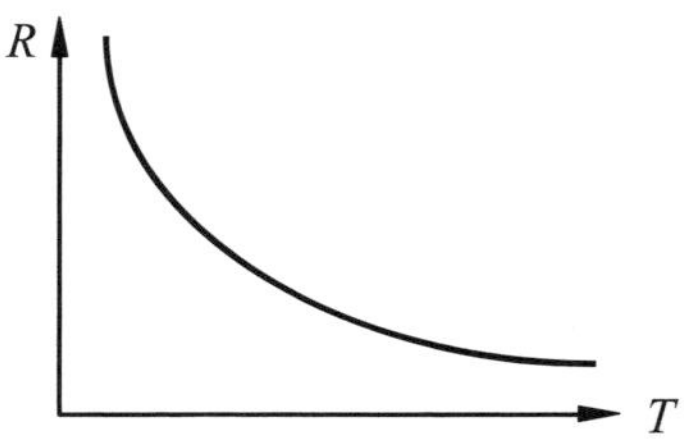

Bild 6.6: Widerstandsverlauf eines Heißleiters

Für den Zusammenhang zwischen Widerstand und Temperatur gilt Gleich. (6.3).

Dieser Zusammenhang R = f (T) ist im Bild 6.6 als Kennlinie dargestellt.

$$R = a \cdot \mathrm{e}^{\frac{b}{T}} \tag{6.3}$$

Die Konstante a wird durch das Material des Bauelementes bestimmt. b ist die Energiekonstante, die für einen Heißleiter recht einfach messtechnisch ermittelt werden kann. Dazu führt man zwei Widerstandsmessungen bei unterschiedlichen Temperaturen T_1 und T_2 durch und erhält die zugehörigen Widerstandswerte R_1 und R_2. Das Logarithmieren von (6.3) führt für T_1 und T_2 mit den Normierungen $\{R\} = R/1\,\Omega$ und $\{a\} = a/1\,\Omega$ zu folgenden Ausdrücken:

$$\ln\{R_1\} = \ln\{a\} + \frac{b}{T_1}\,; \qquad \ln\{R_2\} = \ln\{a\} + \frac{b}{T_2}$$

Beide Gleichungen werden jetzt formal nach ln $\{a\}$ umgestellt und gleichgesetzt.

$$\ln\{R_1\} - \frac{b}{T_1} = \ln\{R_2\} - \frac{b}{T_2}$$

$$b = \frac{\ln \dfrac{R_1}{R_2}}{\dfrac{1}{T_1} - \dfrac{1}{T_2}} \tag{6.4}$$

Der Temperaturkoeffizient α eines Heißleiters wird mit Gleich. (1.8) berechnet:

$$\alpha = \frac{\mathrm{d}R}{\mathrm{d}T} \cdot \frac{1}{R} = \frac{a \cdot \mathrm{e}^{\frac{b}{T}} \cdot (-b \cdot T^{-2})}{R}$$

$$\alpha = -\frac{b}{T^2} \tag{6.5}$$

Kaltleiter zeigen ein genau entgegengesetztes Verhalten. Ihr Widerstand steigt mit der Temperatur nichtlinear an. Ein Spezialfall des Kaltleiters ist die *Metallfaden-Glühlampe* (siehe Kennlinie im Bild 6.2).

6.3 Konstruktion von Ersatz-Kennlinien

6.3.1 Ersatz-Kennlinien von Elementarschaltungen

Zur Ermittlung der resultierenden Kennlinie einer Reihenschaltung müssen für jeden fest vorgegebenen Strom die Spannungsabfälle über den in Reihe geschalteten Bauelementen addiert werden. Bild 6.7 zeigt diese Maßnahme am Beispiel der Reihenschaltung eines ohmschen Widerstandes *R* und einer Diode D. Die resultierende Kennlinie RS hat für den hier dargestellten Fall einen (noch) diodenähnlichen Verlauf.

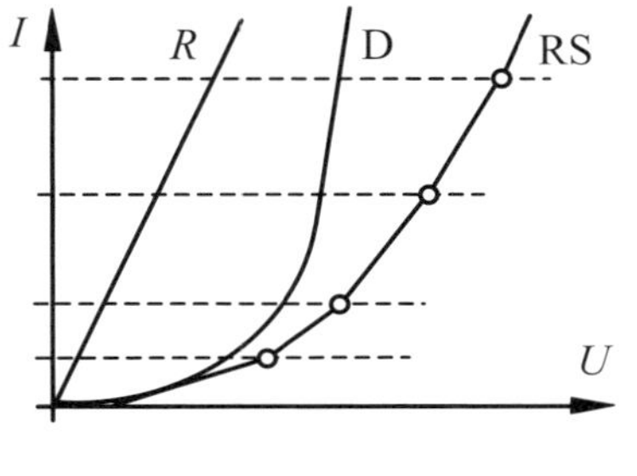

Bild 6.7: Ersatz-Kennlinie einer Reihenschaltung aus Widerstand und Diode

Zur Konstruktion der resultierenden Kennlinie einer Parallelschaltung werden für jeden Spannungswert die Ströme durch die parallel geschalteten Bauelemente addiert.

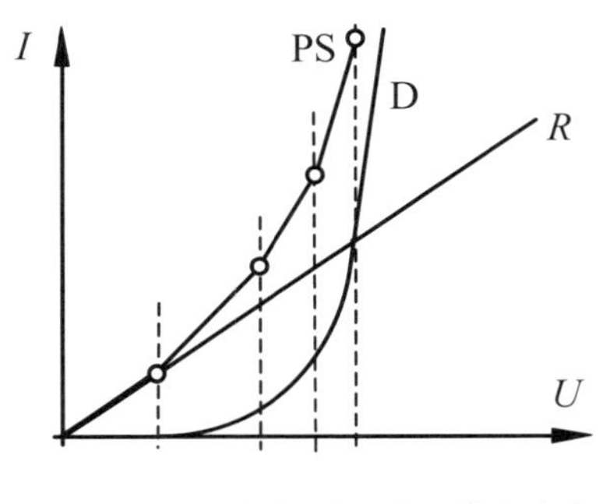

Bild 6.8: Ersatz-Kennlinie einer Parallelschaltung aus Widerstand und Diode

Diese Kennlinie PS ähnelt für die hier gewählte Größenordnung bei kleinen Spannungen der Kennlinie des ohmschen Widerstandes und wird bei größeren Spannungen der Kennlinie einer Diode immer ähnlicher.

6.3.2 Idealisierte Kennlinien und Ersatzschaltungen

Bauelemente mit nichtlinearen Strom-Spannungs-Kennlinien können mit ihren typischen Kenngrößen über idealisierte Kennlinien beschrieben und durch Ersatzschaltungen nachgebildet werden. Dieser Sachverhalt wird am Beispiel einer Diode demonstriert.
Eine *ideale Diode* (Schaltsymbol grau unterlegt) müsste im Durchlassbereich ideal leiten und in Sperrrichtung ideal sperren.

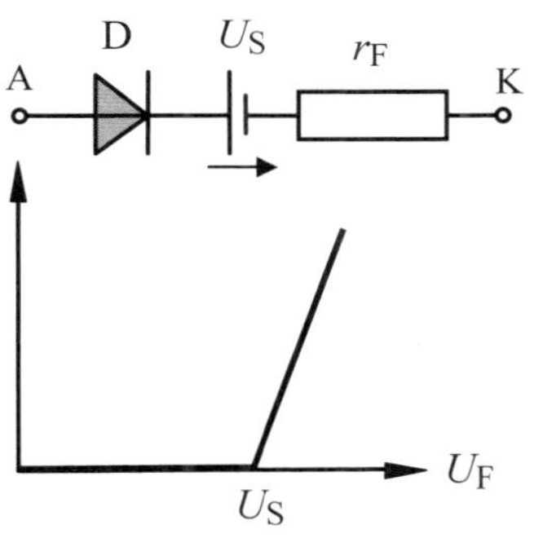

Bild 6.9: Ersatzschaltung und Kennlinie einer idealisierten Diode

Berücksichtigt man nun die Existenz der Schleusenspannung U_S einer realen Diode, so wird das Einsetzen der unendlich großen Leitfähigkeit (ideale Diode) vom Koordinatenursprung um den Betrag der Schleusenspannung nach rechts verschoben. Dazu muss zur idealen Diode eine Spannungsquelle mit U_S in Reihe geschaltet werden. Die Schleusenspannung ist diejenige Spannung über der Diode, bei der ein merklicher

Durchlassstrom zu fließen beginnt. Sie kann durch Anlegen einer Tangente an die Durchlasskennlinie grafisch ermittelt werden (siehe Bild 6.3). Der reale Anstieg der Durchlasskennlinie wird über einen differentiellen Flusswiderstand r_F in Reihe zur idealen Diode nachgebildet.

Bild 6.10 zeigt die idealisierte Kennlinie einer *Z-Diode*. Die Z-Diode verhält sich im Durchlassbereich wie eine normale Diode. Im Sperrbereich weist sie unterhalb der so genannten Z-Spannung auch die Sperreigenschaften einer normalen Diode auf. Mit Erreichen der Z-Spannung wird diese Diode schlagartig leitfähig (steiler Verlauf der Sperrkennlinie im Bild 6.10 sowie im Lehrbeispiel 6.1).

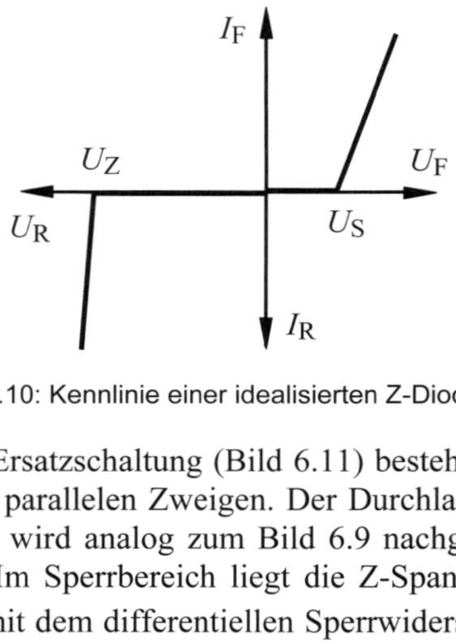

Bild 6.10: Kennlinie einer idealisierten Z-Diode

Die Ersatzschaltung (Bild 6.11) besteht aus zwei parallelen Zweigen. Der Durchlassbereich wird analog zum Bild 6.9 nachgebildet. Im Sperrbereich liegt die Z-Spannung U_Z mit dem differentiellen Sperrwiderstand r_R zur idealen Diode in Reihe.

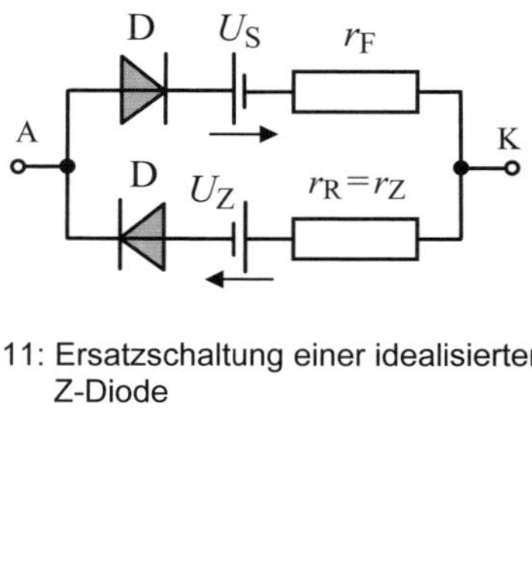

Bild 6.11: Ersatzschaltung einer idealisierten Z-Diode

6.4 Grafische Bestimmung des Arbeitspunktes

Zur Ermittlung bzw. zur Einstellung eines Arbeitspunktes, in dem ein Lastbauelement betrieben wird, müssen die Quellenkennlinie (linear) und die Lastkennlinie (linear oder nichtlinear, vgl. Bild 6.1) zum Schnitt gebracht werden. Im Schnittpunkt können dann die Kenngrößen des Arbeitspunktes abgelesen werden [AP: (U_a; I_a)].

Reale Quellen besitzen einen nicht vernachlässigbaren (hier: linearen) Innenwiderstand. Dieser Innenwiderstand kann zum Zwecke der Arbeitspunkt-Einstellung durch eine äußere Beschaltung der Quelle mit einem linearen Widerstand verändert werden. Seine Größe bestimmt den Kehrwert des Anstieges der Quellenkennlinie (siehe Bild 6.12). Diese Kennlinie verbindet die Leerlaufspannung U_L mit dem Kurzschlussstrom I_K (vgl. auch Abschn. 3.4).

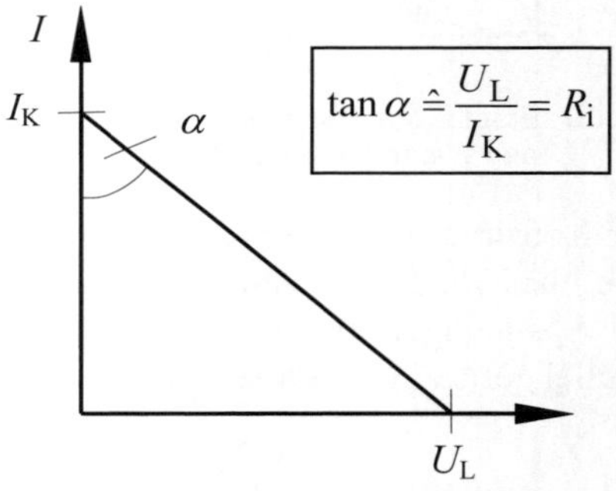

Bild 6.12: Kennlinie einer linearen Quelle

Durch Variation des Innenwiderstandes (z.B. infolge einer äußeren Beschaltung der Quelle) verändert man somit den Kehrwert des Anstieges der Quellenkennlinie.

Zur Bestimmung bzw. zur Einstellung eines Arbeitspunktes wird in die Kennliniendarstellung eines passiven Zweipols (nichtlineare Kennlinie eines Lastbauelementes im

Bild 6.13) die lineare Quellenkennlinie des aktiven Zweipols eingezeichnet.

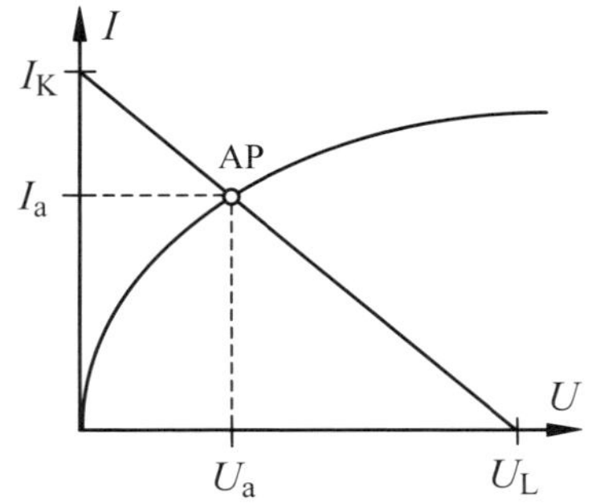

Bild 6.13: Festlegung des Arbeitspunktes

Der sich dabei ergebende Schnittpunkt ist der *Arbeitspunkt* (AP). Seine Lage in der Strom-Spannungs-Kennlinie gibt an, welche Spannung U_a über der Last liegt und wie groß der durch das Lastbauelement fließende Strom I_a ist. Daraus kann man den Leistungsumsatz $P_a = U_a \cdot I_a$ im Lastbauelement ermitteln.
Außerdem können für diesen aktuellen Arbeitspunkt der *Gleichstromwiderstand* $R\_$ sowie der *differentielle Widerstand* r (vgl. auch Definition im Abschn. 2.1 sowie Bild 6.2) bestimmt werden.

Die Änderung der Lage des Arbeitspunktes ist mit zwei verschiedenen Maßnahmen möglich (vgl. Berechnungsbeispiel 6.1):

a) Änderung der Quellenspannung U_q bzw. der Leerlaufspannung U_L:

Eine Veränderung der Leerlaufspannung durch Variation der Quellenspannung oder durch eine Spannungsteilung im aktiven Zweipol bewirkt eine Parallelverschiebung der Quellenkennlinie.

b) Änderung des Innenwiderstandes R_i:

Durch eine Veränderung des Innenwiderstandes beeinflusst man den Kehrwert des Anstieges der Quellenkennlinie.

Lehrbeispiel 6.1:

Eine Z-Diode wird in der Praxis häufig zur Stabilisierung von Gleichspannungen eingesetzt. Dabei nutzt man den steilen Verlauf der Sperrkennlinie (siehe Bild 6.10) aus. Die Z-Diode ist demzufolge in Sperrrichtung zu betreiben.
Skizzieren Sie für die (hier unbelastete) Stabilisierungsschaltung mit Z-Diode im Bild 6.14 die Änderung der Lage des Arbeitspunktes bei einer Schwankung der Eingangsspannung um $\pm \Delta U_e$.

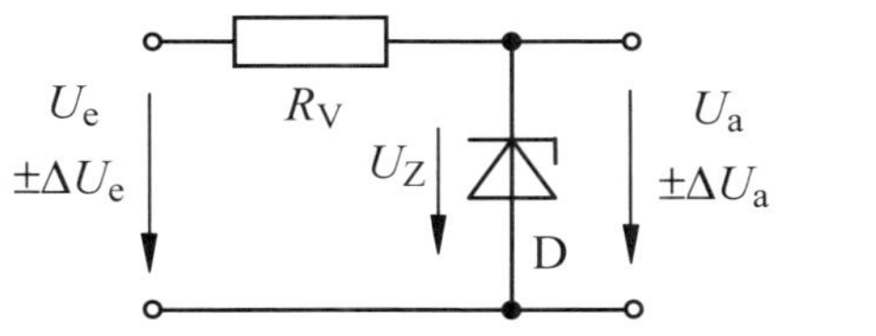

Bild 6.14: Stabilisierungsschaltung mit Z-Diode

Zunächst wird unter Verwendung von U_Z und r_z die idealisierte Sperrkennlinie der Z-Diode gezeichnet (vgl. Bilder 6.10 und 6.11).

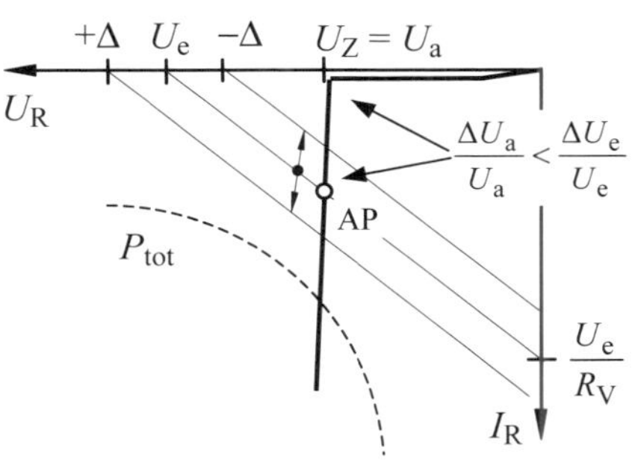

Bild 6.15: Arbeitspunkt einer Z-Diode

Zur Bestimmung des Arbeitspunktes muss die Quellenkennlinie eingezeichnet werden. Dazu wird die Eingangsspannung mit dem Vorwiderstand als Ersatzquelle (U_e und R_V) aufgefasst. Infolge der Schwankung der Eingangsspannung verschiebt sich die Kennlinie dieser Ersatzquelle (und damit der Arbeitspunkt) bei $-\Delta U_e$ nach oben und bei $+\Delta U_e$ nach unten. Die relative Änderung der Ausgangsspannung $\Delta U_a / U_a$ ist durch den steilen Kennlinienverlauf kleiner als die relative Änderung der Eingangsspannung.

6.5 Beispiele und Anwendungen

Berechnungsbeispiel 6.1:

An eine reale Spannungsquelle mit U_q = 8 V und R_i = 5 Ω wird eine Glühlampe (Kennlinie im Bild 6.16) angeschlossen. In welchem Arbeitspunkt wird die Glühlampe betrieben, und welche Leistung P_H wird dann in ihr umgesetzt?

Mit welchen Maßnahmen könnte dieser Leistungsumsatz auf P_H* = 1,6 W verändert werden?

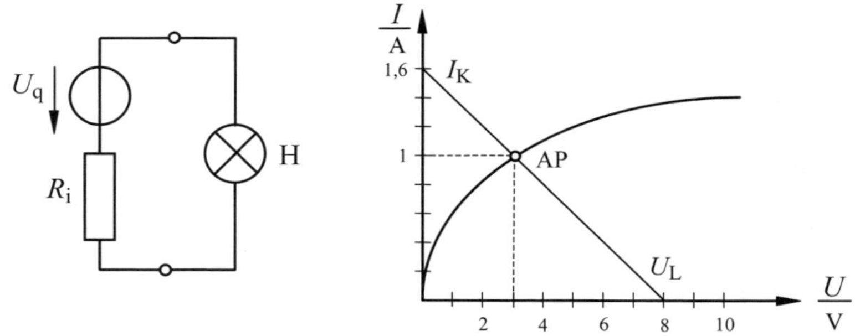

Bild 6.16: Schaltung und Kennlinie zum Berechnungsbeispiel 6.1

Zunächst wird die Quellenkennlinie in die Kennlinie der Glühlampe eingezeichnet. Sie verbindet die Leerlaufspannung $U_L = U_q$ = 8 V mit dem Kurzschlussstrom $I_K = U_L / R_i$ = 1,6 A. Im Schnittpunkt der Quellenkennlinie mit der Lastkennlinie können nun die Kenngrößen des Arbeitspunktes U_H = 3 V und I_H = 1 A abgelesen werden. In der Glühlampe wird eine Leistung von P_H = 3 W umgesetzt.

Eine Absenkung des Leistungsumsatzes ist durch zwei Maßnahmen möglich, die im Bild 6.17 vorgestellt werden. Der neue Arbeitspunkt für P_H* = 1,6 W liegt bei U_H* = 2 V und I_H* = 0,8 A.

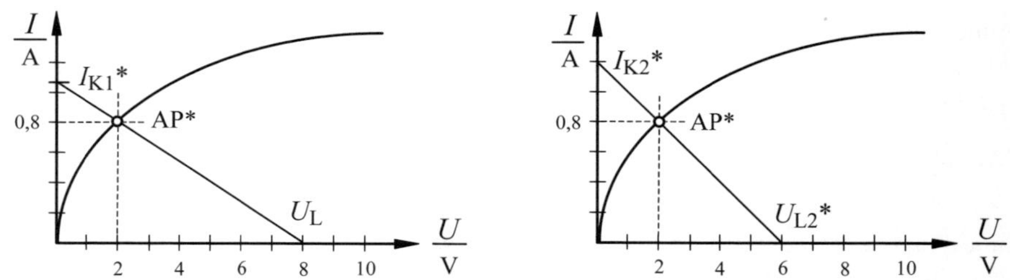

Bild 6.17: Verschiebung des Arbeitspunktes zum Zwecke der Absenkung des Leistungsumsatzes

Dieser neue Arbeitspunkt kann unter Beibehaltung des Wertes der Quellenspannung mit einem vergrößerten Innenwiderstand $R_i^* = U_L / I_{K1}^* \approx$ 8 V / 1,07 A ≈ 7,5 Ω (Veränderung des Anstieges der Quellenkennlinie in Richtung eines kleineren Kurzschlussstromes – Bild 6.17, links) oder bei gleich bleibendem Innenwiderstand durch eine Verringerung der Quellenspannung auf $U_q^* = U_{L2}^*$ = 6 V (Parallelverschiebung der alten Quellenkennlinie in den neuen Arbeitspunkt – siehe Bild 6.17, rechts) eingestellt werden.

Berechnungsbeispiel 6.2:

Eine Spannungsquelle mit vernachlässigbarem Innenwiderstand und der Quellenspannung $U_q = 1$ V speist eine aus ohmschen Widerständen $R_1 = R_4 = 8\ \Omega$ und Dioden $D_2 = D_3$ (mit idealisierten Kennlinien, siehe Bild 6.18) aufgebaute Brückenschaltung. Berechnen Sie die Spannung U_{ab}. Auf welchen Wert U_q* müsste die Quelle eingestellt werden, damit die Spannung U_{ab}* gleich null wird?

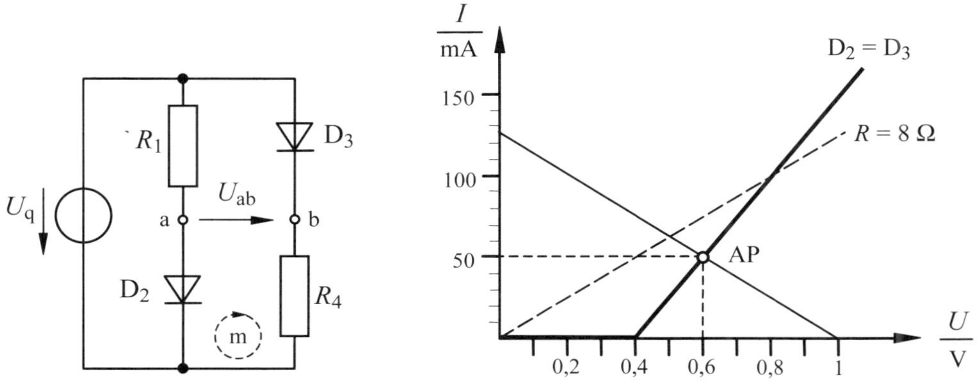

Bild 6.18: Schaltung und Kennlinie zum Berechnungsbeispiel 6.2

Es handelt sich um zwei gleiche Zweige, die parallel zur Quelle geschaltet sind. Zur Lösung der Aufgabenstellung kann man jeden Zweig einzeln an der Quelle betrachten. Der Widerstand wird der Quelle als Ersatz-Innenwiderstand zugeordnet, und die Diode stellt das Lastbauelement dar.

Der Arbeitspunkt der Dioden liegt bei $U_2 = U_3 = 0{,}6$ V und $I_2 = I_3 = 50$ mA. Die Spannung U_{ab} kann dann z.B. über die rechte untere Masche m ermittelt werden:

$$U_{ab} = U_2 - U_4 = U_2 - I_3 \cdot R_4 = 0{,}6\ \text{V} - 50\ \text{mA} \cdot 8\ \Omega = 0{,}2\ \text{V}$$

Die Spannung zwischen den Punkten a und b wird null, wenn der Gleichstromwiderstand der Dioden gleich 8 Ω wird. Dann gilt $U_1 = U_2 = U_3 = U_4$, und über jeder Diode und jedem Widerstand fällt eine Spannung von 0,8 V ab.
Die Quelle müsste somit auf einen Wert $U_q^* = U_1 + U_2 = 1{,}6$ V eingestellt werden.

Berechnungsbeispiel 6.3:

Die im Bild 6.19 angegebenen Glühlampen weisen die gleiche Kennlinie (Bild 6.19, rechts) auf und werden jeweils über einen Vorwiderstand $R = 15\ \Omega$ an einer idealen Spannungsquelle mit $U_q = 12$ V betrieben. Ermitteln Sie die in jeder Lampe umgesetzte Leistung und die Spannung U_{ab}.
Auf welchen Wert R* müssten die beiden Widerstände verändert werden, damit in jeder Lampe eine Leistung von $P^* = 1$ W umgesetzt wird?

Im Arbeitspunkt AP1 liegt eine Spannung $U_1 = 3$ V über jeder Lampe. In diesem Arbeitspunkt fließt ein Strom von $I_1 = 600$ mA. In jeder Lampe wird somit eine Leistung von $P_1 = P_2 = U_1 \cdot I_1 = 1{,}8$ W umgesetzt.

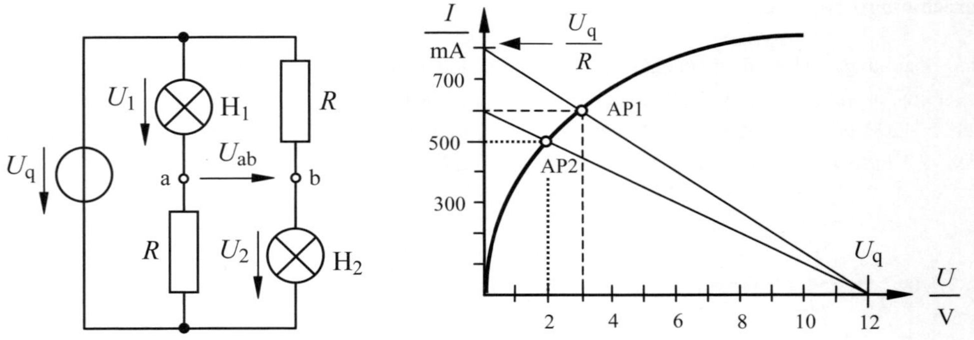

Bild 6.19: Schaltung und Kennlinie zum Berechnungsbeispiel 6.3

Mit einer Maschengleichung (z.B. für den Umlauf $U_q \rightarrow U_1 \rightarrow U_{ab} \rightarrow U_2$) kann man die Spannung U_{ab} wie folgt ermitteln: $U_q = U_1 + U_{ab} + U_2$

$$U_{ab} = U_q - U_1 - U_2 = 12\ \text{V} - 3\ \text{V} - 3\ \text{V} = 6\ \text{V}$$

Den geforderten Leistungsumsatz von $P^* = 1$ W erhält man im Arbeitspunkt AP2. Die Leistungshyperbel für $P^* = 1$ W durchläuft hier das Wertepaar: 2 V und 500 mA. Die neue Quellenkennlinie verläuft dann über die Verbindung von U_q und dem neuen Arbeitspunkt. Ihr Anstieg ist ein Maß für R^*.

$R^* = U_q / I_K^* = 12\ \text{V} / 600\ \text{mA} = 20\ \Omega$

Berechnungsbeispiel 6.4:

Eine Glühlampe H_3 (siehe Kennlinie im Bild 6.21) und eine Diode D_5 (idealisierte Kennlinie mit: $U_S = 750$ mV und $r_F = 5\ \Omega$) werden wahlweise gemäß der Schalterstellung b oder c von der Quelle U_q über den Spannungsteiler $R_1 \rightarrow R_2$ gespeist.

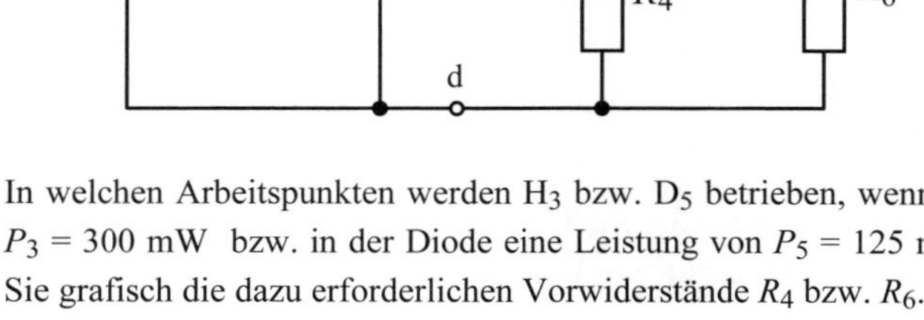

Geg.: $U_q = 15$ V
$R_1 = 24\ \Omega$
$R_2 = 12\ \Omega$

Bild 6.20: Schaltung zum Berechnungsbeispiel 6.4

In welchen Arbeitspunkten werden H_3 bzw. D_5 betrieben, wenn in der Glühlampe eine Leistung von $P_3 = 300$ mW bzw. in der Diode eine Leistung von $P_5 = 125$ mW umgesetzt werden soll? Ermitteln Sie grafisch die dazu erforderlichen Vorwiderstände R_4 bzw. R_6.

Zunächst wird der aktive Zweipol in die Spannungsquellen-Ersatzschaltung umgerechnet.

$$U_L = U_q \cdot \frac{R_2}{R_1 + R_2} = \frac{15\ \text{V}}{3} = 5\ \text{V} \qquad \text{und:} \qquad R_i = R_1 // R_2 = 24\ \Omega // 12\ \Omega = 8\ \Omega$$

Durch Einzeichnen der vorgegebenen Leistungsumsätze für H_3 (die Leistungshyperbel durchläuft den AP3: 2 V; 150 mA) und D_5 (AP5: 1,25 V; 100 mA) sowie durch Verbinden dieser Punkte mit der Leerlaufspannung U_L erhält man nun die beiden Quellenkennlinien. Aus ihrem Anstieg können die Widerstände R_4 und R_6 berechnet werden.

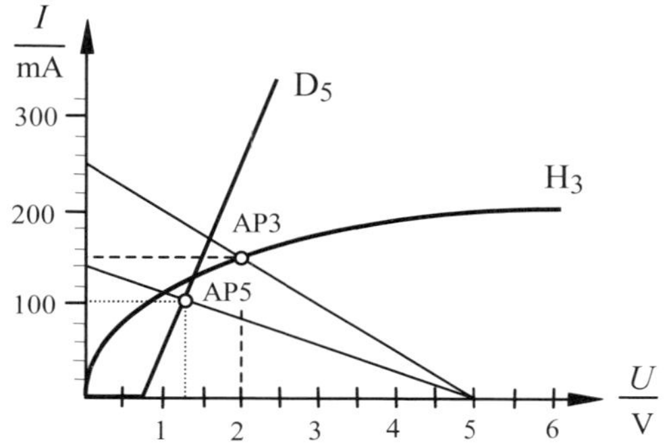

$R_4 + R_i = 5\ \text{V} / 250\ \text{mA} = 20\ \Omega$

$R_4 = 20\ \Omega - R_i = 12\ \Omega$

$R_6 + R_i = 5\ \text{V} / 140\ \text{mA} = 35{,}7\ \Omega$

$R_6 = 35{,}7\ \Omega - R_i = 27{,}7\ \Omega$

Bild 6.21: Kennlinie zum Berechnungsbeispiel 6.4

Berechnungsbeispiel 6.5:

Gegeben ist die Reihenschaltung einer realen Spannungsquelle ($U_q = 9$ V; $R_i = R_1 = 30\ \Omega$) mit einer Diode D_2 (idealisierte Kennlinie mit: $U_S = 800$ mV; $r_F = 10\ \Omega$) und einer Glühlampe H_3 (Kennlinie im Bild 6.22). Welche Spannung U_3 liegt an der Glühlampe?

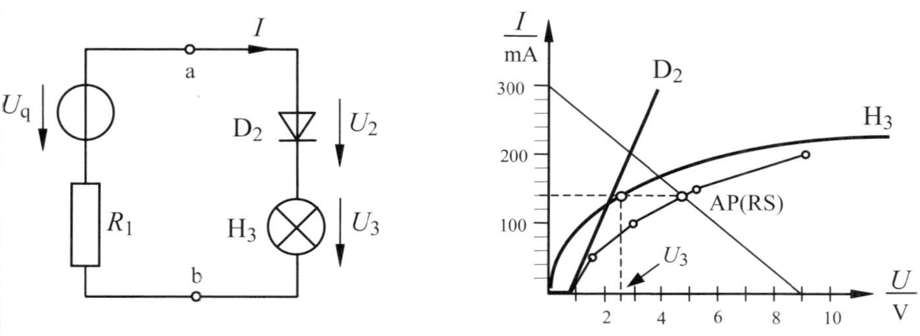

Bild 6.22: Schaltung und Kennlinie zum Berechnungsbeispiel 6.5

Nach Einzeichnen der Diodenkennlinie wird die resultierende Kennlinie der Reihenschaltung von D_2 und H_3 konstruiert. Ihr Schnittpunkt mit der Quellenkennlinie ergibt den Arbeitspunkt der Reihenschaltung AP (RS). Die Spannung über der Glühlampe wird durch den Schnittpunkt des Stromes im Arbeitspunkt mit der Lampenkennlinie bestimmt. Die Spannung U_3 beträgt 2,5 V. Es fließt ein Strom von 140 mA. In der Glühlampe wird eine Leistung von $P_3 = 350$ mW umgesetzt.

7 Feldbegriff

Ein Feld ist ein besonderer Zustand des Raumes. Dieser Zustand wird durch physikalische Größen (*Feldgrößen*) charakterisiert. Feldgrößen beschreiben die Eigenschaften eines Feldes in jedem Punkt des vom Feld erfüllten Raumes.

Zum Aufbau, zur Aufrechterhaltung oder zur Veränderung eines Feldes muss dem Raum einmalig oder ständig Energie zugeführt werden. Die Existenz des jeweiligen Feldes ist dann an seinen Wirkungen (Quantität der Feldgrößen) nachweisbar. Zur Visualisierung der Existenz und des räumlichen Verlaufs eines Feldes stellt man die Feldgrößen durch *Feldlinien* dar.

7.1 Einteilung der Felder

Felder können aus unterschiedlicher Sicht betrachtet und interpretiert werden. Daraus resultieren verschiedenartige Auffassungen zur Unterscheidung von Feldern. Solche Unterscheidungen sind an einen Satz von Merkmalen geknüpft und orientieren sich in der Regel an einem Oberbegriff, der eine Einteilung ermöglicht.

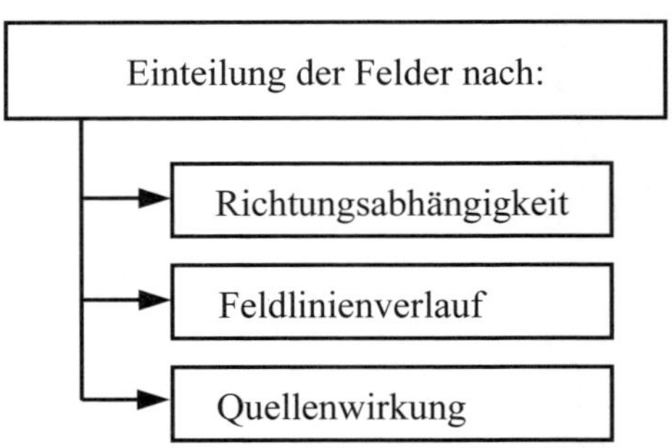

Bild 7.1: Allgemeine Kriterien zur Unterscheidung von Feldern

- Einteilung nach der Existenz gerichteter Feldgrößen (Richtungsabhängigkeit):

Man unterscheidet zwischen skalaren und vektoriellen Feldgrößen (Bild 7.2).

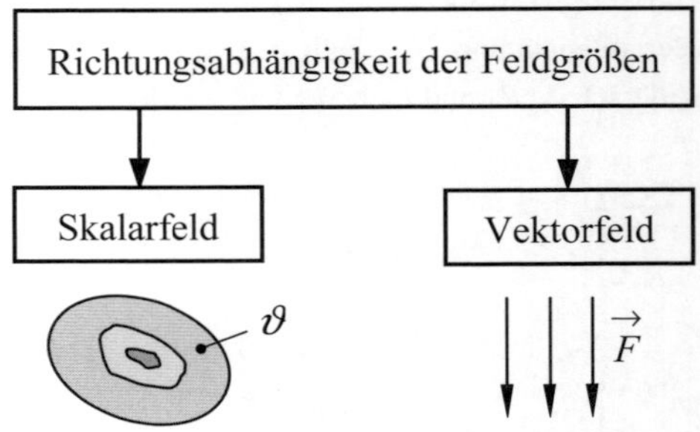

Bild 7.2: Skalare und vektorielle Feldgrößen

Skalare Feldgrößen sind in jedem Feldpunkt durch ihren Betrag eindeutig gekennzeichnet. Ein typisches *Skalarfeld* ist das Temperaturfeld. Jeder Punkt eines Raumes ist mit der Angabe seiner Temperatur eindeutig beschrieben. Verbindet man alle Punkte des gleichen Wertes der Feldgröße miteinander, so entstehen Flächen (Iso- oder Äqui-Flächen), auf denen die Feldgröße konstant ist (Bild 7.2, links).

Ein *Vektorfeld* verfügt dagegen über mindestens eine gerichtete Feldgröße. Zur eindeutigen Beschreibung ist neben dem Betrag zusätzlich die Angabe der Richtung dieser Feldgröße in jedem Feldpunkt erforderlich. Das Kraftfeld ist z.B. ein typisches Vektorfeld. Die Richtung einer Feldlinie gibt in jedem Punkt des vom Feld erfüllten Raumes die Richtung der vektoriellen Feldgröße an. Die Dichte der Linien ist ein Maß für den Betrag dieser Feldgröße.

- Einteilung nach dem Feldlinienverlauf:

Es wird zwischen homogenen und inhomogenen Feldern (Bild 7.3) unterschieden. Ein *homogenes Feld* liegt nur dann vor, wenn die Feldlinien parallel zueinander verlaufen und den gleichen Abstand zueinander haben und die gleiche Richtung aufweisen. Betrag und Richtung der vektoriellen Feldgrößen sind dann ortsunabhängig.

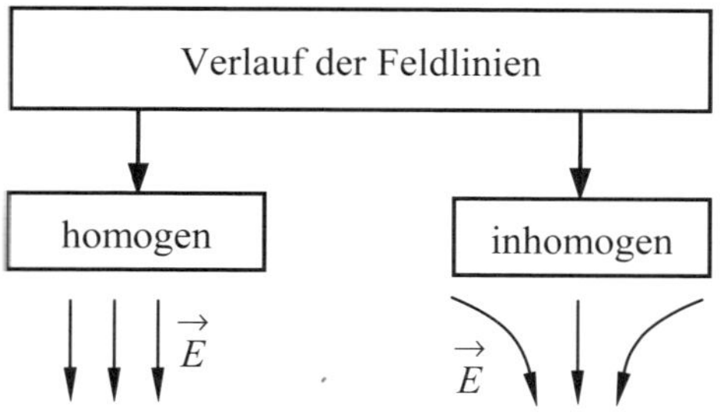

Bild 7.3: Homogenes und inhomogenes Feld

Sind eine oder mehrere dieser drei Bedingungen nicht erfüllt, spricht man von einem *inhomogenen Feld.* Betrag und/oder Richtung der vektoriellen Feldgrößen sind dann abhängig vom Ort. Ein Spezialfall des inhomogenen Feldes ist das radialsymmetrische Feld (Bild 8.14). Es ist dadurch gekennzeichnet, dass die Feldlinien der vektoriellen Feldgrößen vom Inneren einer konzentrischen Anordnung radial nach außen verlaufen oder umgekehrt.

- Einteilung nach der Quellenwirkung:

Man unterscheidet zwischen einem Quellenfeld und einem Wirbelfeld.

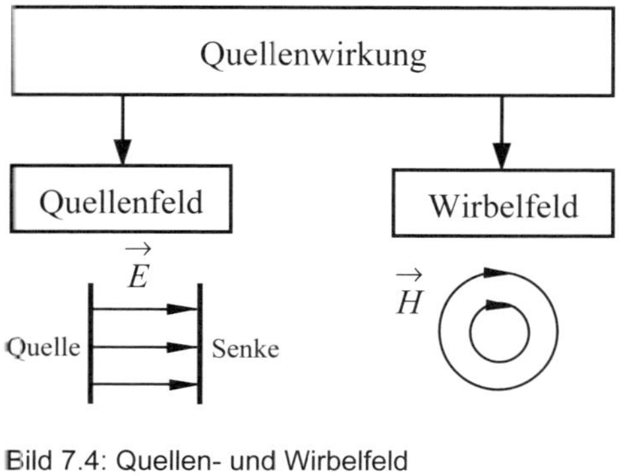

Bild 7.4: Quellen- und Wirbelfeld

Bei einem *Quellenfeld* haben die Feldlinien der vektoriellen Feldgrößen einen Anfang (Quelle oder Source) und ein Ende (Senke oder Drain). Ein typischer Vertreter ist das homogene elektrostatische Feld eines Plattenkondensators.

Ein *Wirbelfeld* ist dagegen dadurch gekennzeichnet, dass die Feldlinien der vektoriellen Feldgrößen in sich geschlossen sind. Das magnetische Feld eines stromdurchflossenen Leiters ist ein typisches Wirbelfeld.

Ein weiteres wichtiges Kriterium zur Beurteilung der Eigenschaften eines Feldes ist die zeitliche Abhängigkeit der Feldvorgänge. Man unterscheidet zwischen zeitinvarianten und zeitlich veränderlichen Feldern.

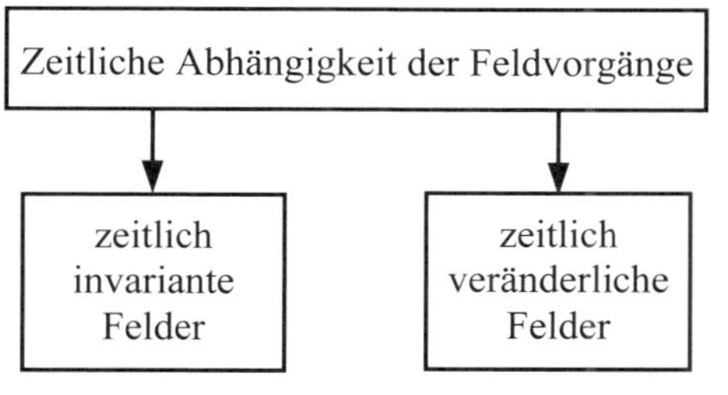

Bild 7.5: Zeitliche Abhängigkeit der Feldvorgänge

Bei einem *zeitinvarianten Feld* ändern sich die Feldgrößen nicht über der Zeit. Diese Felder werden als statische oder als stationäre Felder bezeichnet.
Zeitlich veränderliche Felder entstehen, wenn die das Feld verursachende physikalische Größe eine Funktion der Zeit ist. Die Feldgrößen ändern sich dann ständig oder mindestens längs einer definierten Dauer über der Zeit. Dazu zählen auch Ausgleichsvorgänge, die zu einer zeitlich abhängigen Veränderung von Feldgrößen führen. Nach diesem Vorgang könnte sich dann z.B. wieder ein zeitinvarianter Zustand einstellen.

7.2 Eigenschaften elektrischer und magnetischer Felder

Das Entstehen eines elektrischen sowie eines magnetischen Feldes ist an die Existenz elektrischer Ladungen gebunden. Zwischen diesen Ladungen wirken je nach ihrer Polarität anziehende oder abstoßende Kräfte, die den sie umgebenden Raum in einen besonderen Zustand versetzen.

Ein elektrisches Feld beschreibt diesen Raumzustand über Kraftwirkungen, die in leitenden Medien oder in nichtleitenden Medien auftreten. In leitenden Feldräumen führen diese Kraftwirkungen zu einem Ladungstransport. In nichtleitenden Feldräumen bewirken sie eine Ladungsverschiebung.

Ein magnetisches Feld beschreibt diesen Raumzustand über Kraftwirkungen, die ohne Ausnahme auf eine Bewegung elektrischer Ladungen zurückzuführen sind.

Wirbelfreie elektrische Felder werden als elektrische Potentialfelder (EPF) bezeichnet. Je nach Bewegungszustand der Ladung unterscheidet man zwischen dem elektrostatischen Feld und dem elektrischen Strömungsfeld (Bild 7.6).

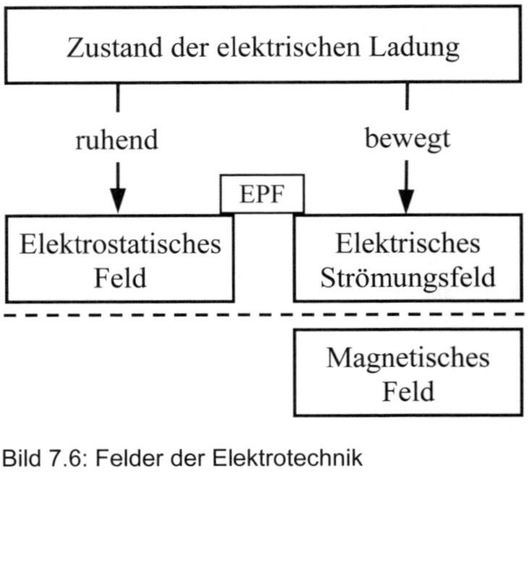

Bild 7.6: Felder der Elektrotechnik

Das *elektrostatische Feld* ist ein zeitinvariantes Feld. Es bildet sich in nichtleitenden Feldräumen zwischen ruhenden Ladungen aus (Quellenfeld). Zur Aufrechterhaltung eines elektrostatischen Feldes ist keine zusätzliche Energiezufuhr erforderlich.
Ein typisches Beispiel ist das Kondensatorfeld. Der Feldanordnung wird einmalig Energie zugeführt. Das Feld baut sich in einer definierten Zeit auf und bleibt dann (im Falle einer verlustlosen Anordnung) ohne weitere Energiezufuhr erhalten. Die diesem Bauelement von außen zugeführte Energie wird als elektrische Energie gespeichert (vgl. Kap. 9).

Das *elektrische Strömungsfeld* ist ein Feld bewegter Ladungen. Es bildet sich als Ladungsströmung in leitenden Feldräumen aus und ist in seiner Gesamtheit eine in sich geschlossene Erscheinung. Zur Aufrechterhaltung dieses Feldes muss dem Feldraum ständig Energie zugeführt werden, die bei der Bewegung der Ladung im Feld umgesetzt wird.
In passiven Feldbereichen verhält sich das Strömungsfeld als Quellenfeld. Dieses Feld ist stationär, wenn die Bewegung der Ladung zeitinvariant ist (Gleichstrom).
Es wird als quasistationäres Feld bezeichnet, wenn die Bewegung der Ladung über eine harmonische Zeitfunktion beschrieben werden kann (eingeschwungener Zustand).

Um eine bewegte Ladung herum (Bild 7.6, rechts unten) bildet sich außerdem ein magnetisches Feld (Wirbelfeld) aus. Dieses Feld ist stationär, wenn die Ladungsströmung zeitinvariant ist. Zeitlich veränderliche Ströme bewirken ein zeitlich veränderliches magnetisches Feld.

Falls dieses magnetische Feld in zeitlich veränderlicher Form auf einen Leiter einwirkt, wird in diesem Leiter zugleich ein elektrisches Wirbelfeld erzeugt (Kap. 11).

Die Felder der Elektrotechnik werden durch integrale Größen und durch ortsbezogene Größen beschrieben.

Integrale Größen charakterisieren die Eigenschaften eines Feldes in seiner Gesamtheit bzw. in ausgewählten Teilbereichen. So ist z.B. in einem elektrischen Strömungsfeld die Spannung einer Strecke, über der sie anliegt, und der Strom einem Querschnitt, durch den er in seiner Gesamtheit hindurchdringt, zugeordnet.

Ortsbezogene Größen beschreiben dagegen bestimmte Eigenschaften eines Feldes in einem Feldpunkt FP. Es handelt sich um skalare oder vektorielle Feldgrößen. Ihr räumlicher Verlauf kann mit einem Feldbild anschaulich dargestellt werden. Als Schnittdarstellung entsteht ein ebenes Feldmodell.

Es hat sich als methodisch sinnvoll erwiesen, die Felder der Elektrotechnik in getrennten Abschnitten zu behandeln. In diesem Lehrbuch steht zunächst das stationäre elektrische Strömungsfeld im Vordergrund. Feldvorgänge im elektrischen Strömungsfeld können z.B. über die Analogie zur Strömung einer Flüssigkeit noch relativ einfach erklärt werden. Aufbauend auf diesen Erkenntnissen ist dann der Übergang zum elektrostatischen Feld leichter möglich.

Die Beschreibung des magnetischen Feldes setzt umfangreiche Kenntnisse zum elektrischen Feld voraus. Durch die Interpretation der Ähnlichkeit zwischen den Vorgängen im elektrischen Feld und im magnetischen Feld (*Analogiemethode*) kann die Ableitung von Erkenntnissen zum magnetischen Feld (siehe Kap. 11) unterstützt werden.

Bei allen Betrachtungen zu den Feldern der Elektrotechnik ist zu berücksichtigen, dass die drei im Bild 7.6 dargestellten Felder nicht als Einzelerscheinung auftreten. So bewirkt die Existenz eines zeitlich veränderlichen elektrischen Feldes die Existenz eines zeitlich veränderlichen magnetischen Feldes und umgekehrt. Diese sehr komplexen Zusammenhänge werden über die MAXWELLschen Gleichungen (vgl. Abschn. 11.7) beschrieben. Ihre Aussagen weisen zugleich darauf hin, dass in allen drei Feldern analoge Vorgänge ablaufen. Die Anwendung der Analogiemethode kann demzufolge in der Feldtheorie ein wichtiges Hilfsmittel zur Erkenntnisgewinnung sein.

So gelten z.B. im elektrischen Potentialfeld für leitende Feldräume (elektrisches Strömungsfeld) und für nichtleitende Feldräume (elektrostatisches Feld) die gleichen Gesetze zur Beschreibung von Zusammenhängen zwischen der elektrischen Feldstärke und dem elektrischen Potential.
Die Erscheinungsformen des elektrischen Potentialfeldes sind demzufolge durch eine Gleichartigkeit/Ähnlichkeit im physikalischen Charakter ausgewählter Feldgrößen gekennzeichnet, während sie sich in anderen Sachverhalten (Leiter oder Nichtleiter bzw. bewegte oder ruhende Ladung) grundsätzlich unterscheiden. Unter Berücksichtigung des Grades der Ähnlichkeit kann man den Zusammenhang zwischen Ursache und Wirkung einer aktuellen Erscheinung wie folgt interpretieren:

Wirkung = Bedingung * Ursache

Danach tritt eine Wirkung erst dann ein, wenn die dazu erforderliche Ursache aktiviert wird UND (*) die Bedingung in Form der Existenz eines spezifischen stofflichen Gebildes (hier: Leiter oder Nichtleiter) erfüllt ist. Bei gleicher Ursache ändert sich die Wirkung, wenn eine andere Bedingung gültig ist. Wird z.B. ein Leiter durch einen idealen Isolator ersetzt, so entsteht aus einem Feld bewegter Ladungen ein Feld ruhender Ladungen (siehe auch Bild 7.6).

8 Stationäres elektrisches Strömungsfeld

8.1 Eigenschaften des elektrischen Strömungsfeldes

Das stationäre elektrische Strömungsfeld ist ein zeitinvariantes Feld bewegter Ladungen. Es entsteht im Inneren eines Leiters oder einer leitfähigen Anordnung, wenn man von außen eine Gleichspannung anlegt oder einen Gleichstrom einspeist. Bild 8.1 zeigt das Feldbild eines homogenen elektrischen Strömungsfeldes. Zwischen den parallel zueinander angeordneten Elektroden befindet sich ein homogener Leiter mit einer spezifischen elektrischen Leitfähigkeit κ = const. In diesem (vorerst stark vereinfachten) Modell dienen die Strömungslinien und die Äquipotentiallinien als Hilfsmittel zur Felddarstellung (Feldlinien).

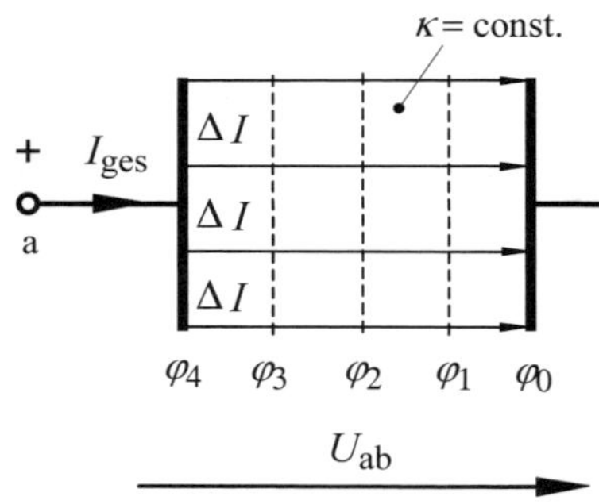

Bild 8.1: Feldbild eines homogenen elektrischen Strömungsfeldes

Eine *Strömungslinie* symbolisiert eine sog. Stromröhre, in der eine konstante Teilströmung ΔI fließt. Die Strömungslinien haben im homogenen Feld den gleichen Abstand zueinander, wenn der Strömungsanteil in jeder Röhre gleich groß gewählt wird. Dann charakterisiert jede Linie den gleichen Betrag einer Teilströmung.

Äquipotentiallinien sind Linien gleichen Potentials, die im Feldbild eines homogenen Feldes nach Bild 8.1 bei gleicher Potentialdifferenz zueinander den gleichen Abstand aufweisen. Im Feldraum sind diese Linien in Wirklichkeit Flächen gleichen Potentials (Äquipotentialflächen), zu denen auch die Elektroden gehören: $U_{ab} = \varphi_4 - \varphi_0$.

Das Potential im Bild 8.1 sinkt längs des Stromes vom Punkt a zum Punkt b ab.

$$\varphi_4 > \varphi_3 > \varphi_2 > \varphi_1 > \varphi_0$$

Für die Potentialdifferenzen gilt dann:

$$\Delta U = \varphi_4 - \varphi_3 = \varphi_3 - \varphi_2 = \varphi_2 - \varphi_1 = \varphi_1 - \varphi_0$$

Strömungslinien treten immer senkrecht aus einer Äquipotentialfläche (z.B. φ_3) aus und treten auch wieder senkrecht in eine andere Äquipotentialfläche (z.B. φ_2) ein. Zur Konstruktion eines vollständigen Feldbildes ist demzufolge lediglich die Kenntnis des Verlaufs einer Linienart erforderlich. Daraus kann dann der Verlauf der anderen Linienart konstruiert werden.

Das Feldmodell im Bild 8.1 kann in Teilbereiche zerlegt werden, wenn man die Anordnung längs zweier Strömungslinien auftrennt und die zugehörigen Äquipotentiallinien als neue Elektroden auffasst.

Feldmodelle zum elektrischen Strömungsfeld werden in der Praxis gelegentlich zur Simulation anderer Strömungsanordnungen oder auch als Hilfsmittel zur Darstellung des Verlaufs elektrostatischer Felder (vgl. Kap. 9) genutzt. Als Grund ist die relativ einfache und mit einem vertretbaren Aufwand verbundene messtechnische Erfassung eines stationären elektrischen Strömungsfeldes zu nennen. Außerdem bewirkt eine Messelektrode im elektrischen Strömungsfeld keine relevante Veränderung des Feldverlaufs.

Zur messtechnischen Beschreibung ist ein maßstäbliches Feldmodell erforderlich. Es wird aus Gründen der Übersichtlichkeit in der Ebene dargestellt und repräsentiert einen Schnitt durch den felderfüllten Raum. Als stoffliches Medium dient leitfähiges Papier, auf das die jeweiligen Elektroden und alle besser leitenden Bereiche mit Leitsilber aufgetragen werden. Störungen in der Anordnung (z.B. Lufteinschlüsse o.Ä.) simuliert man durch Heraustrennen einer Fläche des leitfähigen Papiers ($\kappa \rightarrow 0$).
Bild 8.2 zeigt das Modell der originalen Feldanordnung zur Simulation eines relativ einfachen inhomogenen stationären elektrischen Strömungsfeldes. Der Verlauf der Äquipotentiallinien wird mit Spannungsmessungen bestimmt.

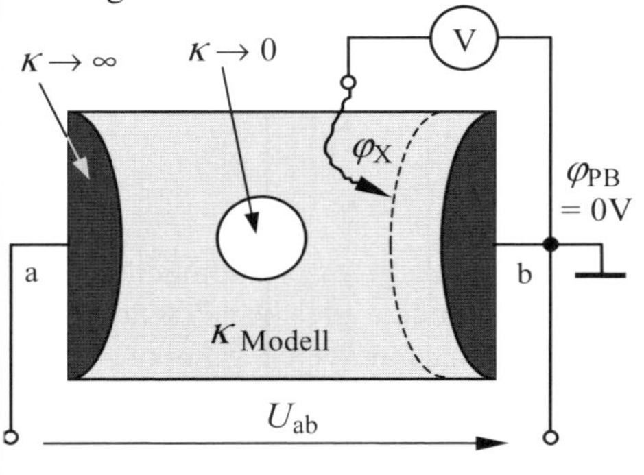

Bild 8.2: Potentialmessung im Feldmodell des Originalfeldes

Über eine Messelektrode, mit der das Feldmodell abgetastet wird, ermittelt man mit einem hochohmigen Spannungsmesser die Punkte gleichen Potentials (φ_X) auf der Feldfläche. Diese Spannungsmessung liefert genau dann eine Aussage über das Potential in einem Messpunkt X, wenn die Messung gegen einen Bezugspunkt mit dem Bezugspotential $\varphi_{PB} = 0$ V ausgeführt wird.

Durch Verbinden aller Punkte gleichen Potentials erhält man eine Äquipotentiallinie. Das Wiederholen dieser Messungen mit anderen Sollwerten führt dann zur gewünschten Potentialverteilung auf der gesamten Feldfläche.

Strömungslinien sind dagegen im Originalfeld nicht so einfach bestimmbar. Bei Verwendung eines komplementären Feldbildes kann man jedoch die bisher angewandte Messmethode beibehalten.

> Der Verlauf der Strömungslinien im komplementären Feldbild ist identisch mit dem Verlauf der Äquipotentiallinien im Originalfeld und umgekehrt.

Zur Konstruktion eines komplementären Feldmodells sind die folgenden Maßnahmen erforderlich:

- Alle Bereiche mit einer sehr hohen Leitfähigkeit (Elektroden und neutrale Körper mit $\kappa \rightarrow \infty$) werden in nicht leitende Bereiche ($\kappa \rightarrow 0$) umgewandelt.
- Alle nicht leitenden Bereiche erhalten eine sehr hohe Leitfähigkeit ($\kappa \rightarrow \infty$).
- Bereiche mit geringer Leitfähigkeit werden im Komplementärfeld in gut leitfähige Bereiche gewandelt und umgekehrt.
- Bei radialsymmetrischen Feldanordnungen ist ggf. eine Zerlegung des Originalmodells z.B. längs einer Symmetrielinie in Teilbereiche erforderlich, die man dann in ein komplementäres Feldmodell überführt.

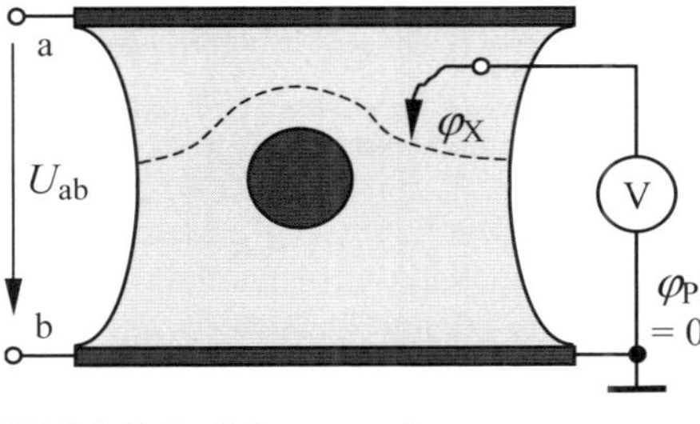

Bild 8.3: Potentialmessung im komplementären Feldmodell

8.2 Beschreibung des stationären elektrischen Strömungsfeldes

8.2.1 Integrale Größen

Integrale Größen beschreiben ein Feld in seiner Gesamtheit bzw. in ausgewählten Teilbereichen. Als Ursache für das Entstehen eines elektrischen Strömungsfeldes wird im Weiteren die von außen angelegte Gesamtspannung aufgefasst. Im Falle einer Gleichspannung handelt es sich dabei um ein *stationäres elektrisches Strömungsfeld.* Bei einer sinusförmigen Wechselspannung ist es als *quasistationäres elektrisches Strömungsfeld* einzustufen. Die Feldgrößen haben einen eingeschwungenen Zustand (quasistationär) erreicht.

Als materialtechnische Bedingung wirkt die spezifische elektrische Leitfähigkeit κ, die jeder technischen Anordnung einen Leitwert G zuordnet (Bauelemente-Kenngröße). Mit Erfüllung der Bauelemente-Bedingung folgt bei aktiver Ursache die Wirkung in Form eines elektrischen Stromes I. Daraus kann der im Bild 8.4 dargestellte Ursache-Wirkungs-Mechanismus abgeleitet werden.

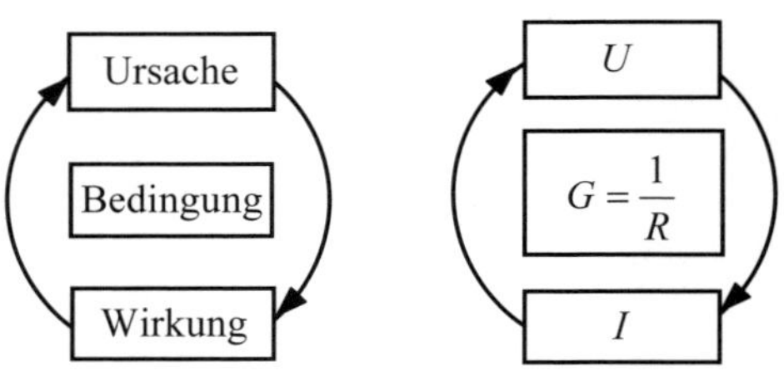

Bild 8.4: Ursache-Wirkungs-Mechanismus im stationären elektrischen Strömungsfeld

Bei dieser Betrachtung (vgl. Abschn. 7.2) ergibt sich die Wirkung I aus dem Produkt von Bedingung G und Ursache U.
Man erhält das OHMsche Gesetz:

$$I = G \cdot U = \frac{U}{R}$$

8.2.2 Ortsbezogene Größen

Ortsbezogene Größen sind an eine Position im felderfüllten Raum gebunden. Sie beschreiben den Betrag einer skalaren Feldgröße oder den Betrag und die Richtung einer vektoriellen Feldgröße in einem beliebigen Punkt des Feldes (*Feldpunkt* FP).

- **Elektrisches Potential φ:**

Das elektrische Potential ist eine skalare Feldgröße.

Das elektrische Potential beschreibt das Energieniveau eines Punktes im felderfüllten Raum, bezogen auf eine punktförmige Probeladung Q_{FP}, die man diesem Punkt zur Definition zuordnet.

Für das Potential eines Feldpunktes FP gilt:

$$\varphi_{FP} = \frac{W_{FP}}{Q_{FP}} \tag{8.1}$$

Verbindet man in einer räumlichen Felddarstellung Punkte gleichen Potentials miteinander, erhält man eine Äquipotentialfläche. Der Wert des elektrischen Potentials dieser Fläche ist von der Lage eines gewählten Potentialbezugspunktes und damit vom Wert des Bezugspotentials abhängig.

- **Elektrische Feldstärke $\vec{E}$:**

Die elektrische Feldstärke ist eine vektorielle Feldgröße, die aus der Änderung des elektrischen Potentials abgeleitet wird.

Die elektrische Feldstärke ein Vektor, der in jedem Feldpunkt in Richtung des größten Potentialgefälles zeigt.

Der Gradient grad (X) einer skalaren Größe X beschreibt einen Vektor in Richtung des größten Funktionsanstieges.

Das Funktionsgefälle wird mit einem negativen Vorzeichen gekennzeichnet.

$$\vec{E} = -\operatorname{grad}(\varphi) \qquad (8.2)$$

Durch eine ausführliche Darstellung von Gleich. (8.2) erhält man:

$$\vec{E} = -\left[\frac{\delta\varphi}{\delta x}\cdot\vec{e}_x + \frac{\delta\varphi}{\delta y}\cdot\vec{e}_y + \frac{\delta\varphi}{\delta z}\cdot\vec{e}_z\right]$$

Somit beschreibt die elektrische Feldstärke in jedem Feldpunkt die Potentialänderung bezogen auf die Wegänderung längs der drei Ortskoordinaten. Eine Feldstärkelinie tritt senkrecht aus der Quellenelektrode bzw. einer Äquipotentialfläche aus. Sie verläuft dann in Richtung des größten Potentialgefälles (Energieabnahme einer positiven Ladung) bis zur Gegenelektrode, in die diese Feldstärkelinie wieder senkrecht eintritt.

Durch formales Umstellen der Gleich. (8.2) erhält man das elektrische Potential über eine Integration der elektrischen Feldstärke längs des Weges s.

$$\varphi = -\int_s \vec{E}\cdot d\vec{s} \qquad (8.3)$$

Für die Festlegung der Integrationsgrenzen in Gleich. (8.3) gilt folgende Überlegung:

Der Wert des Potentials eines Feldpunktes FP_X wird durch das Potential eines frei wählbaren Bezugspunktes P_B bestimmt. Diesem Potentialbezugspunkt kann willkürlich ein Bezugspotential (z.B. $\varphi_{PB} = 0$ V) zugeordnet werden.

Mit Änderung dieser Zuordnung ändern sich dann zwar die Potentialwerte aller Feldpunkte – die Potentialdifferenzen zwischen jeweils zwei Feldpunkten ändern sich aber nicht.

Integriert man vom Potentialbezugspunkt P_B zum Feldpunkt FP_X, erhält man das Potential des Punktes FP_X.

$$\varphi_{FPx} = -\int_{PB}^{FPx} \vec{E}\cdot d\vec{s} = +\int_{FPx}^{PB} \vec{E}\cdot d\vec{s} \qquad (8.4)$$

In einem homogenen Feld (siehe Bild 8.1) sind Betrag und Richtung der elektrischen Feldstärke in jedem Feldpunkt gleich. Zur Beschreibung ist der Betrag ausreichend, da ja die Richtung durch die von außen angelegte Gesamtspannung U_{ab} bekannt ist. Diese Gesamtspannung liegt zwischen den beiden Punkten a und b, also längs einer Strecke. In einem homogenen Feld ist diese Strecke identisch mit dem Abstand l zwischen den Punkten a und b.

$$E = \frac{\varphi_a - \varphi_b}{s} = \frac{U_{ab}}{l} \qquad \text{mit:} \quad [E] = 1\,\frac{\text{V}}{\text{m}}$$

- **Elektrische Stromdichte $\vec{J}$:**

Die Stromdichte ist eine vektorielle Feldgröße, die aus dem Quotienten des differentiellen Stromes und der durchströmten differentiellen Fläche abgeleitet wird.

Die elektrische Stromdichte beschreibt denjenigen Stromanteil dI, der durch das senkrecht ($\perp$) zu den Strömungslinien positionierte Flächenelement $dA_\perp$ fließt, bezogen auf das durchströmte Flächenelement selbst.

Der Vektor der Stromdichte zeigt, wie der Vektor der elektrischen Feldstärke, in jedem Feldpunkt in Richtung des größten Potentialgefälles. Für den Betrag gilt:

$$J = \frac{dI}{dA_\perp} \qquad (8.5)$$

Stromdichte und elektrische Feldstärke verhalten sich proportional zueinander. Die elektrische Stromdichte kann allgemein aus dem Produkt von Raumladungsdichte ρ und der mittleren Driftgeschwindigkeit der Ladungsträger $\vec{v}$ berechnet werden.

$$\vec{J} = \rho \cdot \vec{v} \qquad (8.6)$$

Danach bewirkt eine Änderung der mittleren Driftgeschwindigkeit der Ladungsträger eine Veränderung der Stromdichte.

Der Zusammenhang zwischen der Driftgeschwindigkeit und der elektrischen Feldstärke wird über einen Proportionalitätsfaktor hergestellt, der die Beweglichkeit μ der Ladungsträger beschreibt.

$$\vec{v} = \mu \cdot \vec{E} \qquad (8.7)$$

Durch Einsetzen der Gleich. (8.7) in die Gleich. (8.6) erhält man: $\vec{J} = \rho \cdot \mu \cdot \vec{E}$.

Das Produkt von Raumladungsdichte und Ladungsträgerbeweglichkeit beschreibt die spezifische elektrische Leitfähigkeit κ.
Diese Materialkenngröße $\kappa = \rho \cdot \mu$ ist demzufolge von der Beweglichkeit der Ladungsträger abhängig. Für den Zusammenhang zwischen Stromdichte und elektrischer Feldstärke gilt:

$$\vec{J} = \kappa \cdot \vec{E} \qquad (8.8)$$

In einem homogenen Feld nach Bild 8.1 sind Betrag und Richtung der elektrischen Stromdichte in jedem Feldpunkt gleich. Zur Beschreibung der Stromdichte ist der Betrag ausreichend. Ihre Richtung wird durch die Stromrichtung bestimmt. Dieser Gesamtstrom fließt vom höheren zum niedrigeren Potential und durchdringt senkrecht alle Äquipotentialflächen.

Es gilt: $J = \dfrac{I}{A}$ mit: $[J] = 1\dfrac{\text{A}}{\text{m}^2}$

Der Zusammenhang zwischen integralen und ortsbezogenen Größen kann über Analogiebetrachtungen hergestellt werden. Dazu wird die Potentialänderung $\mathrm{d}\varphi$ (Analogie zur Spannung U) auf ein Wegelement $\mathrm{d}s$ bezogen, das in Normalenrichtung zur Äquipotentialfläche verläuft (Ursache $\vec{E}$).

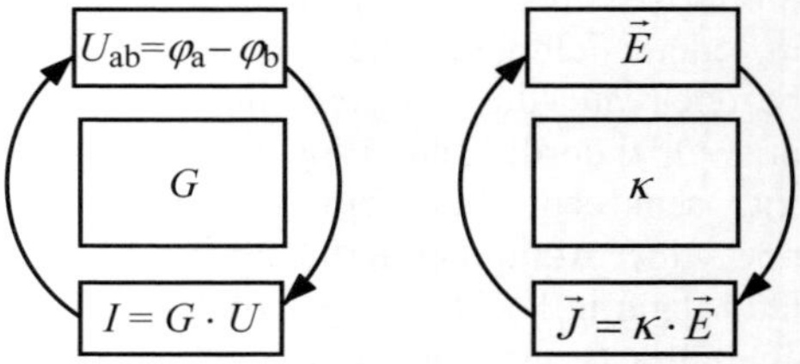

Bild 8.5: Analogie zwischen den integralen und den ortsbezogenen Größen im stationären elektrischen Strömungsfeld

Den differentiellen Strom $\mathrm{d}I$ bezieht man auf ein ($\perp$ = senkrecht) durchströmtes differentielles Flächenelement $\mathrm{d}A_{\perp}$ und erhält so die Wirkung $\vec{J}$.

Der Proportionalitätsfaktor (Bedingung) ist dann nicht mehr der Leitwert G, sondern die spezifische elektrische Leitfähigkeit κ.

Die Gültigkeit solcher Analogiebetrachtungen ist durch die nachfolgende Berechnung am Beispiel eines homogenen Feldes nach Bild 8.1 nachweisbar.

Es gilt das OHMsche Gesetz [Gleich. (2.1)]:

$I = G \cdot U$ mit: $I = J \cdot A$ aus (8.5)

und: $G = \kappa \cdot A / l$ aus (1.7)

Durch Einsetzen der Gleichungen (8.5) und (1.7) in Gleich. (2.1) erhält man:

$$J \cdot A = \kappa \cdot \frac{A}{l} \cdot U \quad \text{bzw.:} \quad J = \kappa \cdot \frac{U}{l} = \kappa \cdot E$$

Eine weitere ortsbezogene Feldgröße ist die Leistungsdichte p. Sie beschreibt den differentiellen Leistungsumsatz in einem differentiellen Volumenelement und stellt eine skalare Feldgröße dar.

$$p = \frac{\mathrm{d}P}{\mathrm{d}V} \qquad (8.9)$$

Die Leistungsdichte kann auch über die vektoriellen Feldgrößen berechnet werden. Zur vereinfachten Herleitung wird wieder ein homogenes Feld vorausgesetzt.

$$p = \frac{P}{V} = \frac{U \cdot I}{l \cdot A} = \frac{U}{l} \cdot \frac{I}{A} = E \cdot J$$

Einheit: $[p] = 1\frac{\mathrm{W}}{\mathrm{m}^3}$

Die Leistungsdichte ergibt sich aus dem Produkt von Feldstärke und Stromdichte. Allgemein gilt:

$$p = \frac{\mathrm{d}P}{\mathrm{d}V} = \vec{E} \cdot \vec{J} \qquad (8.10)$$

8.2.3 Maschen- und Knotenpunktsatz im Strömungsfeld

In einem inhomogenen elektrischen Feld besitzt ein Feldpunkt a das Potential φ_a. Ein anderer Feldpunkt b soll ein Potential φ_b aufweisen, das relativ zum Potential φ_a kleiner ist. Die zwischen den beiden Feldpunkten liegende Spannung kann aus der Potentialdifferenz $U_{ab} = \varphi_a - \varphi_b$ ermittelt werden. Zur Bestimmung des elektrischen Potentials dient Gleich. (8.4).

Integriert man nun zwischen zwei beliebigen Feldpunkten a und b, so erhält man die Spannung zwischen diesen Punkten. Der Zählpfeil zeigt von a nach b.

$$U_{ab} = \int_a^b \vec{E} \cdot \mathrm{d}\vec{s} \qquad (8.11)$$

Das Linienintegral der elektrischen Feldstärke ist unabhängig vom Integrationsweg.

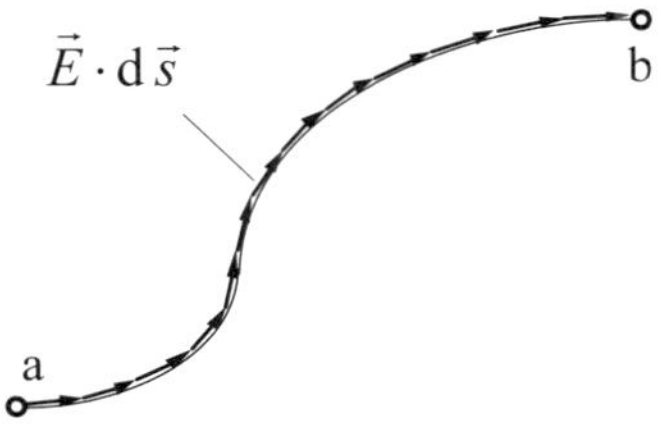

Bild 8.6: Linienintegral der Feldstärke

Wird längs eines geschlossenen Umlaufs integriert (Umlaufintegral der elektrischen Feldstärke), so ist das Ergebnis der Integration gleich null. Diese Aussage entspricht dem Maschensatz [Gleich. (2.4)].

$$\oint \vec{E} \cdot \mathrm{d}\vec{s} = 0 \qquad (8.12)$$

Durch Umstellen der Gleich. (8.5) erhält man eine formale Aussage über eine elektrischen Teilströmung $\mathrm{d}I$, die durch ein Flächenelement $\mathrm{d}\vec{A}$ hindurchdringt.

$$\mathrm{d}I = \vec{J} \cdot \mathrm{d}\vec{A}$$

Die Integration über alle Teilströmungen, die durch eine Fläche A fließen (Flächenintegral der elektrischen Stromdichte), führt zu einer Aussage über den Gesamtstrom, der durch die betrachtete Fläche dringt.

$$I = \int_A \vec{J} \cdot \mathrm{d}\vec{A} \qquad (8.13)$$

Bild 8.7 zeigt eine beliebige räumliche Anordnung, in der sich ein elektrisches Strömungsfeld ausbildet. Durch die Flächenelemente $\mathrm{d}\vec{A}$ fließen Teilströmungen $\mathrm{d}I$.

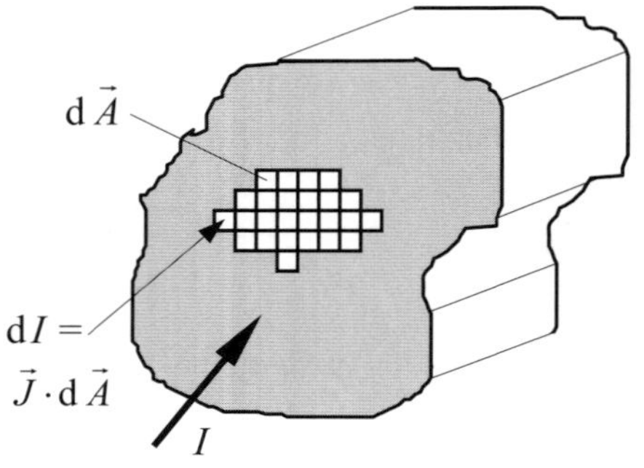

Bild 8.7: Flächenintegral der Stromdichte

Führt man die Integration über der gesamten Stirnfläche (Elektrode als Äquipotentialfläche) der Anordnung im Bild 8.7 aus, so erhält man den durch diese Fläche fließenden Gesamtstrom I.

Integriert man dagegen über die gesamte Oberfläche (Hüllenintegral der elektrischen Stromdichte), so wird das Integrationsergebnis null. Mit A = Hülle (V) gilt:

$$\oint_A \vec{J}\cdot\mathrm{d}\vec{A} = 0 \qquad (8.14)$$

Das resultiert aus der Tatsache, dass jeder elektrische Strom, der in ein räumliches Gebilde (Volumen V) eingespeist wird, auch wieder aus dieser Anordnung herausfließen muss. Diese Aussage entspricht zugleich dem Knotenpunktsatz [Gleich. (2.5)].

Falls in die Anordnung mehrere Ströme eingespeist werden, kommt es zu einer Überlagerung der von den einzelnen Quellen verursachten Strömungsfelder zu einem resultierenden elektrischen Strömungsfeld.

8.2.4 Überlagerung elektrischer Strömungsfelder

Überlagerungen von elektrischen Strömungsfeldern treten immer dann auf, wenn sich ein Feld in einem Raum ausbildet, das von mehreren Quellen hervorgerufen bzw. gespeist wird.

An jedem Ort des vom Feld erfüllten Raumes überlagern sich die von den einzelnen Quellen verursachten Potentiale vorzeichenbehaftet zu einem resultierenden Gesamtpotential in diesem Feldpunkt $\mathrm{FP_X}$.

$$\varphi_\mathrm{X} = \pm\varphi_\mathrm{X1} \pm\varphi_\mathrm{X2} \pm\varphi_\mathrm{X3} \pm\ldots\pm\varphi_\mathrm{Xn}$$

Die Vorzeichen der einzelnen Potentiale werden durch die Polarität der jeweiligen Quelle bestimmt.

An jedem Ort des vom Feld erfüllten Raumes überlagern sich die von den einzelnen Quellen verursachten Feldstärkevektoren durch eine geometrische Addition (siehe Bild 8.8) zur resultierenden Gesamtfeldstärke in diesem Feldpunkt X.

Die gleiche Aussage gilt für die Überlagerung der Vektoren der elektrischen Stromdichte.

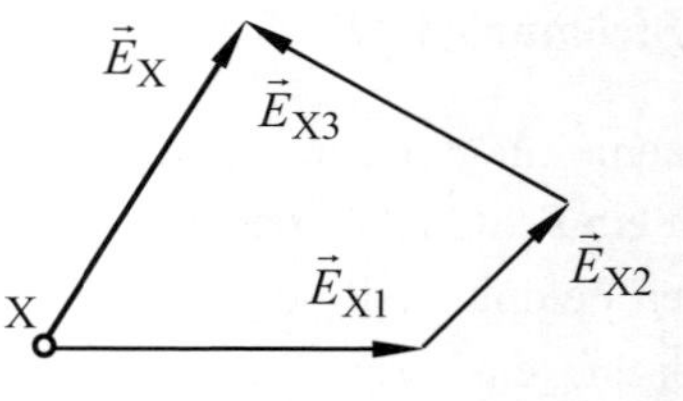

Bild 8.8: Überlagerung vektorieller Feldgrößen am Beispiel von Feldstärkevektoren

Die Richtung der einzelnen Vektoren wird durch die Polarität der jeweiligen Quelle und durch die Position des Feldpunktes $\mathrm{FP_X}$ relativ zur jeweiligen Quelle bestimmt, die diesen Vektor verursacht.

8.3 Berechnung elektrischer Strömungsfelder

8.3.1 Homogene und einfache inhomogene Strömungsfelder

Homogene elektrische Strömungsfelder (siehe Bild 8.1) sind dadurch gekennzeichnet, dass die Feldlinien der vektoriellen Feldgrößen parallel zueinander verlaufen, den gleichen Abstand und die gleiche Richtung haben. Solche Felder kann man mit den üblichen Berechnungsvorschriften der Gleichstromlehre (vgl. Kap. 1 und 2) beschreiben. Für die elektrische Feldstärke und die Stromdichte ist die Angabe der Beträge ausreichend. Es gilt:

$$E = \frac{\varphi_a - \varphi_b}{s} = \frac{U_{ab}}{l} \quad \text{und:} \quad J = \frac{I}{A} = \kappa \cdot E$$

Verändert man die Anordnung im Bild 8.1 in der Art, dass zwei homogene leitfähige Medien mit $\kappa_1 < \kappa_2$ über eine Trennfläche miteinander verbunden werden, so entsteht bereits in seiner Gesamtheit ein einfaches inhomogenes Strömungsfeld. Bild 8.9 zeigt eine Feldanordnung, bei der die Trennfläche senkrecht vom Strom durchflossen wird (Reihenschaltung).

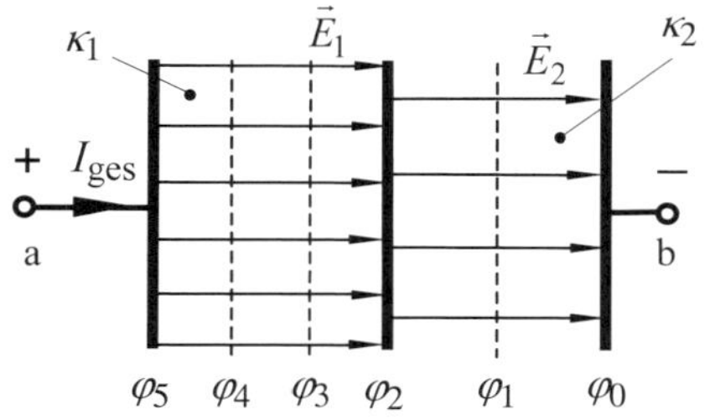

Bild 8.9: Äquipotentiallinien und Feldstärkelinien eines elektrischen Strömungsfeldes mit unterschiedlich leitfähigen Medien

Die Äquipotentiallinien /-flächen verlaufen zwar noch parallel zueinander. Ihr Abstand ist aber in beiden Bereichen unterschiedlich, wenn man sie (wie im Bild 8.1) mit gleichen Potentialdifferenzen ΔU einzeichnet. Durch das geringere Potentialgefälle im rechten Bereich haben die Feldstärkelinien eine geringere Dichte. Das Feldbild der Stromdichtelinien weist dagegen einen homogenen Verlauf auf (Bild 8.10).

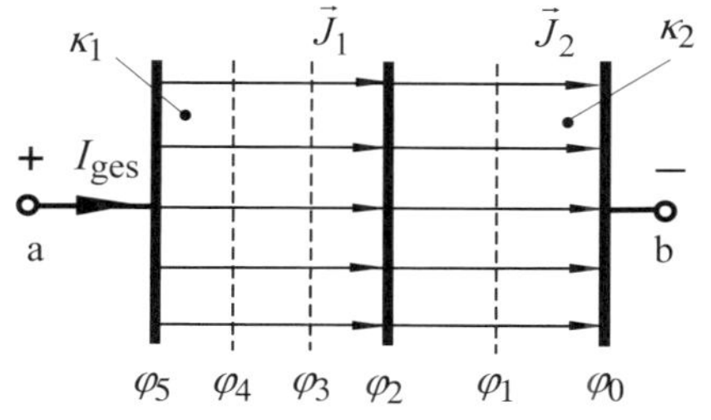

Bild 8.10: Stromdichtelinien zum Bild 8.9

Lehrbeispiel 8.1:

Die Anordnung im Bild 8.11 besteht aus drei verschiedenen Leiterwerkstoffen. Sie wird von einem konstanten Strom I durchflossen und hat einen konstanten Querschnitt A.

Geg.: I; A; a; b; c; $\kappa_1 > \kappa_2 > \kappa_3$; $\varphi_g = 0\ \text{V}$

Berechnen Sie den Gesamtwiderstand und skizzieren Sie den Verlauf des Betrages der elektrischen Feldstärke und des Potentials längs der Strecke x.

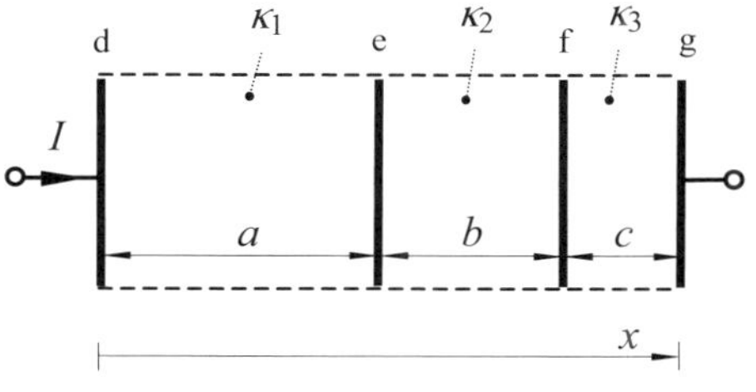

Bild 8.11: Feldanordnung im Lehrbeispiel 8.1

Bild 8.11 kann über drei in Reihe geschaltete Widerstände beschrieben werden. Der Gesamtwiderstand wird mit Gleich. (1.6) berechnet.

$$R_{ges} = R_1 + R_2 + R_3 = \frac{a}{\kappa_1 \cdot A} + \frac{b}{\kappa_2 \cdot A} + \frac{c}{\kappa_3 \cdot A}$$

Die Stromdichte ist überall gleich (vgl. auch Bild 8.10). Die elektrische Feldstärke wird in jedem der drei Bereiche durch die jeweilige elektrische Leitfähigkeit bestimmt. Es gilt:

$$E = \frac{J}{\kappa} \quad \text{und: } E_1 = \frac{J}{\kappa_1} < E_2 = \frac{J}{\kappa_2} < E_3 = \frac{J}{\kappa_3}$$

Die Potentiale der Punkte d, e und f können über das OHMsche Gesetz berechnet werden.

$$\varphi_d = I \cdot (R_1 + R_2 + R_3) = U_{dg}$$

$$\varphi_e = I \cdot (R_2 + R_3); \quad \varphi_f = I \cdot R_3$$

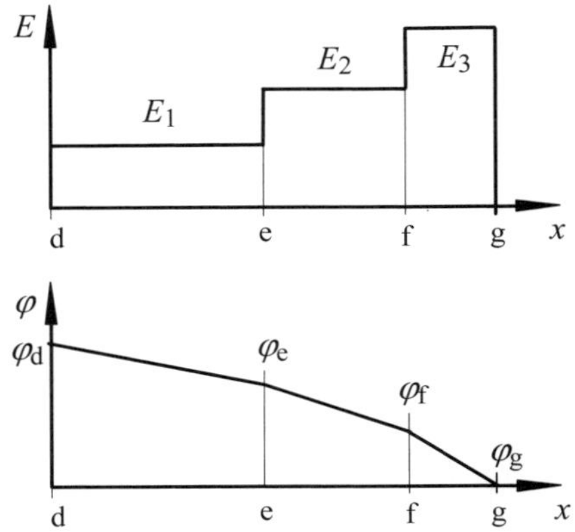

Bild 8.12: Feldstärke- und Potentialverlauf in der Anordnung des Bildes 8.11

Die elektrische Feldstärke bleibt in jedem der drei Bereichen konstant. Das Potential ändert sich in jedem der drei Bereiche linear mit einem Gefälle, das dem zugehörigen Teilwiderstand des betrachteten Bereiches entspricht.

Die Feldlinien inhomogener Felder verlaufen entweder nicht mehr parallel zueinander oder sie haben an verschiedenen Orten des vom Feld erfüllten Raumes unterschiedliche Abstände und/oder verschiedene Richtungen. Durch Aufteilung solcher Anordnungen in hinreichend kleine Feldräume sind praktisch sinnvolle Näherungen auf der Basis der Berechnung homogener Felder möglich (siehe Abschn. 8.1).

Lehrbeispiel 8.2:

Berechnen Sie näherungsweise den Gesamtwiderstand der im Bild 8.13 idealisiert dargestellten Kontaktanordnung. Zur Vereinfachung der Aufgabenstellung sollen die Dicke d und die spezifische elektrische Leitfähigkeit der Anordnung überall gleich sein. *Geg.*: a; b; c; d; κ

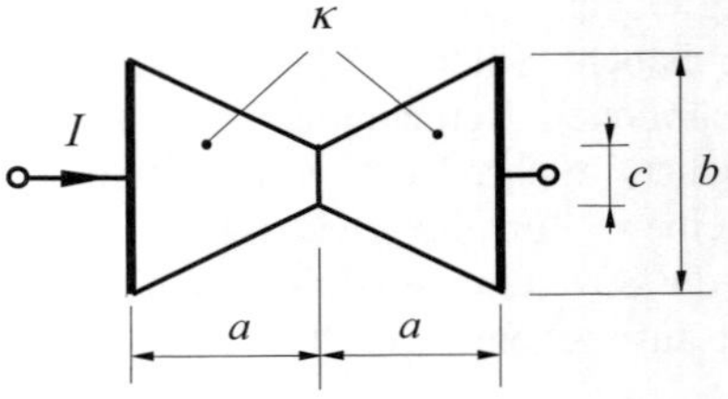

Bild 8.13: Idealisierte Kontaktanordnung

Aus Symmetriegründen ist die Berechnung einer Kontakthälfte ausreichend ($R_{ges} = 2 \cdot R$).

Näherung 1: Rechteckige Außenfläche $c^* \rightarrow b$

$$R_{ges1} = 2 \cdot \frac{a}{\kappa \cdot d \cdot b} \qquad \text{mit: d = Kontaktdicke}$$

Näherung 2: Rechteckige Innenfläche $b^* \rightarrow c$

$$R_{ges2} = 2 \cdot \frac{a}{\kappa \cdot d \cdot c}$$

Näherung 3: Mittlere Fläche $b^* = c^* \rightarrow \frac{b+c}{2}$

$$R_{ges3} = 2 \cdot \frac{2 \cdot a}{\kappa \cdot d \cdot (b+c)}$$

Der Widerstand R_{ges3} muss zwischen den zwei Extremwerten von Näherung 1 und 2 liegen.

Näherung 4: Scheibchen-Methode

Die Anordnung kann in n Scheiben mit der Breite a/n und der mittleren Höhe $\overline{h}$ zerlegt werden. Je größer die Anzahl der Scheiben, desto präziser ist das Näherungsergebnis.

$$R_{ges4} = 2 \cdot \sum_{i=1}^{n} \frac{a/n}{\kappa \cdot d \cdot \overline{h}}$$

8.3.2 Radialsymmetrische Strömungsfelder

Radialsymmetrische Felder sind dadurch gekennzeichnet, dass die Feldlinien der vektoriellen Feldgrößen von einer Äquipotentialfläche (z.B. Elektrode) ausgehen und radial nach außen (bzw. umgekehrt) verlaufen. Solche Feldanordnungen können kugel- oder zylindersymmetrisch sein.

- **Kugelsymmetrisches Strömungsfeld:**

Zunächst soll eine kugelförmige Elektrode (gekennzeichnet mit dem Index 0) betrachtet werden. In diese Kugel wird ein elektrischer Strom $+I_0$ eingespeist. Die Gegenelektrode sei unendlich weit entfernt. Für das leitfähige Medium gilt: $\kappa_{\text{Feld}} = \text{const.}$

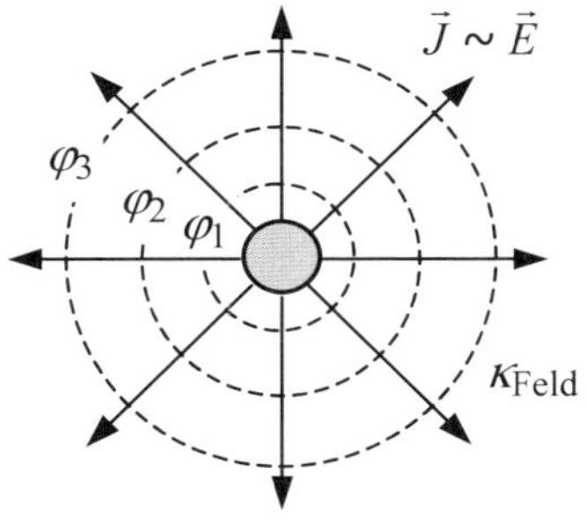

Bild 8.14: Kugelsymmetrisches Strömungsfeld

Auf der Oberfläche der Elektrode stellt sich ein Potential φ_0 (im Bild 8.14 nicht eingezeichnet) ein. Das Potential nimmt nach außen hin ab. Es gilt: $\varphi_0 > \varphi_1 > \varphi_2 > \varphi_3$.

Die Äquipotentialflächen sind Kugeloberflächen, die die Elektrode umhüllen. Ihr Abstand wird nach außen hin größer. Die Feldlinien der vektoriellen Feldgrößen verlaufen von der Elektrodenoberfläche radial nach außen. Ihr Betrag ist infolge $J = \kappa \cdot E$ voneinander verschieden. Die Linien haben demzufolge eine unterschiedliche Dichte.

Der Betrag der Stromdichte kann auf jeder Äquipotentialfläche mit dem Radius r über Gleich. (8.5) wie folgt berechnet werden:

$$J(r) = \frac{I_0}{A_{\text{Kugel}}} = \frac{I_0}{4\pi \cdot r^2}$$

Daraus wird der Betrag der elektrischen Feldstärke über Gleich. (8.8) ermittelt:

$$E(r) = \frac{J(r)}{\kappa_{\text{Feld}}} = \frac{I_0}{4\pi \cdot \kappa_{\text{Feld}} \cdot r^2}$$

Durch Integration der Feldstärke von einem Bezugspunkt P_B mit $r_B \to \infty$ ($\varphi_{PB} = 0$ V) zum Feldpunkt FP_X (hier zu einem Punkt auf einer Kugeloberfläche mit dem Radius r) erhält man gemäß Gleich. (8.4) das Potential auf einer Kugeloberfläche.

$$\varphi(r) = -\int_{P_B}^{FP_X} E \cdot \mathrm{d}r = -\frac{I_0}{4\pi \cdot \kappa_{\text{Feld}}} \cdot \int_{\infty}^{r} \frac{1}{r^2} \cdot \mathrm{d}r$$

$$\varphi(r) = \frac{I_0}{4\pi \cdot \kappa_{\text{Feld}}} \cdot r^{-1} \Big|_{\infty}^{r}$$

$$\varphi(r) = \frac{I_0}{4\pi \cdot \kappa_{\text{Feld}} \cdot r} \qquad (8.15)$$

Ersetzt man nun z.B. die Äquipotentialfläche mit φ_3 im Bild 8.14 durch eine reale Gegenelektrode, ändert sich der Feldverlauf im Bereich $r_0 \leq r \leq r_3$ nicht.

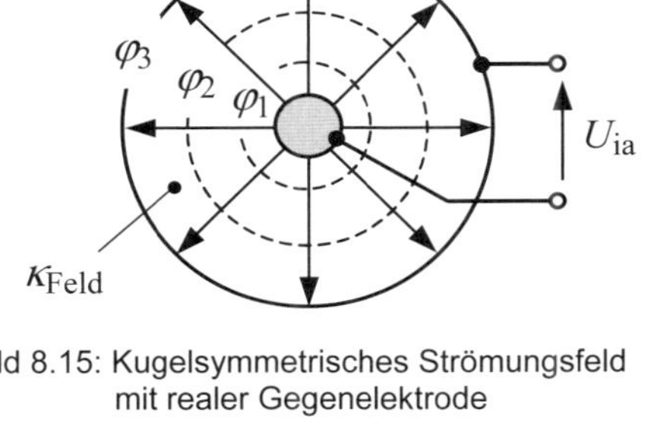

Bild 8.15: Kugelsymmetrisches Strömungsfeld mit realer Gegenelektrode

Die beiden Elektroden haben jetzt die Radien $r_0 = r_i$ (innen) und $r_3 = r_a$ (außen). Im Raum zwischen ihnen befindet sich ein homogener Leiterwerkstoff mit der elektrischen Leitfähigkeit κ_{Feld} = const.

Zwischen diesen beiden Elektroden fällt eine Spannung U_{ia} ab, die aus der Differenz der Potentiale $\varphi_0 = \varphi_i$ und $\varphi_3 = \varphi_a$ berechnet werden kann. Mit Gleich. (8.15) gilt:

$$U_{ia} = \varphi_i - \varphi_a = \frac{I_0}{4\pi \cdot \kappa_{Feld} \cdot r_i} - \frac{I_0}{4\pi \cdot \kappa_{Feld} \cdot r_a}$$

$$U_{ia} = \frac{I_0}{4\pi \cdot \kappa_{Feld}} \cdot \left(\frac{1}{r_i} - \frac{1}{r_a}\right) \qquad (8.16)$$

Der Widerstand einer solchen Anordnung wird über das OHMsche Gesetz bestimmt. Durch Einsetzen von Gleich. (8.16) in Gleich. (2.1) kürzt sich der Strom I_0 heraus.

$$R_{ia} = \frac{\varphi_i - \varphi_a}{I_0} = \frac{U_{ia}}{I_0}$$

$$R_{ia} = \frac{1}{4\pi \cdot \kappa_{Feld}} \cdot \left(\frac{1}{r_i} - \frac{1}{r_a}\right) \qquad (8.17)$$

Lehrbeispiel 8.3:

Eine Halbkugel mit dem Radius r_0 wird zum Zwecke der Ableitung eines Stromes I_0 in das Erdreich eingesetzt. Das Erdreich hat eine mittlere spezifische Leitfähigkeit κ_{Erde}.

Berechnen Sie allgemein den Übergangswiderstand $R_Ü$ des Halbkugelerders, die maximale Schrittspannung $U_{s,max}$ bei einer Schrittlänge s (ca. 1 m) und skizzieren Sie den Potentialverlauf $\varphi = f(r)$ auf der Erdoberfläche.

Der Übergangswiderstand des Halbkugelerders kann mit Gleich. (8.17) berechnet werden, wenn die halbe Fläche eingesetzt und der Radius der Gegenelektrode r_a als unendlich weit entfernt angenommen wird (φ_{PB} = 0 V).

$$R_Ü = \frac{\varphi_0 - \varphi_{PB}}{I_0} = \frac{1}{2\pi \cdot \kappa_{Erde} \cdot r_0}$$

Wie Bild 8.16 zeigt, münden die Äquipotentialflächen eines aktiven Halbkugelerders in der Erdoberfläche. Läuft ein Mensch über diese Oberfläche, überbrückt er mit einem Schritt der Länge s zwei Punkte unterschiedlichen Potentials (Schrittspannung). Die maximale Schrittspannung tritt auf, wenn sich ein Mensch vom äußeren Rand des Halbkugelerders (φ_0) einen Schritt entlang einer Feldstärkelinie vom Erder wegbewegt (φ_s) oder umgekehrt.

$$U_{s,max} = \varphi_0 - \varphi_s$$

$$U_{s,max} = \frac{I_0}{2\pi \cdot \kappa_{Erde} \cdot r_0} - \frac{I_0}{2\pi \cdot \kappa_{Erde} \cdot (r_0 + s)}$$

$$U_{s,max} = \frac{I_0}{2\pi \cdot \kappa_{Erde}} \cdot \left(\frac{1}{r_0} - \frac{1}{r_0 + s}\right)$$

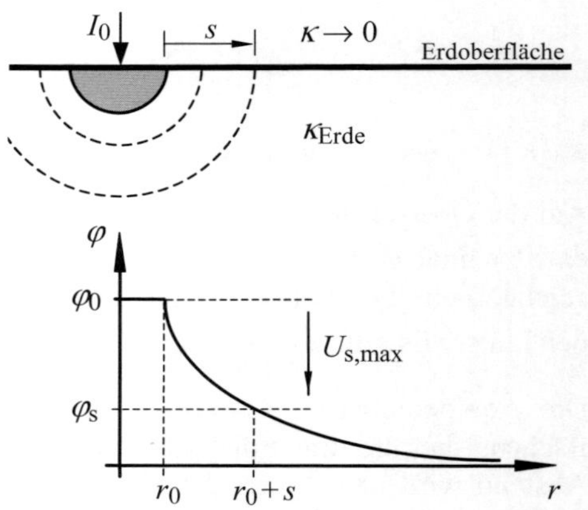

Bild 8.16: Potentialverlauf eines Halbkugelerders längs der Erdoberfläche

Das Potential bleibt auf der Oberfläche der Halbkugel konstant und strebt ab r_0 nach einer

Hyperbelfunktion längs der Erdoberfläche gegen null. Über zwei beliebigen Punkten auf der Erdoberfläche, die einen ungleichen Abstand zum Mittelpunkt der Halbkugel haben, fällt eine Spannung ab, die für Mensch und Tier lebensgefährlich werden kann.

- **Zylindersymmetrisches Strömungsfeld:**

Die Berechnung eines zylindersymmetrischen Feldes ist analog zum kugelsymmetrischen Feld möglich, wenn statt der Kugeloberfläche die Mantelfläche eines Zylinders eingesetzt wird.

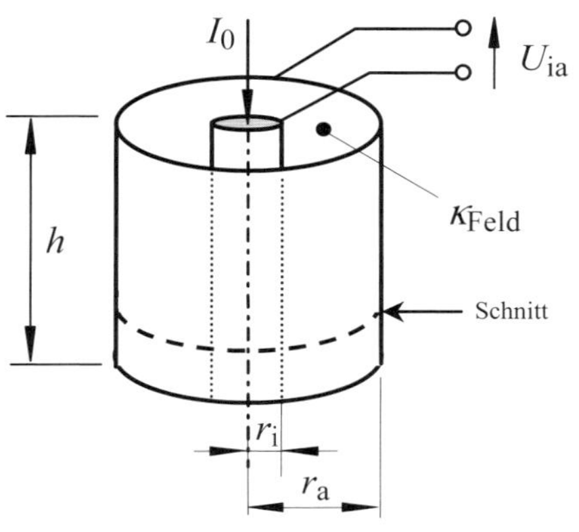

Bild 8.17: Zylindersymmetrische Anordnung

Die Feldlinien der vektoriellen Feldgrößen verlaufen vom Innenzylinder zum Außenzylinder, wenn in den Innenzylinder ein Strom $+I_0$ eingespeist wird. Legt man einen Schnitt quer durch die zylindrische Anordnung, entsteht auf der Schnittfläche das im Bild 8.15 dargestellte Feldbild. Der Betrag der Stromdichte kann auf jeder Äquipotentialfläche mit dem Radius r über Gleich. (8.5) wie folgt berechnet werden:

$$J(r) = \frac{I_0}{A_{\text{Zylinder}}} = \frac{I_0}{2\pi \cdot h \cdot r}$$

Die Richtung ist infolge der Radialsymmetrie der Anordnung bekannt.

Daraus wird der Betrag der elektrischen Feldstärke über Gleich. (8.8) ermittelt:

$$E(r) = \frac{J(r)}{\kappa_{\text{Feld}}} = \frac{I_0}{2\pi \cdot \kappa_{\text{Feld}} \cdot h \cdot r}$$

Zur Bestimmung des Potentials auf einer beliebigen Äquipotentialfläche mit dem Radius r (Normierung: $\{r\} = r \,/\, 1\text{ m}$) zwischen Innen- und Außenzylinder kann wieder Gleich. (8.4) verwendet werden.

Als Potentialbezugspunkt P_B wird jetzt ein Punkt auf der Oberfläche des Außenzylinders ($\varphi_{ra} = \varphi_{PB} = 0\text{ V}$) gewählt.

$$\varphi(r) = -\int_{P_B}^{FPx} E \cdot \mathrm{d}r = -\frac{I_0}{2\pi \cdot \kappa_{\text{Feld}} \cdot h} \cdot \int_{r_a}^{r} \frac{1}{r} \cdot \mathrm{d}r$$

Durch Wechseln der Integrationsgrenzen ändert sich das Vorzeichen von $\varphi(r)$.

$$\varphi(r) = \frac{I_0}{2\pi \cdot \kappa_{\text{Feld}} \cdot h} \cdot \ln\{r\} \Big|_{r}^{r_a}$$

$$\varphi(r) = \frac{I_0}{2\pi \cdot \kappa_{\text{Feld}} \cdot h} \cdot \ln\frac{r_a}{r} \qquad (8.18)$$

Die Spannung U_{ia} zwischen Innen- und Außenzylinder ergibt sich dann aus der Differenz der Potentiale φ_i und φ_a.

$$U_{ia} = \frac{I_0}{2\pi \cdot \kappa_{\text{Feld}} \cdot h} \cdot \ln\frac{r_a}{r_i} \qquad (8.19)$$

Mit Gleich. (8.19) kann der Gesamtwiderstand einer zylindersymmetrischen Feldanordnung über das OHMsche Gesetz ermittelt werden. Es gilt: $R_{ia} = U_{ia} / I_0$.

$$R_{ia} = \frac{1}{2\pi \cdot \kappa_{\text{Feld}} \cdot h} \cdot \ln\frac{r_a}{r_i} \qquad (8.20)$$

Berechnungsbeispiel 8.1:

Über einen Halbkugelerder wird ein Strom $I_0 = 10$ kA (Blitzeinschlag) ins Erdreich abgeleitet. Im Bereich $r_0 < r < r_1$ hat das Erdreich die elektrische Leitfähigkeit $\kappa_1 = 0{,}1$ S / m und im Bereich $r > r_1$ die Leitfähigkeit $\kappa_2 = 0{,}03$ S / m. *Geg.*: $r_0 = 0{,}2$ m; $r_1 = 0{,}8$ m; $r_A = 0{,}7$ m; $r_B = 1{,}1$ m

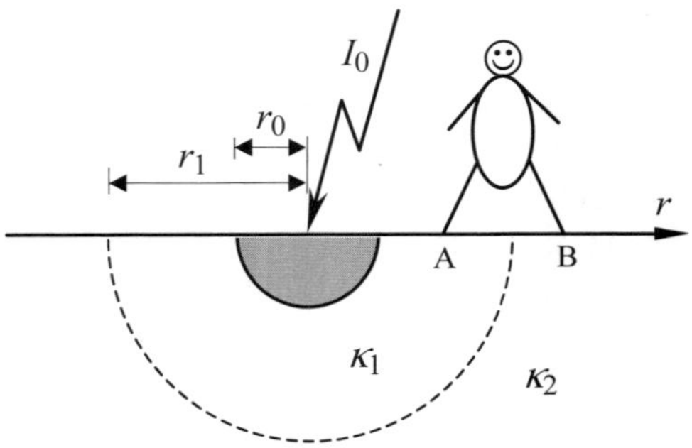

a) Skizzieren Sie den Verlauf der Stromdichte $J = f(r)$ und der Feldstärke $E = f(r)$.

b) Berechnen Sie den Übergangswiderstand $R_Ü$ des Erders.

c) Welches Potential hat der Erder auf seiner Oberfläche?

d) Welcher Schrittspannung $U_s = U_{AB}$ ist ein Mensch ausgesetzt, der gemäß Bild 8.18 neben dem Erder steht?

Bild 8.18: Halbkugelerder zum Berechnungsbeispiel 8.1

Zu a) Verlauf der Beträge der Stromdichte und der elektrischen Feldstärke:

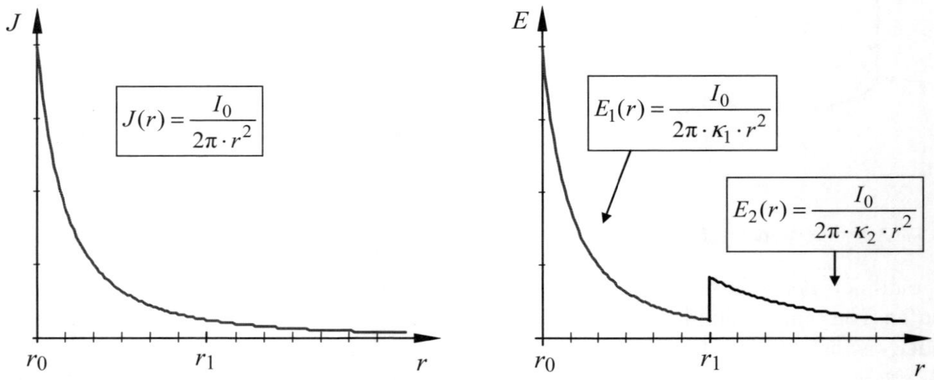

Bild 8.19: Prinzipieller Verlauf der Stromdichte und der Feldstärke im Bereich $r_0 \leq r \leq 2 \cdot r_1$

Zu b) Die Anordnung im Bild 8.18 besteht aus einer Reihenschaltung zweier Übergangswiderstände: $R_Ü = R_{Ü1} + R_{Ü2}$. Der Übergangswiderstand $R_{Ü1}$ bildet sich zwischen r_0 und r_1 aus. Es handelt sich hierbei um den Halbkugelerder mit einer Gegenelektrode. Ihre Oberfläche wird durch r_1 bestimmt. Der Übergangswiderstand $R_{Ü2}$ beschreibt dann den Widerstand zwischen r_1 und $r \to \infty$ (Halbkugelerder mit unendlich weit entfernter Gegenelektrode).

$$R_{Ü1} = \frac{1}{2\pi \cdot \kappa_1} \cdot \left(\frac{1}{r_0} - \frac{1}{r_1}\right) = 5{,}97\ \Omega \quad \text{und:} \quad R_{Ü2} = \frac{1}{2\pi \cdot \kappa_2} \cdot \left(\frac{1}{r_1} - \frac{1}{\infty}\right) = 6{,}63\ \Omega$$

$$R_Ü = R_{Ü1} + R_{Ü2} = 12{,}6\ \Omega$$

Zu c) Das Potential auf der Oberfläche des Halbkugelerders kann mit dem OHMschen Gesetz berechnet werden: $\varphi_0 = I_0 \cdot R_{Ü} = 126 \text{ kV}$

Zu d) Die Schrittspannung zwischen den Punkten A und B liegt über dem Widerstand zwischen diesen Punkten: $U_{AB} = I_0 \cdot R_{AB}$. Dieser Widerstand R_{AB} wird schrittweise zwischen r_A und r_1 sowie zwischen r_1 und r_B ermittelt. Dann gilt: $U_{AB} = I_0 \cdot (R_{A1} + R_{1B})$.

$$R_{A1} = \frac{1}{2\pi \cdot \kappa_1} \cdot \left(\frac{1}{r_A} - \frac{1}{r_1}\right) = 0{,}284\ \Omega\,; \qquad R_{1B} = \frac{1}{2\pi \cdot \kappa_2} \cdot \left(\frac{1}{r_1} - \frac{1}{r_B}\right) = 1{,}809\ \Omega\,; \qquad U_{AB} = 20930 \text{ V}$$

Berechnungsbeispiel 8.2:

Um den Übergangswiderstand $R_{ÜA}$ eines Halbkugelerders A zu bestimmen, werden in einem größeren Abstand zwei Hilfserder B und C gesetzt und dann die drei möglichen Widerstände R_{AB}, R_{AC} und R_{BC} gemessen. Der Erder A ist eine Halbkugel mit dem Radius $r_A = 0{,}5$ m. B und C können als Halbkugeln mit den Radien $r_B = r_C = 0{,}04$ m aufgefasst werden.

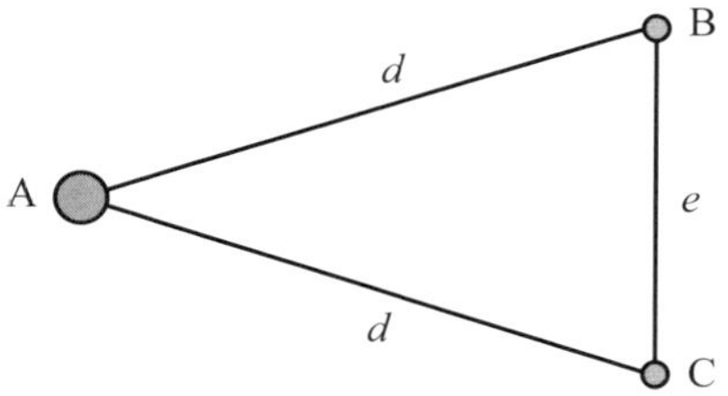

a) Wie groß müssen die Abstände d und e mindestens sein, damit der Messfehler nicht größer als 1 % ist?

b) Berechnen Sie den Übergangswiderstand $R_{ÜA}$ als Funktion der Messwerte R_{AB}, R_{AC} und R_{BC}.

Bild 8.20: Lage der Erder im Berechnungsbeispiel 8.2

Der Übergangswiderstand $R_{ÜA}$ des Erders A ist derjenige Widerstand, den der Erder gegenüber einer unendlich weit entfernten Gegenelektrode (Erdkern) aufweist. Lässt man einen Messfehler von 1 % zu, so ergibt sich ein Übergangswiderstand $R_{ÜA}$*, der sich gegenüber einer virtuellen Gegenelektrode mit dem Radius r_x ausbildet. Es gilt: $R_{ÜA}^* = 0{,}99\ R_{ÜA}$. Eine analoge Aussage kann zu den Übergangswiderständen der Hilfserder B und C abgeleitet werden.

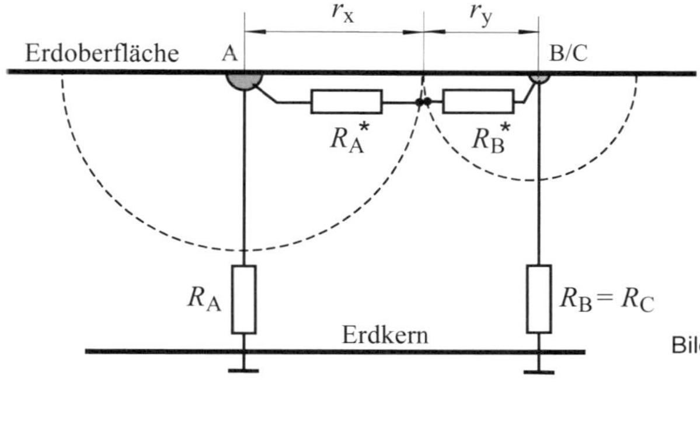

Bild 8.21: Übergangswiderstände der Erder im Berechnungsbeispiel 8.2

Zur Bestimmung der Strecken d und e sind die Radien der virtuellen Gegenelektroden so zu berechnen, dass die Gegenelektroden genau aneinander grenzen und jeweils ein Übergangswiderstand von 99 % des tatsächlichen Wertes entsteht.

$$R_{ÜA} = \frac{1}{2\pi \cdot \kappa \cdot r_A} \quad \text{und:} \quad R^*_{ÜA} = \frac{1}{2\pi \cdot \kappa} \cdot \left(\frac{1}{r_A} - \frac{1}{r_x}\right)$$

$$R^*_{ÜA} = 0{,}99 R_{ÜA} \quad \Rightarrow \quad \frac{1}{2\pi \cdot \kappa} \cdot \left(\frac{1}{r_A} - \frac{1}{r_x}\right) = \frac{0{,}99}{2\pi \cdot \kappa \cdot r_A}$$ Dieser Ausdruck ist nach r_x umzustellen.

$$\frac{1}{r_A} - \frac{1}{r_x} = \frac{0{,}99}{r_A} \quad \Rightarrow \quad r_x = \frac{r_A}{0{,}01} = 100 \cdot r_A = 50 \text{ m} \quad \text{und:} \quad r_y = \frac{r_B}{0{,}01} = 100 \cdot r_B = 4 \text{ m}$$

Die Strecken d und e ergeben sich wie folgt aus den Radien r_x und r_y (vgl. Bilder 8.20 und 8.21).

$d = r_x + r_y = 54$ m und: $e = r_y + r_y = 8$ m

Nun können die Hilfserder ins Erdreich eingesetzt werden. Die Messung der drei Widerstände zwischen den Punkten A, B und C führt zu folgenden Ergebnissen:

$$R_{AB} = 426\ \Omega; \quad R_{AC} = 419\ \Omega; \quad R_{BC} = 791\ \Omega$$

Daraus ergibt sich der Übergangswiderstand des Erders A, obwohl die elektrische Leitfähigkeit der Erde (die ja im Erdreich auch nicht konstant ist) nicht gegeben ist. Zur Berechnung wird die Anordnung gemäß Abschn. 4.4.1 als ein allgemeiner Dreipol aufgefasst. Nach Gleich. (4.14) gilt dann:

$$R_A = \frac{R_{AB} + R_{AC} - R_{BC}}{2} = \frac{426\ \Omega + 419\ \Omega - 791\ \Omega}{2} = 27\ \Omega$$

Berechnungsbeispiel 8.3:

Berechnen und skizzieren Sie für das zylindersymmetrische Strömungsfeld im Bild 8.22 den Potentialverlauf $\varphi_x = f(r_x)$ für unterschiedliche Festlegungen der Lage des Potentialbezugspunktes P_B.

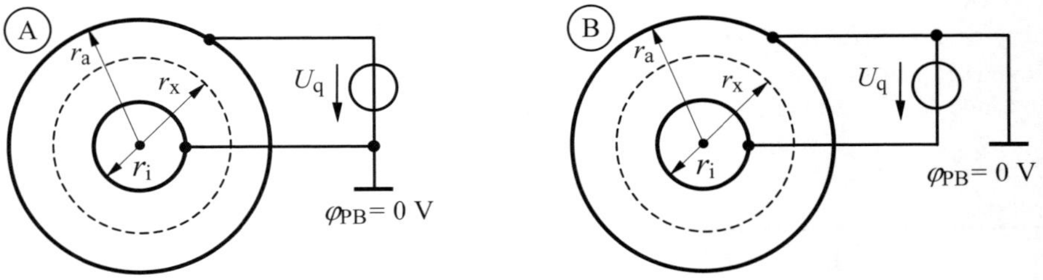

Bild 8.22: Zylindersymmetrisches Strömungsfeld des Berechnungsbeispiels 8.3

Das zu berechnende Potential φ_x wurde im Bild 8.22 mit einer Äquipotentiallinie (gestrichelt) angedeutet. Bei einem variablen Radius $r_i \leq r_x \leq r_a$ nimmt das Potential φ_x auf dieser Linie, die die Mantelfläche eines Zylinders im Schnitt darstellt, von innen nach außen zu (Bild 8.23).

Im Fall A (linke Seite des Bildes 8.22) liegt der Potentialbezugspunkt P_B auf dem Innenzylinder. Der Strom fließt vom Außenzylinder zum Innenzylinder. Daran ändert sich auch nichts, wenn im Fall B der Potentialbezugspunkt P_B auf den Außenzylinder gelegt wird. Relativ zum Innenzylinder besitzt der Außenzylinder ein höheres Potential.

In einem zylindersymmetrischen Strömungsfeld berechnet sich das Potential an der Stelle x über Gleich. (8.18), wenn der Potentialbezugspunkt P_B auf dem Außenzylinder liegt (hier: Fall B).

$$\varphi(r) = \frac{I_0}{2\pi \cdot \kappa_{\text{Feld}} \cdot h} \cdot \ln\frac{r_a}{r} \qquad \Rightarrow \qquad \varphi_{xB}(r_x) = \frac{I_0}{2\pi \cdot \kappa_{\text{Feld}} \cdot h} \cdot \ln\frac{r_a}{r_x} \tag{8.21}$$

Im Fall A liegt der Potentialbezugspunkt P_B auf dem Innenzylinder. Dann gilt:

$$\varphi_{xA}(r_x) = \frac{I_0}{2\pi \cdot \kappa_{\text{Feld}} \cdot h} \cdot \ln\frac{r_i}{r_x} = \frac{-I_0}{2\pi \cdot \kappa_{\text{Feld}} \cdot h} \cdot \ln\left(\frac{r_i}{r_x}\right)^{-1} \qquad \Rightarrow \qquad \varphi_{xA}(r_x) = \frac{-I_0}{2\pi \cdot \kappa_{\text{Feld}} \cdot h} \cdot \ln\frac{r_x}{r_i} \tag{8.22}$$

I_0 kann über das OHMsche Gesetz ausgedrückt werden. Durch Einsetzen von Gleich. (8.19) ermittelt man diesen Strom mit den Festlegungen im Bild 8.17 ($+\,U_{ia} = \varphi_i - \varphi_a$). Die Quellenspannung U_q ist aber in diesem Berechnungsbeispiel (siehe Zählpfeil im Bild 8.22) vom Außenzylinder zum Innenzylinder gerichtet. Somit gilt im Vergleich mit Bild 8.17: $U_{ia} = -\,U_q$.

$$I_0 = \frac{U_{ia}}{R_{ia}} = \frac{U_{ia}}{\dfrac{1}{2\pi \cdot \kappa_{\text{Feld}} \cdot h} \cdot \ln\dfrac{r_a}{r_i}} = -U_q \cdot \frac{2\pi \cdot \kappa_{\text{Feld}} \cdot h}{\ln\dfrac{r_a}{r_i}}$$

Durch Einsetzen dieses Stromes I_0 in die beiden Gleich. (8.21) und (8.22) erhält man:

$$\varphi_{xA}(r_x) = +U_q \cdot \frac{\ln(r_x / r_i)}{\ln(r_a / r_i)} \qquad\qquad \varphi_{xB}(r_x) = -U_q \cdot \frac{\ln(r_a / r_x)}{\ln(r_a / r_i)}$$

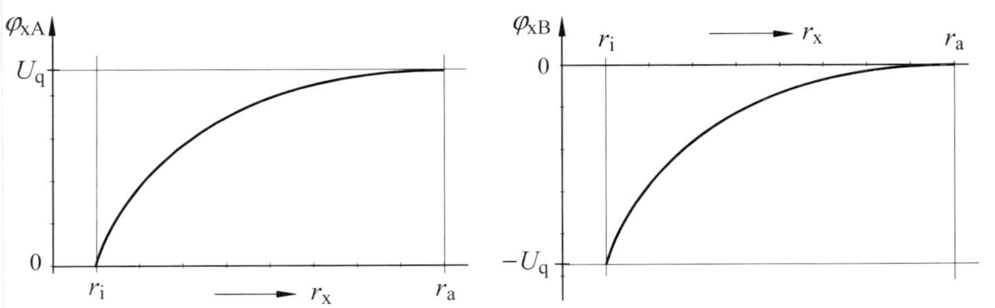

Bild 8.23: Potentialverlauf im zylindersymmetrischen Strömungsfeld

Berechnungsbeispiel 8.4:

Drei Halbkugelerder werden an den Eckpunkten eines gleichseitigen Dreiecks mit der Seitenlänge a angeordnet. In den Erder A fließt der Strom I_A hinein. Aus den Erdern B und C fließt er je zur Hälfte wieder heraus. Der Radius der Erder ist viel kleiner als ihr Abstand zueinander. Der Potentialbezugspunkt P_B liegt unendlich weit entfernt.

Der Messpunkt X liegt genau auf der Mitte der Verbindungslinie zwischen den Erdern B und C. In diesem Punkt X werden ein Potential $\varphi_X = -112$ V und eine Feldstärke $E_X = 29{,}47$ V/m gemessen.

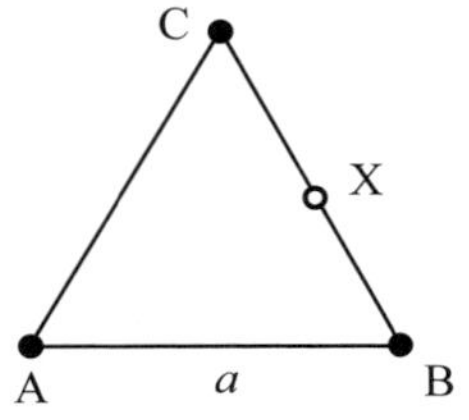

Berechnen Sie den Abstand a zwischen den Erdern und den in den Erder A hineinfließenden Strom I_A.
($\kappa_{Erde} = 10^{-2}$ S/m)

Bild 8.24: Erderanordnung im Berechnungsbeispiel 8.4

Die Feldstärke sowie das Potential im Punkt X setzen sich aus jeweils drei Teilkomponenten zusammen (Überlagerung; vgl. Abschn. 8.2.4), da drei Quellen in der Anordnung wirksam sind. Infolge der Symmetrie der Erderanordnung heben sich die Teilfeldstärken der Erder B und C im Punkt X auf. Für den Betrag der elektrischen Feldstärke im Punkt X gilt: $E_X = E_{XA}$.
Die Strecke A-X (identisch mit der Strecke r_A) ist eine Kathete des rechtwinkligen Dreiecks A-X-B.

$$E_{XA} = \frac{I_A}{2\pi \cdot \kappa_{Erde} \cdot r_A^2} \quad \text{mit:} \quad r_A^2 = a^2 - (\frac{a}{2})^2 = \frac{3}{4} a^2$$

Diese Beziehung wird nach dem gesuchten Strom I_A umgestellt. Die Feldstärke E_{XA} ist ja als Messwert E_X bekannt. $I_A = 1{,}5\pi \cdot \kappa_{Erde} \cdot a^2 \cdot E_{XA} = 1{,}5\pi \cdot \kappa_{Erde} \cdot a^2 \cdot E_X$ (8.23)

Die Strecke a kann nun aus dem gemessenen Potential berechnet werden.

$$\varphi_X = \varphi_{XA} + \varphi_{XB} + \varphi_{XC} = \frac{I_A}{2\pi \cdot \kappa_{Erde} \cdot r_A} + \frac{I_B}{2\pi \cdot \kappa_{Erde} \cdot r_B} + \frac{I_C}{2\pi \cdot \kappa_{Erde} \cdot r_C} \qquad \text{mit: } I_B = I_C = -I_A / 2$$

$$\varphi_X = \frac{I_A}{2\pi \cdot \kappa_{Erde} \cdot 0{,}866 \cdot a} - \frac{I_A / 2}{2\pi \cdot \kappa_{Erde} \cdot a/2} - \frac{I_A / 2}{2\pi \cdot \kappa_{Erde} \cdot a/2} = -\frac{0{,}8453 \cdot I_A}{2\pi \cdot \kappa_{Erde} \cdot a}$$

Jetzt wird noch Gleich. (8.23) für I_A eingesetzt und nach der gesuchten Strecke a umgestellt.

$$\varphi_X = \frac{-0{,}8453 \cdot (1{,}5\pi \cdot \kappa_{Erde} \cdot a^2 \cdot E_X)}{2\pi \cdot \kappa_{Erde} \cdot a} = -0{,}634 \cdot a \cdot E_X \quad \text{und:} \quad a = \frac{\varphi_X}{-0{,}634 \cdot E_X} = 6 \text{ m}$$

Durch Einsetzen der Strecke a erhält man einen Strom $I_A = 50$ A.

Berechnungsbeispiel 8.5:

Skizzieren Sie den prinzipiellen Verlauf der Feldbilder eines Strömungsfeldes mit zwei kugelförmigen Elektroden mit dem gleichen Radius r_0, die sich in einem Abstand d zueinander befinden. Der Potentialbezugspunkt P_B ist unendlich weit entfernt. Es gilt: $\kappa_{Feld} = \text{const.}$

a) In eine Elektrode fließt ein Strom I_0 (+) hinein. Aus der anderen Elektrode (–) fließt er heraus.

b) In beide Elektroden fließt ein Strom I_0 (+) hinein.

Zunächst wird aus Gründen der Anschaulichkeit nur der Verlauf der Äquipotentiallinien dargestellt. Bei ungleicher Polarität der Stromeinspeisung (Bild 8.25; links) bilden die Äquipotentialflächen voneinander getrennte Hüllflächen, die die jeweilige Elektrode umschließen. Bei gleicher Polarität der Stromeinspeisung (Bild 8.25; rechts) vereinigen sich die Äquipotentialflächen ab einem bestimmten Potential, das durch den Abstand d bestimmt wird, miteinander. Sie bilden jetzt gemeinsame Hüllflächen um beide Elektroden. Die Feldbilder sind symmetrisch (siehe Symmetrieachse im Bild 8.25; rechts), wenn die Ströme den gleichen Betrag haben und die Radien beider Kugeln gleich sind.

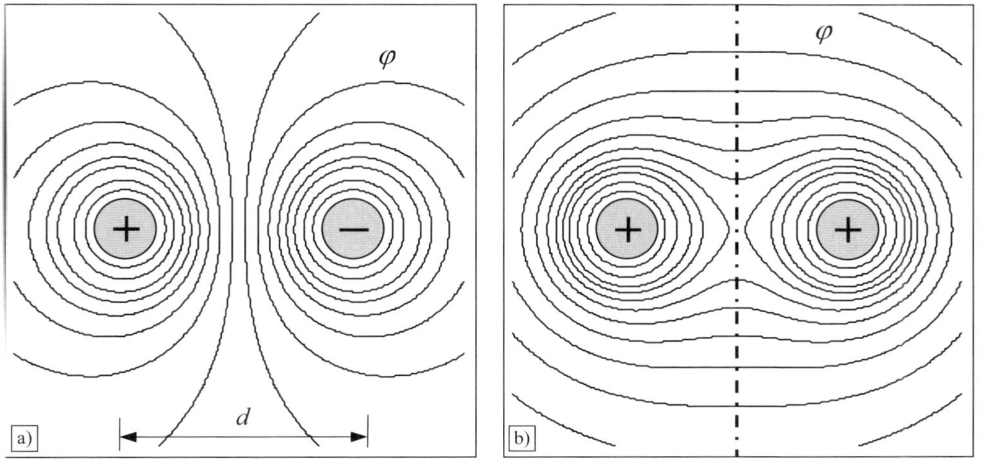

Bild 8.25: Skizze zum prinzipiellen Verlauf der Äquipotentiallinien im Berechnungsbeispiel 8.5 (Schnittdarstellung bei einem Schnitt durch die Mitte beider Kugelelektroden)

Nun wird daraus das vollständige Feldbild (Äquipotentiallinien und Feldstärke- bzw. Stromdichtelinien) konstruiert. Zur besseren Unterscheidung sind die Äquipotentiallinien jetzt gestrichelt dargestellt. Die Stromdichtelinien verlaufen wie die Feldstärkelinien. Sie haben jedoch eine andere Dichte.

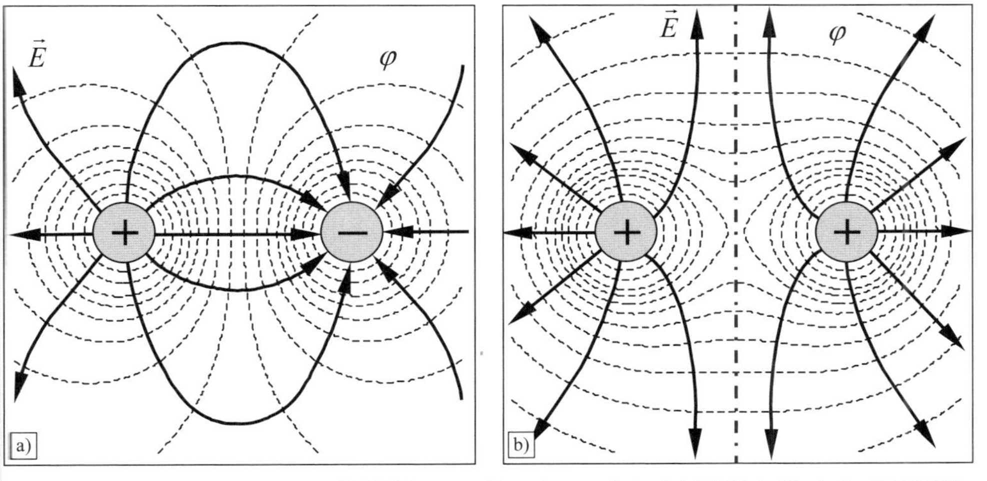

Bild 8.26: Skizze des vollständigen Feldbildes zum Berechnungsbeispiel 8.5 (Schnitt wie im Bild 8.25)

Wie Bild 8.26 am Beispiel der elektrischen Feldstärke zeigt, verlaufen die Feldlinien der vektoriellen Feldgrößen nicht mehr radial nach außen (oder nach innen). Die Feldgrößen solcher Anordnungen können aber durch die Überlagerung radialsymmetrischer Felder berechnet werden. Das gilt auch, wenn nur eine Hälfte des Feldes links oder rechts der Symmetrieachse real existiert. Durch Einführung einer virtuellen Gegenelektrode (Spiegelungsprinzip) entsteht dann wieder ein vollständiges Feldbild.

Berechnungsbeispiel 8.6:

Ein Vollkugelerder mit dem Radius r_0 wird in einer Tiefe a = 1,5 m eingegraben. Er soll einen Strom I_0 = 1000 A ins Erdreich ableiten. Es besteht die Forderung, dass das Potential im Punkt x_1 einen Maximalwert von $\varphi_{x1,max}$ = 1000 V nicht überschreiten darf. Der Übergangswiderstand des Erders soll einen Wert von $R_Ü$ = 30 Ω haben. Der Potentialbezugspunkt P_B ist unendlich weit entfernt (Erdmittelpunkt). Die mittlere spezifische elektrische Leitfähigkeit des Erdreichs beträgt $\kappa_{Erde} = 5 \cdot 10^{-2}$ S / m.

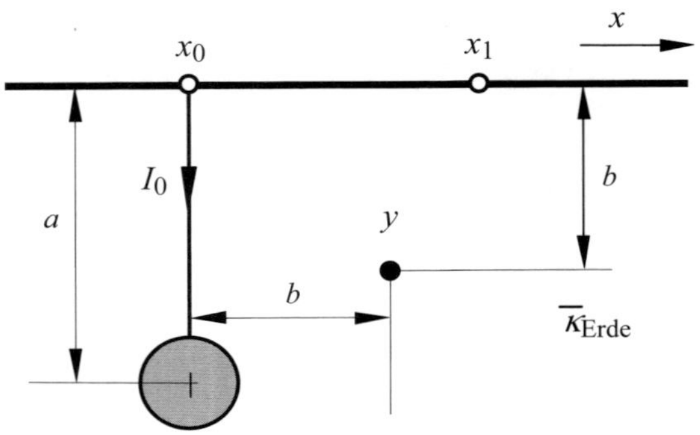

a) Berechnen Sie den erforderlichen Radius r_0 des Erders und das Potential im Punkt x_0 (φ_{x0}).

b) Bestimmen Sie den Abstand des Punktes x_1 vom Punkt x_0 und die Schrittspannung im Punkt x_1 bei einem Schritt (s = 1 m) direkt in Richtung x_0.

c) Welche Feldstärkekomponenten ruft der Erder an der Stelle y hervor?
Geg.: b = 1 m

Bild 8.27: Schnitt durch die Erder-Anordnung im Berechnungsbeispiel 8.6 (Skizze)

Ein Vollkugelerder endlicher Eingrabtiefe bildet im Erdreich ein Strömungsfeld aus, das nicht mehr radialsymmetrisch verläuft. Bild 8.28 zeigt, dass nur dann ein vollständiges Feldbild (vgl. die rechten Seiten der Bilder 8.25 und 8.26) entsteht, wenn zum originalen Erder E eine virtuelle Gegenelektrode mit gleichem Radius (Spiegelerder SE) und gleicher Polarität der Stromeinspeisung im Abstand a oberhalb der Erdoberfläche angeordnet wird.

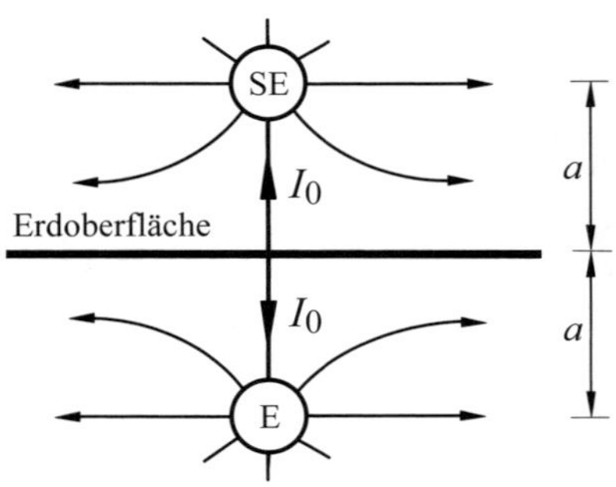

Das Potential an einer beliebigen Stelle des vom Feld erfüllten Raumes entsteht dann aus der Überlagerung der Einzelpotentiale des originalen Erders und des Spiegelerders. Wie Bild 8.25.b) zeigt, bilden sich die Äquipotentialflächen als Hüllflächen um beide Elektroden aus. Sie münden demzufolge in unterschiedlichen Orten auf der Erdoberfläche (Symmetrielinie im Bild 8.25.b). Zwischen jeweils zwei solcher Linien/Flächen fällt eine Spannung ab, die je nach Standort und Linienabstand unterschiedliche Werte annimmt.

Bild 8.28: Spiegelungsprinzip im Berechnungsbeispiel 8.6

Zu a) Zur Berechnung des Übergangswiderstandes wird das Potential φ_0 auf dem Erder E benötigt. Es entsteht aus den Beiträgen (Überlagerung) des Erders und des Spiegelerders.

$$R_{\ddot{U}} = \frac{\varphi_0}{I_0} = \frac{\varphi_E + \varphi_{SE}}{I_0} = \frac{1}{4\pi \cdot \kappa_{\text{Erde}} \cdot r_0} + \frac{1}{4\pi \cdot \kappa_{\text{Erde}} \cdot 2a} = \frac{1}{4\pi \cdot \kappa_{\text{Erde}}} \cdot \left(\frac{1}{r_0} + \frac{1}{2a} \right)$$

Aus diesem Übergangswiderstand kann der erforderliche Radius des Erders ermittelt werden.

$$r_0 = \frac{1}{R_{\ddot{U}} \cdot 4\pi \cdot \kappa_{\text{Erde}} - 1/2a} = 5{,}4 \text{ cm}$$

Die Beiträge beider Erder zum Potential im Punkt x_0 sind infolge der Symmetrie der Anordnung auf der Erdoberfläche gleich groß. Eine analoge Aussage gilt zum Potential im Punkt x_1.

$$\varphi_{x0} = \varphi_{x0}(\text{E}) + \varphi_{x0}(\text{SE}) = 2 \cdot \varphi_{x0}(\text{E}) \quad \Rightarrow \quad \varphi_{x0} = 2 \cdot \frac{I_0}{4\pi \cdot \kappa_{\text{Erde}} \cdot a} = \frac{2000}{0{,}2\pi \cdot 1{,}5} \text{V} = 2122 \text{ V}$$

Zu b) Das Potential im Punkt x_1 ist mit einem maximal zulässigen Wert vorgegeben. Aus der allgemeinen Berechnungsvorschrift für dieses Potential kann man den Abstand des Punktes x_1 von der Eingrabstelle des Erders x_0 ermitteln.

$$\varphi_{x1} = 2 \cdot \frac{I_0}{4\pi \cdot \kappa_{\text{Erde}} \cdot \sqrt{a^2 + x_1^2}} = 1000 \text{ V} \quad \Rightarrow \quad \sqrt{a^2 + x_1^2} = \frac{2 I_0}{\varphi_{x1} \cdot 4\pi \cdot \kappa_{\text{Erde}}} = \frac{2}{0{,}2\pi} \cdot \text{m} = \frac{10}{\pi} \cdot \text{m}$$

$$x_1 = \sqrt{\frac{100}{\pi^2} - a^2} = \sqrt{10{,}13 - 2{,}25} \text{ m} = \sqrt{7{,}88} \text{ m} = 2{,}81 \text{m}$$

Die gesuchte Schrittspannung ergibt sich aus der Differenz der Potentiale der Punkte x_1 und $x_1 - \text{s}$.

$$U_s[x_1 \to (x_1 - s)] = \varphi_{x1} - \varphi_{x1-s} = 1000 \text{V} - \frac{2 I_0}{4\pi \cdot \kappa_{\text{Erde}} \cdot \sqrt{a^2 + (x_1 - s)^2}} = 1000 \text{V} - 1354 \text{V} = -354 \text{V}$$

Zu c) Die Stromdichte und die elektrische Feldstärke können an einer beliebigen Stelle des vom Feld erfüllten Raumes aus der vektoriellen Addition der Beiträge des originalen Erders und des Spiegelerders ermittelt werden. Da der Punkt y unterhalb der Erdoberfläche (also im Erdreich) liegt, haben beide Komponenten der hier zu berechnenden elektrischen Feldstärke infolge des unterschiedlichen Abstandes zum Punkt y verschiedene Beträge (siehe auch nicht maßstäbliche Skizze im Bild 8.29).

$$\left|\vec{E}_{\text{Ey}}\right| = \frac{I_0}{4\pi \cdot \kappa_{\text{Erde}} \cdot r_{\text{Ey}}^2} = \frac{I_0}{4\pi \cdot \kappa_{\text{Erde}} \cdot [(a-b)^2 + b^2]} = \frac{1000}{0{,}2\pi \cdot 1{,}25} \cdot \frac{\text{V}}{\text{m}} = 1273 \cdot \frac{\text{V}}{\text{m}}$$

$$\left|\vec{E}_{\text{Sy}}\right| = \frac{I_0}{4\pi \cdot \kappa_{\text{Erde}} \cdot r_{\text{Sy}}^2} = \frac{I_0}{4\pi \cdot \kappa_{\text{Erde}} \cdot [(a+b)^2 + b^2]} = \frac{1000}{0{,}2\pi \cdot 7{,}25} \cdot \frac{\text{V}}{\text{m}} = 219{,}5 \cdot \frac{\text{V}}{\text{m}}$$

Eine grafische Lösung (Bild 8.29) führt zum Betrag der resultierenden Feldstärke im Punkt y: $E_y \approx 1270 \text{ V} / \text{m} \approx E_{\text{Ey}}$

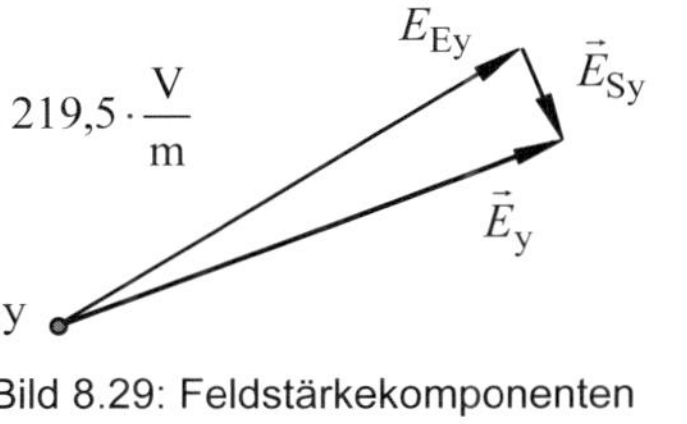

Bild 8.29: Feldstärkekomponenten

Berechnungsbeispiel 8.7 (Komplexbeispiel, siehe auch Übungsaufgabe ÜA_2_8.3.D):

In diesem abschließenden Komplexbeispiel sollen die wesentlichen Ergebnisse der Berechnungsbeispiele 8.5 und 8.6 diskutiert werden. Stellen Sie für die Erderanordnung des Berechnungsbeispiels 8.6 den Verlauf des Potentials und des Betrages der resultierenden elektrischen Feldstärke als Funktion des Ortes auf der Erdoberfläche grafisch dar. Für den jeweiligen Standort auf der Erdoberfläche [siehe Symmetrielinie im Bild 8.25.b)] gilt: $(x_0 - 5\text{ m}) \le x \le (x_0 + 5\text{ m})$.

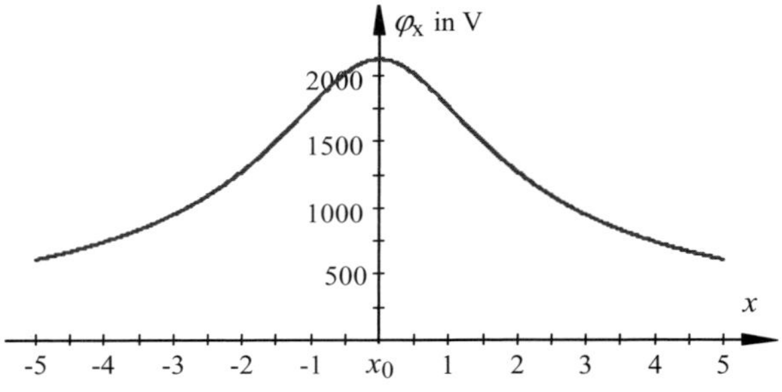

Bild 8.30: Potentialverlauf längs der Erdoberfläche

Das Potential weist an der Stelle x_0 den maximalen Wert auf. Mit zunehmender Entfernung vom Punkt x_0 wird das Potential kleiner. Es gilt:

$$\varphi(x) = 2 \cdot \frac{I_0}{4\pi \cdot \kappa_{\text{Erde}} \cdot \sqrt{a^2 + x^2}}$$

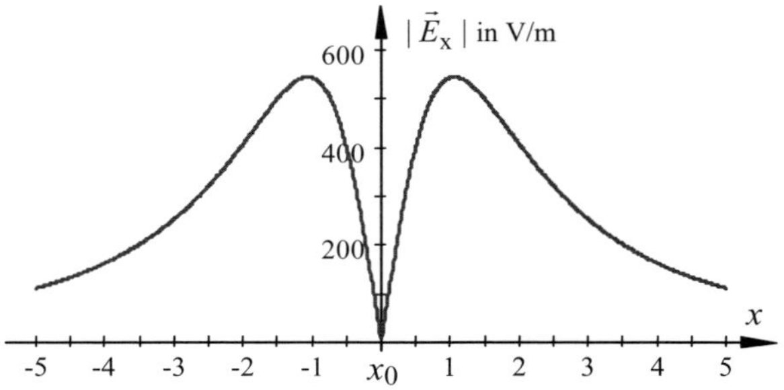

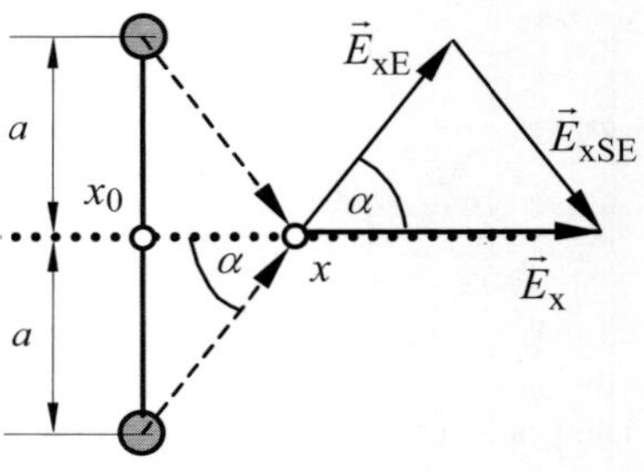

Bild 8.31: Verlauf des Betrages (links) und der Richtung (rechts) der resultierenden elektrischen Feldstärke längs der Erdoberfläche (•••••••)

Die Beträge der beiden Feldstärkekomponenten werden wie folgt berechnet:

$$\left|\vec{E}_{xE}\right| = \left|\vec{E}_{xSE}\right| = \frac{I_0}{4\pi \cdot \kappa_{\text{Erde}} \cdot r_x^2} = \frac{I_0}{4\pi \cdot \kappa_{\text{Erde}} \cdot (a^2 + x^2)} = E_{xE}$$

Durch eine Überlagerung dieser Komponenten (siehe Bild 8.31, rechts) erhält man die resultierende elektrische Feldstärke in jedem Punkt auf der Erdoberfläche. Der Vektor ist in jedem Punkt (außerhalb x_0) vom Punkt x_0 radial nach außen gerichtet. Für den Betrag gilt: $E_x = 2 \cdot E_{xE} \cdot \cos\alpha$.
Der Winkel $\alpha = \arctan\,(a / x)$ ist der Winkel, den eine Feldstärkekomponente gegen die Erdoberfläche einschließt. Der Betrag der resultierenden elektrischen Feldstärke ist an der Stelle x_0 gleich null. Die Beiträge beider Erder sind (wie in jedem Punkt auf der Erdoberfläche) betragsmäßig gleich. Im Punkt x_0 haben sie aber genau die entgegengesetzte Richtung und heben sich somit gegenseitig auf. Die Maximalwerte der Feldstärke entstehen auf der Erdoberfläche an den Orten $|x| = a/\sqrt{2}$. Verbindet man diese Punkte miteinander, entsteht auf der Erdoberfläche (Draufsicht) ein Kreis. Der Kreis kennzeichnet alle Orte mit dem größten Potentialgefälle (siehe Bild 8.30) und demzufolge alle Orte mit der maximalen Feldstärke. Weitere Hinweise dazu finden Sie in der Übungsaufgabe ÜA_2_8.3.D.

9 Elektrostatisches Feld

9.1 Eigenschaften des elektrostatischen Feldes

Das elektrostatische Feld ist ein zeitinvariantes Feld ruhender Ladungen, das sich im Gegensatz zum elektrischen Strömungsfeld (Leiter) in einem Nichtleiter ausbildet.

Die Existenz einer Ladung als Quelle eines elektrischen Feldes ist durch ihre Kraftwirkung auf andere Ladungen nachweisbar. Das daraus resultierende elektrische Feld breitet sich im Raum zwischen dieser Quelle und einer gleich großen Gegenladung mit der Richtung $Q^+ \rightarrow Q^-$ aus. Die Gegenladung kann dabei weit entfernt positioniert und im Raum verteilt sein. Die Existenz einer solchen Gegenladung ist zwingend, da positive und negative Ladungen nur paarweise entstehen oder verschwinden können.

Zur Beschreibung räumlich verteilter Ladungen (*Raumladung*) definiert man sich für einen Feldpunkt FP, der in einem hinreichend kleinen Volumen $\mathrm{d}V$ liegt, eine mittlere Ladungsdichte. Sie wird als *Raumladungsdichte* ρ bezeichnet [siehe auch Gleich. (8.6)] und kann sich von Feldpunkt zu Feldpunkt ändern.

$$\rho = \frac{\mathrm{d}Q}{\mathrm{d}V} \qquad (9.1)$$

Für die im gesamten Feldraum mit dem Volumen V befindliche Ladung gilt dann:

$$Q = \int_V \rho \cdot \mathrm{d}V \qquad (9.2)$$

Falls sich eine Raumladung in einem Teilvolumen V_X befindet, das sich gegenüber dem Abstand zu einem anderen Objekt oder zu einem externen Beobachter als vernachlässigbar klein erweist, kann eine Raumladung als *Punktladung* aufgefasst werden. Diese (nur modellmäßig existente) Punktladung Q_FPx wird dann für einen Feldpunkt FPx angegeben, der sich im Schwerpunkt des Volumens V_X befindet.

Zur Kennzeichnung der Ladungsverteilung auf der Oberfläche einer Elektrode arbeitet man mit der *Flächenladungsdichte*. Die Ladung befindet sich in einer beliebigen Verteilung mit der angenommenen Schichtdicke null auf der Elektrodenoberfläche. Die Flächenladungsdichte beschreibt dann die mittlere Dichte der Ladung $\mathrm{d}Q$ pro Flächenelement $\mathrm{d}A$, wobei die Ladungsverteilung auf einem Flächenelement $\mathrm{d}A$ als homogen angenommen wird.

$$\sigma = \frac{\mathrm{d}Q}{\mathrm{d}A} \qquad (9.3)$$

Für die *Flächenladung* gilt dann:

$$Q(A) = \int_A \sigma \cdot \mathrm{d}A \qquad (9.4)$$

Bringt man einen Leiter isoliert in ein elektrostatisches Feld, so ist seine Flächenladungsdichte gemäß Gleich. (9.3) durch den Bezug der Ladung $\mathrm{d}Q$ auf ein Oberflächenelement $\mathrm{d}O$ bestimmbar.

Falls sich der Querschnitt dieses Leiters gegenüber dem Abstand zu einem anderen Objekt oder einem externen Beobachter als vernachlässigbar klein erweist, kann der Leiter als Linie aufgefasst werden. Die auf dieser Linie mit der Länge l befindliche Ladung (*Linienladung*) hat eine beliebige Verteilung, die als mittlere Dichte über die Ladung $\mathrm{d}Q$ pro Linienelement $\mathrm{d}l$ beschrieben werden kann (*Linienladungsdichte*).

Die Ladungsverteilung auf einem Linienelement dl wird als homogen angenommen.

$$\lambda = \frac{\mathrm{d}Q}{\mathrm{d}l} \qquad (9.5)$$

Für die Linienladung gilt dann:

$$Q(l) = \int_l \lambda \cdot \mathrm{d}l \qquad (9.6)$$

Innerhalb eines abgeschlossenen Volumens V_{aS} (in sich **a**bgeschlossenes **S**ystem) kann sich die Gesamtladung nicht ändern. Es gilt der *Ladungserhaltungssatz*.

Danach ist in einem Volumen V_{aS} die Summe aller n Punktladungen bzw. die gesamte Raumladung gemäß Gleich. (9.2) konstant.

$$\sum_{\nu=1}^{n} Q_\nu = \int_{V_{\text{aS}}} \rho \cdot \mathrm{d}V = \text{const.} \qquad (9.7)$$

Ein elektrostatisches Feld bildet sich in einem Nichtleiter aus. Zur Beschreibung der dielektrischen Eigenschaften dieses Nichtleiters wird die *Permittivität* ε als Produkt der elektrischen Feldkonstanten ε_0 und der relativen Permittivität $\varepsilon_r \geq 1$ verwendet.

$$\varepsilon = \varepsilon_0 \cdot \varepsilon_r \qquad (9.8)$$

Die elektrische Feldkonstante ε_0 ist eine Naturkonstante und beschreibt die dielektrischen Eigenschaften des Vakuums.

$$\varepsilon_0 = 8{,}854 \cdot 10^{-12} \frac{\text{A} \cdot \text{s}}{\text{V} \cdot \text{m}} \qquad (9.9)$$

Bei der Einwirkung eines elektrischen Feldes auf ein Dielektrikum mit $\varepsilon_r > 1$ werden in einem unpolaren Dielektrikum Ladungsschwerpunkte im Atomverband verschoben (*Deformationspolarisation*) und es entstehen Dipole. In einem polaren Dielektrikum werden bereits existierende Elementardipole ausgerichtet (*Orientierungspolarisation*) (vgl. [5]; [9]; [13] und Bild 9.1).

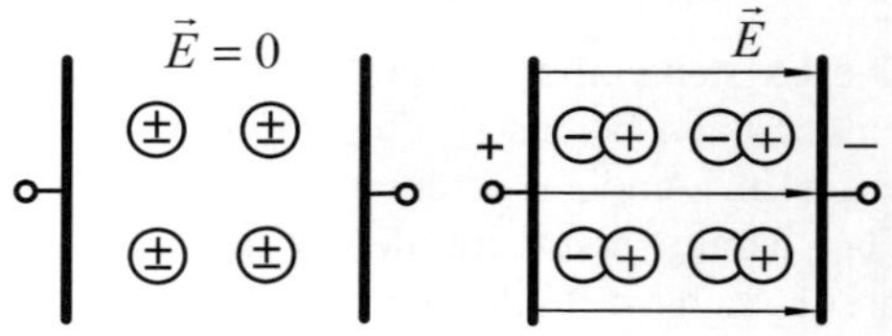

Bild 9.1: Modell zur Polarisation

Positioniert man dagegen einen massiven Leiter (z.B. eine Metallplatte) isoliert im elektrostatischen Feld, so werden die beweglichen Ladungen durch die Feldkräfte vom Inneren des Leiters auf die Leiteroberfläche verschoben.

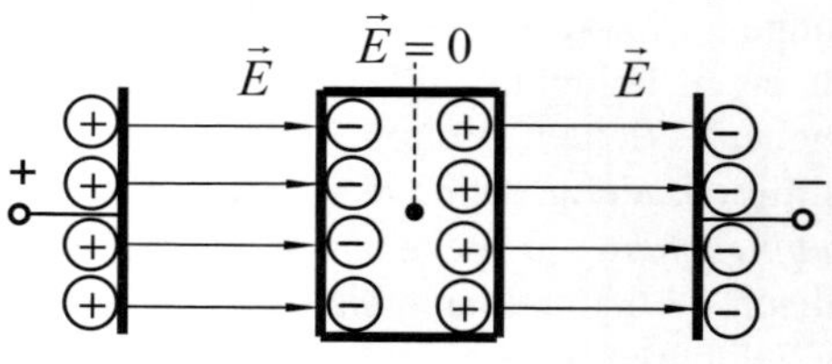

Bild 9.2: Ladungstrennung durch Influenz

Diese Ladungsverschiebung geht so vor sich, dass die Elektronen im Leiter des Bildes 9.2 nach links bewegt werden. Auf der rechten Seite des Leiters verbleiben die positiven Metallionen. Positive und negative Ladungen werden voneinander getrennt (Ladungstrennung durch Influenz). Im Inneren des metallischen Leiters entsteht durch eine Überlagerung der inneren und der äußeren Feldkräfte ein feldfreier Raum. Das gilt auch für einen metallischen Hohlleiter (*FARADAYscher Käfig*).

9.2 Beschreibung des elektrostatischen Feldes

9.2.1 Integrale Größen

Bild 9.3 zeigt das Feldbild eines homogenen elektrostatischen Feldes. Zwischen den parallel zueinander angeordneten Elektroden befindet sich ein homogener Nichtleiter mit der Permittivität ε = const. Legt man an diese Anordnung eine Spannung U_{ab} an, so wird eine Ladung Q gespeichert. Dabei werden die positiven von den negativen Ladungen getrennt (siehe Bild 9.2). Die Spannung U_{ab} kann (bei einer idealen Anordnung) nun wieder entfernt werden.

Mit der Existenz der Ladungen Q^+ und Q^- auf den Elektroden ist im Nichtleiter ein elektrischer Fluss Ψ (*Verschiebungsfluss*) verbunden. Diese in Analogie zum elektrischen Strömungsfeld definierte Größe soll die Fähigkeit des elektrostatischen Feldes zur Ladungsverschiebung beschreiben (obwohl hier nichts fließt).

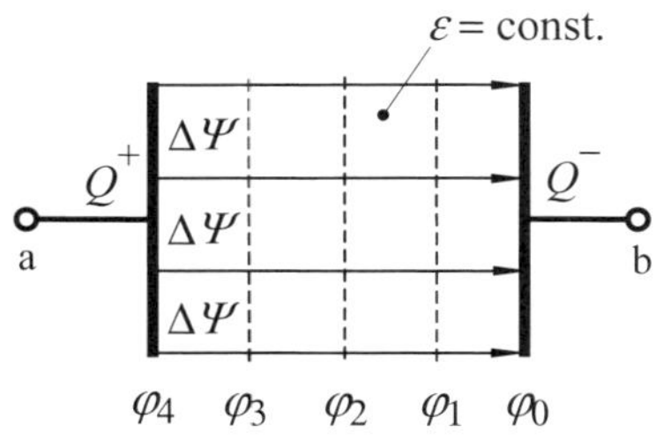

Bild 9.3: Feldbild eines homogenen elektrostatischen Feldes

Als Hilfsmittel zur Darstellung des elektrostatischen Feldes sollen vorerst die elektrischen Flusslinien und die Äquipotentiallinien dienen. Eine *elektrische Flusslinie* symbolisiert eine sog. räumliche Verschiebungsflussröhre, die im homogenen Feld des Bildes 9.3 durch einen konstanten Fluss $\Delta\Psi$ gekennzeichnet ist.

Die elektrischen Flusslinien stellen die Verteilung des elektrischen Flusses im Feldraum dar. Sie beginnen an einer positiven Ladung und enden in einer negativen Ladung. Der gesamte elektrische Fluss ist gleich der Ladung einer Elektrode.

Es gilt: $\Psi_{ges} = Q$.

Äquipotentiallinien sind Linien gleichen Potentials. Sie symbolisieren die Äquipotentialflächen des Feldraumes in einer ebenen Darstellung und stehen senkrecht auf den elektrischen Flusslinien.

Aus diesen Überlegungen kann in Analogie zum stationären elektrischen Strömungsfeld (vgl. Abschn. 8.2) ein Ursache-Wirkungs-Modell abgeleitet werden. An eine Anordnung mit der Kapazität C (analoge Bauelemente-Kenngröße zum Leitwert G) wird eine Spannung $U_{ab} = U$ angelegt. Die Anordnung speichert jetzt eine Ladung Q.

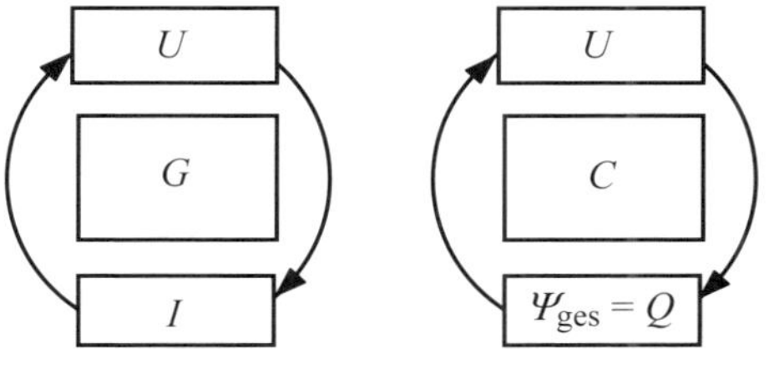

Bild 9.4: Analogie zwischen Strömungsfeld (links) und elektrostatischem Feld (rechts)

Zur Beschreibung des Zusammenhanges zwischen Ursache und Wirkung dient im elektrostatischen Feld das *Ladungsgesetz*.

$$Q = C \cdot U \tag{9.10}$$

Im Vergleich zum OHMschen Gesetz im elektrischen Strömungsfeld handelt es sich bei Gleich. (9.10) um ein analoges Grundgesetz im elektrostatischen Feld.

Die Gleich. (9.10) entspricht der Definitionsgleichung für die Kapazität C. Diese Bauelemente-Kenngröße mit der Einheit $[C] = 1$ A·s / V = 1 F (Farad) beschreibt das Vermögen zur Speicherung einer Ladung pro Spannung und ist von den konstruktiven Daten und der Materialkenngröße ε abhängig (siehe Abschn. 9.3).

$$C = \frac{Q}{U} \qquad (9.11)$$

9.2.2 Ortsbezogene Größen

Der Zusammenhang zwischen dem elektrischen Potential φ und der elektrischen Feldstärke E ist bereits aus Abschn. 8.2.2 [Gleich. (8.2) und (8.4)] bekannt. Eine weitere ortsbezogene Größe im elektrischen Feld ist die Dichtegröße.
Im elektrischen Strömungsfeld wurde diese Dichte über die Stromdichte $\vec{J}$ beschrieben [vgl. Gleich. (8.5) und (8.8)].
Für das elektrostatische Feld leitet man diese Dichtegröße aus dem elektrischen Fluss Ψ (Einheit: $[\Psi] = 1$ A·s) ab.

> Die elektrische Flussdichte D beschreibt denjenigen Flussanteil $\mathrm{d}\Psi$, der durch das senkrecht $\perp$ zu den elektrischen Flusslinien positionierte Flächenelement $\mathrm{d}A_\perp$ verschoben wird, bezogen auf dieses Flächenelement selbst.

Der Vektor der elektrischen Flussdichte $\vec{D}$ zeigt in jedem Feldpunkt in Richtung der elektrischen Feldstärke. Für den Betrag mit der Einheit $[D] = 1$ A·s / m^2 gilt:

$$D = \frac{\mathrm{d}\Psi}{\mathrm{d}A_\perp} \qquad (9.12)$$

An der Oberfläche der Elektroden ist der Betrag der elektrische Flussdichte gleich dem Betrag der Flächenladungsdichte σ.

$$D_0 = \sigma = \frac{\mathrm{d}Q}{\mathrm{d}A} \qquad (9.13)$$

Bild 9.5 zeigt den Unterschied zwischen der Flächenladungsdichte $\vec{D}_0$ auf der Elektrodenoberfläche und der elektrischen Flussdichte $\vec{D}$ im Feldraum.

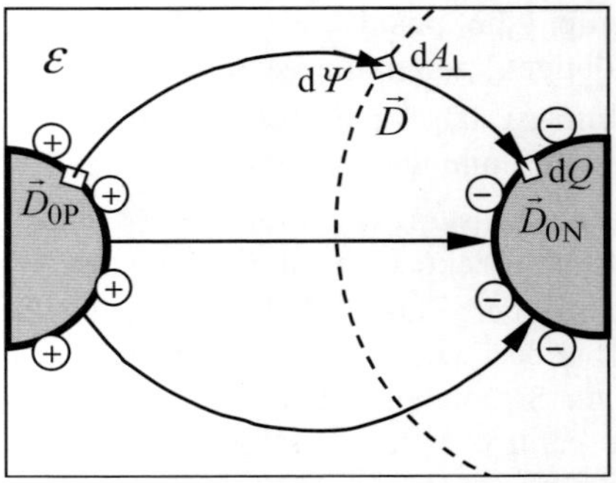

Bild 9.5: Flächenladungsdichte und elektrische Flussdichte

Legt man um eine räumlich verteilte Ladung eine beliebige Hülle und integriert über dieser Hüllfläche, so erhält man den elektrischen Fluss durch diese Hülle und damit die im eingehüllten Volumen befindliche Ladung [Raumladung; Gleich. (9.2)].

$$Q = \oint_A \vec{D} \cdot \mathrm{d}\vec{A} = \int_V \rho \cdot \mathrm{d}V \qquad (9.14)$$

Das wäre z.B. im Bild 9.5 der Fall, wenn man über derjenigen Hüllfläche integriert, die von einer Fläche über der rechten Elektrode aufgespannt wird. Dazu muss die mit der gestrichelten Linie im Bild 9.5 angedeutete Fläche in sich geschlossenen sein.

Dieses Integrationsergebnis wird nur dann gleich null, wenn die Hülle keine Ladung einschließt, oder wenn die positiven und die negativen Ladungen im eingehüllten Volumen gleiche Beträge aufweisen. Dann gilt:

$$\oint_A \vec{D} \cdot \mathrm{d}\vec{A} \Big|_{\Sigma Q=0} = 0 \qquad (9.15)$$

In Analogie zum elektrischen Strömungsfeld erhält man die Definitionsgleichung für den Zusammenhang zwischen der elektrischen Flussdichte und der elektrischen Feldstärke. Dazu sollen zunächst die Dichtegrößen miteinander verglichen werden.

Für die Beträge gilt:

$$J = \frac{\mathrm{d}I}{\mathrm{d}A_\perp} \xleftrightarrow{\text{Analogie}} D = \frac{\mathrm{d}\Psi}{\mathrm{d}A_\perp}$$

Daraus ergibt sich ein analoger Zusammenhang zwischen den Vektoren der Dichtegröße und der elektrischen Feldstärke:

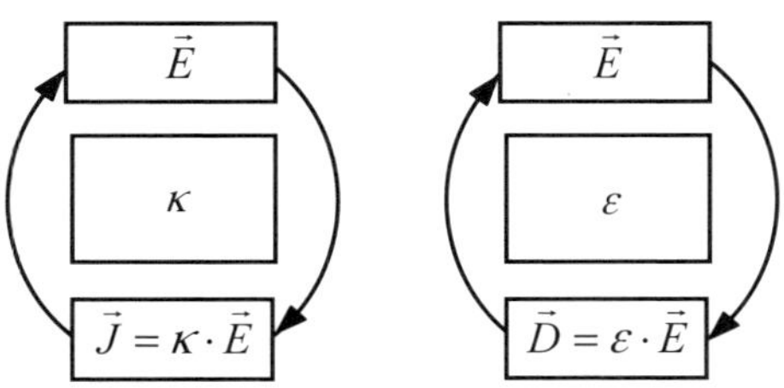

Bild 9.6: Analogie zwischen den ortsbezogenen Größen in beiden elektrischen Feldern

Die elektrische Flussdichte ist proportional zur elektrischen Feldstärke.

In einem homogenen Dielektrikum mit der Permittivität ε = const. gilt:

$$\vec{D} = \varepsilon \cdot \vec{E} \qquad (9.16)$$

9.3 Berechnung elektrostatischer Felder

9.3.1 Homogene und einfache inhomogene elektrostatische Felder

Homogene elektrostatische Felder sind dadurch gekennzeichnet, dass die Feldlinien der gerichteten Feldgrößen parallel zueinander verlaufen und den gleichen Abstand sowie die gleiche Richtung haben.

Ein homogenes elektrostatisches Feld entsteht im Inneren eines Plattenkondensators, wenn er aufgeladen wird. Zwischen den beiden parallelen Platten mit der deckungsgleichen Fläche A befindet sich ein homogener Isolierstoff mit der Länge d (Plattenabstand) und ε = const.

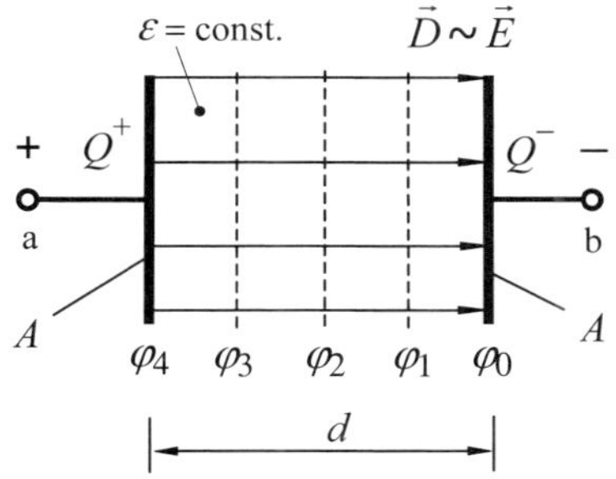

Bild 9.7: Berechnung eines homogenen elektrostatischen Feldes

Die vektoriellen Feldgrößen haben in der gesamten Anordnung die gleiche Richtung und den gleichen Betrag. Es gilt:

$$E = \frac{U_{\mathrm{ab}}}{d} \quad \text{und:} \quad D = \frac{Q}{A} = \varepsilon \cdot E$$

Die Kapazität wird über die konstruktiven Daten und die Materialkenngröße berechnet:

$$C = \varepsilon \cdot \frac{A}{d} \qquad (9.17)$$

Verändert man die Anordnung im Bild 9.7 in der Art, dass zwei homogene Isolierstoffe mit $\varepsilon_1 < \varepsilon_2$ über eine Trennfläche miteinander verbunden werden, entsteht bereits in seiner Gesamtheit ein einfaches inhomogenes elektrostatisches Feld. Bild 9.8 zeigt eine Feldanordnung, bei der die Trennfläche parallel zu den Elektroden (wie im Bild 8.9 im Abschn. 8.3.1) positioniert wird.

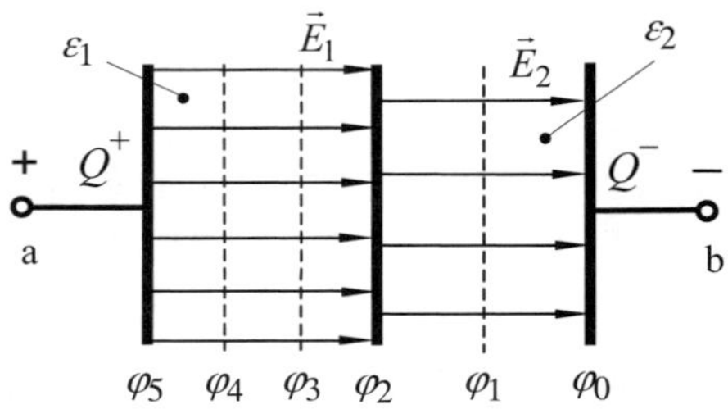

Bild 9.8: Äquipotentiallinien und Feldstärkelinien im geschichteten Dielektrikum

Die Äquipotentiallinien / -flächen verlaufen zwar noch parallel zueinander. Ihr Abstand ist aber in beiden Bereichen unterschiedlich, wenn man sie (wie im Bild 8.9) mit gleichen Potentialdifferenzen ΔU einzeichnet. Durch das geringere Potentialgefälle im rechten Bereich haben die Feldstärkelinien eine geringere Dichte. Das Feldbild der Flussdichtelinien weist dagegen einen homogenen Verlauf auf (Bild 9.9).

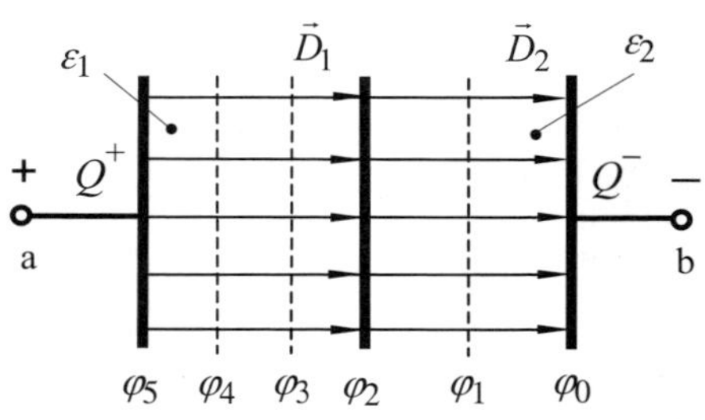

Bild 9.9: Flussdichtelinien zum Bild 9.8

Die Feldlinien inhomogener elektrostatischer Felder verlaufen in ihrer Gesamtheit nicht mehr parallel zueinander oder sie haben an verschiedenen Orten des vom Feld erfüllten Raumes unterschiedliche Abstände. Die vektoriellen Feldgrößen können zusätzlich unterschiedliche Richtungen aufweisen. Durch Aufteilung solcher Anordnungen in hinreichend kleine Feldräume können ausgewählte Bereiche auf homogene Teilfelder zurückgeführt werden. Dazu ist es erforderlich, das Feld entlang geeigneter Flussdichtelinien aufzutrennen und entsprechende Äquipotentialflächen als Ersatzelektroden aufzufassen.

Lehrbeispiel 9.1:

Man berechne die Gesamtkapazität der Anordnungen im Bild 9.10.
Geg.: alle A; alle d sowie ε_1 und ε_2

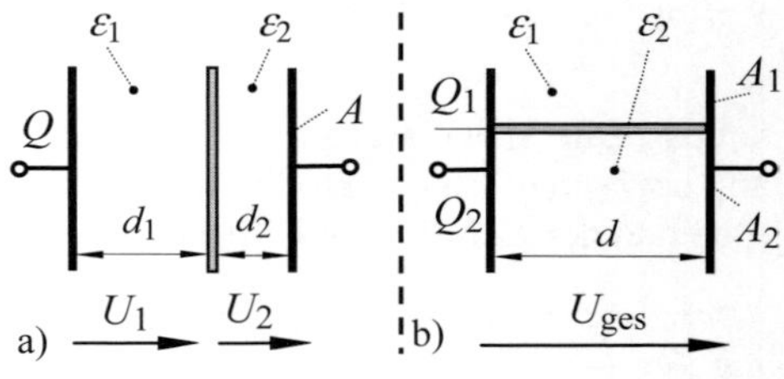

Bild 9.10: Feldanordnungen mit geschichtetem Dielektrikum

Die Anordnung a) kann als eine Reihenschaltung und die Anordnung b) kann als eine Parallelschaltung aufgefasst werden.

In der linken Anordnung des Bildes 9.10 teilt sich die Gesamtspannung in $U_{ges} = U_1 + U_2$. Mit $U = Q / C$ und $Q = Q_1 = Q_2$ erhält man:

$$U_{ges} = U_1 + U_2 \quad \text{bzw.:} \quad \frac{Q}{C_{ges,a}} = \frac{Q \cdot d_1}{\varepsilon_1 \cdot A} + \frac{Q \cdot d_2}{\varepsilon_2 \cdot A}$$

$$C_{ges,a} = A \cdot \frac{\varepsilon_1 \cdot \varepsilon_2}{d_1 \varepsilon_2 + d_2 \varepsilon_1}$$

In der rechten Anordnung des Bildes 9.10 teilt sich die Gesamtladung in $Q = Q_1 + Q_2$ auf die beiden Teilflächen A_1 und A_2 auf.

Mit $Q = C \cdot U$ und $U_{ges} = U_1 = U_2$ erhält man:

$$C_{ges,b} \cdot U_{ges} = \frac{\varepsilon_1 \cdot A_1}{d} \cdot U_{ges} + \frac{\varepsilon_2 \cdot A_2}{d} \cdot U_{ges}$$

$$C_{ges,b} = \frac{\varepsilon_1 \cdot A_1 + \varepsilon_2 \cdot A_2}{d}$$

9.3.2 Radialsymmetrische elektrostatische Felder

Radialsymmetrische elektrostatische Felder können in Analogie zu den radialsymmetrischen Strömungsfeldern (vgl. auch Abschn. 8.3.2) berechnet werden.

- **Kugelsymmetrisches Feld:**

Zunächst wird eine Kugel mit dem Radius r_0 betrachtet, die auf ein Potential φ_0 aufgeladen wurde und die Ladung $+Q_0$ speichert.

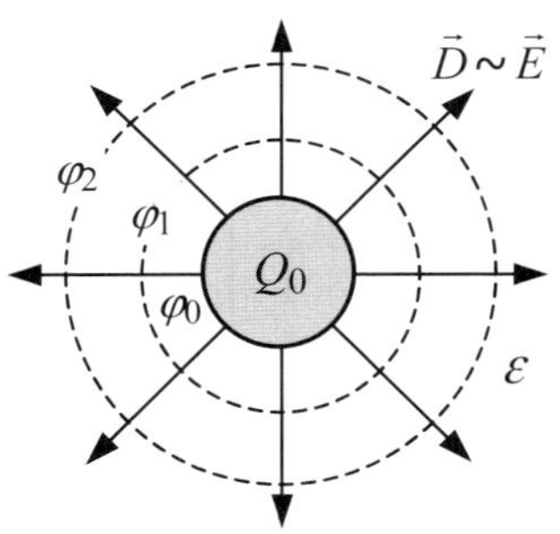

Bild 9.11: Kugelsymmetrisches elektrostatisches Feld

Die Ladung Q_0 kann über das Potential auf der Kugeloberfläche φ_0 berechnet werden. Für ein beliebiges r gilt allgemein:

$$D(r) = \frac{Q_0}{A_{Kugel}} = \frac{Q_0}{4\pi \cdot r^2}$$

$$E(r) = \frac{D(r)}{\varepsilon} = \frac{Q_0}{4\pi \cdot \varepsilon \cdot r^2}$$

$$\varphi(r) = -\int_{\infty}^{r} E(r) \cdot dr = -\int_{\infty}^{r} \frac{Q_0}{4\pi \cdot \varepsilon \cdot r^2} \cdot dr$$

$$\varphi(r) = -\frac{Q_0}{4\pi \cdot \varepsilon} \cdot (-\frac{1}{r})\Big|_{\infty}^{r}$$

$$\boxed{\varphi(r) = \frac{Q_0}{4\pi \cdot \varepsilon \cdot r}} \qquad (9.18)$$

Durch Einsetzen von r_0 in Gleich. (9.18) erhält man die Ladung Q_0:

$$Q_0 = \varphi_0 \cdot 4\pi \cdot \varepsilon \cdot r_0$$

Falls der Radius der Kugel gegenüber einem benachbarten Objekt hinreichend klein ist, wird die Ladung der Kugel als Punktladung aufgefasst. Man geht dann davon aus, dass sich diese Punktladung in einem Feldpunkt FP_X befindet, der im Mittelpunkt der Kugel positioniert ist.

Für die Kapazität einer isoliert im Raum befindlichen Kugel mit dem Radius r_0 und dem Potential φ_0 gilt mit $\varphi_{PB} = 0$ V:

$$C_K = \frac{Q_0}{U_0} = \frac{Q_0}{\varphi_0 - \varphi_{PB}} = 4\pi \cdot \varepsilon \cdot r_0$$

Ersetzt man nun eine Äquipotentialfläche im Bild 9.11 (z.B. die mit φ_2) durch eine Kugel mit dem Radius r_a, entsteht ein so genannter *Kugelkondensator*. Die Kapazität einer solchen Anordnung wird über das Ladungsgesetz bestimmt. Mit $r_0 = r_i$ gilt:

$$C_{ia} = \frac{Q_0}{U_{ia}} = \frac{Q_0}{\varphi_i - \varphi_a} = \frac{Q_0}{\frac{Q_0}{4\pi \cdot \varepsilon \cdot r_i} - \frac{Q_0}{4\pi \cdot \varepsilon \cdot r_a}}$$

$$\boxed{C_{ia} = \frac{4\pi \cdot \varepsilon \cdot r_i \cdot r_a}{r_a - r_i}} \qquad (9.19)$$

• **Zylindersymmetrisches Feld:**

Die Berechnung eines zylindersymmetrischen Feldes ist analog zum kugelsymmetrischen Feld möglich, wenn statt der Kugeloberfläche die Mantelfläche eines Zylinders eingesetzt wird (Bild 9.12).

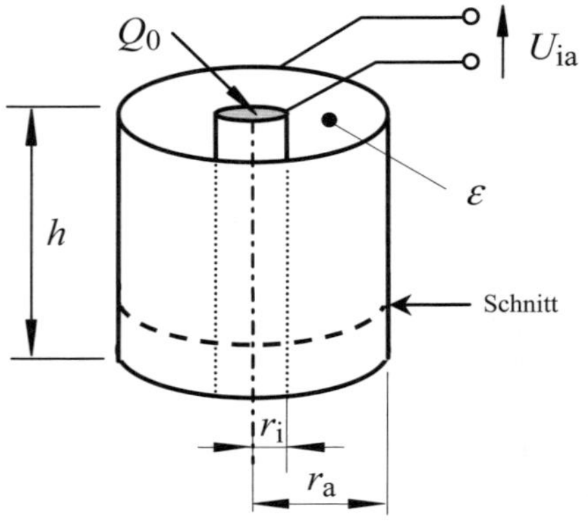

Bild 9.12: Zylindersymmetrische Anordnung

Vom Innen- zum Außenzylinder wird eine Spannung U_{ia} angelegt. Bei einem Schnitt quer durch die zylindrische Anordnung entsteht nun auf der Schnittfläche das im Bild 8.15 (Abschn. 8.3.2) dargestellte Feldbild, wenn man $\vec{J}$ durch $\vec{D}$ ersetzt. Für einen beliebigen Radius $r_i \le r \le r_a$ gilt dann:

$$D(r) = \frac{Q_0}{A_{\text{Zylinder}}} = \frac{Q_0}{2\pi \cdot h \cdot r}$$

$$E(r) = \frac{D(r)}{\varepsilon} = \frac{Q_0}{2\pi \cdot \varepsilon \cdot h \cdot r} \qquad (9.20)$$

Mit der Normierung: $\{r\} = r\,/\,1\text{m}$ gilt:

$$\varphi(r) = -\int_{r_a}^{r} E \cdot \mathrm{d}r = \frac{-Q_0}{2\pi \cdot \varepsilon \cdot h} \cdot \int_{r_a}^{r} \frac{1}{r} \cdot \mathrm{d}r$$

$$\varphi(r) = \frac{-Q_0}{2\pi \cdot \varepsilon \cdot h} \cdot \ln\{r\} \Big|_{r_a}^{r} = \frac{Q_0}{2\pi \cdot \varepsilon \cdot h} \cdot \ln \frac{r_a}{r}$$

Daraus kann die Gesamtkapazität einer zylindersymmetrischen Feldanordnung (*Zylinderkondensator*) bestimmt werden.

$$C_{ia} = \frac{Q_0}{\varphi_i - \varphi_a} = \frac{2\pi \cdot \varepsilon \cdot h}{\ln \frac{r_a}{r_i}}$$

$$C_{ia} = \frac{2\pi \cdot \varepsilon \cdot h}{\ln \frac{r_a}{r_i}} \qquad (9.21)$$

9.3.3 Überlagerung elektrostatischer Felder

Überlagerungen von elektrostatischen Feldern treten immer dann auf, wenn das resultierende Feld von mehreren Ladungen, die sich an unterschiedlichen Orten des Raumes befinden, hervorgerufen wird. Die Regeln zur Berechnung der Feldgrößen gelten analog zum Abschn. 8.2.4.

An jedem Ort des vom Feld erfüllten Raumes überlagern sich die von den einzelnen Ladungen verursachten Potentiale vorzeichenbehaftet zu einem resultierenden Gesamtpotential in diesem Feldpunkt FP_X.

$$\varphi_\text{X} = \pm\varphi_{\text{X}1} \pm \varphi_{\text{X}2} \pm \varphi_{\text{X}3} \pm \ldots \pm \varphi_{\text{X}n}$$

An jedem Ort des vom Feld erfüllten Raumes überlagern sich außerdem die von den einzelnen Ladungen verursachten Feldstärkevektoren durch eine geometrische Addition (siehe auch Bild 8.8) zur resultierenden Gesamtfeldstärke in diesem Feldpunkt FP_X.

An jedem Ort des vom Feld erfüllten Raumes überlagern sich ebenso die von den einzelnen Ladungen verursachten elektrischen Flussdichtevektoren zur resultierenden Flussdichte in diesem Feldpunkt.

9.4 Energie und Kräfte im elektrostatischen Feld

In einer technischen Anordnung mit der Kapazität C wird eine elektrische Energie W_{el} gespeichert. Diese Energie ist abhängig vom entsprechenden Zuwachs (Integral) der Ladungsmenge, die bei einer Spannungsänderung $\mathrm{d}U$ gespeichert wird. Zunächst soll davon ausgegangen werden, dass man einen vollständig entladenen Kondensator auf die Spannung $U = U_C$ auflädt.

$$W_{el} = \int_0^U Q \cdot \mathrm{d}U \qquad \text{mit:} \qquad Q = C \cdot U_C$$

$$W_{el} = \int_0^{U_C} C \cdot U \cdot \mathrm{d}U$$

$$W_{el} = \frac{C}{2} \cdot U_C^2 = \frac{Q^2}{2C} \qquad (9.22)$$

Sollte der Kondensator bereits auf eine Spannung U_0 vorgeladen sein, so nimmt er zusätzliche Energie auf ($U_C > U_0$), oder ihm wird bereits gespeicherte Energie entzogen ($U_C < U_0$).

$$\Delta W_{el} = \int_{U_0}^{U_C} C \cdot U \cdot \mathrm{d}U = \frac{C}{2} \cdot (U_C^2 - U_0^2)$$

Die Existenz einer Ladung kann durch ihre Kraftwirkung nachgewiesen werden. Diese Kraft wird als *COULOMB-Kraft* bezeichnet. Nach dem COULOMBschen Gesetz gilt:

$$\vec{F}_C = Q \cdot \vec{E} \qquad (9.23)$$

Zwischen zwei bzw. mehreren Ladungen wirken Kräfte in der Art, dass sich Ladungen ungleicher Polarität anziehen und Ladungen mit gleicher Polarität abstoßen.

Zur Berechnung dieser Kraft soll ein einfaches Modell dienen, in dem die Kraftwirkung einer Punktladung Q_1 auf eine Punktladung Q_2 beschrieben wird. Punktladungen sollen kugelförmig ausgebildet und hinreichend klein gegenüber ihrem Abstand a zueinander sein. Dann gelten die Regeln zur Berechnung kugelförmiger radialsymmetrischer elektrostatischer Felder.

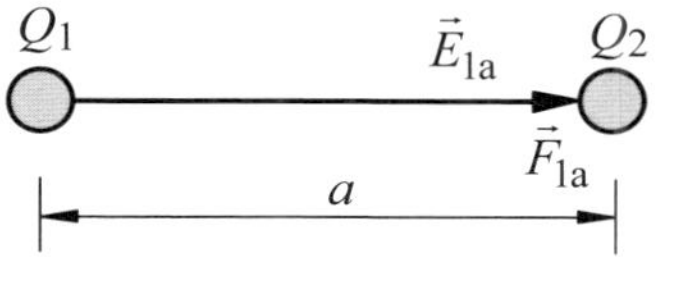

Bild 9.13: Kraftwirkung zwischen zwei Ladungen

Der Betrag der Kraft, die von der Ladung 1 auf die Ladung 2 wirkt, ist mit dem Betrag der Kraft von Q_2 auf Q_1 identisch.

Für den Betrag dieser Kraft gilt mit Gleich. (9.23): $|\vec{F}_{1a}| = Q_2 \cdot |\vec{E}_{1a}|$

Durch Einsetzen der Gleich. (9.16) und (9.14) erhält man die Kraftwirkung zwischen zwei Punktladungen, die sich im Abstand a zueinander befinden. Es gilt:

$$E = \frac{D}{\varepsilon} = \frac{Q}{\varepsilon \cdot A_{Kugel}} \Rightarrow |\vec{E}_{1a}| = \frac{Q_1}{4\pi \cdot \varepsilon \cdot a^2}$$

$$|\vec{F}_{12}| = \frac{Q_1 \cdot Q_2}{4\pi \cdot \varepsilon \cdot a^2} \qquad (9.24)$$

Die Richtung dieser Kraft wird gemäß Gleich. (9.23) von der Richtung des resultierenden Feldstärkevektors bestimmt.

Berechnungsbeispiel 9.1:

Ein 18 m langes Antennenkabel (Koaxialleitung mit $\varepsilon_r = 2{,}4$) hat eine Abschirmung mit dem Durchmesser $d_a = 8$ mm und einen Innenleiter mit dem Durchmesser $d_i = 0{,}8$ mm. Zwischen beiden liegt eine Spannung $U_{ia} = 10$ V. Berechnen Sie die Kapazität des Kabels und den Betrag der Feldstärke auf der Oberfläche des Innenleiters.

$$(9.21)\quad C_{ges} = \frac{2\pi \cdot \varepsilon_0 \cdot \varepsilon_r \cdot h}{\ln \frac{r_a}{r_i}} = \frac{2\pi \cdot 8{,}86 \cdot 10^{-12} \cdot 2{,}4 \cdot 18}{\ln \frac{4}{0{,}4}} \text{F} = 1044 \text{ pF}$$

$$(9.16)\quad E = \frac{D}{\varepsilon} = \frac{Q}{\varepsilon \cdot A} = \frac{C \cdot U_{ia}}{\varepsilon \cdot A} = \frac{2\pi \cdot \varepsilon \cdot h \cdot U_{ia}}{\ln(\frac{r_a}{r_i}) \cdot \varepsilon \cdot 2\pi \cdot h \cdot r} \Rightarrow E_{ri} = \frac{U_{ia}}{r_i \cdot \ln \frac{r_a}{r_i}} = \frac{10}{0{,}4 \cdot \ln 10} \cdot \frac{\text{V}}{\text{mm}} = 10{,}86 \frac{\text{kV}}{\text{m}}$$

Berechnungsbeispiel 9.2:

Ein Zylinderkondensator mit einer Länge $l = 1{,}5$ m ist mit zwei verschiedenen Isolierstoffen aufgebaut. r_2 ist der Radius der Grenzschicht.

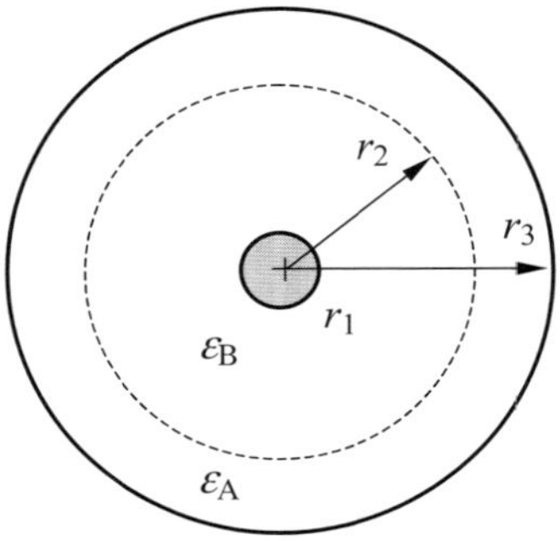

Geg.: $r_1 = 10$ mm; $r_2 = 50$ mm; $r_3 = 70$ mm
$U_{13} = 100$ kV; $\varepsilon_{rA} = 2$; $\varepsilon_{rB} = 20$

Berechnen Sie die Kapazität C des Kondensators.

Skizzieren Sie den Verlauf des Betrages der Feldstärke $E = f(r)$ und ermitteln Sie die Eckwerte dieses Funktionsverlaufes.

Bild 9.14: Zylinderkondensator zum Berechnungsbeispiel 9.2

Es handelt sich hierbei um eine Reihenschaltung zweier Ersatzkondensatoren C_A und C_B. Die Gesamtkapazität wird mit Gleich. (10.3) analog zur Parallelschaltung von Widerständen berechnet.

$$C_A = \frac{2\pi \cdot \varepsilon_0 \cdot \varepsilon_{rA} \cdot l}{\ln(r_3/r_2)} = \frac{2\pi \cdot 8{,}86 \cdot 10^{-12} \cdot 2 \cdot 1{,}5}{\ln 70/50} \text{ F} = 496{,}1 \text{ pF}$$

$$C_B = \frac{2\pi \cdot \varepsilon_0 \cdot \varepsilon_{rB} \cdot l}{\ln(r_2/r_1)} = \frac{2\pi \cdot 8{,}86 \cdot 10^{-12} \cdot 20 \cdot 1{,}5}{\ln 50/10} \text{ F} = 1037{,}2 \text{ pF}$$

$$C_{ges} = \frac{C_A \cdot C_B}{C_A + C_B} = \frac{496{,}1 \cdot 1037{,}2}{496{,}1 + 1037{,}2} \text{pF} = 335{,}6 \text{ pF}; \qquad Q = C_{ges} \cdot U_{13} = 33{,}56 \cdot 10^{-6} \text{ A·s}$$

Zur Berechnung der Feldstärke dient die Gleich. (9.20): $E(r) = \frac{Q}{2\pi \cdot \varepsilon \cdot h \cdot r} = \frac{C_{ges} \cdot U_{13}}{2\pi \cdot \varepsilon \cdot h \cdot r}$

Daraus ergeben sich neben dem gesamten Funktionsverlauf (Bild 9.15) folgende Eckwerte:

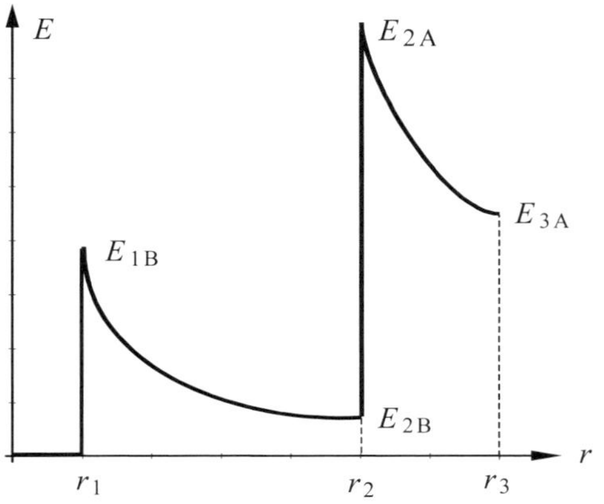

$$E_{1B} = \frac{C_{ges} \cdot U_{13}}{2\pi \cdot \varepsilon_B \cdot h \cdot r_1} = 2010 \ \frac{kV}{m}$$

$$E_{2B} = \frac{C_{ges} \cdot U_{13}}{2\pi \cdot \varepsilon_B \cdot h \cdot r_2} = 402 \ \frac{kV}{m}$$

$$E_{2A} = \frac{C_{ges} \cdot U_{13}}{2\pi \cdot \varepsilon_A \cdot h \cdot r_2} = 4020 \ \frac{kV}{m}$$

$$E_{3A} = \frac{C_{ges} \cdot U_{13}}{2\pi \cdot \varepsilon_A \cdot h \cdot r_3} = 2871 \ \frac{kV}{m}$$

Bild 9.15: Feldstärkeverlauf im Berechnungsbeispiel 9.2

Berechnungsbeispiel 9.3:

Gegeben ist ein Zylinderkondensator mit dem Außenradius r_a = 100 mm. Bestimmen Sie den Innenradius r_i so, dass die maximale Feldstärke, die sich ja immer auf der Oberfläche des Innenzylinders ausbildet (siehe Beispiele 9.1 und 9.2), so klein wie möglich wird. Skizzieren Sie die Funktion $E_{ri} = f(r_i)$.

E_{ri} hat für den Wert von r_i ein Minimum, für den die Nennerfunktion $f(r_i) = r_i \cdot \ln(r_a / r_i)$ ein Maximum hat. Durch Bildung der ersten Ableitung $f'(r_i)$ und Nullsetzen des Ergebnisses kann die Lage dieses Maximums ermittelt werden. Die Feldstärke auf der Oberfläche des Innenzylinders wird gemäß Berechnungsbeispiel 9.1 wie folgt bestimmt:

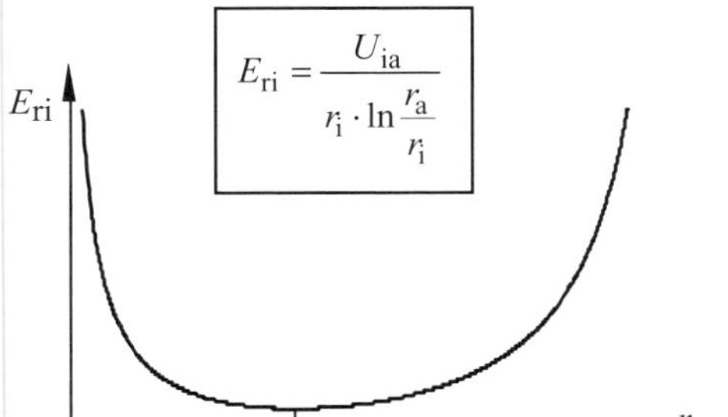

Bild 9.16: Feldstärkeverlauf im Berechnungsbeispiel 9.3

$$f'(r_i) = \ln\frac{r_a}{r_i} + \frac{r_i}{r_a}\left(-\frac{r_a}{r_i^2}\right) \cdot r_i = \ln\frac{r_a}{r_i} - 1$$

$$f'(r_i) = \ln\frac{r_a}{r_{i0}} - 1 = 0 \quad \Rightarrow \quad \ln\frac{r_a}{r_{i0}} = 1$$

$r_{i0} = \frac{r_a}{e}$ ist ein Extremwert.

Die zweite Ableitung wird negativ (Maximum) und die Feldstärke auf der Oberfläche des Innenzylinders hat in diesem Fall ihren minimalen Betrag.

Lösung: $r_{i0} = r_a / e = 36{,}79$ mm

Berechnungsbeispiel 9.4:

Drei kugelförmige (im Raum isoliert aufgestellte) Elektroden mit d_0 = 40 mm werden wie die Eckpunkte eines gleichseitigen Dreiecks angeordnet (Seitenlänge a = 1 m). Die Gegenelektrode und der Potentialbezugspunkt sind unendlich weit entfernt. Im gesamten Feldraum gilt: $\varepsilon = \varepsilon_0$.

Die Kugeln werden auf folgende Spannungen aufgeladen: $U_A = 5$ kV; $U_B = 10$ kV; $U_C = -2{,}5$ kV. Gesucht sind die elektrische Feldstärke im Dreiecksmittelpunkt und das Potential im Punkt X. Da der Durchmesser der Elektrodenkugeln wesentlich kleiner als ihr Abstand zueinander ist, werden die geladenen Kugeln als Punktladungen aufgefasst. Zur Berechnung der einzelnen Feldstärkekomponenten dient die Gleich. (9.16) mit $C_K = 4\pi \cdot \varepsilon \cdot r_0$ (siehe Abschn. 9.3.2).

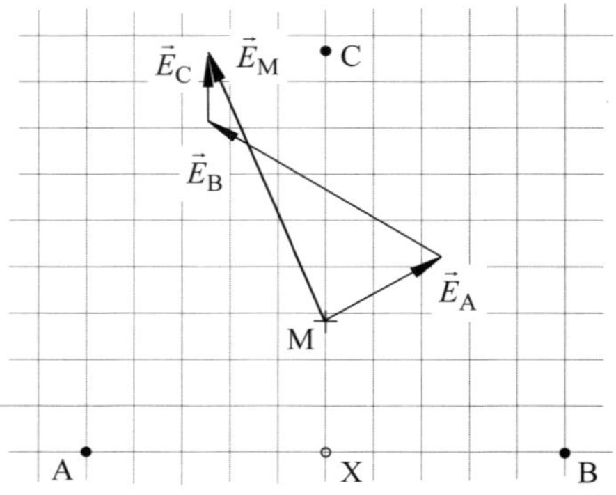

$$E = \frac{D}{\varepsilon} = \frac{Q}{\varepsilon \cdot A} = \frac{C \cdot U}{\varepsilon \cdot A} = \frac{4\pi \cdot \varepsilon \cdot r_0 \cdot U}{\varepsilon \cdot 4\pi \cdot r^2} = U \cdot \frac{r_0}{r^2}$$

mit: $r = \overline{AM} = \overline{BM} = \overline{CM} = \dfrac{0{,}5 \cdot a}{\cos 30^\circ} = 0{,}577$ m

$E_A = 300$ V/m; $E_B = 600$ V/m; $E_C = 150$ V/m

Die Feldstärkevektoren $\vec{E}_A$ und $\vec{E}_B$ zeigen von der jeweiligen Ladung weg (positive Ladung). Der Feldstärkevektor $\vec{E}_C$ zeigt infolge der negativen Ladung zum Punkt C hin. Aus Bild 9.17 wird im Punkt M eine Gesamtfeldstärke von $E_M \approx 650$ V/m abgelesen.

Bild 9.17: Resultierende Feldstärke im Berechnungsbeispiel 9.4

Gemäß Gleich. (9.18) gilt für das Potential: $\varphi = \dfrac{Q}{4\pi \cdot \varepsilon \cdot r} = \dfrac{C \cdot U}{4\pi \cdot \varepsilon \cdot r} = \dfrac{4\pi \cdot \varepsilon \cdot r_0 \cdot U}{4\pi \cdot \varepsilon \cdot r} = U \cdot \dfrac{r_0}{r}$

Das Potential im Punkt X ergibt sich aus der Überlagerung der drei Einzelpotentiale an diesem Ort.

$$\varphi_X = \varphi_{X(A)} + \varphi_{X(B)} + \varphi_{X(C)} = U_A \cdot \frac{r_0}{0{,}5 \cdot a} + U_B \cdot \frac{r_0}{0{,}5 \cdot a} + U_C \cdot \frac{r_0}{h}$$

mit: $h = \overline{CX} = \sqrt{a^2 - (0{,}5 \cdot a)^2} = a \cdot \sqrt{0{,}75}$ $\Rightarrow$ $\varphi_X = 200\text{ V} + 400\text{ V} - 57{,}7\text{ V} = 542{,}3\text{ V}$

Berechnungsbeispiel 9.5:

Zwei Kondensatoren werden einzeln mit den Spannungen U_1 und U_2 aufgeladen. Sie speichern dann gemeinsam eine elektrische Energie $W_x = W_1 + W_2$. Schaltet man diese geladenen Kondensatoren nun parallel, speichern sie eine Energie W_y. Wie groß ist die Energiedifferenz $\Delta W = W_x - W_y$?

Für die Energien der einzelnen Kondensatoren gilt: $W_1 = \dfrac{Q_1 U_1}{2} = \dfrac{Q_1^2}{2C_1}$ und : $W_2 = \dfrac{Q_2 U_2}{2} = \dfrac{Q_2^2}{2C_2}$

$$W_x = \frac{Q_1^2}{2C_1} + \frac{Q_2^2}{2C_2} = \frac{Q_1^2 C_2 + Q_2^2 C_1}{2C_1 C_2} \qquad W_y = \frac{Q_{ges}^2}{2C_{ges}} = \frac{(Q_1 + Q_2)^2}{2(C_1 + C_2)}$$

Infolge der Wirkung eines elektrischen Strömungsfeldes geht beim Umladen vom Zustand x in den Zustand y die Energiedifferenz ΔW „verloren".

$$\Delta W = W_x - W_y = \frac{Q_1^2 C_2 + Q_2^2 C_1}{2C_1 C_2} - \frac{Q_1^2 + 2Q_1 Q_2 + Q_2^2}{2(C_1 + C_2)} = \frac{(Q_1 C_2 - Q_2 C_1)^2}{2C_1 C_2 (C_1 + C_2)}$$

10 Elektrisches Verhalten des Kondensators

10.1 Regeln zur Berechnung von Kondensatorschaltungen

10.1.1 Reihenschaltung und kapazitiver Spannungsteiler

Ausgangspunkt für die folgenden Betrachtungen ist eine aus zwei idealen Kondensatoren bestehende Reihenschaltung.

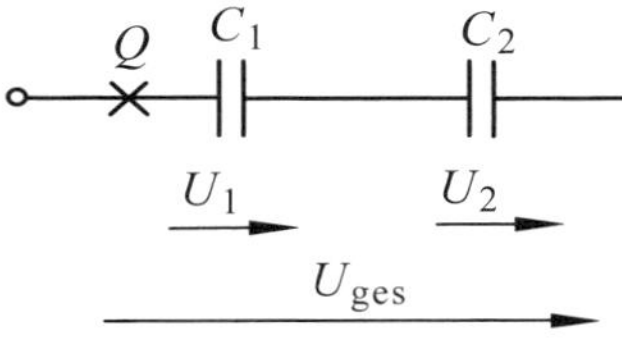

Bild 10.1: Reihenschaltung zweier Kondensatoren

Eine Reihenschaltung von Kondensatoren ist dadurch gekennzeichnet, dass in allen Einzelkondensatoren die gleiche Ladungsmenge Q gespeichert wird. Da ein Richtungspfeil irreführend wäre, wird zur Kennzeichnung einer gespeicherten Ladungsmenge ein Kreuzchen verwendet.

Nach dem Maschensatz [vgl. Gleich. (2.4)] ist die Gesamtspannung gleich der Summe der beiden Teilspannungen. Es gilt:

$$U_{\text{ges}} = U_1 + U_2$$

Mit dem Ladungsgesetz (9.10) findet man eine Berechnungsvorschrift zur Ermittlung der Gesamtkapazität C_{ges} einer Reihenschaltung von zwei Kondensatoren. Für die einzelnen Spannungen gilt $U = Q / C$.

$$\frac{Q}{C_{\text{ges}}} = \frac{Q}{C_1} + \frac{Q}{C_2} = Q \cdot \left(\frac{1}{C_1} + \frac{1}{C_2}\right)$$

Durch Kürzen der Ladung erhält man:

$$\frac{1}{C_{\text{ges}}} = \frac{1}{C_1} + \frac{1}{C_2} \quad \text{bzw.}$$

$$C_{\text{ges}} = \frac{1}{\frac{1}{C_1} + \frac{1}{C_2}} \qquad (10.1)$$

Ordnet man n Kondensatoren in einer Reihenschaltung an, so wird die Gesamtkapazität nach Gleich. (10.2) berechnet.

$$C_{\text{ges}} = \frac{1}{\sum_{\nu=1}^{n} \frac{1}{C_\nu}} \qquad (10.2)$$

In gemischten Schaltungen hat man häufig zwei in Reihe geschaltete Kondensatoren zu berechnen. Um das Rechnen mit Kehrwerten zu vermeiden, wird im Weiteren folgende Vereinfachung für *zwei in Reihe geschaltete Kondensatoren* verwendet:

$$C_{\text{ges}} = C_1 \mid C_2 = \frac{1}{\frac{1}{C_1} + \frac{1}{C_2}} = \frac{1}{\frac{C_2 + C_1}{C_1 \cdot C_2}}$$

♦ Vereinbarung: Als Symbol für eine Reihenschaltung von Kondensatoren wird ein senkrechter Strich | benutzt.

$$C_{\text{ges}} = C_1 \mid C_2 = \frac{C_1 \cdot C_2}{C_1 + C_2} \qquad (10.3)$$

In der schaltungstechnischen Praxis (z.B. analoge Filtertechnik) benötigt man gelegentlich neben einem bestimmten Kapazitätswert zugleich seinen doppelten und halben Wert. Bei Verwendung zweier Kondensatoren mit gleicher Kapazität bewirkt eine Parallelschaltung eine Kapazitätsverdopplung (vgl. Abschn. 10.1.2) und eine Reihenschaltung eine Kapazitätshalbierung.

Für $C_1 = C_2$ gilt:

$$C_{ges} = C_1 \mid C_2 = \frac{C_1 \cdot C_1}{C_1 + C_1} = \frac{C_1}{2}$$

♦ Zwei Kondensatoren mit dem gleichen Kapazitätswert wirken in einer Reihenschaltung wie ein Kondensator mit der Hälfte seiner Einzelkapazität.

In einer Reihenschaltung teilt sich die Gesamtspannung in einzelne Teilspannungen auf. Dieser Teilung liegt eine Gesetzmäßigkeit zu Grunde, die aus der Reihenschaltung von zwei Kondensatoren abgeleitet werden kann (vgl. Bild 10.1). Die in der Reihenschaltung gespeicherte Ladungsmenge kann über drei verschiedene Ansätze berechnet werden:

$$Q = C_1 \cdot U_1; \quad Q = C_2 \cdot U_2; \quad Q = C_{ges} \cdot U_{ges}$$

Wenn die linken Seiten dieser Gleichungen gleich sind, müssen die rechten Seiten auch gleich sein.

$$C_1 \cdot U_1 = C_2 \cdot U_2 = C_{ges} \cdot U_{ges} \qquad (10.4)$$

Bringt man nun noch die Spannungen auf die linke und die Kapazitäten auf die rechte Seite, so erhält man die folgenden drei Gleichungen:

$$\frac{U_1}{U_2} = \frac{C_2}{C_1} \qquad (10.5)$$

$$\frac{U_1}{U_{ges}} = \frac{C_{ges}}{C_1} \qquad (10.6)$$

$$\frac{U_2}{U_{ges}} = \frac{C_{ges}}{C_2} \qquad (10.7)$$

Die diesen Gleichungen zu Grunde liegende Gesetzmäßigkeit wird als *kapazitive Spannungsteilerregel* bezeichnet.

In einer Reihenschaltung verhalten sich zwei Spannungen so zueinander wie die Kehrwerte der Kapazitäten, über denen diese Spannungen abfallen.

Bei der Anwendung dieser Regel ist Folgendes zu beachten:

- Die Spannungsteilerregel darf nur in einer Reihenschaltung von Kondensatoren angewendet werden. Gemischte Schaltungen muss man erst in eine Reihenschaltung umrechnen. Nur dann kürzen sich die Ladungen heraus, und man erhält einen Ansatz gemäß Gleich. (10.4).
- Parallelelemente zur jeweils betrachteten Reihenschaltung haben nichts mit der aktuellen Spannungsteilung zu tun (vgl. Lehrbeispiel 10.1).

In vielen Aufgabenstellungen ist eine beliebige Teilspannung zu berechnen. Da die Gesamtspannung in der Regel bekannt ist, kann der Ansatz $\frac{\text{Teilspannung}}{\text{Gesamtspannung}}$ von Interesse sein. Zur Herleitung der dieser Teilung zu Grunde liegenden Gesetzmäßigkeit soll von Gleich. (10.6) im Zusammenhang mit Bild 10.1 ausgegangen werden.

$$\frac{U_1}{U_{ges}} = \frac{C_{ges}}{C_1} = \frac{C_1 \mid C_2}{C_1} = \frac{C_1 \cdot C_2}{C_1 \cdot (C_1 + C_2)}$$

Eine Teilspannung verhält sich zur Gesamtspannung wie der Kapazitätswert, über dem die gesuchte Teilspannung nicht abfällt, dividiert durch die Summe der beiden an der Spannungsteilung beteiligten Kapazitäten.

$$\frac{U_1}{U_{ges}} = \frac{C_2}{C_1 + C_2} \qquad (10.8)$$

Die Anwendung dieser vereinfachten Form des kapazitiven Spannungsteilers setzt voraus, dass jede gemischte Schaltung zuerst in eine aus zwei Kondensatoren bestehende Reihenschaltung umgerechnet wird.

Lehrbeispiel 10.1:

Berechnen Sie die Spannung U_2 mit dem kapazitiven Spannungsteiler.

Geg.: U_{ges}, C_1, C_2, C_3

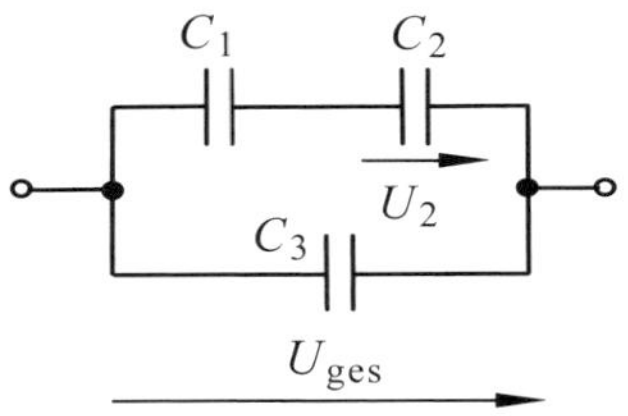

Bild 10.2: Schaltung zum Lehrbeispiel 10.1

Der Kondensator C_3 ist nicht an der Spannungsteilung beteiligt.

Es gilt: $U_2 = U_{ges} \cdot \dfrac{C_1}{C_1 + C_2}$

10.1.2 Parallelschaltung und Ladungsteiler

Eine Parallelschaltung von Kondensatoren ist dadurch gekennzeichnet, dass über allen Elementen dieselbe Spannung liegt. Mit dem Knotenpunktsatz (2.5) kann eine Berechnungsvorschrift für die Gesamtkapazität einer aus zwei Kondensatoren bestehenden Parallelschaltung abgeleitet werden.

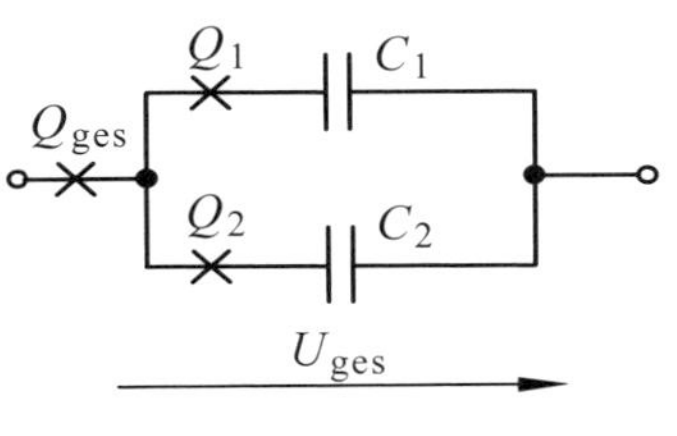

Bild 10.3: Parallelschaltung zweier Kondensatoren

Es gilt: $Q_{ges} = Q_1 + Q_2$

$$C_{ges} \cdot U = C_1 \cdot U + C_2 \cdot U = (C_1 + C_2) \cdot U$$

$$C_{ges} = C_1 + C_2 \qquad (10.9)$$

In einer Parallelschaltung erhält man die Gesamtkapazität aus der Addition der einzelnen Kapazitätswerte. Aus einem Vergleich mit Abschn. 3.2.2 folgt, dass die Kapazität den Charakter eines Leitwertes trägt.

Für n parallele Kondensatoren gilt dann:

$$C_{ges} = \sum_{\nu=1}^{n} C_\nu \qquad (10.10)$$

In einer Parallelschaltung wird die Gesamtladung nach dem Knotenpunktsatz in einzelne Teilladungen aufgeteilt. Dieser Teilung liegt eine Gesetzmäßigkeit zu Grunde, die aus der Parallelschaltung von zwei Kondensatoren abgeleitet werden soll (vgl. Bild 10.3).

Die Spannung über dieser Schaltung liegt gleichermaßen über allen Schaltungselementen und ergibt sich aus den folgenden drei verschiedenen Ansätzen:

$$U = \frac{Q_1}{C_1}; \quad U = \frac{Q_2}{C_2}; \quad U = \frac{Q_{ges}}{C_{ges}}$$

Da die Spannung überall gleich ist, darf man die rechten Seiten dieser Gleichungen auch gleichsetzen:

$$\frac{Q_1}{C_1} = \frac{Q_2}{C_2} = \frac{Q_{ges}}{C_{ges}} \qquad (10.11)$$

Bringt man nun noch die Ladungen auf die linke und die Kapazitäten auf die rechte Seite, so erhält man die folgenden drei Gleichungen:

$$\frac{Q_1}{Q_2} = \frac{C_1}{C_2} \tag{10.12}$$

$$\frac{Q_1}{Q_{ges}} = \frac{C_1}{C_{ges}} \tag{10.13}$$

$$\frac{Q_2}{Q_{ges}} = \frac{C_2}{C_{ges}} \tag{10.14}$$

Die diesen Gleichungen zu Grunde liegende Gesetzmäßigkeit wird als *Ladungsteilerregel* bezeichnet.

> In einer Parallelschaltung von Kondensatoren verhalten sich zwei Ladungen so zueinander wie die Kapazitäten, in denen diese Ladungen gespeichert werden.

Bei der Anwendung dieser Regel ist Folgendes zu beachten:

- Die Ladungsteilerregel darf nur in einer Parallelschaltung angewendet werden. Gemischte Schaltungen sind demzufolge erst in eine Parallelschaltung umzurechnen. Erst dann dürfen die Spannungen herausgekürzt werden, und man erhält einen Ansatz gemäß Gleich. (10.11).
- Reihenkondensatoren zur jeweils betrachteten Parallelschaltung haben keinen Einfluss auf die aktuelle Ladungsteilung.

Lehrbeispiel 10.2:

Berechnen Sie für die angegebene Schaltung im Bild 10.4 die Ladungsmenge Q_2, und beweisen Sie mit diesem Ergebnis die Aussage des kapazitiven Spannungsteilers für U_2.

Geg.: U_{ges}, C_1, C_2, C_3

Die Schaltung besteht aus einer Reihenschaltung des Kondensators C_3 mit der Parallelkombination ($C_1 + C_2$). Die Ladungsteilerregel darf nur in der Parallelschaltung C_1 und C_2 angewendet werden. Über beiden Elementen dieser Parallelschaltung liegt die gleiche Spannung U_2. Die Gesamtladung teilt sich nach dem Knotenpunktsatz in Q_1 und Q_2 ($Q_{ges} = Q_1 + Q_2$).

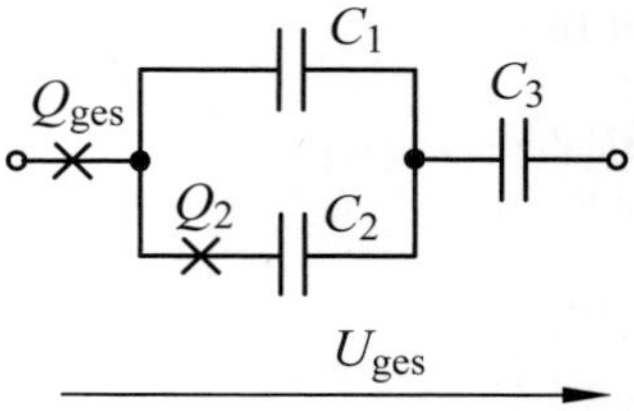

Bild 10.4: Schaltung zum Lehrbeispiel 10.2

Der Kondensator C_3 ist nicht an der Ladungsteilung beteiligt. Es gilt:

$$Q_2 = Q_{ges} \cdot \frac{C_2}{C_1 + C_2} = C_{ges} \cdot U_{ges} \cdot \frac{C_2}{C_1 + C_2}$$

mit: $C_{ges} = (C_1 + C_2) \mid C_3$

$$Q_2 = \frac{(C_1 + C_2) \cdot C_3}{C_1 + C_2 + C_3} \cdot U_{ges} \cdot \frac{C_2}{C_1 + C_2}$$

$$Q_2 = U_{ges} \cdot \frac{C_2 \cdot C_3}{C_1 + C_2 + C_3}$$

Die Ladung Q_2 kann über $C_2 \cdot U_2$ ersetzt werden, und man erhält die vereinfachte Form des kapazitiven Spannungsteilers gemäß Gleich. (10.8).

$$C_2 \cdot U_2 = U_{ges} \cdot \frac{C_2 \cdot C_3}{C_1 + C_2 + C_3}$$

$$U_2 = U_{ges} \cdot \frac{C_3}{C_1 + C_2 + C_3}$$

Die Teilspannung U_2 verhält sich zur Gesamtspannung U_{ges} wie der Kapazitätswert C_3 (über dem die gesuchte Teilspannung nicht abfällt), dividiert durch die Summe der beiden an der Spannungsteilung beteiligten Kapazitäten.

Diese Summe wird aus den beiden Kapazitäten der Ersatz-Reihenschaltung ($C_1 + C_2$) und C_3 gebildet.

10.1.3 Gemischte Kondensatorschaltungen

Berechnungsbeispiel 10.1:

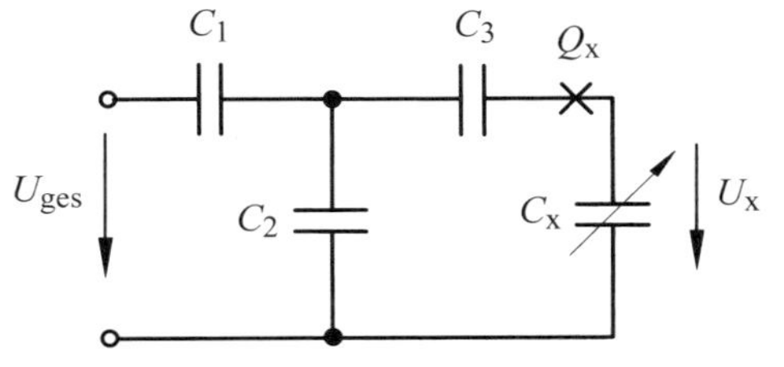

Bild 10.5: Schaltung zum Berechnungsbeispiel 10.1

Auf welchen Wert muss der Kondensator C_x im Bild 10.5 eingestellt werden, damit er sich auf eine Spannung von 20 V auflädt? Wie groß ist dann die in ihm gespeicherte Ladungsmenge?

Geg.: $U_{ges} = 100$ V

$C_1 = 1\ \mu F$; $C_2 = 2\ \mu F$; $C_3 = 3\ \mu F$

Zur Lösung der Aufgabenstellung wird der kapazitive Spannungsteiler angesetzt. Es handelt sich um einen doppelten Teiler (vgl. auch Abschn. 3.3).

$$\frac{U_x}{U_{ges}} = \frac{C_3}{C_3 + C_x} \cdot \frac{C_1}{C_1 + C_2 + C_3 \mid C_x} = \frac{20\text{ V}}{100\text{ V}} = \frac{1}{5}$$

$$5 \cdot C_1 \cdot C_3 = (C_1 + C_2) \cdot (C_3 + C_x) + C_3 \cdot C_x \qquad \text{bzw.:} \qquad 4 \cdot C_1 \cdot C_3 = C_x \cdot (C_1 + C_2 + C_3) + C_2 \cdot C_3$$

$$C_x = \frac{4 \cdot C_1 \cdot C_3 - C_2 \cdot C_3}{C_1 + C_2 + C_3} = \frac{12 - 6}{6}\ \mu\text{F} = 1\ \mu\text{F} \qquad \text{und:} \qquad Q_x = C_x \cdot U_x = 1\ \mu\text{F} \cdot 20\text{ V} = 20\ \mu\text{A} \cdot \text{s}$$

Berechnungsbeispiel 10.2:

Berechnen Sie die Gesamtkapazität und die im Kondensator C_3 gespeicherte Ladung. In welchem Verhältnis stehen die Spannungen U_1 (→ über C_1) und U_4 (→ über C_4) zueinander?

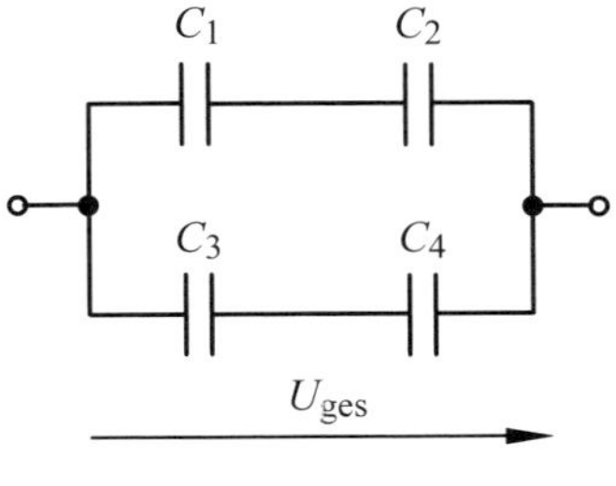

Geg.: $U_{ges} = 12$ V

$C_1 = C_2 = 200$ nF; $C_3 = 300$ nF; $C_4 = 600$ nF

Bild 10.6: Schaltung zum Berechnungsbeispiel 10.2

$$C_{ges} = C_1 \mid C_2 + C_3 \mid C_4 = 100\text{ nF} + 200\text{ nF} = 300\text{ nF}$$

$$Q_3 = C_3 \mid C_4 \cdot U_{ges} = 200\text{ nF} \cdot 12\text{ V} = 2{,}4 \cdot 10^{-6}\text{ A} \cdot \text{s}$$

$$\frac{U_1}{U_4} = \frac{U_1}{U_{ges}} \cdot \frac{U_{ges}}{U_4} = \frac{C_2}{C_1 + C_2} \cdot \frac{C_3 + C_4}{C_3} = \frac{1}{2} \cdot \frac{3}{1} = \frac{3}{2}$$

10.2 Schaltvorgänge in RC-Kombinationen

Schaltet man einen Kondensator über einen Widerstand an eine Gleichspannungsquelle an, so fließt ein von der Zeit abhängiger Ladestrom $i_{CA} = + i_C$. Der Kondensator wird im Zeitraum $(t_A = 0) \le t \le (t \to \infty)$ auf den statischen Endzustand U_q aufgeladen.

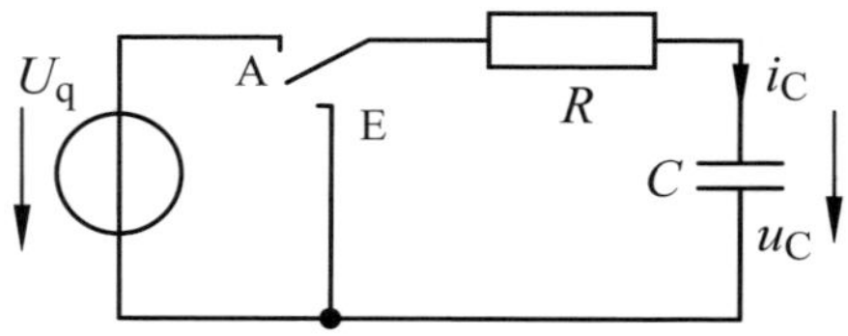

Bild 10.7: Auf- und Entladen eines Kondensators

Beim Entladen des Kondensators fließt ein Entladestrom $i_{CE} = - i_C$, der von der Spannung des auf U_q aufgeladenen Kondensators angetrieben wird und ihn dabei im Zeitraum $(t_E = 0) \le t \le (t \to \infty)$ vollständig entlädt (Schalterstellung E im Bild 10.7).

10.2.1 Ladevorgang

In der Schalterstellung A des Bildes 10.7 fließt ein **A**ufladestrom i_{CA} (Vorgang A) von der Quelle durch die RC-Kombination. Er lädt den (hier: vollständig entladenen) Kondensator auf U_q auf und verursacht dabei einen Spannungsabfall über dem Widerstand (Bild 10.8).

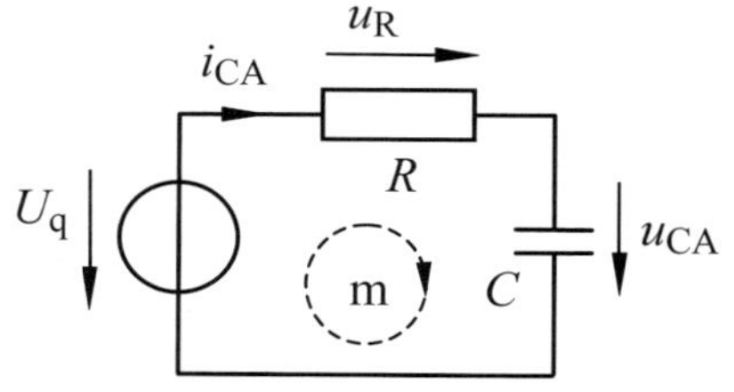

Bild 10.8: Ladevorgang

Zur mathematischen Beschreibung dieses Vorgangs A dient der Maschensatz.

$$U_q = u_R + u_{CA} = i_{CA} \cdot R + u_{CA}$$

Der Strom i_C kann allgemein über das Ladungsgesetz $Q = C \cdot U$ berechnet werden.

$$\mathrm{d}Q = C \cdot \mathrm{d}u_C \qquad \text{mit:} \qquad \mathrm{d}Q = i_C \cdot \mathrm{d}t$$

$$i_C \cdot \mathrm{d}t = C \cdot \mathrm{d}u_C$$

$$i_C = C \cdot \frac{\mathrm{d}u_C}{\mathrm{d}t} \qquad (10.15)$$

Dieser Strom i_C wird in die Maschengleichung eingesetzt. Es entsteht eine Differentialgleichung 1. Ordnung.

$$U_q = R \cdot C \cdot \frac{\mathrm{d}u_{CA}}{\mathrm{d}t} + u_{CA}$$

Das Produkt von Widerstand und Kapazität ist ein Maß für die Trägheit einer RC-Kombination beim Laden bzw. Entladen und wird als *Zeitkonstante* τ bezeichnet.

$$\tau = R \cdot C \qquad (10.16)$$

Durch Trennen der Variablen mit anschließender Integration kann die Differentialgleichung gelöst werden.

$$\int \frac{1}{U_q - u_{CA}} \cdot \mathrm{d}u_{CA} = \int \frac{1}{\tau} \cdot \mathrm{d}t$$

$$\text{Normierung:} \quad \{U_q - u_{CA}\} = \frac{U_q - u_{CA}}{1\,\mathrm{V}}$$

$$\ln\{U_q - u_{CA}\} = -\frac{t}{\tau} + K_1 \qquad (10.17)$$

Das negative Vorzeichen resultiert aus der ersten Ableitung des Spannungsausdruckes im Rahmen der Integration durch Substitution und wird auf die rechte Seite der Gleichung gebracht. Die Integrationskonstante K_1 kann aus der Anfangsbedingung (also bei $t = t_A = 0$) bestimmt werden.

$$\{u_{CA}\}_{t=0} = 0 \quad \Rightarrow \quad K_1 = \ln\{U_q\}$$

Diese Konstante wird in die allgemeine Lösung der Differentialgleichung eingesetzt.

$$\ln\frac{\{U_q - u_{CA}\}}{\{U_q\}} = -\frac{t}{\tau} \quad \Rightarrow \quad \frac{U_q - u_{CA}}{U_q} = e^{-\frac{t}{\tau}}$$

$$u_{CA} = U_q \cdot (1 - e^{-\frac{t}{\tau}}) \qquad (10.18)$$

Der Aufladestrom i_{CA} kann mit der Gleich. (10.15) berechnet werden.

$$i_{CA} = C \cdot U_q \frac{d(1 - e^{-\frac{t}{\tau}})}{dt} = -C \cdot U_q \cdot e^{-\frac{t}{\tau}}(-\frac{1}{RC})$$

$$i_{CA} = \frac{U_q}{R} \cdot e^{-\frac{t}{\tau}} = I_0 \cdot e^{-\frac{t}{\tau}} \qquad (10.19)$$

10.2.2 Entladevorgang

In der Schalterstellung E des Bildes 10.7 fließt ein **E**ntladestrom i_{CE} (Vorgang E) von der positiv geladenen Platte des Kondensators durch den Widerstand zur negativen Platte. Er entlädt den Kondensator und verursacht dabei einen Spannungsabfall über dem Widerstand R (Bild 10.9).

Zur mathematischen Beschreibung dieses Vorgangs dient wieder der Maschensatz.

$$u_{CE} - u_R = 0 \qquad \text{bzw.:} \qquad u_{CE} = i_{CE} \cdot R$$

Der bei $t_E = 0$ auf U_q geladene Kondensator wirkt jetzt wie eine Quelle. Der Strom i_{CE} fließt somit dem ursprünglichen Strom i_{CA} entgegen. Es gilt $i_{CE} = -i_{CA} = -i_C$.

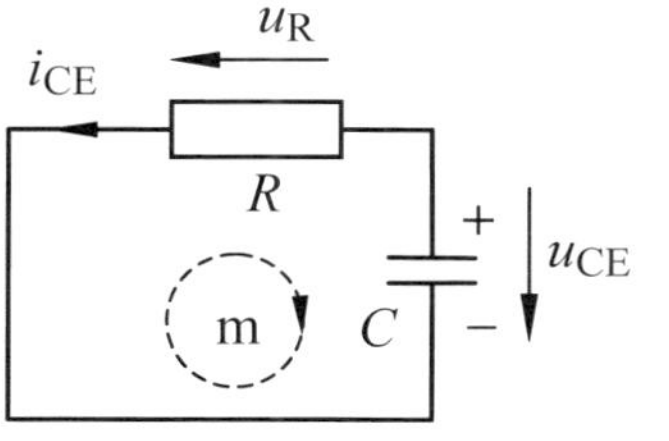

Bild 10.9: Entladevorgang

Dieser Strom wird gemäß Gleich. (10.15) in die Maschengleichung $u_{CE} - u_R = 0$ eingesetzt. Es entsteht wieder eine Differentialgleichung 1. Ordnung.

$$u_{CE} = u_R = i_{CE} \cdot R = -i_{CA} \cdot R$$

$$u_{CE} = -R \cdot C \cdot \frac{du_{CE}}{dt}$$

Durch Trennen der Variablen mit anschließender Integration kann die Differentialgleichung gelöst werden.

$$\int \frac{1}{u_{CE}} \cdot du_{CE} = -\int \frac{1}{\tau} \cdot dt \quad \text{mit:} \quad \{u_{CE}\} = \frac{u_{CE}}{1\,V}$$

$$\ln\{u_{CE}\} = -\frac{t}{\tau} + K_2$$

Die Integrationskonstante K_2 wird aus der Anfangsbedingung bei $t = t_E = 0$ bestimmt.

$$\{u_{CE}\}_{t=0} = \{U_q\} \quad \Rightarrow \quad K_2 = \ln\{U_q\}$$

Diese Konstante setzt man in die allgemeine Lösung der Differentialgleichung ein.

$$\ln\frac{\{u_{CE}\}}{\{U_q\}} = -\frac{t}{\tau} \qquad \text{bzw.:} \qquad \frac{u_{CE}}{U_q} = e^{-\frac{t}{\tau}}$$

$$u_{CE} = U_q \cdot e^{-\frac{t}{\tau}} \qquad (10.20)$$

Der Kondensatorstrom $i_{CE} = -\, i_{CA} = -\, i_C$ ergibt sich dann aus Gleich. (10.15).

$$i_{CE} = -\frac{U_q}{R} \cdot e^{-\frac{t}{\tau}} = -I_0 \cdot e^{-\frac{t}{\tau}} \qquad (10.21)$$

Die Zeitfunktionen der Vorgänge A und E verlaufen dann (nacheinander dargestellt) wie folgt:

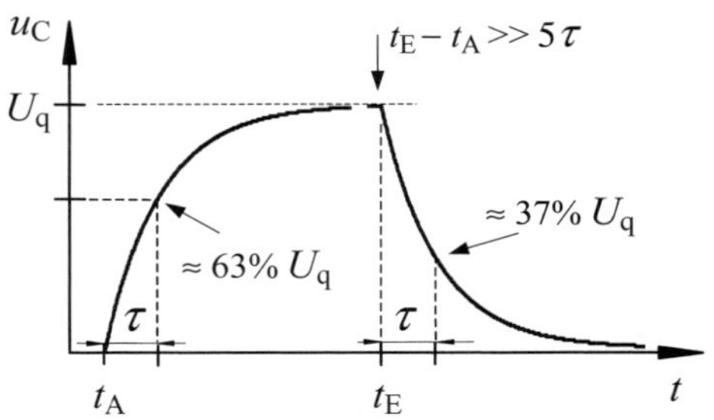

Bild 10.10: Spannungsverlauf

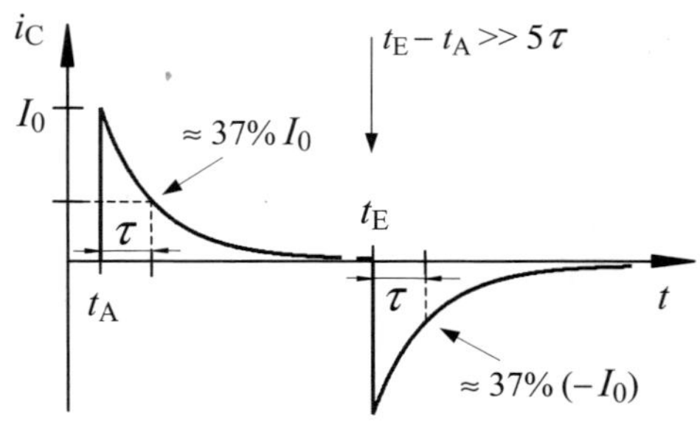

Bild 10.11: Stromverlauf

Die Ladespannung erreicht nach 1τ ca. 63% ihres Maximalwertes (Lehrbeispiel 10.3). Der Ladestrom ist dann auf ca. 37% seines Maximalwertes abgesunken. Die Entladespannung ist nach 1τ auf ca. 37% ihres Maximalwertes abgesunken.

Lehrbeispiel 10.3:

Auf wieviel Prozent der Gesamtspannung ist ein Kondensator nach $t_x = 0{,}5\tau$; 1τ ; 2τ ; 3τ ; 4τ und 5τ aufgeladen bzw. entladen?

Nach Gleich. (10.18) gilt für den Ladevorgang:

$$\frac{u_{CA}}{U_q} = 1 - e^{-\frac{t_x}{\tau}} \quad \text{bzw.:} \quad X_A = \frac{u_{CA}}{U_q} \cdot 100\,\%$$

Für den Entladevorgang gilt: $X_E = 100\,\% - X_A$. Durch Einsetzen der jeweiligen Zeit für t_x findet man die Werte der Tabelle 10.1.

Tabelle 10.1: Lösung des Lehrbeispiels 10.3

t_x	$0{,}5\tau$	1τ	2τ	3τ	4τ	5τ
X_A	39,3%	63,2%	86,5%	95,0%	98,2%	99,3%
X_E	60,7%	36,8%	13,5%	5,0%	1,8%	0,7%

Der Vorgang des Ladens / Entladens kann nach ca. 5τ als abgeschlossen betrachtet werden. Der Kondensator hat sich nach dieser Zeit (sie liegt bei R / kΩ und C / µF in der Größenordnung von einigen Millisekunden) auf über 99% der Gesamtspannung aufgeladen bzw. er wurde auf einen Wert kleiner $0{,}01 \cdot U_q$ entladen.

Die Zeitkonstante τ kann (z.B. mittels Oszilloskop) aus der Zeitfunktion mit Hilfe der *Halbwertszeit* t_H ermittelt werden. Als Halbwertszeit definiert man diejenige Zeit, in der ein Kondensator auf die halbe Gesamtspannung aufgeladen bzw. entladen ist. Für den Vorgang A gilt:

$$\frac{u_{CA}}{U_q} = 1 - e^{-\frac{t_H}{\tau}} = \frac{1}{2} \quad \Rightarrow \quad t_H = -\tau \cdot \ln 0{,}5$$

$$t_H = 0{,}693 \cdot \tau \qquad (10.22)$$

Eine weitere Möglichkeit besteht darin, den Anstieg der Lade- bzw. Entladefunktion bei $t = 0$ zu ermitteln (1. Ableitung) und daraus die Zeitkonstante zu bestimmen. Mit (10.18) gilt:

$$\frac{du_{CA}}{dt} = -U_q \cdot e^{-\frac{t}{\tau}} \cdot (-\frac{1}{\tau}) \xrightarrow{t=0} \frac{du_{CA}}{dt} = \frac{U_q}{\tau}$$

Der zeitlich abhängige Vorgang des Ladens bzw. Entladens von Kondensatoren ist an die Existenz eines elektrischen Strömungsfeldes gebunden. Durch den Energieumsatz in diesem Strömungsfeld tritt aber bei jedem Ladevorgang ein Verlust an speicherbarer elektrischer Energie auf. Wird z.B. einer RC-Kombination von einer Quelle die Energie $W_{ges} = U \cdot I \cdot t = U \cdot Q$ zugeführt, dann speichert der Kondensator eine elektrische Energie von [Gleich. (9.22)]:

$$W_{el} = \frac{C}{2} \cdot U^2 = \frac{Q \cdot U}{2} = \frac{W_{ges}}{2}$$

Die andere Hälfte der zugeführten Energie wird demzufolge in dem zum Ladungstransport erforderlichen elektrischen Strömungsfeld in Wärme umgesetzt.

10.2.3 Umschalten vorgeladener Kondensatoren

In den Abschn. 10.2.1 bzw. 10.2.2 wurde davon ausgegangen, dass ein vollständig entladener Kondensator über einen Zeitraum $(t_A = 0) \leq t \leq (t \rightarrow \infty)$ auf eine Gleichspannung U_q aufgeladen bzw. ein vollständig aufgeladener Kondensator über einen Zeitraum $(t_E = 0) \leq t \leq (t \rightarrow \infty)$ vollständig entladen wird.

Wenn für diese Vorgänge nur ein Zeitraum $\Delta t < 5\tau$ zur Verfügung steht (Bild 10.12), kann der Kondensator nur teilweise aufgeladen bzw. entladen werden.

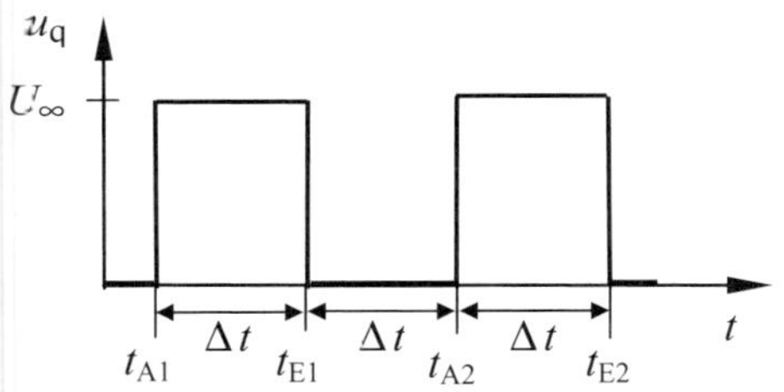

Bild 10.12: Vorgang des Umschaltens ($\Delta t < 5\,\tau$)

Wenn ein Kondensator bereits eine gewisse Vorladung besitzt und weiter aufgeladen bzw. weiter entladen werden soll oder wenn periodische Schaltwechsel vorliegen (Impulsbetrieb im Bild 10.12), muss dieser Vorladezustand U_0^* (U_{0A} oder U_{0E}) in die mathematische Beschreibung der Zeitfunktion einbezogen werden. Als Ausgangspunkt zur Berechnung dient die aus dem Ladevorgang ermittelte Lösung der Differentialgleichung (10.17) mit einer anderen Integrationskonstanten K_3. Da die Ladespannung bei $t \rightarrow \infty$ nicht in jedem Fall U_q sein muss, wird für diesen Endzustand allgemein die Spannung U_∞ eingesetzt.

$$\ln\{U_\infty - u_C\} = -\frac{t}{\tau} + K_3$$

Der zu beschreibende Vorgang beginnt zum Zeitpunkt t^* (t_A oder t_E) und endet zum Zeitpunkt $t^* + \Delta t$ (siehe Bild 10.12). Für diesen Zeitraum gilt: $(t^* = 0) \leq t \leq (t^* + \Delta t)$. Die Integrationskonstante K_3 wird aus der Anfangsbedingung bei $t^* = 0$ bestimmt.

$$\{u_C\}_{t^*=0} = \{U_0^*\} \quad \Rightarrow \quad K_3 = \ln\{U_\infty - U_0^*\}$$

Durch Einsetzen von K_3 erhält man:

$$\ln\frac{\{U_\infty - u_C\}}{\{U_\infty - U_0^*\}} = -\frac{t}{\tau} \quad \text{bzw.:} \quad \frac{U_\infty - u_C}{U_\infty - U_0^*} = e^{-\frac{t}{\tau}}$$

$$u_C = U_\infty - (U_\infty - U_0^*) \cdot e^{-\frac{t}{\tau}} \qquad (10.23)$$

Der Stromverlauf beim Umschalten kann über Gleich. (10.15) berechnet werden.

$$i_C = C \cdot \frac{d(U_\infty - (U_\infty - U_0^*) \cdot e^{-\frac{t}{\tau}})}{dt}$$

$$i_C = -(U_\infty - U_0^*) \cdot e^{-\frac{t}{\tau}} \cdot (-\frac{1}{RC}) \cdot C$$

$$i_C = \frac{U_\infty - U_0^*}{R} \cdot e^{-\frac{t}{\tau}} \qquad (10.24)$$

Die Zeitfunktion der Kondensatorspannung hat beim Umschalten vorgeladener Kondensatoren [bei einer gleichen Taktfrequenz des Umschaltens $\Delta t = t_{E1} - t_{A1} = t_{A2} - t_{E1}$ (vgl. Bild 10.12) und im eingeschwungenen Zustand nach $t^* >> \Delta t$] den folgenden Verlauf:

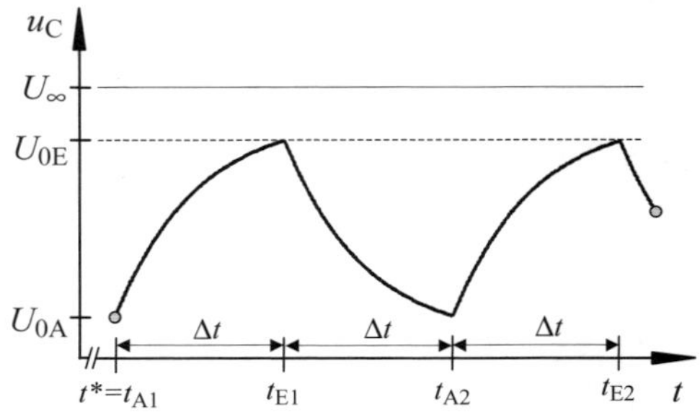

Bild 10.13: Spannungsverlauf beim Umschalten

Der Anfangswert im Umschaltmoment zum Aufladen ($t^* = t_{Ax}$) beträgt U_{0A}. Von diesem Wert aus steigt die Kondensatorspannung nach einer e-Funktion an. Sie könnte den Wert U_∞ erreichen, wenn genügend Zeit ($t > 5\tau$) zur Verfügung stehen würde.

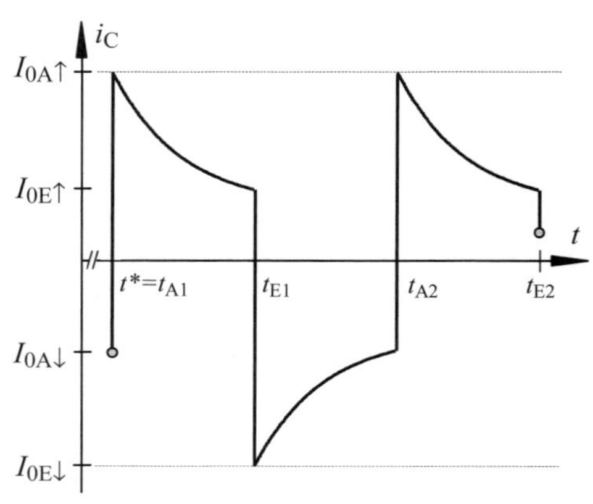

Bild 10.14: Stromverlauf beim Umschalten

Im Umschaltmoment zum Entladevorgang (also bei t_{Ex}) hat die Kondensatorspannung den Wert U_{0E} erreicht und sinkt nun wieder nach der e-Funktion ab.

Der Anfangswert des Stromes I_{0A} springt bei t_{Ax} von einem tiefen Wert (↓) auf einen hohen Wert (↑), sinkt nach der e-Funktion ab und springt dann bei t_{Ex} von einem hohen Wert wieder auf einen tiefen Wert (usw.; Bild 10.14).

Lehrbeispiel 10.4:

Skizzieren Sie den Verlauf der Ausgangsspannung eines Differenziergliedes und eines Integriergliedes. An den Eingang wird jeweils eine Spannung angelegt, die einen rechteckförmigen periodischen Verlauf aufweist (Bild 10.12).

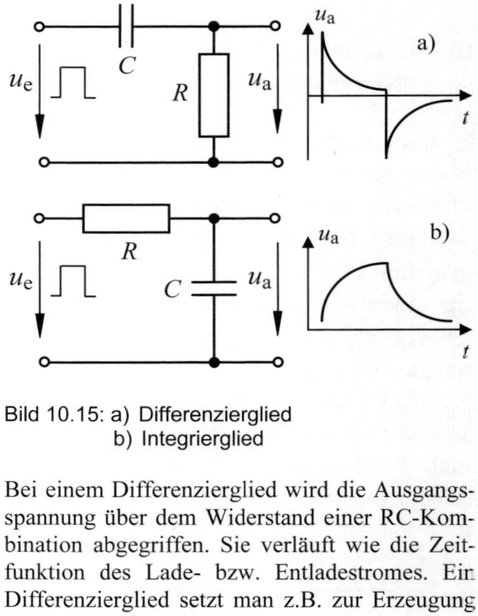

Bild 10.15: a) Differenzierglied
b) Integrierglied

Bei einem Differenzierglied wird die Ausgangsspannung über dem Widerstand einer RC-Kombination abgegriffen. Sie verläuft wie die Zeitfunktion des Lade- bzw. Entladestromes. Ein Differenzierglied setzt man z.B. zur Erzeugung kurzer Nadelimpulse ein.

Bei einem Integrierglied wird die Ausgangsspannung über dem Kondensator einer RC-Kombination abgegriffen. Sie verläuft wie die Zeitfunktion der Kondensatorspannung. Ein Integrierglied verwendet man z.B. zur Verzögerung von Schaltvorgängen.

10.3 Ladungsausgleich

10.3.1 Ladungsbilanz

Ausgleichsvorgänge finden in RC-Netzen immer dann statt, wenn z.B. zu einer bereits vorgeladenen Kondensatorschaltung weitere Bauelemente (Quellen, Kondensatoren, Widerstände) eingeschaltet bzw. bereits vorhandene Bauelemente durch Schaltvorgänge in ihrer schaltungstechnischen Position verändert werden. Solche Vorgänge laufen auch ab, wenn die Kapazität vorgeladener Kondensatoren im RC-Netz verändert wird (z.B. Drehkondensator).

Das Ziel der folgenden Ausführungen besteht in der Beschreibung statischer Ladungszustände vor einem Schaltvorgang (Anfangszustand bei $t \leq 0$) und im Ergebnis des aus dem Schaltvorgang resultierenden Ladungsausgleichs (Endzustand bei $t \to 0$). Die zeitlichen Abläufe ($0 < t < \infty$) solcher Vorgänge werden hier nicht berechnet. Diese zeitlich abhängigen Übergangsprozesse sind mit Kenntnis der Anfangs- bzw. Endzustände über die Gleich. (10.23) und (10.24) mathematisch beschreibbar.

Da mehrere Ausgleichsvorgänge gleichzeitig oder nacheinander ablaufen können, ist eine Zuordnung zum <u>A</u>ufladen bzw. zum <u>E</u>ntladen (Index A oder E; vgl. Abschn. 10.2) nicht mehr eindeutig möglich. In den folgenden Ausführungen werden die Anfangszustände mit dem Index „0“ und die statischen Endzustände mit dem Index „∞“ gekennzeichnet. Laufen mehrere Vorgänge nacheinander ab, kann ein statischer Endzustand zugleich ein neuer Anfangszustand sein. In diesem Fall wird zur Kennzeichnung zusätzlich der Index des Bauelementes verwendet, das diesen Vorgang auslöst.

Zur Bestimmung von Ladezuständen führt man das RC-Netz je nach aktueller schaltungstechnischer Konfiguration auf eine geeignete Ersatzschaltung (Reihenschaltung oder Parallelschaltung) zurück. Wenn lediglich statische Endzustände ($i_{C\infty} = 0$ A) zu berechnen sind, kann jeder bei $t \to \infty$ nicht mehr von einem Strom durchflossene Widerstand durch einen Kurzschluss ersetzt werden. Diese Widerstände beeinflussen lediglich die zeitliche Dauer ($\Delta t >> 5 \cdot RC$) eines Ausgleichsvorgangs.

Zur Beschreibung des statischen Endergebnisses eines Ausgleichsvorgangs gilt:

$$Q_\infty = Q_0 + \Delta Q$$

Die resultierende Endladung Q_∞ ergibt sich aus der Anfangsladung Q_0 bei $t = 0$ zuzüglich der während des Vorgangs zugeführten bzw. abgeflossenen Ladung. Daraus kann die Spannung eines Kondensators im statischen Endzustand berechnet werden.

$$U_\infty \cdot C = U_0 \cdot C + \int_{t=0}^{\infty} i_C \cdot \mathrm{d}t$$

$$U_\infty = U_0 + \frac{1}{C} \int_{t=0}^{\infty} i_C \cdot \mathrm{d}t \qquad (10.25)$$

Zur Verdeutlichung solcher Vorgänge soll im Weiteren eine Reihenschaltung von zwei idealen Kondensatoren betrachtet werden, die vorerst vollständig entladen sind.

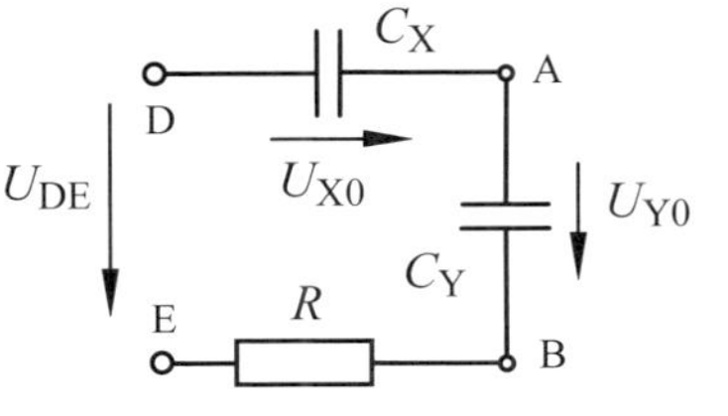

Bild 10.16: Anfangszustand

Legt man an die Punkte D und E der Anordnung im Bild 10.16 eine Spannung U_{DE}, so werden beide Kondensatoren nach den im Abschnitt 10.2 behandelten Gesetzen aufgeladen. Schließt man die Punkte D und E anschließend kurz, entladen sich die Kondensatoren über R vollständig.

Lädt man dagegen die beiden Kondensatoren im Bild 10.16 über die Punkte D und A bzw. über A und B einzeln auf die Spannungen U_{X0} bzw. U_{Y0} auf, so fällt zwischen den Punkten D und E eine Spannung $U_{DE0} = U_{X0} + U_{Y0}$ ab. Die Kondensatoren speichern im Zustand „0" folgende Ladungen: $Q_{X0} = C_X \cdot U_{X0}$ und $Q_{Y0} = C_Y \cdot U_{Y0}$.

Schließt man nun die Punkte D und E kurz, kommt es zu einem Ausgleichsvorgang. Nach $t >> 5 \cdot \tau$ stellt sich zwischen den Punkten A und E eine Spannung $U_{AE\infty}$ ein. Es gilt: $|U_{AE\infty}| = |U_{X\infty}| = |U_{Y\infty}|$.

In der Schaltung verbleibt eine Restladung.

An der Richtung der Zählpfeile im Bild 10.16 ist zu erkennen, dass einer der Kondensatoren im Ergebnis dieses Ausgleichsvorgangs seine Polarität wechseln muss (vgl. Abschn. 10.3.2 und 10.3.3).

10.3.2 Ladungsausgleich in einer Reihenersatzschaltung

Zur Berechnung des Ergebnisses eines Ausgleichsvorgangs (Q_∞ oder U_∞) kann man die während dieses Vorgangs verschobene Ladung ΔQ verwenden.

$$\Delta Q = Q_\infty - Q_0 \qquad (10.26)$$

Wie Gleich. (10.26) zeigt, ist die verschobene Ladung vorzeichenbehaftet. Das Vorzeichen ergibt sich aus der Relation der Beträge der Anfangsladung Q_0 eines Kondensators und seiner Endladung Q_∞.

Da die Endladung in der Regel nicht bekannt ist, wird die Richtung der verschobenen Ladung mit einem Zählpfeil willkürlich festgelegt (siehe Bild 10.18).

Wie Bild 10.17 zeigt, kann ein mit $Q_{x0} > 0$ vorgeladener Kondensator C_x im Ergebnis eines Ladungsausgleichs $Q_{x\infty} = Q_{x0} + \Delta Q_x$:

a) weiter aufgeladen (nachgeladen) werden (mit $\Delta Q_x > 0$)

b) teilweise entladen werden (mit $\Delta Q_x < 0$ und $|\Delta Q_x| < |Q_{x0}|$)

c) vollständig entladen werden (mit $\Delta Q_x < 0$ und $|\Delta Q_x| = |Q_{x0}|$)

d) umgeladen werden (mit $\Delta Q_x < 0$ und $|\Delta Q_x| > |Q_{x0}|$)

Im Fall d) wechselt der Kondensator C_x seine Polarität. Die Spannung $U_{x\infty}$ (d) wird im Vergleich zu U_{x0} negativ.

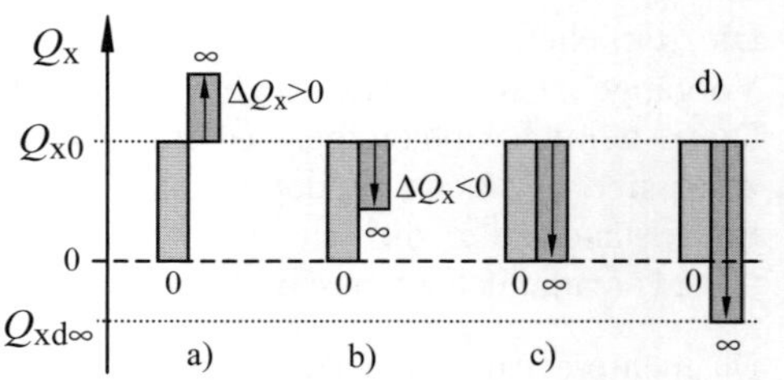

Bild 10.17: Verschobene Ladung

Ausgangspunkt für die folgenden Überlegungen ist die Schaltung nach Bild 10.16, die im Bild 10.18 für $t >> 5 \cdot \tau$ ohne R vereinfacht dargestellt ist.

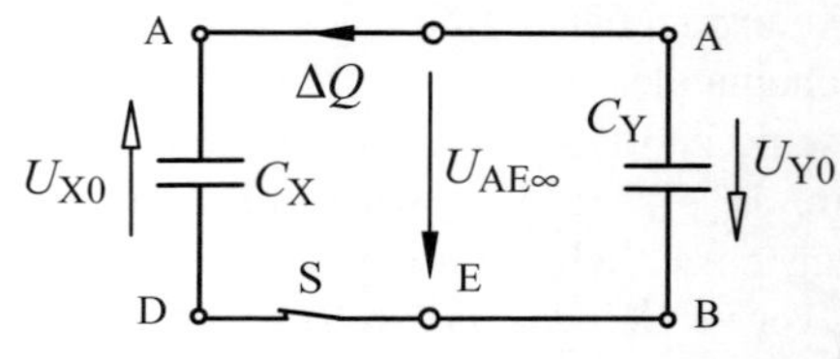

Bild 10.18: Ladungsausgleich in einer Reihenersatzschaltung

Die Kondensatoren werden getrennt auf die Spannungen U_{X0} und U_{Y0} aufgeladen (siehe nicht ausgefüllte Zählpfeile im Bild 10.18). Für die weiteren Betrachtungen gilt die Annahme, dass C_Y die größere Vorladung ($Q_{Y0} > Q_{X0} > 0$) besitzt. Nun wird der Schalter S geschlossen. Dadurch kommt es zur Verschiebung einer Ladung ΔQ mit der im Bild 10.18 festgelegten Richtung. Dabei gibt C_Y Ladung an C_X ab und wird teilweise entladen [Fall b) im Bild 10.17].

$$Q_{Y\infty} = Q_{Y0} + \Delta Q \qquad (10.27)$$

C_X nimmt im Vergleich zu seinem Vorladezustand Q_{X0} (Richtung U_{X0}: ↑) Ladung von C_Y auf und wird in der Polarität verändert (Richtung $U_{X\infty}$: ↓). Das entspricht dem Fall d) im Bild 10.17. Für C_X gilt:

$$Q_{X\infty} = Q_{X0} + \Delta Q \quad \text{bzw.:} \quad \Delta Q = Q_{X\infty} - Q_{X0}$$

Durch Einsetzen dieser verschobenen Ladung ΔQ in die Gleich. (10.27) erhält man:

$$Q_{Y\infty} = Q_{Y0} + Q_{X\infty} - Q_{X0}$$

Mit $Q = C \cdot U$ bekommt man eine Aussage für die Spannung $U_{AE\infty} = |U_{X\infty}| = |U_{Y\infty}|$ im statischen Endzustand. Die Schaltung verhält sich nun wie eine Parallelschaltung.

$$C_Y \cdot U_{Y\infty} = C_Y \cdot U_{Y0} - C_X \cdot U_{X\infty} - C_X \cdot U_{X0}$$

$$C_Y \cdot U_{AE\infty} = C_Y \cdot U_{Y0} - C_X \cdot U_{AE\infty} - C_X \cdot U_{X0}$$

$$U_{AE\infty} = \frac{C_Y \cdot U_{Y0} - C_X \cdot U_{X0}}{C_X + C_Y} \qquad (10.28)$$

Nun soll die Schaltung im Bild 10.18 so verändert werden, dass zwischen die Punkte D und E in Reihe zum Schalter eine Quelle eingeschaltet wird (Bild 10.19). Die Kondensatoren werden wieder getrennt auf die Spannungen U_{X0} und U_{Y0} aufgeladen.

Es ergibt sich folgender Anfangszustand bei $t < 0$ (also bei offenem Schalter):

$$Q_{X0} = C_X \cdot U_{X0} \quad \text{und} \quad Q_{Y0} = C_Y \cdot U_{Y0}$$

Zwischen den Punkten D und E fällt die Spannung $U_{DE0} = U_{X0} + U_{Y0}$ ab.

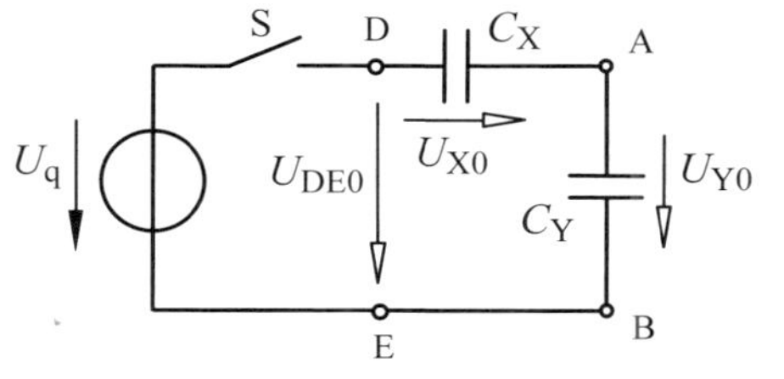

Bild 10.19: Ladungsausgleich in einer Reihenschaltung mit einer Quelle

Nun legt man durch Schließen des Schalters die Spannungsquelle mit der Quellenspannung U_q an die Punkte D und E. Nach einem Ladungsausgleich stellt sich dann folgender Endzustand ein:

$$Q_{X\infty} = C_X \cdot U_{X\infty} \quad \text{und} \quad Q_{Y\infty} = C_Y \cdot U_{Y\infty}$$

Zwischen den Punkten D und E liegt jetzt die Spannung $U_q = U_{X\infty} + U_{Y\infty}$. Im Weiteren wird vorerst davon ausgegangen, dass U_q größer als U_{DE0} ist. Beide Kondensatoren werden demzufolge nachgeladen.

Aus dem Anfangs- und dem Endzustand kann die während des Ladungsausgleichs verschobene Ladung ΔQ (von D über A in Richtung des Punktes E) ermittelt werden.

$$U_q = U_{X\infty} + U_{Y\infty} = \frac{Q_{X\infty}}{C_X} + \frac{Q_{Y\infty}}{C_Y}$$

$$U_q = \frac{Q_{X0} + \Delta Q}{C_X} + \frac{Q_{Y0} + \Delta Q}{C_Y}$$

$$U_q = U_{X0} + \frac{\Delta Q}{C_X} + U_{Y0} + \frac{\Delta Q}{C_Y}$$

Durch Umstellen dieser Gleichung nach ΔQ erhält man die verschobene Ladung.

$$\Delta Q = (U_q - U_{X0} - U_{Y0}) \cdot \frac{C_X \cdot C_Y}{C_X + C_Y}$$

Diese verschobene Ladung wird den beiden Kondensatoren C_X und C_Y zugeführt.

$Q_{X\infty} = Q_{X0} + \Delta Q$ und: $Q_{Y\infty} = Q_{Y0} + \Delta Q$

Der Kondensator C_X erreicht im Ergebnis des Ausgleichsvorgangs den folgenden Ladezustand:

$$U_{X\infty} = \frac{Q_{X\infty}}{C_X} = \frac{Q_{X0} + \Delta Q}{C_X} = U_{X0} + \frac{\Delta Q}{C_X}$$

$$U_{X\infty} = U_{X0} + \frac{(U_q - U_{X0} - U_{Y0}) \cdot C_Y}{C_X + C_Y}$$

$$U_{X\infty} = \frac{C_X \cdot U_{X0} - C_Y \cdot U_{Y0} + C_Y \cdot U_q}{C_X + C_Y} \qquad (10.29)$$

Der Kondensator C_Y wird im Ergebnis des Ausgleichsvorgangs wie folgt nachgeladen:

$U_{Y\infty} = U_q - U_{X\infty}$

$$U_{Y\infty} = \frac{C_Y \cdot U_{Y0} - C_X \cdot U_{X0} + C_X \cdot U_q}{C_X + C_Y} \qquad (10.30)$$

Falls die Spannung des Vorladezustands U_{DE0} gegenüber der Quellenspannung U_q dominiert ($U_{DE0} > U_q > 0$), wird einem oder beiden Kondensatoren Ladung entzogen. Je nach Vorladezustand laden sich die Kondensatoren so um, dass wieder der Maschensatz $U_q = U_{X\infty} + U_{Y\infty}$ gilt.

Setzt man für die Quellenspannung U_q in der Gleich. (10.30) den Wert $U_q = 0$ V ein, so erhält man wieder die Berechnungsvorschrift gemäß Gleich. (10.28):

$$U_{Y\infty} = \frac{C_Y \cdot U_{Y0} - C_X \cdot U_{X0}}{C_X + C_Y} \qquad \text{vgl. (10.28)}$$

Wie die bisherigen Ausführungen zeigen, laufen bereits bei einfachen Reihenschaltungen mit zwei vorgeladenen Kondensatoren relativ komplizierte Ausgleichsvorgänge ab. Die Spannungsteilerregel gilt nicht mehr zu jedem Zeitpunkt in der im Abschn. 10.1.1 dargestellten Form.

Das nachfolgende Lehrbeispiel soll die zeitlich abhängigen Vorgänge beim Übergang von einem Anfangszustand ($t = 0$) bis zu einem Endzustand ($t \to \infty$) verdeutlichen.

Lehrbeispiel 10.5:

Stellen Sie die Zeitfunktionen aller Spannungen und des Ausgleichsstromes für die Schaltungen in den Bildern 10.18 und 10.19 grafisch dar. Es wirkt der Reihenwiderstand des Bildes 10.16 zwischen den Punkten B und E mit $R = 10$ kΩ.

Geg.: $C_X = 1$ µF mit $U_{X0} = 10$ V
$C_Y = 4$ µF mit $U_{Y0} = 20$ V
a) $U_q = 15$ V b) $U_q = 60$ V

Zunächst wird die Reihenschaltung ohne Spannungsquelle (Bild 10.18) untersucht. Es gelten die dort angegebenen Zählpfeile mit u_R (←).

Bild 10.20 zeigt den Verlauf aller Spannungen. Vor dem Einschaltmoment gilt der Maschensatz nicht: $U_{X0} + U_{Y0} = 10\text{ V} + 20\text{ V} = 30\text{ V} > 0$.

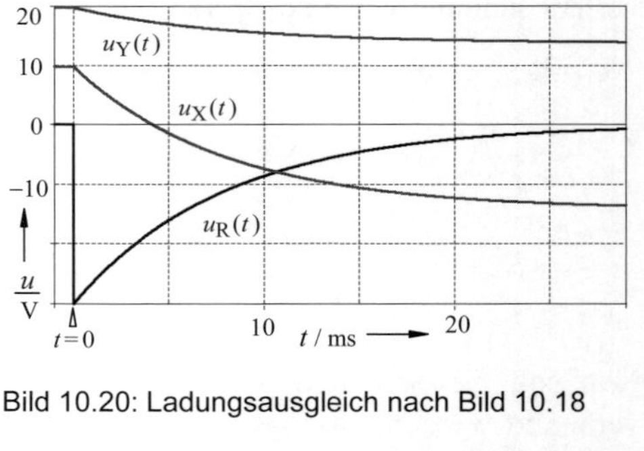

Bild 10.20: Ladungsausgleich nach Bild 10.18

Zum Zeitpunkt $t = 0$ springt die Spannung u_R von null auf den Wert − 30 V. Es ist deutlich zu erkennen, dass nun zu jedem Zeitpunkt $t \geq 0$ der Maschensatz gilt: $u_X + u_Y + u_R = 0$.

Während des Ausgleichsvorgangs gibt C_Y Ladung an C_X ab. Der Kondensator C_X wird dabei umgeladen. Im statischen Endzustand, der im Bild 10.20 noch nicht erreicht ist, gilt nach Gleich. (10.28):

$$U_{Y\infty} = \frac{4\ \mu F \cdot 20\ V - 1\ \mu F \cdot 10\ V}{5\ \mu F} = \frac{70}{5} V = 14\ V$$

Die Spannung $U_{X\infty}$ wird im Vergleich zu U_{X0} (siehe Zählpfeil im Bild 10.18) negativ.

$$U_{X\infty} = -\frac{C_Y \cdot U_{Y0} - C_X \cdot U_{X0}}{C_X + C_Y}$$

$$U_{X\infty} = -\frac{4\ \mu F \cdot 20\ V - 1\ \mu F \cdot 10\ V}{5\ \mu F} = -\frac{70}{5} V = -14\ V$$

Im Bild 10.21 ist der Verlauf des Ausgleichsstromes dargestellt. Dieser Strom verschiebt die Ladung ΔQ in der im Bild 10.18 angegebenen Richtung (siehe auch Bild 10.21; oben rechts).

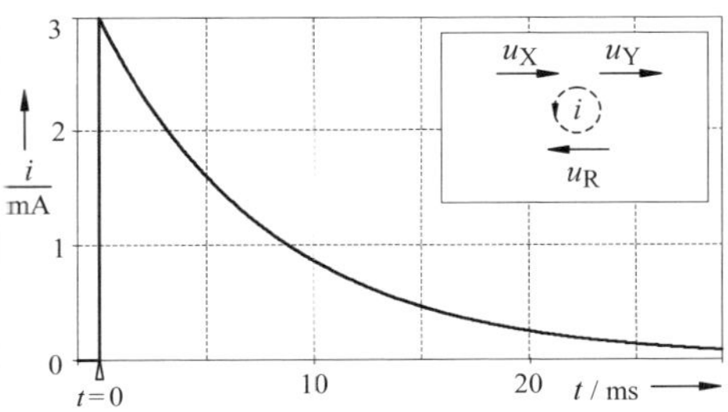

Bild 10.21: Ausgleichsstrom zum Bild 10.20

Zum Zeitpunkt $t = 0$ springt der Strom (siehe Zählpfeil) auf den maximal möglichen Wert:

$$I_{max} = \frac{-U_R}{R} = \frac{U_{X0} + U_{Y0}}{R} = \frac{10\ V + 20\ V}{10\ k\Omega} = 3\ mA$$

Nun soll die Reihenschaltung mit Spannungsquelle (Bild 10.19) untersucht werden. Es gelten die dort angegebenen Zählpfeile. Zunächst wird ein Wert der Quellenspannung von $U_{qa} = 15\ V$ angenommen. Dann gilt: $U_{Y0} > U_{qa} > U_{X0}$.

Bild 10.22 zeigt den Verlauf aller Spannungen. Zum Zeitpunkt $t = 0$ springt die Spannung u_R von null auf den Wert − 15 V. Es ist deutlich zu erkennen, dass zu jedem Zeitpunkt $t \geq 0$ wieder der Maschensatz gilt: $u_X + u_Y + u_R = U_{qa}$.

Während des nun folgenden Ausgleichsvorgangs gibt C_Y Ladung an C_X ab. Der Kondensator C_X wird dabei umgeladen.

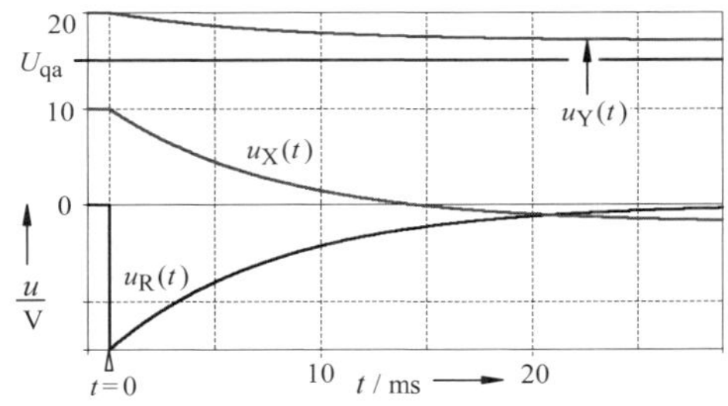

Bild 10.22: Ladungsausgleich nach Bild 10.19

Im statischen Endzustand, der im Bild 10.22 noch nicht erreicht ist, gilt nach Gleich. (10.30):

$$U_{Y\infty} = \frac{C_Y \cdot U_{Y0} - C_X \cdot U_{X0} + C_X \cdot U_{qa}}{C_X + C_Y}$$

$$U_{Y\infty} = \frac{4\ \mu F \cdot 20\ V - 1\ \mu F \cdot 10\ V + 1\ \mu F \cdot 15\ V}{5\ \mu F} = 17\ V$$

Die Spannung $U_{X\infty}$ wird im Vergleich zu U_{X0} (siehe Zählpfeil im Bild 10.19) negativ. Nach Gleich. (10.29) gilt:

$$U_{X\infty} = \frac{C_X \cdot U_{X0} - C_Y \cdot U_{Y0} + C_Y \cdot U_{qa}}{C_X + C_Y}$$

$$U_{X\infty} = \frac{1\ \mu F \cdot 10\ V - 4\ \mu F \cdot 20\ V + 4\ \mu F \cdot 15\ V}{5\ \mu F} = -2\ V$$

Im Bild 10.23 ist der Verlauf des Ausgleichsstromes dargestellt. Dieser Strom verschiebt die Ladung ΔQ in der Schaltung des Bildes 10.19 vom Punkt A über D in Richtung der Quelle U_{qa} zum Punkt E/B.

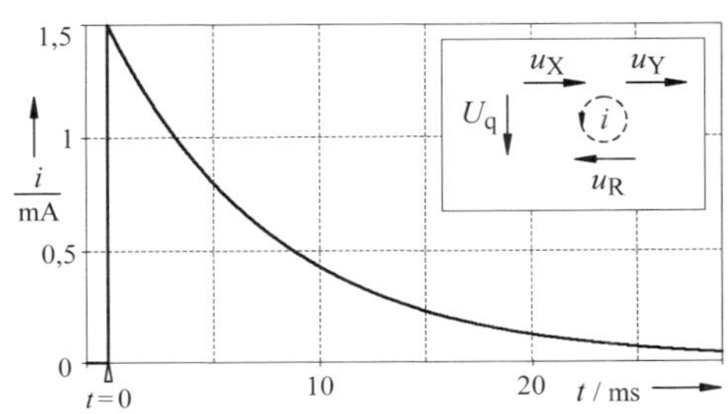

Bild 10.23: Ausgleichsstrom zum Bild 10.22

Da dieser Strom in Richtung des Zählpfeils von U_{qa} mit positiven Werten fließt, gilt für die Quelle das Verbraucher-Zählpfeilsystem. Die Spannungsquelle nimmt demzufolge während des Ausgleichsvorgangs Leistung auf.

Zum Zeitpunkt $t = 0$ springt der Strom auf den maximal möglichen Wert I_{max}. Dieser maximale Strom wird mit der Spannung über dem Widerstand (siehe Zählpfeil) berechnet. Es gilt:

$$I_{max} = \frac{-U_R}{R} = \frac{U_{X0} + U_{Y0} - U_{qa}}{R} = \frac{15\text{ V}}{10\text{ k}\Omega} = 1{,}5\text{ mA}$$

Wenn man den Wert der Quellenspannung auf $U_{qb} = 60$ V erhöht, gilt: $U_{qb} > U_{Y0} > U_{X0}$. Im Bild 10.24 ist der Verlauf aller Spannungen (außer U_{qb}) für diesen Fall dargestellt. Beide Kondensatoren werden nun nachgeladen.

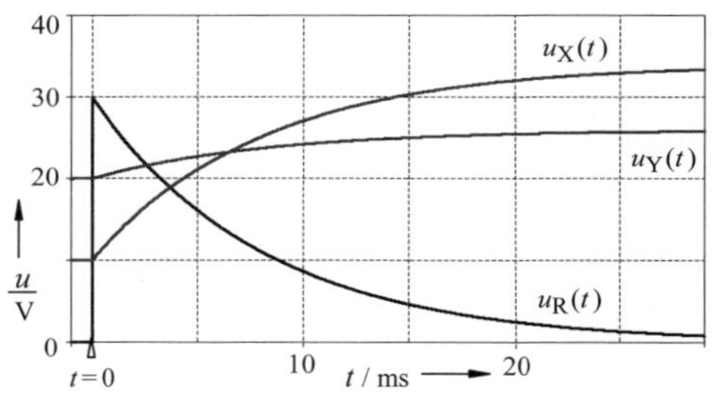

Bild 10.24: Ladungsausgleich für $U_{qb} > U_{Y0} > U_{X0}$

Der Ausgleichsvorgang läuft jetzt aus der Sicht des Ausgleichsstromes in der umgekehrten Richtung ab. Dieser Strom fließt gegen den Zählpfeil der Quellenspannung von der Quelle über D und A nach B/E. Nun gilt für die Quelle das Quellen-Zählpfeilsystem. Die Spannungsquelle gibt während des Ausgleichsvorgangs Leistung ab.

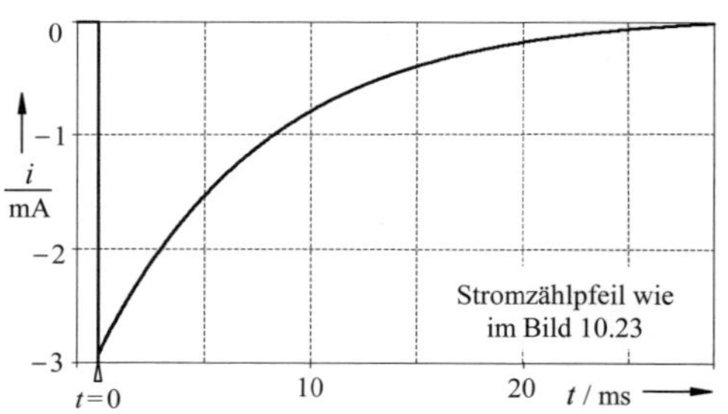

Bild 10.25: Ausgleichsstrom für $U_{qb} > U_{Y0} > U_{X0}$

10.3.3 Ladungsausgleich in einer Parallelersatzschaltung

Die Schaltung der beiden Kondensatoren im Bild 10.18 verhält sich im Ergebnis des Ladungsausgleichs wie eine Parallelschaltung. Durch das Herausführen der Knotenpunkte A und B/E (siehe Bild 10.26) wird dieser Sachverhalt deutlich. Man kann demzufolge eine vorgeladene Kondensatorschaltung als eine Parallelschaltung auffassen, wenn man sie zwischen zwei herausgezogenen Punkten betrachtet. Auf einen der beiden Punkte wird nun der Knotenpunktsatz für die Ladungen anwendet.
Die Summe der Ladungen an diesem definierten Punkt einer vorgeladenen Kondensatorschaltung bleibt im Ergebnis eines Ausgleichsvorgangs erhalten, wenn dieser Ladungsausgleich lediglich durch Einschalten eines Kurzschlusses/Widerstandes oder durch Zuschalten eines vollständig entladenen Kondensators im Inneren der Schaltung verursacht wird. Dann gilt:

$$\sum Q_\infty = \sum Q_0 \qquad (10.31)$$

Diese Überlegung gilt in der dargestellten Form nicht mehr, wenn der Ausgleichsvorgang durch Zuschalten eines Widerstandes (bzw. eines Kurzschlusses) oder einer Quelle an die zwei definierten Punkte aktiviert wird. Falls dieser Vorgang zur Entladung der Kondensatorschaltung führt, kann man allerdings mit Gleich. (10.31) den Ladezustand im Schaltmoment (Anfangswert des Entladevorgangs) bestimmen.

Zur Verdeutlichung der dargestellten Sachverhalte soll wieder das Beispiel des Bildes 10.18 dienen. Die beiden Kondensatoren (siehe auch Bild 10.26) seien wieder auf die Spannungen U_{X0} und U_{Y0} vorgeladen. Nun wird der Schalter S geschlossen und es findet ein Ladungsausgleich statt. Im Ergebnis dieses Ausgleichsvorgangs liegt über den beiden Kondensatoren die Spannung $U_{AE\infty}$.

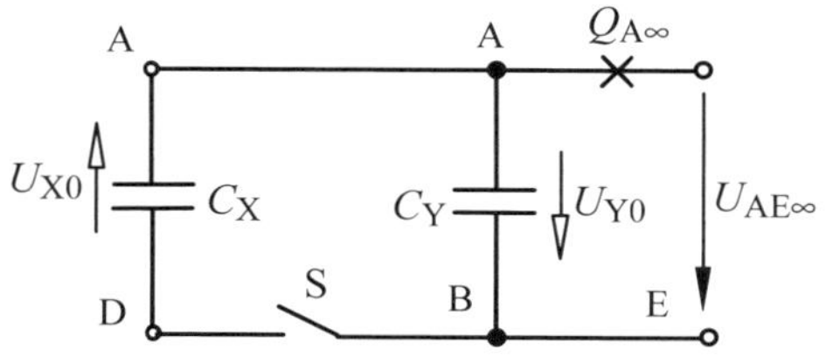

Bild 10.26: Ladungsausgleich in einer Parallelersatzschaltung

Nach Gleich. (10.31) kann man die Ladung $Q_{A\infty}$ aus der Summe von Q_{X0} und Q_{Y0} bestimmen. Für den Knotenpunkt A gilt:

$$Q_{A\infty} = Q_{Y0} + Q_{X0} = C_Y \cdot U_{Y0} - C_X \cdot U_{X0}$$

Daraus kann die Spannung $U_{AE\infty}$ im statischen Endzustand bestimmt werden:

$$U_{AE\infty} = U_{Y\infty} = \frac{Q_{A\infty}}{C_{ges\infty}} = \frac{Q_{Y0} + Q_{X0}}{C_X + C_Y}$$

$$U_{Y\infty} = \frac{C_Y \cdot U_{Y0} - C_X \cdot U_{X0}}{C_X + C_Y} \qquad \text{vgl. (10.28)}$$

Die Methode der Berechnung von Endzuständen über die Summe der Ladungen wird häufig angewendet, wenn sich im Ergebnis eines Schaltvorgangs die schaltungstechnische Konfiguration links und / oder rechts von einer definierten Trennstelle zwischen einer Quelle und einer vorgeladenen Kondensatorschaltung verändert (siehe auch Lehrbeispiel 10.7).

10.3.4 Kapazitive Netzwerke

In größeren schaltungstechnischen Konfigurationen und insbesondere bei der Existenz mehrerer Quellen ist die Berechnung des statischen Endzustandes über die verschobene Ladung oder über die Summe der Ladungen häufig sehr aufwändig. Aus diesem Grund wird zur Lösung einer solchen Aufgabenstellung die Knotenanalyse (vgl. Abschn. 5.5.2) eingesetzt. Der Vorteil dieses Verfahrens ergibt sich aus der Tatsache, dass mit der Kenntnis der Potentiale aller Knoten eines kapazitiven Netzes (entweder bei $t = 0$ oder bei $t \rightarrow \infty$) die Spannungen über allen Kondensatoren einfach berechnet werden können. Da Kapazitäten Leitwertcharakter tragen, entfällt das Arbeiten mit Kehrwerten.

Wenn mehrere Ausgleichsvorgänge nacheinander ablaufen und aufeinander aufbauen, werden die jeweiligen statischen Endzustände mit dem Index des Schalters gekennzeichnet, der den aktuell betrachteten Ladungsausgleich auslöst (z.B. A für Schalter S_A = Ein).

Zum Aufstellen des Koeffizientenschemas sind folgende Schritte auszuführen:

1. Bezeichnung aller Knotenpunkte und Festlegung des Bezugsknotens ($\varphi_{Bez} = 0$). Der Bezugsknoten sollte möglichst an einem Anschluss einer Spannungsquelle positioniert werden, die im Endzustand des Ladungsausgleichs noch wirksam ist. Dann ist das Potential des Knotens am anderen Anschluss dieser Quelle bereits bekannt. Dadurch kann man die Anzahl der Unbekannten und damit den Umfang des Gleichungssystems um eine Gleichung reduzieren.

2. Eintragung der Knotenkapazitäten (Summe aller Kapazitäten der am aktuellen Knoten angeschlossenen Zweige) als Elemente der Hauptdiagonalen im Koeffizientenschema. Knotenkapazitäten haben immer ein positives Vorzeichen.

3. Die restlichen Elemente sind Koppelkapazitäten zwischen dem aktuellen Knoten und möglichen Nachbarknoten. Allen Koppelkapazitäten ist generell ein negatives Vorzeichen zuzuordnen. Befinden sich in

einem Zweig mehrere Kapazitäten, so ergibt sich die Knoten- oder Koppelkapazität aus der Gesamtkapazität dieses Zweiges.

4. Auf der rechten Seite jeder Gleichung werden die eingespeisten Ladungen der Quellen eingetragen, die am aktuellen Knoten angeschlossen waren ($t < 0$) und die nach $t \rightarrow \infty$ noch angeschlossen sind. Es gilt die übliche Vorzeichenregel.

Der absolute Ausdruck *Abs.* berücksichtigt somit den Vorladezustand der Kondensatoren, also den Ladezustand vor dem Umschalten, sowie den Ladungsbeitrag durch das Zuschalten zusätzlicher Quellen. Dieser Sachverhalt gilt auch, wenn eine Quelle vor einem Schaltvorgang eine Ladung eingespeist hat und nach dem Umschalten nicht mehr wirksam ist.

5. Bei einer Reihenschaltung einer Spannungsquelle und eines Kondensators kann im Bedarfsfall zwischen beiden Elementen ein virtueller Knoten eingeführt werden. Sein Potential ist bekannt, wenn man den Bezugsknoten am anderen Anschluss der Quelle positioniert.

Zur Demonstration der Anwendung dieses Verfahrens wird wieder (wie bereits unter 10.3.2 und 10.3.3) der statische Endzustand im Bild 10.16 bzw. 10.18 berechnet, wenn die Punkte D und E kurzgeschlossen sind.

Wählt man den Knoten E als Bezugsknoten ($\varphi_E = 0$), so kann das Potential des Knotens A und damit die Spannung $U_{AE\infty} = \varphi_{A\infty}$ wie folgt bestimmt werden:

$$\varphi_{A\infty} \cdot (C_X + C_Y) = Q_{Y0} + Q_{X0}$$

$$\varphi_{A\infty} = U_{AE\infty} = \frac{C_Y \cdot U_{Y0} - C_X \cdot U_{X0}}{C_X + C_Y}$$

Man erhält wieder das Ergebnis der Gleich. (10.28) gemäß Abschn. 10.3.2 und 10.3.3.

Lehrbeispiel 10.6:

Man berechne für die Schaltung im Bild 10.27 (wie Bild 10.19) allgemein die Spannungen $U_{X\infty}$ und $U_{Y\infty} = U_{AE\infty}$ durch Anwendung der Knotenanalyse.

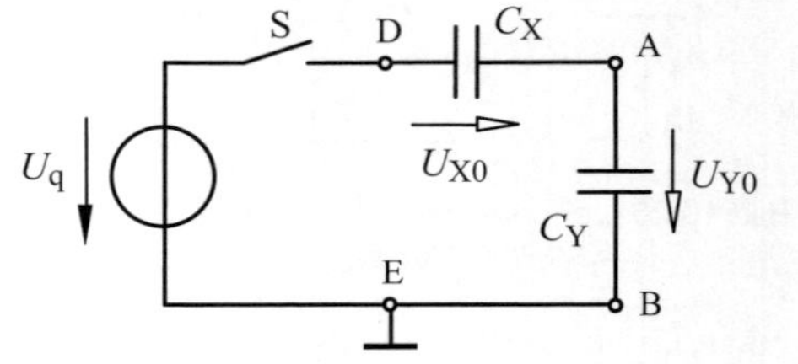

Bild 10.27: Anwendung der Knotenanalyse

Wenn man den Knoten E als Bezugsknoten wählt ($\varphi_E = 0$), ist das Potential des Knotens D mit $\varphi_{D\infty} = U_q$ bereits bekannt. Das Potential des Punktes A ist dann gleich $\varphi_{A\infty} = U_{Y\infty}$.

Zur Bestimmung des Potentials im virtuellen Knotenpunkt A wird zunächst das vollständige Koeffizientenschema (Tabelle 10.2) aufgestellt.

Tabelle 10.2: Koeffizientenschema zum Lehrbeispiel 10.6

$\varphi_{D\infty} = U_q$	$\varphi_{A\infty} = U_{Y\infty}$	*Abs.*
C_X	$-C_X$	$Q_{DE\infty} + C_X \cdot U_{X0}$
$-C_X$	$C_X + C_Y$	$C_Y \cdot U_{Y0} - C_X \cdot U_{X0}$

Das Potential $\varphi_{A\infty} = U_{Y\infty}$ kann über die zweite Gleichung berechnet werden:

$$-\varphi_D \cdot C_X + \varphi_A (C_X + C_Y) = C_Y \cdot U_{Y0} - C_X \cdot U_{X0}$$

$$U_{Y\infty}(C_X + C_Y) = C_Y \cdot U_{Y0} - C_X \cdot U_{X0} + C_X \cdot U_q$$

$$U_{Y\infty} = \frac{C_Y \cdot U_{Y0} - C_X \cdot U_{X0} + C_X \cdot U_q}{C_X + C_Y}$$

Für die Spannung $U_{X\infty}$ gilt dann:

$$U_{X\infty} = U_q - U_{Y\infty}$$

$$U_{X\infty} = U_q - \frac{C_Y \cdot U_{Y0} - C_X \cdot U_{X0} + C_X \cdot U_q}{C_X + C_Y}$$

$$U_{X\infty} = \frac{C_X \cdot U_{X0} - C_Y \cdot U_{Y0} + C_Y \cdot U_q}{C_X + C_Y}$$

Es ergeben sich wieder die Lösungen aus dem Abschn. 10.3.2 [Gleich. (10.29) und (10.30)].

Lehrbeispiel 10.7:

Die Kondensatoren im Bild 10.28 seien vollständig entladen. Beide Schalter sind geöffnet.

a) Zum Zeitpunkt t_A wird der Schalter S_A für eine Zeit $t >> 5 \cdot \tau$ geschlossen.

b) Nach Erreichen des statischen Endzustandes A wird zum Zeitpunkt t_B der Schalter S_A geöffnet und zugleich S_B geschlossen, bis sich ein neuer Endzustand B einstellt.

Berechnen Sie allgemein alle Spannungen im Falle A. Stellen Sie für den Fall B das Koeffizientenschema auf und bestimmen Sie allgemein alle Spannungen im Endzustand B.

Geg.: U_q sowie $C_1 = C_2 = C_3 = C_4 = C_5 = C$

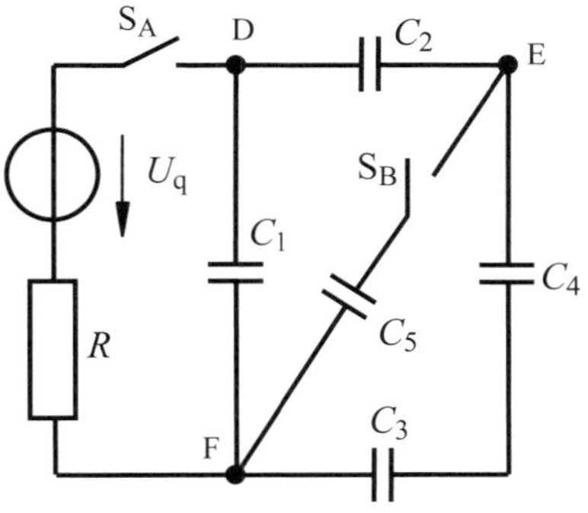

Bild 10.28: Netzwerk zum Lehrbeispiel 10.7

Zu a) Ohne Rechnung gilt folgende Überlegung: Da alle C den gleichen Wert aufweisen, muss sich $U_q = U_{1A}$ in drei gleiche Teilspannungen mit $U_{2A} = U_{3A} = U_{4A} = U_q / 3$ aufteilen.

Probe: $\frac{U_{4A}}{U_q} = \frac{C_2 \mid C_3}{C_4 + C_2 \mid C_3} = \frac{1}{3}$

Zu b) Im Falle B wird zunächst die Knotenanalyse zur Bestimmung der Spannungen U_{xB} mit dem Knoten F als Bezugsknoten angewendet. Für den Knoten D ist im Falle B diejenige Ladungsmenge anzusetzen, die diesem Knoten während des Vorgangs A zugeführt wurde.

Für die Kapazität C_{DF} (A) gilt:

$$C_{gesA} = C_1 + C_2 \mid C_4 \mid C_3 = 1{,}\overline{3} \cdot C$$

Tabelle 10.3: Koeffizientenschema zum Lehrbeispiel 10.7

φ_{DB}	φ_{EB}	*Abs.*
$C_1 + C_2$	$-C_2$	$C_{gesA} \cdot U_q$
$-C_2$	$C_2 + C_5 + C_3 \mid C_4$	0

Die Berechnung des Gleichungssystems führt zu folgenden Knotenpotentialen:

$\varphi_{DB} = 0{,}8\overline{3} \cdot U_q$ und: $\varphi_{EB} = 0{,}\overline{3} \cdot U_q$

Daraus folgt für die Spannungen im Falle B:

$$U_{1B} = \varphi_{DB} = 0{,}8\overline{3} \cdot U_q \,; \quad U_{5B} = \varphi_{EB} = 0{,}\overline{3} \cdot U_q$$

$$U_{2B} = \varphi_{DB} - \varphi_{EB} = 0{,}5 \cdot U_q$$

$$U_{3B} = U_{4B} = 0{,}5 \cdot \varphi_{EB} = 0{,}1\overline{6} \cdot U_q$$

Die Spannung U_{1B} kann auch über die Summe der Ladungen berechnet werden. Dabei gilt die Überlegung, dass die Ladung zwischen den Punkten D und F im Falle B gleich der Ladung im Falle A sein muss.

$Q_{DF}(B) = Q_{DF}(A)$ mit: $Q = C \cdot U$

$$C_{DF}(B) \cdot U_{1B} = C_{DF}(A) \cdot U_q$$

$$C_{DF}(B) = C_1 + C_2 \mid (C_5 + C_4 \mid C_3) = 1{,}6 \cdot C$$

$$U_{1B} = \frac{C_{DF}(A)}{C_{DF}(B)} \cdot U_q = \frac{1{,}\overline{3}}{1{,}6} \cdot U_q = 0{,}8\overline{3} \cdot U_q$$

Berechnungsbeispiel 10.3:

Der als ideal angenommene Kondensator im Bild 10.29 ist zunächst vollständig entladen. Zum Zeitpunkt $t_A = t_0 = 0$ wird die Spannungsquelle zugeschaltet. Berechnen Sie allgemein die Zeitfunktionen aller Spannungen und Ströme. Geben Sie die Zahlenwerte für den Einschaltmoment t_0 und den statischen Endzustand $t \rightarrow \infty$ an und skizzieren Sie die Zeitfunktionen aller Spannungen und Ströme.

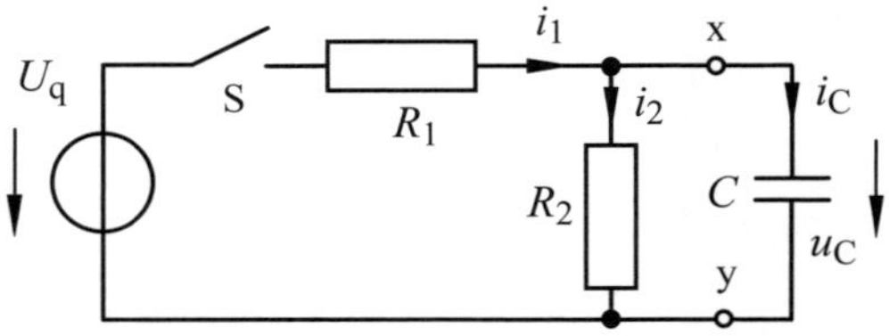

Geg.: $U_q = 24$ V
$C = 60$ µF
$R_1 = 300$ kΩ
$R_2 = 600$ kΩ

Bild 10.29: Schaltung zum Berechnungsbeispiel 10.3

Zur Bestimmung der Zeitkonstanten und zur Ermittlung der Spannung $U_{C\infty}$ wird die Quelle mit der Widerstandskombination in eine Spannungsquellen-Ersatzschaltung (Trennstelle x – y) umgerechnet.

$$U_{C\infty} = U_q \cdot \frac{R_2}{R_1 + R_2} = U_q \cdot \frac{2}{3} = 16 \text{ V} \quad \text{und:} \quad R_i = R_1 // R_2 = 200 \text{ k}\Omega \quad \text{sowie:} \quad \tau = R_i \cdot C = 12 \text{ s}$$

Nun können die Zeitfunktionen aller Spannungen berechnet werden.

$$u_2 = u_C = U_{C\infty} \cdot (1 - e^{-t/\tau}) = U_q \cdot \frac{R_2}{R_1 + R_2}(1 - e^{-t/R_1//R_2 \cdot C}) \qquad \text{mit: } U_{20} = 0 \text{ V}; \; U_{2\infty} = 16 \text{ V}$$

$$u_1 = U_q - u_2 = U_q \cdot \left[1 - \frac{R_2}{R_1 + R_2} \cdot (1 - e^{-t/R_1//R_2 \cdot C})\right] \qquad \text{mit: } U_{10} = 24 \text{ V}; \; U_{1\infty} = 8 \text{ V}$$

Die Ströme erhält man über das OHMsche Gesetz und den Knotenpunktsatz.

$$i_C = \frac{U_{C\infty}}{R_1 // R_2} \cdot e^{-t/R_1//R_2 \cdot C} = \frac{U_q}{R_1} \cdot e^{-t/R_1//R_2 \cdot C} \qquad \text{mit: } I_{C0} = 80 \text{ µA}; \; I_{C\infty} = 0 \text{ A}$$

$$i_2 = \frac{u_2}{R_2} = \frac{U_q}{R_1 + R_2} \cdot (1 - e^{-t/R_1//R_2 \cdot C}) \qquad \text{mit: } I_{20} = 0 \text{ A}; \; I_{2\infty} = 26{,}\overline{6} \text{ µA}$$

$$i_1 = i_2 + i_C = \frac{U_q}{R_1 + R_2} \cdot (1 - e^{-t/R_1//R_2 \cdot C}) + \frac{U_q}{R_1} \cdot e^{-t/R_1//R_2 \cdot C} \qquad \text{mit: } I_{10} = I_{C0}; \; I_{1\infty} = I_{2\infty}$$

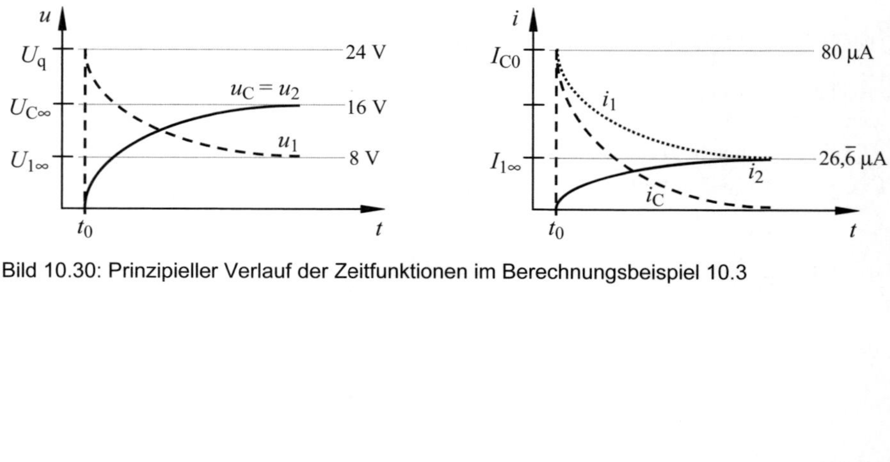

Bild 10.30: Prinzipieller Verlauf der Zeitfunktionen im Berechnungsbeispiel 10.3

Berechnungsbeispiel 10.4:

Zum Zeitpunkt $t_A = t_0 = 0$ wird der Schalter im Bild 10.31 geschlossen und der vollständig entladene Kondensator aufgeladen. Zum Zeitpunkt t_E wird der Schalter wieder geöffnet. Berechnen und skizzieren Sie die Funktionen $u_5 = f(t)$ und $i_5 = f(t)$. Wie groß ist der Gesamtstrom bei $t_0 = 0$ und bei $t \to \infty$?

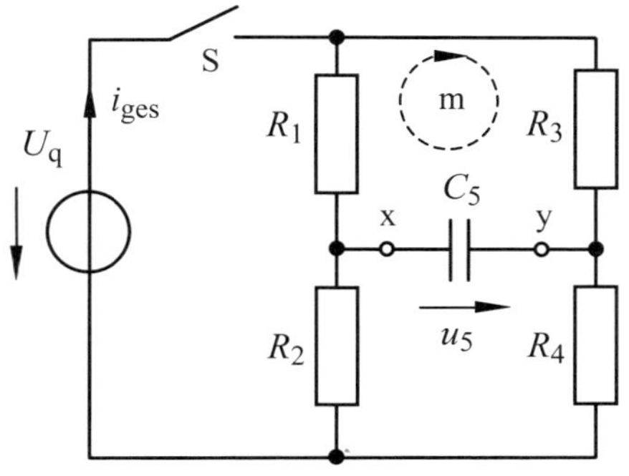

Geg.: $U_q = 48$ V
$R_1 = R_4 = 100$ kΩ
$R_2 = R_3 = 400$ kΩ
$C_5 = 100$ µF (ideal)
$t_E = 20$ s

Bild 10.31: Schaltung zum Berechnungsbeispiel 10.4

Die Schaltung wird zunächst für den theoretischen Endzustand des Vorgangs A ($t \to \infty$) in die Spannungsquellen-Ersatzschaltung (Trennstelle x – y) mit C_5 als Lastelement umgerechnet. Die Leerlaufspannung bestimmt man z.B. mit der rechten oberen Maschengleichung. Der Innenwiderstand wird zwischen den Punkten x und y bei Kurzschluss der Originalquelle berechnet.

$$U_L = U_{5\infty}(\rightarrow) = U_{3\infty}(\downarrow) - U_{1\infty}(\downarrow) = U_q \cdot \frac{R_3}{R_3 + R_4} - U_q \cdot \frac{R_1}{R_1 + R_2} = U_q \cdot \frac{3}{5} = 28{,}8 \text{ V}$$

$$R_{iA} = R_1 // R_2 + R_3 // R_4 = 160 \text{ k}\Omega \quad \Rightarrow \quad \tau_A = R_{iA} \cdot C_5 = 16 \text{ s}$$

- Vorgang A ($0 \le t \le t_E$): Allgemein gelten die Gleich. (10.18) und (10.19).

$$u_{5A} = U_{5\infty} \cdot (1 - e^{-t/\tau_A}) \quad \Rightarrow \quad U_{5A}(t = t_E) = U_{5AE} = 28{,}8 \text{ V} \cdot (1 - e^{-1{,}25}) = 20{,}5 \text{ V}$$

$$i_{5A} = I_{5A}(t = 0) \cdot e^{-t/\tau_A} = \frac{U_{5\infty}}{R_{iA}} \cdot e^{-t/\tau_A}$$

$$I_{5A}(t = 0) = 180 \text{ µA} \quad \text{und:} \quad I_{5A}(t = t_E) = I_{5AE} = 180 \text{ µA} \cdot e^{-1{,}25} = 51{,}6 \text{ µA}$$

- Vorgang E ($t \ge t_E$): Allgemein gelten die Gleich. (10.20) und (10.21).

Der Innenwiderstand der Ersatzquelle ändert sich, da die Originalquelle im Falle E abgeschaltet ist. Der Vorgang E läuft demzufolge langsamer als der Vorgang A ($\tau_E > \tau_A$) ab.

$$R_{iE} = (R_1 + R_3)//(R_2 + R_4) = 250 \text{ k}\Omega \quad \Rightarrow \quad \tau_E = R_{iE} \cdot C_5 = 25 \text{ s}$$

$$u_{5E} = U_{5A}(t = t_E) \cdot e^{-(t-t_E)/\tau_E}) \quad \text{und:} \quad U_{5E}(t \to \infty) = 0 \text{ V}$$

$$i_{5E} = -I_{5E}(t = t_E) \cdot e^{-(t-t_E)/\tau_E} = -\frac{U_{5A}(t = t_E)}{R_{iE}} \cdot e^{-(t-t_E)/\tau_E}$$

mit: $I_{5E}(t = t_E) = I_{5EE} = 82$ µA (negativer Funktionswert) und: $I_{5E}(t \to \infty) = 0$ A

Der Gesamtstrom fließt nur während des Zeitraumes A ($0 \le t \le t_E$). Wenn der Schalter nicht geöffnet wird, stellt sich ein stationärer Endwert $I_{gesA}(t \to \infty)$ ein.

$$I_{gesA}(t=0) = \frac{U_q}{R_1 // R_3 + R_2 // R_4} = 300\ \mu A \quad \text{und:} \quad I_{gesA}(t \to \infty) = \frac{U_q}{(R_1 + R_2)//(R_3 + R_4)} = 192\ \mu A$$

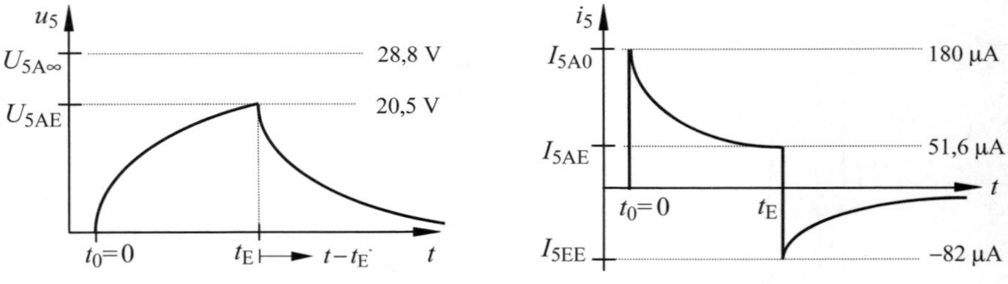

Bild 10.32: Prinzipieller Verlauf der Zeitfunktionen im Berechnungsbeispiel 10.4

Berechnungsbeispiel 10.5:

Alle (hier als ideal angenommenen) Kondensatoren im Bild 10.33 sind zunächst vollständig entladen.

a) Der Schalter S_A wird geschlossen, bis sich ein statischer Endzustand A (Vorgang A) einstellt. Auf welche Spannungen laden sich die Kondensatoren auf?

b) Danach wird der Schalter S_A wieder geöffnet und zugleich S_B geschlossen (Vorgang B). Berechnen Sie alle Spannungen im statischen Zustand B.

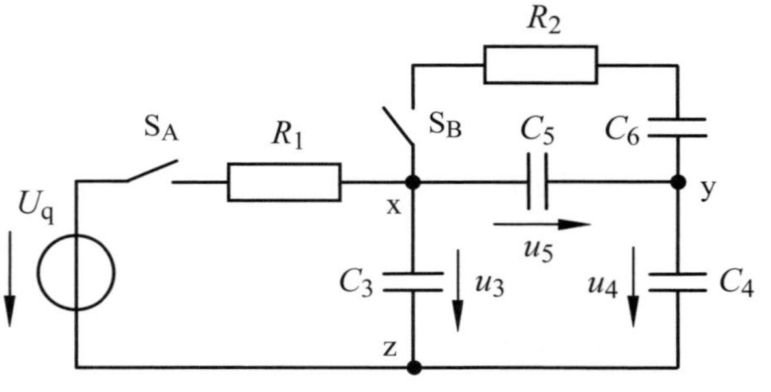

Geg.: $U_q = 100$ V

$R_1 = 100$ kΩ

$R_2 = 100$ kΩ

alle $C = 60$ µF

Bild 10.33: Schaltung zum Berechnungsbeispiel 10.5

Zu a) Bei $t \to \infty$ ist $U_{1A\infty} = 0$ V. $\Rightarrow$ $U_{3A\infty} = U_q = 100$ V und: $U_{4A\infty} = U_{5A\infty} = 0{,}5 \cdot U_q = 50$ V

Zu b) Die Spannungen $U_{B\infty}$ im statischen Endzustand des Vorgangs B ($t \to \infty$) können z.B. mit der Knotenanalyse berechnet werden.

Tabelle 10.4: Koeffizientenschema zum Berechnungsbeispiel 10.5 (Bezugsknoten z mit $\varphi_z = 0$)

	φ_x	φ_y	*Abs.*
(1)	$C_3 + C_5 + C_6$	$-(C_5 + C_6)$	$C_{gesA} \cdot U_q$
(2)	$-(C_5 + C_6)$	$C_4 + C_5 + C_6$	0

Im absoluten Ausdruck der Gleichung (1) für den Knoten x muss der Ladungsbeitrag der Quelle im Falle A berücksichtigt werden, obwohl die Quelle im Fall B abgeschaltet ist. Sie hat aber während des Vorgangs A in den Knoten x eine Ladung $C_{gesA} \cdot U_q = (C_3 + C_4 \mid C_5) \cdot U_q = 1{,}5\,C \cdot U_q$ eingebracht. Das Gleichungssystem wird mit dem Einsetzverfahren [(2) umstellen und in (1) einsetzen] gelöst:

(1) $3C \cdot \varphi_x - 2C \cdot \varphi_y = 1{,}5C \cdot U_q$

(2) $-2C \cdot \varphi_x + 3C \cdot \varphi_y = 0 \quad \Rightarrow \quad \varphi_y = \frac{2}{3} \cdot \varphi_x \quad \Rightarrow \quad \varphi_x = \frac{9}{10} \cdot U_q = 90\,\text{V} \quad \Rightarrow \quad \varphi_y = \frac{2}{3} \cdot \varphi_x = 60\,\text{V}$

$U_{3B} = \varphi_x - \varphi_z = 90$ V; $U_{5B} = U_{6B}(\downarrow) = \varphi_x - \varphi_y = 30$ V; $U_{4B} = \varphi_y = 60$ V; $U_{1B} = U_{2B} = 0$ V

Diese Spannungen im Falle B können aber auch über die Summe der Ladungen bzw. die verschobene Ladung berechnet werden. Die Ladung, die zwischen den Punkten x und y gespeichert wird, muss im Falle A gleich der Ladung im Falle B sein. Mit diesem Ansatz kann man U_{5B} bzw. U_{6B} berechnen.

$$Q_{xyA} = Q_{xyB} \quad \text{bzw.:} \quad C_{xyA} \cdot U_{5A} = (C_{xyA} + C_6) \cdot U_{5B} \quad \Rightarrow \quad U_{5B} = U_{6B} = \frac{1{,}5C}{2{,}5C} \cdot 50\ \text{V} = 30\,\text{V}$$

Durch die jetzt in Reihe geschalteten Kondensatoren C_3 und C_4 wird während des Ladungsausgleichs eine Ladung ΔQ von C_3 nach C_4 verschoben. Der Kondensator C_3 gibt Ladung ab ($\Delta Q < 0$ bzw. in diesem Beispiel für C_3: $-\Delta Q$), da er im Falle A auf eine größere Spannung als C_4 aufgeladen war und beide Kondensatoren zu Beginn des Vorgangs B gegensinnig geladen sind.

$Q_{3B} = Q_{3A} - \Delta Q \quad \text{und:} \quad Q_{4B} = Q_{4A} + \Delta Q$ Diese beiden Gleichungen werden addiert.

$Q_{3B} + Q_{4B} = Q_{3A} + Q_{4A} \quad \text{bzw.:} \quad U_{3B} + U_{4B} = U_{3A} + U_{4A}$

U_{3B} kann gemäß Bild 10.33 wie folgt ersetzt werden: $U_{3B}(\downarrow) = U_{5B}(\rightarrow) + U_{4B}(\downarrow)$. Die Richtungen der Spannungen ändern sich im Ergebnis von B nicht.

$$U_{5B} + U_{4B} + U_{4B} = U_{3A} + U_{4A} \quad \Rightarrow \quad U_{4B} = \frac{U_{3A} + U_{4A} - U_{5B}}{2} = 60\ \text{V} \quad \text{und:} \quad U_{3B} = 90\,\text{V}$$

Berechnungsbeispiel 10.6:

Alle (als ideal angenommenen) Kondensatoren der Schaltung im Bild 10.34 sind vollständig entladen.

a) Zunächst wird nur der Schalter A geschlossen (Vorgang A). Berechnen Sie allgemein den Strom $i_2(t)$ und die Spannung $u_6(t)$ sowie die zugehörigen Funktionswerte für den Zeitpunkt $t_X = 200$ ms.

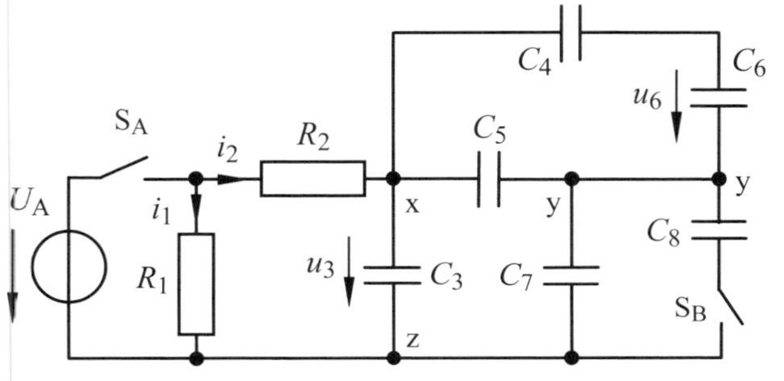

Geg.: $U_A = 24$ V

$C_3 = C_4 = C_5 = C_6 = C_7 = C$

$C_8 = 2C$

mit: $C = 10\ \mu$F

$R_1 = R_2 = R = 10\ \text{k}\Omega$

Bild 10.34: Schaltung zum Berechnungsbeispiel 10.6

b) Nach $t >> 5\tau$ wird der Schalter A geöffnet und zugleich der Schalter B geschlossen (Vorgang B). Berechnen Sie die Spannung U_3 ($t = t_B$) im Umschaltmoment $t = t_B$.

c) Skizzieren Sie den zeitlichen Verlauf des Stromes durch den Widerstand R_1 für die Fälle A und B.

Zu a) Allgemein gelten die Gleich. (10.18) und (10.19). Die Schaltung wird links von x–z aufgetrennt.

$$\tau_A = R_i \cdot C_{xzA} = R_2 \cdot [C_3 + C_7 \,|\, (C_5 + C_4 \,|\, C_6)] = 1{,}6 \cdot R \cdot C = 160 \text{ ms}$$

$$i_2 = I_{20} \cdot e^{-t/\tau_A} = \frac{U_A}{R_2} \cdot e^{-t/\tau_A} = \frac{U_A}{R} \cdot e^{-t/1{,}6 \cdot RC} \quad \Rightarrow \quad I_{2X} = 2{,}4 \text{ mA} \cdot e^{-2/1{,}6} = 688 \text{ µA}$$

$$U_{6\infty} = U_A \cdot \frac{C_4}{C_4 + C_6} \cdot \frac{C_7}{C_7 + C_5 + C_4 / C_6} = U_A \cdot \frac{1}{2} \cdot \frac{1}{2{,}5} = 0{,}2 \cdot U_A$$

$$u_6 = U_{6\infty} \cdot (1 - e^{-t/\tau_A}) = 0{,}2 \cdot U_A \cdot (1 - e^{-t/1{,}6 \cdot RC}) \quad \Rightarrow \quad U_{6X} = 4{,}8 \text{ V} \cdot (1 - e^{-2/1{,}6}) = 3{,}42 \text{ V}$$

Zu b) Der Kondensator C_3 hat sich auf die Spannung $U_{3A\infty} = U_A$ aufgeladen. Im Zeitpunkt des Umschaltens (S_A = Auf $\wedge$ S_B = Zu) ändern sich jetzt alle Kondensatorspannungen, da der vollständig entladene Kondensator C_8 zugeschaltet wird. Zur Bestimmung der Spannung über C_3 im Umschaltmoment U_3 ($t = t_B$) wird zunächst der Widerstand R_1 durch einen Leerlauf ersetzt ($R_1 \to \infty$). Nun kann diese Spannung über die Summe der Ladungen mit Gleich. (10.31) bestimmt werden.

$$C_{xzB} = C_3 + (C_7 + C_8) \,|\, (C_5 + C_4 \,|\, C_6) = 2 \cdot C$$

$$Q_A = Q_B \quad \Rightarrow \quad C_{xzA} \cdot U_A = C_{xzB} \cdot U_3(t = t_B)$$

$$U_3(t = t_B) = \frac{C_{xzA}}{C_{xzB}} \cdot U_A = \frac{1{,}6}{2} \cdot U_A = 0{,}8 \cdot U_A = 19{,}2 \text{ V}$$

Zu c) Nun wird R_1 wieder auf seinen ursprünglichen Wert gesetzt. Während des Vorgangs $t \geq t_B$ entlädt sich der Kondensator C_3 im Falle b) mit der Zeitkonstanten $\tau_B = (R_1 + R_2) \cdot C_{xzB} = 4 \cdot R \cdot C$ vollständig über der Reihenschaltung $R_1 + R_2$. Dabei fließt der Strom i_{2B} jetzt gegen die im Bild 10.34 angegebene Richtung.

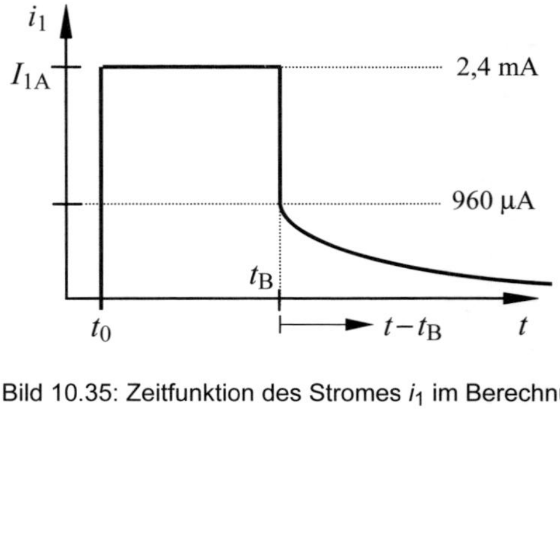

Für den Strom i_1 gilt:

$$i_{1A} = I_{1A} = \frac{U_A}{R_1} = 2{,}4 \text{ mA}$$

$$i_{1B} = I_1(t = t_B) \cdot e^{-(t - t_B)/\tau_B}$$

$$i_{1B} = \frac{U_3(t = t_B)}{R_1 + R_2} \cdot e^{-(t - t_B)/4 \cdot R \cdot C}$$

mit: $I_{1B}(t = t_B) = \dfrac{0{,}8 \cdot U_A}{2R} = 960 \text{ µA}$

Bild 10.35: Zeitfunktion des Stromes i_1 im Berechnungsbeispiel 10.6

Berechnungsbeispiel 10.7:

Die als ideal angenommenen Kondensatoren des Bildes 10.36 sind im Ergebnis eines Vorgangs „0“ bereits auf die angegebenen Spannungen (nicht ausgefüllte Zählpfeile im Bild 10.36) vorgeladen.

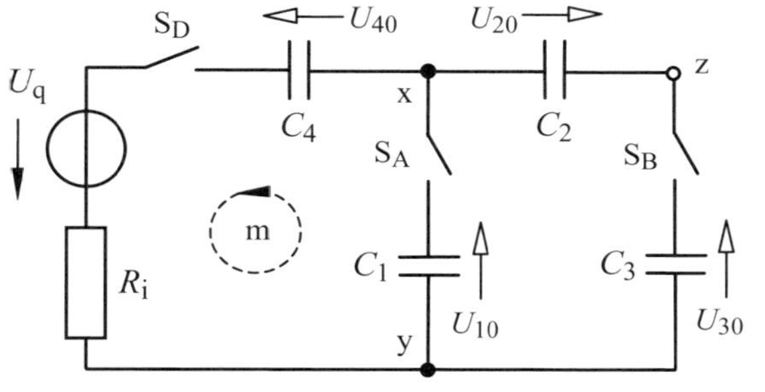

Geg.:
$U_q = 10$ V; $R_i = 10\ \Omega$
$C_1 = C = 20\ \mu$F; $U_{10} = 10$ V
$C_2 = 6C = 120\ \mu$F; $U_{20} = 30$ V
$C_3 = 3C = 60\ \mu$F; $U_{30} = 10$ V
$C_4 = 4C = 80\ \mu$F; $U_{40} = 0$ V

Bild 10.36: Schaltung zum Berechnungsbeispiel 10.7

a) Die Schalter S_A und S_B werden gleichzeitig geschlossen. Berechnen Sie die Spannungen U_{1A}, U_{2A} und U_{3A} im Ergebnis des Vorgangs A ($t_A \rightarrow \infty$).

b) Nach dem Vorgang A wird der Schalter S_B wieder geöffnet und zugleich S_D geschlossen. Berechnen Sie die Spannung U_{4D} im Ergebnis des Vorgangs D ($t_D \rightarrow \infty$).

Zu a) Zur Lösung der Aufgabenstellung kann z.B. die Knotenanalyse angewendet werden. Für die weiteren Betrachtungen gelten die im Bild 10.36 angegebenen Zählpfeile des Vorgangs „0“.

Tabelle 10.5: Koeffizientenschema zum Berechnungsbeispiel 10.7 (Bezugsknoten y mit $\varphi_y = 0$)

φ_x	φ_z	*Abs.*
$C_1 + C_2$	$-C_2$	$-C_1 \cdot U_{10} + C_2 \cdot U_{20}$
$-C_2$	$C_2 + C_3$	$-C_2 \cdot U_{20} - C_3 \cdot U_{30}$

Lösung: $\varphi_x = +10$ V; $\varphi_z = -16{,}\overline{6}$ V

$$U_{1A} = \varphi_y - \varphi_x = -\varphi_x = -10\ \text{V}$$

$$U_{2A} = \varphi_x - \varphi_z = +26{,}\overline{6}\ \text{V}$$

$$U_{3A} = \varphi_y - \varphi_z = -\varphi_z = +16{,}\overline{6}\ \text{V}$$

Im Ergebnis des Vorgangs A wird der Kondensator C_2 teilweise entladen. C_3 wird nachgeladen und C_1 erfährt eine Umladung (Polaritätswechsel).

Die Aufgabenstellung a) kann aber auch über die Einführung vorgeladener Ersatzkapazitäten gelöst werden. Für die Blickrichtung auf die Punkte x und y gilt dann:

$$Q_{23,\text{ers}} = C_{23,\text{ers}} \cdot U_{23,\text{ers}} = C_2 \mid C_3 \cdot (U_{30} - U_{20}) = 40\ \mu\text{F} \cdot (10\ \text{V} - 30\ \text{V}) = -800\ \mu\text{As}$$

$$Q_{10} = C_1 \cdot U_{10} = 20\ \mu\text{F} \cdot 10\ \text{V} = +200\ \mu\text{As}$$

$$U_{yx} = U_{1A} = \frac{Q_{yx}}{C_{yx}} = \frac{Q_{10} + Q_{23,\text{ers}}}{C_1 + C_2 \mid C_3} = \frac{200 - 800}{60}\ \text{V} = -10\ \text{V}$$

Zu b) Für die linke Masche erhält man im Ergebnis des Vorgangs D: $U_q + U_{1A} + U_{4D} = 0$

$U_{4D} = -U_{1A} - U_q = 10\ \text{V} - 10\ \text{V} = 0$ V. Der Kondensator C_4 wird demzufolge nicht geladen.

Berechnungsbeispiel 10.8:

Alle (hier als ideal angenommenen) Kondensatoren im Bild 10.37 sind vollständig entladen.

a) Zunächst wird der Schalter S_X geschlossen, bis sich ein statischer Zustand X einstellt. Auf welche Spannungen laden sich die Kondensatoren auf?

b) Danach wird der Schalter S_X wieder geöffnet und S_Y geschlossen. Berechnen Sie alle Spannungen im statischen Zustand Y.

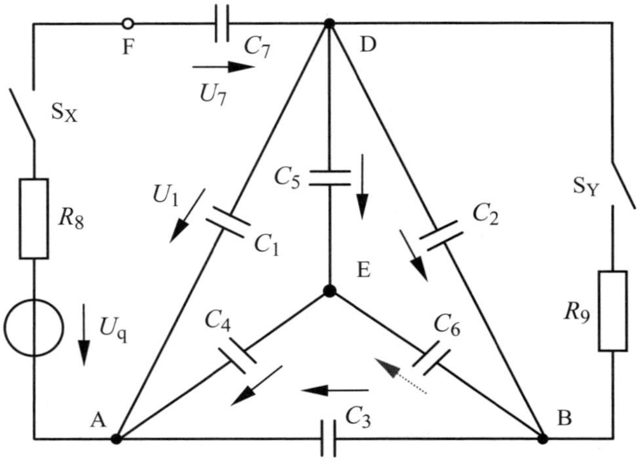

Geg.:

$U_q = 48$ V

$C_1 = C_2 = C_3 = C = 30$ µF

$C_4 = C_5 = C_6 = 2C = 60$ µF

$C_7 = 5C = 150$ µF

$R_8 = R_9 = 10$ kΩ

Bild 10.37: Kapazitives Netzwerk zum Berechnungsbeispiel 10.8

Zu a) Bei offenem Schalter S_Y ist der Kondensator C_6 nicht wirksam, da die Punkte B und E gleiches Potential aufweisen. Der Zweig B–E kann wie der Mittelzweig einer abgeglichenen Brücke aufgefasst werden. Zur Berechnung der Spannung zwischen den Punkten D und A ($U_{DA} = U_{1X}$) wird der kapazitive Spannungsteiler angesetzt. Die Zählpfeile im Bild 10.37 gelten für den Fall a) und den Fall b).

$$U_{DA} = U_q \cdot \frac{C_7}{C_7 + C_{DA}} = U_q \cdot \frac{C_7}{C_7 + C_1 + C_5 \mid C_4 + C_2 \mid C_3} = U_q \cdot \frac{5C}{5C + C + 2C \mid 2C + C \mid C} = U_q \frac{2}{3} = 32\,\text{V}$$

$$U_{1X} = U_{DA} = 32\text{ V};\ U_{2X} = U_{3X} = U_{4X} = U_{5X} = 0{,}5 \cdot U_{DA} = 16\text{ V};\ U_{7X} = U_q - U_{DA} = 16\text{ V}$$

Zu b) Bei geschlossenem Schalter S_Y haben die Punkte B und D im statischen Zustand Y das gleiche Potential. Damit wird der Kondensator C_2 kurzgeschlossen. Beim Aufstellen des Koeffizientenschemas (Bezugsknoten A) ist zu berücksichtigen, dass C_7 nicht mehr am Vorgang Y beteiligt ist. Sein Ladezustand bleibt mit U_{7X} erhalten. Die Richtungen der Spannungen ändern sich im Fall b) nicht.

Tabelle 10.6: Koeffizientenschema zum Berechnungsbeispiel 10.8

$\varphi_D = \varphi_B$	φ_E	*Abs.*
$C_1 + C_3 + C_5 + C_6$	$-(C_5 + C_6)$	$Q_{FA}(X)$
$-(C_5 + C_6)$	$C_4 + C_5 + C_6$	0

$Q_{FA}(X) = C_{FA}(X) \cdot U_q$ oder:

$Q_{FA}(X) = C_7 \cdot U_{7X} = 2{,}4$ mA·s

$\varphi_D = 24$ V und: $\varphi_E = 16$ V

Lösung: $U_{1Y} = U_{3Y} = \varphi_D - \varphi_A = 24$ V; $U_{5Y} = U_{6Y} = \varphi_D - \varphi_E = 8$ V; $U_{4Y} = \varphi_E - \varphi_A = 16$ V

Berechnungsbeispiel 10.9:

Alle (hier als ideal angenommenen) Kondensatoren im Bild 10.38 sind entladen.

a) Zunächst wird der Schalter S_X geschlossen, bis sich ein statischer Zustand X einstellt. Auf welche Spannungen laden sich die Kondensatoren auf?

b) Danach wird der Schalter S_X wieder geöffnet und S_Y geschlossen. Berechnen Sie die Spannungen U_2 und U_7 im statischen Zustand Y.

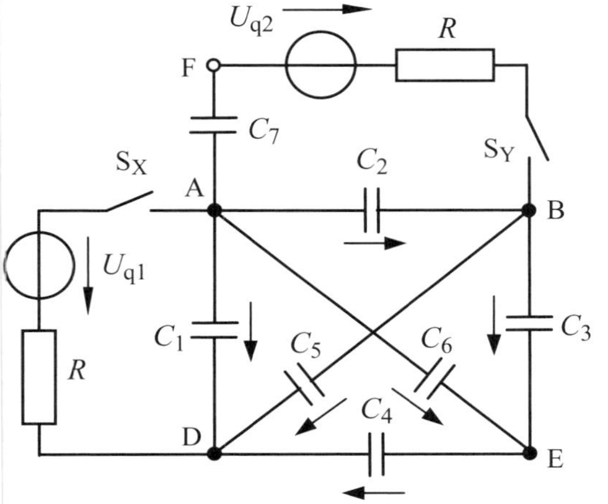

Geg.:

$U_{q1} = U_{q2} = U_q = 70\text{ V}$

$C_1 = C_2 = C_3 = C_4 = C = 14\ \mu\text{F}$

$C_5 = C_6 = 0{,}5 \cdot C = 7\ \mu\text{F}$

$C_7 = 12\ \mu\text{F}$

beide $R = 30\text{ k}\Omega$

Bild 10.38: Netzwerk zum Berechnungsbeispiel 10.9

Zu a) Der statische Zustand X kann mit der Knotenanalyse berechnet werden. Wenn der Knoten D als Bezugsknoten gewählt wird, ist das Potential des Punktes A bereits bekannt. Zur Lösung der Aufgabenstellung sind demzufolge nur die Gleichungen (2) und (3) der Tabelle 10.7 für die Knoten B und E erforderlich. Die Gleichung (1) des Knotens A (in Tabelle 10.7 grau unterlegt) kann zur Bestimmung der Gesamtkapazität im Falle X verwendet werden. Diese Gesamtkapazität C_{gesX} ist infolge der Symmetrie der Schaltung gleich $C_{AD}(X) = C_{AB}(X)$, wenn beide Schalter geöffnet sind.

Tabelle 10.7: Koeffizientenschema zum Berechnungsbeispiel 10.9 a)

	$\varphi_A = U_{q1}$	φ_B	φ_E	*Abs.*
(1)	$C_1 + C_2 + C_6$	$-C_2$	$-C_6$	$C_{gesX} \cdot U_{q1}$
(2)	$-C_2$	$C_2 + C_3 + C_5$	$-C_3$	0
(3)	$-C_6$	$-C_3$	$C_3 + C_4 + C_6$	0

(2) $-C \cdot U_{q1} + 2{,}5C \cdot \varphi_B - C \cdot \varphi_E = 0$ und: (3) $-0{,}5 \cdot C \cdot U_{q1} - C \cdot \varphi_B + 2{,}5 \cdot C \cdot \varphi_E = 0$

Lösung: $\varphi_E = 30\text{ V}$; $\varphi_B = 40\text{ V}$ sowie: $\varphi_A = U_{q1} = 70\text{ V}$

$U_{1X} = U_{q1} = 70\text{ V}$; $U_{2X} = U_{q1} - \varphi_B = 30\text{ V}$; $U_{3X} = \varphi_B - \varphi_E = 10\text{ V}$

$U_{4X} = \varphi_E = 30\text{ V}$; $U_{5X} = \varphi_B = 40\text{ V}$; $U_{6X} = U_{q1} - \varphi_E = 40\text{ V}$

Zu b) Zur Berechnung der Spannungen im statischen Zustand Y wird die schaltungstechnische Kombination zwischen den Punkten F und B auf eine Reihenschaltung zurückgeführt (Bild 10.39). Damit ist die Situation mit der Schaltung im Bild 10.19 (Abschn. 10.3.2) vergleichbar.

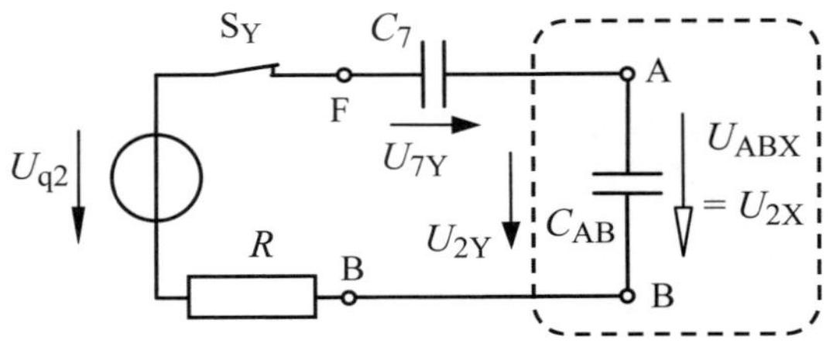

Endzustand X = Anfangszustand Y:

$U_{2X} = 30$ V und $U_{7X} = 0$ V

Bild 10.39: Ladungsausgleich im Berechnungsbeispiel 10.9

Für die Ersatzkapazität C_{AB} (X) gilt: $C_{AB}(X) = C_{AD}(X) = C_{gesX}$ (S_X und S_Y: Aus).
Diese Kapazität wird mit der ersten Gleichung (1) der Tabelle 10.7 berechnet.

$$C_{gesX} = C_{AB}(X) = \frac{2{,}5 \cdot C \cdot U_q - C \cdot \varphi_B - 0{,}5 \cdot C \cdot \varphi_E}{U_{q1}} = 24\ \mu F$$

Zur Berechnung der Spannung U_{7Y} kann man Gleich (10.29) verwenden:

$$(10.29) \quad U_{X\infty} = \frac{C_X \cdot U_{X0} - C_Y \cdot U_{Y0} + C_Y \cdot U_q}{C_X + C_Y}$$

mit: $C_X = C_7$ und: $U_{X0} = U_{7X} = 0$ V sowie: $C_X = C_{AB}$ (X) und: $U_{Y0} = U_{2X}$

$$U_{7Y} = \frac{C_7 \cdot 0\ V - C_{AB}(X) \cdot U_{2X} + C_{AB}(X) \cdot U_{q2}}{C_7 + C_{AB}(X)} = \frac{C_{AB}(X) \cdot (U_{q2} - U_{2X})}{C_7 + C_{AB}(X)}$$

$$U_{7Y} = \frac{24\ \mu F \cdot (70\ V - 30\ V)}{24\ \mu F + 12\ \mu F} = 26{,}\bar{6}\ V \qquad \text{und:} \qquad U_{2Y} = U_{q2} - U_{7Y} = 70\ V - 26{,}\bar{6}\ V = 43{,}\bar{3}\ V$$

Die Berechnung der gesuchten Spannungen U_2 und U_7 im statischen Zustand Y kann auch mit der Knotenanalyse (Tabelle 10.8) durchgeführt werden. Dazu wird zwischen der Quelle U_{q2} und dem Kondensator C_7 ein virtueller Knoten F eingefügt. Wenn man nun den Knoten B als Bezugsknoten wählt, ist das Potential des Knotens F mit U_{q2} bereits bekannt. Man benötigt nur die Gleichung (2).

Tabelle 10.8: Koeffizientenschema zum Berechnungsbeispiel 10.9 b)

	$\varphi_{FY} = U_{q2}$	φ_{AY}	*Abs.*
(1)	C_7	$-C_7$	$C_{gesY} \cdot U_{q2}$
(2)	$-C_7$	$C_7 + C_{gesX}$	$C_{gesX} \cdot U_{2X}$

Aus (2) folgt: $\varphi_{AY} = U_{2Y} = \frac{C_{gesX} \cdot U_{2X} + C_7 \cdot U_{q2}}{C_7 + C_{gesX}} = 43{,}\bar{3}$ V sowie: $U_{7Y} = U_{q2} - U_{2Y} = 26{,}\bar{6}$ V

11 Magnetisches Feld

11.1 Eigenschaften des magnetischen Feldes

Ein elektrisch erregtes magnetisches Feld bildet sich um bewegte Ladungen aus. Die Feldlinien sind Wirbel, die im Inneren eines stromdurchflossenen Leiters eine elektrische Teilströmung und außerhalb eines oder mehrerer stromdurchflossener Leiter (vgl. Abschn. 11.4) die resultierende elektrische Gesamtströmung umfassen.

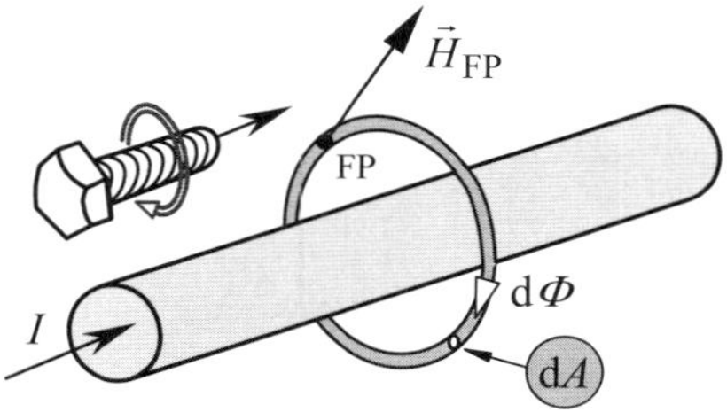

Bild 11.1: Modell des magnetischen Feldes eines stromdurchflossenen Leiters

Bild 11.1 zeigt die Ausbildung eines magnetischen Feldes außerhalb eines geraden (sehr langen) stromdurchflossenen Leiters. Um die bewegte Ladung bilden sich sog. magnetische Flussröhren aus. Diese Röhren symbolisieren einen differentiellen magnetischen Fluss dΦ, der senkrecht durch die differentiellen Flächenelemente dA einer Röhre hindurchdringt. Als Hilfsmittel zur Felddarstellung dienen hier die Linien der magnetischen Feldstärke.

Die magnetische Feldstärke $\vec{H}$ ist ein Vektor, der in einem Feldpunkt FP tangential zu einer magnetischen Flussröhre (Linie) in Richtung dieser Linie ansetzt (Bild 11.2). Da es sich jetzt im Vergleich zum elektrostatischen Feld (Quellenfeld) um ein Wirbelfeld handelt, haben diese Linien keinen Anfang und kein Ende. Die Richtung der magnetischen Feldlinien wird mit der Rechtsschrauben-Regel bestimmt.

♦ Dreht man eine Rechtsschraube in Richtung des fließenden Stromes in den Leiter hinein (Bild 11.1), so gibt die Drehrichtung der Schraube die Richtung der magnetischen Feldstärke an. Zur Richtungskennzeichnung des Stromes dient ein Kreuz (Strom fließt vom Betrachter weg) oder ein Punkt (Strom fließt auf den Betrachter zu).

Der Betrag der magnetischen Feldstärke steigt im Inneren eines massiven stromdurchflossenen Leiters linear an und fällt außerhalb dieses Leiters nach einer Hyperbelfunktion ab (vgl. Abschn. 11.4). Das Maximum der magnetischen Feldstärke entsteht auf der Oberfläche des Leiters.

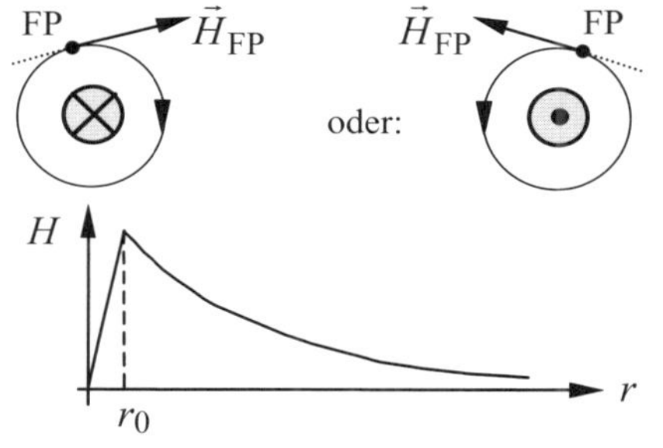

Bild 11.2: Verlauf der magnetischen Feldstärke eines stromdurchflossenen Leiters

Die Ursache für die Ausbildung eines magnetischen Feldes (hier: Strom durch einen Leiter) kann man vergrößern, wenn der Leiter als Wicklung (z.B. auf einem Trägerkörper) mit N Windungen angeordnet wird. Bei einem zylindrischen Trägerkörper entsteht eine Zylinderspule (Bild 11.3).

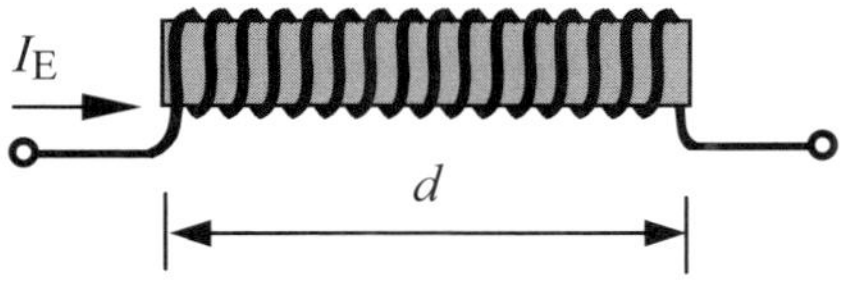

Bild 11.3: Zylinderspule

Betrachtet man diese Spule in einem Längsschnitt, so werden die Beiträge der einzelnen Windungen zum resultierenden magnetischen Feld deutlich.

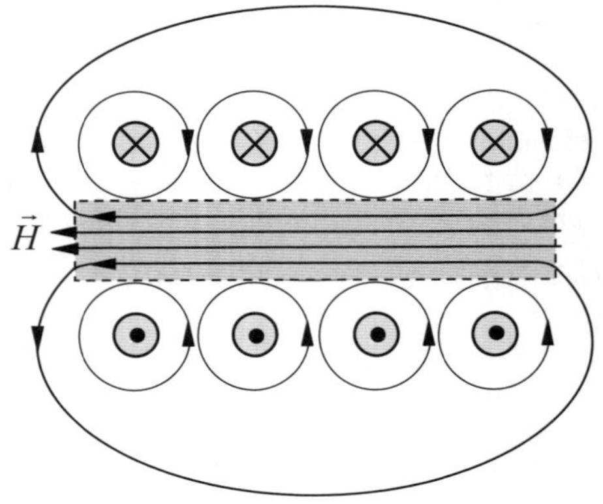

Bild 11.4: Idealisiertes Feldbild einer Zylinderspule

Der Strom fließt in jeder Leiterschleife in die obere Leiterfläche hinein (Kreuz) und kommt aus der unteren Leiterfläche wieder heraus (Punkt). Zwischen jeweils zwei benachbarten Leitern (oben oder unten) heben sich die magnetischen Feldstärken auf. Sie haben den gleichen Betrag (gleicher Radius des Leiters und gleicher Strom) und die entgegengesetzte Richtung. Es entsteht ein resultierendes magnetisches Feld, das sich im Inneren des Zylinders konzentriert.

Vernachlässigt man das relativ stark streuende Feld außerhalb der Spule, so kann der Betrag der magnetischen Feldstärke im Inneren einer eng bewickelten Zylinderspule näherungsweise mit Gleich. (11.7) berechnet werden. Mit $s \approx d$ (siehe Bild 11.3) gilt:

$$H \approx \frac{I_E \cdot N}{d}$$

Das im Inneren des Zylinders (im Bild 11.4 grau unterlegt) existierende magnetische Feld weist Ähnlichkeiten mit einem homogenen Feld auf. Die Feldlinien verlaufen nahezu parallel (allerdings nicht so ideal, wie im Bild 11.4 dargestellt), haben annähernd den gleichen Abstand und die gleiche Richtung. Magnetische Felder können somit in ausgewählten Feldbereichen als homogen aufgefasst werden.

Zur Beschreibung der Eigenschaften eines Stoffes, in dem sich ein magnetisches Feld ausbreitet, dient die Permeabilität μ. Sie ist ein Maß für die magnetische Durchlässigkeit eines Stoffes und wird in der Praxis als Produkt der magnetischen Feldkonstanten μ_0 und der relativen Permeabilität μ_r angegeben.

$$\mu = \mu_0 \cdot \mu_r \qquad (11.1)$$

Die magnetische Feldkonstante μ_0 ist eine Naturkonstante und beschreibt die magnetische Durchlässigkeit des Vakuums.

$$\mu_0 = 0{,}4 \cdot \pi \cdot 10^{-6} \frac{\mathrm{V \cdot s}}{\mathrm{A \cdot m}} \qquad (11.2)$$

$$\mu_0 \approx 1{,}2566 \cdot 10^{-6} \frac{\mathrm{V \cdot s}}{\mathrm{A \cdot m}}$$

Die relative Permeabilität μ_r ist dann eine reine Verhältniszahl, die die Eigenschaften eines Magnetwerkstoffes relativ zum Vakuum charakterisiert.

Man unterscheidet zwischen nichtferromagnetischen und ferromagnetischen Stoffen. Zu den nichtferromagnetischen Stoffen gehören diamagnetische Stoffe (z.B. Kupfer) und paramagnetische Stoffe (z.B. Kunststoffe) mit $\mu_r \approx 1$.

Ferromagnetische Stoffe sind Eisenwerkstoffe mit $\mu_r >> 1$ (siehe Abschn. 11.3.1).

11.2 Beschreibung des magnetischen Feldes

11.2.1 Integrale Größen

Der Strom ist die Ursache für das Entstehen eines (elektrisch erregten) magnetischen Feldes. Dabei soll es sich vorerst um einen Gleichstrom handeln (*stationäres magnetisches Feld*). Diese ursächliche Größe kann vervielfacht werden, wenn statt eines stromdurchflossenen Leiters mehrere (n) Leiter wirken oder der einzelne stromdurchflossene Leiter bei einer Spule mit N Windungen N-fach wirksam ist (siehe z.B. Spule im Bild 11.3). Die daraus resultierende Erregungsströmung wird als Durchflutung Θ bezeichnet. Die Durchflutung mit der Einheit $[\Theta] = 1$ A besitzt wie der elektrische Strom Richtungscharakter.

$$\Theta = I \cdot N = \sum_{\nu=1}^{n} I_{\nu} \qquad (11.3)$$

Wickelt man einen Draht mit N Windungen auf einen Trägerkörper (Kern mit der Querschnittsfläche A und der Länge d), so entsteht ein Bauelement in Form einer Spule. Bei einer Luftspule wird der Trägerkörper nach dem Aufbringen der Wicklung wieder entfernt. Dieses Bauelement hat einen magnetischen Leitwert Λ analog zum Leitwert im elektrischen Strömungsfeld (Bauelemente-Kenngröße). Der Kehrwert des magnetischen Leitwertes ist der magnetische Widerstand R_{m}. Für ein homogenes Feld gilt:

$$\Lambda = \frac{1}{R_{\mathrm{m}}} = \mu \cdot \frac{A}{s} \qquad (11.4)$$

Der Leitwert hat die Einheit: $[\Lambda] = 1 \frac{\mathrm{V \cdot s}}{\mathrm{A}}$

Die Bogenlänge s ergibt sich aus der mittleren Länge der magnetischen Flusslinien.
Mit Erfüllung der Bauelementebedingung kommt es bei aktiver Ursache Θ zum Aufbau eines magnetischen Feldes in Form der Ausbildung eines magnetischen Flusses Φ mit der Einheit $[\Phi] = 1$ V·s.

Vergleicht man die in den Kap. 8 und 9 dargestellten integralen Ursache-Wirkungs-Mechanismen, stellt man Ähnlichkeiten fest, die auf die im Kap. 7 angedeuteten Analogien zwischen den Feldern der Elektrotechnik hinweisen. Danach ist die Ursache eine Quellengröße, die Bedingung eine Bauelemente-Kenngröße und die Wirkung eine sich einstellende Flussgröße.

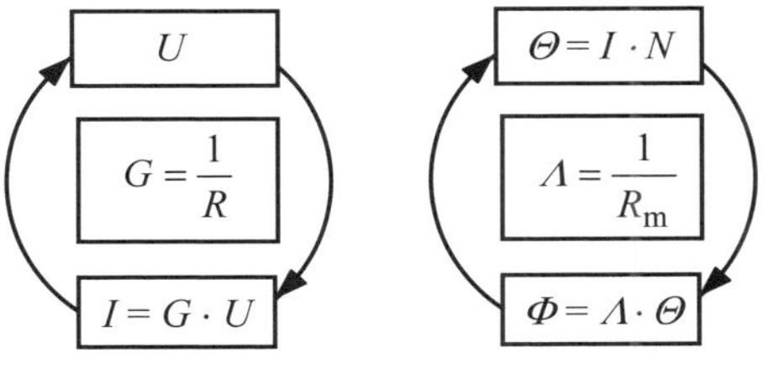

Bild 11.5: Ursache-Wirkungs-Mechanismen im elektrischen und magnetischen Feld

Zur Beschreibung des Zusammenhanges zwischen Ursache und Wirkung dient in einem homogenen magnetischen Feld (siehe Bild 11.5, rechts) das HOPKINSONsche Gesetz. Es wird in Analogie zum elektrischen Strömungsfeld auch OHMsches Gesetz des magnetischen Kreises genannt.

$$\Phi = \Lambda \cdot \Theta = \frac{\Theta}{R_{\mathrm{m}}} \qquad (11.5)$$

Dabei stellt der magnetische Fluss Φ (wie auch der elektrische Strom I im elektrischen Strömungsfeld) eine in sich geschlossene Erscheinung dar.

11.2.2 Ortsbezogene Größen

Integriert man in einem magnetischen Feld vom Feldpunkt FP_X über einem beliebigen geschlossenen Umlauf mit der Bogenlänge s wieder bis zum Punkt X, so erhält man die Durchflutung durch die von s umrandete Fläche über das Umlaufintegral der magnetischen Feldstärke (Durchflutungsgesetz).

$$\Theta = \oint \vec{H} \cdot \mathrm{d}\vec{s} \qquad (11.6)$$

Die magnetische Feldstärke $\vec{H}$ kann in einem ortsbezogenen Ursache-Wirkungs-Modell als Ursache für die magnetische Flussdichte aufgefasst werden. In magnetischen Kreisen, bei denen bestimmte Bereiche des magnetischen Feldes nahezu homogene Eigenschaften aufweisen und die nur über einen einzigen magnetischen Widerstand verfügen, ergibt sich die Feldstärke aus dem Quotienten von Durchflutung und Feldlinienlänge (Einheit: $[H] = 1\ \mathrm{A}/\mathrm{m}$).

$$H = \frac{\Theta}{s} \qquad (11.7)$$

Der magnetische Fluss Φ wird von der Durchflutung Θ angetrieben und durch den magnetischen Widerstand begrenzt. Er dringt durch den Kern oder eine andere räumliche Anordnung mit der Fläche A. Analog zur Stromdichte J im elektrischen Strömungsfeld und zur elektrischen Flussdichte D im elektrostatischen Feld führt man zur Beschreibung des magnetischen Feldes die magnetische Flussdichte B ein.

$$B = \frac{\mathrm{d}\Phi}{\mathrm{d}A_\perp} \qquad (11.8)$$

Die magnetische Flussdichte kann in einem ortsbezogenen Ursache-Wirkungs-Modell als Wirkungsgröße aufgefasst werden.

Einheit: $[B] = 1\frac{\mathrm{V}\cdot\mathrm{s}}{\mathrm{m}^2} = 1\ \mathrm{T}$ (TESLA)

Bild 11.6 zeigt in einer Analogiedarstellung die Zusammenhänge zwischen der jeweiligen Feldstärke und der Dichtegröße.

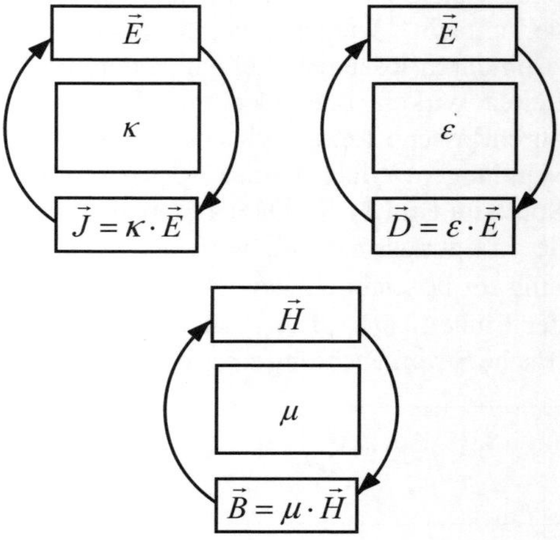

Bild 11.6: Ortsbezogene Ursache-Wirkungs-Modelle zum elektromagnetischen Feld

Die magnetische Flussdichte und die magnetische Feldstärke verhalten sich proportional zueinander. Beide Vektoren zeigen in jedem Feldpunkt in die gleiche Richtung.

$$\vec{B} = \mu \cdot \vec{H} \qquad (11.9)$$

Durch Bildung des Flächenintegrals über der magnetischen Flussdichte erhält man mit Gleich. (11.8) denjenigen magnetischen Fluss Φ, der durch eine Fläche A dringt:

$$\Phi = \int_A \vec{B} \cdot \mathrm{d}\vec{A} \qquad (11.10)$$

11.3 Magnetische Kreise

11.3.1 Magnetisierungskennlinie

Magnetische Felder bilden sich in unterschiedlichen Stoffen verschiedenartig aus. Verantwortlich dafür ist die jeweilige Permeabilität μ (vgl. Abschn. 11.1 und Bedingung im Bild 11.6) des aktuellen Stoffes.

Nichtferromagnetische Stoffe (*Nichtferromagnetika*) haben eine konstante Permeabilität mit $\mu \approx \mu_0$. Zwischen der magnetischen Flussdichte B und der magnetischen Feldstärke H existiert ein linearer Zusammenhang. Es gilt: $B \approx \mu_0 \cdot H$.

Ferromagnetische Stoffe (*Ferromagnetika*) haben eine Permeabilität mit $\mu_r >> 1$. Zwischen der magnetischen Flussdichte B und der magnetischen Feldstärke H besteht ein nichtlinearer Zusammenhang. Die Permeabilität ist abhängig vom eingestellten Arbeitspunkt in der Magnetisierungskennlinie (Bild 11.8). Es gilt: $\mu = \mathrm{f}(H_\mathrm{E})$.

Zur Aufnahme der Magnetisierungskennlinie eines bestimmten ferromagnetischen Stoffes verwendet man einen vollständig entmagnetisierten Kern mit Luftspalt, auf dem sich eine Wicklung mit der Windungszahl N befindet. In die Wicklung wird ein Erregerstrom mit $0 \leq I_\mathrm{E} \leq I_\mathrm{E,max}$ [gemäß Gleich. (11.7) proportional zur magnetischen Feldstärke H] eingespeist.

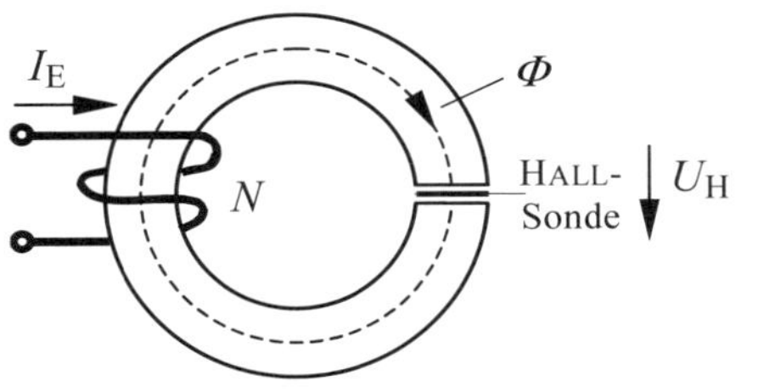

Bild 11.7: Aufnahme einer Magnetisierungskennlinie

Die im Luftspalt des Kerns positionierte HALL-Sonde ermöglicht die messtechnische Erfassung einer Spannung $U_\mathrm{H} = \mathrm{f}(I_\mathrm{E})$. Daraus kann der Verlauf der magnetischen Flussdichte $B = \mathrm{f}(H_\mathrm{E})$ berechnet werden (vgl. auch Abschn. 11.5 – Lehrbeispiel 11.1 und [14] – Berechnungsbeispiel 2.10).

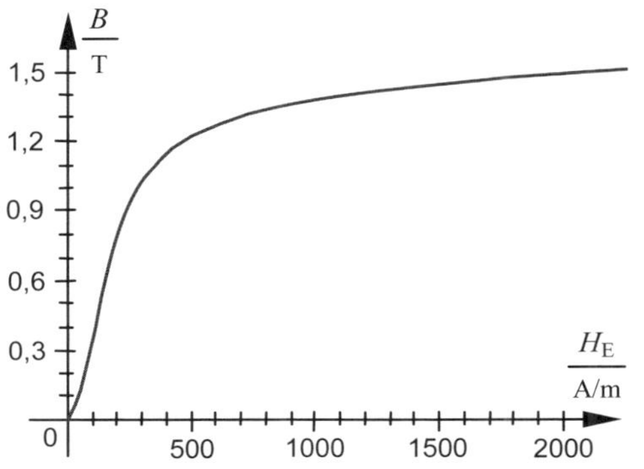

Bild 11.8: Magnetisierungskennlinie

Der Kennlinienverlauf ist mit der bezirksweisen Existenz atomarer Elementarmagnete (sog. WEIßsche Bezirke) in ferromagnetischen Stoffen erklärbar. Im magnetisch neutralen Zustand unterliegt die Vorzugsrichtung dieser Elementarmagnete einer statistischen Gleichverteilung. Jeweils $16,\overline{6}\,\%$ sind nach unten, nach oben, nach links, nach rechts, nach hinten und nach vorn gerichtet (siehe angedeutete Richtungen einzelner Bezirke im Bild 11.9).

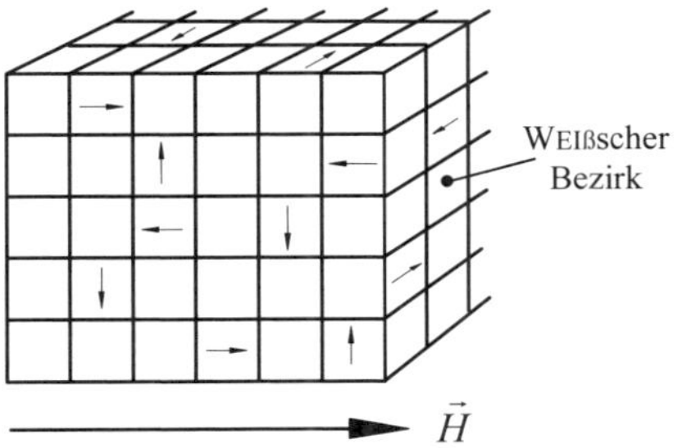

Bild 11.9: WEIßsche Bezirke

Eine sehr kleine Feldstärke bewirkt noch keine merkliche Ausrichtung. Sobald jedoch die äußere magnetische Feldstärke einen Betrag erreicht, der die WEIßschen Bezirke um 90° zu kippen vermag, richten sich schlagartig viermal $16,\overline{6}$ % der Elementarmagnete danach aus (steil ansteigender Teil der Magnetisierungskennlinie im Bild 11.8). Im Bild 11.9 sind das die nach unten, nach oben, nach hinten und nach vorn zeigenden Bezirke. Eine weitere Erhöhung der Feldstärke bringt den Kern bei $I_E \to I_{E,max}$ in die Sättigung. Der Betrag der von außen einwirkenden magnetischen Feldstärke ist jetzt in der Lage, die restlichen $16,\overline{6}$ % der Elementarmagnete, deren Vorzugsrichtung ja entgegen der äußeren Feldstärke gerichtet war, auszurichten. Entfernt man nun den Werkstoff aus dem magnetischen Feld, so werden nicht alle Elementarmagnete in ihre ursprüngliche Lage zurückkippen. Ein Teil der WEIßschen Bezirke behält die neue Lage als Vorzugsrichtung bei. Der Stoff ist damit nach außen hin nicht mehr magnetisch neutral und verhält sich mit seinem Restmagnetismus jetzt wie ein Permanentmagnet.

Zur Verdeutlichung dieses Sachverhalts soll nun in die Wicklung des Bildes 11.7 ein Erregerstrom mit $-I_{E,max} \leq I_E \leq +I_{E,max}$ eingespeist werden.

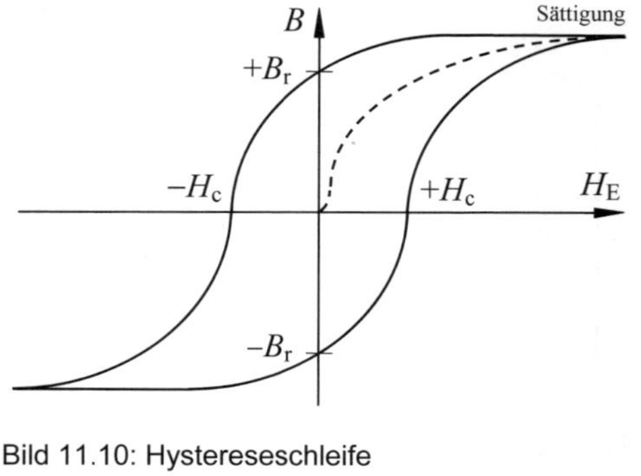

Bild 11.10: Hystereseschleife

Beim ersten Aufmagnetisieren eines vollständig entmagnetisierten Kerns wird die Neukurve (gestrichelter Verlauf im Bild 11.10 – wie im Bild 11.8) durchlaufen.

Verringert man nun nach Erreichen der Sättigung (1. Quadrant im Bild 11.10, rechts oben) den Erregerstrom bis auf den Wert null, so läuft der Arbeitspunkt nicht wieder auf der Neukurve in Richtung des Koordinatenursprungs. Er erreicht bei $H_E = 0$ einen Wert der magnetischen Flussdichte, der den im Kern verbleibenden Restmagnetismus beschreibt und der mit *Remanenzflussdichte* B_r bezeichnet wird.

Bei einem negativen Erregerstrom ändert sich nun die Richtung der magnetischen Feldstärke im Bild 11.9 und die WEIßschen Bezirke werden genau entgegengesetzt ausgerichtet. Der Arbeitspunkt erreicht bei einer magnetischen Flussdichte $B = 0$ einen Wert der magnetischen Feldstärke, der mit *Koerzitivfeldstärke* H_c bezeichnet wird.

Mit dem Erreichen von $-I_{E,max}$ befindet sich der Kern in einer richtungsveränderten Sättigung. Der Arbeitspunkt des Kerns durchläuft die im Bild 11.10 dargestellte Hystereseschleife vollständig, wenn der Erregerstrom den angegebenen Wertevorrat $-I_{E,max} \leq I_E \leq +I_{E,max}$ durchläuft, oder wenn die Wicklung mit einem sinusförmigen Wechselstrom $i_E(t) = I_{E,max} \cdot \sin \omega t$ gespeist wird.

Der Kern kann auch wieder vollständig entmagnetisiert werden. Dazu speist man als Erregerstrom im Bild 11.7 einen Wechselstrom $i_E(t)$ ein, dessen Maximalwert (beginnend mit dem Wert von $I_{E,max}$) gegen null gefahren wird. Dadurch nehmen die WEIßschen Bezirke wieder Richtungen ein, die statistisch gleich verteilt sind.

11.3.2 Ersatzschaltungen für magnetische Kreise

Es hat sich als methodisch sinnvoll erwiesen, die Berechnung magnetischer Kreise über Ersatzschaltungen durchzuführen. Diese Ersatzschaltungen sollen die grundlegende Struktur der Anordnung modellmäßig erfassen und so die Berechnung erleichtern. Dazu wird jede von einem Strom durchflossene Wicklung als Ersatzquelle mit der Durchflutung Θ dargestellt. Die Richtung des magnetischen Flusses Φ, den diese Ersatzquelle durch den magnetischen Kreis treibt (siehe Bild 11.11), wird mit der Rechtsschrauben-Regel bestimmt. Dreht man im Bild 11.11 eine Rechtsschraube vom Punkt a in Richtung des angegebenen Erregerstromes $I_E > 0$ in den Leiter ein (siehe Drehpfeil), so gibt die Richtung des durch den Kern verlaufenden Drehpfeils die Richtung des magnetischen Flusses an. Im Beispiel des Bildes 11.11 verursacht der Erregerstrom einen magnetischen Fluss, der vom Punkt a weg im Uhrzeigersinn durch den Kern dringt.

Der Zählpfeil der Ersatzquelle mit der Quellengröße Θ wird in der magnetischen Ersatzschaltung (Bild 11.12) nach Vorbild einer elektrischen Spannungsquelle festgelegt (also definiert). Dieser Zählpfeil ist dann vom Punkt a zum Punkt b gerichtet und verläuft gegen den Zählpfeil des magnetischen Flusses.

• Unverzweigte magnetische Kreise:

In unverzweigten magnetischen Kreisen entsteht (auch bei mehreren Wicklungen) nur ein resultierender magnetischer Fluss. Dieser magnetische Fluss dringt durch einen oder durch mehrere magnetische Widerstände. Jeder Teil des magnetischen Kreises, der durch eine Veränderung des Querschnittes oder des Magnetwerkstoffes gekennzeichnet ist, wird mit einem magnetischen Ersatzwiderstand abgebildet. Bild 11.11 zeigt eine Ringspule mit Luftspalt (Luftspaltlänge δ). Der Kern soll dicht bewickelt sein. Die Ersatzschaltung im Bild 11.12 besteht aus der Reihenschaltung einer Ersatzquelle mit der Durchflutung Θ sowie den magnetischen Widerständen des Kerns R_{m1} und des Luftspaltes R_{m2}.

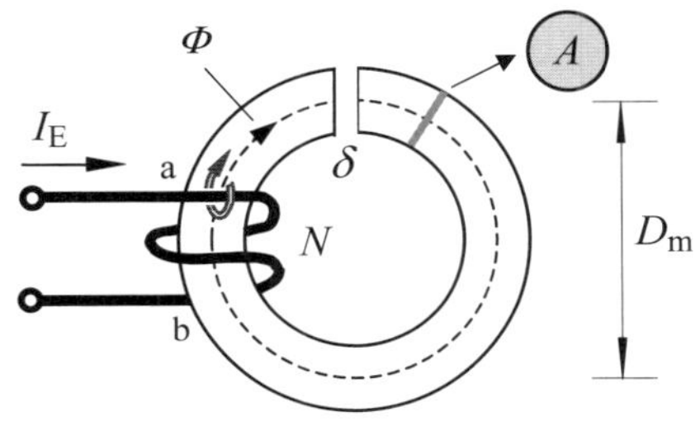

Bild 11.11: Ringspule mit Luftspalt

Ohne Luftspalt würde in der Ersatzschaltung nur der magnetische Widerstand des Kerns $R_{m1} = R_{mE}$ in Reihe zu Θ wirken.

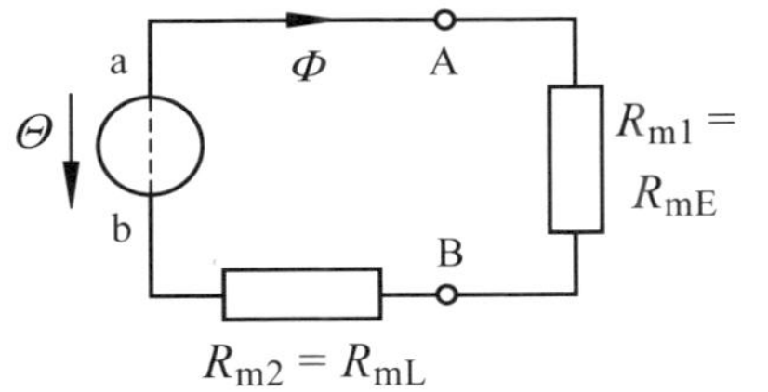

Bild 11.12: Ersatzschaltung zum Bild 11.11

Die Ersatzschaltung zeigt recht anschaulich, dass der magnetische Fluss Φ von der Durchflutung Θ verursacht und von der Reihenschaltung der magnetischen Widerstände begrenzt wird [Gleich. (11.5)].

$$\Phi = \frac{\Theta}{R_{mE} + R_{mL}} = \frac{I_E \cdot N}{\dfrac{\pi \cdot D_m - \delta}{\mu_0 \cdot \mu_r \cdot A} + \dfrac{\delta}{\mu_0 \cdot A}}$$

Bild 11.13 zeigt einen unverzweigten magnetischen Kreis mit zwei getrennten Wicklungen. Die wechselseitige Beeinflussung beider Spulen wird vorerst vernachlässigt.

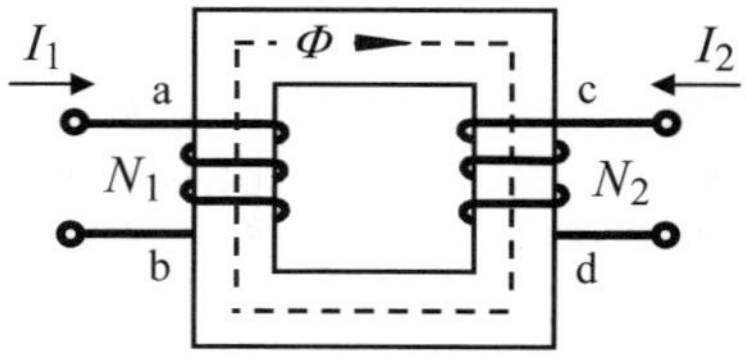

Bild 11.13: Unverzweigter magnetischer Kreis

Der Strom durch die Wicklung 1 verursacht einen magnetischen Flussanteil, der im Bild 11.13 vom Punkt a weg nach oben gerichtet ist. Der Strom durch die Wicklung 2 verursacht einen magnetischen Flussanteil, der vom Punkt c weg nach unten gerichtet ist. Beide Flussanteile überlagern sich positiv zum resultierenden magnetischen Fluss Φ. Die Ersatzschaltung besteht aus einer Reihenschaltung von zwei gleichsinnig geschalteten Ersatzquellen und dem magnetischen Widerstand des Kerns.

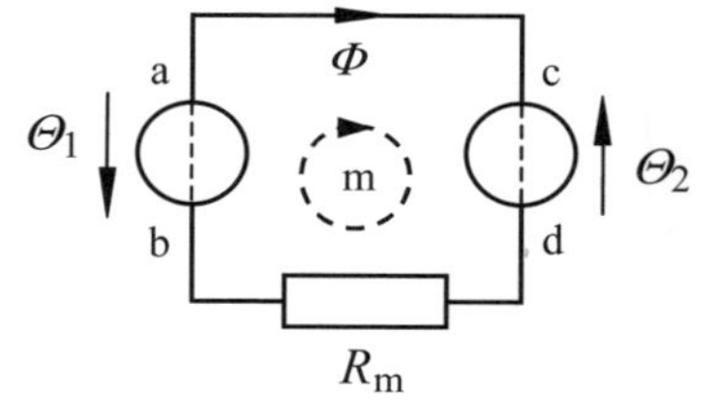

Bild 11.14: Ersatzschaltung zum Bild 11.13

Für den magnetischen Fluss im Bild 11.14 gilt: $\Phi = \dfrac{\Theta_1 + \Theta_2}{R_m} = \dfrac{I_1 \cdot N_1 + I_2 \cdot N_2}{R_m}$

• Verzweigte magnetische Kreise:

In verzweigten magnetischen Kreisen kommt es nach dem Knotenpunktsatz zu einer Aufteilung des magnetischen Gesamtflusses in Teilflüsse. Die beiden Teilflüsse im Bild 11.15 sind betragsmäßig gleich, wenn der Kern symmetrisch zur Mittellinie des Mittelsteges aufgebaut ist.

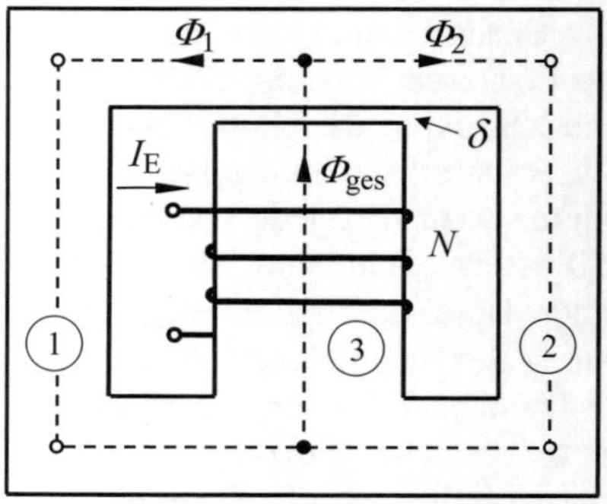

Bild 11.15: Verzweigter magnetischer Kreis

Die Ersatzschaltung besteht aus drei parallelen Zweigen (siehe auch ausführliche Darstellung im Berechnungsbeispiel 11.4).

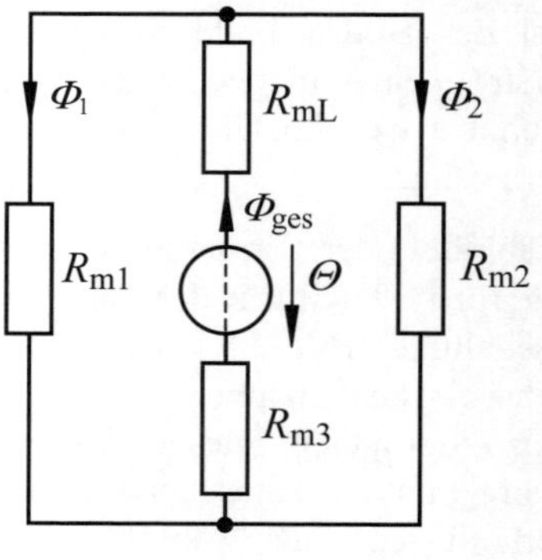

Bild 11.16: Ersatzschaltung zum Bild 11.15

Für den magnetischen Gesamtfluss dieser Anordnung gilt: $\Phi_{ges} = \Phi_1 + \Phi_2$.

$$\Phi_{ges} = \frac{\Theta}{R_{m,ges}} = \frac{I_E \cdot N}{R_{m3} + R_{mL} + R_{m1} \,//\, R_{m2}}$$

Im Symmetriefall ist $R_{m1} = R_{m2}$. Dann gilt:

$R_{m,ges} = R_{m3} + R_{mL} + 0{,}5 \cdot R_{m1}$

11.3.3 Berechnung magnetischer Kreise

Die eigentliche Berechnung eines magnetischen Kreises erfolgt analog zur Berechnung elektrischer Stromkreise unter Verwendung einer entsprechenden Ersatzschaltung. Dabei geht man davon aus, dass sich der jeweilige magnetische Fluss im Mittelpunkt des Querschnittes eines Kernbereiches konzentriert (siehe Bilder 11.11, 11.13 und 11.15), obwohl er in Wirklichkeit den gesamten Querschnitt dieses Kernbereiches durchsetzt. Die Anordnung wird dann mit den Gesetzen zur Berechnung homogener magnetischer Felder beschrieben.

Als Grundlage der Berechnung müssen zunächst die konstruktiven Daten des Kerns bestimmt werden. Bei einem vorgegebenen Kern sind diese Daten auszumessen oder sie sind bereits bekannt. Wählt man dagegen einen Kern aus einem Datenblatt, so gibt der Hersteller eines Kerns in der Regel die konstruktiven Daten als mittlere Größen im Datenblatt an. Mit diesen Angaben kann die Kernquerschnittsfläche A und die mittlere Länge s der Flusslinien bestimmt werden. Bei Existenz eines Luftspaltes ist zusätzlich die Kenntnis der Luftspaltlänge δ erforderlich.

Zur weiteren Berechnung wird die Permeabilität $\mu = \mu_0 \cdot \mu_r$ benötigt. Bei Nichtferromagnetika ist sie als feste Werkstoffkenngröße (z.B. $\mu \approx \mu_0$) bekannt. Für Ferromagnetika muss die Permeabilität aus einer materialspezifischen Magnetisierungskennlinie ermittelt werden. Dazu ist der Arbeitspunkt vorzugeben bzw. zu wählen.

Bei einem unverzweigten Kern ohne Luftspalt wird die Lage des Arbeitspunktes lediglich durch $H_E^* = \Theta / s$ bestimmt und kann durch Variation des Erregerstromes und der Windungszahl beeinflusst werden (siehe AP 1 im Bild 11.17).

Bei einem Kern aus einem nichtferromagnetischen Stoff oder bei einem Eisenkern ohne Luftspalt ist die Berechnung über den magnetischen Widerstand (11.4) und das HOPKINSONsche Gesetz (11.5) sinnvoll. Der Kernquerschnitt muss bekannt sein bzw. über die Kerndaten bestimmt werden. Zur Berechnung der magnetischen Flussdichte und der magnetischen Feldstärke wird folgender Lösungsweg beschritten:

$$R_m \rightarrow \Phi = \frac{\Theta}{R_m} \rightarrow B = \frac{\Phi}{A} \rightarrow H = \frac{B}{\mu}$$

Falls der Kernquerschnitt nicht exakt beschrieben werden kann, wird das Durchflutungsgesetz nach Gleich. (11.11) zur Berechnung eingesetzt.

Durch Einbringen eines Luftspaltes verändert sich die Lage des Arbeitspunktes (siehe AP 2 im Bild 11.17). Zur grafischen Bestimmung dieses Arbeitspunktes ist die Quellenkennlinie in Form der Luftspaltgeraden (LSG) mit in die Magnetisierungskennlinie einzuzeichnen. Ihr gemeinsamer Schnittpunkt legt dann den Arbeitspunkt fest (vgl. auch Abschn. 6.4).

Die Berechnung dieser Luftspaltgeraden soll am Beispiel der Anordnung im Bild 11.11 mit einem ferromagnetischen Kern ($R_{m1} = R_{mE}$ und $R_{m2} = R_{mL}$) demonstriert werden. Die Ersatzschaltung (siehe Bild 11.12) wird an den Punkten A und B in einen aktiven Zweipol (lineares Verhalten vorausgesetzt) und in einen passiven Zweipol (nichtlineares Verhalten) aufgetrennt. Die Durchflutung Θ und der magnetische Widerstand des Luftspaltes R_{mL} bilden jetzt eine Ersatzquelle, die mit dem magnetischen Widerstand R_{mE} belastet wird.

In homogenen Kreisen kann das Durchflutungsgesetz (11.6) nach Vorbild des Maschensatzes angewendet werden.

Das Produkt $H \cdot s$ beschreibt dabei den magnetischen Spannungsabfall über einem magnetischen Widerstand.

$$\sum\Theta = \sum H \cdot s \qquad (11.11)$$

Nach Gleich. (11.11) gilt für die Anordnung in den Bildern 11.11 bzw. 11.12:

$$\Theta = H_1 \cdot s_1 + H_2 \cdot s_2 = H_E \cdot s_E + H_L \cdot \delta$$

$$\text{mit: } H_L = \frac{B}{\mu_0} \quad \Rightarrow \quad \Theta = H_E \cdot s_E + \frac{B \cdot \delta}{\mu_0}$$

Durch Umstellen dieser Beziehung nach B kann der Zusammenhang $B = f(H_E)$ als Magnetisierungskennlinie (Bild 11.17) beschrieben werden. Mit $\Theta = I_E \cdot N$ gilt:

$$B = \frac{\mu_0}{\delta} \cdot (I_E \cdot N - H_E \cdot s_E)$$

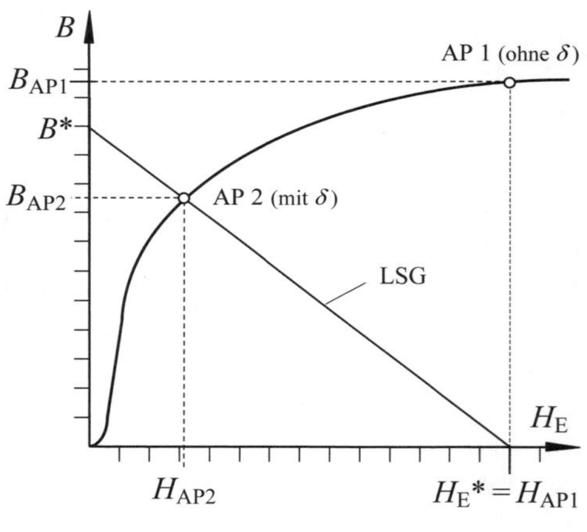

Bild 11.17: Festlegung des Arbeitspunktes in der Magnetisierungskennlinie

Die beiden Schnittpunkte der Luftspaltgeraden mit den Achsen der Magnetisierungskennlinie B^* ($H_E = 0$) und H_E^* ($B = 0$) erhält man dann durch Einsetzen der jeweiligen Randbedingung (siehe Bild 11.17):

$$H_E = 0: \Rightarrow B^* = I_E \cdot N \cdot \frac{\mu_0}{\delta} \qquad (11.12)$$

$$B = 0: \Rightarrow H_E^* = \frac{I_E \cdot N}{s_E} \qquad (11.13)$$

Die Permeabilität eines vorliegenden ferromagnetischen Stoffes ergibt sich nun aus dem Quotienten von magnetischer Flussdichte und magnetischer Feldstärke im eingestellten Arbeitspunkt.

$$\mu_E\big|_{AP} = \mu_0 \cdot \mu_r\big|_{AP} = \frac{B_{AP}}{H_{AP}}$$

Die gesuchten Größen können jetzt mit dem HOPKINSONschen Gesetz (11.5) oder mit dem Durchflutungsgesetz nach (11.11) berechnet werden. B_{AP} und H_{AP} sind allerdings schon durch die grafische Bestimmung des Arbeitspunktes bekannt.

Bei der Herleitung der Gleich. (11.12) und (11.13) wurde eine eventuelle Flussverbreiterung im Luftspalt nicht berücksichtigt. Diese Verbreiterung ergibt sich aus der Ausdehnung der magnetischen Flusslinien im Bereich eines Luftspaltes über den Kernquerschnitt A_E hinaus und nimmt mit wachsender Luftspaltlänge zu. Die magnetischen Flussdichten im Kern und im Luftspalt sind dann voneinander verschieden. In einem Kernbereich mit Luftspalt gilt:

$$B_E = \frac{\Phi}{A_E} \quad \text{und:} \quad B_L = \frac{\Phi}{A_L}$$

Der magnetische Fluss ist in beiden Bereichen gleich ($\Phi = B_E \cdot A_E = B_L \cdot A_L$).

Der Zusammenhang zwischen B_E und B_L wird durch das Flächenverhältnis A_L / A_E bestimmt. Die Flussdichte im Eisenweg ist dann größer als im Luftspalt. Es gilt:

$$B_E = B_L \cdot \frac{A_L}{A_E} \quad \text{mit: } A_L > A_E.$$

Berechnungsbeispiel 11.1:

Durch die 400 Windungen einer eng bewickelten Ringspule aus Kunststoff ($\mu_r \approx 1$) mit einem Innenradius von 40 mm und einem Außenradius von 60 mm fließt ein Strom von $I_E = I = 500$ mA.

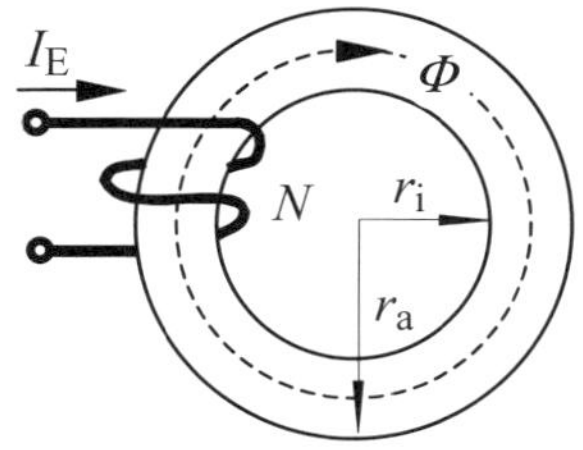

Der Ring hat einen kreisförmigen Querschnitt.

Berechnen Sie den magnetischen Widerstand, den magnetischen Fluss, die magnetische Flussdichte und die magnetische Feldstärke.

Bild 11.18: Ringspule zum Berechnungsbeispiel 11.1

Zunächst wird der magnetische Widerstand mit Gleich. (11.4) aus den konstruktiven Daten berechnet.

$$R_m = \frac{s}{\mu_0 \cdot A} \quad \text{mit: } s = 2\pi \cdot r = 2\pi \cdot \frac{r_a + r_i}{2} \quad \text{und: } A = \frac{\pi \cdot d^2}{4} = 0{,}25\pi \cdot (r_a - r_i)^2$$

$$R_m = \frac{\pi \cdot (r_a + r_i)}{\mu_0 \cdot 0{,}25\pi \cdot (r_a - r_i)^2} = \frac{100 \cdot 10^3\ \text{mm}^2}{1{,}256 \cdot 10^{-6} \cdot 0{,}25 \cdot 400\ \text{mm}^2} \cdot \frac{\text{A}}{\text{V} \cdot \text{s}} = 795{,}8 \cdot 10^6\ \frac{\text{A}}{\text{V} \cdot \text{s}}$$

Mit den Gleich (11.5), (11.7) und (11.9) können nun die restlichen Größen bestimmt werden.

$$\Phi = \frac{\Theta}{R_m} = \frac{I_E \cdot N}{R_m} = 251{,}3 \cdot 10^{-9}\ \text{V} \cdot \text{s}; \quad H = \frac{\Theta}{s} = \frac{I_E \cdot N}{\pi \cdot (r_a + r_i)} = 636{,}6\ \frac{\text{A}}{\text{m}}; \quad B = \mu_0 \cdot H = 0{,}8 \cdot 10^{-3}\ \frac{\text{V} \cdot \text{s}}{\text{m}^2}$$

Berechnungsbeispiel 11.2:

Gegeben ist eine Ringspule aus Dynamoblech mit Luftspalt gemäß Bild 11.11. Im Luftspalt kommt es zu keiner Flussverbreiterung. Die mittlere Eisenweglänge beträgt $s_E = \pi \cdot D_m - \delta = 31$ cm. Durch die $N = 500$ Windungen fließt ein Strom von $I_E = I = 1$ A (Magnetisierungskennlinie: siehe Bild 11.8).

a) Wie groß muss die Länge des Luftspaltes δ_a sein, wenn die Flussdichte $B_{APa} = 1{,}1$ T betragen soll?

b) Die Luftspaltlänge wird nun um 60 % vergrößert. Welcher Arbeitspunkt AP b stellt sich dann ein?

c) Welche Feldstärke H_{Lb} herrscht im Falle b) im Luftspalt?

Zu a) Durch Einzeichnen der Luftspaltgeraden in die Magnetisierungskennlinie (Bild 11.19) kann der Schnittpunkt mit der B-Achse (B_a^*) ermittelt und daraus die Länge des Luftspaltes berechnet werden.

Die Lage des Arbeitspunktes ist mit B_{APa} vorgegeben. Der Schnittpunkt mit der H-Achse (H_{Ea}^*) wird mit Gleich. (11.13) bestimmt. Er ändert sich im Fall b) nicht, da an der Durchflutung nichts verändert wird. Es gilt: $H_{Ea}^* = H_{Eb}^* = H_E^*$, wenn man den geringen Einfluss von $\delta_b = 1{,}6 \cdot \delta_a$ vernachlässigt.

Aus der Magnetisierungskennlinie im Bild 11.19 wird ein $B_a^* \approx 1{,}4$ T abgelesen.

Gleich. (11.12) wird nun nach δ umgestellt: $B_a^* = \dfrac{I_E \cdot N \cdot \mu_0}{\delta_a} \quad \Rightarrow \quad \delta_a = \dfrac{I_E \cdot N \cdot \mu_0}{B_a^*} \approx 0{,}45$ mm

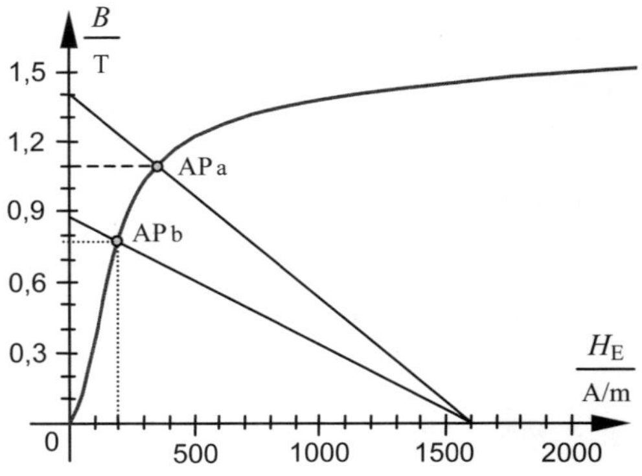

$$H_E^* = \frac{I_E \cdot N}{s_E} \approx 1613 \,\frac{A}{m}$$

$$B_a^* \approx 1{,}4 \text{ T}$$

$$\text{AP a} \approx (1{,}1 \text{ T};\ 350 \,\frac{A}{m})$$

Bild 11.19: Arbeitspunkte zum Berechnungsbeispiel 11.2

Zu b) Der um 60 % vergrößerte Luftspalt $\delta_b = 1{,}6 \cdot \delta_a$ wird in Gleich. (11.12) eingesetzt.

$B_b^* = \dfrac{I_E \cdot N \cdot \mu_0}{1{,}6 \cdot \delta_a} \approx 0{,}87$ T . Diese neue Luftspaltgerade wird mit in das Bild 11.19 eingezeichnet.

Der neue Arbeitspunkt AP b liegt bei $B_{APb} \approx 0{,}78$ T und $H_{APb} \approx 200$ A / m.

Zu c) Die Feldstärke im Luftspalt wird über B_{APb} berechnet: $H_{Lb} = \dfrac{B_{APb}}{\mu_0} \approx 620{,}7 \cdot 10^3 \,\dfrac{A}{m}$

Berechnungsbeispiel 11.3:

Durch einen geteilten Ring aus Dynamoblech, dessen Schnittdarstellung im Bild 11.20 angegeben ist, führt ein stromdurchflossener Leiter. Der Strom fließt mit $I = 180$ A vom Betrachter weg.

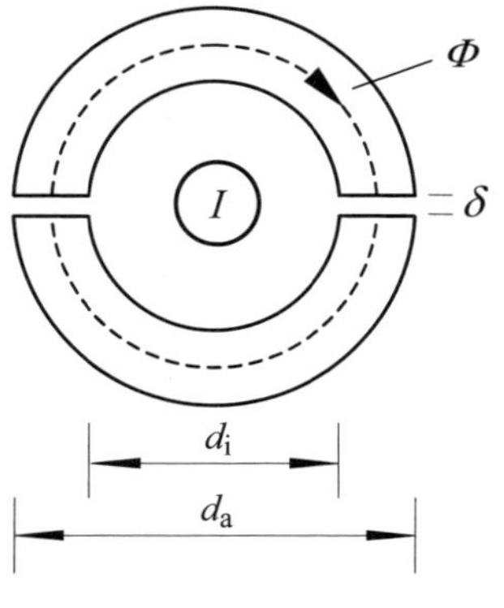

Vom Kern sind folgende Daten bekannt:
$d_i = 40$ mm; $d_a = 56$ mm
Der Abstand zwischen den Ringhälften beträgt
$\delta = 0{,}1$ mm.

Wie groß sind die mittlere magnetische Flussdichte im Ring und die magnetische Feldstärke im Luftspalt?

Mittlere Länge des Eisenweges:

$$s_E = \pi \cdot (d_i + \frac{d_a - d_i}{2}) - 2\delta = (\pi \cdot 48 - 0{,}2) \text{ mm} = 150{,}6 \text{ mm}$$

Bild 11.20: Anordnung zum Berechnungsbeispiel 11.3

Die Schnittpunkte der Luftspaltgeraden mit den Achsen der Magnetisierungskennlinie im Bild 11.21 werden mit den Gleich. (11.12) und (11.13) bestimmt. Für $N = 1$ gilt:

$$H_E = 0 \;\Rightarrow\; B^* = I \cdot \frac{\mu_0}{2\delta} = 1{,}13 \text{ T} \quad \text{und:} \quad B = 0 \;\Rightarrow\; H_E^* = \frac{I}{s_E} = 1194 \,\frac{A}{m}$$

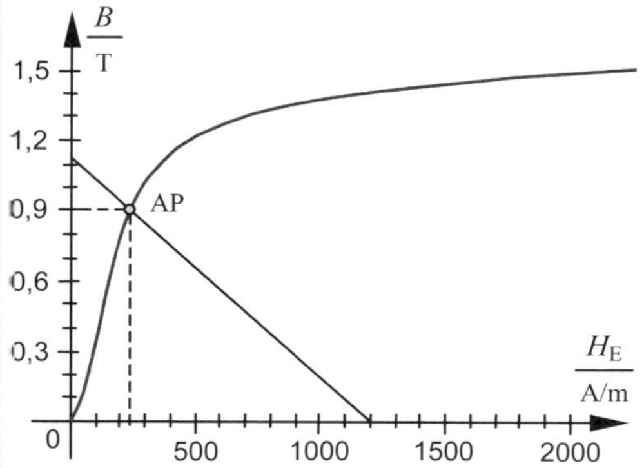

Durch Einzeichnen der Luftspaltgeraden findet man folgenden Arbeitspunkt:

$B \approx 0{,}9\ \mathrm{T}$ und: $H_\mathrm{E} \approx 240\ \dfrac{\mathrm{A}}{\mathrm{m}}$

Aus der mittleren magnetischen Flussdichte im Arbeitspunkt kann die Feldstärke im Luftspalt bestimmt werden.

$$H_\mathrm{L} = \frac{B}{\mu_0} = 716{,}2 \cdot 10^3\ \frac{\mathrm{A}}{\mathrm{m}}$$

Bild 11.21: Arbeitspunkt zum Berechnungsbeispiel 11.3

Berechnungsbeispiel 11.4:

In welchem Arbeitspunkt wird die im Bild 11.22 dargestellte Anordnung betrieben? Bestimmen Sie für diesen Fall den magnetischen Widerstand, den magnetischen Fluss und die magnetische Feldstärke im Luftspalt. *Geg.*: $I_\mathrm{E} = 1$ A; $N = 400$; $a = 5$ cm; $b = 7$ cm; $\delta = 0{,}5$ mm; $A = 4\ \mathrm{cm}^2$
Es gilt die im Bild 11.23 dargestellte Magnetisierungskennlinie für Trafoblech nach DIN 46 400.

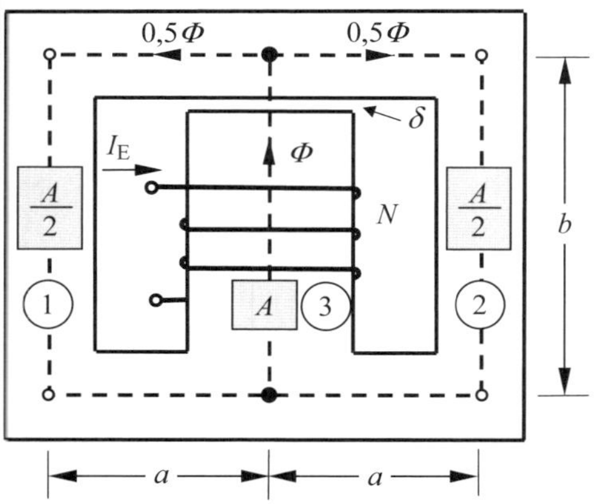

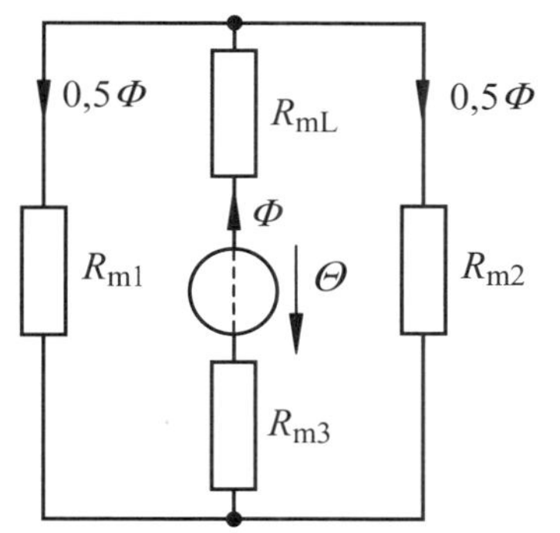

Bild 11.22: Verzweigter magnetischer Kreis mit Ersatzschaltung zum Berechnungsbeispiel 11.4

Bei dem hier verwendeten Kern ist die Fläche des Mittelsteges (3) doppelt so groß wie die Fläche der beiden Außenschenkel (1) und (2). Damit wird im gesamten Kern eine gleiche Flussdichte erreicht und man kann den Kern in einem einheitlichen Arbeitspunkt betreiben. Es gilt:

$$B_3 = \frac{\Phi}{A} \quad \text{sowie:} \quad B_1 = B_2 = \frac{0{,}5\,\Phi}{0{,}5\,A} = \frac{\Phi}{A} \quad \Rightarrow \quad B_1 = B_2 = B_3$$

Zur Bestimmung des Arbeitspunktes muss für H_E* zunächst die mittlere Länge des Eisenweges ermittelt werden. Dazu wird der resultierende magnetische Widerstand für den Fall berechnet, dass es sich um einen Kern ohne Luftspalt handelt. Die Luftspaltlänge wird anschließend durch Subtraktion von der Eisenweglänge ohne Luftspalt berücksichtigt.

Durch die Symmetrie des Kerns sind die magnetischen Widerstände R_{m1} und R_{m2} gleich groß.

$$R_{mE} = R_{m3} + R_{m1} // R_{m2} = R_{m3} + \frac{R_{m1}}{2}$$

$$R_{mE} = \frac{b}{\mu_{AP} \cdot A} + \frac{2a+b}{2\mu_{AP} \cdot 0{,}5A} = \frac{s_E}{\mu_{AP} \cdot A} \qquad \Rightarrow \qquad s_E \approx 2 \cdot (a+b) - \delta = 239{,}5 \text{ mm}$$

Nun kann der Arbeitspunkt bestimmt und daraus μ_{AP} abgelesen werden (Bild 11.23).

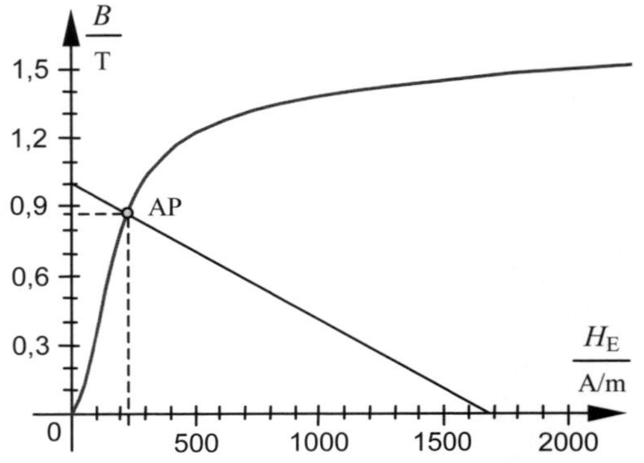

$$B^* = I_E \cdot N \cdot \frac{\mu_0}{\delta} \approx 1 \text{ T}$$

$$H_E^* = \frac{I_E \cdot N}{s_E} \approx 1670 \ \frac{\text{A}}{\text{m}}$$

$$\text{AP} \approx (0{,}87 \text{ T}; 230 \ \frac{\text{A}}{\text{m}})$$

Bild 11.23: Arbeitspunkt zum Berechnungsbeispiel 11.4

$$\mu_{AP} = \frac{B_{AP}}{H_{AP}} = 3{,}783 \cdot 10^{-3} \ \frac{\text{V} \cdot \text{s}}{\text{A} \cdot \text{m}} \qquad \Rightarrow \qquad \mu_r = \frac{\mu_{AP}}{\mu_0} = 3010$$

Für den gesamten magnetischen Widerstand gilt:

$$R_m = R_{m3} + R_{mL} + R_{m1} // R_{m2} = R_{m3} + R_{mL} + \frac{R_{m1}}{2} = R_{mE} + R_{mL}$$

$$R_{mE} = \frac{s_E}{\mu_{AP} \cdot A} = 15{,}83 \cdot 10^4 \ \frac{\text{A}}{\text{V} \cdot \text{s}} \quad \text{und:} \quad R_{mL} = \frac{\delta}{\mu_0 \cdot A} = 99{,}47 \cdot 10^4 \ \frac{\text{A}}{\text{V} \cdot \text{s}}$$

$$R_m = R_{mE} + R_{mL} = 15{,}83 \cdot 10^4 \ \frac{\text{A}}{\text{V} \cdot \text{s}} + 99{,}47 \cdot 10^4 \ \frac{\text{A}}{\text{V} \cdot \text{s}} = 115{,}3 \cdot 10^4 \ \frac{\text{A}}{\text{V} \cdot \text{s}}$$

Der magnetische Fluss wird über das HOPKINSONsche Gesetz bestimmt. Dabei muss von der Annahme ausgegangen werden, dass sich der Fluss in der Mitte des Kernquerschnittes konzentriert, obwohl er in Wirklichkeit den gesamten Kernquerschnitt durchsetzt.

$$\Phi = \frac{\Theta}{R_m} = \frac{400}{115{,}3} \cdot 10^{-4} \text{ V} \cdot \text{s} \approx 3{,}47 \cdot 10^{-4} \text{ V} \cdot \text{s} \qquad \Rightarrow \qquad \text{Probe:} \quad \Phi = B_{AP} \cdot A = 3{,}48 \cdot 10^{-4} \text{ V} \cdot \text{s}$$

$$H_L = \frac{B_{AP}}{\mu_0} = \frac{0{,}87}{0{,}4\pi} \cdot 10^6 \ \frac{\text{A}}{\text{m}} = 692{,}3 \cdot 10^3 \ \frac{\text{A}}{\text{m}} \qquad \Rightarrow \qquad \text{Probe:} \quad B_3 = B_{AP} = B_L \quad \text{mit: } B = \mu \cdot H$$

$$\mu_0 \cdot H_L = \mu_0 \cdot \mu_r \cdot H_E \qquad \Rightarrow \qquad H_L = \mu_r \cdot H_E = \mu_r \cdot H_{AP} = 3010 \cdot 230 \ \frac{\text{A}}{\text{m}} = 692{,}3 \cdot 10^3 \ \frac{\text{A}}{\text{m}}$$

11.4 Magnetische Felder stromdurchflossener Leiter

Magnetische Felder entstehen infolge eines Ladungstransportes und bilden Wirbel um die jeweilige Strömung herum (Wirbelfeld). Der Zusammenhang zwischen der magnetischen Feldstärke und der umfassten Strömung kann mit dem Durchflutungsgesetz [Gleich. (11.6)] beschrieben werden. Bild 11.24 zeigt eine aus der Überlagerung von vier Einzelfeldern resultierende (idealisiert dargestellte) magnetische Flusslinie.

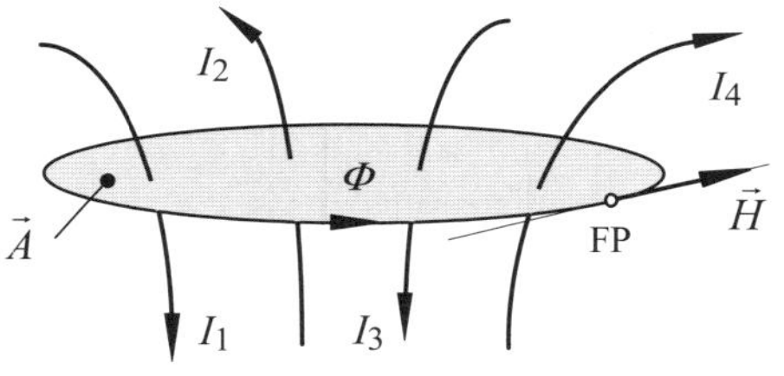

Bild 11.24: Resultierendes magnetisches Feld mehrerer stromdurchflossener Leiter

Der Vektor der magnetischen Feldstärke tangiert in einem Feldpunkt FP eine Flusslinie in Richtung des magnetischen Flusses. Die Durchflutung in einer Fläche ergibt sich aus der Summe aller durch diese Fläche dringenden Ströme bzw. aus dem Integral der Stromdichte über dieser Fläche. Für das Beispiel im Bild 11.24 gilt:

$$\Theta = \int_A \vec{J} \cdot \mathrm{d}\vec{A} = \sum_{\nu=1}^{4} I_\nu = -I_1 + I_2 - I_3 + I_4$$

Die Vorzeichen der Ströme ergeben sich nach der Rechtsschrauben-Regel im Zusammenhang mit der im Bild 11.24 angenommenen Richtung der Flusslinie.

Befindet sich im betrachteten Raum nur ein vom Strom I_0 durchflossener Leiter, der als gerader unendlich langer Leiter mit einem kreisförmigen Querschnitt $A_0 = \pi \cdot r_0^2$ aufgefasst werden darf, so kann der Betrag der magnetischen Feldstärke in einem Feldpunkt FP_X über Gleich. (11.7) berechnet werden. Der Punkt X soll einen Abstand r vom Mittelpunkt des Leiters haben.

$$H(r) = \frac{I(r)}{2\pi \cdot r} \qquad (11.14)$$

Im Inneren des Leiters ist der Strom $I\,(r)$ vom jeweiligen Radius der umfassten Teilfläche $A\,(r)$ abhängig und wird über die Stromdichte nach (8.5) im Leiter berechnet.

$$I(r) = J \cdot A(r) = \frac{I_0}{\pi \cdot r_0^2} \cdot \pi \cdot r^2 = I_0 \cdot \frac{r^2}{r_0^2}$$

Dieser Strom wird in Gleich. (11.14) eingesetzt.

$$H(r) = \frac{I_0 \cdot r^2}{2\pi \cdot r \cdot r_0^2} = \frac{I_0}{2\pi \cdot r_0^2} \cdot r$$

Die berechnete Funktion ist eine Gerade. Die magnetische Feldstärke im Inneren eines stromdurchflossenen Leiters ($r < r_0$) steigt somit linear an. Außerhalb des Leiters ($r > r_0$) fällt sie nach einer Hyperbelfunktion ab, da der umfasste Strom jetzt bei $r \geq r_0$ immer der Gesamtstrom I_0 ist.

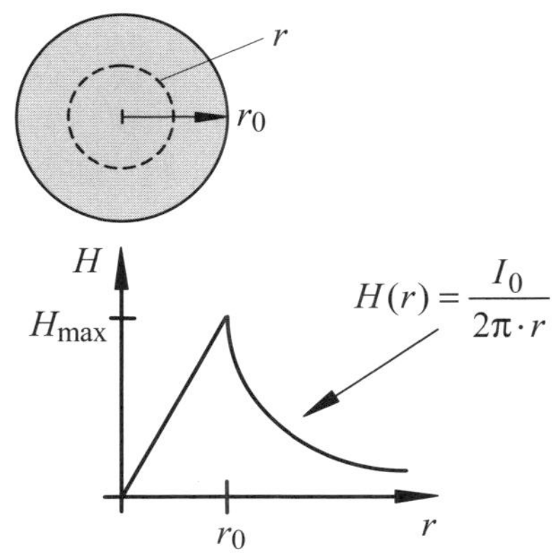

Bild 11.25: Magnetische Feldstärke eines stromdurchflossenen Massivleiters

Bild 11.25 zeigt den prinzipiellen Verlauf des Betrages der magnetischen Feldstärke innerhalb und außerhalb eines stromdurchflossenen Massivleiters. Da die magnetische Feldstärke im Inneren des Leiters ansteigt und außen wieder abfällt, muss sie auf der Oberfläche des stromdurchflossenen Leiters (also bei $r = r_0$) ein Maximum aufweisen.

$$H_{max} = \frac{I_0}{2\pi \cdot r_0}$$

Bei einem hohlen Leiter bzw. bei einem stromdurchflossenen Rohr (Bild 11.26) muss man drei Feldbereiche unterscheiden.

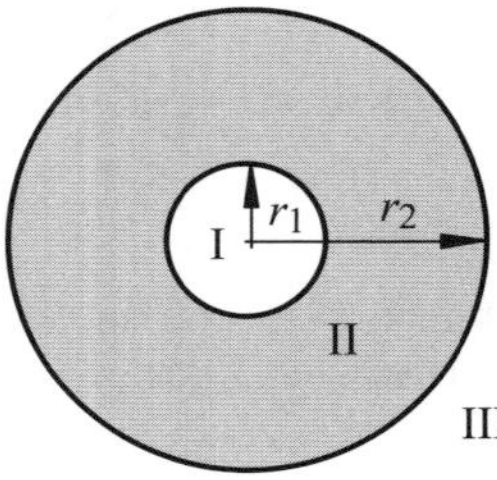

Bild 11.26: Hohler Leiter

Im Bereich I befindet sich ein Nichtleiter. Es wird keine Strömung umfasst, und die magnetische Feldstärke ist demzufolge in diesem Bereich gleich null. Der Bereich II ist ein leitfähiges Rohr mit dem Innenradius r_1 und dem Außenradius r_2. Durch dieses Rohr fließt der Strom I_0. Für den Betrag der magnetischen Feldstärke im Bereich II wird Gleich. (11.14) angesetzt. Den Strom I (r) erhält man über die Stromdichte im Rohr.

$$I(r) = J \cdot A(r) = \frac{I_0}{\pi(r_2^2 - r_1^2)} \cdot \pi(r^2 - r_1^2)$$

$$H_{II}(r) = \frac{I(r)}{2\pi \cdot r} = \frac{I_0}{2\pi \cdot r} \cdot \frac{(r^2 - r_1^2)}{(r_2^2 - r_1^2)}$$

Diese Funktion wird aus der Differenz einer Geraden und einer Hyperbel gebildet. Das Maximum der magnetischen Feldstärke existiert auf der Außenfläche des Rohres.

$$H_{max} = \frac{I_0}{2\pi \cdot r_2}$$

Im Bereich III hat der Betrag der magnetischen Feldstärke den gleichen Verlauf wie außerhalb eines massiven Leiters.

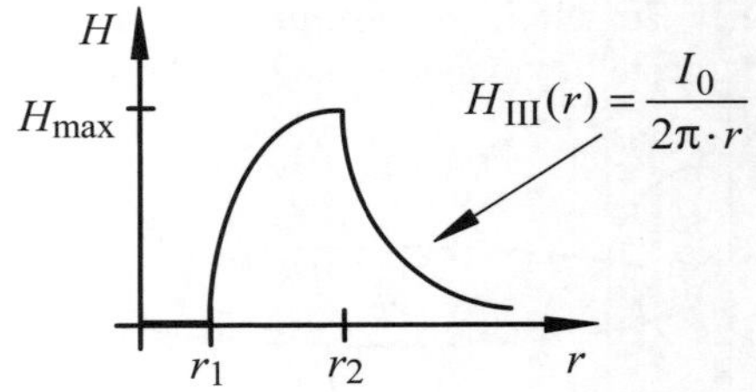

Bild 11.27: Magnetische Feldstärke eines stromdurchflossenen hohlen Leiters

Aus praktischer Sicht ist weiterhin der Verlauf der magnetischen Feldstärke eines abgeschirmten Antennenkabels (Koaxialleitung) interessant. Die Koaxialleitung soll im folgenden Beispiel als Hin- und Rückleitung (also im einfachsten Fall bei Kurzschluss am Leitungsende) betrachtet werden. Der durch den Innenleiter (Bereich I) fließende Strom I_A wird über die Abschirmung (Bereich III) zurückgeleitet.

Es gilt: $I_B = -I_A$.

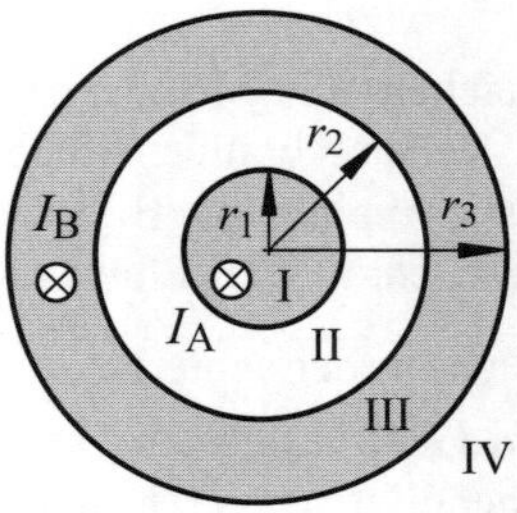

Bild 11.28: Koaxialleitung (nicht maßstäblich)

Der Bereich I ist ein massiver Innenleiter. Die Feldstärke verläuft in diesem Bereich analog zum Massivleiter. Gleiches gilt im Bereich II. Dieser Bereich wird von einem Nichtleiter ausgefüllt, und die magnetische Feldstärke fällt nach einer Hyperbelfunktion ab.

$$H_{\mathrm{I}}(r) = \frac{I_{\mathrm{A}}}{2\pi \cdot r_1^2} \cdot r \quad \text{und:} \quad H_{\mathrm{II}}(r) = \frac{I_{\mathrm{A}}}{2\pi \cdot r}$$

Der Bereich III wird von der Abschirmung gebildet. Die magnetische Feldstärke kann wieder über Gleich. (11.14) ermittelt und der Strom I_{III} (r) über die Stromdichte in diesem Bereich berechnet werden.

$$I_{\mathrm{III}}(r) = I_{\mathrm{A}} + J_{\mathrm{B}} \cdot A_{\mathrm{III}}(r)$$

mit: $J_{\mathrm{B}} = \dfrac{-I_{\mathrm{A}}}{\pi \cdot r_3^2 - \pi \cdot r_2^2}$

und: $A_{\mathrm{III}}(r) = \pi \cdot r^2 - \pi \cdot r_2^2$

$$H_{\mathrm{III}}(r) = \frac{I_{\mathrm{III}}(r)}{2\pi \cdot r} = \frac{I_{\mathrm{A}}}{2\pi \cdot r} \cdot \left(1 - \frac{r^2 - r_2^2}{r_3^2 - r_2^2}\right)$$

Diese Funktion wird aus der Differenz einer Hyperbel und einer Geraden gebildet. Die magnetische Feldstärke im Bereich IV (Raum außerhalb der Koaxialleitung) ist null, da die umfasste Strömung im Außenraum null ergibt ($I_{\mathrm{A}} + I_{\mathrm{B}} = I_{\mathrm{A}} - I_{\mathrm{A}} = 0$).

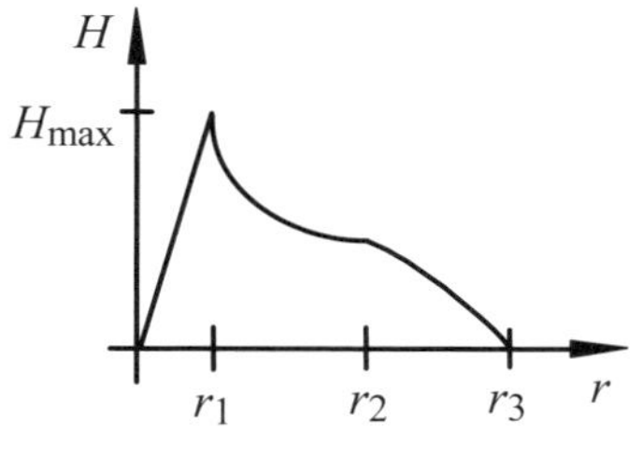

Bild 11.29: Magnetische Feldstärke einer stromdurchflossenen Koaxialleitung (Radien nicht maßstäblich)

11.5 Energie und Kräfte im magnetischen Feld

11.5.1 Magnetische Energie

In einem magnetischen Kreis, durch den ein magnetischer Fluss dringt, wird eine magnetische Energie W_{m} gespeichert. Dieser Fluss durchsetzt in der Regel mehr als nur eine Windung der Spule des magnetischen Kreises und wird als verketteter Fluss Ψ bezeichnet. Bei einer Spule mit N Windungen, die um einen geschlossenen Eisenkern gewickelt sind, und bei vernachlässigbarem Streufluss, gilt für den verketteten Fluss:

$$\Psi = N \cdot \Phi \qquad (11.15)$$

Für den magnetischen Fluss Φ kann Gleich. (11.5) eingesetzt werden.

$$\Psi = N \cdot \frac{\Theta}{R_{\mathrm{m}}} = N \cdot \frac{I \cdot N}{R_{\mathrm{m}}} = \frac{N^2}{R_{\mathrm{m}}} \cdot I = L \cdot I$$

Der Ausdruck N^2 / R_{m} stellt eine neue Bauelemente-Kenngröße dar, die neben der Materialkenngröße und den konstruktiven Daten eines magnetischen Kreises zusätzlich die Windungszahl der auf den Kern aufgebrachten Wicklung berücksichtigt.
Diese Bauelemente-Kenngröße wird als Induktivität L bezeichnet (vgl. Abschn. 11.6).

$$L = \frac{\Psi}{I} = \frac{N^2}{R_{\mathrm{m}}} = N^2 \cdot \Lambda \qquad (11.16)$$

Sie hat die Einheit $[L] = 1\,\dfrac{\mathrm{V \cdot s}}{\mathrm{A}} = 1\ \mathrm{H}$.

Integriert man über den (vom Spulenstrom abhängigen) verketteten Fluss, so erhält man die in einem magnetischen Kreis mit der Induktivität L gespeicherte magnetische Energie.

$$W_m = \int_I \Psi \cdot dI = \int_I L \cdot I \cdot dI = L \cdot \frac{I^2}{2}$$

$$W_m = \frac{L}{2} \cdot I^2 \qquad (11.17)$$

Sollte die Induktivität unbekannt und nur der Arbeitspunkt in der Magnetisierungskennlinie gegeben (gewählt) sein, so ist die magnetische Energie (im unverzweigten homogenen magnetischen Kreis) auch mit der nachfolgenden Rechnung bestimmbar:

$$W_m = \frac{L}{2} \cdot I^2 = \frac{N^2}{2R_m} \cdot I^2 = \frac{N^2 \cdot I^2}{2} \cdot \frac{\Phi}{\Theta}$$

mit: $\Theta = I \cdot N$ und: $\Phi = B \cdot A$

$$W_m = \frac{\Theta^2 \cdot \Phi}{2\Theta} = \frac{\Theta \cdot B \cdot A}{2} = \frac{H \cdot s \cdot B \cdot A}{2}$$

$$W_m = \frac{B \cdot H}{2} \cdot A \cdot s \qquad (11.18)$$

11.5.2 LORENTZ-Kraft

Auf jede Ladung Q, die in einem Magnetfeld (magnetische Flussdichte $\vec{B}$) mit der Geschwindigkeit $\vec{v}$ bewegt wird, wirkt die LORENTZ-Kraft.

$$\vec{F}_L = Q \cdot (\vec{v} \times \vec{B}) \qquad (11.19)$$

Dieser Kraftvektor steht immer senkrecht auf der von den Vektoren $\vec{v}$ und $\vec{B}$ aufgespannten Ebene und bewirkt eine Ablenkung der Ladung quer zu ihrer ursprünglichen Bewegungsrichtung. Bild 11.30 zeigt als Beispiel eine positive Ladung Q+, die mit der Geschwindigkeit $\vec{v}$ in einem Magnetfeld mit der magnetischen Flussdichte $\vec{B}$ bewegt wird. Die Richtung des Kraftvektors $\vec{F}_L$ kann über die Rechtsschrauben-Regel wie folgt bestimmt werden:

- Im Ansatzpunkt der beiden Vektoren $\vec{v}$ und $\vec{B}$ denkt man sich eine Rechtsschraube, auf die der Vektor $\vec{v}$ wie ein Schraubenschlüssel wirkt. Dreht man nun den Vektor $\vec{v}$ auf dem kürzesten Weg im Rechtssinn auf den Vektor $\vec{B}$, so gibt die Vorschubbewegung der Rechtsschraube die Richtung der auf die bewegte Ladung wirkenden LORENTZ-Kraft $\vec{F}_L$ an.

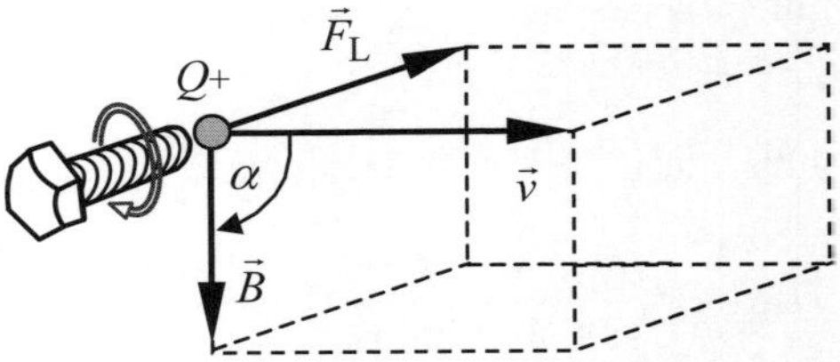

Bild 11.30: Richtung der LORENTZ-Kraft

Der Betrag der LORENTZ-Kraft wird aus dem Produkt der Beträge von Ladung, Ladungsgeschwindigkeit, magnetischer Flussdichte und dem Sinus des Winkels zwischen den Vektoren $\vec{v}$ und $\vec{B}$ bestimmt.

$$F_L = Q \cdot v \cdot B \cdot \sin\alpha \quad \text{mit:} \quad \alpha = \angle(\vec{v};\vec{B})$$

Die LORENTZ-Kraft wird demzufolge gleich null, wenn die Ladung in Richtung des Vektors der magnetischen Flussdichte (also entlang einer Feldlinie) bewegt wird.

Stehen die Geschwindigkeit und die magnetische Flussdichte senkrecht ⊥ aufeinander, so gilt für den Betrag der LORENTZ-Kraft:

$$F_L = Q \cdot v \cdot B_\perp$$

Bild 11.31 zeigt einen geraden Leiter, der sich mit der Länge l_w in einem homogenen Magnetfeld befindet. Der Flussdichtevektor $\vec{B}$ soll senkrecht auf den Leiter einwirken. Wird dieser Leiter von einem Strom durchflossen ($I \rightarrow \otimes$), so erzeugt er ein weiteres Magnetfeld (siehe angedeutete Feldlinie auf der linken Seite des Bildes 11.31). Dieses vom stromdurchflossenen Leiter erzeugte Magnetfeld $\vec{B}_I$ überlagert sich mit dem auf ihn von außen einwirkenden homogenen Magnetfeld $\vec{B}_\perp$ zu einem resultierenden inhomogenen magnetischen Feld $\vec{B}_{res}$ (siehe rechte Seite des Bildes 11.31).

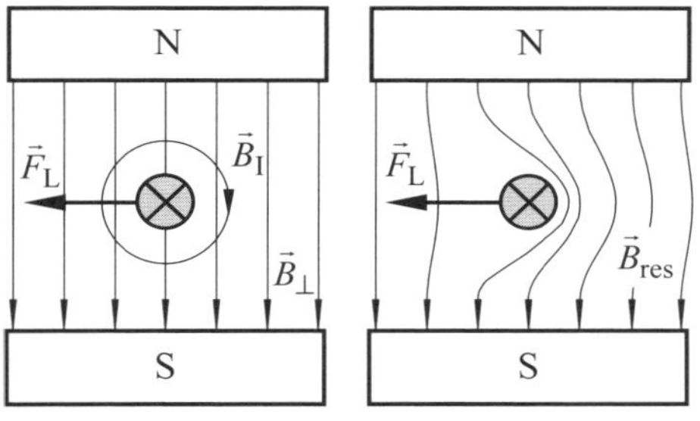

Bild 11.31: Kraft auf einen stromdurchflossenen unendlich langen Leiter (Skizze)

Auf den Leiter wirkt die LORENTZ-Kraft:

$$F_L = Q \cdot v \cdot B_\perp \quad \text{mit: } Q = I \cdot t \quad \text{und: } v = \frac{l_w}{t}$$

$$F_L = I \cdot t \cdot v \cdot B_\perp = I \cdot t \cdot \frac{l_w}{t} \cdot B_\perp$$

$$F_L = B_\perp \cdot I \cdot l_w \qquad (11.20)$$

Der Betrag dieser Kraft ist vom Betrag der auf den Leiter einwirkenden magnetischen Flussdichte, von der Stromstärke im Leiter und von der wirksamen Leiterlänge (das ist diejenige Länge, mit der sich der Leiter im magnetischen Feld befindet) abhängig. Die Richtung der Kraft kann wieder mit der Rechtsschrauben-Regel (siehe Bild 11.30) bestimmt werden. Der Geschwindigkeitsvektor $\vec{v}$ zeigt in Richtung des fließenden Stromes ($I \rightarrow \otimes$, also in die Bildebene „hinein"). Dreht man diesen Vektor im Rechtssinn auf dem kürzesten Weg zum Vektor $\vec{B}$ (im Bild 11.31 nach unten), so erfährt die Rechtschraube einen Vorschub nach links. Die wirkende LORENTZ-Kraft versucht demzufolge, den stromdurchflossenen Leiter nach links aus dem ursprünglichen Magnetfeld zu „verdrängen".

Solche Kräfte wirken auch zwischen zwei stromdurchflossenen Leitern. Bild 11.32 zeigt in einer Schnittdarstellung oben die Ausbildung der Einzelfelder zweier unendlich langer stromdurchflossener Leiter und unten die resultierende Überlagerung.

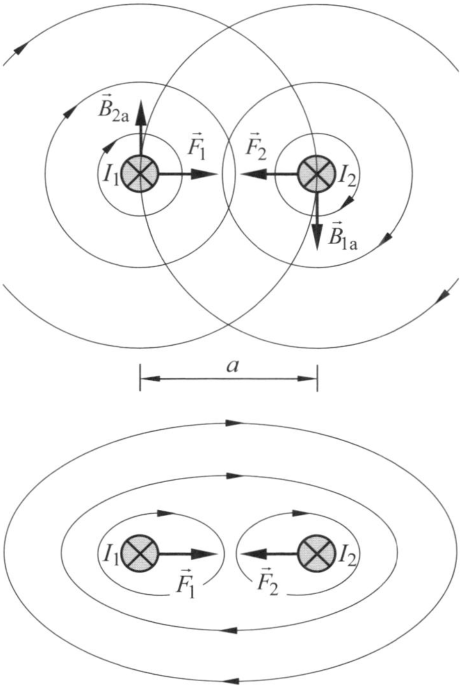

Bild 11.32: Kraftwirkung zwischen zwei stromdurchflossenen Leitern (Skizze)

Auf jeden Leiter wirkt eine Kraft, die vom Magnetfeld des anderen Leiters verursacht wird. Im vorliegenden Fall (gleiche Stromrichtung) ziehen sich die Leiter an. Nach der Rechtsschrauben-Regel muss der in die Bildebene hineinzeigende Geschwindigkeitsvektor des Stromes $I_2 \rightarrow \otimes$ im Rechtssinn nach unten auf den Vektor $\vec{B}_{1a}$ gedreht werden. Die Rechtsschraube erfährt dabei einen Vorschub nach links. Der Geschwindigkeitsvektor des Stromes $I_1 \rightarrow \otimes$ wird im Rechtssinn nach oben auf den Vektor $\vec{B}_{2a}$ gedreht. Die Rechtsschraube erfährt dabei einen Vorschub nach rechts.
Bei einer ungleichen Stromrichtung würden sich die Leiter abstoßen ($\leftarrow \vec{F}_1$ und $\vec{F}_2 \rightarrow$).

Zur Berechnung des Betrages der Kraft wird folgende Überlegung angestellt (vgl. Bild 11.32 – oben):
Das magnetische Feld des Leiters 1 durchsetzt mit einer magnetischen Flussdichte $\vec{B}_{1a}$ den im Abstand a verlaufenden stromdurchflossenen Leiter 2. Auf den Leiter 2 wirkt dann die Kraft: $|\vec{F}_{1a}| = |\vec{B}_{1a}| \cdot I_2 \cdot l_w$

Mit l_w wird die wirksame Länge beschrieben, mit der die beiden Leiter im Abstand a parallel zueinander verlaufen.

Durch Einsetzen der Gleich. (11.9) und (11.7) erhält man den Betrag der Kraftwirkung vom Leiter 1 auf den Leiter 2 und umgekehrt.

$$B_{1a} = \mu_0 \cdot H_{1a} = \mu_0 \cdot \frac{I_1}{s} = \mu_0 \cdot \frac{I_1}{2\pi \cdot a}$$

$$|\vec{F}_{12}| = \frac{I_1 \cdot I_2 \cdot \mu_0 \cdot l_w}{2\pi \cdot a} \qquad (11.21)$$

Diese Gleichung wird auch als *Grundgesetz der Elektrodynamik* bezeichnet.

Lehrbeispiel 11.1:

Zur Messung des Betrages der magnetischen Flussdichte soll eine HALL-Sonde eingesetzt werden. Dabei handelt es sich um ein Halbleiterplättchen, das mit einem konstanten Steuerstrom I_S gespeist wird. Dieses stromdurchflossene Halbleiterplättchen ist so in dem zu messenden Magnetfeld zu positionieren, dass es senkrecht von den magnetischen Flussdichtelinien durchsetzt wird. Diskutieren Sie die Wirkung der LORENTZ-Kraft auf bewegliche positive und negative Ladungen [$+/-Q$ in Gleich. (11.19)].

Im Bild 11.33 ist das Prinzip einer HALL-Sonde dargestellt. Positive Ladungen bewegen sich im Richtungssinn des Steuerstromes. Negative Ladungen bewegen sich in der entgegengesetzten Richtung. Durch die LORENTZ-Kraft werden beide Ladungsträgerarten von ihrer ursprünglichen Bewegungsrichtung abgelenkt (im Bild 11.33 nach rechts). Infolge dieser Ablenkung verändert sich die Konzentration der Ladung an der im Bild 11.33 rechts dargestellten Elektrode x. An der gegenüberliegenden Elektrode y bildet sich eine entsprechende Gegenladung aus und zwischen den beiden Elektroden entsteht eine Potentialdifferenz: $U_H = \varphi_x - \varphi_y$.
Die an der Elektrode x überwiegende Ladungsträgerart bestimmt das Vorzeichen von U_H. Wenn ausschließlich negative Ladungsträger bewegt werden, gilt im Bild 11.33: $U_H < 0$ V.

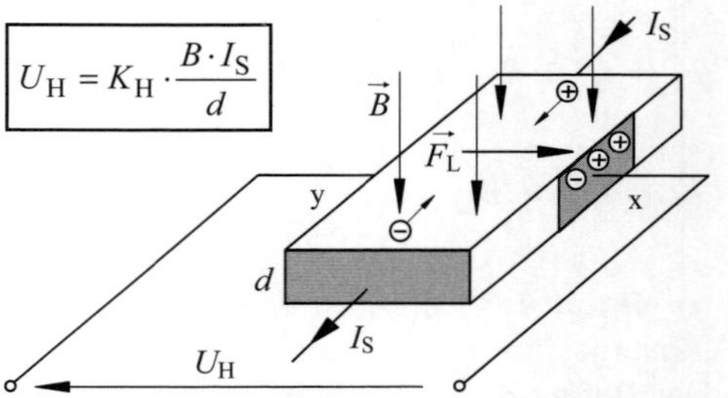

Bild 11.33: Prinzip einer HALL-Sonde

Die HALL-Spannung ist abhängig von der HALL-Konstanten K_H, der Dicke des Plättchens d, dem Betrag der magnetischen Flussdichte B und vom Steuerstrom I_S, der durch die Sonde fließt.

11.6 Elektromagnetische Induktion

Die Ausführungen der Abschn. 11.4 und 11.5 haben gezeigt, dass sich ein von bewegten elektrischen Ladungen verursachter Zustand des Raumes in Form eines magnetischen Feldes wieder in Kraftwirkungen auf bewegte Ladungen auswirkt. Diese Kräfte treten außerhalb [Gleich. (11.21)] und auch innerhalb eines Leiters auf.

Die Kraftwirkungen im Inneren eines elektrischen Leiters führen zur Trennung von Ladungen. Die auf diese Art getrennten Ladungen treten als induzierte elektrische Spannungen in Erscheinung.

11.6.1 Induktionsgesetz

Induktionswirkungen entstehen bei einer zeitlichen Änderung der Lage eines Leiters in einem zeitinvarianten magnetischen Feld (Relativbewegung zwischen Leiter und Magnetfeld: *Bewegungsinduktion*) oder bei der Einwirkung eines zeitlich veränderlichen Magnetfeldes auf einen ruhenden Leiter (*Ruheinduktion*). Beide Vorgänge können in kombinierter Form ablaufen.

- **Bewegungsinduktion:**

Kommt es zwischen einem Leiter, der sich in einem zeitlich konstanten Magnetfeld befindet, und dem Magnetfeld selbst zu einer Änderung der Lage (Relativbewegung), so wird über dem Leiter eine Spannung induziert. Bild 11.34 zeigt eine Anordnung, in der ein gerader Leiter mit konstanter Geschwindigkeit senkrecht zu den Flussdichtelinien durch ein homogenes zeitinvariantes Magnetfeld bewegt wird. Der Vektor der magnetischen Flussdichte $\vec{B}$ dringt in Richtung der Kreuze in die Fläche A (Bildebene) ein. Der Leiter befindet sich mit der Länge l_w (also zwischen den Punkten a und b) im Magnetfeld und bewegt sich mit dem Vektor $\vec{v}$ parallel zur Bildebene.

Auf die mit dem Leiter bewegte Ladung Q wirkt die LORENTZ-Kraft und führt zu einer Ladungstrennung. Dabei werden die Elektronen zum Punkt b bewegt. Der Punkt a erscheint somit gegenüber dem Punkt b als positiv geladen. Durch die Ladungstrennung entsteht im Leiter ein elektrisches Feld, das von der positiven zur negativen Ladung gerichtet ist. Daraus resultiert eine COULOMB-Kraft (Abschn. 9.4), die im Inneren des Leiters auf positive Ladungen vom Punkt a zum Punkt b wirkt. Sie ist gegen die LORENTZ-Kraft gerichtet, die für positive Ladungen nach der Rechtsschrauben-Regel nach links zeigt.

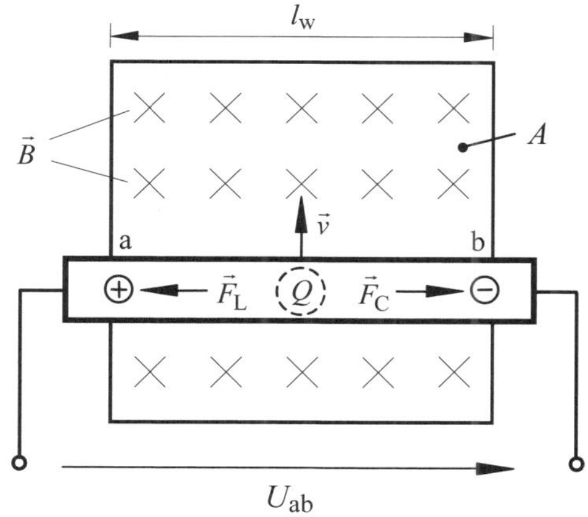

Bild 11.34: Bewegungsinduktion

Es stellt sich ein Gleichgewicht der beiden Kräfte ein:

$$\vec{F}_L + \vec{F}_C = 0.$$

Diese Kräfte haben gleiche Beträge und unterschiedliche Richtungen. Es gilt:

$$\left|\vec{F}_L\right| = \left|\vec{F}_C\right| \text{ und } \vec{F}_L = -\vec{F}_C.$$

Durch Einsetzen der Einflussgrößen in diese Gleichgewichtsbedingung kann die infolge der Bewegung des Leiters im Magnetfeld induzierte Spannung berechnet werden.

Für die LORENTZ-Kraft gilt Gleich. (11.19) und für die COULOMB-Kraft Gleich. (9.23):

$$\vec{F}_L = Q \cdot (\vec{v} \times \vec{B}) \quad \text{und} \quad \vec{F}_C = Q \cdot \vec{E}$$

Die Gleichgewichtsbedingung führt dann zu folgendem Ansatz:

$$Q \cdot (\vec{v} \times \vec{B}) = -Q \cdot \vec{E} \quad \text{bzw.:} \quad \vec{E} = -(\vec{v} \times \vec{B})$$

Integriert man gemäß Gleich. (8.11) über der wirksamen Leiterlänge (im Bild 11.34 von a nach b), so erhält man die über dem Leiter induzierte Spannung. In der im Bild 11.34 angenommenen Situation handelt es sich dabei um eine Gleichspannung, da der Leiter mit einer konstanten Geschwindigkeit senkrecht zu $\vec{B}$ durch ein homogenes Magnetfeld bewegt wurde.

Im Leerlauffall gilt: $U_{ab} = U_{ind}$.

$$U_{ab} = U_{ind} = \int_a^b \vec{E} \cdot d\vec{l} = -\int_a^b (\vec{v} \times \vec{B}) \cdot d\vec{l}$$

$$U_{ind} = -\int_a^b (\vec{v} \times \vec{B}) \cdot d\vec{l} \qquad (11.22)$$

Bei einem geraden Leiter, der durch ein homogenes Magnetfeld bewegt wird, kann die Integration durch eine Multiplikation ersetzt werden (siehe Lösung ÜA_2_11.6).

Dann gilt: $U_{ind} = -(\vec{v} \times \vec{B}) \cdot \vec{l}$

Wenn die Vektoren $\vec{v}$, $\vec{B}$ und $\vec{l}$ jeweils senkrecht ($\perp$) aufeinander stehen, wird die induzierte Spannung maximal. Da der Vektor $(\vec{v} \times \vec{B})$ gegen die Integrationsrichtung von Gleich. (11.22) und damit gegen den gewählten Zählpfeil von U_{ind} gerichtet ist, ergibt sich ein Vorzeichenwechsel.

$$U_{ind} = B_{\perp} \cdot v \cdot l_w \qquad (11.23)$$

Zusammenfassend kann festgestellt werden, dass ein Leiter, der mit der Geschwindigkeit $\vec{v}$ in einem zeitinvarianten Magnetfeld (magnetische Flussdichte $\vec{B}$) bewegt wird, wie eine Spannungsquelle wirkt.

Wenn der Leiter mit konstanter Geschwindigkeit in einem zeitinvarianten Magnetfeld bewegt wird, ist die induzierte Spannung eine Gleichspannung. Für die Quellenspannung gilt dann: $U_{ind} = U_q$.

Erfolgt die Bewegung des Leiters mit einem sich ändernden Winkel zwischen dem Geschwindigkeitsvektor des Leiters und dem Vektor der magnetischen Flussdichte oder mit einer zeitlich sich ändernden Geschwindigkeit, wird über dem Leiter eine zeitlich veränderliche Spannung induziert.

Dann gilt: $u_{ind}(t) = u_q(t)$.

Für die Anordnung im Bild 11.34 kann im Leerlauffall (dann ist die induzierte Spannung gleich der Quellenspannung und gleich der Klemmenspannung) folgende Ersatzschaltung angegeben werden:

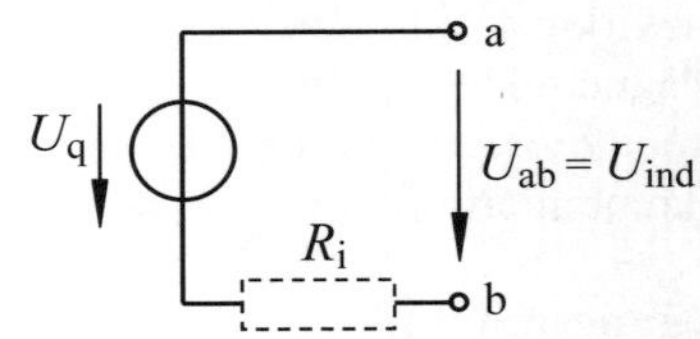

Bild 11.35: Ersatzschaltung zum Bild 11.34

Bei dieser Ersatzschaltung geht man davon aus, dass der im Magnetfeld bewegte Leiter widerstandslos ist. Dann wirkt er wie eine ideale Spannungsquelle U_q. Sein tatsächlich existierender Widerstand muss als Ersatz-Innenwiderstand zur idealen Quelle in Reihe geschaltet werden (siehe gestrichelter Widerstand im Bild 11.35). Im Belastungsfall ist dann die Klemmenspannung U_{ab} kleiner als die Quellenspannung, da R_i einen Spannungsabfall verursacht.

Zur Erzeugung einer sinusförmigen Wechselspannung ordnet man den Leiter als Schleife im Magnetfeld an und dreht ihn. Um den Einfluss der einzelnen Leiterabschnitte diskutieren zu können, wird die Schleife als Rechteckschleife (siehe Bild 11.36) aufgefasst.

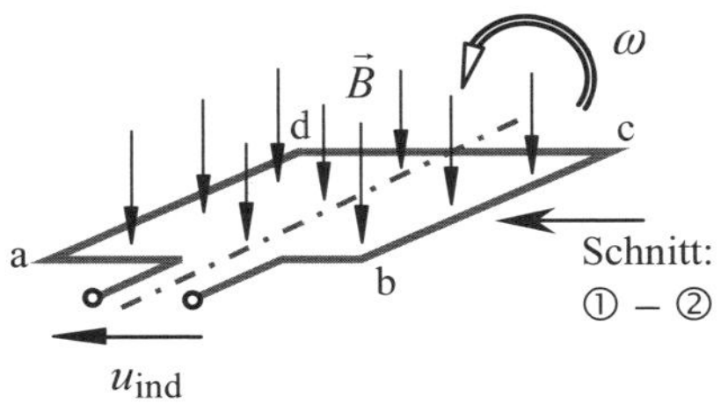

Bild 11.36: Leiterschleife im Magnetfeld

Die Schleife soll sich zwischen den Punkten a, b, c und d vollständig im Magnetfeld befinden und wird in der im Bild 11.36 dargestellten Ausgangssituation senkrecht von den Flussdichtelinien durchdrungen. Zwischen den Schleifringen der geöffneten Schleife (○) kann die in der Schleife induzierte Spannung abgegriffen werden. Der Zählpfeil von u_{ind} wird dem Zählpfeil des magnetischen Flusses, wenn er die Fläche im Richtungssinn der Flächennormalen $d\vec{A}$ durchsetzt, nach [13] rechtswendig zugeordnet (vgl. auch Bild 11.39).

Die in der Schleife induzierte Spannung kann gemäß Gleich. (11.22) über die Bewegung der einzelnen Leiterabschnitte berechnet werden.

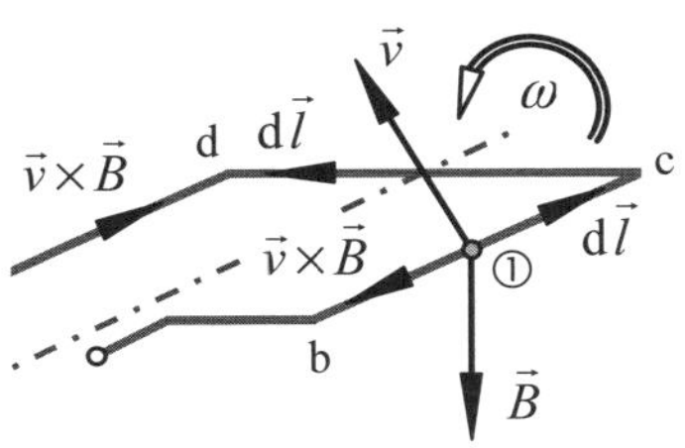

Bild 11.37: Vektorsituation zum Bild 11.36

Die quer zur Rotationsachse liegenden Leiterabschnitte ($\overline{ab}$ und $\overline{cd}$) leisten keinen Beitrag zur induzierten Spannung, da der Vektor $\vec{v}\times\vec{B}$ in diesen Bereichen immer senkrecht auf $d\vec{l}$ steht (siehe $\overline{cd}$ im Bild 11.37). In den parallel zur Rotationsachse verlaufenden Leiterabschnitten $\overline{bc}$ und $\overline{da}$ ist der Vektor $\vec{v}\times\vec{B}$ gegen die Integrationsrichtung $d\vec{l}$ gerichtet (siehe $\overline{bc}$ im Bild 11.37). Im Symmetriefall leisten beide Leiterabschnitte den gleichen Beitrag zur induzierten Spannung. Es gilt:

$$u_{ind} = -\int_{b}^{c}(\vec{v}\times\vec{B})\cdot d\vec{l} - \int_{d}^{a}(\vec{v}\times\vec{B})\cdot d\vec{l}$$

Zur Darstellung der unterschiedlichen Winkelsituationen zwischen den Vektoren $\vec{v}$ und $\vec{B}$ wird der Schnitt ① – ② des Bildes 11.36 betrachtet. Bild 11.38 zeigt die zugehörige Schnittdarstellung mit der Blickrichtung auf die Schleifringe für eine Ausgangsposition, in der die (vorerst) linke Seite der Leiterschleife mit ① und die rechte Seite mit ② gekennzeichnet ist.

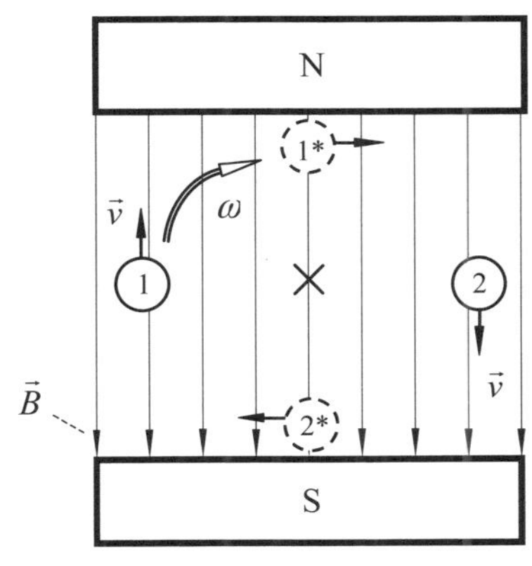

Bild 11.38: Induktion einer Wechselspannung

Die Leiterschleife wird nun mit einer konstanten Winkelgeschwindigkeit ω gedreht.

In der Ausgangsposition sind die Geschwindigkeitsvektoren genau parallel zu den Flussdichtelinien gerichtet. Die induzierte Spannung ist null, da der Geschwindigkeitsvektor $\vec{v}$ und der Vektor der magnetischen Flussdichte $\vec{B}$ bei ① einen Winkel von $\alpha_1 = 180°$ (bzw. bei ② einen Winkel von $\alpha_2 = 0°$) einschließen.

Infolge der Drehung der Leiterschleife ändern sich die Winkel zwischen dem Geschwindigkeitsvektor des Leiters und den Flussdichtelinien. Mit einem einheitlichen (zeitabhängigen) Winkel $\alpha = \omega \cdot t$ gilt:

$\alpha_1 = 180° - \alpha$ und: $\alpha_2 = 0° + \alpha = \alpha$

Mit fortschreitender Bewegung der Leiterschleife wird der Winkel α_1 immer kleiner ($180° > \alpha_1 \rightarrow 90°$) und der Winkel α_2 immer größer ($0° < \alpha_2 \rightarrow 90°$). In der Schleifenstellung ①*–②* stehen beide Vektoren senkrecht aufeinander, und der Betrag der induzierten Spannung wird gemäß Gleich. (11.23) maximal.

Eine weitere Drehung der Leiterschleife lässt die induzierte Spannung wieder bis auf null absinken. Bei Erreichen der Stellung ② → ① bzw. ① → ② beginnt der gleiche Vorgang erneut mit verändertem Vorzeichen, da ja beide Enden der Leiterschleife im Vergleich zur Ausgangssituation vertauscht sind.

Bei der in den Bildern 11.36 bis 11.38 angenommenen Situation erhält man über Gleich. (11.22) und mit $l = \overline{\text{bc}} = \overline{\text{da}}$:

$$u_{\text{ind}} = v \cdot B \cdot l \cdot \sin(180° - \alpha) + v \cdot B \cdot l \cdot \sin \alpha$$

Mit $\sin(180° - \alpha) = \sin \alpha = \sin \omega t$ gilt:

$$u_{\text{ind}} = v \cdot B \cdot l \cdot 2 \cdot \sin \alpha = v \cdot B \cdot l \cdot 2 \cdot \sin \omega t$$

Nun wird noch die wirksame Leiterlänge einer Schleife eingeführt: $l_{\text{w}} = \overline{\text{bc}} + \overline{\text{da}} = 2l$

Damit ändert sich die induzierte Spannung nach einer Sinusfunktion über der Zeit.

$$u_{\text{ind}}(t) = v \cdot B \cdot l_{\text{w}} \cdot \sin \omega t \qquad (11.24)$$

> Bei der Drehung einer Leiterschleife in einem homogenen Magnetfeld wird eine sinusförmige Wechselspannung induziert, deren Frequenz der Drehzahl der Leiterschleife entspricht.

- **Ruheinduktion:**

Eine Spannung kann auch induziert werden, wenn der Leiter ruht und das auf ihn einwirkende Magnetfeld verändert wird. Dazu bringt man eine Leiterschleife in ein *zeitlich veränderliches magnetisches* Feld mit der magnetischen Flussdichte $\vec{B} = f(t)$.

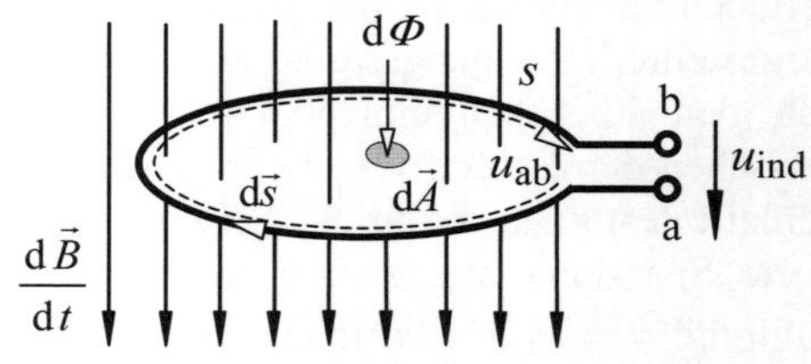

Bild 11.39: Ruheinduktion

Wie Bild 11.39 zeigt, wird dabei eine zeitlich veränderliche Umlaufspannung $u_{\text{ab}}(s)$ in einer Umlaufrichtung $\text{d}\vec{s}$ längs des Randes der Leiterschleife induziert, die eine von s umfasste Fläche einschließt. Diese Umlaufspannung kann zwischen den Klemmen b und a als induzierte Spannung u_{ind} nachgewiesen werden. Der Zählpfeil von u_{ind} wird dem Zählpfeil des magnetischen Flusses, wenn er die Fläche im Richtungssinn der Flächennormalen $\text{d}\vec{A}$ durchsetzt, rechtswendig (vgl. Rechtsschrauben-Regel) zugeordnet. Diese rechtswendige Zuordnung (vgl. [13]) entspricht dem Quellen-(Erzeuger)-Zählpfeilsystem für u_{ind}.

Die induzierte Spannung ist von der Änderungsgeschwindigkeit der magnetischen Flussdichte $\mathrm{d}\vec{B}/\mathrm{d}t$ sowie von der Größe und der Position der Fläche abhängig, die von der Leiterschleife im Magnetfeld eingeschlossen wird.

Längs des im Bild 11.39 angedeuteten Umlaufs (⤺) gilt dann zwischen den Klemmen a und b:

$$u_{\mathrm{ab}}(s) = -u_{\mathrm{ind}} \quad \text{bzw.:} \quad \int_A \frac{\partial \vec{B}}{\partial t} \cdot \mathrm{d}\vec{A} = -u_{\mathrm{ind}}$$

Nach Gleich. (11.10) ist die magnetische Flussdichte mit dem magnetischen Fluss Φ verknüpft. Falls die Leiterschleife im Bild 11.39 aus mehreren Windungen besteht, ist gemäß Gleich. (11.15) der magnetische Fluss Φ zusätzlich über die Windungszahl N zu $\Psi = N \cdot \Phi$ verkettet. Für die induzierte Spannung (siehe oben) gilt dann:

$$u_{\mathrm{ind}} = -\int_A \frac{\partial \vec{B}}{\partial t} \cdot \mathrm{d}\vec{A} = -\frac{\mathrm{d}\Psi}{\mathrm{d}t}$$

Die induzierte Spannung kann demzufolge auch über die Änderungsgeschwindigkeit des magnetischen Flusses beschrieben werden. Bei $N > 1$ (z.B. bei einer Spule mit N Windungen) ist die induzierte Spannung außerdem von der vom magnetischen Fluss durchsetzten Windungszahl abhängig.

$$u_{\mathrm{ind}} = -N \cdot \frac{\mathrm{d}\Phi}{\mathrm{d}t} \qquad (11.25)$$

Hat diese induzierte Spannung einen Strom zur Folge, so bewirkt er die Existenz eines sekundären Magnetfeldes. Dieses Sekundärfeld (Wirkung) ist dem ursächlichen magnetischen Feld (Flussänderung in der Schleife des Bildes 11.39) nach der LENZschen Regel stets entgegengerichtet.

Lehrbeispiel 11.2:

Berechnen Sie mit Gleich. (11.25) die in der Leiterschleife des Bildes 11.36 induzierte Spannung. Diese Spannung wird jetzt durch den zeitlich veränderlichen Fluss bestimmt, der aus der Drehung der Schleife in einem zeitinvarianten Magnetfeld resultiert.

Die Schleife schließt eine ebene Fläche ein, die von einem homogenen Magnetfeld durchsetzt wird. Damit wirkt die magnetische Flussdichte in allen Punkten der Fläche mit dem gleichen Betrag und dem gleichen Winkel zur Flächennormalen. Mit Gleich. (11.10) gilt dann:

$$\Phi = \int_A \vec{B} \cdot \mathrm{d}\vec{A} = \vec{B} \cdot \vec{A} = |\vec{B}| \cdot |\vec{A}| \cdot \cos\alpha$$

Dieser Fluss wird in Gleich. (11.25) eingesetzt:

$$u_{\mathrm{ind}} = -N \cdot \frac{\mathrm{d}\Phi}{\mathrm{d}t} = -1 \cdot \frac{\mathrm{d}}{\mathrm{d}t} \cdot (B \cdot A \cdot \cos\alpha)$$

Mit $\alpha = \omega t$ erhält man:

$$u_{\mathrm{ind}} = -\frac{\mathrm{d}}{\mathrm{d}t} \cdot (B \cdot A \cdot \cos\omega t) = -B \cdot A \cdot \frac{\mathrm{d}(\cos\omega t)}{\mathrm{d}t}$$

$$u_{\mathrm{ind}} = -B \cdot A \cdot [-\omega \cdot \sin\omega t] = B \cdot A \cdot \omega \cdot \sin\omega t$$

Die Winkelgeschwindigkeit eines parallel zur Rotationsachse bewegten Leiterabschnitts ist von der Geschwindigkeit und von seinem Abstand zur Rotationsachse abhängig. Mit den Maßen des Bildes 11.36 gilt: $\omega = v / 0{,}5\,\overline{\mathrm{cd}}$.
Nun wird die von der Schleife umrandete Fläche $A = \overline{\mathrm{cd}} \cdot \overline{\mathrm{bc}} = \overline{\mathrm{cd}} \cdot l = \overline{\mathrm{cd}} \cdot 0{,}5\,l_{\mathrm{w}}$ mit der Winkelgeschwindigkeit multipliziert und in die Berechnungsvorschrift für u_{ind} eingesetzt:

$$A \cdot \omega = \overline{\mathrm{cd}} \cdot 0{,}5\,l_{\mathrm{w}} \cdot v / 0{,}5\,\overline{\mathrm{cd}} = l_{\mathrm{w}} \cdot v$$

Damit erhält man wieder die Gleich. (11.24).

$$u_{\mathrm{ind}} = v \cdot B \cdot l_{\mathrm{w}} \cdot \sin\omega t$$

11.6.2 Selbstinduktion und Induktivität

Gemäß Gleich. (11.16) wird eine Spule mit der Windungszahl N über ihre Induktivität L beschrieben. Diese Bauelemente-Kenngröße L gilt bei Eisenkreisen nur für einen fest eingestellten Arbeitspunkt AP (siehe Bild 11.17) und charakterisiert das elektrische Verhalten einer idealen Spule als passives Bauelement. Wird ihre Wicklung von einem zeitlich veränderlichen Strom durchflossen, so entsteht ein zeitlich veränderlicher magnetischer Fluss Φ, der die Spule selbst durchsetzt. Dieser zeitlich veränderliche magnetische Fluss induziert über der Induktivität eine zeitlich sich ändernde Spannung (Selbstinduktionsspannung).

Durch Einsetzen des HOPKINSONschen Gesetzes (11.5) in Gleich. (11.25) erhält man die Selbstinduktionsspannung nach Abschn. 11.6.1 im Erzeuger-Zählpfeilsystem:

$$u_{\mathrm{ind}} = -N \cdot \frac{\mathrm{d}\Phi}{\mathrm{d}t} = -N \cdot \frac{\mathrm{d}\Theta}{R_{\mathrm{m}} \cdot \mathrm{d}t} = -\frac{N^2}{R_{\mathrm{m}}} \cdot \frac{\mathrm{d}i}{\mathrm{d}t}$$

Der Quotient N^2 / R_{m} wird mit Gleich. (11.16) noch durch die Induktivität L ersetzt. Für eine konstante Induktivität kann nun das Induktionsgesetz als Strom-Spannungs-Beziehung beschrieben werden.

$$u_{\mathrm{ind}} = -L \cdot \frac{\mathrm{d}i}{\mathrm{d}t} \qquad (11.26)$$

Stellt man das Induktionsgesetz im Sinne des passiven Bauelements L nach Gleich. (11.26) im Verbraucher-Zählpfeilsystem dar, so erhält man Gleich. (11.26_a):

$$u_{\mathrm{L}} = L \cdot \frac{\mathrm{d}i_{\mathrm{L}}}{\mathrm{d}t} \qquad (11.26\_a)$$

11.6.3 Gegeninduktion und Gegeninduktivität

Eine Spannung kann im Vergleich zu den Ausführungen des Abschn. 11.6.2 auch induziert werden, wenn sich eine weitere Wicklung (2) mit N_2 auf dem Kern der betrachteten Spule (1) oder in ihrer näheren Umgebung befindet (Bild 11.40).

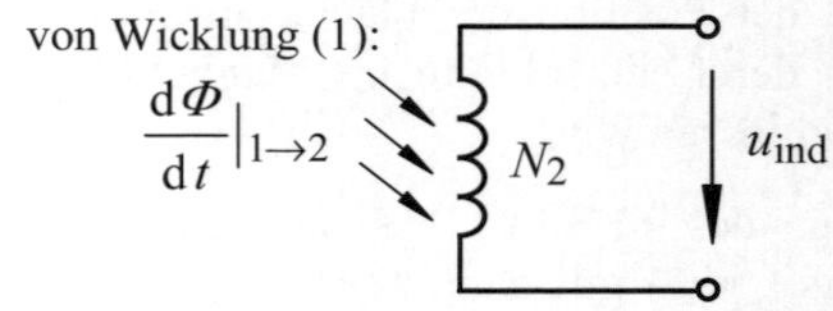

Bild 11.40: Gegeninduktionsspannung

Der durch die Wicklung (1) fließende Erregerstrom $i_1(t)$ verursacht einen zeitlich sich ändernden magnetischen Fluss, der mit bestimmten Anteilen auch die Wicklung (2) durchsetzt ($1 \to 2$). Dadurch wird über der Wicklung (2) ebenfalls eine Spannung induziert (Gegeninduktionsspannung). Der dafür verantwortliche Flussanteil soll im Weiteren bestimmt werden.

Zwei stromdurchflossene Leiter oder Spulen (und natürlich auch mehr als zwei) mit den Induktivitäten L_1 und L_2 sind über den *Kopplungsfaktor* k miteinander verkoppelt.

Bild 11.41 zeigt ein Modell dieser Verkopplung am Beispiel einer stromdurchflossenen Spule 1. Sie erzeugt einen magnetischen Fluss, der teilweise auch durch die Spule 2 hindurchdringt. Die umgekehrte Wirkung tritt auf, wenn durch die Spule 2 ein Strom fließt.

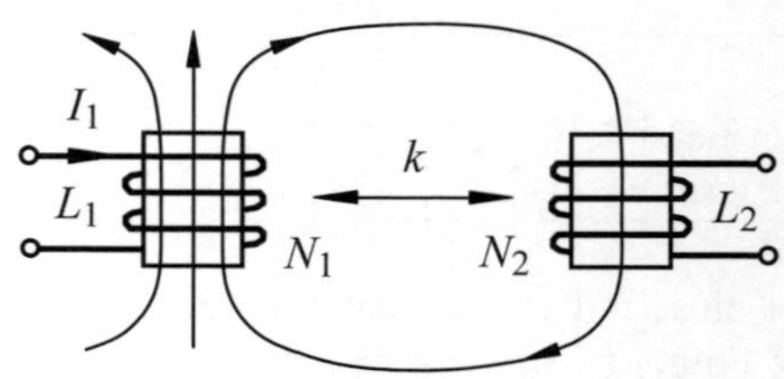

Bild 11.41: Magnetisch verkoppelte Spulen

Solche Verkopplungen können vernachlässigbar sein (vollständig entkoppelte Spulen bei $k \to 0$). Das wäre der Fall, wenn der

Abstand der Spulen im Bild 11.41 unendlich groß ist oder zwischen beiden Spulen eine ideale Abschirmung existiert. In der Regel sind die Spulen über $0 < k < 1$ miteinander verkoppelt. Der Kopplungsfaktor k gibt den Grad der Kopplung an.

Zur Erklärung der Eigenschaften miteinander verkoppelter magnetischer Kreise soll der verzweigte magnetische Kreis im Bild 11.42 dienen. Dieses Beispiel verdeutlicht das Entstehen eines Streuflusses durch die Existenz eines Mittelsteges in anschaulicher Weise. Ein solcher Streufluss würde auch ohne Mittelsteg (dann allerdings mit einer geringeren Intensität) existieren. Demzufolge gelten die aus dem Beispiel des Bildes 11.42 abgeleiteten Schlussfolgerungen prinzipiell auch für andere Kernformen (also auch ohne Mittelsteg) und natürlich auch für miteinander verkoppelte Luftspulen.

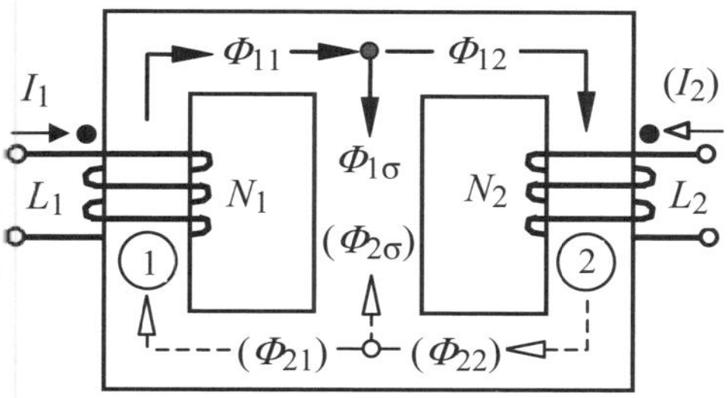

Bild 11.42: Verzweigter magnetischer Kreis

Beide Spulen sollen eine konstante Induktivität aufweisen. Das entstehende magnetische Feld sei vorerst stationär. Zunächst wird nur die Wirkung der Spule 1 auf die Spule 2 betrachtet. Der Strom I_1 verursacht einen *Gesamtfluss* Φ_{11} im Bereich der Spule 1. Ein Teil dieses Gesamtflusses fließt über den Mittelschenkel (oder über eine Luftstrecke) als *Streufluss* $\Phi_{1\sigma}$ ab (siehe Knotenpunkt im Bild 11.42). Der restliche Fluss dringt als *Hauptfluss* Φ_{12} durch den Bereich der Spule 2.

Magnetische Flüsse sind gemäß Gleich. (11.15) mit der Windungszahl der jeweiligen Spule verkettet, die sie durchsetzen. Streuflüsse sind nur mit der sie verursachenden Spule selbst verkettet, während Hauptflüsse auch mit der jeweils anderen Spule verkettet sind.

Der Kopplungsfaktor kann als k_1 von Spule 1 auf Spule 2 und umgekehrt als k_2 von Spule 2 auf Spule 1 (nicht ausgefüllte Zählpfeile im Bild 11.42) berechnet werden.

Der Kopplungsfaktor ist definiert als das Verhältnis zwischen dem Hauptfluss und dem Gesamtfluss.

$$k_1 = \frac{\Phi_{12}}{\Phi_{11}} \qquad \text{und:} \qquad k_2 = \frac{\Phi_{21}}{\Phi_{22}}$$

Aus beiden Faktoren wird dann der *totale Kopplungsfaktor k* gebildet.

$$k = \sqrt{k_1 \cdot k_2} \tag{11.27}$$

Die Ausführungen zum Beispiel des Bildes 11.42 weisen darauf hin, dass bei miteinander verkoppelten Spulen eine klare Zuordnung der einzelnen Flusskomponenten zu den Erregerströmen, die diese magnetischen Flüsse verursachen, vorgenommen werden muss. In der grafischen Darstellung eines magnetischen Kreises ist diese Zuordnung noch mit der Rechtsschrauben-Regel möglich.
Wie Bild 11.42 zeigt, verursachen beide Erregerströme Gesamtflusskomponenten, die sich mit den jeweiligen Hauptflusskomponenten der anderen Spule positiv überlagern. Diese Art der Überlagerung hängt aber nicht nur von der Richtung der Erregerströme, sondern auch von den Wicklungsrichtungen der beiden Spulen ab.

Im Bild 11.43 sind die beiden Varianten in der Wicklungsrichtung einer Spule in Analogie zum Links- oder Rechtsgewinde von Schrauben an einem Beispiel dargestellt.

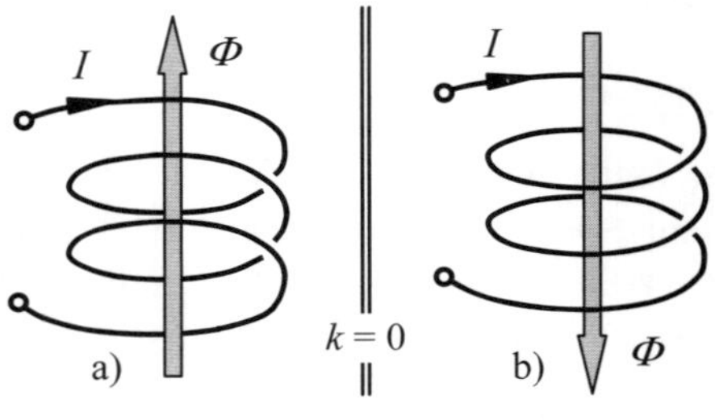

Bild 11.43: Wicklungsrichtung
a) linkswendig b) rechtswendig

Ein Vergleich der Varianten a) und b) im Bild 11.43 zeigt, dass sich die Richtung des magnetischen Flusses bei Änderung der Wicklungsrichtung umkehrt. Die Richtung des magnetischen Flusses würde sich auch ändern, wenn man im Bild 11.43 bei a) oder bei b) die Stromrichtung verändert.

In einer elektrischen Ersatzschaltung (siehe z.B. Bild 11.45) können die Richtungen der Flusskomponenten nicht mehr mit der Rechtsschrauben-Regel bestimmt werden. Es ist demzufolge erforderlich, einen für den Anwender erkennbaren Zusammenhang zwischen der Richtung des Erregerstromes in Verbindung mit der Wicklungsrichtung der jeweiligen Spule und der daraus resultierenden Art der Überlagerung der Flusskomponenten herzustellen.
Dieser Zusammenhang wird über den *Wicklungssinn* beschrieben. Dazu kennzeichnet man jede Wicklung eines Spulenpaares an je einem Wicklungsanschluss mit einem Punkt (•) und trägt dort die Stromzählpfeile ein. Diese Punkte sagen dann aus, ob sich die Flusskomponenten im Kern addieren (gleichsinniger Wicklungssinn) oder subtrahieren (gegensinniger Wicklungssinn).
Wenn die Erregerströme wie im Bild 11.42 am Wicklungsanschluss zum jeweiligen Punkt hinfließen, dann addieren sich die Flusskomponenten in den äußeren Kernbereichen (1) und (2). Ansonsten werden sie voneinander subtrahiert.

Aus Gründen der Einheitlichkeit und Verständlichkeit werden in den weiteren Ausführungen verkoppelte magnetische Kreise betrachtet, die aus zwei Wicklungen auf einem gemeinsamen Kern bestehen. Zur Herleitung der folgenden Zusammenhänge wird davon ausgegangen, dass die linke Wicklung linkswendig und die rechte Wicklung rechtswendig auf dem Kern positioniert ist (vgl. Bilder 11.42 und 11.43). In beide Wicklungen fließt ein Erregerstrom am oberen Anschluss zum jeweiligen Punkt hin. Der resultierende Fluss in den Bereichen (1) und (2) verläuft dann im Uhrzeigersinn. Diese positive Überlagerung der beiden Flusskomponenten entspricht einem gleichsinnigen Wicklungssinn.

Zur Beschreibung der gegenseitigen Beeinflussung zweier miteinander verkoppelter Spulen führt man als weitere Bauelemente-Kenngröße für verkoppelte magnetische Kreise die *Gegeninduktivität M* ein.

Sie hat die Einheit: $[M] = 1\,\frac{\mathrm{V \cdot s}}{\mathrm{A}} = 1\ \mathrm{H}$.

Die Beeinflussung der Spule 2 im Bild 11.42 (verursacht von der Spule 1) kann mit dem magnetischen Fluss durch den Bereich der Spule 2 erklärt werden. Dieser Fluss im Bereich 2 ist mit der Windungszahl der Spule 2 verkettet.

Mit der ursprünglichen Definition einer Induktivität gilt nach Gleich. (11.16):

$$M_{12} = \frac{\Psi_{12}}{I_1} = \frac{N_2 \cdot \Phi_{12}}{I_1} \qquad \text{mit}: \Phi_{12} = k_1 \cdot \Phi_{11}$$

$$M_{12} = \frac{N_2 \cdot k_1 \cdot \Phi_{11}}{I_1}$$

Eine analoge Aussage gilt für die Gegeninduktivität M_{21}. Sie beschreibt die Beeinflussung der Spule 1 durch die Spule 2 (offene Zählpfeile im Bild 11.42).

$$M_{21} = \frac{\Psi_{21}}{I_2} = \frac{N_1 \cdot \Phi_{21}}{I_2} \quad \text{mit}: \Phi_{21} = k_2 \cdot \Phi_{22}$$

$$M_{21} = \frac{N_1 \cdot k_2 \cdot \Phi_{22}}{I_2}$$

Zur Bestimmung einer resultierenden Bauelemente-Kenngröße werden nun die beiden einzelnen Gegeninduktivitäten miteinander multipliziert.

$$M_{12} \cdot M_{21} = \frac{N_2 \cdot k_1 \cdot \Phi_{11}}{I_1} \cdot \frac{N_1 \cdot k_2 \cdot \Phi_{22}}{I_2}$$

Nach Umstellen der Gleichung erhält man:

$$M_{12} \cdot M_{21} = \frac{N_1 \cdot \Phi_{11}}{I_1} \cdot \frac{N_2 \cdot \Phi_{22}}{I_2} \cdot k_1 \cdot k_2$$

$$\sqrt{M_{12} \cdot M_{21}} = \sqrt{\frac{N_1 \cdot \Phi_{11}}{I_1} \cdot \frac{N_2 \cdot \Phi_{22}}{I_2}} \cdot \sqrt{k_1 \cdot k_2} \qquad (11.28)$$

Die Wurzelausdrücke links und ganz rechts beschreiben geometrische Mittelwerte.

Es gilt: $M = \sqrt{M_{12} \cdot M_{21}}$ und: $k = \sqrt{k_1 \cdot k_2}$

Im mittleren Ausdruck von Gleich. (11.28) steht unter der Wurzel das Produkt der beiden Selbstinduktivitäten. Mit (11.16) gilt:

$$L_1 = \frac{\Psi_{11}}{I_1} = \frac{N_1 \cdot \Phi_{11}}{I_1} \quad \text{bzw.:}$$

$$L_2 = \frac{\Psi_{22}}{I_2} = \frac{N_2 \cdot \Phi_{22}}{I_2}$$

Daraus ergibt sich die Gegeninduktivität:

$$M = k \cdot \sqrt{L_1 \cdot L_2} \qquad (11.29)$$

Speist man nun in die Spule 1 des Bildes 11.42 einen zeitlich veränderlichen Erregerstrom i_1 ein, so ändern sich die mit einem ausgefüllten Zählpfeil eingezeichneten magnetischen Flüsse ebenfalls über der Zeit. Der Gesamtfluss Φ_{11} (t) ist mit der Windungszahl N_1 verkettet. Er bewirkt nach Gleich. (11.26_a) eine Selbstinduktionsspannung u_{1L}. Der Hauptfluss Φ_{12} (t) ist mit der Windungszahl N_2 verkettet. Er bewirkt eine Gegeninduktionsspannung u_{2M}. Für die über der Spule 2 induzierte Gegeninduktionsspannung u_{2M} (verursacht durch den Strom i_1 der Spule 1) gilt:

$$u_{2M} = \frac{d\Psi_{12}(t)}{dt} = N_2 \cdot \frac{d\Phi_{12}(t)}{dt}$$

Analoges gilt für die Erregung der Spule 2 mit einem Strom i_2.

$$u_{1M} = \frac{d\Psi_{21}(t)}{dt} = N_1 \cdot \frac{d\Phi_{21}(t)}{dt}$$

11.6.4 Transformatorgleichungen

Gekoppelte magnetische Kreise werden in der Praxis unter anderem dazu verwendet, Wechselspannungen in ihrer Amplitude zu verändern (vgl. Kap. 19: Transformator), elektrische Kreise voneinander zu trennen bzw. sie aneinander anzupassen (Übertrager) oder Messinstrumente optimal in eine spezifische messtechnische Aufgabe einzubinden (Wandler).

Solche Anordnungen bestehen in der Regel aus zwei (oder mehr) Spulen, die auf einem gemeinsamen Kern oder einem anderen Trägerkörper aufgebracht sind. Durch diesen Kern kann ein unverzweigter oder ein verzweigter magnetischer Kreis ohne oder mit Luftspalt entstehen. Bild 11.44 zeigt die Grundstruktur eines Transformators.

Die Spule, in die die originale Zeitfunktion (Eingangssignal) eingespeist wird, nennt man *Primärspule.* Das Ausgangssignal wird über der *Sekundärspule* abgegriffen. Es entstehen zwei Stromkreise, die elektrisch voneinander getrennt und magnetisch miteinander verkoppelt sind.

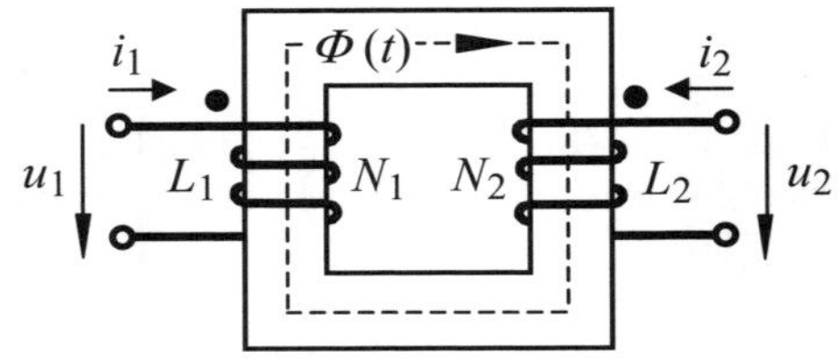

Bild 11.44: Grundstruktur eines Transformators

Bei diesem Bauelement handelt es sich um einen so genannten *Vierpol* (Zweitor). Ein Vierpol besitzt zwei Eingangs- und zwei Ausgangsklemmen. Bild 11.45 zeigt das entsprechende elektrische Ersatzschaltbild.

Das Übertragungsverhalten eines Vierpols (vgl. Abschn. 16.4) muss sowohl eingangsseitig (primärseitig) als auch ausgangsseitig (sekundärseitig) beschrieben werden. Dazu benötigt man zwei Gleichungen.

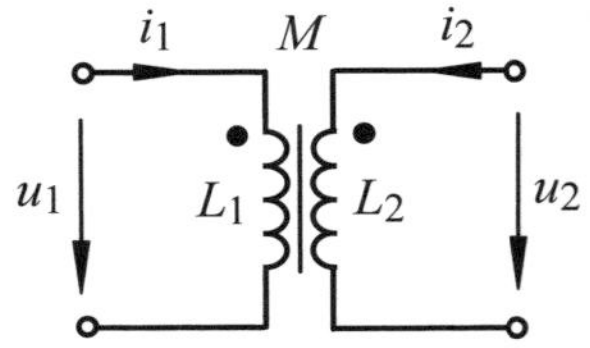

Bild 11.45: Schaltbild eines Transformators

Zur Bestimmung dieser Gleichungen soll das Beispiel im Bild 11.44 dienen. Es entspricht einer vereinfachten Darstellung des Bildes 11.42 ohne den Mittelsteg des Kerns. Dieser Mittelsteg sollte ja lediglich die Existenz eines Streuflusses repräsentieren. Der Streufluss ist auch im Bild 11.44 vorhanden und wird gemäß Gleich. (11.29) über die Gegeninduktivität beschrieben.

Die Punkte an beiden Spulen kennzeichnen den Wicklungssinn (hier: gleichsinniger Wicklungssinn; vgl. Abschn. 11.6.3). Mit dieser Kennzeichnung kann man im elektrischen Ersatzschaltbild (Bild 11.45) auf die Art der Überlagerung der Flusskomponenten schlussfolgern, obwohl diese Komponenten hier nicht mehr dargestellt werden können.

Für die folgenden Betrachtungen gilt wieder das Verbraucher-Zählpfeilsystem (vgl. auch Abschn. 16.4). Der Stromkreis der Spule 2 im Bild 11.44 oder 11.45 wird jetzt geschlossen.

Speist man nun in die Spule 1 einen zeitlich veränderlichen Erregerstrom i_1 ein, so bewirkt er nach Gleich. (11.26_a) eine Selbstinduktionsspannung u_{1L} über der Spule 1.

$$u_{1L} = L_1 \cdot \frac{\mathrm{d}\, i_1}{\mathrm{d}\, t} \tag{11.30}$$

Gemäß Abschn. 11.6.3 verursacht der Strom i_1 einen Hauptfluss $\Phi_{12}\ (t)$ im Bereich der Spule 2 und bewirkt damit eine Gegeninduktionsspannung u_{2M}.

$$u_{2M} = M \cdot \frac{\mathrm{d}\, i_1}{\mathrm{d}\, t} \tag{11.31}$$

Sekundärseitig fließt ein Strom i_2 durch die Spule 2. Dieser Strom induziert eine Selbstinduktionsspannung u_{2L} über der Spule 2.

$$u_{2L} = L_2 \cdot \frac{\mathrm{d}\, i_2}{\mathrm{d}\, t} \tag{11.32}$$

Gemäß Abschn. 11.6.3 verursacht der Strom i_2 einen Hauptfluss $\Phi_{21}\ (t)$ im Bereich der Spule 1 und bewirkt eine Gegeninduktionsspannung u_{1M}.

$$u_{1M} = M \cdot \frac{\mathrm{d}\, i_2}{\mathrm{d}\, t} \tag{11.33}$$

Fasst man die Erkenntnisse der letzten beiden Abschnitte (11.6.2 und 11.6.3) zusammen, so findet man einen Ansatz zur Ableitung eines Gleichungssystems für die Beschreibung des Übertragungsverhaltens eines verlustlosen Transformators.

Über jeder Spule, durch die ein zeitlich veränderlicher Erregerstrom fließt, wird eine Selbstinduktionsspannung induziert [Gleich. (11.30) bzw. (11.32)]. Bei verkoppelten Spulen induziert eine von einem zeitlich veränderlichen Erregerstrom durchflossene Spule über der jeweils anderen Spule eine Gegeninduktionsspannung [Gleich. (11.31) bzw. (11.33)].

Die resultierenden Spannungen über der Primärspule 1 und der Sekundärspule 2 müssen sich demzufolge aus der Überlagerung von jeweils zwei Komponenten ergeben. Das im Bild 11.46 dargestellte Modell soll diesen Sachverhalt verdeutlichen. Es gelten die Zählpfeile des Bildes 11.45 im Zusammenhang mit den Festlegungen des Abschn. 11.6.3. Im Bild 11.46 sind alle Selbst- und Gegeninduktionsspannungen eines verlustlosen Transformators im Verbraucher-Zählpfeilsystem eingezeichnet.

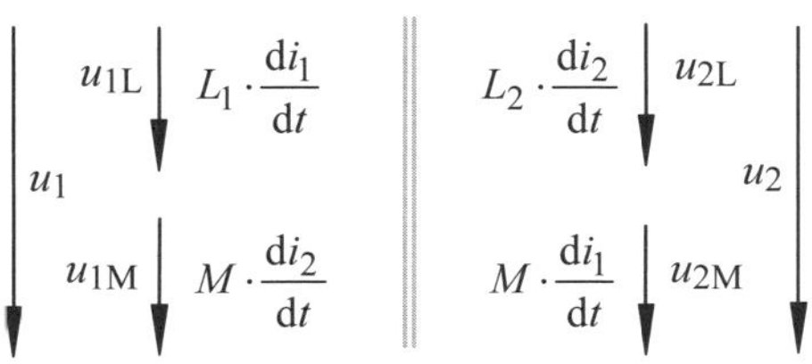

Bild 11.46: Modell zur Interpretation von Selbst- und Gegeninduktionsspannungen

Die beiden Gleichungen zur Beschreibung des Übertragungsverhaltens eines verlustlosen Transformators erhält man durch die Überlagerung der Spannungen aus dem Vorgang der Selbstinduktion und aus dem Vorgang der Gegeninduktion.

Nach dem Maschensatz gilt:

$u_1 = u_{1L} + u_{1M}$ und: $u_2 = u_{2L} + u_{2M}$

$$u_1 = L_1 \cdot \frac{di_1}{dt} + M \cdot \frac{di_2}{dt} \qquad (11.34)$$

$$u_2 = M \cdot \frac{di_1}{dt} + L_2 \cdot \frac{di_2}{dt} \qquad (11.35)$$

Beide Gleichungen bilden ein Gleichungssystem. Sie existieren nur dann unabhängig voneinander, wenn z.B. die Gegeninduktivität null ist.

Verändert man die Wicklungsrichtung einer Spule oder die Richtung des Zählpfeils eines Erregerstromes (Änderung des Wicklungssinns), so ändern sich in den Gleich. (11.34) und (11.35) die Vorzeichen der Gegeninduktivität M.

Lehrbeispiel 11.3:

Berechnen Sie für einen verlustlosen Transformator mit L_1, L_2 und M, in den ein di_1 / dt eingespeist wird, die Primärspannung u_1 bei:

a) sekundärseitigem Leerlauf ($i_2 = 0$)

b) sekundärseitigem Kurzschluss ($u_2 = 0$)

Zu a) Gleich. (11.34): $u_1 = L_1 \cdot \frac{di_1}{dt}$

Zu b) Gleich. (11.35): $0 = M \cdot \frac{di_1}{dt} + L_2 \cdot \frac{di_2}{dt}$

⇒ Umstellen nach: $\frac{di_2}{dt} = -\frac{M}{L_2} \cdot \frac{di_1}{dt}$

⇒ Einsetzen in Gleich. (11.34):

$$u_1 = L_1 \cdot \frac{di_1}{dt} + M \cdot (-\frac{M}{L_2}) \cdot \frac{di_1}{dt} = (L_1 - \frac{M^2}{L_2}) \cdot \frac{di_1}{dt}$$

11.7 Wechselwirkungen

Die Existenz eines zeitlich veränderlichen elektrischen Feldes ist an die Existenz eines zeitlich veränderlichen magnetischen Feldes gebunden (und umgekehrt). Diese gesetzmäßigen Zusammenhänge werden über die MAXWELLschen Gleichungen beschrieben. In den folgenden Ausführungen werden diese Gesetze in integraler Form, die für ausgedehnte Raumgebiete Gültigkeit hat, dargestellt.

Das Durchflutungsgesetz [Gleich. (11.6)] sagt aus, dass das Umlaufintegral der magnetischen Feldstärke gleich der Summe derjenigen Ströme ist, die der Integrationsweg umfasst.

$$\Theta = \sum_{\nu=1}^{n} I_\nu = \oint_s \vec{H} \cdot \mathrm{d}\vec{s}$$

Der vom Integrationsweg s umfasste Strom setzt sich aus dem Konvektionsstrom I_k und dem dielektrischen Verschiebungsstrom I_V zusammen. Unter dem Konvektionsstrom I_k versteht man eine Ladungsbewegung: [9]

- unter dem Einfluss der elektrischen Feldstärke (Feldstrom I_F)
- infolge der örtlichen Veränderung der Ladungskonzentration (Diffusionsstrom I_D)

$$\oint_s \vec{H} \cdot \mathrm{d}\vec{s} = \int_A \vec{J}_\mathrm{k} \cdot \mathrm{d}\vec{A} + \int_A \vec{J}_\mathrm{V} \cdot \mathrm{d}\vec{A}$$

Aus diesem Durchflutungsgesetz folgt die 1. MAXWELLsche Gleichung:

$$\oint_s \vec{H} \cdot \mathrm{d}\vec{s} = \int_A (\vec{J}_\mathrm{k} + \frac{\partial \vec{D}}{\partial t}) \cdot \mathrm{d}\vec{A} \qquad (11.36)$$

In Gleich. (11.36) beschreibt s die Länge des Randes der Fläche A.

[9]: siehe Anhang III

Der Ausdruck $\partial \vec{D} / \partial t$ ist ein Maß für diejenige magnetische Wirkung, die bei schnellen Feldvorgängen durch die zeitliche Änderung des elektrischen Feldes in einem Nichtleiter entsteht (dielektrischer Verschiebungsstrom I_V).

Mit Gleich. (8.13) erhält man die Quellenfreiheit des elektrischen Stromes im stationären elektrischen Strömungsfeld. Bildet man das Hüllenintegral der elektrischen Stromdichte, so wird das Integrationsergebnis nach Gleich. (8.14) null.
Mit A = Hülle (V) gilt:

$$\oint_A \vec{J} \cdot \mathrm{d}\vec{A} = 0 \qquad (11.37)$$

- In einem stationären elektrischen Strömungsfeld sind die Stromdichtelinien in sich geschlossen. Dieses Feld ist quellenfrei.

Nach dem Induktionsgesetz (11.25) entstehen in einem induzierten elektrischen Feld in sich geschlossene elektrische Feldstärkelinien, die ihre Ursache (Änderung des magnetischen Flusses) umwirbeln. Diese Änderung des magnetischen Flusses durch eine Fläche, die durch eine Veränderung dieser Fläche oder durch eine (zeitliche) Veränderung der magnetischen Flussdichte entsteht, induziert eine Umlaufspannung auf dem Rand dieser Fläche.

$$u_\mathrm{ind} = \oint_s \vec{E} \cdot \mathrm{d}\vec{s} = -N \cdot \frac{\mathrm{d}\Phi}{\mathrm{d}t} = -\frac{\mathrm{d}\Psi}{\mathrm{d}t}$$

Mit $\mathrm{d}\Psi = \vec{B} \cdot \mathrm{d}\vec{A}$ [Gleich. (11.10)] folgt daraus die 2. MAXWELLsche Gleichung:

$$\oint_s \vec{E} \cdot \mathrm{d}\vec{s} = -\int_A \frac{\partial \vec{B}}{\partial t} \cdot \mathrm{d}\vec{A} \qquad (11.38)$$

Darin beschreibt s die Länge des Randes der vom magnetischen Fluss durchsetzten Fläche A.

Mit Gleich. (11.10) erhält man die Quellenfreiheit des magnetischen Flusses, wenn man das Hüllenintegral über der magnetischen Flussdichte mit A = Hülle (V) bildet:

$$\oint_A \vec{B} \cdot \mathrm{d}\vec{A} = 0 \tag{11.39}$$

• In einem zeitlich veränderlichen magnetischen Feld entstehen in sich geschlossene magnetische Flussdichtelinien, die ihre erregende Größe [Durchflutung nach (8.13)] umwirbeln. Dieses Feld ist quellenfrei.

Die beiden MAXWELLschen Gleichungen sagen aus, dass magnetische und induzierte elektrische Felder Wirbelfelder sind.

So entstehen in einem Leiter, der sich in einem zeitlich veränderlichen Magnetfeld befindet oder der ein solches Magnetfeld umschließt, im Ergebnis des Induktionsvorgangs so genannte Wirbelströme. Solche Ströme treten insbesondere im Kern eines magnetischen Kreises auf, wenn dieser Kern aus einem leitfähigen Material besteht. Infolge der Existenz dieser Wirbelströme wird der Kern erwärmt (*Wirbelstromverluste* in ferromagnetischen Stoffen). Zur Reduzierung solcher Wirbelströme stellt man z.B. den Eisenkern eines magnetischen Kreises aus einzelnen (voneinander isolierten) Blechen her, die aneinander gefügt und miteinander verschraubt, vernietet oder ummantelt werden.

Eine Ausnahme von den bisher abgeleiteten Aussagen der MAXWELLschen Gleichungen bildet das elektrostatische Feld. Als Feld ruhender Ladungen (zeitinvariantes Feld) kann das elektrostatische Feld auch ohne ein Magnetfeld existieren.
Dieses wirbelfreie Feld ist ein Zustand des Raumes, in dem die elektrischen Flussdichtelinien einen Anfang (Quelle) und ein Ende (Senke) haben. Bildet man gemäß Gleich. (9.14) das Hüllenintegral der elektrischen Flussdichte, so erhält man die im eingehüllten Volumen befindliche Ladung (Raumladung).
Dieses Integrationsergebnis wird im Vergleich zu den Gleich. (11.37) bzw. (11.39) nur dann gleich null, wenn:

– die Hülle keine Ladung einschließt oder
– die positiven und die negativen Ladungen im eingehüllten Volumen gleiche Beträge aufweisen.

Nach Gleich. (9.14) gilt mit A = Hülle (V):

$$\oint_A \vec{D} \cdot \mathrm{d}\vec{A} = \int_V \rho \cdot \mathrm{d}V \tag{11.40}$$

Dieser GAUßsche *Satz der Elektrostatik* besagt, dass elektrische Ladungen die Quellen und Senken der elektrischen Flussdichte sind. Die elektrischen Flussdichtelinien beginnen und enden auf Ladungen unterschiedlicher Polarität (Wirbelfreiheit des elektrischen Flusses).

In einem stationären elektrischen Strömungsfeld ist das Hüllenintegral der Stromdichte gleich null [Gleich. (11.37)]. Ändert sich in diesem eingehüllten Volumen V die Gesamtladung durch Ausströmen einer Ladung $-\mathrm{d}Q / \mathrm{d}t$ aus der Hüllfläche A, so gilt für diesen elektrischen Hüllenstrom die *Kontinuitätsgleichung* (11.41).

$$\oint_A \vec{J} \cdot \mathrm{d}\vec{A} = -\int_V \frac{\partial \rho}{\partial t} \cdot \mathrm{d}V = -\frac{\mathrm{d}Q}{\mathrm{d}t} \tag{11.41}$$

12 Elektrisches Verhalten der Spule

12.1 Zusammenschaltung von Induktivitäten

12.1.1 Unverkoppelte Induktivitäten

Die folgenden Betrachtungen beziehen sich zunächst auf idealisierte unverkoppelte Spulen, die lediglich über ihre Induktivitäten beschrieben werden können. Die Verlustwiderstände R_L der Spulen sollen vorerst vernachlässigbar sein.

Eine Reihenschaltung von Spulen ist dadurch gekennzeichnet, dass durch alle Wicklungen der gleiche Strom i fließt.

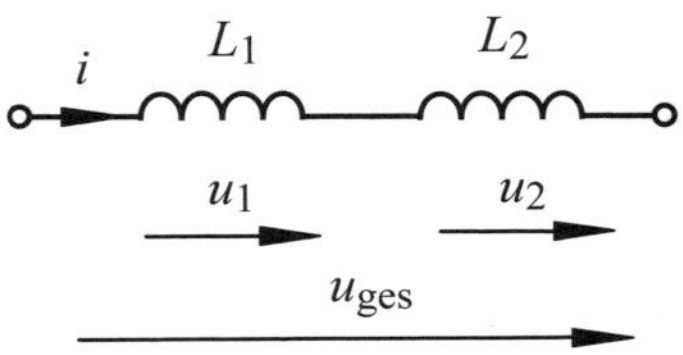

Bild 12.1: Reihenschaltung idealer Spulen

Über jeder Spule im Bild 12.1 wird eine Spannung induziert. Nach dem Maschensatz kann die Gesamtspannung über einer Reihenschaltung aus der Summe der Teilspannungen berechnet werden. Mit Gleich. (11.26_a) erhält man eine Vorschrift zur Bestimmung der Gesamtinduktivität einer Reihenschaltung zweier unverkoppelter Spulen analog zur Reihenschaltung ohmscher Widerstände.

$$u_{ges} = u_1 + u_2 \quad \text{mit:} \quad u = L \cdot \frac{di}{dt}$$

$$L_{ges}\frac{di}{dt} = L_1\frac{di}{dt} + L_2\frac{di}{dt} \qquad \text{bzw.}$$

$$L_{ges} = L_1 + L_2 \qquad (12.1)$$

Zur Berechnung der Gesamtinduktivität einer Parallelschaltung zweier Spulen wird der Knotenpunktsatz angewendet.

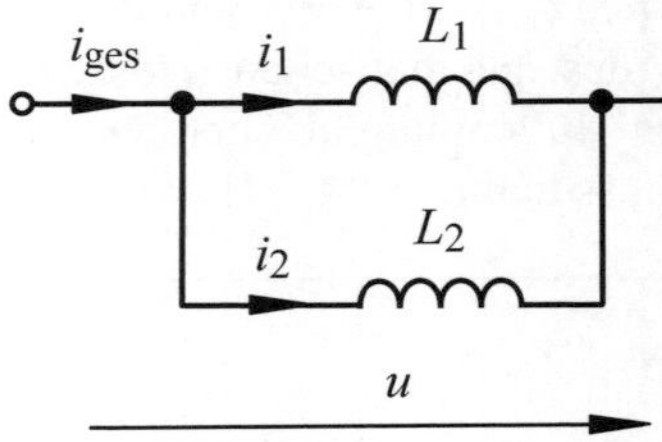

Bild 12.2: Parallelschaltung idealer Spulen

$$i_{ges} = i_1 + i_2 \quad \text{mit:} \quad i = \frac{1}{L} \cdot \int_t u \cdot dt$$

$$\frac{1}{L_{ges}} \cdot \int_t u \cdot dt = \frac{1}{L_1} \cdot \int_t u \cdot dt + \frac{1}{L_2} \cdot \int_t u \cdot dt$$

$$\frac{1}{L_{ges}} = \frac{1}{L_1} + \frac{1}{L_2} \qquad \text{bzw.}$$

$$L_{ges} = \frac{L_1 \cdot L_2}{L_1 + L_2} = L_1 \,//\, L_2 \qquad (12.2)$$

Man erhält eine Vorschrift zur Bestimmung der Gesamtinduktivität einer Parallelschaltung zweier Spulen analog zur Parallelschaltung ohmscher Widerstände. Als Abkürzung für diese Berechnungsvorschrift soll wieder (wie bereits im Abschn. 3.2.2) das //-Zeichen verwendet werden.

Spulen haben reale (nicht vernachlässigbare) Verlustwiderstände. Sie werden in der Reihenschaltung addiert ($R_{Lr} = R_{L1} + R_{L2}$) und in einer Parallelschaltung als Parallelwiderstand ($R_{Lp} = R_{L1} \,//\, R_{L2}$) berechnet.

12.1.2 Verkoppelte Induktivitäten

Die betrachteten Spulen sollen nun durch den Kopplungsfaktor k miteinander verkoppelt sein. Zwischen ihnen wirkt die Gegeninduktivität M [Gleich. (11.29)]. Zur

Berechnung der resultierenden Gesamtinduktivität muss jetzt zusätzlich der Wicklungssinn (•) beider Spulen berücksichtigt werden. Zur Herleitung der Berechnungsvorschrift dienen die Transformatorgleichungen [Gleich. (11.34) und (11.35)].

Zunächst wird die gleichsinnige Reihenschaltung zweier Spulen (Bild 12.3) betrachtet.

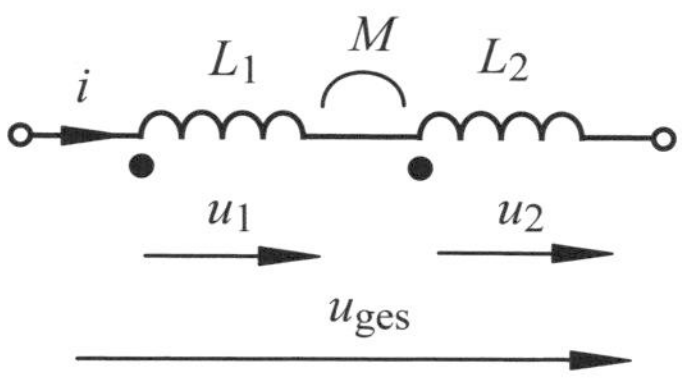

Bild 12.3: Gleichsinnige Reihenschaltung

Ausgangspunkt ist wieder die Anwendung des Maschensatzes..

$$u_{ges} = u_1 + u_2 \quad \text{mit: (11.34) und: (11.35)}$$

$$u_{ges} = L_1 \cdot \frac{di_1}{dt} + M \cdot \frac{di_2}{dt} + M \cdot \frac{di_1}{dt} + L_2 \cdot \frac{di_2}{dt}$$

In der Reihenschaltung gilt: $i = i_1 = i_2$

$$L_{ges} \cdot \frac{di}{dt} = (L_1 + 2M + L_2) \cdot \frac{di}{dt}$$

$$L_{ges} = L_1 + L_2 + 2M \qquad (12.3)$$

Bei einem entgegengesetzten Wicklungssinn ändert sich in den Gleich. (12.3) und (12.5) das Vorzeichen bei $2M$ (siehe auch Berechnungsbeispiele 12.1 und 12.2).

Bild 12.4 zeigt eine gleichsinnige Parallelschaltung zweier miteinander verkoppelter Spulen. Für diese Schaltung gilt:

$u = u_1 = u_2$ und $i_{ges} = i_1 + i_2$.

Durch Gleichsetzen von Gleich. (11.34) und (11.35) erhält man:

$$L_1 \cdot \frac{di_1}{dt} + M \cdot \frac{di_2}{dt} = M \cdot \frac{di_1}{dt} + L_2 \cdot \frac{di_2}{dt}$$

Diese Beziehung kann nach di_2 / dt umgestellt werden [Gleich. (12.4)].

$$\frac{di_2}{dt}(L_2 - M) = \frac{di_1}{dt}(L_1 - M)$$

$$\frac{di_2}{dt} = \frac{di_1}{dt} \cdot \frac{(L_1 - M)}{(L_2 - M)} \qquad (12.4)$$

Zur Bestimmung der resultierenden Gesamtinduktivität L_{ges} verwendet man:

$$u = L_{ges} \cdot \frac{di_{ges}}{dt} \qquad \text{bzw.:} \qquad \frac{u}{L_{ges}} = \frac{di_{ges}}{dt}$$

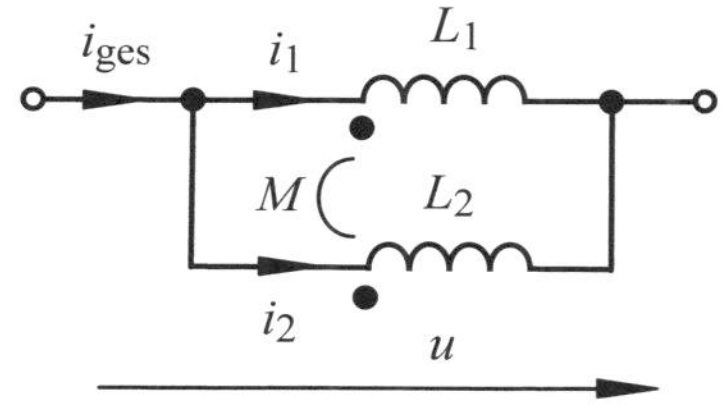

Bild 12.4: Gleichsinnige Parallelschaltung

$$\frac{1}{L_{ges}} \cdot u = \frac{di_{ges}}{dt} = \frac{di_1}{dt} + \frac{di_2}{dt}$$

Die Spannung $u = u_1$ wird nun durch die erste Transformatorgleich. (11.34) ersetzt.

$$\frac{1}{L_{ges}}\left(L_1 \cdot \frac{di_1}{dt} + M \cdot \frac{di_2}{dt}\right) = \frac{di_1}{dt} + \frac{di_2}{dt}$$

Jetzt setzt man Gleich. (12.4) für $\frac{di_2}{dt}$ ein.

$$\frac{L_1}{L_{ges}} \cdot \frac{di_1}{dt} + \frac{M}{L_{ges}} \cdot \frac{(L_1 - M)}{(L_2 - M)} \cdot \frac{di_1}{dt} =$$

$$= \frac{di_1}{dt} + \frac{di_1}{dt} \cdot \frac{(L_1 - M)}{(L_2 - M)}$$

$$\frac{1}{L_{ges}}\left(L_1 + M \cdot \frac{L_1 - M}{L_2 - M}\right) = \left(1 + \frac{L_1 - M}{L_2 - M}\right)$$

$$L_{ges} = \frac{L_1 \cdot L_2 - M^2}{L_1 + L_2 - 2M} \qquad (12.5)$$

12.1.3 Transformator-Ersatzschaltungen

Die Berechnung der Gesamtinduktivität für miteinander verkoppelte Spulen kann über die Transformatorgleichungen (Abschn. 11.6.4) teilweise sehr aufwändig werden. Eine Vereinfachung solcher Berechnungen und insbesondere die einfache Beschreibung des Übertragungsverhaltens eines Transformators erreicht man durch das Arbeiten mit Ersatzschaltungen.

Zur Herleitung der Aufbauelemente einer solchen Ersatzschaltung geht man zunächst von einem verlustlosen Transformator aus. Die real existierenden Verluste werden dann später über Ersatzelemente nachgebildet, mit denen die Ersatzschaltung des verlustlosen Transformators von außen beschaltet wird (siehe Abschn. 19.3).

Als Ersatzgebilde entsteht so ein allgemeines Übertragungsglied mit zwei Eingangs- und zwei Ausgangsklemmen (Zweitor oder Vierpol). Die Ersatzschaltung muss gewährleisten, dass an ihren Eingangsklemmen und an ihren Ausgangsklemmen gleiches elektrisches Verhalten im Vergleich zum Original (hier: verlustloser Transformator) vorliegt.

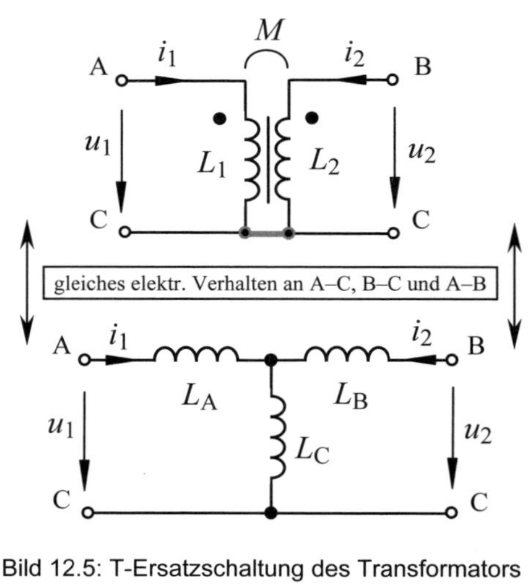

Bild 12.5: T-Ersatzschaltung des Transformators

In der schaltungstechnischen Praxis haben sich die T-Ersatzschaltung und die Π-Ersatzschaltung bewährt. Bedingt durch die Ähnlichkeit in der Struktur ist die T-Ersatzschaltung (Bild 12.5) besonders gut zur Beschreibung des Transformators geeignet. Bei der T-Ersatzschaltung handelt es sich eigentlich um einen Dreipol (Sternschaltung), dessen unterer Anschluss C eingangsseitig und ausgangsseitig als Bezugspunkt verwendet wird.

Wenn man einen Transformator in eine solche Ersatzschaltung umrechnen will, muss die Trennung zwischen Primärkreis und Sekundärkreis aufgehoben werden. Es ist zulässig, zwei voneinander getrennte elektrische Kreise an einer Stelle elektrisch leitend miteinander zu verbinden. Damit wird das elektrische Verhalten der beiden einzelnen Kreise nicht verändert. Sie sind dann lediglich nicht mehr voneinander getrennt.

Zur Berechnung der Ersatzelemente gilt die Überlegung, dass beide Schaltungen genau dann zueinander schaltungstechnisch äquivalent sind, wenn sie an den drei Anschlussklemmen-Paaren A – C und B – C sowie A – B jeweils die gleiche Ersatzinduktivität aufweisen (Bild 12.5).

(a) $L_{AB} = L_A + L_B \quad \Rightarrow \quad L_A = L_{AB} - L_B$

(b) $L_{BC} = L_B + L_C \quad \Rightarrow \quad L_B = L_{BC} - L_C$

(c) $L_{AC} = L_A + L_C \quad \Rightarrow \quad L_C = L_{AC} - L_A$

Die Gleichungen (b) und (c) werden nun in Gleichung (a) eingesetzt.

$$L_A = L_{AB} - L_B = L_{AB} - L_{BC} + L_C$$

$$L_A = L_{AB} - L_{BC} + L_{AC} - L_A$$

Diese Gleichung kann jetzt nach L_A umgestellt werden. Durch Einsetzen von L_A in die Gleichung (c) bzw. von L_C in die Gleichung (b) erhält man dann eine Lösung für die zwei anderen Ersatzinduktivitäten.

$$L_A = \frac{L_{AB} + L_{AC} - L_{BC}}{2}$$

$$L_B = \frac{L_{AB} + L_{BC} - L_{AC}}{2}$$

$$L_C = \frac{L_{AC} + L_{BC} - L_{AB}}{2}$$

Diese Berechnungsvorschriften werden nun auf den Transformator (mit elektrisch leitender Verbindung; vgl. Bild 12.5 – oben) angewendet. Man erhält folgende Ersatzinduktivitäten an den drei Klemmen-Paaren:

$$L_{AC} = L_1;\ L_{BC} = L_2;\ L_{AB} = L_1 + L_2 - 2M$$

Die Ersatzinduktivität L_{AB} gilt für eine gegensinnige Reihenschaltung verkoppelter Induktivitäten gemäß Gleich. (12.3). Durch Einsetzen dieser Ersatzgrößen erhält man die Aufbauelemente der T-Ersatzschaltung des Transformators. Für L_A gilt z.B.:

$$L_A = \frac{L_1 + L_2 - 2M + L_1 - L_2}{2} = \frac{2L_1 - 2M}{2}$$

Diese Berechnungsvorschrift wird (auch für L_B und L_C) noch wie folgt vereinfacht:

$$L_A = L_1 - M \qquad (12.6)$$

$$L_B = L_2 - M \qquad (12.7)$$

$$L_C = M \qquad (12.8)$$

Bei diesen Aufbauelementen handelt es sich um reine Rechengrößen (Ersatzgrößen), die durchaus auch negativ werden können.

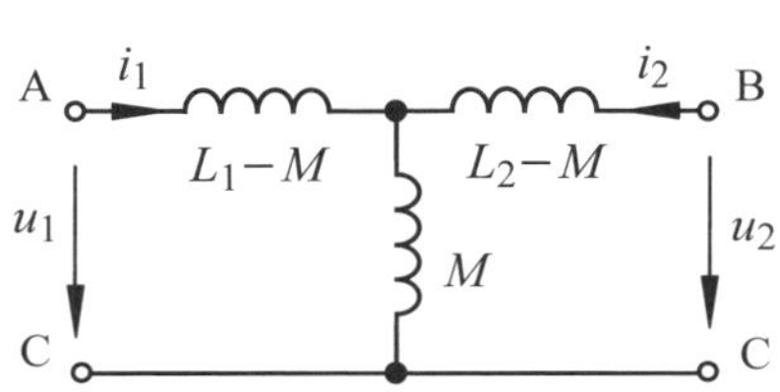

Bild 12.6: Aufbauelemente der T-Ersatzschaltung

Die Aufbauelemente der Π-Ersatzschaltung (Dreieckschaltung) kann man sehr einfach mit einer Stern-Dreieck-Transformation [Abschn. 4.4.3 – Gleich. (4.22) bis (4.24)] aus der T-Ersatzschaltung berechnen.

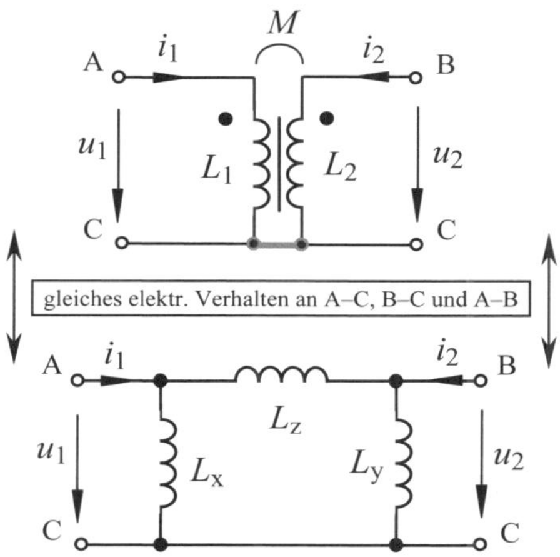

Bild 12.7: Π-Ersatzschaltung des Transformators

Der Zähler ist für alle drei Ersatzinduktivitäten ist nach Gleich.(4.22) gleich:

$$(L_1 - M)M + (L_2 - M)M + (L_1 - M)(L_2 - M)$$
$$=$$
$$L_1 M + L_2 M - 2M^2 + L_1 L_2 - L_1 M - L_2 M + M^2$$
$$= L_1 \cdot L_2 - M^2$$

Im Ergebnis der Transformation erhält man die drei Aufbauelemente (Ersatzinduktivitäten) der Π-Ersatzschaltung:

$$L_x = \frac{L_1 \cdot L_2 - M^2}{L_2 - M} \qquad (12.9)$$

$$L_y = \frac{L_1 \cdot L_2 - M^2}{L_1 - M} \qquad (12.10)$$

$$L_z = \frac{L_1 \cdot L_2 - M^2}{M} \qquad (12.11)$$

12.2 Schaltvorgänge an Spulen

Wird eine vollständig entmagnetisierte Spule mit der Induktivität L über einen Widerstand an eine Gleichspannung angeschlossen, so fließt ein von der Zeit abhängiger Spulenstrom $i_{LA} = i_L$. Dieser Strom wächst im Zeitraum $(t_A = 0) \leq t \leq (t \rightarrow \infty)$ auf sein Maximum $I_\infty = U_q / R$ an. Die über der Spule induzierte Spannung ist von der zeitlichen Änderung des Spulenstromes abhängig. Da diese Stromänderung im Einschaltmoment am größten ist, wird beim Einschalten (Schalterstellung A für „**A**ufmagnetisieren" im Bild 12.8) die maximale Spannung über der Spule induziert.

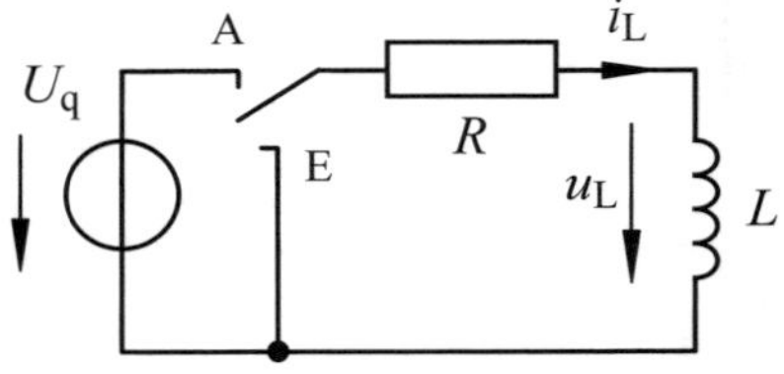

Bild 12.8: Spule an einer Gleichspannung

Beim Ausschalten (Schalterstellung E für „**E**ntmagnetisieren" im Bild 12.8) wirkt die magnetisierte Spule wie eine Quelle, d.h., sie gibt ihre gespeicherte Energie im Zeitraum $(t_E = 0) \leq t \leq (t \rightarrow \infty)$ wieder ab.

12.2.1 Einschaltvorgang

In der Schalterstellung A des Bildes 12.8 fließt ein Spulenstrom i_{LA} von der Spannungsquelle durch die RL-Kombination. Dieser Strom verursacht Spannungsabfälle über dem Widerstand und der Induktivität (Vorgang A). Nach dem Maschensatz ist die Summe dieser beiden Spannungen gleich U_q (siehe Bild 12.9). Die Spannung u_{LA} kann über das Induktionsgesetz gemäß Gleich. (11.26_a) beschrieben werden.

Es entsteht eine Differentialgleichung erster Ordnung.

$$U_q = u_R + u_{LA} = i_{LA} \cdot R + L \cdot \frac{di_{LA}}{dt}$$

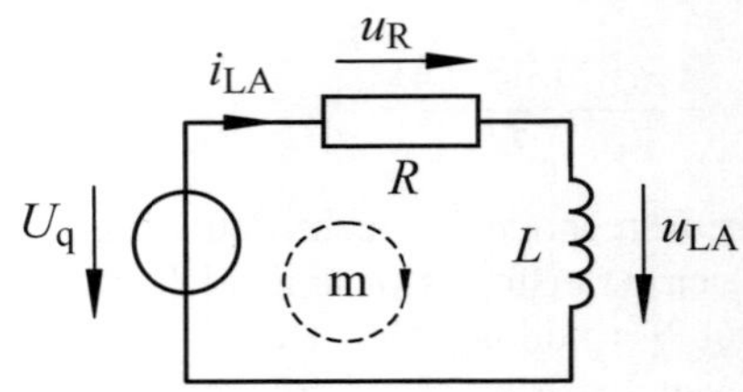

Bild 12.9: Berechnung des Einschaltvorgangs

Eine Division durch R führt zu folgendem Zwischenergebnis:

$$\frac{U_q}{R} = i_{LA} + \frac{L}{R} \cdot \frac{di_{LA}}{dt} = i_{LA} + \tau \cdot \frac{di_{LA}}{dt}$$

Der Quotient von Induktivität und Widerstand ist ein Maß für die Trägheit einer RL-Kombination beim Auf- und auch beim Entmagnetisieren und wird als *Zeitkonstante* τ bezeichnet (vgl. auch Abschn. 10.2).

$$\tau = \frac{L}{R} \qquad (12.12)$$

Durch Trennen der Variablen mit anschließender Integration kann die Differentialgleichung gelöst werden.

$$\int \frac{1}{\frac{U_q}{R} - i_{LA}} di_{LA} = \int \frac{1}{\tau} dt$$

Der Strom U_q / R fließt bei $t \rightarrow \infty$ und wird im Weiteren mit I_∞ bezeichnet.

Normierung: $\{I_\infty - i_{LA}\} = \frac{I_\infty - i_{LA}}{1\,A}$

$$\ln\{I_\infty - i_{LA}\} = -\frac{t}{\tau} + K_1 \qquad (12.13)$$

Das negative Vorzeichen resultiert aus der ersten Ableitung des Stromausdruckes im Rahmen der Integration durch Substitution und wird auf die rechte Seite der Gleichung gebracht. Die Integrationskonstante K_1 ergibt sich aus den Anfangsbedingungen im Einschaltmoment (also bei $t = t_A = 0$).

$$\{i_{LA}\}_{t=0} = 0 \qquad \Rightarrow \quad K_1 = \ln\{I_\infty\}$$

Diese Konstante setzt man in die allgemeine Lösung der Differentialgleichung ein.

$$\ln\frac{\{I_\infty - i_{LA}\}}{\{I_\infty\}} = -\frac{t}{\tau} \qquad \Rightarrow \qquad \frac{I_\infty - i_{LA}}{I_\infty} = e^{-\frac{t}{\tau}}$$

$$i_{LA} = I_\infty \cdot (1 - e^{-\frac{t}{\tau}}) \tag{12.14}$$

Der Spannungsabfall über der Induktivität wird mit dem Induktionsgesetz berechnet.

$$u_{LA} = L \cdot \frac{di_{LA}}{dt} = L \cdot \frac{d(I_\infty - I_\infty \cdot e^{-\frac{t}{\tau}})}{dt}$$

$$u_{LA} = -I_\infty \cdot e^{-\frac{t}{\tau}} \cdot (-\frac{R}{L}) \cdot L$$

$$u_{LA} = I_\infty \cdot R \cdot e^{-\frac{t}{\tau}} = U_q \cdot e^{-\frac{t}{\tau}} \tag{12.15}$$

12.2.2 Ausschaltvorgang

In der Schalterstellung E des Bildes 12.8 fließt der Strom i_{LE} infolge seiner Trägheit weiter in gleicher Richtung (also wie im Vorgang A) durch die RL-Kombination. Er baut das Magnetfeld wieder ab und verursacht dabei die Spannungsabfälle u_R und u_{LE}. Zur Beschreibung dieses Vorgangs E dient der Maschensatz: $u_R - u_{LE} = 0$.

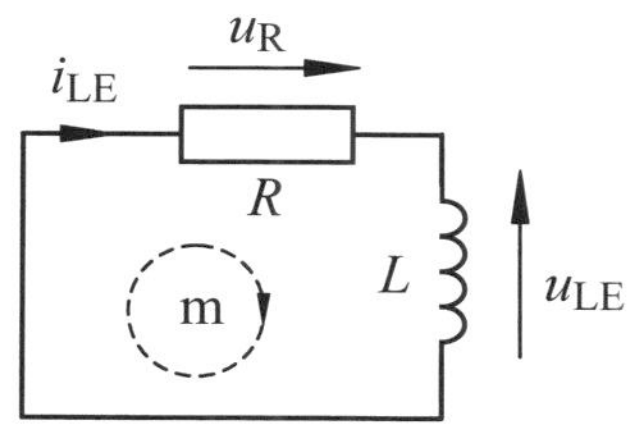

Bild 12.10: Berechnung des Ausschaltvorgangs

Die Spannung über der Induktivität ist gegen den Spulenstrom gerichtet. Die Spule wirkt jetzt wie eine Quelle. Sie gibt ihre während des Vorgangs A gespeicherte Energie an den Widerstand ab.

$$u_R = u_{LE} \qquad \text{mit:} \quad u_{LE} = -L \cdot \frac{di_{LE}}{dt}$$

$$i_{LE} \cdot R = -L \cdot \frac{di_{LE}}{dt} \qquad \Rightarrow \qquad i_{LE} = -\frac{L}{R} \cdot \frac{di_{LE}}{dt}$$

Es entsteht eine Differentialgleichung erster Ordnung, die durch Trennen der Variablen mit nachfolgender Integration lösbar ist.

$$\int \frac{1}{i_{LE}} di_{LE} = -\int \frac{R}{L} dt \;\Rightarrow\; \int \frac{1}{i_{LE}} di_{LE} = -\int \frac{1}{\tau} dt$$

$$\text{mit:} \quad \{i_{LE}\} = \frac{i_{LE}}{1\,\text{A}} \qquad \Rightarrow \qquad \ln\{i_{LE}\} = -\frac{t}{\tau} + K_2$$

Die Integrationskonstante K_2 kann aus der Anfangsbedingung bei $t = t_E = 0$ bestimmt werden [Annahme: i_{LE} ($t_E = 0$) = I_∞A].

$$\{i_{LE}\}_{t=0} = \{I_\infty\} \qquad \Rightarrow \quad K_2 = \ln\{I_\infty\}$$

Diese Konstante wird in die allgemeine Lösung der Differentialgleichung eingesetzt.

$$\ln\frac{\{i_{LE}\}}{\{I_\infty\}} = -\frac{t}{\tau} \qquad \text{bzw.:} \quad \frac{i_{LE}}{I_\infty} = e^{-\frac{t}{\tau}}$$

$$i_{LE} = I_\infty \cdot e^{-\frac{t}{\tau}} \tag{12.16}$$

Die Spannung über der Induktivität kann aus Gleich. (12.15) abgeleitet werden.

$$u_{\mathrm{LE}} = L \cdot \frac{\mathrm{d}(I_\infty \cdot \mathrm{e}^{-\frac{t}{\tau}})}{\mathrm{d}t} = I_\infty \cdot \mathrm{e}^{-\frac{t}{\tau}} \cdot (-\frac{R}{L}) \cdot L$$

$$u_{\mathrm{LE}} = -I_\infty \cdot R \cdot \mathrm{e}^{-\frac{t}{\tau}} = -U_\mathrm{q} \cdot \mathrm{e}^{-\frac{t}{\tau}} \qquad (12.17)$$

Die Funktionen für den Einschalt- und den Ausschaltvorgang verlaufen dann wie folgt:

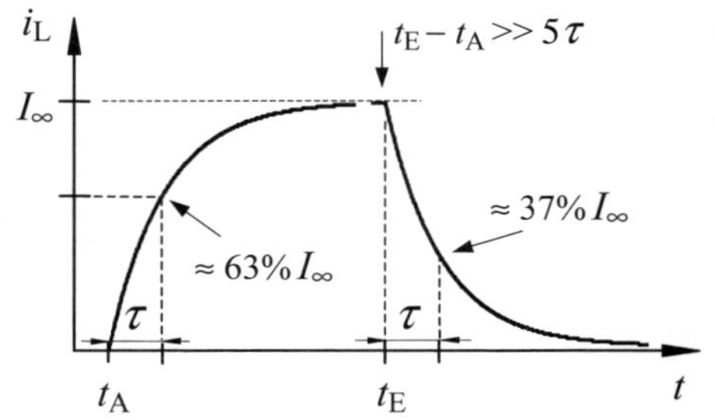

Bild 12.11: Stromverlauf

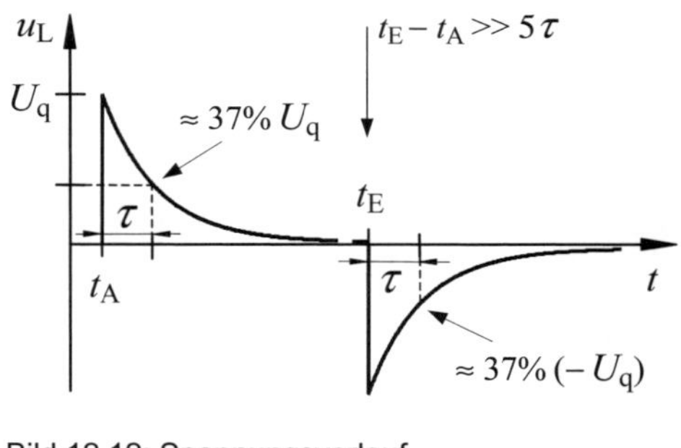

Bild 12.12: Spannungsverlauf

Nach der Zeit τ ist der Strom auf ca. 63% seines Maximalwertes angestiegen bzw. beim Ausschalten auf 37% abgefallen. Die Spannung über der Induktivität sinkt in diesem Zeitraum auf 37% ihres Extremwertes. Alle zeitlich abhängigen Vorgänge sind analog zum Lade- bzw. Entladeprozess des Kondensators aus praktischer Sicht nach ca. 5τ abgeschlossen (vgl. Abschn. 10.2).

12.2.3 Umschalten vormagnetisierter Spulen

Falls eine Spule bereits eine gewisse Vormagnetisierung besitzt und entweder weiter aufmagnetisiert oder weiter entmagnetisiert werden soll, muss dieser Vormagnetisierungszustand in Form des im Schaltmoment fließenden Spulenstromes I_0^* ($I_{0\mathrm{A}}$ oder $I_{0\mathrm{E}}$) in die mathematische Beschreibung der Zeitfunktion einbezogen werden.

Als Ausgangspunkt zur Berechnung dient die aus dem Einschaltvorgang ermittelte Lösung der Differentialgleichung (12.13) mit einer neuen Integrationskonstanten K_3.

$$\ln\{I_\infty - i_\mathrm{L}\} = -\frac{t}{\tau} + K_3$$

Die Integrationskonstante K_3 ergibt sich aus den Anfangsbedingungen bei $t^* = 0$.

$$\{i_\mathrm{L}\}_{t^*=0} = \{I_0^*\} \quad \Rightarrow \quad K_3 = \ln\{I_\infty - I_0^*\}$$

Diese Konstante setzt man in die allgemeine Lösung der Differentialgleichung ein. Der zu beschreibende Vorgang beginnt zum Zeitpunkt t^* (t_A oder t_E) und endet zum Zeitpunkt $t^* + \Delta t$ (siehe Bild 12.13 im Zusammenhang mit Bild 10.12). Für diesen Zeitraum gilt: $(t^* = 0) \leq t \leq (t^* + \Delta t)$.

$$\ln\frac{\{I_\infty - i_\mathrm{L}\}}{\{I_\infty - I_0^*\}} = -\frac{t}{\tau} \quad \text{bzw.:} \quad \frac{I_\infty - i_\mathrm{L}}{I_\infty - I_0^*} = \mathrm{e}^{-\frac{t}{\tau}}$$

$$i_\mathrm{L} = I_\infty - (I_\infty - I_0^*) \cdot \mathrm{e}^{-\frac{t}{\tau}} \qquad (12.18)$$

Die Spulenspannung kann mit dem Induktionsgesetz (11.26_a) berechnet werden:

$$u_\mathrm{L} = L \cdot \frac{\mathrm{d}i_\mathrm{L}}{\mathrm{d}t} = L \cdot \frac{\mathrm{d}(I_\infty - (I_\infty - I_0^*) \cdot \mathrm{e}^{-\frac{t}{\tau}})}{\mathrm{d}t}$$

$$u_L = -(I_\infty - I_0^*) \cdot e^{-\frac{t}{\tau}} \cdot (-\frac{R}{L}) \cdot L$$

$$u_L = R \cdot (I_\infty - I_0^*) \cdot e^{-\frac{t}{\tau}} \qquad (12.19)$$

Die Zeitfunktion des Spulenstromes hat beim Umschalten vormagnetisierter Spulen [bei einer gleichen Taktfrequenz des Umschaltens Δt (siehe Bild 12.13 sowie Bild 10.12) und im eingeschwungenen Zustand nach $t^* >> \Delta t$] den folgenden Verlauf:

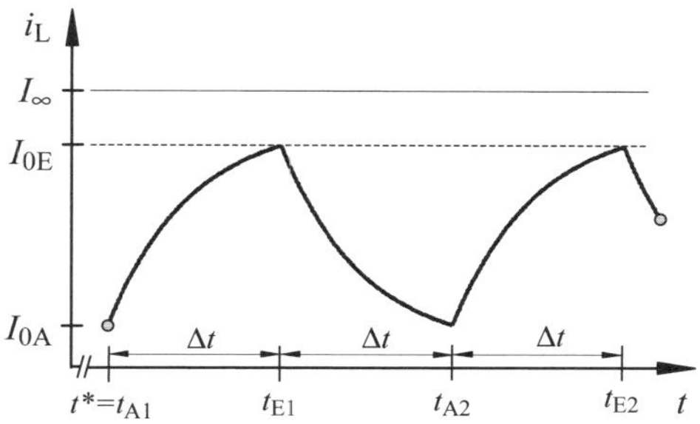

Bild 12.13: Stromverlauf beim Umschalten

Der Anfangswert im Umschaltmoment zum Aufmagnetisieren (bei $t^* = t_{Ax}$) beträgt I_{0A}. Von diesem Wert aus steigt der Spulenstrom nach einer e-Funktion an.

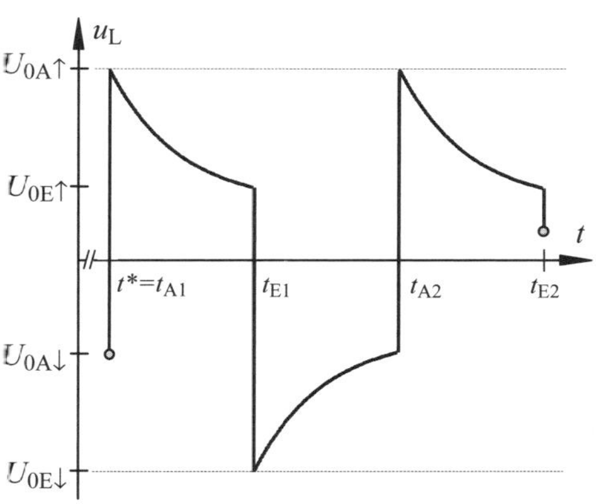

Bild 12.14: Spannungsverlauf beim Umschalten

Der Strom i_L könnte den Wert I_∞ erreichen, wenn genügend Zeit ($t > 5\tau$) zur Verfügung stehen würde. Im Umschaltmoment zum Entmagnetisieren (also bei $t^* = t_{Ex}$) hat der Spulenstrom den Wert I_{0E} erreicht, und sinkt nun wieder nach der e-Funktion ab.

Der Anfangswert der Spannung U_{0A} springt bei t_{Ax} von einem tiefen Wert (↓) auf einen hohen Wert (↑), sinkt nach der e-Funktion ab und springt dann wieder bei t_{Ex} von einem hohen auf einen tiefen Wert usw. (siehe Bild 12.14).

Lehrbeispiel 12.1:

Welche magnetische Energie kann in einer Spule mit der Induktivität L gespeichert werden, wenn in die Anordnung eine elektrische Energie $W_{ges}(t) = u \cdot i \cdot t$ eingespeist wird?

Gemäß Gleich. (11.17) mit (11.16) und Gleich. (11.25) gilt im Verbraucher-Zählpfeilsystem:

$$W_m = \frac{L}{2} \cdot i^2 = \frac{\Psi(t)}{2i} \cdot i^2 = \frac{\Psi(t) \cdot i}{2}$$

$$u = N \cdot \frac{d\Phi(t)}{dt} = \frac{d\Psi(t)}{dt}$$

$$W_m = \frac{\int u \cdot dt}{2} \cdot i = \frac{W_{ges}}{2}$$

Es kann genau die Hälfte der eingespeisten Gesamtenergie in der Anordnung gespeichert werden. Die andere Hälfte wird in einem elektrischen Strömungsfeld umgesetzt. Ohne dieses Strömungsfeld wäre keine Speicherung magnetischer Energie in der Spule möglich.

Daraus kann die Schlussfolgerung gezogen werden, dass die Existenz eines magnetischen Feldes die Existenz eines elektrischen Strömungsfeldes voraussetzt (und umgekehrt). Eine analoge Aussage wurde bereits zur Speicherung elektrischer Energie in einem elektrostatischen Feld (Kap. 9 und 10) abgeleitet.

Berechnungsbeispiel 12.1:

Zwei Spulen mit gleicher Selbstinduktivität befinden sich auf einem gemeinsamen Kern. Die jeweiligen Schenkel, auf denen die Spulen aufgebracht sind, können zueinander verstellt werden, so dass der Kopplungsfaktor theoretisch zwischen $0 < k < 1$ verändert werden kann. Beide Spulen sind gegensinnig in Reihe geschaltet (Bild 12.15). Berechnen Sie die Funktion $L_{ges} = f(k)$.

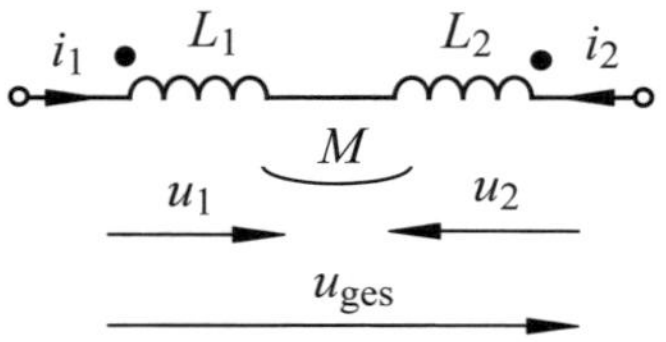

In dieser Reihenschaltung gilt:
$u_{ges} = u_1 - u_2$ mit $i_2 = -i_1$.

Bild 12.15: Schaltung zum Berechnungsbeispiel 12.1

Für die Spannungen u_1 und u_2 werden die Transformatorgleichungen (11.34) und (11.35) eingesetzt.

$$u_{ges} = L_1 \cdot \frac{di_1}{dt} - M \cdot \frac{di_1}{dt} - (M \cdot \frac{di_1}{dt} - L_2 \cdot \frac{di_1}{dt}) = (L_1 - 2M + L_2) \cdot \frac{di_1}{dt}$$

$$L_{ges} = L_1 + L_2 - 2M$$

Die Gegeninduktivität kann über $M = k \cdot L$ ersetzt werden. Damit erhält man die gesuchte Gesamtinduktivität über die gegebenen Größen:

$$L_{ges} = L + L - 2k \cdot L = 2L \cdot (1 - k)$$

Berechnungsbeispiel 12.2:

Berechnen Sie für einen verlustlosen Transformator nach Bild 12.5 (oben) mit beiden Ersatzschaltungen die resultierende Gesamtinduktivität zwischen:

a) den Punkten A und B, wenn der Schalter S geöffnet ist [gegensinnige Reihenschaltung; vgl. auch Abschn. 12.1.2 und Gleich. (12.3)].

b) den Punkten A und C, wenn der Schalter S geschlossen ist [gleichsinnige Parallelschaltung; vgl. auch Abschn. 12.1.2 und Gleich. (12.5)].

Gesucht ist eine allgemeine Lösung $L_{ges} = f(L_1, L_2, M)$.

Der Rechenaufwand ist für beide Ersatzschaltungen kurz zu diskutieren.

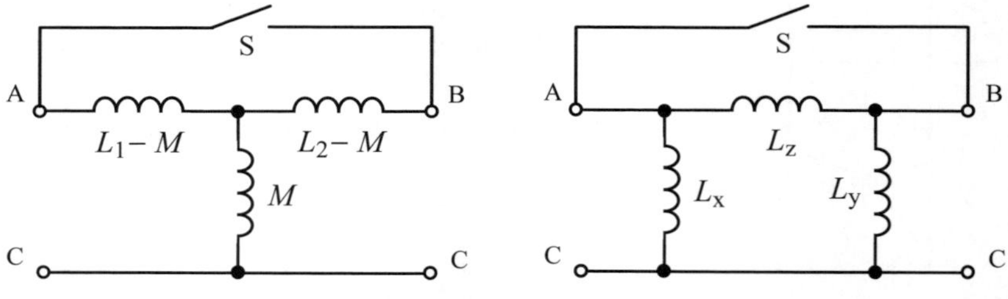

Bild 12.16: Ersatzschaltungen zum Berechnungsbeispiel 12.2

Zu a) Gesamtinduktivität einer gegensinnigen Reihenschaltung:

$L_{AB}(T) = L_1 - M + L_2 - M = L_1 + L_2 - 2M$ (siehe Berechnungsbeispiel 12.1)

$$L_{AB}(\Pi) = L_z // (L_x + L_y) = \frac{\frac{L_1 \cdot L_2 - M^2}{M} \cdot \left(\frac{L_1 \cdot L_2 - M^2}{L_2 - M} + \frac{L_1 \cdot L_2 - M^2}{L_1 - M} \right)}{(L_1 \cdot L_2 - M^2) \cdot \left(\frac{1}{M} + \frac{1}{L_2 - M} + \frac{1}{L_1 - M} \right)}$$

Hauptnenner bilden und kürzen!

$$L_{AB}(\Pi) = (L_1 \cdot L_2 - M^2) \cdot \frac{\frac{L_1 - M + L_2 - M}{M \cdot (L_2 - M) \cdot (L_1 - M)}}{\frac{(L_1 - M) \cdot (L_2 - M) + M \cdot (L_1 - M) + M \cdot (L_2 - M)}{M \cdot (L_2 - M) \cdot (L_1 - M)}}$$

$$L_{AB}(\Pi) = (L_1 \cdot L_2 - M^2) \cdot \frac{L_1 \cdot L_2 - 2M}{L_1 \cdot L_2 - L_1 \cdot M - L_2 \cdot M + M^2 + L_1 \cdot M - M^2 + L_2 \cdot M - M^2}$$

$$L_{AB}(\Pi) = (L_1 \cdot L_2 - M^2) \cdot \frac{L_1 \cdot L_2 - 2M}{L_1 \cdot L_2 - M^2} = L_1 + L_2 - 2M$$

Die Berechnung einer Reihenschaltung ist über die Π-Ersatzschaltung viel zu aufwändig!

Zu b) Gesamtinduktivität einer gleichsinnigen Parallelschaltung:

$$L_{AC}(T) = (L_1 - M) // (L_2 - M) + M = \frac{(L_1 - M) \cdot (L_2 - M)}{L_1 + L_2 - 2M} + M$$

$$L_{AC}(T) = \frac{L_1 \cdot L_2 - L_1 \cdot M - L_2 \cdot M + M^2 + L_1 \cdot M + L_2 \cdot M - 2M^2}{L_1 + L_2 - 2M} = \frac{L_1 \cdot L_2 - M^2}{L_1 + L_2 - 2M}$$

$$L_{AC}(\Pi) = L_x // L_y = \frac{\frac{L_1 \cdot L_2 - M^2}{L_2 - M} \cdot \frac{L_1 \cdot L_2 - M^2}{L_1 - M}}{\frac{L_1 \cdot L_2 - M^2}{L_2 - M} + \frac{L_1 \cdot L_2 - M^2}{L_1 - M}} = \frac{\frac{(L_1 \cdot L_2 - M^2)^2}{(L_2 - M) \cdot (L_1 - M)}}{(L_1 \cdot L_2 - M^2) \cdot \frac{(L_1 - M) + (L_2 - M)}{(L_2 - M) \cdot (L_1 - M)}}$$

$$L_{AC}(\Pi) = \frac{L_1 \cdot L_2 - M^2}{L_1 + L_2 - 2M}$$

Die Berechnung einer Parallelschaltung erfordert mit beiden Ersatzschaltungen etwa den gleichen Aufwand. Insgesamt kann die Schlussfolgerung abgeleitet werden, dass in den meisten Fällen (das ist allerdings immer von der zu berechnenden schaltungstechnischen Struktur abhängig) die T-Ersatzschaltung besser zur Beschreibung solcher Transformatorkonfigurationen geeignet ist. Eine Ausnahme wird im nächsten Berechnungsbeispiel vorgestellt.

Berechnungsbeispiel 12.3:

Die Induktivitäten L_1 und L_2 im Bild 12.17 sind über den Faktor $k = 0{,}6$ miteinander verkoppelt. Die Induktivitäten L_3 und L_4 sind mit allen anderen Induktivitäten nicht verkoppelt. Berechnen Sie für die Schalterstellungen D, E und F die Induktivität zwischen den Punkten A und B.

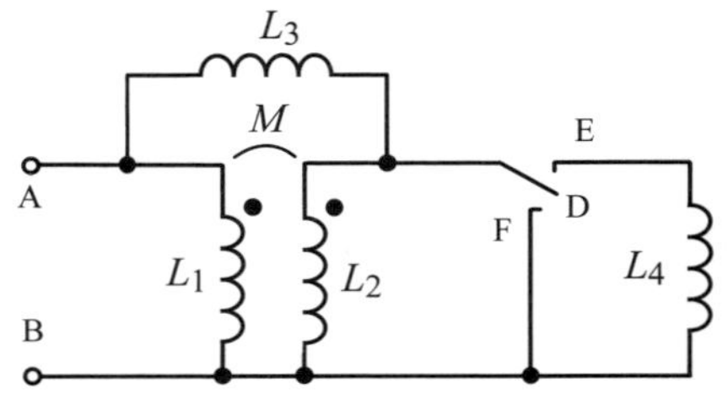

Geg.: $L_1 = 1{,}5$ H; $L_2 = 1{,}2$ H
$L_3 = 0{,}8$ H; $L_4 = 0{,}5$ H

Bild 12.17: Schaltung zum Berechnungsbeispiel 12.3

Die Originalschaltung wird für die drei Schalterstellungen so umgezeichnet, dass die Berechnung der Gesamtinduktivität möglichst einfach vorgenommen werden kann. Für die Schalterstellungen D und F bietet sich die Verwendung der T-Ersatzschaltung an. In der Schalterstellung E ist die Verwendung der Π-Ersatzschaltung günstiger.

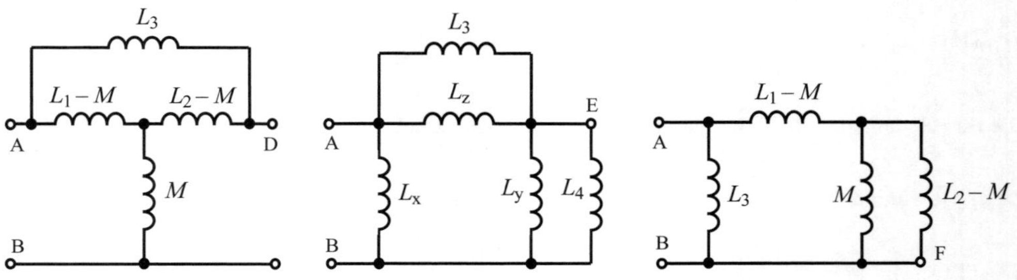

Bild 12.18: Ersatzschaltungen zum Berechnungsbeispiel 12.3

$$L_{AB(D)} = (L_1 - M)//[L_3 + (L_2 - M)] + M = 1{,}24 \text{ H}$$

$$L_{AB(E)} = L_x //[L_z // L_3 + L_y // L_4] = 683 \text{ mH}$$

$$L_{AB(F)} = L_3 //[(L_1 - M) + M //(L_2 - M)] = 438 \text{ mH}$$

Berechnungsbeispiel 12.4:

Die Anordnung im Bild 12.19 ist vollständig entmagnetisiert.

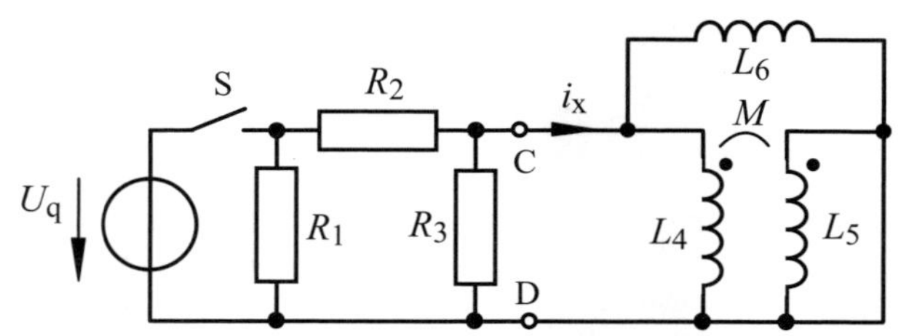

Geg.: $U_q = 12$ V
alle $R = 3\ \Omega$
$L_4 = L_5 = 5$ H
$L_6 = 3{,}2$ H
$k = 0{,}6$

Bild 12.19: Schaltung zum Berechnungsbeispiel 12.4

Zum Zeitpunkt $t = t_A = 0$ wird der Schalter geschlossen und nach $t_E = t^* = 3$ s wieder geöffnet. Skizzieren Sie die Funktionsverläufe von $i_x = f(t)$ sowie $u_3 = f(t)$ (Eckpunkte einzeichnen).

Schalter = A: Zwischen R_3 und den Induktivitäten wird eine Trennstelle positioniert und die Schaltung mit der Zweipoltheorie in eine Ersatzquelle und eine Ersatz-Lastinduktivität L_{CD} umgerechnet.

Schalter = E: Die Spannungsquelle wird abgetrennt. Es wirken nur noch die Ersatz-Lastinduktivität L_{CD} und der Ersatz-Innenwiderstand R_{iE} des ausgeschalteten Zustandes.

In den beiden Schalterstellungen ergeben sich unterschiedliche Ersatz-Innenwiderstände. Die zeitlich abhängigen Vorgänge laufen demzufolge mit verschiedenen Zeitkonstanten ab.

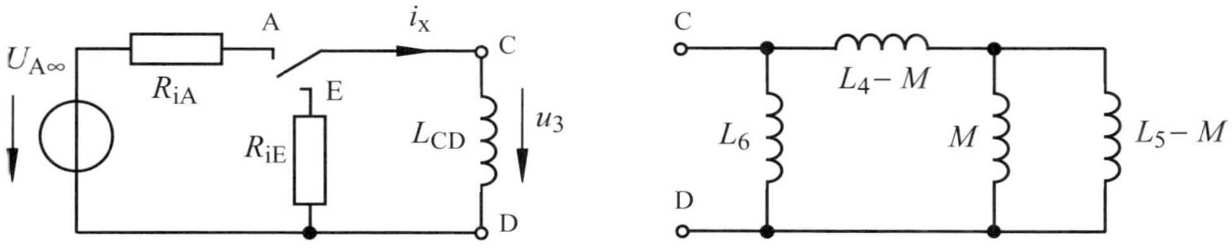

Bild 12.20: Ersatzschaltungen zum Berechnungsbeispiel 12.4

- Zeitraum $0 \le t \le t^*$ (Index A): $U_{A\infty} = U_q \cdot \dfrac{R_3}{R_2 + R_3} = 6\ \text{V};\quad R_{iA} = R_2 // R_3 = 1{,}5\ \Omega$

$$L_{CD} = L_6 // \left[(L_4 - M) + M // (L_5 - M)\right] = 1{,}6\ \text{H};\quad \tau_A = \frac{L_{CD}}{R_{iA}} = 1{,}0\overline{6}\ \text{s}$$

$$u_{3A} = U_{A\infty} \cdot e^{-\frac{t}{\tau_A}} \quad \text{mit:} \quad U^*_{3A} = U_{A\infty} \cdot e^{-\frac{t^*}{\tau_A}} = 6\ \text{V} \cdot e^{-\frac{3}{1{,}0\overline{6}}} = 0{,}36\ \text{V}$$

$$i_{xA} = I_{xA\infty} \cdot (1 - e^{-\frac{t}{\tau_A}}) = \frac{U_{A\infty}}{R_{iA}} \cdot (1 - e^{-\frac{t}{\tau_A}}) \quad \text{mit:} \quad I^*_{xA} = \frac{U_{A\infty}}{R_{iA}} \cdot (1 - e^{-\frac{t^*}{\tau_A}}) = 4\ \text{A} \cdot (1 - e^{-\frac{3}{1{,}0\overline{6}}}) = 3{,}76\ \text{A}$$

- Zeitraum $t \ge t^*$ (Index E): $R_{iE} = R_3 // (R_1 + R_2) = 2\ \Omega \;\Rightarrow\; \tau_E = \dfrac{L_{CD}}{R_{iE}} = 0{,}8\ \text{s}$

$$u_{3E} = -U^*_{3E} \cdot e^{-\frac{t-t^*}{\tau_E}} \quad \text{mit:} \quad -U^*_{3E} = -I^*_{xA} \cdot R_{iE} = -7{,}5\ \text{V} \quad \text{und:} \quad i_{xE} = I^*_{xA} \cdot e^{-\frac{t-t^*}{\tau_E}} \Rightarrow I_{xE\infty} = 0\ \text{A}$$

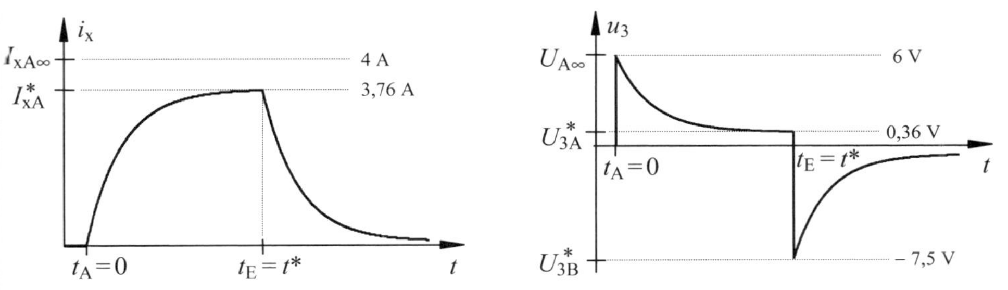

Bild 12.21: Skizze der Funktionsverläufe zum Berechnungsbeispiel 12.4

13 Beschreibung von Wechselgrößen

In den vorangegangenen Kapiteln wurde davon ausgegangen, dass die betrachteten elektrischen Größen Spannung und Strom zeitunabhängig sind (Gleichstromlehre) oder dass sich der Zustand der Zeitinvarianz nach einer relativ kurzen Ausgleichsphase (z.B. Abschn. 10.2 und 12.2) einstellt. Bei der Behandlung des Induktionsgesetzes (vgl. Abschn. 11.6) konnte jedoch bereits festgestellt werden, dass infolge der Bewegung eines Leiters in einem Magnetfeld eine zeitinvariante oder eine zeitlich veränderliche Spannung mit einem beliebigen Funktionsverlauf induziert wird. Diese Zeitfunktion ist periodisch, wenn sich der Leiter als Leiterschleife mit konstanter Winkelgeschwindigkeit in einem homogenen Magnetfeld um seine Symmetrieachse dreht. Der sinusförmige Verlauf einer periodischen Zeitfunktion ist eine spezielle Erscheinung einer Wechselgröße.

13.1 Periodische Zeitfunktionen

In den folgenden Kapiteln (Wechselstromlehre) wird davon ausgegangen, dass sich die betrachteten elektrischen Größen periodisch über der Zeit verändern. Periodische Funktionen sind dadurch gekennzeichnet, dass sich ihr Funktionsverlauf nach einem zeitlichen Intervall wiederholt. Dieses zeitliche Intervall bezeichnet man als *Periodendauer T* (siehe Bild 13.1).
Die Periodendauer gibt an, welche Zeit zum Durchlaufen eines vollständigen Vorgangs benötigt wird. Den Kehrwert der Periodendauer bezeichnet man als *Frequenz*. Für die Einheit gilt: $[f] = 1\ \mathrm{s}^{-1} = 1\ \mathrm{Hz}$ (Hertz).

$$f = \frac{1}{T} \qquad (13.1)$$

Bild 13.1 zeigt zwei Perioden des Verlaufes einer nichtsinusförmigen Zeitfunktion (hier: Spannung). Nach einer n-fachen Wiederholung mit einem ganzzahligen n gilt:

$$u(t) = u(t + n \cdot T)$$

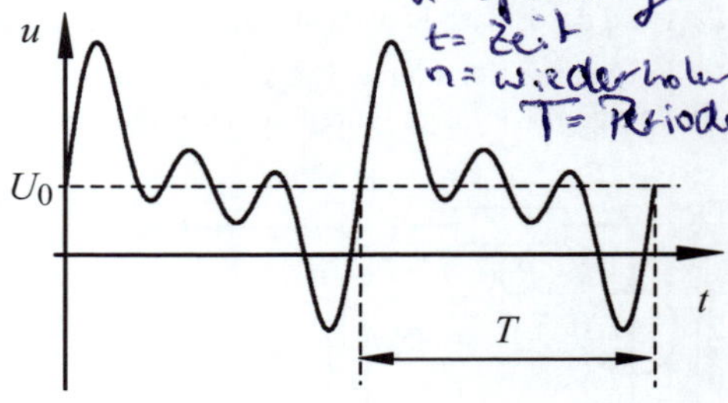

Bild 13.1: Allgemeiner periodischer Spannungsverlauf (Mischgröße)

Die im Bild 13.1 dargestellte Spannung wird als *Mischgröße* bezeichnet. Sie besteht aus einer *Wechselgröße*, die mit einer *Gleichgröße* U_0 überlagert ist.

Wechselgrößen sind nach DIN 5488 über zwei Eigenschaften definiert:

1. periodischer Funktionsverlauf und
2. arithmetischer Mittelwert gleich null.

> Eine Wechselspannung vom Augenblickswert u und ein Wechselstrom vom Augenblickswert i sind periodische Zeitfunktionen mit dem arithmetischen Mittelwert null.

Danach ist die im Bild 13.1 dargestellte Spannung keine reine Wechselgröße. Sie verläuft zwar periodisch, aber die Summe der gegen die Zeitachse eingeschlossenen (vorzeichenbehafteten) Flächenanteile ist ungleich null.

Diese Spannung wird zur Wechselgröße, wenn der Gleichanteil U_0 null ist. Legt man im Bild 13.1 die Zeitachse auf die waagerechte gestrichelte Linie U_0, so wird dieser Sachverhalt deutlich.

13.2 Sinusförmige Zeitfunktionen

Die im Bild 13.1 dargestellte Mischgröße besteht aus der Überlagerung einer Wechselgröße mit einer Gleichgröße. Die nichtsinusförmige Wechselgröße selbst kann nun wieder als eine Überlagerung von mehreren sinusförmigen Komponenten mit unterschiedlichen Frequenzen aufgefasst werden (vgl. auch Abschn. 13.4).

Der sinusförmige Verlauf einer Wechselspannung bzw. eines Wechselstromes hat demzufolge in der Wechselstromlehre eine fundamentale Bedeutung. Hier ändert sich der momentane Wert einer Wechselspannung u bzw. eines Wechselstromes i (*Momentanwert*; *Augenblickswert*) nach einer Sinusfunktion [Gleich. (13.2) und (13.3)].

$$u = \hat{U} \cdot \sin(\omega t + \varphi_u) \qquad (13.2)$$

$$i = \hat{I} \cdot \sin(\omega t + \varphi_i) \qquad (13.3)$$

Die Größen haben folgende Bedeutung:

u bzw. i	Augenblickswert	$[= f(t)]$
$\hat{U}$ bzw. $\hat{I}$	Maximalwert	$[\neq f(t)]$
φ_u bzw. φ_i	Nullphasenwinkel in °	
$\omega = 2\pi \cdot f$	Kreisfrequenz in s^{-1}	

Die Zeitfunktionen nach Gleich. (13.2) und (13.3) sind wieder (wie im Bild 13.1) mit einem Liniendiagramm darstellbar. Bild 13.2 zeigt den Verlauf einer sinusförmigen Wechselspannung.

Als Bezugszeitpunkt t_0 verwendet man den Nulldurchgang der Funktion beim Wechseln von negativen zu positiven Funktionswerten. Die Funktionsbeschreibung beginnt zu einem definierten Zeitpunkt $t = 0$. Im Falle einer Bezugsgröße (Bezugsspannung bzw. Bezugsstrom) wird dieser Startzeitpunkt mit t_0 festgelegt. Dann ist der Nullphasenwinkel der Bezugsgröße gleich null. Falls dieser Zeitpunkt mit $t = 0$ vorgegeben ist oder bereits definiert wurde, muss die zeitliche Verschiebung relativ zum Koordinatenursprung über einen vorzeichenbehafteten Nullphasenwinkel (φ_u bzw. φ_i) beschrieben werden. Für den im Bild 13.2 dargestellten Fall berechnet man den Nullphasenwinkel im Gradmaß über $\varphi_u \mathrel{\hat{=}} x$ rad wie folgt:

$$\omega \cdot T = 2\pi \quad \text{und:} \quad \omega \cdot \Delta t = x \text{ rad}$$

$$\frac{\omega \cdot \Delta t}{\omega \cdot T} = \frac{\Delta t}{T} = \frac{x \text{ rad}}{2\pi} \quad \Rightarrow \quad \varphi_u = 360° \cdot \frac{\Delta t}{T}$$

Das Vorzeichen dieses Winkels ist positiv, wenn der Funktionswert $U(t=0)$ positiv ist. Bei einem negativen Funktionswert zum Zeitpunkt $t = 0$ ist dieser Winkel negativ.

Da das Ablesen von Kenngrößen aus dem Liniendiagramm einer sinusförmigen Zeitfunktion relativ aufwändig ist (z.B. Nullphasenwinkel), hat man sich ein grafisches Hilfsmittel in Form eines Zeigerdiagramms (Bild 13.3) geschaffen.

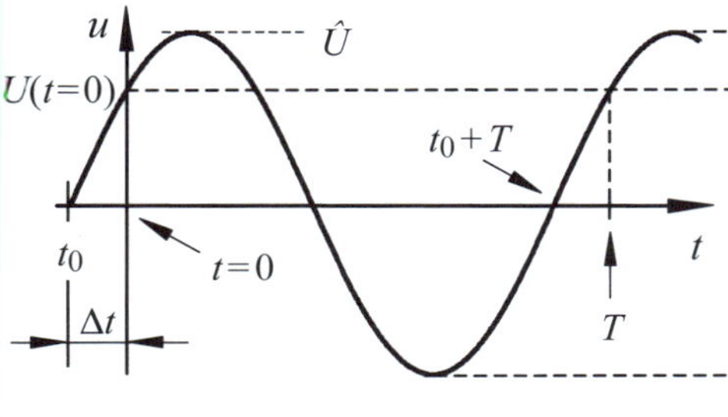

Bild 13.2: Liniendiagramm einer sinusförmigen Wechselspannung

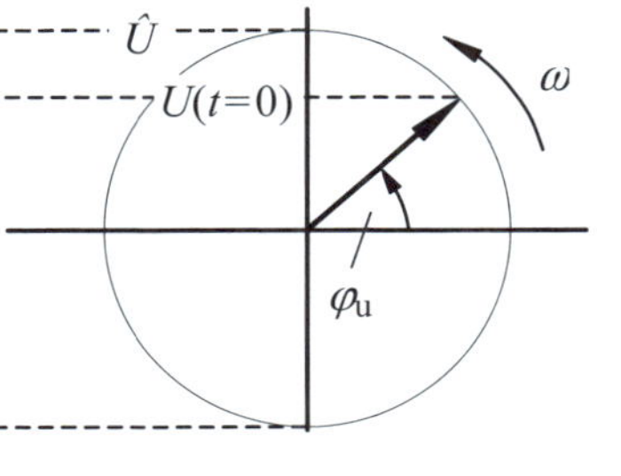

Bild 13.3: Zeigerdiagramm einer sinusförmigen Wechselspannung für $t = 0$

Es handelt sich hierbei um eine Projektion des Liniendiagramms in eine Zeigerdarstellung (vgl. die nebeneinander gezeichneten Bilder 13.2 und 13.3).

Ein Zeiger mit der Länge des Maximalwertes $\hat{U}$ besitzt im Zeigerdiagramm zum Zeitpunkt $t = 0$ mit dem Funktionswert $U\,(t = 0)$ eine definierte Lage im kartesischen Koordinatensystem. Diese Position wird im Liniendiagramm (Bild 13.2) durch eine Verschiebung des Zeitpunktes $t = 0$ relativ zum Bezugszeitpunkt t_0 festgelegt. Zum Zeitpunkt $t = 0$ kann man nun den Nullphasenwinkel φ_u im Bild 13.3 viel leichter ablesen als im Liniendiagramm des Bildes 13.2.

Für den Zeitraum $t > 0$ rotiert dieser Zeiger mit der *Kreisfrequenz* ω gegen den Uhrzeigersinn. Die Zeigerspitze bewegt sich auf einem Kreis mit dem Radius des Maximalwertes und beschreibt mit ihrer Projektion auf die Ordinate den gesamten Wertevorrat der Zeitfunktion. Die für einen vollen Umlauf benötigte Zeit ist die Periodendauer. Zwischen der Kreisfrequenz ω, der Periodendauer T und der Frequenz f existiert folgender Zusammenhang:

$$\omega = 2\pi \cdot f = \frac{2\pi}{T} \qquad (13.4)$$

Die Beschreibung einer periodischen Zeitfunktion mit einem Zeigerdiagramm ist nur für sinusförmige Funktionsverläufe gültig. Nichtsinusförmige periodische Zeitfunktionen bestehen aus der Überlagerung harmonischer Funktionen unterschiedlicher Frequenz. Diesen Sachverhalt müsste man mit mehreren „Zeigern“ nachbilden, die sich mit unterschiedlichen Kreisfrequenzen bewegen. Damit würden diese „Zeiger“ ihre Lagen zueinander ständig verändern, und ihre Winkel zueinander wären nicht definierbar.

13.3 Mittelwerte periodischer Zeitfunktionen

Zu einem Zeitpunkt $t = t_x$ besitzt der Zeiger im Bild 13.3 eine beliebige Lage in einem der vier Quadranten. Die Position seiner Zeigerspitze gibt dann den aktuellen Funktionswert $U\,(t_x)$ an. Eine quantitative Beschreibung elektrischer Grundgrößen im Wechselstromkreis ist mit diesem Funktionswert, der sich ja ständig ändert, nicht praktikabel. Aus diesem Grund wurden Mittelwerte definiert, die eine zeitunabhängige Aussage über die jeweils betrachtete Größe ermöglichen. Mit ihrer Hilfe können messtechnische Aussagen zu periodischen Zeitfunktionen im Wechselstromkreis (auch ohne ein Oszilloskop) abgeleitet und in zeitinvarianter Form mathematisch interpretiert werden.

Mittelwerte periodischer Zeitfunktionen werden von einem Zeitpunkt t über eine vollständige Periode [also bis $(t + T)$] berechnet. Die Verschiebung der Funktion relativ zu $t = 0$ geht nicht mit in die Berechnung ein. Wie Bild 13.2 zeigt, erhält man eine vollständige Periode sowohl im Zeitraum von t_0 bis $(t_0 + T)$ als auch im Zeitraum von $t = 0$ bis T.

13.3.1 Arithmetischer Mittelwert

Der arithmetische Mittelwert beschreibt eine Zeitfunktion über die vorzeichenbehaftete Fläche, die diese Funktion über einer Periode gegen die Zeitachse einschließt. Die Gleich. (13.5) gilt in analoger Form auch für eine Wechselspannung.

$$\bar{I} = \frac{1}{T} \cdot \int_0^T i(t) \cdot \mathrm{d}t \qquad (13.5)$$

Es handelt sich um einen linearen Mittelwert, der bei einer Sinusfunktion null ist. Dieser Mittelwert ist für den praktischen Einsatz nur sehr bedingt geeignet, da er lediglich eine Aussage zum Gleichanteil einer Mischgröße liefert.

Die Sinusschwingung hat in der Wechselstromlehre eine fundamentale Bedeutung und wird (insbesondere in der Messtechnik) häufig als Bezugs- bzw. Vergleichsfunktion verwendet. Für ihre Beschreibung muss ein aussagefähiger Mittelwert (ungleich null) gefunden werden. Dieses Ziel kann man durch eine Veränderung des Verlaufes einer periodischen Zeitfunktion aus der Sicht ihrer vorzeichenbehafteten Symmetrie relativ zur Zeitachse erreichen.

Als erste Maßnahme bietet sich eine Betragsbildung (Zweiweg-Gleichrichtung der Wechselgröße) an. Sie bewirkt, dass nur noch positive Funktionswerte existieren und der arithmetische Mittelwert nicht mehr null werden kann.

13.3.2 Gleichrichtwert

Der *Gleichrichtwert* beschreibt den arithmetischen Mittelwert des Betrages einer periodischen Zeitfunktion.

> Der Gleichrichtwert einer Wechselgröße ist derjenige Wert, der über einer Periode den gleichen Betrag der Fläche gegen die Zeitachse einschließt wie eine Gleichgröße.

Zur Herleitung einer allgemein gültigen Berechnungsvorschrift für den Gleichrichtwert soll die Bestimmung des Betrages einer Zeitfunktion am Beispiel eines gleichgerichteten sinusförmigen Wechselstromes (ohne Gleichanteil mit $\varphi_i = 0$) demonstriert werden. In diese Funktionsdarstellung wird der zu vergleichende Gleichstrom als Maß für den Gleichrichtwert $\overline{|I|}$ mit eingezeichnet. Für die Fläche, die der Gleichstrom während einer Periode gegen die Zeitachse einschließt (im Bild 13.4 grau unterlegt), gilt: $A_{-} \mathrel{\hat{=}} \overline{|I|} \cdot T$

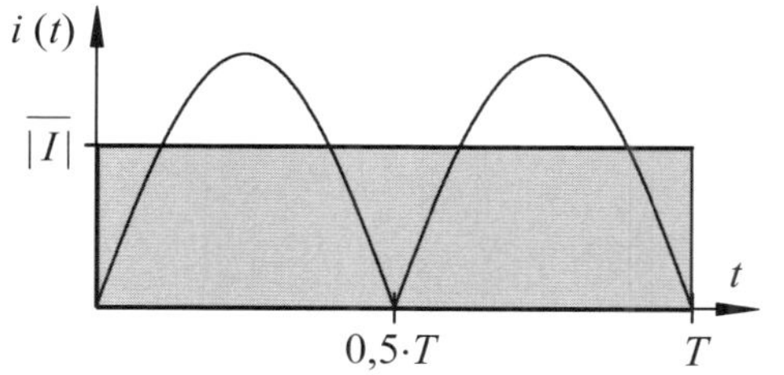

Bild 13.4: Bestimmung des Gleichrichtwertes

Die Fläche unter den beiden Halbwellen wird durch Integration über dem Betrag der Funktion längs einer Periode bestimmt.

$$A_{\sim} \mathrel{\hat{=}} \int_0^T |i(t)| \cdot \mathrm{d}t$$

Nach dem Gleichsetzen dieser beiden Flächen ergibt sich der Gleichrichtwert:

$$\overline{|I|} = \frac{1}{T} \cdot \int_0^T |i(t)| \cdot \mathrm{d}t \qquad (13.6)$$

Der Gleichrichtwert ist ein linearer Mittelwert des Betrages einer Zeitfunktion über einer Periode. Für Wechselgrößen, die nach der Betragsbildung im Zeitraum $0 \le t \le 0{,}5T$ den gleichen Verlauf aufweisen wie im Zeitraum $0{,}5\,T \le t \le T$, ist die Integration über einer halben Periode ausreichend.

$$\overline{|I|} = \frac{2}{T} \cdot \int_0^{T/2} |i(t)| \cdot \mathrm{d}t \qquad (13.7)$$

Zur Berechnung des Gleichrichtwertes einer sinusförmigen Zeitfunktion muss (z.B. für einen Wechselstrom) die Gleich. (13.3) mit $\varphi_i = 0$ in (13.7) eingesetzt werden.

$$\overline{|I|} = \frac{2}{T} \cdot \int_0^{T/2} \left| \hat{I} \cdot \sin \omega t \right| \cdot \mathrm{d}t$$

$$\text{Substitution: } \omega t = \alpha \quad \Rightarrow \quad \mathrm{d}t = \frac{\mathrm{d}\alpha}{\omega}$$

$$\overline{|I|} = \frac{2 \cdot \hat{I}}{T} \cdot \int_{(0)}^{(T/2)} |\sin \alpha| \cdot \frac{\mathrm{d}\alpha}{\omega}$$

$$\overline{|I|} = \frac{2 \cdot \hat{I}}{\omega \cdot T} \cdot [-\cos \alpha]_{(0)}^{(T/2)} \qquad \text{mit: } \alpha = \omega t$$

$$\overline{|I|} = \frac{2 \cdot \hat{I}}{\omega \cdot T} \cdot [-\cos \omega t]_0^{T/2}$$

$$\text{Es gilt: } \omega \cdot T = \omega \cdot \frac{2\pi}{\omega} = 2\pi$$

$$\overline{|I|} = \frac{\hat{I}}{\pi} \cdot [-\cos \pi - (-\cos 0)] = \frac{\hat{I}}{\pi} \cdot (1+1)$$

$$\overline{|I|} = \frac{2}{\pi} \cdot \hat{I} \approx 0{,}637 \cdot \hat{I} \qquad (13.8)$$

13.3.3 Effektivwert

Der gebräuchlichste Mittelwert der Elektrotechnik ist der quadratische Mittelwert oder *Effektivwert.*

> Der Effektivwert eines Wechselstromes ist derjenige Wert, der in einem ohmschen Widerstand über die Dauer einer Periode die gleiche Energie in Wärme umsetzt wie ein ebenso großer Gleichstrom.

Während beim Gleichrichtwert die Flächen gleichzusetzen waren, müssen nun die Energieumsätze gleichgesetzt werden.

$$W_{-} = I^2 \cdot R \cdot T \quad \text{und} \quad W_{\sim} = \int_0^T i^2(t) \cdot R \cdot \mathrm{d}t$$

Diese Energieumsätze sind nur dann miteinander vergleichbar, wenn sie auf den jeweils gleichen Widerstand bezogen werden. Beim Gleichsetzen der Energien kürzt er sich somit heraus. Der zu diesem Vergleich herangezogene Gleichstrom ist ein Maß für den gesuchten quadratischen Mittelwert und wird als Effektivwert I_{eff} bezeichnet. Es gilt:

$$I_{\text{eff}} = \sqrt{\frac{1}{T} \cdot \int_0^T i^2(t) \cdot \mathrm{d}t} \qquad (13.9)$$

Die in Gleich. (13.9) angegebene Beziehung gilt für beliebige periodische Zeitfunktionen.

Durch Einsetzen der Gleich. (13.3) mit $\varphi_i = 0$ kann mit Gleich. (13.9) der Effektivwert für einen sinusförmigen Wechselstrom (und analog dazu für eine sinusförmige Wechselspannung) berechnet werden.

$$I_{\text{eff}} = \sqrt{\frac{1}{T} \cdot \int_0^T \hat{I}^2 \cdot \sin^2(\omega t) \cdot \mathrm{d}t}$$

Der Maximalwert des Stromes ist zeitunabhängig und darf als Faktor vor das Integral geschrieben sowie radiziert werden.

$$\text{Substitution: } \omega t = \alpha \quad \Rightarrow \quad \mathrm{d}t = \frac{\mathrm{d}\alpha}{\omega}$$

$$I_{\text{eff}} = \hat{I} \cdot \sqrt{\frac{1}{T} \cdot \int_{(0)}^{(T)} \sin^2 \alpha \cdot \frac{\mathrm{d}\alpha}{\omega}} \qquad (13.10)$$

In der folgenden Berechnung wird vorerst nur das Integral unter der Wurzel in einer Nebenrechnung betrachtet.

Für das Quadrat einer Sinusfunktion gilt folgendes Additionstheorem:

$\sin^2\alpha = 0{,}5 \cdot (1 - \cos 2\alpha)$

$$\int_{(0)}^{(T)} \sin^2\alpha \cdot \frac{d\alpha}{\omega} = \frac{0{,}5}{\omega} \cdot \int_{(0)}^{(T)} (1-\cos 2\alpha)\cdot d\alpha$$

$$= \frac{1}{2\omega} \cdot \int_{(0)}^{(T)} d\alpha - \frac{1}{2\omega} \cdot \int_{(0)}^{(T)} \cos 2\alpha \cdot d\alpha$$

$$= \frac{1}{2\omega}\left[\alpha - \frac{1}{2}\cdot\sin 2\alpha\right]_{(0)}^{(T)} \qquad \text{mit: } \alpha = \omega t$$

$$= \frac{1}{2\omega}\left[\omega t - \frac{1}{2}\cdot\sin 2\omega t\right]_{0}^{T}$$

$$= \frac{1}{2\omega}(\omega T - \frac{1}{2}\cdot\sin 2\omega T) = \frac{T}{2}$$

Durch Einsetzen des Ergebnisses dieser Zwischenrechnung in die Berechnungsvorschrift nach Gleich. (13.10) ergibt sich für den Effektivwert:

$$I_{\text{eff}} = \frac{\hat{I}}{\sqrt{2}} = 0{,}707 \cdot \hat{I} \qquad (13.11)$$

♦ Schreibweise:

Alle zeitlich unabhängigen Größen kann man im Wechselstromkreis durch folgende Schreibweise voneinander unterscheiden:

$\hat{U}$ bzw. $\hat{I}$	Maximalwerte
$\overline{U}$ bzw. $\overline{I}$	arithmetische Mittelwerte
$\overline{\lvert U \rvert}$ bzw. $\overline{\lvert I \rvert}$	Gleichrichtwerte
U_{eff} bzw. I_{eff}	Effektivwerte

Zeitinvariante Größen werden mit einem Großbuchstaben gekennzeichnet!

Es hat sich in der Praxis bewährt, den Effektivwert als gebräuchlichste Größe ohne Index anzugeben. Wenn alle anderen Größen eindeutig gekennzeichnet werden, ist sicherlich die Festlegung gerechtfertigt, dass es sich bei einer Spannung oder einem Strom ohne zusätzliche Kennung (großer Buchstabe U oder I) im Wechselstromkreis immer um einen Effektivwert handeln soll.

Lehrbeispiel 13.1:

Zu welchem Zeitpunkt erreicht eine sinusförmige Wechselspannung mit $f = 50$ Hz und einem Nullphasenwinkel von $\varphi_u = 30°$ (π / 6 rad) das erste Mal ihren:
a) Gleichrichtwert
b) Effektivwert
c) Maximalwert
d) Nulldurchgang?

Zur Lösung dieser Aufgabenstellung wird das Sinus-Zeit-Gesetz gemäß Gleich. (13.2) verwendet und nach der Zeit umgestellt.

$$t = \frac{\arcsin\left(\frac{u}{\hat{U}}\right) - \varphi_u}{2\pi f} \qquad (13.12)$$

Die gesuchten Zeiten (Skizze anfertigen!) erhält man nun durch Einsetzen des jeweiligen Funktionswertes für die Zeitpunkte der Teilaufgabenstellungen a), b), c) und d) in Gleich. (13.12).

$$t_a = \frac{\arcsin\left(\frac{0{,}637\cdot\hat{U}}{\hat{U}}\right) - \frac{\pi}{6}}{2\pi\cdot 50\,\text{Hz}} = 532\ \mu\text{s}$$

$$t_b = \frac{\arcsin\left(\frac{0{,}707\cdot\hat{U}}{\hat{U}}\right) - \frac{\pi}{6}}{2\pi\cdot 50\,\text{Hz}} = \frac{\frac{\pi}{4} - \frac{\pi}{6}}{2\pi\cdot 50\,\text{Hz}} = 833\ \mu\text{s}$$

$$t_c = \frac{\arcsin\left(\frac{\hat{U}}{\hat{U}}\right) - \frac{\pi}{6}}{2\pi\cdot 50\,\text{Hz}} = \frac{\frac{\pi}{2} - \frac{\pi}{6}}{2\pi\cdot 50\,\text{Hz}} = 3{,}\bar{3}\ \text{ms}$$

$$t_d = \frac{\arcsin\left(\frac{0}{\hat{U}}\right) - \frac{\pi}{6}}{2\pi\cdot 50\,\text{Hz}} = \frac{\pi - \frac{\pi}{6}}{2\pi\cdot 50\,\text{Hz}} = 8{,}\bar{3}\ \text{ms}$$

13.4 Überlagerung sinusförmiger Zeitfunktionen

Eine Überlagerung sinusförmiger Zeitfunktionen mit gleicher Frequenz und gleichem Nullphasenwinkel führt wieder zu einer sinusförmigen Zeitfunktion.

$u_1 = \hat{U}_1 \cdot \sin(\omega t + \varphi_u)$

$u_2 = \hat{U}_2 \cdot \sin(\omega t + \varphi_u)$

$u_1 + u_2 = (\hat{U}_1 + \hat{U}_2) \cdot \sin(\omega t + \varphi_u)$

Die Zeitfunktionen können zusätzlich noch unterschiedliche Nullphasenwinkel haben. Das nachfolgende Lehrbeispiel zeigt, dass eine solche Überlagerung wieder zu einer sinusförmigen Zeitfunktion führt.

Lehrbeispiel 13.2:

Ein Generator besitzt zwei getrennte Läuferpakete, die um 60° versetzt zueinander angeordnet sind. Er liefert für u_1 als Bezugsgröße folgende Spannungen ($f = 50$ Hz):

$u_1 = \hat{U}_1 \cdot \sin(\omega t + \varphi_{u1}) = 30\ \text{V} \cdot \sin \omega t$

$u_2 = \hat{U}_2 \cdot \sin(\omega t + \varphi_{u2}) = 20\ \text{V} \cdot \sin(\omega t - 60°)$

Zeichnen Sie das resultierende Liniendiagramm der Gesamtspannung, die über der gleichsinnigen Reihenschaltung beider Läuferpakete liegt, und konstruieren Sie das Zeigerbild.

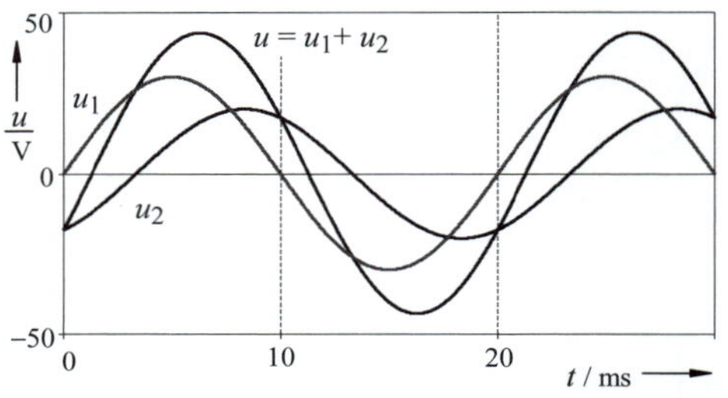

Bild 13.5: Liniendiagramm zum Lehrbeispiel 13.2

Bild 13.5 zeigt die Zeitfunktionen aller drei Spannungen. Die resultierende Gesamtspannung hat einen sinusförmigen Verlauf.

Bild 13.6 zeigt das entsprechende Zeigerbild. In diesem maßstäblichen Zeigerbild kann man den resultierenden Nullphasenwinkel φ_u viel besser ablesen, als im Liniendiagramm.

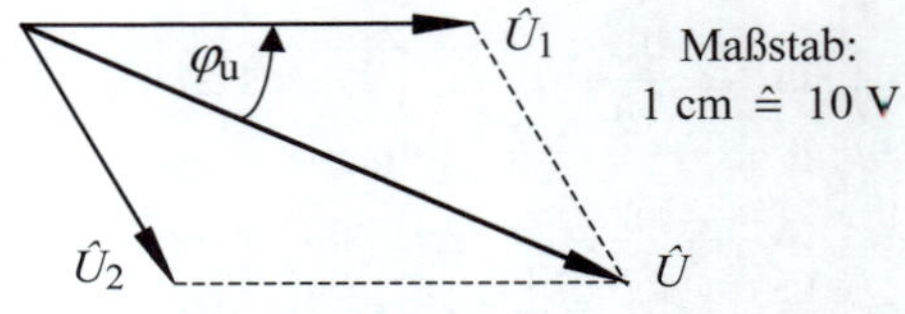

Bild 13.6: Zeigerbild zum Lehrbeispiel 13.2

Die resultierende Spannung hat einen Maximalwert von $\hat{U} \approx 44$ V und eine Phasenverschiebung gegenüber u_1 von $\varphi_u \approx -24°$.

Bild 13.7 zeigt die Überlagerung zweier Sinusfunktionen ungleicher Frequenz. Die zweite Funktion u_2 besitzt gegenüber der ersten Funktion u_1 die halbe Amplitude und die doppelte Frequenz. Es gilt:

$u_1 = \hat{U} \cdot \sin \omega t$ und: $u_2 = 0{,}5\,\hat{U} \cdot \sin 2\omega t$

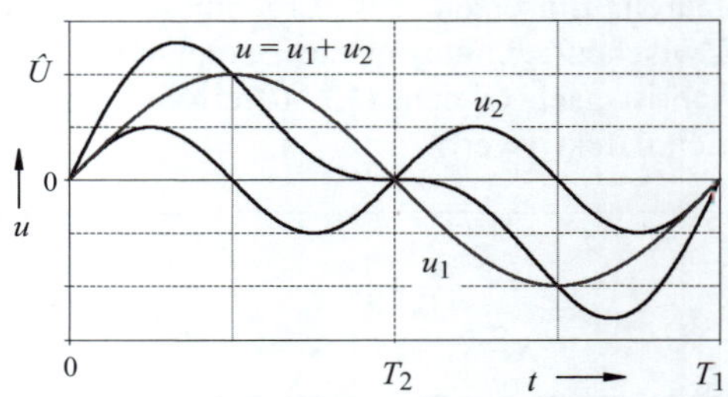

Bild 13.7: Überlagerung von sinusförmigen Zeitfunktionen unterschiedlicher Frequenz

Bei einer Überlagerung sinusförmiger Zeitfunktionen mit unterschiedlichen Frequenzen (beliebige Amplituden und beliebige Nullphasenwinkel) entsteht eine nichtsinusförmige periodische Zeitfunktion mit $f(t) = f(t + n \cdot T)$. Es muss demzufolge auch möglich sein, eine solche nichtsinusförmige periodische Zeitfunktion wieder auf eine Überlagerung von harmonischen Funktionen mit entsprechenden Amplituden, bestimmten Frequenzen und Nullphasenwinkeln zurückzuführen. Im Bild 13.1 wurde bereits am Beispiel einer Mischgröße gezeigt, dass an dieser Überlagerung auch ein Gleichanteil beteiligt sein kann.

Die Frequenzen der an der Überlagerung beteiligten harmonischen Schwingungen sind ganzzahlige Vielfache n einer Grundschwingung mit der Grundfrequenz f_0. Diese Grundschwingung (mit $n = 1$) wird auch als Grundwelle oder als erste Harmonische bezeichnet. Alle weiteren Schwingungen sind dann Oberschwingungen bzw. Oberwellen ($n > 1$), also n-te Harmonische, mit den Frequenzen $n \cdot f_0$.

Mit der FOURIER-Reihe kann eine nichtsinusförmige periodische Zeitfunktion gemäß Gleich. (13.13) über die Summe von Sinus- und Kosinusfunktionen und einen Gleichanteil beschrieben werden.

$$f(t) = A_0 + \sum_{n=1}^{\infty} A_n \cos n\omega_0 t + \sum_{n=1}^{\infty} B_n \sin n\omega_0 t \qquad (13.13)$$

Die Koeffizienten dieser FOURIER-Reihe werden mit $n = (1, 2, 3, \ldots)$ und einer Einheit gemäß $f(t)$ wie folgt berechnet:

$$A_0 = \frac{1}{T_0} \cdot \int_0^{T_0} f(t) \cdot \mathrm{d}t \qquad (13.14)$$

$$A_n = \frac{2}{T_0} \cdot \int_0^{T_0} f(t) \cdot \cos n\omega_0 t \cdot \mathrm{d}t \qquad (13.15)$$

$$B_n = \frac{2}{T_0} \cdot \int_0^{T_0} f(t) \cdot \sin n\omega_0 t \cdot \mathrm{d}t \qquad (13.16)$$

Eine gerade Funktion $[f(t) = f(-t)]$ weist in der FOURIER-Reihe neben A_0 nur cos-Anteile auf ($B_n = 0$), während eine ungerade Funktion [mit $f(t) = -f(-t)$] nur sin-Anteile ($A_0 = 0$ und $A_n = 0$) besitzt.

Mit Kenntnis der FOURIER-Koeffizienten ist die spektrale Darstellung einer Mischgröße möglich. Die Ermittlung der Koeffizienten wird im Berechnungsbeispiel 13.2 gezeigt. Für die Amplitude der n-ten Harmonischen einer Wechselspannung gilt:

$$\hat{U}_n = \sqrt{A_n^2 + B_n^2} \qquad (13.17)$$

Für den Nullphasenwinkel dieser n-ten Harmonischen gilt:

$$\varphi_{u,n} = \arctan \frac{A_n}{B_n} \qquad (13.18)$$

Bild 13.8 zeigt die an der Amplitude und am Nullphasenwinkel der n-ten Harmonischen beteiligten Komponenten.

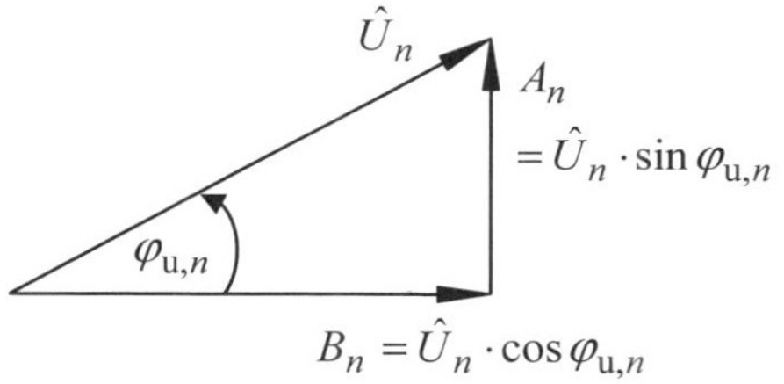

Bild 13.8: Komponenten einer Harmonischen

Durch eine Zusammenfassung der jeweils gleichfrequenten Schwingungsanteile in Gleich. (13.13) erhält man unter Berücksichtigung des Gleichanteils die Spektraldarstellung einer nichtsinusförmigen Zeitfunktion.

$$u(t) = U_0 + \sum_{n=1}^{\infty} \hat{U}_n \cdot \sin[n\omega_0 t + \varphi_{u,n}] \qquad (13.19)$$

Diese Funktion kann im Frequenzbereich mit einem *Amplitudenspektrum* (Linienspektrum) und mit einem *Phasenspektrum* dargestellt werden.

Das Amplitudenspektrum bildet die Intensitäten (hier: Amplituden) der in einer nichtsinusförmigen periodischen Zeitfunktion enthaltenen harmonischen Schwingungen als Funktion ihrer Frequenzlage oder als Funktion der Nummer n der jeweiligen harmonischen Schwingung in einer grafischen Darstellung ab. Die Länge einer Linie beschreibt den Maximalwert oder den Effektivwert der Schwingung. Der minimale Abstand zwischen den Spektrallinien entspricht der Grundfrequenz f_0. Jede spektrale Frequenz f_n ist dann ein ganzzahliges Vielfaches der Grundfrequenz mit $f_n = n \cdot f_0$. Bild 13.9 zeigt ein Beispiel für eine Wechselspannung, die mit einer Gleichspannung U_0 überlagert ist.

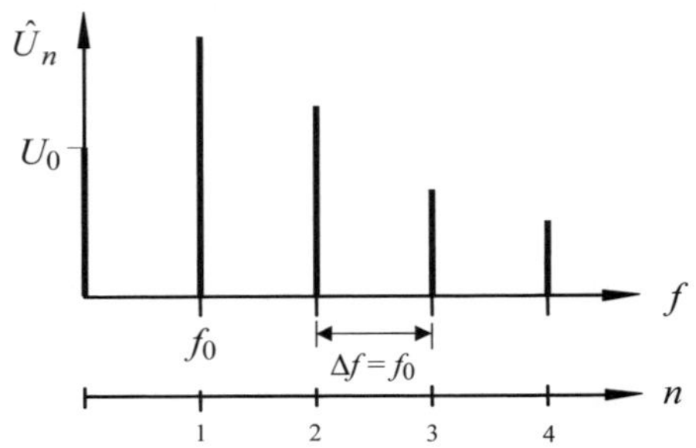

Bild 13.9: Amplitudenspektrum einer nichtsinusförmigen Zeitfunktion

Das im Bild 13.9 dargestellte Amplitudenspektrum kann auch als allgemeines Linienspektrum für die Effektivwerte der einzelnen Harmonischen oder für die Spannungspegel der einzelnen Harmonischen (siehe auch Abschn. 16.3) angegeben werden. In beiden Fällen wäre lediglich der Maßstab der Ordinatenachse zu ändern.

Ein Phasenspektrum bildet die Nullphasenwinkel der Komponenten des Amplitudenspektrums als Funktion ihrer Frequenzlage oder als Funktion der Nummer n der jeweiligen harmonischen Schwingung (siehe Bild 13.10) ab. Die Länge einer Linie beschreibt in Zusammenhang mit ihrer Quadrantenlage den Nullphasenwinkel der jeweiligen harmonischen Schwingung.

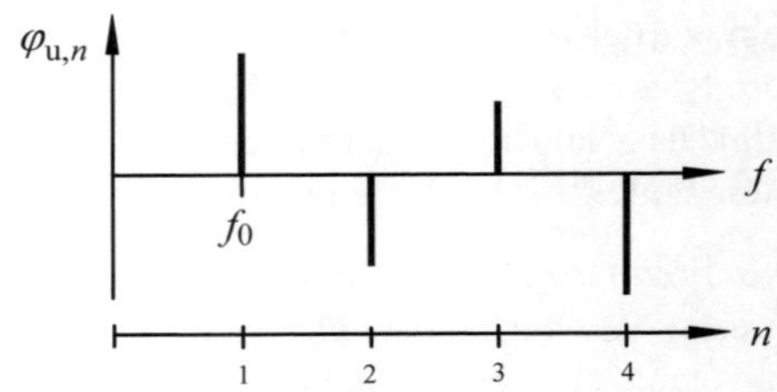

Bild 13.10: Phasenspektrum einer nichtsinusförmigen Zeitfunktion

Zur Beschreibung der Abweichung der Signalform einer Wechselgröße vom sinusförmigen Funktionsverlauf verwendet man häufig den *Klirrfaktor*.

> Der Klirrfaktor beschreibt das Verhältnis zwischen dem Effektivwert aller Oberschwingungen und dem Gesamteffektivwert der Schwingung.

Bei einer reinen Sinusschwingung ist der Klirrfaktor gleich null, da keine Oberschwingungen existieren. Für eine nichtsinusförmige Wechselspannung gilt:

$$k = \frac{\sqrt{U_2^2 + U_3^2 + \ldots + U_\mathrm{m}^2}}{\sqrt{U_1^2 + U_2^2 + U_3^2 + \ldots + U_\mathrm{m}^2}} \qquad (13.20)$$

Die Darstellung der Kurvenform einer Wechselgröße wird mit dem Oszilloskop vorgenommen. Der Klirrfaktor dieser Größe kann z.B. mit einer Klirrfaktor-Messbrücke bestimmt werden.

Zur Erfassung der spektralen Komponenten von Mischgrößen kommen z.B. Spektrum-Analysatoren oder PC-gestützte Analysesysteme auf der Basis einer geeigneten Signaltransformation zum Einsatz. Bei abgetasteten Signalen verwendet man häufig die DFT (**D**iskrete **F**OURIER-**T**ransformation) oder die FFT (**F**ast **F**OURIER **T**ransform).

Berechnungsbeispiel 13.1:

Berechnen Sie für die im Bild 13.11 dargestellte symmetrische Dreieck-Impulsfolge den Gleichrichtwert und den Effektivwert.

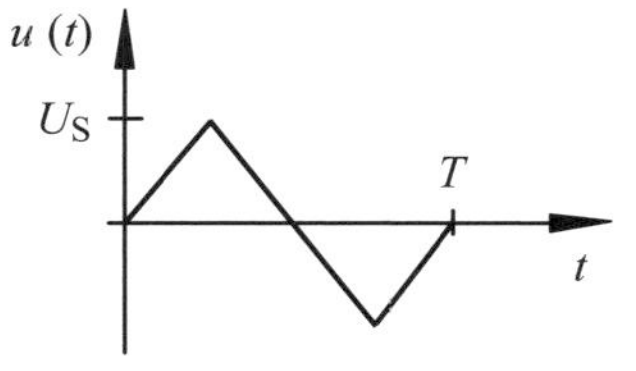

Bild 13.11: Zeitfunktion zum Berechnungsbeispiel 13.1

Für die Berechnung der gesuchten Mittelwerte wird die Impulsfolge in drei Teilbereiche zerlegt und über Geradengleichungen beschrieben:

$$u_1 = \mathrm{f}(t) = U_S \cdot \frac{4}{T} \cdot t \qquad \text{für: } 0 \le t \le \frac{T}{4}$$

$$u_2 = \mathrm{f}(t) = -U_S \cdot \frac{4}{T} \cdot t + 2 \cdot U_S \qquad \text{für: } \frac{T}{4} \le t \le \frac{3 \cdot T}{4}$$

$$u_3 = \mathrm{f}(t) = U_S \cdot \frac{4}{T} \cdot t - 4 \cdot U_S \qquad \text{für: } \frac{3 \cdot T}{4} \le t \le T$$

Die Berechnung wäre dann über die Lösung der folgenden beiden Gleichungen möglich:

Für den Gleichrichtwert gilt: $$\overline{|U|} = \frac{1}{T} \cdot \left[\int_0^{T/4} |u_1| \cdot \mathrm{d}t + \int_{T/4}^{3T/4} |u_2| \cdot \mathrm{d}t + \int_{3T/4}^{T} |u_3| \cdot \mathrm{d}t \right] = \frac{U_S}{2}$$

Für den Effektivwert gilt: $$U_{\mathrm{eff}} = \sqrt{\frac{1}{T} \cdot \left[\int_0^{T/4} u_1^2 \cdot \mathrm{d}t + \int_{T/4}^{3T/4} u_2^2 \cdot \mathrm{d}t + \int_{3T/4}^{T} u_3^2 \cdot \mathrm{d}t \right]} = \frac{U_S}{\sqrt{3}}$$

Dieser recht hohe Rechenaufwand ist reduzierbar, wenn man die Symmetrie der originalen Zeitfunktion ausnutzt und sie mit vier Sägezahn-Impulsen der gleichen Länge (T / 4) ersetzt (Bild 13.12). Die „neue" Periodendauer beträgt dann T / 4 im Vergleich zur originalen Periodendauer.

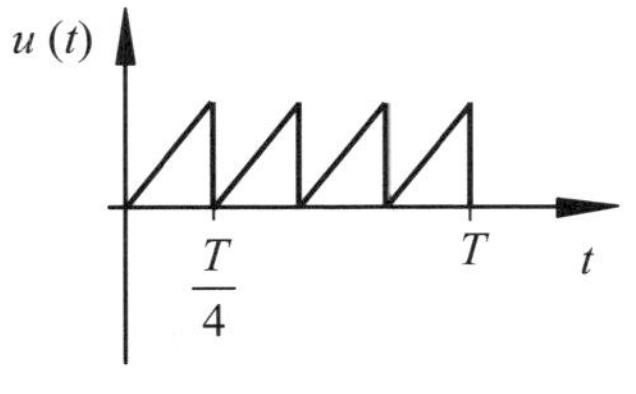

$$u_1 = \mathrm{f}(t) = U_S \cdot \frac{4}{T} \cdot t \qquad \text{für: } 0 \le t \le \frac{T}{4}$$

Bild 13.12: Veränderung der Zeitfunktion im Berechnungsbeispiel 13.1

Nun können die gesuchten Größen viel einfacher berechnet werden:

$$\overline{|U|} = \frac{4}{T} \cdot \int_0^{T/4} |u_1| \cdot \mathrm{d}t = \frac{4}{T} \cdot \int_0^{T/4} U_S \cdot \frac{4}{T} \cdot t \cdot \mathrm{d}t = \frac{4}{T} \cdot U_S \cdot \frac{4}{T} \cdot \left[\frac{t^2}{2} \right]_0^{\frac{T}{4}} = \frac{U_S}{2}$$

$$U_{\mathrm{eff}} = \sqrt{\frac{4}{T} \cdot \int_0^{T/4} u_1^2 \cdot \mathrm{d}t} = \sqrt{\frac{4}{T} \cdot \int_0^{T/4} U_S^2 \cdot \frac{16}{T^2} \cdot t^2 \cdot \mathrm{d}t} = \sqrt{\frac{4}{T} \cdot U_S^2 \cdot \frac{16}{T^2} \cdot \left[\frac{t^3}{3} \right]_0^{\frac{T}{4}}} = \frac{U_S}{\sqrt{3}}$$

Berechnungsbeispiel 13.2:

Berechnen Sie die FOURIER-Reihe der im Bild 13.13 dargestellten Sägezahn-Impulsfolge.

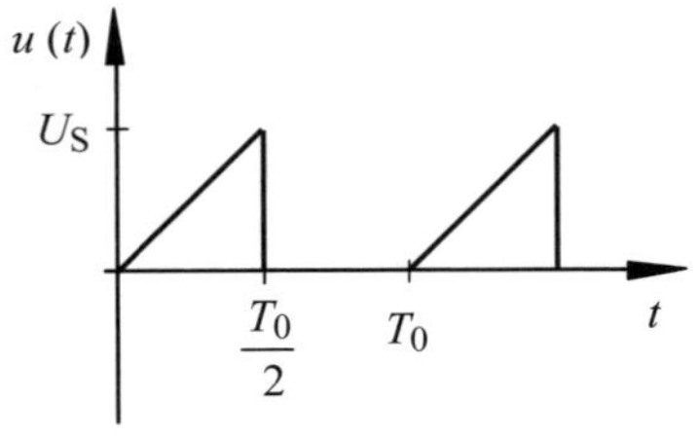

Bild 13.13: Zeitfunktion zum Berechnungsbeispiel 13.2

Es handelt sich um eine asymmetrische Funktion. Sie kann trotz Verschiebung der Funktion relativ zum Koordinatenursprung nicht in eine gerade oder eine ungerade Funktion überführt werden.

Die vorliegende Funktion $u(t) = \frac{2 \cdot U_S}{T_0} \cdot t$ (Bild 13.13) besteht aus sin- und cos-Gliedern. Ihr Gleichanteil berechnet sich aus Gleichung (13.14). Er ist von $0{,}5 \cdot T_0$ bis T_0 gleich null.

$$A_0 = \frac{1}{T_0} \int_0^{T_0/2} \frac{2 \cdot U_S}{T_0} \cdot t \cdot \mathrm{d}t = \frac{2 \cdot U_S}{T_0^2} \cdot \frac{t^2}{2} \Bigg|_0^{T_0/2} = \frac{2 \cdot U_S}{2 \cdot T_0^2} \cdot \frac{T_0^2}{4} = \frac{U_S}{4}$$

Die cos- und sin-Glieder werden mit den Gleichungen (13.15) und (13.16) bestimmt.

$$A_n = \frac{2}{T_0} \int_0^{T_0/2} \frac{2 \cdot U_S}{T_0} \cdot t \cdot \cos n\omega_0 t \cdot \mathrm{d}t = \frac{4 \cdot U_S}{T_0^2} \cdot \frac{n\omega_0 t \cdot \sin n\omega_0 t + \cos n\omega_0 t}{n^2 \cdot \omega_0^2} \Bigg|_0^{T_0/2}$$

$$A_n = \frac{U_S}{n^2 \cdot \pi^2} \cdot [n \cdot \pi \cdot \sin n \cdot \pi + \cos n \cdot \pi - 1]$$

$$B_n = \frac{2}{T_0} \int_0^{T_0/2} \frac{2 \cdot U_S}{T_0} \cdot t \cdot \sin n\omega_0 t \cdot \mathrm{d}t = \frac{4 \cdot U_S}{T_0^2} \cdot \frac{-n\omega_0 t \cdot \cos n\omega_0 t + \sin n\omega_0 t}{n^2 \cdot \omega_0^2} \Bigg|_0^{T_0/2}$$

$$B_n = \frac{U_S}{n^2 \cdot \pi^2} \cdot [\sin n \cdot \pi - n \cdot \pi \cdot \cos n \cdot \pi]$$

Nach Gleich. (13.13) ergibt sich die FOURIER-Reihe wie folgt aus den Koeffizienten:

$$u = \mathrm{f}(t) = \frac{U_S}{4} - \frac{2 \cdot U_S}{\pi^2} \cdot (\cos \omega_0 t + \frac{\cos 3\omega_0 t}{9} + \frac{\cos 5\omega_0 t}{25} + \frac{\cos 7\omega_0 t}{49} + \ldots) + \ldots$$

$$\ldots + \frac{U_S}{\pi} \cdot (\sin \omega_0 t - \frac{\sin 2\omega_0 t}{2} + \frac{\sin 3\omega_0 t}{3} - \frac{\sin 4\omega_0 t}{4} + - \ldots)$$

14 Widerstände im Wechselstromkreis

14.1 Elementare Zweipole

Die Grundbauelemente Widerstand, Spule und Kondensator weisen im Wechselstromkreis unterschiedliche Charakteristika auf. Auf der Grundlage der in den Kapiteln 7 bis 12 behandelten Gesetzmäßigkeiten kann man das Verhalten dieser elementaren Zweipole im Wechselstromkreis über ihre Strom-Spannungs-Beziehungen beschreiben. Die Zweipole werden zunächst als ideale Bauelemente betrachtet (Bild 14.1). Bei allen weiteren Ausführungen gilt die Randbedingung, dass die an den Punkten a und b angeschlossene Quelle eine sinusförmige Einspeisung vornimmt. Die jeweils eingespeiste Größe (Spannung oder Strom) wird als Bezugsgröße (Nullphasenwinkel gleich null, siehe Bild 13.2 mit $t_0 = 0$) definiert.

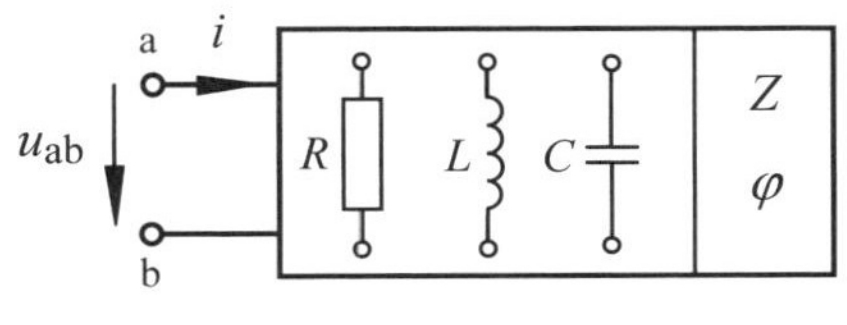

Bild 14.1: Zweipole im Wechselstromkreis [1)]

Der Betrag des resultierenden Widerstandes eines Zweipols wird im Wechselstromkreis mit dem *Scheinwiderstand* Z oder seinem Kehrwert (*Scheinleitwert* Y) beschrieben.

$$Z = \frac{U}{I} = \frac{1}{Y} \qquad (14.1)$$

Ein Scheinwiderstand verursacht im Wechselstromkreis eine resultierende Phasenverschiebung zwischen Spannung und Strom. Dieser Phasenwinkel φ kann aus der Differenz der Nullphasenwinkel von Spannung und Strom bestimmt werden.

$$\varphi = \varphi_u - \varphi_i \qquad (14.2)$$

Er wird im Weiteren immer positiv vom Spannungszeiger zum Stromzeiger gerechnet. Ist der Nullphasenwinkel der Spannung größer als derjenige des Stromes, d.h., eilt die Spannung dem Strom voraus, so ist der Phasenwinkel positiv. Eilt dagegen der Strom gegenüber der Spannung voraus, so ist der Phasenwinkel negativ.

14.1.1 Ohmscher Widerstand

Der ohmsche Widerstand R (im Wechselstromkreis auch *Wirkwiderstand* genannt) nimmt Wirkleistung (vgl. Kap. 17) auf.

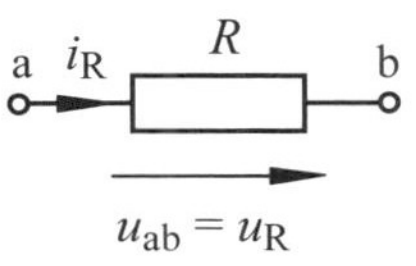

Bild 14.2: Widerstand im Wechselstromkreis

Legt man an diesen Zweipol eine Wechselspannung $u_{ab} = u_R = \hat{U} \cdot \sin \omega t$ (Bild 14.2), so begrenzt er den Strom i_R.

$$i_R = \frac{u_R}{R} = \frac{\hat{U}}{R} \cdot \sin \omega t = \hat{I} \cdot \sin \omega t \qquad \text{bzw.:}$$

$$R = \frac{u_R}{i_R} = \frac{\hat{U} \cdot \sin \omega t}{\hat{I} \cdot \sin \omega t} = \frac{\hat{U}}{\hat{I}} = \frac{U\sqrt{2}}{I\sqrt{2}} = \frac{U}{I}$$

Aus dem Quotienten von Spannung und Strom kürzt sich die Sinusfunktion heraus (keine Frequenzabhängigkeit), und der Widerstandswert ergibt sich aus dem Verhältnis der Effektivwerte von Spannung und Strom. Die durch das Bauelement verursachte Phasenverschiebung ist gleich null.

1) Schaltzeichen nach DIN 60617-4 und IEC 617-4

Diese Aussagen lassen sich mit dem *Frequenzgang* und dem *Zeigerbild* in anschaulicher Weise darstellen. Für die Länge der Zeiger im Zeigerbild wird im Weiteren der jeweilige Effektivwert der Zeitfunktion verwendet, der sich gemäß Gleich. (13.11) aus dem Maximalwert berechnen lässt.

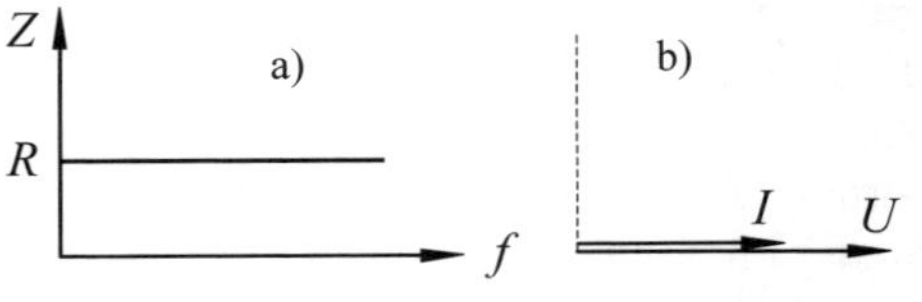

Bild 14.3: Eigenschaften des ohmschen Widerstandes im Wechselstromkreis
a) Frequenzgang b) Zeigerbild

> Der ohmsche Widerstand R ist frequenzunabhängig.
> Er verursacht keine Phasenverschiebung zwischen Spannung und Strom.

14.1.2 Induktiver Blindwiderstand

Die Induktivität L beschreibt die Bauelemente-Kenngröße einer idealen Spule.

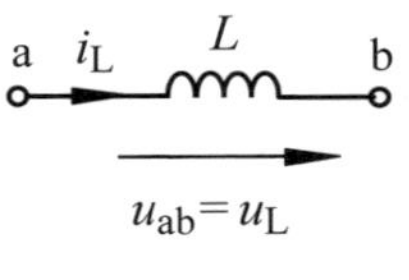

Bild 14.4: Induktivität im Wechselstromkreis

Das Induktionsgesetz [Gleich. (11.26)] beschreibt im magnetischen Feld den Zusammenhang zwischen der zeitlichen Änderung des Stromes als Ursache und der induzierten Spannung als Wirkung. Zur Herleitung der Strom-Spannungs-Beziehung einer Induktivität im Wechselstromkreis wird hier demzufolge der Strom mit $i_L = \hat{I} \cdot \sin \omega t$ als eingespeiste Größe und damit als Bezugsgröße ($\varphi_i = 0$) gewählt und in das Induktionsgesetz (11.26_a) eingesetzt.

$$u_L = L \frac{di_L}{dt} = L \frac{d\hat{I} \cdot \sin \omega t}{dt} = \omega L \cdot \hat{I} \cos \omega t$$

Addiert man einen Winkel von 90° zum Argument der cos-Funktion, kann die Spannung u_L in eine sin-Funktion umgerechnet und mit der allgemeinen Funktionsbeschreibung einer sinusförmigen Wechselspannung verglichen werden.

$$u_L = \omega L \cdot \hat{I} \cdot \sin(\omega t + 90°)$$
$$\downarrow \qquad\qquad \downarrow$$
$$u = \hat{U} \cdot \sin(\omega t + \varphi_u)$$

Aus dem Vergleich (↓) erhält man eine Aussage zum Scheinwiderstand dieses (vorerst als ideal angenommenen) Bauelementes im Wechselstromkreis.

Es gilt: $\hat{U} = \omega L \cdot \hat{I}$ bzw.:

$$Z_L = \frac{\hat{U}}{\hat{I}} = \frac{U}{I} = \omega L \qquad (14.3)$$

Diese Widerstandskomponente wird als *induktiver Blindwiderstand* bezeichnet. Der Name steht in einem engen Zusammenhang mit der von Blindwiderständen verursachten *Blindleistung* (vgl. Kap.17).

Aus dem Vergleich der Argumente o.g. Funktionsverläufe kann eine Aussage zur Phasenverschiebung abgeleitet werden, die ein induktiver Blindwiderstand zwischen Spannung und Strom verursacht.

Es gilt: $\varphi_u = +90°$ bzw.:

$$\varphi = \varphi_u - \varphi_i = +90° \qquad (14.4)$$

> Der induktive Blindwiderstand ωL ist frequenzabhängig. Er verursacht eine Phasenverschiebung in der Art, dass der Spannungszeiger dem Stromzeiger um 90° vorauseilt (positiver Phasenwinkel).

Diese Aussagen können wieder mit dem Frequenzgang des Scheinwiderstandes und über ein Zeigerbild anschaulich dargestellt werden.

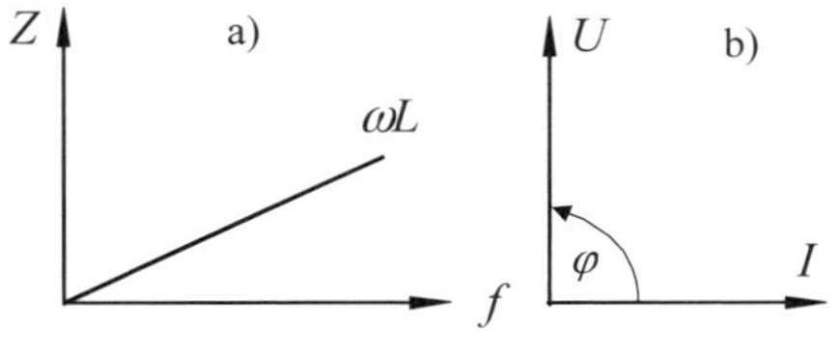

Bild 14.5: Eigenschaften des induktiven Blindwiderstandes im Wechselstromkreis
a) Frequenzgang b) Zeigerbild

14.1.3 Kapazitiver Blindwiderstand

Die Kapazität C beschreibt die Bauelemente-Kenngröße eines idealen Kondensators.

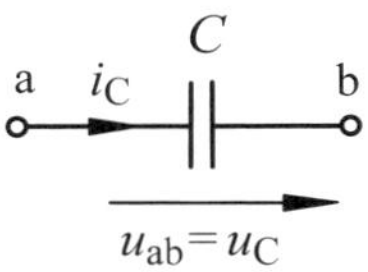

Bild 14.6: Kapazität im Wechselstromkreis

Zur Herleitung der Strom-Spannungs-Beziehung einer Kapazität im Wechselstromkreis wird die Spannung $u_C = \hat{U} \cdot \sin \omega t$ als eingespeiste Größe und damit als Bezugsgröße (also mit einem Nullphasenwinkel $\varphi_u = 0$) gewählt und in das Ladungsgesetz gemäß Gleich. (10.15) eingesetzt.

$$i_C = C \frac{du_C}{dt} = C \frac{d\hat{U} \cdot \sin \omega t}{dt} = \omega C \cdot \hat{U} \cdot \cos \omega t$$

Durch Addition eines Winkels von 90° zum Argument der cos-Funktion kann dieser Strom in eine sin-Funktion umgerechnet und mit der allgemeinen Funktionsbeschreibung eines sinusförmigen Wechselstromes verglichen werden.

$$i_C = \omega C \cdot \hat{U} \cdot \sin(\omega t + 90°)$$

$$\downarrow \qquad \downarrow$$

$$i = \hat{I} \cdot \sin(\omega t + \varphi_i)$$

Aus dem Vergleich (↓) erhält man eine Aussage zum Scheinwiderstand dieses (vorerst als ideal angenommenen) Bauelementes im Wechselstromkreis.

Es gilt: $\hat{U} = \frac{1}{\omega C} \cdot \hat{I}$ bzw.:

$$Z_C = \frac{\hat{U}}{\hat{I}} = \frac{U}{I} = \frac{1}{\omega C} \qquad (14.5)$$

Diese Widerstandskomponente wird als *kapazitiver Blindwiderstand* bezeichnet.

Aus dem Vergleich der Argumente o.g. Funktionsverläufe kann eine Aussage zur Phasenverschiebung abgeleitet werden, die ein kapazitiver Blindwiderstand zwischen Spannung und Strom verursacht.

$\varphi_i = +90°$ bzw.:

$$\varphi = \varphi_u - \varphi_i = -90° \qquad (14.6)$$

Der kapazitive Blindwiderstand ist frequenzabhängig. Er verursacht eine Phasenverschiebung in der Art, dass der Spannungszeiger dem Stromzeiger um 90° nacheilt (negativer Phasenwinkel).

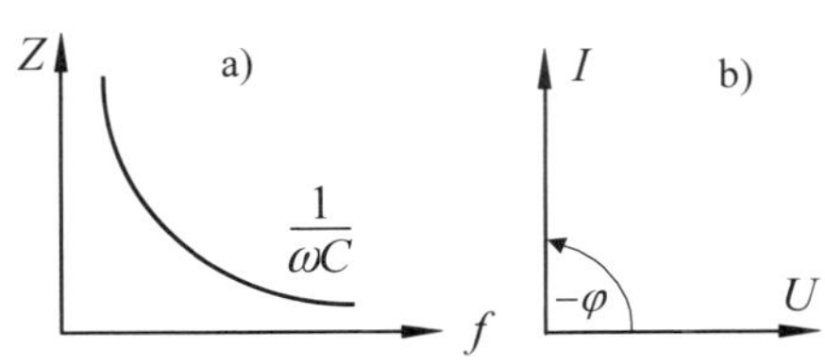

Bild 14.7: Eigenschaften des kapazitiven Blindwiderstandes im Wechselstromkreis
a) Frequenzgang b) Zeigerbild

14.2 Reale Bauelemente

Die im Abschn. 14.1 vorgestellten Zeigerbilder für Elementarzweipole weisen auf die Notwendigkeit hin, die unterschiedlichen Richtungen in einer kombinierten Darstellung von Zeigern (*Zeigerbild*) zu kennzeichnen. Dazu führt man eine Zeigerdarstellung in der komplexen Ebene ein.

♦ Komplexe Spannungs- und Stromzeiger sowie resultierende Widerstands- bzw. Leitwertzeiger werden mit einem Unterstrich gekennzeichnet ($\underline{U}$; $\underline{I}$; $\underline{Z}$; $\underline{Y}$). Ohne einen Unterstrich sind es die Beträge, die den Längen dieser Zeiger entsprechen.
Es gilt: $U = |\underline{U}|$; $I = |\underline{I}|$; $Z = |\underline{Z}|$; $Y = |\underline{Y}|$.

♦ Die durch die Blindwiderstände verursachte Phasenverschiebung wird durch eine Multiplikation ihres Betrages (Zeigerlänge $\hat{=}$ ωL bzw. $1/(\omega C)$ mit $\pm$ j beschrieben:

$\varphi = +90° \Rightarrow$ Multiplikation mit (+ j)
$\varphi = -90° \Rightarrow$ Multiplikation mit (− j).

Das elektrische Verhalten realer Bauelemente kann im Wechselstromkreis durch eine Kombination von idealen Elementarzweipolen in Form von Ersatzschaltungen nachgebildet werden. Da die Eigenschaften dieser Elementarzweipole nicht von der Spannung bzw. vom Strom abhängen (lineares Verhalten), ist mit solchen Ersatzschaltungen auch nur das lineare Verhalten der realen Bauelemente beschreibbar.

Im einfachsten Fall (NF-Ersatzschaltbild) bildet man die Spule bzw. den Kondensator durch das jeweilige ideale Blindelement in Kombination mit einem ohmschen Verlustwiderstand nach. Die Abhängigkeit der Bauelementeverluste von der Temperatur und/oder der Frequenz bleibt in diesem Fall unberücksichtigt. Man erhält damit einfache Ersatzschaltungen, die eine Beschreibung typischer Bauelementeeigenschaften über ein Zeigerbild ermöglichen. Bei Elementarschaltungen entsteht ein rechtwinkliges Dreieck. Eine Ableitung von Berechnungsvorschriften für Elementarschaltungen ist demzufolge noch direkt aus dem Zeigerbild (Lehrsatz des PYTHAGORAS bzw. Anwendung der tan-Funktion) möglich. Für gemischte Schaltungen ist diese Methode nicht mehr geeignet (siehe Kap. 15 bis 19).

14.2.1 Reale Spule

Die Verluste einer Spule werden durch die Wicklungsverluste (ohmscher Widerstand des verwendeten Drahtes) und die Eisenverluste des verwendeten Kerns bestimmt. Fließt ein Strom durch die Wicklung, so verursacht er ein magnetisches Feld. Gleichzeitig wird dieser Strom durch den Verlustwiderstand der Spule begrenzt. Da in beiden Fällen vom gleichen Strom die Rede ist, handelt es sich bei der Ersatzschaltung dieses realen Bauelementes um eine Reihenschaltung. Sie besteht aus einem idealen induktiven Blindwiderstand und einem ohmschen Verlustwiderstand.

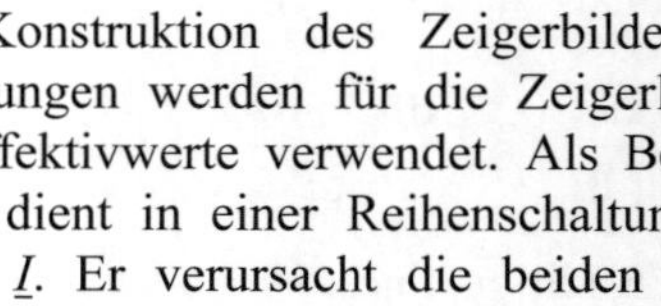

Bild 14.8: Reale Spule im Wechselstromkreis

Zur Konstruktion des Zeigerbildes der Spannungen werden für die Zeigerlängen die Effektivwerte verwendet. Als Bezugsgröße dient in einer Reihenschaltung der Strom $\underline{I}$. Er verursacht die beiden Spannungsabfälle $\underline{U}_R$ (in Phase zum Strom) und $\underline{U}_L$ (zum Strom um + 90° phasenverschoben). Die resultierende Gesamtspannung $\underline{U}$ ergibt sich aus der geometrischen Addition der beiden Teilspannungen.

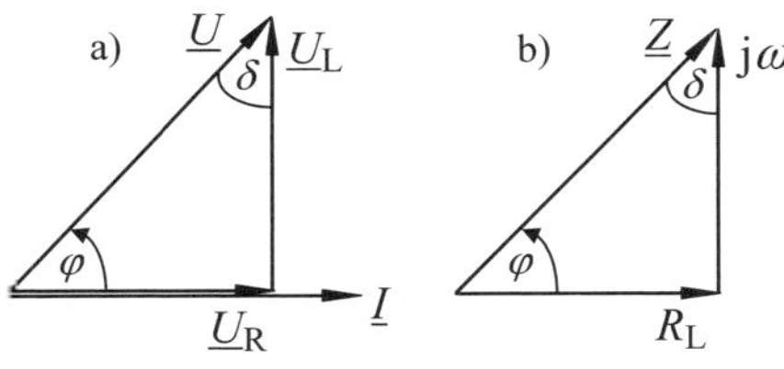

Bild 14.9: Zeigerbild einer realen Spule
a) für die Spannungen
b) für die Widerstände

In einer Reihenschaltung verhalten sich die Spannungen proportional zu den Widerständen. Daraus folgt ein Widerstandszeigerbild, das qualitativ dem Spannungszeigerbild gleicht. Mit dem Lehrsatz des PYTHAGORAS kann aus dem Zeigerbild eine Berechnungsvorschrift für den Betrag der Gesamtspannung und den Scheinwiderstand abgeleitet werden.

$$U = \sqrt{U_R^2 + U_L^2} \quad \text{bzw.:} \quad Z = \sqrt{R_L^2 + \omega^2 L^2}$$

Der Winkel zwischen der Gesamtspannung und dem Strom ist gleich dem Phasenwinkel $\varphi = \varphi_u - \varphi_i$. Es gilt:

$$\varphi = \arctan \frac{U_L}{U_R} = \arctan \frac{\omega L}{R_L}$$

Der dritte Winkel in diesem rechtwinkligen Dreieck ist der *Verlustwinkel* δ. Der Tangens des Verlustwinkels beschreibt den *Verlustfaktor d*. Sein Kehrwert ist als *Güte Q* eines Bauelementes definiert.

$$\tan \delta = d = \frac{1}{Q} \tag{14.7}$$

Für eine reale Spule gilt:

$$\tan \delta = d_L = \frac{R_L}{\omega L} \quad \text{bzw.:} \quad Q_L = \frac{1}{d_L} = \frac{\omega L}{R_L}$$

Die Güte einer realen Spule kann bei einer definierten Betriebsfrequenz durch die Verringerung des Verlustwiderstandes R_L erhöht werden. Dieser Widerstand setzt sich aus den Wicklungsverlusten und den Eisenverlusten zusammen. Zur Reduzierung der Wicklungsverluste einer Spule wäre z.B. eine Vergrößerung des Drahtquerschnittes praktikabel. Möglichkeiten zur Verringerung der Eisenverluste bestehen z.B. in der Veränderung der Bauform oder in der Auswahl eines anderen Kernmaterials (vgl. Kap. 11). Hier muss vom Bauelementeanwender stets ein sinnvoller Kompromiss zwischen notwendiger Güte einerseits und ansteigenden Kosten des Bauelementes bei gleichzeitiger Vergrößerung von Masse und Volumen andererseits gefunden werden.

14.2.2 Realer Kondensator

Die typischen Verluste eines Kondensators werden durch das nicht ideale Isolationsvermögen des verwendeten Dielektrikums (Leckwiderstand) und durch die Polarisationsverluste (dielektrische Erwärmung infolge der Umpolung der Dipole im Dielektrikum – vgl. Kap. 9) bestimmt.
Da die an das reale Bauelement angelegte Spannung über den Platten des idealen Kondensators und auch über dem Verlustwiderstand anliegt, besteht die Ersatzschaltung aus der Parallelschaltung eines idealen kapazitiven Blindwiderstandes und eines ohmschen Verlustwiderstandes.

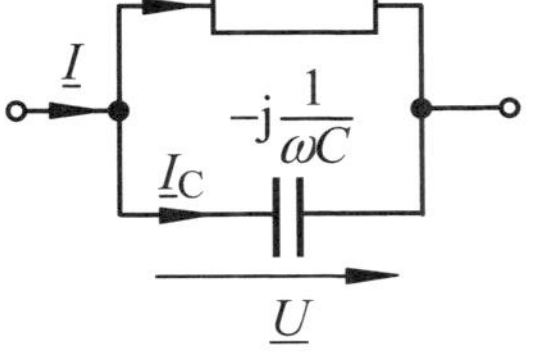

Bild 14.10: Realer Kondensator im Wechselstromkreis

Als Bezugsgröße für das Zeigerbildes dient in einer Parallelschaltung die über allen Elementen liegende Spannung $\underline{U}$.

In einer Parallelschaltung verhalten sich die Ströme proportional zu den Leitwerten. Daraus folgt ein Leitwertzeigerbild, das qualitativ dem Stromzeigerbild (Bild 14.11) gleicht.

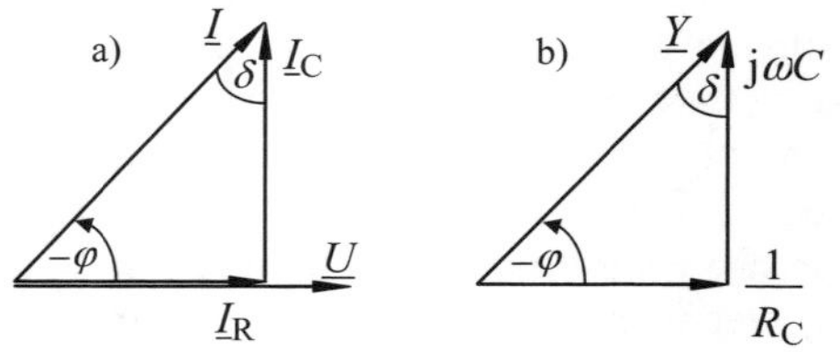

Bild 14.11: Zeigerbild eines realen Kondensators
a) für die Ströme b) für die Leitwerte

$$I = \sqrt{I_R^2 + I_C^2} \quad \text{bzw.:} \quad Y = \sqrt{\frac{1}{R_C^2} + \omega^2 C^2}$$

Der Winkel zwischen Gesamtspannung und Strom ist gleich dem Phasenwinkel φ. Er ist in diesem Fall negativ, da der Stromzeiger dem Spannungszeiger vorauseilt.

$$\varphi = -\arctan \frac{I_C}{I_R} \quad \text{bzw.:} \quad \varphi = -\arctan \omega C \cdot R_C$$

Der dritte Winkel in diesem rechtwinkligen Dreieck ist wieder der Verlustwinkel δ. Über den Tangens dieses Winkels kann der Verlustfaktor d_C eines realen Kondensators bestimmt werden. Der Kehrwert des Verlustfaktors beschreibt dann die Güte Q_C eines Kondensators im Wechselstromkreis.

$$\tan \delta = d_C = \frac{\frac{1}{R_C}}{\omega C} = \frac{1}{\omega C \cdot R_C}$$

$$Q_C = \frac{1}{d_C} = \omega C \cdot R_C$$

Bedingt durch die hohe Qualität der heute bereits einsetzbaren Dielektrika ist die Güte eines realen Kondensators in der Regel viel größer als die Güte einer realen Spule.

14.3 Elementarschaltungen

Durch die schaltungstechnische Kombination der idealen Elementarzweipole in Form einer Reihenschaltung entsteht ein Reihenschwingkreis. Bei Verwendung realer Bauelemente könnte Bild 14.12 als Ersatzschaltung aufgefasst werden, wenn man die resultierenden Verluste der realen Spule und des realen Kondensators über einen Ersatzwiderstand R (Umrechnung) nachbildet.

♦ In Schaltungsdarstellungen ist es in der Regel üblich, nur die Bauelemente-Kenngröße des als ideal angenommenen Elementarzweipols (R; L; C) anzugeben.

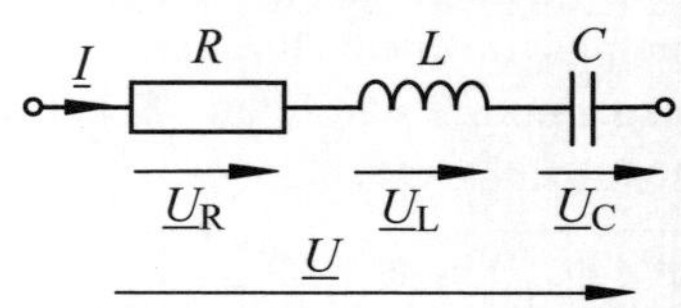

Bild 14.12: Reihenschwingkreis

Als Bezugsgröße zur Konstruktion des Zeigerbildes der Spannungen dient der durch alle Elemente fließende Strom $\underline{I}$.

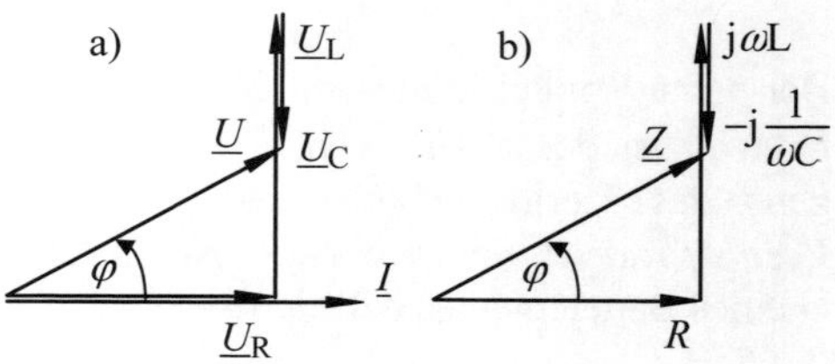

Bild 14.13: Zeigerbild des Reihenschwingkreises
a) für die Spannungen
b) für die Widerstände

Im Zeigerbild der Spannungen gilt der Maschensatz:

$$\underline{U} = \underline{U}_R + \underline{U}_L + \underline{U}_C$$

Aus diesem Zeigerbild lässt sich auf recht einfache Weise eine Berechnungsvorschrift für den Betrag der Gesamtspannung, für den Scheinwiderstand und für den Phasenwinkel ableiten.

$$U = \sqrt{U_R^2 + (U_L - U_C)^2} \qquad (14.8)$$

$$Z = \sqrt{R^2 + (\omega L - \frac{1}{\omega C})^2} \qquad (14.9)$$

$$\varphi = \arctan \frac{U_L - U_C}{U_R} = \arctan \frac{\omega L - \frac{1}{\omega C}}{R} \qquad (14.10)$$

Ein Reihenschwingkreis weist frequenzselektive Eigenschaften auf und wird in der schaltungstechnischen Praxis z.B. als Filter verwendet (Kap. 16).

Bei $U_L > U_C$ wirkt die Schaltung induktiv, d.h., sie verhält sich nach außen wie eine reale Spule. Der Spannungszeiger eilt dem Stromzeiger voraus, und der Phasenwinkel ist positiv.

Bei $U_L < U_C$ wirkt die Schaltung kapazitiv. Sie verhält sich nach außen wie ein realer Kondensator. Der Phasenwinkel ist negativ, da nun der Stromzeiger gegenüber dem Spannungszeiger vorauseilt.

Bei $U_L = U_C$ liegt ein Spezialfall vor. Die Schaltung wirkt jetzt nach außen wie ein ohmscher Widerstand. Ein solcher Resonanzfall wird bei einer *Resonanzfrequenz* f_0 erreicht. Dann heben sich in den Gleich. (14.8) bis (14.10) die Blindanteile auf, und es gilt: $U = U_R$ sowie $Z = R$ und $\varphi = 0$.

Die Randbedingung dazu lautet:

$$\omega_0 L = \frac{1}{\omega_0 C} \quad \text{bzw.:} \quad \omega_0 = \frac{1}{\sqrt{LC}}$$

In diesem Fall nimmt die Schaltung nur Wirkleistung auf (vgl. Kap. 17).

Mit $\omega_0 = 2\pi \cdot f_0$ ergibt sich daraus eine Vorschrift zur Berechnung der Resonanzfrequenz für elementare RLC-Kombinationen (THOMSONsche Schwingungsgleichung).

$$f_0 = \frac{1}{2\pi \cdot \sqrt{LC}} \qquad (14.11)$$

Ordnet man die idealen Elementarzweipole in Form einer Parallelschaltung an, entsteht ein Parallelschwingkreis. Bei der Verwendung realer Bauelemente könnte Bild 14.14 als Ersatzschaltung aufgefasst werden, wenn man die resultierenden Verluste der Spule und des Kondensators wieder über einen Ersatzwiderstand R nachbildet.

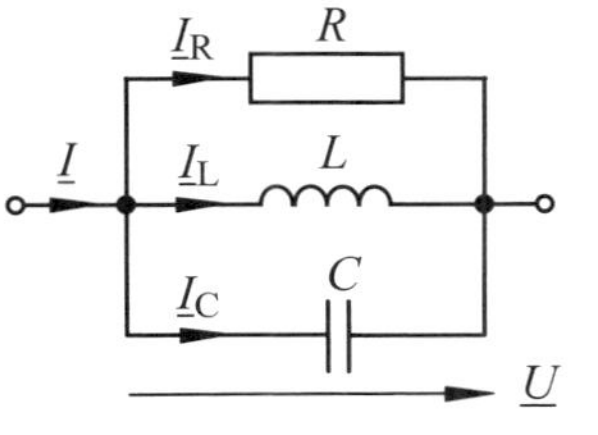

Bild 14.14: Parallelschwingkreis

Als Bezugsgröße zur Konstruktion des Zeigerbildes der Ströme dient die über allen Elementen liegende Gesamtspannung $\underline{U}$.

Im Zeigerbild der Ströme gilt der Knotenpunktsatz:

$\underline{I} = \underline{I}_R + \underline{I}_L + \underline{I}_C$

Die Leitwerte verhalten sich proportional zu den Strömen (Bild 14.15.b).

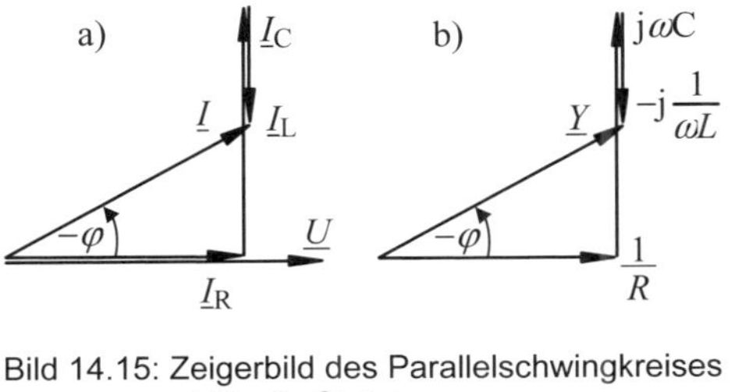

Bild 14.15: Zeigerbild des Parallelschwingkreises
a) für die Ströme
b) für die Leitwerte

Aus dem Zeigerbild lässt sich eine Berechnungsvorschrift für den Betrag des Gesamtstromes, für den Scheinleitwert und für den Phasenwinkel ableiten.

$$I = \sqrt{I_R^2 + (I_C - I_L)^2} \qquad (14.12)$$

$$Y = \sqrt{\frac{1}{R^2} + (\omega C - \frac{1}{\omega L})^2} \qquad (14.13)$$

Der Winkel zwischen Gesamtspannung und Strom ist gleich dem Phasenwinkel φ. Er ist in diesem Fall negativ, da der Stromzeiger dem Spannungszeiger vorauseilt.

$$\varphi = -\arctan \frac{I_C - I_L}{I_R} \qquad (14.14)$$

bzw.: $$\varphi = -\arctan \frac{\omega C - \frac{1}{\omega L}}{\frac{1}{R}}$$

Bei $I_C > I_L$ wirkt die Schaltung kapazitiv, d.h., sie verhält sich nach außen wie ein realer Kondensator. Der Stromzeiger eilt dem Spannungszeiger voraus, und der Phasenwinkel ist negativ.

Bei $I_C < I_L$ wirkt die Schaltung induktiv. Sie verhält sich nach außen wie eine reale Spule. Der Phasenwinkel ist jetzt positiv, da der Spannungszeiger gegenüber dem Stromzeiger vorauseilt.

Bei $I_C = I_L$ liegt wieder ein Spezialfall vor. Die Schaltung wirkt jetzt nach außen wie ein ohmscher Widerstand.

Es gilt: $I = I_R$ sowie $Y = 1/R$ und $\varphi = 0$.

Die Randbedingung dazu lautet:

$$\omega_0 C = \frac{1}{\omega_0 L} \quad \text{bzw.:} \quad \omega_0 = \frac{1}{\sqrt{LC}}$$

Es gilt wieder Gleich. (14.11).

14.4 Zeigerbilder

14.4.1 Gemischte RLC-Kombinationen

Für eine beliebige Kombination von Reihen- und Parallelschaltungen (gemischte Schaltung) entsteht ein Zeigerbild, das die Zeiger der Teilspannungen oder der Teilströme (bzw. die Zeiger der einzelnen Widerstände oder der Leitwerte) bis auf ausgewählte Spezialfälle nicht mehr über einen rechten Winkel miteinander verbindet. Damit können der Lehrsatz des PYTHAGORAS und die tan-Funktion nicht mehr zur Ableitung von Berechnungsvorschriften herangezogen werden.

Zur Beschreibung der Strom-Spannungs-Beziehungen in Wechselstromkreisen sind (bei sinusförmiger Einspeisung) drei prinzipielle Lösungsansätze möglich.

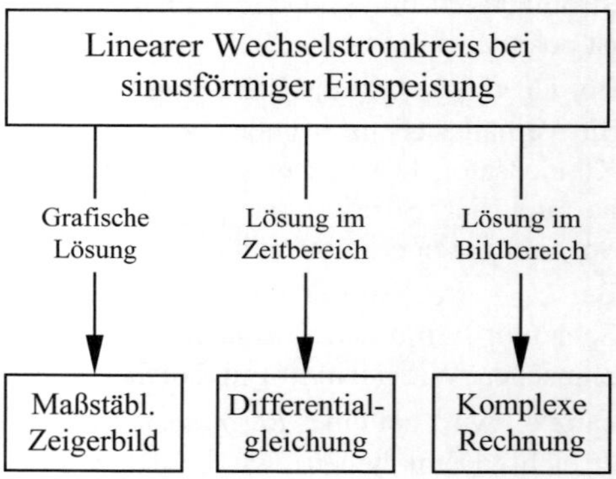

Bild 14.16: Methoden zur Beschreibung von Wechselstromkreisen

Die Methoden zur Berechnung gemischter Wechselstromkreise im Zeit- und im Bildbereich (vgl. Bild 14.16 – Mitte und rechts) werden im Kap. 15 ausführlich behandelt.

In diesem Abschnitt soll zunächst die grafische Lösung über ein Zeigerbild der Spannungen und Ströme vorgestellt werden.

Zeigerbilder können auch für Widerstände und Leitwerte (Abschn. 15.3.1) sowie für Leistungen (Kap. 17) konstruiert werden. In allen Fällen werden die elektrischen Eigenschaften der betrachteten Schaltung für einen definierten Betriebsfall (konstante Einspeisung mit einer festen Frequenz und konstanten Bauelemente-Kenngrößen) über grafische Hilfsmittel (Zeiger) abgebildet.

Ein Zeigerbild kann maßstäblich dargestellt werden (quantitatives Zeigerbild) und ermöglicht so eine Lösung auf konstruktivem Weg mit den bekannten Ungenauigkeiten. Es kann aber auch zur allgemeinen Darstellung bestimmter Phasenverhältnisse oder definierter Betragsrelationen (qualitatives Zeigerbild bzw. Prinzipzeigerbild) sowie als Modell zum Zwecke der Ableitung spezifischer Berechnungsvorschriften dienen.

Zur Konstruktion eines Zeigerbildes für die Spannungen und/oder die Ströme sind folgende Schritte erforderlich:

- Einzeichnen der Zählpfeile aller Spannungen und Ströme in die Schaltung.
- Festlegung der Maßstäbe für Spannung und Strom bei einem quantitativen Zeigerbild.
- Auswahl bzw. Festlegung der Bezugsgröße (Bezugszeiger) entsprechend der gewünschten Darstellungsart.
- Verknüpfung der Zeiger gemäß der Phasenverschiebung, die das jeweils betrachtete Bauelement verursacht.

Eine Zeigerdarstellung ist immer eine Relativdarstellung. Da es sich um eine modellmäßige Abbildung von sinusförmigen Zeitfunktionen handelt (vgl. Abschn. 13.2), rotiert jeder Zeiger mit der Kreisfrequenz ω gegen den Uhrzeigersinn um den Koordinatenursprung und nimmt so zu jedem Zeitpunkt eine andere Lage ein. Unverändert bleiben lediglich die Längen der Zeiger (Maximalwerte oder Effektivwerte) und die Winkel der betrachteten Zeiger zueinander (Phasenrelationen). Somit kann ein Zeigerbild nur für einen definierten Bezugszeitpunkt $t = 0$ konstruiert werden. Wenn dieser Bezugszeitpunkt so gewählt wird, dass die Zeitfunktion der festgelegten Bezugsgröße gerade ihren Nulldurchgang beim Wechsel von negativen zu positiven Funktionswerten aufweist, so besitzt dieser Bezugszeiger eine Phasenlage mit $\varphi_X = 0$.

Als Bezugszeiger wählt man entweder die von außen eingespeiste Größe (Gesamtspannung bzw. Gesamtstrom) oder im Sinne einer einfachen Konstruktion diejenige Teilgröße, die die „innere“ Elementarkombination der Schaltung charakterisiert. Die „innere“ Elementarkombination ist dadurch gekennzeichnet, dass eine weitere Untergliederung zu einem idealen Elementarzweipol führt. Ist diese innere Elementarschaltung eine Parallelschaltung, so wird als Bezugsgröße der Spannungsabfall über dieser Parallelschaltung gewählt. Bei einer Reihenschaltung ist der durch diese Elementarschaltung fließende Strom die Bezugsgröße (vgl. z.B. Bild 14.9).

Die Konstruktion eines Zeigerbildes ist so auszuführen, dass bei der Betrachtung einer Reihenschaltung immer Spannungszeiger an Spannungszeiger und bei der Betrachtung einer Parallelschaltung immer Stromzeiger an Stromzeiger gezeichnet wird. Ein Wechsel von der Spannungs- zur Stromdarstellung und umgekehrt ergibt sich aus dem Wechsel der Schaltungsart der jeweils betrachteten Elementarschaltung. Der resultierende Phasenwinkel φ wird im Weiteren aus Platzgründen ohne seinen Richtungspfeil in das Zeigerbild eingezeichnet. Es gilt die mathematisch positive Zählrichtung.

Als Hinweis auf ihre Richtungsabhängigkeit werden Zeiger durch einen Unterstrich gekennzeichnet (vgl. Abschn. 14.2). Ohne Unterstrich sind es die Beträge (also nur die Längen) der zugehörigen Zeiger.

Lehrbeispiel 14.1:

Konstruieren Sie für die im Bild 14.17 dargestellte Schaltung das qualitative Zeigerbild (Prinzipzeigerbild) aller Spannungen und Ströme für: a) $\underline{I}_R$ als Bezugsgröße

b) $\underline{U}_q$ als Bezugsgröße

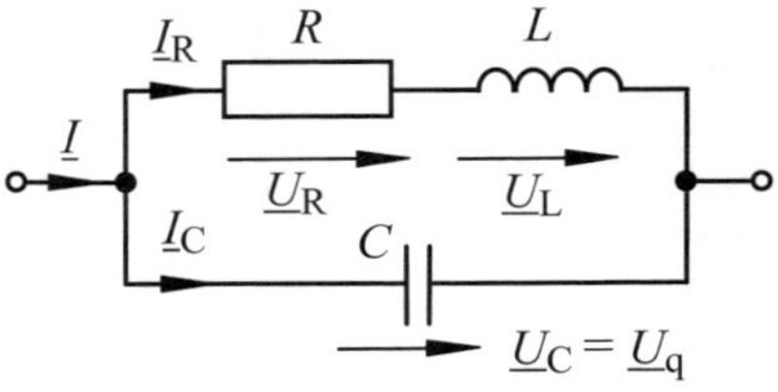

Bild 14.17: Schaltung zum Lehrbeispiel 14.1

Zu a) Die Reihenschaltung des ohmschen Widerstandes und des induktiven Blindwiderstandes stellt hier die innere Schaltungskombination dar, die nicht weiter in Elementarschaltungen zerlegt werden kann. Der durch diese Reihenschaltung fließende Strom $\underline{I}_R$ soll als Bezugsgröße (siehe Bezugszeiger im Bild 14.18) verwendet werden.

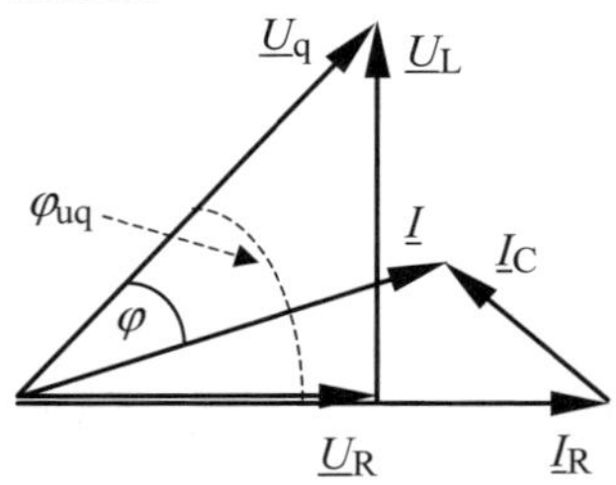

Bild 14.18: Zeigerbild zum Lehrbeispiel 14.1 mit $\underline{I}_R$ als Bezugsgröße

$\underline{U}_R$ liegt dann zu $\underline{I}_R$ in Phase. $\underline{U}_L$ steht darauf senkrecht und eilt voraus. Die geometrische Addition von $\underline{U}_R$ und $\underline{U}_L$, also die Verbindung vom Koordinatenursprung zur letzten Zeigerspitze, ergibt die Spannung über dem kapazitiven Blindwiderstand und damit die Gesamtspannung $\underline{U}_q$. Der Strom $\underline{I}_C$ eilt nun gegenüber der Gesamtspannung um 90° voraus. An dieser Stelle erfolgt ein Wechsel in der Konstruktion von einem Spannungszeiger zu einem Stromzeiger. Aus der geometrischen Addition der beiden Teilströme $\underline{I}_R$ und $\underline{I}_C$ wird der resultierende Gesamtstrom ermittelt. Der Winkel zwischen $\underline{U}_q$ und $\underline{I}$ ist gleich dem Phasenwinkel φ.

Zu b) Jetzt soll die Gesamtspannung $\underline{U}_q$ als Bezugsgröße verwendet werden. Sie setzt sich aus der geometrischen Addition von $\underline{U}_R$ und $\underline{U}_L$ zusammen. Beide Zeiger müssen senkrecht aufeinander stehen. Diese Konstruktion wird über den THALES-Kreis ausgeführt, wobei die Spannung über dem induktiven Blindwiderstand gegenüber $\underline{U}_R$ vorauseilt. Die Lage der Ströme ergibt sich dann aus der gleichen Überlegung wie im Aufgabenteil a). Es entsteht ein Zeigerbild (siehe Bild 14.19), das um den Nullphasenwinkel von $\underline{U}_q$ (φ_{uq}) gegenüber dem Zeigerbild des Bildes 14.18 zurückgedreht ist.

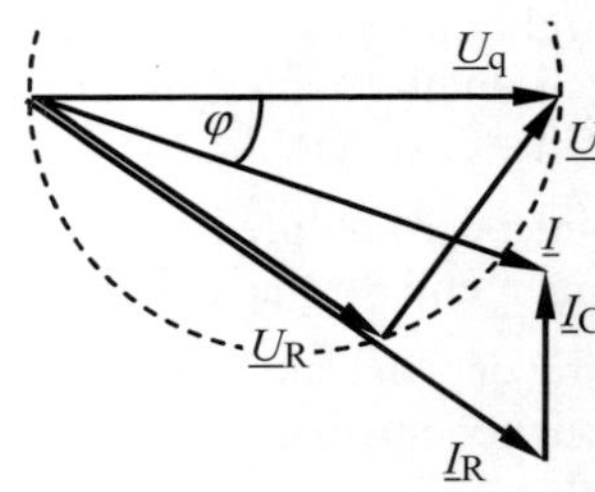

Bild 14.19: Zeigerbild zum Lehrbeispiel 14.1 mit $\underline{U}_q$ als Bezugsgröße

14.4.2 Brückenschaltungen

Brückenähnliche Konfigurationen sind dadurch gekennzeichnet, dass zwei parallele Zweige von einer gemeinsamen Quelle gespeist werden. Zwischen definierten Mittelabgriffen dieser beiden Zweige (Querzweig) fällt dann eine Spannung ab, die bezüglich ihres Betrages und/oder ihrer Phasenlage durch Variation der Brückenelemente beeinflussbar ist. Man unterscheidet zwischen abgleichbaren (vgl. Abschn. 15.5) und nicht abgleichbaren Brücken.

Zur Darstellung von Betrags- und Phasenrelationen einer nicht abgeglichenen Brücke bietet sich die Konstruktion eines maßstäblichen Zeigerbildes (quantitative Darstellung) oder eines Prinzipzeigerbildes (qualitative Darstellung) an. In beiden Fällen ist darauf zu achten, dass die Spannungszeiger topographisch richtig (also gemäß ihrer Reihenfolge und Richtung in der Schaltung) angeordnet werden. Nur so erhält man auch die gewünschte Spannung über dem Querzweig der Brücke.

Lehrbeispiel 14.2:

Konstruieren Sie für die Schaltung im Bild 14.20 das maßstäbliche Spannungszeigerbild, und ermitteln Sie daraus den Betrag und die Phasenlage der Spannung $\underline{U}_x$.

Von der Schaltung ist bekannt:

$|\underline{U}_q| = U_q = 100$ V; $R_1 = R_2 = 30\ \Omega$;

$\omega L_3 = 80\ \Omega$; $R_4 = 40\ \Omega$; $1/\omega C_5 = 40\ \Omega$

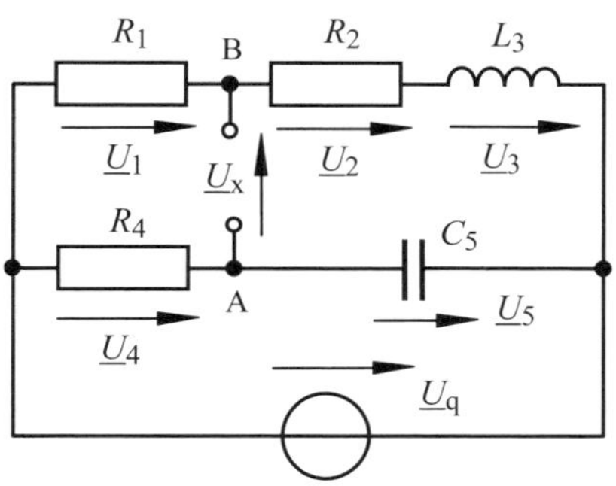

Bild 14.20: Schaltung zum Lehrbeispiel 14.2

Zunächst werden die Beträge der Teilspannungen über allen Bauelementen berechnet. In beiden Zweigen wird die Spannungsteilerregel angewendet:

$$U_1 = U_q \cdot \frac{R_1}{\sqrt{(R_1 + R_2)^2 + \omega^2 L_3^2}} = 30\ \text{V}$$

$$U_2 = U_q \cdot \frac{R_2}{\sqrt{(R_1 + R_2)^2 + \omega^2 L_3^2}} = 30\ \text{V}$$

$$U_3 = U_q \cdot \frac{\omega L_3}{\sqrt{(R_1 + R_2)^2 + \omega^2 L_3^2}} = 80\ \text{V}$$

$$U_4 = U_q \cdot \frac{R_4}{\sqrt{R_4^2 + \frac{1}{\omega^2 C_5^2}}} \approx 70{,}7\ \text{V}$$

$$U_5 = U_q \cdot \frac{\frac{1}{\omega C_5}}{\sqrt{R_4^2 + \frac{1}{\omega^2 C_5^2}}} \approx 70{,}7\ \text{V}$$

Für die Konstruktion gilt: 1 cm $\hat{=}$ 20 V.

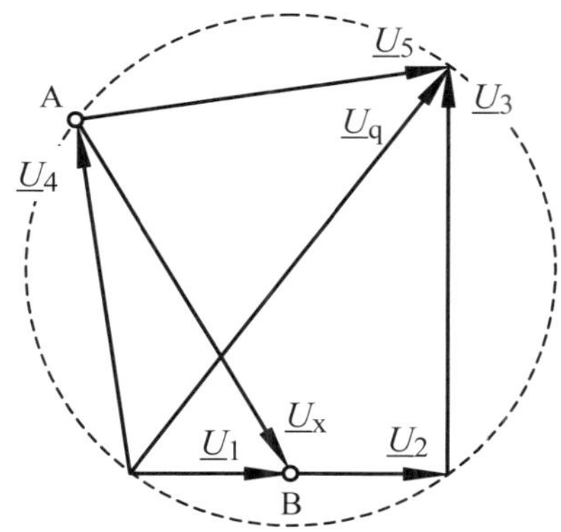

Bild 14.21: Zeigerbild zum Lehrbeispiel 14.2

Die Zeiger $\underline{U}_1$ und $\underline{U}_2$ dienen als Bezugszeiger. Darauf steht der Zeiger $\underline{U}_3$ senkrecht und eilt voraus (↑). Die geometrische Addition ergibt den Zeiger der Gesamtspannung $\underline{U}_q$.

Die Zeiger $\underline{U}_4$ und $\underline{U}_5$ müssen senkrecht aufeinander stehen (THALES-Kreis), und ihre geometrische Addition muss wieder den Zeiger der Gesamtspannung $\underline{U}_q$ ergeben. Der Zeiger $\underline{U}_5$ eilt dabei dem Spannungszeiger $\underline{U}_4$ nach. Beide Zeiger sind infolge $R_4 = 1/\omega C_5$ gleich lang.

Durch Verbinden der Punkte A und B in Richtung des Punktes B erhält man den gesuchten Spannungszeiger $\underline{U}_x$ mit einem Betrag von 80 V und einer Phasenlage von $\varphi_x \approx -113°$, bezogen auf die eingespeiste Gesamtspannung.

Berechnungsbeispiel 14.1:

Durch eine Reihenschaltung von einem ohmschen Widerstand (R = 1 kΩ) und einem (als ideal angenommenen) Kondensator fließt bei einer Frequenz f = 50 Hz ein bestimmter Strom $\underline{I}$. Durch Kurzschließen des Kondensators steigt der Betrag dieses Stromes auf den dreifachen Wert. Berechnen Sie die Kapazität des Kondensators.

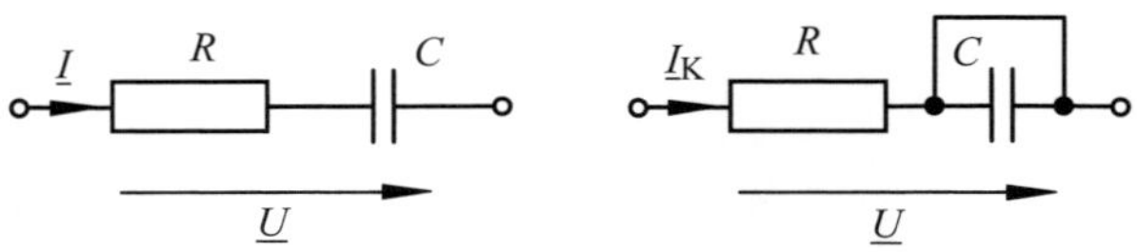

Bild 14.22: Schaltung zum Berechnungsbeispiel 14.1

Laut Aufgabenstellung gilt mit $n = 3$: $|\underline{I}_K| = n \cdot |\underline{I}|$ mit: $I_K = \dfrac{U}{R}$ und: $I = \dfrac{U}{\sqrt{R^2 + \dfrac{1}{\omega^2 C^2}}}$

Durch Einsetzen der beiden Ströme in die Ausgangsbeziehung erhält man:

$$\frac{U}{R} = n \cdot \frac{U}{\sqrt{R^2 + \dfrac{1}{\omega^2 C^2}}} \quad \text{bzw.:} \quad \frac{1}{R} = \frac{n}{\sqrt{R^2 + \dfrac{1}{\omega^2 C^2}}}$$

Nun werden beide Seiten der Gleichung potenziert, über Kreuz multipliziert und nach der Kapazität C umgestellt.

$$R^2 + \frac{1}{\omega^2 C^2} = n^2 R^2 \quad \Rightarrow \quad C = \frac{1}{\omega R \cdot \sqrt{n^2 - 1}} = \frac{1}{\omega R \cdot \sqrt{8}} = \frac{1}{2\pi \cdot 50\ \text{Hz} \cdot 1\ \text{k}\Omega \cdot \sqrt{8}} = 1{,}13\ \mu\text{F}$$

Berechnungsbeispiel 14.2:

Welches Bauelement muss bei einer Frequenz von f = 1 kHz zu einem Widerstand mit R = 5,1 kΩ parallel geschaltet werden, damit eine Phasenverschiebung von $\varphi = +60°$ erzeugt wird?

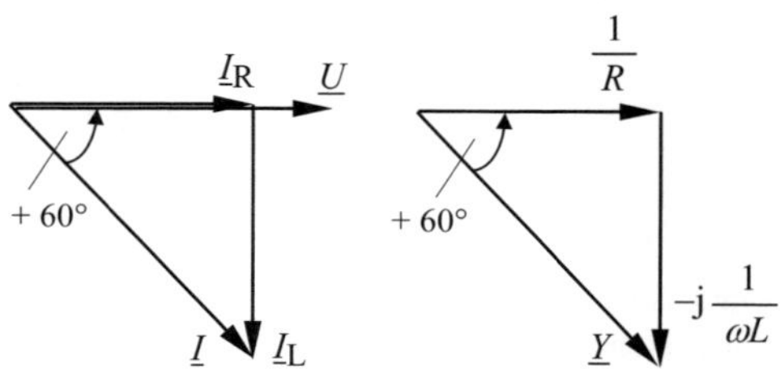

Die Konstruktion eines Prinzipzeigerbildes (Bild 14.23) zeigt, dass es sich bei dem gesuchten Bauelement um eine Spule handeln muss. Ihre Induktivität kann über den Phasenwinkel berechnet werden.

Bild 14.23: Zeigerbild zum Berechnungsbeispiel 14.2

$$\tan\varphi = \frac{R}{\omega L} \quad \Rightarrow \quad L = \frac{5{,}1\ \text{k}\Omega}{2\pi \cdot 1\ \text{kHz} \cdot \tan 60°} = 468{,}6\ \text{mH}$$

Berechnungsbeispiel 14.3:

Zur Bestimmung der Güte einer realen Spule wird eine Spannungsmessung durchgeführt. Dazu muss zur Spule ein Vorwiderstand R_V in Reihe geschaltet werden, um den Verlustwiderstand und den induktiven Blindwiderstand ermitteln zu können. Die im Bild 14.24 eingezeichneten Spannungen werden bei der bekannten Betriebsfrequenz gemessen (Effektivwerte). Man berechne allgemein den Verlustwiderstand und die Induktivität sowie die Güte der Spule.

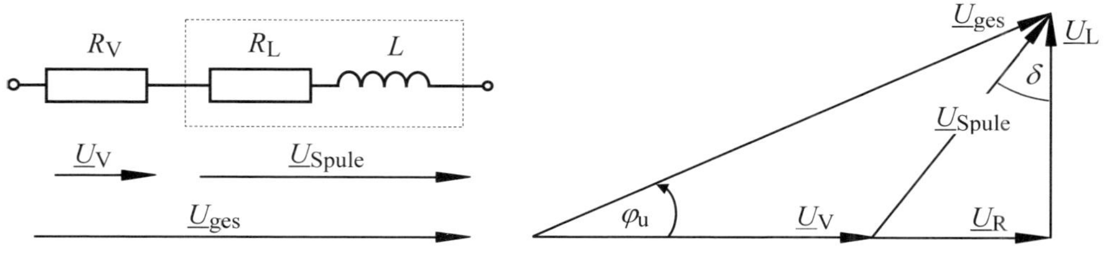

Bild 14.24: Schaltung und Zeigerbild zum Berechnungsbeispiel 14.3

Die Spannung über der Spule kann aus dem linken Dreieck über den Kosinussatz bestimmt werden.

$$U_{Spule}^2 = U_{ges}^2 + U_V^2 - 2 \cdot U_{ges} \cdot U_V \cdot \cos\varphi_u$$

Im gesamten (rechtwinkligen) Dreieck gilt für den Kosinus des Winkels φ_u: $\cos\varphi_u = \dfrac{U_V + U_R}{U_{ges}}$

Durch Einsetzen und Umstellen nach U_R erhält man: $U_{Spule}^2 = U_{ges}^2 + U_V^2 - 2 \cdot U_{ges} \cdot U_V \cdot \dfrac{U_V + U_R}{U_{ges}}$

$$U_{Spule}^2 = U_{ges}^2 + U_V^2 - 2 \cdot U_V \cdot (U_V + U_R) = U_{ges}^2 - U_V^2 - 2 \cdot U_V \cdot U_R \quad \Rightarrow \quad U_R = \frac{U_{ges}^2 - U_V^2 - U_{Spule}^2}{2 \cdot U_V}$$

Mit der Spannungsteilerregel können jetzt R_L und ωL bzw. L bestimmt werden.

$$\frac{U_R}{U_V} = \frac{R_L}{R_V} \quad \Rightarrow \quad R_L = R_V \cdot \frac{U_R}{U_V} = R_V \cdot \frac{U_{ges}^2 - U_V^2 - U_{Spule}^2}{2 \cdot U_V^2}$$

$$\frac{U_L}{U_V} = \frac{\omega L}{R_V} \quad \Rightarrow \quad \omega L = R_V \cdot \frac{U_L}{U_V} \quad \text{bzw.:} \quad L = \frac{R_V}{2\pi \cdot f} \cdot \frac{U_L}{U_V} = \frac{R_V}{2\pi \cdot f} \cdot \frac{\sqrt{U_{Spule}^2 - U_R^2}}{U_V}$$

U_L wird über den Lehrsatz des PYTHAGORAS ermittelt. Es gilt: $U_{Spule} = \sqrt{U_L^2 + U_R^2}$

Mit Kenntnis von U_R und U_L kann gemäß Bild 14.9 und Gleich. (14.7) die Güte der realen Spule bestimmt werden.

$$Q_L = \frac{1}{d_L} = \frac{1}{\tan\delta} = \frac{U_L}{U_R} = \sqrt{\frac{U_{Spule}^2 - U_R^2}{U_R^2}} = \sqrt{\frac{U_{Spule}^2}{U_R^2} - 1}$$

$$Q_L = \sqrt{\frac{U_{Spule}^2 \cdot 4U_V^2}{(U_{ges}^2 - U_V^2 - U_{Spule}^2)^2} - 1}$$

Berechnungsbeispiel 14.4:

Zeichnen Sie für die folgende Schaltung das qualitative Zeigerbild mit $\underline{U}_{AB}$ als Bezugsgröße.

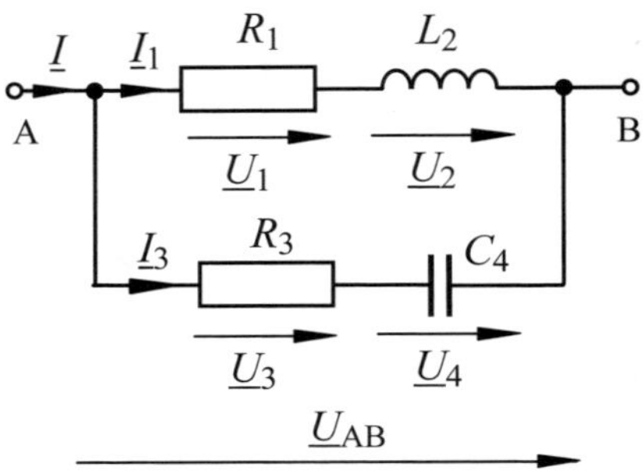

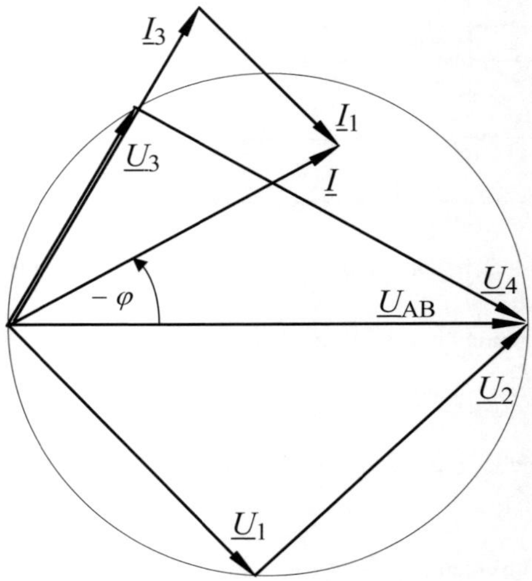

Bild 14.25: Schaltung und Zeigerbild zum Berechnungsbeispiel 14.4

Die Spannungen $\underline{U}_1$ und $\underline{U}_2$ stehen senkrecht aufeinander (THALES-Kreis) und ergeben in ihrer geometrischen Addition die Gesamtspannung $\underline{U}_{AB}$. $\underline{U}_2$ muss als Spannung über einer Induktivität gegenüber der Spannung über einem ohmschen Widerstand vorauseilen.
Die Spannungen $\underline{U}_3$ und $\underline{U}_4$ stehen ebenfalls senkrecht aufeinander (THALES-Kreis) und ergeben in ihrer geometrischen Addition auch die Gesamtspannung $\underline{U}_{AB}$. $\underline{U}_4$ muss als Spannung über einer Kapazität gegenüber der Spannung über einem ohmschen Widerstand nacheilen.
Die Ströme durch die beiden parallelen Zweige sind in Phase zu den jeweiligen Spannungen über den ohmschen Widerständen. Der Gesamtstrom eilt der Gesamtspannung voraus, und der Phasenwinkel wird (bei den hier gewählten Zeigerlängen) negativ.

Berechnungsbeispiel 14.5:

Zeichnen Sie für die Schaltung im Bild 14.26 das qualitative Zeigerbild aller Spannungen und Ströme.

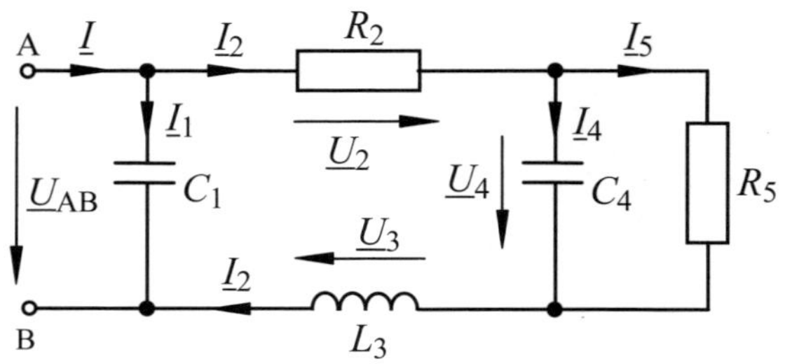

Bild 14.26: Schaltung zum Berechnungsbeispiel 14.5

Die Konstruktion des Zeigerbildes erfolgt von rechts nach links, also vom „Inneren" der Schaltung schrittweise nach „außen". Als Bezugsgröße wird die Spannung $\underline{U}_4$ gewählt, da sie über der inneren

Parallelschaltung liegt. Aus Gründen der Übersichtlichkeit werden Stromzeigerbild und Spannungszeigerbild getrennt dargestellt. Man kann beide Zeigerbilder auch ineinander zeichnen.

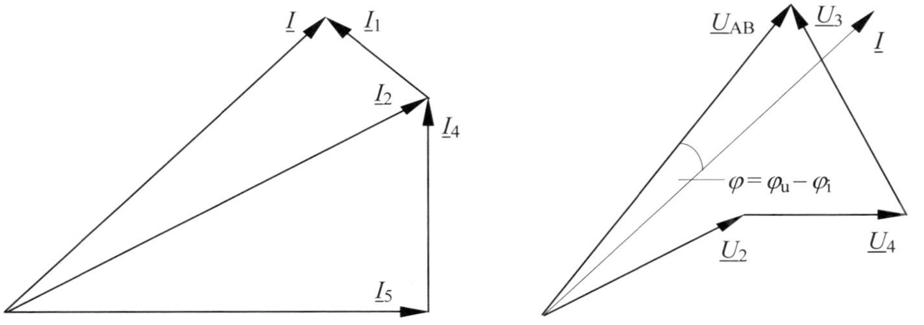

Bild 14.27: Zeigerbilder zum Berechnungsbeispiel 14.5

Zunächst werden die Ströme $\underline{I}_4$ und $\underline{I}_5$ geometrisch addiert. $\underline{I}_4$ ist ein Strom durch einen kapazitiven Blindwiderstand, der dem Strom $\underline{I}_5$ durch den parallelen ohmschen Widerstand um 90° vorauseilt. Als Resultierende erhält man den Strom $\underline{I}_2$, der zugleich durch den ohmschen Widerstand R_2 und den induktiven Blindwiderstand ωL_3 fließt. Dieser Strom verursacht die Spannungsabfälle $\underline{U}_2$ und $\underline{U}_3$. Zur Darstellung dieser Spannungen wird ins Spannungszeigerbild (Bild 14.27, rechte Seite) gewechselt.

Als Referenzgröße für das Spannungszeigerbild dient der Strom $\underline{I}_2$. Die Spannung $\underline{U}_2$ ist zu diesem Strom in Phase (ohmscher Widerstand). Die Spannung $\underline{U}_4$ muss zu $\underline{I}_5$ in Phase liegen. $\underline{U}_3$ steht senkrecht auf $\underline{I}_2$ und eilt diesem Stromzeiger voraus. Die geometrische Addition der drei Spannungszeiger ergibt die Gesamtspannung zwischen den Punkten A und B.

Nun muss noch der Strom $\underline{I}_1$ in das Stromzeigerbild (Bild 14.27, linke Seite) eingezeichnet werden. Er steht senkrecht auf der Gesamtspannung und eilt voraus (kapazitiver Blindwiderstand). Die geometrische Addition der Stromzeiger $\underline{I}_1$ und $\underline{I}_2$ ergibt den Gesamtstrom $\underline{I}$. Eine Parallelverschiebung des Gesamtstromzeigers in das Spannungszeigerbild (Bild 14.27, rechte Seite) ermöglicht die Bestimmung des Phasenwinkels als Winkel zwischen $\underline{U}_{AB}$ und $\underline{I}$. Er ist in diesem Fall positiv.

Berechnungsbeispiel 14.6:

Konstruieren Sie für die vorgegebene Brückenschaltung im Bild 14.28 das maßstäbliche Zeigerbild aller Spannungen. Auf welche Werte müssen die Widerstände R_6 und R_7 eingestellt werden, damit der Spannungszeiger $\underline{U}_2$ in Phase zu $\underline{U}_x$ liegt und den gleichen Betrag $|\underline{U}_2| = |\underline{U}_x|$ hat? Gesucht ist eine grafische Lösung aus dem Zeigerbild.

Das Spannungszeigerbild des oberen Zweiges im Bild 14.28 kann maßstäblich nach Vorbild der Widerstandswerte gezeichnet werden, da ja durch alle Elemente dieses Zweiges der gleiche Strom fließt. Die Indices der Spannungszeiger (sie sind alle nach rechts gerichtet) entsprechen dabei den Indices der zugehörigen Widerstände. Die Werte der Widerstände R_1, ωL_2, R_3 und R_4 sind bekannt (siehe Bild 14.28). Damit wird für den oberen Zweig der Schaltung im Bild 14.28 folgender Maßstab festgelegt:

$$30\,\Omega \mathrel{\hat{=}} 3\text{ cm} \quad \Rightarrow \quad |\underline{U}_1| \mathrel{\hat{=}} 3\text{ cm (usw.)}.$$

Die geometrische Addition der Spannungszeiger des oberen Zweiges ergibt $\underline{U}_q$.

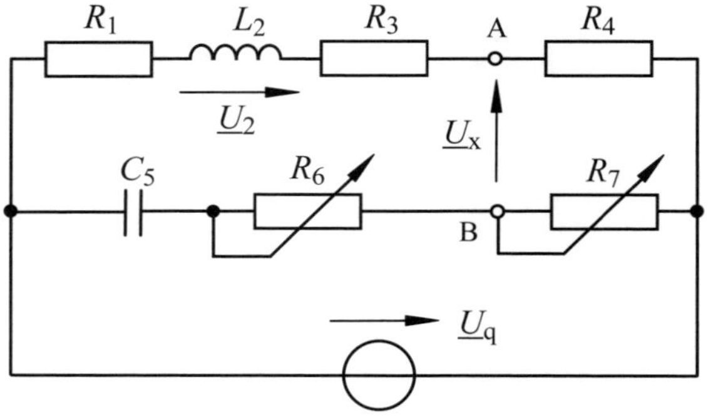

Geg.: $R_1 = 30\ \Omega$; $\omega L_2 = 35\ \Omega$
$R_3 = 40\ \Omega$; $R_4 = 30\ \Omega$
$C_5 = 15{,}15\ \mu F$; $f = 50\ Hz$

Bild 14.28: Schaltung zum Berechnungsbeispiel 14.6

Durch Parallelverschiebung von $\underline{U}_2$ wird nun der Spannungszeiger $\underline{U}_x$ eingezeichnet. Sein Anfangspunkt (B) bestimmt den Betrag und die Richtung von $\underline{U}_7$. Die geometrische Addition von $\underline{U}_5$, $\underline{U}_6$ und $\underline{U}_7$ muss die Gesamtspannung $\underline{U}_q$ ergeben, wobei $\underline{U}_6$ und $\underline{U}_7$ phasengleich sind und $\underline{U}_5$ gegenüber diesen beiden Zeigern um 90° nacheilt.

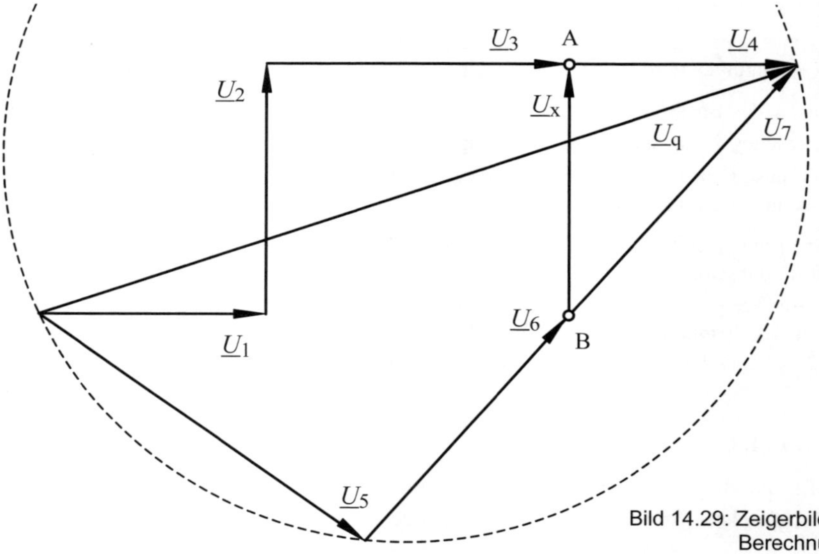

Bild 14.29: Zeigerbild zum Berechnungsbeispiel 14.6

Der Betrag des kapazitiven Blindwiderstandes beträgt $1/\omega C_5 = 210\ \Omega$ und entspricht im Zeigerbild einer Länge von ca. 5,3 cm. Daraus ergibt sich für die Spannungszeiger im unteren Zweig des Bildes 14.28, deren Länge ja proportional zu den entsprechenden Widerstandswerten ist, folgender Maßstab: 1 cm entspricht 39,62 Ω. Der neue Maßstab im unteren Zweig der Schaltung resultiert aus der Tatsache, dass in beiden Zweigen unterschiedliche Ströme fließen.

Nun können die Widerstände R_6 und R_7 über die Zeigerlängen der Spannungen bestimmt werden:
$|\underline{U}_6| \mathrel{\hat{=}}$ ca. 4,2 cm $\Rightarrow R_6 \approx 166\ \Omega$ und: $|\underline{U}_7| \mathrel{\hat{=}}$ ca. 4,5 cm $\Rightarrow R_7 \approx 178\ \Omega$.

Berechnungsbeispiel 14.7:

Zeichnen Sie das topographisch richtige Spannungszeigerbild für die Schaltung im Bild 14.30. Wie muss R_5 relativ zu R bemessen werden, damit die Spannungszeiger $\underline{U}_q$ und $\underline{U}_x$ senkrecht aufeinander stehen?

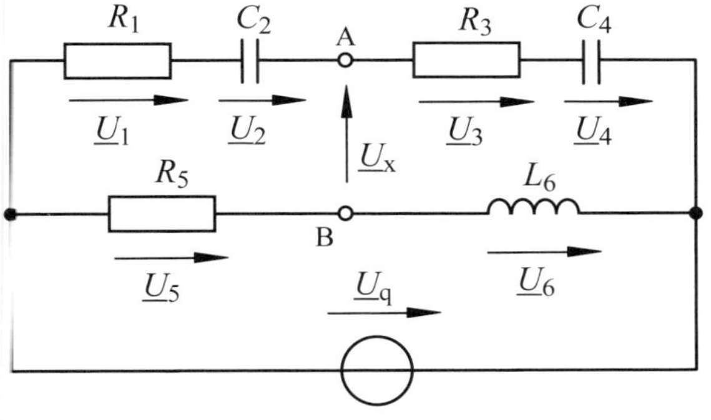

Es gelten folgende Relationen zwischen den Beträgen der Widerstände:

$R_1 = 2R$

$1/\omega C_2 = R_3 = R$

$1/\omega C_4 = 3R$

$\omega L_6 = 3R$

Bild 14.30: Schaltung zum Berechnungsbeispiel 14.7

Das Spannungszeigerbild des oberen Zweiges kann mit Kenntnis der Relationen der Widerstandswerte auch ohne Zahlenwerte maßstäblich konstruiert werden (Maßstab: $R \mathrel{\hat{=}} 1{,}5$ cm).

Die geometrische Addition der Zeiger $\underline{U}_1$ bis $\underline{U}_4$ führt dann zu $\underline{U}_q$.

Nun wird der Zeiger $\underline{U}_x$ senkrecht zu $\underline{U}_q$ eingezeichnet. Seine Länge ergibt sich aus dem THALES-Kreis, denn die Spannungszeiger $\underline{U}_5$ und $\underline{U}_6$ müssen senkrecht aufeinander stehen und im Ergebnis ihrer geometrischen Addition wieder den Zeiger $\underline{U}_q$ ergeben.

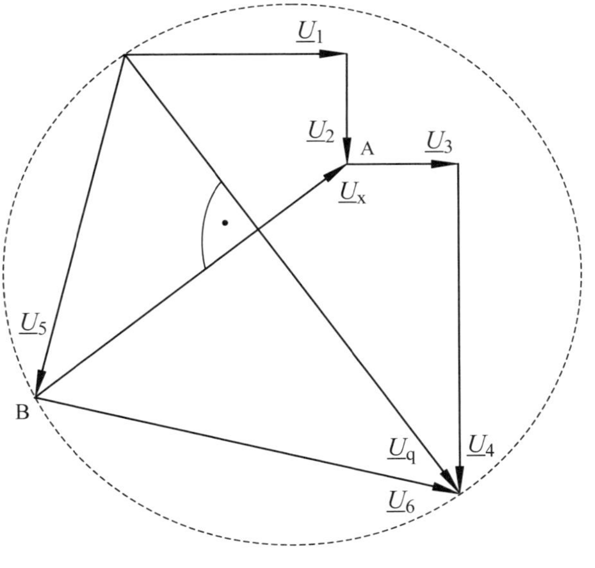

Der Widerstand R_5 wird aus der Relation der Zeigerlängen von $|\underline{U}_5|$ und $|\underline{U}_6|$ ermittelt.

$$\frac{U_5}{U_6} \approx \frac{4{,}8\ \text{cm}}{5{,}8\ \text{cm}}$$

$$\frac{U_5}{U_6} = \frac{R_5}{\omega L_6}$$

$$R_5 \approx 3R \cdot \frac{4{,}8}{5{,}8} \approx 2{,}5R$$

In diesem Zweig gilt ein anderer Maßstab, da er im Vergleich zum oberen Zweig von einem anderen Strom durchflossen wird.

Bild 14.31: Zeigerbild zum Berechnungsbeispiel 14.7

Berechnungsbeispiel 14.8:

Auf welchen Wert muss der Widerstand R_6 eingestellt werden, damit der Betrag der Spannung $|\underline{U}_x|$ so klein wie möglich wird? *Geg.*: $C_5 = 39{,}8\ \mu F$; $f = 50$ Hz

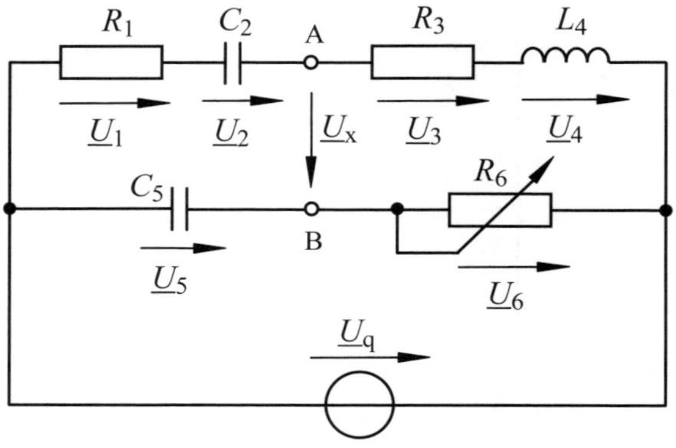

Im oberen Zweig der Brückenschaltung werden folgende Spannungen gemessen:

$|\underline{U}_1| = 10$ V; $|\underline{U}_2| = 80$ V

$|\underline{U}_3| = |\underline{U}_4| = 40$ V

Wie groß wird in diesem Fall der Betrag der Gesamtspannung?

Bild 14.32: Schaltung zum Berechnungsbeispiel 14.8

Zunächst werden die Messwerte der Spannungen des oberen Brückenzweiges maßstäblich eingezeichnet (Maßstab: 1 cm $\hat{=}$ 10 V). Aus ihrer geometrischen Addition erhält man die Gesamtspannung $\underline{U}_q$ mit einem Betrag von rund 63 V und einem Nullphasenwinkel von etwa $-45°$ (bezogen auf $\underline{U}_1$).

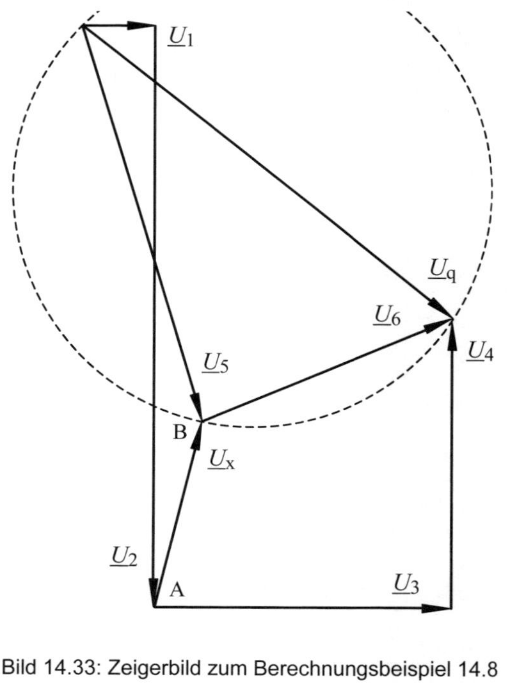

Bild 14.33: Zeigerbild zum Berechnungsbeispiel 14.8

Die beiden Spannungen $\underline{U}_5$ und $\underline{U}_6$ müssen nun senkrecht aufeinander stehen (THALES-Kreis) und in ihrer geometrischen Addition ebenfalls die Gesamtspannung ergeben. Dabei muss ihr gemeinsamer Treffpunkt (B) so auf dem Kreis liegen, dass die Strecke von B nach A minimal wird ($|\underline{U}_x| \approx 26$ V). Der Zeiger $\underline{U}_x$ trifft den THALES-Kreis auf dem kürzesten Weg, wenn seine Verlängerung durch den Mittelpunkt des Kreises verläuft.

Aus dem Verhältnis der Längen der beiden Zeiger $\underline{U}_5$ und $\underline{U}_6$ kann jetzt auf den Wert des Widerstandes R_6 geschlussfolgert werden.

$$\frac{|\underline{U}_5|}{|\underline{U}_6|} = \frac{\frac{1}{\omega C_5}}{R_6} \approx \frac{5{,}6\,\text{cm}}{3{,}6\,\text{cm}}$$

$$R_6 \approx \frac{1}{2\pi \cdot f \cdot C_5} \cdot \frac{3{,}6}{5{,}6} \approx 51{,}4\ \Omega$$

15 Berechnung von Stromkreisen bei sinusförmiger Einspeisung

Im Kap. 13 wurde gezeigt, dass eine sinusförmige Wechselgröße über ein Liniendiagramm (Bild 13.2) und über ein Zeigerdiagramm (Bild 13.3) dargestellt werden kann. Das Zeigerdiagramm wird zum Zeigerbild, wenn mehrere Zeiger in einer gemeinsamen Darstellung abgebildet werden.

Bei Elementarschaltungen entsteht als Zeigerbild ein rechtwinkliges Dreieck, und die resultierenden Größen können relativ einfach berechnet werden (Abschn. 14.3).

Bei gemischten Wechselstromkreisen entsteht ein Zeigerbild, das die Zeiger der Teilspannungen oder der Teilströme (bzw. die Zeiger der einzelnen Widerstände oder der Leitwerte) bis auf ausgewählte Spezialfälle nicht mehr über einen rechten Winkel miteinander verbindet (Abschn. 14.4). Eine direkte Ableitung von Berechnungsvorschriften über das Zeigerbild ist jetzt nicht mehr so einfach möglich.

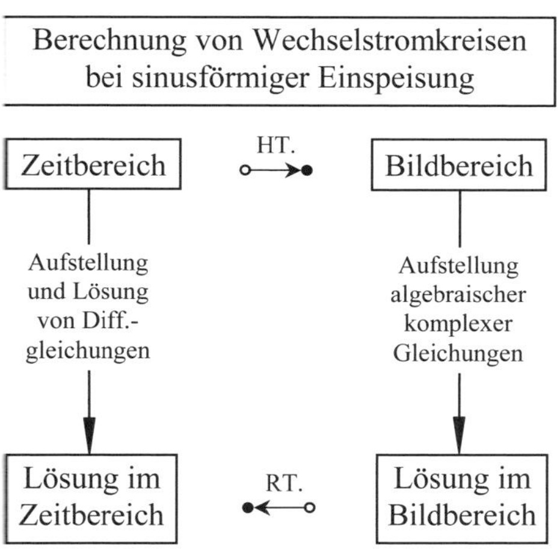

Bild 15.1: Berechnung von Wechselstromkreisen

Im Abschn. 14.4 wurden gemischte Wechselstromkreise über eine grafische Lösung (Konstruktion eines maßstäblichen Zeigerbildes) beschrieben.

Eine Berechnung gemischter Wechselstromkreise (siehe Bild 15.1) kann im Zeitbereich oder im Bildbereich durchgeführt werden. Während man im Zeitbereich die Lösung mit den originalen Zeitfunktionen anstrebt, ist zur Lösung im Bildbereich eine Transformation (HT. für Hintransformation und RT. für Rücktransformation; vgl. auch Abschn. 15.2) erforderlich.

15.1 Berechnung im Zeitbereich

Die Berechnung von Wechselstromkreisen wird im Zeitbereich unter Verwendung der KIRCHHOFFschen Sätze mit den originalen Zeitfunktionen durchgeführt. Das folgende Lehrbeispiel soll die Berechnung einer Elementarschaltung im Zeitbereich im Vergleich zum Abschn. 14.3 demonstrieren.

Lehrbeispiel 15.1:

Berechnen Sie für den Reihenschwingkreis im Bild 15.2 den Scheinwiderstand Z und den Phasenwinkel φ.

Geg.: $i = \hat{I} \cdot \sin \omega t$ sowie R, L, C und ω.

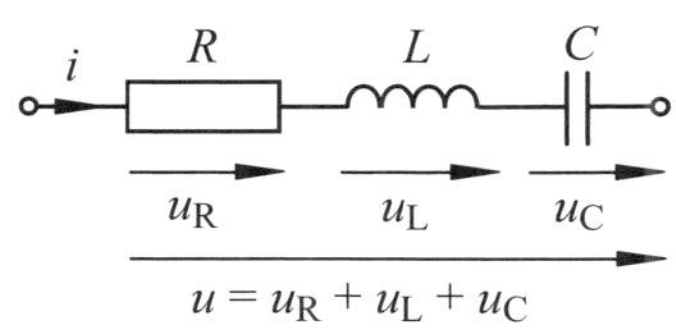

Bild 15.2: Reihenschwingkreis zum Lehrbeispiel 15.1

Für die Spannungen über den Elementarzweipolen gilt allgemein:

$$u_{\mathrm{R}} = R \cdot i \qquad u_{\mathrm{L}} = L \cdot \frac{\mathrm{d}i}{\mathrm{d}t} \qquad u_{\mathrm{C}} = \frac{1}{C} \cdot \int_t i \cdot \mathrm{d}t$$

Durch die Anwendung des Maschensatzes (siehe Bild 15.2) erhält man den Lösungsansatz. In diesen Ansatz werden die Strom-Spannungs-Beziehungen der Elementarzweipole eingesetzt.

$$u = u_R + u_L + u_C = R \cdot i + L \cdot \frac{\mathrm{d}i}{\mathrm{d}t} + \frac{1}{C} \cdot \int_t i \cdot \mathrm{d}t$$

Der Strom ist als Bezugsgröße mit $i = \hat{I} \cdot \sin \omega t$ gegeben. Sein Maximalwert kann vorerst aus dem Lösungsansatz ausgeklammert werden.

$$u = \hat{I} \cdot \left[R \cdot \sin \omega t + L \cdot \frac{\mathrm{d} \sin \omega t}{\mathrm{d}t} + \frac{1}{C} \cdot \int_t \sin \omega t \cdot \mathrm{d}t \right]$$

$$u = \hat{I} \cdot \left[R \cdot \sin \omega t + \omega L \cdot \cos \omega t - \frac{1}{\omega C} \cdot \cos \omega t \right]$$

$$u = \hat{I} \cdot \left[R \cdot \sin \omega t + (\omega L - \frac{1}{\omega C}) \cdot \cos \omega t \right]$$

$$u = \hat{I} \cdot R \cdot \sin \omega t + \hat{I} \cdot (\omega L - \frac{1}{\omega C}) \cdot \sin (\omega t + \frac{\pi}{2})$$

$$u = \hat{U}_1 \cdot \sin(\omega t + \varphi_{u1}) + \hat{U}_2 \cdot \sin(\omega t + \varphi_{u2})$$

Eine Überlagerung von Sinusschwingungen mit ungleicher Amplitude und gleicher Frequenz ergibt (trotz unterschiedlicher Nullphasenwinkel) wieder eine Sinusschwingung. Sie hat eine resultierende Amplitude mit einer neuen Phasenlage (siehe auch Abschn. 13.4).

Für die resultierende Amplitude gilt nach [11]:

$$\hat{U} = \sqrt{\hat{U}_1^2 + \hat{U}_2^2 + 2 \cdot \hat{U}_1 \hat{U}_2 \cdot \cos(\varphi_{u1} - \varphi_{u2})}$$

Für die neue Phasenlage gilt nach [11]:

$$\varphi_u = \arctan \frac{\hat{U}_1 \cdot \sin \varphi_{u1} + \hat{U}_2 \cdot \sin \varphi_{u2}}{\hat{U}_1 \cdot \cos \varphi_{u1} + \hat{U}_2 \cdot \cos \varphi_{u2}}$$

Mit $\varphi_{u1} = 0$ und $\varphi_{u2} = 90°$ erhält man folgende Lösungen (siehe auch Abschn. 14.3):

$$Z = \frac{\hat{U}}{\hat{I}} = \sqrt{\frac{\hat{U}_1^2}{\hat{I}^2} + \frac{\hat{U}_2^2}{\hat{I}^2}} = \sqrt{R^2 + (\omega L - \frac{1}{\omega C})^2}$$

$$\varphi = \varphi_u - \varphi_i = \varphi_u = \arctan \frac{\hat{U}_2}{\hat{U}_1} = \arctan \frac{\omega L - \frac{1}{\omega C}}{R}$$

[11]: Abschn. 1.1.1 und 1.1.3; Gleich. (1.7)

15.2 Berechnung im Bildbereich

15.2.1 Zeigerdarstellung

Die im Abschn. 15.1 aufgezeigte Lösungsvariante im Zeitbereich ist bereits für eine Elementarschaltung relativ aufwändig. Der Rechenaufwand steigt weiter an, wenn man diese Methode zur Berechnung gemischter Wechselstromkreise anwendet.

Transformiert man dagegen die zur Berechnung eines Wechselstromkreises erforderlichen Größen in den Bildbereich (Bild 15.1), so werden diese Größen als komplexe Zeiger dargestellt. Durch Anwendung der KIRCHHOFFschen Sätze können nun algebraische komplexe Gleichungen aufgestellt und im Bildbereich mit der komplexen Rechnung gelöst werden. Im Ergebnis einer Rücktransformation erhält man eine Lösung im Zeitbereich. Falls lediglich ausgewählte Größen (Beträge und Phasenwinkel von Widerständen bzw. Leitwerten oder Effektivwerte und Nullphasenwinkel von Spannungen bzw. Strömen) gesucht sind, können die entsprechenden Informationen direkt aus der Lösung im Bildbereich abgeleitet werden.

Bei dieser Methode zur Berechnung von Wechselstromkreisen bei sinusförmiger Einspeisung (auch symbolische Methode genannt) nutzt man demzufolge die Rechenvorteile in der komplexen Ebene aus und umgeht so die aufwändige Lösung von Differentialgleichungen im Zeitbereich.

Die komplexe Zahl beschreibt einen Punkt in der komplexen Ebene. Diese Ebene wird von der reellen und der imaginären Achse aufgespannt. Ein komplexer Zeiger $\underline{A}$ (gekennzeichnet durch einen Unterstrich) wird dann durch die Verbindung vom Koordinatenursprung zu diesem Punkt in der Ebene grafisch dargestellt.

Ein komplexer Zeiger ist mathematisch durch unterschiedliche Darstellungsformen interpretierbar.

Eine Möglichkeit besteht in der Verwendung der kartesischen Koordinaten.

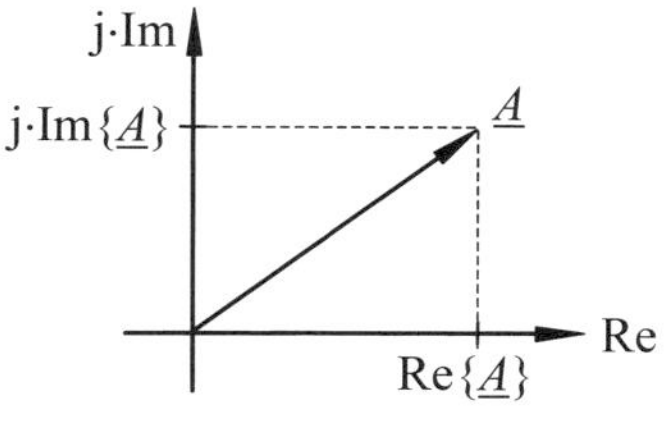

Bild 15.3: Zeigerdarstellung in der kartesischen Form

Jeder Punkt in der komplexen Ebene kann durch einen Realteil mit $\mathrm{Re}\{\underline{A}\}$ und einen Imaginärteil mit $\mathrm{Im}\{\underline{A}\}$ beschrieben werden. Diese beiden Anteile bilden mit dem zu interpretierenden Zeiger $\underline{A}$ ein rechtwinkliges Dreieck.
Die *kartesische Form* des Zeigers $\underline{A}$ ergibt sich dann wie folgt:

$$\underline{A} = \mathrm{Re}\,\{\underline{A}\} + \mathrm{j} \cdot \mathrm{Im}\,\{\underline{A}\} \qquad (15.1)$$

Ein komplexer Zeiger kann aber auch über die Winkelfunktionen beschrieben werden. Dann ergeben sich die beiden Katheten des rechtwinkligen Dreiecks aus dem Betrag des Zeigers ($|\underline{A}| \mathrel{\hat{=}}$ Länge), multipliziert mit dem Sinus (Gegenkathete) bzw. mit dem Kosinus (Ankathete) des von diesem Zeiger gegen die reelle Achse eingeschlossenen Winkels.

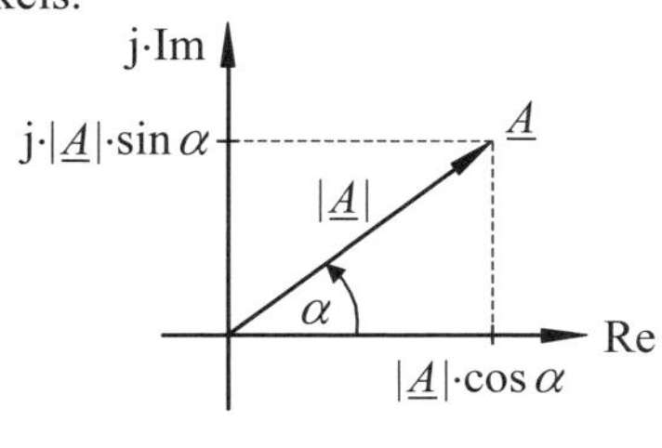

Bild 15.4: Zeigerdarstellung in der trigonometrischen und der Exponentialform

Es entsteht die *trigonometrische Form.*

$$\underline{A} = |\underline{A}| \cdot (\cos\alpha + \mathrm{j}\,\sin\alpha) \qquad (15.2)$$

Mit der EULERschen Gleichung:
$\cos\alpha + \mathrm{j} \cdot \sin\alpha = \mathrm{e}^{\mathrm{j}\alpha}$

kann man daraus die *Exponentialform* berechnen.

$$\underline{A} = |\underline{A}| \cdot \mathrm{e}^{\mathrm{j}\alpha} \qquad (15.3)$$

Der gesuchte Zeiger ergibt sich aus seinem Betrag und einer Phasenverschiebung relativ zur reellen Achse. Der Betrag kann über den PYTHAGORAS berechnet werden.

$$|\underline{A}| = \sqrt{\mathrm{Re}^2\{\underline{A}\} + \mathrm{Im}^2\{\underline{A}\}} \qquad (15.4)$$

Der Phasenwinkel wird mit der tan-Funktion bestimmt, wobei die Vorzeichen von Real- und Imaginärteil über die Quadrantenbeziehungen berücksichtigt werden müssen.

$$\alpha = \arctan\frac{\mathrm{Im}\{\underline{A}\}}{\mathrm{Re}\{\underline{A}\}} \qquad (15.5)$$

Alle Darstellungsformen ermöglichen die Beschreibung eines komplexen Zeigers in einem der vier Quadranten. Die jeweilige Lage des Zeigers hängt von den Vorzeichen im Real- bzw. im Imaginärteil (kartesische Form) oder vom Vorzeichen des Phasenwinkels (trigonometrische Form und Exponentialform) ab.

15.2.2 Rechenregeln

Die Umrechnung von einer Darstellungsart eines komplexen Zeigers in eine andere ist durch die Anwendung geeigneter Rechenregeln möglich. Für Strichrechnungen verwendet man in der Regel die kartesische Form. Die trigonometrische Form dient dann als Zwischenstation zur Umrechnung von der kartesischen Form in die Exponentialform und umgekehrt. Zur Ausführung von Punktrechnungen ist vorrangig die Exponentialform geeignet.

- Strichrechnungen:

Für $\underline{A} = A_1 + \mathrm{j}A_2$ und $\underline{B} = B_1 + \mathrm{j}B_2$ gilt:

$$\underline{A} \pm \underline{B} = A_1 \pm B_1 + \mathrm{j}(A_2 \pm B_2) \quad (15.6)$$

Zwei komplexe Zeiger werden addiert bzw. subtrahiert, indem man ihre Realteile addiert bzw. subtrahiert und ihre Imaginärteile addiert bzw. subtrahiert.

- Multiplikation in der kartesischen Form:

$$\begin{aligned}\underline{A} \cdot \underline{B} &= (A_1 + \mathrm{j}\,A_2) \cdot (B_1 + \mathrm{j}\,B_2)\\ &= A_1B_1 - A_2B_2 + \mathrm{j}\,(A_1B_2 + A_2B_1)\end{aligned}$$

Das negative Vorzeichen im Realteil entsteht durch $\mathrm{j}^2 = \sqrt{-1} \cdot \sqrt{-1} = -1$.

- Multiplikation in der Exponentialform:

Für $\underline{A} = |\underline{A}| \cdot \mathrm{e}^{\mathrm{j}\alpha}$ und $\underline{B} = |\underline{B}| \cdot \mathrm{e}^{\mathrm{j}\beta}$ gilt:

$$\underline{A} \cdot \underline{B} = |\underline{A}| \cdot |\underline{B}| \cdot \mathrm{e}^{\mathrm{j}(\alpha+\beta)} \quad (15.7)$$

Zwei komplexe Zeiger werden multipliziert, indem man ihre Beträge miteinander multipliziert und ihre Phasenwinkel addiert.

- Division in der kartesischen Form:

$$\frac{\underline{A}}{\underline{B}} = \frac{A_1 + \mathrm{j}A_2}{B_1 + \mathrm{j}B_2} \quad \Bigg| \cdot \frac{B_1 - \mathrm{j}B_2}{B_1 - \mathrm{j}B_2}$$

Um den Nenner reell zu machen, muss der Bruch mit der konjugiert komplexen Zahl des Nenners $\underline{B}^*$ erweitert werden. Eine konjugiert komplexe Zahl wird durch Änderung des Vorzeichens im Imaginärteil gebildet. Es gilt: $\underline{B}^* = B_1 - \mathrm{j}\,B_2$.
Damit entsteht im Nenner des komplexen Bruches ein Binom, das mit der dritten binomischen Formel berechnet werden kann:

$$(B_1 + \mathrm{j}B_2) \cdot (B_1 - \mathrm{j}B_2) = B_1^2 + B_2^2$$

$$\frac{\underline{A}}{\underline{B}} = \frac{A_1B_1 + A_2B_2 + \mathrm{j}(A_2B_1 - A_1B_2)}{B_1^2 + B_2^2}$$

- Division in der Exponentialform:

$$\frac{\underline{A}}{\underline{B}} = \frac{|\underline{A}| \cdot \mathrm{e}^{\mathrm{j}\alpha}}{|\underline{B}| \cdot \mathrm{e}^{\mathrm{j}\beta}} = \frac{|\underline{A}|}{|\underline{B}|} \cdot \mathrm{e}^{\mathrm{j}(\alpha-\beta)} \quad (15.8)$$

Zwei komplexe Zeiger werden dividiert, indem man ihre Beträge dividiert und ihre Phasenwinkel subtrahiert.

- Bildung konjugiert komplexer Zeiger:

Ein konjugiert komplexer Zeiger $\underline{A}^*$ entsteht durch die Spiegelung des originalen Zeigers $\underline{A}$ an der reellen Achse.

$$\underline{A} = A_1 + \mathrm{j}A_2 \quad \Rightarrow \quad \underline{A}^* = A_1 - \mathrm{j}A_2$$

$$\underline{A} = |\underline{A}| \cdot \mathrm{e}^{\mathrm{j}\alpha} \quad \Rightarrow \quad \underline{A}^* = |\underline{A}| \cdot \mathrm{e}^{-\mathrm{j}\alpha}$$

Die Addition eines originalen mit seinem konjugiert komplexen Zeiger führt zu einem reellen Ergebnis:

$$\underline{A} + \underline{A}^* = A_1 + \mathrm{j}A_2 + A_1 - \mathrm{j}A_2 = 2A_1 \quad \text{bzw.:}$$

$$\begin{aligned}\underline{A} + \underline{A}^* &= |\underline{A}| \cdot (\cos\alpha + \mathrm{j} \cdot \sin\alpha + \cos\alpha - \mathrm{j} \cdot \sin\alpha)\\ &= 2\,|\underline{A}| \cdot \cos\alpha\end{aligned}$$

Die Multiplikation eines originalen mit seinem konjugiert komplexen Zeiger führt ebenfalls zu einem reellen Ergebnis:

$$\underline{A} \cdot \underline{A}^* = |\underline{A}| \cdot \mathrm{e}^{\mathrm{j}\alpha} \cdot |\underline{A}| \cdot \mathrm{e}^{-\mathrm{j}\alpha} = |\underline{A}|^2$$

Die eigentlichen Rechenvorteile der komplexen Rechnung ergeben sich beim Differenzieren und beim Integrieren zeitlich veränderlicher (rotierender) komplexer Zeiger.

Ein ruhender Zeiger $\underline{A}$ existiert bei $t = 0$ und wird nach Gleich. (15.3) berechnet. Ein rotierender Zeiger $\underline{a}$ entsteht, wenn sich der zunächst ruhende Zeiger mit der Kreisfrequenz ω gemäß Bild 13.3 gegen den Uhrzeigersinn um den Koordinatenursprung bewegt.

$$\underline{a} = \underline{A} \cdot e^{j\omega t} = |\underline{A}| \cdot e^{j\alpha} \cdot e^{j\omega t} = |\underline{A}| \cdot e^{j(\omega t+\alpha)}$$

- Differentiation:

$$\frac{d\underline{a}}{dt} = \frac{d(|\underline{A}| \cdot e^{j(\omega t+\alpha)})}{dt} = |\underline{A}| \cdot e^{j(\omega t+\alpha)} \cdot j\omega$$

$$\frac{d\underline{a}}{dt} = j\omega \cdot \underline{a} \qquad (15.9)$$

Ein komplexer rotierender Zeiger wird differenziert, indem man ihn mit $j\omega$ multipliziert. Hier wird der große Vorteil der Anwendung der komplexen Rechnung in der Wechselstromtechnik deutlich. Die Rechenoperation des Differenzierens lässt sich in der komplexen Ebene auf eine Multiplikation mit $j\omega$ zurückführen.

- Integration:

$$\int_t \underline{a} \cdot dt = \int_t |\underline{A}| \cdot e^{j(\omega t+\alpha)} dt = \frac{|\underline{A}| \cdot e^{j(\omega t+\alpha)}}{j\omega}$$

$$\int_t \underline{a} \cdot dt = \frac{\underline{a}}{j\omega} \qquad (15.10)$$

Ein komplexer rotierender Zeiger wird integriert, indem man ihn durch $j\omega$ dividiert.

Lehrbeispiel 15.2:

Wie vereinfachen sich im Wechselstromkreis die Strom-Spannungs-Beziehungen für die Induktivität und für die Kapazität bei Anwendung der komplexen Rechnung? Welche Schlussfolgerungen können daraus für die Lösung des Lehrbeispiels 15.1 gezogen werden?

Induktionsgesetz: $\underline{u}_L = L \cdot \frac{d\underline{i}}{dt} = j\omega L \cdot \underline{i}$

Ladungsgesetz: $\underline{u}_C = \frac{1}{C} \cdot \int_t \underline{i} \cdot dt = \frac{1}{j\omega C} \cdot \underline{i}$

Beide Rechnungen zeigen, dass man bei Anwendung der komplexen Rechnung neben dem Betrag des Blindwiderstandes zugleich eine Information über die von ihm verursachte Phasenverschiebung erhält. Der Zeiger des induktiven Blindwiderstandes liegt auf der positiven imaginären Achse (+ 90° Phasenverschiebung), und der Zeiger des kapazitiven Blindwiderstandes liegt infolge $1 / j = - j$ auf der negativen imaginären Achse (– 90° Phasenverschiebung).

Die Differentialgleichung des Lehrbeispiels 15.1 kann demzufolge im Bildbereich viel einfacher gelöst werden. Im Ergebnis der Transformation erhält man:

$$\underline{u} = \underline{u}_R + \underline{u}_L + \underline{u}_C = R \cdot \underline{i} + L \cdot \frac{d\underline{i}}{dt} + \frac{1}{C} \cdot \int_t \underline{i} \cdot dt$$

$$\underline{u} = R \cdot \underline{i} + j\omega L \cdot \underline{i} + \frac{1}{j\omega C} \cdot \underline{i} = [R + j(\omega L - \frac{1}{\omega C})] \cdot \underline{i}$$

$$\frac{\underline{u}}{\underline{i}} = \frac{\underline{U}}{\underline{I}} = \underline{Z} = R + j(\omega L - \frac{1}{\omega C})$$

15.2.3 Transformationsregeln

Eine sinusförmige Zeitfunktion wird in die komplexe Ebene (Bildbereich) transformiert, indem man sie mit ihrem Maximalwert als Betrag und dem Argument der Winkelfunktion als Exponent in Form eines rotierenden Zeigers darstellt.

$$u = \hat{U} \cdot \sin(\omega t + \varphi_u) \circ\!\!-\!\!\bullet\; \underline{\hat{u}} = \hat{U} \cdot e^{j(\omega t+\varphi_u)}$$

Für die weiteren Betrachtungen ist es in der komplexen Ebene sinnvoll, diesen rotierenden Maximalwertzeiger $\underline{\hat{u}}$ (auch: Scheitelwertzeiger oder komplexe Amplitude [13] genannt) in einen ruhenden Maximalwertzeiger umzuformen.

Für $t = 0$ gilt: $\underline{\hat{U}} = \hat{U} \cdot \mathrm{e}^{\mathrm{j}\varphi_\mathrm{u}}$

Durch Umrechnung des Maximalwertes in den Effektivwert entstehen die im Bildbereich üblichen Zeigerdarstellungen mit ruhenden Effektivwertzeigern:

$\underline{U} = U \cdot \mathrm{e}^{\mathrm{j}\varphi_\mathrm{u}}$ bzw.: $\underline{I} = I \cdot \mathrm{e}^{\mathrm{j}\varphi_\mathrm{i}}$

Bild 15.5 zeigt die Maßnahmen zur Transformation einer sinusförmigen Zeitfunktion in den Bildbereich (○—●) und zur Rücktransformation eines komplexen Zeigers in den Zeitbereich (●—○).

Transformationsregeln

Zeitbereich		Bildbereich
$u = \hat{U} \cdot \sin(\omega t + \varphi_\mathrm{u})$	○—●	$\underline{\hat{u}} = \hat{U} \cdot \mathrm{e}^{\mathrm{j}(\omega t + \varphi_\mathrm{u})}$
		mit: $t = 0$
		$\underline{\hat{U}} = \hat{U} \cdot \mathrm{e}^{\mathrm{j}\varphi_\mathrm{u}}$
		$\underline{U} = 0{,}707 \cdot \hat{U} \cdot \mathrm{e}^{\mathrm{j}\varphi_\mathrm{u}}$
		Berechnung eines Zeigers $\underline{A}$
		$\underline{A} = \lvert\underline{A}\rvert \cdot \mathrm{e}^{\mathrm{j}\alpha}$
		$\underline{A} = \mathrm{Re}\{\underline{A}\} + \mathrm{j}\,\mathrm{Im}\{\underline{A}\}$
		$\underline{A} = \lvert\underline{A}\rvert \cdot (\cos\alpha + \mathrm{j}\sin\alpha)$
		mit: $t \neq 0$
$a(t) = \mathrm{Im}\{\underline{\hat{a}}\}$ $= \sqrt{2} \cdot \lvert\underline{A}\rvert \cdot \sin(\omega t + \alpha)$	●—○	$\underline{\hat{a}} = \sqrt{2} \cdot \lvert\underline{A}\rvert \cdot \cos(\omega t + \alpha)$ $+\mathrm{j}\,\sqrt{2} \cdot \lvert\underline{A}\rvert \cdot \sin(\omega t + \alpha)$

Bild 15.5: Hin- und Rücktransformation

Der im Ergebnis einer Rechnung ermittelte Zeiger (allgemein $\underline{A}$) kann bei Bedarf wieder zurück in den Zeitbereich transformiert werden. Für diese Rücktransformation wird aus dem ruhenden Zeiger durch eine Multiplikation mit $\mathrm{e}^{\mathrm{j}\omega t}$ $(t \neq 0)$ ein rotierender Effektivwertzeiger $\underline{a}$ berechnet. Durch die Multiplikation mit $\sqrt{2}$ entsteht daraus ein rotierender Maximalwertzeiger $\underline{\hat{a}}$.

$$\underline{\hat{a}} = \sqrt{2} \cdot \underline{A} \cdot \mathrm{e}^{\mathrm{j}\omega t} = \underline{\hat{A}} \cdot \mathrm{e}^{\mathrm{j}\omega t} = \hat{A} \cdot \mathrm{e}^{\mathrm{j}(\omega t + \alpha)}$$

$$\underline{\hat{a}} = \hat{A} \cdot [\cos(\omega t + \alpha) + \mathrm{j}\sin(\omega t + \alpha)]$$

Die zugehörige sinusförmige Zeitfunktion $a(t)$ ergibt sich dann aus der Rücktransformation des Imaginärteils dieses rotierenden Zeigers: $a(t) = \mathrm{Im}\{\underline{\hat{a}}\}$.

$$a = \hat{A} \cdot \sin(\omega t + \alpha) \quad ○—● \quad \underline{\hat{a}} = \hat{A} \cdot \mathrm{e}^{\mathrm{j}(\omega t + \alpha)}$$

Falls eine cos-Funktion eingespeist wurde, dient der Realteil des komplexen Ergebnisses zur Rücktransformation.

Lehrbeispiel 15.3:

In eine Schaltung wird eine Wechselspannung mit $u_\mathrm{q}(t) = 50\ \mathrm{V} \cdot \sin\omega t$ ($f = 50$ Hz) als Bezugsgröße eingespeist. Im Ergebnis der Berechnung eines komplexen Spannungszeigers liegt z.B. folgende Lösung vor:

$\underline{U}_\mathrm{x} = 18\ \mathrm{V} \cdot \mathrm{e}^{\mathrm{j}30°}$

Man bestimme die zugehörige Zeitfunktion durch Rücktransformation vom Bildbereich in den Zeitbereich.

Lösung:

Der ruhende Effektivwertzeiger $\underline{U}_\mathrm{x}$ wird in einen rotierenden Maximalwertzeiger umgewandelt. Bei sinusförmiger Einspeisung ergibt der Imaginärteil dieses Zeigers die Lösung im Zeitbereich:

$$\underline{u}_\mathrm{x} = 18\ \mathrm{V} \cdot \mathrm{e}^{\mathrm{j}(\omega t + 30°)}.$$

$$\underline{\hat{u}}_\mathrm{x} = 18\ \mathrm{V} \cdot \sqrt{2} \cdot \mathrm{e}^{\mathrm{j}(\omega t + 30°)} = 25{,}46\ \mathrm{V} \cdot \mathrm{e}^{\mathrm{j}(\omega t + 30°)}$$

$$\underline{\hat{u}}_\mathrm{x} = 25{,}46\ \mathrm{V} \cdot [\cos(\omega t + 30°) + \mathrm{j}\sin(\omega t + 30°)]$$

$$u_\mathrm{x}(t) = \mathrm{Im}\{\underline{\hat{u}}_\mathrm{x}\} = 25{,}46\ \mathrm{V} \cdot \sin(\omega t + 30°)$$

15.2.4 Komplexer Widerstand

Der komplexe Widerstand $\underline{Z}$ ist als Quotient von Spannungs- und Stromzeiger definiert. Er wird auch als *Impedanz* bezeichnet. Sein Kehrwert ist der komplexe Leitwert $\underline{Y}$ (*Admittanz*; siehe Abschn. 15.2.5).

$$\underline{Z} = \frac{\underline{u}}{\underline{i}} = \frac{\underline{U} \cdot e^{j\omega t}}{\underline{I} \cdot e^{j\omega t}} = \frac{|\underline{U}| \cdot e^{j\varphi_u}}{|\underline{I}| \cdot e^{j\varphi_i}} = \frac{U}{I} \cdot e^{j(\varphi_u - \varphi_i)}$$

$$\underline{Z} = \frac{\underline{U}}{\underline{I}} = \frac{1}{\underline{Y}} \qquad (15.11)$$

Der komplexe Widerstand wird in der kartesischen Form über seinen Realteil und seinen Imaginärteil [vgl. Bild 15.3 und Gleich. (15.1)] dargestellt.

Es gilt: $\underline{Z} = \text{Re}\,\{\underline{Z}\} + j \cdot \text{Im}\,\{\underline{Z}\}$

Der Realteil beschreibt den Wirkanteil R (*Resistanz*), und der Imaginärteil beschreibt den Blindanteil X (*Reaktanz*).

$$\underline{Z} = R + j \cdot X \qquad (15.12)$$

In der Exponentialform stellt man den komplexen Widerstand über seinen Betrag (*Scheinwiderstand* $Z = |\underline{Z}| = U/I$) und seinen Winkel (*Phasenwinkel* $\varphi = \varphi_u - \varphi_i$) dar [vgl. Bild 15.4 und Gleich. (15.3)].

$$\underline{Z} = |\underline{Z}| \cdot e^{j\varphi} \qquad (15.13)$$

Der Betrag des komplexen Widerstandes wird gemäß Gleich. (15.4) bestimmt.

$$Z = \sqrt{R^2 + X^2} \qquad (15.14)$$

Für den Phasenwinkel gilt Gleich. (15.5). Sein Vorzeichen ergibt sich aus dem Vorzeichen des Imaginärteils des komplexen Widerstandes.

$$\varphi = \arctan\frac{\text{Im}\{\underline{Z}\}}{\text{Re}\{\underline{Z}\}} = \arctan\frac{X}{R} \qquad (15.15)$$

Zur Vermeidung einer wiederholten Berechnung der Strom-Spannungs-Beziehungen für die Elementarzweipole transformiert man eine gegebene Wechselstromschaltung in ihrer Gesamtheit in die komplexe Ebene. Dazu verwendet man neben den Transformationsregeln für die Spannungen und Ströme (Abschn. 15.2.3) zusätzlich die Widerstandszeiger der Elementarzweipole. In den Bildern 15.6 bis 15.8 sind die elementaren Zweipole mit rotierenden (links) und ruhenden (rechts) Spannungs- und Stromzeigern dargestellt.

Für den ohmschen Widerstand (Bild 15.6) ergibt sich mit dem OHMschen Gesetz folgender Widerstandszeiger $\underline{Z}_R$:

$$\underline{u}_R = \underline{i}_R \cdot R$$

$$\underline{Z}_R = \frac{\underline{u}_R}{\underline{i}_R} = R + j0 = R \cdot e^{j0°}$$

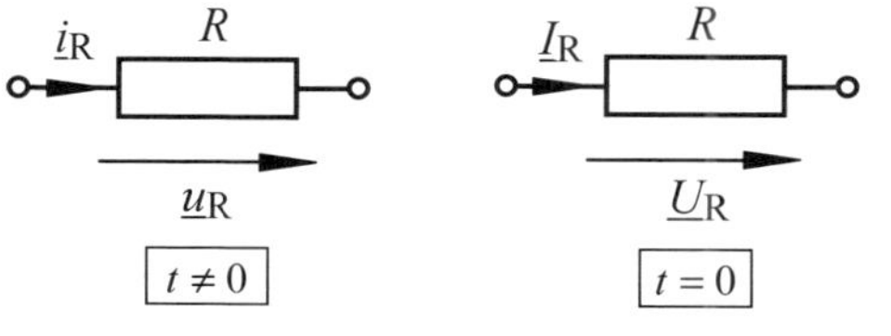

Bild 15.6: Ohmscher Widerstand im Bildbereich

Für diesen Widerstand gilt im Bildbereich:

$$\underline{Z}_R = R \qquad (15.16)$$

Für die Induktivität (Bild 15.7) ergibt sich mit $X_L = \omega L$ folgender Widerstandszeiger:

$$\underline{u}_L = L \cdot \frac{d\underline{i}_L}{dt} = j\omega L \cdot \underline{i}_L = jX_L \cdot \underline{i}_L$$

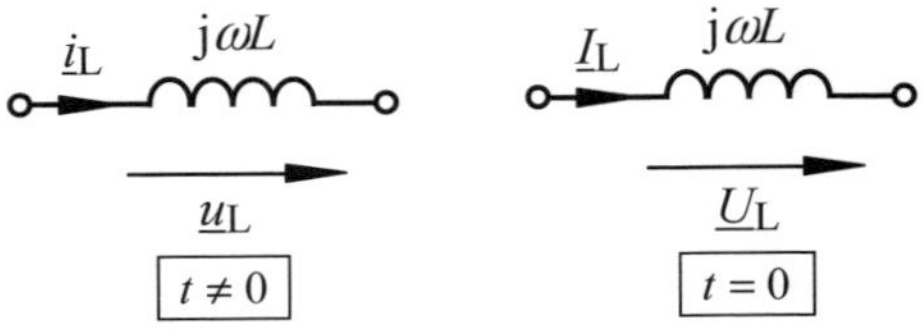

Bild 15.7: Induktivität im Bildbereich

Für diesen Widerstand gilt im Bildbereich:

$$\underline{Z}_L = \frac{\underline{u}_L}{\underline{i}_L} = 0 + j\omega L = \omega L \cdot e^{j90°} \quad \text{bzw.:}$$

$$\underline{Z}_L = \frac{\underline{u}_L}{\underline{i}_L} = 0 + jX_L = X_L \cdot e^{j90°}$$

$$\underline{Z}_L = j\omega L = jX_L \qquad (15.17)$$

Für die Transformation eines Kondensators in den Bildbereich gilt mit $X_C = -1/\omega C$:

$$\underline{u}_C = \frac{1}{C} \cdot \int \underline{i}_C \cdot dt = \frac{1}{j\omega C} \cdot \underline{i}_C = -j \cdot \frac{1}{\omega C} \cdot \underline{i}_C$$

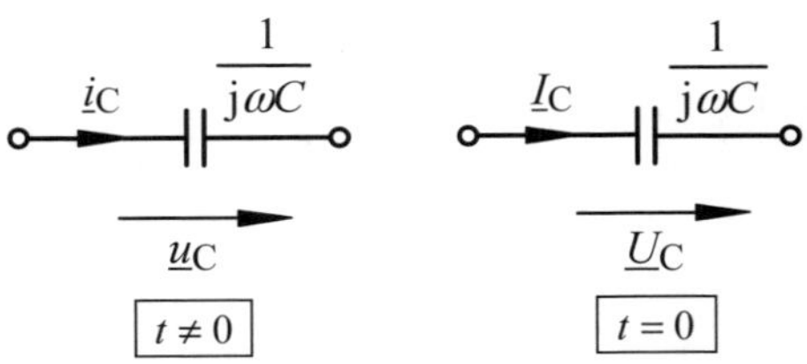

Bild 15.8: Kapazität im Bildbereich

Für diesen Widerstand gilt im Bildbereich:

$$\underline{Z}_C = \frac{\underline{u}_C}{\underline{i}_C} = \frac{1}{j\omega C} = 0 - j\frac{1}{\omega C} = \frac{1}{\omega C} \cdot e^{-j90°}$$

$$\underline{Z}_C = \frac{\underline{u}_C}{\underline{i}_C} = 0 + j \cdot X_C = | X_C | \cdot e^{-j90°}$$

$$\underline{Z}_C = \frac{1}{j\omega C} = -j \cdot \frac{1}{\omega C} = j \cdot X_C \qquad (15.18)$$

15.2.5 Komplexer Leitwert

Der komplexe Leitwert $\underline{Y}$ ist als Quotient von Strom- und Spannungszeiger definiert. Er wird auch als *Admittanz* bezeichnet.

$$\underline{Y} = \frac{\underline{i}}{\underline{u}} = \frac{\underline{I} \cdot e^{j\omega t}}{\underline{U} \cdot e^{j\omega t}} = \frac{|\underline{I}| \cdot e^{j\varphi_i}}{|\underline{U}| \cdot e^{j\varphi_u}} = \frac{I}{U} \cdot e^{j(\varphi_i - \varphi_u)}$$

$$\underline{Y} = \frac{\underline{I}}{\underline{U}} = \frac{1}{\underline{Z}} \qquad (15.19)$$

Der komplexe Leitwert wird in der kartesischen Form gemäß Bild 15.3 und Gleich. (15.1) dargestellt.

Es gilt: $\underline{Y} = \text{Re}\,\{\underline{Y}\} + j \cdot \text{Im}\,\{\underline{Y}\}$

Der Realteil beschreibt den Wirkanteil G (*Konduktanz*), und der Imaginärteil beschreibt den Blindanteil B (*Suszeptanz*).

$$\underline{Y} = G + j \cdot B \qquad (15.20)$$

In der Exponentialform stellt man den komplexen Leitwert über seinen Betrag (*Scheinleitwert* $Y = |\underline{Y}| = I/U$) und seinen Winkel $(-\varphi = \varphi_i - \varphi_u)$ dar. Nach Gleich. (14.2) hat dieser Winkel ein negatives Vorzeichen.

$$\underline{Y} = |\underline{Y}| \cdot e^{-j\varphi} \qquad (15.21)$$

Der Betrag des komplexen Leitwertes wird gemäß Gleich. (15.4) bestimmt.

$$Y = \sqrt{G^2 + B^2} \qquad (15.22)$$

Für den Phasenwinkel gilt Gleich. (15.5). Sein resultierendes Vorzeichen wird vom Vorzeichen im Imaginärteil des komplexen Leitwertes bestimmt.

$$\varphi = \arctan\frac{\text{Im}\{\underline{Y}\}}{\text{Re}\{\underline{Y}\}} = \arctan\frac{B}{G} \qquad (15.23)$$

15.3 Gemischte Schaltungen im Wechselstromkreis

15.3.1 Rechnerische Lösung im Bildbereich

Zur Berechnung gemischter Wechselstromkreise mit sinusförmiger Einspeisung ist eine Transformation vom Zeitbereich in den Bildbereich (vgl. auch Bild 15.1) sinnvoll. Mit Kenntnis der komplexen Widerstände der Elementarzweipole kann man gleich die gesamte Schaltung nach den Regeln der Abschnitte 15.2.3 und 15.2.4 in den Bildbereich transformieren. Dazu wird die eingespeiste Quellengröße (sinusförmige Zeitfunktion: Spannung oder Strom) in einen Effektivwertzeiger umgerechnet. Außerdem werden alle Elementarzweipole durch ihre komplexen Widerstände beschrieben. In der so transformierten Schaltung gelten jetzt wieder alle Regeln zur Berechnung von komplexen Widerständen bzw. Leitwerten analog zur Schaltungsberechnung im Gleichstromkreis.

- Reihenschaltung: $\underline{Z}_{\text{ges}} = \sum_{\nu=1}^{n} \underline{Z}_{\nu}$
- Parallelschaltung: $\underline{Y}_{\text{ges}} = \sum_{\nu=1}^{n} \underline{Y}_{\nu}$

Speziell für zwei parallel geschaltete komplexe Widerstände gilt:

$$\underline{Z}_{\text{ges}} = \underline{Z}_1 \,//\, \underline{Z}_2 = \frac{\underline{Z}_1 \cdot \underline{Z}_2}{\underline{Z}_1 + \underline{Z}_2}$$

Für die Berechnung von Spannungen und Strömen gelten die KIRCHHOFFschen Sätze:

- Maschensatz: $\sum_{\nu=1}^{n} \underline{U}_{\nu} = 0$
- Knotenpunktsatz: $\sum_{\nu=1}^{n} \underline{I}_{\nu} = 0$

Außerdem können die aus der Gleichstromlehre bekannten Teilergesetze angewendet werden:

- Spannungsteilerregel: $\frac{\underline{U}_1}{\underline{U}_2} = \frac{\underline{Z}_1}{\underline{Z}_2}$
  (Reihenschaltung)
- Stromteilerregel: $\frac{\underline{I}_1}{\underline{I}_2} = \frac{\underline{Z}_2}{\underline{Z}_1}$
  (Parallelschaltung)

Die Lösung der für die gesuchten Größen aufgestellten algebraischen komplexen Gleichungen wird mit der komplexen Rechnung vorgenommen und in der kartesischen Form oder in der Exponentialform ausgeführt. Während der Berechnung ist infolge des Wechsels zwischen einer Strichrechnung (kartesische Form) und einer Punktrechnung (Exponentialform) ein Wechsel in der Zeigerdarstellung erforderlich.

Aus praktischer Sicht ist es sinnvoll, die Berechnung von Widerstands- bzw. Leitwertzeigern in der kartesischen Form auszuführen. Dann ist aus dem komplexen Ergebnis sofort der resultierende Wirk- und Blindanteil ablesbar. So können z.B. Resonanzfälle (Kap. 16) oder Leistungskomponenten (Kap. 17) effektiv beschrieben werden. Eine anschließende Umrechnung in die Exponentialform führt zum Betrag und zum Phasenwinkel.
Teilspannungen und -ströme berechnet man häufig in der Exponentialform. Dann ist sofort der Betrag (Effektivwert) verfügbar und kann z.B. zur Überprüfung oder zum Vergleich mit gemessenen Größen verwendet werden.

Bei der Beschreibung von Phasenrelationen zwischen definierten Zeigern wird der Lösungsansatz (getrennt nach Zähler und Nenner) in die Exponentialform umgerechnet. Der gesuchte Winkel φ_{x} ergibt sich dann aus der Differenz der Winkelbeiträge: $\varphi_{\text{x}} = \varphi_{\text{x}}(\text{Zähler}) - \varphi_{\text{x}}(\text{Nenner})$.

In der schaltungstechnischen Praxis ist es in vielen Fällen erforderlich, die gesuchte Größe mit einer allgemeinen Rechnung zu beschreiben. Da die Schaltung erst dimensioniert (Bauelemente bemessen) werden muss, stehen dem Bearbeiter vorerst keine Zahlenwerte für die Rechnung zur Verfügung. Zur zielgerichteten Ausführung solcher Berechnungen sollten typische Schritte in einer festgelegten Reihenfolge abgearbeitet werden. Als Beipiel wird ein kapazitiver Blindwiderstand betrachtet, der zu einem ohmschen Widerstand parallel geschaltet ist (siehe auch Bild 14.10).

- *Rechnung in der kartesischen Form*:

1) Lösungsansatz z.B. für $\underline{Z}$ formulieren

$$\underline{Z} = R \,//\, \frac{1}{\mathrm{j}\omega C}$$

2) Parallelzeichen auflösen

$$\underline{Z} = \frac{R \cdot \frac{1}{\mathrm{j}\omega C}}{R + \frac{1}{\mathrm{j}\omega C}}$$

3) Doppelbrüche beseitigen
(Zähler und Nenner mit $\mathrm{j}\omega C$ multiplizieren)

$$\underline{Z} = \frac{R}{1 + \mathrm{j}\omega C \cdot R}$$

4) Konjugiert komplexe Erweiterung
(Zähler und Nenner mit dem konjugiert komplexen Nenner $1 - \mathrm{j}\omega CR$ multiplizieren)

$$\underline{Z} = \frac{R \cdot (1 - \mathrm{j}\omega C \cdot R)}{1 + \omega^2 C^2 R^2}$$

5) Trennen nach Real- und Imaginärteil

$$\underline{Z} = \frac{R}{1 + \omega^2 C^2 R^2} - \mathrm{j}\frac{\omega C \cdot R^2}{1 + \omega^2 C^2 R^2}$$

$\Rightarrow$ Ergebnis: $\underline{Z} = \mathrm{Re}\,\{\underline{Z}\} + \mathrm{j} \cdot \mathrm{Im}\,\{\underline{Z}\}$

Damit hat man zugleich die Parallelschaltung in eine Reihenschaltung umgerechnet.

- *Rechnung in der Exponentialform*:

1) Lösungsansatz z.B. für $\underline{I}_\mathrm{R}$ formulieren

$$\underline{I}_\mathrm{R} = \underline{I} \cdot \frac{\frac{1}{\mathrm{j}\omega C}}{R + \frac{1}{\mathrm{j}\omega C}}$$

2) Parallelzeichen auflösen (hier nicht)

3) Doppelbrüche beseitigen

$$\underline{I}_\mathrm{R} = \underline{I} \cdot \frac{1}{1 + \mathrm{j}\omega C \cdot R}$$

4) Zähler und Nenner getrennt in die Exponentialform umrechnen

$$\underline{I}_\mathrm{R} = \underline{I} \cdot \frac{1 \cdot \mathrm{e}^{\mathrm{j}0°}}{\sqrt{1 + \omega^2 C^2 R^2} \cdot \mathrm{e}^{\mathrm{j}\arctan \omega C \cdot R}}$$

5) Trennen nach Betrag und Winkel

$$\underline{I}_\mathrm{R} = \underline{I} \cdot \frac{1}{\sqrt{1 + \omega^2 C^2 R^2}} \cdot \mathrm{e}^{-\mathrm{j}\arctan \omega C \cdot R}$$

$\Rightarrow$ Ergebnis: $\underline{I}_\mathrm{R} = |\,\underline{I}_\mathrm{R}\,| \cdot \mathrm{e}^{\,\mathrm{j}\varphi_{\mathrm{i,R}}}$

Lehrbeispiel 15.4:

Berechnen Sie für einen Reihenschwingkreis allgemein den komplexen Widerstand in der kartesischen Form. Ermitteln Sie daraus den Strom (Exponentialform) und stellen Sie ihn als Zeitfunktion dar. Die angelegte Gesamtspannung wird als Bezugsgröße ($\varphi_\mathrm{u} = 0$) gewählt.

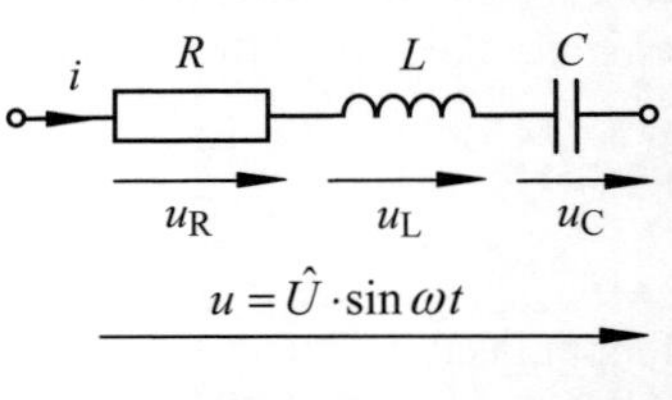

Bild 15.9: Reihenschwingkreis im Zeitbereich

Zunächst wird die Schaltung in den Bildbereich transformiert. Die rotierenden Maximalwertzeiger werden in Effektivwertzeiger gewandelt.

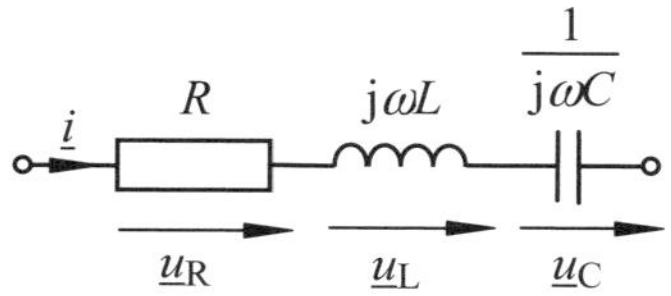

$$\underline{u} = \underline{U} \cdot \mathrm{e}^{\mathrm{j}\omega t} = \frac{\hat{U}}{\sqrt{2}} \cdot \mathrm{e}^{\mathrm{j}\omega t}$$

Bild 15.10: Reihenschwingkreis im Bildbereich mit rotierenden Zeigern

Nun wird zur Reduzierung des Schreibaufwands die Zeit während der Schaltungsberechnung gleich null gesetzt. Damit gehen die rotierenden Zeiger in ruhende Zeiger über (Bild 15.11).

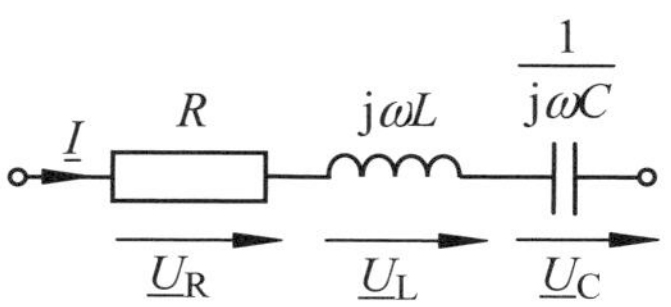

$$\underline{U} = \frac{\hat{U}}{\sqrt{2}}$$

Bild 15.11: Reihenschwingkreis im Bildbereich mit ruhenden Zeigern

Aus dieser Darstellung wird $\underline{Z}$ abgelesen:

$$\underline{Z} = R + \mathrm{j}\omega L + \frac{1}{\mathrm{j}\omega C} = R + \mathrm{j} \cdot (\omega L - \frac{1}{\omega C})$$

Eine Umrechnung führt zur Exponentialform.

$$\underline{Z} = \sqrt{R^2 + (\omega L - \frac{1}{\omega C})^2} \cdot \mathrm{e}^{\mathrm{j} \cdot \arctan \frac{\omega L - \frac{1}{\omega C}}{R}}$$

Daraus kann der ruhende Effektivwertzeiger des Stromes berechnet werden.

$$\underline{I} = \frac{\underline{U}}{\underline{Z}} = \frac{\hat{U}/\sqrt{2}}{\sqrt{R^2 + (\omega L - \frac{1}{\omega C})^2}} \cdot \mathrm{e}^{-\mathrm{j} \cdot \arctan \frac{\omega L - \frac{1}{\omega C}}{R}}$$

Nun wird die Zeit wieder ungleich null gesetzt. Aus dem ruhenden Zeiger wird somit wieder ein rotierender Zeiger.

$$\underline{i} = \frac{\hat{U}/\sqrt{2}}{\sqrt{R^2 + (\omega L - \frac{1}{\omega C})^2}} \cdot \mathrm{e}^{\mathrm{j}(\omega t - \arctan \frac{\omega L - \frac{1}{\omega C}}{R})}$$

Durch Rücktransformation erhält man die gesuchte Zeitfunktion des Stromes. Da bisher mit dem Effektivwert der Spannung gerechnet wurde, ist eine Rückwandlung in den Maximalwert erforderlich. Der Strom wird durch den Scheinwiderstand $|\underline{Z}|$ begrenzt und eilt der Spannung um den Nullphasenwinkel $\varphi_{\mathrm{i}} = -\varphi$ nach.

$$i = \frac{\hat{U}}{\sqrt{R^2 + (\omega L - \frac{1}{\omega C})^2}} \cdot \sin(\omega t - \arctan \frac{\omega L - \frac{1}{\omega C}}{R})$$

$\Rightarrow$ Ergebnis: $i = \hat{I} \cdot \sin(\omega t + \varphi_{\mathrm{i}})$

15.3.2 Grafische Lösung im Bildbereich

Komplexe Widerstände und Leitwerte können im Bildbereich auch grafisch bestimmt werden. Man erhält Zeigerbilder mit Widerstands- und Leitwertzeigern in Analogie zu den Zeigerbildern mit Spannungs- und Stromzeigern. Im Gegensatz zu den Zeigerbildern für Elementarschaltungen (Abschn. 14.2 und 14.3) können nun auch Widerstands- bzw. Leitwertzeigerbilder für gemischte Wechselstromkreise konstruiert werden. Sie dienen in der Praxis vorrangig zur Analyse von Wechselstromkreisen bei variabler Frequenz oder bei der stetigen Veränderung einer Bauelemente-Kenngröße. Durch die Variation eines solchen Parameters (R, L, C oder ω) verändert der resultierende Widerstands- oder Leitwertzeiger seine Länge und seine Lage in der komplexen Ebene. Verbindet man die resultierenden Zeigerspitzen miteinander, so erhält man eine *Ortskurve* (Abschn. 15.3.3).

Zur Umformung eines komplexen Widerstandes $\underline{Z}$ in einen Leitwert $\underline{Y}$ (und umgekehrt) ist gemäß Gleich. (15.11) bzw. (15.19) die Bildung des Kehrwertes erforderlich. Die grafische Bildung dieses Kehrwertes nennt man *Inversion*. Zur Inversion eines Zeigers sind folgende Schritte abzuarbeiten:

1) Einzeichnen eines Inversionskreises mit einem Radius, der durch die gewählten Maßstäbe für den Scheinwiderstand M_Z und für den Scheinleitwert M_Y bestimmt wird. Bei einer qualitativen Darstellung kann aus Gründen einer einfachen Konstruktion (Skizze) der Radius dieses Kreises mit der Zeigerlänge des ersten zu invertierenden Zeigers festgelegt werden.

2) Darstellung des zu invertierenden Zeigers (originaler Zeiger) gemäß Bild 15.3 bzw. Bild 15.4 oder Konstruktion dieses Zeigers nach den im Abschn. 14.2 behandelten Regeln.

3) Verlängerung oder Verkürzung dieses originalen Zeigers durch Anlegen der Tangenten an den Inversionskreis.

Falls die Zeigerspitze des originalen Zeigers außerhalb des Inversionskreises liegt, ergibt sich der verkürzte Zeiger aus seinem Schnittpunkt mit der Verbindungsgeraden zwischen den beiden Berührungspunkten, die durch Anlegen der Tangenten von der originalen Zeigerspitze an den Inversionskreis entstehen.
Liegt die Zeigerspitze des originalen Zeigers dagegen innerhalb des Kreises, so findet man durch Konstruktion der Senkrechten auf die Spitze des originalen Zeigers zwei Schnittpunkte mit dem Inversionskreis. Die Tangenten, die an diese Punkte des Inversionskreises gelegt werden, schneiden sich in der neuen Zeigerspitze des verlängerten Zeigers.

4) Durch Spiegelung an der reellen Achse erhält man den konjugiert komplexen Zeiger von 3) und damit den Kehrwert des originalen Zeigers von 2).

Zeigerbilder für komplexe Widerstände und Leitwerte werden nach folgenden Richtlinien konstruiert:

- Festlegung eines Maßstabes für eine quantitative Darstellung der Widerstände und Leitwerte (entfällt bei einer Skizze) sowie Einzeichnen des Inversionskreises mit dem berechneten Radius.

Die Berechnung des Radius des Inversionskreises ist wie folgt möglich (Bild 15.12):

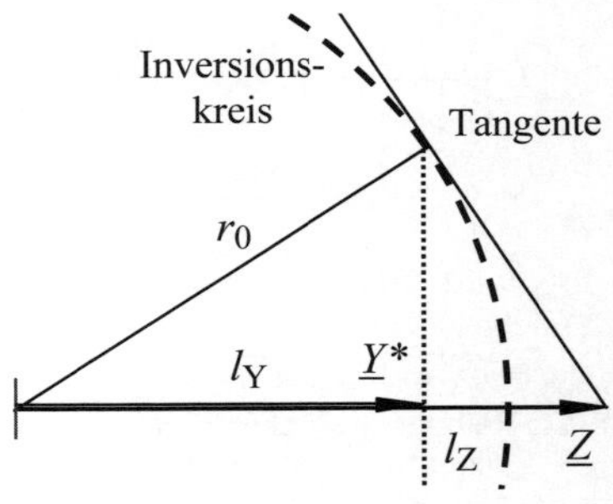

Bild 15.12: Radius des Inversionskreises

Ein zu invertierender Zeiger $\underline{Z}$ mit der Länge l_Z wird durch Anlegen der Tangenten an den Inversionskreis gemäß Schritt 3) auf den konjugiert komplexen Zeiger $\underline{Y}^*$ mit der Länge l_Y verkürzt. Durch die Verbindungslinie zwischen den Berührungspunkten (senkrechte gepunktete Linie im Bild 15.12) entstehen rechtwinklige Dreiecke, auf die der Kathetensatz angewendet werden kann. Nach Bild 15.12 gilt:

$$r_0^2 = l_Z \cdot l_Y = \frac{|\underline{Z}|}{M_Z} \cdot \frac{|\underline{Y}|}{M_Y} \quad \text{mit: } |\underline{Z}| \cdot |\underline{Y}| = 1$$

$$r_0 = \sqrt{\frac{1}{M_Z \cdot M_Y}} \qquad (15.24)$$

- Konstruktion des ersten Widerstands- bzw. des Leitwertdreiecks für die „innere“ Elementarschaltung. Der erste zu invertierende Zeiger wird durch die „innere“ Elementarschaltung bestimmt. Handelt es sich hierbei um eine Reihenschaltung, so ist das erste Dreieck ein rechtwinkliges Widerstandsdreieck. Eine Parallelschaltung führt in der ersten Konstruktion zu einem rechtwinkligen Leitwertdreieck.

- Wechsel von der Widerstands- zur Leitwertdarstellung und umgekehrt entsprechend der Schaltungskonfiguration.

Lehrbeispiel 15.5:

Man konstruiere für eine Reihenschaltung, bestehend aus einem ohmschen Widerstand und einer idealen Spule, qualitativ den resultierenden Widerstands- und Leitwertzeiger.

Zunächst wird das Widerstandsdreieck konstruiert (siehe Bild 15.13).
Es entsteht der Widerstandszeiger: $\underline{Z} = R + \mathrm{j}\,\omega L$.

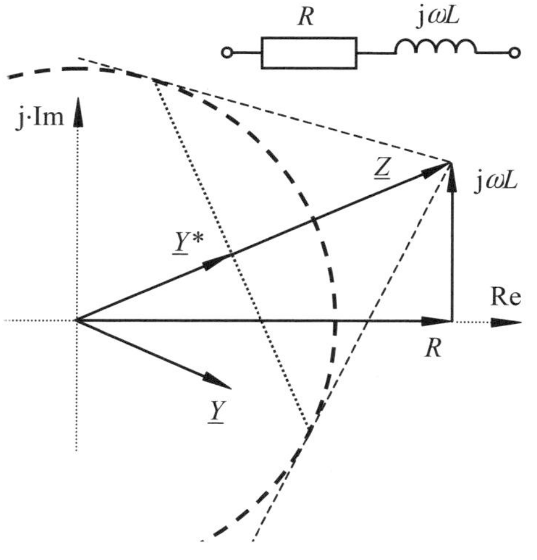

Bild 15.13: Zeigerbild zum Lehrbeispiel 15.5

Durch Anlegen der Tangenten an den Inversionskreis und Verbinden der Berührungspunkte (gepunktete Linie im Bild 15.13) erhält man einen Schnittpunkt mit dem $\underline{Z}$-Zeiger. Dieser Punkt bestimmt die Länge (Betrag) des invertierten Zeigers. Da er noch nicht an der reellen Achse gespiegelt wurde, handelt es sich hierbei um den konjugiert komplexen Leitwertzeiger $\underline{Y}^*$. Durch Spiegelung von $\underline{Y}^*$ an der reellen Achse entsteht der gesuchte Leitwertzeiger $\underline{Y}$.

15.3.3 Variation von Betriebsparametern

Wechselstromkreise müssen häufig unter variablen Betriebsbedingungen untersucht und beschrieben werden. In den folgenden Ausführungen wird vorausgesetzt, dass sich nur ein Betriebsparameter verändert und der Wechselstromkreis für diese Einstellung einen stationären Zustand erreicht hat, bevor der Parameter weiter verändert wird.

Von der Vielzahl der Möglichkeiten einer Variation von Betriebsparametern sollen hier lediglich zwei typische Fälle betrachtet werden:

- Variation der Frequenz/Kreisfrequenz (z.B. für Frequenzganguntersuchungen in der Nachrichtentechnik, in der Automatisierungstechnik usw.; vgl. auch Kap. 16)
- Variation einer Bauelemente-Kenngröße (z.B. für Untersuchungen bei Laständerungen in der Energietechnik; vgl. Kap. 17)

Zur mathematischen Beschreibung des Funktionsverlaufes einer betrachteten komplexen Größe $\underline{A}$ ($\underline{Z}$; $\underline{Y}$; $\underline{U}_X$; $\underline{I}_X$) in Abhängigkeit vom aktuellen Parameter dienen die im Abschn. 15.3.1 vorgestellten Berechnungsvorschriften. Zur grafischen Darstellung des elektrischen Verhaltes eines Wechselstromkreises längs der Parametervariation verwendet man häufig eine *Ortskurve*. Sie enthält alle erforderlichen Informationen über eine betrachtete komplexe Größe.

> Eine Ortskurve stellt die Veränderung des Betrages und der Phasenlage bzw. des Realteils und des Imaginärteils einer komplexen Größe bei Variation eines Betriebsparameters grafisch dar.

Dabei handelt es sich demzufolge um eine kombinierte Darstellung vieler Zeigerbilder gemäß Abschn. 14.4 oder 15.3.2 in einer gemeinsamen Grafik. Zur Wahrung der Anschaulichkeit und Übersichtlichkeit werden lediglich die Positionen der resultierenden Zeigerspitzen einer betrachteten komplexen Größe bei Variation des Parameters eingezeichnet und miteinander verbunden.

Zur Darstellung einer Ortskurve in der komplexen Ebene gilt:

$$\mathrm{Im}\{\underline{A}\} = \mathrm{f}\,(\mathrm{Re}\{\underline{A}\}) \qquad (15.25)$$

Das Entstehen einer Ortskurve soll zunächst am Beispiel einer Elementarschaltung erläutert werden. Bild 15.14 zeigt die Ortskurve des komplexen Widerstandes einer Reihenschaltung, die aus einem veränderlichen Widerstand (Parameter: R_x) und einer idealen Spule mit ωL = const. besteht.

Für den komplexen Widerstand gilt:

$$\underline{Z}(R_x) = \mathrm{Re}\{\underline{Z}\} + \mathrm{j\,Im}\{\underline{Z}\} = R_x + \mathrm{j}\omega L$$

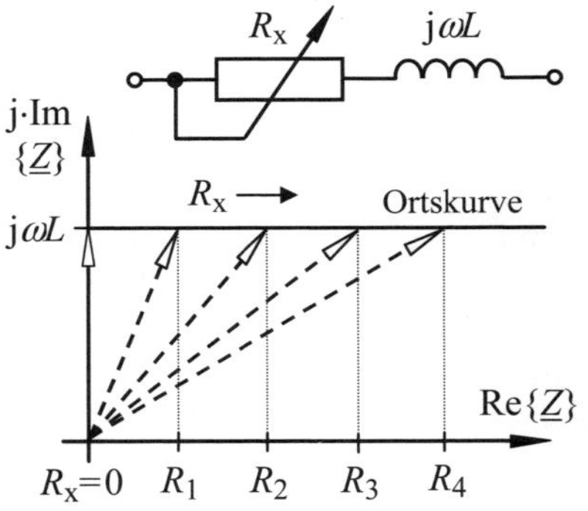

Bild 15.14: Ortskurve $\underline{Z}$ (R_x)

Die Ortskurve stellt im vorliegenden Fall eine Gerade dar, die die Spitzen der einzelnen Widerstandszeiger bei einer Variation des Parameters R_x miteinander verbindet. Nun kann man für einen beliebigen Widerstandswert R_x = Re $\{\underline{Z}\}$ den Betrag (Länge der Verbindungsgeraden vom Koordinatenursprung zum zugehörigen Punkt auf der Ortskurve) und die Phasenlage (Winkel des Anstieges der Verbindungsgeraden) des aktuellen komplexen Widerstandes ablesen.

Die dazu gehörende Ortskurve des komplexen Leitwertes $\underline{Y} = 1 / \underline{Z}$ erhält man durch das Verbinden der Zeigerspitzen der durch Inversion ermittelten Leitwertzeiger oder durch Inversion der Widerstandsortskurve. Wie Bild 15.15 zeigt, entsteht ein Halbkreis im 4. Quadranten, der auf der negativen imaginären Achse beginnt, und mit zunehmendem Widerstand R_x in Richtung des Koordinatenursprungs verläuft.

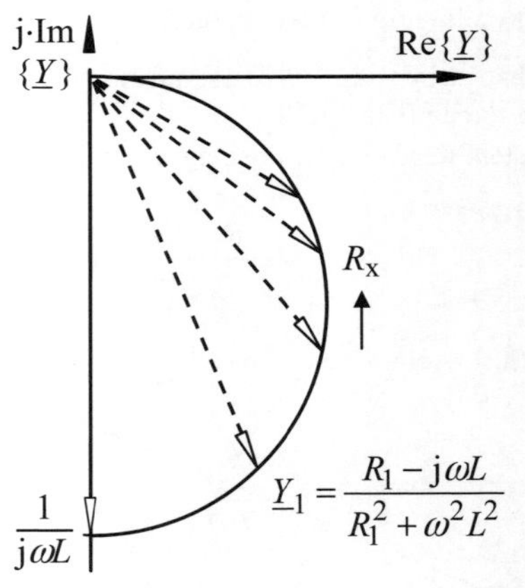

Bild 15.15: Ortskurve $\underline{Y}$ (R_x) zum Bild 15.14

Im Vergleich zur Ortskurve des komplexen Widerstandes ändert sich nun neben dem Realteil auch der Imaginärteil von $\underline{Y}$.

$$\underline{Y}(R_x) = \frac{1}{\underline{Z}(R_x)} = \frac{1}{R_x + \mathrm{j}\omega L} = \frac{R_x - \mathrm{j}\omega L}{R_x^2 + \omega^2 L^2}$$

Für den Realteil erhält man:

$$\mathrm{Re}\{\underline{Y}(R_X)\} = \frac{R_X}{R_X^2 + \omega^2 L^2}$$

Der Imaginärteil wird durch die konjugiert komplexe Erweiterung des Leitwertansatzes mit $R_X - \mathrm{j}\omega L$ negativ:

$$\mathrm{Im}\{\underline{Y}(R_X)\} = \frac{-\omega L}{R_X^2 + \omega^2 L^2}$$

Ein Vergleich der Bilder 15.14 und 15.15 zeigt, dass die punktweise Konstruktion der Ortskurve des komplexen Leitwertes infolge der erforderlichen Inversion der einzelnen Widerstandszeiger relativ aufwändig werden kann. Die gleiche Aussage gilt für die Konstruktion der Ortskurve eines komplexen Widerstandes über die Inversion der einzelnen Leitwertzeiger.

Wenn man bereits eine Ortskurve konstruiert hat (oder bereits kennt), kann die erforderliche Inversion auch in einem Schritt durchgeführt werden. Dazu wird die Ortskurve in ihrer Gesamtheit invertiert. Zu den wichtigsten *Inversionsregeln* für Geraden und Kreise zählen:

1) Eine durch den Koordinatenursprung verlaufende Gerade führt im Ergebnis der Inversion wieder zu einer Geraden, die durch den Koordinatenursprung verläuft.

2) Eine nicht durch den Koordinatenursprung verlaufende Gerade wird zu einem Kreis invertiert, der durch den Koordinatenursprung verläuft.

3) Ein durch den Koordinatenursprung verlaufender Kreis wird zu einer Geraden invertiert, die nicht durch den Koordinatenursprung verläuft.

4) Ein nicht durch den Koordinatenursprung verlaufender Kreis führt im Ergebnis der Inversion wieder zu einem Kreis, der nicht durch den Koordinatenursprung verläuft.

Die Inversionsregeln 2) und 3) können am Beispiel der Bilder 15.14 und 15.15 relativ einfach nachvollzogen werden. Hier handelt es sich allerdings um eine nicht durch den Koordinatenurprung verlaufende Gerade, die nur im 1. Quadranten positioniert ist (Bild 15.13). Ihre Inversion führt zu einem Halbkreis im 4. Quadranten, der bei $R_X \to \infty$ den Koordinatenursprung erreicht.

Zur Vermeidung umfangreicher Berechnungen und/oder aufwändiger Konstruktionen verwendet man in der Praxis geeignete Grafik- oder Simulationsprogramme (z.B. PSPICE; vgl. auch [14] – Abschn. 2.5).

Lehrbeispiel 15.6:

Konstruieren Sie für die gemischte Schaltung im Bild 15.16 die Ortskurven des komplexen Widerstandes und des komplexen Leitwertes mit der Kreisfrequenz als Betriebsparameter.

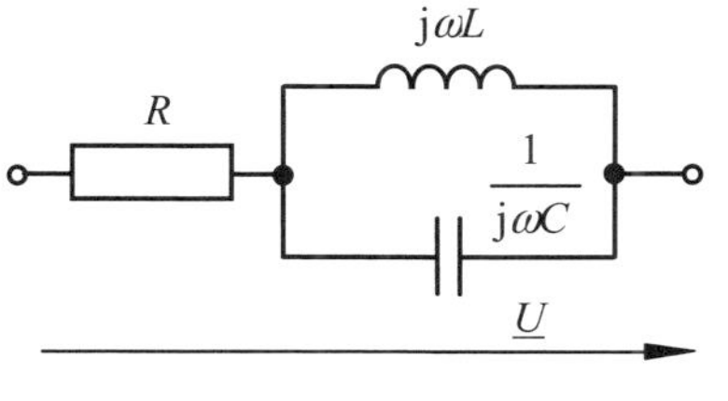

Bild 15.16: Schaltung zum Lehrbeispiel 15.6

Zunächst wird der komplexe Widerstand in der kartesischen Form berechnet.

$$\underline{Z}(\omega) = R + \mathrm{j}\omega L \,//\, \frac{1}{\mathrm{j}\omega C} = R + \frac{\mathrm{j}\omega L \cdot \frac{1}{\mathrm{j}\omega C}}{\mathrm{j}\omega L + \frac{1}{\mathrm{j}\omega C}}$$

Durch Erweitern des Bruches mit $\mathrm{j}\omega C$ erhält man die kartesische Form:

$$\underline{Z}(\omega) = R + \mathrm{j}\frac{\omega L}{1 - \omega^2 LC}$$

Der Realteil ist frequenzunabhängig. Der Imaginärteil ist bei tiefen Frequenzen positiv, weist im Resonanzfall ($\omega^2 LC = 1$) eine Polstelle auf, und wird oberhalb der Resonanzfrequenz negativ. Die Ortskurve des komplexen Widerstandes muss demzufolge eine Gerade sein. Sie verläuft bei Re $\{\underline{Z}(\omega)\} = R$ parallel zur Ordinatenachse.

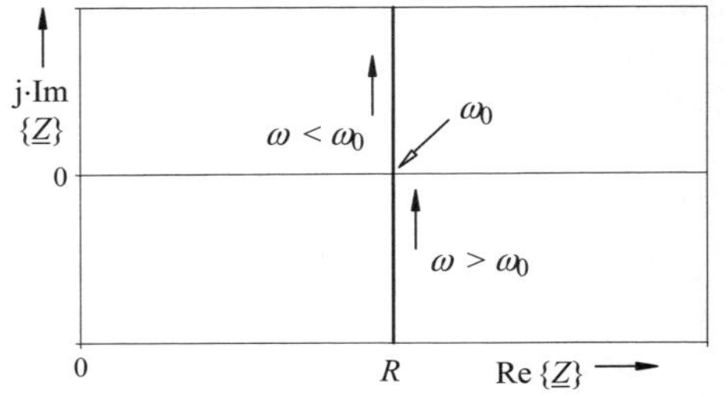

Bild 15.17: Ortskurve $\underline{Z}(\omega)$

Diese Ortskurve weist infolge der Verwendung idealer Bauelemente die Besonderheit auf, dass sich die Gerade ab $\omega = 0$ (Kurzschluss des induktiven Blindwiderstandes) in Richtung der positiven imaginären Achse ausbildet, bei $\omega = \omega_0$ vom ersten in den vierten Quadranten springt (Pol im Resonanzfall), und anschließend von negativen imaginären Anteilen wieder zu einem rein reellen Verhalten bei $\omega \rightarrow \infty$ (Kurzschluss des kapazitiven Blindwiderstandes) zurückkehrt. Im Bild 15.18 ist dieser Sachverhalt dargestellt.

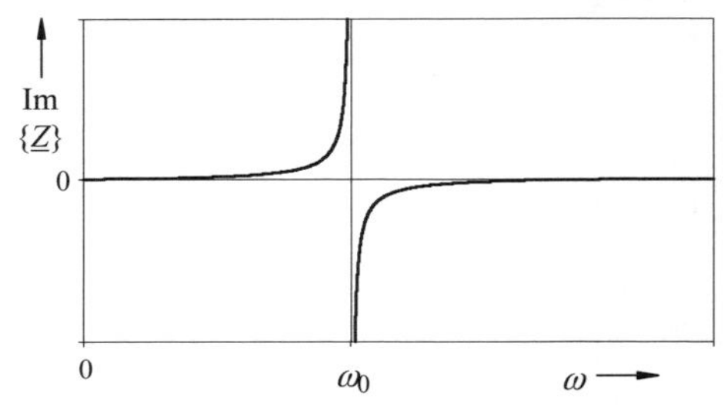

Bild 15.18: Verlauf des Im $\{\underline{Z}\} = f(\omega)$

Die Ortskurve des komplexen Leitwertes muss sich nach der Inversionsregel 2) als Kreis ausbilden, der durch den Koordinatenursprung verläuft. Bild 15.19 zeigt das mit PSPICE ermittelte Ergebnis. Infolge der unterschiedlichen Achseneinteilungen (Bild im Querformat) wird der Kreis zu einer Ellipse in Scheitellage verformt.

Diese Ortskurve beginnt bei $\omega = 0$ mit dem reellen Wert $\underline{Y}(\omega = 0) = 1 / R$ und durchläuft den vierten Quadranten (negativer Imaginärteil) in Richtung des Koordinatenursprungs. Dabei wird der Realteil immer kleiner und erreicht im Resonanzfall den Wert null. Oberhalb des Resonanzfalls nimmt der Imaginärteil positive Werte an und der Realteil steigt wieder an. Bei $\omega \rightarrow \infty$ gilt: $\underline{Y}(\omega \rightarrow \infty) = 1 / R$.

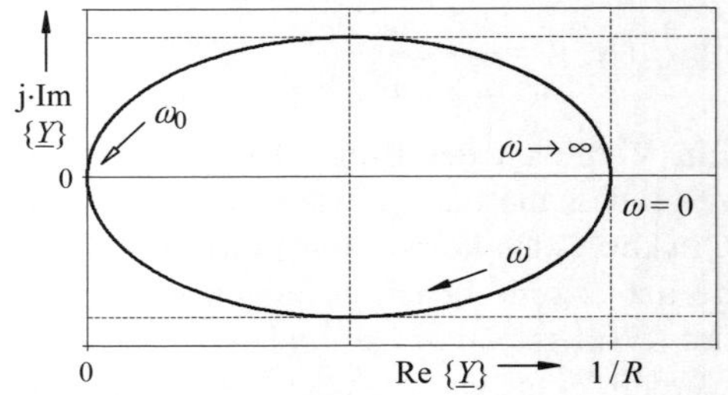

Bild 15.19: Ortskurve $\underline{Y}(\omega)$

Zur Verdeutlichung dieser Zusammenhänge sollen die Verläufe des Realteils und des Imaginärteils des komplexen Leitwertes in getrennten Diagrammen bei Variation der Frequenz dargestellt werden (Bild 15.20).

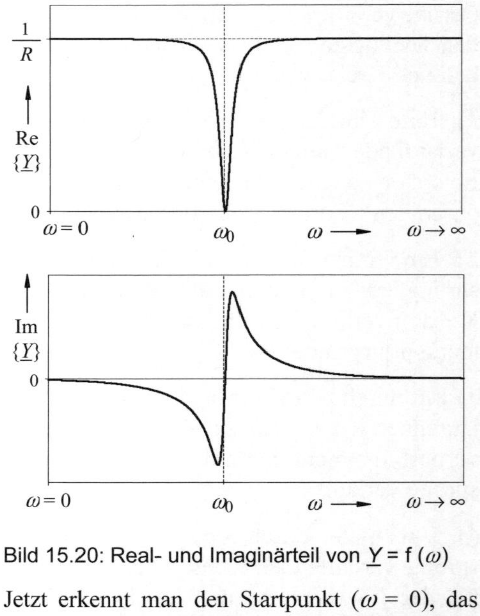

Bild 15.20: Real- und Imaginärteil von $\underline{Y} = f(\omega)$

Jetzt erkennt man den Startpunkt ($\omega = 0$), das Durchlaufen des Resonanzfalls und den Endpunkt ($\omega \rightarrow \infty$) der Ortskurve deutlicher.

Berechnungsbeispiel 15.1:

Man ermittle grafisch den Leitwertzeiger $\underline{Y}_{AB}$ der folgenden Schaltung (qualitative Lösung).

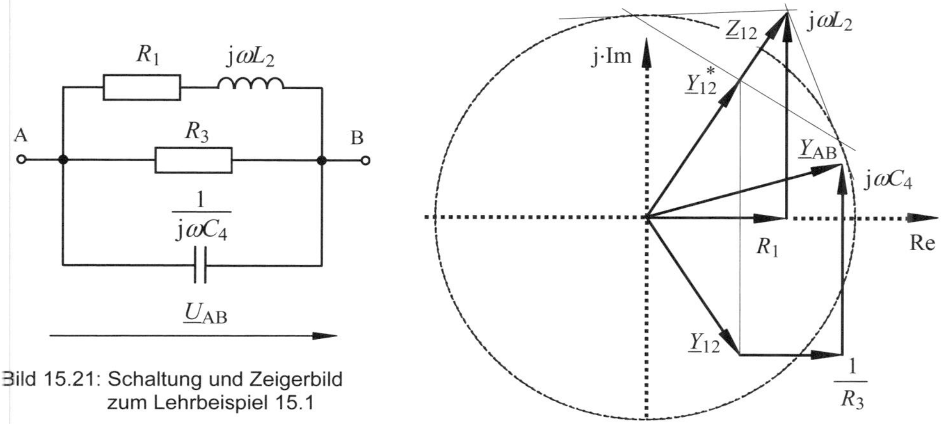

Bild 15.21: Schaltung und Zeigerbild zum Lehrbeispiel 15.1

Zuerst wird der resultierende Widerstandszeiger $\underline{Z}_{12} = R_1 + j\omega L_2$ für die Reihenschaltung des ohmschen Widerstandes R_1 mit dem induktiven Blindwiderstand ωL_2 konstruiert. Die Zeigerspitze von $\underline{Z}_{12}$ beschreibt einen Punkt, von dem aus die beiden Tangenten an den Inversionskreis gelegt werden. Da die Aufgabenstellung lediglich eine qualitative Konstruktion fordert, wurde der Radius willkürlich festgelegt.
Nun werden die beiden Berührungspunkte miteinander verbunden, und es entsteht der konjugiert komplexe Zeiger $\underline{Y}_{12}^*$. Durch seine Spiegelung an der reellen Achse erhält man den Leitwertzeiger $\underline{Y}_{12}$ für die obere Reihenschaltung des Bildes 15.21. Zu diesem Zeiger $\underline{Y}_{12}$ müssen noch die Leitwertzeiger $1/R_3$ und $j\omega C_4$ geometrisch addiert werden, und man erhält den gesuchten Zeiger $\underline{Y}_{AB}$.

Berechnungsbeispiel 15.2:

Konstruieren Sie für die Schaltung im Bild 15.22 das maßstäbliche Zeigerbild der komplexen Widerstände und Leitwerte und bestimmen Sie daraus den resultierenden Zeiger des Gesamtleitwertes $\underline{Y}_{AB}$.

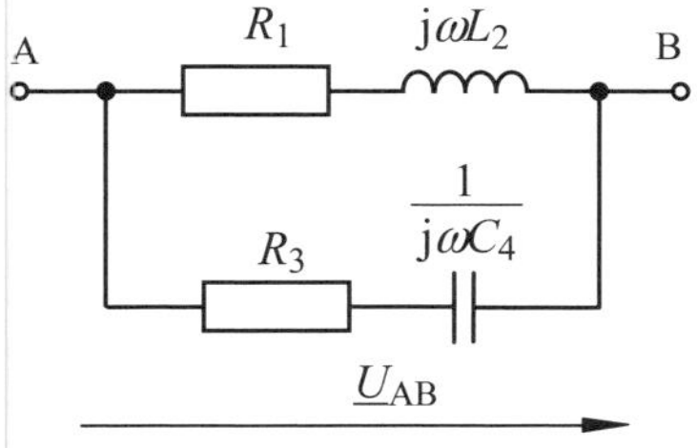

Überprüfen Sie die grafische Lösung durch eine zusätzliche Berechnung von $\underline{Y}_{AB}$.

Geg.: $R_1 = 60\ \Omega$; $j\omega L_2 = jX_2 = j40\ \Omega$
$R_3 = 100\ \Omega$; $1/j\omega C_4 = jX_4 = -j100\ \Omega$

Bild 15.22: Schaltung zum Berechnungsbeispiel 15.2

Zur grafischen Lösung wird zunächst der Maßstab M_Z für die Widerstandszeiger festgelegt. Bei den gegebenen Widerstandswerten bietet sich für eine sinnvolle Bildgröße der Maßstab 20 Ω/cm an. Als Radius des Inversionskreises kann die Länge des resultierenden Widerstandszeigers $\underline{Z}_{12}$ gewählt werden. Dann ist die erste Inversion $\underline{Y}_{12} = 1/\underline{Z}_{12}$ einfach auszuführen. Es gilt: $r_0 = 3{,}6$ cm (ausgemessen). Mit Gleich. (15.24) erhält man den Maßstab für die Leitwertzeiger:

$$M_\mathrm{Y} = \frac{1}{r_0^2 \cdot M_\mathrm{Z}} \approx 3{,}85\,\frac{\mathrm{mS}}{\mathrm{cm}}\,.$$

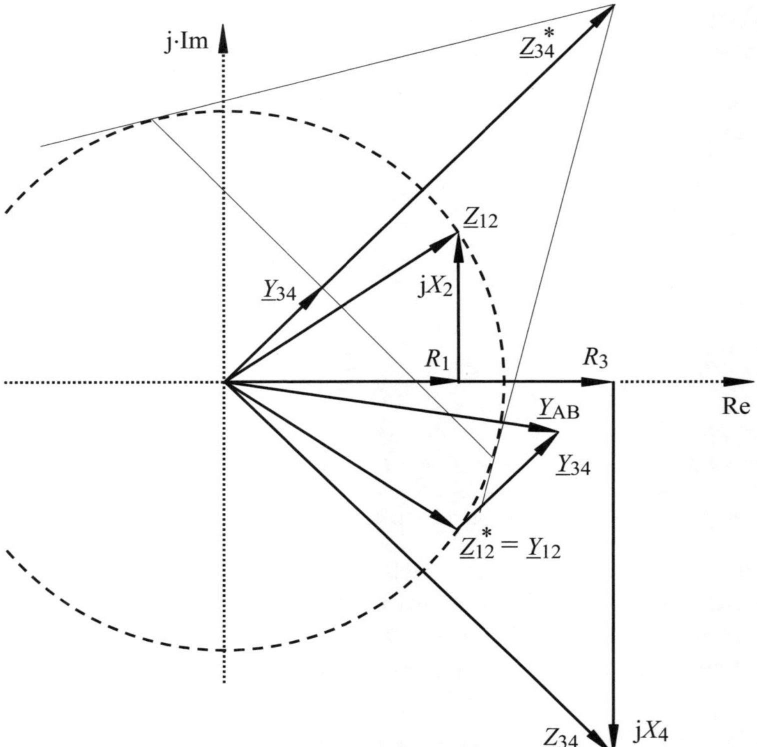

Bild 15.23: Zeigerbild zum Berechnungsbeispiel 15.2

Lösung:

Zeigerlänge $\underline{Y}_\mathrm{AB}$:
$l_\mathrm{Y} \approx 4{,}4$ cm

Betrag von $\underline{Y}_\mathrm{AB}$:
$|\underline{Y}_\mathrm{AB}| = l_\mathrm{Y} \cdot M_\mathrm{Y}$
$|\underline{Y}_\mathrm{AB}| \approx 16{,}9$ mS

Winkel von $\underline{Y}_\mathrm{AB}$:
$\varphi_\mathrm{Y} \approx -10^\circ$

Die Konstruktion (siehe Bild 15.23) wird wie folgt durchgeführt:

Durch die geometrische Addition von R_1 und $\mathrm{j}X_2$ (↑) sowie von R_3 und $\mathrm{j}X_4$ (↓) erhält man die Widerstandszeiger des oberen Zweiges $\underline{Z}_{12}$ und des unteren Zweiges $\underline{Z}_{34}$. Aus ihrer Inversion entstehen die Leitwertzeiger $\underline{Y}_{12}$ und $\underline{Y}_{34}$. Ihre geometrische Addition führt zu $\underline{Y}_\mathrm{AB}$.

Für die Berechnung des Leitwertzeigers $\underline{Y}_\mathrm{AB}$ gilt:

$$\underline{Y}_\mathrm{AB} = \underline{Y}_{12} + \underline{Y}_{34} = \frac{1}{\underline{Z}_{12}} + \frac{1}{\underline{Z}_{34}} = \frac{1}{R_1 + \mathrm{j}X_2} + \frac{1}{R_3 + \mathrm{j}X_4}$$

$$\underline{Y}_\mathrm{AB} = \frac{1}{60 + \mathrm{j}40}\mathrm{S} + \frac{1}{100 - \mathrm{j}100}\mathrm{S} = 13{,}87\,\mathrm{mS}\cdot \mathrm{e}^{-\mathrm{j}33{,}7^\circ} + 7{,}07\,\mathrm{mS}\cdot \mathrm{e}^{\mathrm{j}45^\circ} = (11{,}54 - \mathrm{j}7{,}7)\,\mathrm{mS} + (5 + \mathrm{j}5)\,\mathrm{mS}$$

$$\underline{Y}_\mathrm{AB} = (16{,}54 - \mathrm{j}2{,}7)\,\mathrm{mS} = 16{,}76\ \mathrm{mS}\cdot \mathrm{e}^{-\mathrm{j}\,9{,}3^\circ}$$

Berechnungsbeispiel 15.3:

Die Schaltung im Bild 15.24 wird mit einer Spannung $\underline{U} = |\underline{U}| \cdot e^{j0}$ als Bezugsgröße gespeist.

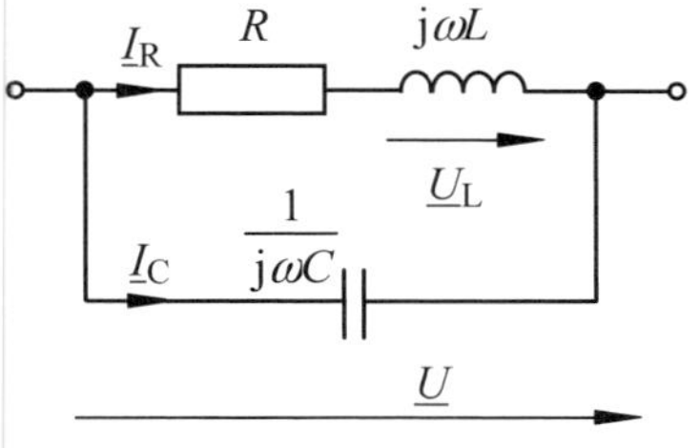

Berechnen Sie in Form einer allgemeinen Lösung:

a) den Spannungsabfall über dem induktiven Blindwiderstand in der Exponentialform.

b) die Phasenverschiebung zwischen den Stromzeigern $\underline{I}_R$ und $\underline{I}_C$.

c) die Resonanzfrequenz.

Geg.: $|\underline{U}|$; ω, R; L; C

Bild 15.24: Schaltung zum Berechnungsbeispiel 15.3

Zu a) Der Spannungsabfall $\underline{U}_L$ wird über die Spannungsteilerregel bestimmt.

$$\underline{U}_L = \underline{U} \cdot \frac{j\omega L}{R + j\omega L} = |\underline{U}| \cdot e^{j0} \cdot \frac{\omega L \cdot e^{j90°}}{\sqrt{R^2 + \omega^2 L^2} \cdot e^{j\arctan\frac{\omega L}{R}}} = |\underline{U}| \cdot \frac{\omega L}{\sqrt{R^2 + \omega^2 L^2}} \cdot e^{j(90° - \arctan\frac{\omega L}{R})}$$

Zu b) Der gesuchte Winkel kann über das Verhältnis der beiden Teilströme ermittelt werden.

$$\frac{\underline{I}_R}{\underline{I}_C} = \frac{\frac{1}{j\omega C}}{R + j\omega L} \quad \Rightarrow \quad \varphi_x = \varphi_{\text{Zähler}} - \varphi_{\text{Nenner}} = -90° - \arctan\frac{\omega L}{R}$$

Zu c) Der Resonanzfall ist dadurch gekennzeichnet, dass der resultierende Phasenwinkel zwischen dem Gesamtspannungszeiger und dem Gesamtstromzeiger gleich null wird (vgl. auch Abschn. 14.3). Die Schaltung wirkt dann nach außen hin wie ein ohmscher Widerstand. Bei gemischten Wechselstromkreisen wird dieser Spezialfall berechnet, indem entweder der komplexe Widerstand oder der komplexe Leitwert bestimmt und dessen Imaginärteil gleich null gesetzt wird. Nun verursacht die Schaltung einen Phasenwinkel von $\varphi = 0$ und befindet sich im Resonanzfall. Jetzt kann nicht mehr die im Bild 15.24 vorgegebene Betriebskreisfrequenz ω gelten!

Die vorliegende Schaltung besteht aus parallelen Zweigen und lässt sich über den komplexen Leitwert einfacher berechnen als über den komplexen Widerstand. Da die kartesische Form benötigt wird, muss der Nenner des Lösungsansatzes reell gemacht werden. Dazu dient die konjugiert komplexe Erweiterung, d.h., Zähler und Nenner werden mit der konjugiert komplexen Zahl des Nenners multipliziert. So entsteht nach der dritten binomischen Formel im Nenner infolge $j^2 = -1$ ein reeller Ausdruck.

$$\underline{Y} = j\omega C + \frac{1}{R + j\omega L} \cdot \frac{R - j\omega L}{R - j\omega L} = j\omega C + \frac{R - j\omega L}{R^2 + \omega^2 L^2} = \frac{R}{R^2 + \omega^2 L^2} + j(\omega C - \frac{\omega L}{R^2 + \omega^2 L^2})$$

$$\text{Im}\{\underline{Y}\} = 0 \Rightarrow \omega_0 C - \frac{\omega_0 L}{R^2 + \omega_0^2 L^2} = 0 \Rightarrow \omega_0 = \sqrt{\frac{L - CR^2}{L^2 C}} \Rightarrow f_0 = \frac{1}{2\pi}\sqrt{\frac{L - CR^2}{L^2 C}}$$

Wenn in der Schaltung der ohmsche Widerstand null wäre, dann würde die Berechnungsvorschrift mit der THOMSONschen Schwingungsgleichung übereinstimmen. Die Schaltung wäre ja dann auch eine Elementarschaltung, für die die Gleich. (14.11) Gültigkeit hat.

Berechnungsbeispiel 15.4:

Berechnen und zeichnen Sie für die Schaltung im Berechnungsbeispiel 15.3 die Ortskurve des komplexen Widerstandes bei Variation der Frequenz. *Geg.*: $R = 200\ \Omega$; $L = 10$ mH; $C = 100$ nF

Zunächst wird der komplexe Widerstand berechnet. Dazu muss der Lösungsansatz so umgerechnet werden, dass für die Beschreibung der Ortskurve die kartesische Form entsteht.

$$\underline{Z} = \frac{1}{\mathrm{j}\omega C} // (R + \mathrm{j}\omega L) = \frac{\frac{1}{\mathrm{j}\omega C} \cdot (R + \mathrm{j}\omega L)}{\frac{1}{\mathrm{j}\omega C} + R + \mathrm{j}\omega L} \cdot \left(\frac{\mathrm{j}\omega C}{\mathrm{j}\omega C} \right) \qquad \text{(Doppelbruch beseitigen)}$$

$$\underline{Z} = \frac{R + \mathrm{j}\omega L}{1 - \omega^2 LC + \mathrm{j}\omega CR} \cdot \left(\frac{1 - \omega^2 LC - \mathrm{j}\omega CR}{1 - \omega^2 LC - \mathrm{j}\omega CR} \right) \qquad \text{(konjugiert komplex erweitern)}$$

$$\underline{Z} = \frac{R - \omega^2 LCR - \mathrm{j}\omega CR^2 + \mathrm{j}\omega L - \mathrm{j}\omega^3 L^2 C + \omega^2 LCR}{(1 - \omega^2 LC)^2 + \omega^2 C^2 R^2}$$

$$\underline{Z} = \mathrm{Re}\{\underline{Z}\} + \mathrm{j} \cdot \mathrm{Im}\{\underline{Z}\} = \frac{R}{(1 - \omega^2 LC)^2 + \omega^2 C^2 R^2} + \mathrm{j} \frac{\omega L - \omega CR^2 - \omega^3 L^2 C}{(1 - \omega^2 LC)^2 + \omega^2 C^2 R^2}$$

Bild 15.25 zeigt die mit PSPICE ermittelte Ortskurve.

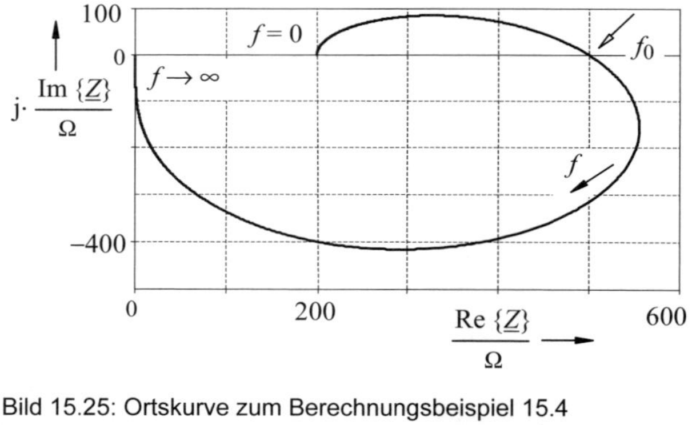

Beachte:

Bei der Simulation der Ortskurve eines komplexen Widerstandes oder Leitwertes mit PSPICE sollte der Gesamtstrom als Bezugsgröße verwendet werden (Stromeinspeisung). Ansonsten erhält man eine Ortskurve, die sowohl an der reellen als auch an der imaginären Achse gespiegelt ist.

Bild 15.25: Ortskurve zum Berechnungsbeispiel 15.4

Wie die Berechnungsvorschrift im Zusammenhang mit der Ortskurve zeigt, durchläuft der Realteil des komplexen Widerstandes positive Werte. Er beginnt bei $f = 0$ mit Re $\{\underline{Z}\} = R$. Das kann man auch wie folgt aus der Schaltung ablesen: Bei $f = 0$ wirkt der induktive Blindwiderstand als Kurzschluss und der kapazitive Blindwiderstand ist unendlich groß. Somit ist er als Parallelwiderstand unwirksam.

Im Resonanzfall wird der Imaginärteil gleich null. Die Schaltung wirkt dann mit $\underline{Z}\,(f_0)$ = Re $\{\underline{Z}\}$. Mit den in der Aufgabenstellung gegebenen Bauelementewerten gilt: $f_0 \approx 3{,}9$ kHz und $\underline{Z}\,(f_0) \approx 500\ \Omega$.

Bei Frequenzen $f > f_0$ wird der Imaginärteil negativ. Der Realteil und der Imaginärteil streben bei sehr hohen Frequenzen gegen null, da der Kondensator als Parallelelement die Anordnung kurzschließt. Dann gilt: $\underline{Z}\,(f \rightarrow \infty) = 0$.

Berechnungsbeispiel 15.5:

An der Schaltung im Bild 15.26 liegt eine Spannung $\underline{U} = 12\,\text{V} \cdot \text{e}^{\text{j}\cdot 30^\circ}$ mit einer Betriebsfrequenz von 1 kHz. Von den Bauelementen ist bekannt: $R = 1\ \text{k}\Omega$; $C = 159\ \text{nF}$; $L = 159\ \text{mH}$. Berechnen Sie:

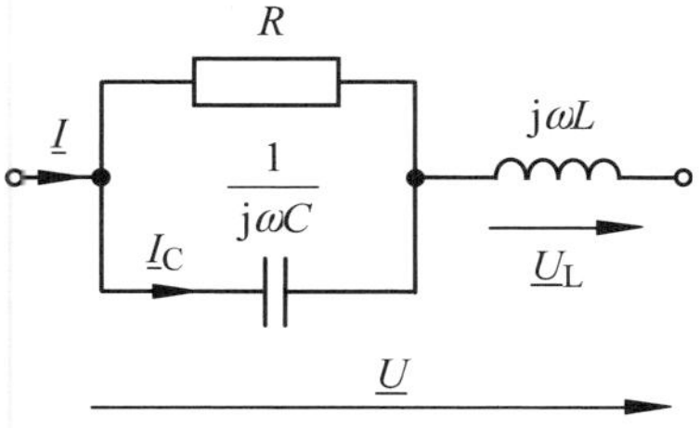

a) den komplexen Widerstand in der kartesischen Form

b) den Strom $\underline{I}_\text{C}$ in der Exponentialform

c) die Spannung $\underline{U}_\text{L}$ in der trigonometrischen Form

d) die Resonanzfrequenz als allgemeine Lösung

Bild 15.26: Schaltung zum Berechnungsbeispiel 15.5

Zu a) $\underline{Z} = \text{j}\omega L + R // \dfrac{1}{\text{j}\omega C} = \text{j}1\,\text{k}\Omega + \dfrac{1\,\text{k}\Omega \cdot (-\text{j}1\,\text{k}\Omega)}{1\,\text{k}\Omega - \text{j}1\,\text{k}\Omega} = \text{j}1\,\text{k}\Omega + \dfrac{1-\text{j}}{2}\,\text{k}\Omega = 500\ \Omega + \text{j}500\ \Omega$

Zur Bearbeitung der Teilaufgaben b) und c) wird der Gesamtstrom in der Exponentialform benötigt.

$$\underline{I} = \frac{\underline{U}}{\underline{Z}} = \frac{12\,\text{V} \cdot \text{e}^{\text{j}30^\circ}}{\sqrt{500^2 + 500^2}\ \Omega \cdot \text{e}^{\text{j}\arctan\frac{500}{500}}} = \frac{12\,\text{V} \cdot \text{e}^{\text{j}30^\circ}}{707\,\Omega \cdot \text{e}^{\text{j}45^\circ}} = 16{,}97\,\text{mA} \cdot \text{e}^{-\text{j}15^\circ}$$

Zu b) Der Teilstrom $\underline{I}_\text{C}$ kann über die Stromteilerregel berechnet werden.

$$\underline{I}_\text{C} = \underline{I} \cdot \frac{R}{R + \frac{1}{\text{j}\omega C}} = 16{,}97\,\text{mA} \cdot \text{e}^{-\text{j}15^\circ} \cdot \frac{1}{1-\text{j}} = 16{,}97\,\text{mA} \cdot \text{e}^{-\text{j}15^\circ} \cdot \frac{1}{\sqrt{2}} \cdot \text{e}^{\text{j}45^\circ} = 12\,\text{mA} \cdot \text{e}^{\text{j}30^\circ}$$

Zu c) $\underline{U}_\text{L}$ ergibt sich über das OHMsche Gesetz.

$$\underline{U}_\text{L} = \underline{I} \cdot \text{j}\omega L = 16{,}97\,\text{mA} \cdot \text{e}^{-\text{j}15^\circ} \cdot 1\,\text{k}\Omega \cdot \text{e}^{\text{j}90^\circ} = 16{,}97\,\text{V} \cdot \text{e}^{\text{j}75^\circ} = 16{,}97\,\text{V} \cdot (\cos 75^\circ + \text{j}\sin 75^\circ)$$

Zu d) $\underline{Z} = \text{j}\omega L + \dfrac{R}{1 + \text{j}\omega CR} = \text{j}\omega L + \dfrac{R - \text{j}\omega CR^2}{1 + \omega^2 C^2 R^2} = \dfrac{R}{1 + \omega^2 C^2 R^2} + \text{j}\left(\omega L - \dfrac{\omega CR^2}{1 + \omega^2 C^2 R^2}\right)$

$$\text{Im}\{\underline{Z}\} = 0 \quad \Rightarrow \quad \omega_0 L - \frac{\omega_0 CR^2}{1 + \omega_0^2 C^2 R^2} = 0 \qquad \text{bzw.:} \quad f_0 = \frac{1}{2\pi} \cdot \sqrt{\frac{CR^2 - L}{C^2 R^2 L}}$$

Berechnungsbeispiel 15.6:

An einem Lastzweipol $\underline{Z}_\text{AB}$ (Bild 15.27) liegt eine Spannung $\underline{U}_\text{AB} = 24\ \text{V} \cdot \text{e}^{\text{j}0^\circ}$. Berechnen Sie:

a) die Spannung $\underline{U}_1$ in der Exponentialform

b) den Winkel zwischen den Spannungen $\underline{U}_2$ und $\underline{U}_5$

c) den Strom $\underline{I}_4$ in der kartesischen Form

d) das Verhältnis der Ströme $\underline{I}_3$ / $\underline{I}_2$ in der Exponentialform.

Die Indices der Spannungen (alle Spannungszeiger sind im Bild 15.27 nach rechts gerichtet) entsprechen den Indices der jeweiligen Widerstände, über denen diese Spannungen abfallen.

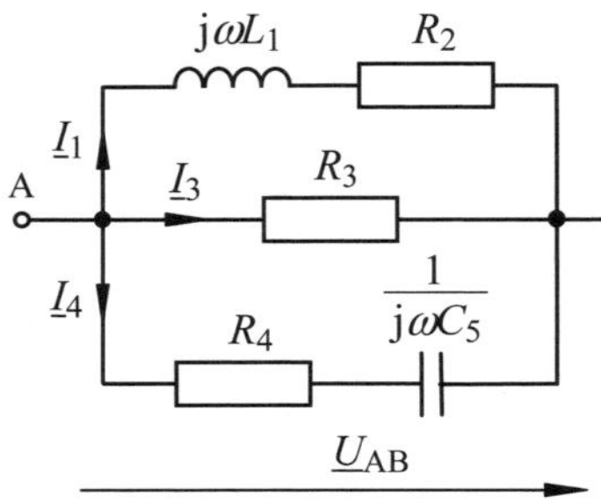

Geg.:

$\mathrm{j}\omega L_1 = \mathrm{j}200\ \Omega$

$R_2 = R_3 = R_4 = 100\ \Omega$

$\dfrac{1}{\mathrm{j}\omega C_5} = -\mathrm{j}\dfrac{1}{\omega C_5} = -\mathrm{j}50\ \Omega$

Bild 15.27: Schaltung zum Berechnungsbeispiel 15.6

Zu a) $\underline{U}_1 = \underline{U}_{AB} \cdot \dfrac{\mathrm{j}\omega L_1}{R_2 + \mathrm{j}\omega L_1} = 24\,\mathrm{V} \cdot \dfrac{\mathrm{j}200\,\Omega}{100\,\Omega + \mathrm{j}200\,\Omega} = 24\,\mathrm{V} \cdot \dfrac{200 \cdot \mathrm{e}^{\mathrm{j}90°}}{223{,}6 \cdot \mathrm{e}^{\mathrm{j}63°}} = 21{,}47\,\mathrm{V} \cdot \mathrm{e}^{\mathrm{j}27°}$

Zu b) Der gesuchte Winkel wird aus dem Spannungsverhältnis über $\varphi_x = \varphi_{\text{Zähler}} - \varphi_{\text{Nenner}}$ ermittelt.

$$\frac{\underline{U}_2}{\underline{U}_5} = \frac{R_2}{R_2 + \mathrm{j}\omega L_1} \cdot \frac{R_4 - \mathrm{j}\dfrac{1}{\omega C_5}}{-\mathrm{j}\dfrac{1}{\omega C_5}} = \frac{100}{100 + \mathrm{j}200} \cdot \frac{100 - \mathrm{j}50}{-\mathrm{j}50} \quad \Rightarrow \quad \varphi_x = 0° - 26{,}6° - (63{,}4° - 90°) = 0°$$

Zu c)

$$\underline{I}_4 = \frac{\underline{U}_{AB}}{R_4 - \mathrm{j}\dfrac{1}{\omega C_5}} \cdot \frac{R_4 + \mathrm{j}\dfrac{1}{\omega C_5}}{R_4 + \mathrm{j}\dfrac{1}{\omega C_5}} = \underline{U}_{AB} \cdot \frac{R_4 + \mathrm{j}\dfrac{1}{\omega C_5}}{R_4^2 + (\dfrac{1}{\omega C_5})^2} = 24\,\mathrm{V} \cdot \frac{(100 + \mathrm{j}50)\,\Omega}{(100^2 + 50^2)\,\Omega^2} = 192\,\mathrm{mA} + \mathrm{j}96\,\mathrm{mA}$$

Zu d) $\dfrac{\underline{I}_3}{\underline{I}_2} = \dfrac{R_2 + \mathrm{j}\omega L_1}{R_3} = \dfrac{100 + \mathrm{j}200}{100} = 1 + \mathrm{j}2 = 2{,}24 \cdot \mathrm{e}^{\mathrm{j}63°}$

Berechnungsbeispiel 15.7:

Berechnen Sie allgemein für den angegebenen Lastzweipol:

a) den komplexen Widerstand $\underline{Z}_{AB}$ in der kartesischen Form b) den Winkel zwischen $\underline{U}_2$ und $\underline{U}_3$

c) das Verhältnis zwischen den Strömen $\underline{I}_2$ und $\underline{I}_5$ in der Exponentialform.

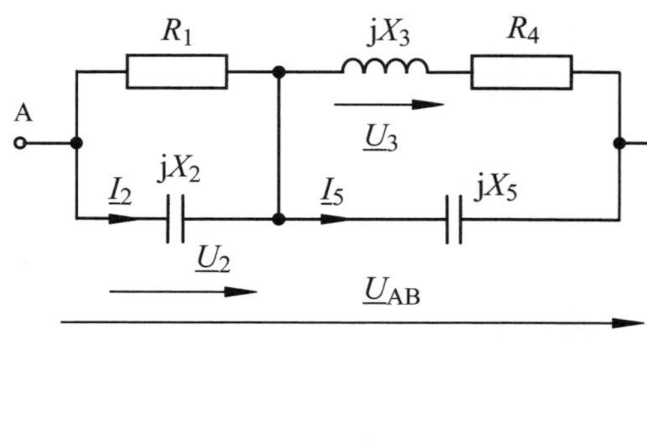

Für die Elementarzweipole gilt folgende Vereinfachung:

$R_1 = |X_2| = X_3 = R_4 = |X_5| = X$

Bild 15.28: Schaltung zum Berechnungsbeispiel 15.7

Zu a) $\underline{Z}_{AB} = R_1 // jX_2 + (R_4 + jX_3) // jX_5 = X //(-jX) + (X + jX) //(-jX)$

$$\underline{Z}_{AB} = \frac{X \cdot (-jX)}{X - jX} + \frac{X^2 - jX^2}{X + jX - jX} = \frac{X}{2} - j\frac{X}{2} + \frac{X^2 - jX^2}{X} = 1{,}5X - j\,1{,}5X$$

Zu b) $\frac{\underline{U}_2}{\underline{U}_3} = \frac{R_1 // jX_2}{jX_5 //(R_4 + jX_3)} \cdot \frac{R_4 + jX_3}{jX_3} = \frac{X //(-jX)}{(-jX)//(X + jX)} \cdot \frac{X + jX}{jX} = \frac{0{,}5X - j0{,}5X}{X - jX} \cdot \frac{X + jX}{jX}$

$\Rightarrow \varphi_x = -45° + 45° + 45° - 90° = -45°$

Zu c) $\frac{\underline{I}_2}{\underline{I}_5} = \frac{R_1}{R_1 + jX_2} \cdot \frac{R_4 + jX_3 + jX_5}{R_4 + jX_3} = \frac{X}{X - jX} \cdot \frac{X + jX - jX}{X + jX} = \frac{X^2}{X^2 + X^2} = \frac{1}{2} \cdot e^{j0°}$

Berechnungsbeispiel 15.8:

Für die Schaltung im Bild 15.29 sind in allgemeiner Form zu berechnen:

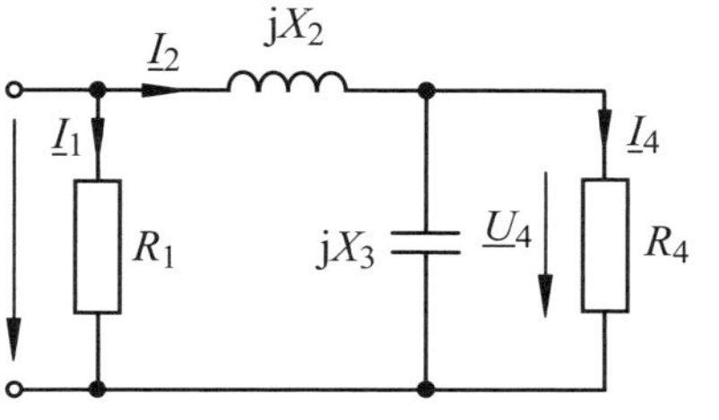

a) der Winkel zwischen den Strömen $\underline{I}_1$ und $\underline{I}_4$
b) der Strom $\underline{I}_2$ in der kartesischen Form
c) die Spannung $\underline{U}_4$ in der Exponentialform.

Geg.: $R_1 = X_2 = |X_3| = R_4 = R$ und $\underline{U} = |\underline{U}| \cdot e^{j0°}$

Bild 15.29: Schaltung zum Berechnungsbeispiel 15.8

Zu a) $\frac{\underline{I}_1}{\underline{I}_4} = \frac{\underline{I}_1}{\underline{I}_2} \cdot \frac{\underline{I}_2}{\underline{I}_4} = \frac{jX_2 + R_4 // jX_3}{R_1} \cdot \frac{R_4 + jX_3}{jX_3} = \frac{jR + R //(-jR)}{R} \cdot \frac{R - jR}{-jR} = \frac{0{,}5R + j0{,}5R}{R} \cdot \frac{R - jR}{-jR}$

$\varphi_x = \varphi_{\text{Zähler}} - \varphi_{\text{Nenner}} = 45° - 45° - (0° - 90°) = +90°$

Zu b) $\underline{I}_2 = \frac{\underline{U}}{jX_2 + R_4 // jX_3} = \frac{\underline{U}}{jR + R //(-jR)} = \frac{|\underline{U}| \cdot e^{j0°}}{jR + 0{,}5R - j\,0{,}5R} = \frac{|\underline{U}|}{0{,}5R + j\,0{,}5R}$

Zur Berechnung der kartesischen Form sollte man nun konjugiert komplex erweitern.

$$\underline{I}_2 = \frac{|\underline{U}|}{0{,}5R + j0{,}5R} \cdot \frac{0{,}5R - j0{,}5R}{0{,}5R - j0{,}5R} = \frac{|\underline{U}| \cdot (0{,}5R - j0{,}5R)}{0{,}25R^2 + 0{,}25R^2} = \frac{|\underline{U}| \cdot 0{,}5R \cdot (1 - j)}{0{,}5R^2} = \frac{|\underline{U}|}{R} - j\frac{|\underline{U}|}{R}$$

Zu c) $\underline{U}_4 = \underline{U} \cdot \frac{R_4 // jX_3}{jX_2 + R_4 // jX_3} = \underline{U} \cdot \frac{R //(-jR)}{jR + R //(-jR)} = \frac{|\underline{U}| \cdot (0{,}5R - j0{,}5R)}{jR + 0{,}5R - j0{,}5R}$

$$\underline{U}_4 = \frac{|\underline{U}| \cdot 0{,}5R \cdot (1 - j)}{0{,}5R \cdot (1 + j)} = |\underline{U}| \cdot \frac{\sqrt{2} \cdot e^{-j45°}}{\sqrt{2} \cdot e^{j45°}} = |\underline{U}| \cdot e^{-j90°}$$

Berechnungsbeispiel 15.9:

Berechnen Sie für die Schaltung im Berechnungsbeispiel 15.8 die Ortskurve des Stromes durch den induktiven Blindwiderstand bei Variation der Frequenz. Zeichnen Sie die Ortskurve dieses Stromes sowie die Ortskurve des komplexen Widerstandes der Schaltung im Bild 15.29.
Geg.: $R_1 = R_4 = R = 1\ \mathrm{k\Omega}$; $L_2 = L = 10\ \mathrm{mH}$; $C_3 = C = 100\ \mathrm{nF}$ und $\underline{U} = |\underline{U}| \cdot \mathrm{e}^{\mathrm{j}0°} = 1\ \mathrm{V} \cdot \mathrm{e}^{\mathrm{j}0°}$.

Der Strom $\underline{I}_2$ kann über das OHMsche Gesetz bestimmt werden. Es gilt: $\underline{I}_2 = \underline{U} / \underline{Z}_{234}$.

$$\underline{I}_2 = \frac{\underline{U}}{\mathrm{j}\omega L_2 + \frac{1}{\mathrm{j}\omega C_3} /\!/ R_4} = \frac{\underline{U}}{\mathrm{j}\omega L + \frac{1}{\mathrm{j}\omega C} /\!/ R} = \frac{\underline{U}}{\mathrm{j}\omega L + \frac{R}{1+\mathrm{j}\omega CR}} \cdot \left(\frac{1+\mathrm{j}\omega CR}{1+\mathrm{j}\omega CR}\right)$$

(Bruch im Nenner beseitigen)

$$\underline{I}_2 = \frac{\underline{U}\cdot(1+\mathrm{j}\omega CR)}{\mathrm{j}\omega L - \omega^2 LCR + R} = \underline{U} \cdot \frac{1+\mathrm{j}\omega CR}{R - \omega^2 LCR + \mathrm{j}\omega L} \cdot \left(\frac{R - \omega^2 LCR - \mathrm{j}\omega L}{R - \omega^2 LCR - \mathrm{j}\omega L}\right)$$

(konjugiert komplex erweitern)

$$\underline{I}_2 = |\underline{U}| \cdot \frac{R}{(R - \omega^2 LCR)^2 + \omega^2 L^2} + \mathrm{j}\left(|\underline{U}| \cdot \frac{\omega CR^2 - \omega L - \omega^3 LC^2 R^2}{(R - \omega^2 LCR)^2 + \omega^2 L^2}\right)$$

Bild 15.30 zeigt die mit PSPICE ermittelte Ortskurve dieses Stromes.

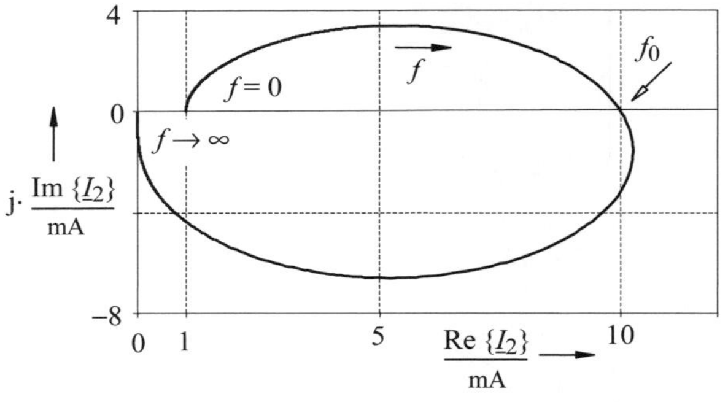

Die Ortskurve beginnt bei $f = 0$ mit einem Realteil Re $\{\underline{I}_2\} = U / R_4$. Der Imaginärteil durchläuft bei zunehmender Frequenz zunächst positive Werte und der Realteil steigt an. Nach Durchlaufen von f_0 wird der Imaginärteil des betrachteten Stromes negativ. Bei $f \to \infty$ nähert sich der Strom dem Wert null.

Bild 15.30: Ortskurve von $\underline{I}_2$

Im Bild 15.31 ist die mit PSPICE ermittelte Ortskurve des komplexen Widerstandes dargestellt. Auf ihre Berechnung $\underline{Z} = R_1 /\!/ \underline{Z}_{234}$ wird aus Aufwandsgründen verzichtet.

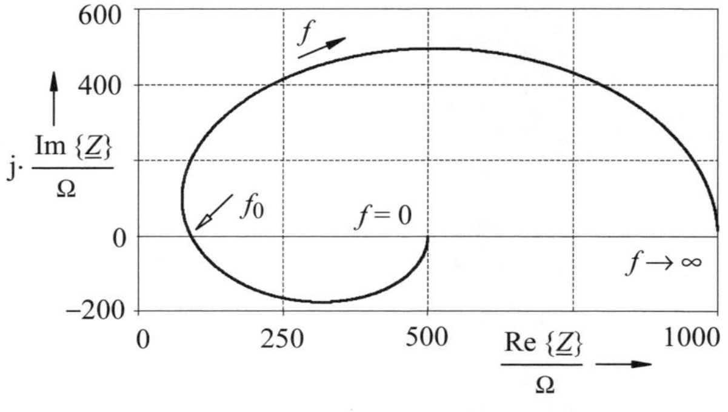

Diese Ortskurve beginnt mit einem Realteil Re $\{\underline{Z}\,(f = 0)\} = R_1 /\!/ R_4$. Der Imaginärteil ist infolge der kapazitiven Wirkung bei tiefen Frequenzen zunächst negativ. Im Resonanzfall wird der Imaginärteil gleich null. Danach nimmt er positive Werte an. Der Realteil nähert sich bei $f \to \infty$ dem Wert: Re $\{\underline{Z}\,(f \to \infty)\} = R_1$. Der Imaginärteil wird dann null.

Bild 15.31: Ortskurve des komplexen Widerstandes der Schaltung im Bild 15.29

15.4 Spezielle Wechselstromschaltungen

In diesem Abschnitt werden Wechselstromschaltungen behandelt, mit denen die Lösung spezieller Aufgabenstellungen möglich ist. Dazu zählen das Einstellen eines definierten Winkels zwischen zwei Zeigern, das Einstellen bestimmter Beträge von Spannungen bzw. Strömen oder auch das Umwandeln von Elementarschaltungen durch Umrechnung von einer Reihenschaltung in eine äquivalente Parallelschaltung und umgekehrt. In allen Fällen muss eine Schaltung entworfen bzw. aus einem Sortiment von Standardschaltungen ausgewählt und entsprechend dimensioniert werden (Schaltungssynthese).

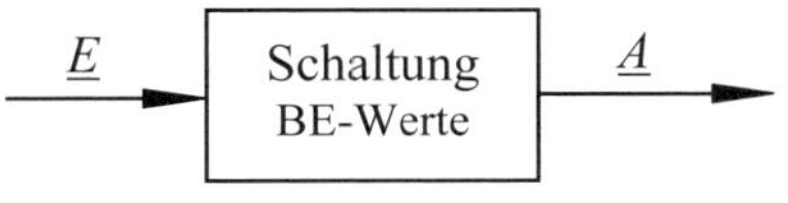

Bild 15.32: Schaltungssynthese

Solche Schaltungen sollen eine Zielfunktion $\underline{A} = \mathrm{f}(\underline{E})$ erfüllen, die sich der Bearbeiter zu Beginn der Berechnung der Schaltung definiert. Diese Zielfunktion dient als Lösungsansatz zur Herleitung einer Berechnungsvorschrift für ausgewählte Bauelemente der zu bemessenden Schaltung.

Zur Einstellung spezieller Winkel φ_X zwischen zwei Zeigern werden die in der Tabelle 15.1 aufgezeigten Maßnahmen in die Berechnung einbezogen.

Mit einer Schaltung, die zwischen zwei definierten Zeigern $\underline{A}$ und $\underline{E}$ (vgl. Bild 15.32) einen resultierenden Winkel von $\varphi_X = \pm 90°$ verursacht, kann man eine Sinusfunktion in eine Kosinusfunktion wandeln (und umgekehrt). Für diesen Winkel gilt allgemein:

$$\varphi_X = \varphi_A - \varphi_E$$

Bei einer sinusförmigen Eingangsgröße als Bezugsgröße mit $e(t) = \hat{E} \cdot \sin \omega t$ gilt dann für die Ausgangsgröße:

$$a(t) = \hat{A} \cdot \sin(\omega t \pm 90°)$$

Tabelle 15.1: Maßnahmen zur Einstellung spezieller Winkel

φ_X	Maßnahme	Ziel
± 90°	$\mathrm{Re}\left\{\frac{\underline{A}}{\underline{E}}\right\} = 0$	Wandlung von sin ↔ cos
± 45°	$\mathrm{Re}\left\{\frac{\underline{A}}{\underline{E}}\right\} = \pm \mathrm{Im}\left\{\frac{\underline{A}}{\underline{E}}\right\}$	Bestimmung von Grenzfrequenzen
0°	$\mathrm{Im}\{\underline{Z}\} = 0$	Bestimmung der Resonanzfrequenz

Die Grenzfrequenzen einer Schaltung werden bei einem resultierenden Phasenwinkel von ± 45° erreicht (vgl. Kap. 16).

Im Resonanzfall verhält sich die Schaltung an ihren beiden Eingangsklemmen wie der Realteil des Widerstands- oder des Leitwertzeigers. Dann gilt: $\varphi_X = \varphi_u - \varphi_i = 0°$.

Zur Einstellung bestimmter Beträge von Spannungs- bzw. Stromzeigern müssen die Beträge komplexer Teiler oder die Beträge von Widerstands- bzw. Leitwertzeigern allgemein berechnet und dann auf den gewünschten Wert gesetzt werden.

Eine Umrechnung von Elementarschaltungen ist durch das Gleichsetzen von Widerstands- oder Leitwertzeigern möglich. Die berechnete Ersatzschaltung ist dann für genau eine einzige Frequenz zur originalen Schaltung äquivalent, wenn beide Schaltungen an ihren äußeren Anschlussklemmen das gleiche elektrische Verhalten (Betrag und Phase) aufweisen.

Berechnungsbeispiel 15.10:

Dimensionieren Sie die vorgegebene RC-Phasenschiebekette (Übertragungsvierpol; siehe Abschn. 16.4) so, dass die Ausgangsspannung $\underline{U}_a$ gegenüber der Eingangsspannung $\underline{U}_e$ um 90° nacheilt.

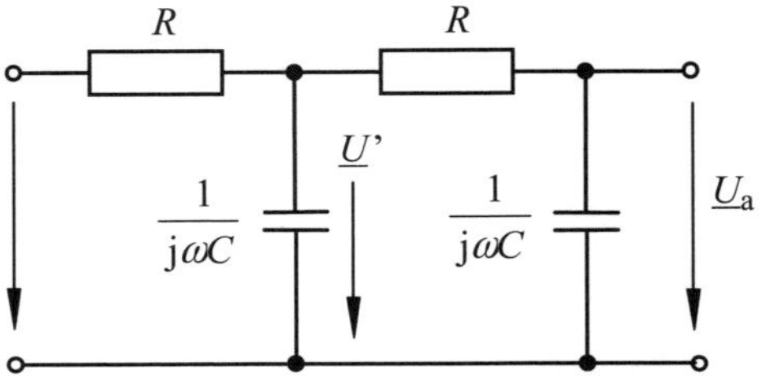

Ges.: $R = f(\omega, C)$

Bild 15.33: RC-Phasenschiebekette

Zielfunktion: Der Zeiger $\underline{U}_a$ soll senkrecht auf dem Zeiger $\underline{U}_e$ stehen ($\underline{U}_a \perp \underline{U}_e$). Das Nacheilen von $\underline{U}_a$ ergibt sich aus der kapazitiven Wirkung der Schaltung.

$\underline{U}_a = k_1 \cdot \underline{U}_e \cdot e^{-j90°}$ k_1 ist ein reiner Teilungsfaktor zwischen beiden Spannungen.

Der Zusammenhang zwischen den beiden Spannungen wird mit der Spannungsteilerregel (doppelter Teiler) beschrieben.

$$\frac{\underline{U}_a}{\underline{U}_e} = \frac{\underline{U}_a}{\underline{U}'} \cdot \frac{\underline{U}'}{\underline{U}_e} = \frac{\frac{1}{j\omega C}}{R + \frac{1}{j\omega C}} \cdot \frac{\frac{1}{j\omega C} // (R + \frac{1}{j\omega C})}{R + \frac{1}{j\omega C} // (R + \frac{1}{j\omega C})} = \frac{(\frac{1}{j\omega C})^2}{(R + \frac{2}{j\omega C}) \cdot \left[R + \frac{1}{j\omega C} // (R + \frac{1}{j\omega C})\right]}$$

$$\frac{\underline{U}_a}{\underline{U}_e} = \frac{-\frac{1}{\omega^2 C^2}}{(R + \frac{2}{j\omega C}) \cdot \left[\frac{R(R + \frac{2}{j\omega C}) + \frac{1}{j\omega C}(R + \frac{1}{j\omega C})}{R + \frac{2}{j\omega C}}\right]} = \frac{-\frac{1}{\omega^2 C^2}}{R^2 + \frac{2R}{j\omega C} + \frac{R}{j\omega C} - \frac{1}{\omega^2 C^2}}$$

Zähler und Nenner werden nun mit $-\omega^2 C^2$ multipliziert.

$$\frac{\underline{U}_a}{\underline{U}_e} = \frac{1}{1 - \omega^2 C^2 R^2 + j\omega C \cdot 3R}$$

Der Zähler dieses Bruches ist reell, und im Nenner steht eine komplexe Größe in der kartesischen Form. Der Winkel zwischen den beiden Spannungszeigern wird lediglich durch den Nenner des Bruches bestimmt. Dieser Winkel wird betragsmäßig gleich 90°, wenn der Realteil des Nenners null gesetzt wird. Das geforderte negative Vorzeichen (Nacheilen von $\underline{U}_a$ gegenüber $\underline{U}_e$) kommt dadurch zu Stande, dass dieser Winkel durch den Nennerausdruck entsteht und noch in den Zähler gebracht werden muss.

$$\mathrm{Re}\{\mathrm{Nenner}\} = 0 \quad \Rightarrow \quad 1 - \omega^2 C^2 R^2 = 0$$

Damit erhält man folgende Dimensionierungsvorschrift: $R = \frac{1}{\omega C}$

Dann gilt für das Verhältnis der beiden Spannungszeiger: $\frac{\underline{U}_a}{\underline{U}_e} = \frac{1}{j\omega C \cdot 3R} = \frac{1}{\omega C \cdot 3R} \cdot e^{-j90°}$

Der konstante Teilungsfaktor k_1 ergibt sich aus dem Betrag dieses Verhältnisses.

$$\left|\frac{\underline{U}_a}{\underline{U}_e}\right| = \frac{1}{\omega C \cdot 3R} = \frac{1}{\omega C \cdot 3 \frac{1}{\omega C}} = \frac{1}{3} \quad \Rightarrow \quad k_1 = \frac{1}{3} \quad \Rightarrow \quad \underline{U}_a = k_1 \cdot \underline{U}_e \cdot e^{-j90°} = \frac{\underline{U}_e}{3} \cdot e^{-j90°}$$

Berechnungsbeispiel 15.11:

Berechnen Sie die Phasenschiebekette des Berechnungsbeispiels 15.10 so, dass die Ausgangsspannung gegenüber der Eingangsspannung um 45° nacheilt. Der im Berechnungsbeispiel 15.10 bereits vereinfachte Ansatz des Spannungsverhältnisses kann übernommen werden.

Zielfunktion: $\underline{U}_a = k_2 \cdot \underline{U}_e \cdot e^{-j45°}$ mit: $\frac{\underline{U}_a}{\underline{U}_e} = \frac{1}{1 - \omega^2 C^2 R^2 + j\omega C \cdot 3R}$ (Berechnungsbeispiel 15.10)

Zur Erzeugung einer Phasenverschiebung von – 45° ist nun aber der Realteil des Nenners gleich dem Imaginärteil des Nenners zu setzen. Es entsteht eine quadratische Gleichung.

$$1 - \omega^2 C^2 R^2 = \omega C \cdot 3R \Rightarrow R^2 + R \cdot \frac{3}{\omega C} - \frac{1}{\omega^2 C^2} = 0$$

$$R_{1,2} = -\frac{3}{2\omega C} \pm \sqrt{\frac{9}{4\omega^2 C^2} + \frac{1}{\omega^2 C^2}} = \frac{-3 \pm \sqrt{13}}{2\omega C} = \frac{-3 \pm 3{,}606}{2\omega C} \quad \Rightarrow \quad R = \frac{0{,}303}{\omega C}$$

Da es keine negativen ohmschen Widerstände gibt, hat nur die positive Lösung Gültigkeit. Die Teilerkonstante k_2 wird wieder aus dem Betrag des Bruches berechnet.

$$k_2 = \frac{|\underline{U}_a|}{|\underline{U}_e|} = \frac{1}{\sqrt{(1 - \omega^2 C^2 R^2)^2 + (\omega C \cdot 3R)^2}} = \frac{1}{\sqrt{2 \cdot (\omega C \cdot 3R)^2}} = \frac{1}{\sqrt{2 \cdot (\omega C \cdot 3 \frac{0{,}303}{\omega C})^2}} \approx 0{,}78$$

Berechnungsbeispiel 15.12:

Berechnen Sie die im Bild 15.34 dargestellte Schaltung (HUMMEL-Schaltung) so, dass der Strom $\underline{I}_3$ gegenüber der Gesamtspannung $\underline{U}$ um 90° nacheilt.

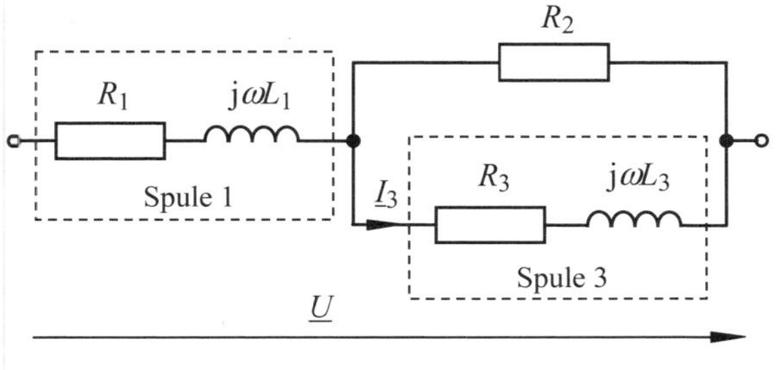

Zielfunktion:

$\underline{I}_3 = k_3 \cdot \underline{U} \cdot e^{-j90°}$

Die Konstante k_3 ist jetzt ein Leitwert.

Bild 15.34: HUMMEL-Schaltung

Zunächst wird mit dem OHMschen Gesetz und der Stromteilerregel der Zusammenhang zwischen $\underline{I}_3$ und $\underline{U}$ hergestellt.

$$\underline{I}_3 = \underline{I} \cdot \frac{R_2}{R_2 + R_3 + j\omega L_3} = \frac{\underline{U}}{R_1 + j\omega L_1 + R_2 // (R_3 + j\omega L_3)} \cdot \frac{R_2}{R_2 + R_3 + j\omega L_3}$$

$$\underline{I}_3 = \underline{U} \cdot \frac{R_2}{(R_1 + j\omega L_1)(R_2 + R_3 + j\omega L_3) + R_2(R_3 + j\omega L_3)}$$

$$\underline{I}_3 = \underline{U} \cdot \frac{R_2}{R_1R_2 + R_1R_3 + j\omega L_3R_1 + j\omega L_1R_2 + j\omega L_1R_3 - \omega^2 L_1L_3 + R_2R_3 + j\omega L_3R_2}$$

Zur Reduzierung der Anzahl der Einflussgrößen können zwei gleiche Spulen eingesetzt werden. Dann gelten die Vereinfachungen: $R_1 = R_3 = R$ und $L_1 = L_3 = L$.

$$\underline{I}_3 = \underline{U} \cdot \frac{R_2}{RR_2 + R^2 + j\omega LR + j\omega LR_2 + j\omega LR - \omega^2 L^2 + R_2R + j\omega LR_2}$$

$$\underline{I}_3 = \underline{U} \cdot \frac{R_2}{2RR_2 + R^2 - \omega^2 L^2 + j\omega L \cdot 2(R + R_2)}$$

Zur Erfüllung der Zielfunktion muss der Realteil des Nenners gleich null gesetzt werden.

$$2RR_2 + R^2 - \omega^2 L^2 = 0 \quad \Rightarrow \quad R_2 = \frac{\omega^2 L^2 - R^2}{2R}$$

Im Falle einer technischen Realisierung würde der Anwender zwei gleiche Spulen auswählen und davon die Induktivität und den Verlustwiderstand bestimmen. Mit diesen Bauelementewerten und der Betriebsfrequenz kann der erforderliche Widerstand R_2 berechnet werden.

Zur Bestimmung der Konstanten k_3 wird der Strom $\underline{I}_3$ in der Exponentialform dargestellt.

$$\underline{I}_3 = \underline{U} \cdot \frac{R_2}{\omega L \cdot 2(R + R_2)} \cdot e^{-j90°} \quad \Rightarrow \quad k_3 = \frac{\dfrac{\omega^2 L^2 - R^2}{2R}}{\omega L \cdot 2\left(R + \dfrac{\omega^2 L^2 - R^2}{2R}\right)} = \frac{\omega^2 L^2 - R^2}{\omega L \cdot 2(R^2 + \omega^2 L^2)}$$

Die Beträge und die Phasenrelationen sind aus dem Prinzipzeigerbild der HUMMEL-Schaltung (Bild 15.35) ersichtlich. Alle Spannungs- und Stromzählpfeile sind nach rechts gerichtet.

Zur Konstruktion des Zeigerbildes wird zunächst die reale Spule 3 betrachtet. Der Strom $\underline{I}_3$ soll als Bezugszeiger dienen. Die Spannungen über R_3 und L_3 stehen senkrecht aufeinander, und ihre geometrische Addition ergibt den Zeiger $\underline{U}_2$. Für dieses rechtwinklige Dreieck gilt: $\underline{U}_2 = \underline{U}_{R3} + \underline{U}_{L3}$.

Der Strom durch R_2 muss zu $\underline{U}_2$ in Phase liegen. Die geometrische Addition der Ströme $\underline{I}_3$ und $\underline{I}_2$ führt zum Zeiger des Gesamtstromes. Für dieses Dreieck gilt: $\underline{I} = \underline{I}_3 + \underline{I}_2$.

Zum Gesamtstrom liegt der Zeiger $\underline{U}_{R1}$ in Phase. $\underline{U}_{L1}$ steht darauf senkrecht und eilt um 90° voraus. Die geometrische Addition von $\underline{U}_2$, $\underline{U}_{R1}$ und $\underline{U}_{L1}$ liefert den Zeiger der Gesamtspannung. Diese Spannung $\underline{U}$ steht senkrecht auf $\underline{I}_3$. Für diese Konstruktion gilt: $\underline{U} = \underline{U}_2 + \underline{U}_{R1} + \underline{U}_{L1}$.

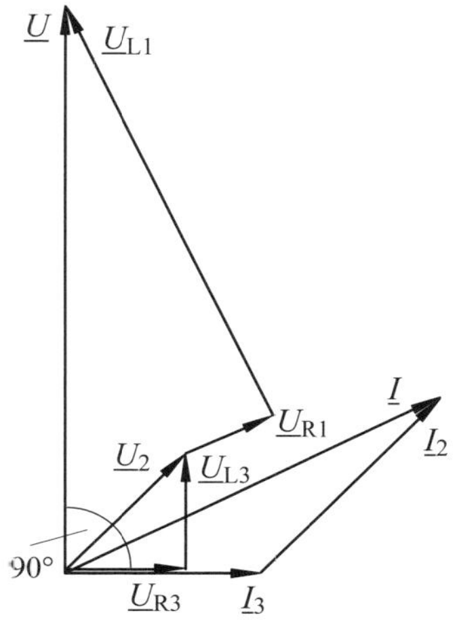

Wie Bild 15.35 zeigt, muss der Betrag von $\underline{U}_{L1}$ zur Erreichung der geforderten Phasenverschiebung von 90° relativ große Werte annehmen. Durch Veränderung der Zeigerrelationen im Stromdreieck kann dieser Wert verkleinert werden.

Bild 15.35: Prinzipzeigerbild der HUMMEL-Schaltung

Berechnungsbeispiel 15.13:

Die im Bild 15.36 dargestellte Schaltung ist so zu dimensionieren, dass unabhängig vom Zu- oder Abschalten eines Lastwiderstandes $R_a = R_2$ der Betrag des in die Schaltung hineinfließenden Gesamtstromes konstant bleibt.

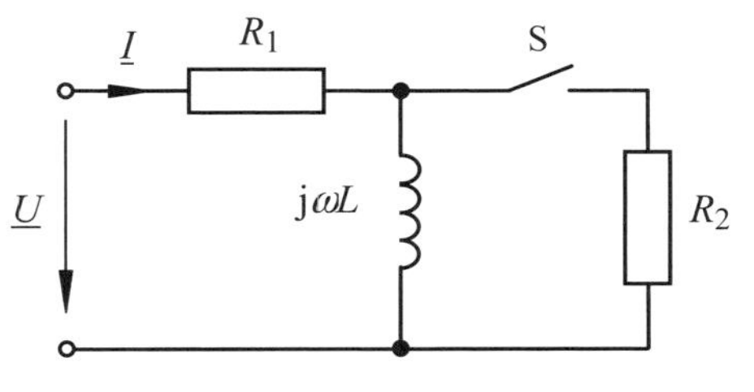

Ges.: $R_1 = f(\omega, L; R_2)$

Bild 15.36: Schaltung zum Berechnungsbeispiel 15.13

Zielfunktion: $|\underline{I}|_{aus} = |\underline{I}|_{ein}$ bzw. $\dfrac{|\underline{U}|}{|\underline{Z}|_{aus}} = \dfrac{|\underline{U}|}{|\underline{Z}|_{ein}}$

Aus der Zielfunktion geht hervor, dass die Scheinwiderstände im ausgeschalteten und im eingeschalteten Zustand gleich groß sein müssen.

Für $|\underline{Z}|_{aus}$ gilt: $\underline{Z}_{aus} = R_1 + j\omega L \quad \Rightarrow \quad |\underline{Z}|_{aus} = \sqrt{R_1^2 + \omega^2 L^2}$

Im eingeschalteten Zustand wird zunächst der komplexe Widerstand $\underline{Z}_{ein}$ berechnet und zu einem Bruch umgeformt. Daraus kann dann sein Betrag $|\underline{Z}|_{ein}$ gebildet werden.

$$\underline{Z}_{ein} = R_1 + j\omega L // R_2 = R_1 + \frac{j\omega L R_2}{R_2 + j\omega L} = \frac{R_1(R_2 + j\omega L) + j\omega L R_2}{R_2 + j\omega L} = \frac{R_1 R_2 + j\omega L(R_1 + R_2)}{R_2 + j\omega L}$$

$$\Rightarrow \quad |\underline{Z}|_{ein} = \sqrt{\frac{R_1^2 R_2^2 + \omega^2 L^2 (R_1 + R_2)^2}{R_2^2 + \omega^2 L^2}}$$

$$|\underline{Z}|_{aus} = |\underline{Z}|_{ein} \quad \Rightarrow \quad \sqrt{R_1^2 + \omega^2 L^2} = \sqrt{\frac{R_1^2 R_2^2 + \omega^2 L^2 (R_1 + R_2)^2}{R_2^2 + \omega^2 L^2}}$$

$$(R_1^2 + \omega^2 L^2) \cdot (R_2^2 + \omega^2 L^2) = R_1^2 R_2^2 + \omega^2 L^2 (R_1 + R_2)^2$$

$$R_1^2 R_2^2 + R_1^2 \omega^2 L^2 + R_2^2 \omega^2 L^2 + \omega^4 L^4 = R_1^2 R_2^2 + \omega^2 L^2 R_1^2 + \omega^2 L^2 R_2^2 + \omega^2 L^2 \cdot 2 R_1 R_2$$

$$R_1 = \frac{\omega^2 L^2}{2 R_2}$$

Berechnungsbeispiel 15.14:

Dimensionieren Sie die Schaltung im Bild 15.37 so, dass der Spannungszeiger $\underline{U}_a$ gegenüber der eingespeisten Spannung $\underline{U}_e$ um 45° nacheilt. Berechnen Sie allgemein $R_2 = f(\omega, R_1, L, C)$.

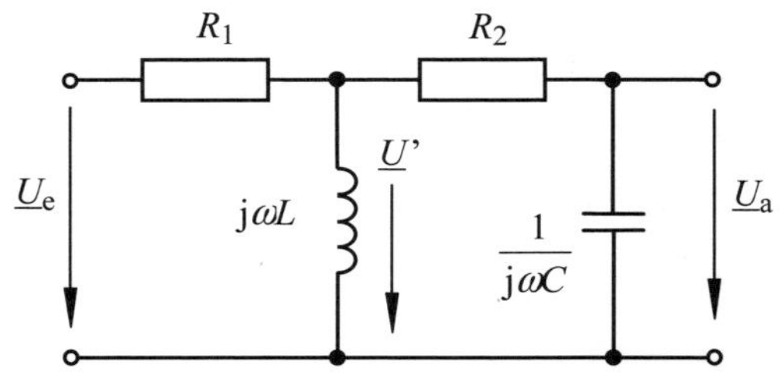

Zielfunktion: $\underline{U}_a = k_4 \cdot \underline{U}_e \cdot e^{-j45°}$

Bild 15.37: Schaltung zum Berechnungsbeispiel 15.14

Das Verhältnis der beiden Spannungen wird über die Spannungsteilerregel (doppelter Teiler) bestimmt.

$$\frac{\underline{U}_a}{\underline{U}_e} = \frac{\underline{U}_a}{\underline{U}'} \cdot \frac{\underline{U}'}{\underline{U}_e} = \frac{\frac{1}{j\omega C}}{R_2 + \frac{1}{j\omega C}} \cdot \frac{j\omega L // (R_2 + \frac{1}{j\omega C})}{R_1 + j\omega L // (R_2 + \frac{1}{j\omega C})}$$

$$\frac{\underline{U}_a}{\underline{U}_e} = \frac{\frac{L}{C}}{(R_2 + j\omega L + \frac{1}{j\omega C}) \cdot \left[R_1 + \frac{j\omega L \cdot (R_2 + \frac{1}{j\omega C})}{R_2 + j\omega L + \frac{1}{j\omega C}} \right]} = \frac{\frac{L}{C}}{R_1 R_2 + j\omega L R_1 - j\frac{R_1}{\omega C} + j\omega L R_2 + \frac{L}{C}}$$

Für eine Phasenverschiebung von – 45° muss der Realteil des Nenners gleich dem Imaginärteil des Nenners gesetzt werden, da der Zähler keinen Beitrag zum resultierenden Phasenwinkel leistet.

$$\text{Re}\{\text{Nenner}\} = \text{Im}\{\text{Nenner}\} \Rightarrow R_1 R_2 + \frac{L}{C} = \omega L R_1 + \omega L R_2 - \frac{R_1}{\omega C}$$

$$R_2 = \frac{\omega L R_1 - \dfrac{R_1}{\omega C} - \dfrac{L}{C}}{R_1 - \omega L} = \frac{\omega^2 LCR_1 - R_1 - \omega L}{\omega C R_1 - \omega^2 LC}$$

Berechnungsbeispiel 15.15:

Wie groß muss die Kapazität C_5 im Bild 15.38 sein, damit der Strom $\underline{I}_3$ gegenüber der Spannung $\underline{U}$ um 90° nacheilt? Gesucht ist die allgemeine Lösung $C_5 = \text{f}(R_1, R_3, L)$. Berechnen Sie für diesen Fall den Strom $\underline{I}_3$ in der Exponentialform. Es gilt die Vereinfachung: $L_2 = L_4 = L$.

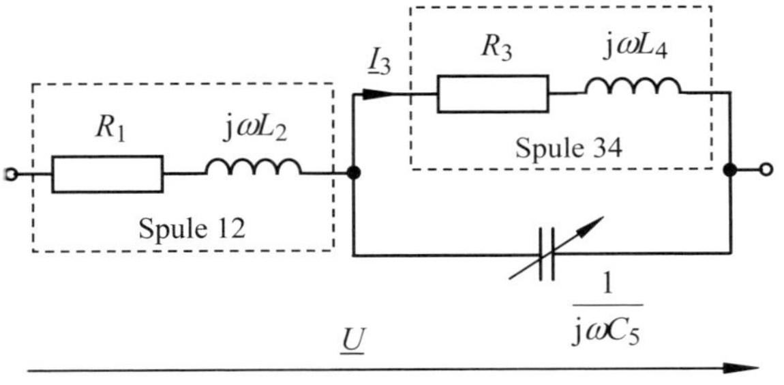

Zielfunktion: $\underline{I}_3 = k_5 \cdot \underline{U} \cdot e^{-j90°}$

Die Konstante k_5 ist ein Leitwert.

Bild 15.38: Schaltung zum Berechnungsbeispiel 15.15

Zur Formulierung des Lösungsansatzes dienen das OHMsche Gesetz und die Stromteilerregel.

$$\underline{I}_3 = \underline{I} \cdot \frac{\dfrac{1}{j\omega C_5}}{R_3 + j\omega L_4 + \dfrac{1}{j\omega C_5}} = \frac{\underline{U}}{R_1 + j\omega L_2 + (R_3 + j\omega L_4) // \dfrac{1}{j\omega C_5}} \cdot \frac{\dfrac{1}{j\omega C_5}}{R_3 + j\omega L_4 + \dfrac{1}{j\omega C_5}}$$

$$\underline{I}_3 = \underline{U} \cdot \frac{\dfrac{1}{j\omega C_5}}{(R_1 + j\omega L_2) \cdot (R_3 + j\omega L_4 + \dfrac{1}{j\omega C_5}) + (R_3 + j\omega L_4) \cdot \dfrac{1}{j\omega C_5}} \quad \text{mit: } L_2 = L_4 = L$$

$$\underline{I}_3 = \underline{U} \cdot \frac{1}{(R_1 + j\omega L) \cdot (j\omega C_5 R_3 - \omega^2 L C_5 + 1) + R_3 + j\omega L}$$

$$\underline{I}_3 = \underline{U} \cdot \frac{1}{R_1 + j\omega R_1 R_3 C_5 - \omega^2 L R_1 C_5 + j\omega L - \omega^2 L R_3 C_5 - j\omega^3 L^2 C_5 + R_3 + j\omega L}$$

$$\underline{I}_3 = \underline{U} \cdot \frac{1}{R_1 + R_3 - \omega^2 L C_5 (R_1 + R_3) + j(\omega R_1 R_3 C_5 + 2\omega L - \omega^3 L^2 C_5)}$$

Für eine Phasenverschiebung von – 90° muss der Realteil des Nenners gleich null gesetzt werden.

$$R_1 + R_3 - \omega^2 L C_5 (R_1 + R_3) = 0 \quad \Rightarrow \quad C_5 = \frac{1}{\omega^2 L}$$

Der Strom $\underline{I}_3$ eilt dann gegenüber der eingespeisten Spannung um 90° nach.

$$\underline{I}_3 = \frac{\underline{U} \cdot e^{-j90°}}{\omega R_1 R_3 C_5 + 2\omega L - \omega^3 L^2 C_5} = \frac{\underline{U} \cdot e^{-j90°}}{\omega R_1 R_3 \frac{1}{\omega^2 L} + 2\omega L - \omega^3 L^2 \frac{1}{\omega^2 L}} = \frac{\omega L}{R_1 R_3 + \omega^2 L^2} \cdot \underline{U} \cdot e^{-j90°}$$

Berechnungsbeispiel 15.16:

Gegeben ist eine Elementarschaltung, bestehend aus einem Wirk- und einem Blindwiderstand. Leiten Sie eine allgemeine Berechnungsvorschrift zur Umrechnung von: a) einer Reihenschaltung in eine äquivalente Parallelschaltung und: b) einer Parallelschaltung in eine äquivalente Reihenschaltung her.

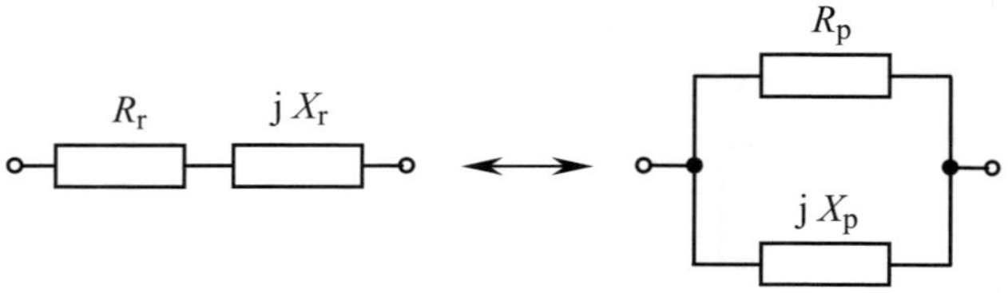

Bild 15.39: Umrechnungen

Zwei Schaltungen sind zueinander schaltungstechnisch äquivalent, wenn sie an ihren äußeren Anschlusspunkten gleiches elektrisches Verhalten aufweisen. Das ist der Fall, wenn die komplexen Widerstände oder die komplexen Leitwerte beider Schaltungen gleich sind.

Zu a) Umrechnung einer Reihenschaltung in eine äquivalente Parallelschaltung:

Zielfunktion: $\underline{Y}_p = \underline{Y}_r$ *Geg.*: R_r und X_r *Ges.*: R_p und X_p

$$\frac{1}{R_p} + \frac{1}{jX_p} = \frac{1}{R_r + jX_r} = \frac{R_r - jX_r}{R_r^2 + X_r^2} \quad \text{bzw.:} \quad \frac{1}{R_p} - j\frac{1}{X_p} = \frac{R_r}{R_r^2 + X_r^2} - j\frac{X_r}{R_r^2 + X_r^2}$$

$$R_p = \frac{R_r^2 + X_r^2}{R_r} \quad \text{und:} \quad X_p = \frac{R_r^2 + X_r^2}{X_r} \qquad (15.26)$$

Zu b) Umrechnung einer Parallelschaltung in eine äquivalente Reihenschaltung:

Zielfunktion: $\underline{Z}_r = \underline{Z}_p$ *Geg.*: R_p und X_p *Ges.*: R_r und X_r

$$R_r + jX_r = R_p \,//\, jX_p = \frac{R_p \cdot jX_p}{R_p + jX_p} = \frac{R_p \cdot X_p^2 + jR_p^2 \cdot X_p}{R_p^2 + X_p^2} = \frac{R_p \cdot X_p^2}{R_p^2 + X_p^2} + j\frac{R_p^2 \cdot X_p}{R_p^2 + X_p^2}$$

$$R_r = \frac{R_p \cdot X_p^2}{R_p^2 + X_p^2} \quad \text{und:} \quad X_r = \frac{R_p^2 \cdot X_p}{R_p^2 + X_p^2} \qquad (15.27)$$

15.5 Wechselstrom-Brücken

Eine Wechselstrom-Brückenschaltung kann abgleichbar oder nicht abgleichbar sein. Abgleichbare Brücken (Messbrücken) werden zur Bestimmung von Induktivitätswerten, Kapazitätswerten, Verlustwiderständen bzw. Verlustfaktoren u.v.a. eingesetzt. Mit nicht abgleichbaren Brücken wird z.B. der Betrag und/oder der Nullphasenwinkel der Spannung $\underline{U}_{AB}$ im Querzweig der Brücke eingestellt. Die Grundlage einer solchen Brückenschaltung bildet die allgemeine Wechselstrom-Brücke (Bild 15.40).

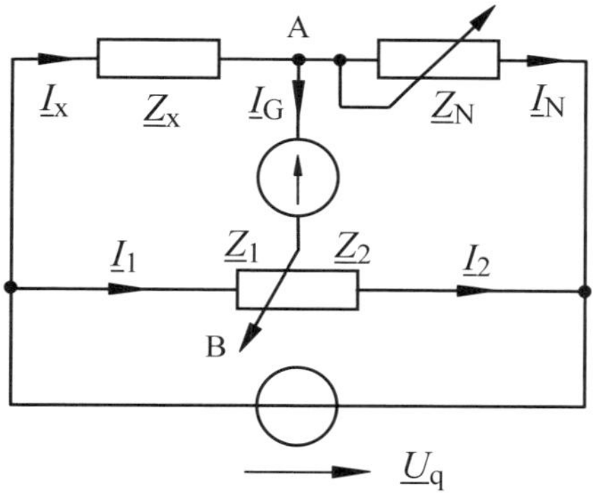

Bild 15.40: Allgemeine Wechselstrom-Brücke

Sie besteht wie die WHEATSTONEsche Messbrücke (vgl. Bild 4.6) aus zwei parallelen Zweigen, die von einer (hier als ideal angenommenen) Quelle gespeist werden. In den Querzweig der Brücke wird ein Indikator zum Brückenabgleich eingeschaltet. Die Messbrücke kann nun durch Variation der komplexen Widerstände $\underline{Z}_N$ und $\underline{Z}_1$ bzw. $\underline{Z}_2$ so abgeglichen werden, dass der Strom $\underline{I}_G$ durch den Indikatorzweig gleich null wird. Dann ist das Potential des Punktes A gleich dem Potential des Punktes B und die Spannung $\underline{U}_{AB}$ über dem Querzweig der Brücke wird null. Bei nicht abgleichbaren Brücken ist diese Einstellung nicht möglich.

Im abgeglichenen Zustand ist das Verhältnis der Spannungen $\underline{U}_x$ zu $\underline{U}_N$ genau so groß wie das Verhältnis von $\underline{U}_1$ zu $\underline{U}_2$. Aus diesem Ansatz erhält man die allgemeine Brückengleichung analog zur Herleitung im Abschnitt 4.3.

$$\underline{Z}_x = \underline{Z}_N \cdot \frac{\underline{Z}_1}{\underline{Z}_2} \qquad (15.28)$$

Der Strom im Indikatorzweig ist eine komplexe Größe mit Real- und Imaginärteil bzw. mit Betrag und Winkel. Sein Betrag wird nur dann gleich null, wenn sowohl der Real- als auch der Imaginärteil null ist.

Ein messtechnisch zu bestimmender komplexer Widerstand $\underline{Z}_x$ kann aus der Brückengleichung (15.28) in der kartesischen Form berechnet werden.

$$R_x + jX_x = (R_N + jX_N) \cdot \frac{R_1 + jX_1}{R_2 + jX_2}$$

Zur Reduzierung der Anzahl der Einflussgrößen und zur Erleichterung des Abgleichvorgangs verwendet man in der Praxis für $\underline{Z}_1$ und $\underline{Z}_2$ häufig ohmsche Widerstände. Dann gilt:

$$R_x + jX_x = R_N \frac{R_1}{R_2} + jX_N \frac{R_1}{R_2}$$

Die beiden Seiten der Gleichung sind genau dann gleich, wenn ihre Realteile und ihre Imaginärteile gleich sind.

$$R_x = R_N \cdot \frac{R_1}{R_2} \qquad (15.29)$$

$$X_x = X_N \cdot \frac{R_1}{R_2} \qquad (15.30)$$

Die Brückengleichung kann aber auch in der Exponentialform betrachtet werden.

$$\left|\underline{Z}_{\mathrm{x}}\right| \cdot \mathrm{e}^{\mathrm{j}\varphi_{\mathrm{x}}} = \left|\underline{Z}_{\mathrm{N}}\right| \cdot \mathrm{e}^{\mathrm{j}\varphi_{\mathrm{N}}} \cdot \frac{\left|\underline{Z}_1\right| \cdot \mathrm{e}^{\mathrm{j}\varphi_1}}{\left|\underline{Z}_2\right| \cdot \mathrm{e}^{\mathrm{j}\varphi_2}}$$

Dann ergibt sich der Betrag aus den jeweiligen Faktoren vor den e-Funktionen. Der Phasenwinkel wird über die Gesetze der Potenzrechnung bestimmt.

$$\left|\underline{Z}_{\mathrm{x}}\right| = \left|\underline{Z}_{\mathrm{N}}\right| \cdot \frac{\left|\underline{Z}_1\right|}{\left|\underline{Z}_2\right|} \qquad (15.31)$$

$$\varphi_{\mathrm{x}} = \varphi_{\mathrm{N}} + \varphi_1 - \varphi_2 \qquad (15.32)$$

Durch Verwendung von ohmschen Widerständen $\underline{Z}_1 = R_1$ und $\underline{Z}_2 = R_2$ erhält man:

$$\left|\underline{Z}_{\mathrm{x}}\right| = \left|\underline{Z}_{\mathrm{N}}\right| \cdot \frac{R_1}{R_2} \text{ und } \varphi_{\mathrm{x}} = \varphi_{\mathrm{N}}$$

Falls die Gleichungen (15.29) bis (15.32) nicht erfüllbar oder technisch nicht realisierbar sind, ist die Brücke nicht abgleichbar (vgl. Berechnungsbeispiel 15.17).

♦ In den weiteren Ausführungen dieses Abschnittes (und in den nachfolgenden Kapiteln) wird eine aktuelle Schaltung mit den in der Praxis üblichen Bauelementebezeichungen R, L und C angegeben. Die Transformation der Schaltung in den Bildbereich (vgl. Abschn. 15.2 und 15.3) muss dann in die Aufstellung des jeweiligen Lösungsansatzes eingebunden werden.

15.5.1 Induktivitätsmessbrücke

Die Induktivitätsmessbrücke (MAXWELL-WIEN-Brücke) dient zur Messung unbekannter Induktivitäten L_{x} und zur Bestimmung des Verlustwiderstandes R_{x} einer realen Spule (siehe Bild 15.41). Der Brückenabgleich wird durch Variation von C_2 und R_2 vorgenommen.

Die Induktivitätsmessbrücke entspricht in ihrer Grundstruktur der allgemeinen Wechselstrom-Brücke. Im Vergleich zum Bild 15.40 sind lediglich die Zweige mit $\underline{Z}_1 = R_1$ und $\underline{Z}_{\mathrm{N}} = R_{\mathrm{N}}$ über Kreuz vertauscht.

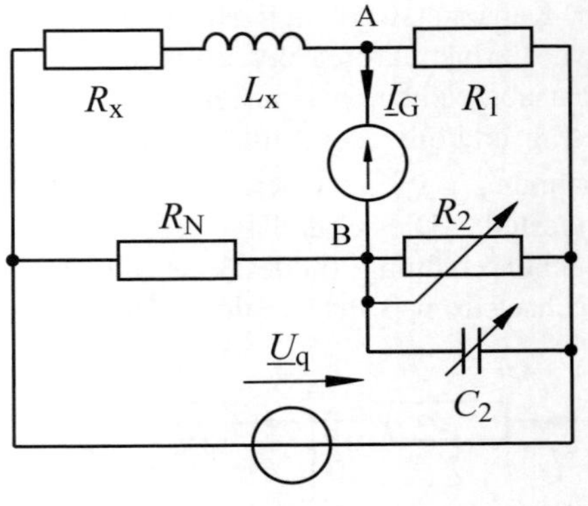

Bild 15.41: Induktivitätsmessbrücke

Im abgeglichenen Zustand gilt wieder die Gleich. (15.28):

$$\frac{\underline{Z}_{\mathrm{x}}}{\underline{Z}_1} = \frac{\underline{Z}_{\mathrm{N}}}{\underline{Z}_2} \quad \text{oder:} \quad \underline{Z}_{\mathrm{x}} = \underline{Z}_{\mathrm{N}} \cdot \frac{\underline{Z}_1}{\underline{Z}_2}$$

Daraus können die unbekannte Induktivität L_{x} und der zugehörige Verlustwiderstand R_{x} hergeleitet werden.

$$R_{\mathrm{x}} + \mathrm{j}\omega L_{\mathrm{x}} = R_{\mathrm{N}} \frac{R_1}{R_2 // \dfrac{1}{\mathrm{j}\omega C_2}} = \frac{R_{\mathrm{N}} \cdot R_1}{\dfrac{R_2}{1 + \mathrm{j}\omega C_2 \cdot R_2}}$$

$$R_{\mathrm{x}} + \mathrm{j}\omega L_{\mathrm{x}} = \frac{R_{\mathrm{N}} \cdot R_1}{R_2} + \frac{R_{\mathrm{N}} \cdot R_1}{R_2} \cdot \mathrm{j}\omega C_2 \cdot R_2$$

Komplexe Größen sind gleich, wenn ihre Realteile und ihre Imaginärteile gleich sind.

$$R_{\mathrm{x}} = \frac{R_{\mathrm{N}} \cdot R_1}{R_2} \qquad (15.33)$$

$$L_{\mathrm{x}} = C_2 \cdot R_1 \cdot R_{\mathrm{N}} \qquad (15.34)$$

15.5.2 Kapazitätsmessbrücke

Die Kapazitätsmessbrücke (SCHERING-Brücke; siehe Bild 15.42) wird zur Messung unbekannter Kapazitäten C_x und zur Bestimmung von Verlustfaktoren d_x realer Kondensatoren eingesetzt. Der Brückenabgleich erfolgt mit R_1 und C_2. Die Kondensatoren C_x und C_N sollen vorerst als verlustlose Bauelemente aufgefasst werden.

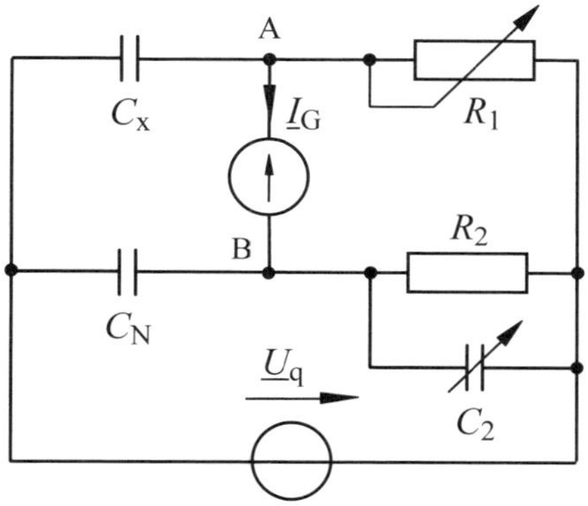

Bild 15.42: Kapazitätsmessbrücke

Als Lösungsansatz dient Gleich. (15.28):

$$\frac{1}{j\omega C_x} = \frac{1}{j\omega C_N} \cdot \frac{R_1}{R_2 // \frac{1}{j\omega C_2}}$$

$$\frac{1}{C_x} = \frac{1}{C_N} \cdot \frac{R_1}{R_2} \cdot (1 + j\omega C_2 \cdot R_2)$$

Nach dieser Rechnung müsste der Imaginärteil der rechten Gleichungsseite null sein. Das resultiert aus der Annahme, dass ideale Kondensatoren verwendet werden.

$$C_x = C_N \cdot \frac{R_2}{R_1} \qquad (15.35)$$

In Wirklichkeit ist der auszumessende Kondensator C_x aber verlustbehaftet.

Die Verluste des Normalkondensators C_N sind aus praktischer Sicht vernachlässigbar, wenn ein Kondensator mit einer hohen Güte verwendet wird. Dann gilt: $\varphi_N \approx -90°$.

Die Herleitung einer Berechnungsvorschrift für den Verlustfaktor des Kondensators C_x ist mit Gleich. (15.32) möglich.

$$\varphi_x = \varphi_N + \varphi_1 - \varphi_2 = -90° + 0° - \varphi_2 \qquad (15.36)$$

Aus dem Zeigerbild des realen Kondensators C_x kann der Verlustwinkel δ_x und damit der Verlustfaktor $d_x = \tan \delta_x$ bestimmt werden.

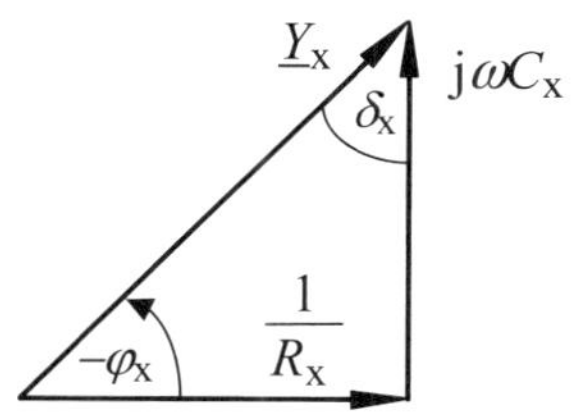

Bild 15.43: Zeigerbild des realen Kondensators

Der Phasenwinkel, der ja infolge der Leitwertdarstellung (Parallelschaltung) negativ ist, kann aus Bild 15.43 abgelesen und in Gleich. (15.36) eingesetzt werden.

$$-\varphi_x = 90° - \delta_x$$

$$-90° + \delta_x = -90° + 0° - \varphi_2 \quad \Rightarrow \quad \delta_x = -\varphi_2$$

Der Verlustwinkel ist somit über den Phasenwinkel des komplexen Widerstandes $\underline{Z}_2$ bestimmbar.

$$\underline{Z}_2 = R_2 // \frac{1}{j\omega C_2} = \frac{R_2}{1 + j\omega C_2 \cdot R_2}$$

$$\tan\varphi_2 = -\omega C_2 \cdot R_2 \text{ und: } \tan \delta_x = -\tan \varphi_2$$

$$d_x = \tan \delta_x = \omega C_2 \cdot R_2 \qquad (15.37)$$

15.5.3 Phasendrehbrücke

Bei der Phasendrehbrücke (Bild 15.44) handelt es sich um eine nicht abgleichbare Brücke (siehe Zeigerbild im Bild 15.45). Sie dient dazu, einen gewünschten Winkel φ_x zwischen zwei definierten Spannungszeigern $\underline{U}_{DE}$ und $\underline{U}_{BA}$ einzustellen.

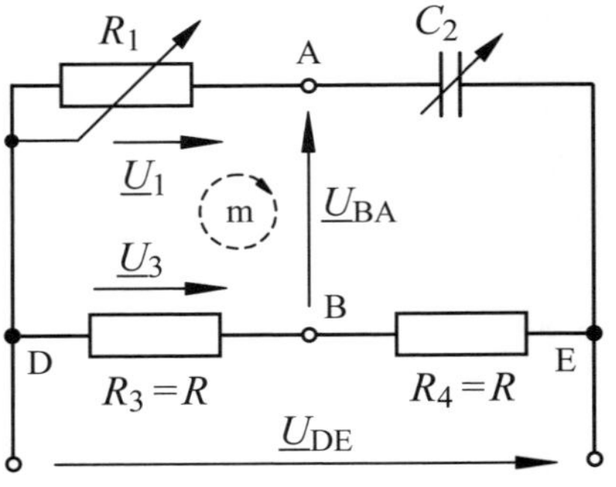

Bild 15.44: Phasendrehbrücke

Der Winkel zwischen den Zeigern $\underline{U}_{BA}$ und $\underline{U}_{DE}$ kann durch Variation von R_1 und C_2 verändert werden. Zur Bestimmung dieses Winkels wird das Zeigerbild für $R_3 = R_4 = R$ skizziert und daraus der Winkel α abgelesen. Die Spannung $\underline{U}_{DE}$ dient dabei als Bezugsgröße.

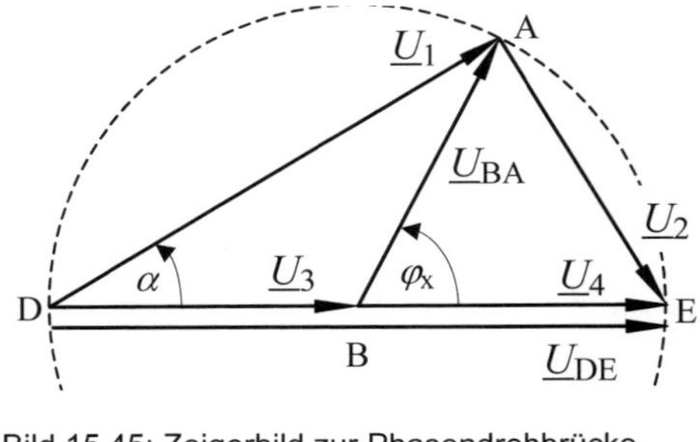

Bild 15.45: Zeigerbild zur Phasendrehbrücke

Die Veränderung von R_1 bzw. C_2 verschiebt den Punkt A auf dem zwischen den Punkten D und E aufgespanntem Halbkreis.

Dabei durchläuft der Winkel φ_x einen Bereich von $0° < \varphi_x < 180°$.

Das äußere Dreieck im Bild 15.45 ist ein rechtwinkliges Dreieck. Für den Winkel α gilt:

$$\tan\alpha = \tan\frac{\varphi_x}{2} = \frac{U_2}{U_1} = \frac{1}{\omega C_2 \cdot R_1}$$

Der Zeiger $\underline{U}_1$ wirkt im rechten Dreieck des Bildes 15.45 für φ_x als Winkelhalbierende, wenn man ihn vom Punkt D zum Punkt B verschiebt. Demzufolge ist der Winkel α gleich dem halben Winkel φ_x.

$$\varphi_x = 2 \cdot \arctan\frac{1}{\omega C_2 \cdot R_1} \qquad (15.38)$$

Der Betrag der Spannung $|\underline{U}_{BA}|$ verändert sich bei Variation des Winkels φ_x infolge der Dimensionierung mit $\underline{U}_3 = \underline{U}_4$ nicht.

$$|\underline{U}_{BA}| = |\underline{U}_3| = |\underline{U}_4| = 0{,}5 \cdot |\underline{U}_{DE}|$$

Der Betrag von $|\underline{U}_{BA}|$ kann zusätzlich variiert werden, wenn man die beiden Widerstände im unteren Zweig des Bildes 15.44 durch ein Potentiometer mit $R_S = R_3 + R_4$ ersetzt. Der Punkt B entspricht dann dem Mittelabgriff des Potentiometers.

Nun muss die Brücke allerdings wechselweise auf den gewünschten Betrag und auf den geforderten Winkel eingestellt werden. Für den Zeiger $\underline{U}_{BA}$ gilt dann nach dem Maschensatz (Umlauf m im Bild 15.44):

$$\underline{U}_1 - \underline{U}_{BA} - \underline{U}_3 = 0$$

$$\underline{U}_{BA} = \underline{U}_1 - \underline{U}_3$$

$$\underline{U}_{BA} = \underline{U}_{DE} \cdot \left(\frac{R_1}{R_1 + \frac{1}{j\omega C_2}} - \frac{R_3}{R_3 + R_4}\right)$$

Berechnungsbeispiel 15.17:

Erklären Sie an einem Prinzipzeigerbild, unter welchen Bedingungen die allgemeine Wechselstrom-Brücke nach Bild 15.40 (siehe Bild 15.46) abgleichbar ist.

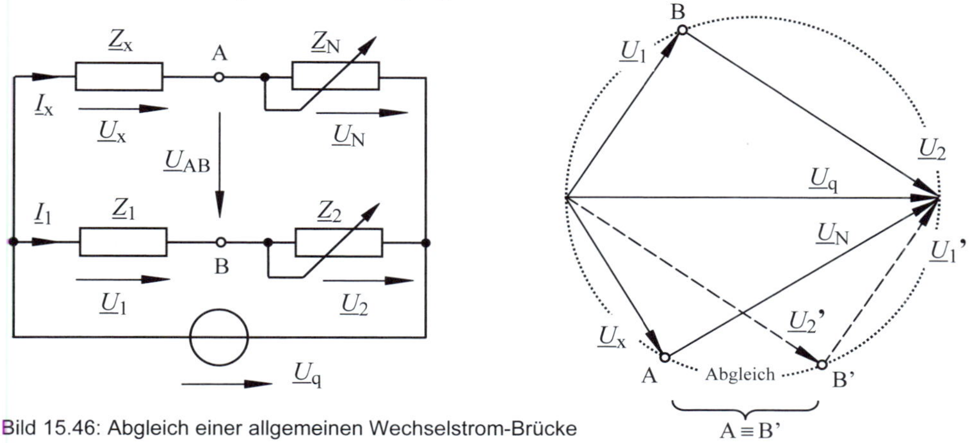

Bild 15.46: Abgleich einer allgemeinen Wechselstrom-Brücke

Eine Brücke ist abgeglichen, wenn der Strom $\underline{I}_G$ (Bild 15.40) null ist. Dann muss auch die Spannung $\underline{U}_{AB}$ im Bild 15.46 gleich null sein. Dieser Abgleich (Bild 15.46, rechts) ist nur möglich, wenn sich die Punkte A und B auf (oder innerhalb) dem gleichen Halbkreis oberhalb oder unterhalb von $\underline{U}_q$ befinden. Die Spannung $\underline{U}_{AB}$ wird null, wenn sich die Zeigerspitzen von $\underline{U}_x$ und $\underline{U}_1$ (oder $\underline{U}_2$') in einem Punkt treffen. Sollte das nicht möglich sein, kann man z.B. in einem Zweig der Brücke die Topographie durch eine andere Reihenfolge der Bauelemente (hier: $\underline{Z}_1 \leftrightarrow \underline{Z}_2$ und damit $\underline{U}_1 \leftrightarrow \underline{U}_2$') verändern.

Berechnungsbeispiel 15.18:

Berechnen Sie allgemein die Spannung $\underline{U}_{AB}$ über dem leer laufenden Querzweig der im Bild 15.47 dargestellten nicht abgeglichenen Induktivitätsmessbrücke. Wann ist diese Brücke abgeglichen?

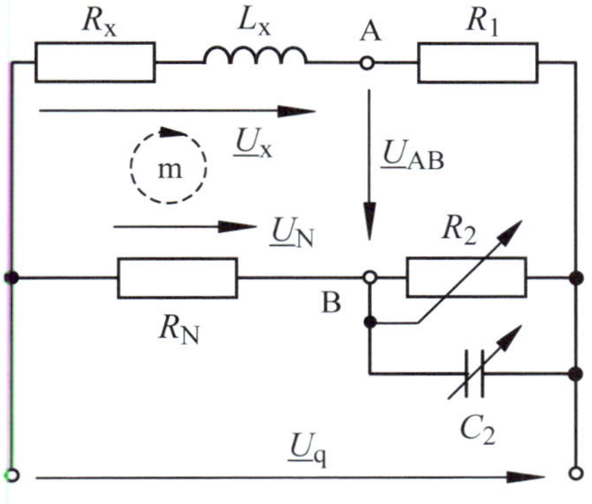

Bild 15.47: Induktivitätsmessbrücke

Durch Anwendung des Maschensatzes auf den linken oberen Umlauf erhält man:

$$\underline{U}_x + \underline{U}_{AB} - \underline{U}_N = 0 \quad \text{bzw.:} \quad \underline{U}_{AB} = \underline{U}_N - \underline{U}_x$$

Mit der Spannungsteilerregel können $\underline{U}_N$ und $\underline{U}_x$ berechnet werden.

$$\underline{U}_{AB} = \underline{U}_q \left(\frac{R_N}{R_N + R_2 // \frac{1}{j\omega C_2}} - \frac{R_x + j\omega L_x}{R_1 + R_x + j\omega L_x} \right)$$

Die Brücke ist abgeglichen, wenn $\underline{U}_{AB}$ gleich null ist. Das ist der Fall, wenn der Klammerausdruck von $\underline{U}_{AB}$ null gesetzt wird.

$$\frac{R_N}{R_N + R_2 // \frac{1}{j\omega C_2}} - \frac{R_x + j\omega L_x}{R_1 + R_x + j\omega L_x} = 0 \quad \text{bzw.:} \quad \frac{R_N}{R_N + \frac{R_2}{1 + j\omega C_2 R_2}} = \frac{R_x + j\omega L_x}{R_1 + R_x + j\omega L_x}$$

$$R_N \cdot (R_1 + R_x + j\omega L_x) = (R_x + j\omega L_x) \cdot (R_N + \frac{R_2}{1 + j\omega C_2 R_2})$$

Durch Ausmultiplizieren erhält man folgende Gleichung: $R_N R_1 + j\omega C_2 R_2 R_N R_1 = R_x R_2 + j\omega L_x R_2$

Diese Lösung entspricht den Gleich. (15.33) und (15.34): $R_x = \frac{R_N \cdot R_1}{R_2}$ und: $L_x = C_2 \cdot R_1 \cdot R_N$

Berechnungsbeispiel 15.19:

Überprüfen Sie für die im Bild 15.48 dargestellte nicht abgeglichene Kapazitätsmessbrücke, ob für die angegebenen Vereinfachungen ein Brückenabgleich (dann nur mit R_1) möglich ist.

Als Vereinfachung für die Elementarzweipole gilt: $\frac{1}{\omega C_x} = \frac{1}{\omega C_N} = \frac{1}{\omega C_2} = |X_C| = X.$

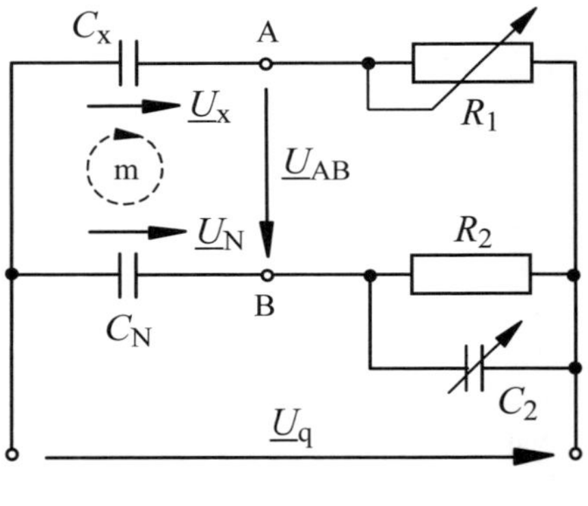

Der Maschensatz wird auf den linken oberen Umlauf angewendet:

$\underline{U}_x + \underline{U}_{AB} - \underline{U}_N = 0$ bzw.: $\underline{U}_{AB} = \underline{U}_N - \underline{U}_x$

Mit der Spannungsteilerregel können $\underline{U}_N$ und $\underline{U}_x$ berechnet werden.

$$\frac{\underline{U}_{AB}}{\underline{U}_q} = \frac{\frac{1}{j\omega C_N}}{\frac{1}{j\omega C_N} + R_2 // \frac{1}{j\omega C_2}} - \frac{\frac{1}{j\omega C_x}}{R_1 + \frac{1}{j\omega C_x}}$$

Bild 15.48: Kapazitätsmessbrücke

Durch Einsetzen der gegebenen Vereinfachungen erhält man für $\underline{U}_{AB}$:

$$\underline{U}_{AB} = \underline{U}_q \left(\frac{-jX}{-jX + R_2 // (-jX)} - \frac{-jX}{R_1 - jX} \right) = \underline{U}_q \left(\frac{-jX(R_2 - jX)}{-jR_2 X - X^2 - jR_2 X} - \frac{-jX}{R_1 - jX} \right)$$

Die Brücke wäre abgleichbar, wenn der Klammerausdruck null werden kann. Dann gilt:

$$\frac{-jX(R_2 - jX)}{-jR_2 X - X^2 - jR_2 X} = \frac{-jX}{R_1 - jX} \quad \text{bzw.:} \quad \frac{R_2 - jX}{-X^2 - j2 \cdot R_2 X} = \frac{1}{R_1 - jX} \quad \text{oder:} \quad R_1 R_2 - jR_1 X = -jR_2 X$$

Man erhält folgende Aussage: $R_2 = \frac{jR_1 X}{R_1 + jX}$. Da eine reelle Größe (hier: R_2) keinen Imaginärteil haben kann, ist die Brücke mit den angegebenen Vereinfachungen nicht abgleichbar. Das gleiche Ergebnis erhält man auch über Gleich. (15.28).

Berechnungsbeispiel 15.20:

Konstruieren Sie für die vorgegebene Brückenschaltung im Bild 15.49 das maßstäbliche Zeigerbild aller Spannungen für $\underline{U}_{AB} = 7{,}9\ \text{V} \cdot e^{j\,90°}$, und bestimmen Sie daraus die Werte für R_5 und C_7. Ermitteln Sie aus dem Zeigerbild die Spannungen $\underline{U}_{DA}$ und $\underline{U}_{AE}$ in der kartesischen Form. Überprüfen Sie die Spannungen $\underline{U}_5 = \underline{U}_{DB}$ und $\underline{U}_{67} = \underline{U}_{BE}$ durch eine geeignete Berechnung in der kartesischen Form.

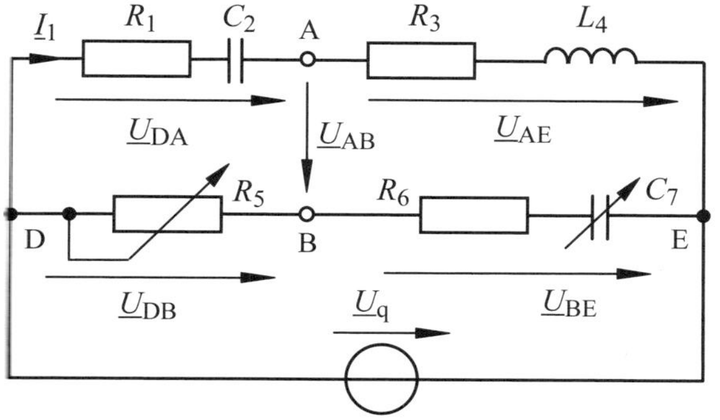

Geg.: $\underline{U}_q = 10\ \text{V} \cdot e^{j\,0°}$; $f = 50$ Hz

$\underline{U}_{AB} = 7{,}9\ \text{V} \cdot e^{j\,90°}$

$R_1 = |X_2| = R_3 = X_4 = X$

$X = 50\ \Omega$; $R_6 = 29\ \Omega$

Bild 15.49: Schaltung zum Berechnungsbeispiel 15.20

Zur Konstruktion des Zeigerbildes wird zunächst der obere Zweig der Schaltung betrachtet. Durch Bestimmung der Beträge von $\underline{U}_1$ bis $\underline{U}_4$ kann der Maßstab festgelegt werden. Der Spannungszeiger $\underline{U}_{AB}$ soll senkrecht auf $\underline{U}_q$ stehen. Sein Betrag (Länge) bestimmt den Punkt B, in dem der Zeiger $\underline{U}_5$ endet und der Zeiger $\underline{U}_6$ beginnt. Über den THALES-Kreis erhält man $\underline{U}_7$. Mit Kenntnis des Widerstandswertes $R_6 = 29\ \Omega$ können R_5 und $|X_7|$ über die Zeigerlängen von $\underline{U}_5$ bis $\underline{U}_7$ bestimmt werden.

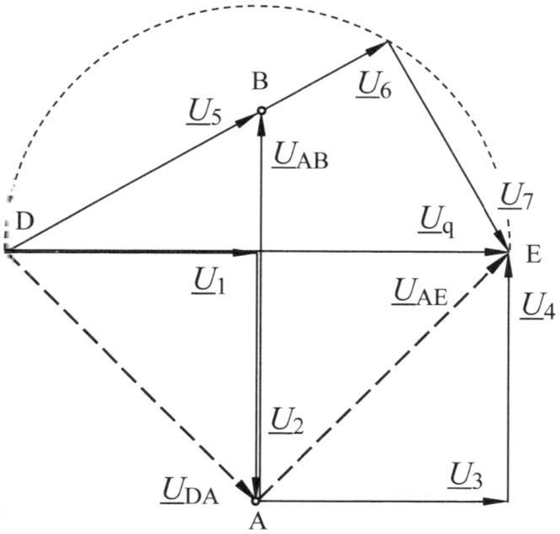

$$\underline{I}_1 = \frac{10\ \text{V} \cdot e^{j0°}}{(50 - j50 + 50 + j50)\ \Omega} = 100\ \text{mA} \cdot e^{j0°}$$

$$|\underline{U}_1| = |\underline{U}_2| = |\underline{U}_3| = |\underline{U}_4| = 5\ \text{V}$$

Maßstab: 1 cm entspricht 2 V

$$\frac{|\underline{U}_5|}{|\underline{U}_6|} = \frac{R_5}{R_6} \quad \text{und:} \quad \frac{|\underline{U}_7|}{|\underline{U}_6|} = \frac{|X_7|}{R_6}$$

Lösung: $R_5 \approx 58\ \Omega$ und $|X_7| \approx 50\ \Omega$

$$\Rightarrow C_7 = \frac{1}{2\pi \cdot f \cdot |X_7|} \approx 63{,}7\ \mu\text{F}$$

Bild 15.50: Zeigerbild zum Berechnungsbeispiel 15.20

Aus dem maßstäblichen Zeigerbild wird abgelesen (gestrichelte Zeiger im Bild 15.50):

$\underline{U}_{DA} = 5\ \text{V} - j\ 5\ \text{V}$ und $\underline{U}_{AE} = 5\ \text{V} + j\ 5\ \text{V}$.

Der Zeiger $\underline{U}_{DA}$ ist der konjugiert komplexe Zeiger von $\underline{U}_{AE}$ und umgekehrt.

Mit dem Maschensatz erhält man über den linken oberen und den rechten oberen Umlauf (jeweils im Uhrzeigersinn analysiert) folgende Gleichungen:

$\underline{U}_{DA} + \underline{U}_{AB} - \underline{U}_{DB} = 0$ und: $\underline{U}_{AE} - \underline{U}_{BE} - \underline{U}_{AB} = 0$

$\underline{U}_{DB} = \underline{U}_{DA} + \underline{U}_{AB} = 5\text{ V} - \text{j}\,5\text{ V} + \text{j}\,7{,}9\text{ V} = 5\text{ V} + \text{j}\,2{,}9\text{ V}$

$\underline{U}_{BE} = \underline{U}_{AE} - \underline{U}_{AB} = 5\text{ V} + \text{j}\,5\text{ V} - \text{j}\,7{,}9\text{ V} = 5\text{ V} - \text{j}\,2{,}9\text{ V}$

Berechnungsbeispiel 15.21:

Berechnen Sie für die Brückenschaltung des Berechnungsbeispiels 14.6 (siehe Bild 15.51) die Werte der Widerstände R_6 und R_7 für den Fall, dass die Spannungszeiger $\underline{U}_2$ und $\underline{U}_x$ gleich sind.

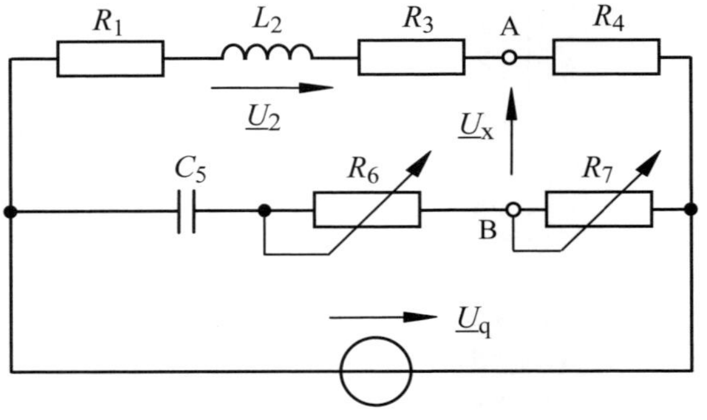

Geg.:

$R_1 = 30\ \Omega$; $X_2 = \omega L_2 = 35\ \Omega$

$R_3 = 40\ \Omega$; $R_4 = 30\ \Omega$

$|X_5| = 1/\omega C_5 = 210\ \Omega = 6 \cdot X_2$

Bild 15.51: Schaltung zum Berechnungsbeispiel 15.21

Zunächst werden die Spannungszeiger $\underline{U}_2$ und $\underline{U}_x$ über den komplexen Spannungsteiler berechnet.

$$\frac{\underline{U}_2}{\underline{U}_q} = \frac{\text{j}X_2}{R_1 + R_3 + R_4 + \text{j}X_2} \quad \text{und:} \quad \frac{\underline{U}_x}{\underline{U}_q} = \frac{\underline{U}_7}{\underline{U}_q} - \frac{\underline{U}_4}{\underline{U}_q} = \frac{R_7}{R_6 + R_7 + \text{j}X_5} - \frac{R_4}{R_1 + R_3 + R_4 + \text{j}X_2}$$

Durch Gleichsetzen dieser beiden Ausdrücke wird die Bedingung gemäß der vorliegenden Aufgabenstellung erfüllt. Mit $\text{j}X_5 = -\text{j}\,6 \cdot X_2$ (siehe Aufgabenstellung) gilt:

$$\frac{R_7}{R_6 + R_7 - \text{j}\,6 \cdot X_2} = \frac{R_4}{R_1 + R_3 + R_4 + \text{j}X_2} + \frac{\text{j}X_2}{R_1 + R_3 + R_4 + \text{j}X_2} = \frac{R_4 + \text{j}X_2}{R_1 + R_3 + R_4 + \text{j}X_2}$$

$$R_6R_4 + R_7R_4 - \text{j}\,6 \cdot X_2R_4 + \text{j}R_6X_2 + \text{j}R_7X_2 + (-\text{j}\,6 \cdot X_2) \cdot \text{j}X_2 = R_1R_7 + R_3R_7 + R_4R_7 + \text{j}R_7X_2$$

$$R_4R_6 + 6 \cdot X_2^2 = R_1R_7 + R_3R_7 \quad \text{und:} \quad R_6X_2 = R_4 \cdot 6 \cdot X_2$$

$$R_6 = 6 \cdot R_4 = 6 \cdot 30\,\Omega = 180\,\Omega \quad \text{und:} \quad R_7 = \frac{R_4R_6 + 6 \cdot X_2^2}{R_1 + R_3} = 182\,\Omega$$

Die Ergebnisse der grafischen Lösung (siehe Berechnungsbeispiel 14.6) sind mit den Ergebnissen der rechnerischen Lösung (Berechnungsbeispiel 15.21) vergleichbar.

16 Frequenzabhängigkeit der Wechselstromkreise

16.1 Komplexer Frequenzgang

Zur Beschreibung der Frequenzabhängigkeit eines Wechselstromkreises kann die Gesamtschaltung in einzelne Komponenten aufgeteilt werden. Durch die Festlegung von zwei Trennstellen besteht dieser Stromkreis dann aus drei Teilschaltungen, die durch vier Schnittpunkte miteinander verbunden werden (vgl. auch Abschn. 16.4).

Im einfachsten Fall trennt man dazu die Signalquelle und den Lastwiderstand von der zu untersuchenden frequenzabhängigen Schaltungsstruktur ab. Wie Bild 16.1 zeigt, entsteht zwischen den beiden Trennstellen (*Zweitor*) eine Übertragungschaltung mit vier Anschlussklemmen (*Vierpol*).

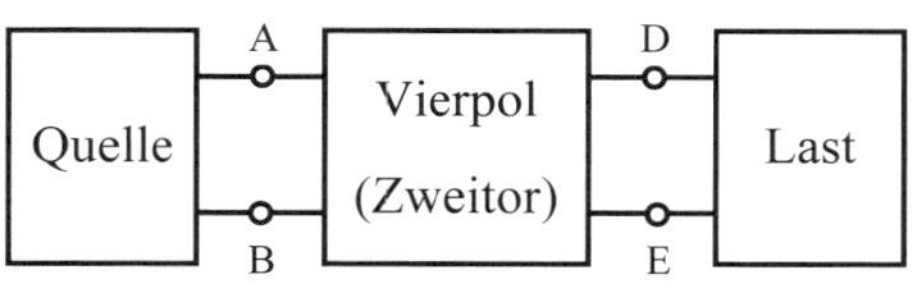

Bild 16.1: Zweitordarstellung eines Wechselstromkreises

Das Übertragungsverhalten des zwischen den Trennstellen A – B und D – E positionierten Übertragungssystems kann mit einer *komplexen Übertragungsfunktion* beschrieben werden. Dazu betrachtet man den Vierpol bei Leerlauf am Ausgang (D – E) und speist in den Eingang (A – B) das zur Beschreibung des jeweiligen Übertragungsverhaltens erforderliche Eingangssignal ein.

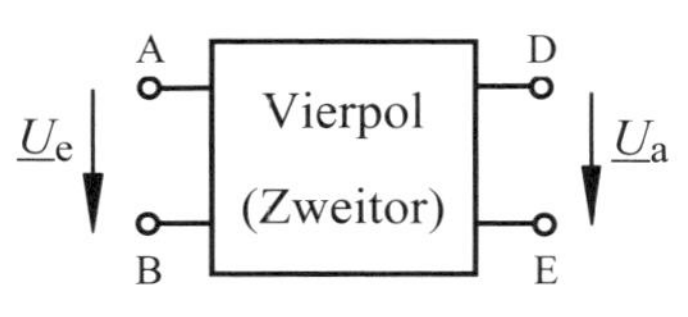

Bild 16.2: Komplexes Übertragungssystem

Für ein determiniertes zeitkontinuierliches periodisches Eingangssignal (also für eine Wechselgröße oder eine Mischgröße; vgl. Abschn. 13.1) gilt:

$$\underline{F}(\mathrm{j}\omega)=\frac{\underline{U}_\mathrm{a}(\mathrm{j}\omega)}{\underline{U}_\mathrm{e}(\mathrm{j}\omega)} \qquad (16.1)$$

Diese spezielle Übertragungsfunktion wird als *komplexer Frequenzgang* bezeichnet und beschreibt den Zusammenhang zwischen der Ausgangsspannung und der Eingangsspannung unter Verwendung der imaginären Frequenz $\mathrm{j}\omega$. Auf der Grundlage dieser Funktionsbeschreibung kann für eine sinusförmige Einspeisung (vgl. auch Abschn. 13.2) der Amplitudenfrequenzgang $A\ (\omega)$ und der Phasenfrequenzgang $\varphi\ (\omega)$ berechnet und grafisch dargestellt werden.

Der Betrag des komplexen Frequenzganges beschreibt den Amplitudenfrequenzgang:

$$|\underline{F}(\mathrm{j}\omega)|=A(\omega) \qquad (16.2)$$

Das Argument des komplexen Frequenzganges beschreibt den Phasenfrequenzgang:

$$\arg[\underline{F}(\mathrm{j}\omega)]=\varphi(\omega) \qquad (16.3)$$

Durch eine Umrechnung des komplexen Frequenzganges gemäß Gleich. (16.1) in die kartesische Form erhält man:

$$\underline{F}\ (\mathrm{j}\omega)=\mathrm{Re}\ \{\underline{F}\ (\mathrm{j}\omega)\}\ +\mathrm{j}\cdot\mathrm{Im}\ \{\underline{F}(\mathrm{j}\omega)\}$$

Damit gelingt eine kombinierte Beschreibung des Übertragungsverhaltens mit einer *Ortskurve*.

$$\mathrm{Im}\{\underline{F}(\mathrm{j}\omega)\}=\mathrm{f}\,[\mathrm{Re}\{\underline{F}(\mathrm{j}\omega)\}] \qquad (16.4)$$

Diese Ortskurve stellt im vorliegenden Fall die Änderung von Real- und Imaginärteil bzw. von Betrag und Phasenlage des komplexen Frequenzganges bei Variation der Frequenz dar.

16.2 Tief- und Hochpässe

Tief- und Hochpässe haben die Eigenschaft, den tiefen Frequenzbereich vom hohen Frequenzbereich zu trennen und nur einen dieser beiden Bereiche zu übertragen. Zur Markierung der Grenze zwischen dem Durchlass- und dem Sperrbereich dient die *Grenzfrequenz* f_g.

> Die Grenzfrequenz ist diejenige Frequenz, bei der der Betrag der Ausgangsspannung eines Übertragungssystems auf das $1/\sqrt{2}$-fache des Betrages der maximal möglichen Ausgangsspannung abgesunken ist.

Der Faktor $1/\sqrt{2} = 0{,}707$ resultiert aus der Festlegung, dass sich bei einer bestimmten Frequenz (Grenzfrequenz) zwischen zwei Spannungen (oder auch Strömen) in einer Elementarschaltung eine Phasenverschiebung von ± 45° einstellt. So entsteht ein Zeigerbild in Form eines gleichschenkligen rechtwinkligen Dreiecks, dessen Verhältnis zwischen Kathete und Hypotenuse nach dem Lehrsatz des PYTHAGORAS über den Faktor $1/\sqrt{2}$ beschrieben wird. Dieser Faktor entspricht einer Dämpfung von 3 dB (siehe Abschn. 16.3).

Zur Herleitung der Grenzfrequenz eines Übertragungssystems wird zunächst der komplexe Frequenzgang berechnet. Daraus bestimmt man das Verhältnis der Ausgangsspannung $\underline{U}_a$ zur maximal möglichen Ausgangsspannung $\underline{U}_{a,max}$. Für dieses Verhältnis wird der Betrag gebildet und gleich $1/\sqrt{2}$ gesetzt. Die maximal mögliche Ausgangsspannung kann für einen Tiefpass bei $f = 0$ und für einen Hochpass bei $f \to \infty$ über die Eingangsspannung $\underline{U}_e$ bestimmt werden. Bei $|\underline{U}_{a,max}| = |\underline{U}_e|$ ist die Grunddämpfung gleich null (Abschn. 16.3).

- **Tiefpass:**

Ein Tiefpass überträgt tieffrequente spektrale Komponenten und sperrt mit Erreichung seiner Grenzfrequenz den hochfrequenten Spektralbereich.

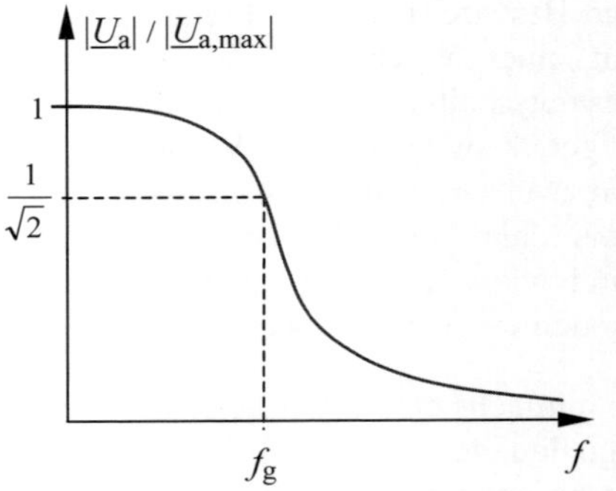

Bild 16.3: Frequenzgang eines Tiefpasses

Ein passiver Tiefpass kann mit einer RC- oder einer RL-Kombination erstellt werden. Aus Gründen der technischen Realisierbarkeit hat sich in der schaltungstechnischen Praxis der Einsatz von RC-Kombinationen durchgesetzt.

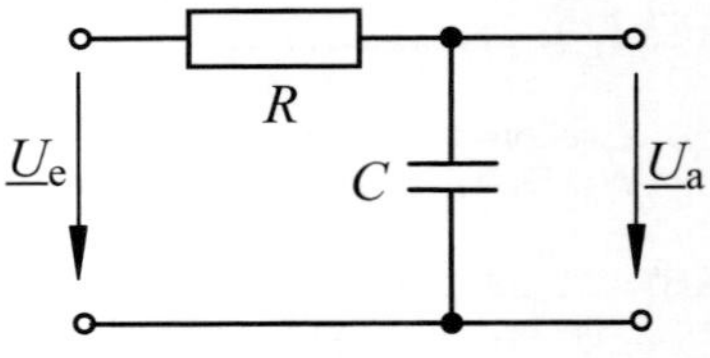

Bild 16.4: RC-Tiefpass

Die maximal mögliche Ausgangsspannung $\underline{U}_{a,max}$ des Tiefpasses im Bild 16.4 ist die Eingangsspannung $\underline{U}_e$ (bei $f \to 0$). Für den komplexen Frequenzgang gilt:

$$\underline{F}(j\omega) = \frac{\underline{U}_a}{\underline{U}_e} = \frac{\frac{1}{j\omega C}}{R + \frac{1}{j\omega C}} = \frac{1}{1 + j\omega \cdot C \cdot R}$$

Für dieses Verhältnis wird der Betrag gebildet und gleich $1/\sqrt{2}$ gesetzt.

$$\left.\left|\frac{\underline{U}_a}{\underline{U}_e}\right|\right|_{\omega=\omega_g} = \frac{1}{\sqrt{1+\omega_g^2 \cdot C^2 \cdot R^2}} = \frac{1}{\sqrt{2}}$$

$$1+\omega_g^2 \cdot C^2 \cdot R^2 = 2 \quad \text{bzw.} \quad \omega_g^2 \cdot C^2 \cdot R^2 = 1$$

$$f_g = \frac{\omega_g}{2\pi} = \frac{1}{2\pi \cdot R \cdot C} \qquad (16.5)$$

Der Amplitudenfrequenzgang kann über den Betrag des komplexen Frequenzganges berechnet werden:

$$|\underline{F}(j\omega)| = A(\omega) = \frac{1}{\sqrt{1+\omega^2 \cdot C^2 \cdot R^2}}$$

Bild 16.5 zeigt den Amplitudenfrequenzgang $A\,(f)$ des RC-Tiefpasses aus Bild 16.4. Es gelten die Daten des Lehrbeispiels 16.1. Die Frequenzachse ist logarithmisch skaliert. Durch eine Multiplikation der Abszissenachse mit 2π erhält man die Darstellung der Gleich. (16.2) mit $A\,(\omega)$. An der Grenzfrequenz f_g (TP) = 1 kHz gilt: $A_{max}/\sqrt{2}$.

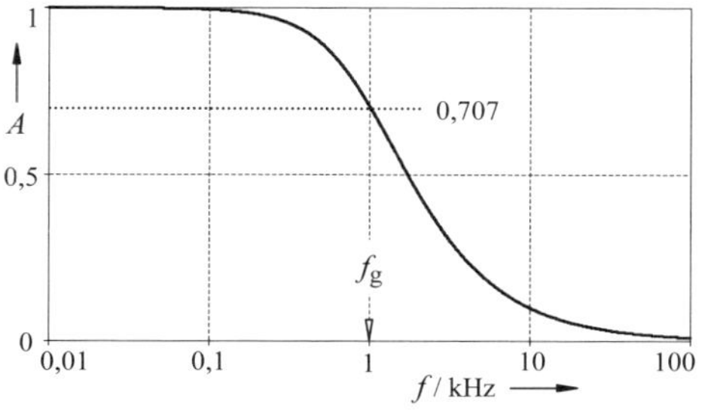

Bild 16.5: Amplitudenfrequenzgang (Tiefpass)

Der Phasenfrequenzgang wird über das Argument des komplexen Frequenzganges bestimmt. Nach Gleich. (16.3) gilt:

$$\arg[\underline{F}(j\omega)] = \varphi(\omega) = -\arctan \omega \cdot C \cdot R$$

Bild 16.6 zeigt den Phasenfrequenzgang des RC-Tiefpasses aus Bild 16.4. Der Phasenwinkel wird negativ, da die Ausgangsspannung infolge der kapazitiven Wirkung am Ausgang gegenüber der Eingangsspannung nacheilt. Die Grenzfrequenz wird bei $\varphi = -45°$ erreicht.

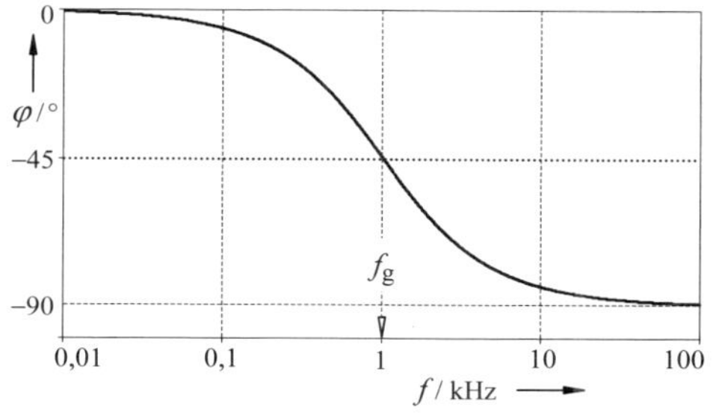

Bild 16.6: Phasenfrequenzgang (Tiefpass)

Die Ortskurve erhält man schließlich durch die Berechnung der kartesischen Form des komplexen Frequenzganges:

$$\underline{F}(j\omega) = \frac{1}{1+j\omega \cdot C \cdot R} \cdot \frac{1-j\omega \cdot C \cdot R}{1-j\omega \cdot C \cdot R}$$

$$\underline{F}(j\omega) = \frac{1}{1+\omega^2 \cdot C^2 \cdot R^2} - j\frac{\omega \cdot C \cdot R}{1+\omega^2 \cdot C^2 \cdot R^2}$$

$$\text{Re}\{\underline{F}(j\omega)\} = \frac{1}{1+\omega^2 \cdot C^2 \cdot R^2}$$

$$\text{Im}\{\underline{F}(j\omega)\} = -\frac{\omega \cdot C \cdot R}{1+\omega^2 \cdot C^2 \cdot R^2}$$

Bild 16.7 zeigt die Ortskurve des komplexen Frequenzganges des RC-Tiefpasses gemäß Bild 16.4. Die Grenzfrequenz liegt bei Re $\{\underline{F}(j\omega)\}$ = | Im $\{\underline{F}(j\omega)\}$ | = 0,5.

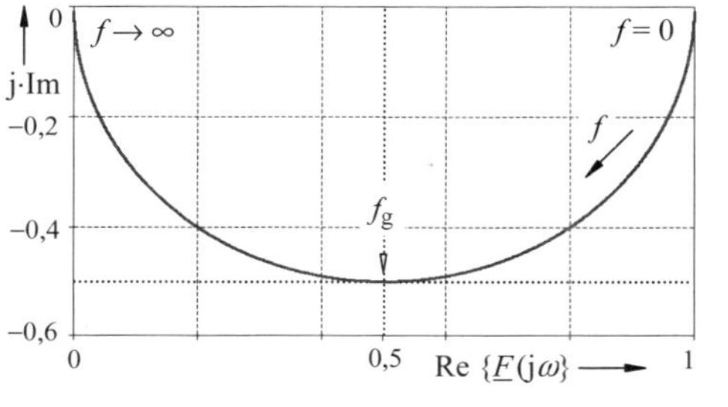

Bild 16.7: Ortskurve des RC-Tiefpasses

Mit zunehmender Frequenz bewegt sich der Zeiger des komplexen Frequenzganges von der positiven reellen Achse durch den 4. Quadranten in Richtung der negativen imaginären Achse [$0 \le \varphi(\omega) \le -90°$]. Dabei wird der Zeiger immer kürzer, da sein Betrag infolge der frequenzabhängigen Dämpfung absinkt [$1 \ge A(\omega) \ge 0$].

- **Hochpass:**

Ein Hochpass überträgt hochfrequente spektrale Komponenten und sperrt den tieffrequenten Spektralbereich.

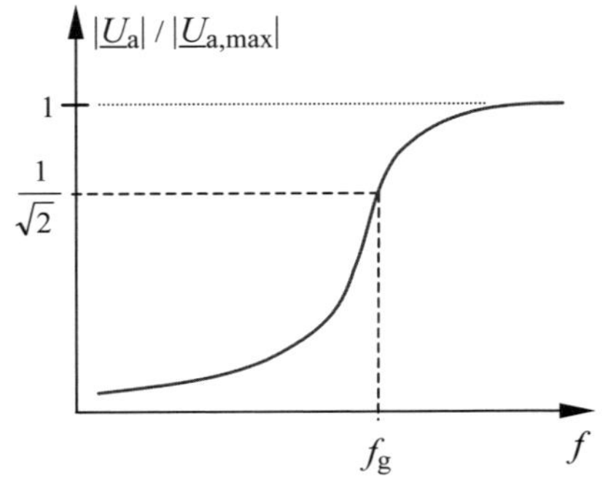

Bild 16.8: Amplitudenfrequenzgang (Hochpass)

Ein passiver Hochpass kann analog zum Tiefpass mit einer RC-Kombination (Bild 16.9) erstellt werden. Seine maximal mögliche Ausgangsspannung ist hier wieder gleich $\underline{U}_e$ (jetzt aber bei $f \to \infty$).

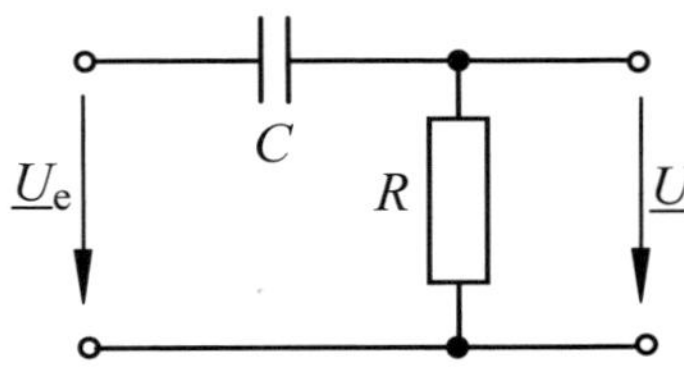

Bild 16.9: RC-Hochpass

Zur Herleitung der Grenzfrequenz des Hochpasses im Bild 16.9 wird zunächst der komplexe Frequenzgang bestimmt:

$$\underline{F}(j\omega) = \frac{\underline{U}_a}{\underline{U}_e} = \frac{R}{R + \frac{1}{j\omega C}} = \frac{j\omega \cdot C \cdot R}{1 + j\omega \cdot C \cdot R}$$

Daraus berechnet man den Betrag des Verhältnisses der Ausgangsspannung zur maximal möglichen Ausgangsspannung. Beim Erreichen der Grenzfrequenz ist dieses Verhältnis gleich $1/\sqrt{2}$.

$$\left|\frac{\underline{U}_a}{\underline{U}_e}\right|_{\omega=\omega_g} = \frac{\omega_g \cdot C \cdot R}{\sqrt{1 + \omega_g^2 \cdot C^2 \cdot R^2}} = \frac{1}{\sqrt{2}}$$

$$2 \cdot \omega_g^2 \cdot C^2 \cdot R^2 = 1 + \omega_g^2 \cdot C^2 \cdot R^2$$

$$\omega_g^2 \cdot C^2 \cdot R^2 = 1$$

$$f_g = \frac{\omega_g}{2\pi} = \frac{1}{2\pi \cdot R \cdot C} \qquad (16.6)$$

Man erhält für einen RC-Hochpass die gleiche Berechnungsvorschrift für die Grenzfrequenz wie für einen RC-Tiefpass. Da das Ausgangssignal lediglich über einem anderen Bauelement abgegriffen wird, ergibt sich ein an der f_g-Linie (siehe Bilder 16.3 und 16.8) gespiegelter Frequenzgang.

Lehrbeispiel 16.1:

Dimensionieren Sie einen RC-Tiefpass gemäß Bild 16.4 für eine Grenzfrequenz von 1 kHz und einen RC-Hochpass gemäß Bild 16.9 für eine Grenzfrequenz von 3 kHz.

Für beide Schaltungen wird ein Widerstand mit $R = 5{,}1\ \text{k}\Omega$ gewählt.

Tiefpass:

$$C_{TP} = \frac{1}{2\pi \cdot f_g \cdot R} = \frac{1}{2\pi \cdot 5{,}1 \cdot 10^6}\,\text{F} = 31{,}2\ \text{nF}$$

Hochpass:

$$C_{HP} = \frac{1}{2\pi \cdot f_g \cdot R} = \frac{1}{2\pi \cdot 3 \cdot 5{,}1 \cdot 10^6}\,\text{F} = 10{,}4\ \text{nF}$$

Der Amplitudenfrequenzgang des Hochpasses wird gemäß Gleich. (16.2) berechnet:

$$|\underline{F}(\mathrm{j}\omega)| = A(\omega) = \frac{\omega \cdot C \cdot R}{\sqrt{1+\omega^2 \cdot C^2 \cdot R^2}}$$

Bild 16.10 zeigt den Amplitudenfrequenzgang $A\ (f)$ des RC-Hochpasses aus Bild 16.9. Die Frequenzachse ist logarithmisch skaliert. Es gelten die Daten des Lehrbeispiels 16.1 mit f_g (HP) = 3 kHz. Beim Erreichen der Grenzfrequenz gilt: $A_{max}/\sqrt{2}$.

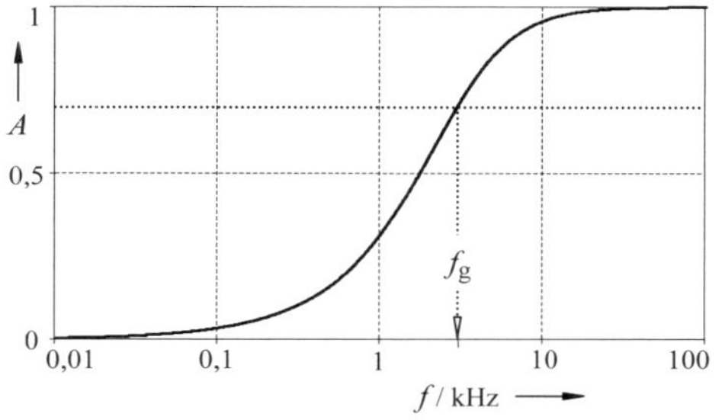

Bild 16.10: Amplitudenfrequenzgang (Hochpass)

Für den Phasenfrequenzgang gilt nach Gleich. (16.3):

$$\arg[\underline{F}(\mathrm{j}\omega)] = \varphi(\omega) = 90° - \arctan \omega \cdot C \cdot R$$

Bild 16.11 zeigt den Phasenfrequenzgang des RC-Hochpasses aus Bild 16.9. Der Phasenwinkel wird jetzt positiv, da die Ausgangsspannung infolge der ohmschen Wirkung am Ausgang gegenüber der Eingangsspannung vorauseilt. Die Grenzfrequenz wird bei $\varphi = +45°$ erreicht.

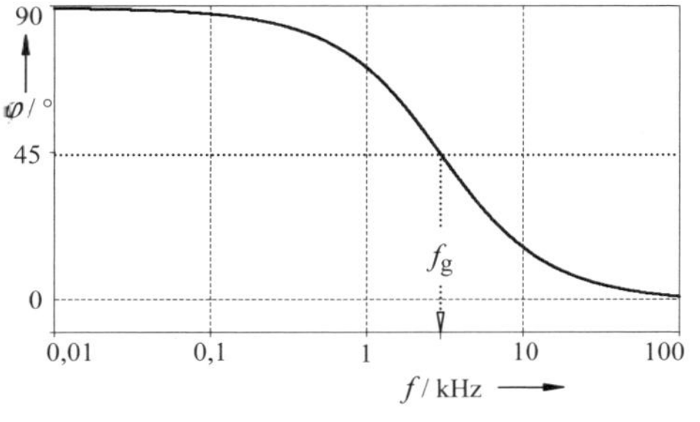

Bild 16.11: Phasenfrequenzgang (Hochpass)

Die Ortskurve erhält man gemäß Gleich. (16.4) über die Berechnung der kartesischen Form des komplexen Frequenzganges:

$$\underline{F}(\mathrm{j}\omega) = \frac{\mathrm{j}\omega \cdot C \cdot R}{1+\mathrm{j}\omega \cdot C \cdot R} \cdot \frac{1-\mathrm{j}\omega \cdot C \cdot R}{1-\mathrm{j}\omega \cdot C \cdot R}$$

$$\underline{F}(\mathrm{j}\omega) = \frac{\omega^2 \cdot C^2 \cdot R^2}{1+\omega^2 \cdot C^2 \cdot R^2} + \mathrm{j}\frac{\omega \cdot C \cdot R}{1+\omega^2 \cdot C^2 \cdot R^2}$$

$$\underline{F}(\mathrm{j}\omega) = \mathrm{Re}\,\{\underline{F}(\mathrm{j}\omega)\} + \mathrm{j} \cdot \mathrm{Im}\,\{\underline{F}(\mathrm{j}\omega)\}$$

$$\mathrm{Re}\{\underline{F}(\mathrm{j}\omega)\} = \frac{\omega^2 \cdot C^2 \cdot R^2}{1+\omega^2 \cdot C^2 \cdot R^2}$$

$$\mathrm{Im}\{\underline{F}(\mathrm{j}\omega)\} = \frac{\omega \cdot C \cdot R}{1+\omega^2 \cdot C^2 \cdot R^2}$$

Bild 16.12 zeigt die Ortskurve des komplexen Frequenzganges des RC-Hochpasses aus Bild 16.4. Die Grenzfrequenz liegt bei Re $\{\underline{F}(\mathrm{j}\omega)\}$ = Im $\{\underline{F}(\mathrm{j}\omega)\}$ = 0,5.

Dann gilt: $A\ (\omega_g) = 0{,}707$ und $\varphi\ (\omega_g) = 45°$.

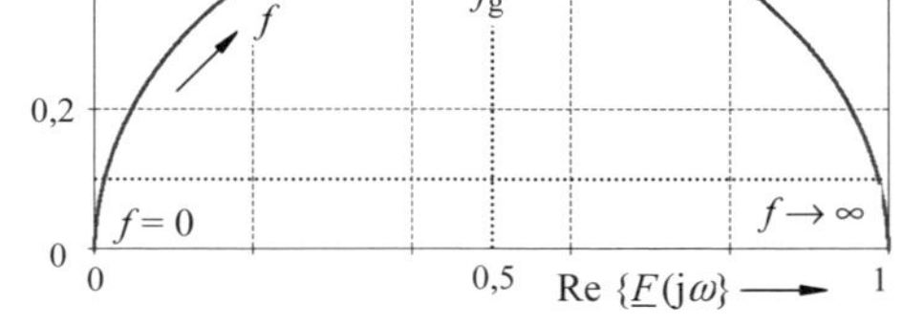

Bild 16.12: Ortskurve des RC-Hochpasses

Mit zunehmender Frequenz bewegt sich jetzt der Zeiger des komplexen Frequenzganges von der positiven imaginären Achse im Uhrzeigersinn durch den 1. Quadranten in Richtung der positiven reellen Achse [$+90° \geq \varphi(\omega) \geq 0°$]. Dabei wird der Zeiger immer länger, da sein Betrag infolge der Abnahme der frequenzabhängigen Dämpfung ansteigt [$0 \leq A\ (\omega) \leq 1$].

16.3 Schwingkreise

Ein Schwingkreis entsteht durch die schaltungstechnische Kombination einer Spule und eines Kondensators. Bedingt durch die unvermeidlichen Verluste besteht dann die Ersatzschaltung aus den Bauelementen *R*, *L* und *C* (siehe Abschn. 14.3).
Bild 16.13 zeigt einen Reihenschwingkreis, bei dem der Verlustwiderstand des Kondensators R_{Cp} gemäß Gleich. (15.27) in einen Reihenwiderstand R_{Cr} umgerechnet und mit dem Verlustwiderstand der Spule R_L zu einem Serien-Ersatzwiderstand zusammengefasst wurde. Es gilt: $R_S = R_{Cr} + R_L$.

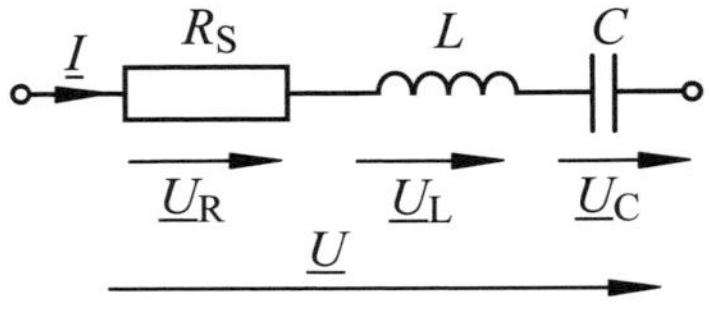

Bild 16.13: Reihenschwingkreis

Im Bild 16.14 ist ein Parallelschwingkreis dargestellt. Hier wurde der Verlustwiderstand der Spule R_{Lr} gemäß Gleich. (15.26) in einen Parallelwiderstand R_{Lp} umgerechnet und mit dem Verlustwiderstand des Kondensators R_C zu einem Parallel-Ersatzwiderstand zusammengefasst.
Dann gilt: $R_P = R_{Lp} \,//\, R_C$.

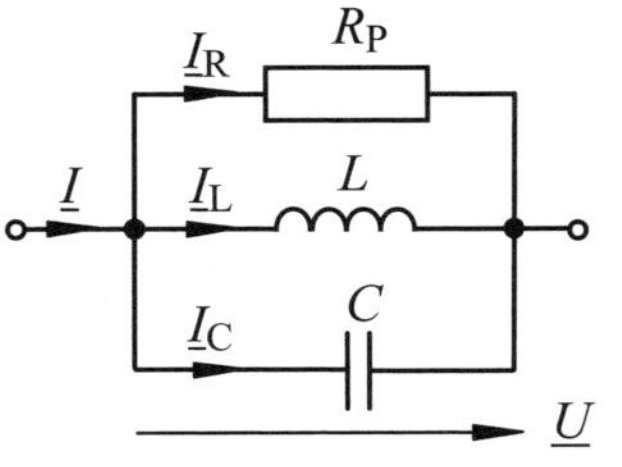

Bild 16.14: Parallelschwingkreis

Die allgemeinen elektrischen Eigenschaften dieser Elementarschaltungen wurden bereits im Kap. 14 dargestellt. Zur Beschreibung der frequenzabhängigen Eigenschaften von Schwingkreisen soll zunächst das Schwingungsverhalten untersucht werden. Wenn der im Bild 16.15 als ideal angenommene Kondensator auf eine Gleichspannung aufgeladen und mit einer Spule überbrückt wird, führt das System eine *freie gedämpfte Schwingung* mit seiner Resonanzfrequenz $f_0 = 1 / T_0$ aus. Es gilt die THOMSONsche Schwingungsgleichung gemäß Gleich. (14.11).

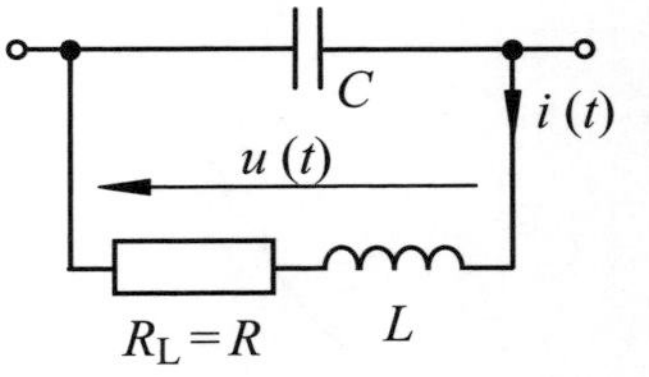

Bild 16.15: Schwingungssanordnung

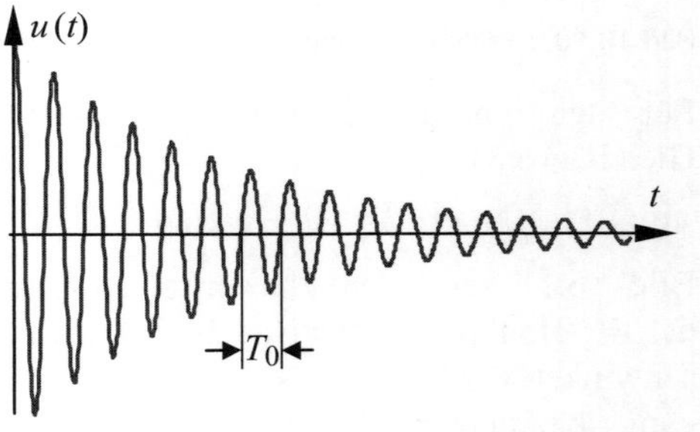

Bild 16.16: Freie gedämpfte Schwingung

Zunächst entlädt sich der Kondensator und gibt die in ihm gespeicherte elektrische Energie W_{el} an den Widerstand und die Spule ab. Die Spule baut nun ein magnetisches Feld auf und speichert magnetische Energie W_m. Bedingt durch den Stromfluss wird dabei ein Teil der Energie im ohmschen Widerstand in Wärme umgesetzt. Nun wiederholt sich der Vorgang (siehe Bild 16.16) in umgekehrter Weise, bis die gesamte Energie im ohmschen Widerstand umgesetzt ist.

Für den (vorerst) theoretischen Fall $R = 0$ gilt pro Periode:

$$W_{el} = W_m \qquad \text{bzw.:} \quad \frac{C}{2} \cdot u^2 = \frac{L}{2} \cdot i^2$$

Aus dieser Energiebetrachtung erhält man einen Quotienten von Spannung und Strom, der als *Kennwiderstand* des Kreises Z_0 definiert wird.

$$\frac{u^2}{i^2}\Big|_T = \frac{U_{eff}^2}{I_{eff}^2}\Big|_T = Z_0^2 = \frac{L}{C}$$

$$Z_0 = \sqrt{\frac{L}{C}} \qquad (16.7)$$

Die unvermeidliche Existenz eines Verlustwiderstandes R, der den Kreis bedämpft (siehe Bild 16.15), wird mit der Güte Q des Kreises beschrieben.
Bei einem Reihenschwingkreis (Index S für Serie) bezieht man den Kennwiderstand Z_0 auf den Verlustwiderstand R_S.

$$Q_S = \frac{Z_0}{R_S} = \frac{1}{R_S} \cdot \sqrt{\frac{L}{C}} \qquad (16.8)$$

Bei einem Parallelschwingkreis (Index P) arbeitet man mit Leitwerten. Durch die Kehrwertbildung wird jetzt der Verlustwiderstand R_P auf den Kennwiderstand Z_0 des Kreises bezogen.

$$Q_P = \frac{R_P}{Z_0} = R_P \cdot \sqrt{\frac{C}{L}} \qquad (16.9)$$

Ein Schwingkreis führt erzwungene Schwingungen aus, wenn er von außen mit einer sinusförmigen Wechselgröße gespeist wird. Bei einer Variation der Frequenz der eingespeisten Größe oder bei Einspeisung einer nichtsinusförmigen Wechselgröße besitzt er frequenzselektive Eigenschaften. Daraus resultieren Amplitudenfrequenzgänge $A(\omega)$ bzw. $A(f)$, die den gesamten Frequenzbereich in drei Teilabschnitte untergliedern (siehe Bild 16.17).

Ein Schwingkreis kann als Bandpass oder als Bandsperre eingesetzt werden. Der Bandpass überträgt ein Frequenzband mit einer definierten Bandbreite (Durchlassbereich) und sperrt die Frequenzbereiche unterhalb und oberhalb dieses Durchlassbereiches (unterer und oberer Sperrbereich). Eine Bandsperre hat den entgegengesetzten Frequenzgang (gestrichelter Verlauf im Bild 16.17). Alle Frequenzgänge werden im Weiteren mit einer logarithmisch skalierten Frequenzachse dargestellt, um einen möglichst großen Frequenzbereich zu erfassen und den Frequenzgang zu symmetrieren.

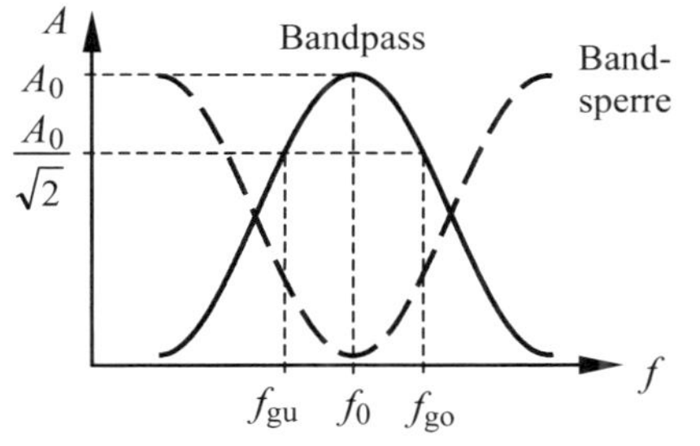

Bild 16.17: Bandpass und Bandsperre

Schwingkreise werden in der Praxis sowohl als Reihenschwingkreis als auch als Parallelschwingkreis technisch realisiert. In den folgenden Ausführungen wird der Reihenschwingkreis betrachtet. Es gilt die vereinfachte Schreibweise: $R_S = R$ und $Q_S = Q$.
Alle Eigenschaften und Berechnungsvorschriften sind auf einen Parallelschwingkreis übertragbar, wenn Spannungen durch Ströme bzw. Widerstände durch Leitwerte ersetzt werden (Analogie zwischen Reihen- und Parallelschaltung; siehe Abschn. 14.3).

Die Spule und der Kondensator werden zunächst als ideale Bauelemente angenommen. Der Widerstand R soll die resultierenden Verluste nachbilden. An den Reihenschwingkreis wird eine konstante Spannung angelegt (Spannungseinspeisung). Es gilt:

$$\underline{U}_q = |\underline{U}_q| \cdot e^{j0°} \quad \text{mit}: |\underline{U}_q| = \text{const.}$$

Der Reihenschwingkreis weist für den Strom und die drei Teilspannungen frequenzselektive Eigenschaften auf.

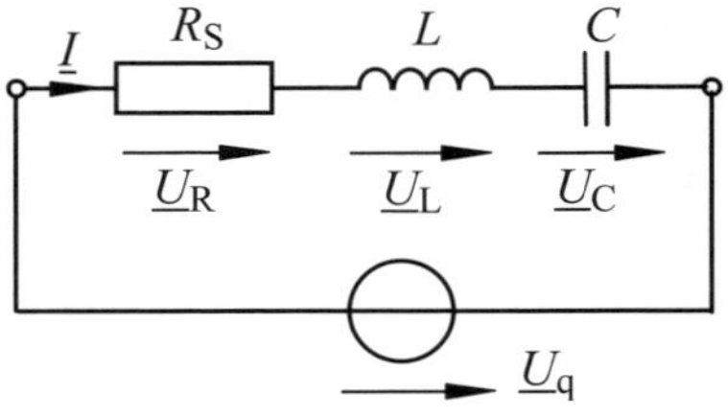

Bild 16.18: Reihenschwinkreis bei Spannungseinspeisung

Der komplexe Strom wird über das OHMsche Gesetz berechnet.

$$\underline{I} = \frac{\underline{U}_q}{\underline{Z}} = \frac{\underline{U}_q}{R + j\omega L + \frac{1}{j\omega C}}$$

Für den Betrag dieses Stromes gilt dann:

$$|\underline{I}| = \frac{|\underline{U}_q|}{\sqrt{R^2 + (\omega L - \frac{1}{\omega C})^2}} \qquad (16.10)$$

Dieser Strom ist bei tiefen Frequenzen (unterer Sperrbereich) und bei hohen Frequenzen (oberer Sperrbereich) relativ klein. In der näheren Umgebung der Resonanzfrequenz (Durchlassbereich zwischen den beiden Grenzfrequenzen f_{gu} und f_{go}) steigt er auf Werte über $I = 1/\sqrt{2} \cdot I_0$ an. Im Resonanzfall wird der Imaginärteil des komplexen Widerstandes gleich null und der Betrag des Stromes erreicht sein Maximum I_0.

Bei $\omega L = \frac{1}{\omega C}$ gilt: $I_0 = \frac{|\underline{U}_q|}{R}$.

Bezieht man den Strom bei einer beliebigen Frequenz auf den Strom im Resonanzfall, so erhält man eine normierte Darstellung seines Amplitudenfrequenzganges.

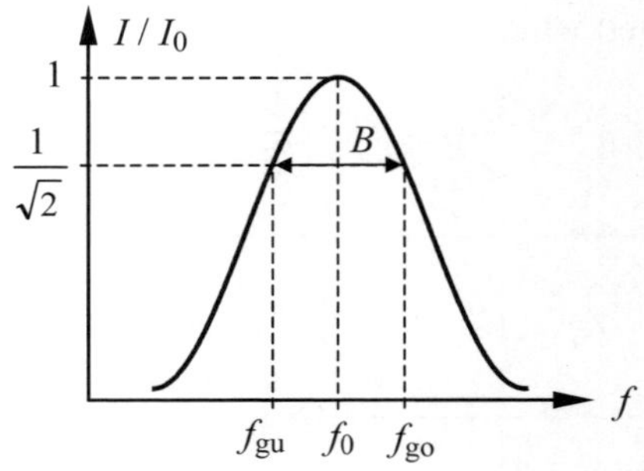

Bild 16.19: Amplitudenfrequenzgang des Stromes

Der Durchlassbereich (siehe Bild 16.19) hat eine definierte Breite, die man als *Bandbreite* bezeichnet. Sie kann aus der Differenz von oberer und unterer Grenzfrequenz bestimmt werden.

$$B = f_{go} - f_{gu} \qquad (16.11)$$

Die Bandbreite eines Schwingkreises ist abhängig von seiner Güte.

$$B = \frac{f_0}{Q} \qquad (16.12)$$

♦ Je größer die Güte eines Schwingkreises, desto kleiner die Bandbreite und desto größer die Selektivität des Kreises.

Die Grenzfrequenzen werden beim $1/\sqrt{2}$-fachen Wert des Stromes im Resonanzfall festgelegt. Dieser Wert entspricht einem Phasenwinkel von $\varphi = \varphi_u - \varphi_i = \mp 45°$.

Für den Phasenwinkel gilt allgemein:

$$\varphi = \arctan \frac{\omega L - \frac{1}{\omega C}}{R}.$$

Im Bild 16.20 ist sein Verlauf bei Variation der Frequenz dargestellt.

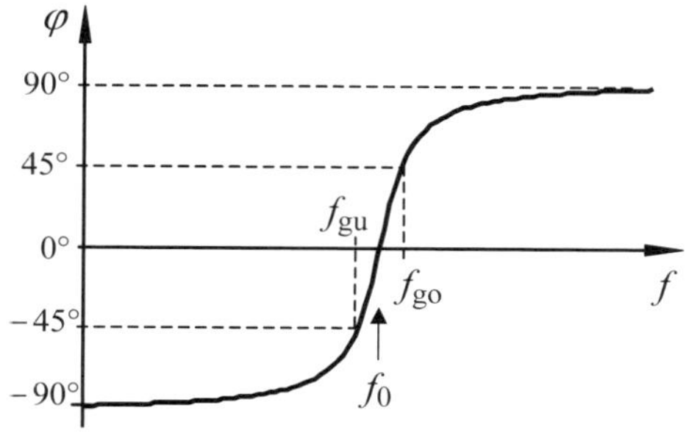

Bild 16.20: Frequenzgang des Phasenwinkels in einem Reihenschwingkreis

Für $\varphi = \mp 45°$ erhält man:

$$\omega_g L - \frac{1}{\omega_g C} = (\mp 1) \cdot R \quad \text{bzw.:}$$

$$\omega_g L - \frac{1}{\omega_g C} \pm R = 0 \qquad | \cdot \omega_g C$$

$$\omega_g^2 LC \pm \omega_g RC - 1 = 0$$

$$\omega_g^2 \pm \omega_g \cdot \frac{RC}{LC} - \frac{1}{LC} = 0 \qquad \text{mit: } \omega_0^2 = \frac{1}{LC}$$

$$\omega_g^2 \pm \omega_g \cdot \omega_0^2 \cdot RC - \omega_0^2 = 0$$

Durch Einbeziehung der Güte nach Gleich. (16.8) kann diese quadratische Gleichung weiter vereinfacht werden:

$$Q = \frac{1}{R} \cdot \sqrt{\frac{L}{C}} = \frac{1}{R} \cdot \sqrt{\frac{LC}{C^2}} = \frac{\sqrt{LC}}{RC} = \frac{1}{\omega_0 RC}$$

Für das Produkt RC gilt dann: $RC = \frac{1}{\omega_0 \cdot Q}$

$$\omega_g^2 \pm \omega_g \cdot \frac{\omega_0}{Q} - \omega_0^2 = 0$$

Die Lösung der quadratischen Gleichung (ω_g kann nur positive Werte annehmen!) führt zu folgendem Ergebnis:

$$\omega_{g1,2} = \mp \frac{\omega_0}{2Q} + \sqrt{\frac{\omega_0^2}{4Q^2} + \omega_0^2}$$

Daraus werden mit $f = \omega / 2\pi$ die Grenzfrequenzen f_{gu} und f_{go} ermittelt.

$$f_{gu} = \frac{-f_0 + f_0\sqrt{1+4Q^2}}{2Q} \qquad (16.13)$$

$$f_{go} = \frac{f_0 + f_0\sqrt{1+4Q^2}}{2Q} \qquad (16.14)$$

Für die Beträge der Teilspannungen in einem Reihenschwingkreis gilt bei konstanter Spannungseinspeisung:

$$|\underline{U}_R| = |\underline{U}_q| \cdot \frac{R}{|\underline{Z}|} = \frac{|\underline{U}_q| \cdot R}{\sqrt{R^2 + (\omega L - \frac{1}{\omega C})^2}}$$

$$|\underline{U}_L| = |\underline{U}_q| \cdot \frac{\omega L}{|\underline{Z}|} = \frac{|\underline{U}_q| \cdot \omega L}{\sqrt{R^2 + (\omega L - \frac{1}{\omega C})^2}}$$

$$|\underline{U}_C| = |\underline{U}_q| \cdot \frac{\frac{1}{\omega C}}{|\underline{Z}|} = \frac{|\underline{U}_q| \cdot \frac{1}{\omega C}}{\sqrt{R^2 + (\omega L - \frac{1}{\omega C})^2}}$$

Unterhalb der Resonanzfrequenz wirkt der Schwingkreis kapazitiv (siehe Bild 16.20) und oberhalb des Resonanzfalls wirkt er induktiv. Im Resonanzfall wirkt er wie ein ohmscher Widerstand. Die Gesamtspannung fällt dann über dem Widerstand R ab.

$$|\underline{U}_{R0}| = I_0 \cdot R = \frac{|\underline{U}_q|}{R} \cdot R = U_q$$

Das bedeutet aber nicht, dass die Spannungen über den Blindelementen gleich null sind. Bedingt durch ihren gleichen Betrag und ihre unterschiedliche Richtung (siehe Zeigerbild im Abschn. 14.3), heben sie sich lediglich nach außen hin in ihrer Wirkung teilweise oder vollständig (Resonanz) auf. Ihr Betrag kann im Resonanzfall sehr große Werte annehmen (*Spannungsüberhöhung*).

Für den Betrag der Spannung über dem induktiven Blindwiderstand gilt dann im Resonanzfall:

$$|\underline{U}_{L0}| = I_0 \cdot \omega_0 L = \frac{|\underline{U}_q|}{R} \cdot \omega_0 L = U_q \cdot \frac{\omega_0 L}{R}$$

Für die Güte des Reihenschwingkreises gilt Gleich. (16.8). Diese Güte kann über die Bauelemente-Kenngrößen mit der Resonanzkreisfrequenz verknüpft werden:

$$Q = \frac{1}{R} \cdot \sqrt{\frac{L}{C}} = \frac{1}{R} \cdot \sqrt{\frac{L^2}{LC}} = \frac{L}{R} \cdot \sqrt{\frac{1}{LC}} = \frac{\omega_0 L}{R}$$

Dann gilt für den Betrag der Spannung über dem induktiven Blindwiderstand bei ω_0:

$$|\underline{U}_{L0}| = U_q \cdot Q$$

Für den Betrag der Spannung über dem kapazitiven Blindwiderstand gilt bei ω_0:

$$|\underline{U}_{C0}| = I_0 \cdot \frac{1}{\omega_0 C} = \frac{|\underline{U}_q|}{\omega_0 RC} = U_q \cdot \frac{1}{\omega_0 RC}$$

Mit Gleich. (16.8) erhält man:

$$Q = \frac{1}{R} \cdot \sqrt{\frac{L}{C}} = \frac{1}{R} \cdot \sqrt{\frac{LC}{C^2}} = \frac{\sqrt{LC}}{RC} = \frac{1}{\omega_0 RC}$$

Dann gilt für den Betrag der Spannung über dem kapazitiven Blindwiderstand bei ω_0:

$$|\underline{U}_{C0}| = U_q \cdot Q$$

Die Spannungsabfälle über der Induktivität und über der Kapazität sind im Resonanzfall um den Faktor der Güte größer als die an den Kreis angelegte Gesamtspannung. Dieser Effekt wird als *Spannungsüberhöhung* bezeichnet.

$$|\underline{U}_{L0}| = |\underline{U}_{C0}| = Q \cdot U_q \qquad (16.15)$$

Bei technischen Realisierungen ist dieser Effekt bei der Bemessung der Spannungsfestigkeit des Kondensators zu berücksichtigen. Ein Schwingkreis mit verlustarmen Bauelementen kann eine Güte in der Größenordnung von bis zu einigen 100 erreichen. Bei einer Gesamtspannung von 1 V würde somit im Resonanzfall eine Spannung von bis zu einigen 100 V über dem Kondensator anliegen.

Bild 16.21 zeigt die normierten Frequenzgänge der Beträge der drei Teilspannungen eines Reihenschwingkreises bei konstanter Spannungseinspeisung. Die Frequenzachse ist wieder logarithmisch skaliert.

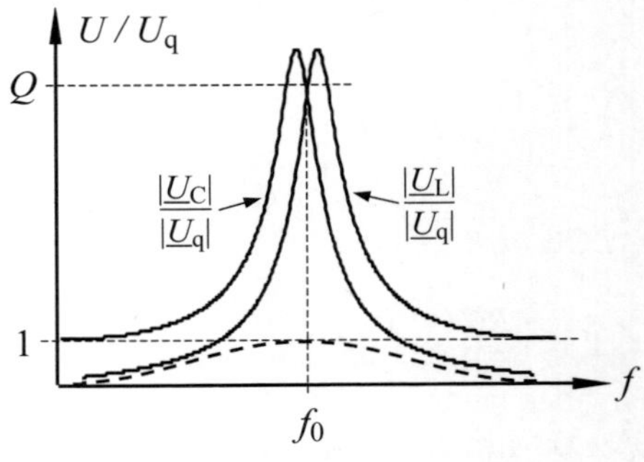

Bild 16.21: Normierter Frequenzgang der Spannungen eines Reihenschwingkreises

Der Spannungsabfall über dem ohmschen Widerstand (gestrichelter Verlauf im Bild 16.21) erreicht im Resonanzfall sein Maximum mit $U_{R0} = U_q$.

Der Frequenzgang der Spannung über dem kapazitiven Blindwiderstand $|\underline{U}_C|$ (f) beginnt bei $f = 0$ mit dem Anfangswert U_q. Im Gleichspannungsfall lädt sich der Kondensator auf die Gesamtspannung auf. Die

Spannungen über dem ohmschen Widerstand und dem induktiven Blindwiderstand sind null. Mit zunehmender Frequenz steigt die Spannung über dem kapazitiven Blindwiderstand an und erreicht bei der Frequenz f_{0C} ihr Maximum (vgl. Berechnungsbeispiel 16.5). Dieses Maximum liegt etwas unterhalb der Resonanzfrequenz f_0. Die Abweichung der Frequenz f_{0C} von f_0 wird durch die Güte Q des Kreises bestimmt und nimmt mit sinkender Güte zu. Nach Durchlaufen des Maximums sinkt die Spannung über dem kapazitiven Blindwiderstand bis auf null ($f \to \infty$) ab.
Der Frequenzgang der Spannung über dem induktiven Blindwiderstand (siehe Bild 16.21) hat im Vergleich zu $|\underline{U}_C|$ (f) einen zu f_0 gespiegelten Verlauf.

Im Resonanzfall sind die Beträge der Spannungen über den Blindwiderständen gleich groß. Der Schnittpunkt der beiden Frequenzgänge gibt die Güte des Kreises an.

Aus praktischer Sicht ist immer wieder die messtechnische Bestimmung prinzipieller Frequenzgänge eines Schwingkreises unter Verwendung ausgewählter Messpunkte auf der Frequenzachse von Interesse. Das verwendete Messmittel darf dabei die Güte des Kreises nicht maßgeblich verändern (Innenwiderstand) und innerhalb der Aufnahme der Messreihe keinen eigenen Frequenzgang in das Messergebnis einbringen (Tiefpass-Verhalten). Aus diesen Gründen bietet sich im NF-Bereich das Oszilloskop zur Aufnahme eines Frequenzganges an.

Zur Bestimmung des Amplitudenfrequenzganges des Stromes in einem Reihenschwingkreis kann die im Bild 16.22 angegebene Schaltung verwendet werden. Der zu messende Betrag des Stromes wird in diesem Fall mit einem niederohmigen Messwiderstand $R_M \ll R$ in eine proportionale Spannung gewandelt.

An die Anordnung wird nun eine Spannung $\underline{U}_q$ mit konstantem Betrag und variabler Frequenz angelegt. Falls der Generator diese Spannung nicht mit einer konstanten Amplitude bereitstellt (z.B. infolge der starken Belastung durch den Schwingkreis in der näheren Umgebung des Resonanzfalles), muss die Eingangsspannung $|\underline{U}_q|$ in jedem Messpunkt nachgeregelt werden (Kontrolle mit CH I).

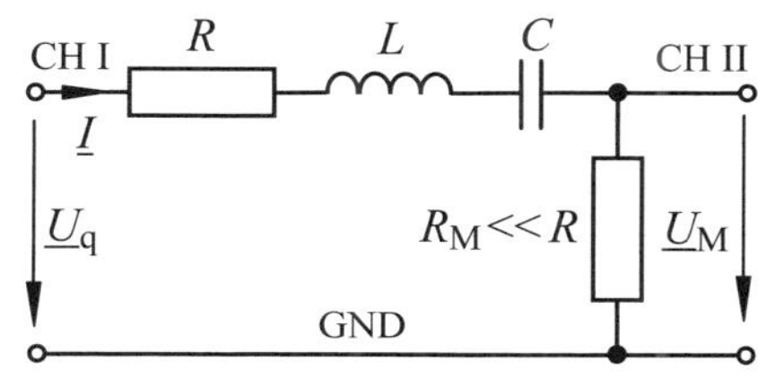

Bild 16.22: Messung des Amplitudenfrequenzganges des Stromes

Durch Variation der Frequenz der eingespeisten Spannung sucht man zunächst das Maximum der Spannung ($U_{M,max} \sim I_0$) über R_M und findet so die Resonanzfrequenz f_0.

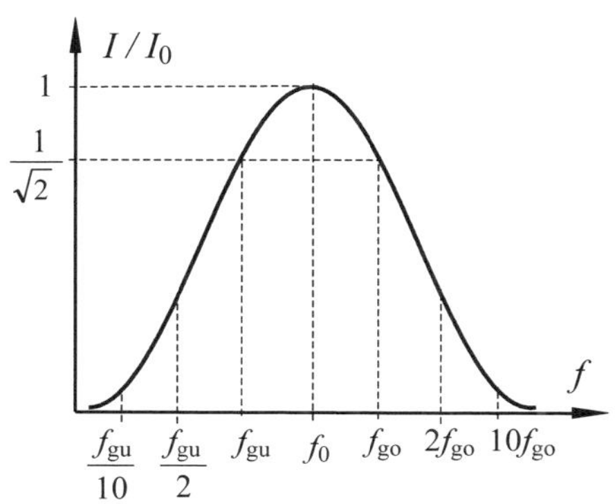

Bild 16.23: Messung des prinzipiellen Frequenzganges eines Reihenschwingkreises

Danach wird durch Verringern / Vergrößern der Frequenz derjenige Spannungswert U_M gesucht, der dem $1/\sqrt{2}$-fachen Wert der Spannung im Resonanzfall $U_{M,max}$ entspricht. So erhält man die beiden Grenzfrequenzen f_{gu} und f_{go}. Schließlich ermittelt man noch die Spannungen bei der halben unteren und der doppelten oberen Grenzfrequenz (Oktavabstand) und bei einem Zehntel der unteren bzw. dem Zehnfachen der oberen Grenzfrequenz (Frequenzdekade; siehe Bild 16.23).

Der Reihenschwingkreis weist unterschiedliche Übertragungseigenschaften auf, wenn das Ausgangssignal über den verschiedenen Bauelementen abgegriffen wird. Positioniert man z.B. die Spule im Längszweig und den Kondensator im Querzeig eines Übertragungsgliedes (Bild 16.24), erhält man je nach Güte des Kreises eine Tiefpass- oder eine Bandpass-Charakteristik. Der Kondensator kann als ideal angenommen werden, wenn seine Güte viel größer als die der realen Spule ist ($R \approx R_L$).

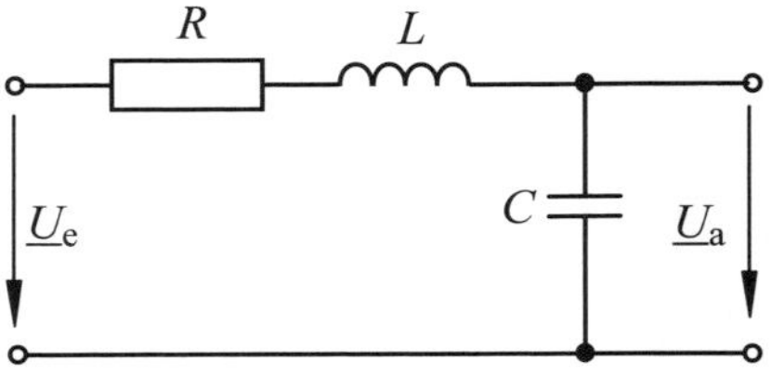

Bild 16.24: Reihenschwingkreis als Übertragungsglied

Zur Beschreibung des Übertragungsverhaltens dient wieder der komplexe Frequenzgang gemäß Gleich. (16.1).

$$\underline{F}(j\omega) = \frac{\underline{U}_a}{\underline{U}_e} = \frac{\frac{1}{j\omega C}}{R + j\omega L + \frac{1}{j\omega C}}$$

Durch die Erweiterung mit $j\omega C$ erhält man:

$$\underline{F}(j\omega) = \frac{1}{1 - \omega^2 LC + j\omega RC}$$

Die Ausdrücke LC und RC können wieder mit Gleich. (14.11) und (16.8) über die Resonanzkreisfrequenz und die Güte des Kreises beschrieben werden [vgl. auch Herleitung zur Gleich. (16.15)]. Es gilt:

$$LC = \frac{1}{\omega_0^2} \qquad \text{und:} \qquad RC = \frac{1}{\omega_0 \cdot Q}$$

Dann erhält man für den komplexen Frequenzgang:

$$\underline{F}(j\omega) = \frac{1}{1 - \frac{\omega^2}{\omega_0^2} + j\frac{\omega}{\omega_0} \cdot \frac{1}{Q}}$$

Frequenzgänge werden häufig mit einer normierten Frequenzachse dargestellt. Dazu bezieht man z.B. die jeweilige Frequenz auf die Resonanzfrequenz und erhält die *normierte Frequenz* Ω.

$$\Omega = \frac{\omega}{\omega_0} = \frac{f}{f_0} \tag{16.16}$$

Damit ist der komplexe Frequenzgang nur noch von der Kreisgüte und der normierten Frequenz abhängig.

$$\underline{F}(j\Omega) = \frac{1}{1 - \Omega^2 + j\frac{\Omega}{Q}} \tag{16.17}$$

Lehrbeispiel 16.2:

Berechnen Sie für das Übertragungsglied im Bild 16.24 den Amplituden- und den Phasenfrequenzgang sowie die Ortskurve des komplexen Frequenzganges. Stellen Sie diese Funktionen grafisch dar und diskutieren Sie den Einfluss der Kreisgüte.

Zur Bestimmung des Amplitudenfrequenzganges wird aus Gleich. (16.17) der Betrag gebildet:

$$A(\Omega) = \frac{1}{\sqrt{(1 - \Omega^2)^2 + \frac{\Omega^2}{Q^2}}}$$

Zur grafischen Darstellung der gesuchten Funktionen werden folgende Werte der Bauelemente gewählt: $L = 4$ mH, $C = 100$ nF und $R_1 = 50\ \Omega$.

Daraus erhält man mit Gleich. (14.11) die Resonanzfrequenz, mit (16.7) den Kennwiderstand und mit Gleich. (16.8) die Güte des Kreises:

$$f_0 = \frac{1}{2\pi \cdot \sqrt{LC}} = \frac{1}{2\pi \cdot \sqrt{4 \cdot 10^{-10}}}\ \text{Hz} \approx 8\ \text{kHz}$$

$$Z_0 = \sqrt{\frac{L}{C}} = \sqrt{\frac{4 \cdot 10^{-3}}{100 \cdot 10^{-9}}}\ \Omega = \sqrt{4 \cdot 10^4}\ \Omega = 200\ \Omega$$

$$Q_1 = \frac{1}{R_1} \cdot \sqrt{\frac{L}{C}} = \frac{Z_0}{R_1} = \frac{200\ \Omega}{50\ \Omega} = 4$$

Zur Diskussion des Einflusses der Güte muss der Verlustwiderstand noch variiert werden.

$R_2 = 4 \cdot R_1 = 200\ \Omega \quad \Rightarrow \quad Q_2 = 1$

$R_3 = 8 \cdot R_1 = 400\ \Omega \quad \Rightarrow \quad Q_3 = 0{,}5$

Bild 16.25 zeigt die Amplitudenfrequenzgänge für die drei verschiedenen Kreisgüten.

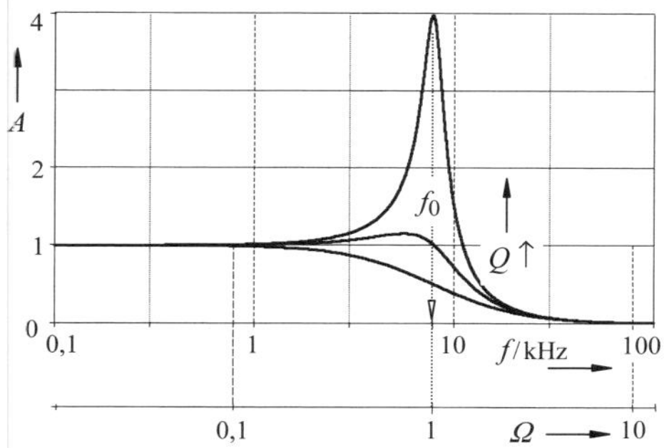

Bild 16.25: Amplitudenfrequenzgänge (LB 16.2)

Bei Güten $Q > 1$ (hier z.B. $Q_1 = 4$) bildet sich eine Bandpass-Charakteristik aus, die sich mit zunehmenden Güten immer stärker ausprägt. Bei einer Güte $Q = 1$ (hier: Q_2) ist noch eine leichte Höckerbildung zu beobachten, die auf eine TSCHEBYSCHEFF-Charakteristik hinweist (vgl. auch [14] – Abschn. 5.9.1). Wenn die Güte auf Werte $Q < 1$ absinkt (hier z.B. $Q_3 = 0{,}5$), arbeitet das Übertragungsglied als Tiefpass. Bei einer Güte $Q = 1/\sqrt{2}$ kann die Grenzfrequenz über die Resonanzfrequenz berechnet werden.
Die Steilheit der Flanke beim Übergang in den Sperrbereich [vgl. Gleich. (16.20)] wird mit abnehmender Güte immer geringer. Die Grenzfrequenz nimmt dann immer kleinere Werte an.

Der Phasenfrequenzgang ergibt sich aus dem Argument des komplexen Frequenzganges:

$$\varphi(\Omega) = -\arctan \frac{\Omega}{Q \cdot (1 - \Omega^2)}$$

Bild 16.26 zeigt die Phasenfrequenzgänge für die drei verschiedenen Kreisgüten. Im Resonanzfall wird der Winkel infolge der idealen kapazitiven Wirkung gleich −90°.

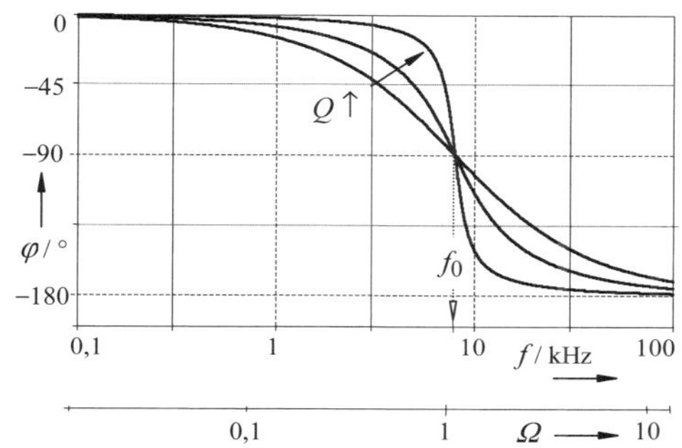

Bild 16.26: Phasenfrequenzgänge (LB 16.2)

Zur Berechnung der Ortskurve muss der komplexe Frequenzgang in die kartesische Form umgewandelt werden. Im Ergebnis einer konjugiert komplexen Erweiterung erhält man:

$$\underline{F}(\mathrm{j}\Omega) = \frac{1 - \Omega^2 - \mathrm{j}\dfrac{\Omega}{Q}}{(1 - \Omega^2)^2 + \dfrac{\Omega^2}{Q^2}}$$

$$\mathrm{Re}\{\underline{F}(\mathrm{j}\Omega)\} = \frac{Q^2(1 - \Omega^2)}{Q^2(1 - \Omega^2)^2 + \Omega^2}$$

$$\mathrm{Im}\{\underline{F}(\mathrm{j}\Omega)\} = \frac{-Q \cdot \Omega}{Q^2(1 - \Omega^2)^2 + \Omega^2}$$

Bild 16.27 zeigt die Ortskurven für die drei verschiedenen Kreisgüten. Alle Kurven beginnen bei $f = 0$ mit einem Imaginärteil von null und einem Realteil Re $\{\underline{F}\ (\mathrm{j}\Omega)\} = 1$. Im Resonanzfall $f = f_0$ durchläuft der Realteil den Wert null und wird dann negativ.

Mit abnehmender Güte $Q_1 \rightarrow Q_2 \rightarrow Q_3$ schließen die Ortskurven immer kleinere Flächen ein, da der Betrag des komplexen Frequenzganges kleiner wird.

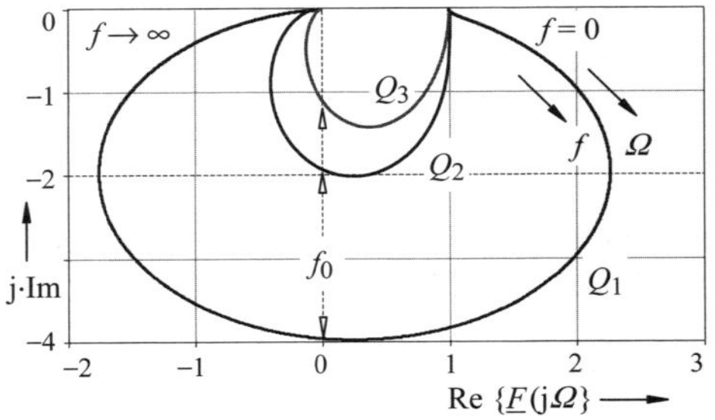

Bild 16.27: Ortskurve zum Lehrbeispiel 16.2

Amplitudenfrequenzgänge von Schwingkreisen werden häufig in Form einer doppelt-logarithmischen Darstellung angegeben. Dazu wird die Abszissenachse logarithmisch skaliert und die Ordinatenachse erhält eine Pegeleinteilung in Dezibel. Durch die Verwendung des Pegels können Amplitudenverhältnisse dargestellt werden, die sich um mehrere Größenordnungen unterscheiden.

Der Pegel ist ein logarithmisches Leistungsverhältnis. Bei Verwendung des dekadischen Logarithmus wird der Pegel mit der Einheit Bel oder in Dezibel (dB) angegeben.

Zur Berechnung dieses Pegels bezieht man die jeweils betrachtete Leistung P_x auf einen verabredeten Referenzwert P_{ref}.

$$\frac{|\underline{A}^*|}{\text{Bel}} = \lg \frac{P_x}{P_{ref}} \quad \text{bzw.:} \quad \frac{|\underline{A}^*|}{\text{dB}} = 10 \cdot \lg \frac{P_x}{P_{ref}}$$

Beide Leistungen sind nur dann vergleichbar, wenn sie im gleichen Widerstand umgesetzt werden.

Es gilt: $P = I^2 \cdot R$ oder $P = U^2 / R$

Aus dem Leistungsverhältnis kürzt sich dann der Widerstand heraus. Man erhält ein Spannungs- oder ein Stromverhältnis.

Als Referenzwert P_{ref} dient häufig der Maximalwert $P_{x,max}$ der betrachteten Leistung.

Beim Erreichen dieses Maximums hat der Pegel dann einen Wert von 0 dB.

$$\frac{|\underline{A}^*|}{\text{dB}} = 10 \cdot \lg \frac{P_x}{P_{x,max}} = 10 \cdot \lg \frac{U_x^2}{U_{x,max}^2}$$

$$\frac{|\underline{A}^*|}{\text{dB}} = 10 \cdot \lg \frac{P_x}{P_{x,max}} = 10 \cdot \lg \frac{I_x^2}{I_{x,max}^2}$$

Die Quadrate können nach den Gesetzen der Logarithmenrechnung noch als Faktor vor den Logarithmus geschrieben werden.

$$\frac{|\underline{A}^*|}{\text{dB}} = 20 \cdot \lg \frac{I_x}{I_{x,max}} = 20 \cdot \lg \frac{U_x}{U_{x,max}} \tag{16.18}$$

Für einen Reihenschwingkreis verwendet man zur Pegeldarstellung den Strom im Resonanzfall I_0 als Referenzgröße. Beim Erreichen der Grenzfrequenzen erfährt I_0 eine Dämpfung von 3 dB. Bei einer Dämpfung ist der Pegel negativ. Es gilt:

$$|\underline{A}^*|_{f=f_g} = 20 \cdot \lg \frac{I}{I_0} = 20 \cdot \lg \frac{1}{\sqrt{2}} = -3\,\text{dB}$$

Zur Beschreibung des Verlaufs eines Frequenzganges beim Übergang vom Durchlassbereich in den Sperrbereich verwendet man die *Filter-Flankensteilheit* S_F. Dazu wird die Pegeldifferenz auf einen definierten Frequenzabstand bezogen. Als Frequenzabstand verwendet man die Frequenzdekade oder die Frequenzoktave (siehe auch Bild 16.23). Für die Filter-Flankensteilheit pro Dekade (Dek.) gilt:

$$S_{Fu} = \frac{|\underline{A}^*|_{f_{gu}} - |\underline{A}^*|_{0{,}1 \cdot f_{gu}}}{\text{Dek.}} \tag{16.19}$$

$$S_{Fo} = \frac{|\underline{A}^*|_{f_{go}} - |\underline{A}^*|_{10 \cdot f_{go}}}{\text{Dek.}} \tag{16.20}$$

16.4 Übertragungsvierpole

Vierpole sind schaltungstechnische Konfigurationen mit zwei Eingangs- und zwei Ausgangsklemmen (Zweitor). Sie entstehen aus einem vollständigen Übertragungssystem an einem beliebigen Punkt der Übertragungsstrecke durch Abtrennen der vorgelagerten Schaltung (Einspeisung) und der nachfolgenden Schaltung (Belastung). Die vorgelagerte Schaltung wird nach den Regeln der Zweipoltheorie in eine Ersatzquelle mit $\underline{U}_L$ und $\underline{Z}_i$ umgerechnet. Die nachfolgende Schaltung beschreibt man über ihren komplexen Eingangswiderstand, der für den Vierpol als Lastwiderstand $\underline{Z}_a$ wirkt.

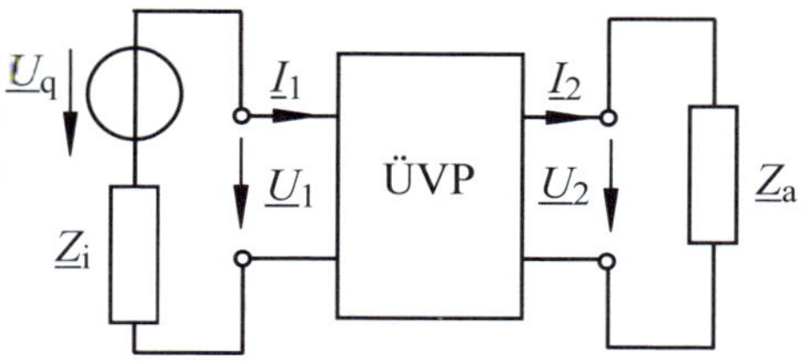

Bild 16.28: Übertragungsvierpol (ÜVP)

♦ Die Eingangsgrößen eines Übertragungsvierpols werden mit dem Index 1 und die Ausgangsgrößen werden mit dem Index 2 gekennzeichnet. Sie können im Verbraucher-Zählpfeilsystem oder im Ketten-Zählpfeilsystem dargestellt werden (Bild 16.29).

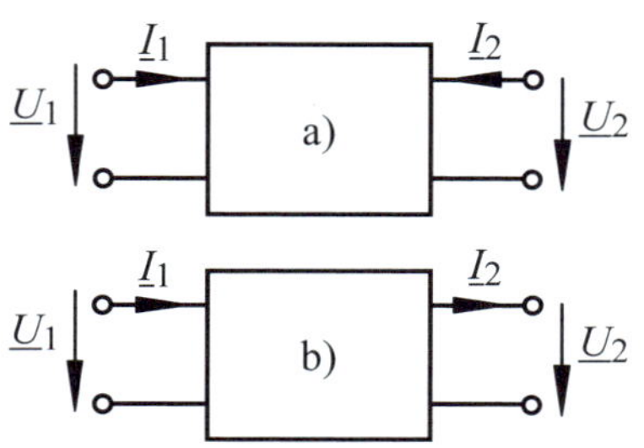

Bild 16.29: Zählpfeile bei Vierpoldarstellungen
a) Verbraucher-Zählpfeilsystem
b) Ketten-Zählpfeilsystem

Bei der in diesem Abschnitt gewählten Darstellung im Ketten-Zählpfeilsystem (siehe Bild 16.29, unten) wird der Eingang des Vierpols als Verbraucher für die vorgeschaltete Quelle und der Ausgang als Quelle für den nachfolgenden Lastwiderstand (siehe Bild 16.28) aufgefasst.

Das Übertragungsverhalten einer Vierpolschaltung wird mit Vierpolparametern beschrieben. Diese Parameter verknüpfen die Ausgangsgrößen mit den Eingangsgrößen und sind abhängig von den Aufbauelementen des Vierpols (Abkürzung: VP).
In der Schaltungstechnik werden häufig Kettenschaltungen eingesetzt. Sie sind dadurch gekennzeichnet, dass die Ausgangsgrößen des vorgeschalteten Vierpols identisch mit den Eingangsgrößen des nachgeschalteten Vierpols sind. Zur Berechnung von Kettenschaltungen verwendet man die Kettenparameter ($\underline{A}$-Parameter). Mit ihnen werden die Eingangsgrößen als Funktion der Ausgangsgrößen beschrieben.

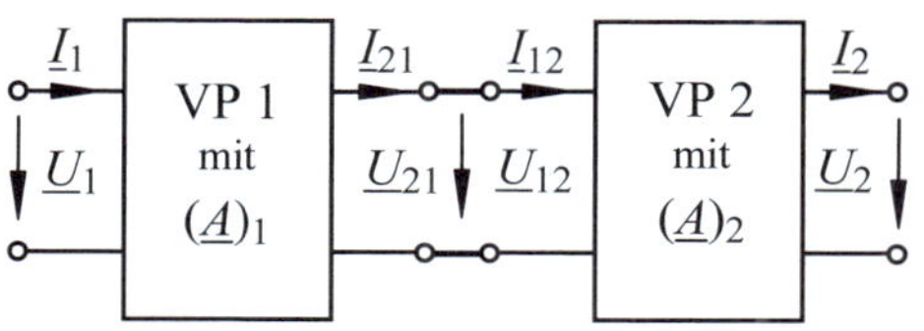

Bild 16.30: Kettenschaltung

Bild 16.30 zeigt die Kettenschaltung von zwei Vierpolen. Die Kettenparameter des resultierenden Vierpols werden durch die Multiplikation der Matrizen der $\underline{A}$-Parameter der beiden Einzelvierpole bestimmt.

$$(\underline{A}) = (\underline{A})_1 \cdot (\underline{A})_2 \qquad (16.21)$$

Bedingt durch die Existenz von zwei Eingangs- und zwei Ausgangsgrößen ist zur Beschreibung des Übertragungsverhaltens eines Vierpols ein Gleichungssystem mit zwei Gleichungen erforderlich.

Für eine Vierpolbeschreibung über die Kettenparameter gilt:

$$\underline{U}_1 = \underline{A}_{11} \cdot \underline{U}_2 + \underline{A}_{12} \cdot \underline{I}_2$$
$$\underline{I}_1 = \underline{A}_{21} \cdot \underline{U}_2 + \underline{A}_{22} \cdot \underline{I}_2 \qquad (16.22)$$

Diese Kettenparameter können bei Leerlauf bzw. bei Kurzschluss am Ausgang eines Vierpols berechnet werden und haben folgende Bedeutung:

Leerlaufspannungsrückwirkung:

$$\underline{A}_{11} = \frac{\underline{U}_1}{\underline{U}_2}\bigg|_{(\underline{I}_2=0)} \qquad (16.23)$$

Kurzschlussübertragungswiderstand:

$$\underline{A}_{12} = \frac{\underline{U}_1}{\underline{I}_2}\bigg|_{(\underline{U}_2=0)} \qquad (16.24)$$

Leerlaufübertragungsleitwert:

$$\underline{A}_{21} = \frac{\underline{I}_1}{\underline{U}_2}\bigg|_{(\underline{I}_2=0)} \qquad (16.25)$$

Kurzschlussstromrückwirkung:

$$\underline{A}_{22} = \frac{\underline{I}_1}{\underline{I}_2}\bigg|_{(\underline{U}_2=0)} \qquad (16.26)$$

Strukturmäßig unbekannte Vierpole können mit Ersatzschaltungen beschrieben werden. Typische Ersatzschaltungen passiver Übertragungsvierpole sind die T-Schaltung und die Π-Schaltung. Sie sind symmetrisch, wenn sie im Vorwärtsbetrieb (Normalbetrieb – Einspeisung über das Tor 1) und im Rückwärtsbetrieb (Inversbetrieb – Einspeisung über das Tor 2) das gleiche Übertragungsverhalten aufweisen.

Lehrbeispiel 16.3:

Berechnen Sie für die T- und die Π-Ersatzschaltung die Kettenparameter als Funktion der Aufbauwiderstände $\underline{Z}_1$, $\underline{Z}_2$ und $\underline{Z}_3$.

Zunächst wird die T-Ersatzschaltung betrachtet.

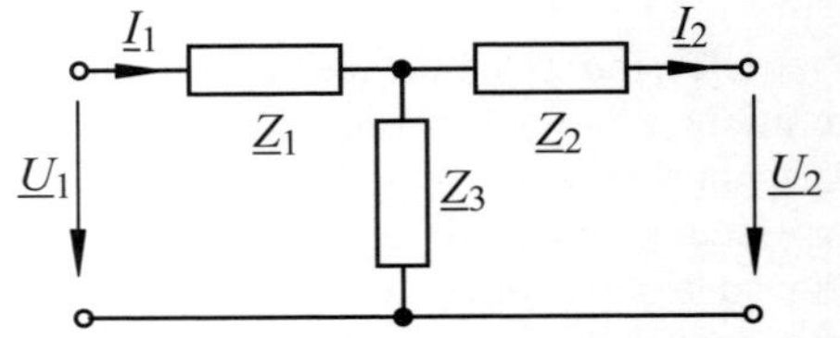

Bild 16.31: T-Ersatzschaltung

Zur Berechnung der $\underline{A}$-Parameter dienen die Gleich. (16.23) bis (16.26). Die Parameter $\underline{A}_{11}$ und $\underline{A}_{22}$ werden durch Anwendung der Spannungs- und der Stromteilerregel bestimmt:

$$\underline{A}_{11} = \frac{\underline{U}_1}{\underline{U}_2}\bigg|_{(\underline{I}_2=0)} = \frac{\underline{Z}_1 + \underline{Z}_3}{\underline{Z}_3} = 1 + \frac{\underline{Z}_1}{\underline{Z}_3}$$

$$\underline{A}_{22} = \frac{\underline{I}_1}{\underline{I}_2}\bigg|_{(\underline{U}_2=0)} = \frac{\underline{Z}_2 + \underline{Z}_3}{\underline{Z}_3} = 1 + \frac{\underline{Z}_2}{\underline{Z}_3}$$

Bei einer symmetrischen T-Schaltung muss $\underline{Z}_1$ gleich $\underline{Z}_2$ sein. Dann gilt: $\underline{A}_{11} = \underline{A}_{22}$. Die restlichen beiden $\underline{A}$-Parameter ermittelt man durch eine Erweiterung mit $\underline{I}_1$ bzw. $\underline{U}_2$ über eine Widerstandsberechnung.

$$\underline{A}_{12} = \frac{\underline{U}_1}{\underline{I}_2} \cdot \frac{\underline{I}_1}{\underline{I}_1}\bigg|_{(\underline{U}_2=0)} = \frac{\underline{U}_1}{\underline{I}_1} \cdot \frac{\underline{I}_1}{\underline{I}_2}\bigg|_{(\underline{U}_2=0)}$$

$$\underline{A}_{12} = \underline{Z}_{1K} \cdot \underline{A}_{22} = (\underline{Z}_1 + \underline{Z}_2 // \underline{Z}_3) \cdot \left(\frac{\underline{Z}_2 + \underline{Z}_3}{\underline{Z}_3}\right)$$

$\underline{Z}_{1K}$ beschreibt den Eingangswiderstand des Vierpols bei Kurzschluss am Ausgang.

$$\underline{A}_{12} = \frac{\underline{Z}_1\underline{Z}_2 + \underline{Z}_1\underline{Z}_3 + \underline{Z}_2\underline{Z}_3}{\underline{Z}_3} = \underline{Z}_1 + \underline{Z}_2 + \frac{\underline{Z}_1\underline{Z}_2}{\underline{Z}_3}$$

$$\underline{A}_{21} = \frac{\underline{I}_1}{\underline{U}_2} \cdot \frac{\underline{U}_1}{\underline{U}_1}\bigg|_{(\underline{I}_2=0)} = \frac{\underline{I}_1}{\underline{U}_1} \cdot \frac{\underline{U}_1}{\underline{U}_2}\bigg|_{(\underline{I}_2=0)}$$

$$\underline{A}_{21} = \frac{\underline{A}_{11}}{\underline{Z}_{1L}} = \frac{\underline{Z}_1 + \underline{Z}_3}{\underline{Z}_3} \cdot \frac{1}{\underline{Z}_1 + \underline{Z}_3} = \frac{1}{\underline{Z}_3}$$

$\underline{Z}_{1L}$ beschreibt den Eingangswiderstand des Vierpols bei Leerlauf am Ausgang.

Bild 16.32 zeigt die Π-Ersatzschaltung.

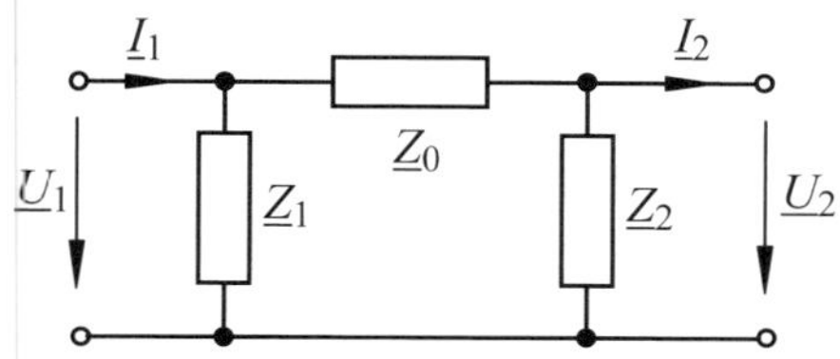

Bild 16.32: Π-Ersatzschaltung

Die Kettenparameter werden analog zur T-Ersatzschaltung berechnet.

$$\underline{A}_{11} = \frac{\underline{U}_1}{\underline{U}_2}\Big|_{(\underline{I}_2=0)} = \frac{\underline{Z}_0 + \underline{Z}_2}{\underline{Z}_2} = 1 + \frac{\underline{Z}_0}{\underline{Z}_2}$$

$$\underline{A}_{22} = \frac{\underline{I}_1}{\underline{I}_2}\Big|_{(\underline{U}_2=0)} = \frac{\underline{Z}_0 + \underline{Z}_1}{\underline{Z}_1} = 1 + \frac{\underline{Z}_0}{\underline{Z}_1}$$

$$\underline{A}_{12} = \underline{Z}_{1K} \cdot \underline{A}_{22} = (\underline{Z}_1 // \underline{Z}_0) \cdot (\frac{\underline{Z}_0 + \underline{Z}_1}{\underline{Z}_1}) = \underline{Z}_0$$

$$\underline{A}_{21} = \frac{\underline{A}_{11}}{\underline{Z}_{1L}} = \frac{\underline{Z}_0 + \underline{Z}_2}{\underline{Z}_2} \cdot \frac{1}{\underline{Z}_1 //(\underline{Z}_0 + \underline{Z}_2)}$$

$$\underline{A}_{21} = \frac{\underline{Z}_0 + \underline{Z}_1 + \underline{Z}_2}{\underline{Z}_1 \underline{Z}_2} = \frac{1}{\underline{Z}_1} + \frac{1}{\underline{Z}_2} + \frac{\underline{Z}_0}{\underline{Z}_1 \underline{Z}_2}$$

Die Π-Ersatzschaltung ist wieder symmetrisch, wenn $\underline{Z}_1$ gleich $\underline{Z}_2$ ist. Die Aussage $\underline{A}_{11} = \underline{A}_{22}$ ist demzufolge für einen symmetrischen Vierpol allgemein gültig. Er überträgt die Spannungen bei Leerlauf am Ausgang genau so wie die Ströme bei Kurzschluss am Ausgang.

Mit Kenntnis der Aufbauelemente und der schaltungstechnischen Struktur können die Kettenparameter eines Vierpols (oder seiner Ersatzschaltung) auch über elementare Vierpole berechnet werden. Diese Elementarvierpole (siehe Bild 16.33) bestehen aus einem passiven linearen Zweipol, der zu einem Vierpol (Zweitor) erweitert wird. Dazu verwendet man eine ideale Doppelleitung als Grundelement und fügt den Zweipol in den oberen Längszweig oder als zusätzlichen Querzweig ein.

Auf der linken Seite des Bildes 16.33 befindet sich der Zweipol im Längszweig (→) und auf der rechten Seite ist er im Querzweig (↓) positioniert.

Für beide Schaltungen gilt:

Bei Leerlauf am Ausgang ($\underline{I}_2 = 0$) sind die Spannungen gleich ($\underline{U}_1 = \underline{U}_2$) und bei Kurzschluss am Ausgang ($\underline{U}_2 = 0$) sind die Ströme gleich ($\underline{I}_1 = \underline{I}_2$). Damit erhält man für die Rückwirkungen: $\underline{A}_{11} = \underline{A}_{22} = 1$.

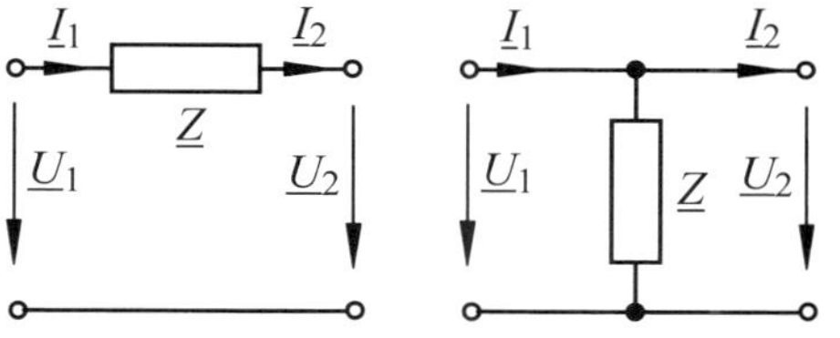

Bild 16.33: Elementarvierpole

Die beiden Schaltungen unterscheiden sich lediglich durch ihre Leerlauf- und Kurzschluss-Eingangswiderstände.

Für den Elementarvierpol mit dem Zweipol im Längszweig gilt:

$\underline{Z}_{1L} = \infty \quad \Rightarrow \quad \underline{A}_{21} = 0$

$\underline{Z}_{1K} = \underline{Z} \quad \Rightarrow \quad \underline{A}_{12} = \underline{Z}$

Für den Elementarvierpol mit dem Zweipol im Querzweig gilt:

$\underline{Z}_{1L} = \underline{Z} \quad \Rightarrow \quad \underline{A}_{21} = 1 / \underline{Z} = \underline{Y}$

$\underline{Z}_{1K} = 0 \quad \Rightarrow \quad \underline{A}_{12} = 0$

Damit können die Matrizen der $\underline{A}$-Parameter für die Elementarvierpole angegeben werden:

$$(\underline{A})_{\rightarrow} = \begin{pmatrix} 1 & \underline{Z} \\ 0 & 1 \end{pmatrix} \quad \text{und:} \quad (\underline{A})_{\downarrow} = \begin{pmatrix} 1 & 0 \\ \underline{Y} & 1 \end{pmatrix}$$

Die Kettenparameter eines Vierpols erhält man dann aus der Multiplikation der Matrizen der einzelnen Elementarvierpole. Für die T-Ersatzschaltung würde z.B. gelten:

$$(\underline{A})_{T} = (\underline{A})_{\rightarrow} \cdot (\underline{A})_{\downarrow} \cdot (\underline{A})_{\rightarrow}$$

Berechnungsbeispiel 16.1:

Wie groß muss die Kapazität C sein, damit der RC-Tiefpass im Bild 16.34 mit einer Grenzfrequenz von $f_g = 500$ Hz arbeitet? Gesucht sind die allgemeine Lösung $C = g(R_1, R_2, f_g)$ und der Zahlenwert.

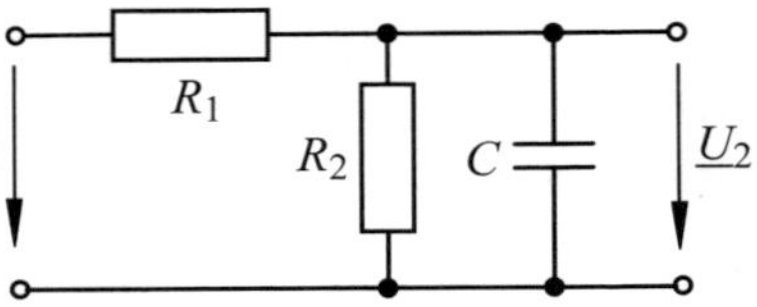

Geg.: $R_1 = 500\ \Omega$
$R_2 = 1{,}5\ \text{k}\Omega$

Bild 16.34: RC-Tiefpass zum Berechnungsbeispiel 16.1

In diesem Tiefpass ist eine Grunddämpfung bei $f = 0$ wirksam. Die maximal mögliche Ausgangsspannung ergibt sich bei $f = 0$ aus der mit der Eingangsspannung multiplizierten Grunddämpfung. Bei der Herleitung der Grenzfrequenz wird das Verhältnis $\underline{U}_2 / \underline{U}_1$ (Vierpol-Schreibweise) über den komplexen Spannungsteiler berechnet. Daraus eliminiert man die Grunddämpfung $A_0|_{(f=0)} = U_{2,max} / U_1$. Der Betrag des gesamten Ausdruckes ist dann bei Erreichen der Grenzfrequenz gleich $A_0 \cdot 1/\sqrt{2}$.

$$\frac{\underline{U}_2}{\underline{U}_1} = \frac{R_2 // \frac{1}{j\omega C}}{R_1 + R_2 // \frac{1}{j\omega C}} = \frac{\frac{R_2}{1 + j\omega C R_2}}{R_1 + \frac{R_2}{1 + j\omega C R_2}} = \frac{R_2}{R_1 + R_2 + j\omega C R_1 R_2} = \frac{R_2}{R_1 + R_2} \cdot \frac{1}{1 + j\omega C \cdot \frac{R_1 R_2}{R_1 + R_2}}$$

$$\text{mit: } A_0 = \frac{U_{2,max}}{U_1}\bigg|_{f=0} = \frac{R_2}{R_1 + R_2} \quad \Rightarrow \quad \frac{|\underline{U}_2|}{|\underline{U}_1|} = A_0 \cdot \frac{1}{\sqrt{1 + \omega_g^2 C^2 (\frac{R_1 R_2}{R_1 + R_2})^2}} = A_0 \cdot \frac{1}{\sqrt{2}}$$

$$\omega_g^2 C^2 \cdot (\frac{R_1 R_2}{R_1 + R_2})^2 = 1 \quad \text{bzw.} \quad C = \frac{R_1 + R_2}{2\pi \cdot f_g R_1 R_2} = 849\ \text{nF}$$

Die Herleitung dieser Berechnungsvorschrift kann auch über die Definition des Winkels zwischen $\underline{U}_2$ und $\underline{U}_1$ erfolgen. Bei Erreichen der Grenzfrequenz nimmt der Winkel zwischen $\underline{U}_2$ und $\underline{U}_1$ einen Wert von -45° an. Somit muss im komplexen Spannungsteiler (oben: 1. Zeile rechts) der Realteil des Nenners gleich dem Imaginärteil des Nenners gesetzt werden.

$$\frac{\underline{U}_2}{\underline{U}_1} = A_0 \cdot \frac{1}{1 + j\omega C \cdot \frac{R_1 R_2}{R_1 + R_2}} \quad \Rightarrow \quad \omega_g C \cdot \frac{R_1 R_2}{R_1 + R_2} = 1 \quad \text{bzw.:} \quad C = \frac{R_1 + R_2}{2\pi \cdot f_g R_1 R_2}$$

Berechnungsbeispiel 16.2:

Berechnen Sie für den RC-Tiefpass im Bild 16.35 den komplexen Frequenzgang. Bestimmen Sie daraus den Amplituden- und den Phasenfrequenzgang. Leiten Sie eine allgemeine Berechnungsvorschrift für die Ortskurve her und stellen Sie die Frequenzgänge sowie die Ortskurve für folgende Dimensionierung der Schaltung grafisch dar: $R_1 = 5{,}1\ \text{k}\Omega$, $R_2 = 510\ \Omega$ und $C = 31{,}2$ nF.

Dieser Tiefpass bewertet die Eingangsspannung bei tiefen Frequenzen ohne Grunddämpfung. Seine Ausgangsspannung ist somit bei $f = 0$ gleich der Eingangsspannung.

Bei $f \to \infty$ kann die Ausgangsspannung durch die Existenz des Widerstandes R_2 jedoch nicht den Wert null erreichen. Es verbleibt eine Restspannung, die von einem frequenzunabhängigen Teilungsfaktor $A_\infty|_{(f\to\infty)} = U_{2,\min} / U_1$ bestimmt wird.

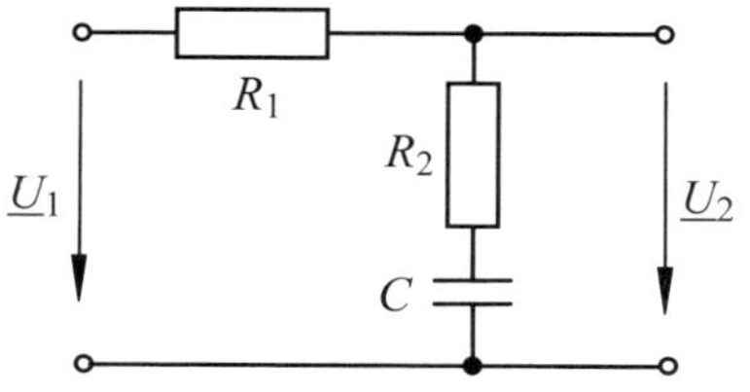

Bild 16.35: RC-Tiefpass zum Berechnungsbeispiel 16.2

Dieser Teilungsfaktor kann direkt aus der Schaltung abgelesen werden. Im Fall bei $f \to \infty$ stellt der Kondensator einen Kurzschluss dar und es gilt:

$$A_\infty = \frac{U_{2,\min}}{U_1}\bigg|_{f\to\infty} = \frac{R_2}{R_1 + R_2} = \frac{1}{11}$$

Der komplexe Frequenzgang wird über die Spannungsteilerregel berechnet. Das Ausklammern des Teilungsfaktors führt dann allerdings zu einem unübersichtlichen Doppelbruch:

$$\underline{F}(\mathrm{j}\omega) = \frac{\underline{U}_2(\mathrm{j}\omega)}{\underline{U}_1(\mathrm{j}\omega)} = \frac{R_2 + \dfrac{1}{\mathrm{j}\omega C}}{R_1 + R_2 + \dfrac{1}{\mathrm{j}\omega C}} = \frac{R_2}{R_1 + R_2} \cdot \frac{1 + \dfrac{1}{\mathrm{j}\omega C R_2}}{1 + \dfrac{1}{\mathrm{j}\omega C(R_1 + R_2)}} = A_\infty \cdot \frac{1 + \dfrac{1}{\mathrm{j}\omega C R_2}}{1 + \dfrac{1}{\mathrm{j}\omega C(R_1 + R_2)}}$$

Diesen Doppelbruch kann man umgehen, wenn der Teilungsfaktor nicht ausgeklammert wird. Durch eine Erweiterung von Zähler und Nenner mit $\mathrm{j}\omega C$ erhält man:

$$\underline{F}(\mathrm{j}\omega) = \frac{\underline{U}_2(\mathrm{j}\omega)}{\underline{U}_1(\mathrm{j}\omega)} = \frac{R_2 + \dfrac{1}{\mathrm{j}\omega C}}{R_1 + R_2 + \dfrac{1}{\mathrm{j}\omega C}} = \frac{1 + \mathrm{j}\omega C R_2}{1 + \mathrm{j}\omega C(R_1 + R_2)}$$

Aus diesem Ansatz können nun die Berechnungsvorschriften für den Amplituden- und den Phasenfrequenzgang ohne weitere Umrechnung abgelesen werden:

$$A(\omega) = \sqrt{\frac{1 + \omega^2 C^2 R_2^2}{1 + \omega^2 C^2 (R_1 + R_2)^2}} \qquad \text{und:} \qquad \varphi(\omega) = \arctan \omega C R_2 - \arctan \omega C(R_1 + R_2)$$

Bild 16.36 zeigt die daraus abgeleitete grafische Darstellung der beiden Frequenzgänge.

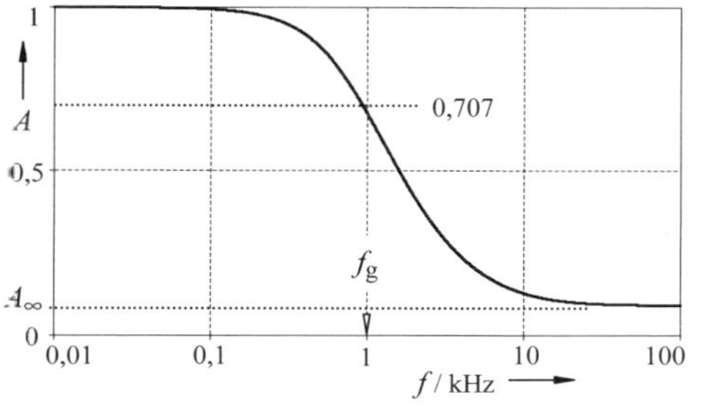

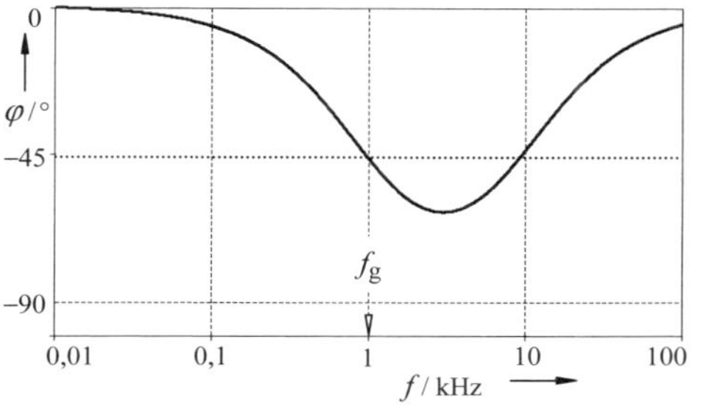

Bild 16.36: Amplitudenfrequenzgang (links) und Phasenfrequenzgang (rechts) des RC-Tiefpasses im Berechnungsbeispiel 16.2

Der Amplitudenfrequenzgang weist die bekannte Tiefpasscharakteristik (Bild 16.3) auf.

Im Vergleich zum Bild 16.5 (gleiche Daten von R_1 und C) weicht jedoch die Grenzfrequenz durch die Wirkung von R_2 etwas vom Wert des Lehrbeispiels 16.1 ($f_g = 1$ kHz) ab. Außerdem sperrt dieser Tiefpass bei $f \to \infty$ infolge des Teilungsfaktors A_∞ nicht mehr vollständig.

Der Phasenfrequenzgang verändert sich im Vergleich zu einem elementaren RC-Tiefpass (Bild 16.4) oberhalb der Grenzfrequenz deutlich. Diese Veränderung wird durch R_2 verursacht. Er bewirkt einen positiven Anteil im Phasenwinkel, der nach Erreichen der Grenzfrequenz die negative Komponente in $\varphi(\omega)$ mit zunehmender Frequenz immer stärker kompensiert.

Die Ortskurve wird mit einer konjugiert komplexen Erweiterung von $\underline{F}(\mathrm{j}\omega)$ berechnet.

$$\underline{F}(\mathrm{j}\omega) = \frac{1+\mathrm{j}\omega CR_2}{1+\mathrm{j}\omega C(R_1+R_2)} \cdot \frac{1-\mathrm{j}\omega C(R_1+R_2)}{1-\mathrm{j}\omega C(R_1+R_2)} = \frac{1+\omega^2C^2R_2(R_1+R_2)-\mathrm{j}\omega CR_1}{1+\omega^2C^2(R_1+R_2)^2}$$

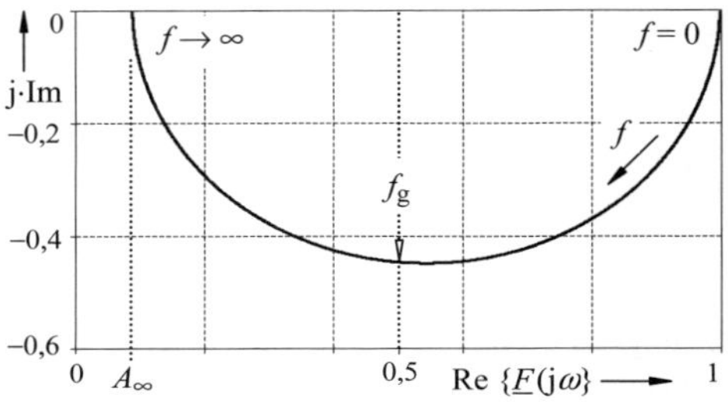

$$\mathrm{Re}\{\underline{F}(\mathrm{j}\omega)\} = \frac{1+\omega^2C^2R_2(R_1+R_2)}{1+\omega^2C^2(R_1+R_2)^2}$$

$$\mathrm{Im}\{\underline{F}(\mathrm{j}\omega)\} = \frac{-\omega CR_1}{1+\omega^2C^2(R_1+R_2)^2}$$

Bild 16.37: Ortskurve des RC-Tiefpasses im Berechnungsbeispiel 16.2

Die Ortskurve im Bild 16.37 zeigt, dass der komplexe Frequenzgang bei $f \to \infty$ gegen den reellen Wert A_∞ strebt.

Berechnungsbeispiel 16.3:

Berechnen Sie den komplexen Widerstand eines aus realen Bauelementen bestehenden Reihenschwingkreises in der kartesischen Form und leiten Sie eine allgemeine Berechnungsvorschrift für die Resonanzfrequenz her. Die Werte der Bauelemente sind bekannt.
Vergleichen Sie den Realteil und den Imaginärteil des berechneten komplexen Widerstandes mit den Ergebnissen einer Umrechnung gemäß Gleich. (15.27).

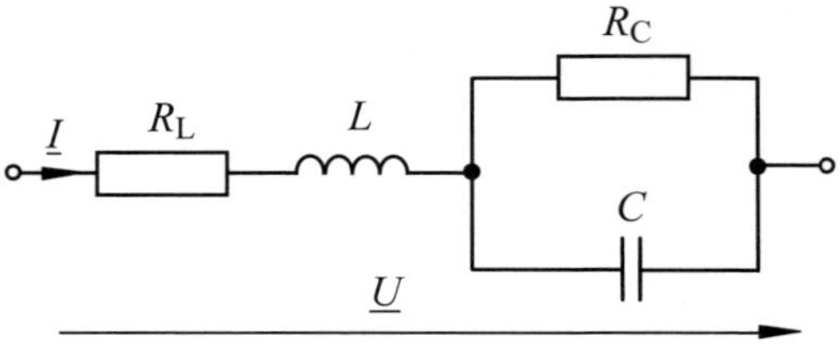

Bild 16.38: Reihenschwingkreis mit realen Bauelementen

Für den komplexen Widerstand dieses Reihenschwingkreises gilt:

$$\underline{Z} = R_L + \mathrm{j}\omega L + \frac{R_C \cdot \frac{1}{\mathrm{j}\omega C}}{R_C + \frac{1}{\mathrm{j}\omega C}} = R_L + \mathrm{j}\omega L + \frac{R_C}{1+\mathrm{j}\omega CR_C} = R_L + \mathrm{j}\omega L + \frac{R_C - \mathrm{j}\omega CR_C^2}{1+\omega^2C^2R_C^2}$$

Zur Herleitung der Resonanzfrequenz wird der Imaginärteil des komplexen Widerstandes gleich null gesetzt.

$$\underline{Z} = \text{Re}\{\underline{Z}\} + \text{j Im}\{\underline{Z}\} = \left\{R_L + \frac{R_C}{1+\omega^2 C^2 R_C^2}\right\} + \text{j}\left\{\omega L - \frac{\omega C R_C^2}{1+\omega^2 C^2 R_C^2}\right\} = \{R_L + R_{Cr}\} + \text{j}\,\{\omega L + X_{Cr}\}$$

$$\omega_0 L = \frac{\omega_0 C R_C^2}{1+\omega_0^2 C^2 R_C^2} \quad \Rightarrow \quad f_0 = \frac{1}{2\pi} \cdot \sqrt{\frac{C R_C^2 - L}{C^2 R_C^2 L}}$$

Zum Vergleich des komplexen Widerstandes mit den Ergebnissen einer Umrechnung muss der reale Kondensator in eine Reihenschaltung umgerechnet werden. Nach Gleich. (15.27) gilt:

$$R_{Cr} = \frac{R_C \cdot (-\frac{1}{\omega C})^2}{R_C^2 + \frac{1}{\omega^2 C^2}} = \frac{R_C}{1+\omega^2 C^2 R_C^2} \qquad \text{und:} \qquad X_{Cr} = \frac{R_C^2 \cdot (-\frac{1}{\omega C})}{R_C^2 + \frac{1}{\omega^2 C^2}} = -\frac{\omega C R_C^2}{1+\omega^2 C^2 R_C^2}$$

Die Ergebnisse der Umrechnung entsprechen den jeweiligen Komponenten im Realteil und im Imaginärteil des komplexen Widerstandes.

Berechnungsbeispiel 16.4:

Berechnen Sie den komplexen Leitwert eines aus realen Bauelementen bestehenden Parallelschwingkreises in der kartesischen Form und leiten Sie eine allgemeine Berechnungsvorschrift für die Resonanzfrequenz her. Die Werte der Bauelemente sind bekannt.

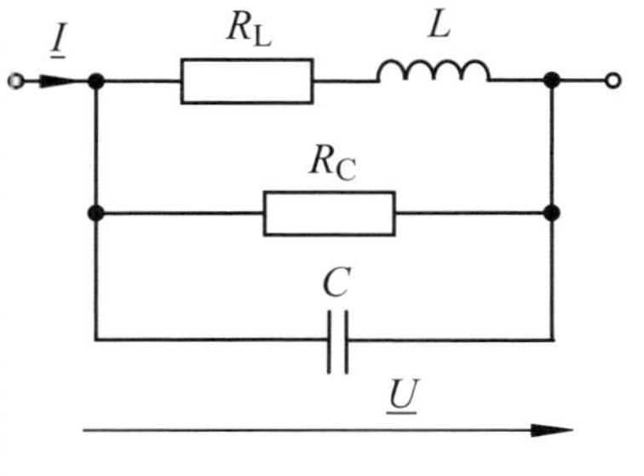

Bild 16.39: Parallelschwingkreis mit realen Bauelementen

Zur Herleitung der Resonanzfrequenz wird der komplexe Leitwert in der kartesischen Form berechnet und sein Imaginärteil gleich null gesetzt.

$$\underline{Y} = \frac{1}{R_L + \text{j}\omega L} + \frac{1}{R_C} + \text{j}\omega C = \frac{1}{R_C} + \text{j}\omega C + \frac{R_L - \text{j}\omega L}{R_L^2 + \omega^2 L^2}$$

$$\underline{Y} = \text{Re}\,\{\underline{Y}\} + \text{j Im}\{\underline{Y}\} = \left\{\frac{1}{R_C} + \frac{R_L}{R_L^2 + \omega^2 L^2}\right\} + \text{j}\left\{\omega C - \frac{\omega L}{R_L^2 + \omega^2 L^2}\right\}$$

$$\omega_0 C = \frac{\omega_0 L}{R_L^2 + \omega_0^2 L^2} \quad \Rightarrow \quad f_0 = \frac{1}{2\pi} \cdot \sqrt{\frac{L - C R_L^2}{L^2 C}}$$

Berechnungsbeispiel 16.5:

Berechnen Sie allgemein diejenige Frequenz f_{0C}, bei der der Betrag der Spannung über der Kapazität eines Reihenschwingkreises ein Maximum (vgl. Bild 16.21) wird.

Zunächst wird der Betrag dieser Spannung $|\underline{U}_C| = U_C = g(\omega)$ mit der Spannungsteilerregel berechnet.

$$U_C = U_{ges} \cdot \frac{\frac{1}{\omega C}}{|\underline{Z}|} = U_{ges} \cdot \frac{1}{\omega C \cdot \sqrt{R^2 + (\omega L - \frac{1}{\omega C})^2}}$$

Diese Funktion durchläuft bei U_{ges} = const. ein Maximum, wenn die Nennerfunktion ein Minimum aufweist. Durch Setzen der ersten Ableitung des Nenners auf null kann die gesuchte Frequenz bestimmt werden. Nach der Produktregel in Kombination mit der Kettenregel gilt:

$$\frac{\mathrm{d}U_C\,(\text{Nenner})}{\mathrm{d}\omega} = C \cdot \sqrt{R^2 + (\omega L - \frac{1}{\omega C})^2} + \frac{\omega C}{2} \cdot \left[R^2 + (\omega L - \frac{1}{\omega C})^2\right]^{-\frac{1}{2}} \cdot 2 \cdot (\omega L - \frac{1}{\omega C}) \cdot (L + \frac{1}{\omega^2 C}) = 0$$

$$C \cdot \sqrt{R^2 + (\omega_{0C} L - \frac{1}{\omega_{0C} C})^2} = \frac{-\omega_{0C} C}{\sqrt{R^2 + (\omega_{0C} L - \frac{1}{\omega_{0C} C})^2}} \cdot (\omega_{0C} L - \frac{1}{\omega_{0C} C}) \cdot (L + \frac{1}{\omega_{0C}^2 C})$$

$$R^2 + (\omega_{0C} L - \frac{1}{\omega_{0C} C})^2 = (\frac{1}{C} - \omega_{0C}^2 L) \cdot (L + \frac{1}{\omega_{0C}^2 C}) \qquad \text{bzw.:} \qquad R^2 + 2\omega_{0C}^2 L^2 = 2\frac{L}{C}$$

$$f_{0C} = \frac{1}{2\pi} \cdot \sqrt{\frac{2L - CR^2}{2L^2 C}} = \frac{1}{2\pi} \cdot \sqrt{\frac{1}{LC} - \frac{R^2}{2L^2}} \qquad \text{Bei } \frac{1}{LC} >> \frac{R^2}{2L^2} \text{ gilt}: f_{0C} \approx \frac{1}{2\pi} \cdot \sqrt{\frac{1}{LC}} \approx f_0 .$$

Die Abweichung der Frequenz f_{0C} von der Resonanzfrequenz f_0 ist bei großen Güten vernachlässigbar.

Berechnungsbeispiel 16.6:

Bestimmen Sie die Amplitudenfrequenzgänge des Stromes in einem Reihenschwingkreis nach Bild 16.13 bei konstanter Spannungseinspeisung für zwei verschiedene Verlustwiderstände $R_{S1} = 10\ \Omega$ und $R_{S2} = 40\ \Omega$. Diese Verlustwiderstände sollen die resultierenden Verluste der realen Spule und des realen Kondensators (siehe Bild 16.38) als Serien-Ersatzwiderstand nachbilden.

Geg.: $|\underline{U}_{ges}| = 1$ V; $L = 40$ mH; $C = 100$ nF

Zeichnen Sie die Frequenzgänge der Beträge der Ströme:

a) bei linearer Einteilung der Frequenzachse
b) mit einer normierten Stromachse und linearer Frequenzachse
c) als Pegeldarstellung mit einer logarithmisch skalierten Frequenzachse

Ermitteln Sie aus dem Frequenzgang von b) die Grenzfrequenzen, die Bandbreite und die Güte beider Schwingkreise und vergleichen Sie diese Ergebnisse mit den berechneten Werten. Stellen Sie außerdem den Phasenfrequenzgang des Stromes und die Ortskurve des Stromes grafisch dar.

Zur Festlegung der Achseneinteilung werden zunächst die Resonanzfrequenz und die beiden Ströme im Resonanzfall berechnet. Die Resonanzfrequenz ist für beide Kreise gleich.

$$f_{01} = f_{02} = \frac{1}{2\pi\sqrt{LC}} = \frac{10^5}{2\pi\sqrt{40}}\ \text{Hz} = 2516\ \text{Hz}$$

$$I_{01} = \frac{|\underline{U}_{ges}|}{R_{S1}} = \frac{1\ \text{V}}{10\ \Omega} = 100\ \text{mA} \qquad \text{und:} \qquad I_{02} = \frac{|\underline{U}_{ges}|}{R_{S2}} = \frac{1\ \text{V}}{40\ \Omega} = 25\ \text{mA}$$

Der Frequenzgang der Beträge der Ströme wird mit Gleich. (16.10) berechnet. Die Bilder 16.40 und 16.41 zeigen einen Ausschnitt dieser Frequenzgänge von 2 kHz bis 3 kHz.

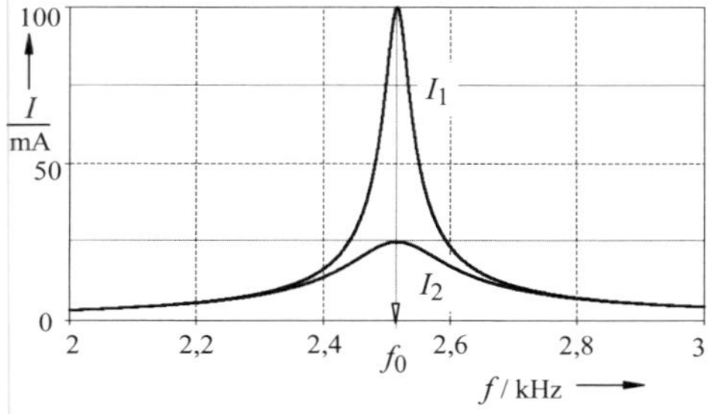

Bild 16.40: Frequenzgänge der Ströme

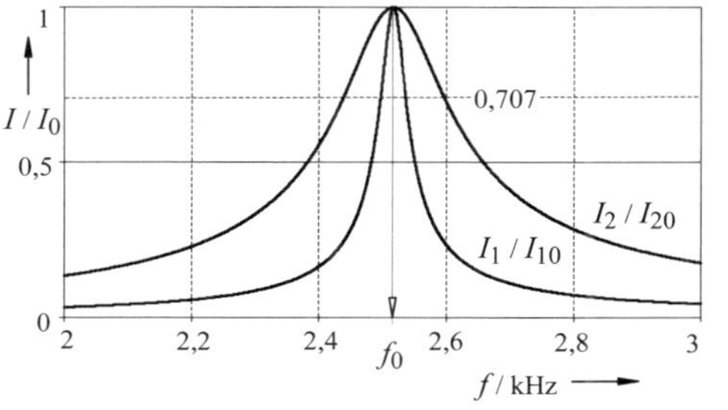

Bild 16.41: Normierte Frequenzgänge der Ströme

Durch eine Normierung der Stromverläufe auf I_{01} bzw. I_{02} (siehe Bild 16.41) erreichen beide Frequenzgänge im Resonanzfall ein einheitliches Maximum bei $I / I_0 = 1$.

Aus Bild 16.41 (vergrößert auf 500 %) können folgende Kenngrößen abgelesen werden:

$f_{gu1} \approx 2490$ Hz; $f_{go1} \approx 2535$ Hz; $B_1 \approx 45$ Hz sowie $f_{gu2} = 2435$ Hz; $f_{go2} = 2600$ Hz; $B_2 = 165$ Hz

Daraus werden die Güten der Kreise bestimmt: $Q_1 = \frac{f_0}{B_1} \approx 56$ und: $Q_2 = \frac{f_0}{B_2} \approx 15$

Zum Vergleich mit den aus Bild 16.41 abgelesenen Größen werden die entsprechenden Gleichungen des Abschnittes 16.3 zur Berechnung der gesuchten Größen verwendet.

(16.8): $Q_S = \frac{Z_0}{R_S} = \frac{1}{R_S} \cdot \sqrt{\frac{L}{C}}$ $\Rightarrow$ $Q_1 = 63{,}2$ und $Q_2 = 15{,}8$

(16.12): $B = \frac{f_0}{Q}$ $\Rightarrow$ $B_1 = 39{,}8$ Hz und $B_2 = 159{,}1$ Hz

(16.13): $f_{gu} = \frac{-f_0 + f_0\sqrt{1+4Q^2}}{2Q}$ $\Rightarrow$ $f_{gu1} = 2496$ Hz und $f_{gu2} = 2437$ Hz

(16.14): $f_{go} = \frac{f_0 + f_0\sqrt{1+4Q^2}}{2Q}$ $\Rightarrow$ $f_{go1} = 2536$ Hz und $f_{go2} = 2596$ Hz

Probe mit (16.11): $B = f_{go} - f_{gu}$ $\Rightarrow$ $B_1 = 40$ Hz und $B_2 = 159$ Hz

Die Abweichungen der aus dem Frequenzgang ermittelten Werte von den berechneten Werten resultieren aus den bekannten Ungenauigkeiten einer grafischen Lösung (Ablesegenauigkeit ca. ± 5 Hz).

Der Frequenzgang des Pegels der Ströme wird mit Gleich. (16.18) berechnet. Bild 16.43 zeigt den Frequenzgang des Pegels mit logarithmischer Skalierung der Frequenzachse in einem Frequenzbereich von 1 kHz bis 5 kHz. Im Bild 16.42 wurde der normierte Frequenzgang der Ströme mit einer logarithmisch skalierten Frequenzachse zum Vergleich dargestellt. In allen Bildern erkennt man, dass mit zunehmendem Verlustwiderstand die Bandbreite ansteigt, die Güte sinkt und damit die Selektivität des Kreises infolge einer steigenden Bedämpfung kleiner wird.

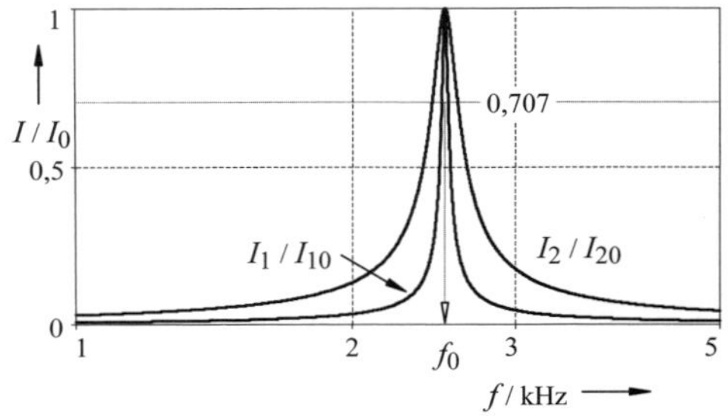

Bild 16.42: Normierte Frequenzgänge der Ströme

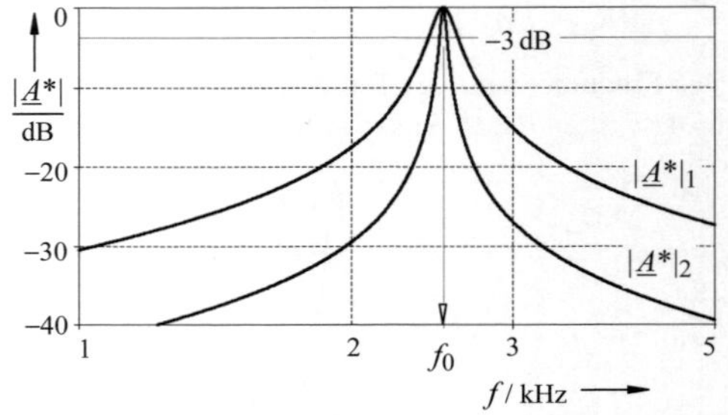

Bild 16.43: Frequenzgänge der Strompegel

Der Phasenfrequenzgang des Stromes kann mit Gleich. (14.10) und $\varphi_i = -\varphi$ berechnet werden.

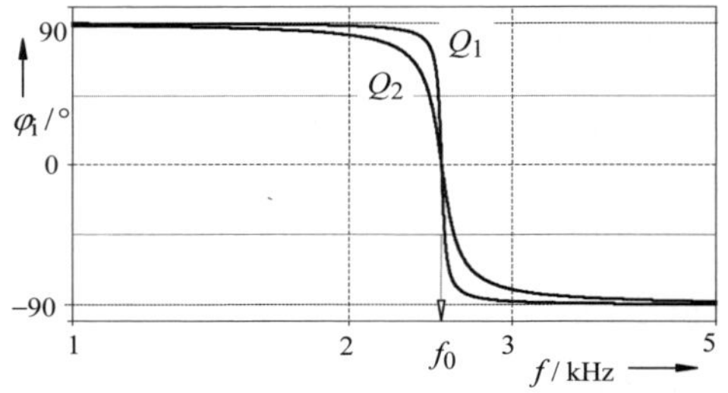

$$\underline{I} = \frac{\underline{U}_{ges}}{\underline{Z}} = \frac{|\underline{U}_{ges}| \cdot e^{j0}}{R + j\,(\omega L - \frac{1}{\omega C})}$$

$$\varphi_i(\omega) = -\arctan \frac{\omega L - \frac{1}{\omega C}}{R}$$

Bild 16.44: Phasenfrequenzgänge des Stromes bei unterschiedlichen Güten

Die Ortskurve wird über eine konjugiert komplexe Erweiterung des komplexen Stromes bestimmt.

$$\underline{I} = \frac{|\underline{U}_{ges}| \cdot e^{j0}}{R + j\,(\omega L - \frac{1}{\omega C})} = |\underline{U}_{ges}| \cdot \frac{R - j\,(\omega L - \frac{1}{\omega C})}{R^2 + (\omega L - \frac{1}{\omega C})^2} = |\underline{U}_{ges}| \cdot \left(\frac{R}{R^2 + (\omega L - \frac{1}{\omega C})^2} - j \cdot \frac{\omega L - \frac{1}{\omega C}}{R^2 + (\omega L - \frac{1}{\omega C})^2} \right)$$

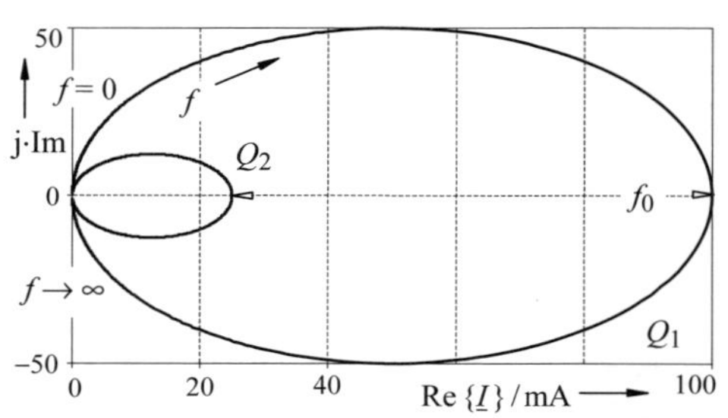

$$\mathrm{Re}\{\underline{I}\} = |\underline{U}_{ges}| \cdot \frac{R}{R^2 + (\omega L - \frac{1}{\omega C})^2}$$

$$\mathrm{Im}\{\underline{I}\} = -|\underline{U}_{ges}| \cdot \frac{\omega L - \frac{1}{\omega C}}{R^2 + (\omega L - \frac{1}{\omega C})^2}$$

Bild 16.45: Ortskurven des Stromes bei unterschiedlichen Güten

Der Phasenfrequenzgang des Stromes durchläuft im Resonanzfall bei beiden Güten den Wert null. Für den Gesamtphasenwinkel gilt in diesem Fall: $\varphi = \varphi_u - \varphi_i = 0$.

Die Ortskurven beginnen bei tiefen Frequenzen mit einem positiven Imaginärteil (kapazitive Wirkung). Im Resonanzfall wird der Imaginärteil null und es fließt ein reiner Wirkstrom I_0. Bei Frequenzen oberhalb des Resonanzpunktes werden die Imaginärteile negativ. Die Beträge von Real- und Imaginärteil werden mit zunehmender Frequenz kleiner und streben gegen den Wert null. Mit abnehmender Güte schließt die Ortskurve eine immer kleinere Fläche ein.

Berechnungsbeispiel 16.7:

Berechnen Sie allgemein den Frequenzgang des Kehrwertes des $\underline{A}$-Parameters $\underline{A}_{11}$ für einen aus idealen Bauelementen bestehenden Übertragungsvierpol nach Bild 16.46. Skizzieren Sie diesen Frequenzgang unter Verwendung der normierten Frequenz mit den aus der Rechnung ermittelten Werten.

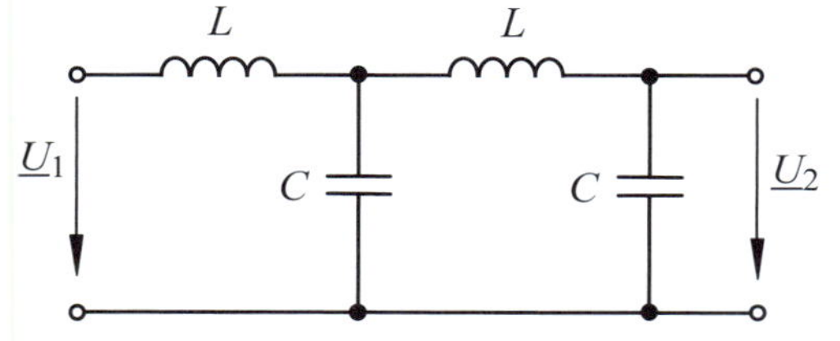

Es gilt: $\Omega^2 = \dfrac{\omega^2}{\omega_0^2} = \omega^2 LC$

Bild 16.46: LC-Übertragungsvierpol

Der Kehrwert des Parameters $\underline{A}_{11}$ beschreibt mit seinem Betrag den Spannungsübertragungsfaktor bei Leerlauf am Ausgang des Übertragungsvierpols. Zur Berechnung wird die Spannungsteilerregel angewendet.

$$\frac{1}{\underline{A}_{11}} = \frac{\underline{U}_2}{\underline{U}_1}\bigg|_{(\underline{I}_2=0)} = \frac{\dfrac{1}{j\omega C}}{j\omega L + \dfrac{1}{j\omega C}} \cdot \frac{\dfrac{1}{j\omega C} // (j\omega L + \dfrac{1}{j\omega C})}{j\omega L + \dfrac{1}{j\omega C} // (j\omega L + \dfrac{1}{j\omega C})}$$

$$\frac{1}{\underline{A}_{11}} = \frac{\underline{U}_2}{\underline{U}_1}\bigg|_{(\underline{I}_2=0)} = \frac{-\dfrac{1}{\omega^2 C^2}}{j\omega L \cdot (j\omega L + \dfrac{2}{j\omega C}) + \dfrac{1}{j\omega C} \cdot (j\omega L + \dfrac{1}{j\omega C})} = \frac{1}{1 - 3\omega^2 LC + \omega^4 L^2 C^2} = \frac{1}{1 - 3\Omega^2 + \Omega^4}$$

Der Kehrwert des Parameters ist in diesem Beispiel eine reelle Größe. Sein Frequenzgang (Bild 16.47) kann mit folgenden Werten skizziert werden:

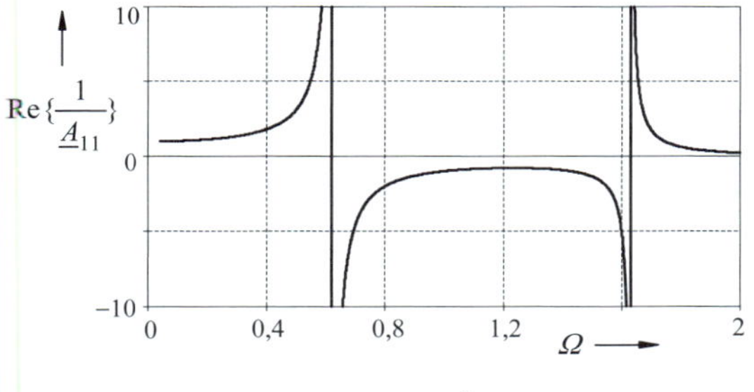

- Anfangswert: $\dfrac{1}{\underline{A}_{11}}(\Omega = 0) = 1$
- Endwert: $\dfrac{1}{\underline{A}_{11}}(\Omega \to \infty) = 0$
- Pole: $\Omega_1 = 0{,}62$ und $\Omega_3 = 1{,}62$
- Rel. Maximum: $\Omega_2 = \sqrt{1{,}5} = 1{,}225$

Bild 16.47: Frequenzgang des LC-Übertragungsvierpols

17 Leistungsbetrachtungen im Wechselstromkreis

17.1 Zeitfunktion der Leistung

Die Leistung im Wechselstromkreis wird aus dem Produkt der beiden Zeitfunktionen Spannung $u\ (t)$ und Strom $i\ (t)$ bestimmt. Dieses Produkt $p\ (t)$ ist wieder eine Funktion der Zeit.

$$p\ (t) = u\ (t) \cdot i\ (t) \qquad (17.1)$$

Durch Einsetzen der Zeitfunktionen gemäß Gleich. (13.2) und (13.3) erhält man:

$$p = \hat{U} \cdot \sin(\omega t + \varphi_u) \cdot \hat{I} \cdot \sin(\omega t + \varphi_i)$$

Mit dem Additionstheorem:

$$\sin\alpha \cdot \sin\beta = \frac{1}{2}\left[\cos(\alpha - \beta) - \cos(\alpha + \beta)\right]$$

kann dieser Ausdruck umgeformt werden. Die Winkeldifferenz $(\alpha - \beta) = (\varphi_u - \varphi_i)$ entspricht dabei dem Phasenwinkel φ.

$$p = \frac{\hat{U} \cdot \hat{I}}{2} \cdot [\cos\varphi - \cos(2\omega t + \varphi_u + \varphi_i)]$$

Die Maximalwerte können noch mit Gleich. (13.11) durch die Effektivwerte ersetzt werden ($\hat{U} \cdot \hat{I} = U \cdot \sqrt{2} \cdot I \cdot \sqrt{2}$):

$$p = U \cdot I \cdot \cos\varphi - U \cdot I \cdot \cos(2\omega t + \varphi_u + \varphi_i) \qquad (17.2)$$

Die Zeitfunktion der Leistung setzt sich aus einer zeitlich unabhängigen Komponente $U \cdot I \cdot \cos\varphi$ und einem zeitlich abhängigen Funktionsteil $U \cdot I \cdot \cos(2\omega t + \varphi_u + \varphi_i)$ zusammen. Die zeitinvariante Komponente stellt dabei einen Mittelwert dar, um den der zeitlich abhängige Funktionsanteil mit der doppelten Frequenz schwingt.

Ausgangspunkt für die folgenden Betrachtungen ist ein komplexer Lastzweipol, in den eine sinusförmigen Wechselspannung (Bezugsgröße mit $\varphi_u = 0$) mit der Betriebsfrequenz f_B eingespeist wird (Bild 17.1).

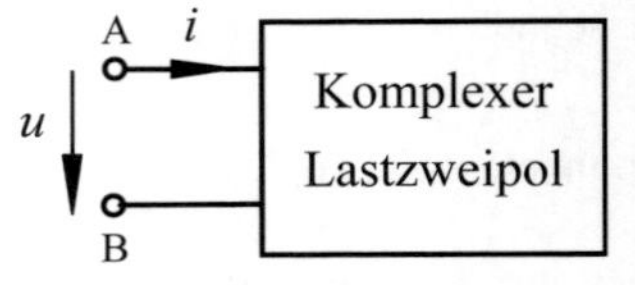

Bild 17.1: Komplexer Lastzweipol

Dann fließt ein Strom i, der vom komplexen Lastzweipol in seiner Phasenlage relativ zur Spannung verändert wird. Das Produkt von Spannung und Strom bewirkt einen Leistungsfluss $p\ (t)$ zwischen der Quelle und dem Verbraucher.

Die Zeitfunktion der Leistung $p(t)$ schwingt mit der doppelten Betriebsfrequenz um einen Mittelwert, der als Wirkleistung P bezeichnet wird.

Für eine Periode der eingespeisten Größe gilt dann für die vom Verbraucher aufgenommene Wirkleistung:

$$P = \frac{1}{T} \cdot \int_0^T u(t) \cdot i(t) \cdot \mathrm{d}t \qquad (17.3)$$

Besteht der Lastzweipol lediglich aus einem ohmschen Widerstand $\underline{Z}_a = R$, so durchläuft die Zeitfunktion der Leistung nur positive Funktionswerte (siehe Bild 17.2 – oben).

Besteht der Lastzweipol dagegen aus einem komplexen Widerstand $\underline{Z}_a = R + \mathrm{j}\,X$, so existieren Zeitabschnitte, in denen der Augenblickswert der Leistung negativ wird. In dieser Zeit liefert der Lastzweipol Energie an die Quelle zurück (Bild 17.2 – Mitte).

Der Mittelwert wird schließlich null, wenn der Lastzweipol aus einem reinen Blindelement j X besteht und eine Phasenverschiebung von $\varphi = \pm 90°$ verursacht.

Im Bild 17.2 sind die Zeitfunktionen von Spannung, Strom und Leistung für unterschiedliche Nullphasenwinkel des Stromes dargestellt. Die angegebenen Zahlenwerte an der Ordinatenachse stellen Mengeneinheiten dar und dienen lediglich zum Vergleich der drei Lastsituationen.

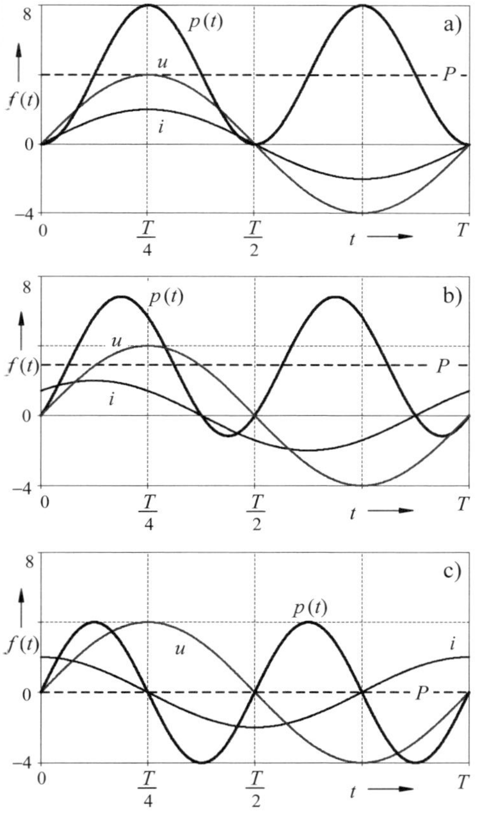

Bild 17.2: Zeitfunktion der Leistung
a) für $\varphi = 0°$ b) für $\varphi = +45°$
c) für $\varphi = +90°$

Ein Vergleich der drei Leistungsverläufe im Bild 17.2 zeigt, dass mit zunehmendem Phasenwinkel $\varphi = \varphi_u - \varphi_i = -\varphi_i$ der Mittelwert, um den die Zeitfunktion der Leistung schwingt, immer kleiner wird.

17.2 Wirk-, Blind- und Scheinleistung

Die *Wirkleistung* beschreibt den Mittelwert der Zeitfunktion der Leistung. Sie wird in einem rein ohmschen Lastzweipol umgesetzt. Für die Einheit gilt: $[P] = 1$ W.

$$P = U \cdot I \cdot \cos\varphi \qquad (17.4)$$

Besteht der Lastzweipol aus einer Kombination von Wirk- und Blindwiderständen ($\underline{Z}_a = R + \mathrm{j}\,X$), so entsteht neben der Wirkleistung zugleich eine *Blindleistung* Q (vgl. Lehrbeispiel 17.1). Die Blindleistung wird mit der Einheit $[Q] = 1$ var (Volt-Ampere-Reaktiv) angegeben. Beide Leistungskomponenten stehen senkrecht aufeinander. Im Ergebnis ihrer geometrischen Addition erhält man die *Scheinleistung* S. Für die Einheit gilt: $[S] = 1$ V·A.

In Analogie zur Beschreibung eines Scheinwiderstandes über die geometrische Addition von Wirk- und Blindwiderstand in einem Widerstandszeigerbild kann auch ein Zeigerbild der Leistungen konstruiert werden.

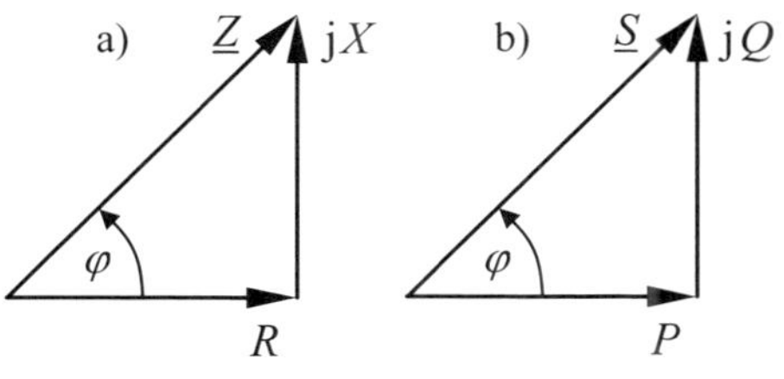

Bild 17.3: Analoge Zeigerbilder
a) für die Widerstände
b) für die Leistungen

Die Wirkleistung als Ankathete des rechtwinkligen Dreiecks wird über die Kosinusfunktion beschrieben [siehe Gleich. (17.4)]. Die Blindleistung muss dann als Gegenkathete dieses rechtwinkligen Dreiecks über die Sinusfunktion beschreibbar sein.

$$Q = U \cdot I \cdot \sin\varphi \qquad (17.5)$$

Die Scheinleistung als Hypotenuse des rechtwinkligen Dreiecks ergibt sich über den Lehrsatz des PYTHAGORAS.

$$S = \sqrt{P^2 + Q^2} \qquad (17.6)$$

Durch Einsetzen der Wirk- und der Blindleistung kann die Scheinleistung auch über das Produkt der Effektivwerte von Spannung und Strom ausgedrückt werden. Eine analoge Aussage erhält man aus dem Zeigerbild der Leistungen (Bild 17.3.b).

$$S = \sqrt{U^2 \cdot I^2 \cdot \cos^2\varphi + U^2 \cdot I^2 \cdot \sin^2\varphi}$$

$$S = U \cdot I \cdot \sqrt{\cos^2\varphi + \sin^2\varphi}$$

mit: $\cos^2\varphi + \sin^2\varphi = 1$ (Kreisgleichung)

$$S = U \cdot I \qquad (17.7)$$

Lehrbeispiel 17.1:

An einen Lastzweipol mit $\underline{Z}_a = 400\ \Omega + \text{j}\ 230\ \Omega$ wird eine Spannung $U_{\text{eff}} = 230$ V angelegt. Berechnen Sie alle Leistungskomponenten der Last.

Für die Leistungen wird der Betrag des Stromes und der Phasenwinkel φ benötigt.

$$I = \frac{U_{\text{eff}}}{|\underline{Z}_a|} = \frac{230}{\sqrt{400^2 + 230^2}}\ \text{A} \approx 0{,}5\ \text{A}$$

$$\varphi = \arctan\frac{\text{Im}\{\underline{Z}_a\}}{\text{Re}\{\underline{Z}_a\}} = \arctan\frac{230\ \Omega}{400\ \Omega} = 30°$$

$$P = 230\ \text{V} \cdot 0{,}5\ \text{A} \cdot \cos 30° = 99{,}6\ \text{W}$$

$$Q = 230\ \text{V} \cdot 0{,}5\ \text{A} \cdot \sin 30° = 57{,}5\ \text{var}$$

$$S = 230\ \text{V} \cdot 0{,}5\ \text{A} = 115\ \text{V} \cdot \text{A}$$

17.3 Komplexe Leistung

Analog zur Berechnung des komplexen Widerstandes kann die Leistung im Wechselstromkreis bei sinusförmiger Einspeisung auch im Bildbereich berechnet werden. Es gelten die aus Abschn. 15.2.3 bekannten Transformationsregeln.

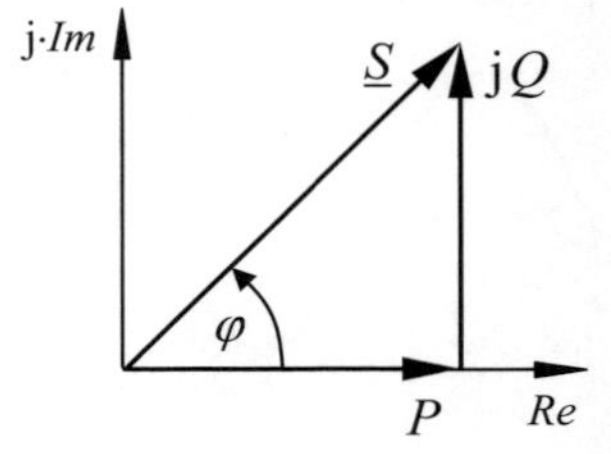

Bild 17.4: Komplexe Leistung

Die komplexe Leistung kann direkt aus dem Zeigerbild abgelesen werden. Es gilt:

$$\underline{S} = P + \text{j}Q \qquad (17.8)$$

Da der Imaginärteil der komplexen Leistung positiv oder negativ sein kann, gilt folgende Vorzeichenregel:

- Eine induktive Blindleistung wird durch ein positives Vorzeichen und eine kapazitive Blindleistung wird mit einem negativen Vorzeichen gekennzeichnet.

Die komplexe Leistung kann auch aus dem Produkt von Spannungszeiger und Stromzeiger berechnet werden. Aus Vorzeichengründen ist dann allerdings der konjugiert komplexe Stromzeiger $\underline{I}^*$ zu verwenden. Nur so erhält man in der Exponentialform der komplexen Leistung den Phasenwinkel als Differenz der beiden Nullphasenwinkel $\varphi = \varphi_u - \varphi_i$.

$$\underline{S} = \underline{U} \cdot \underline{I}^* = |\underline{U}| \cdot \text{e}^{\text{j}\varphi_u} \cdot |\underline{I}| \cdot \text{e}^{-\text{j}\varphi_i}$$

$$\underline{S} = |\underline{U}| \cdot |\underline{I}| \cdot \text{e}^{\text{j}(\varphi_u - \varphi_i)} = |\underline{U}| \cdot |\underline{I}| \cdot \text{e}^{\text{j}\varphi}$$

$$\underline{S} = \underline{U} \cdot \underline{I}^* = |\underline{S}| \cdot e^{j\varphi} \qquad (17.9)$$

Ein beliebiger Lastzweipol kann auf die Struktur einer Reihenschaltung oder einer Parallelschaltung zurückgeführt werden.

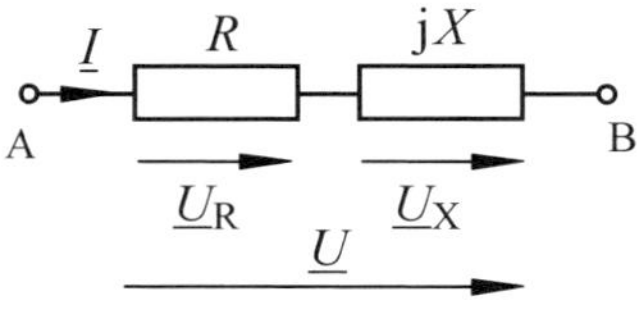

Bild 17.5: Lastzweipol als Reihenschaltung

Die Berechnung der Leistungen in einer Reihenschaltung ist mit Kenntnis des Betrages des Stromes in einfacher Form möglich:

$$\underline{S} = \underline{U} \cdot \underline{I}^* \quad \text{mit:} \quad \underline{U} = \underline{U}_R + \underline{U}_X$$

$$\underline{S} = \underline{U}_R \cdot \underline{I}^* + \underline{U}_X \cdot \underline{I}^*$$

$$\underline{S} = \underline{I} \cdot R \cdot \underline{I}^* + \underline{I} \cdot jX \cdot \underline{I}^*$$

Das Produkt eines Zeigers und seines konjugiert komplexen Zeigers ergibt das Quadrat des Betrages dieses Zeigers.

$$\underline{I} \cdot \underline{I}^* = |\underline{I}| \cdot e^{j\varphi_i} \cdot |\underline{I}| \cdot e^{-j\varphi_i} = |\underline{I}|^2$$

$$\underline{S} = |\underline{I}|^2 \cdot R + j\,|\underline{I}|^2 \cdot X = P + jQ$$

$$P = |\underline{I}|^2 \cdot R \qquad (17.10)$$

$$Q = |\underline{I}|^2 \cdot X \qquad (17.11)$$

Durch Einsetzen des OHMschen Gesetzes in die Gleich. (17.10) bzw. (17.11) erhält man noch eine Berechnungsvorschrift für beide Leistungen über das Produkt der Beträge des Stromes und der Wirkspannung $|\underline{U}_R|$ bzw. der Blindspannung $|\underline{U}_X|$.

$$P = |\underline{U}_R| \cdot |\underline{I}| \quad \text{und:} \quad Q = |\underline{U}_X| \cdot |\underline{I}|$$

Analoge Berechnungsvorschriften gelten für eine Parallelschaltung.

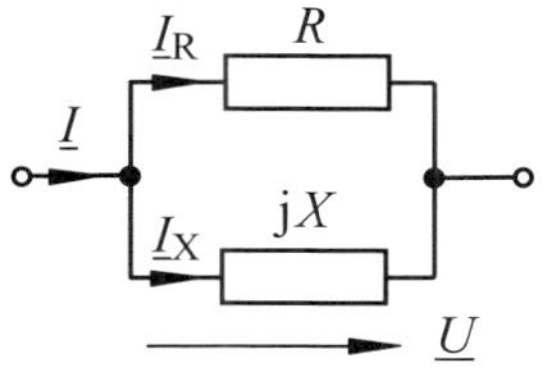

Bild 17.6: Lastzweipol als Parallelschaltung

Die Berechnung der Leistungen in einer Parallelschaltung ist mit Kenntnis des Betrages der Spannung wie folgt möglich:

$$\underline{S} = \underline{U} \cdot \underline{I}^* \quad \text{mit:} \quad \underline{I} = \underline{I}_R + \underline{I}_X$$

$$\underline{S} = \underline{U} \cdot \underline{I}_R^* + \underline{U} \cdot \underline{I}_X^* = \frac{\underline{U} \cdot \underline{U}^*}{R} + \frac{\underline{U} \cdot \underline{U}^*}{jX}$$

$$\text{mit: } \underline{U} \cdot \underline{U}^* = |\underline{U}| \cdot e^{j\varphi_u} \cdot |\underline{U}| \cdot e^{-j\varphi_u} = |\underline{U}|^2$$

$$\underline{S} = \frac{|\underline{U}|^2}{R} - j\frac{|\underline{U}|^2}{X} = P - jQ$$

Der Vorzeichenwechsel im Imaginärteil der komplexen Leistung resultiert im Vergleich zu Bild 17.5 aus dem Übergang von einer Widerstandsdarstellung $\underline{Z}$ zu einer Leitwertdarstellung $\underline{Y} = 1 / \underline{Z}$.

$$P = \frac{|\underline{U}|^2}{R} \qquad (17.12)$$

$$Q = \frac{|\underline{U}|^2}{X} \qquad (17.13)$$

Durch Einsetzen des OHMschen Gesetzes in die Gleich. (17.12) bzw. (17.13) erhält man noch eine Berechnungsvorschrift für beide Leistungen über das Produkt der Beträge der Spannung und des Wirkstromes $|\underline{I}_R|$ bzw. des Blindstromes $|\underline{I}_X|$.

$$P = |\underline{U}| \cdot |\underline{I}_R| \quad \text{und:} \quad Q = |\underline{U}| \cdot |\underline{I}_X|$$

17.4 Leistungsfaktor und seine Verbesserung

Ein komplexer Lastzweipol besteht aus einem Wirkwiderstand und einem Blindwiderstand. Er verursacht einen definierten Phasenwinkel zwischen Spannung und Strom. Neben dem Umsatz von Wirkleistung entsteht zugleich eine induktive oder kapazitive Blindleistung, die nicht im Lastzweipol umgesetzt wird. Sie pendelt vielmehr von Halbwelle zu Halbwelle mit der doppelten Netzfrequenz zwischen Quelle und Verbraucher und belastet lediglich das Netz. Beide Leistungskomponenten werden durch eine geometrische Addition (siehe Bild 17.4) zur Scheinleistung verknüpft.

Zur Kennzeichnung der Relation zwischen der Wirkleistung und der Scheinleistung dient der *Leistungsfaktor* cos φ. Der Kosinus eines Winkels beschreibt in einem rechtwinkligen Dreieck den Zusammenhang zwischen der Ankathete und der Hypotenuse. In einem Leistungsdreieck (vgl. Bild 17.4) beschreibt der Kosinus des Phasenwinkels das Verhältnis zwischen Wirk- und Scheinleistung.

$$\cos\varphi = \frac{P}{S} \qquad (17.14)$$

Wird die Blindleistung im Vergleich zur Wirkleistung kleiner (siehe Bild 17.8), so nähert sich die Wirkleistung immer mehr an die Scheinleistung an (cos $\varphi \rightarrow 1$).

In der Praxis überwiegen induktive Verbraucher (Drosseln, elektrische Maschinen, Gleichrichter usw.). Sie verursachen eine induktive Blindleistung, die zwischen Quelle und Verbraucher pendelt und zu keinem nutzbringenden Wirkleistungsumsatz führt. Daraus resultiert das Ziel, den Betrag der Blindleistung zu reduzieren.

Gemäß Gleich. (17.14) steigt der Leistungsfaktor an, wenn bei gleicher Wirkleistung die Blindleistung und damit die Scheinleistung verringert wird.

Zur Verbesserung des Leistungsfaktors muss ein induktiver Lastzweipol zusätzlich mit einer kapazitiven Last (*Kompensationskondensator*) beaufschlagt werden. Dieser Kondensator wird zum realen induktiven Verbraucher parallel geschaltet (Bild 17.7), damit am Verbraucher auch weiterhin die gleiche Betriebsspannung anliegt.

Bei einer Reihenschaltung würde ein Reihenschwingkreis entstehen, der infolge der Zielstellung $Q_L \approx |Q_{CK}|$ in der näheren Umgebung seiner Resonanzfrequenz arbeiten müsste. Das hätte einen großen Strom zur Folge und würde die Leitungen nur unnötig belasten bzw. einen größeren Leitungsquerschnitt erfordern. Außerdem könnten bei Güten $Q > 1$ durch die Spannungsüberhöhung [vgl. Gleich. (16.15)] an den Klemmen des Verbrauchers Spannungen auftreten, die mit ihrem Betrag die Betriebsspannung um den Faktor Q übersteigen. [13]

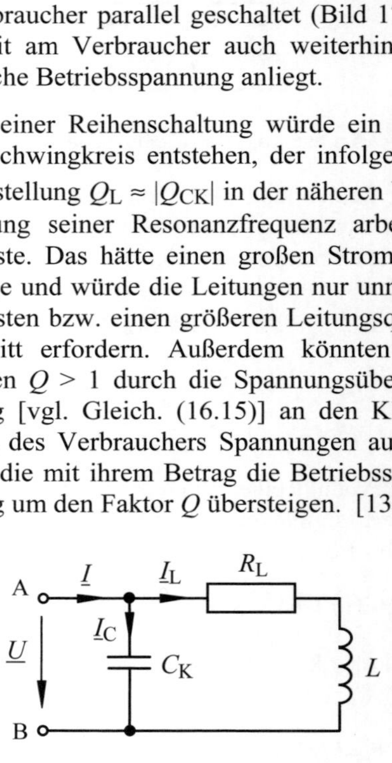

Bild 17.7: Kompensierter Lastzweipol

Ohne Kompensation fließt im induktiven Lastzweipol folgender Strom $\underline{I} = \underline{I}_L$:

$$\underline{I}_L = \frac{\underline{U}}{R_L + j\omega L} = \frac{\underline{U} \cdot R_L}{R_L^2 + \omega^2 L^2} - j\frac{\underline{U} \cdot \omega L}{R^2 + \omega^2 L^2}$$

Mit Kompensation verändert sich der Imaginärteil dieses Stromes.

$$\underline{I} = \underline{I}_L + \underline{I}_C = \frac{\underline{U}}{R_L + j\omega L} + \underline{U} \cdot j\omega C_K$$

Der Betrag des Imaginärteils des Gesamtstromes (Blindstrom) wird durch die Kompensationsmaßnahme abgesenkt.

$$\underline{I} = \frac{\underline{U} \cdot R_L}{R_L^2 + \omega^2 L^2} + \mathrm{j}\,\underline{U} \cdot \left(\omega C_K - \frac{\omega L}{R_L^2 + \omega^2 L^2} \right)$$

Die durch die Kompensation zusätzlich entstehende kapazitive Blindleistung hat ein negatives Vorzeichen. Das ist im Zeigerbild des Bildes 17.8 an der entgegengesetzten Richtung von Q_{CK} im Vergleich zu Q_L erkennbar. Diese kapazitive Blindleistung kompensiert mit ihrem Betrag einen entsprechenden Anteil der induktiven Blindleistung (*Blindleistungskompensation*) und reduziert somit die Scheinleistung.

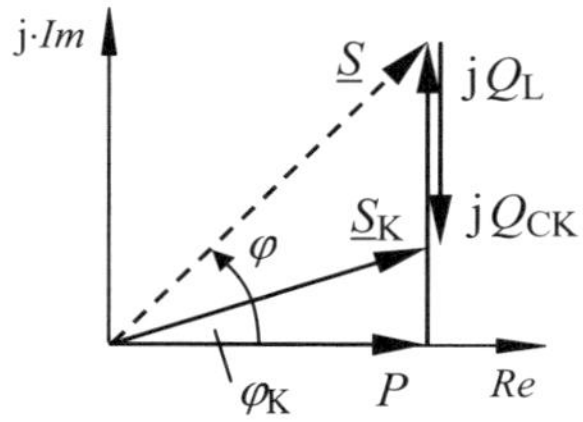

Bild 17.8: Blindleistungskompensation

Die aus einer erfolgreichen Kompensation resultierende Scheinleistung ist dann nahezu gleich der Wirkleistung. Die Blindleistung wird vernachlässigbar klein, und der Leistungsfaktor strebt gegen eins.

$$S_K = \sqrt{P^2 + (Q_L - Q_{CK})^2} \qquad (17.15)$$

$$\cos \varphi_K = \frac{P}{S_K} \qquad (17.16)$$

Die Kompensation der Blindleistung wird so vorgenommen, dass ein Leistungsfaktor von $\cos \varphi \approx 0{,}95$ erreicht wird. Eine totale Kompensation ($\cos \varphi = 1$) ist zu vermeiden, um unkontrollierbare Effekte in der Umgebung des Resonanzfalles auszuschließen.

Eine Überkompensation (Wechsel von einer induktiven Blindleistung zu einer resultierenden kapazitiven Blindleistung) ist nur in Spezialfällen üblich.

Lehrbeispiel 17.2:

Ein realer induktiver Verbraucher mit $R = 50\ \Omega$ und $L = 0{,}5$ H wird bei $f = 50$ Hz mit einer Spannung $\underline{U} = 230\ \mathrm{V} \cdot \mathrm{e}^{\mathrm{j}\,0°}$ betrieben.

Berechnen Sie die Wirk-, Blind- und Scheinleistung sowie den Leistungsfaktor. Vergleichen Sie die Blindströme und die Leistungen:

a) vor einer Kompensation und

b) nach einer Kompensation mit $C_K = 16\ \mu\mathrm{F}$ miteinander.

Zu a) $\underline{I} = \frac{\underline{U}}{\underline{Z}} = \frac{|\underline{U}|}{\sqrt{R^2 + \omega^2 L^2}} \cdot \mathrm{e}^{-\mathrm{j}\arctan\frac{\omega L}{R}}$

$$\underline{I} = \frac{230}{\sqrt{50^2 + 157^2}}\,\mathrm{A} \cdot \mathrm{e}^{-\mathrm{j}\arctan\frac{157}{50}} \approx 1{,}4\ \mathrm{A} \cdot \mathrm{e}^{-\mathrm{j}72{,}3°}$$

$$\underline{I} = 0{,}426\ \mathrm{A} - \mathrm{j}\,1{,}334\ \mathrm{A}$$

$$\cos\varphi = \cos(\varphi_u - \varphi_i) = \cos 72{,}3° = 0{,}304$$

$$\underline{S} = \underline{U} \cdot \underline{I}^* = 230\ \mathrm{V} \cdot \mathrm{e}^{\mathrm{j}0°} \cdot 1{,}4\ \mathrm{A} \cdot \mathrm{e}^{\mathrm{j}\,72{,}3°}$$

$$\underline{S} = 230\ \mathrm{V} \cdot 1{,}4\ \mathrm{A} \cdot (\cos 72{,}3° + \mathrm{j}\sin 72{,}3°)$$

$$\underline{S} = 97{,}7\ \mathrm{W} + \mathrm{j}\,306{,}8\ \mathrm{var} = 322\ \mathrm{V\cdot A} \cdot \mathrm{e}^{\mathrm{j}\,72{,}3°}$$

Zu b) $\underline{I} = \frac{\underline{U} \cdot R}{R^2 + \omega^2 L^2} + \mathrm{j}\,\underline{U} \cdot \left(\omega C_K - \frac{\omega L}{R^2 + \omega^2 L^2} \right)$

$$\underline{I} = 0{,}424\ \mathrm{A} - \mathrm{j}\,0{,}174\ \mathrm{A} = 0{,}458\ \mathrm{A} \cdot \mathrm{e}^{-\mathrm{j}\,22{,}3°}$$

$$\cos\varphi = \cos(\varphi_u - \varphi_i) = \cos 22{,}3° = 0{,}925$$

$$\underline{S} = \underline{U} \cdot \underline{I}^* = 230\ \mathrm{V} \cdot \mathrm{e}^{\mathrm{j}0°} \cdot 0{,}458\ \mathrm{A} \cdot \mathrm{e}^{\mathrm{j}\,22{,}3°}$$

$$\underline{S} = 230\ \mathrm{V} \cdot 0{,}458\ \mathrm{A} \cdot (\cos 22{,}3° + \mathrm{j}\sin 22{,}3°)$$

$$\underline{S} = 97{,}5\ \mathrm{W} + \mathrm{j}\,40\ \mathrm{var} = 105{,}4\ \mathrm{V\cdot A} \cdot \mathrm{e}^{\mathrm{j}\,22{,}3°}$$

Die Wirkleistung ist im Fall b) gleich der Wirkleistung im Fall a). Durch die Kompensationsmaßnahme wird der Blindstrom abgesenkt und der Leistungsfaktor steigt auf $\cos\varphi > 0{,}9$. Die Reduzierung der Blindleistung ist offensichtlich.

Berechnungsbeispiel 17.1:

Rechnen Sie die Zeitfunktion der Leistung gemäß Gleich. (17.2) so um, dass der mit der doppelten Frequenz schwankende Leistungsanteil in eine cos- und eine sin-Schwingung zerlegt wird.

Gleich. (17.2): $p = U \cdot I \cdot \cos\varphi - U \cdot I \cdot \cos(2\omega t + \varphi_u + \varphi_i)$ mit: $\varphi_i = \varphi_u - \varphi$

$$p = U \cdot I \cdot \cos\varphi - U \cdot I \cdot \cos(2\omega t + \varphi_u + \varphi_u - \varphi) = U \cdot I \cdot \cos\varphi - U \cdot I \cdot \cos[2(\omega t + \varphi_u) - \varphi]$$

Der Ausdruck in der eckigen Klammer wird wie folgt substituiert: $[2(\omega t + \varphi_u) - \varphi] = [\alpha - \beta]$
Für die Zerlegung kann nun folgendes Additionstheorem verwendet werden:

$$\cos[2\alpha - \beta] = \cos 2\alpha \cdot \cos\beta + \sin 2\alpha \cdot \sin\beta$$

$$p = U \cdot I \cdot \cos\varphi - U \cdot I \cdot \cos 2(\omega t + \varphi_u) \cdot \cos\varphi - U \cdot I \cdot \sin 2(\omega t + \varphi_u) \cdot \sin\varphi$$

$$p = U \cdot I \cdot \cos\varphi \cdot [1 - \cos 2(\omega t + \varphi_u)] - U \cdot I \cdot \sin\varphi \cdot \sin 2(\omega t + \varphi_u) \qquad (17.17)$$

Der Ausdruck $U \cdot I \cdot \cos\varphi \cdot [1 - \cos 2(\omega t + \varphi_u)]$ kann nie negativ werden und stellt mit seinem Mittelwert die Wirkleistung dar. Die Funktion $U \cdot I \cdot \sin\varphi \cdot \sin 2(\omega t + \varphi_u)$ schwankt um die Nullachse und beschreibt die Energiependelung zwischen Quelle und Verbraucher. Ihr Maximalwert $U \cdot I \cdot \sin\varphi$ charakterisiert den Blindleistungsanteil. Bei einem reinen Wirkwiderstand ist dieser Term gleich null.

Berechnungsbeispiel 17.2:

Ein komplexer Verbraucher mit $\underline{Z}_a = 300\ \Omega + j\ 400\ \Omega$ wird an einer Quelle mit $\underline{U}_q = 230\ \text{V} \cdot e^{j0°}$ bei einer Frequenz $f = 50$ Hz betrieben. Der Innenwiderstand der Quelle kann vernachlässigt werden.

a) Berechnen Sie den Blindstrom und die komplexe Leistung.

b) Kompensieren Sie den Verbraucher gemäß Bild 17.7 auf cos φ_K = 0,95 und wiederholen Sie die Rechnungen von a).

c) Diskutieren Sie den Einfluss der Kapazität des Kompensationskondensators C_K.

Zu a) $\underline{I}(a) = \dfrac{\underline{U}_q}{\underline{Z}_a} = \dfrac{230\ \text{V} \cdot e^{j0°}}{500\ \Omega \cdot e^{j53°}} = 460\ \text{mA} \cdot e^{-j53°} = (276{,}8 - j367{,}4)\ \text{mA} \quad \Rightarrow \quad \cos\varphi = 0{,}6$

$$\underline{S} = \underline{U}_q \cdot \underline{I}^*(a) = 230 \cdot e^{j0°} \cdot 0{,}46 \cdot e^{j53°}\ \text{V} \cdot \text{A} = 105{,}8\ \text{V} \cdot \text{A} \cdot e^{j53°} = 63{,}7\ \text{W} + j84{,}5\ \text{var}$$

Zu b) Es handelt sich um einen induktiven Verbraucher. Die Blindleistungskompensation wird mit einem parallel zum Verbraucher geschalteten Kondensator vorgenommen. Wie Bild 17.7 zeigt, liegt die Netzspannung dann immer noch über dem Verbraucher.

Zur Berechnung des Kompensationselementes ist der Phasenwinkel im Kompensationsfall allgemein zu berechnen und dem entsprechenden Wert für cos φ_K = 0,95 gleichzusetzen. Da die Schaltung aus zwei parallelen Zweigen besteht, ist das Rechnen mit dem komplexen Leitwert effektiver.

$$\underline{Y} = \mathrm{j}\omega C_\mathrm{K} + \frac{1}{R+\mathrm{j}\omega L} = \mathrm{j}\omega C_\mathrm{K} + \frac{R-\mathrm{j}\omega L}{R^2+\omega^2 L^2} = \frac{\mathrm{j}\omega C_\mathrm{K}\cdot(R^2+\omega^2 L^2)+R-\mathrm{j}\omega L}{R^2+\omega^2 L^2}$$

$$\underline{Y} = \frac{\mathrm{j}\omega C_\mathrm{K} R^2 + \mathrm{j}\omega^3 C_\mathrm{K} L^2 + R - \mathrm{j}\omega L}{R^2+\omega^2 L^2} = \frac{R}{R^2+\omega^2 L^2} + \mathrm{j}\frac{\omega^3 C_\mathrm{K} L^2 + \omega C_\mathrm{K} R^2 - \omega L}{R^2+\omega^2 L^2}$$

Der Tangens des Phasenwinkels ergibt sich aus dem Quotienten von Imaginärteil und Realteil und ist beim komplexen Leitwert infolge seines Kehrwertes relativ zum komplexen Widerstand negativ.

$$\tan\varphi_\mathrm{K} = -\frac{\omega^3 C_\mathrm{K} L^2 + \omega C_\mathrm{K} R^2 - \omega L}{R}$$

Für die Kompensation eines induktiven Verbrauchers mit einem parallel geschalteten Kondensator gilt folgende allgemein gültige Berechnungsvorschrift:

$$C_\mathrm{K} = \frac{\omega L - R\cdot\tan\varphi_\mathrm{K}}{\omega\cdot(R^2+\omega^2 L^2)} \qquad (17.18)$$

Der Winkel für cos $\varphi_\mathrm{K} = 0{,}95$ beträgt 18,2°. Daraus kann mit Gleich. (17.18) der Kompensationskondensator berechnet werden.

$$C_\mathrm{K} = \frac{\omega L - R\cdot\tan\varphi_\mathrm{K}}{\omega(R^2+\omega^2 L^2)} = \frac{400\,\Omega - 300\,\Omega\cdot\tan 18{,}2^\circ}{314\ \mathrm{s}^{-1}(300^2+400^2)\,\Omega^2} = 3{,}84\,\mu\mathrm{F}$$

Der komplexe Gesamtstrom $\underline{I}$ (b) setzt sich jetzt aus dem ursprünglichen Strom durch den Lastzweipol $\underline{I}$ (a) und einem zusätzlichen Strom durch den Kompensationskondensator zusammen. Wird dieser Kondensator als ideal angenommen, so bewirkt er einen reinen kapazitiven Blindstrom, der infolge seines positiven Vorzeichens einen Teil des ursprünglichen induktiven Blindstromes (negatives Vorzeichen) kompensiert. Damit wird der Betrag des resultierenden Blindstromes abgesenkt. Da der Wirkstrom nicht verändert wird, sinkt somit der Betrag des Gesamtstromes von 460 mA auf 290,5 mA.

$$\underline{I}(\mathrm{b}) = \underline{I}(\mathrm{a}) + \underline{I}_\mathrm{CK} = \frac{\underline{U}_\mathrm{q}}{\underline{Z}_\mathrm{a}} + \frac{\underline{U}_\mathrm{q}}{\mathrm{j}X_\mathrm{CK}} = \frac{\underline{U}_\mathrm{q}}{R_\mathrm{a}+\mathrm{j}X_\mathrm{a}} + \underline{U}_\mathrm{q}\cdot\mathrm{j}\omega C_\mathrm{K} = \frac{\underline{U}_\mathrm{q}\cdot R_\mathrm{a}}{R_\mathrm{a}^2+X_\mathrm{a}^2} + \mathrm{j}\,\underline{U}_\mathrm{q}\cdot\left(\omega C_\mathrm{K} - \frac{X_\mathrm{a}}{R_\mathrm{a}^2+X_\mathrm{a}^2}\right)$$

$$\underline{I}(\mathrm{b}) = 276\ \mathrm{mA} + \mathrm{j}\,277{,}5\ \mathrm{mA} - \mathrm{j}\,368\ \mathrm{mA} = 276\ \mathrm{mA} - \mathrm{j}\,90{,}5\ \mathrm{mA} = 290{,}5\ \mathrm{mA}\cdot\mathrm{e}^{-\mathrm{j}\,18{,}2^\circ}$$

Diese Änderungen haben eine Absenkung der Blindleistung auf etwa 25 % des ursprünglichen Wertes zur Folge. Die Wirkleistung bleibt konstant und die Scheinleistung wird kleiner. Damit steigt der Leistungsfaktor von cos $\varphi = 0{,}6$ auf cos $\varphi_\mathrm{K} = 0{,}95$ an.

$$\underline{S}(\mathrm{b}) = \underline{U}_\mathrm{q}\cdot\underline{I}^*(\mathrm{b}) = 230\ \mathrm{V}\cdot\mathrm{e}^{\mathrm{j}0^\circ}\cdot 0{,}2905\ \mathrm{A}\cdot\mathrm{e}^{-\mathrm{j}\,18{,}2^\circ} = 66{,}8\ \mathrm{V}\cdot\mathrm{A}\cdot\mathrm{e}^{-\mathrm{j}\,18{,}2^\circ} = 63{,}5\ \mathrm{W} - \mathrm{j}20{,}9\ \mathrm{var}$$

Probe: $\cos\varphi(\mathrm{b}) = \cos(\varphi_\mathrm{u} - \varphi_\mathrm{i}) = \cos 18{,}2^\circ = 0{,}95$

Zu c) Zur Diskussion des Einflusses der Kapazität des Kompensationskondensators sollen die Änderungen des Blindstromes und die Verläufe der Leistungen bei einer Variation der Kompensationskapazität im Bereich von $0{,}1\ \mu\mathrm{F} \le C_\mathrm{K} \le 10\ \mu\mathrm{F}$ betrachtet werden.

Bild 17.9 zeigt auf der linken Seite den Verlauf des Blindstromes im Vergleich zum Betrag des Gesamtstromes. Der Wirkstrom bleibt (wie beabsichtigt) konstant.

Der resultierende Blindstrom ist bei kleinen Kompensationskapazitäten infolge der überwiegenden induktiven Wirkung negativ und leistet mit seinem Betrag einen deutlichen Beitrag zum Betrag des Gesamtstromes. Bei $C_K \approx 5\ \mu F$ tritt der Fall der totalen Kompensation mit Im $\{\underline{I}\} = 0$ und $\cos \varphi_K = 1$ sowie $|\underline{I}| = \text{Re}\ \{\underline{I}\}$ auf. Eine weitere Vergrößerung der Kapazität führt zur Überkompensation.

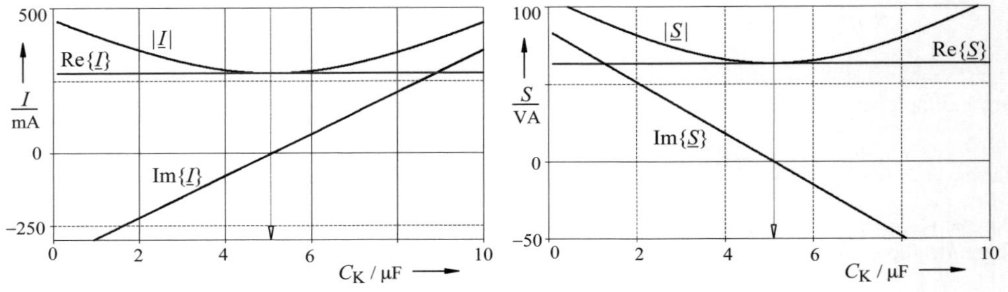

Bild 17.9: Einfluss der Kompensationskapazität

Auf der rechten Seite des Bildes 17.9 ist der Verlauf der Blindleistung im Vergleich zum Betrag der Scheinleistung dargestellt. Die Wirkleistung bleibt (wie beabsichtigt) konstant.

Die Blindleistung ist bei kleinen Kompensationskapazitäten infolge der überwiegenden induktiven Wirkung positiv. Daraus resultiert ein deutlich erkennbarer Beitrag zur Scheinleistung. Dieser Beitrag wird vernachlässigbar, wenn der Betrag der Blindleistung auf $|Q_K| \approx P/3$ abgesunken ist. Dann gilt:

$$S_K = \sqrt{P^2 + Q^2} = \sqrt{P^2 + \frac{P^2}{9}} = P \cdot \frac{\sqrt{10}}{3} = 1{,}054 \cdot P \qquad \Rightarrow \qquad \cos \varphi_K = \frac{P}{S_K} = \frac{1}{1{,}054} \approx 0{,}95$$

Berechnungsbeispiel 17.3:

Ein Elektromotor mit einer Nennspannung von $U_N = 220\ \text{V}$ ($f = 50$ Hz) hat einen Leistungsfaktor von $\cos \varphi = 0{,}8$. Im Nennbetrieb wird ein Strom von $I_N = 5$ A gemessen. Berechnen Sie die Wirk- , Blind- und Scheinleistung, und kompensieren Sie die Blindleistung so, dass ein Leistungsfaktor $\cos\varphi_K = 0{,}96$ erreicht wird.

$$P = U_N \cdot I_N \cdot \cos \varphi = 220\ \text{V} \cdot 5\ \text{A} \cdot 0{,}8 = 880\ \text{W} \qquad \text{mit}: \varphi = \arccos 0{,}8 = 36{,}87°$$

$$Q = U_N \cdot I_N \cdot \sin \varphi = 220\ \text{V} \cdot 5\ \text{A} \cdot 0{,}6 = 660\ \text{var} \qquad S = U_N \cdot I_N = 220\ \text{V} \cdot 5\ \text{A} = 1100\ \text{V} \cdot \text{A}$$

Die verursachte induktive Blindleistung ohne Kompensation beträgt 660 var. Für einen Leistungsfaktor von $\cos\varphi_K = 0{,}96$ muss eine zusätzliche kapazitive Blindleistung als Kompensationsmaßnahme eingebracht werden (vgl. Bild 17.8). Dazu ist der Phasenwinkel auf $\varphi_K = \arccos 0{,}96 = 16{,}26°$ zu verändern. Die Blindleistung im Ergebnis der Kompensation kann dann wie folgt berechnet werden:

$$Q_K = P \cdot \tan\varphi_K = (880 \cdot \tan 16{,}26°)\ \text{var} = 256{,}7\ \text{var}$$

Durch die Kompensationsmaßnahme muss demzufolge eine kapazitive Blindleistung von:

$$|Q_{CK}| = Q - Q_K = (660 - 256{,}7)\ \text{var} = 403{,}3\ \text{var}$$

eingebracht werden.

Die erforderliche Kapazität des parallel geschalteten Kompensationskondensators wird unter Verwendung der Gleich. (17.13) berechnet.

$$|Q_{CK}| = \frac{U_N^2}{|X_{CK}|} = U_N^2 \cdot \omega C_K \qquad \Rightarrow \qquad C_K = \frac{|Q_{CK}|}{\omega \cdot U_N^2} = \frac{403{,}3\ \text{var}}{314\ \text{s}^{-1} \cdot 220^2\ \text{V}^2} = 26{,}5\ \mu\text{F}$$

Die Scheinleistung wird mit dieser Maßnahme auf $S_K = \sqrt{P^2 + Q_K^2} = 916{,}7\ \text{V} \cdot \text{A}$ reduziert.

Der Betrag des Stromes sinkt um ca. 17 % auf einen Wert von $I' = \frac{S_K}{U_N} = 4{,}17\ \text{A}$.

Berechnungsbeispiel 17.4:

Eine reale Wechselspannungsquelle mit einem nicht vernachlässigbaren ohmschen Innenwiderstand R_i und einer Quellenspannung $\underline{U}_q$ wird mit einem komplexen Widerstand $\underline{Z}_a = R_a + \text{j}\, X_a$ belastet. Der Betrag des Blindwiderstandes X_a ist konstant. Bestimmen Sie allgemein den erforderlichen Wirkwiderstand $R_a = \text{f}\,(R_i; X_a)$ für einen maximalen Wirkleistungsumsatz $P_{a,max}$ im Lastwiderstand.

Zunächst wird allgemein die Wirkleistung berechnet. Durch Setzen der ersten Ableitung $\text{d}P_a / \text{d}R_a$ auf den Wert null (Maximum) kann der gesuchte Wirkwiderstand R_a (für $P_{a,max}$) bestimmt werden.

$$P_a = I^2 \cdot R_a = \frac{U_q^2 \cdot R_a}{(R_i + R_a)^2 + X_a^2}$$

$$\frac{\text{d}P_a}{\text{d}R_a} = \frac{U_q^2 \cdot \left[(R_i + R_a)^2 + X_a^2\right] - U_q^2 \cdot R_a \cdot 2 \cdot (R_i + R_a)}{\text{Nenner}^2} = 0$$

$$U_q^2 \cdot \left[(R_i + R_a)^2 + X_a^2\right] = U_q^2 \cdot R_a \cdot 2 \cdot (R_i + R_a)$$

$$R_i^2 + 2 \cdot R_a \cdot R_i + R_a^2 + X_a^2 = 2 \cdot R_a \cdot R_i + 2 \cdot R_a^2 \qquad \Rightarrow \qquad R_a = \sqrt{R_i^2 + X_a^2}$$

Berechnungsbeispiel 17.5:

Welcher Verbraucher $\underline{Z}_a = R_a + \text{j}\, X_a$ muss an einen aktiven Zweipol mit $\underline{U}_q$ und $\underline{Z}_i = R_i + \text{j}\, X_i$ angeschlossen werden, damit die im Verbraucher umgesetzte Wirkleistung ein Maximum und der zwischen Quelle und Verbraucher pendelnde Blindleistungsanteil null wird?

Es handelt sich um eine Maßnahme zur komplexen Anpassung. Sie verfolgt das Ziel, in der Last maximale Wirkleistung (bei gleichzeitiger Blindleistungskompensation) umzusetzen. Der komplexe Lastwiderstand wird so an den komplexen Innenwiderstand der Quelle angepasst, dass der eine Widerstand die konjugiert komplexe Größe des anderen komplexen Widerstandes darstellt. Dann sind beide Realteile gleich, und beide Imaginärteile haben den gleichen Betrag mit entgegengesetztem Vorzeichen.

$$\underline{Z}_a = \underline{Z}_i^* = R_i - \text{j}\,|X_i| \quad \text{mit: } R_a = R_i \text{ und: } X_a = -|X_i| \text{ gilt:} \quad P_{a,max} = U_a \cdot I = \frac{U_q}{2} \cdot \frac{U_q}{R_a + R_i} = \frac{U_q^2}{4R_i}$$

Berechnungsbeispiel 17.6:

Stellen Sie für den Lastzweipol im Bild 17.10 die vollständige Leistungsbilanz auf.

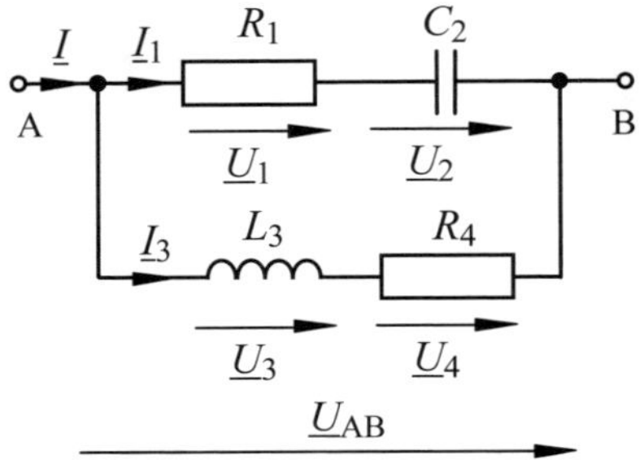

Geg.: $\underline{U}_{AB} = 45\text{ V}\cdot e^{j0°}$

$R_1 = 30\ \Omega$; $\dfrac{1}{j\omega C_2} = -j\,40\ \Omega$

$j\omega L_3 = j\,80\ \Omega$; $R_4 = 60\ \Omega$

Bild 17.10: Schaltung zum Berechnungsbeispiel 17.6

Zunächst werden die beiden Teilströme berechnet.

$$\underline{I}_1 = \frac{\underline{U}_{AB}}{\sqrt{R_1^2 + \dfrac{1}{\omega^2 C_2^2}}}\cdot e^{j\arctan\frac{1}{\omega C_2 R_1}} = \frac{45\text{ V}}{\sqrt{30^2+40^2}\ \Omega}\cdot e^{j\arctan\frac{40}{30}} = 900\text{ mA}\cdot e^{j53{,}1°}$$

$$\underline{I}_3 = \frac{\underline{U}_{AB}}{\sqrt{R_4^2 + \omega^2 L_3^2}}\cdot e^{-j\arctan\frac{\omega L_3}{R_4}} = \frac{45\text{ V}}{\sqrt{60^2+80^2}\ \Omega}\cdot e^{-j\arctan\frac{80}{60}} = 450\text{ mA}\cdot e^{-j53{,}1°}$$

Mit den Beträgen dieser Ströme werden die Wirk- und die Blindleistungen im Lastzweipol ermittelt.

$$P_1 = I_1^2\cdot R_1 = 24{,}3\text{ W} \quad \text{und:}\quad P_4 = I_3^2\cdot R_4 = 12{,}15\text{ W} \quad \Rightarrow \sum P = 36{,}45\text{ W}$$

$$Q_2 = -I_1^2\cdot\frac{1}{\omega C_2} = -\,32{,}4\text{ var} \quad \text{und:}\quad Q_3 = I_3^2\cdot\omega L_3 = +16{,}2\text{ var} \quad \Rightarrow \sum Q = -16{,}2\text{ var}$$

Die Scheinleistung des Lastzweipols (dargestellt im Verbraucher-Zählpfeilsystem) beträgt:

$$S_v \approx \sqrt{(\sum P)^2 + (\sum Q)^2} = 39{,}89\text{ V}\cdot\text{A}$$

Zur Bestimmung der Scheinleistung, die die Quelle bereitstellen muss, wird die komplexe Leistung $\underline{S}_q$ bestimmt. Der in den Lastzweipol fließende Strom kann über den Knotenpunktsatz berechnet werden.

$$\underline{I} = \underline{I}_1 + \underline{I}_3 = 900\text{ mA}\cdot e^{j53{,}1°} + 450\text{ mA}\cdot e^{-j53{,}1°}$$

$$\underline{I} = (540{,}38 + j\,719{,}72)\text{ mA} + (270{,}19 - j\,359{,}86)\text{ mA} = (810{,}57 + j\,359{,}86)\text{ mA} = 886{,}86\text{ mA}\cdot e^{j23{,}94°}$$

Die Scheinleistung der Quelle (dargestellt im Quellen-Zählpfeilsystem) wird über die komplexe Leistung bestimmt. Es gilt:

$$\underline{S}_q = \underline{U}_{AB}\cdot\underline{I}^* = 45\text{ V}\cdot e^{j0°}\cdot 886{,}86\text{ mA}\cdot e^{-j23{,}94°} \approx 39{,}91\text{ V}\cdot\text{A}\cdot e^{-j24°} = 36{,}46\text{ W} - j16{,}23\text{ var}$$

Probe: $\underline{S}_q \approx \underline{S}_v$

18 Dreiphasensysteme

18.1 Symmetrische Drehstromgeneratoren

Der Rotor eines Drehstromgenerators trägt eine Wicklung, die bei einer Synchronmaschine von einem Gleichstrom durchflossen wird. So erzeugt der Rotor ein zeitlich konstantes Magnetfeld, das mit einer gleich bleibenden Drehzahl n bewegt wird. Die Stromzuführung erfolgt über Schleifringe.

Im Stator befinden sich drei voneinander unabhängige Wicklungen (x → • im Bild 18.1), die räumlich mit einem Winkel von 120° zueinander versetzt sind. Damit induziert ein Drehstromgenerator drei voneinander unabhängige Wechselspannungen mit gleicher Frequenz und einer Phasenverschiebung von jeweils 120° zueinander. Infolge der Symmetrie des Generators haben alle drei Spannungen die gleiche Amplitude und die Quellen haben nahezu den gleichen Generator-Innenwiderstand.

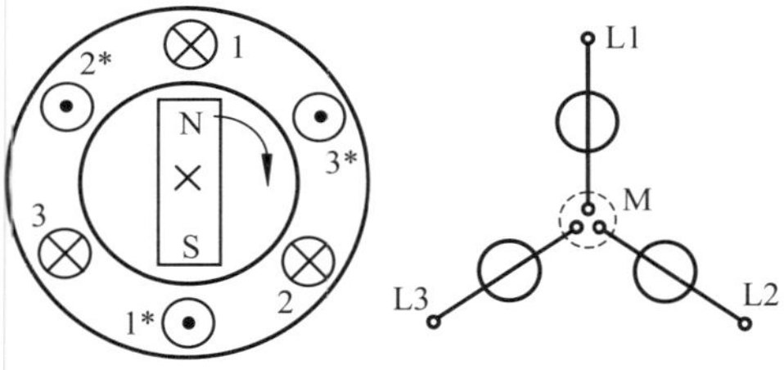

Bild 18.1: Modell eines symmetrischen Drehstromgenerators

Die drei Generatorstränge bilden ein unverkettetes Dreiphasensystem. Sie können zu einem Stern oder einem Dreieck zusammengeschaltet werden. Um ein Endverbrauchernetz speisen zu können, wird ein Mittelpunktleiter benötigt. Aus diesem Grund verkettet man die Stränge 1, 2 und 3 eines Drehstromgenerators zu einer Sternschaltung (Bilder 18.1 und 18.2) und bezeichnet die Phasen mit L1, L2 und L3.

Die Phasenbezeichnungen resultieren aus dem Begriff Leiter (Außenleiter) und haben nichts mit der Induktivität L zu tun.

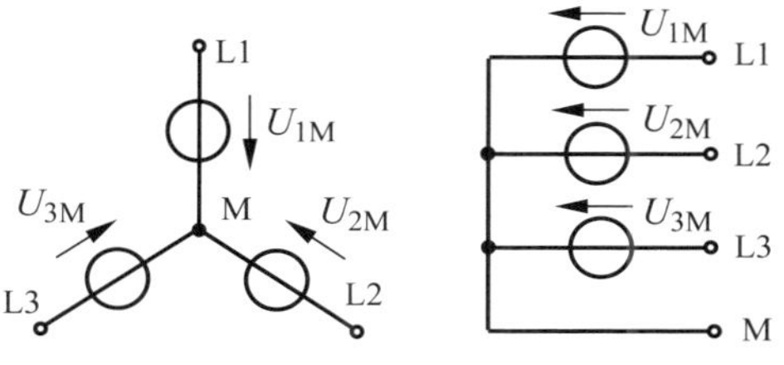

Bild 18.2: Verketteter Generatorstern

In den nachfolgenden Ausführungen zum Kap. 18 wird immer von einem idealen Generator in Sternschaltung ausgegangen. Die drei Generatorstränge werden als ideale Quellen aufgefasst. Ihre real existierenden Impedanzen bleiben unberücksichtigt.

Ein Dreiphasensystem hat gegenüber einem Einphasensystem viele Vorteile.

1) Der Generator stellt dem Verbraucher betragsmäßig zwei verschiedene Spannungen zur Verfügung (Abschn. 18.2). Sie werden als Generator-*Strangspannung* (im Weiteren nur Strangspannung genannt) und als *Leiterspannung* bezeichnet.

2) Der Leistungsfluss zwischen dem Generator und dem Verbraucher ist bei einem Dreiphasensystem mit symmetrischer Belastung konstant.

3) Dem Verbraucher wird ein umlaufendes magnetisches Feld zur Verfügung gestellt, das auch als Drehfeld bezeichnet wird. Werden die von einem solchen System erzeugten Ströme durch drei gleiche, um 120° versetzte Spulen geleitet, so entsteht zwischen diesen Spulen das gleiche Drehfeld. Damit sind Drehstrommotoren technisch realisierbar, die ohne Schleifringe o.Ä. arbeiten und so infolge ihres wesentlich geringeren Verschleißes gegenüber den Motoren mit Schleifringen oder mit Kollektoren bevorzugt werden.

18.2 Spannungen und Ströme

Die drei Wicklungen eines Drehstromgenerators stellen dem Verbraucher drei Strangspannungen $\underline{U}_S$ ($\underline{U}_{1M}$, $\underline{U}_{2M}$, $\underline{U}_{3M}$) und drei Leiterspannungen $\underline{U}_L$ ($\underline{U}_{12}$, $\underline{U}_{23}$, $\underline{U}_{31}$) bereit. Zur Berechnung dieser Spannungen wird der *Phasenoperator* verwendet. Er beschreibt die Phasenverschiebung zwischen den drei Strangspannungen.

$$\underline{a} = e^{j\,120°} \qquad (18.1)$$

Dieser Operator kann auch in der trigonometrischen Form oder in der kartesischen Form ausgedrückt werden.

$$\underline{a} = \cos 120° + j \sin 120° = -\frac{1}{2} + j\frac{\sqrt{3}}{2} \qquad (18.2)$$

Die Strangspannungen berechnet man unter der Bedingung, dass der Spannungszeiger des Stranges L1 als Bezugszeiger dient. Er liegt somit zum Bezugszeitpunkt auf der positiven reellen Achse.

$$\underline{U}_{1M} = |\underline{U}_S| \cdot \underline{a}^0 = |\underline{U}_S| \cdot e^{j0°} \qquad (18.3)$$

$$\underline{U}_{2M} = |\underline{U}_S| \cdot \underline{a}^2 = |\underline{U}_S| \cdot e^{j240°} \qquad (18.4)$$

$$\underline{U}_{3M} = |\underline{U}_S| \cdot \underline{a} = |\underline{U}_S| \cdot e^{j120°} \qquad (18.5)$$

Der Zusammenhang zwischen den Leiterspannungen und den Strangspannungen kann über das Zeigerbild anschaulich beschrieben werden (Bild 18.3). Zur Berechnung der Leiterspannungen aus den Strangspannungen wird z.B. im Zeigerbild der Maschensatz angewendet. Für $\underline{U}_{12}$ gilt:

$$\underline{U}_{12} = \underline{U}_{1M} - \underline{U}_{2M} = |\underline{U}_S| - |\underline{U}_S| \cdot \underline{a}^2$$

$$\underline{U}_{12} = |\underline{U}_S| \cdot (1 - \underline{a}^2) = |\underline{U}_S| \cdot (1 + \frac{1}{2} + j\frac{\sqrt{3}}{2})$$

$$\underline{U}_{12} = \frac{|\underline{U}_S|}{2}(3 + j\sqrt{3}) = \frac{|\underline{U}_S|}{2}\sqrt{12} \cdot e^{j\arctan\frac{\sqrt{3}}{3}}$$

$$\underline{U}_{12} = |\underline{U}_S| \cdot \sqrt{3} \cdot e^{j30°} \qquad (18.6)$$

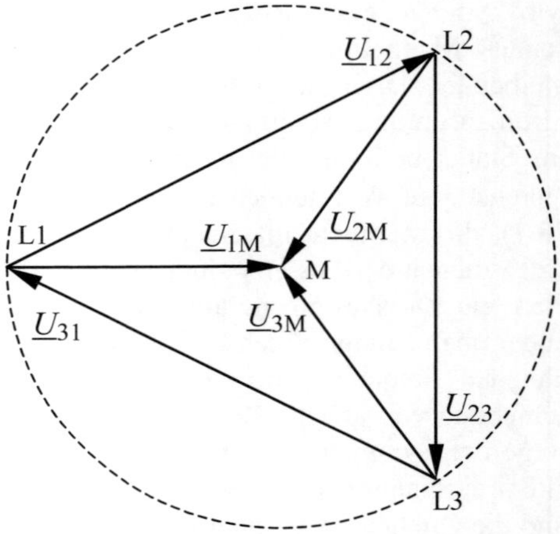

Bild 18.3: Spannungen im Dreiphasensystem

Analoge Rechenwege führen zur Bestimmung der anderen Leiterspannungen.

$$\underline{U}_{23} = |\underline{U}_S| \cdot \sqrt{3} \cdot e^{-j90°} \qquad (18.7)$$

$$\underline{U}_{31} = |\underline{U}_S| \cdot \sqrt{3} \cdot e^{j150°} \qquad (18.8)$$

Der Betrag einer beliebigen Leiterspannung ergibt sich aus dem Betrag der Strangspannung, multipliziert mit dem Verkettungsfaktor $\sqrt{3}$.

$$|\underline{U}_L| = |\underline{U}_S| \cdot \sqrt{3} \qquad (18.9)$$

Die Summe der Strangspannungen ist in einem Dreiphasensystem zu jedem Zeitpunkt gleich null.

$$\sum \underline{U}_{\mathrm{S}} = \underline{U}_{1\mathrm{M}} + \underline{U}_{2\mathrm{M}} + \underline{U}_{3\mathrm{M}}$$

$$\sum \underline{U}_{\mathrm{S}} = |\underline{U}_{\mathrm{S}}| \cdot (1 + \underline{a}^2 + \underline{a})$$

$$\sum \underline{U}_{\mathrm{S}} = |\underline{U}_{\mathrm{S}}| \cdot \left[1 + (-\frac{1}{2} - \frac{\sqrt{3}}{2}) + (-\frac{1}{2} + \frac{\sqrt{3}}{2}) \right]$$

$$\sum \underline{U}_{\mathrm{S}} = 0 \qquad (18.10)$$

Die gleiche Aussage gilt für die Leiterspannungen (äußerer Umlauf im Bild 18.3):

$$\sum \underline{U}_{\mathrm{L}} = \underline{U}_{12} + \underline{U}_{23} + \underline{U}_{31}$$

$$\sum \underline{U}_{\mathrm{L}} = \underline{U}_{1\mathrm{M}} - \underline{U}_{2\mathrm{M}} + \underline{U}_{2\mathrm{M}} - \underline{U}_{3\mathrm{M}} + \\ + \underline{U}_{3\mathrm{M}} - \underline{U}_{1\mathrm{M}} = 0$$

$$\sum \underline{U}_{\mathrm{L}} = 0 \qquad (18.11)$$

In vielen Netzen wird in der Praxis mit einer Strangspannung $U_{\mathrm{S,eff}} = 230$ V und einer Leiterspannung von $U_{\mathrm{L,eff}} \approx 400$ V bei einer Netzfrequenz $f = 50$ Hz gearbeitet.

Bild 18.4 zeigt für diesen Fall die Zeitfunktionen der drei Strangspannungen. Die waagerechte gestrichelte Linie gilt den Effektivwert dieser Strangspannungen an.

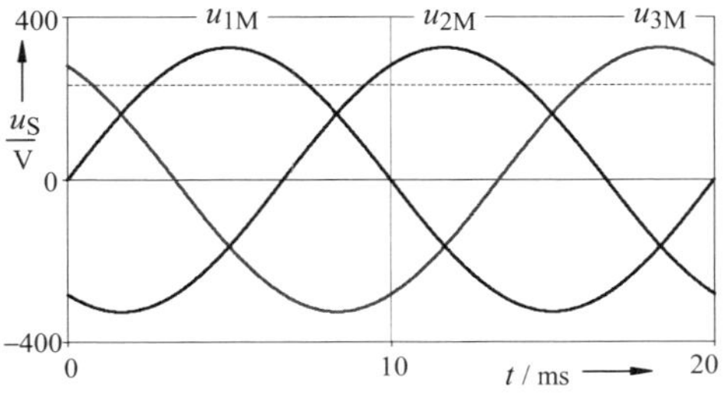

Bild 18.4: Generator-Strangspannungen

Die Generator-Strangspannungen haben einen Maximalwert von 325 V.

Im Bild 18.5 sind die Zeitfunktionen der drei Leiterspannungen dargestellt. Ihr Maximalwert beträgt ca. 565 V.

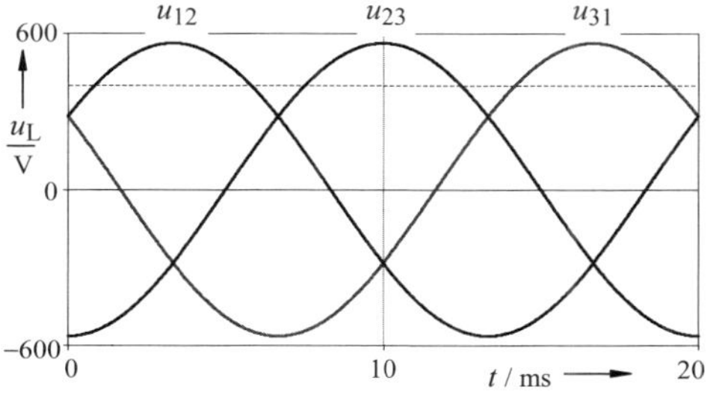

Bild 18.5: Zeitfunktionen der Leiterspannungen

Belastet man ein Drehstromnetz mit einem symmetrischen Verbraucher (Bild 18.6), so muss auch die Summe aller Leiterströme $\underline{I}_{\mathrm{L}}$ zu jedem Zeitpunkt gleich null sein.

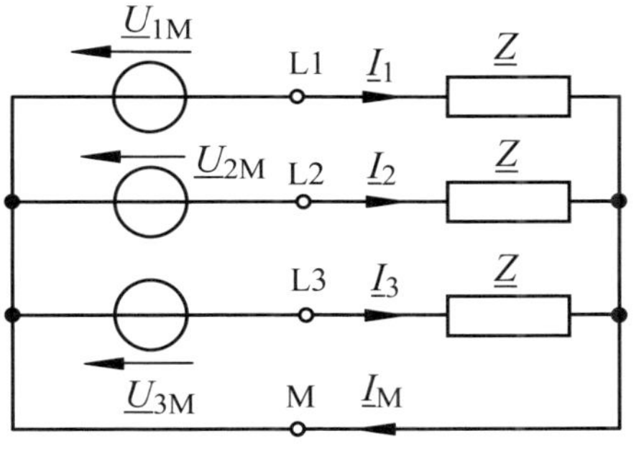

Bild 18.6: Symmetrische Belastung

Die Summe dieser Leiterströme beschreibt den Strom durch den Mittelpunktleiter $\underline{I}_{\mathrm{M}}$. Der Mittelpunktleiter ist bei symmetrischer Last zu jedem Zeitpunkt stromlos.

$$\underline{I}_{\mathrm{M}} = \sum \underline{I}_{\mathrm{L}} = \underline{I}_1 + \underline{I}_2 + \underline{I}_3$$

$$\underline{I}_{\mathrm{M}} = \frac{\underline{U}_{1\mathrm{M}}}{\underline{Z}} + \frac{\underline{U}_{2\mathrm{M}}}{\underline{Z}} + \frac{\underline{U}_{3\mathrm{M}}}{\underline{Z}} = \frac{\sum \underline{U}_{\mathrm{S}}}{\underline{Z}}$$

$$\underline{I}_{\mathrm{M}} = 0 \qquad (18.12)$$

Der Vorteil eines Drehstromsystems besteht u.a. darin (siehe Abschn. 18.1), dass bei symmetrischer Belastung ein zeitlich konstanter Leistungsfluss vorliegt. Zur Überprüfung dieser Aussage wird die Summe der Zeitfunktionen aller Leistungen ermittelt. Als Vereinfachung soll eine rein ohmsche Last vorliegen.

$$\sum p(t) = p_1(t) + p_2(t) + p_3(t) \quad (18.13)$$

Für die Berechnung der Summe dieser Zeitfunktionen wird Gleich. (17.17) aus dem Berechnungsbeispiel 17.1 verwendet. Bei einer rein ohmschen Last ist der Sinusanteil gleich null.

$$\sum p(t) = U_S \cdot I_L \cdot \cos\varphi \cdot \{1 - \cos(2\omega t + 0°) + ..$$
$$.. + 1 - \cos(2\omega t - 120°) + 1 - \cos(2\omega t + 120°)\}$$

Der Ausdruck in der geschweiften Klammer hat den Wert 3, da die Überlagerung der drei (um jeweils 120° versetzten) Kosinuskomponenten gleich null ist. Somit ergibt sich zu jedem Zeitpunkt für die Summe der Augenblickswerte der Leistungen ein konstanter Wert.

$$P = 3 \cdot U_S \cdot I_L \cdot \cos\varphi \quad (18.14)$$

Bild 18.7 zeigt den Verlauf der Zeitfunktionen der Leistungen für eine symmetrische Belastung mit $\underline{Z} = R + \mathrm{j}\,X$ und $R = X$. Die Summe Σp ergibt einen konstanten Wert.

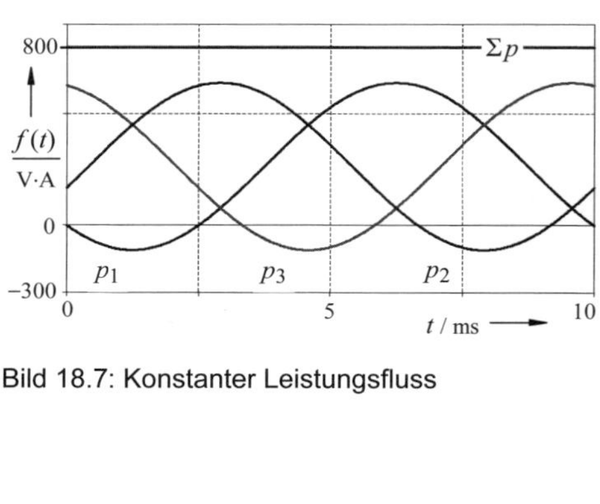

Bild 18.7: Konstanter Leistungsfluss

18.3 Belastungsarten

Ein Drehstromgenerator kann mit einer Sternschaltung oder mit einer Dreieckschaltung belastet werden. Diese Belastung kann symmetrisch oder unsymmetrisch sein. Bei einer symmetrischen Last sind die drei komplexen Lastwiderstände zwischen den Außenleitern (*Verbraucherstränge*) gleich.

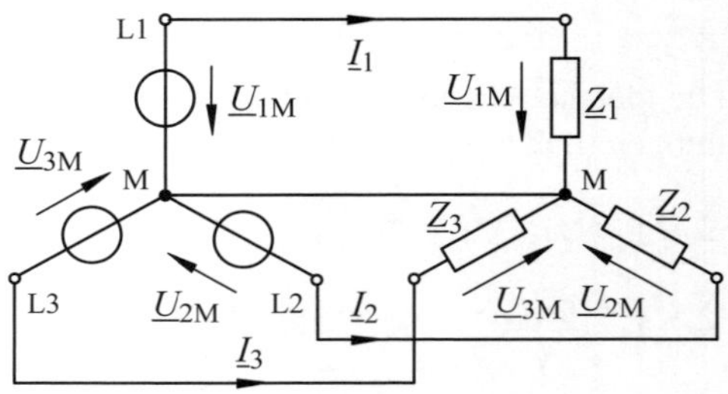

Bild 18.8: Belastung mit einer Sternschaltung

Zur Vereinfachung der Schaltungsdarstellung wird ein Dreiphasensystem mit einer Verbraucher-Sternschaltung im Weiteren durch parallel gezeichnete Stränge (vgl. Bild 18.6) angegeben. Über jedem Lastwiderstand liegt die entsprechende Strangspannung, so dass das Zeigerbild der Spannungen über der Last identisch mit dem Zeigerbild der Generatorspannungen ist (Bild 18.3). Die Verbraucherströme werden mit dem OHMschen Gesetz berechnet.

Lehrbeispiel 18.1:

Eine unsymmetrische Verbraucher-Sternschaltung ist mit folgenden Widerständen aufgebaut:

$\underline{Z}_1 = R$; $\underline{Z}_2 = R \,//\, \mathrm{j}X_C$; $\underline{Z}_3 = R + \mathrm{j}X_L$

Es gilt die Vereinfachung: $R = |X|$. Bestimmen Sie allgemein den Strom $\underline{I}_M$. *Geg.*: U_S; R

Zunächst werden die drei komplexen Leiterströme berechnet.

$$\underline{I}_1 = \frac{\underline{U}_{1M}}{R} = \frac{U_S \cdot e^{j0°}}{R} = I_S \cdot e^{j0°}$$

$$\underline{I}_2 = \frac{\underline{U}_{2M}}{R // jX_C} = \frac{U_S \cdot e^{-j120°}}{0{,}5 \cdot (R - jR)}$$

$$\underline{I}_2 = \frac{U_S \cdot e^{-j120°}}{0{,}5 \cdot \sqrt{2} \cdot R \cdot e^{-j45°}} = 1{,}414 \cdot I_S \cdot e^{-j75°}$$

$$\underline{I}_3 = \frac{\underline{U}_{3M}}{R + jX_L} = \frac{U_S \cdot e^{j120°}}{R + jR}$$

$$\underline{I}_3 = \frac{U_S \cdot e^{j120°}}{\sqrt{2} \cdot R \cdot e^{j45°}} = 0{,}707 \cdot I_S \cdot e^{j75°}$$

Aus diesen drei Strömen wird $\underline{I}_M$ berechnet.

$$\underline{I}_M = \underline{I}_1 + \underline{I}_2 + \underline{I}_3$$

$$\underline{I}_M = I_S \cdot (1 + 1{,}414 \cdot e^{-j75°} + 0{,}707 \cdot e^{j75°})$$

$$\underline{I}_M = I_S \cdot (1 + 0{,}366 - j1{,}366 + 0{,}183 + j0{,}683)$$

$$\underline{I}_M = \frac{U_S}{R}(1{,}55 - j0{,}683) = 1{,}694 \cdot \frac{U_S}{R} \cdot e^{-j23{,}8°}$$

Bei Belastung eines Drehstromgenerators mit einer Dreieckschaltung liegen die Leiterspannungen direkt über den drei Lastwiderständen. Der Mittelpunktleiter kann in der Verbraucher-Dreieckschaltung nicht angeschlossen werden.

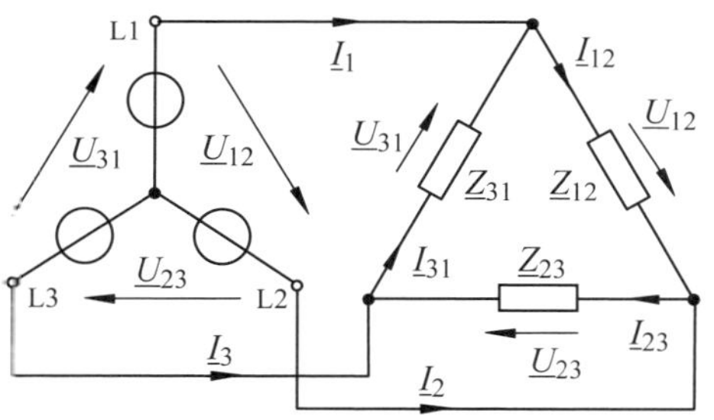

Bild 18.9: Belastung mit einer Dreieckschaltung

Die Leiterströme werden über den Knotenpunktsatz aus den Verbraucher-Strangströmen berechnet.
Es gilt: $\underline{I}_1 = \underline{I}_{12} - \underline{I}_{31}$

$\underline{I}_2 = \underline{I}_{23} - \underline{I}_{12}$ und $\underline{I}_3 = \underline{I}_{31} - \underline{I}_{23}$.

Bei einer symmetrischen Last ist der Zusammenhang zwischen den Leiterströmen und den Verbraucher-Strangströmen wieder über den Verkettungsfaktor $\sqrt{3}$ beschreibbar. Infolge der Symmetrie sind die Beträge der Strangströme gleich groß. Die Beträge der Leiterströme sind ebenfalls gleich.

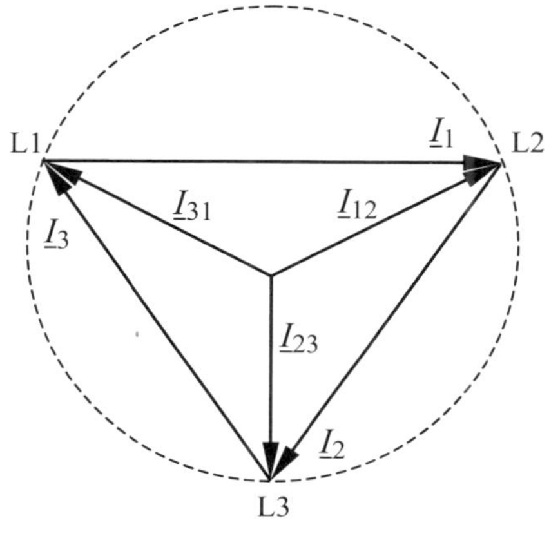

Bild 18.10: Ströme in einer symmetrischen Verbraucher-Dreieckschaltung

Zur Herleitung des Zusammenhanges zwischen einem Leiterstrom und einem Strangstrom im Symmetriefall soll der Strom $\underline{I}_1$ als Bezugszeiger betrachtet werden.

Für eine ohmsche Last $\underline{Z} = R$ erhält man mit $\underline{I}_{12} = \underline{U}_{12} / R$ und $\underline{I}_{31} = \underline{U}_{31} / R$:

$$\underline{I}_1 = \underline{I}_{12} - \underline{I}_{31} = I_S \cdot e^{j30°} - I_S \cdot e^{j150°}$$

$$\underline{I}_1 = I_S \cdot [0{,}866 + j0{,}5 - (-0{,}866 + j0{,}5)]$$

$$\underline{I}_1 = I_S \cdot [0{,}866 + 0{,}866] = I_S \cdot \sqrt{3} \cdot e^{j0°}$$

Für alle drei Leiterströme gilt dann:

$$\underline{I}_1 = I_S \cdot \sqrt{3} \cdot e^{j0°} \quad (18.15)$$

$$\underline{I}_2 = I_S \cdot \sqrt{3} \cdot e^{-j120°} \quad (18.16)$$

$$\underline{I}_3 = I_S \cdot \sqrt{3} \cdot e^{j120°} \quad (18.17)$$

Der Betrag eines Leiterstromes ergibt sich bei einer symmetrischen Verbraucher-Dreieckschaltung aus dem Verkettungsfaktor $\sqrt{3}$, multipliziert mit dem Betrag des Verbraucher-Strangstromes.

$$|\underline{I}_L| = |\underline{I}_S| \cdot \sqrt{3} \qquad (18.18)$$

Über das Zeigerbild im Bild 18.10 kann der Zusammenhang zwischen den Strangströmen und den Leiterströmen mit Gleich. (18.18) hergestellt werden.

$$\underline{I}_{12} = I_S \cdot e^{j30°} = \frac{I_L}{\sqrt{3}} \cdot e^{j30°} \qquad (18.19)$$

$$\underline{I}_{23} = I_S \cdot e^{-j90°} = \frac{I_L}{\sqrt{3}} \cdot e^{-j90°} \qquad (18.20)$$

$$\underline{I}_{31} = I_S \cdot e^{j150°} = \frac{I_L}{\sqrt{3}} \cdot e^{j150°} \qquad (18.21)$$

Lehrbeispiel 18.2:

Eine unsymmetrische Verbraucher-Dreieckschaltung ist mit folgenden Widerständen aufgebaut:

$\underline{Z}_{12} = R$; $\underline{Z}_{23} = jX_C$; $\underline{Z}_{31} = R + jX_L$

Es gilt die Vereinfachung: $R = |X|$. Bestimmen Sie allgemein die Verbraucher-Strangströme und die Leiterströme. *Geg.*: U_S und R

Die Strangströme werden aus den Leiterspannungen und den jeweiligen Lastwiderständen über das OHMsche Gesetz berechnet.

$$\underline{I}_{12} = \frac{\underline{U}_{12}}{\underline{Z}_{12}} = \frac{U_S \cdot \sqrt{3} \cdot e^{j30°}}{R}$$

$$\underline{I}_{23} = \frac{\underline{U}_{23}}{\underline{Z}_{23}} = \frac{U_S \cdot \sqrt{3} \cdot e^{-j90°}}{jX_C} = \frac{U_S \cdot \sqrt{3} \cdot}{R} \cdot e^{j0°}$$

$$\underline{I}_{31} = \frac{\underline{U}_{31}}{\underline{Z}_{31}} = \frac{U_S \cdot \sqrt{3} \cdot e^{j150°}}{R + jX_L} = \frac{U_S \cdot \sqrt{3}}{R \cdot \sqrt{2}} \cdot e^{j105°}$$

Die Leiterströme werden mit dem Knotenpunktsatz aus den Strangströmen berechnet (siehe Bild 18.9 oder Bild 18.10).

$$\underline{I}_1 = \underline{I}_{12} - \underline{I}_{31} = \frac{U_S \cdot \sqrt{3}}{R}(e^{j30°} - \frac{1}{\sqrt{2}} e^{j105°})$$

$$\underline{I}_1 = \frac{U_S \cdot \sqrt{3}}{R}[0{,}866 + j0{,}5 - (-0{,}183 + j0{,}683)]$$

$$\underline{I}_1 = \frac{U_S \cdot \sqrt{3}}{R}[1{,}05 - j0{,}183] = 1{,}846 \cdot \frac{U_S}{R} \cdot e^{-j10°}$$

$$\underline{I}_2 = \underline{I}_{23} - \underline{I}_{12} = \frac{U_S \cdot \sqrt{3}}{R}(e^{j0°} - e^{j30°})$$

$$\underline{I}_2 = \frac{U_S \cdot \sqrt{3}}{R}[1 - (0{,}866 + j0{,}5)]$$

$$\underline{I}_2 = \frac{U_S \cdot \sqrt{3}}{R}[0{,}134 - j0{,}5] = 0{,}897 \cdot \frac{U_S}{R} \cdot e^{-j75°}$$

$$\underline{I}_3 = \underline{I}_{31} - \underline{I}_{23} = \frac{U_S \cdot \sqrt{3}}{R}(\frac{1}{\sqrt{2}} e^{j105°} - e^{j0°})$$

$$\underline{I}_3 = \frac{U_S \cdot \sqrt{3}}{R}[-0{,}183 + j0{,}683 - 1]$$

$$\underline{I}_3 = \frac{U_S \cdot \sqrt{3}}{R}[-1{,}183 + j0{,}683] = 2{,}37 \cdot \frac{U_S}{R} \cdot e^{j150°}$$

Probe:

$$\sum \underline{I}_L = \underline{I}_1 + \underline{I}_2 + \underline{I}_3 = \frac{U_S \cdot \sqrt{3}}{R} \cdot \underline{A}$$

$$\underline{A} = (1{,}05 - j0{,}183) + (0{,}133 - j0{,}5) + \\ + (-1{,}183 + j0{,}683) = 0$$

$$\Rightarrow \sum \underline{I}_L = 0$$

18.4 Leistung im Dreiphasensystem

Der Generator eines Dreiphasensystems gibt eine komplexe Leistung $\underline{S}_G$ an den Verbraucher ab. Diese Leistung setzt sich aus den komplexen Leistungen der drei Generatorstränge $\underline{S}_{1M}$, $\underline{S}_{2M}$ und $\underline{S}_{3M}$ zusammen.

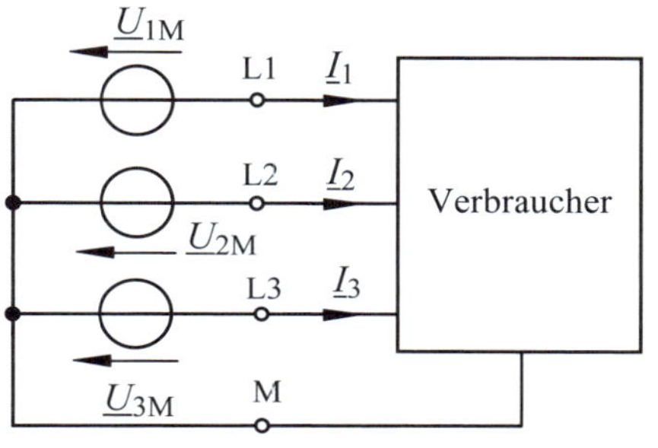

Bild 18.11: Leistungen der Generatorstränge

Zur Berechnung dieser komplexen Leistungen betrachtet man jeden Generatorstrang (in Kombination mit dem Verbraucher) als gesonderten Stromkreis. Nach dem Quellen-Zählpfeilsystem gilt:

$$\underline{S}_{1M} = \underline{U}_{1M} \cdot \underline{I}_1^* \tag{18.22}$$

$$\underline{S}_{2M} = \underline{U}_{2M} \cdot \underline{I}_2^* \tag{18.23}$$

$$\underline{S}_{3M} = \underline{U}_{3M} \cdot \underline{I}_3^* \tag{18.24}$$

Aus der Summe dieser drei Leistungen erhält man dann die vom Generator abgegebene komplexe Gesamtleistung:

$$\underline{S}_G = \underline{S}_{1M} + \underline{S}_{2M} + \underline{S}_{3M}$$

Zur Bestimmung der komplexen Leistungen der drei Verbraucherstränge verwendet man das Produkt der jeweiligen Verbraucher-Strangspannung und des konjugiert komplexen Verbraucher-Strangstromes.

Bei einer Verbraucher-Sternschaltung (vgl. Bild 18.8) liegen die Generator-Strangspannungen direkt über den Verbrauchersträngen. Durch diese Verbraucherstränge fließen die jeweiligen Leiterströme. Zur Berechnung der komplexen Leistungen der drei Verbraucherstränge können somit die Gleich. (18.22) bis (18.24) verwendet werden. Die Leistungen sind jetzt aber im Verbraucher-Zählpfeilsystem darzustellen.

Bei einer Verbraucher-Dreieckschaltung liegen die Leiterspannungen über den Verbrauchersträngen (siehe Bild 18.9). Nach dem Verbraucher-Zählpfeilsystem gilt für die komplexen Leistungen der drei Verbraucherstränge in Sternschaltung:

$$\underline{S}_{12} = \underline{U}_{12} \cdot \underline{I}_{12}^* \tag{18.25}$$

$$\underline{S}_{23} = \underline{U}_{23} \cdot \underline{I}_{23}^* \tag{18.26}$$

$$\underline{S}_{31} = \underline{U}_{31} \cdot \underline{I}_{31}^* \tag{18.27}$$

Aus der Summe dieser drei Leistungen erhält man dann die vom Verbraucher aufgenommene komplexe Gesamtleistung:

$$\underline{S}_V = \underline{S}_{12} + \underline{S}_{23} + \underline{S}_{31}$$

In einem Dreiphasensystem muss die Summe der drei komplexen Leistungen der Generatorstränge (dargestellt im Quellen-Zählpfeilsystem) gleich der Summe der komplexen Leistungen der drei Verbraucherstränge (dargestellt im Verbraucher-Zählpfeilsystem)sein. Es gilt:

$$\underline{S}_G = \underline{S}_V \tag{18.28}$$

In vielen Fällen ist lediglich die vom Verbraucher aufgenommene Wirkleistung von Interesse. Zur Berechnung dieses Wirkleistungsumsatzes betrachtet man wieder jede Phase gegen den Mittelpunktleiter als gesonderten Stromkreis und bestimmt die Wirkleistung dieses Kreises. Aus der Summe der drei Teilleistungen erhält man dann den gesamten Wirkleistungsumsatz.

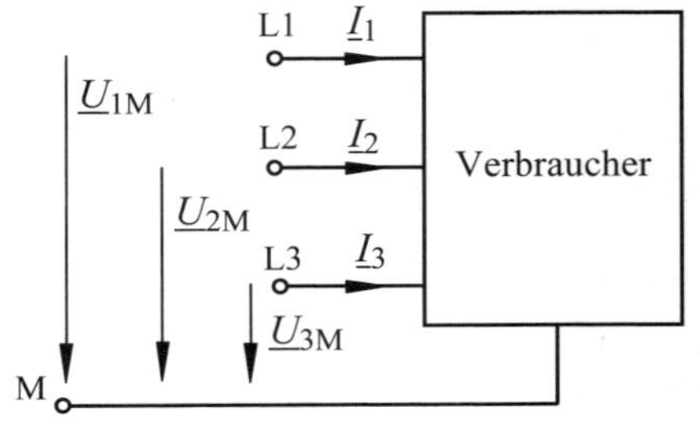

Bild 18.12: Verbraucher im Dreiphasensystem

Die jeweilige Wirkleistung wird aus dem Produkt des Betrages der Generator-Strangspannung, des Betrages des Leiterstromes und dem Kosinus des von beiden Zeigern eingeschlossenen Winkels berechnet.

$$P_1 = U_S \cdot |\underline{I}_1| \cdot \cos\varphi_1 = \frac{U_L}{\sqrt{3}} \cdot |\underline{I}_1| \cdot \cos\varphi_1$$

$$P_2 = U_S \cdot |\underline{I}_2| \cdot \cos\varphi_2 = \frac{U_L}{\sqrt{3}} \cdot |\underline{I}_2| \cdot \cos\varphi_2$$

$$P_3 = U_S \cdot |\underline{I}_3| \cdot \cos\varphi_3 = \frac{U_L}{\sqrt{3}} \cdot |\underline{I}_3| \cdot \cos\varphi_3$$

Der Phasenwinkel φ_1 ist der Winkel zwischen dem Spannungszeiger der Strangspannung $\underline{U}_{1M}$ und dem Zeiger des Leiterstromes $\underline{I}_1$. Die beiden anderen Winkel sind analog definiert.

Aus der Summe der drei Einzelleistungen ergibt sich dann die gesamte Wirkleistung.

$$P_{ges} = P_1 + P_2 + P_3$$

$$P_{ges} = \frac{U_L}{\sqrt{3}}\left[I_1 \cos\varphi_1 + I_2 \cos\varphi_2 + I_3 \cos\varphi_3\right] \tag{18.29}$$

Bei einem symmetrischen Verbraucher sind die Leiterströme und die Phasenwinkel zwischen $\underline{U}_L$ und $\underline{I}_L$ gleich groß. Dann gilt:

$$P_{ges} = \frac{U_L}{\sqrt{3}} \cdot 3 I_L \cos\varphi = \frac{U_L \cdot \sqrt{3}}{\sqrt{3} \cdot \sqrt{3}} \cdot 3 I_L \cos\varphi$$

$$P_{ges} = \sqrt{3} \cdot U_L \cdot I_L \cdot \cos\varphi \tag{18.30}$$

Zur Messung des Wirkleistungsumsatzes in einem Dreiphasensystem wird zwischen jede Phase und den Mittelpunktleiter ein Leistungsmesser eingeschaltet. Falls der Mittelpunktleiter am Verbraucher nicht vorhanden sein sollte, kann durch das Zusammenschalten der Spannungspfade aller drei Leistungsmesser (mit gleichen Innenwiderständen; also mit gleichen Messbereichen) ein künstlicher Sternpunkt geschaffen werden.

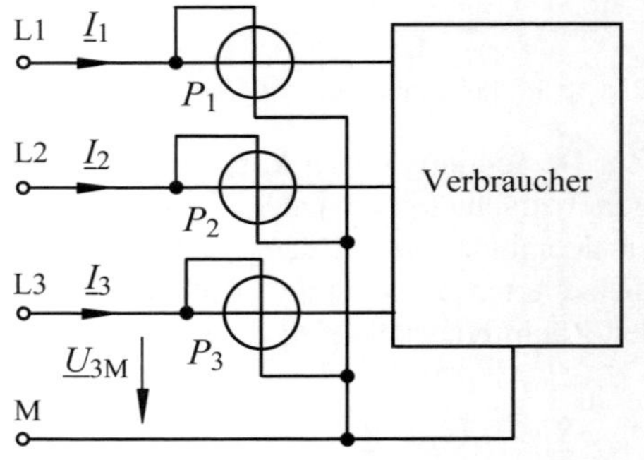

Bild 18.13: Leistungsmessung im Dreiphasensystem

Der Spannungspfad der Leistungsmesser muss für die Strangspannungen ausgelegt sein (siehe Bild 18.13 am Beispiel von P_3). Die Gesamtwirkleistung ergibt sich dann aus der Summe der drei Messwerte gemäß Gleich. (18.29).

Bei fehlendem Mittelpunktleiter kann auch die ARON-Schaltung zur Leistungsmessung eingesetzt werden. Hier benötigt man lediglich zwei Leistungsmesser. Diese Messgeräte werden von zwei Phasen gegen die dritte Phase als Bezugsphase geschaltet.

Hier muss der Spannungspfad der Leistungsmesser für die Leiterspannung ausgelegt sein (siehe Bild 18.14).

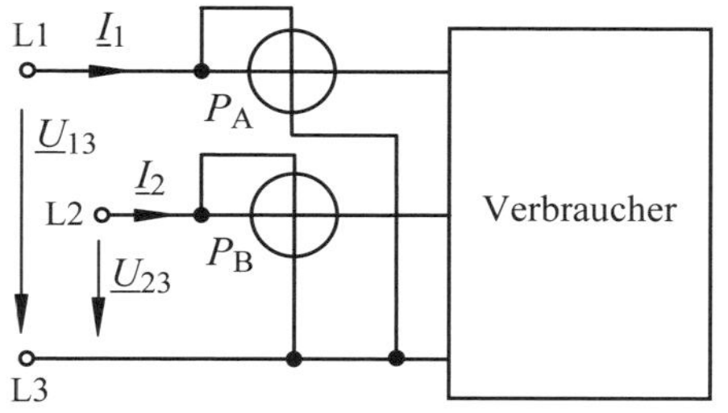

Bild 18.14: ARON-Schaltung (Bezugsphase L3)

Die gesamte Wirkleistung ergibt sich aus der Summe der beiden vorzeichenbehafteten Messwerte: $P_{ges} = P_A + P_B$.

Für die Bezugsphase L3 gilt:

$$P_A = |\underline{U}_{13}| \cdot |\underline{I}_1| \cdot \cos \varphi_A$$

$$P_B = |\underline{U}_{23}| \cdot |\underline{I}_2| \cdot \cos \varphi_B$$

Der Winkel φ_A beschreibt die Phasenverschiebung zwischen $\underline{U}_{13}$ und $\underline{I}_1$. Der Winkel φ_B beschreibt die Phasenverschiebung zwischen $\underline{U}_{23}$ und $\underline{I}_2$. Dabei ist zu beachten, dass der Spannungszeiger $\underline{U}_{13}$ um 180° gegenüber dem Spannungszeiger $\underline{U}_{31}$ im Bild 18.3 verschoben ist.
Bei Verwendung von L2 als Bezugsphase gilt eine analoge Aussage für den Spannungszeiger $\underline{U}_{32}$ (siehe Bild 18.15).

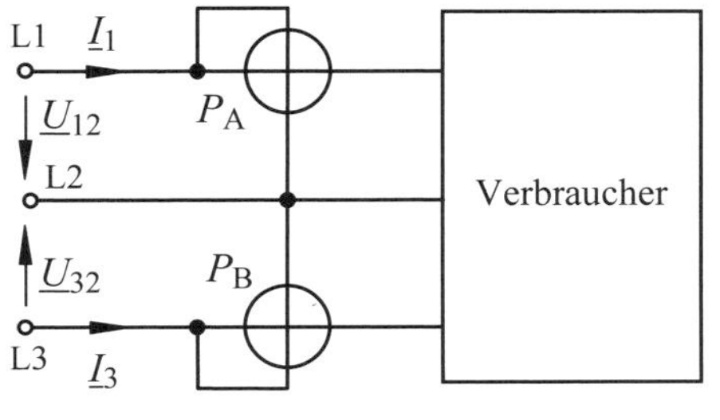

Bild 18.15: ARON-Schaltung (Bezugsphase L2)

Für die Bezugsphase L2 gilt:

$$P_A = |\underline{U}_{12}| \cdot |\underline{I}_1| \cdot \cos \angle(\underline{U}_{12}; \underline{I}_1)$$

$$P_B = |\underline{U}_{32}| \cdot |\underline{I}_3| \cdot \cos \angle(\underline{U}_{32}; \underline{I}_3)$$

Wird schließlich L1 als Bezugsphase gewählt, so muss der Spannungszeiger $\underline{U}_{21}$ um 180° gegenüber dem Spannungszeiger $\underline{U}_{12}$ im Bild 18.3 verschoben werden.

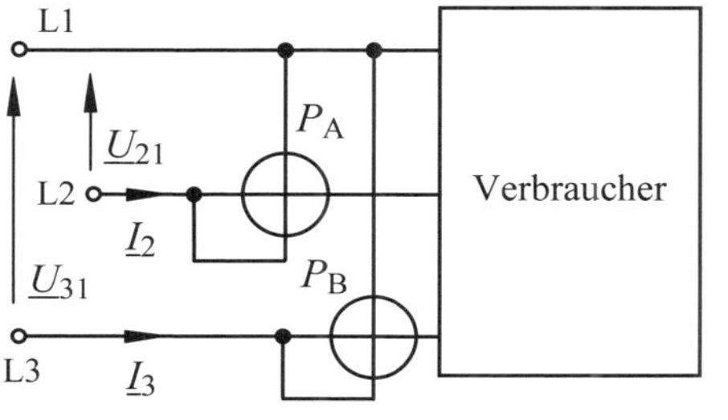

Bild 18.16: ARON-Schaltung (Bezugsphase L1)

Lehrbeispiel 18.3:

Berechnen Sie für die ARON-Schaltung im Bild 18.16 die vom Verbraucher aufgenommene Wirkleistung. Die Leiterspannung beträgt 400 V. Von den Leiterströmen ist bekannt:

$\underline{I}_2 = 6\ \text{A} \cdot e^{-j45°}$ und: $\underline{I}_3 = 7\ \text{A} \cdot e^{j130°}$

Für die Bezugsphase L1 gilt:

$$P_A = |\underline{U}_{21}| \cdot |\underline{I}_2| \cdot \cos \angle(\underline{U}_{21}; \underline{I}_2)$$

$$P_B = |\underline{U}_{31}| \cdot |\underline{I}_3| \cdot \cos \angle(\underline{U}_{31}; \underline{I}_3)$$

Daraus folgt für die Leistungen im Bild 18.16:

$$P_A = 400\ \text{V} \cdot 6\ \text{A} \cdot \cos\,[210° - (-45°)] \approx -621\ \text{W}$$

$$P_B = 400\ \text{V} \cdot 7\ \text{A} \cdot \cos\,[150° - (130°)] \approx 2631\ \text{W}$$

Dieses Beispiel zeigt, dass eine der beiden über die ARON-Schaltung ermittelten Leistungen durchaus negativ werden kann. Die Gesamtleistung ergibt sich dann aus der vorzeichenbehafteten Summe der Einzelleistungen:

$$P_{ges} = P_A + P_B = 2631\ \text{W} - 621\ \text{W} = 2010\ \text{W}$$

Berechnungsbeispiel 18.1:

Die drei Heizplatten eines Elektroherdes werden von einem Drehstromnetz mit einer Strangspannung von $U_S = 230$ V gespeist. Durch eine technische Störung ist der Mittelpunktleiter unterbrochen.

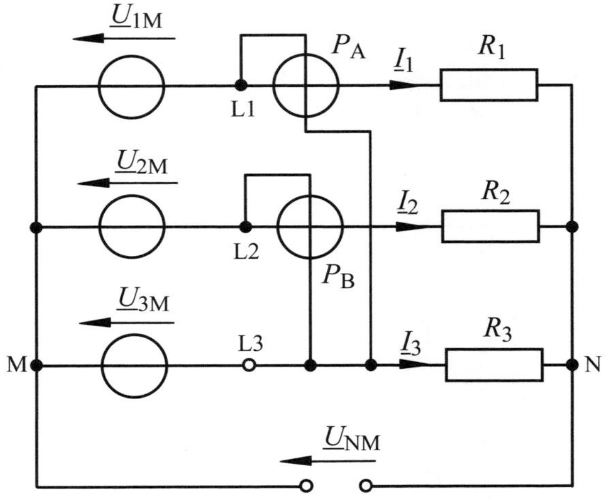

Die Heizplatten haben folgende Nennleistungen:

$P_1 = 500$ W

$P_2 = 1000$ W

$P_3 = 2000$ W

Bild 18.17: Schaltung zum Berechnungsbeispiel 18.1

Man berechne die Spannung zwischen den Punkten N und M sowie den tatsächlichen Leistungsumsatz in den drei Heizplatten. Die ermittelte Gesamtleistung ist mit den Werten der ARON-Schaltung zu überprüfen.

Die Leerlaufspannung zwischen den Punkten N und M wird mit der Zweipoltheorie über den Kurzschlussstrom und den Innenwiderstand bestimmt.

$$\underline{U}_{NM} = \underline{I}_K \cdot \underline{Z}_i = \frac{\underline{I}_K}{\frac{1}{\underline{Z}_i}} = \frac{\frac{\underline{U}_{1M}}{R_1} + \frac{\underline{U}_{2M}}{R_2} + \frac{\underline{U}_{3M}}{R_3}}{\frac{1}{R_1} + \frac{1}{R_2} + \frac{1}{R_3}} = \frac{\underline{U}_{1M} \cdot R_2 R_3 + \underline{U}_{2M} \cdot R_1 R_3 + \underline{U}_{3M} \cdot R_1 R_2}{R_1 R_2 + R_1 R_3 + R_2 R_3}$$

Die Widerstände der drei Heizplatten können über ihre Nennleistungen ermittelt werden.

$$R_1 = \frac{U_{1M}^2}{P_1} = 105{,}8\,\Omega; \quad R_2 = \frac{U_{2M}^2}{P_2} = 52{,}9\,\Omega; \quad R_3 = \frac{U_{3M}^2}{P_3} = 26{,}45\,\Omega$$

$$\underline{U}_{NM} = 32{,}86\,\text{V} \cdot e^{j0°} + 65{,}71\,\text{V} \cdot e^{-j120°} + 131{,}43\,\text{V} \cdot e^{+j120°} = -65{,}72\,\text{V} + j56{,}91\,\text{V} = 86{,}94\,\text{V} \cdot e^{j139°}$$

Die Spannung über dem jeweiligen Widerstand ergibt sich aus der Differenz der Generator-Strangspannung und der Leerlaufspannung $\underline{U}_{NM}$.
Mit dem OHMschen Gesetz werden die drei Lastströme berechnet.

$$\underline{I}_1 = \frac{\underline{U}_{1M} - \underline{U}_{NM}}{R_1} = \frac{230\,\text{V} - (-65{,}72\,\text{V} + j56{,}91\,\text{V})}{105{,}8\,\Omega} = \frac{301{,}15\,\text{V}}{105{,}8\,\Omega} e^{-j11°} = 2{,}85\,\text{A} \cdot e^{-j11°}$$

$$\underline{I}_2 = \frac{\underline{U}_{2M} - \underline{U}_{NM}}{R_2} = \frac{-115\,\text{V} - \text{j}199{,}2\text{V} - (-65{,}72\,\text{V} + \text{j}56{,}91\,\text{V})}{52{,}9\,\Omega} = \frac{260{,}81\,\text{V}}{52{,}9\,\Omega}\text{e}^{-\text{j}101°} = 4{,}93\,\text{A}\cdot\text{e}^{-\text{j}101°}$$

$$\underline{I}_3 = \frac{\underline{U}_{3M} - \underline{U}_{NM}}{R_3} = \frac{-115\,\text{V} + \text{j}199{,}2\text{V} - (-65{,}72\,\text{V} + \text{j}56{,}91\,\text{V})}{26{,}45\,\Omega} = \frac{150{,}3\,\text{V}}{26{,}45\,\Omega}\text{e}^{\text{j}109°} = 5{,}7\,\text{A}\cdot\text{e}^{\text{j}109°}$$

Der tatsächliche Leistungsumsatz wird aus den Lastströmen ermittelt.

$$P_1 = I_1^2 \cdot R_1 = 859{,}4\,\text{W};\; P_2 = I_2^2 \cdot R_2 = 1285{,}7\,\text{W};\; P_3 = I_3^2 \cdot R_3 = 859{,}4\,\text{W};\; \Sigma P \approx 3005\,\text{W}$$

Mit den Werten der ARON-Schaltung (gewählte Bezugsphase L3) erhält man die gleiche Gesamtleistung:

$$P_A = U_{13} \cdot I_1 \cdot \cos\varphi_A = 400\,\text{V} \cdot 2{,}85\,\text{A} \cdot \cos[-30° - (-11°)] = 1077{,}9\,\text{W}$$

$$P_B = U_{23} \cdot I_2 \cdot \cos\varphi_B = 400\,\text{V} \cdot 4{,}93\,\text{A} \cdot \cos[-90° - (-101°)] = 1935{,}8\,\text{W}$$

$$P_{ges} = P_A + P_B = 3013{,}7\,\text{W} \approx \Sigma P$$

Berechnungsbeispiel 18.2:

Ein Dreiphasensystem mit einer Leiterspannung von 400 V wird mit der angegebenen Dreieckschaltung symmetrisch belastet. *Geg.*: $R = 120\ \Omega$ und $\text{j}\omega L = \text{j}\ 90\ \Omega$.

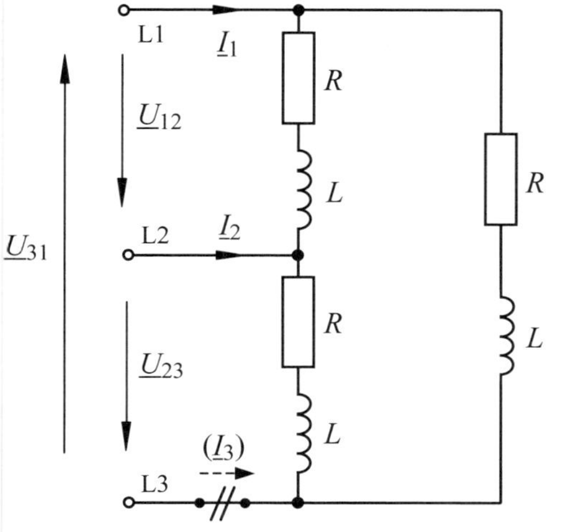

a) Berechnen Sie die Wirk-, Blind- und Scheinleistung der Lastkonfiguration. Vergleichen Sie diese Ergebnisse mit der Summe der komplexen Leistungen der drei Generatorstränge.

b) Wie ändern sich die Leistungen von a), wenn durch eine technische Störung die Phase L3 verbraucherseitig unterbrochen wird (•–//–•)?

Bild 18.18: Schaltung zum Berechnungsbeispiel 18.2

Die Lastkonfiguration ist als symmetrische Dreieckschaltung aufgebaut. Sie kann in eine äquivalente Sternschaltung, bestehend aus drei gleichen Sternwiderständen $\underline{Z}_{St}$, umgerechnet werden. Alle nachfolgenden Rechnungen im Kapitel 18 sind mit PC-Genauigkeit ausgeführt (z.B.: $U_S = U_L / \sqrt{3}$). Die Angabe der Zwischenergebnisse erfolgt in gerundeter Form.

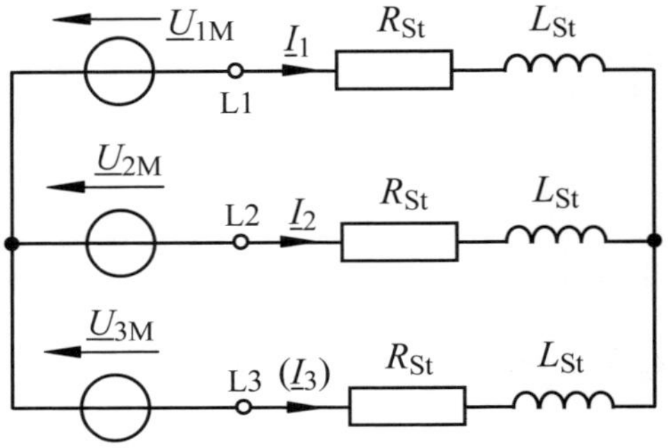

Dreieck-Stern-Transformation:

$$\underline{Z}_{St} = \frac{(R + j\omega L)\cdot(R + j\omega L)}{3\cdot(R + j\omega L)} = \frac{R}{3} + j\frac{\omega L}{3}$$

$$\underline{Z}_{St} = R_{St} + j\omega L_{St} = 40\,\Omega + j30\,\Omega$$

$$\underline{Z}_{St} = 50\,\Omega \cdot e^{j37°}$$

Bild 18.19: Umgerechnete Schaltung zum Berechnungsbeispiel 18.2

Zu a) Zunächst wird der Leiterstrom $\underline{I}_1$ berechnet. $\underline{I}_1(a) = \dfrac{\underline{U}_{1M}}{\underline{Z}_{St}} = \dfrac{400\ V\cdot e^{j0°}}{\sqrt{3}\cdot 50\ \Omega\cdot e^{j37°}} \approx 4{,}62\ A\cdot e^{-j37°}$

Bei der hier vorliegenden symmetrischen Belastung haben die drei Leiterströme den gleichen Betrag. Ihre Nullphasenwinkel sind um jeweils 120° wie folgt zueinander versetzt: $\varphi_{I1} \approx -37°$, $\varphi_{I2} \approx -157°$ und $\varphi_{I3} \approx +83°$. Mit diesen Angaben können die resultierenden Leistungen berechnet werden.

$$P_{ges}(a) = 3\cdot U_S\cdot I_L\cdot\cos(\varphi_{US} - \varphi_{IL}) = 3\cdot\frac{400\,V}{\sqrt{3}}\cdot 4{,}62\,A\cdot\cos 37° = 2560\ W$$

$$Q_{ges}(a) = 3\cdot U_S\cdot I_L\cdot\sin(\varphi_{US} - \varphi_{IL}) = 3\cdot\frac{400\,V}{\sqrt{3}}\cdot 4{,}62\,A\cdot\sin 37° = 1920\ var$$

$$S_{ges}(a) = \sqrt{P_{ges}^2(a) + Q_{ges}^2(a)} = 3200\ V\cdot A$$

Die Summe der komplexen Leistungen der drei Generatorstränge bestätigt in der Exponentialform die Aussage zum Betrag der Scheinleistung S_{ges} (a) der Lastkonfiguration. In der kartesischen Form gilt diese Aussage auch für P_{ges} (a) und Q_{ges} (a) der Last.

$$\underline{S}_{ges}(a) = \sum\underline{S}_G(a) = \underline{S}_{1M}(a) + \underline{S}_{2M}(a) + \underline{S}_{3M}(a) = \underline{U}_{1M}\cdot\underline{I}_1^*(a) + \underline{U}_{2M}\cdot\underline{I}_2^*(a) + \underline{U}_{3M}\cdot\underline{I}_3^*(a)$$

$$\underline{S}_{ges}(a) = U_S\cdot e^{j0°}\cdot I_L\cdot e^{j37°} + U_S\cdot e^{-j120°}\cdot I_L\cdot e^{j157°} + U_S\cdot e^{j120°}\cdot I_L\cdot e^{-j83°} = 3\cdot U_S\cdot I_L\cdot e^{j37°}$$

$$\underline{S}_{ges}(a) = 3\cdot\frac{400\,V}{\sqrt{3}}\cdot 4{,}62\ A\cdot e^{j37°} = 3200\ V\cdot A\cdot e^{j37°} = 2560\ W + j\,1920\ var$$

Zu b) Der untere Lastzweig im Bild 18.19 läuft jetzt durch die Unterbrechung von L3 leer. Das Dreiphasensystem verhält sich jetzt wie ein Einphasensystem, das von der Leiterspannung $\underline{U}_{12}$ gespeist wird. Es fließt nur noch der Leiterstrom $\underline{I}_1 = -\underline{I}_2$. Die Leistungen im Falle b) sinken jetzt auf den halben Wert der Leistungen im Falle a).

$$\underline{I}_1(b) = \frac{\underline{U}_{12}}{2\cdot\underline{Z}_{St}} = \frac{400\ V\cdot e^{j30°}}{100\ \Omega\cdot e^{j37°}} = 4\ A\cdot e^{-j7°} \quad\Rightarrow\quad \underline{S}_{ges}(b) = \underline{U}_{12}\cdot\underline{I}_1^* = 1600\ V\cdot A\cdot e^{j37°}$$

$$P_{ges}(b) = U_{12}\cdot I_1\cdot\cos(\varphi_{U12} - \varphi_{I1}) = 400\ V\cdot 4\ A\cdot\cos 37° = 1280\ W$$

$$Q_{ges}(b) = U_{12}\cdot I_1\cdot\sin(\varphi_{U12} - \varphi_{I1}) = 400\ V\cdot 4\ A\cdot\sin 37° = 960\ var$$

Berechnungsbeispiel 18.3:

Ein Dreiphasensystem mit einer Leiterspannung von 400 V wird mit der im Bild 18.20 angegebenen Dreieckschaltung belastet.

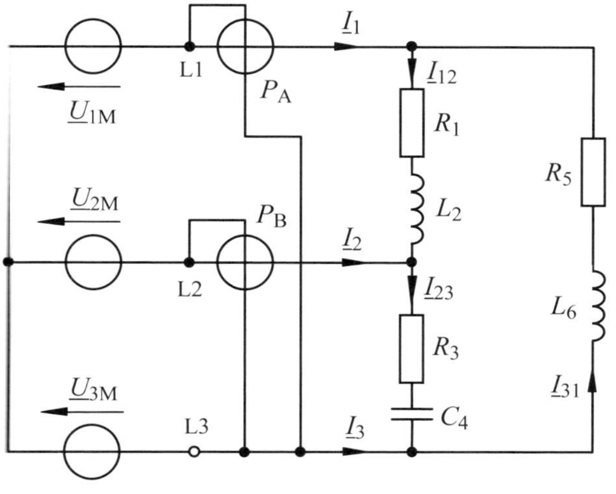

a) Welche Wirkleistungsanteile werden von der ARON-Schaltung (Bezugsphase L3) angezeigt?

b) Berechnen Sie die komplexen Leistungen der Lastkonfiguration.

c) Vergleichen Sie die Ergebnisse der Teilaufgaben a) und b).

Geg.:
$R_1 = 150\ \Omega;\ \mathrm{j}\omega L_2 = \mathrm{j}\ 200\ \Omega$

$R_3 = 100\ \Omega;\ \dfrac{1}{\mathrm{j}\omega C_4} = -\mathrm{j}\ 200\ \Omega$

$R_5 = 50\ \Omega;\ \mathrm{j}\omega L_6 = \mathrm{j}\ 400\ \Omega$

Bild 18.20: Schaltung zum Berechnungsbeispiel 18.3

Zu a) Zunächst werden die Verbraucher-Strangströme berechnet.

$$\underline{I}_{12} = \frac{\underline{U}_{12}}{R_1 + \mathrm{j}\omega L_2} = \frac{400\ \mathrm{V}\cdot \mathrm{e}^{\mathrm{j}30°}}{250\ \Omega\cdot \mathrm{e}^{\mathrm{j}53°}} = 1{,}6\ \mathrm{A}\cdot \mathrm{e}^{-\mathrm{j}23°} = 1{,}471\ \mathrm{A} - \mathrm{j}\ 0{,}629\ \mathrm{A}$$

$$\underline{I}_{23} = \frac{\underline{U}_{23}}{R_3 + \dfrac{1}{\mathrm{j}\omega C_4}} = \frac{400\ \mathrm{V}\cdot \mathrm{e}^{-\mathrm{j}90°}}{223{,}6\ \Omega\cdot \mathrm{e}^{-\mathrm{j}63°}} = 1{,}789\ \mathrm{A}\cdot \mathrm{e}^{-\mathrm{j}27°} = 1{,}6\ \mathrm{A} - \mathrm{j}\ 0{,}8\ \mathrm{A}$$

$$\underline{I}_{31} = \frac{\underline{U}_{31}}{R_5 + \mathrm{j}\omega L_6} = \frac{400\ \mathrm{V}\cdot \mathrm{e}^{\mathrm{j}150°}}{403{,}1\ \Omega\cdot \mathrm{e}^{\mathrm{j}83°}} = 0{,}992\ \mathrm{A}\cdot \mathrm{e}^{\mathrm{j}67°} = 0{,}386\ \mathrm{A} + \mathrm{j}\ 0{,}914\ \mathrm{A}$$

Aus diesen Strangströmen kann man nun über den Knotenpunktsatz die Leiterströme bestimmen.

$$\underline{I}_1 = \underline{I}_{12} - \underline{I}_{31} = (1{,}471\ \mathrm{A} - \mathrm{j}\ 0{,}629\ \mathrm{A}) - (0{,}386\ \mathrm{A} + \mathrm{j}\ 0{,}914\ \mathrm{A}) = 1{,}086\ \mathrm{A} - \mathrm{j}\ 1{,}543\,\mathrm{A} = 1{,}886\ \mathrm{A}\cdot \mathrm{e}^{-\mathrm{j}55°}$$

$$\underline{I}_2 = \underline{I}_{23} - \underline{I}_{12} = (1{,}6\ \mathrm{A} - \mathrm{j}\ 0{,}8\ \mathrm{A}) - (1{,}471\ \mathrm{A} - \mathrm{j}\ 0{,}629\ \mathrm{A}) = 0{,}129\ \mathrm{A} - \mathrm{j}\ 0{,}171\ \mathrm{A} = 0{,}214\ \mathrm{A}\cdot \mathrm{e}^{-\mathrm{j}53°}$$

$$\underline{I}_3 = \underline{I}_{31} - \underline{I}_{23} = (0{,}386\ \mathrm{A} + \mathrm{j}\ 0{,}914\ \mathrm{A}) - (1{,}6\ \mathrm{A} - \mathrm{j}\ 0{,}8\ \mathrm{A}) = -1{,}214\ \mathrm{A} + \mathrm{j}\ 1{,}714\ \mathrm{A} = 2{,}1\ \mathrm{A}\cdot \mathrm{e}^{\mathrm{j}125°}$$

Für die ARON-Schaltung (Bezugsphase L3) gilt:

$$P_A = |\underline{U}_{13}|\cdot|\underline{I}_1|\cdot\cos\varphi_A = |\underline{U}_{13}|\cdot|\underline{I}_1|\cdot\cos\angle(\underline{U}_{13};\underline{I}_1) = 400\,\mathrm{V}\cdot 1{,}886\,\mathrm{A}\cdot\cos\left[-30° - (-55°)\right] = 684{,}6\ \mathrm{W}$$

$$P_B = |\underline{U}_{23}|\cdot|\underline{I}_2|\cdot\cos\varphi_B = |\underline{U}_{23}|\cdot|\underline{I}_2|\cdot\cos\angle(\underline{U}_{23};\underline{I}_2) = 400\,\mathrm{V}\cdot 0{,}214\,\mathrm{A}\cdot\cos\left[-90° - (-53°)\right] = 68{,}6\ \mathrm{W}$$

$$P_{ges} = P_A + P_B = 753{,}2\ \mathrm{W}$$

Zu b) Für die Probe (c) werden die komplexen Leistungen der drei Lastzweige berechnet.

$$\underline{S}_{12} = \underline{U}_{12} \cdot \underline{I}_{12}^* = 400\ \text{V} \cdot 1{,}6\ \text{A} \cdot \text{e}^{\text{j}(30°+23°)} = 640\ \text{V} \cdot \text{A} \cdot \text{e}^{\text{j}53°} = 384\ \text{W} + \text{j}\ 512\ \text{var}$$

$$\underline{S}_{23} = \underline{U}_{23} \cdot \underline{I}_{23}^* = 400\ \text{V} \cdot 1{,}789\ \text{A} \cdot \text{e}^{\text{j}(-90°+26°)} = 715{,}6\ \text{V} \cdot \text{A} \cdot \text{e}^{-\text{j}64°} = 320\ \text{W} - \text{j}\ 640\ \text{var}$$

$$\underline{S}_{31} = \underline{U}_{31} \cdot \underline{I}_{31}^* = 400\ \text{V} \cdot 0{,}992\ \text{A} \cdot \text{e}^{\text{j}(150°-67°)} = 396{,}8\ \text{V} \cdot \text{A} \cdot \text{e}^{\text{j}83°} = 49\ \text{W} + \text{j}\ 394\ \text{var}$$

Zu c) Die Summe der Wirkleistungen stimmt mit dem Ergebnis der ARON-Schaltung überein.

$$\underline{S}_{\text{ges}}(\text{b}) = \underline{S}_{12}(\text{b}) + \underline{S}_{23}(\text{b}) + \underline{S}_{31}(\text{b}) = 753\ \text{W} + \text{j}\ 266\ \text{var} \quad \Rightarrow \quad P_{\text{ges}}(\text{ARON}) = P_\text{A} + P_\text{B} = 753{,}2\ \text{W}$$

Berechnungsbeispiel 18.4:

Ein Dreiphasensystem mit einer Leiterspannung von 400 V wird mit der angegebenen Dreieckschaltung unsymmetrisch belastet.

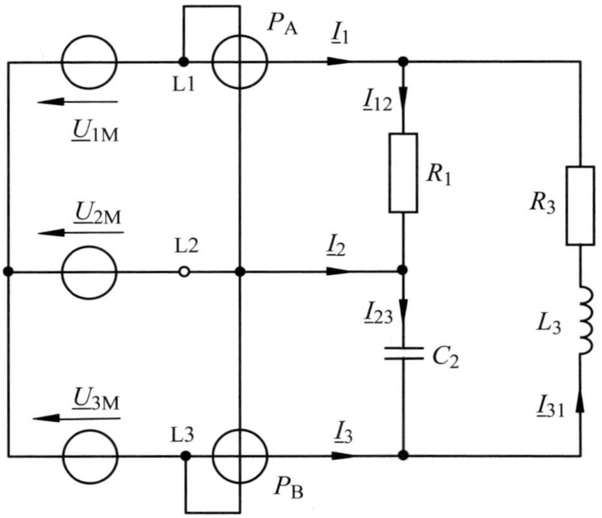

a) Welche Wirkleistungsanteile werden von der ARON-Schaltung angezeigt (Bezugsphase L2)?

b) Berechnen Sie die komplexen Leistungen der drei Generatorstränge und der drei Verbraucherstränge.

c) Konstruieren Sie das maßstäbliche Zeigerbild aller Ströme.

Geg.: $R_1 = 200\ \Omega$; $\dfrac{1}{\text{j}\omega C_2} = -\text{j}\ 100\ \Omega$

$R_3 = 80\ \Omega$; $\text{j}\omega L_3 = \text{j}\ 60\ \Omega$

Bild 18.21: Schaltung zum Berechnungsbeispiel 18.4

Zu a) Zunächst werden die Verbraucher-Strangströme berechnet.

$$\underline{I}_{12} = \frac{\underline{U}_{12}}{R_1} = \frac{400\ \text{V} \cdot \text{e}^{\text{j}30°}}{200\ \Omega \cdot \text{e}^{\text{j}0°}} = 2\ \text{A} \cdot \text{e}^{\text{j}30°} = 1{,}732\ \text{A} + \text{j}\ 1\text{A}$$

$$\underline{I}_{23} = \frac{\underline{U}_{23}}{\dfrac{1}{\text{j}\omega C_2}} = \frac{400\ \text{V} \cdot \text{e}^{-\text{j}90°}}{100\ \Omega \cdot \text{e}^{-\text{j}90°}} = 4\ \text{A} \cdot \text{e}^{\text{j}0°} = 4\ \text{A}$$

$$\underline{I}_{31} = \frac{\underline{U}_{31}}{R_3 + \text{j}\omega L_3} = \frac{400\ \text{V} \cdot \text{e}^{\text{j}150°}}{100\ \Omega \cdot \text{e}^{\text{j}37°}} = 4\ \text{A} \cdot \text{e}^{\text{j}113°} = -1{,}571\ \text{A} + \text{j}3{,}678\ \text{A}$$

Daraus werden über den Knotenpunktsatz die Leiterströme bestimmt.

$$\underline{I}_1 = \underline{I}_{12} - \underline{I}_{31} = (1{,}732\,\text{A} + \text{j}1\,\text{A}) - (-1{,}571\,\text{A} + \text{j}3{,}678\,\text{A}) = 3{,}3\,\text{A} - \text{j}2{,}68\,\text{A} = 4{,}25\,\text{A}\cdot\text{e}^{-\text{j}39°}$$

$$\underline{I}_2 = \underline{I}_{23} - \underline{I}_{12} = 4\,\text{A} - (1{,}732\,\text{A} + \text{j}1\,\text{A}) = 2{,}27\,\text{A} - \text{j}1\,\text{A} = 2{,}48\,\text{A}\cdot\text{e}^{-\text{j}24°}$$

$$\underline{I}_3 = \underline{I}_{31} - \underline{I}_{23} = (-1{,}571\,\text{A} + \text{j}3{,}678\,\text{A}) - 4\,\text{A} = -5{,}57\,\text{A} + \text{j}3{,}68\,\text{A} = 6{,}68\,\text{A}\cdot\text{e}^{\text{j}147°}$$

Mit den Leiterströmen werden die Leistungen der ARON-Schaltung (Bezugsphase L2) ermittelt.

$$P_\text{A} = |\underline{U}_{12}|\cdot|\underline{I}_1|\cdot\cos\varphi_\text{A} = |\underline{U}_{12}|\cdot|\underline{I}_1|\cdot\cos\angle(\underline{U}_{12};\underline{I}_1) = 400\,\text{V}\cdot 4{,}25\,\text{A}\cdot\cos[30° - (-39°)] = 608{,}6\,\text{W}$$

$$P_\text{B} = |\underline{U}_{32}|\cdot|\underline{I}_3|\cdot\cos\varphi_\text{B} = |\underline{U}_{32}|\cdot|\underline{I}_3|\cdot\cos\angle(\underline{U}_{32};\underline{I}_3) = 400\,\text{V}\cdot 6{,}67\,\text{A}\cdot\cos[90° - (147°)] = 1471{,}4\,\text{W}$$

$$P_\text{ges} = P_\text{A} + P_\text{B} = 2080\,\text{W}$$

Zu b) Vergleich der komplexen Leistungen der Verbraucherstränge und der Generatorstränge:

$$\underline{S}_{12} = \underline{U}_{12}\cdot\underline{I}_{12}^* = 400\,\text{V}\cdot 2\,\text{A}\cdot\text{e}^{\text{j}(30°-30°)} = 800\,\text{W} + \text{j}0\,\text{var}$$

$$\underline{S}_{23} = \underline{U}_{23}\cdot\underline{I}_{23}^* = 400\,\text{V}\cdot 4\,\text{A}\cdot\text{e}^{\text{j}(-90°+0°)} = 0\,\text{W} - \text{j}\,1600\,\text{var}$$

$$\underline{S}_{31} = \underline{U}_{31}\cdot\underline{I}_{31}^* = 400\,\text{V}\cdot 4\,\text{A}\cdot\text{e}^{\text{j}(150°-113°)} = 1280\,\text{W} + \text{j}\,960\,\text{var}$$

Für die komplexen Verbraucherleistungen gilt:
$\underline{S}_\text{V} = \underline{S}_{12} + \underline{S}_{23} + \underline{S}_{31}$
$\underline{S}_\text{V} = 2080\,\text{W} - \text{j}640\,\text{var}$

$$\underline{S}_{1\text{M}} = \underline{U}_{1\text{M}}\cdot\underline{I}_1^* = \frac{400\,\text{V}}{\sqrt{3}}\cdot 4{,}25\,\text{A}\cdot\text{e}^{\text{j}(0°+39°)} = 762{,}9\,\text{W} + \text{j}\,618{,}6\,\text{var}$$

$$\underline{S}_{2\text{M}} = \underline{U}_{2\text{M}}\cdot\underline{I}_2^* = \frac{400\,\text{V}}{\sqrt{3}}\cdot 2{,}48\,\text{A}\cdot\text{e}^{\text{j}(-120°+24°)} = -61{,}9\,\text{W} - \text{j}\,569{,}1\,\text{var}$$

$$\underline{S}_{3\text{M}} = \underline{U}_{3\text{M}}\cdot\underline{I}_3^* = \frac{400\,\text{V}}{\sqrt{3}}\cdot 6{,}68\,\text{A}\cdot\text{e}^{\text{j}(120°-147°)} = 1379\,\text{W} - \text{j}\,690\,\text{var}$$

Für die komplexen Generatorleistungen gilt:
$\underline{S}_\text{G} = \underline{S}_{1\text{M}} + \underline{S}_{2\text{M}} + \underline{S}_{3\text{M}}$
$\underline{S}_\text{G} = 2080\,\text{W} - \text{j}640\,\text{var}$

Die ermittelten Gesamtwirkleistungen stimmen mit den Ergebnissen der ARON-Schaltung überein.

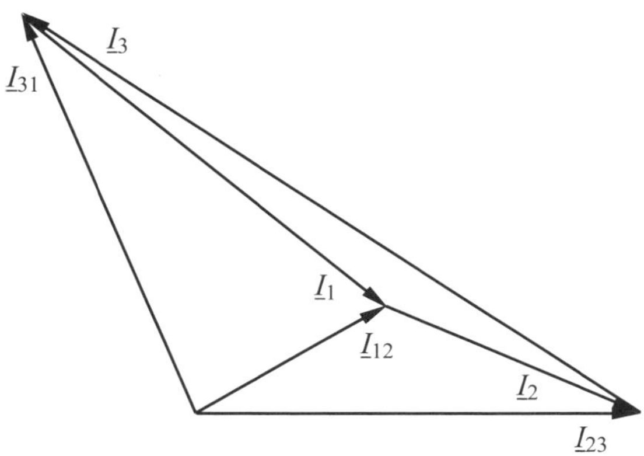

Zu c) Für die Konstruktion des Zeigerbildes werden die unter a) berechneten Ströme verwendet.

Maßstab:

1 cm ≙ 0,8 A

Bild 18.22: Zeigerbild zum Berechnungsbeispiel 18.4

Berechnungsbeispiel 18.5:

Ein Dreiphasensystem mit einer Leiterspannung von 400 V wird mit der angegebenen Verbraucherkombination belastet. Berechnen Sie die mit einer ARON-Schaltung (Bezugsphase L1) gemessenen Leistungen. Überprüfen Sie dieses Ergebnis mit den komplexen Leistungen der Generatorstränge.

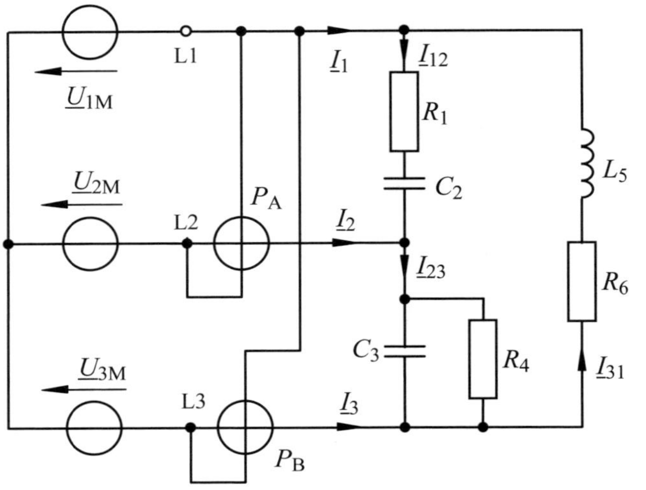

Geg.:

$R_1 = 300\ \Omega;\ \dfrac{1}{j\omega C_2} = -j\,300\ \Omega$

$\dfrac{1}{j\omega C_3} = -j\,100\ \Omega;\ R_4 = 100\ \Omega$

$j\omega L_5 = j\,200\ \Omega;\ R_6 = 200\ \Omega$

Bild 18.23: Schaltung zum Berechnungsbeispiel 18.5

Zunächst werden die Verbraucher-Strangströme und aus ihnen die Leiterströme berechnet. Der Strom $\underline{I}_{23}$ fließt durch die Parallelschaltung $R_4 // \mathrm{j}\,X_3$.

$$\underline{I}_{12} = \frac{\underline{U}_{12}}{R_1 + \dfrac{1}{j\omega C_2}} = \frac{400\ \mathrm{V}\cdot e^{j30^\circ}}{300\ \Omega - j300\ \Omega} = \frac{400}{424{,}3}\mathrm{A}\cdot e^{j75^\circ} = 0{,}943\ \mathrm{A}\cdot e^{j75^\circ} = 0{,}244\ \mathrm{A} + j\,0{,}911\ \mathrm{A}$$

$$\underline{I}_{23} = \frac{\underline{U}_{23}}{R_4 // \dfrac{1}{j\omega C_3}} = \frac{400\ \mathrm{V}\cdot e^{-j90^\circ}}{50\ \Omega - j50\ \Omega} = \frac{400}{70{,}7}\mathrm{A}\cdot e^{-j45^\circ} = 5{,}657\ \mathrm{A}\cdot e^{-j45^\circ} = 4\ \mathrm{A} - j\,4\ \mathrm{A}$$

$$\underline{I}_{31} = \frac{\underline{U}_{31}}{R_6 + j\omega L_5} = \frac{400\ \mathrm{V}\cdot e^{j150^\circ}}{200\ \Omega + j200\ \Omega} = \frac{400}{282{,}8}\mathrm{A}\cdot e^{j105^\circ} = 1{,}414\ \mathrm{A}\cdot e^{j105^\circ} = -0{,}366\ \mathrm{A} + j\,1{,}366\ \mathrm{A}$$

$$\underline{I}_1 = \underline{I}_{12} - \underline{I}_{31} = (0{,}244 + j0{,}911)\,\mathrm{A} - (-0{,}366 + j1{,}366)\,\mathrm{A} = (0{,}61 - j0{,}455)\,\mathrm{A} = 0{,}761\,\mathrm{A}\cdot e^{-j37^\circ}$$

$$\underline{I}_2 = \underline{I}_{23} - \underline{I}_{12} = (4 - j4)\,\mathrm{A} - (0{,}244 + j0{,}911)\,\mathrm{A} = (3{,}756 - j4{,}911)\,\mathrm{A} = 6{,}182\,\mathrm{A}\cdot e^{-j53^\circ}$$

$$\underline{I}_3 = \underline{I}_{31} - \underline{I}_{23} = (-0{,}366 + j1{,}366)\,\mathrm{A} - (4 - j4)\,\mathrm{A} = (-4{,}366 + j5{,}366)\,\mathrm{A} = 6{,}918\ \mathrm{A}\cdot e^{j\,129^\circ}$$

Der Leiterstrom $\underline{I}_1$ wird bei der ARON-Schaltung (Bezugsphase L1) nicht benötigt. Er ist aber zur Berechnung der komplexen Leistungen der drei Generatorstränge erforderlich.

Für die ARON-Schaltung gilt:

$$P_A = |\underline{U}_{21}| \cdot |\underline{I}_2| \cdot \cos\varphi_A = |\underline{U}_{21}| \cdot |\underline{I}_2| \cdot \cos\angle(\underline{U}_{21}; \underline{I}_2) = 2473\ \text{W} \cdot \cos\left[-150° - (-53°)\right] = -319\ \text{W}$$

$$P_B = |\underline{U}_{31}| \cdot |\underline{I}_3| \cdot \cos\varphi_B = |\underline{U}_{31}| \cdot |\underline{I}_3| \cdot \cos\angle(\underline{U}_{31}; \underline{I}_3) = 2767\ \text{W} \cdot \cos\left[150° - (129°)\right] = 2586\ \text{W}$$

$P_{ges} = P_A + P_B = 2267\ \text{W}$. Der Leistungsmesser A würde eine negative Anzeige aufweisen.

Für die komplexen Leistungen der drei Generatorstränge gilt:

$$\underline{S}_{1M} = \underline{U}_{1M} \cdot \underline{I}_1^* = \frac{400\ \text{V}}{\sqrt{3}} \cdot 0{,}761\ \text{A} \cdot e^{j(0°+37°)} = 140{,}9\ \text{W} + j\,105{,}2\ \text{var}$$

$$\underline{S}_{2M} = \underline{U}_{2M} \cdot \underline{I}_2^* = \frac{400\ \text{V}}{\sqrt{3}} \cdot 6{,}182\ \text{A} \cdot e^{j(-120°+53°)} = 548{,}4\ \text{W} - j\,1318{,}2\ \text{var}$$

$$\underline{S}_{3M} = \underline{U}_{3M} \cdot \underline{I}_3^* = \frac{400\ \text{V}}{\sqrt{3}} \cdot 6{,}918\ \text{A} \cdot e^{j(120°-129°)} = 1577{,}3\ \text{W} - j\,253{,}6\ \text{var}$$

Die Probe über die komplexen Generatorleistungen bestätigt die Aussage der ARON-Schaltung:

$$\underline{S}_G = \underline{S}_{1M} + \underline{S}_{2M} + \underline{S}_{3M} = 2267\ \text{W} - j\,1467\ \text{var}$$

Berechnungsbeispiel 18.6:

Das Dreiphasensystem im Bild 18.24 arbeitet mit einer Leiterspannung von 400 V und wird durch die angegebene Dreieckschaltung unsymmetrisch belastet.

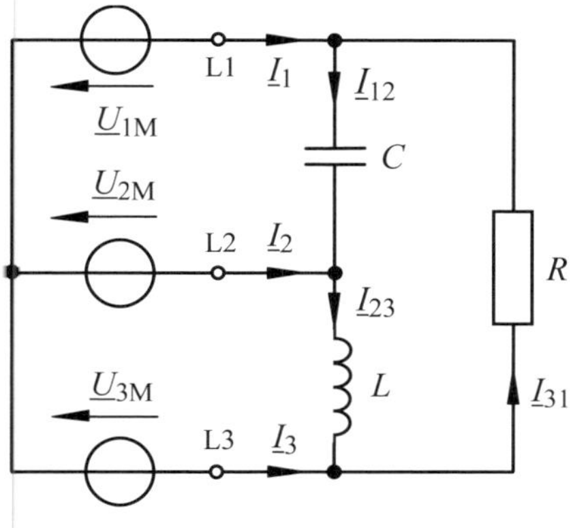

Die Beträge der drei Lastwiderstände sind gleich groß.

Geg.: $R = X_L = |X_C| = 100\,\Omega$

Auf welchen Wert R_x muss der Widerstand R verändert werden, damit alle Leiterströme den gleichen Betrag haben? Gesucht ist eine rechnerische Lösung und eine Lösung über das Zeigerbild.

Bild 18.24: Schaltung zum Berechnungsbeispiel 18.6

Zunächst werden die Verbraucher-Strangströme berechnet. Ihre Beträge sind infolge $R = X_L = |X_C|$ gleich groß.

$$\underline{I}_{12} = \underline{I}_C = \frac{\underline{U}_{12}}{\frac{1}{j\omega C}} = 4\ \text{A} \cdot e^{j120°}; \quad \underline{I}_{23} = \underline{I}_L = \frac{\underline{U}_{23}}{j\omega L} = 4\ \text{A} \cdot e^{-j180°}; \quad \underline{I}_{31} = \underline{I}_R = \frac{\underline{U}_{31}}{R} = 4\ \text{A} \cdot e^{j150°}$$

Aus den Verbraucher-Strangströmen werden nun die Leiterströme bestimmt.

$$\underline{I}_1 = \underline{I}_{12} - \underline{I}_{31} = (-2 + \mathrm{j}\,3{,}464)\,\mathrm{A} - (-3{,}464 + \mathrm{j}\,2)\,\mathrm{A} = (1{,}464 + \mathrm{j}1{,}464)\,\mathrm{A} = 2{,}071\,\mathrm{A} \cdot \mathrm{e}^{\mathrm{j}45^\circ}$$

$$\underline{I}_2 = \underline{I}_{23} - \underline{I}_{12} = (-4 - \mathrm{j}0)\,\mathrm{A} - (-2 + \mathrm{j}\,3{,}464)\,\mathrm{A} = (-2 - \mathrm{j}3{,}464)\,\mathrm{A} = 4\,\mathrm{A} \cdot \mathrm{e}^{-\mathrm{j}120^\circ}$$

$$\underline{I}_3 = \underline{I}_{31} - \underline{I}_{23} = (-3{,}464 + \mathrm{j}\,2)\,\mathrm{A} - (-4 - \mathrm{j}0)\,\mathrm{A} = (0{,}536 + \mathrm{j}\,2)\,\mathrm{A} = 2{,}071\,\mathrm{A} \cdot \mathrm{e}^{\mathrm{j}75^\circ}$$

Daraus wird das Zeigerbild der Ströme (Bild 18.25, linke Seite) konstruiert. Durch Verkleinerung des Widerstandes R auf den Wert R_x steigt der Strom $\underline{I}_{31}$ auf den Wert $\underline{I}_{31\mathrm{x}}$ an (Bild 18.25, rechte Seite). Damit ändern sich die Beträge der Ströme $\underline{I}_{1\mathrm{x}}$ und $\underline{I}_{3\mathrm{x}}$ so, dass sie gleich dem Betrag von $\underline{I}_2$ werden. $\underline{I}_2$ selbst bleibt unverändert. Es gilt: $|\underline{I}_{1\mathrm{x}}| = |\underline{I}_{2\mathrm{x}}| = |\underline{I}_{3\mathrm{x}}| = |\underline{I}_2| = 4\,\mathrm{A}$.

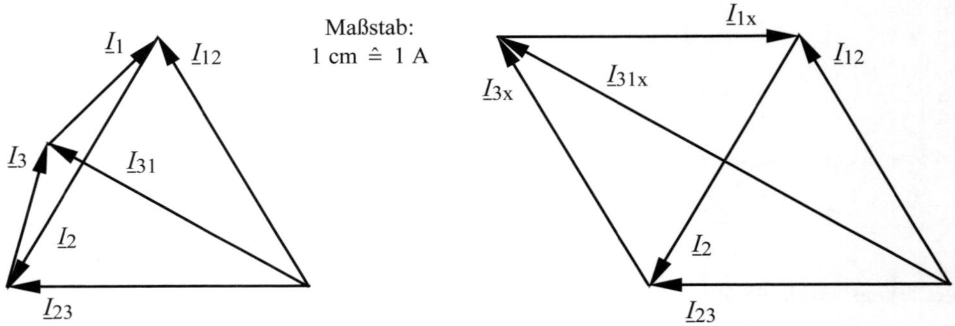

Bild 18.25: Zeigerbilder zum Berechnungsbeispiel 18.6

Da der Strom $\underline{I}_2$ unverändert bleibt ($\underline{I}_2 = \underline{I}_{2\mathrm{x}}$), gilt für die Leiterströme im Fall x:

$$\underline{I}_2 = \underline{I}_{2\mathrm{x}} = 4\,\mathrm{A} \cdot \mathrm{e}^{-\mathrm{j}120^\circ} \quad \Rightarrow \quad \underline{I}_{1\mathrm{x}} = 4\,\mathrm{A} \cdot \mathrm{e}^{\mathrm{j}0^\circ} \quad \text{und:} \quad \underline{I}_{3\mathrm{x}} = 4\,\mathrm{A} \cdot \mathrm{e}^{\mathrm{j}120^\circ}$$

Daraus kann der neue Verbraucher-Strangstrom $\underline{I}_{31\mathrm{x}}$ über den Knotenpunktsatz berechnet werden.

$$\underline{I}_{31\mathrm{x}} = \underline{I}_{23} + \underline{I}_{3\mathrm{x}} = -4\,\mathrm{A} + 4\,\mathrm{A} \cdot \mathrm{e}^{\mathrm{j}120^\circ} = -4\,\mathrm{A} + (-2\,\mathrm{A} + \mathrm{j}3{,}464\,\mathrm{A}) = -6\,\mathrm{A} + \mathrm{j}3{,}464\,\mathrm{A} = 6{,}93\,\mathrm{A} \cdot \mathrm{e}^{\mathrm{j}150^\circ}$$

Die Beträge der Ströme $|\underline{I}_{31}|$ und $|\underline{I}_{31\mathrm{x}}|$ verhalten sich umgekehrt proportional zu den entsprechenden Widerständen R bzw. R_x. Es gilt:

$$\frac{|\underline{I}_{31}|}{|\underline{I}_{31\mathrm{x}}|} = \frac{R_\mathrm{x}}{R} = \frac{4\,\mathrm{A}}{6{,}93\,\mathrm{A}} \quad \Rightarrow \quad R_\mathrm{x} = R \cdot \frac{4}{6{,}93} = 57{,}7\,\Omega$$

Die grafische Lösung aus dem Zeigerbild ergibt, dass die Beträge der Ströme $|\underline{I}_{31}|$ und $|\underline{I}_{31\mathrm{x}}|$ im Verhältnis von 4 / 7 (Längeneinheiten) zueinander stehen. Der Widerstand R_x wird wieder über den Kehrwert des Stromverhältnisses $|\underline{I}_{31}| \,/\, |\underline{I}_{31\mathrm{x}}|$ berechnet.

$$R_\mathrm{x} \approx R \cdot \frac{4}{7} = 57\,\Omega$$

Die grafische Lösung stimmt hinreichend genau mit der rechnerischen Lösung überein.

19 Transformator

Transformatoren werden in der Energietechnik zum Herauf- oder Heruntertransformieren von Wechselspannungen und Wechselströmen (*Leistungstransformator*) oder zur galvanischen Trennung von Netzteilen (*Trenntransformator*), in der Nachrichtentechnik zur breitbandigen Anpassung (*Übertrager*) und in der Messtechnik zur Reduzierung von Messspannungen oder Messströmen eingesetzt.

Ein Transformator ist ein Wandler-Bauelement. Sein Energiefluss auf der Primärseite bewirkt einen Energiefluss auf der Sekundärseite mit dem primärseitigen Informationsgehalt.

Zur Beschreibung des Übertragungsverhaltens eines Transformators (Trafo) benutzt man Modelle, die sein elektrisches Verhalten je nach Abstraktionsgrad des Modells mehr oder weniger detailliert darstellen.

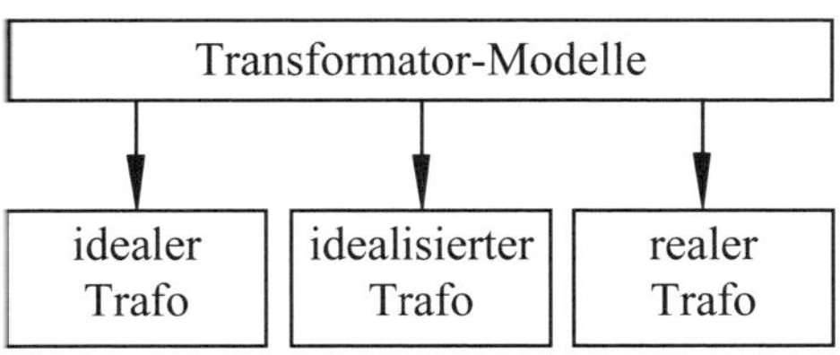

Bild 19.1: Modellvorstellungen zum Trafo

Ein Transformator mit zwei Wicklungen kann als Vierpol aufgefasst werden. Die Richtung seines Energieflusses gibt an, welche Wicklung als Primärspule (Eingang) und welche Wicklung als Sekundärspule (Ausgang) zu interpretieren ist.

In diesem Kapitel wird das elektrische Verhalten des Transformators lediglich bei sinusförmiger Einspeisung betrachtet. Es gilt das Verbraucher-Zählpfeilsystem.

19.1 Idealer Transformator

Ein idealer Transformator (technisch so nicht realisierbar) wird lediglich durch sein Übersetzungsverhältnis *ü* beschrieben.

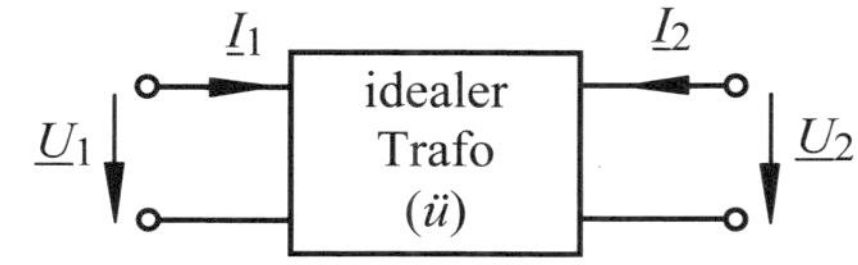

Bild 19.2: Modell zum idealen Transformator

Er bewirkt keine Blindleistung und nimmt keine Wirkleistung auf. Das Übersetzungsverhältnis *ü* beschreibt den Zusammenhang zwischen den Beträgen der Eingangsspannung $|\underline{U}_1|$ und der Ausgangsspannung $|\underline{U}_2|$.

$$\ddot{u} = \frac{|\underline{U}_1|}{|\underline{U}_2|} \qquad (19.1)$$

Das Übersetzungsverhältnis kann auch über den Kehrwert der Beträge der Ströme definiert werden.

$$\ddot{u} = \frac{|\underline{I}_2|}{|\underline{I}_1|} \qquad (19.2)$$

Gleich. (19.1) ist für den Kurzschlussfall und Gleich. (19.2) ist für den Leerlauffall nicht definiert.

Ein idealer Transformator überträgt die komplexe Leistung $\underline{S}_1$ direkt von der Primärseite auf die Sekundärseite. Da er keine Wirkleistung aufnimmt und keine Blindleistung verursacht, hat die Sekundärspannung die gleiche Phasenlage wie die Primärspannung. Die gleiche Aussage gilt für die Ströme.

$$\underline{U}_2 = |\underline{U}_2| \cdot e^{j\varphi_{u2}} = \frac{|\underline{U}_1|}{\ddot{u}} \cdot e^{j\varphi_{u1}}$$

$$\underline{I}_2 = |\underline{I}_2| \cdot e^{j\varphi_{i2}} = \ddot{u} \cdot |\underline{I}_1| \cdot e^{j\varphi_{i1}}$$

Belastet man einen idealen Transformator mit einem Lastwiderstand $\underline{Z}_a$, so kann seine Wirkung auf der Primärseite $\underline{Z}_{aÜ}$ über Leistungsbetrachtungen bestimmt werden.

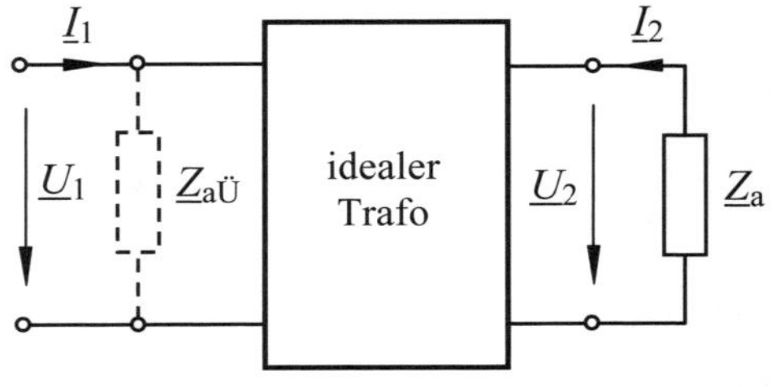

Bild 19.3: Scheinwiderstandsübersetzung

Die Wirkung des Lastwiderstandes $\underline{Z}_a$ wird über die komplexe Leistung $\underline{S}_2$ am Ausgang berechnet. Sie muss gleich der komplexen Leistung $\underline{S}_1$ am Eingang sein. Es gilt:

$$\underline{S}_2 = \underline{S}_1 \quad \text{bzw.:} \quad \underline{U}_2 \cdot \underline{I}_2^* = \underline{U}_1 \cdot \underline{I}_1^*$$

Da die Nullphasenwinkel der Spannungen und die Nullphasenwinkel der Ströme gleich sind, kann man mit ihren Beträgen weiterrechnen.

Mit $\underline{I} = \dfrac{\underline{U}}{\underline{Z}}$ gilt:

$$\underline{S}_2 = \frac{|\underline{U}_2|^2}{\underline{Z}_a} \quad \text{und:} \quad \underline{S}_1 = \frac{|\underline{U}_1|^2}{\underline{Z}_{aÜ}} = \underline{S}_2$$

$$\frac{|\underline{U}_1|^2}{\underline{Z}_{aÜ}} = \frac{|\underline{U}_2|^2}{\underline{Z}_a} \Rightarrow \underline{Z}_{aÜ} = \frac{|\underline{U}_1|^2}{|\underline{U}_2|^2} \cdot \underline{Z}_a$$

$$\underline{Z}_{aÜ} = ü^2 \cdot \underline{Z}_a \qquad (19.3)$$

Der Lastwiderstand $\underline{Z}_a$ wirkt mit dem Faktor $ü^2$ übersetzt auf der Primärseite eines idealen Transformators als Parallelwiderstand (*Scheinwiderstandsübersetzung*).

19.2 Verlustloser und streuungsfreier Transformator

Der <u>V</u>erlustlose und <u>S</u>treuungsfreie <u>T</u>ransformator (VST) ist ein Modell, dass den Transformator in idealisierter Form darstellt. Die Ersatzschaltung besteht lediglich aus den beiden Selbstinduktivitäten L_1 und L_2 sowie der Gegeninduktivität M. Streuflüsse treten nicht auf, und die Wicklungen sowie der Kern werden als verlustlos angenommen. Ein verlustloser und streuungsfreier Transformator verursacht demzufolge nur Blindleistung und nimmt keine Wirkleistung auf.

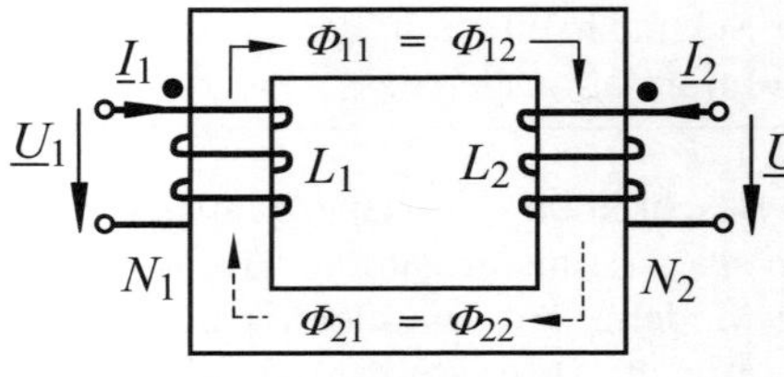

Bild 19.4: Funktionsmodell zum VST

Die Struktur dieses Modells geht von zwei Wicklungen mit den Windungszahlen N_1 und N_2 aus, die auf einem unverzweigten Kern positioniert sind und von einem gemeinsamen Gesamtfluss durchsetzt werden (hier: $\Phi_{11} + \Phi_{22} = \Phi_{ges}$). Die wechselseitige Beeinflussung von Primär- und Sekundärspule wird über die Gegeninduktivität M (vgl. Abschn. 11.6) beschrieben. Beim VST ist der Kopplungsfaktor gleich eins (Hauptfluss gleich Gesamtfluss, d.h., der Streufluss ist gleich null).

Die Gegeninduktivität wird mit $k = 1$ über Gleich. (11.29) berechnet: $M = \sqrt{L_1 \cdot L_2}$.

Das Übersetzungsverhältnis kann über das Verhältnis der beiden Windungszahlen bestimmt werden.

Mit $N=\sqrt{L \cdot R_m}$ [siehe Gleich. (11.16)] erhält man:

$$\ddot{u}=\frac{U_1}{U_2}=\frac{N_1}{N_2}=\frac{\sqrt{L_1 \cdot R_{m1}}}{\sqrt{L_2 \cdot R_{m2}}}$$

Bei einem VST sind die beiden magnetischen Widerstände infolge $k = 1$ gleich groß (beide Wicklungen werden vom gleichen Fluss durchdrungen). Es gilt:

$$\ddot{u}=\frac{N_1}{N_2}=\sqrt{\frac{L_1}{L_2}} \qquad (19.4)$$

Das Prinzip des VST wird häufig als Grundmodell zur Berechnung realer Transformatoren verwendet. Zur Beschreibung des Übertragungsverhaltens eines verlustlosen und streuungsfreien Transformators dienen die Transformatorgleichungen gemäß Gleich. (11.34) und (11.35). Im Bildbereich (siehe auch Bild 19.5) gilt:

$$\begin{aligned} \underline{U}_1 &= \mathrm{j}\omega \cdot L_1 \cdot \underline{I}_1 + \mathrm{j}\omega \cdot M \cdot \underline{I}_2 \\ \underline{U}_2 &= \mathrm{j}\omega \cdot M \cdot \underline{I}_1 + \mathrm{j}\omega \cdot L_2 \cdot \underline{I}_2 \end{aligned} \qquad (19.5)$$

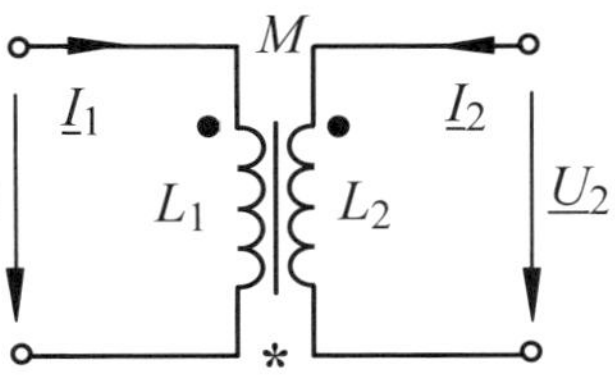

Bild 19.5: Transformatorgleichungen zum VST

Die Darstellung im Bildbereich gilt lediglich bei sinusförmiger Einspeisung. Alle Induktivitäten (Selbst- und Gegeninduktivität) werden als konstant angenommen, obwohl diese Bauelemente-Kenngrößen bei der Verwendung von ferromagnetischen Kernen vom jeweiligen Arbeitspunkt abhängig sind (Magnetisierungskennlinie).

Durch eine Aufhebung der Trennung zwischen Primär- und Sekundärwicklung (Verbindung der Wicklungsenden; siehe Stern * im Bild 19.5) kann der VST in eine T-Ersatzschaltung (vgl. auch Abschn. 12.1.3 und Berechnungsbeispiel 12.2) umgerechnet werden.

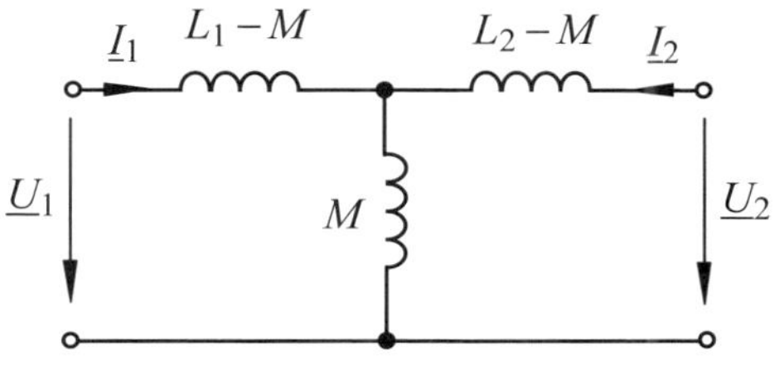

Bild 19.6: T-Ersatzschaltbild des VST

Die Ersatzbauelemente im Bild 19.6 stellen reine Rechengrößen dar, die durchaus auch negativ werden können.

Lehrbeispiel 19.1:

Berechnen Sie allgemein den Leerlauf- und den Kurzschluss-Eingangswiderstand sowie die Ausgangsspannung im T-Ersatzschaltbild des verlustlosen und streuungsfreien Transformators nach Bild 19.6.

$$\underline{Z}_{1L}=\mathrm{j}\omega(L_1-M)+\mathrm{j}\omega M=\mathrm{j}\omega L_1$$

$$\underline{Z}_{1K}=\mathrm{j}\omega(L_1-M)+\mathrm{j}\omega M\,//\,\mathrm{j}\omega(L_2-M)$$

$$\underline{Z}_{1K}=\mathrm{j}\omega(L_1-M)-\frac{\omega^2(L_2M-M^2)}{\mathrm{j}\omega L_2}$$

$$\underline{Z}_{1K}=\mathrm{j}\omega(L_1-M+\frac{L_2M-M^2}{L_2})=\mathrm{j}\omega(L_1-\frac{M^2}{L_2})$$

Die Ausgangsspannung des sekundärseitig leer laufenden VST ($\underline{I}_2 = 0$) wird mit der Spannungsteilerregel bestimmt.

$$\underline{U}_2=\underline{U}_1\cdot\frac{\mathrm{j}\omega M}{\mathrm{j}\omega(L_1-M)+\mathrm{j}\omega M}=\underline{U}_1\cdot\frac{M}{L_1}$$

19.3 Realer Transformator

Das allgemeine Modell des VST erfährt die erste Präzisierung, wenn man den real existierenden Streufluss Φ_σ berücksichtigt.

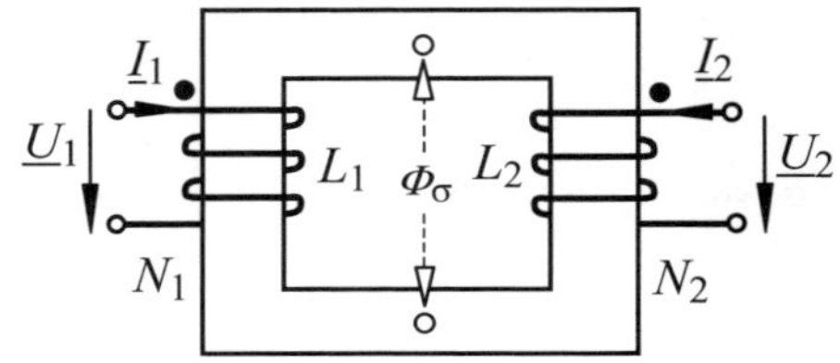

Bild 19.7: Funktionsmodell zum VT

Die Wicklungen und der Kern werden immer noch als verlustlos angenommen (**V**erlustloser **T**ransformator VT). Der Kopplungsfaktor ist jetzt kleiner als eins. Die Gegeninduktivität wird mit Gleich. (11.29) berechnet. Es gilt: $M = k \cdot \sqrt{L_1 \cdot L_2}$.

Berücksichtigt man nun noch die Verluste der Wicklung und des Kerns, entsteht ein vereinfachtes Modell eines realen Transformators.
Ein realer Transformator nimmt Wirkleistung auf und verursacht Blindleistung. Die Wirkleistung wird in den Wicklungen und im Kern in Wärme umgesetzt (Transformator-Verluste). Alle induktiven Blindwiderstände verursachen Blindleistung. Auftretende Streuflüsse werden entweder durch den Kopplungsfaktor ($k < 1$) berücksichtigt oder durch zusätzliche induktive Blindwiderstände in der Außenbeschaltung eines VST nachgebildet (vgl. vollständiges Ersatzschaltbild in [13], Abschn. 6.3.2.4).

Eine solche Anordnung entspricht dem Funktionsmodell im Bild 19.7. Es besteht aus zwei Wicklungen mit den Windungszahlen N_1 und N_2, die von einem resultierenden magnetischen Fluss durchsetzt werden. Die wechselseitige Beeinflussung der beiden Spulen wird wie beim VST bzw. beim VT über die Gegeninduktivität M (Abschn. 11.6) beschrieben.

Die Verluste eines Transformators setzen sich aus den *Wicklungsverlusten* und den *Eisenverlusten* zusammen. Sie werden über die Außenbeschaltung eines VST oder eines VT mit ohmschen Widerständen nachgebildet.

- Wicklungsverluste R_{L1} und R_{L2}:

Ohmsche Widerstände der Primärwicklung und der Sekundärwicklung.

- Eisenverluste R_E (Verluste des Kerns):

Ummagnetisierungsverluste / Hystereseverluste (siehe Abschn. 11.3.1) und Wirbelstromverluste (Abschn. 11.7).

Durch Berücksichtigung dieser Verluste entsteht ein vereinfachtes Ersatzschaltbild eines realen Transformators auf der Basis der T-Ersatzschaltung eines VST bzw. VT.

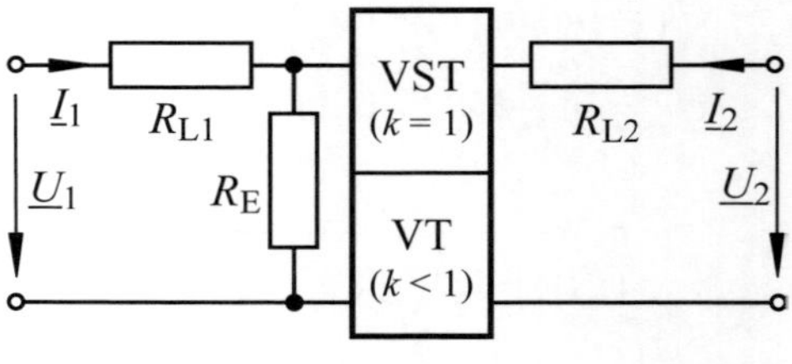

Bild 19.8: Vereinfachtes Ersatzschaltbild eines realen Transformators

Im Nennbetrieb eines Transformators können die Eisenverluste häufig gegenüber den Wicklungsverlusten vernachlässigt werden. Bei Vernachlässigung der Eisenverluste gilt näherungsweise:

$$\underline{U}_1 = (R_{L1} + j\omega \cdot L_1) \cdot \underline{I}_1 + j\omega \cdot M \cdot \underline{I}_2$$

$$\underline{U}_2 = j\omega \cdot M \cdot \underline{I}_1 + (R_{L2} + j\omega \cdot L_2) \cdot \underline{I}_2 \tag{19.6}$$

Übungsaufgaben

In diesem Anhang befinden sich weitere Übungsaufgaben (ÜA) zu den wichtigsten Schwerpunkten des vorliegenden Lehrbuches. Die Nummer der Übungsaufgabe ermöglicht eine direkte Zuordnung zu den einzelnen Abschnitten des Buches. Zeichnen Sie sich zur Lösung einer Aufgabe alle erforderlichen Zählpfeile in die jeweilige Schaltung ein. Die Schaltbilder zu den Übungsaufgaben sind aus diesem Grund im Vergleich zu den Aufgaben der vorherigen Kapitel etwas vergrößert dargestellt.

Um den Rahmen des Buches nicht zu sprengen, werden die Lösungen im Internet unter **http://www.ostfalia.de/cms/de/pws/ose/Buch_ET.html** veröffentlicht.

ÜA_1: Gleichstromlehre

ÜA_1_3.3.A: Berechnen Sie die Teilerverhältnisse U_6 / U_2 und I_5 / I_7 sowie den Strom durch den Widerstand R_2 in Form einer allgemeinen Lösung als Funktion der gegebenen Größen U_q und R.

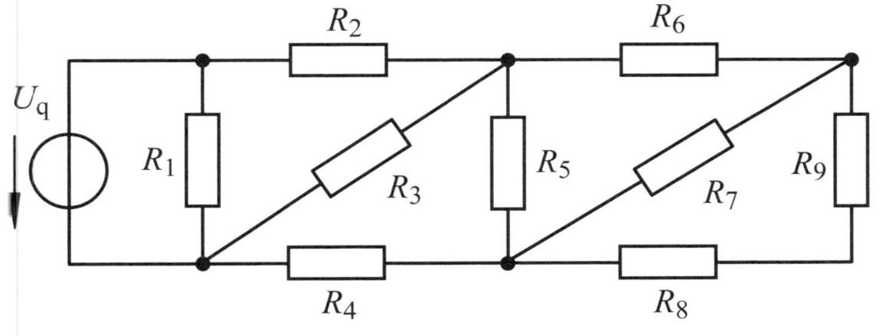

$R_1 = R_2 = 2\,R$
$R_3 = 15\,R$
$R_4 = R_5 = 5\,R$
$R_6 = R_7 = 3\,R$
$R_8 = R_9 = 3\,R$

Bild ÜA_1_3.3.A

ÜA_1_3.3.B: Bestimmen Sie allgemein die folgenden Teilerverhältnisse:

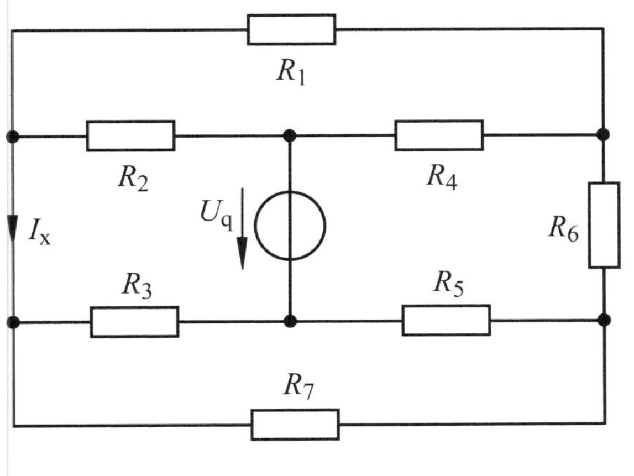

$\frac{U_6}{U_q}$ und $\frac{I_x}{I_q}$

Es gilt:

$R_1 = R_2 = \ldots = R_6 = R_7 = R$

Bild ÜA_1_3.3.B

ÜA_1_3.3.C: In welchem Verhältnis stehen die Spannungen U_2 und U_7 sowie die Ströme I_3 und I_6 zueinander?

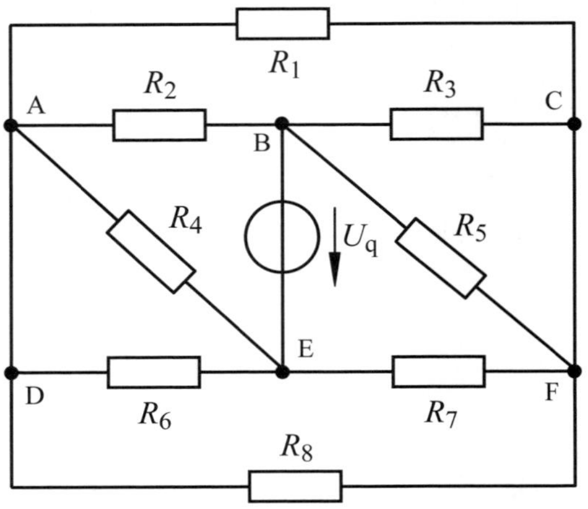

Geg.:
$U_q = 24$ V
$R_1 = R_4 = R_6 = R_8 = 4$ kΩ
$R_2 = R_7 = 2$ kΩ
$R_3 = 6$ kΩ; $R_5 = 3$ kΩ

Berechnen Sie außerdem die in der Schaltung umgesetzte Gesamtleistung.

Bild ÜA_1_3.3.C

ÜA_1_3.3.D: In welchem Verhältnis stehen die Spannungen U_x und U_q? Bestimmen Sie den Strom I_y und das Verhältnis I_4 / I_8. Berechnen Sie außerdem die in der Schaltung umgesetzte Gesamtleistung.

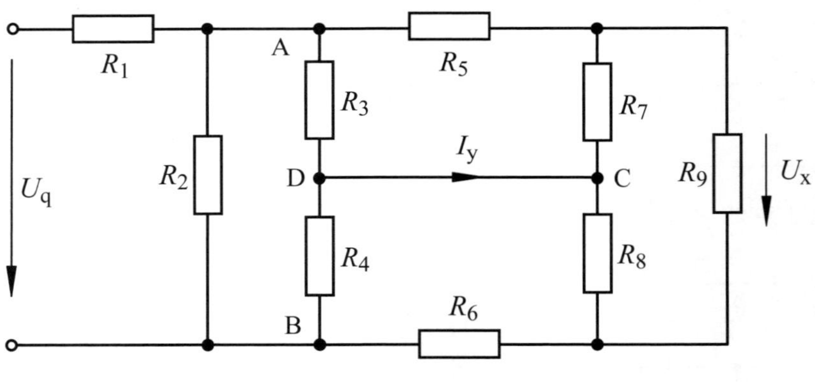

Geg.:
alle $R = 3$ kΩ
$U_q = 12$ V

Bild ÜA_1_3.3.D

ÜA_1_3.5.A: Berechnen Sie für eine mit R_a belastete Stromquellen-Ersatzschaltung alle Spannungsabfälle über dem Lastwiderstand, die einen gleichen Leistungsumsatz P_a bewirken. Es gilt: $0 < P_a < P_{a,max}$.

Lösungshinweis: R_a sollte über gegebene bzw. gesuchte Größen ausgedrückt werden!

Gesucht sind: a) Herleitung: $U_a = f(I_K; R_i; P_a)$

b) Zahlenwerte für: $I_K = 100$ mA; $R_i = 100$ Ω; $P_a = 90$ mW

ÜA_1_3.5.B: Wie groß muss der Widerstand R_4 sein, damit in ihm die gleiche Leistung umgesetzt wird wie im Widerstand R_7? Es gilt: $R_1 = R_2 = R_3 = R_5 = R_6 = R_7 = R = 2\ \text{k}\Omega$. Gesucht ist eine allgemeine Lösung $R_4 = \text{f}\,(U_\text{A}; I_\text{B}; R)$ und der Zahlenwert.

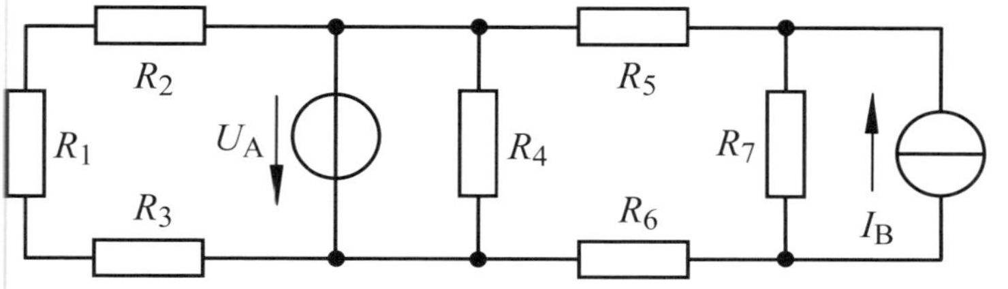

Geg.:
$U_\text{A} = 10$ V
$I_\text{B} = 2{,}5$ mA

Bild ÜA_1_3.5.B

ÜA_1_3.5.C: Berechnen Sie die in allen Widerständen umgesetzte Leistung und stellen Sie die vollständige Leistungsbilanz auf.

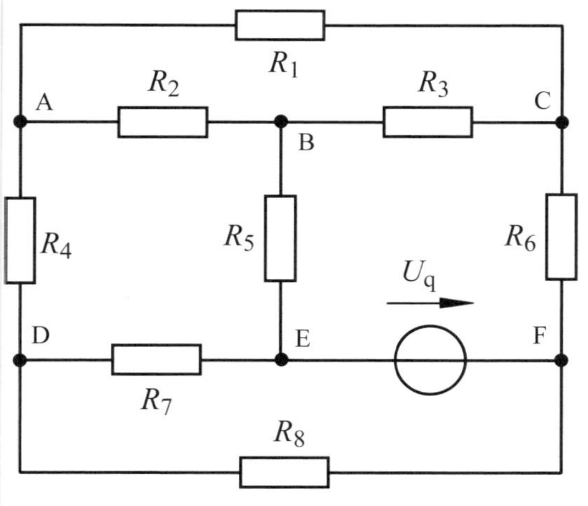

Geg.:
$U_\text{q} = 15$ V

$R_1 = R_2 = R_3 = 3\ \text{k}\Omega$
$R_4 = R_5 = 1\ \text{k}\Omega$
$R_6 = R_7 = 2\ \text{k}\Omega$
$R_8 = 3\ \text{k}\Omega$

Bild ÜA_1_3.5.C

ÜA_1_5.2.A: Wie groß muss der Strom der Quelle C sein, damit der Akkumulator B mit einem Strom $I_\text{B} = 50\,\text{mA}$ geladen wird? Gesucht ist eine allgemeine Lösung $I_\text{C} = \text{f}(U_\text{A}; U_\text{B}; R)$ und der Zahlenwert. Es gilt: $R_1 = R_2 = R_3 = R_4 = R_5 = R = 200\ \Omega$.

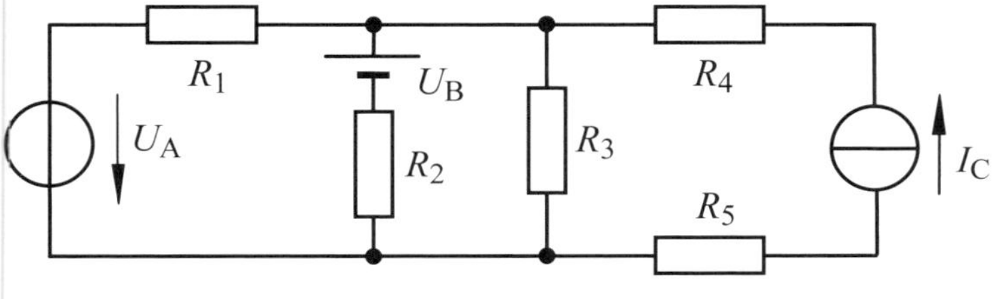

Geg.: $U_\text{A} = 9$ V
$U_\text{B} = 6$ V

Bild ÜA_1_5.2.A

ÜA_1_5.2.B: Wie groß muss der Strom der Quelle D sein, damit der Akkumulator B mit einem Strom $I_B = 20$ mA geladen wird? Welche Leistung gibt die Stromquelle D dann ab?

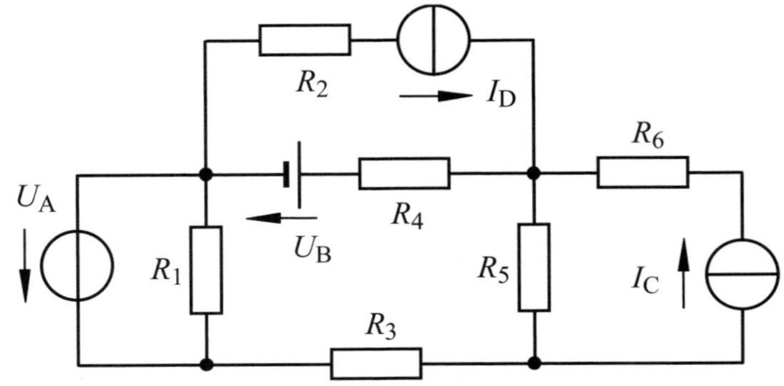

Geg.:
$U_A = 24$ V
$U_B = 12$ V
$I_C = 20$ mA

alle $R = 100\ \Omega$

Bild ÜA_1_5.2.B

ÜA_1_5.2.C: Wie groß muss der Strom der Quelle B sein, damit der Akkumulator A mit dem Strom I_A geladen wird? Gesucht ist eine allgemeine Lösung $I_B = f(U_A; I_A; U_C; R)$. Es gilt: $R_1 = R_2 = R_3 = R_4 = R_5 = R$.

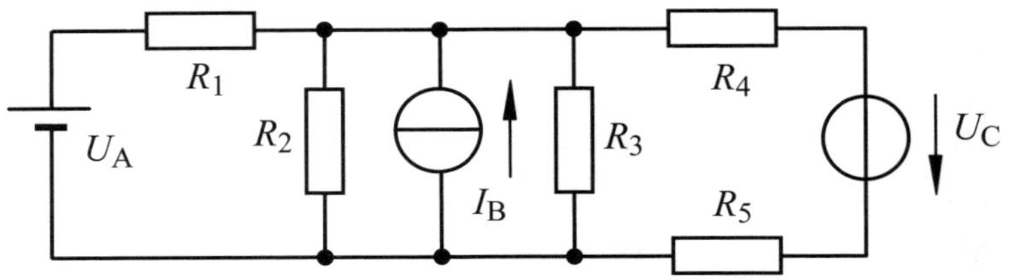

Bild ÜA_1_5.2.C

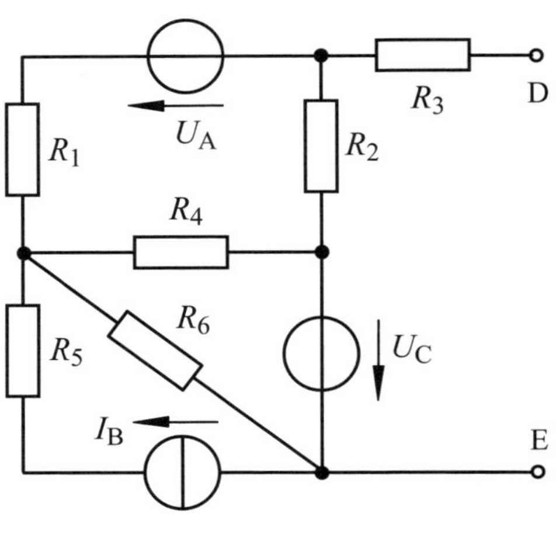

ÜA_1_5.3.A: Ermitteln Sie für den vorgegebenen Zweipol den Innenwiderstand.

Wie groß muss der Quellenstrom I_B sein, damit sich an der Trennstelle D – E eine Leerlaufspannung von 24 V einstellt?

Geg.: $U_A = 25$ V; $U_C = 15$ V
alle $R = 1$ kΩ

Bild ÜA_1_5.3.A

ÜA_1_5.3.B: Rechnen Sie mit dem Maschensatz und dem Überlagerungssatz das Netzwerk für die Trennstelle X – Y in die Spannungsquellen-Ersatzschaltung um.
Gesucht ist eine allgemeine Lösung: $U_L = f(U_A;\, U_B;\, I_C;\, U_D;\, R)$ bzw. $R_i = f(R)$.

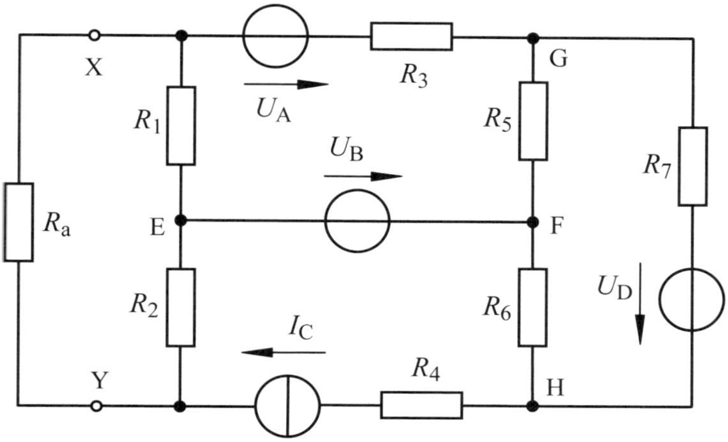

Vereinfachung: Alle R sind gleich groß.

Bild ÜA_1_5.3.B

ÜA_1_5.3.C: Rechnen Sie die Schaltung für $R_3 = R_a$ in die Spannungs- und die Stromquellen-Ersatzschaltung um. Gesucht ist eine allgemeine Lösung:
$U_L;\, I_K = f(U_A;\, U_B;\, I_C;\, R)$ bzw. $R_i = f(R)$. Es gilt: $R_1 = R_2 = R_3 = R_4 = R_5 = R_6 = R$.

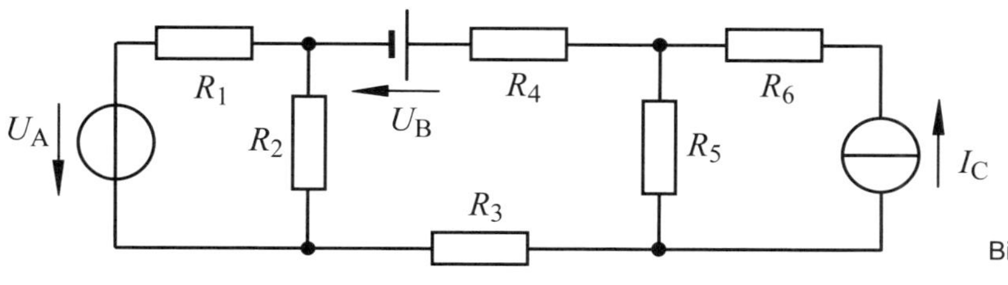

Bild ÜA_1_5.3.C

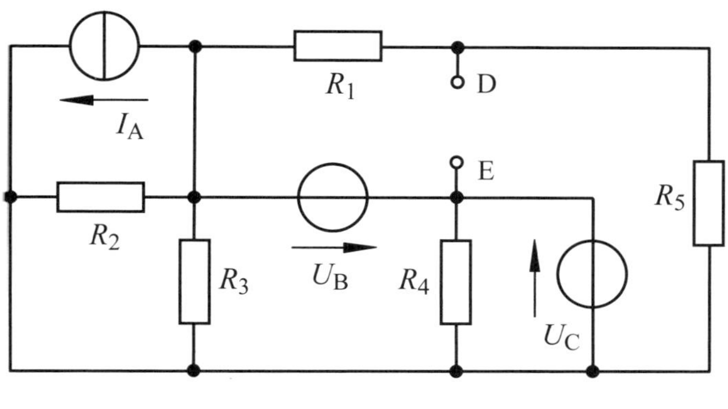

ÜA_1_5.3.D:

Berechnen Sie für die Trennstelle D – E den Kurzschlussstrom und den Innenwiderstand in allgemeiner Form:

$I_K = f(I_A;\, U_B;\, U_C;\, R)$

$R_i = f(R)$

Bild ÜA_1_5.3.D

ÜA_1_5.5.A: Stellen Sie mit beiden Analyseverfahren das Koeffizientenschema auf. Es sind alle Vorteile auszunutzen, die eine Reduzierung der Anzahl der Gleichungen im Gleichungssystem ermöglichen. Stellen Sie für das Netzwerk die vollständige Leistungsbilanz auf. Zur Berechnung der erforderlichen Größen ist das optimale Analyseverfahren zu verwenden!

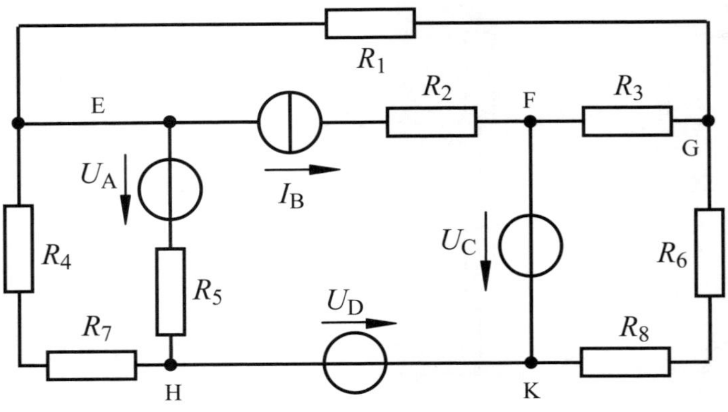

Geg.:

$U_A = 11$ V

$I_B = 100$ mA

$U_C = U_D = 5$ V

alle $R = 100\ \Omega$

Bild ÜA_1_5.5.A

ÜA_1_5.5.B: Berechnen Sie alle Zweigströme des Netzwerkes und stellen Sie die vollständige Leistungsbilanz auf.

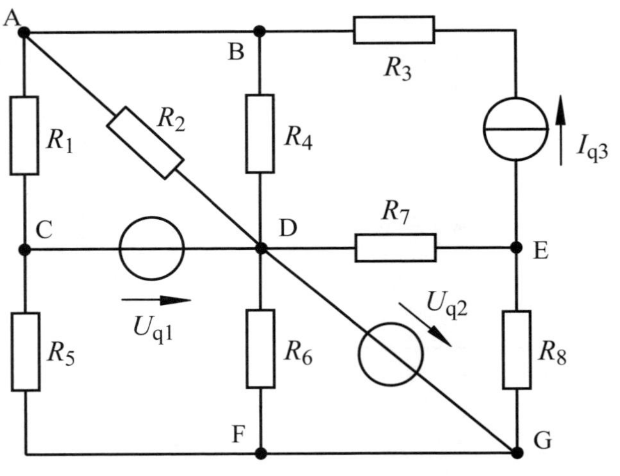

Geg.:

$U_{q1} = 24$ V

$U_{q2} = 12$ V

$I_{q3} = 60$ mA

$R_1 = R_3 = R_5 = R_7 = R$

$R_2 = R_4 = R_6 = R_8 = 2R$

$R = 100\ \Omega$

Bild ÜA_1_5.5.B

ÜA_1_5.5.C: Lösen Sie diese Übungsaufgabe unter Verwendung des Maschensatzes, des Überlagerungssatzes und der Zweipoltheorie. Stellen Sie für beide Analyseverfahren das vollständige Koeffizientenschema auf und bestimmen Sie alle Leistungen. Die Aufgabenstellung finden Sie mit der Lösung im Internet.

ÜA_1_5.5.D: Berechnen Sie allgemein die Spannung $U_3 = f(U_A; U_B; I_C; U_D; R)$. Bestimmen Sie für die gegebenen Werte alle Quellenleistungen im Quellen-Zählpfeilsystem.

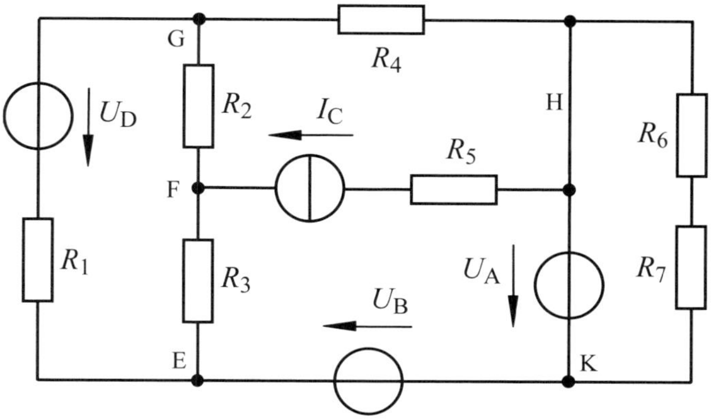

Geg.:
$U_A = 6$ V
$U_B = 9$ V
$I_C = 100$ mA
$U_D = 5$ V
alle $R = 100\ \Omega$

Bild ÜA_1_5.5.D

ÜA_1_6.4.A: In welchem Arbeitspunkt wird die Z-Diode betrieben? Auf welchen Wert $U_q{}^*$ muss die Quellenspannung verändert werden, damit die in der Z-Diode umgesetzte Leistung auf die Hälfte reduziert wird?

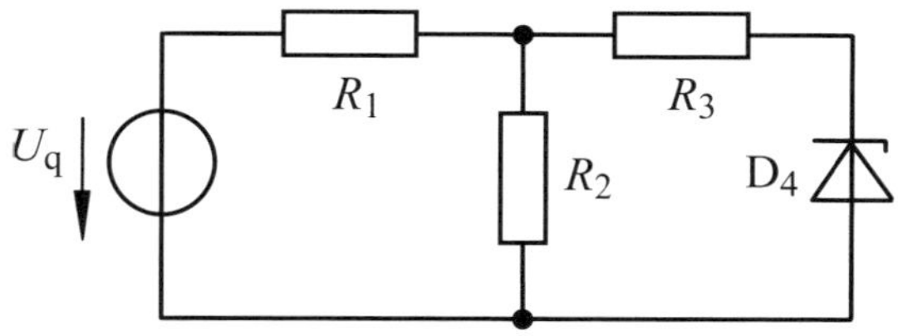

Geg.: $U_q = 18$ V
$R_1 = R_2 = 100\ \Omega$
$R_3 = 50\ \Omega$
$U_Z = 5{,}1$ V; $r_Z = 3\ \Omega$
(idealisierte Kennlinie)

Bild ÜA_1_6.4.A

ÜA_1_6.4.B: Die Kennlinie der Glühlampe ist bekannt. ⟶

a) In welchem Arbeitspunkt werden die Diode und die Glühlampe betrieben?

b) Welche Leistung P_{4a} wird dann in der Glühlampe H_4 umgesetzt?

c) Auf welchen Wert U_{qc} muss die Quellenspannung U_q geändert werden, damit der Leistungsumsatz in der Glühlampe verdoppelt wird?

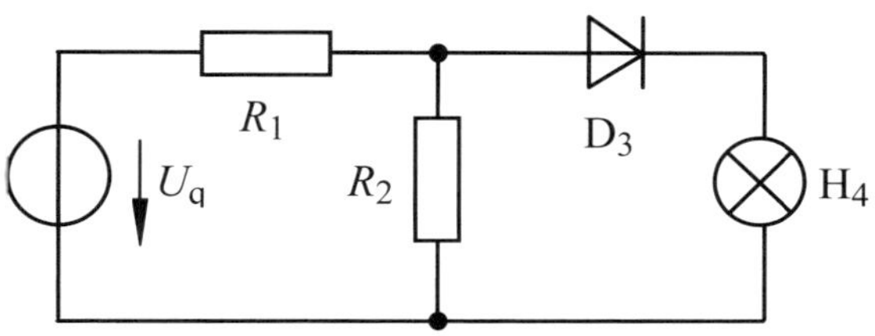

Geg.:
$U_q = 8$ V
$R_1 = 20\ \Omega$; $R_2 = 20\ \Omega$
$U_{S3} = 0{,}8$ V; $r_{F3} = 2\ \Omega$

Bild ÜA_1_6.4.B

ÜA_2: Elektrische und magnetische Felder

ÜA_2_8.3.A: In einen Vollkugelerder, der in einer Tiefe $h_1 = 3$ m eingegraben ist, fließt ein Strom $I_1 = 500$ A hinein. Ein zweiter Vollkugelerder wird im Abstand $d = 3\ h_1$ von der Eingrabstelle des ersten Vollkugelerders positioniert. Aus ihm fließt ein Strom $I_2 = 500$ A heraus. Für beide Erder liegt der Potentialbezugspunkt PB im Erdmittelpunkt ($r \to \infty$). Auf der Erdoberfläche wird an der Stelle $x = d / 3$ ein Potential $\varphi_x = -1000$ V gemessen.

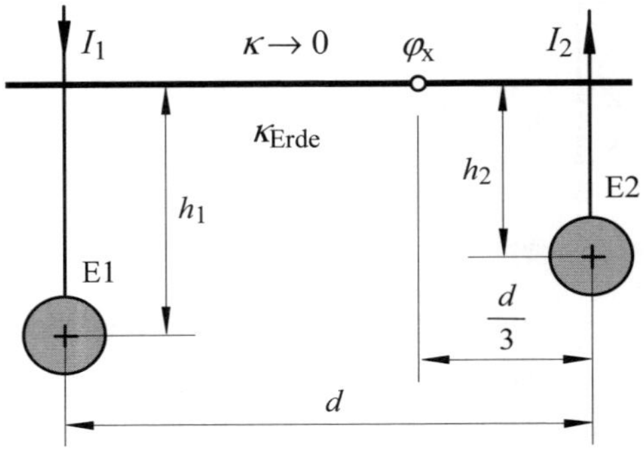

a) Berechnen Sie die Eingrabtiefe h_2.

b) Welche Feldstärkekomponenten (nur die Beträge) ruft der Erder E1 auf der Oberfläche des Erders E2 hervor? Gesucht ist eine allgemeine Lösung $E = f(I_1; h_1; \kappa)$ für den Spezialfall $h_2 = h_1 / 2$.

Geg.: $\kappa_{Erde} = 10^{-2}$ S / m; $r_{01} = r_{02} << d$

Bild ÜA_2_8.3.A

ÜA_2_8.3.B: In einen Vollkugelerder mit $r_0 = 10$ cm, der in einer Tiefe $h_1 = 3$ m eingegraben ist, fließt ein Strom $I_1 = 500$ A hinein. Direkt über ihm wird auf der Erdoberfläche ein Potential von $\varphi_{x1} = 5300$ V gemessen. Der Potentialbezugspunkt PB ist unendlich weit entfernt.

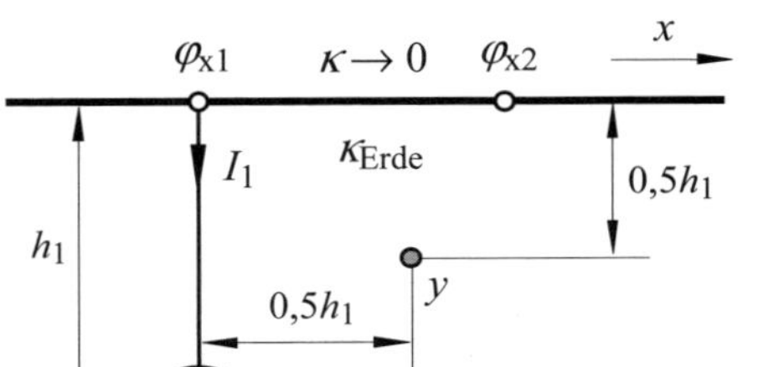

Bild ÜA_2_8.3.B

a) Berechnen Sie die mittlere spezifische elektrische Leitfähigkeit des Erdreichs und den Übergangswiderstand des Erders.

b) An welcher Stelle x_2 ist das Potential auf den halben Wert von φ_{x1} abgesunken?

c) Welche elektrische Feldstärke ruft der Erder an der Stelle y hervor? Gesucht ist eine grafische Lösung.

ÜA_2_8.3.C: In einen Vollkugelerder VE mit $r_0 = 5$ cm wird ein Strom von $I_E = 1000$ A eingespeist. Zur Messung der mittleren spezifischen elektrischen Leitfähigkeit des Erdreichs werden gemäß Bild ÜA_2_8.3.C zwei Halbkugelerder als Hilfserder (HE) gesetzt. Die Eingrabstelle des Erders VE liegt auf der Verbindungslinie zwischen HE1 und HE2. Der Potentialbezugspunkt PB ist unendlich weit entfernt. Auf dem Erder VE wird im Fall a) ein Potential von $\varphi_E = 30000$ V und auf dem Hilfserder HE2 ein Potential von $\varphi_2 = 500$ V gemessen.

a) Bestimmen Sie die spezifische elektrische Leitfähigkeit des Erdreichs und die Strecke a.

b) Berechnen Sie für den Fall a) die Schrittspannung an der Eingrabstelle VE bei einem Schritt s = 1 m in Richtung des Hilfserders HE1.

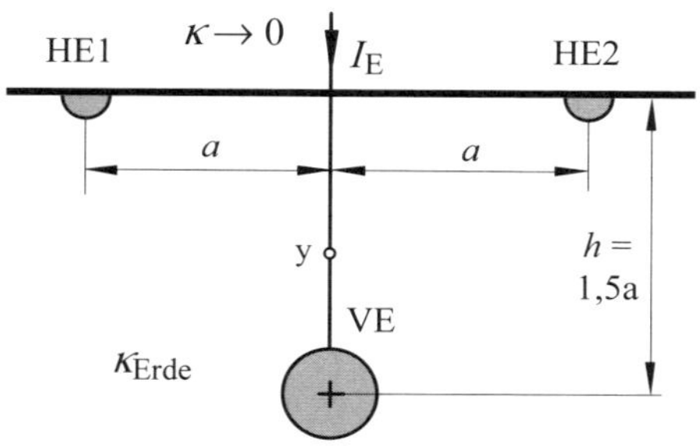

c) Nach der Leitfähigkeitsmessung wird zusätzlich in beide Hilfserder ein Strom von je 500 A eingespeist. Ermitteln Sie das Potential auf der Erdoberfläche direkt über VE. Es gilt: $r_0 \ll a; h$.

d) An welcher Stelle auf der Erdoberfläche ist für den Fall c) die elektrische Feldstärke gleich null und wie groß ist ihr Betrag im Punkt y (0,5a oberhalb vom Mittelpunkt VE)?

Bild ÜA_2_8.3.C

ÜA_2_8.3.D: Leiten Sie eine allgemeine Berechnungsvorschrift für den Betrag der resultierenden elektrischen Feldstärke im Berechnungsbeispiel 8.7 her und diskutieren Sie den Verlauf der Schrittspannung für mehrere Anfangsstandorte und Bewegungsrichtungen. Die ausführliche Aufgabenstellung finden Sie mit Lösung im Internet.

ÜA_2_9.3: Drei metallische Kugeln werden in gleicher Höhe an den Eckpunkten eines gleichseitigen Dreiecks mit der Seitenlänge a frei im Raum aufgehängt. Alle Kugeln haben den gleichen Durchmesser. Auf ihnen befindet sich betragsmäßig die gleiche Ladung Q. Der Radius der Kugeln ist viel kleiner als ihr Abstand zueinander. Gegenelektrode und Potentialbezugspunkt P_B sind unendlich weit entfernt. Der vom Feld erfüllte Raum sei unendlich groß. Skizzieren Sie das resultierende elektrische Potentialfeld für unterschiedliche Polaritäten der Ladungen.
Die ausführliche Aufgabenstellung finden Sie mit Lösung im Internet.

ÜA_2_10.2.A: Alle Kondensatoren im Bild ÜA_2_10.2.A sind vollständig entladen.

a) Zunächst wird der Schalter A geschlossen. Berechnen Sie allgemein den Strom i_2 (t) und die Spannung u_6 (t).

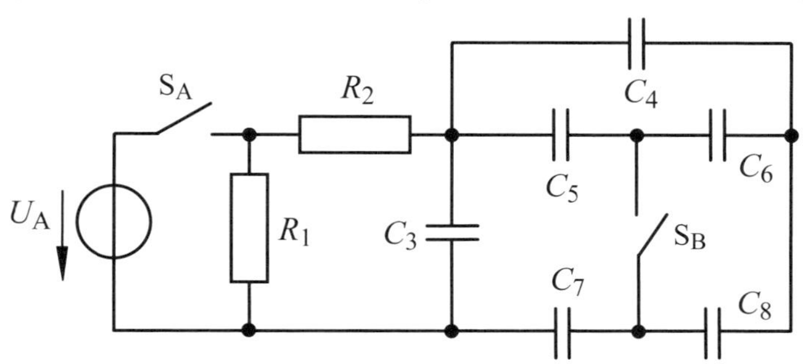

Geg.:
U_A = 24 V
alle C = 10 µF
alle R = 10 kΩ

Bild ÜA_2_10.2.A

b) Nach $t_A >> 5 \cdot \tau_A$ wird der Schalter A geöffnet und zugleich der Schalter B geschlossen. Berechnen (allgemein) und skizzieren Sie (Eckpunkte angeben) den zeitlichen Verlauf des Stromes durch den Widerstand R_1 für die Fälle A und B.

ÜA_2_10.2.B: Alle Kondensatoren im Bild ÜA_2_10.2.B sind vollständig entladen.

a) Zunächst wird der Schalter A geschlossen. Berechnen Sie allgemein den Strom $i_2(t)$ und die Spannung $u_6(t)$.

b) Dann wird der Schalter A geöffnet und zugleich der Schalter B geschlossen. Berechnen (allgemein) und skizzieren Sie (Eckpunkte als Zahlenwerte angeben) den zeitlichen Verlauf des Stromes durch den Widerstand R_2 für den Fall B.

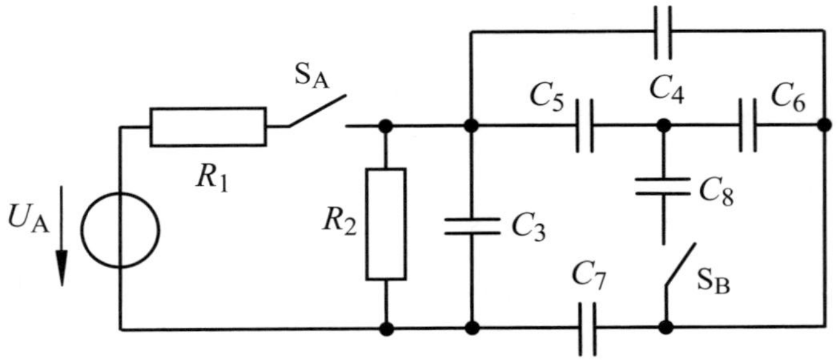

Geg.:

$U_A = 24$ V

alle $C = 10$ µF

alle $R = 10$ kΩ

Bild ÜA_2_10.2.B

ÜA_2_10.2.C: Alle Kondensatoren im Bild ÜA_2_10.2.C sind vollständig entladen.

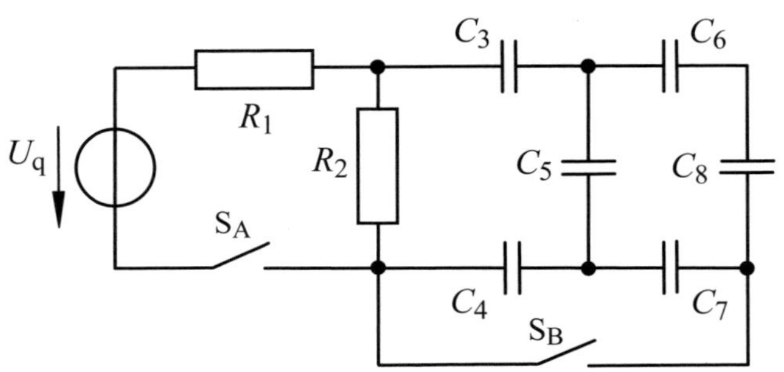

Geg.:

$U_q = 100$ V

alle $C = 100$ µF

alle $R = 100$ kΩ

Bild ÜA_2_10.2.C

a) Zunächst wird der Schalter A geschlossen. Berechnen Sie allgemein den Strom $i_2(t)$ sowie die Spannung $u_5(t)$ und die zugehörigen Funktionswerte für $t = 3$ s.

b) Dann wird der Schalter A geöffnet und zugleich der Schalter B geschlossen. Berechnen Sie allgemein den Strom $i_2(t)$ durch den Widerstand R_2 für den Fall B.

c) Skizzieren Sie (Eckpunkte als Zahlenwerte angeben) den zeitlichen Verlauf des Stromes durch den Widerstand R_2 für die Fälle A und B in einem Diagramm.

ÜA_2_10.3.A: Alle Kondensatoren des kapazitiven Netzes sind vollständig entladen.

a) Zunächst wird der Schalter S_A geschlossen, bis sich ein statischer Zustand A einstellt. Auf welche Spannungen laden sich die Kondensatoren auf (Zahlenwerte)? Berechnen Sie allgemein die Funktion $u_8 = f(t)$ für den Vorgang A über die Größen U_A, R und C.

b) Nach dem Vorgang A wird der Schalter S_A wieder geöffnet und zugleich S_B geschlossen. Ermitteln Sie die Spannungen über allen Kondensatoren im statischen Zustand B.

c) Berechnen Sie die während des Vorgangs B durch den Kondensator C_4 verschobene Ladungsmenge ΔQ_4.

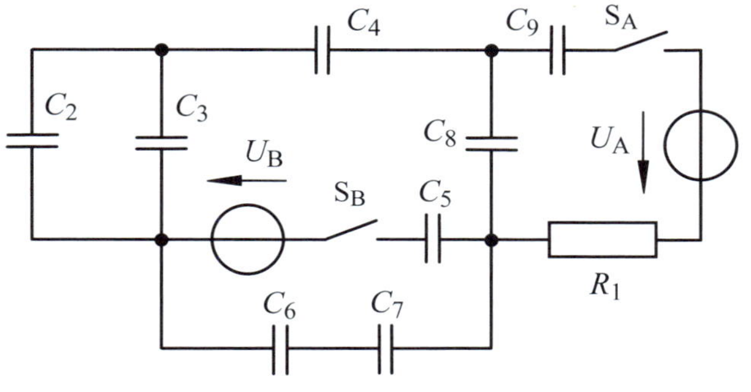

Geg.:
$U_A = 80$ V
$U_B = 75$ V
alle $C = 30$ µF
$R_1 = 30$ kΩ

Bild ÜA_2_10.3.A

ÜA_2_10.3.B: Alle Kondensatoren des kapazitiven Netzes sind vollständig entladen.

a) Zunächst wird der Schalter S_A geschlossen, bis sich ein statischer Zustand A einstellt. Auf welche Spannungen laden sich die Kondensatoren auf (Zahlenwerte)?

b) Nach dem Vorgang A wird der Schalter S_A wieder geöffnet und zugleich S_B geschlossen. Ermitteln Sie die Spannungen über allen Kondensatoren im statischen Zustand B (Zahlenwerte und Probe).

c) Berechnen Sie die während des Vorgangs B durch den Kondensator C_3 verschobene Ladungsmenge ΔQ_3 sowie die im Netzwerk gespeicherte Gesamtladung Q_B.

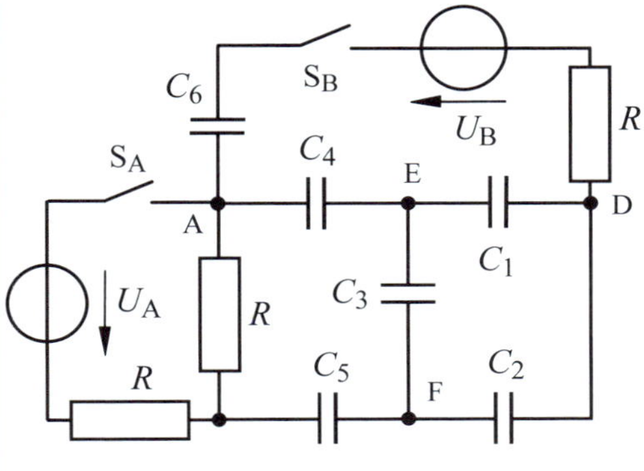

Geg.:
$U_A = 65$ V; $U_B = 70$ V
$C_1 = C_2 = C_3 = C_4 = C$
$C_5 = C_6 = 2 \cdot C$

$C = 50$ µF
alle $R = 30$ kΩ

Bild ÜA_2_10.3.B

ÜA_2_11.3.A: Eine Ringspule wird zunächst nur über eine Wicklung mit der Windungszahl N_1 ohne Luftspalt betrieben. Es gilt die Magnetisierungskennlinie nach Bild 11.8.

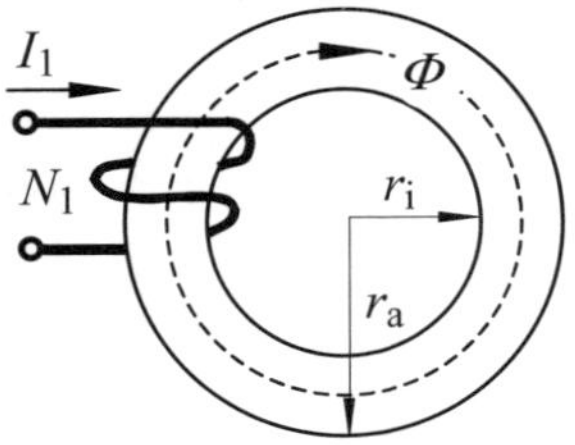

Geg.:

$I_1 = 0{,}5$ A

$N_1 = 400$

$d = r_a - r_i = 10$ mm

Bild ÜA_2_11.3.A

a) Bestimmen Sie den magnetischen Widerstand R_{ma}, den magnetischen Fluss Φ_a und den Arbeitspunkt AP_a für eine magnetische Flussdichte von $B_a = 1{,}3$ V·s / m^2.

b) Nun wird ein Luftspalt mit $\delta = 0{,}5$ mm gemäß Bild 11.11 eingebracht. Ermitteln Sie den magnetischen Widerstand R_{mb}, den magnetischen Fluss Φ_b und den Arbeitspunkt AP_b.

c) Dann schaltet man für den Fall b) eine Wicklung 2 ($N_2 = N_1$) zur Wicklung 1 gleichsinnig in Reihe. Wo liegt nun der Arbeitspunkt AP_c und wie ändert sich der magnetische Fluss Φ_c?

d) Schließlich wird für den Fall c) der Luftspalt um ein Drittel vergrößert. Wo liegt jetzt der Arbeitspunkt AP_d und wie ändert sich der magnetische Fluss Φ_d?

Nach jeder Maßnahme [a) bis d)] wird der Kern vollständig entmagnetisiert!

ÜA_2_11.3.B: In allen Bereichen des im Bild ÜA_2_11.3.B dargestellten Eisenkerns soll die magnetische Flussdichte gleich groß sein. Streuung und Flussverbreiterung im Luftspalt seien vernachlässigbar klein.

Geg.: $I = 1$ A; $N = 500$; $a = b = 6$ cm; $c = 8$ cm

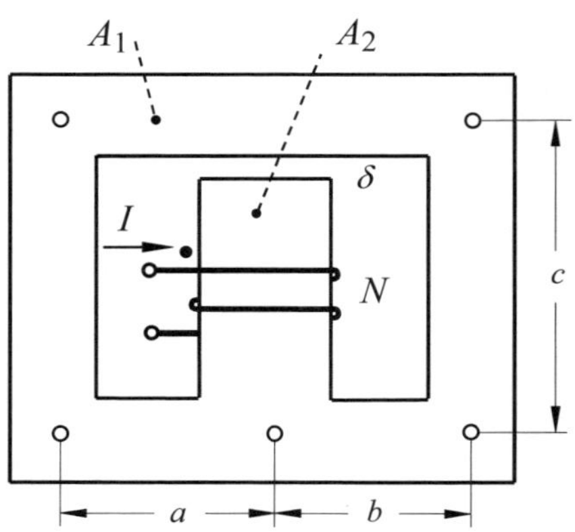

a) In welchem Arbeitspunkt wird der Kern bei einem Luftspalt $\delta_a = 1$ mm betrieben?

b) Bestimmen Sie die Kernquerschnitte A_1 und A_2 für den Fall a) so, dass die Anordnung eine magnetische Energie von: $W_{mag} = 60$ mW·s speichert.

c) Auf welchen Wert δ_c muss die Luftspaltlänge geändert werden, damit der magnetische Fluss in allen Bereichen um 50 % vergrößert wird?

Bild ÜA_2_11.3.B

Für den Kern gilt die Magnetisierungskennlinie für Trafoblech nach DIN 46400 (siehe Bild 11.23 und Internet).

ÜA_2_11.3.C: Der im Bild ÜA_2_11.3.C dargestellte magnetische Kreis ist für verschiedene Betriebsfälle zu untersuchen.

Geg.: $I = I_{Ea} = 1$ A; $N = 300$
$a = 6$ cm; $b = 9$ cm; $c = 2$ cm

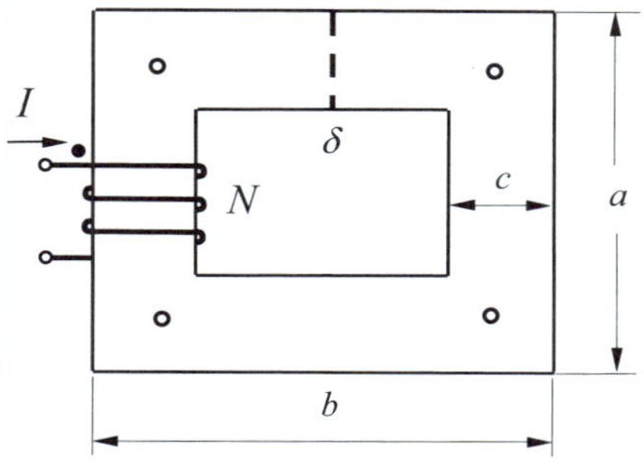

Bild ÜA_2_11.3.C

a) In welchem Arbeitspunkt wird der Kern (Pakethöhe $h = 2$ cm) ohne Luftspalt betrieben?

b) Wie verändert sich der Arbeitspunkt (nach der Entmagnetisierung), wenn ein Luftspalt mit $\delta_b = 0{,}5$ mm eingebracht wird?

c) Berechnen Sie für den Fall b) die Induktivität der Anordnung.

Magnetisierungskennlinie:

d) Wie ändern sich für den Fall b) die Werte des Arbeitspunktes, wenn:

d1) der Erregerstrom auf $I_E = I_{Ed} = 1{,}5$ A erhöht wird?

d2) für den Kern eine quadratische Form mit der Kantenlänge a gewählt wird ($I_{Ea} = 1$ A)?

ÜA_2_11.3.D: Die Spule wird zunächst ohne Luftspalt über die Wicklung N_1 betrieben.

a) Bestimmen Sie den magnetischen Widerstand R_{ma}, den magnetischen Fluss Φ_a und den Arbeitspunkt AP_a für eine magnetische Flussdichte von $B_a = 1{,}3$ V·s / m^2.
Es gilt die Magnetisierungskennlinie nach DIN 46400 (Bild 11.23).

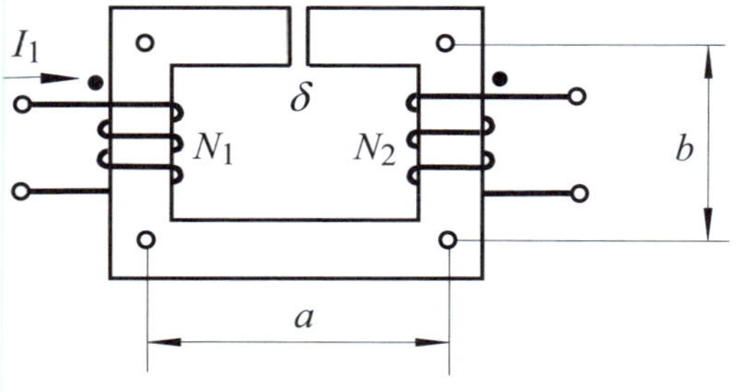

Geg.:
$I_1 = 0{,}5$ A
$N_1 = 400$
$a = 7$ cm
$b = 5$ cm
$A = 100$ mm^2

Bild ÜA_2_11.3.D

b) Nun wird ein Luftspalt mit $\delta = 0{,}5$ mm eingebracht. Ermitteln Sie den magnetischen Widerstand R_{mb}, den magnetischen Fluss Φ_b und den Arbeitspunkt AP_b.

c) Dann schaltet man für den Fall b) eine Wicklung 2 ($N_2 = N_1$) zur Wicklung 1 gleichsinnig in Reihe. Wo liegt nun der Arbeitspunkt AP_c und wie ändert sich der magnetische Fluss Φ_c?

d) Schließlich wird für den Fall c) der Luftspalt um ein Drittel vergrößert. Wo liegt jetzt der Arbeitspunkt AP_d und wie ändert sich der magnetische Fluss Φ_d?

ÜA_2_11.6: Überprüfen Sie das Vorzeichen der Gleich. (11.23) unter Verwendung eines geeigneten Vektor-Basissystems für die im Bild 11.34 dargestellte Situation.

ÜA_2_12.1: Berechnen Sie für die im Bild ÜA_2_12.1 dargestellte Schaltung die resultierende Gesamtinduktivität zwischen den Punkten A und B für den Fall, dass:

a) die Punkte D und E leerlaufen (alle Induktivitäten sind vollständig entkoppelt)
b) die Punkte D und E kurzgeschlossen sind (alle Induktivitäten sind voll entkoppelt)
c) die Punkte D und E mit L_5 belastet werden (alle Induktivitäten sind voll entkoppelt)
d) die Punkte D und E leerlaufen (L_1 und L_3 sind über $k = 0{,}5$ verkoppelt)
e) die Punkte D und E kurzgeschlossen sind (L_2 und L_3 sind über $k = 0{,}5$ verkoppelt)

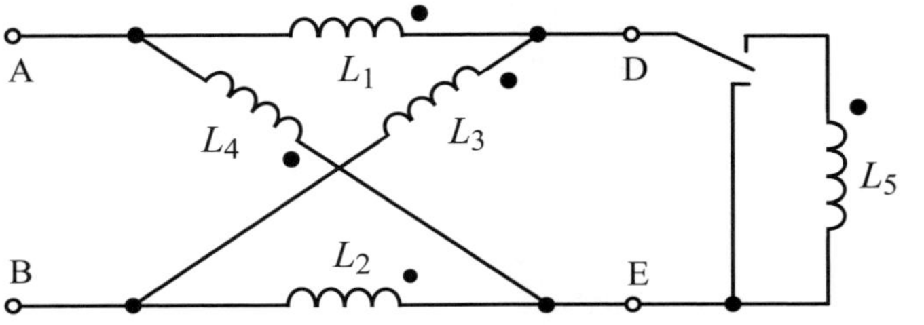

Geg.:
$L_1 = L_4 = L_5 = 6\,L$
$L_2 = L$
$L_3 = 4\,L$

Bild ÜA_2_12.1

ÜA_2_12.2.A: Beide Schalter sind geöffnet. Der Strom durch R_3 ist null.

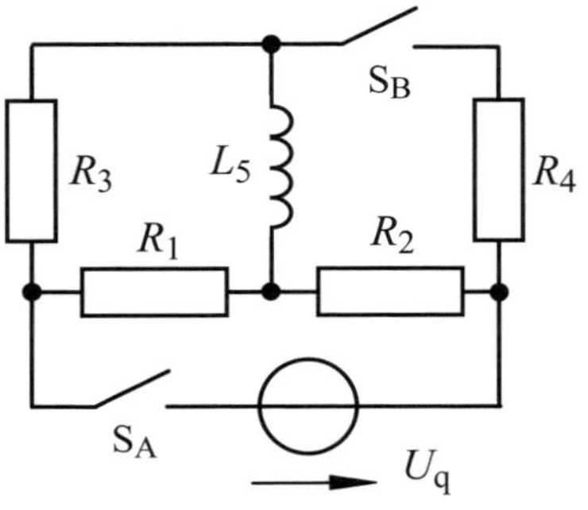

Zum Zeitpunkt t_x wird der Schalter S_A geschlossen und zum Zeitpunkt $t_y = 3\cdot\tau_A$ wird zusätzlich der Schalter S_B geschlossen. Berechnen Sie die Funktionswerte für u_5 zu den Zeitpunkten t_x sowie t_y und skizzieren Sie den Funktionsverlauf unter Verwendung der errechneten Zahlenwerte.

Geg.: $U_q = 24$ V; $L_5 = 1$ H
$R_1 = R_2 = 8\ \Omega$; $R_3 = 3\ \Omega$; $R_4 = 6\ \Omega$

Bild ÜA_2_12.2.A

ÜA_2_12.2.B: Der Schalter S wird bei $t = 0$ geschlossen. Berechnen Sie allgemein die Zeitfunktion $i_x = f(t)$ und bestimmen Sie den Strom I_x ($t_x = 0{,}5$ s) sowie $I_{x\infty}$ als Zahlenwert.

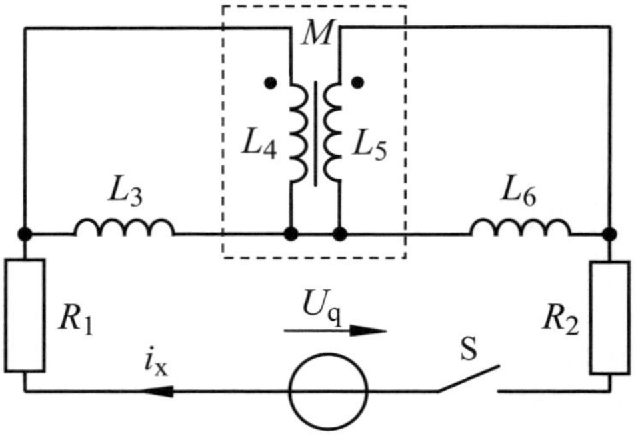

Geg.: $U_q = 12$ V
$R_1 = 1{,}5\cdot R$; $R_2 = 2{,}5\cdot R$
$R = 2\ \Omega$
$L_3 = L_6 = 2\ L$
$L_4 = L_5 = 5\ L$
$L = 1$ H; $k = 0{,}6$

Bild ÜA_2_12.2.B

ÜA_3: Wechselstromlehre

ÜA_3_14.4.A: Konstruieren Sie für die Brückenschaltung ein maßstäbliches Zeigerbild aller Spannungen und bestimmen Sie daraus den Zeiger $\underline{U}_{EF}$. Berechnen Sie diese Spannung $\underline{U}_{EF}$ zusätzlich in der Exponentialform unter Verwendung der gegebenen Größen.

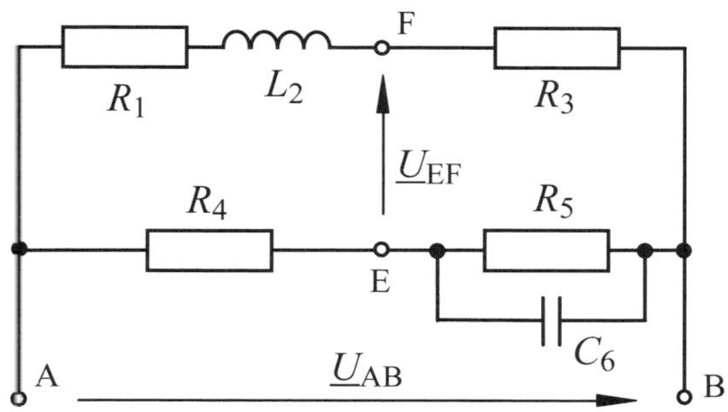

Geg.:
$\underline{U}_{AB} = 15\ \text{V} \cdot e^{j\,0°}$
$R_1 = 40\ \Omega$; $jX_2 = j60\ \Omega$
$R_3 = 40\ \Omega$; $R_4 = 25\ \Omega$
$R_5 = 150\ \Omega$; $jX_6 = -j150\ \Omega$

Bild ÜA_3_14.4.A

ÜA_3_14.4.B: Konstruieren Sie für die gegebenen Werte das maßstäbliche Zeigerbild aller Spannungen für den Fall, dass der Spannungszeiger $\underline{U}_x$ senkrecht auf dem Zeiger der Gesamtspannung steht.

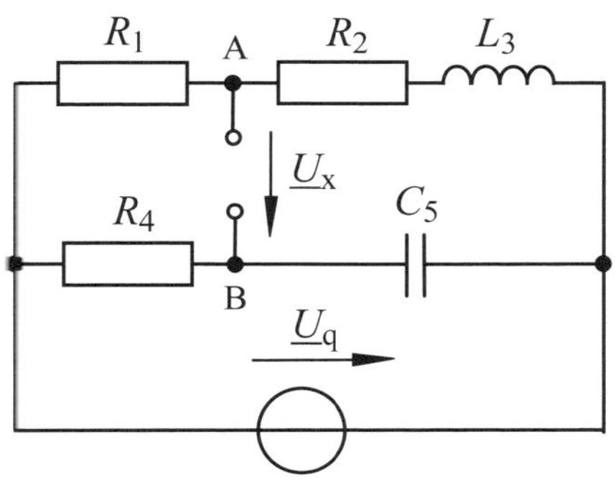

Geg.: $|\underline{U}_q| = 12$ V; $f = 50$ Hz
$R_1 = 30\ \Omega$; $R_2 = 15\ \Omega$; $R_4 = 45\ \Omega$
$C_5 = 48\ \mu\text{F}$

a) Ermitteln Sie aus diesem Zeigerbild die Größe der Induktivität L_3.

b) Berechnen Sie $\underline{U}_x$ allgemein als Funktion der Gesamtspannung $\underline{U}_q$.

Vereinfachung: $R_1 = R_2 = X_3 = R_4 = |X_5|$.

Bild ÜA_3_14.4.B

ÜA_3_14.4.C: Konstruieren Sie mit den gegebenen Werten das maßstäbliche Zeigerbild aller Spannungen für den Fall, dass die Gesamtspannung $\underline{U}_q$ senkrecht auf $\underline{U}_x$ steht.

a) Lesen Sie aus dem Zeigerbild alle Spannungen in der Exponentialform ab und bestimmen Sie den Wert der Induktivität L_{5a}.

b) Auf welchen Wert muss der Blindwiderstand X_5 verändert werden, damit der Spannungszeiger $\underline{U}_x$ gegenüber $\underline{U}_q$ um 45° nacheilt? Gesucht sind eine grafische und eine rechnerische Lösung.

Lösungshinweis: $R_1 = R$, $R_2 = 3R$, $R_4 = 6R$, $X_{5b} = n\,R$.

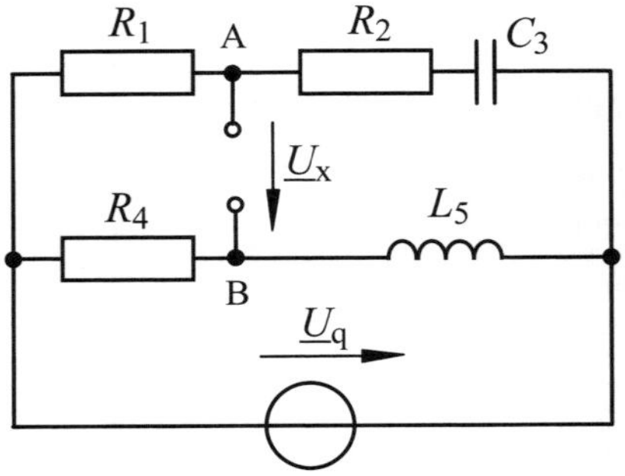

Geg.:
$\underline{U}_3 = 6\ \text{V} \cdot \text{e}^{-\text{j}\,90°}$
$f = 50\ \text{Hz}$
$R_1 = 10\ \Omega$; $R_2 = 30\ \Omega$
$R_4 = 60\ \Omega$; $C_3 = 106\ \mu\text{F}$

Bild ÜA_3_14.4.C

c) Berechnen Sie folgende Größen allgemein als Funktion von $\underline{U}_q$ und ω sowie der Bauelementekenngrößen $R_1 = R_2 = R_4 = R$, $C_3 = C$ und $L_5 = L$:

- $\underline{U}_3$ und $\underline{I}_5$ in der Exponentialform.
- den Winkel zwischen den Spannungszeigern $\underline{U}_2$ und $\underline{U}_4$.
- den komplexen Leitwert in der kartesischen Form und den Strom im Resonanzfall.

ÜA_3_15.3.A: Konstruieren Sie für die Schaltung das maßstäbliche Zeigerbild der Widerstände/Leitwerte und lesen Sie daraus den Leitwertzeiger $\underline{Y}_{AB}$ in der Exponentialform ab.

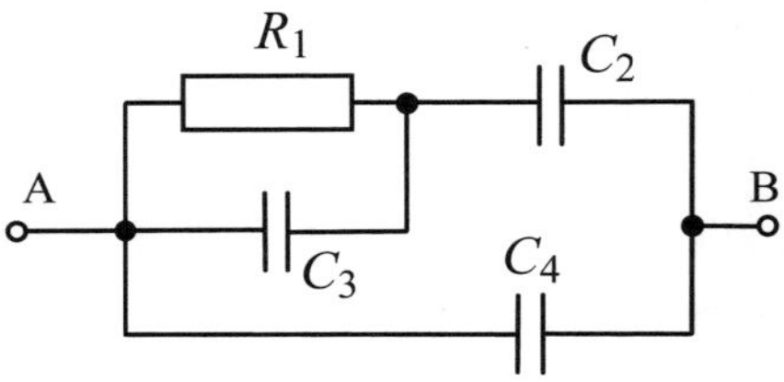

Geg.: $R_1 = 25\ \Omega$; $\text{j}X_2 = -\text{j}\,12\ \Omega$
$\text{j}X_3 = \text{j}X_4 = -\text{j}\,50\ \Omega$

Bild ÜA_3_15.3.A

ÜA_3_15.3.B: Berechnen Sie die folgenden Größen allgemein als Funktion der Gesamtspannung $\underline{U}_q$ und der Bauelementekenngrößen sowie der Kreisfrequenz ω.

a) die Spannung $\underline{U}_3$ in der Exponentialform b) den Strom $\underline{I}_2$ in der kartesischen Form

c) den Winkel zwischen den Spannungszeigern $\underline{U}_2$ und $\underline{U}_4$.

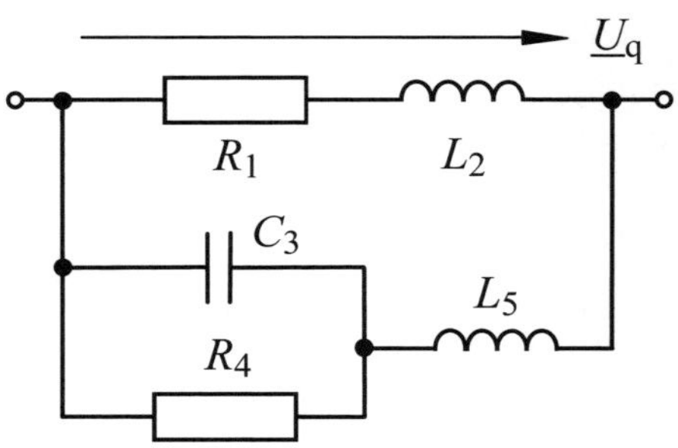

Geg.: $\underline{U}_q$; ω
$R_1 = R_4 = R$
$C_3 = C$; $L_2 = L_5 = L$

Es gilt die Vereinfachung:
$\omega^2 \cdot LC = 0{,}5$

ÜA_3_15.3.B

ÜA_3_15.3.C: Berechnen Sie allgemein der Strom $\underline{I}_3$ in der Exponentialform, die Spannung $\underline{U}_2$ in der kartesischen Form und den Winkel zwischen $\underline{U}_6$ und $\underline{U}_3$.

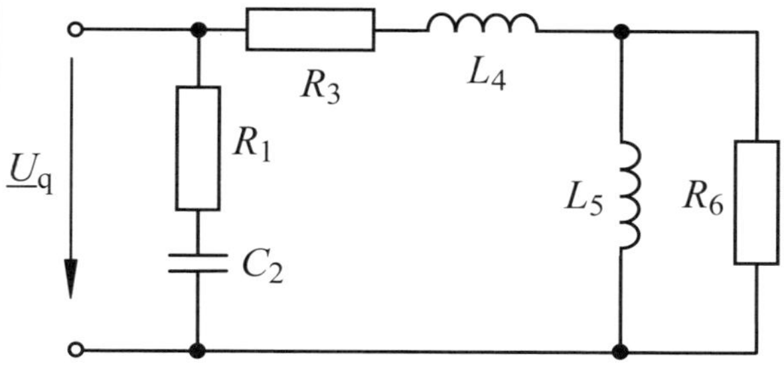

Geg.:
$\underline{U}_q$; ω
$R_1 = R_3 = R_6 = R$
$L_4 = L_5 = L$
$C_2 = C$

Bild ÜA_3_15.3.C

ÜA_3_15.4.A: Bei welcher Kreisfrequenz ist die Ausgangsspannung des angegebenen Übertragungsgliedes gegenüber der Eingangsspannung um 45° phasenverschoben?

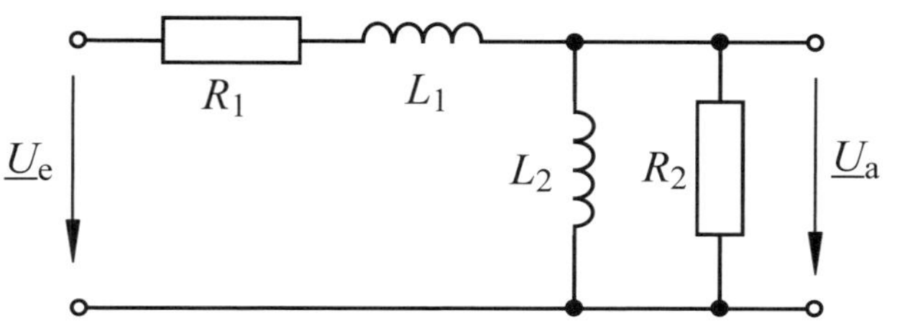

Geg.:
$R_1 = R_2 = R$
$L_1 = L_2 = L$

Bild ÜA_3_15.4.A

ÜA_3_15.4.B: Wie muss der Widerstand R_4 bemessen werden, damit die Ausgangsspannung gegenüber der Eingangsspannung um 45° nacheilt?

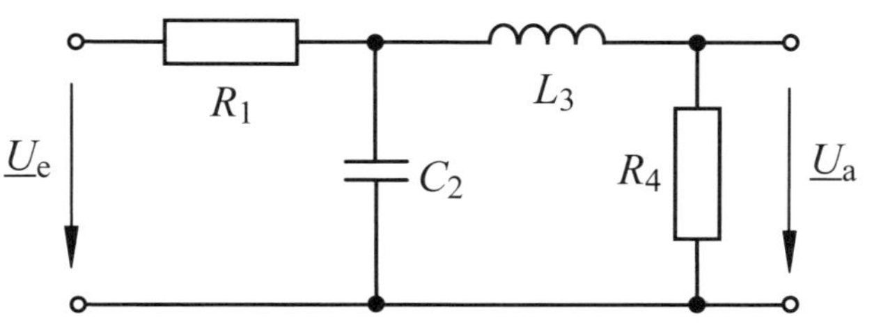

Geg.:
$R_1 = R$
Vereinfachung:
$|X_2| = X_3 = 2R$

Bild ÜA_3_15.4.B

ÜA_3_15.5.A: Konstruieren Sie für die vorgegebene Brückenschaltung das maßstäbliche Zeigerbild der Spannungen so, dass $|\underline{U}_{AB}|$ ein Maximum wird.

a) Bestimmen Sie die Beträge der Spannungen $\underline{U}_{AB}$ und $\underline{U}_q$ aus dem Zeigerbild.

b) Ermitteln Sie aus dem Zeigerbild die Werte der Widerstände R_4 und X_5.

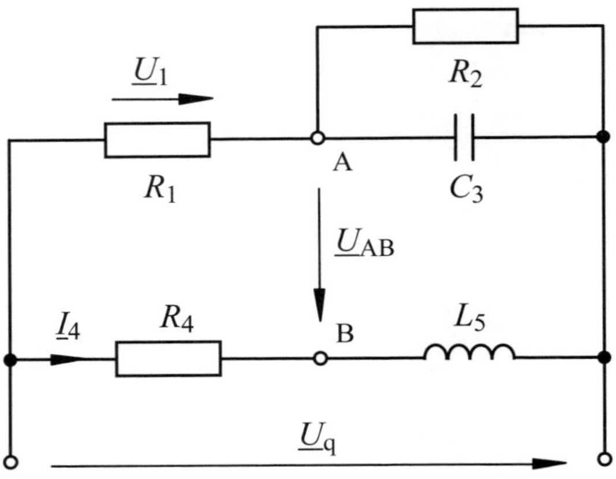

c) Berechnen Sie mit den verfügbaren Werten des Zeigerbildes die komplexe Leistung $\underline{S}$ und geben Sie die einzelnen Wirk- und Blindleistungen an.

Geg.:
$\underline{U}_1 = 10\ \text{V} \cdot \text{e}^{\text{j}\,0°}$
$|\underline{I}_4| = 380\ \text{mA}$
$R_1 = 100\ \Omega$
$R_2 = |X_3| = 200\ \Omega$

Bild ÜA_3_15.5.A

ÜA_3_15.5.B: Berechnen Sie den Kurzschlussstrom $\underline{I}_{AB}$ durch den Querzweig der Brücke. *Lösungshinweis*: Zweipoltheorie anwenden!

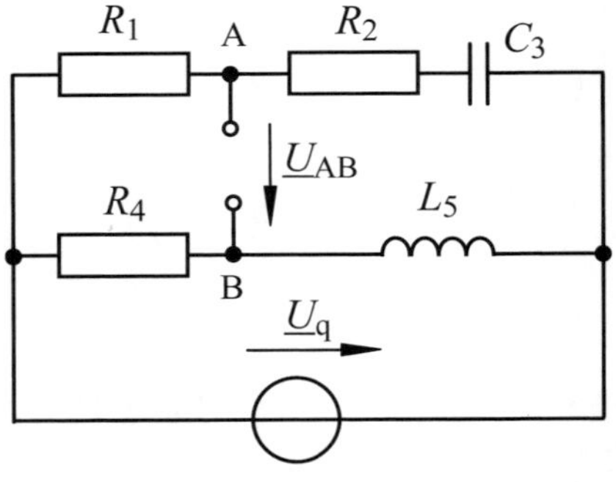

Geg.:
$\underline{U}_q = 10\ \text{V} \cdot \text{e}^{\text{j}0°}$
$f = 50\ \text{Hz}$
$R_1 = 10\ \Omega$; $R_2 = 30\ \Omega$
$R_4 = 60\ \Omega$
$\text{j}\,X_3 = -\text{j}\,30\ \Omega$; $\text{j}\,X_5 = \text{j}\,80\ \Omega$

Bild ÜA_3_15.5.B

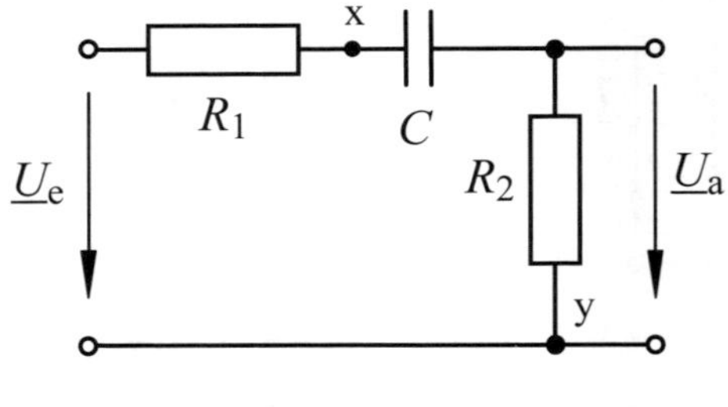

ÜA_3_16.2.A: Leiten Sie eine allgemeine Berechnungsvorschrift für die Grenzfrequenz der angegebenen Schaltung her. Die Grenzfrequenz ist erreicht bei:
$|\underline{U}_a| = A_0 \cdot 0{,}707\ |\underline{U}_{a,max}|$
Als Vereinfachung gilt: $R_1 = R_2 = R$

Bild ÜA_3_16.2.A

ÜA_3_16.2.B: Leiten Sie eine allgemeine Berechnungsvorschrift für die Grenzfrequenz der Schaltung im Bild ÜA_3_16.2.A her, wenn die Ausgangsspannung $\underline{U}_a$ über den Punkten x und y abgegriffen wird. Wie ändert sich dann der Amplitudenfrequenzgang $|\underline{U}_a| = \text{f}\,(\omega)$?

ÜA_3_16.4.A: Berechnen Sie für das Übertragungssystem im Bild ÜA_3_16.4.A die Kettenparameter $\underline{A}_{11}$ und $\underline{A}_{22}$ in der kartesischen Form. Bestimmen Sie den Leerlauf- und Kurzschluss-Eingangswiderstand $\underline{Z}_{1\mathrm{L}}$ und $\underline{Z}_{1\mathrm{K}}$ in der Exponentialform. Setzen Sie dazu die angegebenen Vereinfachungen in Ihre Rechnung ein.

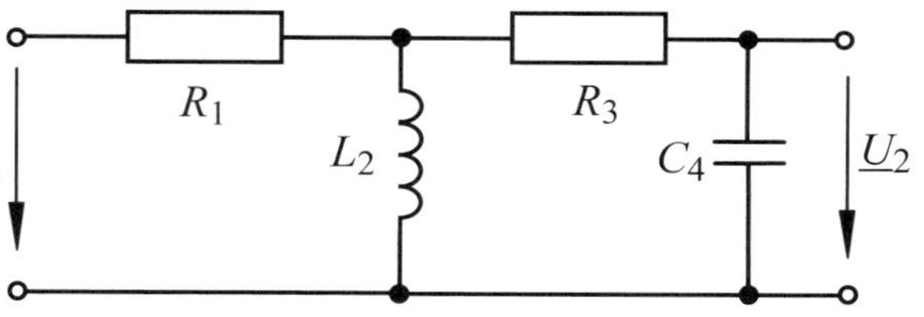

Geg.: ω
$R_1 = R_3 = R$
$L_2 = L$
$C_4 = C$

Bild ÜA_3_16.4.A

ÜA_3_16.4.B: Gegeben ist ein Transformator gemäß Bild ÜA_3_16.4.B. Seine Wicklungsverluste und seine Eisenverluste sind vernachlässigbar. Der Transformator läuft sekundärseitig leer.

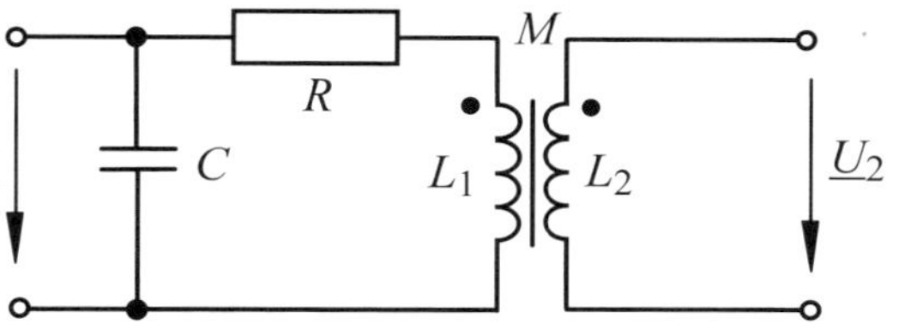

Geg.:
ω, R und C
$L_1 = L_2 = L$
$k = 0{,}5$

Bild ÜA_3_16.4.B

a) Berechnen Sie für dieses Übertragungssystem den Kettenparameter $\underline{A}_{11}$ in der kartesischen Form.

b) Bei welchem kapazitiven Blindwiderstand $|X_C|$ sind Eingangsspannung und Eingangsstrom in Phase?

ÜA_3_16.4.C: Berechnen und skizzieren Sie den Frequenzgang des Betrages der Kettenparameter $|\underline{A}_{12}|$ sowie $|\underline{A}_{22}|$ und geben Sie die Nullstellen und Pole an.

Für die Rechnung gilt die Vereinfachung: $\Omega^2 = \omega^2 LC$.

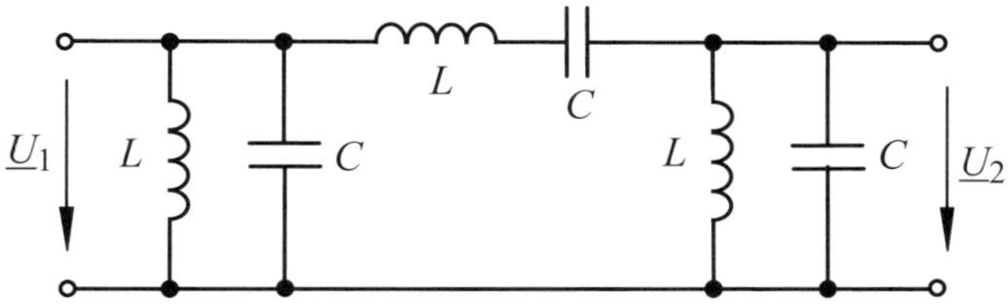

Geg.:

ω
L
C

Bild ÜA_3_16.4.C

ÜA_3_16.4.D: Gegeben ist eine Schaltung mit einem verlustlosen und streuungsfreien Transformator (VST). Berechnen Sie die komplexen Widerstände $\underline{Z}_{1L}$ und $\underline{Z}_{1K}$ in der Exponentialform für den Fall, dass die Schaltung als allgemeiner Übertragungsvierpol arbeitet.

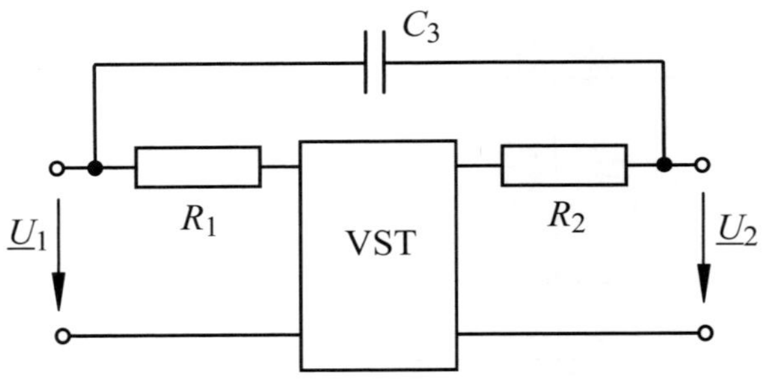

Geg.:
$R_1 = R_2 = R = 10\ \Omega$
$C_3 = 159\ \mu F$
$L_1 = 45\ mH$
$L_2 = 20\ mH$
$f = 50\ Hz$

Bild ÜA_3_16.4.D

ÜA_3_17.3.A: Rechnen Sie die vorgegebene Schaltung für die Trennstelle A–B in die Spannungsquellen-Ersatzschaltung um und bestimmen Sie für den Lastwiderstand $\underline{Z}_5$ die komplexe Leistung.

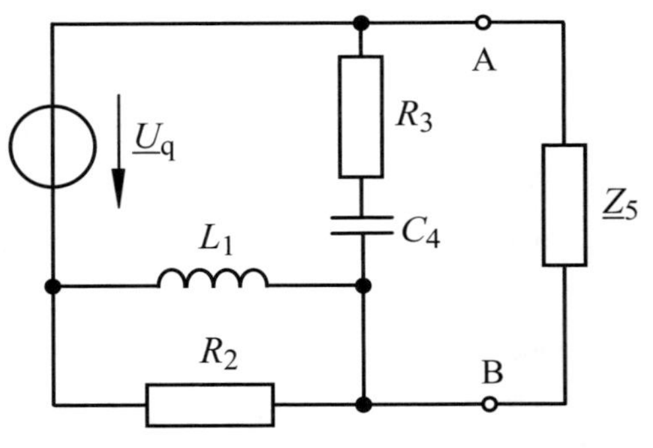

Geg.:
$\underline{U}_q = 24\ V \cdot e^{j0°}$
$jX_1 = j6\ k\Omega$
$R_2 = 6\ k\Omega$
$R_3 = 3\ k\Omega$
$jX_4 = -j3\ k\Omega$
$\underline{Z}_5 = 2\ k\Omega + j\ 6\ k\Omega$

Bild ÜA_3_17.3.A

ÜA_3_17.3.B: Berechnen Sie für den angegebenen Lastzweipol alle Wirkleistungen und alle Blindleistungen. Führen Sie über die komplexe Leistung $\underline{S}_{AB}$ eine Probe durch.

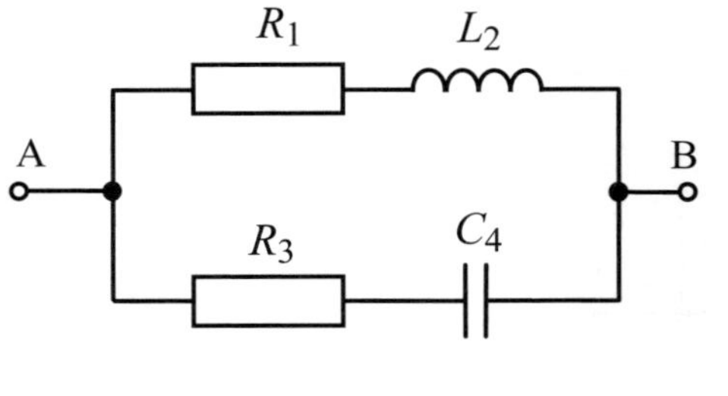

Geg.:
$\underline{U}_{AB} = 12\ V \cdot e^{j0°}$
$f = 50\ Hz$
$R_1 = 30\ \Omega$; $jX_2 = j60\ \Omega$
$R_3 = 40\ \Omega$; $jX_4 = -j40\ \Omega$

Bild ÜA_3_17.3.B

ÜA_3_18.4.A: Berechnen Sie die von der ARON-Schaltung angezeigten Wirkleistungen und vergleichen Sie diese Ergebnisse mit den komplexen Leistungen der drei Verbraucherstränge.

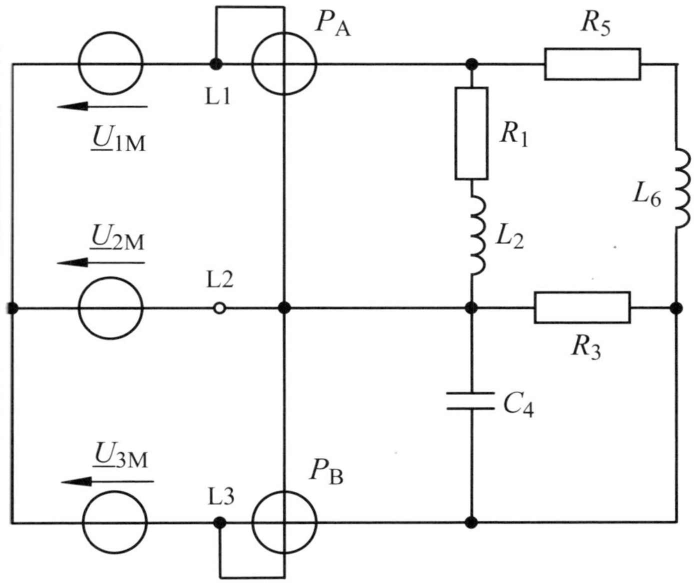

Gesucht ist eine Lösung für die folgende Vereinfachung: alle R = alle $|X|$

Geg.:
$U_S = 230\ \text{V}$
$R = 100\ \Omega$

Bild ÜA_3_18.4.A

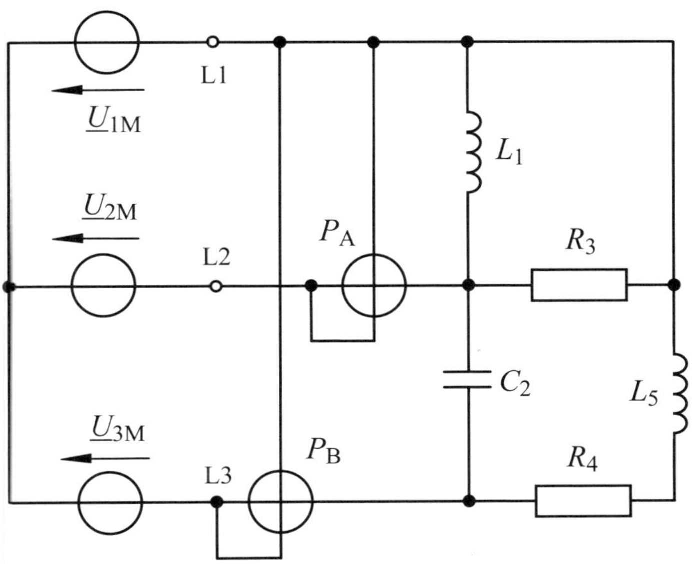

ÜA_3_18.4.B:

Wie Aufgabe ÜA_3_18.4.A.

Bild ÜA_3_18.4.B

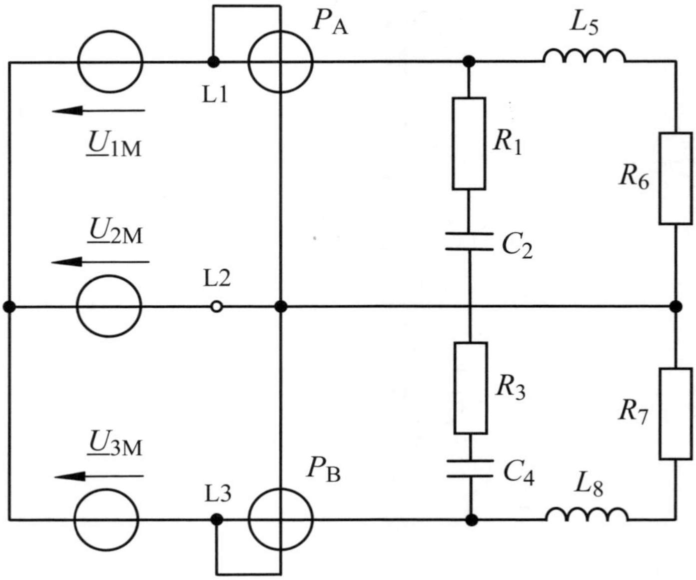

ÜA_3_18.4.C:

Aufgabenstellung wie ÜA_3_18.4.A.

Geg.:
$U_S = 230$ V
alle $R = 100\ \Omega$
$|X_2| = X_5 = 200\ \Omega$
$|X_4| = 50\ \Omega$
$X_8 = 100\ \Omega$

Bild ÜA_3_18.4.C

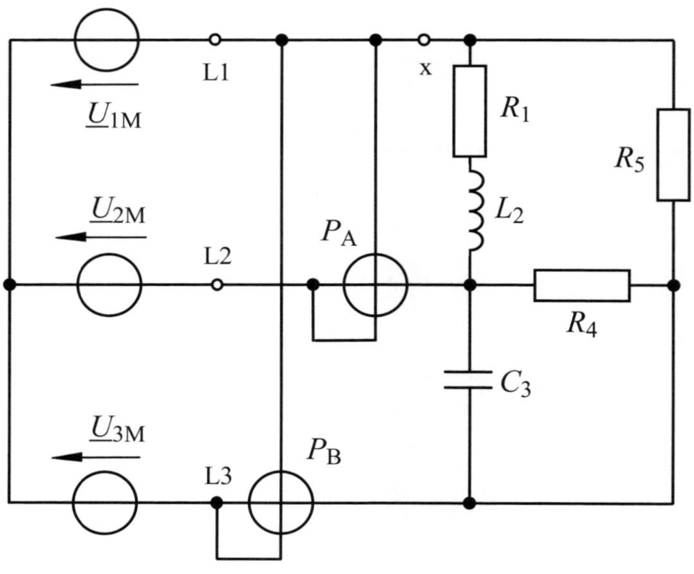

ÜA_3_18.4.D:

a) Aufgabenstellung wie ÜA_3_18.4.A.

Geg.:
$U_S = 230$ V
$R = 100\ \Omega$
$R_1 = X_2 = R_5 = R$
$|X_3| = R_4 = 2\ R$

Bild ÜA_3_18.4.D

b) Auf welchen Wert ändert sich die komplexe Leistung der Lastkonfiguration, wenn die Phase L1 verbraucherseitig an der Stelle x infolge eines Defektes unterbrochen ist?

Literaturverzeichnis

[1] *Bartsch, H.-J.*: Taschenbuch mathematischer Formeln. – 22. Auflage. – Leipzig: Fachbuchverlag, 2011

[2] *Bauckholt, H.-J.*: Grundlagen und Bauelemente der Elektrotechnik. – 7. Auflage. – München: Carl Hanser Verlag, 2013

[3] *Büttner, W.-E.*: Grundlagen der Elektrotechnik 1. – 3. Auflage. – München-Wien: Oldenbourg Verlag, 2011

[4] *Clausert, H.; Wiesemann, G.*: Grundgebiete der Elektrotechnik 1. – 8. Auflage 2004. – Grundgebiete der Elektrotechnik 2. – 11. Auflage 2011. – München-Wien: Oldenbourg Verlag

[5] *Führer, A.; Heidemann, K.; Nerreter, W.*: Grundgebiete der Elektrotechnik. Band 1: Stationäre Vorgänge. Band 2: Zeitabhängige Vorgänge. – 9. Auflage. – München-Wien: Carl Hanser Verlag, 2011

[6] *Hoffmann, J.*: Taschenbuch der Messtechnik. – 4. Auflage. – München-Wien: Fachbuchverlag Leipzig im Carl Hanser Verlag, 2004

[7] *Koß, G.; Reinhold, W.; Hoppe, F.*: Lehr- und Übungsbuch Elektronik. – 3. Auflage. – München-Wien: Fachbuchverlag Leipzig im Carl Hanser Verlag, 2005

[8] *Lindner, H.; Brauer, H.; Lehmann, C.*: Taschenbuch der Elektrotechnik und Elektronik. – 9. Auflage. – München-Wien: Fachbuchverlag Leipzig im Carl Hanser Verlag, 2008

[9] *Lunze, K.*: Einführung in die Elektrotechnik – Lehrbuch. – 13. Auflage. – Berlin: Verlag Technik, 1991

[10] *Lunze, K.; Wagner, E.*: Einführung in die Elektrotechnik – Arbeitsbuch. – 7. Auflage. – Berlin: Verlag Technik, 1991

[11] *Lunze, K.*: Theorie der Wechselstromschaltungen – Lehrbuch. – 8. Auflage. – Berlin: Verlag Technik, 1991

[12] *Lunze, K.*: Berechnung elektrischer Stromkreise – Arbeitsbuch. – 15. Auflage. – Berlin: Verlag Technik, 1990

[13] *Moeller, F.; Frohne, H.; Löcherer, K.-H.; Müller, H.*: Grundlagen der Elektrotechnik. – 22. Auflage. – Stuttgart: Vieweg+Teubner Verlag, 2011

[14] *Ose, R.*: Elektrotechnik für Ingenieure. Bauelemente und Grundschaltungen mit PSPICE. – 1. Auflage. – München: Fachbuchverlag Leipzig im Carl Hanser Verlag, 2007

Sachwortverzeichnis

Rainer Ose

Formelsammlung

Elektrotechnik für Ingenieure

– Grundlagen –

5. Auflage

I GLEICHSTROMLEHRE

1 Elektrische Grundgrößen

Bezeichnung	Formel	Einheit	Gl.-Nr.
Elementarladung	$e_0 \approx 1{,}602 \cdot 10^{-19}$ A·s	A·s	(1.1)
Ladungsmenge	$\lvert Q \rvert = n \cdot e_0$	A·s	(1.2)
Elektrischer Strom	$i = \frac{\mathrm{d}Q}{\mathrm{d}t}$	A	(1.3)
Transportierte Ladung im Zeitraum $\Delta t = t_2 - t_1$	$\Delta Q = \int_{t_1}^{t_2} i \cdot \mathrm{d}t$	A·s	(1.4)
Elektrische Spannung	$U_{ab} = \varphi_a - \varphi_b$	V	(1.5)
Elektrischer Widerstand (Bemessungsgleichung)	$R = \frac{l}{\kappa \cdot A} = \rho \cdot \frac{l}{A}$	Ω	(1.6)
Elektrischer Leitwert (Bemessungsgleichung)	$G = \frac{1}{R} = \frac{\kappa \cdot A}{l}$	S	(1.7)
Temperaturkoeffizient	$\alpha = \frac{\mathrm{d}R}{\mathrm{d}T} \cdot \frac{1}{R}$	K^{-1}	(1.8)
Elektrischer Widerstand (Temperaturgleichung)	$R = R_{20} \cdot (1 + \alpha \cdot \Delta T)$	Ω	(1.9)

2 Gesetze zur Berechnung elektrischer Stromkreise

Bezeichnung	Formel	Einheit	Gl.-Nr.
OHMsches Gesetz	$I = G \cdot U = \frac{U}{R}$	A	(2.1)
Gleichstromwiderstand	$R_{-} = \frac{U}{I}\Big\rvert_{AP}$	Ω	(2.2)
Differentieller Widerstand	$r = \frac{\mathrm{d}U}{\mathrm{d}I}\Big\rvert_{AP}$	Ω	(2.3)
Maschensatz	$\sum_{\nu=1}^{n} U_\nu = 0$	–	(2.4)

Bezeichnung	Formel	Einheit	Gl.-Nr.
Knotenpunktsatz	$\sum_{\nu=1}^{n} I_\nu = 0$	–	(2.5)
Elektrische Energie	$W = U \cdot Q = U \cdot I \cdot t$	W·s	(2.6)
Elektrische Leistung	$P = U \cdot I = \frac{U^2}{R} = I^2 \cdot R$	W	(2.7)
Quellen- und Verbraucherleistung	$\Sigma P_\text{q} = \Sigma P_\text{V}$	W	(2.8)
Leistungsbilanz im Verbraucher-Zählpfeilsystem	$\sum_{\nu=1}^{n} P_\nu = 0$	–	(2.9)

3 Lineare elektrische Gleichstromkreise

Bezeichnung	Formel	Einheit	Gl.-Nr.
Gesamtwiderstand einer Reihenschaltung	$R_\text{ges} = \sum_{\nu=1}^{n} R_\nu$	Ω	(3.1)
Spannungsteilerregel a)	$\frac{U_1}{U_2} = \frac{R_1}{R_2}$	–	(3.3)
Spannungsteilerregel b)	$\frac{U_1}{U_\text{ges}} = \frac{R_1}{R_\text{ges}}$	–	(3.4)
Gesamtwiderstand einer Parallelschaltung	$R_\text{ges} = \frac{1}{\sum_{\nu=1}^{n} \frac{1}{R_\nu}}$	Ω	(3.6)
Gesamtwiderstand zweier paralleler Widerstände	$R_\text{ges} = R_1 // R_2 = \frac{R_1 \cdot R_2}{R_1 + R_2}$	Ω	(3.7)
Stromteilerregel a)	$\frac{I_1}{I_2} = \frac{R_2}{R_1}$	–	(3.9)
Stromteilerregel b)	$\frac{I_1}{I_\text{ges}} = \frac{R_\text{ges}}{R_1}$	–	(3.10)
Stromteilerregel c)	$\frac{I_1}{I_\text{ges}} = \frac{R_2}{R_1 + R_2}$	–	(3.12)

Bezeichnung	Formel	Einheit	Gl.-Nr.
Wirkungsgrad, allgemein	$\eta = \frac{P_{ab}}{P_{zu}}$	–	(3.13)
Wirkungsgrad (Spannungsquelle)	$\eta_U = \frac{R_a}{R_i + R_a}$	–	(3.14)
Wirkungsgrad (Stromquelle)	$\eta_I = \frac{R_i}{R_i + R_a}$	–	(3.15)
Leistungsanpassung	$R_a = R_i$	Ω	(3.16)
Leistungsmaximum	$P_{a,max} = \frac{U_L^2}{4R_i} = \frac{I_K^2 \cdot R_i}{4}$	W	(3.17)
Innenwiderstand	$R_i = \frac{U_L}{I_K}$	Ω	(3.18)

4 Grundschaltungen der elektrischen Messtechnik

Bezeichnung	Formel	Einheit	Gl.-Nr.
Innenwiderstand eines Messgerätes	$R_{iM} = \frac{U_M}{I_M}$	Ω	(4.1)
Erweiterung des Spannungsmessbereiches	$R_V = R_{iM} \cdot (n-1)$	Ω	(4.2)
Erweiterung des Strommessbereiches	$R_N = \frac{R_{iM}}{n-1}$	Ω	(4.4)
Korrekturrechnung für die stromrichtige Messung	$R_x = R_x' - R_{iA}$	Ω	(4.5)
Korrekturrechnung für die spannungsrichtige Messung	$R_x = \frac{1}{\frac{1}{R_x''} - \frac{1}{R_{iV}}}$	Ω	(4.7)
WHEATSTONEsche Brückengleichung	$R_x = R_N \cdot \frac{R_1}{R_2}$	Ω	(4.10)
Ersatzwiderstand einer Dreipolschaltung	$R_{A0} = \frac{R_{AB} + R_{AC} - R_{BC}}{2}$	Ω	(4.14)
Ersatzwiderstand einer Dreipolschaltung	$R_{B0} = \frac{R_{AB} + R_{BC} - R_{AC}}{2}$	Ω	(4.13)

Bezeichnung	Formel	Einheit	Gl.-Nr.
Ersatzwiderstand einer Dreipolschaltung	$R_{C0} = \frac{R_{AC} + R_{BC} - R_{AB}}{2}$	Ω	(4.15)
Dreieck-Stern-Transformation	$R_{A0} = \frac{R_b \cdot R_c}{R_a + R_b + R_c}$	Ω	(4.16)
Dreieck-Stern-Transformation	$R_{B0} = \frac{R_a \cdot R_c}{R_a + R_b + R_c}$	Ω	(4.17)
Dreieck-Stern-Transformation	$R_{C0} = \frac{R_a \cdot R_b}{R_a + R_b + R_c}$	Ω	(4.18)
Stern-Dreieck-Transformation mit G	$G_a = \frac{G_{B0} \cdot G_{C0}}{G_{A0} + G_{B0} + G_{C0}}$	S	(4.19)
Stern-Dreieck-Transformation mit G	$G_b = \frac{G_{A0} \cdot G_{C0}}{G_{A0} + G_{B0} + G_{C0}}$	S	(4.20)
Stern-Dreieck-Transformation mit G	$G_c = \frac{G_{A0} \cdot G_{B0}}{G_{A0} + G_{B0} + G_{C0}}$	S	(4.21)
Stern-Dreieck-Transformation mit R	$R_a = \frac{R_{A0}R_{B0} + R_{B0}R_{C0} + R_{A0}R_{C0}}{R_{A0}}$		(4.22)
Stern-Dreieck-Transformation mit R	$R_b = \frac{R_{A0}R_{B0} + R_{B0}R_{C0} + R_{A0}R_{C0}}{R_{B0}}$		(4.23)
Stern-Dreieck-Transformation mit R	$R_c = \frac{R_{A0}R_{B0} + R_{B0}R_{C0} + R_{A0}R_{C0}}{R_{C0}}$		(4.24)

5 Verfahren zur Berechnung linearer Netzwerke

Bezeichnung	Formel		Einheit	Gl.-Nr.
KIRCHHOFFsche Sätze	$\sum_{\nu=1}^{n} U_\nu = 0$	$\sum_{\nu=1}^{n} I_\nu = 0$	–	(5.1)
Leerlaufspannung	$U_L = I_K \cdot R_i$		V	(5.5)

6 Stromkreise mit nichtlinearen Bauelementen

Bezeichnung	Formel	Einheit	Gl.-Nr.
Diode (*I*-*U*-Kennlinie)	$I = I_S \cdot (e^{\frac{U_{AK}}{U_T}} - 1)$	A	(6.1)
Varistor (*I*-*U*-Kennlinie)	$U = C \cdot \{I\}^{\beta}$	V	(6.2)
Widerstand eines Thermistors (NTC)	$R = a \cdot e^{b/T}$	Ω	(6.3)
Energiekonstante eines Thermistors (NTC)	$b = \frac{\ln (R_1 / R_2)}{1/T_1 - 1/T_2}$	K	(6.4)
Temperaturkoeffizient eines Thermistors (NTC)	$\alpha = -\frac{b}{T^2}$	K^{-1}	(6.5)

II Elektrische und magnetische Felder

7 Feldbegriff

Bezeichnung	Abkürzung
Stationäres elektrische Strömungsfeld	SESF
Elektrostatisches Feld	ESF
Stationäres magnetisches Feld	SMF
Zeitlich veränderliches magnetisches Feld	ZVMF

8 Stationäres elektrisches Strömungsfeld

Bezeichnung	Formel	Einheit	Gl.-Nr.
Definition des Potentials in einem Feldpunkt FP	$\varphi_{FP} = \frac{W_{FP}}{Q_{FP}}$	V	(8.1)
Elektrische Feldstärke	$\vec{E} = -\operatorname{grad}(\varphi)$	$\frac{V}{m}$	(8.2)
Elektrisches Potential	$\varphi = -\int_s \vec{E} \cdot d\vec{s}$	V	(8.3)
Berechnung des Potentials in einem Feldpunkt FPx	$\varphi_{FPx} = -\int_{P_B}^{FPx} \vec{E} \cdot d\vec{s}$	V	(8.4)

Bezeichnung	Formel	Einheit	Gl.-Nr.
Elektrische Stromdichte	$J = \frac{\mathrm{d}I}{\mathrm{d}A_{\perp}}$	$\frac{\mathrm{A}}{\mathrm{m}^2}$	(8.5)
Vektor der elektrischen Stromdichte	$\vec{J} = \kappa \cdot \vec{E}$	$\frac{\mathrm{A}}{\mathrm{m}^2}$	(8.8)
Leistungsdichte	$p = \frac{\mathrm{d}P}{\mathrm{d}V} = \vec{E} \cdot \vec{J}$	$\frac{\mathrm{W}}{\mathrm{m}^3}$	(8.10)
Linienintegral der elektrischen Feldstärke	$U_{\mathrm{ab}} = \int_{\mathrm{a}}^{\mathrm{b}} \vec{E} \cdot \mathrm{d}\vec{s}$	V	(8.11)
Umlaufintegral der elektrischen Feldstärke	$\oint \vec{E} \cdot \mathrm{d}\vec{s} = 0$	–	(8.12)
Flächenintegral der elektrischen Stromdichte	$I = \int_{A} \vec{J} \cdot \mathrm{d}\vec{A}$	A	(8.13)
Hüllenintegral der elektrischen Stromdichte	$\oint_{A} \vec{J} \cdot \mathrm{d}\vec{A} = 0$	–	(8.14)
Potential im kugel-symmetrischen SESF	$\varphi(r) = \frac{I_0}{4\pi \cdot \kappa_{\mathrm{Feld}} \cdot r}$	V	(8.15)
Potential im zylinder-symmetrischen SESF	$\varphi(r) = \frac{I_0}{2\pi \cdot \kappa_{\mathrm{Feld}} \cdot h} \cdot \ln \frac{r_{\mathrm{a}}}{r}$	V	(8.18)

9 Elektrostatisches Feld

Bezeichnung	Formel	Einheit	Gl.-Nr.
Raumladungsdichte	$\rho = \frac{\mathrm{d}Q}{\mathrm{d}V}$	$\frac{\mathrm{A} \cdot \mathrm{s}}{\mathrm{m}^3}$	(9.1)
Raumladung	$Q = \int_{V} \rho \cdot \mathrm{d}V$	A·s	(9.2)
Flächenladungsdichte	$\sigma = \frac{\mathrm{d}Q}{\mathrm{d}A}$	$\frac{\mathrm{A} \cdot \mathrm{s}}{\mathrm{m}^2}$	(9.3)
Flächenladung	$Q(A) = \int_{A} \sigma \cdot \mathrm{d}A$	A·s	(9.4)
Linienladungsdichte	$\lambda = \frac{\mathrm{d}Q}{\mathrm{d}l}$	$\frac{\mathrm{A} \cdot \mathrm{s}}{\mathrm{m}}$	(9.5)

Bezeichnung	Formel	Einheit	Gl.-Nr.
Linienladung	$Q(l) = \int_l \lambda \cdot \mathrm{d}l$	A·s	(9.6)
Permittivität	$\varepsilon = \varepsilon_0 \cdot \varepsilon_r$	$\frac{A \cdot s}{V \cdot m}$	(9.8)
Elektrische Feldkonstante	$\varepsilon_0 = 8{,}854 \cdot 10^{-12} \frac{A \cdot s}{V \cdot m}$	$\frac{A \cdot s}{V \cdot m}$	(9.9)
Ladungsgesetz	$Q = C \cdot U$	A·s	(9.10)
Definition der Kapazität	$C = \frac{Q}{U}$	$\frac{A \cdot s}{V} = F$	(9.11)
Elektrische Flussdichte (Verschiebungsflussdichte)	$D = \frac{\mathrm{d}\Psi}{\mathrm{d}A_\perp}$	$\frac{A \cdot s}{m^2}$	(9.12)
Hüllenintegral der elektrischen Flussdichte	$Q = \oint_A \vec{D} \cdot \mathrm{d}\vec{A} = \int_V \rho \cdot \mathrm{d}V$	A·s	(9.14)
Vektor der elektrischen Flussdichte	$\vec{D} = \varepsilon \cdot \vec{E}$	$\frac{A \cdot s}{m^2}$	(9.16)
Kapazität eines Plattenkondensators	$C = \varepsilon \cdot \frac{A}{d}$	F	(9.17)
Potential im kugel-symmetrischen ESF	$\varphi(r) = \frac{Q_0}{4\pi \cdot \varepsilon \cdot r}$	V	(9.18)
Kapazität eines Kugelkondensators	$C_{ia} = \frac{4\pi \cdot \varepsilon \cdot r_i \cdot r_a}{r_a - r_i}$	F	(9.19)
Kapazität eines Zylinderkondensators	$C_{ia} = \frac{2\pi \cdot \varepsilon \cdot h}{\ln \frac{r_a}{r_i}}$	F	(9.21)
Energie des elektrostatischen Feldes	$W_{el} = \frac{C}{2} \cdot U_C^2 = \frac{Q^2}{2C}$	W·s	(9.22)
COULOMBsches Gesetz	$\vec{F}_C = Q \cdot \vec{E}$	$\frac{W \cdot s}{m} = N$	(9.23)
Betrag der Kraft zwischen zwei Ladungen	$\lvert \vec{F}_{12} \rvert = \frac{Q_1 \cdot Q_2}{4\pi \cdot \varepsilon \cdot a^2}$	N	(9.24)

10 Elektrisches Verhalten des Kondensators

Bezeichnung	Formel	Einheit	Gl.-Nr.
Gesamtkapazität einer Reihenschaltung	$C_{\text{ges}} = \dfrac{1}{\sum\limits_{\nu=1}^{n} \dfrac{1}{C_\nu}}$	$\dfrac{\text{A} \cdot \text{s}}{\text{V}} = \text{F}$	(10.2)
Gesamtkapazität zweier Kondensatoren in Reihe	$C_{\text{ges}} = C_1 \mid C_2 = \dfrac{C_1 \cdot C_2}{C_1 + C_2}$	F	(10.3)
Kapazitiver Spannungsteiler a)	$\dfrac{U_1}{U_2} = \dfrac{C_2}{C_1}$	–	(10.5)
Kapazitiver Spannungsteiler b)	$\dfrac{U_1}{U_{\text{ges}}} = \dfrac{C_{\text{ges}}}{C_1}$	–	(10.6)
Kapazitiver Spannungsteiler c)	$\dfrac{U_1}{U_{\text{ges}}} = \dfrac{C_2}{C_1 + C_2}$	–	(10.8)
Gesamtkapazität zweier paralleler Kondensatoren	$C_{\text{ges}} = C_1 + C_2$	F	(10.9)
Gesamtkapazität einer Parallelschaltung	$C_{\text{ges}} = \sum\limits_{\nu=1}^{n} C_\nu$	F	(10.10)
Kapazitiver Ladungsteiler a)	$\dfrac{Q_1}{Q_2} = \dfrac{C_1}{C_2}$	–	(10.12)
Kapazitiver Ladungsteiler b)	$\dfrac{Q_1}{Q_{\text{ges}}} = \dfrac{C_1}{C_{\text{ges}}}$	–	(10.13)
Zeitfunktion des Kondensatorstromes	$i_{\text{C}} = C \cdot \dfrac{\text{d}u_{\text{C}}}{\text{d}t}$	A	(10.15)
Zeitkonstante	$\tau = R \cdot C$	s	(10.16)
Spannungsverlauf beim Aufladen	$u_{\text{CA}} = U_{\text{q}} \cdot (1 - \text{e}^{-\frac{t}{\tau}})$	V	(10.18)
Stromverlauf beim Aufladen	$i_{\text{CA}} = \dfrac{U_{\text{q}}}{R} \cdot \text{e}^{-\frac{t}{\tau}} = I_0 \cdot \text{e}^{-\frac{t}{\tau}}$	A	(10.19)

Bezeichnung	Formel	Einheit	Gl.-Nr.
Spannungsverlauf beim Entladen	$u_{\mathrm{CE}} = U_{\mathrm{q}} \cdot \mathrm{e}^{-\frac{t}{\tau}}$	V	(10.20)
Stromverlauf beim Entladen	$i_{\mathrm{CE}} = -I_0 \cdot \mathrm{e}^{-\frac{t}{\tau}}$	A	(10.21)
Halbwertszeit	$t_{\mathrm{H}} = 0{,}693 \cdot \tau$	s	(10.22)
Spannungsverlauf beim Umschalten	$u_{\mathrm{C}} = U_{\infty} - (U_{\infty} - U_0^*) \cdot \mathrm{e}^{-\frac{t}{\tau}}$	V	(10.23)
Stromverlauf beim Umschalten	$i_{\mathrm{C}} = \frac{U_{\infty} - U_0^*}{R} \cdot \mathrm{e}^{-\frac{t}{\tau}}$	A	(10.24)
Ladungsbilanz	$U_{\infty} = U_0 + \frac{1}{C} \int_0^{\infty} i_{\mathrm{C}} \cdot \mathrm{d}t$	V	(10.25)
Verschobene Ladung	$\Delta Q = Q_{\infty} - Q_0$	$\mathrm{A \cdot s}$	(10.26)
Summe der Ladungen	$\sum Q_{\infty} = \sum Q_0$	$\mathrm{A \cdot s}$	(10.31)

11 Magnetisches Feld

Bezeichnung	Formel	Einheit	Gl.-Nr.
Permeabilität	$\mu = \mu_0 \cdot \mu_{\mathrm{r}}$	$\frac{\mathrm{V \cdot s}}{\mathrm{A \cdot m}}$	(11.1)
Magnetische Feldkonstante	$\mu_0 = 0{,}4 \cdot \pi \cdot 10^{-6} \frac{\mathrm{V \cdot s}}{\mathrm{A \cdot m}}$	$\frac{\mathrm{V \cdot s}}{\mathrm{A \cdot m}}$	(11.2)
Durchflutung	$\Theta = I \cdot N = \sum_{\nu=1}^{n} I_{\nu}$	A	(11.3)
Magnetischer Leitwert	$\Lambda = \frac{1}{R_{\mathrm{m}}} = \mu \cdot \frac{A}{s}$	$\frac{\mathrm{V \cdot s}}{\mathrm{A}}$	(11.4)
Magnetischer Fluss	$\Phi = \Lambda \cdot \Theta = \frac{\Theta}{R_{\mathrm{m}}}$	$\mathrm{V \cdot s}$	(11.5)
Durchflutungsgesetz	$\Theta = \oint \vec{H} \cdot \mathrm{d}\vec{s}$	A	(11.6)

Bezeichnung	Formel	Einheit	Gl.-Nr.
Magnetische Feldstärke im homogenen Feld	$H = \frac{\Theta}{s}$	$\frac{\mathrm{A}}{\mathrm{m}}$	(11.7)
Magnetische Flussdichte	$B = \frac{\mathrm{d}\Phi}{\mathrm{d}A_\perp}$	$\frac{\mathrm{V \cdot s}}{\mathrm{m}^2} = \mathrm{T}$	(11.8)
Vektor der magnetischen Flussdichte	$\vec{B} = \mu \cdot \vec{H}$	$\frac{\mathrm{V \cdot s}}{\mathrm{m}^2}$	(11.9)
Flächenintegral der magnetischen Flussdichte	$\Phi = \int_A \vec{B} \cdot \mathrm{d}\vec{A}$	$\mathrm{V \cdot s}$	(11.10)
Durchflutungsgesetz im homogenen SMF	$\sum \Theta = \sum H \cdot s$	A	(11.11)
Schnittpunkt der LSG mit der *B*-Achse (MK)	$H_\mathrm{E} = 0\text{:} \quad B^* = I_\mathrm{E} \cdot N \cdot \frac{\mu_0}{\delta}$	$\frac{\mathrm{V \cdot s}}{\mathrm{m}^2}$	(11.12)
Schnittpunkt der LSG mit der *H*-Achse (MK)	$B = 0\text{:} \quad H_\mathrm{E}^* = \frac{I_\mathrm{E} \cdot N}{s_\mathrm{E}}$	$\frac{\mathrm{A}}{\mathrm{m}}$	(11.13)
Verlauf der Feldstärke um bewegte Ladungen	$H(r) = \frac{I(r)}{2\pi \cdot r}$	$\frac{\mathrm{A}}{\mathrm{m}}$	(11.14)
Verketteter magn. Fluss	$\Psi = N \cdot \Phi$	$\mathrm{V \cdot s}$	(11.15)
Induktivität	$L = \frac{\Psi}{I} = \frac{N^2}{R_\mathrm{m}} = N^2 \cdot \Lambda$	$\frac{\mathrm{V \cdot s}}{\mathrm{A}} = \mathrm{H}$	(11.16)
Magnetische Energie	$W_\mathrm{m} = \frac{L}{2} \cdot I^2$	$\mathrm{W \cdot s}$	(11.17)
Magnetische Energie (homogenes SMF)	$W_\mathrm{m} = \frac{B \cdot H}{2} \cdot A \cdot s$	$\mathrm{W \cdot s}$	(11.18)
LORENTZ-Kraft	$\vec{F}_\mathrm{L} = Q \cdot (\vec{v} \times \vec{B})$	$\frac{\mathrm{W \cdot s}}{\mathrm{m}} = \mathrm{N}$	(11.19)
Betrag der Kraft auf einen stromdurchflossenen Leiter	$F_\mathrm{L} = B_\perp \cdot I \cdot l_\mathrm{w}$	N	(11.20)
Kraft zwischen zwei stromdurchflossenen Leitern	$\lvert \vec{F}_{12} \rvert = \frac{I_1 \cdot I_2 \cdot \mu_0 \cdot l_\mathrm{w}}{2\pi \cdot a}$	N	(11.21)
HALL-Spannung	$U_\mathrm{H} = K_\mathrm{H} \cdot \frac{B \cdot I_\mathrm{S}}{d}$	V	LB 11.1

Bezeichnung	Formel	Einheit	Gl.-Nr.
Induktionsspannung (allgemeine Definition)	$U_{\text{ind}} = -\int_{a}^{b} (\vec{v} \times \vec{B}) \cdot \mathrm{d}\vec{l}$	V	(11.22)
Induktionsspannung $(\vec{B} \perp \vec{v})$	$U_{\text{ind}} = B_{\perp} \cdot l_{\text{w}} \cdot v$	V	(11.23)
Induktionsspannung bei Bewegungsinduktion	$u_{\text{ind}}(t) = B \cdot l_{\text{w}} \cdot v \cdot \sin\alpha$	V	(11.24)
Induktionsspannung bei Ruheinduktion	$u_{\text{ind}} = -N \cdot \frac{\mathrm{d}\Phi}{\mathrm{d}t}$	V	(11.25)
Selbstinduktionsspannung	$u_{\text{ind}} = -L \cdot \frac{\mathrm{d}i}{\mathrm{d}t}$	V	(11.26)
Kopplungsfaktor	$k = \sqrt{k_1 \cdot k_2}$	–	(11.27)
Gegeninduktivität	$M = k \cdot \sqrt{L_1 \cdot L_2}$	$\frac{\text{V} \cdot \text{s}}{\text{A}} = \text{H}$	(11.29)
Transformatorgleichungen	$u_1 = L_1 \cdot \frac{\mathrm{d}i_1}{\mathrm{d}t} + M \cdot \frac{\mathrm{d}i_2}{\mathrm{d}t}$ $u_2 = M \cdot \frac{\mathrm{d}i_1}{\mathrm{d}t} + L_2 \cdot \frac{\mathrm{d}i_2}{\mathrm{d}t}$	V	(11.34) (11.35)
1. MAXWELLsche Gleichung	$\oint_{s} \vec{H} \cdot \mathrm{d}\vec{s} = \int_{A} (\vec{J}_{\text{k}} + \frac{\partial \vec{D}}{\partial t}) \cdot \mathrm{d}\vec{A}$		(11.36)
Quellenfreiheit des elektrischen Stromes im SESF	$\oint_{A} \vec{J} \cdot \mathrm{d}\vec{A} = 0$		(11.37)
2. MAXWELLsche Gleichung	$\oint_{s} \vec{E} \cdot \mathrm{d}\vec{s} = -\int_{A} \frac{\partial \vec{B}}{\partial t} \cdot \mathrm{d}\vec{A}$		(11.38)
Quellenfreiheit des magnetischen Flusses	$\oint_{A} \vec{B} \cdot \mathrm{d}\vec{A} = 0$		(11.39)
GAUßscher Satz der Elektrostatik	$\oint_{A} \vec{D} \cdot \mathrm{d}\vec{A} = \int_{V} \rho \cdot \mathrm{d}V$		(11.40)
Kontinuitätsgleichung	$\oint_{A} \vec{J} \cdot \mathrm{d}\vec{A} = -\int_{V} \frac{\partial \rho}{\partial t} \cdot \mathrm{d}V = -\frac{\mathrm{d}Q}{\mathrm{d}t}$		(11.41)

12 Elektrisches Verhalten der Spule

Bezeichnung	Formel	Einheit	Gl.-Nr.
Gesamtinduktivität zweier unverkoppelter Spulen (RS)	$L_{ges}=L_1+L_2$	$\frac{V\cdot s}{A}=H$	(12.1)
Gesamtinduktivität zweier unverkoppelter Spulen (PS)	$L_{ges}=\frac{L_1\cdot L_2}{L_1+L_2}=L_1 // L_2$	H	(12.2)
Gesamtinduktivität zweier verkoppelter Spulen (RS)	$L_{ges}=L_1+L_2+2M$	H	(12.3)
Gesamtinduktivität zweier verkoppelter Spulen (PS)	$L_{ges}=\frac{L_1\cdot L_2-M^2}{L_1+L_2-2M}$	H	(12.5)
Ersatzinduktivität (T–Schaltung)	$L_A=L_1-M$	H	(12.6)
Ersatzinduktivität (T–Schaltung)	$L_B=L_2-M$	H	(12.7)
Ersatzinduktivität (T–Schaltung)	$L_C=M$	H	(12.8)
Ersatzinduktivität (Π–Schaltung)	$L_x=\frac{L_1\cdot L_2-M^2}{L_2-M}$	H	(12.9)
Ersatzinduktivität (Π–Schaltung)	$L_y=\frac{L_1\cdot L_2-M^2}{L_1-M}$	H	(12.10)
Ersatzinduktivität (Π–Schaltung)	$L_z=\frac{L_1\cdot L_2-M^2}{M}$	H	(12.11)
Zeitkonstante	$\tau=\frac{L}{R}$	s	(12.12)
Stromverlauf beim Aufmagnetisieren	$i_{LA}=I_\infty\cdot(1-e^{-\frac{t}{\tau}})$	A	(12.14)
Spannungsverlauf beim Aufmagnetisieren	$u_{LA}=I_\infty\cdot R\cdot e^{-\frac{t}{\tau}}$	V	(12.15)
Stromverlauf beim Entmagnetisieren	$i_{LE}=I_\infty\cdot e^{-\frac{t}{\tau}}$	A	(12.16)
Spannungsverlauf beim Entmagnetisieren	$u_{LE}=-I_\infty\cdot R\cdot e^{-\frac{t}{\tau}}$	V	(12.17)

RS: Reihenschaltung PS: Parallelschaltung

Bezeichnung	Formel	Einheit	Gl.-Nr.
Stromverlauf beim Ummagnetisieren	$i_L = I_\infty - (I_\infty - I_0^*) \cdot e^{-\frac{t}{\tau}}$	A	(12.18)
Spannungsverlauf beim Ummagnetisieren	$u_L = R \cdot (I_\infty - I_0^*) \cdot e^{-\frac{t}{\tau}}$	V	(12.19)

III Wechselstromlehre

13 Beschreibung von Wechselgrößen

Bezeichnung	Formel	Einheit	Gl.-Nr.
Frequenz	$f = \frac{1}{T}$	Hz	(13.1)
Wechselspannung (Sinus)	$u = \hat{U} \cdot \sin(\omega \cdot t + \varphi_u)$	V	(13.2)
Wechselstrom (Sinus)	$i = \hat{I} \cdot \sin(\omega \cdot t + \varphi_i)$	A	(13.3)
Kreisfrequenz	$\omega = 2\pi \cdot f = \frac{2\pi}{T}$	s^{-1}	(13.4)
Arithmetischer Mittelwert	$\bar{I} = \frac{1}{T} \cdot \int_0^T i(t) \cdot dt$	A	(13.5)
Gleichrichtwert	$\overline{\lvert I \rvert} = \frac{1}{T} \cdot \int_0^T \lvert i(t) \rvert \cdot dt$	A	(13.6)
Gleichrichtwert (Sinus)	$\overline{\lvert I \rvert} = \frac{2}{\pi} \cdot \hat{I} \approx 0{,}637 \cdot \hat{I}$	A	(13.8)
Effektivwert	$I_{eff} = \sqrt{\frac{1}{T} \cdot \int_0^T i^2(t) \cdot dt}$	A	(13.9)
Effektivwert (Sinus)	$I_{eff} = \frac{\hat{I}}{\sqrt{2}} = 0{,}707 \cdot \hat{I}$	A	(13.11)
Fourier-Reihe	$f(t) = A_0 + \sum_{n=1}^{\infty} A_n \cos n\omega_0 t + \sum_{n=1}^{\infty} B_n \sin n\omega_0 t$		(13.13)
Fourier-Koeffizient	$A_0 = \frac{1}{T_0} \cdot \int_0^{T_0} f(t) \cdot dt$		(13.14)

Bezeichnung	Formel	Einheit	Gl.-Nr.
FOURIER-Koeffizient	$A_n = \frac{2}{T_0} \cdot \int_0^{T_0} f(t) \cdot \cos n\omega_0 t \cdot \mathrm{d}t$		(13.15)
FOURIER-Koeffizient	$B_n = \frac{2}{T_0} \cdot \int_0^{T_0} f(t) \cdot \sin n\omega_0 t \cdot \mathrm{d}t$		(13.16)
Amplitude der n-ten Harmonischen	$\hat{U}_n = \sqrt{A_n^2 + B_n^2}$	V	(13.17)
Phasenlage der n-ten Harmonischen	$\varphi_{\mathrm{u},n} = \arctan \frac{A_n}{B_n}$	in °	(13.18)
Klirrfaktor	$k = \frac{\sqrt{U_2^2 + U_3^2 + ... + U_\mathrm{m}^2}}{\sqrt{U_1^2 + U_2^2 + U_3^2 + ... + U_\mathrm{m}^2}}$	–	(13.20)

14 Widerstände im Wechselstromkreis

Bezeichnung	Formel	Einheit	Gl.-Nr.
Scheinwiderstand (Betrag der Impedanz)	$Z = \frac{U}{I} = \frac{1}{Y}$	Ω	(14.1)
Definition Phasenwinkel	$\varphi = \varphi_\mathrm{u} - \varphi_\mathrm{i}$	in °	(14.2)
Induktiver Blindwiderstand	$Z_\mathrm{L} = \frac{\hat{U}}{\hat{I}} = \frac{U}{I} = \omega L$	Ω	(14.3)
Phasenwinkel des induktiven Blindwiderstandes	$\varphi = \varphi_\mathrm{u} - \varphi_\mathrm{i} = +90°$	in °	(14.4)
Kapazitiver Blindwiderstand	$Z_\mathrm{C} = \frac{\hat{U}}{\hat{I}} = \frac{U}{I} = \frac{1}{\omega C}$	Ω	(14.5)
Phasenwinkel des kapazitiven Blindwiderstandes	$\varphi = \varphi_\mathrm{u} - \varphi_\mathrm{i} = -90°$	in °	(14.6)
Definition des Verlustfaktors	$\tan\delta = d = \frac{1}{Q}$	–	(14.7)
Gesamtspannung (Betrag) des Reihenschwingkreises	$U = \sqrt{U_\mathrm{R}^2 + (U_\mathrm{L} - U_\mathrm{C})^2}$	V	(14.8)

Bezeichnung	Formel	Einheit	Gl.-Nr.
Scheinwiderstand des Reihenschwingkreises	$Z=\sqrt{R^2+(\omega L-\frac{1}{\omega C})^2}$	Ω	(14.9)
Phasenwinkel im Reihenschwingkreis	$\varphi=\arctan\frac{U_\mathrm{L}-U_\mathrm{C}}{U_\mathrm{R}}$ $\varphi=\arctan\frac{\omega L-\frac{1}{\omega C}}{R}$	in ° in °	(14.10)
THOMSONsche Schwingungsgleichung	$f_0=\frac{1}{2\pi\cdot\sqrt{LC}}$	Hz	(14.11)

15 Berechnung von Stromkreisen bei sinusförmiger Einspeisung

Bezeichnung	Formel	Einheit	Gl.-Nr.
Komplexer Zeiger in der kartesischen Form	$\underline{A}=\mathrm{Re}\,\{\underline{A}\}+\mathrm{j}\cdot\mathrm{Im}\,\{\underline{A}\}$	–	(15.1)
Komplexer Zeiger in der trigonometrischen Form	$\underline{A}=\lvert\underline{A}\rvert\cdot(\cos\alpha+\mathrm{j}\cdot\sin\alpha)$	–	(15.2)
Komplexer Zeiger in der Exponentialform	$\underline{A}=\lvert\underline{A}\rvert\cdot\mathrm{e}^{\mathrm{j}\alpha}$	–	(15.3)
Betrag eines komplexen Zeigers	$\lvert\underline{A}\rvert=\sqrt{\mathrm{Re}^2\{\underline{A}\}+\mathrm{Im}^2\{\underline{A}\}}$	–	(15.4)
Phasenlage eines komplexen Zeigers	$\alpha=\arctan\frac{\mathrm{Im}\{\underline{A}\}}{\mathrm{Re}\{\underline{A}\}}$	–	(15.5)
Addition bzw. Subtraktion von komplexen Zeigern	$\underline{A}\pm\underline{B}=$ $A_1\pm B_1+\mathrm{j}\cdot(A_2\pm B_2)$	–	(15.6)
Multiplikation von komplexen Zeigern	$\underline{A}\cdot\underline{B}=\lvert\underline{A}\rvert\cdot\lvert\underline{B}\rvert\cdot\mathrm{e}^{\mathrm{j}(\alpha+\beta)}$	–	(15.7)
Division von komplexen Zeigern	$\frac{\underline{A}}{\underline{B}}=\frac{\lvert\underline{A}\rvert\cdot\mathrm{e}^{\mathrm{j}\alpha}}{\lvert\underline{B}\rvert\cdot\mathrm{e}^{\mathrm{j}\beta}}=\frac{\lvert\underline{A}\rvert}{\lvert\underline{B}\rvert}\mathrm{e}^{\mathrm{j}(\alpha-\beta)}$	–	(15.8)

Bezeichnung	Formel	Einheit	Gl.-Nr.
Differentiation eines rotierenden Zeigers	$\frac{\mathrm{d}\underline{a}}{\mathrm{d}t} = \mathrm{j}\omega \cdot \underline{a}$	–	(15.9)
Integration eines rotierenden Zeigers	$\int_t \underline{a} \cdot \mathrm{d}\,t = \frac{\underline{a}}{\mathrm{j}\omega}$	–	(15.10)
Komplexer Widerstand (allgemein)	$\underline{Z} = \frac{\underline{U}}{\underline{I}} = \frac{1}{\underline{Y}}$	Ω	(15.11)
Komplexer Widerstand (kartesische Form)	$\underline{Z} = R + \mathrm{j} \cdot X$	Ω	(15.12)
Komplexer Widerstand (Exponentialform)	$\underline{Z} = \lvert \underline{Z} \rvert \cdot \mathrm{e}^{\mathrm{j}\varphi}$	Ω	(15.13)
Betrag des komplexen Widerstandes	$\lvert \underline{Z} \rvert = \sqrt{R^2 + X^2}$	Ω	(15.14)
Phasenwinkel des komplexen Widerstandes	$\varphi = \arctan \frac{X}{R}$	in °	(15.15)
Zeiger des ohmschen Widerstandes	$\underline{Z}_\mathrm{R} = R$	Ω	(15.16)
Zeiger des induktiven Blindwiderstandes	$\underline{Z}_\mathrm{L} = \mathrm{j}\omega L = \mathrm{j}\,X_\mathrm{L}$	Ω	(15.17)
Zeiger des kapazitiven Blindwiderstandes	$\underline{Z}_\mathrm{C} = \frac{1}{\mathrm{j}\omega C} = -\mathrm{j}\frac{1}{\omega C} = \mathrm{j}\,X_\mathrm{C}$	Ω	(15.18)
Komplexer Leitwert (allgemein)	$\underline{Y} = \frac{\underline{I}}{\underline{U}} = \frac{1}{\underline{Z}}$	S	(15.19)
Radius eines Inversionskreises	$r_0 = \sqrt{\frac{1}{M_\mathrm{Z} \cdot M_\mathrm{Y}}}$	m	(15.24)
Darstellung einer Ortskurve	$\mathrm{Im}\,\{\underline{A}\} = \mathrm{f}\,(\mathrm{Re}\,\{\underline{A}\})$	–	(15.25)
Realteil von $\underline{Z}_\mathrm{p}$ bei einer Umrechnung RS → PS	$R_\mathrm{p} = \frac{R_\mathrm{r}^2 + X_\mathrm{r}^2}{R_\mathrm{r}}$	Ω	(15.26)

Bezeichnung	Formel	Einheit	Gl.-Nr.
Imaginärteil von $\underline{Z}_p$ (Umrechnung RS → PS)	$X_p = \frac{R_r^2 + X_r^2}{X_r}$	Ω	(15.26)
Realteil von $\underline{Z}_r$ bei einer Umrechnung PS → RS	$R_r = \frac{R_p \cdot X_p^2}{R_p^2 + X_p^2}$	Ω	(15.27)
Imaginärteil von $\underline{Z}_r$ (Umrechnung PS → RS)	$X_r = \frac{R_p^2 \cdot X_p}{R_p^2 + X_p^2}$	Ω	(15.27)
Komplexer Widerstand (abgeglichene Brücke)	$\underline{Z}_x = \underline{Z}_N \cdot \frac{\underline{Z}_1}{\underline{Z}_2}$	Ω	(15.28)
Realteil von $\underline{Z}_x$ (abgeglichene Brücke)	$R_x = R_N \cdot \frac{R_1}{R_2}$	Ω	(15.29)
Imaginärteil von $\underline{Z}_x$ (abgeglichene Brücke)	$X_x = X_N \cdot \frac{R_1}{R_2}$	Ω	(15.30)
Betrag von $\underline{Z}_x$ (abgeglichene Brücke)	$\lvert\underline{Z}_x\rvert = \lvert\underline{Z}_N\rvert \cdot \frac{\lvert\underline{Z}_1\rvert}{\lvert\underline{Z}_2\rvert}$	Ω	(15.31)
Phasenwinkel von $\underline{Z}_x$ (abgeglichene Brücke)	$\varphi_x = \varphi_N + \varphi_1 - \varphi_2$	in °	(15.32)
Verlustwiderstand (Induktivitätsmessbrücke)	$R_x = \frac{R_N \cdot R_1}{R_2}$	Ω	(15.33)
Induktivität (Induktivitätsmessbrücke)	$L_x = C_2 \cdot R_1 \cdot R_N$	H	(15.34)
Kapazität (Kapazitätsmessbrücke)	$C_x = C_N \cdot \frac{R_2}{R_1}$	F	(15.35)
Verlustfaktor (Kapazitätsmessbrücke)	$d_x = \tan\delta_x = \omega C_2 \cdot R_2$	–	(15.37)

RS: Reihenschaltung PS: Parallelschaltung

16 Frequenzabhängigkeit der Wechselstromkreise

Bezeichnung	Formel	Einheit	Gl.-Nr.
Komplexer Frequenzgang	$\underline{F}(\mathrm{j}\omega) = \dfrac{\underline{U}_\mathrm{a}(\mathrm{j}\omega)}{\underline{U}_\mathrm{e}(\mathrm{j}\omega)}$	–	(16.1)
Betrag eines komplexen Frequenzganges	$\lvert \underline{F}(\mathrm{j}\omega) \rvert = A(\omega)$	–	(16.2)
Argument eines komplexen Frequenzganges	$\arg[\underline{F}(\mathrm{j}\omega)] = \varphi(\omega)$	–	(16.3)
Ortskurve eines komplexen Frequenzganges	$\mathrm{Im}\{\underline{F}\} = \mathrm{f}[\mathrm{Re}\{\underline{F}\}]$	–	(16.4)
Grenzfrequenz eines Tief- oder Hochpasses	$f_\mathrm{g} = \dfrac{\omega_\mathrm{g}}{2\pi} = \dfrac{1}{2\pi \cdot R \cdot C}$	Hz	(16.5) (16.6)
Kennwiderstand eines Schwingkreises	$Z_0 = \sqrt{\dfrac{L}{C}}$	Ω	(16.7)
Güte eines Reihenschwingkreises	$Q_\mathrm{S} = \dfrac{Z_0}{R_\mathrm{S}} = \dfrac{1}{R_\mathrm{S}} \cdot \sqrt{\dfrac{L}{C}}$	–	(16.8)
Bandbreite	$B = f_\mathrm{go} - f_\mathrm{gu}$	Hz	(16.11)
Bandbreite	$B = \dfrac{f_0}{Q}$	Hz	(16.12)
Grenzfrequenzen eines Reihenschwingkreises	$f_\mathrm{g} = \dfrac{\pm f_0 + f_0\sqrt{1+4Q^2}}{2Q}$	Hz	(16.13) (16.14)
Spannungsüberhöhung	$\lvert \underline{U}_\mathrm{L0} \rvert = \lvert \underline{U}_\mathrm{C0} \rvert = Q \cdot U_\mathrm{q}$	V	(16.15)
Normierte Frequenz	$\Omega = \dfrac{\omega}{\omega_0} = \dfrac{f}{f_0}$	–	(16.16)
Strompegel	$\dfrac{\lvert \underline{A}^* \rvert}{\mathrm{dB}} = 20 \cdot \lg \dfrac{I_\mathrm{x}}{I_\mathrm{x,max}}$	dB	(16.18)
Spannungspegel	$\dfrac{\lvert \underline{A}^* \rvert}{\mathrm{dB}} = 20 \cdot \lg \dfrac{U_\mathrm{x}}{U_\mathrm{x,max}}$	dB	(16.18)
$\underline{A}$-Matrix für die KS	$(\underline{A}) = (\underline{A})_1 \cdot (\underline{A})_2$	–	(16.21)

KS: Kettenschaltung

Bezeichnung	Formel	Einheit	Gl.-Nr.
Kettenparameter	$\underline{U}_1 = \underline{A}_{11} \cdot \underline{U}_2 + \underline{A}_{12} \cdot \underline{I}_2$ $\underline{I}_1 = \underline{A}_{21} \cdot \underline{U}_2 + \underline{A}_{22} \cdot \underline{I}_2$	V A	(16.22)
Leerlaufspannungs-rückwirkung	$\underline{A}_{11} = \frac{\underline{U}_1}{\underline{U}_2}\Big\vert_{(\underline{I}_2=0)}$	–	(16.23)
Kurzschlussübertragungs-widerstand	$\underline{A}_{12} = \frac{\underline{U}_1}{\underline{I}_2}\Big\vert_{(\underline{U}_2=0)}$	Ω	(16.24)
Leerlaufübertragungs-leitwert	$\underline{A}_{21} = \frac{\underline{I}_1}{\underline{U}_2}\Big\vert_{(\underline{I}_2=0)}$	S	(16.25)
Kurzschlussstrom-rückwirkung	$\underline{A}_{22} = \frac{\underline{I}_1}{\underline{I}_2}\Big\vert_{(\underline{U}_2=0)}$	–	(16.26)

17 Leistungsbetrachtungen im Wechselstromkreis

Bezeichnung	Formel	Einheit	Gl.-Nr.
Zeitfunktion der Leistung	$p(t) = u(t) \cdot i(t)$	W	(17.1)
Wirkleistung	$P = \frac{1}{T} \cdot \int_0^T u(t) \cdot i(t) \cdot \mathrm{d}t$	W	(17.3)
Wirkleistung	$P = U \cdot I \cdot \cos\varphi$	W	(17.4)
Blindleistung	$Q = U \cdot I \cdot \sin\varphi$	var	(17.5)
Scheinleistung	$S = \sqrt{P^2 + Q^2}$	V·A	(17.6)
Scheinleistung	$S = U \cdot I$	V·A	(17.7)
Komplexe Leistung	$\underline{S} = P + \mathrm{j}Q$	V·A	(17.8)
Komplexe Leistung	$\underline{S} = \underline{U} \cdot \underline{I}^* = \vert\underline{S}\vert \cdot \mathrm{e}^{\mathrm{j}\varphi}$	V·A	(17.9)
Wirkleistung (Reihenschaltung)	$P = \vert\underline{I}\vert^2 \cdot R$	W	(17.10)

Bezeichnung	Formel	Einheit	Gl.-Nr.
Blindleistung (Reihenschaltung)	$Q = \lvert \underline{I} \rvert^2 \cdot X$	var	(17.11)
Wirkleistung (Parallelschaltung)	$P = \frac{\lvert \underline{U} \rvert^2}{R}$	W	(17.12)
Blindleistung (Parallelschaltung)	$Q = \frac{\lvert \underline{U} \rvert^2}{X}$	var	(17.13)
Leistungsfaktor	$\cos\varphi = \frac{P}{S}$	–	(17.14)
Scheinleistung nach einer Kompensation	$S_{\mathrm{K}} = \sqrt{P^2 + (Q_{\mathrm{L}} - Q_{\mathrm{CK}})^2}$	V·A	(17.15)
Leistungsfaktor nach einer Kompensation	$\cos\varphi_{\mathrm{K}} = \frac{P}{S_{\mathrm{K}}}$	–	(17.16)

18 Dreiphasensysteme

Bezeichnung	Formel	Einheit	Gl.-Nr.
Phasenoperator	$\underline{a} = \mathrm{e}^{\mathrm{j}\,120°}$	–	(18.1)
Umrechnung des Phasenoperators	$\underline{a} = \cos 120° + \mathrm{j} \sin 120°$ $\underline{a} = -\frac{1}{2} + \mathrm{j}\frac{\sqrt{3}}{2}$	–	(18.2)
Strangspannung L1 – M	$\underline{U}_{1\mathrm{M}} = \lvert \underline{U}_{\mathrm{S}} \rvert \cdot \mathrm{e}^{\mathrm{j}0°}$	V	(18.3)
Strangspannung L2 – M	$\underline{U}_{2\mathrm{M}} = \lvert \underline{U}_{\mathrm{S}} \rvert \cdot \mathrm{e}^{\mathrm{j}240°}$	V	(18.4)
Strangspannung L3 – M	$\underline{U}_{3\mathrm{M}} = \lvert \underline{U}_{\mathrm{S}} \rvert \cdot \mathrm{e}^{\mathrm{j}120°}$	V	(18.5)
Leiterspannung L1 – L2	$\underline{U}_{12} = \lvert \underline{U}_{\mathrm{S}} \rvert \cdot \sqrt{3} \cdot \mathrm{e}^{\mathrm{j}30°}$	V	(18.6)
Leiterspannung L2 – L3	$\underline{U}_{23} = \lvert \underline{U}_{\mathrm{S}} \rvert \cdot \sqrt{3} \cdot \mathrm{e}^{-\mathrm{j}90°}$	V	(18.7)
Leiterspannung L3 – L1	$\underline{U}_{31} = \lvert \underline{U}_{\mathrm{S}} \rvert \cdot \sqrt{3} \cdot \mathrm{e}^{\mathrm{j}150°}$	V	(18.8)

Bezeichnung	Formel	Einheit	Gl.-Nr.
Betrag einer Leiterspannung (allgemein)	$\lvert\underline{U}_L\rvert = \lvert\underline{U}_S\rvert \cdot \sqrt{3}$	V	(18.9)
Σ aller Strangspannungen	$\sum \underline{U}_S = 0$	V	(18.10)
Σ aller Leiterspannungen	$\sum \underline{U}_L = 0$	V	(18.11)
Leiterstrom L1 (bei Symm.)	$\underline{I}_1 = I_S \cdot \sqrt{3} \cdot e^{j0°}$	A	(18.15)
Leiterstrom L2 (bei Symm.)	$\underline{I}_2 = I_S \cdot \sqrt{3} \cdot e^{-j120°}$	A	(18.16)
Leiterstrom L3 (bei Symm.)	$\underline{I}_3 = I_S \cdot \sqrt{3} \cdot e^{j120°}$	A	(18.17)
Betrag eines Leiterstromes (allgemein)	$\lvert\underline{I}_L\rvert = \lvert\underline{I}_S\rvert \cdot \sqrt{3}$	A	(18.18)
Verbraucher-Strangstrom	$\underline{I}_{12} = I_S \cdot e^{j30°}$	A	(18.19)
Verbraucher-Strangstrom	$\underline{I}_{23} = I_S \cdot e^{-j90°}$	A	(18.20)
Verbraucher-Strangstrom	$\underline{I}_{31} = I_S \cdot e^{j150°}$	A	(18.21)
Komplexe Leistung des Generatorstranges L1 – M	$\underline{S}_{1M} = \underline{U}_{1M} \cdot \underline{I}_1^*$	V·A	(18.22)
Komplexe Leistung des Generatorstranges L2 – M	$\underline{S}_{2M} = \underline{U}_{2M} \cdot \underline{I}_2^*$	V·A	(18.23)
Komplexe Leistung des Generatorstranges L3 – M	$\underline{S}_{3M} = \underline{U}_{3M} \cdot \underline{I}_3^*$	V·A	(18.24)
Komplexe Leistung eines Verbraucherstranges	$\underline{S}_{12} = \underline{U}_{12} \cdot \underline{I}_{12}^*$	V·A	(18.25)
Komplexe Leistung eines Verbraucherstranges	$\underline{S}_{23} = \underline{U}_{23} \cdot \underline{I}_{23}^*$	V·A	(18.26)
Komplexe Leistung eines Verbraucherstranges	$\underline{S}_{31} = \underline{U}_{31} \cdot \underline{I}_{31}^*$	V·A	(18.27)
Leistungsbilanz	$\underline{S}_G = \underline{S}_V$	V·A	(18.28)
Gesamtwirkleistung bei symmetrischer Last	$P_{ges} = \sqrt{3} \cdot U_L \cdot I_L \cdot \cos\varphi$	W	(18.30)

19 Transformator

Bezeichnung	Formel	Einheit	Gl.-Nr.
Übersetzungsverhältnis	$\ddot{u} = \frac{\lvert \underline{U}_1 \rvert}{\lvert \underline{U}_2 \rvert} = \frac{\lvert \underline{I}_2 \rvert}{\lvert \underline{I}_1 \rvert}$	–	(19.1) (19.2)
Scheinwiderstands-übersetzung	$\underline{Z}_{\text{aÜ}} = \ddot{u}^2 \cdot \underline{Z}_{\text{a}}$	Ω	(19.3)
Übersetzungsverhältnis beim VST	$\ddot{u} = \frac{N_1}{N_2} = \sqrt{\frac{L_1}{L_2}}$	–	(19.4)
Transformator-Gleichungen	$\underline{U}_1 = \mathrm{j}\omega L_1 \cdot \underline{I}_1 + \mathrm{j}\omega M \cdot \underline{I}_2$ $\underline{U}_2 = \mathrm{j}\omega M \cdot \underline{I}_1 + \mathrm{j}\omega L_2 \cdot \underline{I}_2$	V	(19.5)

- **SI-Basiseinheiten**

Physikalische Größe	Bezeichnung der SI-Einheit	Kurzzeichen
Länge	Meter	m
Masse	Kilogramm	kg
Zeit	Sekunde	s
Elektrische Stromstärke	Ampere	A
Temperatur	Kelvin	K
Stoffmenge	Mol	mol
Lichtstärke	Candela	cd

- **Analogiebetrachtungen für homogene Felder**

Bezeichnung	Stationäres elektr. Strömungsfeld	Elektrostatisches Feld	Stationäres magnetisches Feld
Quellengröße	U_q	U_q	Θ
Flussgröße	I	Ψ	Φ
Material-kenngröße	κ	$\varepsilon = \varepsilon_0 \cdot \varepsilon_r$	$\mu = \mu_0 \cdot \mu_r$
BE-Kenngröße	$G = \frac{1}{R} = \frac{\kappa \cdot A}{l}$	$C = \frac{\varepsilon \cdot A}{d}$	$\Lambda = \frac{1}{R_m} = \frac{\mu \cdot A}{s}$
Gesetz	$I = G \cdot U = \frac{U}{R}$	$Q = C \cdot U$	$\Phi = \Lambda \cdot \Theta = \frac{\Theta}{R_m}$
Feldstärke	$E = \frac{U}{l}$	$E = \frac{U}{d}$	$H = \frac{\Theta}{s}$
Dichtegröße	$J = \frac{I}{A} = \kappa \cdot E$	$D = \frac{Q}{A} = \varepsilon \cdot E$	$B = \frac{\Phi}{A} = \mu \cdot H$